经典译丛·微波与射频技术

通信系统微波滤波器
——基础、设计与应用（第二版）

Microwave Filters for Communication Systems
Fundamentals, Design and Applications
Second Edition

［英］ Richard J. Cameron
［加］ Chandra M. Kudsia　　著
［加］ Raafat R. Mansour

王松林　译

U0217752

電子工業出版社
Publishing House of Electronics Industry
北京·BEIJING

内 容 简 介

本书是微波滤波器设计领域的经典著作，全书共23章，基本涵盖了通信系统微波滤波器的基础理论、设计及工程应用。本书前两章介绍了通信系统的基本概念与理论；第3章和第4章介绍了常用的滤波器函数特性，以及计算机综合和优化方法；第5章描述了二端口网络的表示方法，以及多端口网络的分析；第6章至第8章叙述了各类滤波器传输函数及其电路网络综合方法，深入讲解了滤波器的耦合矩阵理论；第9章和第10章详细说明了各种滤波器耦合矩阵，以及相关拓扑结构的综合方法与应用；第11章介绍了各类微波谐振器的理论与应用；第12章至第14章，以及第16章至第18章分别讨论了微波低通滤波器、波导单双模滤波器、耦合谐振滤波器、介质谐振滤波器、自均衡全通滤波器网络，以及多工器的设计与实现；第15章和第19章介绍了电磁仿真软件在微波滤波器方面的应用，给出了多种工程优化实例，以及基于各种计算机辅助调试方法的应用实例；第20章专门论述了高功率微波滤波器的设计与应用中的关键影响因素，系统地分析了复杂的无源互调问题，并提出了解决方案；第21章提出了多通带滤波器的设计概念，并通过各种实例分别讨论了基于高Q值同轴、波导和介质谐振器的双通带滤波器和三通带滤波器的设计和综合过程；第22章主要讨论了可调滤波器技术，以及用各种特殊材料制成的调谐元件的实现方法，并通过若干实例分别阐述了用MEMS实现的中心频率和带宽可调的梳状滤波器、介质谐振滤波器和波导谐振滤波器的设计过程；第23章的核心是折中设计及实践应用，通过不同的设计实例建立了一套理论与实际应用相结合的系统方法。

本书可作为电子信息类高年级本科生或研究生的工程入门教材，也非常适合作为广大微波设计人员必备的参考书籍。

Microwave Filters for Communication Systems：Fundamentals，Design and Applications，Second Edition，9781118274347，Richard J. Cameron，Chandra M. Kudsia，Raafat R. Mansour

Copyright ⓒ 2018，John Wiley & Sons，Inc.

All rights reserved. This translation published under license.

Authorized translation from the English language edition，Published by John Wiley & Sons. No part of this book may be reproduced in any form without the written permission of the original copyrights holder.

本书简体中文字版专有翻译出版权由美国John Wiley & Sons公司授予电子工业出版社。

未经许可，不得以任何手段和形式复制或抄袭本书内容。

本书封底贴有Wiley防伪标签，无标签者不得销售。

版权贸易合同登记号　图字：01-2018-7263

图书在版编目（CIP）数据

通信系统微波滤波器：基础、设计与应用/（英）理查德·J. 卡梅伦（Richard J. Cameron），（加）钱德拉·M. 库德西亚（Chandra M. Kudsia），（加）拉法特·R. 曼苏尔（Raafat R. Mansour）著；王松林译. —2版. —北京：电子工业出版社，2024.1
（经典译丛. 微波与射频技术）
书名原文：Microwave Filters for Communication Systems：Fundamentals，Design and Applications，Second Edition
ISBN 978-7-121-47096-7

Ⅰ. ①通… Ⅱ. ①理… ②钱… ③拉… ④王… Ⅲ. ①微波滤波器 Ⅳ. ①TN713

中国国家版本馆CIP数据核字（2024）第019058号

责任编辑：马　岚
印　　刷：三河市鑫金马印装有限公司
装　　订：三河市鑫金马印装有限公司
出版发行：电子工业出版社
　　　　　北京市海淀区万寿路173信箱　　邮编：100036
开　　本：787×1092　1/16　印张：44　　字数：1126千字
版　　次：2012年10月第1版
　　　　　2024年1月第2版
印　　次：2024年1月第1次印刷
定　　价：199.00元

凡所购买电子工业出版社图书有缺损问题，请向购买书店调换。若书店售缺，请与本社发行部联系，联系及邮购电话：(010)88254888，88258888。

质量投诉请发邮件至zlts@phei.com.cn，盗版侵权举报请发邮件至dbqq@phei.com.cn。

本书咨询联系方式：classic-series-info@phei.com.cn。

译 者 序

微波滤波器是各种微波通信系统中的关键器件。其作用是允许传输所需频段的信号，抑制或反射不需要的信号。现如今，各通信系统的工作频段越来越拥挤，频段之间的间隔也越来越窄，这些因素极大地驱动了微波滤波器的创新与应用。随着5G应用中基站的布局越来越密集，需要大量的高功率微波滤波器和多工器，这使得各种新兴技术的应用（如多通带、可调、可集成与小型化），以及更高效、快速地解决仿真与工程问题，都成为行业的迫切需要。因此，对于大多数从事通信或微波领域的高校和企业来说，滤波器技术人才的培养已成为目前亟待解决的问题。

Microwave Filters for Communication Systems：*Fundamentals*，*Design and Applications*，*Second Edition*的出版，给整个滤波器行业，甚至整个微波通信行业带来了新的技术学习热潮。这本微波滤波器经典著作，在微波业界堪称里程碑之作。早在2003年，为了学习滤波器综合设计方法，我认真研读了三位作者之一Cameron博士发表的所有文献。为了解决自己在理解文献时遇到的问题，我有幸与Cameron博士建立了邮件联系。后来，这些文献的内容由他汇总到了本书中。当时国内缺乏最关键的综合设计软件，对于滤波器的设计，大家都处在摸索阶段，大公司也只是借鉴国外设计，或者凭借经验值来指导工程应用。而正是基于对文献内容的理解及好友的建议，微波家园论坛于2006年正式推出。之后，这个交流平台逐渐吸引了众多业界和学术界同仁的关注，大家在这里开展了许多关于微波滤波器综合和仿真工程应用的技术讨论，互相促进和提高。也正是由于这种热烈氛围，微波家园论坛得到了电子工业出版社编辑的关注，我有幸牵头翻译了本书第一版并认真审校了全书。

本书第一版出版之后，得到了业内技术人员的好评，尤其是专业人员利用本书主要核心内容编写的各种综合软件的发布，促进了国内滤波器设计及工程应用的迅速发展。三位作者经过多年的积淀，将工程应用心得汇集整理，对第一版内容进行了大幅修订补充，并新增了微波滤波器的许多新型应用。本书以电路网络理论为基础，逐一介绍了各类复杂滤波器耦合矩阵的综合技术及工程应用，实现了理论与实践的完美结合。作者根据多年的研究经验，结合现代微波滤波器技术发展，创新地提出了许多新的方法与手段。这是针对高性能微波滤波器最完善的一本指导教材和设计工具书，读者只要掌握基本的数学理论、电路知识和仿真工具，通过对书中实际案例的认真学习，就能够快速掌握滤波器设计方法，解决较复杂的滤波器工程问题。许多学生在离开校园步入通信与微波行业时，还不具备基本的滤波器设计知识，在大学本科阶段学习本书前10章的滤波器基础知识是非常有必要的。

第二版的翻译及所有章节的审校工作都由我完成。对于一些勘误和不容易理解的地方，我已与作者反复沟通与确认，力求奉献给读者一部易懂好学的教材。某些表中的数据已根据现今技术水平进行了更新。值得一提的是，在第6章的讨论过程中，作者对附录6A做了大幅修改，并补充了新内容，这些在中译本中已进行了更新。另需注意的是，中译本的一些章节中的矩阵数据与原著存在差异，这是译者在相同的输入条件下，利用MATLAB编程实现的综合数据，已验证数据的真实性。读者如果想参考原著的矩阵数据，则可登录华信教育资源网（www. hxedu. com. cn）注册后免费下载。

这里，我要感谢西安电子科技大学滤波器领域的研究团队对本书的支持，还要特别感谢参与本书第一版初译的各位同行的付出，以及电子工业出版社编辑为本书高质量出版的不懈努力。

限于本人的能力水平，对于译本出现的遗漏或翻译不妥之处，恳请广大读者给予批评指正。为了方便大家的交流，微波家园论坛开辟了针对本书的讨论专区，期望大家能总结本书的不足及错误，共同在微波滤波器的理论研究和工程实践方面不断学习与提高。同时，关于本书中部分章节中的计算实例，可以在这个讨论专区的相关主题下查找下载。

王松林

2023 年 6 月

前　　言

与第一版相比，本书新增了三章，其中关于多通带滤波器和可调滤波器的两章主要反映了无线系统的新兴市场需求，还有一章介绍了实际应用中微波滤波器和多工器网络设计与实现。我们全面检查和改进了第一版的内容，并在第 1 章、第 6 章、第 8 章、第 16 章和第 20 章新增了一些小节。

本书由一个简单的通信系统模型开始，阐述了以下问题：

1. 在无线通信系统中，可用带宽是否存在限制？
2. 在可用带宽内，信息传输的限制是什么？
3. 在通信系统中，对成本敏感的参数有哪些？

本书针对通信系统中不同部分对滤波器网络的功能需求，对上述问题进行了分析，以便读者对不同的系统参数有所了解。接下来，书中讨论了用于产生对称和不对称频率响应的广义低通原型滤波器函数的计算机辅助设计技术。通过引入一个假想的不随频率变化的电抗元件，得到了低通原型滤波器设计的基本公式。在实际带通和带阻滤波器中，不随频率变化的电抗元件表征谐振电路的频率偏移。不含不随频率变化的电抗元件的经典滤波器函数，将产生对称的频率响应。根据滤波器函数的基本公式推导出的综合方法，可用于实现滤波器网络的等效集总参数模型。再利用接下来的综合步骤，将滤波器的电路模型转化为等效的微波结构。一般来说，运用众多现有的电路模型参数，可以近似实现微波滤波器的物理结构参数。为了得到更精确的物理尺寸，本书还论述了运用基于现代电磁技术的方法和工具，以任意精度确定滤波器尺寸的方法，并通过设计任意带宽和信道间隔的多工器网络，使相关理论得以展示。其余一些章节主要讨论了计算机辅助调试和滤波器设计中的高功率因素。本书的目的是使读者全面了解滤波器的要求和设计，并且对该领域中陆续出现的一些高级方法有足够的认识。本书通篇强调了在滤波器设计中的基本理论和实际影响因素。全书特色如下：

1. 在滤波器设计中，系统的影响因素。
2. 包含不随频率变化的电抗元件的滤波器函数的基本公式和综合方法。
3. 在大部分拓扑结构中，包含对称或不对称频率响应的广义低通原型滤波器的综合方法。
4. 应用电磁方法，优化设计微波滤波器的物理结构尺寸。
5. 各种多工器结构的设计方法和折中方案。
6. 滤波器辅助调试技术。
7. 在地面和太空应用中，滤波器的高功率影响因素。

本书共 23 章，具体内容分述如下。

第 1 章 主要回顾了通信系统，特别是通信系统中的信道与其他部分之间的关系。本章的主要目的是给读者提供足够的背景知识，以便于理解滤波器在通信系统中的关键作用和要求。

本书对数字传输、信道部分、频率划分和微波滤波器技术的局限性等内容进行了完善。为了反映无线业务爆炸式增长对额外频段的需求，针对蜂窝系统应用的射频滤波器指标也进行了完善，并新增了关于超宽带无线通信的一节。对第 1 章的小结部分也进行了修订，以反映这些变化。

第2章主要介绍通信理论和一些电路理论，重点强调在电路网络分析中大家熟知的频率分析方法。

第3章论述了经典最大平坦、切比雪夫、椭圆函数等低通原型滤波器的特征多项式的综合方法。本章对不随频率变化的电抗元件进行了论述，并通过运用它们产生不对称的频率响应，得出了一些结论。其中传输函数多项式包含复系数（在一些限制条件下），这与我们熟悉的有理实系数特征多项式有明显区别，从而为分析大部分低通原型域中的基本函数形式的滤波器，如最小相位和非最小相位滤波器、对称或不对称频率响应的滤波器提供了基础。

第4章介绍了运用计算机辅助优化技术综合任意幅度响应的低通原型滤波器特征函数的方法。该方法的关键是确保优化过程的有效收敛，这主要是通过确立目标函数的解析梯度和建立与理想幅度响应的直接对应关系来实现的。该方法也适用于对称或不对称频率响应的最小相位滤波器和非最小相位滤波器。为了说明该方法的灵活性和有效性，本章给出了一些非常规滤波器的设计示例。

第5章回顾了一些在多端口微波网络分析中用到的基本概念。由于任意滤波器或多工器能够被分成若干二端口、三端口或 N 端口的级联形式，因此这些概念对于滤波器设计人员来说非常重要。接下来介绍了微波网络的 5 种矩阵表示形式，分别为 $[Z]$，$[Y]$，$[ABCD]$，$[S]$ 和 $[T]$ 矩阵。这些矩阵都是可以相互转化的，即任意一个矩阵的元件可以用其他的矩阵元件表示。熟悉这些矩阵的概念对于理解本书的内容来说是极为重要的。

第6章开篇复习了与滤波器网络设计相关的一些重要散射参数之间的关系。接着讨论了广义切比雪夫函数及其在产生传输多项式和反射多项式中的应用，这些多项式可以用来综合含有任意传输零点的等波纹滤波器。本章最后主要讨论了预失真和双通带滤波器函数。

本章新增内容之一是求解广义切比雪夫原型滤波器带内反射最大值和带外传输最大值的位置；另外新增一节描述了特征多项式、S 参数、短路导纳和 $[ABCD]$ 传输矩阵参数之间的关系。本章还新增了一个附录，讨论二端口 S 参数的扩展分析和复终端多端口网络的综合。

第7章介绍了基于 $[ABCD]$ 矩阵的滤波器综合方法。综合步骤分为两步。首先确定无耗的集总元件电容、电感和不随频率变化的电抗元件的值，然后确定导纳变换器的值。应用这些变换器，可使微波谐振器通过相互耦合的方式来实现原型电路。运用这种方法综合出的对称和不对称频率响应的低通原型滤波器，其拓扑不仅是梯形的，还含有交叉耦合。这一方法还可以推广到单终端滤波器的综合。本章介绍的综合方法是一种普适的技术，广泛应用于集总低通原型滤波器网络的综合。

第8章介绍了带通滤波器综合的 $N \times N$ 耦合矩阵的概念。通过加入不随频率变化的电抗元件，修正后的综合方法也可用于综合不对称的滤波器响应。然后，通过从 $N \times N$ 耦合矩阵中分离出纯阻性和纯电抗性元素，可将该设计过程拓展到 $N + 2$ 型耦合矩阵。$N + 2$ 型耦合矩阵除了包含源与第一个谐振器耦合、负载与最后一个谐振器耦合的情形，还包含源和负载与其他所有谐振器的耦合，以及源和负载直接耦合的情形。这种方法可用来综合全规范型滤波器，并且简化了到其他拓扑结构的相似变换过程。以上综合过程产生的基本耦合矩阵，其所有耦合都位于限定位置。接下来，本章讨论了包含最小耦合路径的拓扑结构，即全规范型拓扑，可以通过矩阵的相似变换来实现。这种变换保证了矩阵的特征值和特征向量在变换过程中保持不变，因此变换前后的滤波器响应也将保持不变。这种综合方法具有两大优势：（1）能够得到包含所有可能耦合的基本耦合矩阵，从而在针对耦合矩阵的后续变换中能够得到不同的滤波器拓扑结构；（2）耦合矩阵代表了实际带通滤波器的结构。因此，利用已知实际带通滤波器的参数，如 Q 值、色散特性和灵敏度等参数，就能对实际滤波器性能做出更准确的判断，得出优化滤波器性能的方向。

本章新增了两节，其中一节讨论 $N+2$ 型复终端网络耦合矩阵综合，另一节讨论奇偶模耦合矩阵综合，即折叠梯形阵列。

第 9 章提出了一种相似变换的方法，该方法适用于双模滤波器网络的大部分拓扑结构。应用双模滤波器可实现在一个谐振器中产生两个正交极化的简并模。其中，谐振器可以是腔体的、介质盘片的或平面结构的，这使得滤波器的体积可以显著减小。除了轴向形和折叠形结构，比较适用的结构还有级联四角元件和闭端形拓扑结构。本章末尾给出了一些例子，并讨论了不同双模滤波器结构的灵敏度。

第 10 章介绍了两种新型电路单元：提取极点和三角元件。这些单元可以用来实现一个传输零点，在滤波器网络中还可以级联其他的电路元件。这些单元的应用拓宽了拓扑结构的范围。最后，本章论述了盒形及其衍生拓扑（扩展盒形）的综合方法，并举例说明了其复杂的综合过程。

第 11 章介绍了确定微波谐振器的谐振频率和无载 Q 值的理论和实验方法。谐振器是带通滤波器的基本组成单元。在微波频段，谐振器形状各异且包含许多结构形式。本章介绍了两种用来计算任意形状谐振器的谐振频率的方法：本征模分析和 S 参数分析。本章通过一些示例，采用基于电磁技术的商用软件，如 HFSS 来说明这两种方法的具体实现过程。另外，本章还分别介绍了在矢量网络分析仪的极化显示模式下，以及在标量网络分析仪的线性显示模式下，有载 Q 值和无载 Q 值的详细测量步骤。

第 12 章论述了在微波频段实现低通滤波器的综合方法。低通滤波器的典型带宽要求为吉赫量级，使得集总元件模型不再适用于微波频段内原型滤波器的构建，需要用到分布元件模型。本章论述了公比线元件及利用其实现的分布低通原型滤波器，接下来讨论了适合构造实际低通滤波器的特征多项式，以及生成这些多项式的方法，最后论述了阶梯阻抗和集总/分布元件低通滤波器的综合方法。

第 13 章讨论了双模滤波器的设计理论及实际应用，其中包括工作于主模和高次模的双模谐振器的应用。本章给出了许多示例来说明双模滤波器的设计过程，其中包括轴向形滤波器、规范型滤波器、扩展盒形滤波器、提取极点滤波器，以及全电感耦合滤波器。本章还介绍了同时优化双模线性相位滤波器的幅度和群延迟的步骤。本章所述实例运用了第 3 章至第 11 章中的分析和综合方法。

第 14 章讨论了电磁仿真工具在微波滤波器设计中的应用，并展示了如何运用该工具以任意精度综合出与滤波器电路模型对应的微波滤波器的物理尺寸。首先从滤波器的最佳电路模型开始计算物理尺寸。运用商业电磁仿真软件，可以更准确地计算得到输入/输出耦合，以及谐振器间耦合。如果使用 K 或 J 变换器模型，则可以作为一种从耦合矩阵 $[M]$ 的元件值确定滤波器物理尺寸的直接方法。本章还列出了介质谐振器、波导滤波器和微带滤波器的一些数值算例。为了使结构更简单，最有效的方法是在不相邻谐振器之间引入负耦合。本章展示了电磁仿真工具在微波滤波器的物理实现上的巨大优势。

第 15 章介绍了一些基于电磁技术的微波滤波器设计方法。最直接的方法就是应用具有优化功能的电磁仿真工具来优化一个滤波器的物理尺寸，使其得到一个理想响应。这在调试阶段是非常有效的，其中调试是通过优化工具而不是技术人员来完成的。这一方法的出发点是运用第 14 章介绍的技术得到滤波器的具体尺寸。如果不采取任何简化措施，直接优化将非常耗时。但是，运用一些优化策略，包括自适应频率采样、神经网络和多维柯西法，可以显著减少优化时间。本章详细介绍了如何应用两种基于电磁的高级设计方法：空间映射方法和粗糙模型方法。这些方法的应用极大地减少了计算时间。本章末尾给出了用空间映射方法和粗糙模型方法确定滤波器尺寸的例子。

第 16 章介绍了各种结构的介质谐振器及滤波器的设计方法。商用软件如 HFSS 和 CST 都可以用来计算任意形状介质谐振器的谐振频率、场分布和 Q 值。应用这些工具，可以获得介质谐振器的前 4 个模式的场分布图。本章也论述了同轴谐振器的谐振频率和无载 Q 值的计算，同时也介绍了 Q 值、寄生响应、温漂和高功率等设计中的一些影响因素。本章末尾详细介绍了低温介质谐振滤波器的设计和折中方案。介质谐振滤波器广泛应用于无线和卫星通信中，且介质材料特性的持续改善预示着这一技术将会有更广阔的应用空间。

本章新增一节讨论介质谐振器小型化的概念，给出了利用常规圆柱型介质谐振器实现四模谐振器的实例，并演示了如何将一个半切介质谐振器应用于双模滤波器。

第 17 章讨论了均衡器全通网络的分析和综合方法。滤波器外接全通均衡器网络，可以提高滤波器的相位和群延迟特性。本章末尾还讨论了线性相位滤波器与外接均衡器的滤波器之间的折中方案。

第 18 章讨论了广泛应用的多工器网络的设计和折中方案。本章开篇讨论了各种不同的多工网络的折中方案，包括环形器耦合、混合电桥耦合和多枝节耦合等多工器，其中用到了单模或双模滤波器，或基于定向滤波器的多工器。接下来，本章详细论述了各种多工器设计中应该注意的一些因素，并针对目前最复杂的微波网络，即多枝节耦合多工器的设计方法和优化策略进行了深入讨论，进而运用数值算例和图形说明了该设计方法。本章末尾简要论述了蜂窝通信应用中双工器的高功率容量问题。

第 19 章主要讨论了微波滤波器的计算机辅助调试方法。从理论上讲，一个微波滤波器的物理结构能够通过电磁方法以任意精度来诠释。然而在实际应用中，电磁仿真工具可能非常耗时，对于高阶的滤波器或多工器的仿真无法实施。另外，由于加工的误差和材料特性的变化，实际微波滤波器的响应与理想设计可能存在差异。以上这些问题，在对滤波器性能要求极高的无线和卫星通信系统中，表现得尤为突出。因此，滤波器调试被认为是产品生产过程中不可或缺的一个关键步骤。本章讨论了如下调试方法并介绍了每种方法的优势：

1. 针对耦合滤波器的逐阶调试；
2. 基于电路模型参数提取的计算机辅助调试；
3. 应用输入反射系数零极点的计算机辅助调试；
4. 时域调试；
5. 模糊逻辑调试。

第 20 章概述了在地面和太空应用中，微波滤波器和多工器设计时所面临的高功率容量问题。另外，基于经典理论，本章还介绍了在单载波作用下的位于简单并行平板结构的双表面发生的二次电子倍增击穿效应和气体放电现象，重点强调了严重降低高功率设备性能的一些恶化因素。

本章深入探讨了二次电子倍增现象。在大多数实际应用中,高功率设备必须工作于多载波环境,其外形与简单的并行平板导体之间没有对应关系。在针对二次电子倍增和气体放电的简单分析过程中,通过新引入的数值方法,可以更精确地分析具有非均匀场的复杂结构单表面和双表面的二次电子倍增效应。尽管此方法更复杂且计算量更集中,但是当具有复杂外形结构的高功率设备工作于不同的调制方式下,处理不同数量的载波时,运用这种方法进行实际分析更接近于理论值。新增内容还介绍了针对射频击穿效应的常用测量装置,彰显了在多载波工作环境下使用峰值功率法,以及 20 间隙渡越规则这一业界公认方法来预测电子倍增放电的有效性。

本章还给出了设计高功率设备时无源互调最小化的指导方针。

新增的**第 21 章**通过对若干双通带和三通带滤波器设计实例的介绍和讨论,概述了各种多通带滤波器设计方法。本章重点关注利用同轴、波导和介质谐振器实现的高 Q 值多通带滤波器,同时也介绍了多通带滤波器综合的详细过程。本章还介绍了如何使用双通带滤波器来实现双工器和多工器的小型化。

新增的**第 22 章**概述了可调滤波器技术,指出实现高 Q 值可调滤波器主要面临以下挑战:

1. 在整个宽的调谐范围内保持恒定带宽和合适的回波损耗;
2. 在整个宽的调谐范围内保持恒定的高 Q 值;
3. 调谐元件与滤波器结构的集成;
4. 线性度和高功率容量。

本章介绍了一种仅使用谐振器调谐元件,在宽的调谐范围内实现恒定绝对带宽的方法,并对比分析了各种调谐元件[半导体、压电电机(piezomotor)、微机电系统、钛酸锶钡材料和相变材料]的不同应用。本章还展示了实现可调梳状、介质谐振器和波导滤波器的各种案例。在给出的滤波器例子中,重点关注微机电系统的应用。本章最后介绍了滤波器的中心频率和带宽皆可调的实现方法。

新增的**第 23 章**的目的是在微波滤波器和多工器网络的理论与具体实现之间建立对应关系。本章的关键部分出自本书的合著者:西班牙瓦伦西亚理工大学的 Vicente Boria 教授和 Santiago Cogollos 教授。通过若干实例,本章强调了实际滤波器与多工器在设计和性能上的折中方法。该方法为通信系统中滤波器的分析与优化提供了最佳思路,并针对以下因素来指导滤波器的折中设计:典型的工作环境(地面或太空)、技术的限制、加工的难度,以及滤波器拓扑的准分布参数模型的电路设计等。最后,本章运用电磁仿真工具来完成最终物理尺寸的计算。另外,本章还简要介绍了滤波器设计过程中基于电磁方法的公差和灵敏度分析。

附录 A 讨论阻抗变换器和导纳变换器,主要介绍了滤波器设计中变换器应用的简单公式。

本书不仅适合电子信息类高年级本科生和研究生学习,还适合微波技术从业人员阅读参考。本书编写时借鉴了许多经验,包括实际的工程经验、在大学授课和研讨会上做报告时获得的经验,以及在不同的会议中与工程师们交流时获得的经验等。本书反映了作者为了提高微波滤波器和多工器网络的技术水平所付出的毕生努力。

缩 略 语 表

（以出现先后次序排序）

第1章

RF	Radio Frequency	射频
LOS	Line-Of-Sight	视距
HPA	High Power Amplifier	高功率放大器
A/D	Analog-to-Digital	模数（转换）
IF	Intermediate carrier Frequency	中等载波频率
LNA	Low-Noise Amplifier	低噪声放大器
ITU	International Telecommunication Union	国际电信联盟
WARC	World Administrative Radio Conference	世界无线电行政大会
WRC	World Radiocommunication Conferences	世界无线电通信大会
CCIR	International Radio Consultative Committee	国际无线电咨询委员会
FCC	Federal Communications Commission	美国联邦通信委员会
OEM	Original Equipment Manufacturer	原始设备制造商
SNR	Signal Noise Ratio	信噪比
pfd	power flux density	功率通量密度
EIRP	Equivalent Isotropic Radiated Power	等效全向辐射功率
PFD	Power Flux Density	（分贝形式的）功率通量密度
IM	InterModulation	互调
FM	Frequency Modulation	频率调制（简称为调频）
rms	root mean square	均方根
IRE	Institute of Radio Engineers	无线电工程师协会
IEEE	Institute of Electrical and Electronics Engineers	电气与电子工程师协会
dc	direct current	直流分量
SCPC	Single Channel Per Carrier	单载波单信道
FDM	Frequency-Division Multiplex	频分多路复用
CNR	Carrier Noise Rate	载噪比
SSB	Single-SideBand	单边带
PM	Phase Modulation	相位调制（简称调相）
DSP	Digital Signal Processing	数字信号处理
VLSI	Very Large Scale Integration Circuit	超大规模集成电路
PAM	Pulse Amplitude Modulated	脉冲幅度调制
PCM	Pulse Code Modulated	脉冲编码调制
ASK	Amplitude Shift Keying	幅移键控

FSK	Frequency Shift Keying	频移键控
PSK	Phase Shift Keying	相移键控
BER	Bit Error Rate	误比特率
OMUX	Output MUltipleXer	输出多工器
ISM	Input Switch Matrix	输入开关矩阵
OSM	Output Switch Matrix	输出开关矩阵
LO	Local Oscillator	本地振荡器
DAMP	Driver Amplifier	驱动放大器
IMUX	Input MUltipleXer	输入多工器
SSPA	Solid-State Power Amplifier	固态功率放大器
TWTA	Traveling Wave Tube Amplifier	行波管放大器
C/IM	Carrier-to-IM	载波互调比
PIM	Passive InterModulation	无源互调
MTSO	Mobile Telephone Switching Office	移动电话交换局
PSTN	Public Switched Telecommunications Network	公共交换电话网络
UWB	Ultra WideBand	超宽带
ECC	Electronic Communications Committee in Europe	欧洲电子通信委员会
HTS	High-Temperature Superconductor	高温超导
SAW	Surface Acoustic Wave	声表面波
LEO	Low Earth Orbiting	地球低轨道（卫星）

第 2 章

| LLFPB | Linear,Lumped,Finite,Passive,Bilateral | 线性的、集总的、有限的、无源的、双边对称的 |

第 3 章

| UDC | Unified Design Chat | 通用设计表 |
| FIR | Frequency-Invariant Reactance | 不随频率变化的电抗 |

第 7 章

| BPP | Band Pass Prototype | 带通原型 |
| PCI | Parallel Coupled Inverter | 并联耦合变换器 |

第 8 章

| LPP | Low Pass Prototype | 低通原型 |

第 9 章

| CQ | Cascade Quartet | 级联四角元件 |
| LTCC | Low-Temperature Co-fired Ceramic | 低温共烧陶瓷 |

第 10 章

| NRN | Non-Resonant Node | 非谐振节点 |

第 11 章

| MMIC | Microwave Monolithic Integrated Circuit | 单片微波集成电路 |

第 12 章

LPF	LowPass Filters	低通滤波器
SI	Stepped Impedance	分布阶梯阻抗
TEM	Transverse Electric and Magnetic	横电磁
UE	Unit Element	单位元件
L/D	Lumped/Distributed	集总/分布参数
TZ	Transmission Zero	传输零点

第 13 章

CM	Coupling Matrix	耦合矩阵
BFSL	Best-Fit Straight Line	最优直线拟合
rms	root-mean-square	均方根

第 15 章

EM	ElectroMagnetic	电磁
MLP	MultiLayer Perception	多层感知器
FLS	Fuzzy Logic System	模糊逻辑系统
SM	Space Mapping	空间映射法
CCM	Calibrated Coarse Model	修正粗糙模型法
ASM	Aggressive Space Mapping	主动空间映射法
TRASM	Trust Region Aggressive Space Mapping	置信域主动空间映射法

第 16 章

CDMA	Code-Division Multiple Access	码分多址
HTS	High-Temperature Superconductor	高温超导
TE	Transverse Electric	横电
TEE	Transverse Electric E	横电模(对称平面为电壁)
TEH	Transverse Electric H	横电模(对称平面为磁壁)
TME	Transverse Magnetic E	横磁模(对称平面为电壁)
TMH	Transverse Magnetic H	横磁模(对称平面为磁壁)

| HEE | Hybrid transverse Electric E | 混合横电模(对称平面为电壁) |
| HEH | Hybrid transverse Electric H | 混合横电模(对称平面为磁壁) |

第 18 章

MUX	MUltipleXer	多工器
HPA	High Power Amplifier	高功率放大器
IMUX	Input MUltiplsXer	输入多工器
OMUX	Output MUltipleXer	输出多工器
HCFM	Hybrid-Coupled Filter Module	混合电桥耦合滤波模块
CPRL	Common Port Return Loss	公共端口回波损耗
ST	Singly Terminated	单终端
DBW	Design Band Width	设计带宽

第 19 章

| VNA | Vector Network Analyzer | 矢量网络分析仪 |

第 20 章

PIM	Passive Inter-Modulation	无源互调
SSPA	Solid-State Power Amplifier	固态功率放大器
TWTA	Traveling-Wave Tube Amplifier	行波管放大器
LOS	Line-Of-Sight	视距
VSWR	Voltage Standing-Wave Radio	电压驻波比
SEY	Secondary Emission Yield	二次电子发射系数
PP	Parallel-Plate	平板
PIC	Particle-In-Cell	粒子模拟
TASE	Time-Averaged Stored Energy	平均时间储能
FEM	Finite Element Method	有限元法
FDTD	Finite Difference Time Domain	时域有限差分
DUT	Device Under Test	待测器件

第 22 章

RRU	Remote Radio Unit	远程无线电单元
BST	Barium Strontium Titanate	钛酸锶钡
PCM	Phase Change Material	相变材料
YIG	Yttrium Iron Garnet	钇铁石榴石
MEMS	Micro-Electro-Mechanical System	微机电系统
WiMAX	Worldwide Interoperability for Microwave Access	全球微波互联接入
HFSS	High Frequency Structure Simulator	高频结构仿真器
PEC	Perfect Electrical Conductor	理想电壁

PMC	Perfect Magnetic Conductor	理想磁壁
SPST	Single-Pole, Single-Throw	单刀单掷(开关)
SEM	Scanning Electron Microscope	扫描电子显微镜
UWMEMS	University of Waterloo Micro-Electro-Mechanical System	滑铁卢大学 MEMS 工艺
MIM	Metal-Insulator-Metal	金属-绝缘体-金属

第 23 章

| ELFD | Equivalent Linear Frequency Drift | 等效线性频率偏移 |
| ECSS | the European Cooperation for Space Standardization | 欧洲空间标准化合作组织 |

目　　录

第1章 射频滤波器——无线通信网络系统概论

本章旨在概述通信系统,尤其是系统中通信信道与其他要素之间的关系,从而为读者提供充分的背景信息,理解通信系统中射频(RF)滤波器的关键作用及指标要求。本章大部分内容源于文献[1~8]。

本章分为三部分。第一部分介绍了通信系统的简单模型,无线频谱及其应用,信息论的概念和系统链路预算。第二部分描述了通信信道中的噪声和干扰环境,信道的非理想幅度与相位特性,调制解调方案的选取,以及这些参数如何影响分配带宽的有效使用。第三部分探讨了系统设计对微波滤波器网络需求的影响,以及卫星和蜂窝通信系统中微波滤波器网络的指标要求。

第一部分 通信系统、无线频谱及信息论

1.1 通信系统模型

通信是指在物理上分离的两点之间传递信息的过程。在远古时期,人们通过各种方式实现远距离通信,比如烟雾信号、击鼓、信鸽和快马传书等。所有这些方式在远距离信息传递中都非常慢,而电的发明改变了这一切。利用电子在电线中的传播,或者电磁波在真空/光纤中的传播,通信几乎瞬时实现,仅受光速——这一人类目前无法超越的速度的限制。

在最高层模型(或简单模型)中,通信由信息源、发射机、通信媒质(或信道)、接收机及信息目的地(信宿)组成,如图 1.1 所示。20 世纪 80 年代以前,大多数信息都以模拟方式通信,称为**模拟通信**。现在,大多数信息以数字方式通信,称为**数字通信**。对于模拟信息,通常也是先将其转换为数字信号进行传输,到目的地后再还原为模拟信号。

所有通信系统都需要是线性的。由于线性系统满足叠加原理,任意一些独立信号通过公用媒质进行发送和接收时,仅受到可用带宽和一定功率电平的限制。但是,通信系统中并不需要所有器件都是线性的,只需整个系统在指定带宽范围内是线性的,而带宽外一定程度上的非线性是可接受的。实际上,非线性是所有有源器件的固有特征,在频率合成、调制、解调及信号放大过程中是必不可少的。这种非线

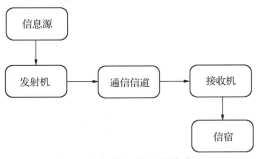

图 1.1 通信系统的简单模型

性可以人为控制,适合于特殊场合应用。对于远距离网络的**视距**(LOS)系统或卫星系统等宽带无线通信系统来说,频谱划分为多个射频信道,通常将这样的系统称为**转发器**。在每个射频信道内,由于系统需求不同,会存在多个射频载波。在多用户环境中,频谱的信道化提高了通信话务量的灵活性。另外,高功率放大器(HPA)只需要放大一个载波或有限的信

号带宽,所以它能以相对较高的效率运行,并最大程度减少了非线性失真。

  无论采用哪种通信方式,显然发射信号经过通信信道的过程是一个严格意义上的模拟过程。通信信道是非理想化的有耗传输媒质,使接收机接收到的信号性能出现恶化。比如,接收机的热噪声、信号失真(在信道中,非理想化的发射机和接收机造成的失真)、多径干扰及系统的其他干扰信号。

1.1.1 通信系统的组成

  本节将详细介绍图 1.2 所示的模拟通信系统和数字通信系统的组成。

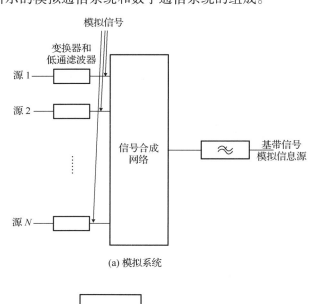

(a) 模拟系统

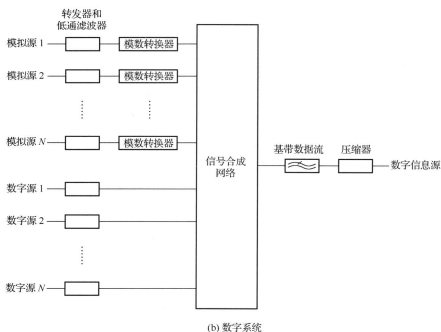

(b) 数字系统

图 1.2 信息源

1.1.1.1　信息源

信息源由大量独立信号组成，这些信号经过某种方式合成，在通信媒质中传输。合成后的信号称为**基带信号**。图 1.2 中的变换器将单个信息源的能量(声能或电能)转换为适合传输的电信号。对于模拟系统，所有的独立信号及合成后的基带信号均是模拟形式的，如图 1.2(a)所示。

对于数字系统，基带信号是数字化的数据流，而合成为基带信号之前的单个信号既可以是数字形式的，也可以是模拟形式的。因此，单个模拟信号需要通过模数(A/D)转换器转换成相应的数字信号。数字系统中信息源的另一个特性是使用数据压缩技术，以节省带宽。压缩器去除数据中的冗余信息及其他特性，从而降低了需要发射的数据量，同时又确保信息可以恢复。数字通信系统的信息源如图 1.2(b)所示。

1.1.1.2　发射机

发射机结构如图 1.3 所示，各组成部分的功能如下：

- 编码器。在数字系统中，编码器将纠错数据置入基带信息流，即使接收信号在经过信道后存在严重的恶化，数字信息仍然可以恢复。
- 调制器。用于携带信息的信号的发射路径和接收路径之间，将基带信号变换到较高的中等载波频率(IF，简称为中频)。在调制器中，中频的使用简化了信号处理滤波电路。调制器可以改变信号频率，占用带宽，或者从实质上改变信号的形式，从而更适合在通信媒质中有效传输。
- 上变频器。又称为混频器，将已调制的中频载波频率变换到指定的射频(RF)频率的微波范围，实现射频传输。
- 射频放大器。用于放大射频信号。射频功率对射频信道的通信容量有直接影响。
- 射频多工器。将若干射频信道的功率合路成一个宽带射频信号，并通过公用天线传输。
- 发射天线。向空间发送射频功率信号，发射方向指向接收机。

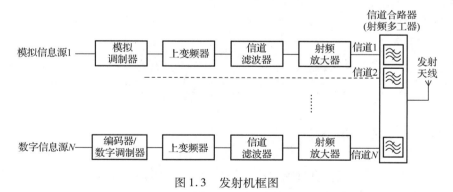

图 1.3　发射机框图

1.1.1.3　通信信道

对于无线系统来说，通信信道是自由空间。因此，空间特性(包括大气层)对于系统设计起着至关重要的作用。

1.1.1.4　接收机

接收机的结构如图 1.4 所示，各组成部分的功能如下：

- 接收天线。指向发射天线,获取射频信号,传输至低噪声放大器(LNA)。
- 低噪声放大器。在引入最小噪声的前提下,放大接收到的微弱信号。
- 下变频器。提供频率转换功能,与发射机链路中的作用类似。下变频器将上行频率转换为下行频率。
- 解调器。从射频载波中提取基带信号,这与调制器的过程正好相反。
- 解码器。找出之前置入信息流的纠错数据,并使用这些数据纠正数字解调器在恢复数据过程中出现的错误。

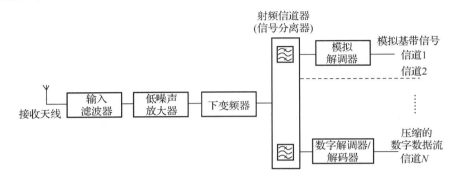

图 1.4　接收机框图

1.1.1.5　信宿

信宿的功能正好与信息源相反。在数字系统中,使用扩展器实现压缩器的反向操作,从而恢复数据,如图 1.5 所示。

由于通信系统的安装成本很高,其商业可行性在很大程度上取决于共享传输媒质容纳的用户数量。因此,信息源通常由大量信号组成,占用有限的频率范围。频率范围的宽度称为系统的**带宽**。

图 1.5　数字系统的信宿

这样就引出了一些关键问题。通信系统的可用带宽是否存在限制?选定了传输媒质之后,在可用带宽下信息传递的限制是什么?通信系统中与成本息息相关的参数有哪些?

1.2　无线频谱及其应用

要理解通信系统可用带宽的限制,有必要先了解无线频谱及其应用[4]。

电磁波覆盖极宽的频谱,从每秒几个周期到高达每秒 10^{23} 个周期(伽马射线)。无线频谱是电磁波频谱的一部分,电波从空间中某一点有效辐射并在另一点接收。无线频谱包括 9 kHz～400 GHz 范围的所有频率,大多数商用频段集中在 100 kHz～44 GHz,而一些实验系统的频率甚至高达100 GHz。另一方面,这些频率信号也可以通过电线、同轴电缆和光纤实现远距离传输。一旦采用上述有线方式来传输这些频率信号,且这些信号并不用于发射,就不再将其视为无线频谱的一部分。由于技术上的限制,同时出于管理方面的考虑,一个通信系统仅允许占用一部分无线频谱。国家机构和国际机构将无线频谱划分为更小的频率"段",其中每段仅允许有限类型的运营。此外，各个频段均为管制商品，通常需要缴纳牌照费才能使用。因此，已分配频谱的最大化利用成为极大的驱动力。

1.2.1　微波频率下的无线传播

在自由空间通信媒质中，存在许多造成能量损耗的因素。其中最主要的因素是大气层中的降雨和氧气的存在。大气层中信号衰减与频率的关系如图 1.6 所示。无线电能量被雨滴吸收和耗散，在其波长和雨滴大小接近的情况下，这一影响愈加显著。因此，降雨和水蒸气会在较高的微波频率造成强烈的衰减效应。水蒸气造成的第一个吸收带峰值约为 22 GHz，氧气造成的第一个吸收带峰值约为 60 GHz。

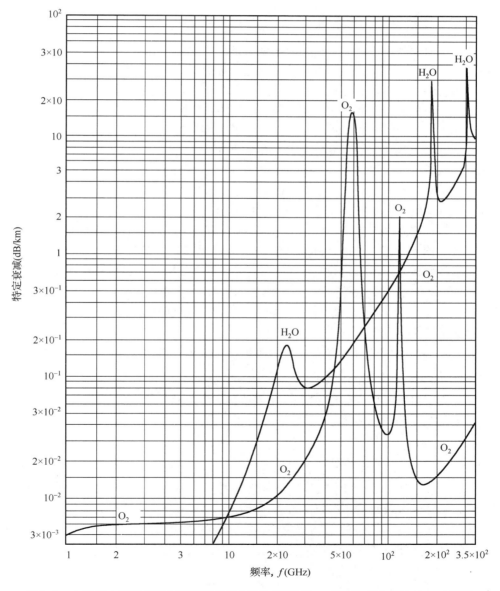

图 1.6　大气层中信号损耗与频率的关系(摘自 CCIR Rep. 719-3，Vol. V Annex，1990)

对于固定视距陆地微波无线链路来说，多径衰落是信号损耗的另一个主要原因。衰落是由于地球表面几十千米处大气折射率的变化引起的。折射率的梯度变化令射线弯曲，且经过地面或其他层的折射后，与直接射线合并，导致相干干扰。

移动通信给信号传播带来了新问题。除了满足全方位覆盖和终端用户移动性的需求，通信系统还必须解决信号经高楼、树木、山谷及城市环境中其他大型物体折射后产生的非视距和多径问题。此外，移动业务的覆盖区域还包括室内。同时，移动会产生**多普勒频移**，即接收信号频率发生变化，使问题更加复杂。

通过上述分析，显而易见，由于城市环境中的降雨和其他大气层效应带来的多径问题影响，严重限制了频谱在商用通信方面的应用。

1.2.2　作为自然资源的无线频谱

与其他任一通信系统不同，无线频谱是独特的自然资源，完全可以再生，永远不会耗尽，且无处不在。同时，无线频谱的应用也是受限的。这主要是由于无线频谱的容量有限，如果超出其容量限制则将产生干扰，使系统失效。因此，政府机构以遵守使用规则为条件，授予用户无线频谱的使用特权。由于射频信号经常跨越边境线，两国分配的无线电频率将产生干扰，因此国家之间必须合作，协调各国的频率分配。由于通信对所有国家来说都极其重要，因此需要设立国家和国际性机构来管理射频频谱的分配与使用。

国际电信联盟(ITU)是个联合国机构，是确定世界无线频谱分配的国际组织。国际电信联盟组织召开世界无线电行政大会(WARC)，与会的国际电信联盟成员国就不同国家的提议达成一致，从而实现无线频谱的分配[①]。由于这些会议要求针对决策达成一致意见，导致会议过程异常冗长，而且往往延期。一旦意见达成一致，国际电信联盟就会发布频率分配表，即**无线电规则**。各个国家根据无线电规则表详细制定本国的频率分配计划。此外还有一些咨询委员会，如国际电信联盟的国际无线电咨询委员会(CCIR)，专门研究并推荐互通性标准和指导方针，并针对各业务之间的干扰进行控制。在国家内部，大多数国家都有自己的政府机构，例如美国联邦通信委员会(FCC)，管理所有非联邦政府使用的无线频谱。此外，还有其他一些机构控制着政府和军用频率的分配。

下面列出大多数国家的管理者在分配无线频谱时的优先考虑事项：

- 军用；
- 公共安全，如航空/海事应急通信、公安机关、消防及其他应急服务；
- 国家电信公司的电话业务；
- 广播和电视；
- 私人用户(移动系统和其他业务等)。

鉴于修订程序、优先度、国家政策等因素之间的复杂关系，一旦一项业务确立并使用特定频段的频谱，就很少再做改变。履行义务将产生巨大利益，但是往往在无线频谱有效利用的同时带来干扰。为了确保频率分配和频谱使用，使无线频谱这种自然资源在最大程度上实现有效利用，涌现出大量分布广泛的无线通信和业务。但是，这也给国家与国际管理实体及原始设备制造商(OEM)带来了巨大压力。

---

① 1994 年改名为世界无线电通信大会(WRC)。——译者注

1.3　信息论的概念

在给定的传输媒质中，信息传递的限制是什么？信息论概念提出者克劳德·香农[9]，基于其开创性的工作给出了最基本的答案。

1948 年，贝尔实验室的香农指出："信号携带信息，则必然发生变化；传送信息，则必须解决信号的不确定性。"

也就是说，所有信息的测量值是个概率问题。香农规定了代表一个信息单位的两条等概率消息输出的不确定性，他采用了二进制或比特作为测度，并指出系统的信息容量基本上只受几个参数的限制。尤其是，他证明了信道最大信息容量 C 受到信道带宽 B 和信道中信噪比 (S/N) 的限制，如下所示：

$$C = B \log_M \left(1 + \frac{S}{N}\right) \quad 信息量/秒 \tag{1.1}$$

其中 M 为源信息可能存在的消息状态数。在这个公式中，S/N 定义为解调器输入端的信号条件，其中 S 为信号功率（单位为 W），N 是在信道带宽中均匀分布的高斯白噪声的平均功率（单位为 W）。在模拟通信中，M 很难定义；但是在数字通信中，由于采用二进制数据（$M=2$），信息容量的限制条件给定为

$$C = B \log_2 \left(1 + \frac{S}{N}\right) \quad 信息量/秒 \tag{1.2}$$

对于数字通信来说，其容量是根据编码之前压缩器的输出端测量得到的信息比特流，而不是根据想象中数据源端的信息定义的。B 和 S/N 定义在信道内接收机的输入端。

注意，信息并非由数据源定义的，因为"数据"和"信息"之间存在显著差异。

数据是源的原始输出。例如，数字化音频、数字化视频或文本文档中文本字符的顺序。

信息是原始数据的主要内容。此内容往往比表示原始输出的数据少得多。

以音频数字转换器为例，它必须对模拟音源连续抽样并输出，即使谈话者在词句之间停顿时也是如此。类似地，在视频信号中，大多数帧与帧之间的图像变化极小。在文本文档中，一些字符或单词重复的概率比其他字符或单词高得多，但是在数据源中仍会使用同样数量的比特来代表各个字符或单词。

数字压缩技术拓宽了对数据源类型特性的认识。当数据由一种表现形式映射到另一种表现形式时，减少数字比特仍可以保证重要信息得到传输。本书不打算详解其中的细节。但是，数据传输之前能够大幅度减少原始数据量而不会丢失有用信息，或丢失很少的有用信息，认识到这一点非常重要。例如，现代数字电视使用 MPEG2 压缩技术，其源数据与原始数字视频相比，平均数据传输率至少降低了一个数量级。毫无疑问，数字压缩技术在最近几十年来吸引了许多研究机构的兴趣，并获得了持续的进步。

香农的信息定理也证明了，只要信息传输率 $R < C$，便有可能将传输错误限制在一个任意小的值内。数字通信中解决这一限制的技术称为**编码**，是近几十年来又一个广受关注的研究领域。当前的技术可以达到距香农极限零点几分贝以内。香农理论指出，当 $R < C$ 时，噪声条件下仍可以实现无差错传输。而高斯噪声作用的结果却令人吃惊，这是由于高斯噪声的概率密度可以扩展到无穷大。

尽管受限于高斯信道,但这个理论仍然非常重要,因为:(1)物理系统中出现的信道一般为高斯信道;(2)高斯信道带来的结果常常是提供系统性能的下限,表明高斯信道的误码率最高。因此,如果将高斯信道环境中经过特定的编码和解码后产生的误码率记为 P_e,那么非高斯信道环境中采用其他编码和解码技术得出的误码率与 P_e 相比,相对较低。针对许多非高斯通道也可以推导出类似的信道容量公式。

香农的信息定理表明,无噪声高斯信道($S/N=\infty$)具有无穷大容量,与其带宽无关。但是当带宽变得无穷大时,信道容量并不会变得无穷大,这是因为噪声功率随带宽增加而变大。因此,在信号功率固定且出现高斯白噪声的情况下,信道容量随着带宽增加而趋于上限。令式(1.2)中的 $N=\eta B$,其中 η 为噪声密度(单位为 W/Hz),可得

$$C = B\log_2\left(1+\frac{S}{\eta B}\right) = \frac{S}{\eta}\log_2\left(1+\frac{S}{\eta B}\right)^{\eta B/S} \tag{1.3}$$

和

$$\lim_{B\to\infty}C \approx \frac{S}{\eta}\log_2 e = 1.44\frac{S}{\eta} \tag{1.4}$$

显然,在一个容量指定的系统中,无论使用的带宽是多少,接收信号都位于绝对功率的下限。在容量给定的情况下,有

$$S \geqslant \frac{C\eta}{1.44} \tag{1.5}$$

根据式(1.2),一旦超出最低接收信号功率,就可以在带宽与信噪比之间进行折中,反之亦然。例如,如果 $S/N=7$,$B=4$ kHz,则可得 $C=12\times10^3$ bps。如果信噪比(SNR)增加至 $S/N=15$ 且 B 减少至3 kHz,则信道容量仍保持不变。由于3 kHz 带宽时的噪声功率只有4 kHz 带宽时噪声功率的3/4,因此信号功率必须增加 $\frac{3}{4}\times\frac{15}{7}\approx1.6$ 倍。所以,若带宽减少25%,则需要信号功率增加60%。

一旦确定了无线频谱的基本参数和信道带宽,接下来的问题是:通信系统中有哪些参数是成本敏感参数?由这个问题引出了对通信信道和系统链路参数的评估。

1.4　通信信道与链路预算

一个信道的通信容量受限于信道中的信号功率 S、带宽 B 及噪声功率 N。这些参数及其之间的关系将在随后的章节中说明。

1.4.1　通信链路中的信号功率

无线通信系统需要以射频的方式在空间传输信号。射频信号通过地球的大气层,然后被接收机接收。信号传播的方向既可以是用于陆地固定通信系统或移动通信系统的水平方向,也可以是用于卫星系统的垂直方向。通信系统中接收到的信号功率主要由以下 4 方面决定:

- 发射机发射的射频功率信号;
- 由发射天线的增益定义,以自由空间波方式传输并指向接收机的部分发射功率信号;
- 通信媒质中的能量损耗,包括能量因球面扩散而造成的损耗;
- 由接收天线的增益定义,接收机接收到的部分自由空间射频信号转换成的能量。

1.4.1.1　射频功率

对于给定的分配带宽和指定的噪声电平来说，通信容量取决于无线传输中资用功率的控制。初看起来，通过增加射频功率的方式可以任意增加信道容量。但是这种方法存在两个问题：（1）产生射频功率的代价太昂贵，是成本敏感参数；（2）大量射频功率在无线传输过程中发生了损耗，使功率成为无线系统中成本最高的部分。由于这些问题，有必要研究无线系统中功率传输的基本限制。

1.4.2　发射天线与接收天线

天线通过传输线向空间发射电磁能量，同时也通过传输线从空间接收电磁能量。天线是线性的互易元件，因此在发射和接收过程中天线的特性也是相同的。互易定理对所有特性的天线都成立。物理天线（反射面类型）由反射平面与辐射或吸收馈送网络组成。反射面用于在指定的方向聚集能量，馈送元件在发射系统中将电流转换成电磁波，在接收系统中将电磁波转换成电流。典型的抛物面微波天线如图 1.7 所示，发射天线将能量向接收站或特定地理区域集中发射。对于接收天线来说，天线孔径收集功率，并将其聚集到接收系统的输入馈送元件。此处描述的天线的基本特性可以广泛应用于各种频段。

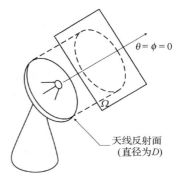

图 1.7　抛物面天线

1.4.2.1　天线增益

天线的增益是以全向天线来定义的。一个全向发射天线等效于一个点源，向各个方向辐射均匀球面波，如图 1.8（a）所示。如果点源辐射出的功率为 p_0（单位为 W），则在距离点源 r 处均匀分布的功率通量密度为 $p_0/4\pi r^2$（单位为 W/m^2）。假设功率源位于天线的输入端，其辐射功率在周围空间的任意 (θ, ϕ) 方向上与 $p_0/4\pi$ 成正比。一个定向天线的辐射功率 $p(\theta, \phi)$ 在 (θ, ϕ) 方向上的功率如图 1.8（b）所示。考虑到各向同性源，定向天线的增益为

$$g(\theta, \phi) = \frac{p(\theta, \phi)}{(p_0/4\pi)} \tag{1.6a}$$

增益随着 θ 和 ϕ 的取值而变化，其最大值取决于 (θ, ϕ) 包络的最大功率。天线增益 g 通常用分贝的形式表示为

$$G = 10 \lg g \quad \text{dBi 或 dB} \tag{1.6b}$$

注意，该定义独立于天线的物理属性，仅与天线的辐射方向图有关。对于大多数采用均匀抛物面天线的系统来说，最大增益发生在天线的视轴上，其中 $\phi = \theta = 0$。

1.4.2.2　有效孔径和天线增益

物理天线需要设计成在目标方向上以最小的损耗辐射和捕获能量，而在目标区域外允许能量逸出。天线的有效孔径 A_e 定义为天线在目标 θ 和 ϕ 方向捕获和辐射能量的等效物理区域，其公式为

$$A_e = \eta A \tag{1.7}$$

其中 η 为天线的效率（$\eta < 1$），A 为用于辐射和捕获能量的物理孔径。有效孔径代表最大增益情况下波束方向的投射区域，其中包括因损耗和结构的不一致，以及孔径照度的非均匀性引起

的恶化。如果理想天线的能量传播是均匀的，则 A_e 与实际投射区域 A 相等，$\eta = 1$。在实际应用中，η 的取值通常在 $0.5 \sim 0.8$ 范围内变化。

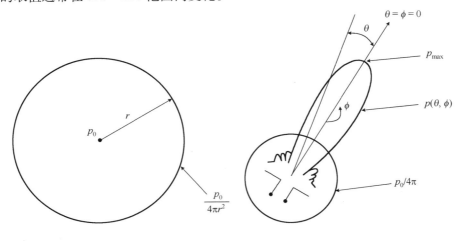

(a) 来自各向同性源的均匀球面波　　　　　　　　(b) 定向天线波束

图 1.8　发射天线的辐射功率

接下来的问题是如何确定有效孔径在给定频段内能够聚集到的功率能量。这个问题的推导非常复杂，但结果却简单明了。根据天线理论[10]，天线增益与有效孔径之间的关系是

$$g = \frac{4\pi A_e}{\lambda^2} \qquad (1.8)$$

其中 λ 为射频频率的波长。上式表明，天线的增益取决于其有效孔径与工作频率。对于给定孔径尺寸的天线来说，频率越高，天线增益越大。这种关系表明，给定尺寸的孔径可实现的增益存在固有局限性。此外，由于高频天线孔径的表面需要 λ 精确到很小的范围内，使得其制造成本极高。另一个有用的公式可根据天线聚集功率的立体角 Ω 推导得到。根据式(1.8)可得

$$\Omega = \frac{\lambda^2}{A_e} \quad \text{rad}^2 \quad \text{且} \quad g = \frac{4\pi}{\Omega} \qquad (1.9)$$

在卫星通信系统中，一旦天线的轨迹被指定(覆盖区域被划定)，卫星覆盖这块区域的立体角也就固定下来了，这说明天线增益(及孔径尺寸)是由覆盖区域决定的。换句话说，决定卫星可实现增益极限的是天线的覆盖区域，而非天线的设计或物理结构。这种关系还表明，为了实现高方向性，即立体角较小，孔径尺寸必须远大于工作波长。在微波频段，相对较高增益的物理孔径是比较容易实现的。对于这种天线来说，辐射区域与不处于发射方向的邻近物体不会产生强烈的相互干扰。因此，通常在兆赫范围(调幅、调频和电视广播)的设计中至关重要的地面效应，在 1 GHz 以上频率中可以忽略。

1.4.2.3　功率通量密度

电磁能量的辐射遵循基本平方反比法则。因此，辐射距离为 r 的全向天线的能量均匀分布在球面 $4\pi r^2$ 上，如图 1.8(a)所示。注意，能量大小与辐射频率无关。每个单位面积上接收到的功率为 $p_0/4\pi r^2$，其中 p_0 为各向同性源输入的总功率。这个值用功率通量密度(pfd)定义为

$$\text{pfd} = \frac{p_0}{4\pi r^2} \quad \text{W/m}^2 \qquad (1.10)$$

1.4.2.4 通信系统中天线发射和接收的功率

假设功率在理想信道中通过无线传输进行发射和接收。定义 p_T 为发射机功率（单位为 W），g_T 为发射天线增益，g_R 为接收天线增益，A_{eT} 和 A_{eR} 为发射天线和接收天线的有效孔径（单位为 m），r 为发射机和接收机之间的距离（单位为 m），则传输功率为 $p_T g_T$（单位为 W）。在目标方向上，距离为 r 时的功率通量密度为

$$\text{pfd} = \frac{p_T g_T}{4\pi r^2} \quad \text{W/m}^2 \tag{1.11a}$$

p_T 和 g_T 的乘积称为等效全向辐射功率（EIRP），是链路计算中的重要因子。pfd 代表理想天线以 1 m² 孔径截获的接收功率，用分贝形式表示为

$$\text{PFD} = P_T + G_T - 10\lg 4\pi r^2 = \text{EIRP} - 10\lg 4\pi r^2 \quad \text{dBW/m}^2 \tag{1.11b}$$

其中，$P_T = 10\lg p_T$，$G_T = 10\lg g_T$，$\text{PFD} = 10\lg(\text{pfd})$。这个公式表明，在无线传输中，以 $10\lg 4\pi r^2$ 形式表示的很大一部分发射能量在接收端损耗掉了。同样，这个损耗与频率无关，当公式使用发射和接收天线的增益形式表示时，这一点往往被忽视。为了说明这一点，式（1.11）可用距离为 r 时接收到的功率 p_r 表示如下：

$$p_r = (\text{pfd})_t \times A_{eR} = \frac{p_T g_T}{4\pi r^2} g_R \frac{\lambda^2}{4\pi} = p_T g_T g_R \left(\frac{\lambda}{4\pi r}\right)^2 \quad \text{W} \tag{1.12a}$$

用分贝表示为

$$P_R = P_T + G_T + G_R - 20\lg \frac{4\pi r}{\lambda} \quad \text{dBW} \tag{1.12b}$$

此式表明接收功率包含与频率和距离相关的项。这种相关性源于接收天线需要将接收能量聚集到一个点源。换句话说，$20\lg(4\pi r/\lambda)$ 通常指距离损耗，代表两个全向天线之间在特定距离和特定频率的功率损耗。如果考虑以一个点源的形式辐射射频能量，那么能量分布服从经典的平方反比法则，而与频率无关，如式（1.11）所示。式（1.11）或式（1.12）都可以用于链路计算。

例 1.1 在一个微波中继传输链路中，中继站之间距离 50 km。它们都装有 10 W 的高功率放大器和 30 dB 增益的天线。假设传输线和滤波器损耗为 2 dB，（1）计算发射机的等效全向辐射功率（EIRP）和接收天线的功率通量密度（PFD）；（2）给定天线效率 0.8，计算圆形抛物面天线直径，要求在 4 GHz 频带内实现 30 dB 增益。

解：
1. EIRP = 10 dBW + (− 2 dB) + 30 dB
   = 38 dBW

 PFD = EIRP − 10lg $4\pi r^2$
   = 38 − 105
   = − 67 dBW/m²（或 200 nW/m²）

因此，在距离发射机 50 km 处，每平方米的孔径截获发射天线输出的射频功率为 200 nW。

2. 推导出孔径及其特定天线增益之间的关系为

$$A = \frac{G}{\eta} \frac{\lambda^2}{4\pi} \quad \text{m}^2$$

虽然功率通量密度保持不变,但是孔径接收的信号功率取决于射频信号的频率。对于直径为 D 的圆抛物面天线,孔径面积 $A = (\pi/4) \times D^2$。将天线增益表示为分贝形式,直径单位为 m,则可得

$$G = 20\lg D + 20\lg f_{\mathrm{MHz}} + 10\lg\eta - 39.6 \quad \mathrm{dB}$$

对于 $f = 4000$ MHz,$G = 30$ dB,$\eta = 0.55$,可计算出 $D = 1$ m。

第二部分　通信信道中的噪声

1.5　通信系统中的噪声

广义上的**噪声**包括通信电路中的任何无用信号。噪声代表通信系统传输容量的基本限制,同时噪声也是 ITU 和国家无线电管理机构的研究重点。无线电管理的关键问题是制定指标,规定现有系统和新建系统的辐射级别。在多系统环境中,针对通信系统之间干扰的管控非常重要。如果不采取限制,则几乎不可能设计出一个可靠的通信系统。通常来说,管理机构在制定目的地理区域内的频谱分配及允许的辐射级别的同时,还给存在竞争的业务和系统提出了如何抗干扰的指导方针。通信系统以外的噪声源包括:

1. 宇宙辐射,包括来自太阳的辐射;
2. 人为(由人类造成的)噪声,如电力线、电子机械、消费电子及其他地面噪声源;
3. 来自其他通信系统的干扰。

对于宇宙噪声来说,几乎没有任何办法避免,只能确保在系统设计时多加考虑。通常,人为噪声发生在低频,对于工作在 1 GHz 以上的通信系统根本不是问题,而来自其他通信系统的干扰将受到 ITU 和国家无线电管理机构的严格控制。通常需要控制的包括发射机功率、天线辐射方向图,以及分配频谱之外的频率分量的产生和抑制。管理条例确保无用辐射源保持在极低的水平,并远远低于通信系统设计中自身的噪声。通信系统中的主要噪声源包括:

- 来自邻近同极化信道的干扰;
- 来自邻近交叉极化信道的干扰;
- 多路径干扰;
- 热噪声;
- 互调(IM)噪声;
- 由于非理想信道造成的噪声。

下面将具体分析各种噪声源。

1.5.1　邻近同极化信道干扰

所有通信系统的共同点是频谱信道化。信道化能提高多业务需求的灵活性,同时使系统通信容量最大化。后面的章节将详细介绍远距离传输采用的调制方案。最常用的调制方案是频率调制(FM,简称为调频)。调频的一个特性是边带的幅度特性以渐降的方式,直至趋于无穷大。因此,就不会有能量泄漏到邻近信道而导致失真。在某种程度上讲,使用信道滤波器可以控制能量的泄漏,从而突出了通信系统中滤波器网络的重要性。邻近信道干扰如图 1.9 所示。

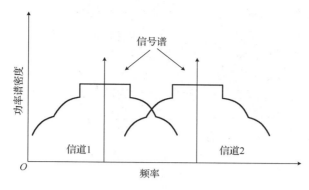

图 1.9　邻道干扰

1.5.2　邻近交叉极化信道干扰

　　电磁辐射的一个基本特点是允许能量在指定方向上以极化的形式传播。在通信系统中，天线波束的正交极化充分利用了这一特性。它允许频率重复使用，从而扩展一倍的可用带宽。极化可以是线性的或全向的。在实际应用中，对于天线网络的最主要的限制是交叉极化隔离度。因此，这种干扰完全可以通过天线的设计来控制。在实际系统中，典型的交叉极化隔离度为 27 ～ 30 dB。需要注意的是，当电磁波辐射通过大气层传播时，极化将发生变化。在设计中也需要考虑到这一点。

1.5.3　多路径干扰

　　这种干扰是信号在能量传输过程中被传输路径上的障碍物阻挡产生反射而导致的。障碍物可以是城市中的高层建筑物、大树或植物。同时，干扰也可以来自崎岖的地形或者大气层的反射。当各种不同反射波也被接收器接收时，就产生了干扰。从时间上讲，这些干扰信号对于原始传输在时域上是不同的。图 1.10 描述了多路径干扰。

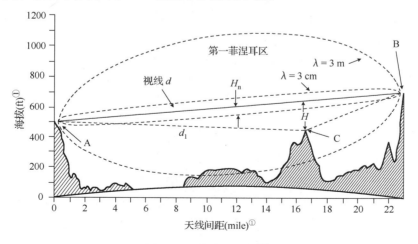

图 1.10　多路径干扰[1]

---

① 1 英尺(ft) = 0.3048 m。1 英里(mile) = 1.609 344 km。——编者注

在一个固定视距系统环境中，无线路径可以通过考察干扰物的位置来得到优化。对于移动通信，情况就完全不同了。移动终端可以是固定的，也可以是移动的。而且，手持移动终端会有轻微移动。当一个终端移动时，路径特征是一直改变的，多路径传播成为限制系统性能的主要因素。射频信号由于邻近建筑物的阻挡而经历多路径的散射、反射和衍射。虽然有用的或有害的衰落会变得很复杂，但这种问题是可以解决的，如采用频率和空间分集，前向纠错等。虽然系统采用了这些补偿技术，但多路径干扰仍是掉话、衰落或通信中断的首要原因。而可用带宽资源的限制更加重了这一问题。关于此问题和其他与无线传播有关问题的介绍参见Freeman 的文献[7]。

1.5.4　热噪声

热噪声存在于所有通信系统中，最终限制了通信系统的性能。因此本书将更深入地讨论热噪声。热噪声是指由于导体中的分子不断地扰动而产生的电噪声，且任何物质中都存在原子级的扰动。原子是由原子核和围绕原子核的一系列电子组成的，原子核是由中子和质子组成的，而质子和电子的数量是一样的。电子和带正电的离子在一个导体中均匀分布，导体中的电子在分子热平衡条件下是随机运动的。这个运动产生随温度升高而变大的动能。由于每个电子携带一个单位负电荷，分子之间碰撞时每个电子的逃逸会产生一个短脉冲电流。大量电子随机扰动造成具有统计特性的起伏，从中性状态转化为电噪声。电子的均方速度和绝对温度是成正比的。根据玻尔兹曼和麦克斯韦(及约翰逊和奈奎斯特的研究结果)提出的均分定理，对于一个热噪声源，1 Hz带宽内对应的噪声功率为

$$p_n(f) = kT \quad \text{W/Hz} \tag{1.13}$$

其中 k 为玻尔兹曼常数，$k = 1.3805 \times 10^{-23}$ J/K，T 是热噪声源的绝对温度(热力学温度 K)。当室温为17℃或290 K 时，噪声功率为 $p_n(f) = 4.0 \times 10^{-21}$ W/Hz或 -174.0 dBm/Hz。这就是根据均分定理得出的频域内的噪声功率谱密度。这种具有常数特性的功率谱密度的热噪声源称为**白噪声**，类似于白光光谱中包含各种可见光的光谱。所有测量结果表明，热噪声的总功率在一定范围内与带宽成正比，这个范围从直流一直到目前最高的微波频率。如果带宽是无穷大的，根据均分定理，热噪声总功率也就应该是无穷大的。很明显，这是不可能的。原因是均分定理基于经典力学理论，当接近极高频率时，这个理论就不再适用了。如果在这个问题上运用量子力学理论，则必须用$hf/[\exp(hf/kT)-1]$来代替 kT，其中 h 为普朗克常数($h = 6.626 \times 10^{-34}$ J·s)。将这个结果代入热噪声的表达式中，可得

$$p_n(f) = \frac{hf}{\exp(hf/kT) - 1} \quad \text{W/Hz} \tag{1.14}$$

这个关系式表明，在任一较高频率下，热噪声最终降为零。但是，这并不意味着可以在这些频率下构造出无噪声器件。此时，在式(1.14)中需要引入量子噪声 hf。图 1.11 给出了噪声功率密度与频率的关系，过渡区对应的频率分别为 40 GHz($T = 3$ K)，400 GHz($T = 30$ K)和4000 GHz(室温下)。实际上，对于大多数系统，可认为噪声源的噪声功率与系统或检波器的工作带宽和噪声源绝对温度的乘积是成正比的。

因此，

$$p_a = kTB \quad \text{W} \tag{1.15a}$$

其中 B 为系统或检波器的噪声带宽(单位为 Hz)，p_a 为噪声功率(单位为 W)。假设环境温度为

290 K，用 dBm 表示噪声功率，可得

$$p_a = -174 + 10 \lg B \quad \text{dBm} \tag{1.15b}$$

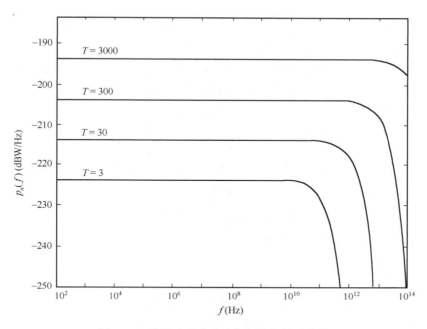

图 1.11　热噪声功率密度与频率的关系曲线

式(1.15b)表明，要使噪声功率位于一个极低水平，必须严格限制信号的信噪比。以上关系中仅用平均值来表示，它没有体现出任何关于统计分布的信息。如前所述，热噪声是由于导体中的电子随机运动引起的，因此可以认为热噪声是大量单个电子扰动作用的叠加。在统计领域，众所周知的结论是：具有不同分布形式的大量独立变量之和，其分布函数的极限形式可以用高斯函数表示。这在统计学中称为**中心极限定理**。因此，热噪声满足高斯分布条件。图 1.12(a)给出了零均值的高斯概率密度函数曲线，表示如下：

$$p(V) = \frac{1}{\sigma_n \sqrt{2\pi}} \exp\left(\frac{-V^2}{2\sigma_n^2}\right) \tag{1.16}$$

其中，V 表示瞬时电压，σ_n 表示标准偏差。高斯分布函数如图 1.12(b)所示。

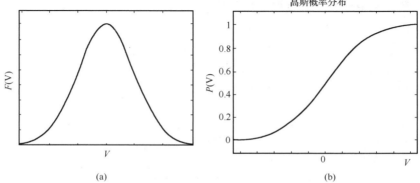

图 1.12　(a) 高斯概率密度函数；(b) 高斯分布函数

式(1.16)用积分的形式表示为

$$P(V) = \frac{1}{\sigma_n \sqrt{2\pi}} \int_{-\infty}^{V} \exp\left(\frac{-x^2}{2\sigma_n^2}\right) dx \qquad (1.17)$$

从图1.12中很容易看出,均方根电压的平方(V^2)等于方差σ_n^2。所以,高斯分布的噪声源的均方根(rms)电压等于标准偏差σ_n。

高斯噪声的峰值有可能大于任意正的有限幅值,因此热噪声信号中不存在峰值因数,即峰值和均方根电压的比值。在实际应用中,通常将峰值因数的定义修改为某个时间百分比内超过噪声的值与均方根噪声值之比。这一百分比通常给定为0.01%。根据正态分布表可以看出,小于0.01%时限的信号幅度大于$3.89\sigma_n$(即$|V| > 3.89\sigma_n$)。

由于σ_n为噪声信号的均方根值,对于热噪声来说,峰值因数为3.89,即11.8 dB。如果其峰值增长0.001%,则峰值因数将增加1.1 dB,达到12.9 dB。热噪声是白噪声同时也是高斯分布的,这一事实使许多设计人员错误地认为高斯噪声和白噪声是同义的,其实并不总是这样。例如,高斯噪声通过一个线性网络,如滤波器,输出噪声虽然还是高斯分布的,但频域发生了显著变化。此外,一个单脉冲信号的幅度并不会显示为高斯分布的,但频域却是平坦的,如白噪声频谱。

1.5.4.1　等效输入噪声温度

由于一个热噪声源的噪声功率与其绝对温度成正比,所以噪声功率可以用噪声温度等效[1]。对于电阻元件来说,噪声温度与电阻的物理温度是一样的。如果一个给定噪声源在很窄的频带Δf内产生了功率p_a,噪声源的噪声温度就是$T = p_a/(k\Delta f)$。应该强调的是,噪声温度的概念并不局限于噪声源本身,噪声温度也并不一定等于噪声源的物理温度。例如天线,输出噪声可以简单地认为是天线孔径在其可视角上聚集的噪声。天线的物理温度对噪声温度没有影响,但噪声温度依然可以用来定义来自天线的噪声功率。

考虑一个二端口网络,资用增益为$g_a(f)$。当它连接到一个噪声温度为T的噪声源时,在很窄的频带Δf内,输出端的噪声功率为$p_{no} = g_a(f)kT\Delta f + p_{ne}$。这个功率由两部分组成:(1)由外部噪声源产生的功率$g_a(f)kT\Delta f$;(2)由网络内部噪声源产生的功率p_{ne},也就是当网络输入端连接到一个无噪声源时,网络的输出噪声功率。这个噪声网络的内部噪声源的等效噪声温度T_e就可以表示如下:

$$T_e = \frac{p_{ne}}{g_a(f)k\Delta f} \qquad (1.18)$$

输出端的有效噪声功率用输入端的等效噪声温度表示为

$$p_{no} = g_a(f)k(T + T_e)\Delta f \qquad (1.19)$$

等效输入噪声温度T_e可以表示为一个与频率有关的函数,它随着g_a和p_{ne}的不同而变化。当信号源噪声温度和标准温度不同时,等效噪声温度的概念就非常有用。当评估一个完整的通信系统的噪声性能时,它的独特优点就体现出来了。另一个有助于分析通信系统噪声的概念是噪声系数。

1.5.4.2　噪声系数

无线电工程师协会(IRE,为IEEE的前身)对一个二端口网络的噪声因子定义如下:一个特定输入频率下的噪声系数(噪声因子),可以用对应输出频率上每单位带宽的总的噪声功率(当输入的源噪声温度为标准噪声温度290 K时的输出)和输入源在输入频率上产生的输出功

率的比值来表示。根据这个定义,

$$噪声系数 n_F = \frac{p_{no}}{g_a(f)kT_0\Delta f} \tag{1.20}$$

其中 $T_0 = 290$ K, 称为标准温度。窄带 Δf 的噪声系数称为**点噪声系数**, 可用与频率相关的函数表示。噪声系数也可以和等效噪声温度联系起来。在式(1.19)中, 如果用 T_0 代替 T, 根据噪声系数的定义, 输出噪声功率 p_{no} 可表示为 $g_a(f)k(T_0 + T_e)\Delta f$。即输出噪声与噪声系数的关系可由式(1.20)给定。将这两个表达式统一起来, 就建立了噪声系数和有效噪声温度之间的关系

$$n_F = 1 + \frac{T_e}{T_0} \tag{1.21}$$

和

$$T_e = T_0(n_F - 1) \tag{1.22}$$

当噪声温度接近标准温度时, 噪声系数的概念就变得极其有用了。考虑到网络输出端的噪声功率由式(1.20)给定, 用 dBm 的形式改写这个公式, 可得

$$P_{no} = N_F + G_a + 10\lg\Delta f - 174 \quad \text{dBm} \tag{1.23}$$

其中, 各符号定义如下:

$$
\begin{aligned}
P_{no} &= \frac{10\lg p_{no}}{10^{-3}} \\
N_F &= 10\lg n_F \\
G_a &= 10\lg g_a
\end{aligned}
\tag{1.24}
$$

因此, 二端口网络的噪声功率(dBm)可以表示为热噪声的噪声功率(dBm)、网络的增益(dB)和网络的噪声系数(dB)的和。这样, 一个二端口网络的内部噪声源的作用可以理解为将噪声系数(dB)加到噪声源的噪声功率(dBm)上。

1.5.4.3 有耗元件的噪声

任何一个信号都会被其传播路径上的有耗元件所衰减。有耗元件吸收能量, 从而加剧了元件中分子的扰动程度, 导致额外的噪声。通过运用前几节类似的论点, 一个有耗元件的等效输入噪声温度可以定义为[1]

$$T_e = T(l_a - 1) \tag{1.25}$$

其中 l_a 为元件的损耗, 用分贝表示为 $L_a = 10\lg l_a$。这个有耗元件的噪声系数表示为

$$n_F = 1 + \frac{T}{T_0}(l_a - 1) \tag{1.26}$$

如果有耗元件在标准温度 T_0 下, 则有

$$n_F = l_a \quad \text{且} \quad N_F = L_a \quad \text{dB} \tag{1.27}$$

例如, 在室温下一段 1 dB 损耗的传输线, 其等效噪声温度 $T_e = 75$ K, 噪声系数为 1 dB。

1.5.4.4 衰减器

在通信系统中, 衰减器用来控制不同信道或发射机的功率电平。这种网络可以使用有耗元件或电抗元件, 或者两者的结合来构成。如果由理想的全电抗元件构成(意味着零电阻分量),

则这个衰减器不会产生任何噪声,并且其有效输入噪声温度为零。然而,针对如式(1.29)所述的网络单元链路进行分析时,必须包含由这类衰减器引起的损耗。在实际应用中,电抗元件总是存在电阻分量,不管它有多小,都会在通道中产生噪声。要记住的关键一点是,任何器件相关的电阻损耗,都会转化为系统的噪声温度。

例1.2　在室温为290 K时,带宽为50 MHz的噪声源所辐射的热噪声为多少?在0.01%及0.001%的时隙内,噪声的峰值分别为多少?

解:

利用式(1.14),热噪声为

$$N_T = kTB$$
$$= -228.6 + 10\lg T + 10\lg B \quad \text{dBW}$$

当 $T = 290$ K 且 $B = 50 \times 10^6$ Hz 时,

$$N_T = -127 \quad \text{dBW}$$
$$= 0.2 \quad \text{pW}$$

因此,天线指向温度为290 K的源时,这个源落在天线的波束内,天线在50 MHz时能够接收到0.2 pW的热噪声功率。正如1.5.4节所述,热噪声在0.01%及0.001%的时隙内的峰值因数分别是11.8 dB和12.9 dB。因此,噪声在0.01%时隙内的峰值高达 -115.2 dBW(3.0 pW),在0.001%时隙内的峰值高达 -114.1 dBW(3.9 pW)。

例1.3　低噪声放大器的噪声系数为2 dB,带宽为500 MHz,增益为30 dB,其输出噪声功率是多少?低噪声放大器的等效噪声温度为多少?

解: 根据式(1.20)至式(1.22),

$$N_{\text{LNA}} = N_F + G_a + 10\lg \mathrm{d}f - 174 \quad \text{dBm}$$
$$= (2 \text{ dB}) + (30 \text{ dB}) + 10\lg(500 \times 10^6) - 174$$
$$= -55 \quad \text{dBm}$$

等效噪声温度为

$$T_{\text{LNA}} = T_0(n_F - 1)$$
$$= 290(1.585 - 1)$$
$$= 169.6 \quad \text{K}$$

1.5.5　级联网络中的噪声

两个级联网络如图1.13所示,其有效输入温度为 T_{e1} 和 T_{e2},有效增益为 g_1 和 g_2。

假设这两个级联网络连接到一个温度为 T 的噪声源,在很窄的频带 Δf 内,其输出的噪声仅与噪声源有关,为 $g_1 g_2 kT \Delta f$。由噪声源产生的噪声,在第一级网络中输出为 $g_1 g_2 kT_{e1} \Delta f$,在第二级网络中输出为 $g_2 kT_{e2} \Delta f$。在第二级网络的输出端,总的噪声功率为 $kg_2(g_1 T + g_1 T_{e1} + T_{e2}) \Delta f$。在这部分噪声中,由两个网

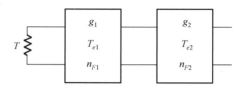

图1.13　级联网络中的噪声

络内部噪声源产生的噪声为 $kg_2(g_1 T_{e1} + T_{e2}) \Delta f$,则两个级联网络的等效输入噪声温度 T_e 为

$$T_e = \frac{kg_2(g_1T_{e1} + T_{e2})\Delta f}{g_1g_2k\Delta f}$$

$$= T_{e1} + \frac{T_{e1}}{g_1} \tag{1.28}$$

这个结果很容易推广到 n 阶级联网络，有效输入噪声功率为

$$(T_e)_1 = T_{e1} + \frac{T_{e2}}{g_1} + \frac{T_{e3}}{g_1g_2} + \cdots + \frac{T_{en}}{g_1g_2\cdots g_{n-1}} \tag{1.29a}$$

注意，在式(1.29a)中，等效噪声温度的参考点在级联网络的第一个元件的输入端。如果改变参考点，则在计算级联网络中其他元件的输入端的有效噪声温度时，可以将上面的关系式简单变形。例如，如果选择的参考点在元件3(T_{e3})的输入端，那么等效输入噪声功率为

$$(T_e)_3 = T_{e1}g_1g_2 + T_{e2}g_2 + T_{e3} + \frac{T_{e4}}{g_3} + \frac{T_{e5}}{g_3g_4} + \cdots \tag{1.29b}$$

公式(1.29a)称为弗里斯(Friis)公式，是为了纪念 H. T. Friis 而命名的。

当计算参考点在低噪声放大器网络的输入端时，这个公式是非常有用的。同时，利用这个公式很容易估算出天线增益与噪声温度的比值(G/T)。

根据噪声系数与等效输入噪声温度的关系，很容易证明 n 个网络级联的总噪声系数可以表示为

$$(n_F)_1 = n_{F1} + \frac{n_{F2} - 1}{g_1} + \cdots + \frac{n_{Fn} - 1}{g_1g_2\cdots g_{n-1}} \tag{1.30}$$

这些关系的重要性基于这样一个事实，即链路中放大器之后贡献的噪声被放大器的增益所降低。典型的放大器增益超过 20 dB，这也就意味着链路中放大器之后的元件对噪声的贡献将减少为原值的 1%。在设计通信信道和多级放大器时，这是一个重要的考虑因素。例 1.4 说明了这些关系的重要性。

例 1.4 如图 1.14 所示，计算一个中心频率为 6 GHz，带宽为 500 MHz 的接收机各部分的噪声温度。假设接收天线的噪声温度 T_{ant} 为 70 K。

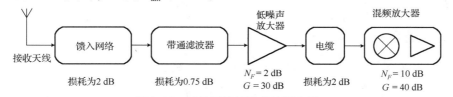

图 1.14 接收网络的噪声计算实例

解：接收机中不同器件的增益与插入损耗的比值，以及及噪声温度的计算如下所示。

馈入网络：

$$l_1 = 1.5849$$

$$g_1 = \frac{l}{l_1} = 0.631$$

$$T_{e1} = 290(l_1 - 1) = 169.6 \quad \text{K}$$

带通滤波器：

$$l_2 = 1.1885$$

$$g_2 = \frac{l}{l_2} = 0.8414$$

$$T_{e2} = 290(l_2 - 1) = 54.7 \quad \text{K}$$

低噪声放大器:

$$n_{F3} = 1.5849$$

$$g_3 = 1000$$

$$T_{e3} = 290(n_{F3} - 1) = 169.6 \quad \text{K}$$

电缆:

$$l_4 = 1.5849$$

$$g_4 = \frac{1}{14} = 0.631$$

$$T_{e4} = 290(l_4 - 1) = 169.6 \quad \text{K}$$

混频放大器:

$$n_{F5} = 10$$

$$g_5 = 10\,000$$

$$T_{e5} = 290(n_{F5} - 1) = 2610 \quad \text{K}$$

以低噪声放大器输入端为参考点的总系统噪声温度为

$$(T_e)_{\text{sys}} = (T_{\text{ant}} + T_{e1})g_1 g_2 + T_{e2}g_2 + T_{e3} + \frac{T_{e4}}{g_3} + \frac{T_{e5}}{g_3 g_4}$$

$$= 127.2 + 46.0 + 169.6 + 0.17 + 4.14$$

$$= 347.1 \quad \text{K}$$

值得注意的是,进入低噪声放大器的噪声对整个系统的噪声温度贡献最大,在低噪声放大器之后的噪声却无关紧要,因为它们对总噪声贡献很小。这个结论对通信系统设计是极其重要的,它说明在通信信道接收部分的低噪声放大器之前应该尽可能减少损耗。

1.5.6　互调噪声

互调(IM)噪声主要由通信系统的非线性产生。与热噪声类似,所有的电气网络在一定程度上存在着非线性。它能够抑制有用的信号电平,因此在系统设计中需要重点考虑。器件的主要互调噪声源是非线性高功率放大器(HPA),它也是通信系统的主要元件。高功率放大器的效率与其线性度成反比。因此,高功率放大器的特性及其工作功率范围也是通信系统设计的重要参数。

考虑一个基本二端口元件的电压传输特性。这个二端口网络可以是一个设备、网络或系统,如图1.15所示。对于无记忆的非线性二端口网络,其传输函数可以用泰勒级数展开为

$$e_0 = a_1 e_i + a_2 e_i^2 + a_3 e_i^3 + \cdots \tag{1.31}$$

对于单个频率的正弦信号 $e_1 = A\cos(ax)$,可以得到

$$e_0 = a_1 A \cos ax + a_2 A^2 \cos^2 ax + a_3 A^3 \cos^3 ax + \cdots$$

$$= K_0 + K_1 \cos(ax) + K_2 \cos(2ax) + K_3 \cos(3ax) + \cdots \tag{1.32}$$

其中 K 为与 $a_1, a_2, a_3, \cdots$ 有关的常数。所以，单个正弦输入信号激励的输出信号中包含了基波频率和多次谐波。类似地，如果 $e_i = A\cos\omega_{1i} + B\cos\omega_{2i} + \cos\omega_{3i} + \cdots$，运用三角恒等式可得

$$e_0 = K_0 + K_{1i}f(\omega_i) + K_{2i}f(2\omega_i) + K_{3i}f(3\omega_i) + \cdots \qquad (1.33)$$

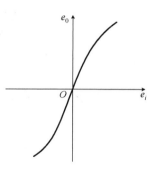

图 1.15　非线性二端口网络的传输特性

其中，$f(\omega_i)$ 为包含 ω 的一阶分量的集合；$f(2\omega_i)$ 为二阶分量，如 $2\omega_1$，$\omega_1 + \omega_2$，$\omega_1 - \omega_2$；$f(3\omega_i)$ 为三阶分量，如 $3\omega_1$，$2\omega_1 \pm \omega_2$，$2\omega_2 \pm \omega_3$，$\omega_1 + \omega_2 + \omega_3$，$\omega_1 + \omega_2 - \omega_3$，$\cdots$；$K$ 为每阶分量对应的常系数。

　　因此，输出信号中包含了输入信号的多次谐波，以及输入信号各频率之间所有可能的和差组合。其中直流分量（dc）因被过滤可以不予考虑。线性相关的理想输出信号由包含 a_1 的一阶产物 K_1 组成。所有其他输出项是杂散信号，且被认为是噪声或干扰信号。当不同频率的输入信号数量增加时，互调频率产物数量也急剧增加。这些互调产物根据其互调阶数和载波频率的间隔，分别落入射频信道或信道外的频段内。一个经典案例是在单载波单信道（SCPC）的频分多路复用调频（FDM-FM）系统中，互调产物分布很散且被认为是噪声。因此，多载波射频信道的设计将考虑热噪声和互调噪声之间的折中。虽然当载波数量增加时，每个载波的热噪声会减小，但互调噪声电平将变大。宽带调频发射机的最佳载荷点是令信道内热噪声与互调噪声叠加后的系统总噪声最小化的部分点，如图 1.16 所示，这给放大器最优功率工作点的设定提供了依据。典型情况下，三阶互调产物占据主导地位，通常是系统指标的一个重要部分。放大器的指标要求载波功率超过三阶互调信号功率 20 dB 以上，1.8.3 节和 1.8.4 节将进一步讨论有关内容。

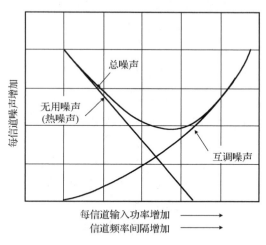

图 1.16　通信信道中的有效载荷和热噪声效应

1.5.7　非理想信道的失真

　　一个理想的发射信道将在一定带宽内无失真地传输所有带内信号，并将信道外的所有信号完全衰减到零。这种理想信道的特征是通带内具有固定损耗（理想情况下为零损耗）和线性相位（如固定的时延），通带外衰减为无穷大，如图 1.17(a) 和图 1.17(b) 所示。理想信道的这种滤波特性是无法实现的，由于这种性能的滤波器在负时间内存在单位脉冲响应，这违反了因果条件[11]。

虽然理想滤波特性无法实现,但可以尽可能地逼近理想特性。如图1.17(c)和图1.17(d)所示的实际通信系统中的典型窄带信道滤波器特性,需要在与理想滤波特性的逼近程度和实现的复杂性之间进行折中。通信系统中的其他部件,如放大器、变频器、调制器、电缆和波导等,都是宽带器件,它们在窄信道中呈现平坦的幅度和群延迟响应。换句话说,发射信道的幅度和相位响应特性是通过滤波器网络的设计来控制的。这是滤波器研究几十年来不断发展的关键驱动力。

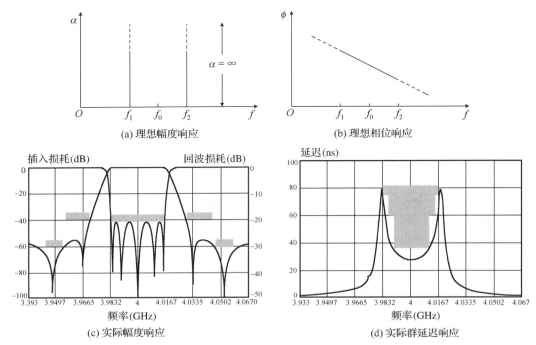

图1.17 发射信道的特性曲线

实际上,所有滤波器的传输特性和理想特性之间都存在偏差。滤波器是无源线性器件,它们的响应是时不变的,而且幅度和相位响应的形状可以用频率的函数来表示。另外,与高功率放大器等非线性器件不同,调频信号通过滤波器不产生新的频率分量。但是,滤波器会改变载波信号及边带的相对幅度和相位,这可以理解为引入了一个额外的调制器,使接收到的信号产生失真。下面更进一步来研究这个调制过程。假设一个多边带调频信号输入理想传输网络中,在某个边带信号上却呈现出非理想特性,即改变了这个边带信号的幅度,等效于在这个多边带调频信号中添加一个额外信号。结果是调制过的输出信号,由与输入调制信号成正比的有用信号和引入的无用信号组成。在多载波工作条件下,调频系统中的传输偏差可理解为输出信号中包含输入信号中没有的基带频率分量。从某种意义上讲,调频系统中滤波器引入的传输偏差与放大器的非线性效应相似。因此,由传输偏差产生的失真通常称为互调噪声。传输偏差会引入多少互调噪声?这个问题没有准确的答案。对于模拟系统,基于以前的研究工作[12~14],参考文献[1]给出的近似方法已证明是成功的。假设信道的发射特性足够平坦,即增益和相位是频率的函数,则有

$$Y_n(\omega) = [1 + g_1(\omega - \omega_c) + g_2(\omega - \omega_c)^2 + g_3(\omega - \omega_c)^3 + g_4(\omega - \omega_c)^4]$$
$$\times e^{i[b_2(\omega - \omega_c)^2 + b_3(\omega - \omega_c)^3 + b_4(\omega - \omega_c)^4]} \qquad (1.34)$$

其中，ω_c 为载波频率(单位为 rad/s)；g_1，g_2，g_3 和 g_4 分别为线性项、二次项、三次项和四次项的增益系数；b_2，b_3 和 b_4 分别为二次项、三次项和四次项的相位系数。

假定这个频率响应与微波滤波器网络特性保持一致。另一个假设是调频信号有足够小的调制因子，信道带宽远小于载波频率。这个假设在大多数通信系统中都是成立的。根据这两个假设，就可以计算传输偏差引起的失真。另一种相关的失真源是位于滤波器后的高功率放大器。它的非线性使滤波器的幅度变化转化成相位变化，从而造成调频信号的失真。如果一个限幅器能够在信号到达放大器之前成功地消除幅度偏差，这种失真就可以被抑制。这些失真项和噪声功率的总结(包括在附录 1A 中)详见参考文献[15]。这些参数对于模拟调频发射机的分析是非常有用的。

对于数字系统，除了高速数据传输，这种传输偏差对系统的影响相对较小。高级数字调制方案往往通过先进的仿真工具来计算射频信道中幅度和相位的偏差引起的失真，因此导致在设计中必须考虑带内响应(传输偏差)和带外抑制的折中，这正好与微波滤波器和系统的其他设计参数之间的折中相一致[16]。这种折中方法是射频信道设计的特性。事实上，射频信道滤波器控制着通信信道中的幅度特性和相位特性，即信道滤波器定义了可用信道带宽。

应该注意的是，对于模拟调频发射机，滤波器带内幅度响应的偏差，经过后级非线性放大器产生的调幅-调频转换，造成了调频载波之间的交叉干扰，这种串扰可以理解为是一致的(相干)。对于数字调制系统，这种串扰是不一致的(不相干)，但仍然存在调制转换，引起链路中 E_b/N_0(即每比特能量与噪声密度的比值)的增加。数字传输对群延迟波动相对不敏感，当然高速数字传输(短符号间隔)除外。大多数情况下，群延迟波动对链路中的 E_b/N_0 影响很小。

1.5.8　射频链路设计

一个通信链路的特性可以使用多个射频链路来描述。本节将分析单个链路的载噪比(CNR)及多个链路级联的影响。

1.5.8.1　载噪比

信号的载噪比定义为 C/N，C 为载波功率，N 为指定带宽内的噪声总功率。如果 N_0 为噪声功率谱密度，定义为 1 Hz 带宽内的噪声功率，则根据式(1.15)，可得

$$N_0 = kT_s，\quad N = N_0 B = kT_s B \tag{1.35}$$

其中，k 为玻尔兹曼常数，T_s 为总的有效噪声温度，B 为载波频率的带宽。在通信系统中，总有效温度 T_s 通常是参照接收部分低噪声放大器输入端的噪声温度，包含接收天线的噪声温度、有耗传输线、低噪声放大器之前的带通滤波器，以及低噪声放大器本身的噪声温度。如果 G_R 是接收天线相对同一参考点的增益(也包含低噪声放大器之前的损耗)，则在该参考点的载波功率为[见式(1.12b)]

$$C = \text{EIRP} + G_R - P_L \tag{1.36}$$

其中，$P_L = 20\lg(4\pi r/\lambda)$ 指发射机和接收天线之间的路径损耗。因此，

$$\begin{aligned} \frac{C}{N} &= \text{EIRP} + G_R - P_L + 228.6 - 10\lg T_s - 10\lg B \\ &= \text{EIRP} + \frac{G}{T_s} - P_L + 228.6 - 10\lg B \end{aligned} \tag{1.37}$$

这就是系统热噪声的链路方程。因子 $G_R - 10\lg T_s$ 或 G/T_s 表示接收系统的性能系数。链路方程也可以表示成如下形式：

$$\frac{C}{N_0} = \mathrm{EIRP} + \frac{G}{T_s} - P_L + 228.6 \qquad (1.38)$$

$$\frac{C}{T_s} = \mathrm{EIRP} + \frac{G}{T_s} - P_L \qquad (1.39)$$

式(1.37)至式(1.39)中所有的项的单位都为 dB。

1.5.8.2　多个射频链路的级联

一个通信信道由多个射频链路组成,如图 1.18 所示。

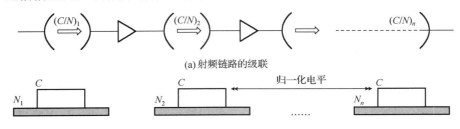

(a) 射频链路的级联

(b) 每个链路的归一化热噪声

图 1.18　通信信道的描述

由于 n 个完全不同的链路级联,各个链路参数产生的热噪声功率都不相干。所以,所有链路总的噪声功率可看成单个噪声源的噪声功率相加,从而得到端到端总的噪声功率贡献,以及总的 C/N。由于每个链路的噪声功率以归一化的载波电平为参考,因此将所有的噪底(noise floor) N_i 相加,总载噪比 $(C/N)^*$ 给定为

$$\left[\left(\frac{C}{N}\right)_T^*\right]^{-1} = \left[\left(\frac{C}{N}\right)_1^*\right]^{-1} + \left[\left(\frac{C}{N}\right)_2^*\right]^{-1} + \cdots + \left[\left(\frac{C}{N}\right)_n^*\right]^{-1} \qquad (1.40)$$

$(C/N)_1^*$ 和 $(C/N)_2^*$ 项表明,C/N 可以表示成比值的形式,与分贝形式相反。

例 1.5　一个输出功率为 1 kW 的地面发射站,其发射天线的增益为 55 dB。放大器和天线之间的传输线及滤波器损耗总共为 2 dB。卫星接收网络可参考例 1.4。

1. 计算等效全向辐射功率(EIRP)、功率通量密度(PFD),以及距地面站 40 000 km 的卫星接收到的 6 GHz 上行信号的 C/N_0。假设卫星上的接收天线增益为 25 dB,因天线指向误差和信号经过大气层产生的损耗为 3 dB。
2. 计算卫星上 36 MHz 射频信道内的载波功率和热噪声之比。
3. 计算上行–下行的总的热噪声,假设卫星发射到地面站的信号为 4 GHz,载噪比为 20 dB。如果上行功率下降 10 dB,那么对总噪声有什么影响?

解:

1. 上行的 EIRP = 30 dBW + (− 2 dB) + 55

　　　　 = 83 dBW

　功率通量密度 PFD = EIRP − 10lg $4\pi r^2$

　　　　　　　 = 83 − 163

　　　　　　　 = − 80 dBW/m^2

这说明对地静止轨道上的卫星收到的信号功率密度为 10 nW/m。根据式(1.38)可得

$$\frac{C}{N_0} = \text{EIRP} - 3 - 20\lg\frac{4\pi r}{\lambda} + G_R - L + 228.6 - 10\lg T_s$$

$$= 83 - 3 - 20\lg\frac{4\pi \times 40 \times 10^6}{(3 \times 10^8)/(6 \times 10^9)} + 25 - 2.75 + 228.6 - 10\lg 347.1$$

$$= 83 - 3 - 200 + 25 - 2.75 + 228.6 - 25.4$$

$$= 105.45 \text{ dB/Hz}$$

2. $\dfrac{C}{N} = \dfrac{C}{N_0} - 10\lg(36 \times 10^6) = 29.9$ dB

3. 上行和下行总的载波和热噪声之比，可计算如下（下标 UL 代表上行，下标 DL 代表下行）：

$$\left[\left(\frac{C}{N}\right)_T^*\right]^{-1} = \left[\left(\frac{C}{N}\right)_{\text{UL}}^*\right]^{-1} + \left[\left(\frac{C}{N}\right)_{\text{DL}}^*\right]^{-1}$$

$$\left(\frac{C}{N}\right)_{\text{UL}}^* = 10^{2.99} \quad \text{且} \quad \left(\frac{C}{N}\right)_{\text{DL}}^* = 10^2$$

因此，总的热噪声比为

$$\left[\left(\frac{C}{N}\right)_T^*\right]^{-1} = 10^{-2.99} + 10^{-2}$$

$$= 0.001 + 0.01$$

$$\approx 0.01$$

如果表示成分贝形式，可得 $(C/N)_T = 20$ dB。

如果上行功率降低 10 dB，则 $(C/N)_{\text{UL}}$ 降至 19.9 dB，载波功率和总噪声功率之比为

$$\left[\left(\frac{C}{N}\right)_T^*\right]^{-1} = 10^{-1.99} + 10^{-2}$$

$$= 0.0102 + 0.01$$

$$= 0.0202$$

这个载噪比以分贝形式表示为 16.95 dB，表明不能忽略上行发射功率降低对总噪声的影响。

1.6　通信系统中的调制和解调方案

在通信系统中，基带信号由大量的单个消息信号组成，它们通过发射机和接收机之间的通信媒质传输。高效的传输，要求这些信息在传输之前采用某种方式进行处理。基带信号经过调制处理后，载波信号中含有基带信号，以便增加其在媒质中传输的有效性。调制能搬移信号频率，使其易于传输或改变信号的占用带宽；或者通过改变信号形式，来优化其抗噪声或失真的性能。在接收部分，解调方案正好是调制的逆过程。关于这一主题，详见文献[2,3,6,11]。

调制技术可分类为线性调制和非线性调制。在线性调制中，被调制的信号呈线性变化，满足叠加原理，而非线性调制的信号将根据消息信号非线性地变化。

调制存在两种形式：幅度调制和角度调制（相位或频率调制）。调制过程可描述如下：

$$M(t) = a(t)\cos[\omega_c t + \phi(t)] \tag{1.41}$$

其中，$a(t)$ 表示正弦载波的幅度，$\omega_c t + \phi(t)$ 为相角。虽然幅度调制和相位调制可以同时采用，但幅度调制系统中的 $\phi(t)$ 为常数，而 $a(t)$ 与调制信号成正比。类似地，在角度调制系统中 $a(t)$ 保持不变，但 $\phi(t)$ 与调制信号成正比。

1.6.1 幅度调制

对于一个幅度调制波，可以得到

$$M(t) = a(t)\cos\omega_c t \tag{1.42}$$

其中，载波频率为 f_c，$a(t)$ 为调制时间函数。如果 $a(t)$ 为单音正弦信号，幅度为 1，频率为 f_m，则 $a(t) = \cos\omega_m t$，被调制后的信号为

$$M(t) = \cos\omega_m t \cos\omega_c t$$

可以将其展开为

$$M(t) = \frac{1}{2}\cos(\omega_c - \omega_m)t + \frac{1}{2}\cos(\omega_c + \omega_m)t \tag{1.43}$$

调制波不包含原载波的频率，只含有在载波频率任意左侧或右侧间隔 f_m（单位为 Hz）的频率处的一个边带信号，如图 1.19 所示。

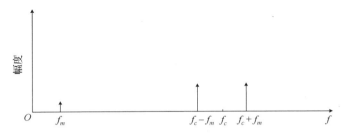

图 1.19 单音正弦信号的幅度调制波

调制效应可描述为在频域上变换 $a(t)$，也就是关于 f_c 对称分布，这一点对于复波形也是成立的。如果一个边带信号被滤波器抑制，结果就是一个单边带信号（SSB），这可看成一个纯粹的频率搬移过程。更通用的幅度调制的表达式如下：

$$M(t) = [1 + ma(t)]\cos\omega_c t \tag{1.44}$$

这个表达式等效于加入一个单位幅度的直流项，而且必须满足如下条件：

$$|ma(t)| < 1 \tag{1.45}$$

这样才能确保调制波的包络不会失真，如图 1.20 所示。这里，m 定义为调制指数，最大值为 1，表示 100% 的调制。调制指数是调制信号 $a(t)$ 的幅度相对于单位幅度载波的幅度比。调制后的信号可推导为

$$M(t) = \cos\omega_c t + \frac{m}{2}\cos(\omega_c - \omega_m)t + \frac{m}{2}\cos(\omega_c + \omega_m)t \tag{1.46}$$

每个边带的平均功率为 $m^2/4$，或双边带的总功率为 $m^2/2$（单位为 W）。经过 100% 的调制后，携带信息的一个边带仅占调制前总载波功率的三分之一。对于复信号，边带的功率非常小，仅占载波总功率的百分之几。幅度调制的第二个缺点是对传输路径中的幅度变化非常敏感。幅度变化将引起信号的失真。而且，对于幅度信号，必须使用线性高功率放大器才能避免信号出现严重失真。由于线性功率放大器获得足够多的增益和功率比较困难，从而限制了幅度调制在远距离传输系统中的应用。但是，幅度调制具有节省带宽的优点，因此在单个消息信道复用系统将频率搬移到更高频率这一过程中可以发现它的应用价值。例如，当基带信号由大量语音信道组成时，幅度调制是一个很好的选择。

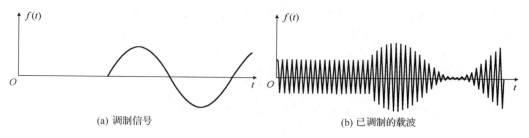

(a) 调制信号　　　　　　　　　　(b) 已调制的载波

图 1.20　单载波的幅度调制

1.6.2　基带信号的组成

　　一个消息信道由若干独立信号合并而成。这个合成信号占用的连续的频率范围称为信号的**带宽**。在北美地区，采用了一个分级架构来对电话通信系统的带宽等参数进行标准化。基本消息信道最初设计用于传输语音，其实也可以用来传输数据业务。基本信道组由 12 个信道组成，每个信道 4 kHz，可扩展至 60 ~ 108 kHz 带宽。图 1.21 所示的系统可看成由多个不同载波频率的调制器连接到各自的带通滤波器，再经过多工器后构成一个复合信号。

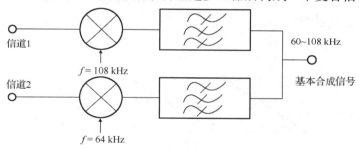

图 1.21　消息信号的构成

　　这里采用的调制方案是幅度调制，一个单边带信号从带通滤波器中提取出来。幅度调制属于线性调制，尽管用于调制载波频率的混频器是一个固有非线性器件。混频器工作于准线性(quasi-linear)状态，将调制信号简单搬移到关于载波频率对称分布的频率上。这 12 个信道组成的信道组占用了 48 kHz 的带宽，这在贝尔远距离传输系统中属于一个基本架构。接下来的频分多路复用(FDM)架构是由 5 个基本信道组组成的共 60 个信道的超级组(supergroup)，每个超级组的带宽为 240 kHz，占用频带为 312 ~ 552 kHz。现代宽带传输系统的容量极大，可容纳的信道更多，甚至达到 3600 个信道。虽然上述信道分组方法在贝尔远距离传输系统中广泛应用，但并没有作为一个通用标准。与话音信道一起工作的电视信道占用了 4 ~ 6 MHz 带宽，而数据信道或互联网络业务占用带宽从几千比特每秒到几兆比特每秒。因此，一个典型的合成信号通常指**基带信号**。它可以由一个基本信道组组成，也可以由话音、视频和数据信道等信道组合并而成。信号的组成取决于系统的业务需求。针对数据速率的分级架构在通信领域无处不在，甚至光纤通信的速率可达 40 Gbps(吉比特每秒)。

1.6.3　角调制信号

　　一个角调制的信号可表示成

$$M(t) = A \cos[\omega_c t + \phi(t)] \tag{1.47}$$

相位调制(PM)简称为调相,定义为即时相位差 $\phi(t)$ 正比于调制信号电压的角调制。频率调制(即调频)定义为载波根据调制信号的积分而变化。一个相位调制或频率调制波的平均功率正比于电压的平方,即

$$P(t) = A_c^2\cos^2[\omega_c t + \phi(t)] = A_c^2\left[\frac{1}{2} + \frac{1}{2}\cos(2\omega_c t + 2\phi(t))\right] \tag{1.48}$$

其中, $\cos^2[\omega_c t + \phi(t)]$ 由大量零均值的载波频率 $2f_c$ 的正弦波组成,并且

$$P_{av} = \frac{A_c^2}{2} \tag{1.49}$$

因此,一个频率调制波的平均功率和调制前的载波功率相同。这一点优于幅度调制,其承载信息的边带功率只有载波功率的三分之一或更小。但是,有利就有弊,这种功率优势是通过牺牲信号带宽换来的。频率调制信号的频域分析极其复杂且超出了本书的范围,这里只简要描述它的关键作用及假设条件。

1.6.3.1　模拟角调制信号的频谱

窄带频率调制　相位和频率调制是角调制的特例,从其中一种调制形式很容易推导出另一种形式。接下来仅详细讨论频率调制,因为它在模拟和数字通信中都有广泛应用。图1.22是一个频率调制的载波波形。

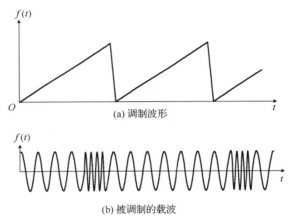

(a) 调制波形

(b) 被调制的载波

图1.22　频率调制

调制信号是一个周期为 T 的锯齿波,其中 $(2\pi/T) \ll \omega_c$。当锯齿波的幅度增加时,频率调制信号的振荡频率也随着增加,频谱也越宽。但需要注意的是,载波的幅度并没有变化。

分析频率调制过程比分析幅度调制更加复杂,因为它是一个非线性的调制过程。假设调制信号是一个频率为 $v(t)$ 的正弦波 f_m,则有

$$v(t) = a\cos\omega_m t \tag{1.50}$$

则即时角频率为

$$\omega_i = \omega_c + \Delta\omega\cos\omega_m t, \quad \Delta\omega \leqslant \omega_e \tag{1.51}$$

其中, $\Delta\omega$ 为由幅度 a 确定的常数。即时角频率在载波频率 ω_c 上下波动,变化的速率为调制信号的频率 ω_m,最大变化范围为 $\Delta\omega$。相应地, $\theta(t)$ 的相位变化为

$$\theta(t) = \int\omega_i\,\mathrm{d}t = \omega_c t + \frac{\Delta\omega}{\omega_m}\sin\omega_m t + \theta_0 \tag{1.52}$$

其中 θ_0 为常数，代表参考相位。如果参考相位为零，则频率调制后的载波为

$$M(t) = \cos(\omega_c t + m \sin \omega_m t) \qquad (1.53)$$

且

$$m = \frac{\Delta \omega}{\omega_m} = \frac{\Delta f}{f_m}$$

其中 m 为调制指数，可以用频率偏差与基带信号带宽的比值来表示。调制后的载波频率，展开成表达式的形式为 $M(t) = \cos \omega_c t \cos(m \sin \omega_m t) - \sin \omega_c t \sin(m \sin \omega_m t)$。如果 $m \ll \pi/2$，则可得

$$\begin{aligned}
M(t) &\approx \cos \omega_c t - m \sin \omega_m t \sin \omega_c t \\
&\approx \cos \omega_c t - \frac{m}{2} [\cos(\omega_c - \omega_m)t - \cos(\omega_c + \omega_m)t]
\end{aligned} \qquad (1.54)$$

在这种情况下，系统称为**窄带频率调制**，与幅度调制载波类似。它包含调制之前的载波信号，以及与 ω_c 相距 $\pm \omega_m$ 的两个边带频率。窄带频率调制信号的带宽为 $2f_m$，与幅度调制信号类似。即使存在相似性，窄带频率调制信号和幅度调制信号仍具有明显不同之处。频率调制信号的载波幅度为常数，而幅度调制信号的载波幅度随着调制信号而变化。此外，幅度调制信号的载波及边带信号是同相位的，但窄带频率调制信号的边带信号的相位和载波呈积分关系。

　　宽带频率调制　当调制指数 $m > \pi/2$ 时，系统称为**宽带频率调制**，可以由式(1.53)给定的表达式 $M(t)$ 来展开分析。式中，$\cos(m \sin \omega_m t)$ 和 $\sin(m \sin \omega_m t)$ 两项是 ω_m 的周期函数，可以展开成周期为 $2\pi/\omega_m$ 的傅里叶级数。展开后，表示成贝塞尔函数形式[3]如下：

$$\begin{aligned}
M(t) = \; &J_0(m) \cos \omega_c t - J_1(m)[\cos(\omega_c - \omega_m)t - \cos(\omega_c + \omega_m)t] \\
&+ J_2(m)[\cos(\omega_c - 2\omega_m)t + \cos(\omega_c + 2\omega_m)t] \\
&- J_3(m)[\cos(\omega_c - 3\omega_m)t - \cos(\omega_c + 3\omega_m)t] \\
&+ \cdots
\end{aligned} \qquad (1.55)$$

式(1.55)是一个时间函数，由载波信号和无穷多个边带信号组成，边带的频率间隔为 $\omega_c \pm \omega_m$，$\omega_c \pm 2\omega_m$，等等。

　　这些连续的边带集合称为**一阶边带**、**二阶边带**等，各自的幅度分别由系数 $J_1(m)$、$J_2(m)$ 等决定。

　　当调制信号存在两个或更多正弦信号时，调制后的信号不仅包含单个调制信号频率的各倍频，还包含这些单个频率成分的各倍频的所有和差组合。当调制信号的频率成分增加时，求解的复杂性会急剧增加。最后，假设基带信号是随机噪声，功率谱密度在 0 和 f_m 之间均匀分布，则频率调制信号的频谱将出现连续边带。调制指数 m 由合适的贝塞尔函数表示，其决定了载波及边带的幅度。理论上，要得到 100% 的信号能量，带宽必须是无穷大的。对于实际系统，仅需要考虑的是主要边带，因为这些边带的幅度至少占未调制载波的 1%。主要边带的数目根据调制指数 m 的不同而改变，其值可以通过查阅贝塞尔函数系数表来获取。对于较大的 m 值(大于10)，最小带宽由 $2\Delta f$ 给出，其中 Δf 为峰值偏差。在 1939 年，J. R. Carson 为频率调制信号的最小带宽提出了一条通用规则：

$$B_T \approx 2[f_m + \Delta f] \qquad (1.56)$$

这是一条近似规则，适合于大多数实际应用。实际要求的带宽在某种程度上是调制信号波形和理想传输质量的函数。从这个公式可以看出，当 $m < 1$ 时，最小带宽给定为 $2f_m$；当 $m > 10$ 时，最小带宽为 $2\Delta f$。对于给定的调制指数，可以通过计算贝塞尔函数的系数，令其逼近任意理想的幅值以更准确地评估带宽。对于调制指数在 1～10 之间的情况，式(1.56)给出的带宽

至少包含未调制载波频率幅度 10% 的边带。当 m 较大($m>10$)时,调频波的有效边带数等于m。与幅度调制系统相比,宽带频率调制系统需要更大的带宽,而带宽需求程度由调制指数确定。

1.6.4　频率调制系统和幅度调制系统的对比

到目前为止,我们只讨论过理想幅度调制系统和频率调制系统。显然,幅度调制系统是个线性过程而且节省带宽,但是调制过程仅将三分之一的输入功率搬移至携带信息的边带上,剩余功率存留在载波频率中。频率调制则是个非线性过程,它调制产生新的频率,调制信号需要更大的带宽。从理论角度讲,频率调制信号的能量可以分散在无限带宽中。但是,大多数能量包含在最初的几条边带里。

对于大多数频率调制信号来说,99% 的能量包含在 $2(f_m + \Delta f)$ 的带宽中,其中 Δf 为峰值偏差,f_m 为基带频率。频率调制系统的优势在于将所有输入功率搬移至携带信息的边带上。经过调制后,载波频率的平均功率为零。另一个优势在于频率调制包络的幅度近乎恒定,因此实际非线性放大器放大的信号只有极小的失真。所以,任意调制方案的关键参数是不同话务量情况下的 S/N 值。对于幅度调制系统来说,该比值表示如下[3]:

$$\frac{S}{N} = \frac{A_c^4}{8N^2 + 8NA_c^2} \tag{1.57}$$

其中 A_c 为非调制载波的电压幅度,N 为平均噪声功率。载噪比为

$$\frac{C}{N} = \frac{A_c^2}{2N} \tag{1.58}$$

因此

$$\frac{S}{N} = \frac{1}{2}\frac{(C/N)^2}{1 + 2(C/N)} \tag{1.59}$$

当 $C/N \ll 1$ 时,输出信噪比随着载噪比的平方下降。这也是包络检波的抑制特性。而对于 $C/N \gg 1$ 则有

$$\frac{S}{N} = \frac{1}{4}\frac{C}{N} \tag{1.60}$$

因此,输出信噪比的线性度依赖于 C/N,这是包络检波器的另一项特性。此外,这个关系表明,对于幅度调制系统来说,改善信噪比是不可能的。传递幅度调制信号时增加传输带宽 $2f_m$,仅对噪声 N 的增加产生贡献,而输出信噪比会降低。

对于频率调制系统来说,信噪比由参考文献[3]给定为

$$\frac{S}{N} = 3\left(\frac{\Delta f}{B}\right)^2\frac{C}{2N_0 B} \tag{1.61}$$

其中,C 为频率调制载波的平均功率,且 $\Delta f/B$ 为调制指数 m。边带中的平均噪声功率用 $N = 2N_0 B$ 表示,可得

$$\frac{S}{N} = 3m^2\frac{C}{N} \tag{1.62}$$

假设频率调制和幅度调制系统具有相同的未调制载波功率和噪声功率谱密度 N_0,下面来比较它们之间的特性。对于 100% 的频率调制信号,其 C/N 值和式(1.49)所示幅度调制系统的载噪比有关,即 $(S/N)_{AM} = C/N$。式(1.62)可改为

$$\left(\frac{S}{N}\right)_{\mathrm{FM}} = 3m^2\left(\frac{S}{N}\right)_{\mathrm{AM}} \tag{1.63}$$

对于大调制指数（即 $m \gg 1$，也就是传输带宽极宽），整个幅度调制系统的信噪比会明显增加。例如，如果 $m = 5$，则频率调制系统的输出信噪比为同等幅度调制系统的 75 倍。另外，当两个接收机输出端的信噪比相同时，频率调制系统的载波功率可以降低为原值的 1/75，但是传输带宽需要从 $2B$（幅度调制）增至 $16B$（频率调制）。频率调制是以增加带宽的方式提高信噪比的。当然，这也是所有噪声改善系统的特性。

　　这样就引出了一个问题，通过增加频率偏移及相应带宽，有可能无限制地连续增加输出信噪比吗？如果传输功率固定，那么增加频率偏移就会相应增加所需带宽，导致更多噪声。最终限幅器的噪声功率会变得与信号功率相当，即噪声"接管"了系统。相对于输入载噪比，输出信噪比下降得更为剧烈。这种效应称为阈值效应，如图 1.23 所示。为保证频率调制系统的正常运行，载噪比必须保持在阈值以上，通常大于 13 dB。

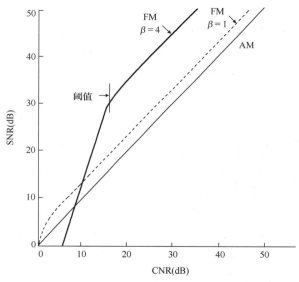

图 1.23　频率调制的阈值效应[3]

1.7　数字传输

　　数字通信系统的广泛应用是多种因素共同作用的结果，这些因素包括：数字电路的设计相对简单，集成电路技术已能轻易地应用于数字电路，以及数字信号处理（DSP）技术的迅猛发展。数字形式的信息内容由离散状态组成，如电压的存在或不存在，其特征为 1 或 0。这意味着一个简单的判别电路可用作再生器，即一个损坏的数字信号从一边进入，一个干净的完美信号从另一边出来。受损信号的累积噪声被再生器阻止，在信号通过通信信道不同阶段时不会累积。使用编码技术（牺牲少许带宽）在再生站（中继站）以适当间隔检测 1 和 0 时，尽可能地将噪声的影响最小化，就能实现几乎无差错的远距离数字传输。数字技术允许通过消除统计冗余，消除不必要的信息（如语音通信中的停顿），或消除图像中的小部分不可见内容和视频传输中图像之间的冗余，以开发出高效的压缩技术。压缩技术能够增加传输容量，更有效地利用频谱（节约带宽）。然而，信息压缩意味着硬件的增加，以及信号出现延迟。压缩技术已经非常成熟,以至于数字系统比模拟系统需要的带宽更小。在早期的卫星通信系统中,一个 36 MHz 的发射机只能承载一个模拟电视信道,而现在同一个发射机可以承载 10 个数字压缩信道。不仅如此,10 个数字通道还可以合并成一路信号,使发射机工作于饱和状态。显然,数字通信系统需要使用大量的电子电路。这种电路过去非常昂贵,但如今超大规模集成电路(VLSI)的发展,使得电子电路的成本已经变得相当低廉。虽然成本是过去选择模拟通信而不是数字通信的主要因素,但今非昔比。如今,数字网络已成为通信系统的首选。

1.7.1　抽样

众所周知的奈奎斯特准则提出:"对一个时间量级的消息周期性地连续抽样,其抽样速率至少为信号最高频率的两倍,抽样过的信号就包含了原消息的所有信息。"

这个令人十分惊讶的结论是模拟信号无损数字化的理论基础。例如,一个带宽为 f_m(单位为 Hz)的信息可由间隔为 T(单位为 s)的离散幅度点完全表征,其中 $T = f_m/2$,如图 1.24 所示。结果表明,把模拟信号转换成数字信号所需的最小带宽至少为信号最高频率的两倍。于是,幅度调制的脉冲信号可以按照任意合适的发射形式传输到接收端。在接收端,会执行反向操作来恢复原来的脉冲幅度调制信号。为了恢复原始信号,需要将此脉冲信号经过一个理想截止频率为 f_m 的低通滤波器滤波,其输出即为原始信号的复制,只是在时间上有延迟。信号可以数字化而不会有任何信息丢失,因此主要的挑战是找到发掘通信系统中数字信号处理潜力的方法,该方法的第一步就是抽样信号的量化。

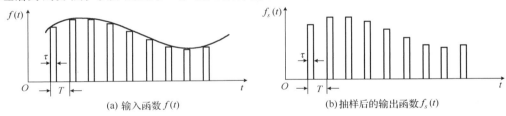

(a) 输入函数 $f(t)$　　　　　　　　　　　(b) 抽样后的输出函数 $f_s(t)$

图 1.24　抽样过程(τ 为抽样时间;$T = f_c/2$,为抽样间隔)

1.7.2　量化

量化过程将信号的幅度分成特定量级的离散幅度电平。信号被脉冲幅度调制(PAM)系统抽样后,这些接近实际幅值的离散幅度电平被发送出去。因此,量化过程在处理表征抽样信号的幅度时会引入误差,这种误差是不可逆的。但是,这种人为引入的信号失真,可以控制在发射端和接收端引入的噪声以下。其实,这种由基本热噪声,以及由非理想电路和器件引入的噪声而产生的不确定性,限制了所有可接受的幅度电平之间的分辨能力,从而使量化成为可能。量化的优点在于,一旦建立了一定量级的离散幅度电平,每个幅度电平都可以用任意编码形式传输。因此,量化使得通过发掘数字信号处理技术的全部潜力来优化通信系统中的信息流成为可能。

1.7.3　脉冲编码调制系统

通常,采用数字化编码信号传输的系统称为**脉冲编码调制(PCM)系统**。大多数常用的脉冲编码调制系统是一个二进制数字系统。一个量化抽样的过程可以看成一个具有一定离散幅度电平的简单脉冲传输。然而，如果需要传输多个离散样本，电路设计将会非常复杂且成本极高。反之，如果将多个脉冲组成一个编码组以表征抽样幅度电平，每个脉冲就只存在两种状态。在二进制系统中，m 个开脉冲或关脉冲组成的编码组可以用来表征 2^m 种幅度电平。例如，8 个脉冲产生 2^8（即 256）种幅度电平。这 m 个脉冲在抽样量化时必须按基本的抽样间隔传输出去，在这个限制条件下需要将带宽增加 m 倍。

假设一个 4 kHz 的语音信道进行数字化传输，当采用 256 级的二进制编码量化时，所需带宽为 $4 \times 2 \times 8$，即 64 kHz，相当于模拟系统带宽的 16 倍。还可以用较少的抽样幅度电平来抽样，或采用一种编码来降低所需带宽，这种编码是用多于两种幅度电平的脉冲来表征的。信号抽样量化后将 m 个脉冲编码成一组，每组都有 n 种可能的幅度电平。因此，如果信号量化成 M 种可能的幅度电平，则有 $M = n^m$。n^m 种中的每个组合必须与 M 种电平之一相对应。例如，用 4 种幅度电平（$n = 4$）来表征一个脉冲，对于上一个例子中抽样信号的 256 种幅度电平，每个抽样可由 4 个脉冲来表征（$m = 4$），所需带宽为模拟系统的 $2 \times n$，即 8 倍。类似地，如果选择小一些的 M，则带宽会进一步降低。对于所有这样的方案，要权衡考虑系统的噪声和信号功率。通过编码和信号处理来折中处理带宽和信噪比的能力，是所有脉冲编码调制系统的特性。

1.7.4 脉冲编码调制系统的量化噪声

在发射端，量化过程会引入噪声。这种噪声取决于表征信号的幅度电平数量。对于一个采用均匀量化的信号来说，峰值信号与均方根噪声的比值如下所示[2, 3]：

$$\left(\frac{S}{N}\right)^* = 3M^2$$
$$= 3n^{2m}$$

对于二进制情况，$n = 2$，信噪比以 dB 的形式表示如下：

$$\left(\frac{S}{N}\right) = 4.8 + 6m \quad \text{dB} \tag{1.64}$$

这个公式给出了信噪比和相应带宽之间的关系，其总结如表 1.1 所示。

在可用区间内，采用均匀量化噪声的频谱在本质上是平坦的。但量化也可以是非均匀的。事实上，几乎没有任何信号能表现出均匀的幅度分布，其大部分具有很宽的动态范围。为了消除这种局限性，在一个宽的动态范围内，量化通常具有非均匀间隔，并且可以被优化，以获得相对均匀的信号失真比。这种非均匀的量化称为**压缩扩展**（companding）。通过增加量化级数的精度，可以使量化

表 1.1 二进制传输系统的信噪比与相应带宽的关系

量化电平数	二进制编码	相应带宽	信噪比峰值（dB）
8	3	6	22.8
16	4	8	28.8
32	5	10	34.8
64	6	12	40.8
128	7	14	46.8
256	8	16	52.8
512	9	18	58.8
1024	10	20	64.8

噪声降低到任意想要的水平。然而，量化级数越多，所需的带宽就越大。因此，需要选择尽可能少的级数来满足传输的目标带宽。显然，许多针对话音、视频和数据信号的具体实验已经得出了可接受的量化级数。高质量的话音传输可以很容易地通过 128 级或 7 比特脉冲编码调制来获得，而高质量的电视需要 9 或 10 比特的脉冲编码调制。

1.7.5　二进制传输中的误码率

脉冲编码调制信号由于人为量化而引入的误差或噪声是信号受损的主要原因,而且只发生在系统的发射(编码)端。通过增加使用带宽可以任意降低噪声。另一种经常出现的噪声是热噪声,源自信号通道内的器件损耗,以及有源器件产生的噪声。这些噪声是随机的,且符合高斯分布函数,而且还会进入接收机的脉冲组中。其噪声密度和分布函数与式(1.19)和式(1.20)给出的函数一样。

为了能够检测二进制系统中脉冲的出现和消失,必须保证数字线路中的信噪比最小。与噪声功率相比,如果脉冲功率过低,检波器就会出现误差,因而有时能够检测到脉冲,有时检测不到。然而,如果增加信号功率,那么可以把误差控制在极低的水平。为了定量地得出误码率,假设一个脉冲出现时其幅度为 V_p,不出现时其幅度为零,分别用 1 和 0 表示,二进制符号表示的复合序列和接收到的噪声,按每隔一个二进制间隔抽样一次,则一定会做出 1 或 0 的判定。一个简单而直接的方法是根据电压脉冲的抽样是否超过 $V_p/2$ 来判定,若超过则判定为 1,不超过则判定为 0。当脉冲出现而复合电压抽样却低于 $V_p/2$,或当脉冲不出现而噪声自身超过了 $V_p/2$ 时,就会出现错误。为计算出误码率,假设发射的是 0 信号,误码率代表噪声超过 $V_p/2$ 且判定错误表示为 1 的概率。因此,误码率也就是电压出现在 $V_p/2$ 和无穷大之间的可能性。假设噪声是高斯分布的,其均方根值为 σ,则误码率如下所示[3]:

$$P_{e0} = \frac{1}{\sqrt{2\pi\sigma^2}} \int_{V_p/2}^{\infty} e^{-v^2/2\sigma^2} \mathrm{d}v \tag{1.65}$$

运用同样的方法,可以得出发射一个脉冲而判定为 0 的误码率为

$$P_{e1} = \frac{1}{\sqrt{2\pi\sigma^2}} \int_{\infty}^{V_p/2} e^{-(v-V_p)^2/2\sigma^2} \mathrm{d}v \tag{1.66}$$

这两种类型的错误是相互独立且相等的。如果进一步假设这两种二进制信号有相同的概率,则系统概率 P_e 与 P_{e0} 或 P_{e1} 相等,即 $P_e = P_{e0} = P_{e1}$。

众所周知,P_e 的概率公式可以在各类数学表中查到。图 1.25 以分贝(dB)为单位给出了 V_p/σ 的曲线图。需要指出的是,P_e 仅取决于 V_p/σ,即峰值信号和均方根噪声的比值。有趣的是,p_e 的最大值为 1/2,因此即使信号完全损失在噪声中,接收错误的时间也不可能超过平均时间的一半。

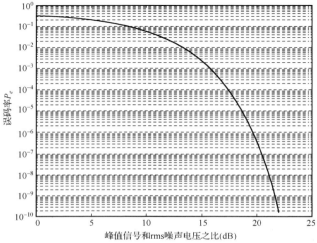

图1.25　误码率与峰值信号和 rms 噪声电压之比的关系曲线

在图 1.25 中，概率曲线在大约 16 dB 处出现陡峭下降，低于这个水平时，误码率会急剧上升，称为**阈值效应**。因此，对于数字二进制的传输，阈值大概选择在 16 ~ 18 dB 之间。

这种概率曲线暗含着两种假设：（1）接收信号和噪声是满足高斯统计分布的；（2）传输系统具有透明性，在检测前不会对信号的统计分布或噪声有任何影响。基于这些假设，就可以选择脉冲幅度的中间值为判定阈值。

1.7.6   数字调制和解调方案

数据压缩、数字调制和编码技术的发展及数字电路成本的大大降低，使越来越多的业务转移到数字领域。同时，绝大多数业务转移到数字通信系统中只是时间问题。本节将简要地概述数字调制方案，介绍如何努力获得更高的功率和带宽效率，以及如何努力挑战香农极限。不同调制方案的频谱对理想滤波器特性产生怎样的影响，才能满足提取和处理通信信道中信息的需要。

通过调制幅度、频率和相位这 3 个基本参数中的一个或更多，可将数字基带信号调制到正弦载波上。与之对应的有 3 种基本的调制方案：幅移键控、移频键控和相移键控。

1.7.6.1   幅移键控

幅移键控（ASK）的调制特性是，载波的幅度在零（关状态）和某种预先设定的幅度电平（开状态）之间切换。因此，基于幅度调制的 ASK 信号给定为

$$M(t) = Af(t)\cos\omega_c t \tag{1.67}$$

其中 $f(t)$ 为 1 或 0，周期为 T（单位为 s）。这和模拟系统中的幅度调制类似。针对 ASK 信号的傅里叶变换为

$$F(\omega) = \frac{A}{2}[F(\omega - \omega_c) + F(\omega + \omega_c)] \tag{1.68}$$

二进制信号简单地把频谱搬移到载波频率 f_c，能量分布在上边带和下边带之间，所需的传输带宽是基带信号带宽的两倍。对于一个幅度为 A 且宽度为 T（二进制周期）的脉冲，其频谱为

$$A\frac{T}{2}\left[\frac{\sin(\omega - \omega_c)T/2}{(\omega - \omega_c)T/2} + \frac{\sin(\omega + \omega_c)T/2}{(\omega + \omega_c)T/2}\right] \tag{1.69}$$

这就是众所周知的有限带宽下的脉冲响应 $\sin(x)/x$，如图 1.26 所示。

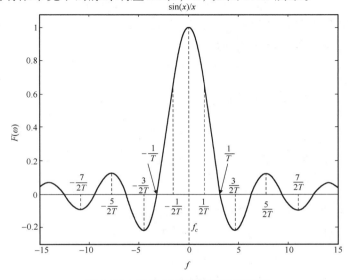

图 1.26   周期幅移键控信号的频谱

1.7.6.2 频移键控

二进制脉冲的频率调制信号表示如下:

$$M(t) = A\cos\omega_1 t \quad \text{或} \quad M(t) = A\cos\omega_2 t \tag{1.70}$$

其中 $-T/2 \leqslant t \leqslant T/2$。

对于频移键控(FSK)调制方案,第一个频率记为 f_1,代表1;另一个频率记为 f_2,代表0。还有另一种可替代的频移键控方案,令 $f_1 = f_c - \Delta f$ 且 $f_2 = f_c + \Delta f$,则有

$$M(t) = A\cos(\omega_c \pm \Delta\omega)t \tag{1.71}$$

基于 f_c,频率偏移了 $\pm\Delta f$,Δf 代表频率的偏移。频移键控的频谱比较复杂,其形式与模拟频率调制类似。

1.7.6.3 相移键控

相移键控(PSK)调制方案的特性是改变载波频率的相位。由于基带信号的二进制特性,这种调制方案可以简单地通过改变极性来实现。相移键控信号在形式上与幅移键控信号类似:

$$M(t) = f(t)\cos\omega_c t, \quad \frac{-T}{2} < t < \frac{T}{2} \tag{1.72}$$

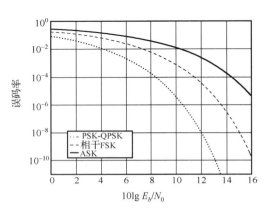

图 1.27　幅移键控、频移键控和相移键控调制方案的比较[3]

其中 $f(t) = \pm 1$,基带二进制数据流中的1对应正极性,0对应负极性。相移键控信号和幅移键控信号具有相同的双边带特性,这个结果与低指数调制的模拟相位调制系统类似。基本的幅移键控、频移键控和相移键控调制方案的比较如图1.27所示。

1.7.7　高级调制方案

如1.4节所述,通信系统中的两个最重要的资源是信号功率和可用传输带宽。因此,需要开发高级的调制方案,从而为其中之一或两种资源获得更高的效率。在进一步讨论之前,先研究数字系统的带宽效率和功率效率的关系。

1.7.7.1 带宽效率

如1.3节所述,香农定理如下所示:

$$C = B\log_2\left(1 + \frac{S}{N}\right)$$

如果信息速率 R 和 C 相等,则有

$$\frac{R}{B} = \log_2\left(1 + \frac{S}{N}\right) \tag{1.73}$$

上式定义了带宽效率的极限值,也称为香农极限。如1.7.3节所述,信号量化状态可由幅度或相位变化的脉冲来表征。信号抽样的每种状态可由下式表述[17]:

$$M = 2^m, \quad m = \log_2 M \tag{1.74}$$

M 的每种状态可称为一个**符号**,由 m 比特组成。每个符号以某种电压或电流波形的形式发射,

若符号的发射周期为 T_s，则数据速率 R 为

$$R = \frac{m}{T_s} = \frac{\log_2 M}{T_s} \tag{1.75}$$

若 T_b 代表 1 比特的周期（$T_b = T_s/m$），B 为所分配的带宽，那么传输带宽效率表示为

$$\frac{R}{B} = \frac{\log_2 M}{BT_s} = \frac{1}{BT_b} \tag{1.76}$$

BT_b 越小，通信系统的带宽效率就越高。假设经过理想的奈奎斯特滤波器滤波，带宽 B 可以简单地用 $1/T_s$ 表示，于是有

$$\frac{R}{B} = \log_2 M \qquad \text{bps/Hz} \tag{1.77}$$

其中 bps 代表比特/秒。这就是带宽效率的香农极限。随着 M 的增加，R/B 也会增加。然而，这需要以提高 E_b/N_0 为代价。图 1.28 表述了多相位或多进制调制方案如何在带宽和所需 E_b/N_0 之间进行折中。与预想的一样，每种调制方案都有自己的特有频谱形式。例如，图 1.29 展示了二进制相移键控、正交相移键控和偏移正交相移键控调制方案的频谱密度图。在卫星通信系统中，正交相移键控和偏移正交相移键控是应用最广泛的调制方案。

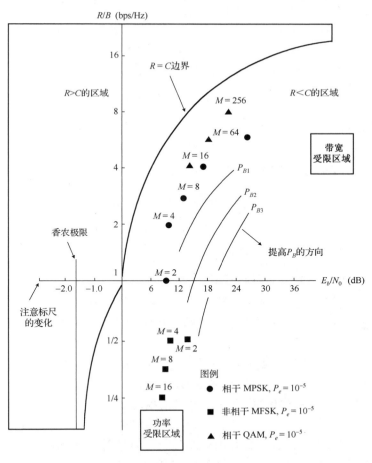

图 1.28　数字调制方案的带宽效率[18]

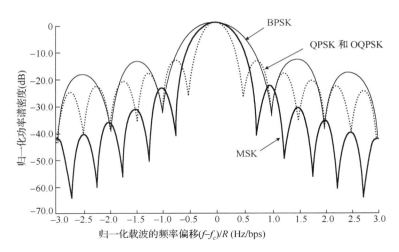

图 1.29　PSK 调制方案的归一化功率谱密度[18]

1.7.7.2　功率效率

功率效率调制方案最适合于频移键控调制系统。对于二进制频移键控调制方案,所需带宽是符号速率的两倍,其带宽效率为 0.5 bps/Hz,这与窄带模拟调频系统中所需带宽是基带信号带宽的两倍是类似的。另外,与宽带模拟调频系统类似,功率效率可以通过调整带宽来提高。基于奈奎斯特准则,多进制频移键控调制方案所需的最小带宽如下所示[17]:

$$B = \frac{M}{T_s} = MR_s \tag{1.78}$$

其中 R_s 为符号速率($R_s = 1/T_s$)。

使用 M 个不同的正交波形,其中每个所需带宽为 $1/T_s$,经过奈奎斯特滤波器滤波后,离散正交多进制频移键控信号的带宽效率如下所示:

$$\frac{R}{B} = \frac{\log_2 M}{M} \quad \text{bps/Hz} \tag{1.79}$$

多进制频移键控调制方案的带宽和功率之间的关系如图 1.28 所示。此图表明,可以通过增加带宽来降低 E_b/N_0 的值。

1.7.7.3　带宽效率和功率效率的调制方案

表 1.2 列出了各种高级数字调制方案[8]。它们可以分为两大类:恒包络调制和非恒包络调制。通常,恒包络调制方案适用范围最广,因为高功率放大器的非线性放大效应是一个非常重要的系统因素。

相移键控调制方案(详见图 1.29)是一种恒包络的方案,但符号与符号的相位转换是非连续的。传统的相移键控技术包括二进制相移键控和正交相移键控方案。通常,对于多进制相移键控(MPSK)和多进制频移键控(MFSK)信号,可以依据其功率和带宽效率的不同,灵活地选择使用。

连续相位调制(CPM)方案不仅具有恒包络特性,而且符号之间的相位转换也是连续的。与相移键控方案相比,边带频谱上的能量更低。通过改变调制方案和脉冲频率,可以获得各种不同的连续相位调制方案[8]。

表 1.2 高级数字调制方案

缩 写	可替代缩写	定 义	英文全称
ASK	—	幅移键控	Amplitude Shift Keying
FSK	—	频移键控(通称)	Frequency Shift Keying
BFSK	FSK	二进制频移键控	Binary Frequency Shift Keying
MFSK	—	M 进制频移键控	M-ary Frequency Shift Keying
PSK	—	相移键控(通称)	Phase Shift Keying
BPSK	2PSK	二进制相移键控	Binary Phase Shift Keying
DBPSK	—	差分相移键控	Differential PSK
QPSK	4PSK	正交相移键控	Quadrature Phase Shift Keying
DQPSK	—	差分正交相移键控(差分调制)	Differential QPSK（with differential demodulation）
DEQPSK	—	差分正交相移键控(相干调制)	Differential QPSK（with coherent demodulation）
OQPSK	SQPSK	交错正交相移键控	Offset QPSK, Staggered QPSK
$\pi/4$-QPSK	—	四分之一波长正交相移键控	$\pi/4$-Quadrature Phase Shift Keying
$\pi/4$-DQPSK	—	四分之一波长交错正交相移键控	$\pi/4$-Differential QPSK
$\pi/4$-CTPSK	—	可控转移相移键控	$\pi/4$-Controlled Transition PSK
MPSK	—	M 进制相移键控	M-ary Phase Shift Keying
CPM	—	连续相位调制	Continuous Phase Modulation
SHPM	—	单指数相位调制	Single-h（modulation index）Phase Modulation
MHPM	—	多指数相位调制	Multi-h Phase Modulation
LREC	—	长度为 L 的矩形脉冲	RECtangular pulse of length L
CPFSK	—	连续相位频移键控	Continuous Phase Frequency Shift Keying
MSK	FFSK	最小频移键控	Minimum Shift Keying, Fast Frequency Shift Keying
DMSK	—	差分最小频移键控	Differential MSK
GMSK	—	高斯最小频移键控	Gaussian MSK
SMSK	—	串行最小频移键控	Serial MSK
TFSK	—	时间频移键控	Timed Frequency Shift Keying
CORPSK	—	相关相移键控	CORrelative PSK
QAM	—	正交幅度调制	Quadrature Amplitude Modulation
SQAM	—	叠加正交幅度调制	Superposed QAM
Q^2PSK	—	正交-正交相移键控	Quadrature-Quadrature Phase Shift Keying
DQ^2PSK	—	差分正交-正交相移键控	Differential Q^2PSK
IJF OQPSK	—	无码间干扰和抖动-交错正交相移键控	Intersymbol-interference Jitter-Free OQPSK
SQORC	—	交叉正交重叠升余弦调制	Staggered Quadrature-Overlapped Raised-Cosine modulation

1.7.8 服务质量和信噪比

无线通信的链路质量不仅取决于它的设计,还取决于传播环境的随机效应。例如,由雨水造成的衰减、对流层和电离层的散射、法拉第旋转、多普勒效应和天线指向误差。因此,传输质量是根据某一时间上特定的信号质量随机确定的。在这一问题上,人们提出了各种标准,一些已达成一致,还有一些有待讨论[8]。通常,模拟传输系统的信号质量由信噪比(SNR)来表征,而数字传输系统的信号质量由误比特率(BER)来表征。在大多数应用中,在一年中分别达 99% 和 99.9% 的平均时间内,信噪比的指标在一个特定值以上,而误比特率在一个特定值以下。在这些时间周期内,模拟电视的信噪比分别为 53 dB 和 45 dB。目前,尽管出现了越来越多的业务需求,但在数字通信的标准上还没有达成统一意见。随着编码技术的广泛应用和发展,对数字信号实现真正的无差错传输成为可能。对数字电视来说,工作频段为 14/11 GHz 的卫星系统性能实现的目标是每传输一小时只有一个未纠正的错误。具体来说,误比特率需要小于或等于 10^{-10}(或 10^{-11}),这取决于用户的比特率[8]。

需要注意的是,信噪比取决于两个因素,即载噪比和信号调制方案。载噪比用来表征射频无线传输的效率,而调制则实现了载噪比到信噪比的转换。各种调制和编码技术为载噪比和信噪比提供了很好的折中。系统设计要始终保证载噪比水平远远大于数字解调的调频阈值。

第三部分　系统设计对滤波器网络需求的影响

1.8　卫星系统的通信信道

通信卫星(见图 1.30)是太空中的无线中继站,它的功能和在居民区常见的微波塔几乎一样。卫星通信在 20 世纪 70 年代开始投入使用,现在已经成熟应用在了电信领域[5~8,19]。

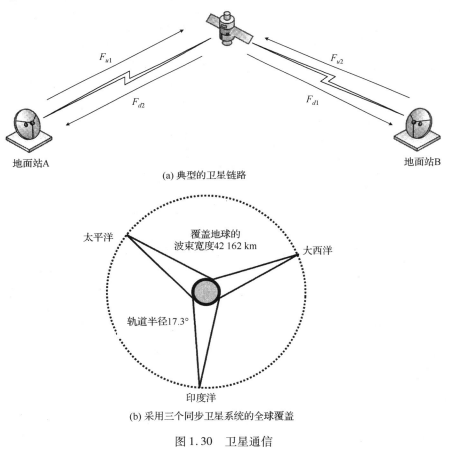

(a) 典型的卫星链路

(b) 采用三个同步卫星系统的全球覆盖

图 1.30　卫星通信

卫星接收到地面发射的无线信号并放大，调制到某一频率上，然后发送回地面。由于卫星位于高空中，在接近三分之一的地球表面上，它都能探测到地面所有的微波发射机和接收机。因此，它可以连接任意对的通信站，提供点到多点的服务，例如电视。通过卫星之间的连接和远距离光纤网络的互连，可以覆盖地球的任何区域，而与距离远近无关，从而造就了卫星系统的固有优势。并且，卫星在提供全球化的、无缝的及无所不在的覆盖方面，具有独一无二的优势，如通过手持设备实现的移动服务系统。表 1.3 和表 1.4 列出了商业卫星系统的频率规划。

表 1.3 卫星系统频率分配

频率范围（GHz）	波段字母	典型用途
1.5~1.6	L	移动卫星业务
2.0~2.7	S	广播卫星业务
3.7~7.25	C	固定卫星业务
7.25~8.4	X	政府卫星
10.7~18	Ku	固定卫星业务
18~31	Ka	固定卫星业务
44	Q	政府卫星

表 1.4 卫星之间的频率分配

频率划分（GHz）	总带宽（MHz）	卫星业务
22.55~23.55	1000	固定、移动和广播
59~64	5000	固定、移动和无线电定位
126~134	8000	固定、移动和无线电定位

值得注意的是，国内和国际的相关机构需要定期制定、调整和修改频率分配，以满足新服务的需求。为了确定通信信道的特性，我们来研究一种卫星中继器通信子系统的框图，如图 1.31 所示。大部分商用卫星系统都采用双正交极化方式（直线的或圆形的），可以成倍地增加可用带宽。先进的卫星系统采用多波束形式，使可用带宽进一步重复利用。然而，这类高级架构会增加航空器的复杂度。

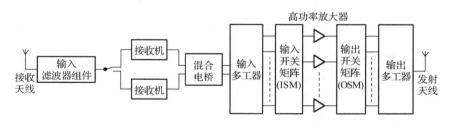

图 1.31 通信子系统框图

不考虑卫星的架构，基于所给出的波束和极化方式的转发器框图，与图 1.31 所示的框图在本质上是一样的。接收天线连接到一个宽带滤波器，后面是一个低噪声接收机，然后信号通过输入多工网络被送到不同的收发信机中。分配的频段在卫星系统中划分为若干射频信道，通常称为**转发器**。在 Ku 波段和 C 波段的卫星系统中，典型的信道分配和带宽情况列于表 1.5。

每个射频信道的信号被分别放大后，由输出多工器（OMUX）网络重新合路为一个合成宽带信号，然后馈送到发射天线。输入开关矩阵（ISM）和输出开关矩阵（OSM）用来重新配置各种情况的业务流，包括转发器之间的业务流、不同波束之间的业务流及其各种组合。通常，输入开关矩阵和输出开关矩阵由机械开关组成。对输入开关矩阵来说，损耗不是一个关键问题，因而晶体管开关被大量采用。而对于输出开关矩阵，损耗非常关键，所以具有极低损耗的机械开关不可替代。从滤波要求来看，图 1.31 所示的这类框图可以分成三个不同的部分：前端的接收部

表 1.5   针对 C 波段和 Ku 波段固定卫星业务划分的典型信道和带宽

信道划分（MHz）	可用带宽（MHz）
27	24
40	36
61	54
80	72

分、信道器部分和高功率放大电路输出部分。这是大部分通信中继器的典型分类。下面分别分析这三个子部分。

1.8.1   接收部分

接收部分由宽带输入接收滤波器、低噪声放大器、下变频器和驱动放大器组成，如图 1.32 所示。为了达到高可靠性要求，卫星总会采用一个冗余接收机，这就需要在接收机前面增加一个开关。在接收天线端，由于信号的强度极低，因此必须保证低噪声放大器前的能量损耗最小化。通过宽带接收滤波器后，可以确保只有 500 MHz 带宽的信号能输入低噪声放大器中，频带外的其他信号则被衰减掉了。对于低噪声放大器之前的滤波器和传输线，在通带内必须确保低插入损耗的设计要求。典型的插入损耗指标一般不超过零点几分贝。

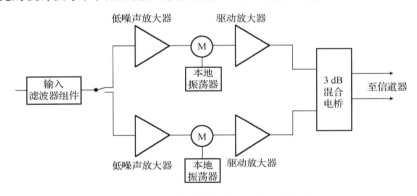

图 1.32   卫星接收机框图（M 代表混频器）

下变频器由混频器和本地振荡器（LO）组成。发射和接收频率之间要保证足够的隔离度，以降低它们之间的干扰。信号在信道化和末级放大之前通过驱动放大器（DAMP），以获得足够的功率水平，还可以使低噪声放大器以尽可能低的噪声系数，在相当低的功率水平上稳定工作。这里的混合电桥是一种 3 dB 的功率分配器，可以把信号分成两路，送入转发器的信道处理单元。

1.8.2   信道器部分

信道器或输入多工器（IMUX）的详细框图如图 1.33 所示。

一旦信号经过低噪声放大器放大，后续部分的损耗就已经不再是关键了，这是由于低噪声放大器的增益降低了接收系统的噪声温度。因此，低噪声放大器之后的损耗影响不大（见1.5.5 节）。相反，器件设计主要是将合成信号有效地信道化，再分配到各种射频信道或转发器中。信道化的标准是信号在通带中产生最小的失真，同时提供足够的隔离度（通常大于 20 dB）来

抑制来自其他信道的干扰。这意味着滤波器特性需要与理想响应接近,如图 1.17(a)和图 1.17(b)所示。任何偏离理想响应的信号都会出现失真,特别是振幅与群延迟偏离平坦响应的频带边缘时。信道之间划分出一个保护带(通常为信道带宽的 10%),以允许实际滤波器的非理想特性留出裕量。从本质上讲,信道滤波器在很大程度上决定了每个射频信道的有效可用带宽和最小保护带,对于通信信道,典型的带宽要求从 0.3% 到 2% 不等。这种窄带滤波器会产生较大的传输偏差,通常需要在相位和群延迟指标上进行一定程度的折中。但是,这样会增加额外的硬件需求。以一个 6/4 GHz 的卫星系统为例,信道滤波器的典型指标如表 1.6 所示。

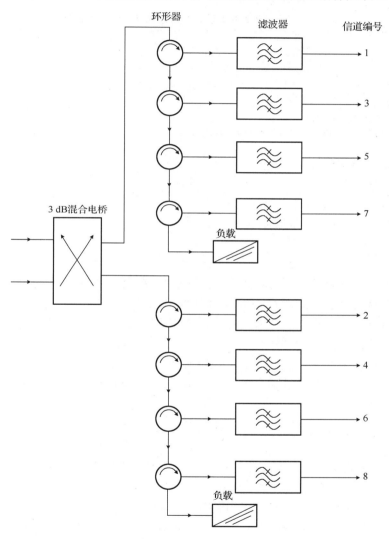

图 1.33　卫星系统的输入多工网络

非常严格的带外抑制要求是信道滤波器的一项指标,必要时可以利用带外传输零点来实现陡峭的隔离响应。尽管在通带内的插入损耗不是很关键,但通带内的幅度变化很重要,只有采用高 Q 值的滤波器才能实现最小波动。一种有用的信道方案是采用同轴电缆连接信道分离铁氧体环形器和 3 dB 功率分配器,从而使部件之间连接灵活。环形器是一个三端口非互易器件,由外部加偏置磁场的铁氧体材料构成,从而实现能量理想且定向传播。该器件使用同轴或平面结构实现时,损耗只有零点几分贝,而利用波导实现时则可将损耗控制在 0.1 dB 内,且反向隔离度可达到 30 ~ 40 dB。环形器本身是一种宽带部件,其带宽范围是 10% ~ 20%,使得在更窄的带宽范围优化其性能成为可能。环形器广泛应用在雷达和通信系统中。如图 1.33 所示,采用 3 dB 混合电桥和信道分离环形器可以简化多工网络结构设计,并且具有很大的灵活性。然而,简化设计带来的是损耗的增加,正如前面所述,这也是此网络的缺点之一。因此,窄带信道滤波器需要高 Q 值的结构。然而,作为网络构成部分的这些宽带器件,如环形器或隔离器及混合电桥,使用的不仅是低 Q 值的结构,而且体积更紧凑。

表 1.6　6/4 GHz 卫星系统的信道滤波器的典型指标

频段	3.7 ~ 4.2 GHz
射频信道数	12
信道中心频率间隔	40 MHz
通带带宽	36 MHz
窄带抑制	
同极化邻接信道的带边	10 ~ 15 dB
超出通带带宽 10% ~ 15% (2 ~ 3 MHz) 的信道带宽	30 ~ 40 dB
宽带抑制	
接收通带 (5.925 ~ 6.425 GHz)	40 ~ 50 dB
通带插入损耗	不重要
通带损耗波纹	小于 1 dB
通带相对群延迟	
关于中心频率对称的 70% 通带带宽	1 ~ 2 ns
通带带边	20 ~ 30 ns
工作温度范围	0℃ ~ 50℃

窄带滤波器会导致通带内相对高的群延迟波动。群延迟不仅与绝对带宽成反比,还决定了滤波器所需幅度响应的陡峭性。群延迟可以采用两种方式来补偿,一种方式是采用外部均衡器全通网络,另一种方式是采用更高阶的自均衡线性相位滤波器。对于任何一种方式,群延迟均衡都会增加设计的复杂度和成本。大多数卫星系统都会采用一定程度的均衡处理。群延迟均衡带来的一个优点是,可以降低通带内的幅度波动,而代价是中心频率处损耗会略增加。设计带通滤波器时,关键因素在于如何合理地选择通带的可用带宽,从而高效地利用频谱。

1.8.3　高功率放大器

射频信号发送回地球之前,需要经过高功率放大器(HPA)放大来提高功率水平。高功率放大器的增益和最大射频功率经过系统级折中,确保了所需转发器的通信传输能力。在卫星通信系统的功率放大器中,尽管一部分采用了固态功率放大器(SSPA),但行波管放大器(TWTA)仍占主导地位。多年以来,由于行波管放大器的可用功率、可靠性和效率已经得到了极大提高,因而能够继续占领大部分卫星系统市场。然而,对于 C 波段和 Ku 波段的卫星系统,固态功率放大器在中等功率水平逐渐表现出更好的非线性特性。总之,对于特定的系统,需要基于系统级的要求来选择合适的高功率放大器。高功率放大器需要消耗大量的功率,所以需要工作在高效率状态。本质上,高功率放大器为非线性器件,而且需要在效率、输出功率水平及非线性水平之间进行折中,满足其特性要求。行波管放大器的典型特性如图 1.34 所示。

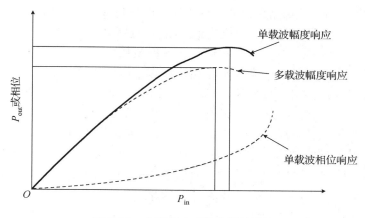

图 1.34　典型高功率放大器的特性

为了获得最大射频功率，放大器必须工作在饱和条件下。然而，此功率下工作的放大器也会工作于极高的非线性区域，即仅适用于放大单载波信号。对于多载波应用，必须使行波管放大器工作于回退模式，以保证载波互调比（C/IM）处于一个可接受的水平。如 1.5.6 节所示，随着射频信道中载波数量的增加，互调产物的数量也会急剧增加，这些分量既会落在射频信道带内，也会落在带外。通常，通过定义某个理论输出功率上的截获点（$\overline{\mathrm{IP}}$）来表征互调性能，其中通过外推得到的线性单载波输出功率等于外推得到的双载波互调功率，如图 1.35 所示。载波分量与三阶（$2f_1 \pm f_2$ 或 $2f_2 \pm f_1$）互调（IM_3）的关系如下式所示[8, 19]：

$$\frac{C}{\mathrm{IM}_3} = 2(\overline{\mathrm{IP}} - P_0) \qquad \mathrm{dB}$$

其中 P_0 为单个载波的输出功率，截获点参数通常由晶体管制造商给定。

以上关系表明，高功率放大器的功率每回退 1 dB，三阶互调就会降低 2 dB。此外，互调截获点越大，比值 C/IM 就越大。截获点是衡量放大器线性度的一个重要指标。因此，有充分的理由来指定高功率放大器在双载波工作时的性能，它代表着产生互调产物的最少载波数。另外，所有互调分量中三阶互调产物的功率最高，且对 C/IM 性能的影响最大。每增加一个阶数，奇数阶互调产物会减小 10 ~ 20 dB。而落在射频信道内的互调产物只能通过功率能量和高功率放大器的线性度来控制，因此需要在高功率放大器的效率和线性度之间进行折中。高功率放大器的线性度越高，其效率就越低，反之亦然。

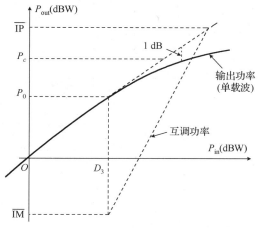

图 1.35　放大器的三阶互调截获点[8]

控制互调的常用方法是使放大器工作在线性区域，通常其功率比饱和功率水平低 2 ~ 3 dB。在双载波模式工作下，高功率放大器需回退至比饱和功率水平低 2 ~ 3 dB。而对于多载波模式而言，回退量要达到 10 ~ 12 dB 才能获得可接受的性能。这样操作以牺牲输出功率的极大代价来获得可接受的互调性能。显然，放大器的线性度因素至关重要。通常，可以采用一个"线性化器"来提高放大器的线性度,不过这样会带来额外的硬件和成本支出。需要注意的是,对于多载波模式,高功率放大器工作于回退模式主要是为了控制落在射频信道内的互调产物;而那些射频信道外的分量却无关紧要,除非它们落在发射或接收频带内。落在发射频带内的互调产物,被高功率放大器随后的高功率输出滤波器或多工网络衰减掉。只有在考虑更高阶的分量时,互调产物才可能落在接收频带内。这是由于我们只针对单信道的载波进行分析,而不是针对整个传输频段的。这类高阶的互调通常不会在高功率放大器中产生,即使产生了,其功率也可以忽略不计。然而,包含所有信道的高功率多工器和天线设备会产生低阶的互调产物,即**无源互调**(PIM)将落在接收带内。这个主题后续将在关于无源互调的内容中详细讨论。其他需要关注的是高功率放大器产生的二次和三次谐波频率,如果不加以抑制则会干扰地面系统,以及以军事应用和科学应用为目的的太空系统。因此,必须在发射天线之前对谐波进行抑制。谐波抑制也是输出多工子系统功能的一部分。

1.8.4　发射机部分的架构

　　卫星的发射机部分将不同的高功率信道放大器的输出信号通过一个输出多工网络合路,再通过公用天线发射出去。一旦信号被末级放大器放大了,功率的保护就变得非常重要。因此,设计挑战在于如何使每个射频信道的损耗最小,从而保护可用带宽,并且还要确保多工器和天线子系统的设计简化。因此,卫星系统需要在两个可选的多工器方案之间进行折中。

　　早期的卫星系统采用的是非邻接信道的多工网络方式,如图1.36(a)所示。

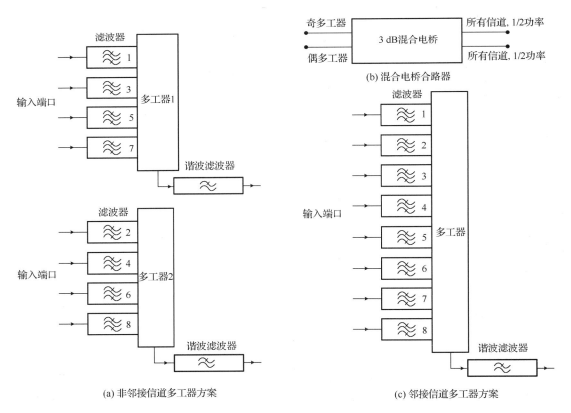

图 1.36　卫星系统中的两种多工器网络方案

在这种架构中，交替的信道合成到一起，称为非邻接信道多工器。然后，每个非邻接信道多工器的输出功率通过一个 3 dB 混合电桥合路传输，如图 1.36(b)所示。来自混合电桥的每个输入端的功率被平分成相位差为 90° 的两路输出。因此，混合电桥的每个输出端都含有射频信道总信号的一半功率。这种方案需要使用一个双输入的天线馈电网络，称为**双模馈电网络**。在 20 世纪 70 年代和 80 年代，卫星系统广泛采用了这种结构。其优势是可以简化多工网络的设计，缺点是此架构需要更多的波束成形网络，使得天线可实现的增益受到约束，因此导致了等效全向辐射功率(EIRP)损耗。所有发射机功率合路的另一种方式，是在单一器件上利用特定的极化器，这种信道邻接的多工器如图 1.36(c)所示。它的主要优势在于，有相对简单的波束成形网络，而且容易优化得到最佳的天线增益。另外，由于其固有的陡峭幅度特性，因此能够降低卫星的多径效应，提高射频信道特性[16]。但其缺点是，设计这样的一个多工器非常复杂，而且会引起射频信道通带内的损耗和群延迟波动的轻微恶化。近年来，技术发展已弥补了设计复杂这一缺点。这种方案可得到更高的天线增益，极大地补偿了多工器的损耗略微增加的不足。因此，大多数现代卫星系统采用了邻接信道的多工方案，因为它具有全信道特性，并且在等效全向辐射功率方面有更好的性能。而在一些应用中，尤其是窄带转发器系统中(约为 20 MHz)，非邻接信道的方案可以提供更好的设计。参考文献[16]中详细介绍了卫星架构采用不同的多工器网络方案的比较。

1.8.4.1　输出多工器

输出多工器(OMUX)起到了与信道器部分相反的功能。它把各个射频信道的功率合并为单路合成信号，通过公用天线发送回地球。输出多工器由许多带通滤波器组成，输出连接到一个公共多枝节上。每个滤波器对应着特定的转发器信道，通过优化，使信道带宽内的放大信号能够通过，同时抑制其他转发器信道的频率信号。另外，信道合路滤波器的性能和多工器总体设计需要进一步优化，从而降低损耗和抑制接收带宽内的信号。行波管放大器不仅可以产生需要的放大信号，而且还能抑制互调和谐波分量，而输出多工器仅提供部分抑制作用。在一个 6/4 GHz 的卫星系统的输出多工器上，针对单信道的典型要求如表 1.7 所示。

表 1.7　6/4 GHz 卫星系统中高功率合路网络的信道典型指标

频段	3.7~4.2 GHz
射频信道数	12
信道中心频率间隔	40 MHz
通带带宽	36 MHz
通带插入损耗	越小越好(典型值小于 0.2~0.3 dB)
窄带抑制①	
同极化邻接信道的带边	5~10 dB
超出通带带宽 15%~20%(3~4 MHz)的信道带宽	20~30 dB
宽带抑制	
接收通带(5.925~6.425 GHz)	30~35 dB
通带相对群延迟	
关于中心频率对称的 70% 通带带宽	1~2 ns
通带带边	10~20 ns
功率容量	10~100 W(每信道)
工作温度范围	0℃~50℃

　　① 隔离度取决于滤波器和多工器技术，及低损耗和高功率容量指标要求。

1.8.4.2　谐波抑制滤波器

此滤波器的功能是对二次和三次谐波提供足够的抑制，以及使转发器的通带内的损耗保持最小。它可以利用低损耗的低通滤波器来实现，功率容量是这种滤波器的关键要求。满足功率限制要求的两种不同的滤波器方案设计，如图1.37所示。一种方法是将单个谐波滤波器连接在多工器后面，如图1.37(a)所示。此方法的优点是只采用了单个滤波器，重量轻且体积小。不过，它的主要缺点是，滤波器必须具有足够的功率容量，以承受多工器所有射频信道的合成功率。另一种方法是在每个信道的输入端采用谐波滤波器，如图1.37(b)所示。对于这种方案，谐波滤波器只要求处理单信道的功率，而不是所有信道的合成功率。缺点是系统中需要更多的谐波滤波器。

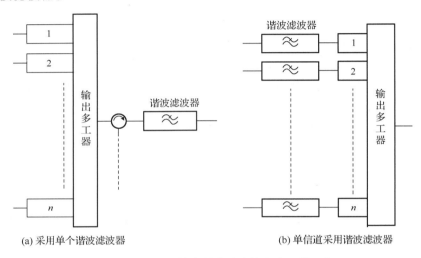

(a) 采用单个谐波滤波器　　　　　　　　　(b) 单信道采用谐波滤波器

图1.37　卫星系统中的高功率输出多工器网络

早期，卫星系统的输出多工器中采用的是单个谐波滤波器。而随着卫星系统功率的增加，似乎需要转变为单个信道采用谐波滤波器的方式。这种特定的选择视系统的具体情况而定。

1.8.4.3　高功率输出电路的无源互调要求

所有的有源器件本质上都是非线性的，因此会产生互调。而令人无法理解的是，所有无源器件，例如滤波器、多工器和天线也具有一定的非线性，也会产生互调[20]。这种互调称为无源互调(PIM)，这主要是由材料结构的非理想性造成的。对于大多数应用，无源互调的水平已经足够低了，因此对于系统设计的影响都可以忽略不计。但是，如果在一个通信系统中，信号的发射和接收公用一根天线，就会出现问题。如果高功率的发射机和低功率的接收机靠得足够近，就会在收发之间产生耦合，从而带来无源互调问题。例如，卫星中继器的发射和接收部分的功率差异高达130~140 dB，这就意味着无源互调水平应该低于发射机功率160 dB 或更低，才能确保低功率的接收信号不受干扰。这不仅影响到系统的设计，同时还影响到高功率设备的材料质量和工作标准。对系统设计影响最大的因素是如何分配发射和接收频段。因此，发射和接收频段的间隔应该至少避免三阶互调产物落在接收频段内，考虑五阶的情况则效果更好。如果 F_1 和 F_2 分别代表发射通带的下边沿频率和上边沿频率，则有互调产物的频率点位置为 $|mF_2 \pm nF_1|$，互调阶数为 $m + n$，其中 m 和 n 为整数。由两个载波产生的互调产物的频谱如图1.38所示。

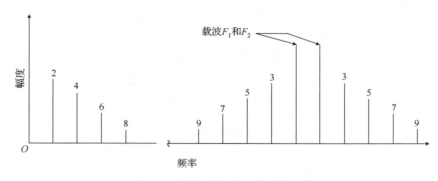

图 1.38　两个载波产生的互调频谱

显然，偶数阶的互调产物可以不用考虑，因为它们落在可用带宽外。另外，由于选择的接收频段总是高于发射频段的，落在低于 F_1 的频段范围内的奇数阶互调产物也无须考虑。并且，由于发射信号位于更低的频段，因此设备的效率更高。需要考虑的是那些高于 F_2 的频段范围内的互调产物。对于奇数阶互调产物，落在通带上边沿外的三阶频率点为 $2F_2 - F_1$，五阶频率点为 $3F_2 - 2F_1$，以此类推。例如，6/4 GHz 的卫星系统的发射和接收频段分别为 3.7 ~ 4.2 GHz 和 5.925 ~ 6.425 GHz。在这种情况下，能够落在接收带宽内的最小奇数阶互调产物是九阶的，表明这种发射和接收频段的间隔是相对安全的。在早期的一些军用卫星系统中，其频率间隔极小，且允许三阶无源互调产物落在接收频段内，后来证明这是有问题的。在那个时候，系统设计者只意识到了无源互调现象。

通常，高功率输出电路要满足无源互调指标要求，这取决于通信系统的天线设计。如果发射和接收公用一根天线，那么任何产生在接收频段内的无源互调产物都可能通过天线的馈电网络耦合到接收部分，从而干扰接收信号。对于发射天线和接收天线独立的系统，如果它们距离很近，那么也会出现这种问题。最保守的无源互调指标定义为，假设发射和接收的隔离度为零，则认为无源互调水平等同于三阶互调产物，而不考虑落入接收带宽内的其他阶数的无源互调产物。这种指标会极度限制硬件设计人员，极少有人有足够信心来满足此要求或实现其设计。在公用天线系统中，发射和接收的隔离度约为 20 ~ 30 dB 水平。如果发射天线和接收天线独立，则其隔离度会更高（60 ~ 100 dB）。如果允许落入接收带宽内的无源互调是五阶的，则其隔离度值通常会比三阶的低 10 ~ 20 dB。随着每增加一阶，高阶无源互调值将会降低 10 ~ 20 dB，这种现象已经由多个卫星系统的实验人员所证实[21]。对于公用一根天线的 6/4 GHz 卫星系统，其三阶互调产物的典型无源互调值为 −120 dBm。

1.9　蜂窝系统中的射频滤波器

蜂窝无线系统由移动通信系统发展而来。最早的移动无线通信系统应用在远洋测量船上，接着这种无线服务应用到航空器上，后来又应用到陆地上的公共安全服务方面，例如警察、消防部门和医院的救护车。然而，直到 20 世纪 90 年代早期，移动通信才应用到个人通信，把固定电话网络几乎扩展到了任何地方，例如庭院、汽车、市区和边远地区。这种使地球上任何开放区域能够相互连接的方法，确实成为了可能。蜂窝无线系统概念的规划如图 1.39 所示。

蜂窝系统服务的地理区域可以分成各个小的地域蜂窝，理想情况下，每个蜂窝是一个六边形区域。通常，各个蜂窝间距为 6 ~ 12 km，这取决于地形和当地的气候。此系统由蜂窝单元、交换中心和移动台组成。每个蜂窝代表着一个微波无线中继站。无线设备放在建筑物或掩体内,能够连接并控制其范围内的任何一个移动台。交换设备称为移动电话交换局(MTSO),为一组蜂窝站提供交换和控制功能。另外,移动电话交换局也能够和公共交换电话网络(PSTN)相连接,使移动用户连接到远处的公共电话网络。

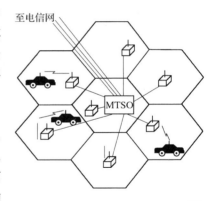

图1.39　蜂窝系统概念的规划图[7]

自20世纪90年代以来,蜂窝系统经历了爆炸式增长,在可预见的未来,这种指数级的增长方式还会持续下去。为了满足这一高要求,国际电信联盟(ITU)与国际各大通信机构(美国联邦通信委员会、欧洲电信联盟等)合作,为移动通信系统和固定通信系统开放了越来越多的频谱。表1.8总结了当前已分配的频段。

表1.8　ITU 2区300 MHz~30 GHz频段分配一览表

300~1000 MHz	1000~3000 MHz	3.0~6.0 GHz	6.0~30.0 GHz
300~328.6(M,F,O)	1427~1525(M,F,S)	3.3~3.4(O,M,F)	6.0~7.075(S,M,F)
335.4~399.9(M,F)	1700~2690(M,F,S)	3.4~4.2(S,M,F)	7.075~7.25(M,F)
406~430(M,F,O)		4.4~4.5(M,F)	7.25~7.85(S,M,F)
440~470(M,F,S)		4.5~5(S,M,F)	7.85~7.9(M,F)
470~608(B,M,F)		5.15~5.35(S,M)	7.9~8.5(S,M,F)
614~790(B,M,F)		5.47~5.725(O,M)	10~10.6(O,M,F)
790~960(M,F,B)		5.85~6.0(S,M,F)	10.7~13.25(S,M,F)
			14.3~15.35(S,M,F)
			17.3~19.7(S,M,F)
			21.4~23.6(S,M,F)
			24.25~24.64(O,S,M)
			24.65~29.5(S,M,F)

注1:关于括号内的字母,M代表移动通信;F代表固定通信;S代表卫生通信;B代表广播;O代表其他。第一个字母表示当前的服务提供商,按优先级顺序排列。其他包括无线电定位、无线电天文学和无线电导航服务。

注2:与现有的或新建的服务共享频率分配,需要ITU-R(R代表无线电通信部门)与现有服务商针对特定频段划分。

注3:ITU 1区(欧洲)和3区(亚洲)的频谱划分与2区(美洲)的频谱划分类似。

参考文献:ITU-R M.2024(2000),"Summary of spectrum usage survey results."

此外,国际电信联盟的无线电部门、移动通信行业参与者、监管机构、政府、制造商和现有运营商之间,正在进行对话和会议,以进一步分配频谱。频谱划分是每个国家面临的一个困难过程,不仅需要与本国境内的其他系统和服务协调,还需要与频谱的国际使用者协调。频谱可用并不意味着可以轻易获得使用许可,运营商必须与该频谱的所有用户、其他申请人、国内监管机构以及ITU-R谈判成功,才能获得许可证。有时需要数年时间才能获得频谱许可证。频谱分配情况还需要定期审查。对于移动业务,需求最大的频段是400~1000 MHz。由于其传播特性,这个较低的频段适合低成本的覆盖。如果频谱在1 GHz以下不可用,则L波段是个不错的选择,频段越高则带宽容量越大。

蜂窝系统架构需要考虑很多因素,特别是要考虑到小区的大小(覆盖区域)、分配给每个小区的信道数、小区站的布局和话务量[7]。总的可用(单方向)带宽分成N个信道组,然后再将这些信道分配给小区,每个小区的信道以规则图案复用。随着N的增加,信道组(D)之间的距离也会增加,同时会降低干扰水平;信道组的数量(N)增加了,每个小区的信道数量则会减少，从而降低了系统容量。选择最优化的信道组数量时，要考虑到容量和质量之间的折中。需要注意的是，仅在特定数量 N 下才会有规则的无间隔复用模式，N 可为 3、4、7、9、12 或它们的倍数。

定向天线的使用可以提高性能，允许更小的站点和工作容量。无论天线的架构如何，每个蜂窝基站都需要高效的射频滤波器，以确保最大限度地利用可用频谱。图 1.40 显示了使用空间分集[22]技术的基站的常用射频子网络框图，其中只有一台发射机连通，另一台作为冗余备份单元。在接收端，使用了双天线提供空间分集。空间分集技术已成为蜂窝系统的应用标准。因此，每个链路上需要 1 根天线发射信号，2 根天线接收信号，整个子网络需要 4 根天线。通过环形器连接的发射滤波器和接收滤波器，可以用 18.5 节所述的双工器代替。环形器耦合网络最简单，通过环形器的每条路径会产生 0.1 dB 或更小的损耗。而双工器为了实现最低损耗，结构设计会变得更加复杂。

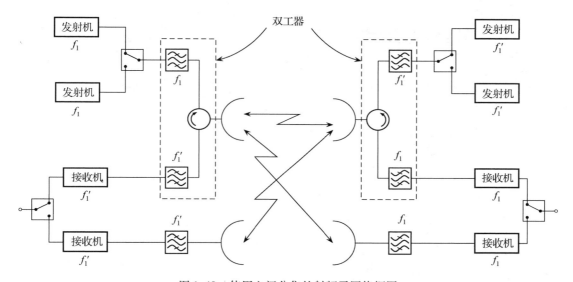

图 1.40　使用空间分集的射频子网络框图

蜂窝基站集成了微波中继站和开关网络的功能。因此，对滤波器的要求和限制与卫星中继站所面临的问题类似，接收和发射滤波器必须具有低损耗，在其他地方，损耗则不受限制。由于大多数蜂窝基站分布在城市地区，占用空间成本高昂，因此设备尺寸也是一个限制因素。对于特别的高可靠系统，同时会用到频率分集和空间分集两种技术。如图 1.41[22] 所示，它可以在每个方向上实现频率分集和空间分集。

蜂窝系统通常为基站分配单一频段或信道，用来覆盖需要这个单频段的特定地理区域，如图 1.40 和图 1.41 所示。由于对更大容量和服务的需求日益增长，需要提供更多的频段以满足这一需求。图 1.42 所示为使用环形器实现的双通带和三通带滤波器网络的简单结构，这种结构可以很容易地扩展到任意数量的通带。它的主要优点是：（1）简单；（2）模块化；（3）单个滤波器易于制造以达到预期性能。其缺点是环形器（商业中广泛应用）的使用增加了额外的硬件成本，每增加一个通带，所引入的插入损耗约为 0.3 dB（最坏情况），且占用空间略大。这类结构与第 18 章描述的环形器耦合多工器类似。这个增加的损耗可以通过提高发射机相应的功率来解决。例如，为了弥补 0.3 dB 损耗，功率需要增加 7%。这对发射机来说不是问题，但是这确实增加了耗电量,在基站的总体设计中必须考虑到这一点。如图1.42(c)所示,在牺牲模块化的前提下,用多工器代替输入环形器,可以使插入损耗减少50%。

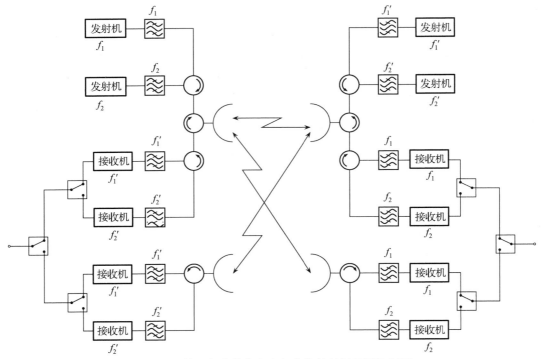

图1.41　使用频率分集和空间分集的射频子网络框图

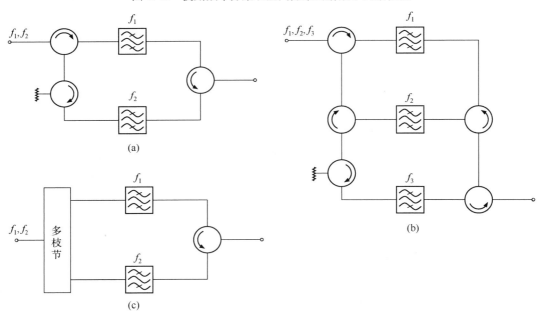

图1.42　(a)双通带环形器耦合滤波器框图;(b)三通带环形器耦合滤波器框图。
(c)一端接多枝节耦合且另一端接环形器耦合的双通带滤波器框图

基站合并更多的频段促进了多通带滤波器的发展,这正是第 21 章的主题。这类滤波器在射电天文学和军事方面都有应用,可以抑制窄带干扰信号,或抑制在更宽的可用通带范围内可能发生的干扰信号。

1.10　超宽带无线通信

超宽带(UWB)技术起源于扩频技术的发展,用于军事应用中的安全通信。超宽带业务占用非常宽的带宽,与许多现有业务共享频谱。UWB 技术是一种数字脉冲无线技术,可以在宽频谱、短距离、极低的功耗下传输大量数字数据[23~26]。在 20 世纪 60 年代至 90 年代,UWB 技术被限制在高度安全通信的保密国防应用中。自 2000 年以来,超宽带频谱已逐步在全球范围内用于短程无线通信。推动短距离无线技术,特别是 UWB 技术的主要因素包括[24]:

- 便携式设备对无线数据能力日益增长的需求;
- 频谱稀缺,已被监管机构分配和发放许可;
- 企业、家庭和公共场所对互联网的高速有线接入的增长;
- 微处理器和信号处理技术的成本降低。

利用 UWB 技术可以在短距离无线连接上实现高速数据传输,也可以在低速率雷达和成像系统中应用 UWB 技术。高速微处理器和高速交换技术的发展,使得 UWB 技术在短距离、低成本的消费通信中具有商业可行性。UWB 的主要优势总结如下[26]:

- 能够与许多用户共享频谱;
- 大通信容量,是高数据速率无线应用的理想选择;
- 低功率密度(通常低于环境噪声)保证了通信的安全性;
- 对多径效应的灵敏度较低,能够携带信号穿过门和其他障碍物(这些障碍物往往在更有限的带宽内反射信号);
- 无载波的 UWB 传输简化了收发器架构,从而减少了成本和实现时间。

2002 年,FCC 允许在 3.1~10.6 GHz 频段范围的 UWB 通信用于未经许可的操作,其 −10 dB 带宽大于 500 MHz,最大 EIRP 谱密度为 −41.3 dBm/MHz 或 75 nW/MHz。FCC 将 UWB 定义为在 3.1~10.6 GHz 频段范围占用超过 500 MHz 带宽的信号。此外,FCC 和随后的欧洲电子通信委员会(ECC)发布了 UWB 设备的辐射功率标准,如表 1.9 和表 1.10 所示[25,26]。

表 1.9　室内和室外 UWB 设备的 FCC 辐射功率标准

频率范围 (MHz)	室内 EIRP (dBm/MHz)	室外 EIRP (dBm/MHz)
960~1610	−75.3	−75.3
1610~1990	−53.3	−63.3
1990~3100	−51.3	−61.3
3100~10600	−41.3	−41.3
10 600 以上	−51.3	−51.3

表 1.10　欧洲 UWB 设备的 ECC 辐射功率标准[26]

频率范围(MHz)	EIRP (dBm/MHz)
低于 1600	−90
1600~2700	−85
2700~3400	−70
3400~3800	−80
3800~6000	−70
6000~8500	−41.3
8500~10600	−65
10 600 以上	−85

　　UWB 是一种覆盖技术，容易受到现有窄带通信频段的干扰。使用 UWB 技术的设备可以同时在所有频率上传输超低功率的无线电信号，信号带有皮秒级的短电脉冲。UWB 功率电平要求低于电子设备允许的噪声排放。由于传输功率低、带宽大，UWB 系统容易受到其他现有系统的干扰。另一方面，UWB 系统由于其传输功率低，对其他通信系统无害。

　　带通滤波器是去除 UWB 传输系统中不需要的信号和噪声的关键部件。它必须确保来自 UWB 杂散模板之外的任何干扰都保持在远低于规定的 UWB 传输功率水平。现有的通信系统采用窄带信道(通常小于 2% 带宽)。对于这类信道，在过去的 40 年里，宽带微波滤波器的设计和技术已经得到了发展。对于 UWB 应用，我们需要超过 100% 带宽的滤波器，这是一个具有挑战性的命题。这种宽带滤波器可以用耦合传输线结构来实现，参考文献[26]中描述了许多宽带滤波器的设计方法。

1.11　系统需求对射频滤波器指标的影响

　　无线通信系统的出现和广泛应用促进了组成此系统的所有器件和子系统性能的发展，并且无线通信可用频谱资源的不足对信号处理和滤波提出了新的要求，以获得最大的频率利用效率。影响射频滤波器的指标因素可分为如下几种：

- 频率规划；
- 干扰环境；
- 调制-解调方案；
- 工作环境；
- 通信链路中的滤波器位置；
- 高功率放大器特性；
- 微波滤波器技术的限制。

这些因素中的每一种都会影响系统设计的相应领域。

1.11.1　频率规划

　　如 1.2 节所述，商业无线通信可用的频谱为有限的自然资源，通信系统必须最有效地利用可用带宽。射频滤波器起到了保护可用频段不受外界干扰的作用，通过将可用频段合理地划分为不同转发器的有效信道，来满足话务量的需求；并且，有效的功率合路构成了公共的馈电网络，使天线的成本最小化。因此，实际滤波器所能达到的性能极大地决定了所分配频率的带宽利用率。频率越高，滤波器设计更复杂，对制造公差也就越敏感。如果选择更窄的信道带宽，则会带来高损耗、传输偏差大，以及过于敏感等缺点。射频信道的典型过渡带宽是 10%，这就意味着可用频段的使用效率为 90%。然而，分配 10% 的过渡带宽是任意的，它只是提供了一种参考，以便在通带边沿和邻接信道之间提供最小隔离度的约束条件下，在通带性能方面进行折中。针对实际系统性能进行优化时，在提供邻接信道 20 ~ 30 dB(或更大)的抑制条件下，幅度变化不超过 1 dB，相对群延迟在 70% ~ 80% 的带宽内按 2 ~ 3 ns 范围变化。这意味着占通带中间 80% 的信号失真最小，而余下的边沿信号失真变大。因此，针对滤波器的优化设计，在可用带宽的最大化和信道效率之间进行系统级折中是至关重要的[16, 22]。对于可实现带宽的限制，是由微波滤波器技术的现状和成本决定的。

1.11.2　干扰环境

通信系统中的射频信道的干扰环境如 1.3 节所述。射频滤波器的主要功能就是利用最小的保护带宽来信道化（或合成）所分配的频段，同时要保证良好的通带性能。对邻接信道的隔离要求几乎完全取决于邻接信道（共极的）的干扰，而干扰水平取决于邻接信道的频谱能量。因此，可以根据频谱被干扰的波形来指定相邻信道之间的隔离度，对信道滤波器提出最严格的指标要求（见 1.8.2 节和 1.8.4 节），在带外幅度响应、带内和群延迟波动等因素之间进行折中。这种波动的水平取决于滤波器的技术、设计复杂度和成本。而来源于其他部分的干扰信号，如交叉极化信道、雨衰落、多径效应和电离层散射，会落在射频信道内，可以通过系统设计来控制。由非线性高功率放大器（见 1.5.6 节和 1.8.3 节）引起的互调干扰，可以通过高功率放大器的功率等级来控制。

1.11.3　调制方案

对于不同的话务量需求，调制方案在射频信道的通信容量最大化方面扮演着非常重要的角色，使得可以在信号传输所需的功率和带宽之间进行折中。大多数系统都需要极高的灵活性，以便能够在一个信道内处理不同类型的调制方案和不同数量的载波。采用具有等波纹通带和阻带的微波滤波器，可以极佳地获得这种信道特性。这种响应代表着接近"矩形"的幅度响应。如果有需要，则还可以通过采用相位和群延迟均衡来提高通带特性。

1.11.4　高功率放大器特性

从本质上讲，高功率放大器是宽带的非线性器件。除了能够放大射频功率，高功率放大器还会产生基波的谐波和宽带的热噪声。非线性特性的另一个后果就是产生互调噪声。因此，高功率放大器决定了谐波抑制性能和宽的带外抑制响应，如 1.8.2 节和 1.8.4 节所述。

1.11.5　通信链路中射频滤波器的位置

一个通信链路由发射机和接收机级联而成。射频滤波器位于高功率放大器之后、低噪声放大器之前，以及低噪声放大器和高功率放大器之间，如 1.5 节所示。在通信链路的不同部分，滤波器的指标要求是不同的，如下所示：

在低噪声放大器之前的滤波器	低损耗
在高功率放大器之后的滤波器	低损耗和高功率容量
在低噪声放大器和高功率放大器之间的滤波器	高选择性

除了电气性能的要求，滤波器在尺寸、质量和成本方面也需要进行限制。低损耗和高功率容量需要更大的体积。但是，如果不限定损耗，则可以通过增加损耗以获得更小的体积。

1.11.6　工作环境

无线通信系统中的两种工作环境分别为太空和地面。

1.11.6.1　太空环境

太空应用主要取决于器件的质量、尺寸、可靠性和性能。另外,设备还必须能够承受发射环境、太空辐射,以及更高的温度范围。在过去的 30 年里,这些因素成为许多滤波器人员创新设计的驱动力。通常,用于太空的微波滤波器由空气或介质加载的金属结构组成,不受辐射环境的影响。然而,如果采用高温超导(HTS)材料实现这种滤波器,环境辐射就会成为一种威胁。但是,通过在滤波器网络表面添加适当厚度的金属膜,就可以消除这种威胁。这种环境中的另一种特别的现象是二次电子倍增击穿效应,它发生在太空的高度真空的环境中。第 20 章将会论述有关内容。

1.11.6.2　地面环境

对于地面系统,成本是主要因素。另外还有大量的滤波器需求,需要在大规模生产方面有所创新。

1.11.7　微波滤波器技术的限制

所有电子元件都会耗散能量,使这种能量损耗最小化始终是一个关键的设计参数。在通信系统中,大量的滤波器应用需要利用窄带宽滤波器。滤波器的能量损耗取决于两个因素:(1)金属结构的电导率和用于实现微波滤波器的介质材料的损耗正切值(无载 Q 值的倒数);(2)滤波器的百分比带宽。信道带宽越窄,则滤波器的损耗越大。带宽要求是一个系统对指标的限制条件,也是使用滤波器网络的理由。银在金属中具有最高的导电性,用作微波结构的电镀材料,以达到最低的损耗。在不镀银也能满足规格要求的情况下,也经常采用未电镀的铝或铜结构。对于高功率应用,必须传导或辐射散热,以保持所需的温度环境,这意味着材料也必须具有可接受的导热性。所有通信设备的通用工作温度范围为 $0℃ \sim 50℃$。对于微波频段的窄带滤波器,这是至关重要的,因为它们的性能对于中心频率的任何偏移都非常敏感。这意味着材料还必须表现出优异的热稳定性,这往往与高导电性和导热性的要求相冲突。换句话说,用于微波滤波器的材料必须具有低损耗(高无载 Q 值)、良好的导热性和优异的热稳定性。

对于任何微波结构,特别是窄带器件(如滤波器),总是会在体积(和质量)与能量耗散之间进行折中。结构越大,则损耗越低,反之亦然。另一个决定滤波器尺寸的关键因素是材料的介电常数。近几十年来,介质材料的先进性,即具有高介电常数、低损耗(高 Q 值)和优异的热稳定性,使介质加载滤波器成为许多应用的首选。材料的进步,是在更紧凑的结构中实现性能改善的关键。第 11 章和第 21 章将更详细地讨论这些折中方法。

微波滤波器是分布式结构的。如第 9 章至第 14 章所述,有多种拓扑结构可以用于实现微波滤波器。虽然大多数滤波器都采用了主模,但也可以采用高阶的传播模式来实现更高的 Q 值,代价是体积更大。这些特性非常适合大功率应用。微波滤波器的设计提供了许多选择和折中方法,并在其实现方面开发了一系列的技术,表 1.11 着重介绍了这一点。

表 1.11　通信系统中的微波滤波器方案

应　用	频　段	关键特性	早期的滤波器方案	竞争技术
宏蜂窝通信系统中的中频滤波器	100 ~ 600 MHz	应用广，小尺寸，低功率	集总元件，微带	声表面波，有源单片微波集成电路
民用蜂窝系统和手持终端	800 ~ 900 MHz	易于批量制造，对成本敏感	同轴介质，谐振器可调，介质	声表面波，单片微波集成电路，有源可调滤波器，基片集成波导
民用个人通信系统、分布式通信系统，以及手持终端	2 ~ 5 GHz	易于批量制造，对成本敏感	同轴，单片微波集成电路	介质，单片微波集成电路，基片集成波导，有源可调滤波器
卫星系统和特高频系统	300 ~ 1000 MHz 1 ~ 2 GHz，2 ~ 4 GHz	低损耗，功率覆盖范围广，对尺寸和体积敏感	增压同轴	介质
移动通信系统	700 MHz ~ 5 GHz	低损耗，功率覆盖范围广，对尺寸和体积敏感	同轴，介质	鳍线，悬置带线，单片微波集成电路，声表面波
固定卫星业务	4/6 GHz，7/8 GHz，12/14 GHz，11/17 GHz	低损耗，功率覆盖范围广，对尺寸和体积敏感	同轴，波导，介质	
多媒体	20/30 GHz，40/60 GHz	低损耗，功率覆盖范围广，对尺寸和体积敏感	波导，介质	
本地多点传输服务系统	28 GHz，38 GHz，42 GHz	应用广，对尺寸和体积敏感	同轴，波导	鳍线

1.12　卫星和蜂窝通信对滤波器技术的影响

在 20 世纪 70 年代和 80 年代，卫星通信的出现是微波滤波器网络研发的关键驱动力[27]。对于太空应用，所携带设备的尺寸和质量对成本有巨大的影响。另外，在太空中功率的产生成本是高昂的，因此高功率设备的低损耗指标非常关键。最后，设备必须能在太空中非常可靠地工作，在整个航空器的生命周期内都不能出现故障。为了解决以上问题，在滤波器和多工网络领域内出现了很多进步和创新，包括具有任意幅度、相位响应的双模和三模的波导滤波器及介质谐振滤波器，具有邻接和非邻接信道的多工网络、声表面波（SAW）滤波器、高温超导滤波器，以及各种同轴、鳍线和微带线滤波器。对于基于地面系统的滤波器，在 20 世纪 90 年代起广泛应用的无线蜂窝通信系统的发展促进了这一领域的研发，并且进一步促进了材料，以及大规模、低成本的生产技术的发展。

基于电磁的计算机辅助设计与调试技术在这一领域扮演了很重要的角色。一个有趣的现象是，不断提高的生产技术正在被空间微波设备逐渐采用，以降低成本。这些技术推动了新时代由大量（成百上千）地球低轨道（LEO）卫星组成的通信系统应用。此外，包括毫米波在内的新频段应用成为可能，以适应越来越多的无线通信业务的持续需求（无论是基于卫星的还是基于地面的蜂窝系统）。这种需求和新的频段将持续推动微波滤波器的研发，以及一些有前景的技术领域，如介质材料、可调滤波器技术和三维制造技术的不断进步。

1.13　小结

本章对通信系统进行了概述，特别介绍了通信信道和其他单元之间的关系。目的是提供充分的背景信息，让读者能够理解通信系统中射频滤波器的重要角色和要求。

从介绍通信系统的模型入手,本章所讨论的主要问题包括无线电频谱、信息概念、噪声和干扰环境,以及通信信道设计中的系统考虑因素。

通过回顾香农信息论的开创性工作,本章研究了基于某种媒介传输的信息概念,突出了信号功率、系统噪声和可用带宽之间的基本折中方法。这就引发了关于部署无线链路所需的功率、带宽、噪声最小化和天线性能之间的折中讨论。关于噪声,需要重点考虑的是热噪声,以及如何针对通信信道设置基本的噪声系数指标。接下来,本章还简要介绍了模拟调制和数字调制。最后,本章概述了典型蜂窝和卫星通信系统对滤波器的需求,以及不同的系统要求是如何影响滤波器网络指标的。

1.14　原著参考文献

1. Members of Technical Staff (1971) *Transmission Systems for Communications*, 4th edn (revised), Bell Telephone Laboratories, Inc.

2. Taub, H. and Schilling, D. L. (1980) *Principles of Communications Systems*, 3rd edn, McGraw-Hill, New York.

3. Schwartz, M. (1980) *Information, Transmission, Modulation, and Noise*, 3rd edn, McGraw-Hill, New York.

4. Meyers, R. A. (ed.) (1989) *Encyclopedia of Telecommunications*, Academic Press, San Diego.

5. Gordon, G. D. and Morgan, W. L. (1993) *Principles of Communications Satellites*, Wiley, New York.

6. Haykin, S. (2001) *Communication Systems*, 4th edn, Wiley, New York.

7. Freeman, R. L. (1997) *Radio System Design for Telecommunications*, 2nd edn, Wiley, New York.

8. ITU (2002) *Handbook on Satellite Communications*, 3rd edn, Wiley, New York.

9. a Shannon, C. E. (1948) A mathematical theory of communications. *Bell System Technical Journal*, **27** (3), 379-623 and issue 4, 623-656, 1948; b Shannon, C. E. (1949) Communication in the presence of noise. *Proceedings of the IRE*, **37**, 10-21.

10. Krauss, J. N. D. (1950) *Antennas*, McGraw-Hill, New York.

11. Lathi, B. P. (1965) *Signals, Systems and Communication*, Wiley, New York.

12. Cross, T. G. (1966) Intermodulation noise in FM systems due to transmission deviations and AM/FM conversion. *Bell System Technical Journal*, **45**, 1749-1773.

13. Bennett, W. R., Curtis, H. E., and Rice, S. O. (1955) Interchannel interference in FM and PM systems under noise loading conditions. *Bell System Technical Journal*, **34**, 601-636.

14. Garrison, G. J. (1968) Intermodulation distortion in frequency-division multiplex FM systems—a tutorial summary. *IEEE Transactions on Communication Technology*, **16** (2), 289-303.

15. Kudsia, C. M. and O'Donovan, M. V. (1974) *Microwave Filters for Communications Systems*, Artech House, Norwood, MA.

16. Tong, R. and Kudsia, C. (1984) Enhanced performance and increased EIRP in communications satellites using contiguous multiplexers. Proceedings of the 10th AIAA Communication Satellite Systems Conference, Orlando, FL, March 19-22.

17. Sklar, B. (1993) Defining, designing, and evaluating digital communication systems. *IEEE Communications Magazine*, **11**, 91-101.

18. Xiong, F. (1994) Modem technologies in satellite communications. *IEEE Communications Magazine*, **8**, 84-98.

19. Maral, G. and Bousquet, M. (2002) *Satellite Communications Systems*, 4th edn, Wiley, New York.

20. Chapman, R. C., *et al.* (1976) Hidden threat: multicarrier passive component IM generation. Paper 76-296, AIAA/CASI 6th Communications Satellite Systems Conference, Montreal, April 5-8, 1976.

21. Kudsia, C. and Fiedzuisko, J. (1989) High power passive equipment for satellite applications. IEEE MTT-S

Workshop Proceedings, Long Beach, CA, June 13-15, 1989.

22. Manning, T. (1999) *Microwave Radio Transmission Design Guide*, Artech House.

23. Roberto Aiello, G. and Rogerson, G. D. (2003) Ultra-wideband wireless systems. *IEEE Microwave Magazine*, **2**, 36-47.

24. Bedell, P. (2005) *Wireless Crash Course*, 2nd edn, McGraw Hill.

25. Wentzloff, D. D. *et al.* (2005) System design considerations for ultra-wideband communication. *IEEE Communication Magazine*, **8**, 114-121.

26. Zhu, L., Sun, S., and Li, R. (2012) *Microwave Bandpass Filters for Wideband Communications*, Wiley.

27. Kudsia, C., Cameron, R., and Tang, W. C. (1992) Innovations in microwave filters and multiplexing networks for communications satellite systems. *IEEE Transactions on Microwave Theory and Techniques*, **40**, 1133-1149.

附录 1A　互调失真小结

表 1A.1　直接传输偏差分类

传输偏差类别	失真阶数	高调制频率的 NPR（无预加重）
二次增益，A_2（dB/MHz^2）	三阶	$\dfrac{1.72 \times 10^4}{A_2^4 \sigma^4 f_m^4}$
三次增益，A_3（dB/MHz^3）	二阶	$\dfrac{33.6}{A_3^2 \sigma^2 f_m^4}$
四次增益，A_4（dB/MHz^4）	三阶	$\dfrac{6.32}{A_4^2 \sigma^2 f_m^4}$
线性时延，B_1（ns/MHz）	二阶	$\dfrac{10^6}{\pi^2 B_1^2 \sigma^2 f_m^2}$
	三阶	$\dfrac{7.5 \times 10^5}{\pi^4 B_1^4 \sigma^4 f_m^4}$
二次增益，B_2（ns/MHz^2）	三阶	$\dfrac{7.5 \times 10^5}{\pi^2 B_2^2 \sigma^4 f_m^2}$
三次增益，B_3（ns/MHz^3）	二阶	$\dfrac{1.19 \times 10^6}{\pi^2 B_3^2 \sigma^2 f_m^6}$

关键词：σ 为多信道 RMS 频率偏差（单位为 MHz）；f_m 为高调制频率；A_n 为 N 阶幅度系数；B_n 为 N 阶群延迟系数；NPR 为噪声功率比；测量得到的互调噪声由通信信道中的白噪声功率谱密度与互调噪声功率谱密度的比值表示。

表 1A.2　耦合传输类别

传输偏差类别	失真阶数	高调制频率的 NPR（无预加重）
线性增益 + 线性 AM/PM，A_1（dB/MHz） + K_{P1}（°/dB/MHz）	二阶	$\dfrac{3.28 \times 10^3}{K_{P1}^2 A_1^2 \sigma^2 f_m^2}$
二次增益 + 恒定 AM/PM，A_2（dB/MHz^2） + K_{P0}（°/dB）	二阶	$\dfrac{3.28 \times 10^3}{K_{P0}^2 A_2^2 \sigma_m^2 f_m^2}$
四次增益 + 恒定 AM/PM，A_4（dB/MHz^4） + K_{P0}（°/dB）	二阶	$\dfrac{9.75 \times 10^2}{K_{P0}^2 A_4^2 \sigma^2 f_m^6}$
线性时延 + 线性 AM/PM，B_1（ns/MHz） + K_{P1}（°/dB/MHz）	二阶	$\dfrac{1.73 \times 10^3}{\pi^2 K_{P1}^2 B_1^2 \sigma^2 f_m^4}$
二次增益 + 恒定 AM/PM，B_2（ns/MHz^2） + K_{P0}（°/dB）	二阶	$\dfrac{4.33 \times 10^7}{\pi^2 K_{P0}^2 B_2^2 \sigma^2 f_m^4}$

第2章　电路理论基础——近似法

工程问题一般使用近似的方法来求解，就如同使用近似法来分析物理现象一样。在物理现象的最底层，量子力学以概率的形式描述了物质的内在特性。但对于工程问题，权衡法的求解无处不在，无论是对系统内在还是外在的描述。理解了这一点，就可以在系统的约束条件范围内对参数进行优化，从而实现近似法求解。本章将描述通信理论及电路理论近似法的基本原理，并将重点阐述电路网络分析中的基本假设条件及频域分析法。

2.1　线性系统

在自然界里，大多数系统都是非线性系统，这些系统非常复杂，并不服从普通求解方法。每个问题对于不同的边界条件都有不同的解。幸运的是，大多数工程问题可以在一定的工作区间内近似成线性系统。从而引出了第一个假设，系统近似为线性的。这意味着必须保证通信系统中的所有设备都工作在可近似为线性的范围内，从而满足如上假设。线性系统分析方法已经非常成熟，可以参考文献[1]。

2.1.1　线性的概念

如图 2.1 所示，任何系统都可以描述成一个黑盒，接收输入信号（驱动函数），处理输入信号，并产生输出信号（或响应函数）。

线性系统的输出和输入成比例关系。这并不需要响应信号线性正比于驱动信号，那只是线性的一个特例而已。如果 $r(t)$ 是 $f(t)$ 的响应，则 $kr(t)$ 是 $kf(t)$ 的响应，其中 k 是任意常数，如下所示：

$$f(t) \rightarrow r(t), \quad kf(t) \rightarrow kr(t) \qquad (2.1)$$

以上只是线性系统的特性之一。线性系统遵循叠加原理，即如果多个激励同时作用于线性系统，则总的响应可以用如下方法计算：让每一个激励单独作用于系统，并将其他

图 2.1　电路系统结构图

激励设为零，求出单个激励的响应，然后将所有的单个激励的响应相加，即可得出总响应。可以用数学公式表达如下：

$$f_1(t) \rightarrow r_1(t)$$
$$f_2(t) \rightarrow r_2(t)$$
$$f_1(t) + f_2(t) \rightarrow r_1(t) + r_2(t) \qquad (2.2)$$

更通用的公式可以描述如下：

$$a_1 f_1(t) + a_2 f_2(t) \rightarrow a_1 r_1(t) + a_2 r_2(t) \qquad (2.3)$$

以上条件必须对任意 a_1，f_1，a_2 和 f_2 等都成立。根据式（2.3）可以判断系统是否为线性系统。

目前的讨论只针对单输入单输出系统，但以上结论可以推广到多输入多输出系统。

2.2　系统的分类

线性和非线性系统可以分类如下：

- 时变系统和时不变系统；
- 集总参数系统和分布参数系统；
- 即时系统（无记忆系统）和动态系统（记忆系统）；
- 模拟系统和数字系统。

2.2.1　时变系统和时不变系统

系统参数不随时间变化的系统称为**定常系统**或**时不变系统**。线性时不变系统可以用定常系数的线性方程来表示。系统参数随时间变化的系统称为**变参数系统**或**时变系统**。线性时变系统可以通过时变系数的线性方程来表示。严格来说，对于所有的物理对象或系统，如果长时间对其进行观测，就会发现它们都是时变的。但是，在有限的时间段内，如几十年或几百年的观测，系统更多地属于时不变系统范畴。本书的所有研究对象都将是这种系统。

2.2.2　集总参数系统和分布参数系统

任何系统都可以看成一些独立的元件以某种特定方式相互连接在一起。如果系统中的所有元件由集总参数元件组成，则认为系统是集总参数系统。在集总参数模型中，系统的能量存储在单个孤立的元件中，如电路系统中的电感和电容，以及机械系统中的弹簧。同时，假定其能量由一个节点扰动瞬时传到系统的其他节点。对于电路系统，集总参数系统意味着元件的尺寸和信号波长相比非常小。集总电器件两端的电压或流过的电流与集总参数相对应。

与集总参数系统相比，分布参数系统的特点是能量沿着物理元件的长度方向传输。在这些系统中，电压和电流分布在物理元件的表面。这意味着不仅要处理时间变量，还要处理空间变量。而且，能量由一个节点传输到系统的另一个节点不再是瞬时的，而是需要有限的时间。集总参数系统用微分方程来描述，而分布参数系统用偏微分方程来描述。

2.2.3　即时系统和动态系统

系统在任一给定时刻的输出由该时刻之前的输入决定。但是，对于很多系统，响应（输出）并不受之前输入的影响。这些系统称为即时系统或无记忆系统。更准确地说，即时系统的输出仅由当前时刻的输入决定，与过去和将来的输入无关。输出由过去时刻的输入决定的系统称为记忆系统或动态系统。本书将着重讨论即时系统。

2.2.4　模拟系统和数字系统

在连续区间内幅度可以任意取值的信号是模拟信号。处理模拟信号的系统称为**模拟系统**。幅度由有限个数值来表示的信号，无论是连续或离散的，都是数字信号。处理数字信号的系统称为**数字系统**。

2.3　电路理论的历史演化

1800 年，伏特(Volta)发表了一篇文章，第一次描述了浸泡在盐水或弱酸电解液中的不同金属导体之间的导线中存在连续的电流[2]。这一重大发现标志着电子电路和电路理论的开始。戴维、安培、库仑、欧姆及其他学者扩充了电路理论的概念及直流电的应用。这些电路的特性可表示为电流、电压和电动势，所有这些参量都是不随时间变化的常数。

迈克尔·法拉第(Michael Faraday)和詹姆斯·克拉克·麦克斯韦(James Clerk Maxwell)给出了两个重大发现：时变电流理论和电磁场理论。法拉第的发现是实验性的，他的实验表明，变化的磁场产生电场。麦克斯韦的发现是凭直觉的，是想象力的飞跃，他类推地假定，变化的电场产生磁场。而且，他引入了位移电流的概念，认为时变电场和导体电流起着同样的作用，并表明它们可以合并成一个连续的总电流。显然，这个概念指出了电磁扰动可在介质(包括空气和自由空间)中传播。提出这个概念之前，大家都认为电磁扰动只能在导体中传播。麦克斯韦更进一步计算了这种电磁扰动的速率，发现它和光速非常接近，正如希波利特·斐索(Hippolyte Fizeau)于 1849 年所测量的那样。麦克斯韦得出了这两种现象相同的结论，即光波也可以用电磁扰动来描述。这个关于深奥物理现象的直觉假定是想象力的飞跃，文献[3]也证实了这一点：

应该记住，那个时候从来没有人有意识地产生或探测到电磁波。与位移电流的概念一样，电磁波的概念是全新的。将这些现象与光联系在一起，是科学史上少有的闪光点，直到麦克斯韦去世 8 年以后，这些现象才通过赫兹的实验得到证实。

麦克斯韦将所有电气、力学的基本关系合并成 4 个简练完美的方程，即麦克斯韦方程组。这些方程是整个电气工程领域的基础。

2.3.1　电路元件

无源集总参数电路由 3 个基本的元件组成：电容(C)、电感(L)和电阻(R)。电磁能在电感中的磁场和电容中的电场之间来回传递，并在电阻中以热能的形式逐渐消耗。网络中的电气变量为电压或电动势 v，以及电流 i，其中 v 和 i 分别为瞬时电压和电流。元件 R, L 和 C 根据图 2.2 中两个变量 v 和 i 的关系来定义。这些元件假定是线性的、集总的、有限的、无源的、双边对称的(LLFPB)，并且是时不变的。由这些元件组成的系统可表示成常系数的线性方程组。

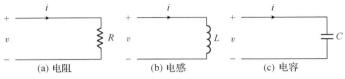

图 2.2　电路网络中理想元件的关系

当变量 v 和 i 的值与元件值有关时，时间就成为一个重要参数。电流和电压必须表示成时间的函数 $i(t)$ 和 $v(t)$。因此，输入信号也是时间的函数，通常是电压。电路网络对这些信号的响应是该网络中某元件的电压或电流。应当注意的是，这里仍处理的是时不变系统，即 R, C 和 L 的值与时间无关。

2.4 线性系统在时域中的网络方程

在电路网络分析中，可以写出所有回路方程来获得整个网络参数之间的相互关系。图 2.3 描述了一个简单的网络，输入信号为 $v(t)$，要求的输出是流过电路的电流。

系统方程为

$$iR + L\frac{\mathrm{d}i}{\mathrm{d}t} + \frac{1}{C}\int i\,\mathrm{d}t = v(t) \qquad (2.4)$$

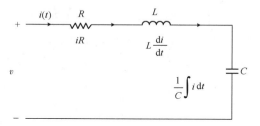

对上式进行求导，可得

$$L\frac{\mathrm{d}^2 i}{\mathrm{d}t^2} + R\frac{\mathrm{d}i}{\mathrm{d}t} + \frac{1}{C}i(t) = \frac{\mathrm{d}v(t)}{\mathrm{d}t} \qquad (2.5)$$

式(2.5)表明了集总、线性时不变系统的微分方程特性。对于有更多元件、分支和回路的系统，微分方程的通用形式为

图 2.3 串联 *RLC* 电路的时域分析

$$a_m\frac{\mathrm{d}^m i}{\mathrm{d}t^m} + a_{m-1}\frac{\mathrm{d}^{m-1} i}{\mathrm{d}t^{m-1}} + \cdots + a_i\frac{\mathrm{d}i}{\mathrm{d}t} + a_0 i(t)$$
$$= b_n\frac{\mathrm{d}^n f}{\mathrm{d}t^n} + b_{n-1}\frac{\mathrm{d}^{n-1} f}{\mathrm{d}t^{n-1}} + \cdots + b_1\frac{\mathrm{d}f}{\mathrm{d}t} + b_0 f(t) \qquad (2.6)$$

为方便起见，可以用代数运算符 p 来替换微分运算符 $\mathrm{d}/\mathrm{d}t$。因此，关于 t 的积分运算可替换为 $1/p$，即

$$p \equiv \frac{\mathrm{d}}{\mathrm{d}t}, \quad pf(t) = \frac{\mathrm{d}f(t)}{\mathrm{d}t}, \quad \cdots, \quad p^m f(t) = \frac{\mathrm{d}^m f}{\mathrm{d}t^m}$$
$$\frac{1}{p}f(t) = \int f(t)\mathrm{d}t, \quad \cdots$$

使用这种符号表示的系统方程为

$$(a_m p^m + a_{m-1}p^{m-1} + \cdots + a_1 p + a_0)i(t) = (b_n p^n + b_{n-1}p^{n-1} + \cdots + b_1 p + b_0)f(t) \qquad (2.7)$$

这是常系数线性微分方程，可以用经典方法求解。它的解包含两部分：与激励源无关的部分和与激励源有关的部分。对于一个稳定的系统，与激励源无关的部分总是随时间衰落，因此被指定为**暂态分量**，与激励源有关的部分被指定为**稳态分量**。通过将驱动函数设置为零，可以得到与激励源无关的部分的解或响应。这个响应与驱动函数无关，而仅取决于系统固有的性质，这个表征系统的响应又称为系统的**自然响应**。我们所关心的是，没有暂态分量时基于稳态源系统的电路响应。对于大多数应用，暂态响应很快就消失了，它不是稳态源电路分析中需要考虑的因素。

有几种方法可用于获得基于激励源的线性微分方程的解。假设驱动函数 $f(t)$ 仅存在有限个导数，则与激励源有关的解可以用函数 $f(t)$ 及其所有高阶导数的线性叠加来表示[1]：

$$i(t) = h_1 f(t) + h_2\frac{\mathrm{d}f}{\mathrm{d}t} + \cdots + h_{r+1}\frac{\mathrm{d}^r f}{\mathrm{d}t^r} \qquad (2.8)$$

其中仅 $f(t)$ 的前 r 阶导数是独立的，系数 $h_1, h_2, \cdots, h_r$ 可以通过将式(2.8)代入式(2.7)，并令两边同类项的系数相等获得。求解这样一组微分方程非常耗时,而且相当困难。但是,通过将问题限制为存在简单微分关系的简化时间函数,可以克服微分方程的求解问题。因此可以将问题引入频域,简化求解。

2.5　频域指数驱动函数的线性系统网络方程

如果驱动函数 $f(t)$ 是指数时间函数,就可以简化电路的分析。由于指数函数所有阶的导数仍然具有相同的指数函数形式,并且是相关联的,因此微分方程与激励源有关的解一定与驱动函数的形式相同。如果驱动函数 $f(t)$ 是指数函数,则响应函数 $i(t)$ 给定为

$$i(t) = hf(t)$$
$$f(t) = e^{st} \tag{2.9}$$
$$i(t) = he^{st}$$

其中 s 为复频率变量 $\sigma + j\omega$。h 的值可以通过将式(2.9)代入式(2.7)求解如下:

$$(a_m p^m + a_{m-1}p^{m-1} + \cdots + a_1 p + a_0)he^{st} = (b_n p^n + b_{n-1}p^{n-1} + \cdots + b_1 p + b_0)e^{st} \tag{2.10}$$

因为

$$pe^{st} = \frac{\mathrm{d}}{\mathrm{d}t}e^{st} = se^{st}, \qquad p^r e^{st} = s^r e^{st}$$

式(2.10)可简化为

$$(a_m s^m + a_{m-1}s^{m-1} + \cdots + a_1 s + a_0)h = (b_n s^n + b_{n-1}s^{n-1} + \cdots + b_1 s + b_0)$$

所以,

$$h = \frac{b_n s^n + b_{n-1}s^{n-1} + \cdots + b_1 s + b_0}{a_m s^m + a_{m-1}s^{m-1} + \cdots + a_1 s + a_0} \tag{2.11}$$

变量 h 为系统的传输函数,通常表示为 $H(s)$,它表征系统的频域特性。此结论构成了频域分析法的基础。

2.5.1　复频率变量

现在来描述复频率变量在电路分析中的重要性。复频率变量用 $s = \sigma + j\omega$ 表示,则信号 $f(t)$ 可以表示为

$$f(t) = e^{st}$$
$$= e^{\sigma t}(\cos \omega t + j\sin \omega t)$$

因此,当 s 是复数时,函数 e^{st} 含有实部和虚部。进一步,$e^{\sigma t}\cos \omega t$ 和 $e^{\sigma t}\sin \omega t$ 表示函数以角频率 ω 振荡,并且幅度以指数形式增长或减小。幅度是增长还是减小取决于 σ 的正负。图 2.4 在坐标轴上表示复频率变量,水平轴表示实轴 σ,纵轴表示虚轴 $j\omega$。

这样,虚轴对应着实际频率。需要注意的是,左半平面表示指数递减函数($\sigma < 0$),右半平面表示指数递增函数($\sigma > 0$)。复频率平面上的每个点对应一个确定的指数函数模式。这样引出了一个有趣的问题,$j\omega$ 轴上负值对应频率的意义,即负频率是什么?根据定义,频率肯定是正数。出现混淆,主要是因为这里频率的定义不是特定波形 1 s 内有多少个周期,而是指数

函数的幂指数。所以负频率只和负指数相关。负
频率和正频率的信号可以合并为如下实函数：
$e^{j\omega t} + e^{-j\omega t} = 2\cos \omega t$。

类似地，一对复共轭频率的信号可以构成实
信号。实际上，任何一个与时间有关的实函数都
可以表示为多个成对出现的复共轭频率指数函数
的连续和。因此，指数函数中复变量的运用是分
析电路系统最完善和最有效的方法。

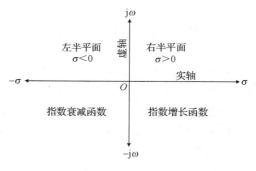

图 2.4　复频率平面

2.5.2　传输函数

图 2.5 是一个指数函数输入的系统。

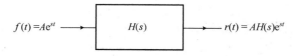

图 2.5　指数函数输入的电路网络

在频域分析法中，系统的响应由它的传输函数表征，即

$$H(s) = \frac{响应函数}{驱动函数} \tag{2.12}$$

对于一个指数驱动函数，线性时不变系统的响应是 $H(s)e^{st}$。根据定义，系统的传输函数可用
指数驱动函数来表示。类似地，必须牢记传输函数的概念只对线性系统有意义。进一步讲，一
个系统或电路网络可由单端口、二端口或多端口网络组成。这样就能有多个位置来施加驱动
函数和观测响应。传输函数不再只有唯一一个变量，除非输入和输出终端已经确定。滤波器
网络是典型的二端口网络，$H(s)$ 通常用来表示输出和输入电压之比。利用常用符号表示为

$$H(s) = \frac{b_n s^n + b_{n-1} s^{n-1} + \cdots + b_1 s + b_0}{a_m s^m + a_{m-1} s^{m-1} + \cdots + a_1 s + a_0} = \frac{n(s)}{d(s)} \tag{2.13}$$

其中 $n(s)$ 和 $d(s)$ 分别是传输函数的分子和分母多项式。另外，它建立了时域系统和频域系统
表达式之间的联系。用来表征系统的微分方程（2.10）中，$H(s)$ 是 s 的有理函数，还是实系数
多项式的商。这个结果非常重要，可以在很大程度上简化电路的分析。换言之，对于一个指数
驱动函数，与激励源有关的响应也是与驱动函数形式相同的指数函数。而且，在一个系统中传
输函数并不是唯一的，除非激励和响应的位置是确定的。

2.5.3　连续指数的信号表示

为了简化式（2.13）来分析现实生活中的系统，必须满足如下两个条件：

1. 任何信号都可以用指数波形表示。
2. 单个指数函数响应能叠加在一起获得总响应。

如果满足这两个条件，利用传输函数 $H(s)$ 的简化表达式就能求出任何信号系统的频域响应。

第二个条件是线性系统的叠加原理。前面提到过，网络分析的基本前提是它必须是
一个线性系统。系统保持线性，就需要将那些不可避免出现的非线性（比如失真）控制在

一定范围内。所以对于线性系统，频域分析法的成功与否，取决于能否用一组不同的指数函数之和来表示一个给定的时间函数，即满足条件 1。实际上几乎所有的信号或波形都可以归类为周期的或非周期的。一个周期函数可以通过傅里叶变换，用一组离散指数函数之和来表示。同样，一个非周期函数可以运用傅里叶变换和拉普拉斯变换，用一系列连续指数函数之和来表示。因此，任何函数，周期的或者非周期的，都可以表示为一组指数函数之和。更详尽的关于信号和系统的分析可参考 Lathi 的文献[1]。可以肯定地说，频域分析法的基础基于这样的假设：系统是线性的，并且指数函数可以用来表述现实中的信号和波形。

2.5.4　电路网络的传输函数

集总电路网络由单个电阻、电容和电感组成。由于这些元件具有线性和时不变特性，一个指数电压通过这些元件就会产生一个指数响应（比如电流）。这样，如果通过元件的电流是 $i(t) = e^{st}$，那么通过该元件的电压就是 $v(t) = Z(s)e^{st}$，其中 $Z(s) = \mathcal{F}(v(t)/i(t))$ 定义为元件的阻抗，$\mathcal{F}(\cdot)$ 代表傅里叶变换；如果指数电压是驱动函数，且电流是流过元件产生的最终响应，则有 $v(t) = e^{st}$ 且 $i(t) = Y(s)e^{st}$，其中 $Y(s) = \mathcal{F}(i(t)/v(t))$ 定义为元件的导纳，显然 $Y(s) = 1/Z(s)$。所有这些函数称为导抗函数，并且可以简单计算如下：

$$
\begin{aligned}
Z(s) = Y^{-1}(s) &= R, && \text{对于单个电阻} \\
&= sL, && \text{对于单个电感} \\
&= \frac{1}{sC}, && \text{对于单个电容}
\end{aligned}
\tag{2.14}
$$

系统的传输函数可表示为通过一对特定终端激励的指数响应之比，它由单个元件电阻、电容和电感的各种组合而成，并通过含有复频率变量 s 的多项式商的形式来表示。由于电阻、电感和电容是物理元件，它们的值都是实数，所以多项式的系数都是实数。因此，电路网络的传输函数与式(2.11)的形式相同。是否所有多项式的商都能表示为一个物理网络？从直觉上讲，答案是否定的。物理网络必须满足能量守恒定律，并且必须都是实响应对应着一个实激励。这种描述物理网络的函数称为**正实函数**。如图 2.3 所示，任何网络的输入阻抗或驱动点阻抗的函数，显然是正实函数。这种函数在很多书籍中都分析过[4]。下面列出了正实函数的性质：

1. 一个阻抗函数或导纳函数可用 $Z(s)$ 或 $Y(s)$ 来表示，且 $Z(s) = n(s)/d(s)$，其中分子和分母多项式中的系数是有理数且是正实的，因此 s 是实数时 $Z(s)$ 是实数，$Z(s)$ 的复数零点和复极点都呈共轭对出现。
2. $Z(s)$ 的零点和极点的实部或者是负值，或者是零。
3. $Z(s)$ 在虚轴上的极点必须是单阶的，且它们的留数必须为正实数。
4. $Z(s)$ 的分子和分母多项式的阶数最多相差 1，这样 $Z(s)$ 的有限零点数和极点数也最多相差 1；同时在原点处 $Z(s)$ 既不能有多个极点，也不能有多个零点。

2.6　线性系统对正弦激励的稳态响应

一个系统对指数激励函数 e^{st} 的稳态响应为 $H(s)e^{st}$。由此可知，这样一个系统对函数 $e^{j\omega t}$

的稳态响应为 $H(\mathrm{j}\omega)\mathrm{e}^{\mathrm{j}\omega t}$。由于 $\cos\omega t + \mathrm{j}\sin\omega t = \mathrm{e}^{\mathrm{j}\omega t}$ 且根据线性系统的叠加原理，可以得出这样的结论：系统对激励函数 $\cos\omega t$ 和 $\sin\omega t$ 的稳态响应分别为 $\mathrm{Re}[H(\mathrm{j}\omega)\mathrm{e}^{\mathrm{j}\omega t}]$ 和 $\mathrm{Im}[H(\mathrm{j}\omega)\mathrm{e}^{\mathrm{j}\omega t}]$。$H(\mathrm{j}\omega)$ 通常是复函数，其极坐标形式表示如下：

$$H(\mathrm{j}\omega) = |H(\mathrm{j}\omega)|\mathrm{e}^{\mathrm{j}\theta(\omega)}$$

而且

$$H(\mathrm{j}\omega)\mathrm{e}^{\mathrm{j}\omega t} = |H(\mathrm{j}\omega)|\mathrm{e}^{\mathrm{j}(\omega t + \theta)} \tag{2.15}$$

所以

$$\mathrm{Re}[H(\mathrm{j}\omega)\mathrm{e}^{\mathrm{j}\omega t}] = |H(\mathrm{j}\omega)|\cos(\omega t + \theta)$$

同时

$$\mathrm{Im}[H(\mathrm{j}\omega)\mathrm{e}^{\mathrm{j}\omega t}] = |H(\mathrm{j}\omega)|\sin(\omega t + \theta) \tag{2.16}$$

$|H(\mathrm{j}\omega)|$ 项表示对单位正弦函数响应的幅值。响应函数相对于驱动函数在相位上旋转 θ 度。角度 θ 是 $H(\mathrm{j}\omega)$ 的相位角，$\angle H(\mathrm{j}\omega) = \theta$。

2.7　电路理论近似法

在电路理论[5]中含有 3 个基本的假设条件：

1. 系统在物理尺寸上足够小，以至于可以忽略传播效应，即电子效应在整个系统中瞬时出现。忽略空间尺寸的影响，就可以认为元件和系统是集总参数的。
2. 在系统中每一个元件的净电荷都始终是零。这样没有一个元件可以聚积更多的净电荷，虽然一些元件上存在的电荷等幅反向。
3. 系统中元件之间没有耦合。

假设条件 1 表明信号波长比电子元件尺寸大得多。当频率比较低的时候，在自由空间中 1 MHz 信号的波长是 300 m。通常情况下元件尺寸假设在厘米范围内。当频率在微波波段，比如 1 GHz，信号波长是 0.3 m。在这个尺寸范围内，电路尺寸和信号波长尺寸相当。当这个假设条件 1 不成立时，如何修改基于集总参数的电路理论，使之能应用于微波波段？答案是通过基于集总元件的微波电路的模型来准确预测电路形式。实际上，在一定频率范围内，电路属于分布式微波结构，因此电路理论近似法被广泛应用于微波滤波器的分析和综合过程中。

假设条件 2 反映了电路系统中电荷或者电流的守恒定律。对于时变信号，当电路包含电容时，置换电流的概念使守恒定律仍然成立。古斯塔夫·基尔霍夫（Gustav Kirchhoff）归纳了这些概念，现在称其为**基尔霍夫定律**：

1. 在电路中任何一个节点的所有电流代数和为零。
2. 在电路中任何一个闭合回路的所有电压代数和为零。

假设条件 3 是指电路理论中每一个元件在网络中都是独立的。但是，它允许两个电感互相耦合形成变压器。这种互相耦合直接与形成变压器的两个独立电感的元件值相关。

总之，电路理论基于 5 种理想元件：

- 理想电压源在端口之间保持的预定电压与元件无关。
- 理想电流源在端口之间保持的预定电流与端口的电压无关。

- 理想电阻是线性时不变的双边集总元件，遵循欧姆定律。
- 理想电感是线性时不变集总元件，电路参数与电流导致的时变磁场产生的电压有关。
- 理想电容是线性时不变集总元件，电路参数与电压导致的时变电场产生的电流有关。

集总元件电路理论在微波频率只是一种近似应用，它在一定频率范围内是适用的。重要的是，必须理解大多数电磁理论都可以用集总电路方法来近似表示。因此，一种可能的应用是同时使用集总电路近似法和电磁理论来解决一个给定的问题。这时，可以先根据电路理论求出一个很好的近似解，必要时再利用电磁技术进一步精确这个近似解，尤其是在宽频带应用中。实际上，大多数微波工程应用都使用这种先近似再精确的方法。

电路理论的优势如下：

1. 它能针对问题给出一个简单解（相当精确），如果直接使用电磁场理论，则问题将变得复杂且无法解出。我们可以运用电路理论来分析和搭建实际电路。
2. 对于许多实用电子系统，通过把它们划分为若干子系统（称为**元件**），可以使分析与设计简化。然后，通过各元件的端测响应来预知元件互连而成的系统的性能。由于可以给各个物理元件赋予电路模型，所以电路理论成为元件设计的有效方法而受到关注。
3. 在电路分析中，引入了在工程技术中非常普及的大型线性网络微分方程的求解方法。这也是其他工程学科中共有的分析方法。
4. 电路理论本身是一个很有意义的研究领域。许多电路系统的卓越发展，归功于将电路理论作为一个单独学科来发展研究。

2.8　小结

本章描述了通信理论和电路理论近似法的基本原理，着重指出通信系统在指定带宽范围内必须是线性的。当一组由时变函数组成的信号应用于一个线性系统时，它会遵循叠加原理，总响应表示为单个函数响应之和。众所周知，线性系统的一个特征是，任何周期或非周期函数都可以通过傅里叶级数或拉普拉斯变换表示为一组指数函数的和。因此，一个通信信道可以看成一个指数驱动函数，在通信系统分析中进一步简化。这种方法称为**频率分析法**或**频域分析法**。

下一步针对通信信道的分析简化过程基于电路理论近似法。假设一些基本分立、集总无源电子元件，如电阻、电感及电容都是线性元件。此模型电路的传输函数，使用指数驱动函数表示为实系数有理多项式的商的形式。这样就极大地简化了滤波器网络的综合与分析。本章主要突出介绍了在这些基本假设前提下，频率分析法在电路网络分析中的成功应用。

2.9　原著参考文献

1. Lathi, B. P. (1965) *Signals, Systems and Communications*, Wiley, New York.
2. Volta, A. (1800) On the electricity excited by the mere contact of conducting substances of different kinds. *Philosophical Transactions of the Royal Society (London)*, **90**, 403-431.
3. Elliot, R. S. (1993) *Electromagnetics—History, Theory, and Applications*, IEEE Press.
4. Van Valkenburg, M. E. (1960) *Modern Network Synthesis*, Wiley, New York.
5. Nilsson, J. W. (1993) *Electric Circuits*, 4th edn, Addison-Wesley, Reading, MA.

第3章　无耗低通原型滤波器函数特性

本章介绍了几种经典的理想原型滤波器，包括最大平坦滤波器、切比雪夫滤波器、椭圆函数滤波器，描述了各自特征多项式的综合过程。本章也讨论了关于中心频率不对称响应的滤波器，这种滤波器将会产生包含复系数的传输函数多项式(某些限制条件下)，这与大家最熟悉的有理数或实系数特征多项式有着显著区别。本章将作为最常用的低通原型滤波器函数类型的分析基础，包括对称或不对称频率响应的最小相位滤波器和非最小相位滤波器。

3.1　理想滤波器

在通信系统中，滤波器网络用于在特定频段传输和衰减信号。理想情况下，滤波器必须满足传输信号的失真最小，且能量损耗最小。

3.1.1　无失真传输

信号由其频率分量的幅度与相位特性(又称为信号的**波形**)表示。无失真传输时必须保持波形不失真，也就是说，输出信号必须为输入信号的精确复制。这只有当滤波器网络通带内的所有频率上都为恒定的幅度和相位时才能实现。恒定时延意味着相移与频率成正比，其相移量为 $-\omega t$。在通带外，滤波器网络需要抑制掉所有的频率分量，这意味着存在陡峭的幅度响应、带外无限衰减，以及存在零过渡带。理想的陡峭型滤波器的单位脉冲响应，在时间为负值时响应值不为零，这与因果条件[1]是相违背的。因果函数的时间定义域开始在一个有限时间点 $t=0$，在 $t<0$ 时函数值应为零。因果条件表明，一个物理系统是无法预测其驱动函数的。由此可知，滤波器函数必须满足两个基本限制条件：(1)滤波器的幅度函数，其值可以在某些离散的频率点上为零，但不能在一段连续的有限带宽内为零；(2)幅度函数值下降到零的速度不能超过任何指数函数。这也就意味着，不可能存在零过渡带。但是，滤波器函数可以根据要求尽可能地接近理想特性，只是由于现实条件的制约，可实现的性能有限，不可能达到理想状态。图 3.1 给出了低通原型滤波器的幅度响应。

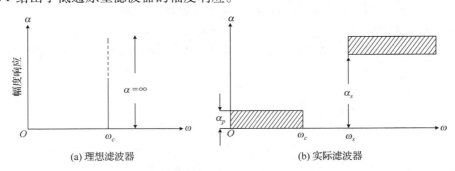

图 3.1　低通原型滤波器的幅度响应。注意，这里的 ω_c 表示通带截止频率，ω_s 表示阻带的最低端频率；α_p 和 α_s 分别表示通带最大损耗和阻带最小衰减

3.1.2   二端口网络的最大传输功率

通信系统往往是由若干二端口网络元件级联而成的。能量通过放大器、调制器、滤波器、电缆等线性元件,从源端向负载端传输。可以这样理解,虽然放大器、调制器等本质上是非线性元件,但是当非线性度最小化到可接受的程度时,可以认为它们是线性工作的。实际系统中很重要的一点是,资用功率在每一级电路内都应该达到最大传输,从而使系统信噪比达到最高。为了满足以上条件,先研究一个端接源和负载的理想无耗网络,如图 3.2 所示。

信号源的资用功率定义为信号源能够输出的最大功率。当源端接的负载阻抗与源内阻 Z_S 共轭匹配时,输出功率最大。因此,如果源内阻 $Z_S = R_S + jX_S$,则对应于最大功率传输的负载阻抗 $Z_L = R_S - jX_S$。

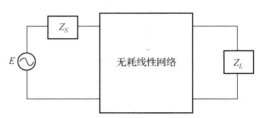

因此,源端的资用功率为 $E^2/4R_S$。如果二端口网络的输出阻抗与负载阻抗 Z_L 共轭,则功率可

图 3.2   二端口网络中的功率传输

以最大限度地传输到负载。必须注意,资用功率仅取决于信号源内阻的实部。类似地,能够传输到负载的最大功率也仅取决于负载阻抗的实部。由此可知,源和负载都端接相同电阻的二端口无耗网络,是通信系统理想的滤波器网络。这样的滤波器网络也称为双终端滤波器。

3.2   双终端无耗低通原型滤波器网络的多项式函数特性

对滤波器网络进行综合时,首先对端接相同阻抗的无耗集总低通滤波器的频率和阻抗进行归一化,然后通过频率和幅度的变换,获得特定频率范围和阻抗水平的滤波器网络。此方法简化了实际滤波器的设计,与其频率范围和物理实现形式无关。其中低通原型滤波器的终端电阻归一化为 1 Ω,且截止频率归一化为 1 rad/s,即表示其通带范围为 $\omega = 0$ 到 $\omega = 1$。

正如 3.1 节所述,即便是理想滤波器,也不可能在整个通带范围内实现零损耗,否则将违背因果条件。但是,在有限个频率上可能存在零损耗。这些频率点称为**反射零点**,即反射功率为零,信号无损耗传输。显然,所有滤波器函数的反射零点都限定在通带范围内,而且通带内反射功率的最大值为滤波器原型网络的设计参量。无耗元件的使用可以简化综合过程。滤波器损耗的影响可以在无耗网络综合后引入,当损耗很小时其综合的准确性更高。对于各种应用情况,基于无耗原型网络的滤波器设计方法是完全适用的。本章主要论述的是无耗低通原型滤波器函数的电路理论近似法。

图 3.3 给出了包含电阻终端的一个无耗二端口网络。这是具有最大传输功率的双终端滤波器网络的常用表示形式。

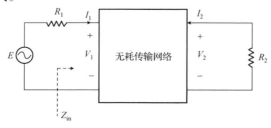

图 3.3   双终端无耗传输网络

理想电压源 E 输出的最大资用功率 $P_{\max}$ 为 $E^2/4R_1$。传输到负载 R_2 上的功率 $P_2 = |V_2|^2/R_2$。因此，当 $R_1 = R_2$ 时有

$$\frac{P_{\max}}{P_2} = \left|\frac{1}{2}\sqrt{\frac{R_2}{R_1}}\frac{E}{V_2}\right|^2 = \frac{1}{4}\left|\frac{E}{V_2}\right|^2 \tag{3.1}$$

对于无源无耗的二端口网络，只能有 $P_{\max} \geqslant P_2$。其特征函数 $K(s)$ 的最常用形式定义为[2,3]

$$\frac{P_{\max}}{P_2} = 1 + |K(s)|^2_{s=\mathrm{j}\omega} \tag{3.2}$$

对于线性时不变的集总参数电路形式，$K(s)$ 为关于 s 的实系数有理函数，比值 $P_{\max}/P_2$ 可以由传输函数 $H(s)$ 来定义：

$$|H(s)|^2_{s=\mathrm{j}\omega} = 1 + |K(s)|^2_{s=\mathrm{j}\omega} \tag{3.3}$$

同时，$H(s)$ 又称为传递函数[3]。由于所有关于 s 的网络函数包含实系数且为有理函数，则其另一种形式为

$$H(s)H(-s) = 1 + K(s)K(-s) \tag{3.4}$$

为了了解多项式 $K(s)$ 的特性，下面来研究原型网络的反射系数和传输系数。

3.2.1　反射系数和传输系数

根据传输线理论，反射系数 ρ 定义为

$$\rho(s) = \pm\frac{\text{反射波}}{\text{入射波}} \tag{3.5}$$

当比值定义为电压反射系数时，ρ 的符号为正；而当比值定义为电流反射系数时，ρ 的符号为负。负号的出现是因为反射波的电流方向与入射波相反。反射系数符号 ρ 常用于二端口网络及其功率的关联分析。符号 Γ 用来表示复反射系数，通常在电路分析中用散射参数形式来表示。对于图 3.3 中的无耗网络，$P_{\max}$ 作为最大资用功率或参考功率，则用功率表示的反射系数为

$$|\rho(\mathrm{j}\omega)|^2 = \frac{\text{反射功率}}{\text{资用功率}} = \frac{P_r}{P_{\max}} \tag{3.6}$$

其中 P_r 表示反射功率。由于反射功率与传输给负载电阻 R_2 的功率之和必须等于资用功率，则有

$$\frac{\text{反射功率}}{\text{资用功率}} + \frac{\text{传输功率}}{\text{资用功率}} = 1$$

或

$$|\rho(\mathrm{j}\omega)|^2 + |t(\mathrm{j}\omega)|^2 = 1 \tag{3.7}$$

其中，定义 $t(s)$ 为传输系数，即传输波与入射波的比值。因此，

$$|t(\mathrm{j}\omega)|^2 = \frac{\text{传输功率}}{\text{资用功率}} = \frac{P_2}{P_{\max}} = 1 - |\rho(\mathrm{j}\omega)|^2 \tag{3.8}$$

用对数形式表示的功率的传输损耗和反射损耗（通常称为回波损耗）为

$$A = 10\lg\frac{1}{|t(\mathrm{j}\omega)|^2} = -10\lg|t(\mathrm{j}\omega)|^2 \quad \mathrm{dB}$$

$$R = 10\lg\frac{1}{|\rho(\mathrm{j}\omega)|^2} = -10\lg|\rho(\mathrm{j}\omega)|^2 \quad \mathrm{dB} \tag{3.9}$$

运用式（3.7），建立传输损耗与回波损耗之间的关系如下：

$$A = -10\lg[1 - 10^{-R/10}] \quad \text{dB}$$
$$R = -10\lg[1 - 10^{-A/10}] \quad \text{dB} \tag{3.10}$$

根据传输线理论[2]，二端口网络的反射系数 ρ 为

$$\rho(s) = \frac{Z_{\text{in}}(s) - R_1}{Z_{\text{in}}(s) + R_1} = \frac{z_{\text{in}}(s) - 1}{z_{\text{in}}(s) + 1}, \quad \text{其中 } z_{\text{in}}(s) = \frac{Z_{\text{in}}(s)}{R_1} \tag{3.11}$$

由于负载终端网络的输入阻抗为正实函数(见 2.5 节)，则其归一化阻抗 z 可以表示为

$$z(s) = \frac{n(s)}{d(s)} \tag{3.12}$$

其中 $n(s)$ 和 $d(s)$ 表示分子多项式和分母多项式，$z(s)$ 为正实函数[2]，因此有

$$\rho(s) = \frac{z(s) - 1}{z(s) + 1} = \frac{n(s) - d(s)}{n(s) + d(s)} = \frac{F(s)}{E(s)} \tag{3.13}$$

因为 $z(s)$ 为正实函数，可以获得以下结论：

1. 分母多项式 $n(s) + d(s) = E(s)$ 必须为赫尔维茨(Hurwitz)多项式，其所有的根位于 s 的左半平面。

2. 分子多项式 $n(s) - d(s) = F(s)$ 不一定是赫尔维茨多项式，但是多项式的系数必须为实数。因此，它的根必须是实数，或者位于原点，或者以共轭复数对形式出现。

沿着 s 平面的虚轴，ρ 的模可以写成

$$|\rho(\text{j}\omega)|^2 = \frac{F(s)F^*(s)}{E(s)E^*(s)} \tag{3.14}$$

其中星号表示各函数的复共轭，且当 $s = \text{j}\omega$ 时有 $F^*(s) = F(-s)$ 和 $E^*(s) = E(-s)$，因此

$$|\rho(\text{j}\omega)|^2 = \frac{F(s)F(-s)}{E(s)E(-s)}$$
$$|t(\text{j}\omega)|^2 = \frac{E(s)E(-s) - F(s)F(-s)}{E(s)E(-s)} = \frac{P(s)P(-s)}{E(s)E(-s)} \tag{3.15}$$

其中，只有假定式(3.15)中的表达式 $P(s)P(-s)$ 为完全平方式，$P(s)P(-s) = E(s)E(-s) - F(s)F(-s)$ 才能成立。而事实上，由于其根关于象限对称，且在虚轴上的根也是按偶倍数成对出现的，因此式(3.15)称为 Feldtkeller 方程，适用于对称特性的滤波器。对包含全规范原型、不对称特性或反射零点不在虚轴上的广义形式，以及更基本的仿共轭形式，将在第 6 章中介绍。

这三个多项式称为**特征多项式**。对于低通原型滤波器网络，其特性总结如下[3]：

1. $F(s)$ 为实系数多项式，其根在虚轴上以共轭对形式出现。$F(s)$ 仅有可能在原点存在多重根，这些根所对应的频率点处的反射功率为零，这些频率点通常称为**反射零点**；滤波器在这些频率处的损耗为零，且 $F(s)$ 为纯奇或纯偶的函数多项式。

2. $P(s)$ 为实系数的纯偶函数多项式。其根在虚轴上以共轭对形式出现。这些根所对应的频率点处的传输功率为零，即滤波器的损耗为无穷大。这些频率点通常称为**传输零点**或**衰减极点**。$P(s)$ 的根也可能在实轴上以共轭对形式出现，或在 s 平面的四个象限内对称分布。这类根可用于设计线性相位(非最小相位)滤波器。$P(s)$ 的最高阶系数为 1。

3. $E(s)$ 为严格的赫尔维茨多项式，所有的根都分布在 s 的左半平面。

根据以上多项式特性，可得

$$\rho(s) = \frac{F(s)}{E(s)}, \qquad t(s) = \frac{P(s)}{E(s)} \tag{3.16}$$

传输功率和反射功率的另一个有意义的关系是

$$|K(s)|^2_{s=j\omega} = \frac{|\rho(j\omega)|^2}{|t(j\omega)|^2} = \frac{P_r}{P_t} \tag{3.17}$$

其中 P_r 为反射功率，而 P_t 为传输功率。

传输函数和特征函数用多项式比值的形式表示为

$$t(s) = \frac{P(s)}{E(s)} \tag{3.18}$$

$$K(s) = \frac{F(s)}{P(s)} \tag{3.19}$$

需要注意的是，在以后的章节中描述的散射参数，其反射系数和传输系数分别与 S_{11} 和 S_{21} 完全等同，表示如下：

$$\rho(s) \equiv \Gamma(s) \equiv S_{11}(s)$$
$$t(s) \equiv S_{21}(s)$$

3.2.2　传输函数和特征多项式的归一化

无耗原型滤波器的传输函数定义为发射功率与可用功率的比值[见式（3.2）和式（3.8）]，可以表示为

$$|t(s)|^2_{s=j\omega} = \frac{1}{1 + |K(s)|^2_{s=j\omega}}$$

为不失一般性，引入了一个任意实常数因子 ε，将上式重写成

$$|t(s)|^2_{s=j\omega} = \frac{1}{1 + \varepsilon^2 |K(s)|^2_{s=j\omega}} \tag{3.20}$$

通常，ε 称为波纹因子或波纹常数。波纹因子用于将滤波器的传输函数归一化，使通带内允许的最大振幅值限制在一个指定的范围内。如果 ω_1 为通带内最大纹波对应的频率，则有

$$\varepsilon = \sqrt{\frac{|t(j\omega_1)|^{-2} - 1}{|K(j\omega_1)|^2}} = \sqrt{\frac{1}{[|\rho(j\omega_1)|^{-2} - 1]\, |K(j\omega_1)|^2}} \tag{3.21}$$

在低通原型网络中，ω_1 称为截止频率，通常选取为 1。ε 的值用 dB 形式的传输损耗和反射损耗[见式（3.9）]表示为

$$\varepsilon = \sqrt{\frac{10^{-A_1/10} - 1}{|K(s)|^2_{s=j}}} = \sqrt{\frac{[10^{R_1/10} - 1]^{-1}}{|K(s)|^2_{s=j}}} \tag{3.22}$$

由于用多项式 $F(s)$ 和多项式 $P(s)$ 的比值来表示多项式 $K(s)$，因此更合适的表示形式为

$$K(s) = \varepsilon \frac{F(s)}{P(s)} = \frac{F(s)}{P(s)/\varepsilon} \tag{3.23}$$

多项式 $F(s)$ 和多项式 $P(s)$ 分别通过反射零点和传输零点来构成，且假定它们的最高阶项的系数都为 1。根据式（3.15）和式（3.23），多项式 $E(s)$ 可以确定为

$$E(s)E(-s) = \frac{1}{\varepsilon^2}P(s)P(-s) + F(s)F(-s) \tag{3.24}$$

因此，多项式 $E(s)$ 的最高阶项的系数给定为 $\sqrt{\frac{1}{\varepsilon^2}+1}$。

　　对于全规范型滤波器的最普遍的形式，多项式 $P(s)$ 的阶数与多项式 $F(s)$ 和多项式 $E(s)$ 的相同，即都为滤波器的阶数 N。如果 $P(s)$ 的阶数小于 N，则 $E(s)$ 的最高阶项的系数与 $F(s)$ 的一样都为 1。

　　在综合过程中，包括 $E(s)$ 在内的所有多项式的最高阶项的系数都为 1 时更方便。波纹因子可以用两个常数的比值表示，也就是 $\varepsilon = \dfrac{\varepsilon}{\varepsilon_R}$。假定 ε 为归一化 $P(s)$ 的常数，ε_R 为归一化 $F(s)$ 的常数，则 $E(s)$ 的最高阶项的系数可计算为 $\sqrt{\dfrac{1}{\varepsilon^2}+\dfrac{1}{\varepsilon_R^2}}$。要使这个系数为 1，则两个常数必须关联如下：

$$\frac{1}{\varepsilon^2} + \frac{1}{\varepsilon_R^2} = 1, \qquad \varepsilon = \frac{\varepsilon}{\varepsilon_R} \tag{3.25}$$

与之前一样，ε 的值根据式(3.22)确定，因此 ε 和 ε_R 的值计算为

$$\varepsilon = \sqrt{1+\varepsilon^2}, \qquad \varepsilon_R = \frac{\sqrt{1+\varepsilon^2}}{\varepsilon} \tag{3.26}$$

　　此关系式只能在滤波器是全规范型时应用，其中 $P(s)$ 的阶数与 $F(s)$ 的阶数相等。全规范型滤波器具有极高的敏感性(相关主题在后面章节中详细介绍)，因此在实际应用中受到限制。对于大多数实际滤波网络来说，$P(s) < N$(意味着 $\varepsilon_R = 1$)，需要用一个常数归一化所有多项式，使得它们的最高阶项的系数为 1。6.1.1 节将更严谨地讨论它们之间的关系。注意，ε 为用于归一化传输函数的常数，而标准的 ε 为用于归一化 $P(s)$ 的常数，它们并不相同。这里使用的表示法与第 6 章的表示法一致。

3.3　理想低通原型网络的特征多项式

　　滤波器通常需要通带内低损耗而通带外高衰减。当 $F(s)$ 的零点都在 $j\omega$ 轴上的通带范围内，而 $P(s)$ 的所有零点都在 $j\omega$ 轴上的通带之外区域时，可以实现性能最大化。在一些应用中，$P(s)$ 的零点不在 $j\omega$ 轴上，这时牺牲了滤波器的带外衰减，但是改善了通带的相位和时延响应特性，此折中设计有时对整个系统指标是有利的。对于截止频率归一化为 1 的无耗低通原型网络，为了确保特征多项式系数都为正实函数(见 2.5 节)，其零极点位置必须满足如下条件：

1. $K(s)$ 的所有零点在 $j\omega$ 轴上的滤波器通带范围内对称分布；
2. $K(s)$ 的所有极点在 s 平面的实轴或虚轴上对称分布，或者沿着实轴和虚轴对称分布，在复平面象限内呈共轭对形式。

$F(s)$ 和 $P(s)$ 的零点分布如图 3.4 所示。

包含反射零点的多项式 $F(s)$ 可以写成如下形式：

$$\begin{aligned} F(s) &= s(s^2 + a_1^2)(s^2 + a_2^2)\cdots \quad \text{奇数阶滤波器} \\ &= (s^2 + a_1^2)(s^2 + a_2^2)\cdots \quad \text{偶数阶滤波器} \end{aligned} \tag{3.27}$$

多项式 $P(s)$ 可以写成因子 $(s^2 \pm b_i^2)$ 或 $(s^4 \pm c_i s^2 + d_i)$，或任意因子的组合形式。因此，奇数阶

网络下 $K(s)$ 可以写成如下形式：

$$K(s) = \varepsilon \frac{F(s)}{P(s)} = \varepsilon \frac{s(s^2 + a_1^2)(s^2 + a_2^2)\cdots}{(s^2 \pm b_1^2)(s^2 \pm b_2^2)\cdots(s^4 \pm c_1 s^2 + d_1)\cdots} \tag{3.28}$$

对于偶数阶网络，则有

$$K(s) = \varepsilon \frac{F(s)}{P(s)} = \varepsilon \frac{(s^2 + a_1^2)(s^2 + a_2^2)(s^2 + a_3^2)\cdots}{(s^2 \pm b_1^2)(s^2 \pm b_2^2)\cdots(s^4 \pm c_1 s^2 + d_1)\cdots} \tag{3.29}$$

参数 a 的约束条件为 $|a_1|,|a_2|,\cdots < 1$；参数 b 的约束条件为 $|b_1|,|b_2|,\cdots > 1$，仅针对 $j\omega$ 轴上的零点，实轴上的零点不受此限制；$c_1, c_2, \cdots, d_1, d_2, \cdots > 0$。

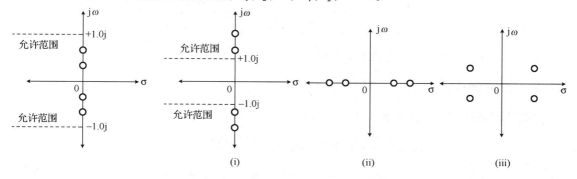

(a) $F(s)$ 的零点位置　　　　　　(b) $P(s)$ 的零点分别在 $j\omega$ 轴，实轴及复平面象限内分布

图 3.4　低通原型特征多项式允许的零点位置

以上这些关系式表明，所有的多项式都包含有理实系数，或者是纯偶函数，或者是纯奇函数，反映了低通原型滤波器网络函数是正实函数的特性。由式（3.28）和式（3.29）很明显可以看出，频率点 $\pm ja_1, \pm ja_2, \cdots$ 是反射零点，在这些频率点上功率完全传输而反射为零，因此也称其为**衰减零点**；类似地，频率点 $\pm jb_1, \pm jb_2, \cdots$ 处的传输功率为零，所有功率都被反射，因此也称其为**衰减极点**或**传输零点**。其中，a 和 b 称为**关键频率**。位于实轴上的零点或位于复平面上以共轭对形式对称出现的零点，可通过牺牲幅度性能来改善相位和时延响应，这类滤波器也称为**线性相位滤波器**。$E(s)$ 为严格的赫尔维茨多项式，其零点必须分布于 s 的左半平面。

3.4　低通原型滤波器的特性

滤波器的具体指标包括幅度、相位和群延迟响应，本节将给出其定量的分析。

3.4.1　幅度响应

用 dB 表示的插入损耗定义为

$$A(\mathrm{dB}) = 10\lg \frac{P_{\max}}{P_2} = 20\lg|H(j\omega)| = 20\lg\left|\varepsilon \frac{E(s)}{P(s)}\right| \tag{3.30}$$

如果将赫尔维茨多项式 $E(s)$ 的根记为 $s_1, s_2, \cdots, s_n$，且多项式 $P(s)$ 的根记为 $p_1, p_2, \cdots, p_m$，则有

$$|H(j\omega)| = \varepsilon \frac{|(s-s_1)(s-s_2)\cdots(s-s_n)|}{|(s-p_1)(s-p_2)\cdots(s-p_m)|} \tag{3.31}$$

其中 ε 为归一化幅度响应的任意常数，当 $\omega = 0$ 时，计算 $|H|$ 的值即为 ε。在零频率处，$|H|$ 的值可能为 1，或比 1 略大，由通带允许的最大波纹确定。

因此，计算插入损耗可得

$$A(\text{dB}) = 20\,(\lg e)[\ln|(s-s_1)| + \ln|(s-s_2)| + \cdots - \ln|(s-p_1)| - \ln|(s-p_2)| - \cdots] + 20\,(\lg e)\ln\varepsilon \tag{3.32}$$

在实频率 $s = j\omega$ 处，插入损耗可表示为

$$|s-s_k|_{s=j\omega} = |s-\sigma_k \mp j\omega_k|_{s=j\omega} = \sqrt{\sigma_k^2 + (\omega \mp \omega_k)^2} \tag{3.33}$$

其中 $s_k = \sigma_k + j\omega_k$ 对应着多项式的第 k 个根。

3.4.2　相位响应

滤波器网络的相位响应计算如下：

$$\begin{aligned}
\beta(\omega) &= -\text{Arg}\,H(j\omega) = -\arctan\frac{\text{Im}\,H(j\omega)}{\text{Re}\,H(j\omega)} \\
&= \sum_{\text{极点}}\arctan\left(\frac{\omega-\omega_k}{\sigma_k}\right) - \sum_{\text{零点}}\arctan\left(\frac{\omega-\omega_k}{\sigma_k}\right)
\end{aligned} \tag{3.34}$$

滤波器的群延迟 τ 可由下式计算：

$$\tau = -\frac{d\beta}{d\omega} = \sum_{\text{零点}}\left(\frac{\sigma_k}{\sigma_k^2 + (\omega-\omega_k)^2}\right) \tag{3.35}$$

由于 $P(s)$ 的零点不是分布在虚轴上，就是关于虚轴对称分布，因此它们对相位变化毫无贡献（π 的整倍数相位值除外）。由于群延迟为相位的导数，完全取决于 $E(s)$ 的根，因此其斜率为

$$\frac{d^2\beta}{d\omega^2} = \sum_{\text{极点}} 2\tau_k^2 \tan\beta_k - \sum_{\text{零点}} 2\tau_k^2 \tan\beta_k \tag{3.36}$$

其中 τ_k 为第 k 个极点（或零点）的群延迟因子，即

$$\tau_k = -\frac{d\beta_k}{d\omega} = \frac{\sigma_k}{\sigma_k^2 + (\omega-\omega_k)^2} \tag{3.37}$$

3.4.3　相位线性度

特定频段内的相位响应与理想线性相位响应的偏差定义为相位线性度。通常，理想的相位曲线根据低通原型滤波器在零频率处的斜率来设定。但是，还可以任意选择所在频段内的频率作为参考频率，通过其斜率来确定相位线性度。

令 ω_{ref} 为参考频率，则频率 ω 处的线性相位 ϕ_L 表示为

$$\phi_L(\omega) = \left(\frac{d\beta}{d\omega}\right)_{\omega=\omega_{\text{ref}}} (\omega - \omega_{\text{ref}}) = \tau_{\text{ref}}(\omega - \omega_{\text{ref}}) \tag{3.38}$$

其中，τ_{ref} 为参考频率处的绝对群延迟，则给定频率 $\Delta\phi$ 处的相位线性度 ω 为

$$\Delta\phi = \beta(\omega) - \phi_L \tag{3.39}$$

其中，$\beta(\omega)$ 为频率 ω 的实际相位。如果参考频率选取为零，则有

$$\Delta\phi = \beta(\omega) - \tau_0\omega, \quad \text{其中 } \tau_0 = \frac{\mathrm{d}\beta}{\mathrm{d}\omega}\bigg|_{\omega=0} \tag{3.40}$$

从实际角度来看，求解相位线性度最理想的方法是通过一条直线来逼近所在频段内的相位，并计算其最小相位偏差。这意味着可以通过直线拟合来近似整个相位响应，从而获得一个关于此直线的等波纹相位响应。

3.5　不同响应波形的特征多项式

本节将讨论双终端低通原型滤波器网络的几种特征函数及其对应的响应波形。

3.5.1　全极点原型滤波器函数

全极点原型滤波器函数可以写为

$$t(s) = \frac{1}{E(s)} \tag{3.41}$$

其中 $P(s) \equiv 1$。该滤波器函数不存在有限传输零点，且通带外衰减曲线呈单调上升。所有的衰减极点都分布在无穷远处。其波形主要由多项式 $F(s)$ 决定。$F(s)$ 的两种基本形式分别为

$$F(s) \to s^n$$
$$F(s) \to s^m(s^2 + a_1^2)(s^2 + a_2^2)\cdots \tag{3.42}$$

第一种形式中，所有的反射零点都位于原点处，其通带传输响应表现为最大平坦响应特性，也就是大家熟知的**巴特沃思响应**。

$F(s)$ 的第二种更通用的表达形式的特点是部分零点位于原点处，其他零点位于有限频率 a_1，a_2，…处。图 3.5 给出了这种形式的任意响应波形。如果合理地选择 a_1，a_2，…的值，就可以获得等波纹的响应曲线。一种等波纹响应特例是通带内存在最大数量的等波纹峰值。例如，如果滤波器是奇数阶的，则 $m=1$；如果滤波器是偶数阶的，则 $m=0$。其关键频率 a_i 根据切比雪夫多项式来选取，以确保最大数量的等波纹峰值。因此，这种滤波器称为**切比雪夫滤波器**。

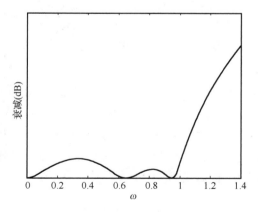

图 3.5　任意反射零点分布的全极点低通滤波器的幅度响应波形

3.5.2　包含有限传输零点的原型滤波器函数

这种滤波器函数的特性可以表示为

$$P(s) = (s^2 + b_1^2)(s^2 + b_2^2)\cdots$$
$$F(s) = s^m(s^2 + a_1^2)(s^2 + a_2^2)\cdots \tag{3.43}$$

以上多项式与全极点滤波器函数的差别在于前者引
入了传输零点，这将有利于提高幅度响应的频率选
择性。图 3.6 给出了一个有限传输零点与全极点情
况下四阶等波纹滤波器的响应比较。当引入了传输
零点时，虽然增加了阻带近端选择性，但稍远处的
幅度响应会变差。

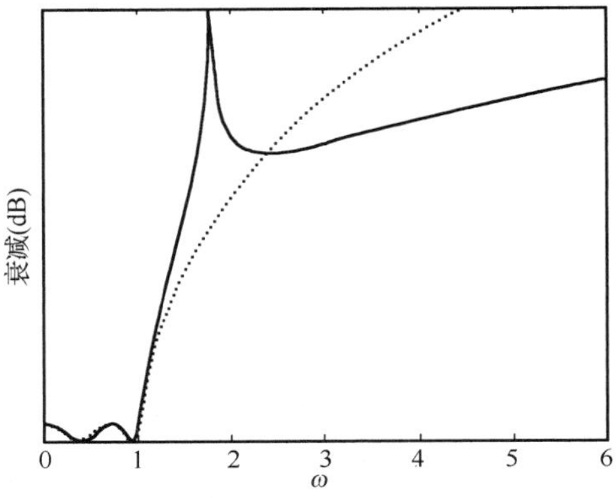

图 3.6　一个有限传输零点与全极点情况
下四阶等波纹滤波器的响应比较

3.6　经典原型滤波器

本节将介绍几种经典滤波器的特征多项式的推
导过程。

3.6.1　最大平坦滤波器

下面研究满足下列条件的 n 阶多项式 $K_n(\omega)$：

1. $K_n(\omega)$ 为一个 n 阶多项式；
2. $K_n(0)=0$；
3. $K_n(\omega)$ 在坐标原点处的平坦度最大；
4. $K_n(1)=\varepsilon$。

条件 1 表示多项式可以写为

$$\varepsilon K_n(\omega) = c_0 + c_1\omega + c_2\omega^2 + \cdots + c_n\omega^n \tag{3.44}$$

满足条件 2，则 $c_0 = 0$。"坐标原点处的平坦度最大"是指在原点处多项式的无穷阶导数为零，
因此若在 $\omega = 0$ 处有

$$\varepsilon \frac{\mathrm{d}K_n}{\mathrm{d}\omega} = c_1 + 2c_2\omega + \cdots + nc_n\omega^{n-1} = 0 \tag{3.45}$$

则 $c_1 = 0$。类似地，将更高阶项的系数设为零可以使高阶导数都为零。因此，由条件 3 可得

$$K_n(\omega) = c_n\omega^n \tag{3.46}$$

最后由条件 4 可得 $c_n = \varepsilon$。经过总结，上式可写为

$$K_n(\omega) = \varepsilon\omega^n \tag{3.47}$$

其中 ε 为波纹因子，它定义了通带内的最大幅度响应。如果选取 ε 为 1，则表示半功率点处的
截止频率归一化为 1。根据特征多项式，由于滤波器的所有极点都位于无穷远处，即 $P(s)=1$，
因此，根据式(3.46)，多项式 $F(s)$ 为

$$F(s) = s^n \tag{3.48}$$

赫尔维茨多项式 $E(s)$ 可由下面的推导获得。对于归一化(半功率点)的 n 阶巴特沃思低通原型
滤波器，有

$$\begin{aligned}|K(\mathrm{j}\omega)|^2 &= \omega^{2n} \\ |H(\mathrm{j}\omega)|^2 &= 1 + \omega^{2n} = |E(\mathrm{j}\omega)|^2\end{aligned} \tag{3.49}$$

经过解析延拓，用 $-s^2$ 代替 ω^2，可得

$$E(s)E(-s) = 1 + (-s^2)^n \tag{3.50}$$

函数的 $2n$ 个零点将位于单位圆上。它们的位置可由下式给出[8]：

$$s_k = \begin{cases} \exp\left[\dfrac{\mathrm{j}\pi}{2n}(2k-1)\right], & n\text{为偶数} \\[3mm] \exp\left(\dfrac{\mathrm{j}\pi k}{n}\right), & n\text{为奇数} \end{cases} \tag{3.51}$$

其中 $k = 1, 2, \cdots, 2n$。由于 $E(s)$ 为赫尔维茨多项式，在根据式(3.46)求得的零点中，位于左半平面的零点属于 $E(s)$ 的零点。图 3.7 所示为三阶最大平坦滤波器的幅度响应，利用式(3.51)可得传输函数的极点分别为 $s_1 = -0.5 + 0.8660\mathrm{j}$，$s_2 = -1.0$ 和 $s_3 = -0.5 - 0.8660\mathrm{j}$。

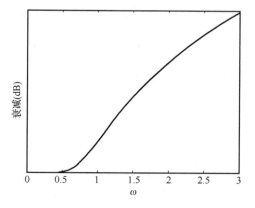

3.6.2　切比雪夫滤波器

如果定义特征函数如下：

$$|K(\mathrm{j}\omega)|^2 = \varepsilon^2 T_n^2\left(\frac{\omega}{\omega_c}\right) \tag{3.52}$$

则多项式 $T_n(x)$ 为 n 阶多项式，并且满足下列特性：

图 3.7　三阶最大平坦滤波器的幅度响应

1. 若 n 为偶数，则 $T_n(x)$ 是偶函数；若 n 为奇数，则 $T_n(x)$ 是奇函数；
2. $T_n(x)$ 的所有零点都分布在 $-1 < x < 1$ 区间内；
3. 在 $-1 \leqslant x \leqslant 1$ 区间内，$T_n(x)$ 的值在 ± 1 之间振荡；
4. $T_n(1) = +1$。

此函数的幅度响应如图 3.8 所示，T_n 经过推导可得[5]

$$T_n(x) = \cos(n\arccos x) \tag{3.53}$$

这个超越函数就是著名的切比雪夫多项式。由此多项式推导出的滤波器称为**切比雪夫滤波器**。式(3.53)的递归关系为

$$T_{n+1}(x) = 2x T_n(x) - T_{n-1}(x) \tag{3.54}$$

由于 $T_0(x) = 1$ 且 $T_1(x) = x$，因此可以产生任意阶的切比雪夫多项式。例如，一个三阶切比雪夫多项式经过推导可得

$$T_3(x) = 4x^3 - 3x \tag{3.55}$$

在复频域($x \to s/\mathrm{j}$)中，此式可以表示为 $T_3(s) = 4s^3 + 3s$。多项式的根为 0 和 $\pm \mathrm{j}0.8660$。由于特征多项式 $P(s) = 1$ 且根据式(3.52)，多项式 $F(s)$ 给定为

$$F(s) = T_n\left(\frac{s}{\mathrm{j}}\right) \tag{3.56}$$

赫尔维茨多项式由下式给出：

$$H(s)H(-s) = 1 + \left[\varepsilon T_n\left(\frac{s}{\mathrm{j}}\right)\right]^2 = E(s)E(-s) \tag{3.57}$$

根 s_k 的求解公式为

$$T_n\left(\frac{s_k}{j}\right) = \pm\frac{j}{\varepsilon} \tag{3.58}$$

简单求解上式,可得[2]

$$\sigma_k = \pm\sinh\left(\frac{1}{n}\text{arsinh}\,\frac{1}{\varepsilon}\right)\sin\frac{\pi}{2}\frac{2k-1}{n}$$

$$\omega_k = \cosh\left(\frac{1}{n}\text{arsinh}\,\frac{1}{\varepsilon}\right)\cos\frac{\pi}{2}\frac{2k-1}{n} \tag{3.59}$$

其中 $k = 1, 2, \cdots, 2n$。赫尔维茨多项式 $E(s)$ 由式(3.54)求得的分布在 s 左半平面的根构成。例如,回波损耗为 20 dB 时,有 $\rho = 0.1$ 和 $\varepsilon = 0.1005$,由此得到相应的通带波纹为 0.0436 dB。利用式(3.54),计算得到赫尔维茨多项式的根为 -1.1714, -0.5857 和 $\pm j1.3368$。需要注意的是,这个公式中多项式 $F(s)$ 是用切比雪夫多项式 $T_n(s)$ 来表示的,其最大系数为 4。将 $F(s)$ 的最高阶项的系数归一化为 1 后可得

$$F(s) = s\left(s^2 + \frac{3}{4}s\right)$$

使用归一化后的 $F(s)$,计算得 $\varepsilon = 0.4020$。与预期一致的是,该结果是归一化前的 $F(s)$ 的 4 倍。$F(s)$ 的这种表示形式对各种多项式的零点和极点的位置不会产生任何影响。图 3.9 展示了一个三阶切比雪夫滤波器的幅度响应。

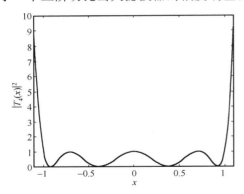

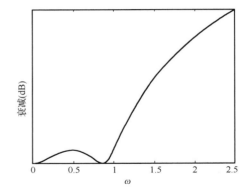

图 3.8　四阶切比雪夫多项式的波形　　　　　图 3.9　三阶切比雪夫低通滤波器的幅度响应

3.6.3　椭圆函数滤波器

下面来看另一类滤波器函数,其通带内 $|K(j\omega)| \leqslant \varepsilon$,且阻带有 $|K(j\omega)| \geqslant K_{\min}$,则通带衰减极大值和阻带衰减极小值分别为

$$A_{\max} = 10\lg(1 + \varepsilon^2) \tag{3.60}$$

$$A_{\min} = 10\lg(1 + K_{\min}^2) \tag{3.61}$$

这类近似问题存在无数个解,但最令人感兴趣的是,滤波器响应在通带和阻带都呈等波纹变化。而且,过渡带之间的衰减曲线形状极其陡峭。由于其解是根据雅可比椭圆函数计算得出的,所以称其为**椭圆函数响应**。为了研究这些近似问题,将其特征函数表示为[5]

$$|K(j\omega)|^2 = [\varepsilon R_n(\omega/\omega_p, L)]^2 \tag{3.62}$$

其中 $R_n(\omega/\omega_p, L)$ 为有理函数。由于滤波器的通带和阻带为等波纹的,这个函数必须具有以下性质:

1. 若 n 为奇数，则 R_n 为奇函数，若 n 为偶数，则 R_n 为偶函数；
2. R_n 的 n 个零点都分布在 $-1 < (\omega/\omega_p) < 1$ 区间内，而其 n 个极点都位于该区间之外；
3. 在 $-1 < (\omega/\omega_p) < 1$ 区间内，R_n 的值在 ± 1 之间振荡；
4. $R_n(1, L) = +1$；
5. 在 $|\omega| > \omega_s$ 区间内，$1/R_n$ 的值在 $\pm 1/L$ 内振荡。

现在问题简化为满足以上特性的有理函数 $R_n(x, L)$ 的求解。也就是说，在 $|x| < 1$ 区间内满足 $|R_n(x, L)| = 1$ 的点都必须是局部最大点，而在 $|x| > x_L$ 区间内满足 $|R_n(x, L)| = L$ 的点都必须是局部最小点。因此，

$$\frac{\mathrm{d}R_n(x, L)}{\mathrm{d}x}\bigg|_{|R_n(x,L)|=1} = 0, \qquad |x| = 1 \text{ 除外}$$
$$\frac{\mathrm{d}R_n(x, L)}{\mathrm{d}x}\bigg|_{|R_n(x,L)|=L} = 0, \qquad |x| = x_L \text{ 除外} \tag{3.63}$$

其中 $x = (\omega/\omega_p)$，且 $x_L = (\omega_s/\omega_p)$。所以，下列微分方程可以用来求解 $R_n(x, L)$：

$$\left(\frac{\mathrm{d}R_n}{\mathrm{d}x}\right)^2 = M^2 \frac{(R_n^2 - 1)(R_n^2 - L^2)}{(1 - x^2)(x^2 - x_L^2)}$$

或

$$\frac{C\mathrm{d}R_n}{\sqrt{(1 - R_n^2)(L^2 - R_n^2)}} = \frac{M\mathrm{d}x}{\sqrt{(1 - x^2)(x_L^2 - x^2)}} \tag{3.64}$$

其中 C 和 M 为常数。这是一个关于切比雪夫有理函数的微分方程，其解包含了椭圆积分。推导出的有理函数表达如下[3]：

$$R_n(x, L) = C_1 x \prod_{v=1}^{(n-1)/2} \frac{x^2 - \mathrm{sn}^2(2vK/n)}{x^2 - [x_L/\mathrm{sn}(2vK/n)]^2}, \qquad n \text{ 为奇数} \tag{3.65}$$

$$R_n(x, L) = C_2 x \prod_{v=1}^{(n/2)} \frac{x^2 - \mathrm{sn}^2[(2v-1)K/n]}{x^2 - \{[x_L/\mathrm{sn}(2v-1)K/n]\}^2}, \qquad n \text{ 为偶数} \tag{3.66}$$

这里 $\mathrm{sn}[2vK/n]$ 为雅可比椭圆函数，且第一类完全椭圆函数积分 K[不能与特征函数 $K(\mathrm{j}\omega)$ 混淆]定义为[6]

$$K = \int_0^{\pi/2} \frac{\mathrm{d}\xi}{\sqrt{1 - k^2\sin^2\xi}} \tag{3.67}$$

其中 k 是椭圆函数积分的模数。为了使 K 为实数，模数 k 必须小于 1，因此模数 k 也可以写成另一种定义形式：

$$k = \sin\theta = \frac{\omega_p}{\omega_s} \tag{3.68}$$

其中 θ 为模角。当 n 为奇数时，由于 $\sin\theta = \omega_p/\omega_s$，再替换式中的 x 和 x_L，则特征函数可以写成[7]

$$|K(\mathrm{j}\omega)| = \varepsilon C_1 \frac{\omega}{\omega_p} \prod_{v=1}^{(n-1)/2} \mathrm{sn}^2\left(\frac{2vK}{n}\right) \frac{\omega^2 - \mathrm{sn}^2\left(\dfrac{2vK}{n}\right)\omega_s^2\sin^2\theta}{\omega^2\mathrm{sn}^2\left(\dfrac{2vK}{n}\right) - \omega_s^2} \tag{3.69}$$

如果取 ω_p 和 ω_s 的几何平均值，将频率归一化为 1，则

$$\sqrt{\omega_p \cdot \omega_s} = 1 \quad 或 \quad \omega_p = \frac{1}{\omega_s} = \sqrt{\sin \theta} \tag{3.70}$$

由于特征函数 $|K(j\omega)|$ 表现为对称的,则其分子和分母的零点互为倒数:

$$|K(j\omega)| = \varepsilon\omega \prod_{v=1}^{(n-1)/2} \left[\frac{\omega^2 - \left\{ \sqrt{\sin\theta} \operatorname{sn}\left(\frac{2vK}{n} \right) \right\}^2}{\omega^2 \left\{ \sqrt{\sin\theta} \operatorname{sn}\left(\frac{2vK}{n} \right) \right\}^2 - 1} \right] \tag{3.71}$$

同理,当 n 为偶数时,其形式也是对称的。特征函数的对称形式表示如下[7]:

$$K(s) = \varepsilon s \prod_{v=1}^{(n-1)/2} \frac{(s^2 + a_{2v}^2)}{(s^2 a_{2v}^2 + 1)}, \qquad n\ 为奇数 \tag{3.72}$$

$$K(s) = \varepsilon \prod_{v=1}^{n/2} \frac{(s^2 + a_{2v-1}^2)}{(s^2 a_{2v-1}^2 + 1)}, \qquad n\ 为偶数 \tag{3.73}$$

其中 $a_v = \sqrt{\sin\theta} \left[\operatorname{sn}(vK/n) \right]$,$v = 1, 2, \cdots, n$。显然,这个表达式意味着截止频率 ω_p 归一化为 $\sqrt{\sin\theta}$。原型滤波器中 ω_p 通常选取为 1,只要将所有的关键频率值都除以 $\sqrt{\sin\theta}$,截止频率 ω_p 就可以归一化为 1。根据给定的 n 和 θ,可以确定关键频率值,因此特征函数 $K_n(\omega)$ 也就确定下来了。赫尔维茨多项式 $E(s)$ 的零点可以运用解析延拓求得:

$$1 + \varepsilon^2 K_n^2(s) = 0$$

或

$$P(s)P(-s) + \varepsilon^2 F(s)F(-s) = 0 \tag{3.74}$$

当 n 为奇数时,$F(s)$ 为奇数阶多项式,且

$$[P(s) + \varepsilon F(s)][P(s) - \varepsilon F(s)] = 0 \tag{3.75}$$

当 n 为偶数时,$F(s)$ 和 $P(s)$ 都为偶数阶多项式,且

$$P^2(s) + \varepsilon^2 F^2(s) = 0 \tag{3.76}$$

求解方程的根可以得到 s 平面上的所有极点。然而,只有左半平面的极点才能用于构成多项式 $E(s)$,从而完成了椭圆函数滤波器传输函数的推导过程。

3.6.4 奇数阶椭圆函数滤波器

奇数阶椭圆函数滤波器的特征函数可以利用式(3.72)来表示。图 3.10 所示为一个三阶椭圆函数滤波器的幅度响应曲线。在 $\omega = 0$ 处,其衰减为零;在 $\omega = \infty$ 处,其衰减为无穷大。下面来看一个三阶滤波器的例子,它的关键频率点计算如下。

假设模角 $\theta = 40°$,运用式(3.65)计算对应通带和阻带的等波纹频率,可得

$$\omega_p = \sqrt{\sin\theta} = 0.801\ 470$$

$$\omega_s = \frac{1}{\omega_p} = 1.247\ 287$$

运用式(3.62)计算可得完全椭圆积分 $K = 1.786\ 5769$,依此计算可得雅可比椭圆函数 $\operatorname{sn}(vK/3)$[6]。接下来,根据式(3.70)计算关键频率,可得

$$a_v = \sqrt{\sin\theta} \operatorname{sn}\left(\frac{vK}{3} \right)$$

关键频率点为 $a_1 = 0.4407$，$a_2 = 0.7159$ 和 $a_3 = 0.8017$。

如式（3.67）所述，a_2 为衰减零点，而 $1/a_2$ 为衰减极点。通带内的衰减极大值由 a_1 给出，而 a_3 表示为归一化频率 ω_p，其值为 $\sqrt{\sin\theta}$。a_3 的倒数为 ω_s，对应阻带内衰减最小的频率点。通常，原型滤波器的通带在其截止频率处归一化为 1。它可以通过所有关键频率都除以 $\sqrt{\sin\theta}$ 来实现。此时，所有的衰减零点和衰减极点关于截止频率归一化

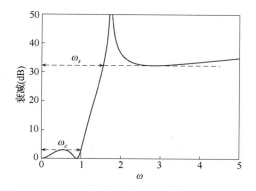

图 3.10　三阶椭圆函数低通滤波器的幅度响应

为 1，表示如下：归一化衰减零点为 0.8929；归一化衰减极点为 1.7423；归一化 ω_s 为 1.5557。

3.6.5　偶数阶椭圆函数滤波器

3.6.5.1　A 类椭圆函数滤波器

偶数阶 A 类椭圆函数滤波器的特征函数可以用式（3.71）的对称形式表示。一个四阶滤波器的衰减响应曲线如图 3.11（a）所示，其在 $\omega = 0$ 处和 $\omega = \infty$ 处的衰减为有限值。并且，在过渡带处，曲线急剧衰减变化。其关键频率点由 $a_v = \sqrt{\sin\theta}\,\text{sn}[(vK/4)]$ 给定，且被 $\omega_p = \sqrt{\sin\theta}$ 归一化。将所有关键频率都除以 $\sqrt{\sin\theta}$，则滤波器截止频率归一化为 1。运用与三阶滤波器示例相同的计算过程，假定模角 $\theta = 40°$，则完全椭圆积分 $K = 1.7865769$，滤波器的截止频率归一化为 1 的关键频率点可计算如下：归一化衰减零点为 0.4267 和 0.9405；归一化衰减极点为 1.6542 和 3.6461；归一化 ω_s 为 1.5557。

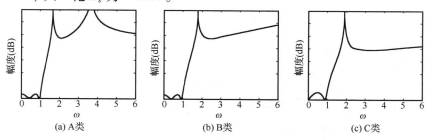

图 3.11　四阶椭圆函数滤波器的低通响应

3.6.5.2　B 类椭圆函数滤波器

偶数阶 B 类椭圆函数滤波器主要用于表示最高位置的衰减极点频率移至无穷远处时，用无互感的梯形电路实现的形式。这类滤波器的关键频率点可以根据文献[7]给定的频率变换公式推导得到，其中

$$b_\gamma = \sqrt{\frac{w}{a_\gamma^{-2} - a_1^2}}$$

$$b_v' = \sqrt{\frac{w}{a_\gamma^2 - a_1^2}}$$

$$w = \sqrt{(1 - a_1^2 a_n^2)\left(1 - \frac{a_1^2}{a_n^2}\right)}$$

（3.77）

其中 a_γ 由式(3.73)推导得到。

此类滤波器相应的特征函数为

$$|K(\mathrm{j}\omega)| = \frac{(b_1^2 - \omega^2)(b_3^2 - \omega^2)\cdots(b_{n-1}^2 - \omega^2)}{(b_3'^2 - \omega^2)(b_5'^2 - \omega^2)\cdots(b_{n-1}'^2 - \omega^2)} \tag{3.78}$$

且新的截止频率为

$$\omega_p = b_n = \sqrt{a_n a_{n-1}} < a_n \tag{3.79}$$

这类椭圆滤波器的响应如图 3.11(b)所示。从图中可以看出,这类椭圆函数滤波器的衰减极点被移到了无穷远处,且衰减曲线的陡峭程度仅次于 A 类椭圆函数滤波器。这类滤波器的优点是其输入端和输出端之间无须存在耦合。因此,B 类偶数阶椭圆函数滤波器应用得最为广泛。

应用与 A 类四阶椭圆滤波器示例相同的做法,B 类滤波器的关键频率由式(3.77)给出如下:

$$w = 0.8697$$
$$b_1 = 0.3212$$
$$b_3 = 0.7281$$
$$b_3' = 1.3879$$

截止频率为 $\omega_p = \sqrt{a_4 a_3} = 0.7775$,截止频率归一化为 1 时,所有关键频率都要除以 $\sqrt{a_4 a_3}$,因此归一化衰减零点为 0.4131 和 0.9361;归一化衰减极点为 1.7851;归一化 ω_s 为 1.6542。

3.6.5.3　C 类椭圆函数滤波器

偶数阶 C 类椭圆函数滤波器的特点是在 $\omega = 0$ 处衰减为零,且在 $\omega = \infty$ 处衰减为无限大。这类滤波器函数可以通过频率变换直接获得[7]:

$$c_\gamma = \sqrt{\frac{a_\gamma^2 - a_1^2}{1 - a_\gamma^2 a_1^2}} = \sqrt{a_{\gamma-1} \cdot a_{\gamma+1}} \tag{3.80}$$

相应的特征函数为

$$|K(\mathrm{j}\omega)| = \frac{\omega^2 (c_3^2 - \omega^2)(c_5^2 - \omega^2)\cdots(c_{n-1}^2 - \omega^2)}{(1 - c_3^2\omega^2)(1 - c_5^2\omega^2)\cdots(1 - c_{n-1}^2\omega^2)} \tag{3.81}$$

且新的截止频率给定为 $\omega_p = a_{n-1} < b_n < a_n$。

由式(3.68)、式(3.74)和式(3.76)可以看出,滤波器截止频率处的衰减值从 A 类到 B 类再到 C 类逐渐变小,这意味着阻带衰减的陡度下降明显变得缓慢了。经过变换后,四阶滤波器的响应曲线如图 3.11(c)所示。与 A 类和 B 类的求解过程类似,C 类滤波器的关键频率点可由式(3.75)给出:归一化衰减零点为 0.9223;归一化衰减极点为 1.9069。

3.6.6　包含传输零点和最大平坦通带的滤波器

这类滤波器的特点是所有的衰减零点位于原点,而所有的衰减极点任意分布。其特征函数 $K(s)$ 可以写成下面的形式:

$$K(s) = \varepsilon \frac{F(s)}{P(s)} = \varepsilon \frac{s^n}{(s^2 + b_1^2)(s^2 + b_2^2)\cdots(s^2 + b_m^2)} \tag{3.82}$$

其中 n 为滤波器的阶数,且 $m(m \leqslant n)$ 为传输零点数。这种等波纹形式的滤波器通常称为**反切比雪夫滤波器**。

3.6.7　线性相位滤波器

线性相位滤波器至少包含一对实轴零点，或复平面象限内分布的零点，或以上任意组合形式。任意类型的最小相位滤波器都可以通过这类零点对，改善通带的群延迟响应，虽然它将导致幅度响应变差。包含一对实轴零点的四阶切比雪夫线性相位滤波器的特征函数形式为

$$K(s) = \varepsilon \frac{(s^2 + a_1^2)(s^2 + a_2^2)}{(s^2 - b_1^2)} \tag{3.83}$$

其中 b_1 为实轴零点。在第 4 章和第 13 章中，将深入讨论这类线性相位滤波器。

3.6.8　最大平坦滤波器、切比雪夫滤波器和椭圆函数（B 类）滤波器的比较

四阶最大平坦滤波器、切比雪夫滤波器和椭圆函数（B 类）滤波器的幅度响应曲线比较如图 3.12 所示。其截止频率都归一化为 1。对于椭圆函数滤波器，归一化的传输零点频率为 1.8。最大平坦滤波器衰减斜率呈单调上升变化。在接近通带边缘的阻带区域，其衰减要小于同阶数的切比雪夫和椭圆函数滤波器。并且，在远离通带的阻带区域，最大平坦滤波器衰减最高且渐近斜率最陡。

切比雪夫滤波器具有等波纹通带和单调上升的过渡衰减带，它在接近通带边缘的阻带区域比最大平坦滤波器的衰减更高。椭圆函数滤波器的特性是通带和阻带都是等波纹的，在接近通带边缘的阻带区域的衰减最高，但是在远离通带的阻带区域，其衰减比最大平坦滤波器或切比雪夫滤波器更低。

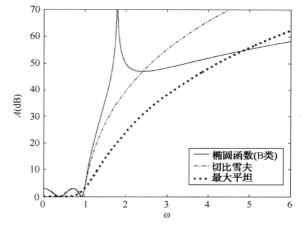

图 3.12　四阶最大平坦滤波器、切比雪夫滤波器和椭圆函数滤波器的幅度响应比较

结果表明，经典滤波器函数类型需要根据不同的应用来选取。在大多数应用中，切比雪夫滤波器和椭圆函数滤波器在通带响应与带外衰减之间给出了最好的折中方案。通常情况下，必须根据特定指标折中分析并确定最佳设计。

3.7　通用设计表

特征函数 $K(s)$ 可以写为

$$|K(s)|^2_{s=j\omega} = \frac{P_r}{P_t} = \frac{\text{反射功率}}{\text{传输功率}} \tag{3.84}$$

如果选取 ω_1 为通带最大波纹对应的带宽，且 ω_3 为阻带最小衰减对应的带宽，则

$$\left(\frac{P_r}{P_t}\right)_{s=j\omega_1} \left(\frac{P_t}{P_r}\right)_{s=j\omega_3} = \frac{|K(s)|^2_{s=j\omega_1}}{|K(s)|^2_{s=j\omega_3}} = \text{FF}(\omega_1, \omega_3) \tag{3.85}$$

其中 $\text{FF}(\omega_1, \omega_3)$ 表示为频率点 ω_1 和 ω_3 的反射功率与传输功率之比。用 dB 表示插入损耗和

回波损耗,有

$$(R_1 - A_1) + (A_3 - R_3) = 10\lg \text{FF}(\omega_1, \omega_3)$$

或

$$(R_1 + A_3) - (A_1 + R_3) = F \tag{3.86}$$

其中 F 代表 $\text{FF}(\omega_1, \omega_3)$ 的值,如下所示:

  R_1, A_1 对应通带最大波纹的回波损耗和传输损耗(用 dB 表示);

  R_3, A_3 对应阻带最小衰减的回波损耗和传输损耗(用 dB 表示);

  F 单位为 dB 的无量纲值,称为"特征因子"。

  巴特沃思滤波器、切比雪夫滤波器和准椭圆函数滤波器的通用设计表(UDC)的定义如图 3A.1 和图 3A.3 所示。巴特沃思滤波器函数 F 的值为 $20n\lg(\omega_3/\omega_1)$;切比雪夫滤波器函数 F 的值为 $20\lg T_n(\omega_3/\omega_1)$,其中 T_n 为切比雪夫多项式。对于椭圆函数滤波器,F 的值为 $20\lg R_n(\omega/\omega_p, L)$。特征因子 F 与 (ω_1/ω_3) 之间的关系曲线可以根据通用设计表查询[8],根据式(3.86)可得到特征多项式 $K(s)$ 关于频率对的比值的函数。波纹因子 ε 在这个关系式中抵消了,所以通用设计表与其无关。另一方面,给定 F 的情况下,ε 的选取决定着通带内回波损耗和阻带内衰减的折中。当 F 限制为常数时,ε 的取值会改变 $R_1(A_1)$ 和 $A_3(R_3)$ 的值。换句话说,对于给定的 F,dB 形式表示的通带回波损耗和阻带衰减之间的折中仍保持不变(由波纹因子的取值决定)。对于大多数实际应用,如果通带回波损耗选择为大于 20 dB,则 $R_1 = 20$ dB,$A_1 = 0.0436$ dB;如果阻带衰减的典型值大于 20 dB,则 $A_3 = 20$ dB,$R_3 = 0.0436$ dB,因此一般有 $F > 40$ dB。由于 A_1 和 R_3 相对于 F 都可以忽略不计,因此

$$(R_1 + A_3) \approx F \tag{3.87}$$

由上式可以看出,单位同为 dB 的通带回波损耗和阻带传输损耗之间是此消彼长的关系。应该注意的是,$F = (R_1 + A_3) - (A_1 + R_3)$ 是一个精确的关系式。同时,关系式中只含有两个独立变量,其中 dB 为单位的回波损耗和传输损耗的关系如下式所示:

$$A = -10\lg[1 - 10^{-R/10}] \tag{3.88}$$

在设计中,通用设计表首先提供了实现给定幅度限制的滤波器所需的阶数。另外,通用设计表提供了给定阶数和幅度限制的滤波器的通带回波损耗和阻带衰减之间,或者通带带宽和阻带带宽之间的折中关系。附录 3A 包含了最大平坦滤波器、切比雪夫滤波器、椭圆函数滤波器和准椭圆函数滤波器的通用设计表。对于给定幅度参数的滤波器,这些表提供了准确而快速的初始设计数据。

3.8 低通原型滤波器的电路结构

  无耗低通原型滤波器的特征多项式是基于集总电路元件的。图 3.13(a)为全极点无耗低通原型滤波器梯形电路并联输入结构,图 3.13(b)为其串联输入结构。原型滤波器电路模型是实现滤波器网络物理结构的基础。

  接下来的设计过程是根据理想低通原型滤波器的特征多项式来确定元件值 g_k。第 6 章至第 8 章将详细介绍如何运用综合方法,从任意类型的滤波器函数的特征多项式中提取出所需的元件值。对于经典的最大平坦滤波器和切比雪夫滤波器的计算,参考文献[4]中列出了详尽

的公式。图 3.13 所示原型滤波器梯形电路的所有传输零点都位于无穷远处。所以仅有全极点滤波器，如最大平坦滤波器和切比雪夫滤波器才能综合出这种电路结构。对于包含有限零点的滤波器，需要在原型网络中引入谐振电路，如图 3.14 所示。

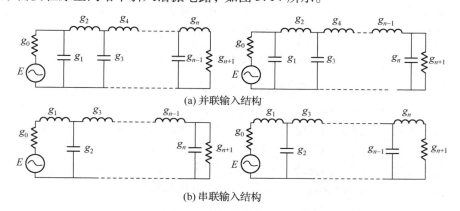

(a) 并联输入结构

(b) 串联输入结构

图 3.13　全极点无耗低通原型滤波器的常用梯形电路形式

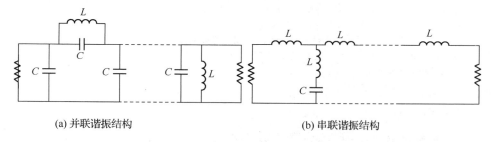

(a) 并联谐振结构　　　　　　　　　　(b) 串联谐振结构

图 3.14　包含传输零点的无损耗低通原型滤波器的常用梯形电路形式

在这种网络中，多项式 $P(s)$ 的部分零点分布在 $j\omega$ 轴上，且表示其频率的传输功率为零。针对经典椭圆函数滤波器，运用解析方法可以综合出集总电路的元件值[7]。对于 $P(s)$ 的零点任意分布的广义滤波器电路，其综合方法将在第 7 章和第 8 章中详细介绍。

3.8.1　原型网络的变换

推导低通原型滤波器电路的主要目的是为了得到一个基本模型，从这个基本模型出发，可以在任意频率、任意带宽和任意阻抗水平上推导出实际的滤波器电路。经过适当变换，原型滤波器可以应用到其他阻抗和频带。下面来看图 3.15 所示的两个网络，一个是变换前的原型滤波器网络，另一个是变换后的滤波器网络。

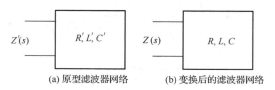

(a) 原型滤波器网络　　　　(b) 变换后的滤波器网络

图 3.15　原型滤波器网络的变换

假如需要变换的原型网络的驱动点阻抗 $Z'(s)$ 为

$$Z(s) = bZ'\left(\frac{s}{a}\right) \tag{3.89}$$

其中 $Z(s)$ 为网络变换后的等效阻抗，且 a 和 b 分别为用于频率和阻抗变换的无量纲的正实常数。阻抗和频率的变换应用是相互独立的。如果两个网络在结构(拓扑)上完全一致，那么这两个网络的元件值之间存在如下简单的对应关系[2]：

$$R = bR', \qquad L = \frac{b}{a}L', \qquad C = \frac{1}{ab}C' \tag{3.90}$$

这些关系式仅限于将低通原型网络变换成低通滤波器。必须考虑一种更实用的频率变换方法，来实现高通、带通和带阻滤波器。

下面来看一个常用变换参数 $\phi(\omega)$，其定义为多项式的商的形式。当频率作为一个常数比例因子时，式(3.89)所示为 $\phi(\omega)$ 的一个特例。最重要一点是 $\phi(\omega)$ 为电抗函数[9]，在这个例子中所有的电容和电感都可以由网络中的电容和电感(没有电阻元件)来代替。这一点在很多书籍里都有提及[10, 11]。表3.1和表3.2列出了几种电抗频率的变换及其等效元件值。

表3.1　频率变量和变换公式

ω'	低通原型滤波器的归一化频率变量($\omega'_c = 1$)
ω	未归一化的频率变量
ω_c	未归一化的截止频率
ω_0	通带中心频率(通带边缘频率 ω_1 和 ω_2 的几何平均值)
$\omega_2 - \omega_1 = \Delta\omega$	通带/阻带的带宽

等效的频率转换公式

低通滤波器:	$\omega' = \dfrac{\omega}{\omega_c}$
高通滤波器:	$\omega' = \dfrac{\omega_c}{\omega}$
带通滤波器:	$\omega' = \dfrac{\omega_0}{\Delta\omega}\left(\dfrac{\omega}{\omega_0} - \dfrac{\omega_0}{\omega}\right)$
带阻滤波器:	$\omega' = \dfrac{1}{\dfrac{\omega_0}{\Delta\omega}\left(\dfrac{\omega}{\omega_0} - \dfrac{\omega_0}{\omega}\right)}$

表3.2　集总电路变换

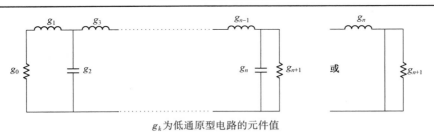

g_k 为低通原型电路的元件值

变换后的滤波器类型	电路结构和等效元件值
低通滤波器	$L_k = \dfrac{g_k}{\omega_c}, \qquad k = 1, 3, 5, \cdots$ $C_k = \dfrac{g_k}{\omega_c}, \qquad k = 2, 4, \cdots$

（续表）

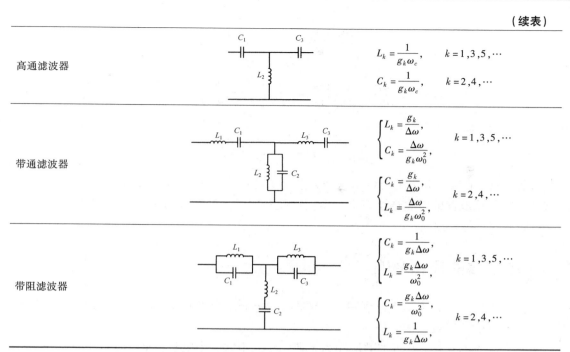

注：这些电路的对偶电路具有相同的等效元件值。

3.8.2　变换后的滤波器频率响应

3.8.2.1　幅度响应

经过频率变换后，原型网络与其导出的实际网络的幅度和相位之间直接为一一对应的关系。换句话说，这两个网络在同一个关联频率上，其幅度和相位是相等的。例如，原型滤波器在频率 $\omega' = 0，1$ 处的幅度和相位响应，与低通滤波器在频率 $\omega = 0，\omega_c$ 处的响应是相同的。而与其对应的带通滤波器，在通带中心和通带边缘的幅度响应分别与原型滤波器在 $\omega = 0，1$ 处的响应是相同的。

3.8.2.2　群延迟响应

群延迟表示为相位响应的导数。因此，网络变换后的群延迟响应取决于实际滤波器的绝对带宽。下面来研究低通和带通滤波器的群延迟特性。

3.8.2.3　低通滤波器的群延迟

经过频率变换 $\omega' = \omega/\omega_c$，低通原型网络变换为实际低通滤波器，且低通滤波器的群延迟为

$$\tau = -\frac{\mathrm{d}\beta}{\mathrm{d}\omega} = -\frac{\mathrm{d}\beta}{\mathrm{d}\omega'}\frac{\mathrm{d}\omega'}{\mathrm{d}\omega} = \frac{1}{\omega_c}\tau' \tag{3.91}$$

其中 τ' 为原型网络的群延迟。因此，如果一个低通滤波器的截止频率为 1 GHz，则其群延迟简单计算为 $0.16\tau'$（单位为 ns）。即低通滤波器的群延迟利用其截止频率 ω_c 进行了变换。

带通滤波器的群延迟　下面的过程和低通滤波器的情况类似，带通滤波器的群延迟 τ_{BPF} 简单推导如下：

$$\omega' = \frac{\omega_0}{\Delta\omega}\left(\frac{\omega}{\omega_0} - \frac{\omega_0}{\omega}\right)$$

和

$$\tau_{\text{BPF}} = -\frac{\mathrm{d}\beta}{\mathrm{d}\omega} = \frac{\mathrm{d}\beta}{\mathrm{d}\omega'}\frac{\mathrm{d}\omega'}{\mathrm{d}\omega} = \frac{\omega_0}{\Delta\omega}\left(\frac{1}{\omega_0} + \frac{\omega_0}{\omega^2}\right)\tau' \approx \frac{2}{\Delta\omega}\tau' \qquad (3.92)$$

在通带中心 $\omega = \omega_0$，则有

$$\tau_0 = \frac{2}{\Delta\omega}\tau_0' \qquad (3.93)$$

τ_0' 为原型滤波器在 $\omega' = 0$ 处的时延。这个关系表明，带通滤波器的群延迟曲线和相对值与原型滤波器和实际滤波器的带宽选择有关。值得一提的是，带通滤波器中心频率的选取与群延迟无关，通常该点可以忽略。

3.9　滤波器的损耗影响

在滤波器网络的物理实现过程中，材料的有限电导率会引起能量的损耗。因此，需要修正基于无耗元件的传输函数响应。

电感上产生的损耗，其近似效应相当于在电感上串联一个电阻；而电容元件的损耗，等效于在电容上并联电导。为了研究损耗对传输函数的影响，可以用复频率变量 $s + \delta$ 代替 s 来进行分析，其中 δ 为正数，即

$$\begin{aligned} s &\to s + \delta \\ sL_k &\to sL_k + \delta L_k \\ sC_k &\to sC_k + \delta C_k \end{aligned} \qquad (3.94)$$

其中下标 k 表示第 k 个元件。经过以上变换，每个电感将串联一个比例电阻 δL_k，且每个电容并联一个比例电导 δC_k。如果用 r 和 r' 分别表示串联电阻和并联电导，则

$$\delta L_k = r \quad \text{或} \quad \delta = \frac{r}{L_k}$$

类似地，有

$$\delta = \frac{r'}{C_k}$$

公共比值 δ 称为损耗比或损耗因子。在第 k 个零点或极点处，由于 $s + \delta = s_k$，可以将 s 写成

$$s = s_k - \delta \qquad (3.95)$$

因此，传输函数的所有零点和极点都沿实轴平移了 δ 个单位，这里假设电感或电容的损耗因子相等。如果将传输函数的零点和极点的实部都减去 δ，就可以获得有限无载 Q 值条件下的网络响应。在式(3.32)中的极点/零点结构中纳入位移 δ 且运用式(3.37)，插入损耗 A_0 位于 $\omega = 0$ 处的值可计算得到：

$$A_0 \approx 20(\lg \mathrm{e})\delta\tau_0 \qquad (3.96)$$

其中 τ_0 为当 $\omega = 0$ 时的绝对群延迟。这个近似公式假定损耗忽略不计，即 $\delta \ll 1$ 且 $\sigma \gg \delta$。这表示当损耗很小时，在频率 $\omega = 0$(或带通滤波器的中心频率)处的插入损耗与绝对群延迟成正比。

3.9.1　损耗因子 δ 与品质因数 Q_0 的关系

损耗因子 δ 代表复频率平面上的零点和极点在实 (σ) 轴上的位移量。δ 与角频率有相同的量纲。

无载 $Q(Q_0)$ 值表示为角频率周期内存储能量与周期能量损耗的比值：

$$Q_0 = \omega\left(\frac{存储能量}{平均功率损耗}\right) = 2\pi\left(\frac{存储能量}{每周期能量损耗}\right) \tag{3.97}$$

其中 Q_0 为无量纲值，其值反映了电路损耗的大小。假定组成滤波器网络的所有电感和电容都是均匀耗散的，耗散因子的评估如下。

低通滤波器和高通滤波器的等效 δ 为

$$\delta = \frac{1}{Q_0} \tag{3.98}$$

其中，Q_0 为实际低通滤波器和高通滤波器位于截止频率的无载 Q 值。带通滤波器和带阻滤波器的等效 δ 为

$$\delta = \frac{f_0}{\Delta f}\frac{1}{Q_0} \tag{3.99}$$

其中，f_0 和 Δf 分别为滤波器通带中心频率和宽度，Q_0 为谐振结构位于通带中心的平均无载 Q 值。

下面来看一个回波损耗为 26 dB 的八阶切比雪夫滤波器示例。在频率 $\omega = 0$ 处，计算可得原型网络的群延迟 $\tau' = 5.73$ s。假设滤波器使用同轴结构实现，其无载 Q 值为 1000，低通和带通滤波器的损耗因子和损耗分别计算如下。

低通滤波器　假设损耗因子 $\delta = (1/1000) = 0.001$，在频率 $\omega = \omega_c$ 处的损耗为 $\alpha = 20(\lg e)\,\delta\tau' = 8.686 \times 10^{-3} \times 5.73 = 0.05$ dB。

需要注意的是，损耗与低通滤波器截止频率的选取无关，它仅取决于低通原型使用实际结构的无载 Q 值（定义于截止频率处）。

带通滤波器　假设同轴腔结构实现的滤波器带宽为 1%，无载 Q 值为 1000，其损耗因子为

$$\delta = \frac{f_0}{\Delta f}\frac{1}{Q_0} = \frac{100}{Q_0} = 0.1$$

用 $\delta = 0.1$ 代入损耗公式，可得带通滤波器在 $\omega = \omega_0$ 处的损耗为 5.0 dB。这个损耗为低通滤波器损耗的 100 倍，因此带通滤波器和带阻滤波器的损耗取决于低通原型选择的百分比带宽及实际滤波器结构的品质因数，而与中心频率无关（尽管给定结构的 Q_0 值随中心频率的选取而变化）。带通滤波器的损耗因子在窄带情况下将会非常高，因此在大多数实际应用中需要使用高 Q 值结构。

3.10　不对称响应滤波器

在一些应用中，需要滤波器具有不对称的幅度和相位响应，从而给滤波器网络设计带来了挑战。原型滤波器网络由端接匹配电阻的无耗电容和无耗电感组成，其最终响应实质上相对于零频率点对称，且频率变换后得到的带通滤波器响应也必然相对于中心频率点对称。因此，只要原型网络中的元件值 (L, C, R) 为实数，就不可能得到不对称的响应。但是，在带通滤波器电路中，可以引入谐振电路来产生不对称的频率响应。因此，问题的关键在于如何设计一种等

效低通原型网络,当经过频率变换成为带通滤波器时,能够产生合适的不对称响应。因此,众多完善的对称低通原型滤波器的综合方法,同样可用于不对称低通原型网络的综合。

　　Baum[12]首先在滤波器网络设计中提出了一种假定不随频率变化的电抗(FIR)元件。这种元件作为一种数学工具,在低通原型滤波器的设计公式中得到应用。这种假想的元件仅在由低通滤波器变换成带通或带阻滤波器时才可能在物理上实现。在低通域中,引入这种假想元件能产生关于零频率不对称的低通响应,再经过低通到带通的频率变换,这种原型网络就可以实现不对称的带通响应。在这个过程中,随着谐振电路的频率偏移,FIR元件也就消失了。

　　问题在于如何在综合过程中吸收此假想元件,而不违反电路理论规律。Baum 在几种基本综合方法中提出了 FIR 元件概念。由于缺乏实际应用,以及问题本身的复杂性,利用 Baum 引入的假想 FIR 元件概念进行网络综合的研究进展非常缓慢。一些教材中指出此方法非常难以应用[13, 14]。但是,经历了很长一段时间之后,这个概念又被其他人重新提出并完全融入大多数常用的网络综合方法中[15~18]。

3.10.1　正函数

　　经典滤波器理论的建立基于正实函数的概念。L、C 和 R 元件构建的网络可以通过两个包含复频率变量 s 和正实系数的多项式比值来描述。所有的正实函数都具有这样的特性,多项式的根为复共轭零点,使得其幅度和相位响应关于零频率点呈偶对称或者奇对称。引入不随频率变化的电抗(FIR)元件,使得传输函数多项式包含复系数,其结果是零点和极点呈不对称分布,导致频率响应不再关于零频率点对称。这种函数称为**正函数**[14]。

　　Ernst[19]介绍了包含假想 FIR 元件的广义二端口网络。用于描述 FIR 元件的术语有

不随频率变化的电感元件:　　$X \geqslant 0$,　　　　$V(s) = jXI(s)$

不随频率变化的电容元件:　　$B \geqslant 0$,　　　　$I(s) = jBV(s)$

X 和 B 分别表示与频率无关的电感和电容。假设初始条件为零,对电压和电流运用拉普拉斯变换,则关于复变量 $s = \sigma + j\omega$ 的复阻抗 $Z(s)$ 定义为

$$Z(s) = \frac{V(s)}{I(s)}$$

因此,FIR 元件的复阻抗为

FIR 电感元件:　　　　　　　$X \geqslant 0$,　　　　$Z(s) = jX$

FIR 电容元件:　　　　　　　$B \geqslant 0$,　　　　$Z(s) = \dfrac{1}{jB}$　　　　　　(3.100)

FIR 元件在电路中常使用圆形、矩形或一组首尾相连的平行线来表示。这几种符号表示方法如图 3.16 所示。

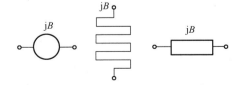

图 3.16　不随频率变化的电抗(FIR)元件的不同符号表示方法

一个包含 R, L, C 及 FIR 元件的普通网络的环或支路阻抗函数为

$$Z(s) = R + sL + \frac{1}{sC} + jX + \frac{1}{jB} \qquad (3.101)$$

此网络的驱动点阻抗为

$$Z(s) = \frac{V(s)}{I(s)} = \frac{a_0 + a_1 s + a_2 s^2 + \cdots + a_n s^n}{b_0 + b_1 s^2 + b_2 s^2 \cdots + b_m s^m} \qquad (3.102)$$

其中，a_i 和 b_i 为复系数。这种函数又称为正函数。如果网络中不包含 FIR 元件($X = B = 0$)，则所有的 a_i 和 b_i 都为实数，且 $Z(s)$ 变成一个正实函数。现在的问题是，必须给正实函数施加哪些限制条件，才能确保低通原型滤波器函数变换为一个实际的不对称带通滤波器，并且其物理结构是可以实现的？正函数与正实函数的限制条件相同，都必须满足能量守恒定理。在此限制条件下，通过研究错综复杂的复数功率关系[14]，可以发现正函数具有以下特性：

1. 如果 $f(s)$ 为关于复变量 $s = \sigma + j\omega$ 的复有理函数，当 $\mathrm{Re}\{s\} \geq 0$ 时满足 $\mathrm{Re}\{f(s)\} \geq 0$，则 $f(s)$ 为正函数。此外，如果 s 为实数(即 $j\omega = 0$)，$f(s)$ 也为实数，则 $f(s)$ 一定为正实函数。
2. $f(s)$ 的右半平面没有零点或极点。
3. 在 $j\omega$ 轴上 $f(s)$ 的零点和极点是单阶的，且其留数为正实数。
4. 分子和分母多项式的阶数最多相差 1，因此有限零点数和有限极点数也最多相差 1。
5. 如果 $f(s)$ 为正函数，那么 $1/f(s)$ 也一定为正函数。
6. 正函数之间的线性叠加也是正函数。

这些特性和正实函数的特性非常相似，主要的区别在于：

1. 正实函数中的 $Z(s)$ 或 $Y(s)$ 的分子多项式和分母多项式的系数都为正实数，而正函数中的都为复数。
2. 正实函数中的 $Z(s)$ 和 $Y(s)$ 的零点和极点都是以复共轭对的形式出现的，而正函数中的没有此限制。

接下来的重要问题是，如何表示这些与低通原型特征多项式有关的正函数。根据能量守恒定理可知，$P(s)$ 的零点必定分布在虚轴上，或成对地关于虚轴对称分布。推导详见第 6 章。对于正函数而言，并不一定要求这些零点是复共轭对。因此，多项式 $P(s)$ 具有复系数。而对于多项式 $F(s)$，所有的零点必须位于虚轴上，但是它们无须关于零频率点对称分布，使得 $F(s)$ 的系数也是复数。当然，这也导致了 $E(s)$ 的系数同样为复数。因此，无论低通原型滤波器响应是对称的还是不对称的，特征多项式普遍具有以下特性：

1. $P(s)$ 的根位于虚轴上，或以零点对形式关于虚轴对称分布。根的数量小于或等于滤波器的阶数 n。
2. $F(s)$ 的根分布在虚轴上，其阶数为 n。
3. $E(s)$ 是 n 阶赫尔维茨多项式，其所有的根位于 s 的左半平面。

所以，$P(s)$ 可以由下列任意因子或任意因子的组合来构成：

$$s \pm jb_i, \quad |b_i| > 1, \quad s^2 - \sigma_i^2, \quad (s - \sigma_i + j\omega_i)(s + \sigma_i + j\omega_i) \qquad (3.103)$$

多项式 $P(s)$ 的形式为

$$P(s) = s^m + \mathrm{j}b_{m-1}s^{m-1} + b_{m-2}s^{m-2} + \mathrm{j}b_{m-3}s^{m-3} + \cdots + b_0 \qquad (3.104)$$

其中 m 为多项式 $P(s)$ 的有限零点数。

多项式 $F(s)$ 由因子 $(s + \mathrm{j}a_i)$ 构成，其中 $|a_i| < 1$。$F(s)$ 的形式为

$$F(s) = s^n + \mathrm{j}a_{n-1}s^{n-1} + a_{n-2}s^{n-2} + \mathrm{j}a_{n-3}s^{n-3} + \cdots + a_0 \qquad (3.105)$$

其中 n 为滤波器的阶数。在截止频率归一化为 1 的低通原型滤波器中，$P(s)$ 的零点的几种可能分布形式如图 3.17 所示。图 3.18 为四阶不对称滤波器的响应曲线，它具有等波纹切比雪夫通带，且在通带上边沿外的阻带部分，响应曲线也是等波纹的。第 4 章、第 6 章和第 7 章将针对不对称滤波器进行更深入的讨论。

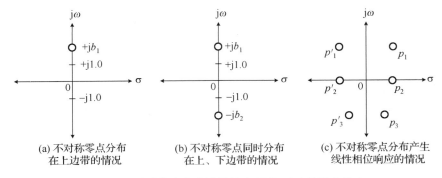

(a) 不对称零点分布
在上边带的情况

(b) 不对称零点同时分布
在上、下边带的情况

(c) 不对称零点分布产生
线性相位响应的情况

图 3.17　不对称响应滤波器的多项式 $P(s)$ 的零点分布

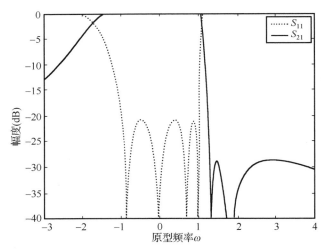

图 3.18　四阶不对称低通滤波器的幅度响应

3.11　小结

本章介绍了理想经典原型滤波器特征多项式的综合方法。这些经典滤波器包括最大平坦滤波器、切比雪夫滤波器和椭圆函数滤波器。实际滤波器元件的损耗影响，主要表现为实际滤波器传输函数的零点和极点位移而产生的损耗因子。根据不同的滤波器结构的品质因数(无载 Q 值)和带宽要求，可以推导出损耗因子。本章也简要描述了通过原型网络的频率和阻抗变换实现实际滤波器网络的方法。

　　本章最后讨论的一种滤波器响应是关于中心频率不对称的,这种带通或带阻滤波器又称为**不对称滤波器**。在低通原型域,通过引入两种假想的恒正或恒负的电抗网络元件(称为"不随频率变化的电抗"元件,即 FIR 元件),实现了不对称滤波器的综合。最终产生的传输函数多项式包含复系数,这表示特征多项式的根不再以复共轭对形式出现。但是,由于必须满足能量守恒定律,这些根必须关于虚轴对称,才能确保其物理可实现性。不对称的低通原型滤波器可以利用现有的综合方法,在频率变换过程中,通过带通和带阻滤波器谐振电路的频率偏移,FIR 元件就消失了。因此,通常低通原型网络的传输函数包含复系数,其根只能关于虚轴对称。

　　通过本章描述的函数之间的关系,针对广泛应用的通信信道滤波器的指标要求,可以进行正确的取舍,而无关滤波器网络物理结构实现的形式。也就是说,本章提供了一种高效的工具,帮助系统和滤波器设计人员来确定实际应用中的滤波器需求。

3.12　原著参考文献

1. Lathi, B. P. (1965) *Signals, Systems and Communications*, Wiley, New York.

2. Van Valkenburg, M. E. (1960) *Modern Network Synthesis*, Wiley, New York.

3. Temes, G. C. and Mitra, S. (1973) *Modern Filter Theory and Design*, Wiley, New York.

4. Weinberg, L. (1957) Explicit formulas for Tschebyshev and Butterworth ladder networks. *Journal of Applied Physics*, **28**, 1155-1160.

5. Daniels, R. W. (1974) *Approximation Methods for Electronic Filter Design*, McGraw-Hill, New York.

6. Abramowitz, M. and Stegun, I. A. (1972) *Handbook of Mathematical Functions*, Dover Publications, New York.

7. Saal, R. and Ulbrich, E. (1958) On the design of filters by synthesis. *IRE Transactions on Circuit Theory*, **1958**.

8. Kudsia, C. M. and O'Donovan, V. (1974) *Microwave Filters for Communications Systems*, Artech House, Norwood, MA.

9. Papoulis, A. (1956) Frequency transformations in filter design. *IRE Transactions on Circuit Theory*, **CT-3**, 140-144.

10. Matthaei, G., Young, L., and Jones, E. M. T. (1980) *Microwave Filters, Impedance Matching Networks and Coupling Structures*, Artech House, Norwood, MA.

11. Hunter, I. (2001) *Theory and Design of Microwave Filters*, IEE.

12. Baum, R. F. (1957) Design of unsymmetrical bandpass filters. *IRE Transactions on Circuit Theory*, **1957**, 33-40.

13. Rhodes, J. D. (1976) *Theory of Electrical Filters*, Wiley, New York.

14. Belevitch, V. (1968) *Classical Network Theory*, Holden-Day, San Francisco.

15. Cameron, R. J. (1982) Fast generation of Chebyshev filter prototypes with asymmetrically-prescribed zeros. *ESA Journal*, **6**, 83-95.

16. Cameron, R. J. (1982) General prototype network synthesis methods for microwave filters. *ESA Journal*, **6**, 193-207.

17. Cameron, R. J. and Rhodes, J. D. (1981) Asymmetrical realizations for dual-mode bandpass filters. *IEEE Transactions on Microwave Theory and Techniques*, **MTT-29**, 51-58.

18. Bell, H. C. (1982) Canonical asymmetric coupled-resonator filters. *IEEE Transactions on Microwave Theory and Techniques*, **MTT-30**, 1335-1340.

19. Ernst, C. (2000) Energy storage in microwave cavity filter networks, Ph. D. thesis, Univ. Leeds, Aug. 2000.

附录 3A   通用设计表

本附录包含巴特沃思、切比雪夫和含有一对传输零点的准椭圆函数滤波器的通用设计表，在上通带外包含单个传输零点的不对称滤波器的通用设计表，以及准椭圆函数滤波器和不对称滤波器的关键频率。为了说明这些图表在给定指标的滤波器折中设计中的诸多用处，本附录给出了一个卫星转发器的信道滤波器设计示例。

例 3A.1   一个 6/4 GHz 通信卫星系统中的信道滤波器，其信道带宽为 36 MHz，信道中心间隔为 40 MHz。利用通用设计表来确定滤波器的阶数，以及 $f_0 \pm 25$ MHz 外隔离度大于或等于 30 dB 的可用带宽。

解：本例中，通常对于这种应用我们假设滤波器通带内的最小回波损耗为 20 dB，考虑到实际使用环境和制造公差，比较合理的是假设与中心频率偏差裕量为 ± 0.25 MHz，即通带带宽不超过 39.5 MHz。根据通用设计表的定义，选取滤波器的标准特征因子 $F \geqslant 20$ dB + 30 dB 即 $F \geqslant 50$ dB，并有

$$\frac{\omega_3}{\omega_1} \leqslant \frac{50}{36} \qquad (即 1.39)$$

且

$$\frac{\omega_3}{\omega_1} \geqslant \frac{50}{39.5} \qquad (即 1.265)$$

由此，运用通用设计表对切比雪夫和准椭圆(单对传输零点)滤波器指标进行选取和推导后，其指标选取总结于表 3A.1 中。

表 3A.1   运用通用设计表产生的滤波器指标比较一览表

| N | ω_3/ω_1 | 切比雪夫响应 | | 准椭圆响应(单对传输零点) | | |
		带宽(MHz)	F(dB)	ω_3/ω_1	带宽(MHz)	F(dB)
6		不可用		1.39	36	58
				1.26	39.7	50
7		不可用		1.39	36	67
				1.18	42.4	50
8	1.39	36	54	1.39	36	77
	1.34	37.3	50	1.125	44.45	50
9	1.39	36	62	不需要		
	1.265	39.5	50			

提示：n 为滤波器的阶数；F 为特征因子(单位为 dB)；ω_3/ω_1 为隔离度带宽与通带带宽之比；$F \geqslant 50$ dB 时有 $1.265 \leqslant \omega_3/\omega_1 \leqslant 1.39$。

表 3A.2   滤波器指标比较一览表

滤波器设计	通带带宽(MHz)	通带回波损耗	在 $f_0 \pm 25$ MHz 外的隔离度(dB)
九阶切比雪夫滤波器	38	22	33
六阶准椭圆滤波器	37.7	22	33
七阶准椭圆滤波器	39	23	37

表 3A.3　包含单对传输零点的准椭圆函数滤波器的关键频率

N	F(dB)	关键频率				
		衰减零点				衰减极点
4	40	0.4285	0.9419			1.5169
	50	0.4085	0.9343			1.9139
	60	0.3973	0.9268			2.4692
5	40	0.6567	0.9672			1.2763
	50	0.6321	0.9615			1.4921
	60	0.6161	0.9577			1.7870
6	40	0.3054	0.7785	0.9794		1.1695
	50	0.2917	0.7568	0.9752		1.3042
	60	0.2818	0.7415	0.9723		1.4869
7	40	0.5037	0.8476	0.9860		1.1137
	50	0.4863	0.8301	0.9807		1.2052
	60	0.4728	0.8170	0.9807		1.3293
8	40	0.2299	0.6327	0.8896	0.9899	1.0812
	50	0.2227	0.6158	0.8757	0.9876	1.1472
	60	0.2168	0.6021	0.8649	0.9859	1.2367

表 3A.4　通带外包含单个零点的不对称滤波器的关键频率

N	F(dB)	关键频率				
		衰减零点				衰减极点
4	40	-0.8943	-0.1994			1.3378
		0.5829	0.9600			
	50	-0.9008	-0.2415			1.6321
		0.5336	0.9509			
	60	-0.9060	-0.2748			2.0587
		0.4961	0.9440			
5	40	-0.9340	-0.4631			1.1925
		0.2145	0.7488	0.9766		
	50	-0.9367	-0.4843			1.3578
		0.1743	0.7151	0.9709		
	60	-0.9392	-0.5028			1.5918
		0.1406	0.6881	0.9665		
6	40	-0.9554	-0.6246	-0.0871		1.124
		0.4593	0.8339	0.9847		
	50	-0.9568	-0.6354	-0.1115		1.2297
		0.4267	0.8101	0.9809		
	60	-0.9580	-0.6454	-0.1337		1.3776
		0.3985	0.7907	0.9779		
7	40	-0.9681	-0.7259	-0.3059		1.0864
		0.1809	0.6090	0.8825	0.9893	
	50	-0.9688	-0.7318	-0.3203		1.198
		0.1582	0.5834	0.8651	0.9866	
	60	-0.9695	-0.7374	-0.3339		1.2618
		0.1372	0.5608	0.8507	0.9844	
8	40	-0.9761	-0.7923	-0.4610	-0.474	1.0636
		0.3677	0.7056	0.9127	0.9921	
	50	-0.9765	-0.7958	-0.4967	-0.0622	1.1176
		0.3480	0.6853	0.8995	0.9900	
	60	-0.9769	-0.7991	-0.4782	-0.0764	1.1922
		0.3296	0.6672	0.8885	0.9884	

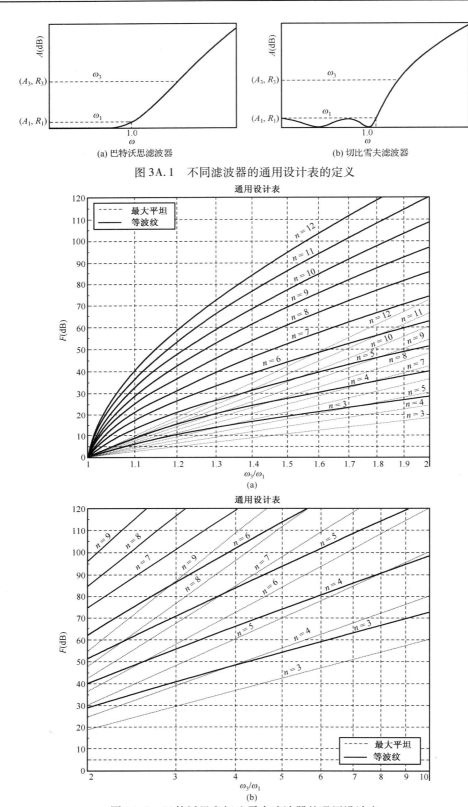

图 3A.1　不同滤波器的通用设计表的定义

图 3A.2　巴特沃思和切比雪夫滤波器的通用设计表

对于切比雪夫响应的滤波器,满足这种指标的最低阶数为 8(见表 3A.2 至表 3A.4)。但是,当工作环境变化时(主要是温度),这种滤波器的裕量很小。因此,实际设计中需要选取九阶切比雪夫滤波器,设计带宽分别选取为 36 MHz 和 39.5 MHz,而对应的 F 值在 62 dB 和 50 dB 之间变化,通常需要在带宽和隔离度、回波损耗或它们的组合之间折中。带宽越宽则通带响应越好,而隔离度越高则会减少信道之间的干扰。选择 F = 55 dB,则给回波损耗和隔离度留有 5 dB 设计裕量,即理论上回波损耗为 22 dB,隔离度为 33 dB。这样,ω_3/ω_1 的值为 1.32,通带带宽接近 38 MHz,从而给出了合理折中后的初始设计。

类似的推理方法还可用于准椭圆函数滤波器,它只需要六阶就可以满足指标要求。类似地,选择 F = 55 dB,和上述例子相同,ω_3/ω_1 值为 1.325,产生通带带宽为 37.7 MHz。因此,包含单对零点的六阶准椭圆函数滤波器可以满足此需求。更进一步讲,如果在六阶基础上增加一阶,也就是七阶准椭圆函数滤波器,则可以实现更大的设计裕量。例如,通带带宽为 39 MHz 则表示 ω_3/ω_1 值为 1.38,对应的值 F = 60 dB,也就是给回波损耗和隔离度贡献了 10 dB 裕量。而更好的选择方案是回波损耗为 23 dB,隔离度为 37 dB。这三种设计的选取曲线列于表 3A.2 中。

利用回波损耗与隔离度之间的对应(dB-dB)关系,还可以再次折中设计,此例说明了通用设计表对于滤波器指标折中设计的简易性。通过对初始设计的幅度和相位/群延迟响应进行仿真优化并进行微调,可以获得极佳的设计结果。对于大多数的实际应用,单独运用通用设计表进行设计足以胜任。

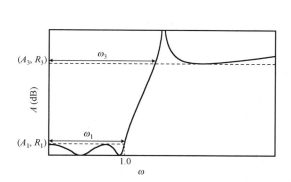

图 3A.3　包含单对传输零点的准
椭圆函数滤波器示意图

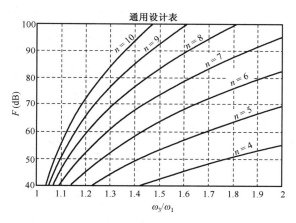

图 3A.4　包含单对传输零点的准椭圆
函数滤波器的通用设计表

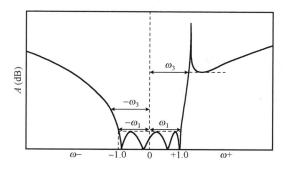

图 3A.5　通带上边沿外包含单个传输零点的不对称滤波器示意图

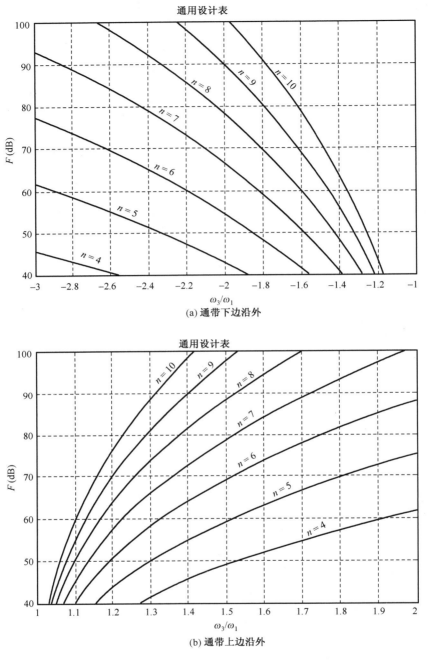

(a) 通带下边沿外

(b) 通带上边沿外

图 3A.6　通带外包含单个传输零点的不对称滤波器的通用设计表

第4章 特征多项式的计算机辅助综合

　　一个低通原型滤波器的关键频率点，即传输函数的零点和极点，可以完整地描述该滤波器的特性。利用计算机辅助优化技术，很容易产生这些所需响应波形的关键频率值。对于大多数类型的实际滤波器，虽然解析方法可以用于计算这些关键频率点，但是它只限于某些特定的滤波器函数应用，比如等波纹切比雪夫函数、椭圆函数或单调上升的最大平坦函数。任意有别于这些滤波器函数的其他形式的函数，则必须使用计算机辅助优化技术。

　　本章着重于利用高效率的计算机辅助优化技术来综合低通原型滤波器的特征多项式。这里包含了对称或不对称响应的最小相位滤波器和线性相位滤波器。本技术具有普适性，适用于任意响应的特征函数多项式的综合。几种经典滤波器，例如切比雪夫函数和椭圆函数等，可以作为最广义特征多项式的几种特例来推导。

4.1　对称低通原型滤波器网络的目标函数和约束条件

　　一个对称的最小相位低通原型滤波器网络的传输系数可以写为（见 3.3 节）

$$|t(s)|^2_{s=\mathrm{j}\omega} = \frac{1}{1 + \varepsilon^2 |K(s)|^2_{s=\mathrm{j}\omega}}$$

对于奇数阶滤波器，有

$$K(s) = \varepsilon \frac{s(s^2 + a_1^2)(s^2 + a_2^2) \cdots (s^2 + a_i^2) \cdots}{(s^2 + b_1^2)(s^2 + b_2^2) \cdots (s^2 + b_i^2) \cdots}$$

对于偶数阶滤波器，有

$$K(s) = \varepsilon \frac{(s^2 + a_1^2)(s^2 + a_2^2) \cdots (s^2 + a_i^2) \cdots}{(s^2 + b_1^2)(s^2 + b_2^2) \cdots (s^2 + b_i^2) \cdots} \tag{4.1}$$

a 和 b 项分别为衰减零点和极点（也称为**关键频率**），ε 为波纹因子。其中，独立变量的数量取决于有限关键频率的数量。位于坐标原点的衰减零点及位于无穷远处的极点都是固定频率参数，不是独立变量。而对于给定的特征因子 F（见 3.7 节），ε 的大小决定了通带与阻带响应之间的变化，同样也不能作为独立变量。如果赋值给 F，则可以把 F 当成一个等式约束。或者换种方式，把 F 当成产生关键频率的一个参数，这样在优化过程中省去了等式约束条件，能够高效地产生通用设计表（见 3.7 节）。

　　接下来的问题是，在实际设计中滤波器的哪些性能参数是关键的。实际应用中，所有的滤波器都需要一个可接受的最大通带波纹和一个最小的阻带隔离度。对于最小相位滤波器，运用希尔伯特变换，通带内和通带外的相位和群延迟响应仅与幅度响应紧密相关。对于这类滤波器，只需要优化幅度响应就足够了，对应的相位响应结果是可接受的。虽然接下来的分析具有普适性，完全可以用于非最小相位滤波器的分析和优化，但我们主要关注的还是最小相位滤波器。

　　为了限制通带和阻带的幅度波纹，必须确定通带衰减极大值和阻带衰减极小值所在的频率点位置。通过对特征函数 $K(s)$ 求导，并令导数值为零，可得

$$\frac{\partial}{\partial s}|K(s)|^2 = 0, \qquad \frac{\partial}{\partial s}\left|\frac{F(s)}{P(s)}\right| = 0, \quad 或 \quad |\dot{F}(s)P(s)| - |F(s)\dot{P}(s)| = 0 \qquad (4.2)$$

其中 $\dot{F}(s)$ 和 $\dot{P}(s)$ 表示关于复数变量 s 的导数。对于任意给定的波纹因子 ε，该式决定了通带损耗极大值对应的频率及阻带衰减极小值对应的频率。利用 3.4 节给出的有关公式，可以计算出传输系数和反射系数(如果以 dB 为单位，则为传输损耗和回波损耗)。对应通带内最大波纹的通带截止频率 ω_c，可以通过求解通带 $t(s)$ 等于通带波纹的极大值时的最高频率得到。另外，也可以在优化过程中将 $\omega_c = 1$ 作为约束条件，其他所有频率关于 $\omega_c = 1$ 进行归一化。

在实际应用中，表示幅度响应最常用的参数是通带回波损耗和阻带传输损耗，它们都是以分贝(dB)为单位的。

如果把第 i 个衰减极大值(通带内)和第 i 个衰减极小值(阻带内)分别写成 $R(i)$ 和 $T(i)$，则目标函数 U 由以下三部分组成：

$$U = U_1 + U_2 + U_3$$

其中，

$$
\begin{aligned}
U_1 &= \mathrm{ABS}[|R(i) \sim R(j)| + A_{ij}] \\
U_2 &= \mathrm{ABS}[|T(i) \sim T(j)| + B_{ij}] \\
U_3 &= \mathrm{ABS}[|R(i) \sim T(j)| + C_{ij}]
\end{aligned}
\qquad (4.3)
$$

A_{ij}，B_{ij} 和 C_{ij} 表示极大与极小幅度衰减的差之间的任意常数。对于通带等波纹情况有 $A_{ij} = 0$，对于阻带等波纹情况有 $B_{ij} = 0$。

U_3 代表特征因子 F，最好通过一个等式约束条件来实现。目标函数 U 的广义形式为

$$U = \sum_{i \neq j} \mathrm{ABS}[|R(i) - R(j)| - A_{ij}] + \sum_{k \neq \ell} \mathrm{ABS}[|T(k) - T(\ell)| - B_{k\ell}] + U_3 \qquad (4.4)$$

其中第一项的和包含了通带的所有极大衰减点，而第二项则包含了阻带的所有极小衰减点。回波损耗和传输损耗计算如下：

$$
\begin{aligned}
T &= -10\lg|t(s)|^2_{s=\mathrm{j}\omega} & \mathrm{dB} \\
R &= -10\lg\left[1 - |t(s)|^2_{s=\mathrm{j}\omega}\right] & \mathrm{dB}
\end{aligned}
\qquad (4.5)
$$

对于截止频率归一化为 1 的原型滤波器，独立变量(关键频率点)值的约束条件为

$$
\begin{aligned}
0 &\leqslant a_1, a_2, \cdots, < 1 \\
b_1&, b_2, \cdots, > 1
\end{aligned}
\qquad (4.6)
$$

这个约束条件仅表示，所有的衰减零点都在通带内，而所有的传输零点都在阻带内。

4.2　目标函数的解析梯度

在优化过程中，需要定义一个无约束的自定义函数。它既包含了目标函数，又包含了不等式和等式约束条件。此自定义函数给定为[1,2]

$$U_{\mathrm{art}} = U + \frac{r}{\sum\limits_i |\phi_i|} + \frac{\sum\limits_k |\psi_k|^2}{\sqrt{r}} \qquad (4.7)$$

其中，r 为控制约束条件的优化变量(通常是范围为 $10^{-4} \sim 1$ 的一个正数)；U 为无约束条件的

目标函数；ϕ_i 为第 i 个不等式约束条件；ψ_k 为第 k 个等式约束条件。

当优化得到最佳值时，$U_{\text{art}}=0$。这意味着组成 U_{art} 的每个单独项的值必须为零，因此无约束函数 U 在最佳值时也趋于零。为了确保所有约束项收敛于零，r 的取值应越小越好，令

$$\frac{r}{\sum_i |\phi_i|} \to 0 \,, \quad \text{且} \quad \frac{\sum_k |\psi_k|^2}{\sqrt{r}} \to 0 \,, \quad \text{当 } r \to 0$$

这样可以保证 U_{art} 平滑地收敛到理想的精度水平。U_{art} 关于衰减零点 a_i 的梯度为

$$
\begin{aligned}
g_i &= \frac{\partial U_{\text{art}}}{\partial a_i} = \frac{\partial U}{\partial a_i} + r\frac{\partial}{\partial a_i}\frac{1}{\sum_i |\phi_i|} + \frac{1}{\sqrt{r}}\frac{\partial}{\partial a_i}\sum_k |\psi_k|^2 \\
&= \frac{\partial U}{\partial a_i} + \Phi + \Psi
\end{aligned}
\tag{4.8}
$$

同样的方法也适用于衰减极点。接下来将单独推导等式右边的每一项。

4.2.1　无约束目标函数的梯度

无约束函数 U 的通用形式为

$$U = |R(1)-R(2)| + |R(2)-R(3)| + \cdots + |T(4)-T(5)| + |T(5)-T(6)| + \cdots \tag{4.9}$$

其中，$R(k)$ 和 $T(k)$ 分别为通带内第 k 个衰减极大值或阻带内第 k 个衰减极小值处的回波损耗与传输损耗（单位为 dB）。作为一个通用项，可以写为

$$
\begin{aligned}
U_{ik} = |R(i)-R(k)| &= R(i)-R(k), \qquad R(i) \geqslant R(k) \\
&= -(R(i)-R(k)), \quad R(i) \leqslant R(k)
\end{aligned}
\tag{4.10}
$$

所以

$$\frac{\partial U_{ik}}{\partial a_i} = \pm\left[\frac{\partial R(i)}{\partial a_i} - \frac{\partial R(k)}{\partial a_i}\right] \tag{4.11}$$

当 $R(i) \geqslant R(k)$ 时，符号为正，反之为负。为了求解偏导数 $\partial R/\partial a_i$，必须首先考虑传输函数：

$$|t|^2 = \frac{1}{1+|K(s)|^2} = 1 - |\rho|^2 \tag{4.12}$$

其中 ρ 为反射系数。关键频率与波纹因子的选取无关。因此，为了便于计算，通常假定波纹因子为 1。根据式（4.1），可得

$$\frac{\partial |t|^2}{\partial a_i} = -\frac{1}{[1+|K(s)|^2]^2}2K(s)\frac{\partial |K(s)|}{\partial a_i} = -4\frac{a_i}{(s^2+a_i^2)}\frac{K^2(s)}{[1+K^2(s)]^2} \tag{4.13}$$

根据式（4.5），可得以 dB 为单位的传输损耗和回波损耗的梯度为[3]

$$\frac{\partial T}{\partial a_i} = 40(\lg \mathrm{e})\frac{K^2(s)}{1+K^2(s)}\frac{a_i}{(s^2+a_i^2)} = 40(\lg \mathrm{e})|\rho|^2\frac{a_i}{(s^2+a_i^2)} \tag{4.14}$$

和

$$\frac{\partial R}{\partial a_i} = -40(\lg \mathrm{e})\frac{1}{1+K^2(s)}\frac{a_i}{(s^2+a_i^2)} = -40(\lg \mathrm{e})|t|^2\frac{a_i}{(s^2+a_i^2)} \tag{4.15}$$

同样的方式可以证明，关于衰减极点 b_i 的梯度可计算为

$$\frac{\partial T}{\partial b_i} = -40(\lg \mathrm{e})|\rho|^2\frac{b_i}{(s^2+b_i^2)} \tag{4.16}$$

和

$$\frac{\partial R}{\partial b_i} = 40\,(\lg e)\,|t|^2\,\frac{b_i}{(s^2 + b_i^2)} \tag{4.17}$$

因此，在任意频率求解以 dB 为单位的传输损耗和回波损耗关于独立变量的偏导数，可以获得无约束函数 U 的梯度。

4.2.2　不等式约束条件的梯度

不等式约束条件 Φ 可以写成下面的形式：

$$\Phi = \frac{r}{|\phi_1|} + \frac{r}{|\phi_2|} + \cdots \tag{4.18}$$

其中 r 为正数，而 Φ 项具有以下形式：

$$\phi_k = \begin{cases} a_i \\ 1 - a_i \\ b_i - 1 \\ N - b_i, \quad N\text{为正整数}(N > 1) \end{cases} \tag{4.19}$$

所以

$$\begin{aligned} \frac{\partial}{\partial a_i}\frac{1}{|\phi_k|} &= -\frac{1}{\phi_k^2}\frac{\partial \phi_k}{\partial a_i}, \quad \phi_k > 0 \\ &= +\frac{1}{\phi_k^2}\frac{\partial \phi_k}{\partial a_i}, \quad \phi_k < 0 \end{aligned} \tag{4.20}$$

其中 a_i 表示第 i 个独立变量。对于各种形式的 Φ 项，其梯度形式见表 4.1[3]。

表 4.1　不等式约束条件的梯度

Φ 项的形式	Φ 项的梯度形式	约束条件
a_i	$\mp\dfrac{1}{a_i^2}$	$a_i \gtrless 0$
$1 - a_i$	$\pm\dfrac{1}{(1.0 - a_i)^2}$	$(1.0 - a_i) \gtrless 0$
$b_i - 1$	$\mp\dfrac{1}{(b_i - 1)^2}$	$(b_i - 1) \gtrless 0$
$N - b_i$	$\pm\dfrac{1}{(N - b_i)^2}$	$(N - b_i) \gtrless 0$

因此，Φ 项的梯度具有以下形式：

$$\begin{aligned} \frac{\partial \Phi}{\partial a_i} + \frac{\partial \Phi}{\partial b_i} = r \cdot \Bigg[&\sum\left(\mp\frac{1}{a_i^2}\right) + \sum \pm\left[\frac{1}{(1 - a_i)^2}\right] + \\ &\sum\left(\mp\frac{1}{(b_i - 1)^2}\right) + \sum\left(\pm\frac{1}{(N - b_i)}\right) \Bigg] \end{aligned} \tag{4.21}$$

这里包含了关于衰减零点和极点的不等式。

4.2.3　等式约束条件的梯度

等式约束条件的梯度可以由下式计算得出：

$$\Psi = \frac{1}{\sqrt{r}} \frac{\partial}{\partial a_i} \sum |\psi_k|^2$$

其中 ψ_k 的形式为

$$\psi_k = A + R(1) + T(2) - T(1) - R(2) + \cdots \tag{4.22}$$

其中 A 为常数，$R(\cdot)$ 和 $T(\cdot)$ 分别表示通带内极大值和阻带内极小值处的回波损耗和传输损耗。等式约束条件的梯度可以计算如下：

$$\frac{\partial}{\partial a_i} |\psi_k|^2 = 2\psi_k \cdot \frac{\partial \psi_k}{\partial a_i} \tag{4.23}$$

$$\Psi = \frac{2}{\sqrt{r}} \sum_k \psi_k \left[\frac{\partial R(1)}{\partial a_i} + \frac{\partial T(2)}{\partial a_i} - \frac{\partial T(1)}{\partial a_i} - \frac{\partial R(2)}{\partial a_i} + \cdots + \frac{\partial R(1)}{\partial b_i} + \frac{\partial T(1)}{\partial b_i} + \cdots \right] \tag{4.24}$$

$R(\cdot)$ 和 $T(\cdot)$ 的值及其偏导数可由式（4.14）至式（4.17）推导得出，因此无约束目标函数 U_{art} 的梯度可以通过解析方法获得。

4.3　经典滤波器的优化准则

本节给出了几种合适的目标函数，用于几种已知类型滤波器的目标函数的优化。

4.3.1　切比雪夫滤波器

这种滤波器具有通带内等波纹，阻带内单调上升的特性。其目标函数和约束条件可以写成

$$U = |R(1) - R(2)| + |R(2) - R(3)| + \cdots$$
$$0 < a_1, a_2, \cdots, < 1 \tag{4.25}$$

其中，$R(k)$ 为第 k 个衰减极大值处的回波损耗，a_i 为关键频率点。例如，一个六阶切比雪夫滤波器的目标函数为

$$U = |R(1) - R(2)| + |R(2) - R(3)| + |R(3) - R(4)| \tag{4.26}$$

如图 4.1 所示，其中 $R(4)$ 对应着 $s = j$ 的值，此项用于将通带的关键频率相对于截止频率归一化为 1。在优化过程中，运用式（4.21）和式（4.24）来解析梯度，可以确定关键频率点为 0.2588，0.7071 和 0.9659。

4.3.2　反切比雪夫滤波器

这种滤波器具有通带内单调上升（最大平坦），阻带内等波纹的特性：

$$K(s) = \frac{s^6}{(s^2 + b_1^2)(s^2 + a_2^2)}$$

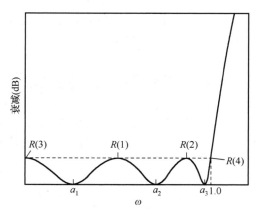

图 4.1　六阶切比雪夫滤波器的衰减零点和衰减极大值

图 4.2 给出了一个衰减极点任意分布的六阶反切比雪夫滤波器的响应。等波纹阻带相对于滤波器的截止频率归一化后的目标函数为

$$U = |T(1) - T(2)| + |T(2) - T(3)|, \quad b_1, b_2 > 1 \qquad (4.27)$$

简单计算关键频率可得 1.0379 和 1.4679。

4.3.3　椭圆函数滤波器

这种滤波器的通带和阻带都具有等波纹特性。图 4.3 所示六阶 C 类椭圆函数滤波器的特征函数的形式为

$$K(s) = \frac{s^2(s^2 + a_1^2)(s^2 + a_2^2)}{(s^2 + b_1^2)(s^2 + b_2^2)}$$

目标函数可写成

$$U = |R(1) - R(2)| + |R(2) - R(5)| + |T(3) - T(4)| \qquad (4.28)$$

其中，$R(5)$ 用 $s = j$ 表示，代表归一化的截止频率点。对于包含传输零点的滤波器，其特征因子 F 必须增加约束条件(见 3.7 节)。例如，以下等式约束条件

$$F = |R(2) + T(3)| - |T(2) + R(3)| \qquad (4.29)$$

设 $F = A$，则可以写成

$$\Psi = A - |R(2) + T(3)| + |T(2) + R(3)| \qquad (4.30)$$

通常，加入等式约束条件将明显增加计算时间。而避开等式约束条件的同时，需要减少相应的独立变量数。一种方法是固定其中一个衰减极点频率，这将自动对特征因子 F 进行约束。从实际角度来看，通过选择相邻的极点频率的方法来达到指定的高隔离度是非常有用的，且效率更高。例如，固定 b_1 为 1.2995，则其余的关键频率点确定为 $a_1 = 0.7583$，$a_2 = 0.9768$ 和 $b_2 = 1.6742$。

4.4　新型滤波器函数的生成

给出了经典滤波器函数的生成过程之后，下面研究一个特殊的八阶低通原型滤波器的特征多项式：

$$K(s) = \frac{s^4(s^2 + a_1^2)(s^2 + a_2^2)}{(s^2 + b_1^2)(s^2 + b_2^2)} \qquad (4.31)$$

如图 4.4 所示，此函数响应中包含一对衰减极点、一对原坐标零点及其他两个非原坐标的反射零点。下面将介绍上述三种情况下函数的优化过程。

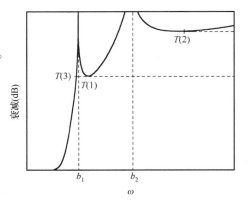

图 4.2　六阶反切比雪夫滤波器的衰减零点和衰减极大值

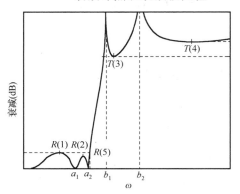

图 4.3　六阶 C 类椭圆函数低通原型滤波器的衰减极大值和极小值

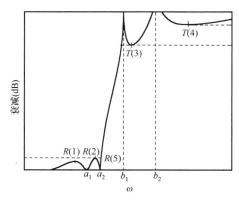

图 4.4　两个衰减极点和一对原坐标零点的八阶低通原型滤波器的响应

4.4.1　等波纹通带和等波纹阻带

假如固定衰减极点为 $b_1 = 1.25$，目标函数和约束条件可以表示为

$$U = |R(1) - R(2)| + |R(2) - R(5)| + |T(3) - T(4)|$$
$$0 < a_1, a_2, \cdots < 1, \quad b_2 > 1 \tag{4.32}$$

其中 $R(5)$ 用于约束截止频率为 1。

计算得到的关键频率值列于表 4.2 中。

表 4.2　两个衰减极点（固定其中一个值为 $b_1 = 1.25$）和一对原
坐标零点的八阶低通原型滤波器优化后的关键频率值

B_{34} (dB)	关键频率			特征因子 F (dB)
	a_1	a_2	b_2	
0	0.8388	0.9845	1.4671	67.4
10	0.8340	0.9839	1.6211	63.1
− 10	0.8636	0.9878	1.1541	63.25

4.4.2　非等波纹阻带和等波纹通带

这里考虑通带等波纹而阻带不是等波纹的情况。与前面的情况类似，固定第一个衰减极点为 $b_1 = 1.25$，则目标函数和约束条件为

$$U = |R(1) - R(2)| + |R(2) - R(5)| + |T(3) - T(4) - B_{34}|$$
$$0 < a_1, a_2, \cdots, < 1, \quad b_2 > 1 \tag{4.33}$$

B_{34} 项是一个任意常数，它表示为衰减极小值 $T(3)$ 和 $T(4)$ 之间的差（单位为 dB）。根据 $B_{34} = \pm 10$ dB 计算的关键频率点列于表 4.2 中。$B_{34} = 10$ dB 表示阻带的第二极小值比第一极小值大 10 dB，而 $B_{34} = -10$ dB 则与之情况相反。

图 4.5 分别给出了 $B_{34} = 0$ dB 和 $B_{34} = 10$ dB 时的频率响应。

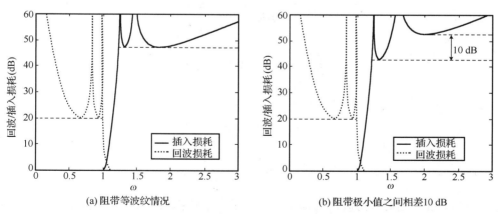

图 4.5　两个衰减极点和一对原坐标零点的低通原型滤波器优化后的频率响应

4.5　不对称滤波器

3.10 节介绍了不对称滤波器的特征多项式。为了简单起见，首先来研究最小相位滤波器，其多项式 $P(s)$ 的零点都被限定分布在虚轴上。此滤波器的多项式 $K(s)$ 可以表示为

$$K(s) = \frac{(s+ja_1)(s+ja_2)\cdots(s+ja_n)}{(s+jb_1)(s+jb_2)\cdots(s+jb_m)} \tag{4.34}$$

其中 $|a_i| < 1$，$|b_i| > 1$ 且 $m \leqslant n$，n 为滤波器网络的阶数。由于波纹因子 ε 不会改变关键频率，因此在式 $K(s)$ 中可以假设 $\varepsilon = 1$。传输系数关于反射零点或传输零点的梯度可由式(4.13)计算得到。以此为例，计算传输系数关于 b_i 的梯度为

$$|K(s)| = \frac{|s+ja_1||s+ja_2|\cdots}{|s+jb_1||s+jb_2|\cdots} \tag{4.35}$$

$$\ln|K(s)| = -\ln|s+jb_i| + \text{其他项}$$

所以

$$\frac{1}{|K(s)|}\frac{\partial}{\partial b_i}|K(s)| = -\frac{1}{|s+jb_i|}\cdot\frac{\partial}{\partial b_i}|s+jb_i| + \cdots \tag{4.36}$$

由于 $|s+jb_i| = (s^2+b_i^2)^{1/2}$，计算梯度可得

$$\frac{\partial}{\partial b_i}|K(s)| = -|K(s)|\frac{b_i}{s^2+b_i^2} \tag{4.37}$$

同理，

$$\frac{\partial}{\partial a_i}|K(s)| = |K(s)|\frac{a_i}{s^2+a_i^2} \tag{4.38}$$

将 $\dfrac{\partial}{\partial a_i}|K(s)|$ 或 $\dfrac{\partial}{\partial b_i}|K(s)|$ 代入式(4.13)，则有

$$\frac{\partial|t|^2}{\partial a_i} = -2\frac{a_i}{(s^2+a_i^2)}\frac{|K(s)|^2}{[1+|K(s)|^2]^2} \tag{4.39}$$

$$\frac{\partial|t|^2}{\partial b_i} = 2\frac{b_i}{(s^2+b_i^2)}\frac{|K(s)|^2}{[1+|K(s)|^2]^2} \tag{4.40}$$

使用以 dB 为单位的传输和反射损耗来表示以上关系，将式(4.14)和式(4.15)紧凑地写为

$$\frac{\partial T}{\partial a_i} = 20(\lg e)|\rho|^2\frac{a_i}{s^2+a_i^2} \tag{4.41}$$

$$\frac{\partial R}{\partial a_i} = -20(\lg e)|t|^2\frac{a_i}{s^2+a_i^2} \tag{4.42}$$

同理，

$$\frac{\partial T}{\partial b_i} = -20(\lg e)|\rho|^2\frac{b_i}{s^2+b_i^2} \tag{4.43}$$

$$\frac{\partial R}{\partial b_i} = 20(\lg e)|t|^2\frac{b_i}{s^2+b_i^2} \tag{4.44}$$

与对称滤波器相比，不对称滤波器的梯度公式少了一个乘积因子 2。其原因主要是不对称情况下使用的是单零点，而对称情况下使用的是零点对。

4.5.1　切比雪夫通带的不对称滤波器

下面来研究一个四阶滤波器，其通带内包含四个有限衰减零点，而通带上边沿外的阻带部分包含两个衰减极点，如图 4.6 所示。

对于切比雪夫通带和任意形式的阻带，其目标函数为

$$U = |R(1) - R(2)| + |R(2) - R(3)| + |T(4) - T(5) - B_{45}| \tag{4.45}$$

其中 B_{45} 为任意常数，表示 $T(4)$ 和 $T(5)$ 的衰减极小值之差。当阻带为等波纹的时，有 $B_{45} = 0$。当滤波器需要 B_{45} 为任意值时，理想情况是选择首个衰减极小点作为关键指标来产生通用设计表（见 3.7 节）。这里是选择通带最近的衰减极点频率来实现的，如同 4.4 节中将任意 B_{34} 值作为产生通用设计表的参数，其优点在于减少了一个优化变量。有时还必须固定两个衰减极点的频率，此情况下的目标函数可以简写为

$$U = |R(1) - R(2)| + |R(2) - R(3)| \tag{4.46}$$

这个目标函数的优化过程非常简单。对 B_{45} 赋值后，也就是给目标函数的优化提供了极好的初值。本例中，b_1 和 b_2 的值分别选择为 1.25 和 1.5。经过优化，等波纹切比雪夫通带的截止频率为 ± 1，可以确定其他的关键频率为 -0.8466、0.0255、0.7270 和 0.9757，图 4.7 为其滤波器响应。

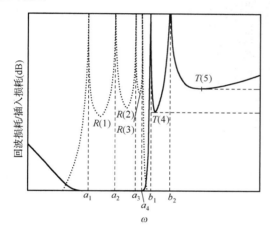

图 4.6 通带外包含两个衰减极点的四阶不对称低通原型滤波器的响应

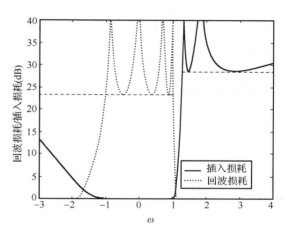

图 4.7 通带外包含两个衰减极点的四阶不对称低通原型滤波器优化的等波纹响应

4.5.2 任意响应的不对称滤波器

为了验证优化方法的灵活性，下面来研究一个包含一对原坐标零点和通带外两个衰减极点的不对称滤波器，如图 4.8 所示。其特征多项式为

$$K(s) = \frac{s^2(s + ja_1)(s + ja_2)}{(s + jb_1)(s + jb_2)} \tag{4.47}$$

这类滤波器的目标函数可以写为

$$U = |R(1) - R(2) + A_{12}| + |T(3) - T(4) + B_{34}| \tag{4.48}$$

其中，A_{12} 和 B_{34} 为常数，分别用来定义等波纹响应中通带和阻带的差值。$A_{12} = 0$ 表示通带为等波纹的，而 $B_{34} = 0$ 表示阻带为等波纹的。本例中选择 A_{12} 和 B_{34} 的值为零，并对目标函数进行优化。优化后的频率响应如图 4.9 所示，且表 4.3 列出了优化后的特征多项式系数、衰减极大值和极小值。值得关注的是，此不对称滤波器的截止频率不再关于原型滤波器的零频率点对称，而且通带中心频率必须根据等波纹通带的几何平均值来计算得到。最后，滤波器响应由新的通带中心频率和带宽再次归一化。

表4.3　通带内三个等波纹峰值和通带外两个传输零点的四阶
不对称原型滤波器优化后的关键频率和特征多项式

a_i	b_i	$E(s)$ 的根	通带内极大衰减值	阻带极小衰减值
-0.745	1.2	$-0.8881 - 1.6837j$		
0	1.865	$-1.4003 - 0.1067j$	-0.4963	1.3944
0	∞	$-0.6811 + 0.7139j$	0.3764	3.2005
0.5	∞	$-0.1689 + 0.8315j$	—	—

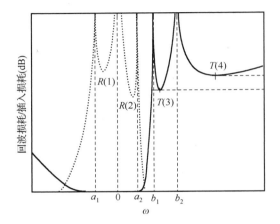

图4.8　通带外包含一对原坐标零点
和两个衰减极点的四阶不
对称低通原型滤波器响应

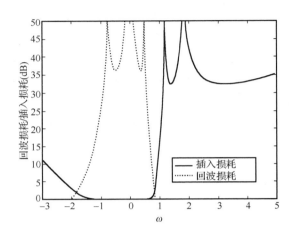

图4.9　通带外包含一对原坐标零点和两
个衰减极点的四阶不对称低通原
型滤波器优化后的等波纹响应

4.6　线性相位滤波器

用于最小相位滤波器的特征多项式的计算机辅助优化方法,同样也适用于线性相位滤波器,无论是对称的还是不对称的。当线性相位滤波器多项式 $P(s)$ 的零点位置关于实轴对称时,运用式(4.17)很容易将其推导出来。其梯度方程可修改如下:

$$\frac{\partial T}{\partial b_i} = -40(\lg e)|\rho|^2 \frac{b_i}{(s^2 \pm b_i^2)} \qquad (4.49)$$

和

$$\frac{\partial R}{\partial b_i} = 40(\lg e)|t|^2 \frac{b_i}{(s^2 \pm b_i^2)} \qquad (4.50)$$

式中的负号仅在该线性相位滤波器的零点位于实轴上的 $\pm b_1$ 位置时出现。如3.10节所述,传输函数的复零点是关于虚轴对称分布的。其中一对复零点定义为

$$Q(s) = (s + \sigma_1 \pm j\omega_1)(s - \sigma_1 \pm j\omega_1) = s^2 \pm j2s\omega_1 - (\sigma_1^2 + \omega_1^2) \qquad (4.51)$$

单对的复零点将会产生不对称响应,而由4个零点组成的复零点对将会产生对称响应。根据式(4.51),有

$$|Q(s)|^2 = \left\{ (s^2 + \sigma_1^2 + \omega_1^2)^2 - 4s^2\sigma_1^2 \right\} \tag{4.52}$$

$$\frac{\partial |Q(s)|}{\partial \omega_1} = -\frac{2\omega_1(3s^2 - \sigma_1^2 - \omega_1^2)}{|Q(s)|} \tag{4.53}$$

$$\frac{\partial |Q(s)|}{\partial \sigma_1} = -\frac{2\sigma_1(s^2 - \sigma_1^2 - \omega_1^2)}{|Q(s)|} \tag{4.54}$$

使用特征多项式 $K(s)$ 项来表示，可得

$$\frac{\partial}{\partial \sigma_1}|K(s)| = -\frac{|K(s)|}{|Q(s)|} \cdot \frac{\partial |Q(s)|}{\partial \sigma_1}$$

$$\frac{\partial}{\partial \omega_1}|K(s)| = -\frac{|K(s)|}{|Q(s)|} \cdot \frac{\partial |Q(s)|}{\partial \omega_1}$$

最后，以 dB 为单位的传输损耗和反射损耗的梯度为

$$\frac{\partial T}{\partial \sigma_1} = -40\,(\lg e)\,|\rho|^2\sigma_1 \frac{(s^2 - \sigma_1^2 - \omega_1^2)}{|Q(s)|^2} \tag{4.55}$$

$$\frac{\partial T}{\partial \omega_1} = -40\,(\lg e)\,|t|^2\omega_1 \frac{(3s^2 - \sigma_1^2 - \omega_1^2)}{|Q(s)|^2} \tag{4.56}$$

由于线性相位滤波器需要同时优化幅度和相位（或群延迟）响应，使得求解过程变得极其复杂。实际应用中，通过指定复零点及 jω 轴上的零点，例如 $P(s)$ 的零点，可以加快等波纹通带的优化过程。合理选择 $P(s)$ 的零点，然后修正其值，就能优化特征多项式，从而同时实现理想的幅度和相位响应。

4.7 滤波器函数的关键频率

利用 4.6 节介绍的优化方法，可以计算出一个八阶低通原型滤波器函数的关键频率，而解析方法不再适用。特征因子 F 作为计算参数包含在以下滤波器函数中：

1. 两个传输零点的衰减极小值相差 10 dB 的八阶通带等波纹滤波器。
2. 一对原坐标零点和两个传输零点的八阶等波纹通带和阻带滤波器。

附录 4A 中列出了计算得到的关键频率。将这些数据添加到通用设计表之后，这些表可作为任意幅度和相位响应的滤波器特征多项式的综合软件的设计指南。

4.8 小结

无耗集总参数低通原型滤波器的传输函数可以完全由它的极点和零点来表征。这种特性特别适合计算机辅助设计技术的应用，关键在于确保优化过程最高效。通过解析方法获得目标函数的梯度，并将其直接与理想幅度响应波形联系起来，就可以实现优化。本章阐述了运用解析梯度推导最常用低通原型滤波器的关键频率的有关问题，其中包括对称或不对称响应的最小和非最小相位滤波器。通过经典切比雪夫和椭圆函数滤波器的几种特例，验证了这种方

法的有效性。这种方法具有普适性,可以广泛应用于任意滤波器响应的特征多项式综合。本章利用几种特殊滤波器的设计示例,说明了这种方法的灵活性。

4.9　原著参考文献

1. Kowalik, J. and Osbourne, M. R.(1968) *Methods for Unconstrained Optimization Problems*, Elsevier, New York.
2. Bandler, J. W.(1969) Optimization methods for computer-aided design. *IEEE Transactions on Microwave Theory and Techniques*, **17** (8), 533-552.
3. Kudsia, C. M. and Swamy, M. N. S.(1980) Computer-aided optimization of microwave filter networks for space applications. IEEE MTT-S International Microwave Symposium Digest, May 28-30, Washington, DC.

附录4A　一个特殊的八阶滤波器的关键频率

表4A.1　两个传输零点的衰减极小值相差10 dB的八阶通带等波纹滤波器的关键频率和通用设计表

$$K(s) = \frac{(s^2 + a_1^2)(s^2 + a_2^2)(s^2 + a_3^2)(s^2 + a_4^2)}{(s^2 + b_1^2)(s^2 + b_2^2)}$$

a_1	a_2	a_3	a_4	b_1	b_2	b_s	F
0.2702	0.7049	0.9255	0.9938	1.0460	1.2070	1.0384	40
0.2618	0.6885	0.9159	0.9925	1.0664	1.2514	1.0568	45
0.2539	0.6732	0.9067	0.9913	1.0914	1.3037	1.0802	50
0.2403	0.6464	0.8903	0.9891	1.1601	1.4321	1.1437	60
0.2295	0.6250	0.8768	0.9873	1.2520	1.5911	1.2306	70
0.2210	0.6081	0.8660	0.9857	1.3719	1.7876	1.3449	80
0.2147	0.5954	0.8577	0.9846	1.5192	2.0186	1.4860	90
0.2099	0.5857	0.8514	0.9837	1.6972	2.2901	1.6572	100

提示:F 为特征因子(单位为 dB)。$F = (A_1 + R_3) - (A_3 + R_1) \approx (R_1 + A_3)$。

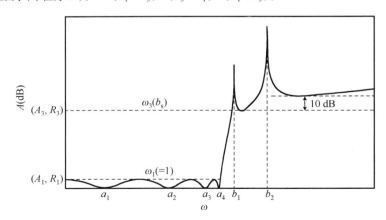

表 4A.2　一对原坐标零点和两个传输零点的八阶等波纹通带和阻带滤波器的关键频率和通用设计表

$$K(s) = \frac{s^4(s^2 + a_1^2)(s^2 + a_2^2)}{(s^2 + b_1^2)(s^2 + b_2^2)}$$

a_1	a_2	b_1	b_2	F
0.9012	0.9926	1.0501	1.1566	40
0.8871	0.9909	1.0734	1.1990	45
0.8742	0.9893	1.1023	1.2473	50
0.8628	0.9878	1.1364	1.3011	55
0.8522	0.9863	1.1774	1.3626	60
0.8429	0.9851	1.2249	1.4315	65
0.8347	0.9839	1.2788	1.5074	70
0.8213	0.9820	1.4057	1.6807	80
0.8109	0.9804	1.5640	1.8911	90
0.8029	0.9793	1.7571	2.1430	100

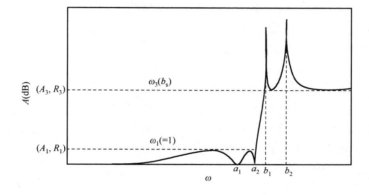

第 5 章　多端口微波网络的分析

任意滤波器与多工器电路都可以等效为若干多端口子网络的组合。以图 5.1 为例，该电路由一个五端口网络和与之相连的若干二端口网络组成。总电路是一个四信道多工器，其中的五端口网络是连接到 4 个滤波器的公共接头，且每个滤波器又可以看成若干二端口或三端口子网络的级联。本章将讨论各种多端口微波网络矩阵表示法，同时还将给出多种分析线性无源微波电路的方法。这些电路可以表示成任意多端口网络的级联。本章最后通过列举一个三信道多工器示例，一步一步地说明了如何运用这些方法来计算它的总散射矩阵。

网络中最常用的矩阵描述形式包括阻抗矩阵 $[Z]$、导纳矩阵 $[Y]$、$[ABCD]$ 矩阵，以及散射矩阵 $[S]$ 和传输矩阵 $[T]$[1~3]。其中 $[Z]$ 矩阵、$[Y]$ 矩阵和 $[ABCD]$ 矩阵基于集总参数元件来描述网络各端口的电压与电流之间的关系。而散射矩阵 $[S]$ 和传输矩阵 $[T]$ 则描述各端口归一化的入射电压波和反射电压波之间的关系。由于在微波频段，电压与电流无法直接测量，因此 $[Z]$ 矩阵、$[Y]$ 矩阵和 $[ABCD]$ 矩阵通常只能用于描述微波网络等效电路的一些物理特性。然而，$[S]$ 矩阵可以定量测量，在射频设计中它是应用

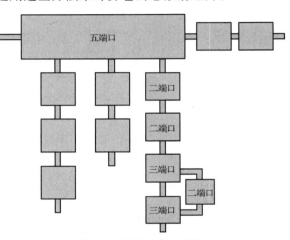

图 5.1　微波多端口网络

最广泛的参数。无论是基模网络还是高次模网络，均可以轻易地扩展为 $[S]$ 矩阵来描述其特性。此外，不难发现上述各种矩阵参量都是可以相互转换的，可用于描述任意微波网络的特性。因此，熟悉这些矩阵参量的概念，对于理解本书的内容来说至关重要。通过这些矩阵能够更好地理解本章介绍的各种微波滤波器网络分析方法。

5.1　二端口网络的矩阵表示法

5.1.1　阻抗矩阵 $[Z]$ 和导纳矩阵 $[Y]$

下面来看图 5.2 所示的二端口网络。两个端口的电压与电流的关系用 $[Z]$ 矩阵和 $[Y]$ 矩阵表示如下：

$$\begin{bmatrix} V_1 \\ V_2 \end{bmatrix} = \begin{bmatrix} Z_{11} & Z_{12} \\ Z_{21} & Z_{22} \end{bmatrix} \begin{bmatrix} I_1 \\ I_2 \end{bmatrix} \tag{5.1}$$

$$\begin{bmatrix} I_1 \\ I_2 \end{bmatrix} = \begin{bmatrix} Y_{11} & Y_{12} \\ Y_{21} & Y_{22} \end{bmatrix} \begin{bmatrix} V_1 \\ V_2 \end{bmatrix} \tag{5.2}$$

$$[V] = [Z][I] \tag{5.3}$$

图 5.2　二端口微波网络

$$[I] = [Y][V] \tag{5.4}$$

显然，$[Z]$矩阵和$[Y]$矩阵的关系为

$$Z = [Y]^{-1} \tag{5.5}$$

根据以上定义可看出，端口 2 开路时 $I_2 = 0$，端口 1 的输入阻抗为 Z_{11}；当端口 2 短路时 $V_2 = 0$，端口 1 的输入导纳为 Y_{11}。类似地，可以根据式（5.1）和式（5.2）推导出其他参数的物理意义。对于一个无耗的微波网络，

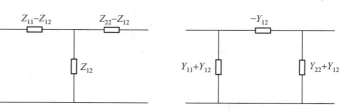

图 5.3　二端口微波网络的等效 T 形网络与等效 π 形网络

$[Z]$矩阵和$[Y]$矩阵的元素为纯虚数。如果一个网络中不含有铁氧体、等离子或有源器件等成分，则该网络是互易的，并满足如下关系：$Z_{12} = Z_{21}$，$Y_{12} = Y_{21}$。

在滤波器设计中，通常使用$[Z]$矩阵和$[Y]$矩阵来描述 T 形或 π 形微波网络的集总参数等效电路，如图 5.3 所示。例如滤波器的耦合膜片，根据其 T 形或 π 形等效电路很容易区分耦合是感性的还是容性的。如第 14 章所述，其等效电路还可以表示邻接谐振器膜片的加载影响。

5.1.2　$[ABCD]$ 矩阵

式（5.6）给定的二端口网络的$[ABCD]$矩阵的示意图，如图 5.4 所示。注意，端口 2 的电流定义为 $-I_2$，表示电流由端口 2 方向流出。根据以上定义可以简单地推导出级联网络的总$[ABCD]$矩阵。对于对称网络，有 $A = D$。且由于网络互易，可知$[ABCD]$矩阵的各参量满足式（5.7）。图 5.5 所示的两个级联网络中，$I_3 = -I_2$，总$[ABCD]$矩阵由两个简单矩阵相乘得到：

$$\begin{bmatrix} V_1 \\ I_1 \end{bmatrix} = \begin{bmatrix} A & B \\ C & D \end{bmatrix} \begin{bmatrix} V_2 \\ -I_2 \end{bmatrix} \tag{5.6}$$

$$AD - CB = 1 \tag{5.7}$$

$$\begin{bmatrix} V_1 \\ I_1 \end{bmatrix} = \begin{bmatrix} A & B \\ C & D \end{bmatrix} \begin{bmatrix} V_2 \\ -I_2 \end{bmatrix}, \quad \begin{bmatrix} V_3 \\ I_3 \end{bmatrix} = \begin{bmatrix} \overline{A} & \overline{B} \\ \overline{C} & \overline{D} \end{bmatrix} \begin{bmatrix} V_4 \\ -I_4 \end{bmatrix} \tag{5.8}$$

则 V_2 和 I_2 与 V_3 和 I_3 关系如下：

$$\begin{bmatrix} V_2 \\ -I_2 \end{bmatrix} = \begin{bmatrix} V_3 \\ I_3 \end{bmatrix} \tag{5.9}$$

将式（5.8）和式（5.9）代入式（5.6）中，可得

$$\begin{bmatrix} V_1 \\ I_1 \end{bmatrix} = \begin{bmatrix} A & B \\ C & D \end{bmatrix} \begin{bmatrix} \overline{A} & \overline{B} \\ \overline{C} & \overline{D} \end{bmatrix} \begin{bmatrix} V_4 \\ -I_4 \end{bmatrix} \tag{5.10}$$

在$[Z]$矩阵与$[ABCD]$矩阵中，令 $I_2 = 0$ 且 $V_2 = 0$，可以求得两者之间的关系如下：

$$\begin{bmatrix} V_1 \\ V_2 \end{bmatrix} = \begin{bmatrix} Z_{11} & Z_{12} \\ Z_{21} & Z_{22} \end{bmatrix} \begin{bmatrix} I_1 \\ I_2 \end{bmatrix} \tag{5.11}$$

$$\begin{bmatrix} V_1 \\ I_1 \end{bmatrix} = \begin{bmatrix} A & B \\ C & D \end{bmatrix} \begin{bmatrix} V_2 \\ -I_2 \end{bmatrix} \tag{5.12}$$

令式(5.11)和式(5.12)中的 $I_2 = 0$，可得

$$V_1 = Z_{11}I_1, \quad V_2 = Z_{21}I_1 \tag{5.13}$$

$$V_1 = AV_2, \quad I_1 = CV_2 \tag{5.14}$$

因此，矩阵中元素 A 和 C 与 $[Z]$ 矩阵中元素的关系如下：

$$C = \frac{I_1}{V_2} = \frac{1}{Z_{21}}, \quad A = \frac{V_1}{V_2} = \frac{Z_{11}}{Z_{21}} \tag{5.15}$$

类似地，令 $V_2 = 0$ 可得

$$B = \frac{Z_{11}Z_{22} - Z_{12}Z_{21}}{Z_{21}}, \quad D = \frac{Z_{22}}{Z_{21}} \tag{5.16}$$

表 5.1 给出了常用微波电路设计中各电路元件的 $[ABCD]$ 矩阵[3]。

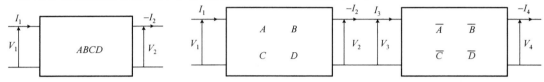

图 5.4　二端口网络的 $[ABCD]$ 示意图　　　　图 5.5　两个级联的二端口网络

表 5.1　常用电路的 $[ABCD]$ 参数

电路元件	ABCD 参数	
Z_0, β	$A = \cos\beta l$ $C = jY_0\sin\beta l$	$B = jZ_0\sin\beta l$ $D = \cos\beta l$
Z	$A = 1$ $C = 0$	$B = Z$ $D = 1$
Y	$A = 1$ $C = Y$	$B = 0$ $D = 1$
Y_1, Y_2	$A = 1 + \dfrac{Y_2}{Y_1}$ $C = Y_2$	$B = \dfrac{1}{Y_1}$ $D = 1$
Y_2, Y_1	$A = 1$ $C = Y_1$	$B = \dfrac{1}{Y_2}$ $D = 1 + \dfrac{Y_1}{Y_2}$
Z_1, Z_2, Z_3	$A = 1 + \dfrac{Z_1}{Z_3}$ $C = \dfrac{1}{Z_3}$	$B = Z_1 + Z_2 + \dfrac{Z_1 Z_2}{Z_3}$ $D = 1 + \dfrac{Z_2}{Z_3}$
Y_3, Y_1, Y_2	$A = 1 + \dfrac{Y_2}{Y_3}$ $C = Y_1 + Y_2 + \dfrac{Y_1 Y_2}{Y_3}$	$B = \dfrac{1}{Y_3}$ $D = 1 + \dfrac{Y_1}{Y_3}$
$N{:}1$	$A = N$ $C = 0$ 	$B = 0$ $D = \dfrac{1}{N}$

5.1.3　[S]矩阵

矩阵[S]的参数(简称 S 参数)在微波设计中至关重要,是因为它们的工作频率极高,且易于测量[4~6]。由于 S 参数的概念简单、分析方便,便于更透彻地理解微波电路理论中射频能量的传输与反射。

图5.6所示二端口网络的散射矩阵[S],其两个端口的归一化入射和反射电压波之间的关系由式(5.17)给出。关于入射(反射)电压波 V^+(V^-)与端口的电压 V 和电流 I 之间的详细关系可参考其他文献中的介绍[1, 4~6]。

$$\begin{bmatrix} V_1^- \\ V_2^- \end{bmatrix} = \begin{bmatrix} S_{11} & S_{12} \\ S_{21} & S_{22} \end{bmatrix} \begin{bmatrix} V_1^+ \\ V_2^+ \end{bmatrix} \qquad (5.17)$$

$$V_1^- = S_{11} V_1^+ + S_{12} V_2^+ \qquad (5.18)$$

$$V_2^- = S_{21} V_1^+ + S_{22} V_2^+ \qquad (5.19)$$

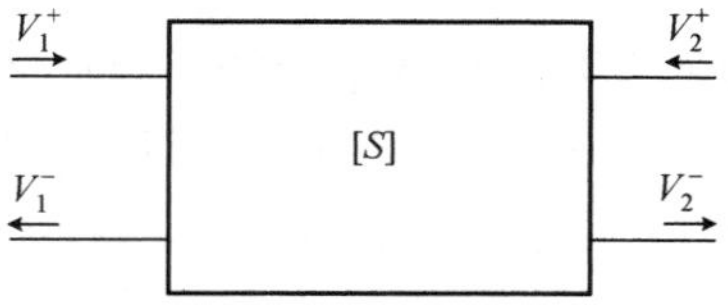

图 5.6　二端口网络的[S]矩阵

当端口2接匹配负载时,端口2的入射电压波为零,即 $V_2^+ = 0$,

$$V_1^- = S_{11} V_1^+, \qquad V_2^- = S_{21} V_1^+ \qquad (5.20)$$

由式(5.20)可以看出,端口2接匹配负载时,参数 S_{11} 表示端口1的反射系数,而 S_{21} 表示能量从端口1至端口2的传输系数。同理可知,S_{22} 表示端口1接匹配负载时端口2的反射系数。也就是说,S 参数主要描述了假定所有端口处于匹配的前提下网络自身的特性。当端口失配时,各端口的反射参数也将随之改变。

对于互易网络,有 $S_{12} = S_{21}$;且对于无耗网络,矩阵[S]满足**幺正条件**。令该网络中的平均消耗功率等于零,很容易推导得到此条件。根据能量守恒条件,网络的入射功率与经过该网络的输出功率相等,可写为

$$[V^+]_t [V^+]^* = [V^-]_t [V^-]^* \qquad (5.21)$$

其中$[V^-]$和$[V^+]$为列向量,$[\ ]^*$表示复共轭,且$[\ ]_t$表示矩阵的转置:

$$[V^+]_t [V^+]^* = \{[S][V^+]\}_t \cdot \{[S][V^+]\}^* \qquad (5.22)$$

$$[V^+]_t [V^+]^* = [V^+]_t [S]_t [S]^* [V^+]^* \qquad (5.23)$$

$$0 = [V^+]_t \cdot \{[U] - [S]_t [S]^*\}[V^+]^* \qquad (5.24)$$

式(5.24)仅当满足下列条件时成立:

$$[S]_t [S]^* = [U] \qquad (5.25)$$

上式称为幺正条件,其中[U]为单位矩阵。式(5.25)表示[S]的转置矩阵与其复共轭的乘积等于单位矩阵[U]。对于一个二端口网络,可以写成如下矩阵形式:

$$\begin{bmatrix} S_{11} & S_{21} \\ S_{12} & S_{22} \end{bmatrix} \begin{bmatrix} S_{11}^* & S_{12}^* \\ S_{21}^* & S_{22}^* \end{bmatrix} = \begin{bmatrix} 1 & 0 \\ 0 & 1 \end{bmatrix} \qquad (5.26)$$

$$|S_{11}|^2 + |S_{21}|^2 = 1 \qquad (5.27)$$

$$|S_{12}|^2 + |S_{22}|^2 = 1 \qquad (5.28)$$

$$S_{11} S_{12}^* + S_{21} S_{22}^* = 0 \qquad (5.29)$$

运用式(5.17)来定义 S 参数[1],需要假定所有端口的特征阻抗相等,这适用于大多数电路。然而,当端口的特征阻抗不相等时,必须使用归一化的入射和反射电压波来定义散射矩阵。其

归一化过程如下：

$$a_1 = \frac{V_1^+}{\sqrt{Z_{01}}}, \quad a_2 = \frac{V_2^+}{\sqrt{Z_{02}}} \tag{5.30}$$

$$b_1 = \frac{V_1^-}{\sqrt{Z_{01}}}, \quad b_2 = \frac{V_2^-}{\sqrt{Z_{02}}} \tag{5.31}$$

则散射矩阵的广义形式可定义为[1,4~6]

$$\begin{bmatrix} b_1 \\ b_2 \end{bmatrix} = \begin{bmatrix} S_{11} & S_{12} \\ S_{21} & S_{22} \end{bmatrix} \begin{bmatrix} a_1 \\ a_2 \end{bmatrix} \tag{5.32}$$

为了说明网络在不同特征阻抗情况下归一化的重要意义，下面通过两个示例来看两个端口之间并联导纳 jB 的网络散射矩阵的计算过程。在第一个示例中，两个端口的特征阻抗相同；在第二个示例中，两个端口的特征阻抗不同。

例 5.1　参考图 5.7。

　　当端口 2 的负载为特征导纳 Y_0 时，从输入端看进去的负载为 $Y_L = jB + Y_0$，因此输入端的反射系数 Γ 等于 S_{11}，其给定为

$$S_{11} = \Gamma = \frac{Y_0 - Y_L}{Y_0 + Y_L} \tag{5.33}$$

$$S_{11} = \frac{Y_0 - (Y_0 + jB)}{2Y_0 + jB} = \frac{-jB}{2Y_0 + jB} \tag{5.34}$$

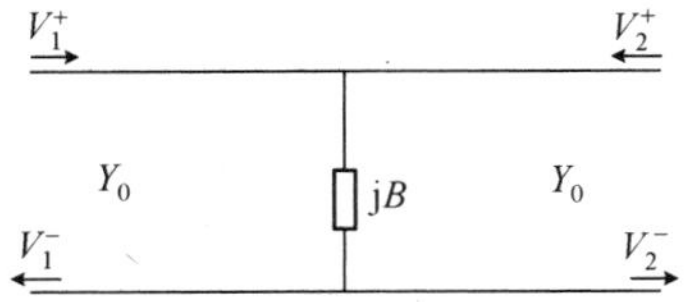

由于并联电路中端口 1 的电压 V_1 等于端口 2 的电压 V_2，因此端口电压 V_1 和 V_2 与入射和反射电压的关系如下：

图 5.7　端接相同特征阻抗的
二端口并联导纳网络

$$V_1 = V_1^+ + V_1^-, \quad V_2 = V_2^- \tag{5.35}$$

注意，当端口 2 接匹配负载时，有 $V_2^+ = 0$，因此

$$V_1^+ + V_1^- = V_2^- \tag{5.36}$$

$$[1 + S_{11}]V_1^+ = V_2^- \tag{5.37}$$

$$S_{21} = \frac{V_2^-}{V_1^+} = [1 + S_{11}] = \frac{2Y_0}{2Y_0 + jB} \tag{5.38}$$

类似地，假设端口 1 接匹配负载，则 S 参数可以表示为

$$S_{22} = \frac{-jB}{2Y_0 + jB}, \quad S_{12} = \frac{2Y_0}{2Y_0 + jB} \tag{5.39}$$

注意，网络是互易的，因此 $S_{12} = S_{21}$；网络是对称的，因此 $S_{11} = S_{22}$。

例 5.2　参考图 5.8。

　　首先假设端口 2 接匹配负载，其导纳为 Y_{02}，因此 S_{11} 由下式给出：

$$S_{11} = \frac{V_1^-}{V_1^+} = \frac{Y_{01} - (jB + Y_{02})}{Y_{01} + (jB + Y_{02})} \tag{5.40}$$

$$S_{11} = \frac{Y_{01} - jB - Y_{02}}{Y_{01} + jB + Y_{02}} \tag{5.41}$$

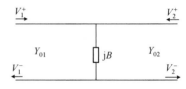

图 5.8　端接不同特征阻抗的
二端口并联导纳网络

接下来运用与例 5.1 相同的方法, 根据两个端口的电压推导 S 参数如下:

$$V_1^+ + V_1^- = V_2^- \Rightarrow [1 + S_{11}] = S_{21} \tag{5.42}$$

$$S_{21} = \frac{V_2^-}{V_1^+} = 1 + \frac{Y_{01} - jB - Y_{02}}{Y_{01} + jB + Y_{02}} = \frac{2Y_{01}}{Y_{01} + jB + Y_{02}} \tag{5.43}$$

类似地, 当端口 1 接匹配负载时, 运用相同的方法推导出 S_{22} 和 S_{12} 的表达式如下:

$$S_{22} = \frac{V_2^-}{V_2^+} = \frac{Y_{02} - jB - Y_{01}}{Y_{01} + jB + Y_{02}} \tag{5.44a}$$

$$S_{12} = \frac{V_1^-}{V_2^+} = \frac{2Y_{02}}{Y_{01} + jB + Y_{02}} \tag{5.44b}$$

注意, 此时即便是互易电路, 倘若使用未归一化的入射和反射电压波求解, 其结果将违反互易条件。但是, 使用归一化的电压波计算, 如下所示, 可以获得正确的结果。当端口 2 接匹配负载时, 式 (5.43) 归一化后可修正为

$$S_{21} = \frac{V_2^-/\sqrt{Z_{02}}}{V_1^+/\sqrt{Z_{01}}} = \frac{V_2^-}{V_1^+}\sqrt{\frac{Z_{01}}{Z_{02}}} \tag{5.45}$$

$$S_{21} = \frac{2\sqrt{Y_{01}Y_{02}}}{Y_{01} + jB + Y_{02}} \tag{5.46}$$

类似地, 当端口 2 接匹配负载时, 式 (5.45) 可修改为

$$S_{12} = \frac{V_1^-/\sqrt{Z_{01}}}{V_2^+/\sqrt{Z_{02}}} = \frac{V_1^-}{V_2^+}\sqrt{\frac{Z_{02}}{Z_{01}}} \tag{5.47}$$

$$S_{12} = \frac{2\sqrt{Y_{01}Y_{02}}}{Y_{01} + jB + Y_{02}} \tag{5.48}$$

注意, 此时由于使用了归一化的入射和反射电压波, 所得到的 S 参数满足互易条件。以上示例着重指出, 当端口的特征阻抗不同时, 端口电压波进行归一化的重要性。

根据端口的电压和电流与入射和反射电压波的关系, 可推导出矩阵 $[S]$ 和矩阵 $[Z]$ 的关系:

$$[V^-] = [S][V^+] \tag{5.49}$$

$$[V] = [Z][I] \tag{5.50}$$

运用传输线理论[1, 3], 且假设所有端口的特征阻抗为 1, 可得

$$[V] = [V^+] + [V^-] \tag{5.51}$$

$$[I] = ([V^+] - [V^-]) \tag{5.52}$$

$$[V^+] = \frac{1}{2}([V] + [I]) \Rightarrow \quad [V^+] = \frac{1}{2}([Z] + [U])[I] \tag{5.53}$$

$$[V^-] = \frac{1}{2}([V] - [I]) \Rightarrow \quad [V^-] = \frac{1}{2}([Z] - [U])[I] \tag{5.54}$$

$$[V^-] = ([Z] - [U])([Z] + [U])^{-1}[V^+] \tag{5.55}$$

$$[S] = ([Z] - [U])([Z] + [U])^{-1} \tag{5.56}$$

类似地, 散射矩阵 $[S]$ 与导纳矩阵 $[Y]$ 之间的关系如下:

$$[S] = ([U] - [Y])([U] + [Y])^{-1} \tag{5.57}$$

相反地，阻抗矩阵$[Z]$与导纳矩阵$[Y]$可以用散射矩阵$[S]$来表示

$$[Z] = ([U] + [S])([U] - [S])^{-1} \tag{5.58}$$

$$[Y] = ([U] - [S])([U] + [S])^{-1} \tag{5.59}$$

这些公式仅当所有端口的特征阻抗都相同时才适用。通常情况下，当端口的特征阻抗不相同时，如下关系成立[2]：

$$[S] = [\sqrt{Y_0}]([Z] - [Z_0])([Z] + [Z_0])^{-1}[\sqrt{Z_0}] \tag{5.60}$$

$$[S] = [\sqrt{Z_0}]([Y_0] - [Y])([Y_0] + [Y])^{-1}[\sqrt{Y_0}] \tag{5.61}$$

$$[Z] = [\sqrt{Z_0}]([U] + [S])([U] - [S])^{-1}[\sqrt{Z_0}] \tag{5.62}$$

$$[Y] = [\sqrt{Y_0}]([U] - [S])([U] + [S])^{-1}[\sqrt{Y_0}] \tag{5.63}$$

其中

$$[Z_0] = \begin{bmatrix} Z_{01} & 0 \\ 0 & Z_{02} \end{bmatrix} \tag{5.64}$$

$$[Y_0] = \begin{bmatrix} Y_{01} & 0 \\ 0 & Y_{02} \end{bmatrix} \tag{5.65}$$

$$[\sqrt{Z_0}] = \begin{bmatrix} \sqrt{Z_{01}} & 0 \\ 0 & \sqrt{Z_{02}} \end{bmatrix} \tag{5.66}$$

$$[\sqrt{Y_0}] = \begin{bmatrix} \sqrt{Y_{01}} & 0 \\ 0 & \sqrt{Y_{02}} \end{bmatrix} \tag{5.67}$$

5.1.4　传输矩阵$[T]$

另一个由端口的入射和反射电压波表示的矩阵称为**传输矩阵**$[T]$(见图5.9)，由下式定义：

$$\begin{bmatrix} V_1^+ \\ V_1^- \end{bmatrix} = \begin{bmatrix} T_{11} & T_{12} \\ T_{21} & T_{22} \end{bmatrix} \begin{bmatrix} V_2^- \\ V_2^+ \end{bmatrix} \tag{5.68}$$

矩阵$[T]$和矩阵$[ABCD]$作用类似，只需将两个矩阵简单相乘，计算得到级联网络总的传输矩阵。对于互易网络，矩阵$[T]$的行列式等于1，即

$$T_{11}T_{22} - T_{12}T_{21} = 1 \tag{5.69}$$

考虑图5.10所示的两个级联的网络，其总矩阵$[T]$给定为

$$\begin{bmatrix} V_1^+ \\ V_1^- \end{bmatrix} = \begin{bmatrix} T_{11} & T_{12} \\ T_{21} & T_{22} \end{bmatrix} \begin{bmatrix} V_2^- \\ V_2^+ \end{bmatrix}, \quad \begin{bmatrix} V_3^+ \\ V_3^- \end{bmatrix} = \begin{bmatrix} \overline{T}_{11} & \overline{T}_{12} \\ \overline{T}_{21} & \overline{T}_{22} \end{bmatrix} \begin{bmatrix} V_4^- \\ V_4^+ \end{bmatrix} \tag{5.70}$$

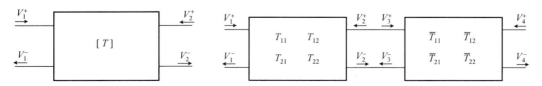

图5.9　二端口网络的$[T]$矩阵　　　　　　图5.10　两个二端口网络的级联

$$\begin{bmatrix} V_1^+ \\ V_1^- \end{bmatrix} = \begin{bmatrix} T_{11} & T_{12} \\ T_{21} & T_{22} \end{bmatrix} \begin{bmatrix} \overline{T}_{11} & \overline{T}_{12} \\ \overline{T}_{21} & \overline{T}_{22} \end{bmatrix} \begin{bmatrix} V_4^- \\ V_4^+ \end{bmatrix} \tag{5.71}$$

矩阵 $[S]$ 和矩阵 $[T]$ 与电压 V_2^+ 和 V_2^- 之间的关系表示为

$$\begin{bmatrix} V_1^- \\ V_2^- \end{bmatrix} = \begin{bmatrix} S_{11} & S_{12} \\ S_{21} & S_{22} \end{bmatrix} \begin{bmatrix} V_1^+ \\ V_2^+ \end{bmatrix} \tag{5.72a}$$

$$\begin{bmatrix} V_1^+ \\ V_1^- \end{bmatrix} = \begin{bmatrix} T_{11} & T_{12} \\ T_{21} & T_{22} \end{bmatrix} \begin{bmatrix} V_2^- \\ V_2^+ \end{bmatrix} \tag{5.72b}$$

令 $V_2^+ = 0$，由矩阵 $[S]$ 可得

$$V_1^- = S_{11} V_1^+, \quad V_2^- = S_{21} V_1^+ \tag{5.73}$$

由矩阵 $[T]$ 可得

$$V_1^+ = T_{11} V_2^-, \quad V_1^- = T_{21} V_2^- \tag{5.74}$$

利用式（5.73）和式（5.74），可得

$$T_{11} = \frac{1}{S_{21}} \tag{5.75a}$$

$$T_{21} = \frac{S_{11}}{S_{21}} \tag{5.75b}$$

令式（5.72a）和式（5.72b）中的 $V_2^- = 0$，因此有

$$V_1^- = S_{11} V_1^+ + S_{12} V_2^+ \tag{5.76}$$

$$0 = S_{21} V_1^+ + S_{22} V_2^+ \tag{5.77}$$

$$V_1^+ = T_{12} V_2^+ \tag{5.78}$$

$$V_1^- = T_{22} V_2^+ \tag{5.79}$$

根据式（5.77）和式（5.78），可得

$$T_{12} = -\frac{S_{22}}{S_{21}} \tag{5.80}$$

将式（5.80）代入式（5.78），并运用式（5.76），可得

$$V_1^- = -\frac{S_{11} S_{22}}{S_{21}} V_2^+ + S_{12} V_2^+ \tag{5.81}$$

$$T_{22} = \frac{V_1^-}{V_2^+} = S_{12} - \frac{S_{11} S_{22}}{S_{21}} \tag{5.82}$$

类似地，还可得

$$S_{11} = \frac{T_{21}}{T_{11}} \tag{5.83}$$

$$S_{12} = T_{22} - \frac{T_{21} T_{12}}{T_{11}} \tag{5.84}$$

$$S_{21} = \frac{1}{T_{11}} \tag{5.85}$$

$$S_{22} = -\frac{T_{12}}{T_{11}} \tag{5.86}$$

表5.2 总结了矩阵$[Z]$、矩阵$[Y]$、矩阵$[ABCD]$与矩阵$[S]$之间的关系[3]。

表5.2　矩阵$[Z]$、矩阵$[Y]$、矩阵$[ABCD]$与矩阵$[S]$之间的关系

	S	Z	Y	ABCD
S_{11}	S_{11}	$\dfrac{(Z_{11}-Z_0)(Z_{22}+Z_0)-Z_{12}Z_{21}}{(Z_{11}+Z_0)(Z_{22}+Z_0)-Z_{12}Z_{21}}$	$-\dfrac{(Y_{11}-Y_0)(Y_{22}+Y_0)-Y_{12}Y_{21}}{(Y_{11}+Y_0)(Y_{22}+Y_0)-Y_{12}Y_{21}}$	$\dfrac{A+B/Z_0-CZ_0-D}{A+B/Z_0+CZ_0+D}$
S_{12}	S_{12}	$\dfrac{2Z_{12}Z_0}{(Z_{11}+Z_0)(Z_{22}+Z_0)-Z_{12}Z_{21}}$	$-\dfrac{2Y_{12}Y_0}{(Y_{11}+Y_0)(Y_{22}+Y_0)-Y_{12}Y_{21}}$	$\dfrac{2(AD-BC)}{A+B/Z_0+CZ_0+D}$
S_{21}	S_{21}	$\dfrac{2Z_{21}Z_0}{(Z_{11}+Z_0)(Z_{22}+Z_0)-Z_{12}Z_{21}}$	$-\dfrac{2Y_{21}Y_0}{(Y_{11}+Y_0)(Y_{22}+Y_0)-Y_{12}Y_{21}}$	$\dfrac{2}{A+B/Z_0+CZ_0+D}$
S_{22}	S_{22}	$\dfrac{(Z_{11}+Z_0)(Z_{22}-Z_0)-Z_{12}Z_{21}}{(Z_{11}+Z_0)(Z_{22}+Z_0)-Z_{12}Z_{21}}$	$\dfrac{(Y_{11}+Y_0)(Y_{22}-Y_0)-Y_{12}Y_{21}}{(Y_{11}+Y_0)(Y_{22}+Y_0)-Y_{12}Y_{21}}$	$\dfrac{-A+B/Z_0-CZ_0+D}{A+B/Z_0+CZ_0+D}$
Z_{11}	$Z_0\dfrac{(1+S_{11})(1-S_{22})+S_{12}S_{21}}{(1-S_{11})(1-S_{22})-S_{12}S_{21}}$	Z_{11}	$\dfrac{Y_{22}}{Y_{11}Y_{22}-Y_{12}Y_{21}}$	$\dfrac{A}{C}$
Z_{12}	$Z_0\dfrac{2S_{12}}{(1-S_{11})(1-S_{22})-S_{12}S_{21}}$	Z_{12}	$\dfrac{-Y_{12}}{Y_{11}Y_{22}-Y_{12}Y_{21}}$	$\dfrac{AD-BC}{C}$
Z_{21}	$Z_0\dfrac{2S_{21}}{(1-S_{11})(1-S_{22})-S_{12}S_{21}}$	Z_{21}	$\dfrac{-Y_{21}}{Y_{11}Y_{22}-Y_{12}Y_{21}}$	$\dfrac{1}{C}$
Z_{22}	$Z_0\dfrac{(1-S_{11})(1+S_{22})+S_{12}S_{21}}{(1-S_{11})(1-S_{22})-S_{12}S_{21}}$	Z_{22}	$\dfrac{Y_{11}}{Y_{11}Y_{22}-Y_{12}Y_{21}}$	$\dfrac{D}{C}$
Y_{11}	$Y_0\dfrac{(1-S_{11})(1+S_{22})+S_{12}S_{21}}{(1+S_{11})(1+S_{22})-S_{12}S_{21}}$	$\dfrac{Z_{22}}{Z_{11}Z_{22}-Z_{12}Z_{21}}$	Y_{11}	$\dfrac{D}{B}$
Y_{12}	$Y_0\dfrac{-2S_{12}}{(1+S_{11})(1+S_{22})-S_{12}S_{21}}$	$\dfrac{-Z_{12}}{Z_{11}Z_{22}-Z_{12}Z_{21}}$	Y_{12}	$\dfrac{BC-AD}{B}$
Y_{21}	$Y_0\dfrac{-2S_{21}}{(1+S_{11})(1+S_{22})-S_{12}S_{21}}$	$\dfrac{-Z_{21}}{Z_{11}Z_{22}-Z_{12}Z_{21}}$	Y_{21}	$\dfrac{-1}{B}$
Y_{22}	$Y_0\dfrac{(1+S_{11})(1-S_{22})+S_{12}S_{21}}{(1+S_{11})(1+S_{22})-S_{12}S_{21}}$	$\dfrac{Z_{11}}{Z_{11}Z_{22}-Z_{12}Z_{21}}$	Y_{22}	$\dfrac{A}{B}$
A	$\dfrac{(1+S_{11})(1-S_{22})+S_{12}S_{21}}{2S_{21}}$	$\dfrac{Z_{11}}{Z_{21}}$	$-\dfrac{Y_{22}}{Y_{21}}$	A
B	$Z_0\dfrac{(1+S_{11})(1+S_{22})-S_{12}S_{21}}{2S_{21}}$	$\dfrac{Z_{11}Z_{22}-Z_{12}Z_{21}}{Z_{21}}$	$-\dfrac{1}{Y_{21}}$	B
C	$\dfrac{1}{Z_0}\dfrac{(1-S_{11})(1-S_{22})-S_{12}S_{21}}{2S_{21}}$	$\dfrac{1}{Z_{21}}$	$-\dfrac{Y_{11}Y_{22}-Y_{12}Y_{21}}{Y_{21}}$	C
D	$\dfrac{(1-S_{11})(1+S_{22})+S_{12}S_{21}}{2S_{21}}$	$\dfrac{Z_{22}}{Z_{21}}$	$-\dfrac{Y_{11}}{Y_{21}}$	D

$T_{11}=1/S_{21},\ T_{12}=-S_{22}/S_{21},\ T_{21}=S_{11}/S_{21},\ T_{22}=(S_{12}S_{21}-S_{11}S_{22})/S_{21}$

$S_{11}=T_{21}/T_{11},\ S_{12}=(T_{11}T_{22}-T_{12}T_{21})/T_{11},\ S_{21}=1/T_{11},\ S_{22}=-T_{12}/T_{11}$

5.1.5　二端口网络的分析

考虑图5.11所示的二端口网络。如果端口2接一个负载,那么该网络就简化成一个单端口网络。此端口的输入阻抗或反射系数,根据二端口网络的散射矩阵及终端负载的反射系数理论,计算可得

$$V_1^- = S_{11}V_1^+ + S_{12}V_2^+ \tag{5.87}$$

$$V_2^- = S_{21}V_1^+ + S_{22}V_2^+ \qquad (5.88)$$

输出端的反射系数给定为

$$\Gamma = \frac{Z_L - Z_0}{Z_L + Z_0} = \frac{V_2^+}{V_2^-} \qquad (5.89)$$

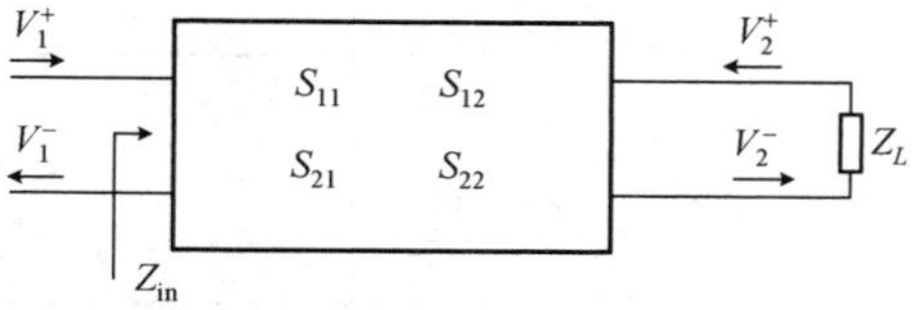

图 5.11　端接负载 Z_L 的二端口网络

将式(5.89)代入式(5.88)，V_2^+ 由 V_1^+ 表示为

$$V_2^+ = \Gamma V_2^- = \Gamma S_{21}V_1^+ + \Gamma S_{22}V_2^+ \qquad (5.90)$$

$$(1 - \Gamma S_{22})V_2^+ = \Gamma S_{21}V_1^+ \qquad (5.91)$$

$$V_2^+ = \frac{\Gamma S_{21}}{1 - \Gamma S_{22}}V_1^+ \qquad (5.92)$$

$$V_1^- = S_{11}V_1^+ + \frac{S_{12}\Gamma S_{21}}{1 - \Gamma S_{22}}V_1^+ \qquad (5.93)$$

因此端口 1 的反射系数和输入阻抗可以表示为

$$\Gamma_{\text{in}} = \frac{V_1^-}{V_1^+} \qquad (5.94)$$

$$\Gamma_{\text{in}} = S_{11} + \frac{S_{12}\Gamma S_{21}}{1 - \Gamma S_{22}} \qquad (5.95)$$

$$Z_{\text{in}} = \frac{1 + \Gamma_{\text{in}}}{1 - \Gamma_{\text{in}}} \qquad (5.96)$$

图 5.12 所示两端外接传输线段的二端口网络（即二端口网络的参考面外移）的散射矩阵计算如下：

$$\begin{bmatrix} V_1^- \\ V_2^- \end{bmatrix} = [S]\begin{bmatrix} V_1^+ \\ V_2^+ \end{bmatrix} \qquad (5.97)$$

$$\begin{bmatrix} V_1^- \\ V_2^- \end{bmatrix} = \begin{bmatrix} e^{j\theta_1} & 0 \\ 0 & e^{j\theta_2} \end{bmatrix}\begin{bmatrix} W_1^- \\ W_2^- \end{bmatrix} \qquad (5.98)$$

$$\begin{bmatrix} V_1^+ \\ V_2^+ \end{bmatrix} = \begin{bmatrix} e^{-j\theta_1} & 0 \\ 0 & e^{-j\theta_2} \end{bmatrix}\begin{bmatrix} W_1^+ \\ W_2^+ \end{bmatrix} \qquad (5.99)$$

将式(5.98)和式(5.99)代入式(5.97)，可得

$$\begin{bmatrix} W_1^- \\ W_2^- \end{bmatrix} = \begin{bmatrix} e^{-j\theta_1} & 0 \\ 0 & e^{-j\theta_2} \end{bmatrix}[S]\begin{bmatrix} e^{-j\theta_1} & 0 \\ 0 & e^{-j\theta_2} \end{bmatrix}\begin{bmatrix} W_1^+ \\ W_2^+ \end{bmatrix} \qquad (5.100)$$

因此，图 5.13 所示整个网络的总矩阵 $[S]$ 给定为

$$\begin{bmatrix} e^{-j\theta_1} & 0 \\ 0 & e^{-j\theta_2} \end{bmatrix}[S]\begin{bmatrix} e^{-j\theta_1} & 0 \\ 0 & e^{-j\theta_2} \end{bmatrix} \qquad (5.101)$$

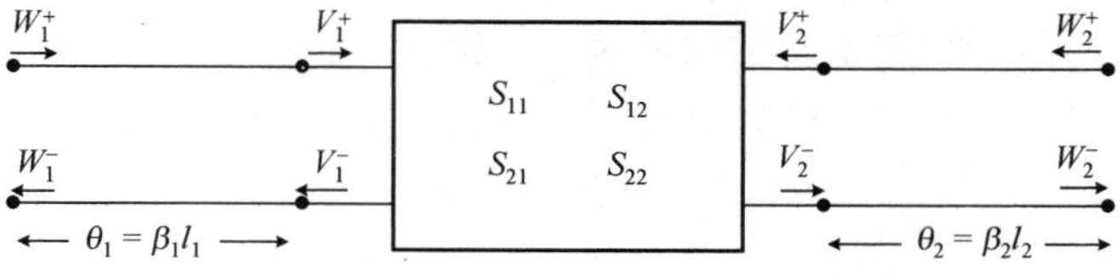

图 5.12　参考面外移的二端口网络

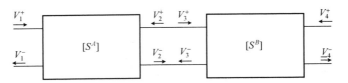

图 5.13　两个级联的二端口网络

5.2　两个网络的级联

可用于级联网络的分析方法有许多，首先来看 S 参量分析方法例子的直接运用。级联网络总的散射矩阵 $[S^{级联}]$ 可以由两个网络的散射矩阵 $[S^A]$ 和 $[S^B]$ 得到：

$$V_1^- = S_{11}^A V_1^+ + S_{12}^A V_2^+ \tag{5.102}$$

$$V_2^- = S_{21}^A V_1^+ + S_{22}^A V_2^+ \tag{5.103}$$

$$V_3^- = S_{11}^B V_3^+ + S_{12}^B V_4^+ \tag{5.104}$$

$$V_4^- = S_{21}^B V_3^+ + S_{22}^B V_4^+ \tag{5.105}$$

从图 5.13 中还可以得到

$$V_2^+ = V_3^- \tag{5.106}$$

$$V_2^- = V_3^+ \tag{5.107}$$

分别对式(5.102)至式(5.107)进行求解，则反射电压波 V_1^- 和 V_4^- 与入射电压波 V_1^+ 和 V_4^+ 的关系表示如下：

$$\begin{bmatrix} V_1^- \\ V_4^- \end{bmatrix} = [S^{级联}] \begin{bmatrix} V_1^+ \\ V_4^+ \end{bmatrix} \tag{5.108}$$

其中，

$$S_{11}^{级联} = S_{11}^A + \frac{S_{12}^A S_{11}^B S_{21}^A}{1 - S_{22}^A S_{11}^B} \tag{5.109}$$

$$S_{12}^{级联} = \frac{S_{12}^A S_{12}^B}{1 - S_{22}^A S_{11}^B} \tag{5.110}$$

$$S_{21}^{级联} = \frac{S_{21}^A S_{21}^B}{1 - S_{22}^A S_{11}^B} \tag{5.111}$$

$$S_{22}^{级联} = S_{22}^B + \frac{S_{21}^B S_{22}^A S_{12}^B}{1 - S_{22}^A S_{11}^B} \tag{5.112}$$

在分析对称网络时，可以利用对称性来简化分析过程。如图 5.14 所示的对称网络，可以等效为一个奇模对称网络与一个偶模对称网络的叠加。因此，通过分别设置理想电壁(即将电路短路)和理想磁壁(即将电路开路)，只需要针对一半电路进行分析，就可以完成对整个网络的分析。

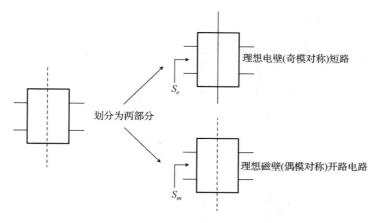

图 5.14　二端口对称网络划分为奇模对称网络和偶模对称网络

通过计算简化电路的两个反射系数 S_e 和 S_m，整个电路的散射矩阵可以写为

$$S_{11} = \frac{1}{2}[S_m + S_e] = S_{22} \tag{5.113}$$

$$S_{12} = \frac{1}{2}[S_m - S_e] = S_{21} \tag{5.114}$$

图 5.15 给出了上面两个公式的推导过程。对称网络可以等效为两个网络的叠加，其中一个为奇模激励：$V_1^+ = V/2$，$V_2^+ = -V/2$；另一个为偶模激励：$V_1^+ = V/2$，$V_2^+ = V/2$。在这两种激励条件下，对称面分别等效为电壁与磁壁。注意，两个网络叠加之后，总的激励与原网络是一致的，即 $V_1^+ = V$，$V_2^+ = 0$。另外，对于两个网络同时激励的反射信号与传输信号，经过叠加后可计算得到总网络信号的 S_{11} 和 S_{21} 如下：

$$V_R = \frac{V}{2}S_e + \frac{V}{2}S_m = \frac{V}{2}(S_e + S_m) \tag{5.115}$$

$$V_T = \frac{V}{2}(S_m - S_e) \tag{5.116}$$

$$S_{11} = \frac{V_R}{V} = \frac{1}{2}[S_e + S_m] \tag{5.117}$$

$$S_{21} = \frac{V_T}{V} = \frac{1}{2}[S_m - S_e] \tag{5.118}$$

例 5.1　考虑图 5.16 所示的四个级联的网络，计算总散射矩阵。假设整个网络由子网络 SX 和 SY 级联而成，其中

$$SX = \begin{pmatrix} \frac{1}{3} + \mathrm{j}\frac{2}{3} & \mathrm{j}\frac{2}{3} \\ \mathrm{j}\frac{2}{3} & \frac{1}{3} - \mathrm{j}\frac{2}{3} \end{pmatrix}, \quad SY = \begin{pmatrix} \frac{1}{3} - \mathrm{j}\frac{2}{3} & \mathrm{j}\frac{2}{3} \\ \mathrm{j}\frac{2}{3} & \frac{1}{3} + \mathrm{j}\frac{2}{3} \end{pmatrix}$$

解： 互连的无耗传输线的矩阵 $[S]$ 可写为

$$S = \begin{pmatrix} 0 & \mathrm{e}^{-\mathrm{j}\theta} \\ \mathrm{e}^{-\mathrm{j}\theta} & 0 \end{pmatrix} = \begin{pmatrix} 0 & \mathrm{e}^{-\mathrm{j}\beta\ell} \\ \mathrm{e}^{-\mathrm{j}\beta\ell} & 0 \end{pmatrix}$$

对于长度为 0.3λ 的传输线，$\theta = (2\pi/\lambda) \cdot (0.3\lambda) = 0.6\pi$；而对于 0.4λ 的传输线则有

$$\theta = \frac{2\pi}{\lambda} \cdot (0.4\lambda) = 0.8\pi$$

$$S_{0.3\lambda} = \begin{pmatrix} 0 & e^{-j(0.6\pi)} \\ e^{-j(0.6\pi)} & 0 \end{pmatrix}, \quad S_{0.4\lambda} = \begin{pmatrix} 0 & e^{-j(0.8\pi)} \\ e^{-j(0.8\pi)} & 0 \end{pmatrix}$$

本例中的总网络可以运用多种方法来分析,这里将使用四种不同的方法来求解。

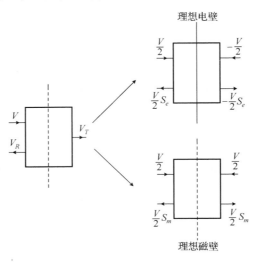

图 5.15　二端口对称网络的叠加原理应用

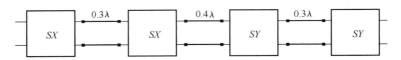

图 5.16　四个级联的二端口网络

方法 1　使用[$ABCD$]矩阵方法进行分析,其过程总结如下:

1. 将[S]矩阵转换为相应的[$ABCD$]矩阵;

2. 将各个[$ABCD$]矩阵相乘,得到总的[$ABCD$]矩阵;

3. 再将[$ABCD$]矩阵转换为[S]矩阵。

步骤 1　将[S]矩阵转换为相应的[$ABCD$]矩阵。

利用表 5.2 中对应的转换公式求解如下:

$$\begin{pmatrix} A & B \\ C & D \end{pmatrix} = \begin{pmatrix} \dfrac{(1+S_{11})(1-S_{22})+S_{12}S_{21}}{2S_{21}} & \dfrac{(1+S_{11})(1+S_{22})-S_{12}S_{21}}{2S_{21}} \\ \dfrac{(1-S_{11})(1-S_{22})-S_{12}S_{21}}{2S_{21}} & \dfrac{(1-S_{11})(1+S_{22})+S_{12}S_{21}}{2S_{21}} \end{pmatrix}$$

因此

$$\begin{pmatrix} A & B \\ C & D \end{pmatrix}_X = \begin{pmatrix} 1 & -j2 \\ -j & -1 \end{pmatrix} \times \begin{pmatrix} A & B \\ C & D \end{pmatrix}_Y = \begin{pmatrix} -1 & -j2 \\ -j & 1 \end{pmatrix}$$

且

$$\begin{pmatrix} A & B \\ C & D \end{pmatrix}_{0.3\lambda} = \begin{pmatrix} -0.309 & j0.951 \\ j0.951 & -0.309 \end{pmatrix}$$

$$\begin{pmatrix} A & B \\ C & D \end{pmatrix}_{0.4\lambda} = \begin{pmatrix} -0.809 & j0.588 \\ j0.588 & -0.809 \end{pmatrix}$$

在进行下一步之前，需要检查 $[ABCD]$ 矩阵的互易性（$AD - BC = 1$），这样可以确保计算过程的准确性。

步骤 2　将各个 $[ABCD]$ 矩阵相乘得到总的 $[ABCD]$ 矩阵。

$$\begin{pmatrix} A & B \\ C & D \end{pmatrix}_{总矩阵} = \begin{pmatrix} A & B \\ C & D \end{pmatrix}_{X} \times \begin{pmatrix} A & B \\ C & D \end{pmatrix}_{0.3\lambda} \times \begin{pmatrix} A & B \\ C & D \end{pmatrix}_{X} \times \begin{pmatrix} A & B \\ C & D \end{pmatrix}_{0.4\lambda}$$

$$\times \begin{pmatrix} A & B \\ C & D \end{pmatrix}_{Y} \times \begin{pmatrix} A & B \\ C & D \end{pmatrix}_{0.3\lambda} \times \begin{pmatrix} A & B \\ C & D \end{pmatrix}_{Y}$$

$$= \begin{pmatrix} 10.248 & j16.911 \\ -j6.151 & 10.248 \end{pmatrix}$$

类似地，在进行下一步之前需要再次检查其互易性。

步骤 3　运用表 5.2 的公式将 $[ABCD]$ 矩阵转换为 $[S]$ 矩阵。

$$\begin{pmatrix} S_{11} & S_{12} \\ S_{21} & S_{22} \end{pmatrix} = \begin{pmatrix} \dfrac{A + B - C - D}{A + B + C + D} & \dfrac{2(AD - BC)}{A + B + C + D} \\ \dfrac{2}{A + B + C + D} & \dfrac{-A + B - C + D}{A + B + C + D} \end{pmatrix}$$

再次注意到，仅当输入与输出传输线的特征阻抗相同时，才能保证上式的正确性。因此

$$S_{总矩阵} = \begin{pmatrix} 0.996e^{j1.087} & 0.086e^{-j0.483} \\ 0.086e^{-j0.483} & 0.996e^{j1.087} \end{pmatrix}$$

最终得到的 $[S]$ 矩阵具有如下性质：

1. $S_{12} = S_{21}$，即矩阵满足 $[S] = [S]^{\mathrm{T}}$，这说明电路是互易的。由于构成电路的各个子网络是互易的，从而可以预知整个电路网络的互易性。

2. $[S]_t [S]^* = [U]$（幺正条件）。由于每个网络都是无耗的，因此必然满足幺正条件。

方法 2　将 $[S]$ 矩阵转换为相应的 $[T]$ 矩阵。如果利用模型直接导出子网络的传输矩阵，则这种方法将会更有意义[7]。计算过程总结如下：

1. 将 $[S]$ 矩阵转换为相应的 $[T]$ 矩阵。
2. 将各个 $[T]$ 矩阵相乘，得到总的 $[T]$ 矩阵。
3. 再将 $[T]$ 矩阵转换为 $[S]$ 矩阵。

步骤 1　将 $[S]$ 矩阵转换为相应的 $[T]$ 矩阵。

通常，首先对输入端和输出端的特征阻抗进行归一化，其转换过程如下：

$$\begin{pmatrix} T_{11} & T_{12} \\ T_{21} & T_{22} \end{pmatrix} = \begin{pmatrix} \dfrac{1}{S_{21}} & \dfrac{-S_{22}}{S_{21}} \\ \dfrac{S_{11}}{S_{21}} & \dfrac{S_{12}S_{21} - S_{11}S_{22}}{S_{21}} \end{pmatrix}$$

因此

$$\begin{pmatrix} T_{11} & T_{12} \\ T_{21} & T_{22} \end{pmatrix}_X = \begin{pmatrix} -\mathrm{j}1.5 & 1+\mathrm{j}0.5 \\ 1-\mathrm{j}0.5 & \mathrm{j}1.5 \end{pmatrix}$$

$$\begin{pmatrix} T_{11} & T_{12} \\ T_{21} & T_{22} \end{pmatrix}_Y = \begin{pmatrix} -\mathrm{j}1.5 & -1+\mathrm{j}0.5 \\ -1-\mathrm{j}0.5 & \mathrm{j}1.5 \end{pmatrix}$$

$$\begin{pmatrix} T_{11} & T_{12} \\ T_{21} & T_{22} \end{pmatrix}_{0.3\lambda} = \begin{pmatrix} \mathrm{e}^{\mathrm{j}0.6\pi} & 0 \\ 0 & \mathrm{e}^{-\mathrm{j}0.6\pi} \end{pmatrix}$$

$$\begin{pmatrix} T_{11} & T_{12} \\ T_{21} & T_{22} \end{pmatrix}_{0.4\lambda} = \begin{pmatrix} \mathrm{e}^{\mathrm{j}0.8\pi} & 0 \\ 0 & \mathrm{e}^{-\mathrm{j}0.8\pi} \end{pmatrix}$$

在进行下一步之前,仍然有必要检查所得[T]矩阵是否为互易的([T]矩阵的行列式等于1),以便确保其结果的准确性。

步骤2　将各个[T]矩阵相乘,得到总的[T]矩阵。

$$T_{总矩阵} = (T)_X \times (T)_{0.3\lambda} \times (T)_X \times (T)_{0.4\lambda} \times (T)_Y \times (T)_{0.3\lambda} \times (T)_Y$$

$$= \begin{pmatrix} 11.577\mathrm{e}^{\mathrm{j}0.483499} & -\mathrm{j}11.534 \\ \mathrm{j}11.534 & 11.577\mathrm{e}^{-\mathrm{j}0.483499} \end{pmatrix}$$

注意矩阵的行列式结果为1。

步骤3　将[T]矩阵转换为[S]矩阵,转换过程如下:

$$\begin{pmatrix} S_{11} & S_{12} \\ S_{21} & S_{22} \end{pmatrix} = \begin{pmatrix} \dfrac{T_{21}}{T_{11}} & \dfrac{T_{11}T_{22} - T_{12}T_{21}}{T_{11}} \\ \dfrac{1}{T_{11}} & \dfrac{-T_{12}}{T_{11}} \end{pmatrix}$$

$$S_{总矩阵} = \begin{pmatrix} 0.996\mathrm{e}^{\mathrm{j}1.087} & 0.086\mathrm{e}^{-\mathrm{j}0.483} \\ 0.086\mathrm{e}^{-\mathrm{j}0.483} & 0.996\mathrm{e}^{\mathrm{j}1.087} \end{pmatrix}$$

从结果可以清楚地看出,以上两种分析方法得到的结果是完全相同的。

方法3　直接采用5.3节给出的散射矩阵级联公式进行计算。重复式(5.109)至式(5.112)如下:

$$S_{11}^{级联} = S_{11}^A + \frac{S_{12}^A S_{11}^B S_{21}^A}{1 - S_{22}^A S_{11}^B}$$

$$S_{12}^{级联} = \frac{S_{12}^A S_{12}^B}{1 - S_{22}^A S_{11}^B}$$

$$S_{21}^{级联} = \frac{S_{21}^A S_{21}^B}{1 - S_{22}^A S_{11}^B}$$

$$S_{22}^{级联} = S_{22}^B + \frac{S_{21}^B S_{22}^A S_{12}^B}{1 - S_{22}^A S_{11}^B}$$

下面运用这个概念,依次对图5.16中的级联网络进行分析。首先,如图5.17所示,将网络SY视为输出网络B,并将代表0.3λ的传输线网络视为输入网络A,根据以上公式,可以得到

$$S^{\mathrm{cas1}} = \begin{pmatrix} 0.1222 + \mathrm{j}0.7353 & 0.6340 - \mathrm{j}0.2060 \\ 0.6340 - \mathrm{j}0.2060 & 0.3333 + \mathrm{j}0.6667 \end{pmatrix}$$

然后,将矩阵S^{cas1}视为输出网络B,而将网络SY视为输入网络A,于是有

$$S^{\text{cas2}} = \begin{pmatrix} 0.3460 - \text{j}0.8893 & 0.0277 + \text{j}0.2979 \\ 0.0277 + \text{j}0.2979 & 0.5038 + \text{j}0.8104 \end{pmatrix}$$

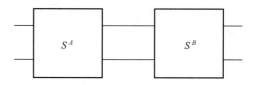

再将矩阵 S^{cas2} 视为输出网络 B，而将代表 0.4λ 传输线的散射矩阵视为输入网络 A，得到

$$S^{\text{cas3}} = \begin{pmatrix} 0.9527 + \text{j}0.0543 & 0.1527 - \text{j}0.2572 \\ 0.1527 - \text{j}0.2572 & 0.5038 + \text{j}0.8104 \end{pmatrix}$$

图 5.17　二端口网络 A 和 B 的级联

接下来将矩阵 S^{cas3} 视为输出网络 B，而将散射矩阵 SX 视为输入网络 A，得到

$$S^{\text{cas4}} = \begin{pmatrix} -0.0281 + \text{j}0.9744 & 0.2175 - \text{j}0.0501 \\ 0.2175 - \text{j}0.0501 & 0.4517 + \text{j}0.8638 \end{pmatrix}$$

同理，可得矩阵 S^{cas5}：

$$S^{\text{cas5}} = \begin{pmatrix} -0.5500 - \text{j}0.8048 & -0.1149 - \text{j}0.1914 \\ -0.1149 - \text{j}0.1914 & 0.4517 + \text{j}0.8638 \end{pmatrix}$$

最后，将 S^{cas5} 表示为输出网络 B，将散射矩阵 SX 视为输入网络 A，得到整个 $[S]$ 矩阵如下：

$$S_{\text{总矩阵}} = \begin{pmatrix} 0.4631 + \text{j}0.8821 & 0.0765 - \text{j}0.0402 \\ 0.0765 - \text{j}0.0402 & 0.4631 + \text{j}0.8821 \end{pmatrix}$$

$$= \begin{pmatrix} 0.996\text{e}^{\text{j}1.087} & 0.086\text{e}^{-\text{j}0.483} \\ 0.086\text{e}^{-\text{j}0.483} & 0.996\text{e}^{\text{j}1.087} \end{pmatrix}$$

这个计算结果与方法 1 和方法 2 的结果是完全一样的。运用方法 3 编程很容易解决大规模二端口网络的级联问题。

方法 4　本方法中，将运用网络的对称性来分析级联网络。观察散射矩阵 SX 与 SY，显然网络是对称的。也就是说，它是以 0.4λ 的传输线网络中心的垂直轴线呈镜像对称的（大多数切比雪夫滤波器都是对称网络结构）。因此，问题可以简化为网络中心分别端接电壁与磁壁的一半网络的分析。值得注意的是，对称性的运用可以显著地减少计算时间。首先计算初始网络半边部分的散射矩阵，如图 5.18 和图 5.19 所示，它由网络 SX、0.3λ 的传输线网络、网络 SX 及 0.2λ 的传输线网络级联构成。网络 S^{common} 的 $[S]$ 矩阵的简化，运用上述三种方法中的任意一种计算可得

$$S^{\text{common}} = \begin{pmatrix} 0.5038 + \text{j}0.8104 & 0.2918 + \text{j}0.0657 \\ 0.2918 + \text{j}0.0657 & -0.8026 + \text{j}0.5160 \end{pmatrix}$$

然后，计算图 5.18 和图 5.19 所示的两个简化网络系统的反射系数。

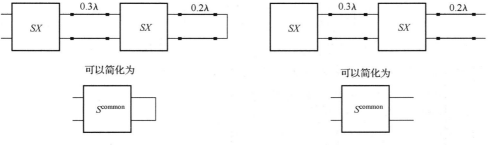

图 5.18　端接电壁的一半网络　　　　　　　　图 5.19　端接磁壁的一半网络

端接电壁的情形：网络 S^{common} 输出端的反射系数为 Γ_L 时，根据式(5.95)，发射系数 Γ_{in} 可写为

$$\Gamma_{\text{in}} = S_{11}^{\text{common}} + \frac{S_{12}^{\text{common}} S_{21}^{\text{common}} \Gamma_L}{1 - S_{22}^{\text{common}} \Gamma_L}$$

如果电路短路，则有 $\Gamma_L = -1$，因此 $S_e = \Gamma_{\text{in}} = 0.3867 + \text{j}0.9222$。

端接磁壁的情形：如果电路开路，则有 $\Gamma_L = 1$，因此 $S_m = \Gamma_{\text{in}} = 0.5396 + \text{j}0.8419$。

因此，得到总的 $[S]$ 矩阵如下：

$$S_{11} = S_{22} = \frac{1}{2}(S_m + S_e) = 0.4631 + \text{j}0.8821$$

$$S_{12} = S_{21} = \frac{1}{2}(S_m - S_e) = 0.0765 + \text{j}0.0402$$

$$S_{\text{总矩阵}} = \begin{pmatrix} 0.4631 + \text{j}0.8821 & 0.0765 - \text{j}0.0402 \\ 0.0765 - \text{j}0.0402 & 0.4631 + \text{j}0.8821 \end{pmatrix}$$

$$= \begin{pmatrix} 0.996\text{e}^{\text{j}1.087} & 0.086\text{e}^{-\text{j}0.483} \\ 0.086\text{e}^{-\text{j}0.483} & 0.996\text{e}^{\text{j}1.087} \end{pmatrix}$$

5.3　多端口网络

考虑图 5.20 所示的多端口微波网络。其中 N 个端口的入射电压波分别为 $V_1^+, V_2^+, V_3^+, \cdots, V_N^+$，且反射电压波为 $V_1^-, V_2^-, V_3^-, \cdots, V_N^-$。其散射矩阵计算如下：

$$\begin{bmatrix} V_1^- \\ V_2^- \\ \cdot \\ \cdot \\ \cdot \\ V_N^- \end{bmatrix} = \begin{bmatrix} S_{11} & S_{12} & \cdot & \cdot & \cdot & S_{1N} \\ S_{21} & S_{22} & \cdot & \cdot & \cdot & S_{2N} \\ \cdot & \cdot & \cdot & & & \cdot \\ \cdot & \cdot & & \cdot & & \cdot \\ \cdot & \cdot & & & \cdot & \cdot \\ S_{N1} & \cdot & \cdot & & & S_{NN} \end{bmatrix} \begin{bmatrix} V_1^+ \\ V_2^+ \\ \cdot \\ \cdot \\ \cdot \\ V_N^+ \end{bmatrix} \tag{5.119}$$

将互易性与无耗幺正条件推广到 N 端口网络。由于互易性，$S_{ij} = S_{ji}$。且根据无耗幺正条件，有 $[S]^t[S]^* = [U]$，可以写为

$$\begin{bmatrix} S_{11} & S_{21} & \cdot & \cdot & S_{N1} \\ S_{12} & S_{22} & \cdot & \cdot & S_{N2} \\ \cdot & \cdot & \cdot & & \cdot \\ \cdot & \cdot & & \cdot & \cdot \\ \cdot & \cdot & & & \cdot \\ S_{1N} & \cdot & \cdot & \cdot & S_{NN} \end{bmatrix} \begin{bmatrix} S_{11}^* & S_{12}^* & \cdot & \cdot & S_{1N}^* \\ S_{21}^* & S_{22}^* & \cdot & \cdot & S_{2N}^* \\ \cdot & \cdot & \cdot & & \cdot \\ \cdot & \cdot & & \cdot & \cdot \\ \cdot & \cdot & & & \cdot \\ S_{N1}^* & \cdot & \cdot & \cdot & S_{NN}^* \end{bmatrix} = \begin{bmatrix} 1 & 0 & \cdot & \cdot & 0 \\ 0 & 1 & \cdot & \cdot & 0 \\ \cdot & & \cdot & & \cdot \\ \cdot & & & \cdot & \cdot \\ \cdot & & & & \cdot \\ 0 & \cdot & \cdot & \cdot & 1 \end{bmatrix} \tag{5.120}$$

如果终端参考面向外移动一段距离 $l_1, l_2, \cdots, l_N$，则相应的散射矩阵 $[S^{\text{T}}]$ 给定为

$$\begin{bmatrix} \text{e}^{-\text{j}\beta_1 l_1} & 0 & \cdot & \cdot & 0 \\ 0 & \text{e}^{-\text{j}\beta_2 l_2} & \cdot & \cdot & 0 \\ \cdot & & \cdot & & \cdot \\ \cdot & & & \cdot & \cdot \\ \cdot & & & & \cdot \\ 0 & 0 & \cdot & \cdot & \text{e}^{-\text{j}\beta_N l_N} \end{bmatrix} [S] \begin{bmatrix} \text{e}^{-\text{j}\beta_1 l_1} & 0 & \cdot & \cdot & 0 \\ 0 & \text{e}^{-\text{j}\beta_2 l_2} & \cdot & \cdot & 0 \\ \cdot & & \cdot & & \cdot \\ \cdot & & & \cdot & \cdot \\ \cdot & & & & \cdot \\ 0 & 0 & \cdot & \cdot & \text{e}^{-\text{j}\beta_N l_N} \end{bmatrix} \tag{5.121}$$

一般来说，对于一个 N 端口的网络，当其中 M 个端口都接匹配负载时，网络的端口数量可以减少为 $N-M$ 个，相应的散射矩阵大小为 $(N-M) \times (N-M)$。

类似地，二端口网络应用的对称性概念同样也可以推广到多端口网络。例如，考虑图 5.21(a)所示的四端口网络。利用对称性，可以将此网络简化为两个二端口网络来分析。这两个二端口网络分别端接电壁和磁壁，如图 5.21(b)和图 5.21(c)所示。

$$\begin{bmatrix} V_1^- \\ V_2^- \\ V_3^- \\ V_4^- \end{bmatrix} = \begin{bmatrix} [S_{11}^h] & [S_{12}^h] \\ [S_{21}^h] & [S_{22}^h] \end{bmatrix} \begin{bmatrix} V_1^+ \\ V_2^+ \\ V_3^+ \\ V_4^+ \end{bmatrix} \tag{5.122}$$

$$[S_{11}^h] = [S_{22}^h] = \frac{1}{2}[[S_m] + [S_e]] \tag{5.123}$$

$$[S_{12}^h] = [S_{21}^h] = \frac{1}{2}[[S_m] - [S_e]] \tag{5.124}$$

其中 $[S_m]$ 和 $[S_e]$ 分别表示简化成端接磁壁与电壁的二端口网络的散射矩阵，其大小为 2×2。

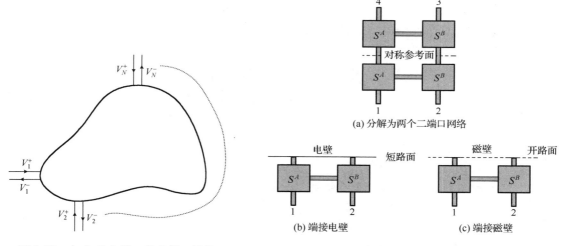

(a) 分解为两个二端口网络

(b) 端接电壁　　　(c) 端接磁壁

图 5.20　包含 N 个端口的多端口网络　　　图 5.21　四端口网络

5.4　多端口网络的分析

下面以一个广义多端口网络为例（见图 5.22）。该网络由若干多端口网络互连构成。总的电路含有 P 个外部端口和 C 个内部端口，且一些内部端口端接负载。按照文献[2]所述方法可以分析得到最终的散射矩阵，并根据得到的散射矩阵来分析各外部端口之间的关系。主要分析步骤如下。

　　步骤 1　确定外部端口 P 和内部端口 C 的数目。内部端口包含网络中端接负载的端口，以及网络之间互相连接的端口，外部端口则定

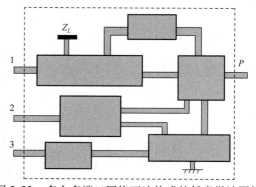

图 5.22　多个多端口网络互连构成的任意微波网络

义了网络合并后整个散射矩阵的端口数。

步骤 2　将网络的散射矩阵重新用 $(P+C) \times (P+C)$ 矩阵表示。其中,入射电压波与反射电压波分为两组,一组代表外部端口 $P(V_P^+,V_P^-)$,另一组代表内部端口 $C(V_C^+,V_C^-)$。整个网络的总矩阵可视为由四个子矩阵组成:$P \times P$ 矩阵 S_{PP},$P \times C$ 矩阵 S_{PC},$C \times P$ 矩阵 S_{CP} 和 $C \times C$ 矩阵 S_{CC}。

步骤 3　求解内部端口的连接矩阵 Γ。

为了计算出整个网络的散射矩阵 $[S^P]$,需要找出 V_P^+ 与 V_P^- 的关系。将端口划分为外部端口 P 和内部端口 C,则整个网络的总散射矩阵可以写为

$$\begin{bmatrix} V_P^- \\ V_C^- \end{bmatrix} = \begin{bmatrix} S_{PP} & S_{PC} \\ S_{CP} & S_{CC} \end{bmatrix} \begin{bmatrix} V_P^+ \\ V_C^+ \end{bmatrix} \tag{5.125}$$

其中,反射电压波 V_C^- 与入射电压波 V_C^+ 及其连接矩阵 Γ 的关系可表示为

$$V_C^- = \Gamma V_C^+ \tag{5.126}$$

用式(5.126)代替式(5.125)中的 V_P^-,可得

$$\Gamma V_C^+ = S_{CP}V_P^+ + S_{CC}V_C^+ \tag{5.127}$$

$$[\Gamma - S_{CC}]V_C^+ = S_{CP}V_P^+ \tag{5.128}$$

$$V_C^+ = [\Gamma - S_{CC}]^{-1}S_{CP}V_P^+ \tag{5.129}$$

$$V_P^- = [S_{PP} + S_{PC}[\Gamma - S_{CC}]^{-1}S_{CP}]V_P^+ \tag{5.130}$$

对应的矩阵 $[S^P]$ 与内部端口 P 的关系可以写为

$$[S^P] = [S_{PP} + S_{PC}[\Gamma - S_{CC}]^{-1}S_{CP}] \tag{5.131}$$

下面用两个例子来详细说明这种方法。

例 5.2　求解图 5.23 所示网络的散射矩阵。

假设这个四端口网络的散射矩阵给定为

$$\begin{bmatrix} V_1^- \\ V_2^- \\ V_3^- \\ V_4^- \end{bmatrix} = \begin{bmatrix} S_{11} & S_{12} & S_{13} & S_{14} \\ S_{21} & S_{22} & S_{23} & S_{24} \\ S_{31} & S_{32} & S_{33} & S_{34} \\ S_{41} & S_{42} & S_{43} & S_{44} \end{bmatrix} \begin{bmatrix} V_1^+ \\ V_2^+ \\ V_3^+ \\ V_4^+ \end{bmatrix}$$

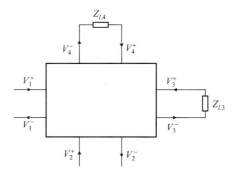

本例中,端口 1 和端口 2 为外部端口,用 P 表示,而端口 3 和端口 4 为内部端口,用 C 表示,则此四端口网络的散射矩阵可以写为

图 5.23　四端口网络的示意图

$$\begin{bmatrix} V_P^- \\ V_C^- \end{bmatrix} = \begin{bmatrix} S_{PP} & S_{PC} \\ S_{CP} & S_{CC} \end{bmatrix} \begin{bmatrix} V_P^+ \\ V_C^+ \end{bmatrix}$$

其中

$$S_{PP} = \begin{bmatrix} S_{11} & S_{12} \\ S_{21} & S_{22} \end{bmatrix}, \quad S_{PC} = \begin{bmatrix} S_{13} & S_{14} \\ S_{23} & S_{24} \end{bmatrix}$$

$$S_{CP} = \begin{bmatrix} S_{31} & S_{32} \\ S_{41} & S_{42} \end{bmatrix}, \quad S_{CC} = \begin{bmatrix} S_{33} & S_{34} \\ S_{43} & S_{44} \end{bmatrix}$$

$$V_P^- = S_{PP}V_P^+ + S_{PC}V_C^+ \tag{5.132}$$

$$V_C^- = S_{CP}V_P^+ + S_{CC}V_C^+ \tag{5.133}$$

从图 5.23 中还可以得到

$$V_3^+ = \Gamma_3 V_3^-, \quad \Gamma_3 = \frac{Z_{L3} - Z_{03}}{Z_{L3} + Z_{03}} \tag{5.134}$$

$$V_4^+ = \Gamma_4 V_4^-, \quad \Gamma_4 = \frac{Z_{L4} - Z_{04}}{Z_{L4} + Z_{04}} \tag{5.135}$$

$$[V_C^-] = \begin{bmatrix} \dfrac{1}{\Gamma_3} & 0 \\ 0 & \dfrac{1}{\Gamma_4} \end{bmatrix} [V_C^+] \tag{5.136}$$

$$V_C^- = \Gamma V_C^+ \tag{5.137}$$

将式(5.137)代入式(5.133)，可得

$$\Gamma V_C^+ = S_{CP}V_P^+ + S_{CC}V_C^+ \Rightarrow V_C^+ = [\Gamma - S_{CC}]^{-1} S_{CP} V_P^+ \tag{5.138}$$

再将式(5.138)代入式(5.132)，最终外部端口 1 和端口 2 之间的散射矩阵给定为

$$V_P^- = S_{PP}V_P^+ + S_{PC}[\Gamma - S_{CC}]^{-1}S_{CP}V_P^+ \tag{5.139}$$

$$\begin{bmatrix} V_1^- \\ V_2^- \end{bmatrix} = [S_{PP} + S_{PC}[\Gamma - S_{CC}]^{-1}S_{CP}] \begin{bmatrix} V_1^+ \\ V_2^+ \end{bmatrix} \tag{5.140}$$

例 5.3　计算图 5.24 所示三信道多工器的 S 参数。

该多工器由一个公共接头(多枝节)和三个信道滤波器组成。定义公共接头的 S 矩阵为 $[S^M]$，而三个信道滤波器的 S 矩阵分别为 $[S^A]$、$[S^B]$ 和 $[S^C]$。首要问题是计算多枝节输入端的反射系数，三个信道滤波器输出端的反射系数，以及多枝节输入端与各信道滤波器之间的传输系数。因此，需要推导出端口 1、端口 8 至端口 10 之间的散射矩阵，这些端口是外部端口，用 P 表示。第二个问题是计算用 C 表示的内部端口 2 至端口 7。假设矩阵 $[S^M]$，$[S^A]$，$[S^B]$ 和 $[S^C]$ 给定为

$$\begin{pmatrix} V_1^- \\ V_2^- \\ V_3^- \\ V_4^- \end{pmatrix} = \begin{pmatrix} S_{11}^M & S_{12}^M & S_{13}^M & S_{14}^M \\ S_{21}^M & S_{22}^M & S_{23}^M & S_{24}^M \\ S_{31}^M & S_{32}^M & S_{33}^M & S_{34}^M \\ S_{41}^M & S_{42}^M & S_{43}^M & S_{44}^M \end{pmatrix} \begin{pmatrix} V_1^+ \\ V_2^+ \\ V_3^+ \\ V_4^+ \end{pmatrix} \tag{5.141}$$

$$\begin{pmatrix} V_5^- \\ V_8^- \end{pmatrix} = \begin{pmatrix} S_{11}^A & S_{12}^A \\ S_{21}^A & S_{22}^A \end{pmatrix} \begin{pmatrix} V_5^+ \\ V_8^+ \end{pmatrix}, \quad \begin{pmatrix} V_6^- \\ V_9^- \end{pmatrix} = \begin{pmatrix} S_{11}^B & S_{12}^B \\ S_{21}^B & S_{22}^B \end{pmatrix} \begin{pmatrix} V_6^+ \\ V_9^+ \end{pmatrix} \tag{5.142}$$

$$\begin{pmatrix} V_7^- \\ V_{10}^- \end{pmatrix} = \begin{pmatrix} S_{11}^C & S_{12}^C \\ S_{21}^C & S_{22}^C \end{pmatrix} \begin{pmatrix} V_7^+ \\ V_{10}^+ \end{pmatrix} \tag{5.143}$$

整合式(5.141)至式(5.143)如下：

$$\begin{bmatrix} V_P^- \\ V_C^- \end{bmatrix} = \begin{bmatrix} S_{PP} & S_{PC} \\ S_{CP} & S_{CC} \end{bmatrix} \begin{bmatrix} V_P^+ \\ V_C^+ \end{bmatrix} \tag{5.144}$$

其中

$$V_P^- = \begin{pmatrix} V_1^- \\ V_8^- \\ V_9^- \\ V_{10}^- \end{pmatrix}, \quad V_P^+ = \begin{pmatrix} V_1^+ \\ V_8^+ \\ V_9^+ \\ V_{10}^+ \end{pmatrix}, \quad V_C^- = \begin{pmatrix} V_2^- \\ V_3^- \\ V_4^- \\ V_5^- \\ V_6^- \\ V_7^- \end{pmatrix}, \quad V_C^+ = \begin{pmatrix} V_2^+ \\ V_3^+ \\ V_4^+ \\ V_5^+ \\ V_6^+ \\ V_7^+ \end{pmatrix} \tag{5.145}$$

因此矩阵 S_{PP}，S_{PC}，S_{CP}和 S_{CC}可写为

$$S_{PP} = \begin{pmatrix} S_{11}^M & 0 & 0 & 0 \\ 0 & S_{22}^A & 0 & 0 \\ 0 & 0 & S_{22}^B & 0 \\ 0 & 0 & 0 & S_{22}^C \end{pmatrix} \tag{5.146}$$

图 5.24　三信道多工器

$$S_{PC} = \begin{pmatrix} S_{12}^M & S_{13}^M & S_{14}^M & 0 & 0 & 0 \\ 0 & 0 & 0 & S_{21}^A & 0 & 0 \\ 0 & 0 & 0 & 0 & S_{21}^B & 0 \\ 0 & 0 & 0 & 0 & 0 & S_{21}^C \end{pmatrix} \tag{5.147}$$

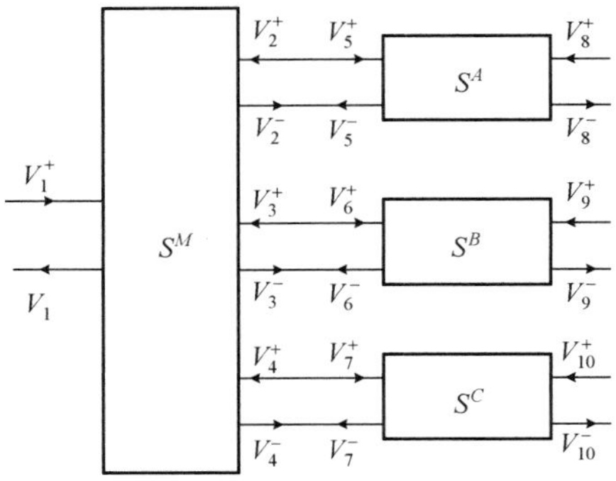

$$S_{CP} = \begin{pmatrix} S_{21}^M & 0 & 0 & 0 \\ S_{31}^M & 0 & 0 & 0 \\ S_{41}^M & 0 & 0 & 0 \\ 0 & S_{12}^A & 0 & 0 \\ 0 & 0 & S_{12}^B & 0 \\ 0 & 0 & 0 & S_{12}^C \end{pmatrix} \tag{5.148}$$

$$S_{CC} = \begin{pmatrix} S_{22}^M & S_{23}^M & S_{24}^M & 0 & 0 & 0 \\ S_{32}^M & S_{33}^M & S_{34}^M & 0 & 0 & 0 \\ S_{42}^M & S_{43}^M & S_{44}^M & 0 & 0 & 0 \\ 0 & 0 & 0 & S_{11}^A & 0 & 0 \\ 0 & 0 & 0 & 0 & S_{11}^B & 0 \\ 0 & 0 & 0 & 0 & 0 & S_{11}^C \end{pmatrix} \tag{5.149}$$

内部端口之间的关系为

$$V_2^- = V_5^+, \quad V_2^+ = V_5^- \tag{5.150}$$

$$V_3^- = V_6^+, \quad V_3^+ = V_6^- \tag{5.151}$$

$$V_4^- = V_7^+, \quad V_4^+ = V_7^- \tag{5.152}$$

内部端口电压波 V_C^+ 和 V_C^- 与连接矩阵 Γ 之间的关系通过 $V_C^- = \Gamma V_C^+$ 来表示，其中 Γ 给定为

$$\Gamma = \begin{pmatrix} 0 & 0 & 0 & 1 & 0 & 0 \\ 0 & 0 & 0 & 0 & 1 & 0 \\ 0 & 0 & 0 & 0 & 0 & 1 \\ 1 & 0 & 0 & 0 & 0 & 0 \\ 0 & 1 & 0 & 0 & 0 & 0 \\ 0 & 0 & 1 & 0 & 0 & 0 \end{pmatrix} \tag{5.153}$$

最后，这个三信道多工器的散射矩阵可以表示为

$$S^P = S_{PP} + S_{PC}[\Gamma - S_{CC}]^{-1} S_{CP} \tag{5.154}$$

注意，本例中连接矩阵 Γ 的元素由 0 和 1 组成。如果使用一段传输线连接信道滤波器与多枝节部分，则这段传输线可以通过平移参考面的方式合并到各个信道滤波器的散射矩阵 $[S^A]$，$[S^B]$ 和 $[S^C]$ 中。此外，考虑到传输线段的影响，还可以对连接矩阵 Γ 的元素重新赋值。在这种情况下，连接矩阵 Γ 中为 1 的元素可以用指数形式表示为 $\mathrm{e}^{\pm j\theta}$。

这里需要指出的是，虽然在例 5.5 中仅分析了三信道的多工器，但是利用编程很容易推导出 N 信道多工器的散射矩阵。

5.5　小结

本章首先回顾了多端口微波网络分析的基本概念。这些基本概念对于滤波器设计人员是相当重要的，因为任意滤波器或者多工器都是由若干小的二端口、三端口或 N 端口网络连接在一起组成的。接着本章给出了微波网络的五种矩阵表示方式，分别是 $[Z]$ 矩阵、$[Y]$ 矩阵、$[ABCD]$ 矩阵、$[S]$ 矩阵和 $[T]$ 矩阵。这五种矩阵之间可以相互转换，其中任意一种矩阵元素都可以利用另外四种矩阵元素来表示。表 5.2 总结了这五种矩阵之间的关系。

$[Z]$ 矩阵、$[Y]$ 矩阵和 $[ABCD]$ 矩阵非常适用于集总参数滤波器的电路模型分析。其中 $[Z]$ 矩阵和 $[Y]$ 矩阵主要有助于了解电路本身的物理含义。例如，通过测量波导之间连接膜片的 S 参数，很难直接确定该耦合的特性。然而，如果将 S 参数转换为 Z 参数或 Y 参数，就很容易区分耦合是感性的（磁耦合）还是容性的（电耦合）。S 参数、Z 参数或 Y 参数之间进行转换前，如果滤波器或多工器的端口阻抗不匹配，则首先必须对各端口阻抗进行归一化。另外，还介绍了大型对称电路中，利用对称性简化电路分析的方法。这些概念在使用商用软件（通常计算量庞大）进行滤波器设计时是非常有帮助的。在接下来的例子中，使用了四种不同的方法来计算级联网络的 S 参数，从而说明了计算的灵活性。这四种方法分别利用了等效的 $[ABCD]$ 矩阵、$[T]$ 矩阵、$[S]$ 矩阵及网络的对称性。

本章接下来计算了一个较为复杂的微波网络的 S 参数，该网络由若干多端口子网络连接而成。这种计算方法具有一定的普适性，可以用于分析任意滤波器电路和多工器电路。最后，针对一个三信道多工器 S 参数的计算，读者很容易将其概念推广到任意阶数信道多工器的散射矩阵运算中。

5.6　原著参考文献

1. Collin, R. E. (1966) *Foundations for Microwave Engineering*, McGraw-Hill, New York.

2. Gupta, K. C. (1981) *Computer-Aided Design of Microwave Circuits*, Artech House, Dedham, MA.

3. Pozar, D. (1998) *Microwave Engineering*, 2nd edn, Wiley, New York.

4. Carlin, H. J. (1956) The scattering matrix in network theory. *IRE Transactions on Circuit Theory*, **3**, 88-96.

5. Youla, D. C. (1961) On scattering matrices normalized to complex port numbers. *Proceedings of IRE*, **49**, 1221.

6. Kurokawa, K. (March 1965) Power waves and the scattering matrix. *IEEE Transactions on Microwave Theory and Techniques*, **13**, 194-202.

7. Mansour, R. R. and MacPhie, R. H. (1986) An improved transmission matrix formulation of cascaded discontinuities and its application to E-plane circuits. *IEEE Transactions on Microwave Theory and Techniques*, **34**, 1490-1498.

第6章 广义切比雪夫滤波器函数的综合

本章首先讨论了表示原型滤波函数的传输和反射特性多项式的散射参数之间的一些重要关系，特别是二端口网络的幺正条件。接下来，运用递归技术推导出广义切比雪夫滤波特性的基本传输多项式和反射多项式。本章最后还讨论了预失真和双通带滤波函数的特定应用。

6.1 二端口网络传输参数 $S_{21}(s)$ 和反射参数 $S_{11}(s)$ 的多项式形式

对于大多数滤波电路，首先会想到二端口网络，它有一个"源端口"和一个"负载端口"（见图 6.1）。

二端口网络的散射矩阵可以用一个 2×2 矩阵表示为

$$\begin{bmatrix} b_1 \\ b_2 \end{bmatrix} = \begin{bmatrix} S_{11} & S_{12} \\ S_{21} & S_{22} \end{bmatrix} \cdot \begin{bmatrix} a_1 \\ a_2 \end{bmatrix} \tag{6.1}$$

其中，b_1 和 b_2 分别是端口 1 和端口 2 的反射波的功率，a_1 和 a_2 分别是端口 1 和端口 2 的入射波的功率。

如果此无源网络无耗，且互易，则这个 2×2 的 S 参数矩阵可以导出如下两个能量守恒公式：

$$S_{11}(s)S_{11}(s)^* + S_{21}(s)S_{21}(s)^* = 1 \tag{6.2}$$

$$S_{22}(s)S_{22}(s)^* + S_{12}(s)S_{12}(s)^* = 1 \tag{6.3}$$

以及唯一的正交公式[①]

$$S_{11}(s)S_{12}(s)^* + S_{21}(s)S_{22}(s)^* = 0 \tag{6.4}$$

---

① 对于一个 N 阶的多项式 $Q(s)$，其纯虚部变量 $s = j\omega$，复系数为 q_i，$i = 0,1,2,\cdots,N$，$Q(s)^*$ 与 $Q^*(s^*)$ 或 $Q^*(-s)$ 的形式是相同的。为了便于读者了解，推导如下：

若

$$Q(s) = q_0 + q_1 s + q_2 s^2 + \cdots + q_N s^N$$

则

$$Q(s)^* = Q^*(-s) = q_0^* - q_1^* s + q_2^* s^2 - \cdots + q_N^* s^N, \qquad N \text{ 为偶数}$$

$$Q(s)^* = Q^*(-s) = q_0^* - q_1^* s + q_2^* s^2 - \cdots - q_N^* s^N, \qquad N \text{ 为奇数}$$

这样取共轭的效果（仿共轭）是为了反映出 $Q(s)$ 的复奇点关于虚轴对称分布，与 $Q(s) \to Q(s)^*$（共轭）时关于实轴对称相反。如果 $Q(s)$ 的 N 个复奇点为 s_{0k}，$k = 1,2,\cdots,N$，则 $Q(s)^*$ 或 $Q^*(-s)$ 的奇点为 $-s_{0k}^*$。修正变量为 $s_{0k} \to -s_{0k}^*$，由 $Q(s)$ 的奇点生成 $Q(s)^*$ 或 $Q^*(-s)$ 多项式时必须乘以 $(-1)^N$，以保证其新首系数的符号正确：

$$Q(s)^* = Q^*(-s) = (-1)^N \prod_{k=1}^{N}(s + s_{0k}^*) = \prod_{k=1}^{N}(s - s_{0k})^*$$

采用以上形式，能量守恒公式(6.2)，即 Feldtkeller 方式可写为

$$E(s)E(s)^* = \frac{F(s)F(s)^*}{\varepsilon_R^2} + \frac{P(s)P(s)^*}{\varepsilon^2}$$

Feldtkeller 方程具有以下特征：全规范型（其中有限传输零点数 $n_{fz} = N$）、对称性且反射零点不位于轴上（如预失真原型，详见 6.4 节）。

其中 S 参数假定为频率变量 $s(=\mathrm{j}\omega)$ 的函数。

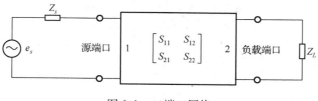

图 6.1　二端口网络

网络端口 1 处的反射参数 $S_{11}(s)$ 可以用两个有限阶的多项式 $E(s)$ 和 $F(s)$，与一个实常数 ε_R 之间的比值来表示：

$$S_{11}(s) = \frac{F(s)/\varepsilon_R}{E(s)} \tag{6.5}$$

其中 $E(s)$ 为 N 阶多项式，其复系数为 $e_0, e_1, e_2, \cdots, e_n$，$N$ 为对应滤波器网络的阶数。同样，$F(s)$ 也是 N 阶多项式，其复系数为 $f_0, f_1, f_2, \cdots, f_N$，$\varepsilon_R$ 用于将 $E(s)$ 与 $F(s)$ 的最高阶项的系数归一化（比如 e_N 和 f_N 都等于 1）。由于此无源网络是无耗的，因此 $E(s)$ 应为严格的赫尔维茨多项式；也就是说，$E(s)$ 的所有根［即 $S_{11}(s)$ 的极点］位于复平面的左侧，而无须关于实轴对称。对于低通和带通滤波器，$S_{11}(s)$ 的分子多项式 $F(s)$ 也是 N 阶的；而对于带阻滤波器，$F(s)$ 的阶数可以小于 N。$F(s)$ 的根［即 $S_{11}(s)$ 的零点］为零反射功率点（$b_i=0$），或者说最佳传输点。

重新整理式（6.2）并替换掉 $S_{11}(s)$，可得

$$S_{21}(s)S_{21}(s)^* = 1 - \frac{F(s)F(s)^*/\varepsilon_R^2}{E(s)E(s)^*} = \frac{P(s)P(s)^*/\varepsilon^2}{E(s)E(s)^*}$$

因此，传输参数 $S_{21}(s)$ 可由两个多项式的比值来表示：

$$S_{21}(s) = \frac{P(s)/\varepsilon}{E(s)} \tag{6.6}$$

其中 $P(s)P(s)^*/\varepsilon^2 = E(s)E(s)^* - F(s)F(s)^*/\varepsilon_R^2$。

由式（6.5）和式（6.6）可以看出，$S_{11}(s)$ 和 $S_{21}(s)$ 拥有共同的分母多项式 $E(s)$。$S_{21}(s)$ 的分子为多项式 $P(s)/\varepsilon$，此多项式的零点为滤波器函数的传输零点（也可称为发射零点，或简写为 TZ）。多项式 $P(s)$ 的阶数 n_{fz} 与有限传输零点数相对应。由此表明 $n_{fz} \le N$，否则当 $s \rightarrow \mathrm{j}\infty$ 时，$S_{21}(s)$ 将超过 1，这对于一个无源网络来说是不可能的。

传输零点可以通过两种形式来实现。第一种形式为 $P(s)$ 的阶数 n_{fz} 小于分母多项式 $E(s)$ 的阶数 N，且 $s \rightarrow \mathrm{j}\infty$。当 $s = \mathrm{j}\infty$ 时，$S_{21}(s) = 0$，这就是通常所说的无限传输零点。当有限位置的零点不存在（$n_{fz} = 0$）时，滤波器函数称为全极点响应。当 $0 < n_{fz} < N$ 时，在无限远处传输零点的个数是 $N - n_{fz}$。

第二种形式为频率变量 s 正好与分子多项式 $P(s)$ 的虚轴上的根相同，也就是 $s = s_{0i}$，其中 s_{0i} 是 $P(s)$ 的一个纯虚根。而零点不一定只存在于虚轴上，假如存在复根 s_{0i}，则必然还存在第二个根 $-s_{0i}^*$，组成一对关于虚轴对称的复合零点。以上这些零点的分布位置如图 6.2 所示。这样，随着 s 的幂增大，多项式 $P(s)$ 的系数会在纯实数和纯虚数之间交替出现。如果滤波器使用纯电抗元件实现，则一定满足这个条件（见第 7 章）。

正交归一化条件给出了多项式 $S_{11}(s)$，$S_{22}(s)$ 和 $S_{21}(s)$ 相角之间的重要关系，以及 s 复平面上 $S_{11}(s)$ 和 $S_{22}(s)$ 的零点之间的重要关系。假如将互易条件 $S_{12}(s) = S_{21}(s)$ 代入归一化条件公式（6.2）至公式（6.4）中，可得

$$S_{11}(s)S_{11}(s)^* + S_{21}(s)S_{21}(s)^* = 1 \tag{6.7a}$$

$$S_{22}(s)S_{22}(s)^* + S_{21}(s)S_{21}(s)^* = 1 \tag{6.7b}$$

$$S_{11}(s)S_{21}(s)^* + S_{21}(s)S_{22}(s)^* = 0 \tag{6.7c}$$

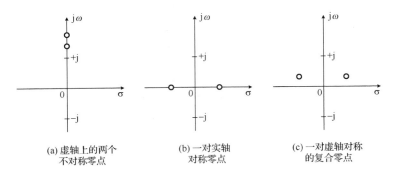

(a) 虚轴上的两个　　　　　(b) 一对实轴　　　　　(c) 一对虚轴对称
不对称零点　　　　　　　对称零点　　　　　　的复合零点

图 6.2　$S_{21}(s)$ 分子多项式 $P(s)$ 的有限位置的根的分布

若在极坐标下表述这些向量(为描述方便，暂时省略变量 s)[1]，则有 $S_{11} = |S_{11}| \cdot e^{j\theta_{11}}$，$S_{22} = |S_{22}| \cdot e^{j\theta_{22}}$ 和 $S_{21} = |S_{21}| \cdot e^{j\theta_{21}}$。从式(6.7a)和式(6.7b)中可以看出 $|S_{11}| = |S_{22}|$，因此由式(6.7a)可得

$$|S_{21}|^2 = 1 - |S_{11}|^2$$

将式(6.7c)修改为极坐标形式，可得

$$|S_{11}|e^{j\theta_{11}} \cdot |S_{21}|e^{-j\theta_{21}} + |S_{21}|e^{j\theta_{21}} \cdot |S_{11}|e^{-j\theta_{22}} = 0$$
$$|S_{11}||S_{21}|(e^{j(\theta_{11}-\theta_{21})} + e^{j(\theta_{21}-\theta_{22})}) = 0 \tag{6.8}$$

该公式只能满足以下条件：

$$e^{j(\theta_{11}-\theta_{21})} = -e^{j(\theta_{21}-\theta_{22})} \tag{6.9}$$

用 $e^{j(2k\pm1)\pi}$ 代替式(6.9)中的负号，其中 k 为一个整数，则有

$$e^{j(\theta_{11}-\theta_{21})} = e^{j((2k\pm1)\pi+\theta_{21}-\theta_{22})}$$

或

$$\theta_{21} - \frac{\theta_{11}+\theta_{22}}{2} = \frac{\pi}{2}(2k\pm1) \tag{6.10}$$

由于向量 $S_{11}(s)$，$S_{22}(s)$ 和 $S_{21}(s)$ 都是以 s 为变量的有理多项式，且拥有公共分母多项式 $E(s)$，则它们的相位分别表示为

$$\theta_{21}(s) = \theta_{n21}(s) - \theta_d(s)$$
$$\theta_{11}(s) = \theta_{n11}(s) - \theta_d(s) \tag{6.11}$$
$$\theta_{22}(s) = \theta_{n22}(s) - \theta_d(s)$$

其中 $\theta_d(s)$ 为公共分母多项式 $E(s)$ 的相角，$\theta_{n21}(s)$，$\theta_{n11}(s)$ 和 $\theta_{n22}(s)$ 分别为分子多项式 $S_{21}(s)$，$S_{11}(s)$ 和 $S_{22}(s)$ 的相角。

将以上独立的相位公式代入式(6.10)，可以消去 $\theta_d(s)$，由此得到如下的重要关系式：

$$-\theta_{n21}(s) + \frac{\theta_{n11}(s)+\theta_{n22}(s)}{2} = \frac{\pi}{2}(2k\pm1) \tag{6.12}$$

此式表明，当频率变量 s 为任意值时，$S_{11}(s)$ 和 $S_{22}(s)$ 分子向量的相角的平均值与 $S_{21}(s)$ 分子向量的相角之间的差必须是 $\pi/2$ rad 的奇数倍，也就是正交的。由于式(6.12)的等号右侧项与频率无关，从而可以得到 $\theta_{n21}(s)$，$\theta_{n11}(s)$ 和 $\theta_{n22}(s)$ 的两个非常重要的性质：

- s 复平面上的 $S_{21}(s)$ 分子多项式 $P(s)/\varepsilon$ 的零点不是位于虚轴上, 就是关于虚轴呈镜像对称分布。在这种情况下, 当 s 在虚轴的 $-\mathrm{j}\infty$ 到 $+\mathrm{j}\infty$ 范围内的任一位置上时, $\theta_{n21}(s)$[$P(s)$ 的相角]的值均为 $\pi/2$ rad 的整数倍。

- 同理, 当 s 为 $-\mathrm{j}\infty$ 到 $+\mathrm{j}\infty$ 范围内的任意值时, $S_{11}(s)$ 和 $S_{22}(s)$ 的分子多项式的相角的平均值, 即 $(\theta_{n11}(s)+\theta_{n22}(s))/2$ 也是 $\pi/2$ rad 的整数倍。这意味着分子多项式 $S_{11}(s)$ 的零点[即 $F(s)$ 的根[①]]和 $S_{22}(s)$ 的零点[即 $F_{22}(s)$ 的根]一定位于虚轴上, 或关于虚轴呈镜像对称分布。

图 6.3 描述了这些相角的定义。

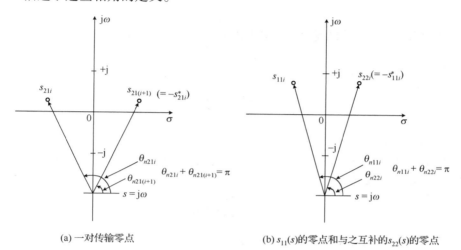

(a) 一对传输零点   (b) $s_{11}(s)$ 的零点和与之互补的 $s_{22}(s)$ 的零点

图 6.3 频率变量 s 位于虚轴上的任意位置时, $S_{21}(s)$, $S_{11}(s)$ 和 $S_{22}(s)$ 分子多项式的相角

根据第二个性质, 可以分别使用多项式 $F(s)$ 和 $F_{22}(s)$ 来表示 $S_{11}(s)$ 和 $S_{22}(s)$ 的分子。如果它们的零点(根)正好在虚轴上, 或者关于虚轴呈对称分布, 则 $F_{22}(s)$ 的第 i 个零点 s_{22i} 与 $F(s)$ 的零点 s_{11i} 的对应关系表示如下:

$$s_{22i} = -s_{11i}^* \tag{6.13}$$

其中 $i = 1, 2, \cdots, N$。

使用 s_{22i} 的零点来构造多项式 $F_{22}(s)$, 可得

$$F_{22}(s) = \prod_{i=1}^{N} (s - s_{22i})$$

$$= \prod_{i=1}^{N} (s + s_{11i}^*) \tag{6.14a}$$

$$= (-1)^N \prod_{i=1}^{N} (s - s_{11i})^* \tag{6.14b}$$

由于多项式 $F(s) = \prod_{i=1}^{N} (s - s_{11i})$ 已知, 显然有

---

① 从形式上看, 如果 $S_{22}(s)$ 的分子多项式是 $F_{22}(s)$, 则 $S_{11}(s)$ 的分子多项式应该表示为 $F_{11}(s)$。然而, 在本书和其他地方, 一般习惯用法为 $F(s) \equiv F_{11}(s)$。

$$F_{22}(s) = (-1)^N F(s)^* \qquad (6.15)$$

这里的 $(-1)^N$ 项有效地保证了 $F_{22}(s)$ 是一个首一多项式，而无论它是偶数阶的还是奇数阶的。由于传输零点不是在虚轴上分布的，就是成对地关于虚轴对称分布的，如图 6.2 和图 6.3(a) 所示，因此 $P(s)^* = (-1)^{n_{fz}} P(s)$。

根据式(6.15)可以导出正交条件的第一条规则：

如果两个 N 阶首一多项式 $Q_1(s)$ 和 $Q_2(s)$ 的零点关于虚轴呈仿共轭对的形式分布，或者正好在它的虚轴上分布，那么可以根据关系式 $Q_2(s) = (-1)^N Q_1(s)^*$，用其中一个多项式构成另外一个多项式。

当 N 为奇数时，将式(6.15)乘以 -1，得出 $F_{22}(s)$ 的相角表达式为

$$\theta_{n22}(s) = -\theta_{n11}(s) + N\pi \qquad (6.16)$$

将式(6.16)代入式(6.12)，有

$$-\theta_{n21}(s) + \frac{N\pi}{2} = \frac{\pi}{2}(2k \pm 1) \qquad (6.17)$$

最后，再考虑 $S_{21}(s)$ 的分子多项式 $P(s)$ 的相角 $\theta_{n21}(s)$。传输函数 $P(s)$ 的阶数为 n_{fz}，其有限传输零点数为 n_{fz}。如图 6.3(a) 所示，由于这些传输零点关于虚轴对称，无论 s 和 n_{fz} 取何值，$\theta_{n21}(s)$ 都是 $\pi/2$ rad 的整数倍，如下式所示：

$$\theta_{n21}(s) = \frac{n_{fz}\pi}{2} + k_1\pi \qquad (6.18)$$

其中 k_1 为整数。现在将上式代入式(6.17)，可得

$$-\frac{n_{fz}\pi}{2} - k_1\pi + \frac{N\pi}{2} = \frac{\pi}{2}(2k \pm 1)$$
$$(N - n_{fz})\frac{\pi}{2} - k_1\pi = \frac{\pi}{2}(2k \pm 1) \qquad (6.19)$$

式(6.19)表明，为了与其等号右侧相匹配，整数 $(N - n_{fz})$ 必须为奇数。当 $N - n_{fz}$ 为偶数时，为了保持公式的正交特性，式(6.19)的等号左侧必须额外加 $\pi/2$ rad，这和式(6.18)的等号左侧 $\theta_{n21}(s)$ 加 $\pi/2$ rad 的做法是一样的。给 $\theta_{n21}(s)$ 加 $\pi/2$ rad 也等同于多项式 $P(s)$ 乘以 j。表 6.1 对此进行了总结。

表 6.1　满足正交条件时 $P(s)$ 与 j 相乘的规律

N	n_{fz}	$N - n_{fz}$	$P(s)$ 需要乘以 j
奇数	奇数	偶数	是
奇数	偶数	奇数	否
偶数	奇数	奇数	否
偶数	偶数	偶数	是

满足正交条件的第二条规则表示如下：

当 N 阶多项式 $E(s)$ 和 $F(s)$，以及 $n_{fz}(\leqslant N)$ 阶多项式 $P(s)$ 的最高阶项的系数归一化(即成为首一多项式)时，如果 $N - n_{fz}$ 为偶数，则 $P(s)$ 多项式必须乘以 j。由于 $P(s)$ 的零点位于虚轴上或关于虚轴呈仿共轭对形式分布，有 $P(s)^* = (-1)^{n_{fz}} P(s)$，因此当 $N - n_{fz}$ 为偶数或奇数时，可得 $P(s)^* = -(-1)^N P(s)$。

在实际应用中，多项式 $E(s)$，$F(s)$ 和 $P(s)$ 通常表示为各自奇点的乘积形式，例如 $F(s) = \prod_{i=1}^{N}(s - s_{11i})$，因此大多数情况下它们的最高阶项的系数自动等于 1。

已知 $P(s)^* = -(-1)^N P(s)$，$F_{22}(s) = (-1)^N F(s)^*$，且假定网络是互易的，即 $S_{21}(s) = S_{12}(s)$，那么能量守恒公式(6.2)和公式(6.3)中的 S 参数可用其有理多项式[见式(6.5)和式(6.6)]的形式表示为

$$F(s)F_{22}(s)/\varepsilon_R^2 - P(s)^2/\varepsilon^2 = (-1)^N E(s)E(s)^* \tag{6.20}$$

当 $N - n_{fz}$ 为奇数或偶数时，正交条件[见式(6.4)]可以写成

$$F(s)P(s)^* + P(s)F_{22}(s)^* = 0, \qquad N - n_{fz} \text{ 为奇数} \tag{6.21a}$$

$$F(s)[jP(s)]^* + [jP(s)]F_{22}(s)^* = 0 \quad \text{或} \quad F(s)P(s)^* - P(s)F_{22}(s)^* = 0, \quad N - n_{fz} \text{ 为偶数} \tag{6.21b}$$

幺正条件用[S]矩阵的形式表示为[22]

$$\begin{bmatrix} S_{11} & S_{12} \\ S_{21} & S_{22} \end{bmatrix} = \frac{1}{E(s)} \begin{bmatrix} F(s)/\varepsilon_R & jP(s)/\varepsilon \\ jP(s)/\varepsilon & (-1)^N F(s)^*/\varepsilon_R \end{bmatrix}, \qquad N - n_{fz} \text{ 为偶数} \tag{6.22a}$$

$$\begin{bmatrix} S_{11} & S_{12} \\ S_{21} & S_{22} \end{bmatrix} = \frac{1}{E(s)} \begin{bmatrix} F(s)/\varepsilon_R & P(s)/\varepsilon \\ P(s)/\varepsilon & (-1)^N F(s)^*/\varepsilon_R \end{bmatrix}, \qquad N - n_{fz} \text{ 为奇数} \tag{6.22b}$$

对于巴特沃思或切比雪夫原型，所有的反射零点都位于虚轴上。N 为奇数或偶数时都有 $F_{22}(s) = (-1)^N F(s)^* = F(s)$。

根据幺正条件，得到三个推论如下：

- 实常数 ε 和 ε_R 可以分别用于多项式 $P(s)$ 和 $F(s)$ 的归一化。
- S 参数可以用[$ABCD$]传输矩阵多项式和短路导纳参数来表示。
- 已知 $E(s)$、$F(s)$ 和 $P(s)$ 这三个多项式的其中两个，运用交替极点法就能准确地确定余下的一个。

6.1.1　ε 和 ε_R 的关系

在前面的章节中，传输函数 $S_{21}(s)$ 和反射函数 $S_{11}(s)$ 的有理多项式形式定义为

$$S_{21}(s) = \frac{P(s)/\varepsilon}{E(s)}, \qquad S_{11}(s) = \frac{F(s)/\varepsilon_R}{E(s)} \tag{6.23}$$

其中 $E(s)$ 和 $F(s)$ 分别为 N 阶多项式，$P(s)$ 为 n_{fz} 阶多项式，n_{fz} 为有限传输零点数，ε 和 ε_R 为用于归一化 $P(s)$ 和 $F(s)$ 的实常数。因此，无论频率变量 s 取何值，$|S_{21}(s)|$ 和 $|S_{11}(s)|$ 均小于或等于 1。假设这三个多项式已经进行了归一化，它们的最高阶项的系数均为 1。需要补充说明的是，当 $N - n_{fz}$ 为偶数时，多项式 $P(s)$ 需要乘以 j 来满足式(6.7c)规定的幺正条件，如前所述。

在特定的 s 下，实常数 ε 可以根据 $P(s)/E(s)$ 计算得到。例如，当 $s = \pm j$ 时，假设 $|S_{21}(s)|$ 或 $|S_{11}(s)|$ 已知，切比雪夫滤波器的等波纹回波损耗水平或巴特沃思滤波器 3 dB 点（半功率点）也是已知的，从而确定了 $|S_{21}(s)|$ 的最大值为 1。如果 $n_{fz} < N$，则无穷大频率 $s = \pm j\infty$ 时 $|S_{21}(s)| = 0$。当 $|S_{21}(s)| = 0$ 时，根据能量守恒条件[见式6.7(a)]有

$$S_{11}(j\infty) = \frac{1}{\varepsilon_R} \left| \frac{F(j\infty)}{E(j\infty)} \right| = 1 \tag{6.24}$$

由于 $E(s)$ 和 $F(s)$ 的最高阶项的系数（e_N 和 f_N）都分别进行了归一化，显然 $\varepsilon_R = 1$。当 $n_{fz} = N$ 时，也

就意味着所有 N 个传输零点都位于复平面的有限位置。由于 $P(s)$ 是一个 N 阶多项式(全规范型函数),则在 $s = \pm j\infty$ 处的衰减是有限的。ε_R 可以根据能量守恒条件公式(6.7a)推导如下:

$$S_{11}(j\infty)S_{11}(j\infty)^* + S_{21}(j\infty)S_{21}(j\infty)^* = 1$$

所以

$$\frac{F(j\infty)F(j\infty)^*}{\varepsilon_R^2 E(j\infty)E(j\infty)^*} + \frac{P(j\infty)P(j\infty)^*}{\varepsilon^2 E(j\infty)E(j\infty)^*} = 1 \qquad (6.25)$$

对于全规范型函数,$E(s)$,$F(s)$ 和 $P(s)$ 都是最高阶项的系数为 1 的 N 阶多项式。因此,在 $s = \pm j\infty$ 处,可得

$$\frac{1}{\varepsilon_R^2} + \frac{1}{\varepsilon^2} = 1 \quad 或 \quad \varepsilon_R = \frac{\varepsilon}{\sqrt{\varepsilon^2 - 1}} \qquad (6.26)$$

由于 $\varepsilon > 1$,所以上式中结果也会略大于 1。

显然,对于全规范型函数而言,在 $s = \pm j\infty$ 处的插入损耗为

$$S_{21}(\pm j\infty) = \frac{1}{\varepsilon} = 20\lg\varepsilon \quad \text{dB} \qquad (6.27a)$$

回波损耗为

$$S_{11}(\pm j\infty) = \frac{1}{\varepsilon_R} = 20\lg\varepsilon_R \quad \text{dB} \qquad (6.27b)$$

虽然全规范型函数在带通滤波器综合中很少使用,但有时它们用于带阻滤波器,这将在第7章中讨论。

6.1.2 [ABCD]传输矩阵多项式与 S 参数的关系

根据表5.2中的参数变换公式,可以看出 $[ABCD]$ 传输矩阵的首个元件 $A(s)$ 可用等效 S 参数表示如下:

$$A(s) = \frac{(1 + S_{11}(s))(1 - S_{22}(s)) + S_{12}(s)S_{21}(s)}{2S_{21}(s)} \qquad (6.28)$$

反过来,S 参数也可以用多项式 $E(s)$,$F(s)$ 和 $P(s)$ 表示为[见式(6.5)和式(6.6)]:

$$A(s) = \frac{(1 + F_{11}/E)(1 - F_{22}/E) + (P/E)^2}{2P/E} \qquad (6.29)$$

其中 F_{11},F_{22},P 和 E 分别是 $F(s)/\varepsilon_R$,$F_{22}(s)/\varepsilon_R$,$P(s)/\varepsilon$ 和 $E(s)$ 的简化符号;E^*,F^* 和 P^* 分别是仿共轭公式 $E(s)^*$,$F(s)^*/\varepsilon_R$ 和 $P(s)^*/\varepsilon$ 的简化符号。当 $N - n_{f_z}$ 为偶数时,需要用 $jP(s)$ 替代 $P(s)$。

幺正条件公式(6.7a)和公式(6.7c)也可以用多项式 $E(s)$,$F(s)$ 和 $P(s)$ 表示为

$$F_{11}F_{11}^* + PP^* = EE^* \qquad (6.30a)$$

$$F_{11}P^* + PF_{22}^* = 0 \qquad (6.30b)$$

使用式(6.30b)替代式(6.29)中的 F_{22},有

$$A(s) = \frac{1}{2P}\left[(E + F_{11}) + \frac{P}{P^*}F_{11}^* + \frac{P}{P^*E}(F_{11}F_{11}^* + PP^*)\right] \qquad (6.31)$$

或者,使用式(6.30a)替代式(6.29)中的 F_{22},则有

$$A(s) = \frac{1}{2P}\left[(E + F_{11}) + \frac{P}{P^*}(E + F_{11})^*\right] \qquad (6.32)$$

由于构成 S_{21} 的分子多项式 $P(s)$ 的 n_{fz} 个有限传输零点通常位于复平面的虚轴上，或成对地关于虚轴对称出现，如图 6.3(a)所示，因此关系式 $P(s)^* = (-1)^{n_{fz}}P(s)$ 成立。6.1 节也表明，当 $N - n_{fz}$ 为偶数时，需要用 $jP(s)$ 替代 $P(s)$。因此，当 $N - n_{fz}$ 为奇数或偶数时都有 $P/P^* = -(-1)^N$。

所以，式(6.32)的完整形式可以写成

$$A(s) = \frac{\frac{1}{2}[(E(s) + F(s)/\varepsilon_R) - (-1)^N(E(s) + F(s)/\varepsilon_R)^*]}{P(s)/\varepsilon} = \frac{A_n(s)}{P(s)/\varepsilon} \tag{6.33a}$$

类似地，余下的 $[ABCD]$ 矩阵参数可以用传输多项式和反射多项式系数表示如下：

$$B(s) = \frac{\frac{1}{2}[(E(s) + F(s)/\varepsilon_R) + (-1)^N(E(s) + F(s)/\varepsilon_R)^*]}{P(s)/\varepsilon} = \frac{B_n(s)}{P(s)/\varepsilon} \tag{6.33b}$$

$$C(s) = \frac{\frac{1}{2}[(E(s) - F(s)/\varepsilon_R) + (-1)^N(E(s) - F(s)/\varepsilon_R)^*]}{P(s)/\varepsilon} = \frac{C_n(s)}{P(s)/\varepsilon} \tag{6.33c}$$

$$D(s) = \frac{\frac{1}{2}[(E(s) - F(s)/\varepsilon_R) - (-1)^N(E(s) - F(s)/\varepsilon_R)^*]}{P(s)/\varepsilon} = \frac{D_n(s)}{P(s)/\varepsilon} \tag{6.33d}$$

通过使用关系式 $z + z^* = 2\mathrm{Re}(z)$ 和式 $z - z^* = 2j\mathrm{Im}(z)$（$z$ 为复数），可以找到代表 $[ABCD]$ 多项式的另一公式。例如，当 N 为偶数时，$A(s)$ 的分子多项式 $A_n(s)$ 可以表示为

$$A_n(s) = j\mathrm{Im}(e_0 + f_0) + \mathrm{Re}(e_1 + f_1)s + j\mathrm{Im}(e_2 + f_2)s^2 + \cdots + j\mathrm{Im}(e_N + f_N)s^N$$

当 N 为奇数时，

$$A_n(s) = \mathrm{Re}(e_0 + f_0) + j\mathrm{Im}(e_1 + f_1)s + \mathrm{Re}(e_2 + f_2)s^2 + \cdots + j\mathrm{Im}(e_N + f_N)s^N$$

其中 e_i 和 $f_i(i = 0, 1, 2, \cdots, N)$ 分别为 $E(s)$ 和 $F(s)/\varepsilon_R$ 的复系数。完整的表达式见方程组(7.20)。

由于 $[ABCD]$ 参数都有公共的分母多项式 $P(s)/\varepsilon$，用矩阵的形式表示为

$$[ABCD] = \frac{1}{P(s)/\varepsilon} \begin{bmatrix} A_n(s) & B_n(s) \\ C_n(s) & D_n(s) \end{bmatrix} \tag{6.33e}$$

其中 $A_n(s)$，$B_n(s)$，$C_n(s)$ 和 $D_n(s)$ 是方程组(6.33)的分子，且当 $N - n_{fz}$ 为偶数时需要用 $jP(s)$ 替代 $P(s)$[①]。

6.1.2.1　短路导纳参数

根据传输多项式和反射多项式得到 $[ABCD]$ 传输矩阵后，短路导纳参数矩阵 $[Y]$ 的各元件的有理多项式也可以用 $E(s)$，$F(s)$ 和 $P(s)$ 表示为

---

① 如果网络端接的源阻抗和负载阻抗为复阻抗 Z_S 和 Z_L，则式(6.33)可以修改如下（见附录 6A）：

$$A_n(s) = \frac{1}{2}[(Z_S^* E(s) + Z_S F(s)/\varepsilon_R) - (-1)^N(Z_S^* E(s) + Z_S F(s)/\varepsilon_R)^*]$$

$$B_n(s) = \frac{1}{2}[Z_L^*(Z_S^* E(s) + Z_S F(s)/\varepsilon_R) + (-1)^N Z_L(Z_S^* E(s) + Z_S F(s)/\varepsilon_R)^*]$$

$C_n(s)$ 用式(6.33c)表示

$$D_n(s) = \frac{1}{2}[Z_L^*(E(s) - F(s)/\varepsilon_R) - (-1)^N Z_L(E(s) - F(s)/\varepsilon_R)^*]$$

$P(s)$ 用 $\sqrt{\mathrm{Re}(Z_S)\mathrm{Re}(Z_L)} \cdot P(s)$ 表示

$$[Y] = \begin{bmatrix} y_{11}(s) & y_{12}(s) \\ y_{21}(s) & y_{22}(s) \end{bmatrix} = \frac{1}{y_d(s)} \begin{bmatrix} y_{11n}(s) & y_{12n}(s) \\ y_{21n}(s) & y_{22n}(s) \end{bmatrix} \tag{6.34}$$

其中 $y_{11n}(s)$，$y_{12n}(s)$，$y_{21n}(s)$ 和 $y_{22n}(s)$ 分别是有理多项式 $y_{11}(s)$，$y_{12}(s)$，$y_{21}(s)$ 和 $y_{22}(s)$ 的分子多项式，且 $y_d(s)$ 是它们的公共分母多项式。$[Y]$ 矩阵参数与 $[ABCD]$ 矩阵参数的关系通过转换公式(见表 5.2)表示为

$$[Y] = \frac{1}{y_d(s)} \begin{bmatrix} y_{11n}(s) & y_{12n}(s) \\ y_{21n}(s) & y_{22n}(s) \end{bmatrix} = \begin{bmatrix} D(s)/B(s) & -\Delta_{ABCD}/B(s) \\ -1/B(s) & A(s)/B(s) \end{bmatrix}$$

$$= \frac{1}{B_n(s)} \begin{bmatrix} D_n(s) & -\Delta_{ABCD}P(s)/\varepsilon \\ -P(s)/\varepsilon & A_n(s) \end{bmatrix} \tag{6.35}$$

其中 Δ_{ABCD} 为矩阵 $[ABCD]$ 矩阵的行列式。对于一个互易的无源网络，有 $\Delta_{ABCD} = 1$，所以

$$\begin{aligned} y_{11n}(s) &= D_n(s) \\ y_{22n}(s) &= A_n(s) \\ y_{12n}(s) &= y_{21n}(s) = -P(s)/\varepsilon \\ y_d(s) &= B_n(s) \end{aligned} \tag{6.36}$$

现在，将方程组(6.33)代入上式，替换掉 $A_n(s)$，$B_n(s)$ 和 $D_n(s)$，就能得到短路导纳参数与传输函数和反射函数中 $E(s)$，$F(s)/\varepsilon_R$ 和 $P(s)/\varepsilon$ 多项式之间的关系。这些关系式将应用第 7 章将要讲解的电路网络综合和第 8 章将要讲解的耦合矩阵，从而展示如何成功地实现表示滤波器响应的电路网络和耦合矩阵的综合。多项式 $B_n(s)$，即导纳矩阵分母多项式 $y_d(s)$ [见式(6.36)] 必须与滤波函数的阶数一致，都为 N 阶。上述过程保证了多项式 $B_n(s)$ 总是 N 阶的。

6.2　确定分母多项式 $E(s)$ 的交替极点方法

对于后面将要讨论的多项式综合方法，$S_{21}(s)$ 的分子多项式 $P(s)$ 由复平面的传输零点定义，而 $S_{11}(s)$ 的分子多项式 $F(s)$ 的系数通过解析或递归方法得到。最后，通过求解 $S_{11}(s)$ 和 $S_{21}(s)$ 的分母多项式 $E(s)$，完成对滤波器函数的设计。

如果已知这三个多项式的其中两个，则余下的那个可用能量守恒公式(6.7a)推导如下：

$$S_{11}(s)S_{11}(s)^* + S_{21}(s)S_{21}(s)^* = 1 \quad \text{或} \quad F(s)F(s)^*/\varepsilon_R^2 + P(s)P(s)^*/\varepsilon^2 = E(s)E(s)^* \tag{6.37}$$

式(6.37)的左侧使用多项式的乘积形式来构造多项式 $E(s)E(s)^*$，其值一定为标量(见图 6.4)。这就意味着 $E(s)E(s)^*$ 的 $2N$ 个根必须关于复平面上的虚轴对称分布，从而使任意频率 s 下得到的 $E(s)E(s)^*$ 都是标量。

已知 $E(s)$ 的根必须满足严格赫尔维茨条件，因此 $E(s)E(s)^*$ 左半平面的根一定属于 $E(s)$，而其右半平面的根一定属于 $E(s)^*$。这样通过选择左半平面的 N 个根，可以构造出多项式 $E(s)$。

虽然求解二倍阶多项式是最常用的方法，但是当滤波器函数阶数很高时，$E(s)E(s)^*$ 的根将聚集在 $s = \pm \mathrm{j}$ 附近，导致求解的根不太准确。下面介绍由 Rhodes 和 Alseyab[3] 提出的交替极点方法，无须求解 $2N$ 阶多项式而直接得到 $E(s)$ 的根。

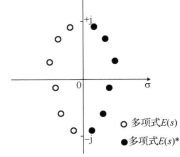

图 6.4　$E(s)E(s)^*$ 的根在复平面的分布(关于虚轴对称分布)

当 $N - n_{fz}$ 为奇数时，展开式(6.37)可得

$$\varepsilon^2\varepsilon_R^2 E(s)E(s)^* = [\varepsilon_R P(s) + \varepsilon F(s)][\varepsilon_R P(s)^* + \varepsilon F(s)^*] - \varepsilon\varepsilon_R[F(s)P(s)^* + P(s)F(s)^*] \quad (6.38a)$$

根据正交幺正条件公式(6.21a)，当 $N - n_{fz}$ 为奇数时，$F(s)P(s)^* + P(s)F(s)^*_{22} = 0$。因此，当 $F(s) = F_{22}(s)$ 时，$F(s)P(s)^* + P(s)F(s)^* = 0$。只有当 $F(s)$ 的所有零点都位于虚轴上并且与 $F_{22}(s)$ 的零点完全重合时，才会发生这种情况。

类似地，当 $N - n_{fz}$ 为偶数时，展开式(6.37)可得

$$\varepsilon^2\varepsilon_R^2 E(s)E(s)^* = [\varepsilon_R(jP(s)) + \varepsilon F(s)][\varepsilon_R(jP(s))^* + \varepsilon F(s)^*] + j\varepsilon\varepsilon_R[F(s)P(s)^* - P(s)F(s)^*] \quad (6.38b)$$

令上式中的 $F(s)P(s)^* - P(s)F(s)^*$ 为零，则当 $N - n_{fz}$ 为偶数时，再次运用正交幺正条件公式(6.21b)，可得

$$F(s)P(s)^* - P(s)F_{22}(s)^* = 0$$

可以再次发现，式(6.31)只在 $F(s) = F_{22}(s)$ 条件下成立，而且 $F(s)$ 的所有零点都必须位于虚轴上，并与 $F_{22}(s)$ 的零点重合。如果 $F(s)$ 和 $F_{22}(s)$ 的零点完全满足此条件，则当 $N - n_{fz}$ 为奇数时，式(6.38a)可以简化为

$$\varepsilon^2\varepsilon_R^2 E(s)E(s)^* = [\varepsilon_R P(s) + \varepsilon F(s)][\varepsilon_R P(s) + \varepsilon F(s)]^* \quad (6.39a)$$

当 $N - n_{fz}$ 为偶数时，式(6.38b)可以简化为

$$\varepsilon^2\varepsilon_R^2 E(s)E(s)^* = [\varepsilon_R(jP(s)) + \varepsilon F(s)][\varepsilon_R(jP(s)) + \varepsilon F(s)]^* \quad (6.39b)$$

在 ω 平面上，多项式 $P(\omega)$ 和 $F(\omega)$ 都有纯实系数。由于必须满足正交条件[见式(6.12)]，当 $N - n_{fz}$ 为奇数或偶数时，为了求解出 ω 平面上的奇点，将式(6.39b)修正如下：

$$\varepsilon^2\varepsilon_R^2 E(\omega)E(\omega)^* = [\varepsilon_R P(\omega) - j\varepsilon F(\omega)][\varepsilon_R P(\omega) + j\varepsilon F(\omega)] \quad (6.40)$$

求解式(6.39a)式(6.39b)右侧两乘积项其中一项的根，可以得到在左半平面和右半平面交替分布的奇点，如图 6.5 所示。

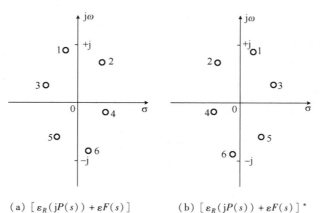

$$(a)\ [\varepsilon_R(jP(s)) + \varepsilon F(s)] \qquad\qquad (b)\ [\varepsilon_R(jP(s)) + \varepsilon F(s)]^*$$

图 6.5　当 $N - n_{fz}$ 为偶数时的六阶多项式的奇点 [见式(6.39b)]

求解另一项的根，则可以得到一组关于虚轴对称分布的互补奇点，从而确保求解式(6.39a)和式(6.39b)的右侧第一个乘积项的根所得的奇点与求解第二个乘积项的根所得的奇点一样，都为标量。

因此，有必要根据已知的 N 阶复系数多项式 $P(s)$ 和 $F(s)$ 构造出式(6.39a)和式(6.39b)右侧两乘积项其中一项，然后求解该项的根来获得奇点。已知多项式 $E(s)$ 必须满足严格的赫尔维茨条件，任意右半平面的奇点可以关于虚轴镜像反射到左半平面上。现在左半平面的 N 个奇点位置已知，就可以构造出多项式 $E(s)$。以上构造 $E(s)$ 的过程中，只需要求解 N 阶多项式；而且，交替奇点在 $s = \pm j$ 附近聚集较少，因此可以保证更高的求解精度。

在实际应用中，对于绝大多数的滤波器函数，比如巴特沃思或切比雪夫滤波器函数，反射零点均位于虚轴上，可以运用交替奇点方法来求解 $E(s)$。而对于某些特殊形式，比如预失真滤波器，它的部分或全部反射零点均分布在复平面内，而不是位于虚轴上，这就必须运用能量守恒方法来构造 $E(s)$ [见式(6.37)]。

6.3　广义切比雪夫滤波器函数多项式的综合方法

本节所介绍的原型滤波器网络综合方法，主要是针对广义切比雪夫滤波器的传输函数来设计的，其包含以下特点：

- 奇数阶或偶数阶
- 给定传输零点和/或群延迟均衡零点
- 不对称或对称特性
- 单终端或双终端网络

这一节将介绍一种有效的递归技术[4, 5]，通过任意给定的传输零点，生成切比雪夫传输多项式和反射多项式。下一章将继续讨论根据这些多项式生成的相应电路，以及 $N \times N$ 矩阵和 $N + 2$ 耦合矩阵的综合方法。

6.3.1　多项式的综合

为了简化数学表达形式，本章将在 ω 平面上展开讨论。其中 ω 是与我们更熟悉的复频率 $s(s = j\omega)$ 相关的实频变量。

二端口无耗滤波器网络由一系列 N 阶互耦合谐振器构成，其传输和反射函数可由两个 N 阶多项式的比值来表示：

$$S_{11}(\omega) = \frac{F(\omega)/\varepsilon_R}{E(\omega)}, \qquad S_{21}(\omega) = \frac{P(\omega)/\varepsilon}{E(\omega)} \tag{6.41}$$

$$\varepsilon = \frac{1}{\sqrt{10^{RL/10} - 1}} \left| \frac{P(\omega)}{F(\omega)/\varepsilon_R} \right|_{\omega \pm 1} \tag{6.42}$$

其中 RL 为 $\omega = \pm 1$ 处的回波损耗 dB 值。假设多项式 $P(\omega)$、$F(\omega)$ 和 $E(\omega)$ 已经进行了归一化，其最高阶项的系数都为 1。$S_{11}(\omega)$ 和 $S_{21}(\omega)$ 拥有公共分母多项式 $E(\omega)$，且多项式 $P(\omega) = \prod_{n=1}^{n_{fz}} (\omega - \omega_n)$ 为包含 n_{fz} 个有限传输零点的传输函数①。切比雪夫滤波器函数中的 ε 是用于归一化 $S_{21}(\omega)$ 的常数，其在 $\omega = \pm 1$ 之间呈等波纹变化。

因此，根据如上定义，切比雪夫函数的所有反射零点均位于 ω 平面的实轴上。由式(6.40)

---

① 当 $n_{fz} = 0$ 时，$P(\omega) = 1$。

给出无耗网络的交替极点公式如下：

$$S_{21}(\omega)S_{21}(\omega)^* = \frac{P(\omega)P(\omega)^*}{\varepsilon^2 E(\omega)E(\omega)^*} = \frac{1}{\left[1 - \mathrm{j}\dfrac{\varepsilon}{\varepsilon_R}kC_N(\omega)\right]\left[1 + \mathrm{j}\dfrac{\varepsilon}{\varepsilon_R}kC_N(\omega)^*\right]} \quad (6.43)$$

其中 $kC_N(\omega) = \dfrac{F(\omega)}{P(\omega)}$，$k$ 为常数[①]。

已知 $C_N(\omega)$ 为 N 阶滤波器函数，它的极点和零点分别为 $P(\omega)$ 和 $F(\omega)$ 的根，其广义切比雪夫特性形式为[4]

$$C_N(\omega) = \cosh\left[\sum_{n=1}^{N} \mathrm{arcosh}(x_n(\omega))\right] \quad (6.44a)$$

或应用恒等式 $\cosh\theta = \cos \mathrm{j}\theta$，$C_N(\omega)$ 的另一种表达式给定为

$$C_N(\omega) = \cos\left[\sum_{n=1}^{N} \arccos(x_n(\omega))\right] \quad (6.44b)$$

其中 $x_n(\omega)$ 是频率变量 ω 的函数。通过分析 $C_N(\omega)$ 可知，当 $|\omega| \geqslant 1$ 时，可以应用式(6.44a)；而当 $|\omega| \leqslant 1$ 时，可以应用式(6.44b)。

为了合理地表述一个切比雪夫函数，$x_n(\omega)$ 需要满足下面的条件：

- 当 $\omega = \omega_n$ 时，ω_n 位于有限传输零点位置，或无穷大频率处($\omega_n = \pm\infty$)时，$x_n(\omega) = \pm\infty$。
- 当 $\omega = \pm 1$ 时，$x_n(\omega) = \pm 1$。
- 当 $-1 \leqslant \omega \leqslant 1$ 时(带内)，$-1 \leqslant x_n(\omega) \leqslant 1$。

假如 $x_n(\omega)$ 的分母为 $\omega - \omega_n$，且其为有理函数，则满足第一个条件：

$$x_n(\omega) = \frac{f(\omega)}{\omega - \omega_n} \quad (6.45)$$

第二个条件规定，当 $\omega = \pm 1$ 时，

$$x_n(\omega)\big|_{\omega=\pm 1} = \frac{f(\omega)}{\omega - \omega_n}\bigg|_{\omega=\pm 1} = \pm 1 \quad (6.46)$$

如果当 $f(1) = 1 - \omega_n$ 且 $f(-1) = 1 + \omega_n$ 时，可得 $f(\omega) = 1 - \omega\omega_n$，则这个条件成立。因此

$$x_n(\omega) = \frac{1 - \omega\omega_n}{\omega - \omega_n} \quad (6.47)$$

求解 $x_n(\omega)$ 关于 ω 的微分，可以发现函数在 $-1 \leqslant \omega \leqslant 1$ 时不存在转向点或拐点。如果在 $\omega = -1$ 处 $x_n(\omega) = -1$，且在 $\omega = +1$ 处 $x_n(\omega) = +1$，则当 $|\omega| \leqslant 1$ 时，$|x_n(\omega)| \leqslant 1$，从而满足了第三个条件。图 6.6 给出了有限传输零点 $\omega_n = \pm 1.3$ 时 $x_n(\omega)$ 的特性。

将 $\omega_n = \pm\infty$ 之间所有的传输零点除以 ω_n，可以获得 $x_n(\omega)$ 的最终形式为

$$x_n(\omega) = \frac{\omega - 1/\omega_n}{1 - \omega/\omega_n} \quad (6.48)$$

在式(6.48)中，$\omega_n = s_n/\mathrm{j}$ 是复频率平面的第 n 个传输零点，利用式(6.44)和式(6.48)很容易验证 $C_N(\omega)\big|_{\omega=\pm 1} = 1$。当 $|\omega| < 1$ 时，$C_N(\omega) \leqslant 1$；而当 $|\omega| > 1$ 时，$C_N(\omega) > 1$。这些条件

---

① k 为无关紧要的归一化常数，这里使用它是考虑到实际应用中通常多项式 $C_N(\omega)$ 的最高阶项的系数并不为 1，而在本书中多项式 $P(\omega)$ 和 $F(\omega)$ 被假定为首一的。

都是切比雪夫响应的必要条件。类似地，当所有 N 个给定的传输零点趋于无穷远处时，$C_N(\omega)$ 退化为常见的一般切比雪夫函数：

$$C_N(\omega)|_{\omega_n \to \infty} = \cosh[N\,\text{arcosh}(\omega)] \tag{6.49}$$

显然，给定传输零点遵循的原则是：必须保证传输零点在复平面 s 上关于虚轴($j\omega$)对称，以满足归一化条件。类似地，对于将要讨论的多项式综合方法，s 平面上的有限传输零点数 n_{fz} 一定小于或等于 N。如果 $n_{fz} < N$，则非有限传输零点必定趋于无穷远处。尽管 $N+2$ 耦合矩阵(见第 8 章)可以实现全规范型滤波器函数(即有限传输零点数 n_{fz} 等于滤波器的阶数 N)，但是 $N \times N$ 矩阵最多只能实现 $N-2$ 个有限传输零点(最短路径原理①)。所以，$N \times N$ 耦合矩阵的多项式综合中，至少有两个传输零点趋于无穷远处。

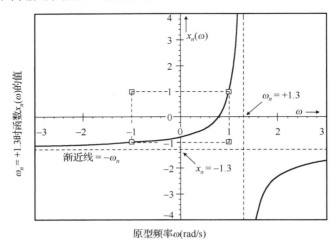

图 6.6 ω 平面上给定传输零点 $\omega_n = \pm 1.3$ 时的函数 $x_n(\omega)$

接下来通过求解式(6.44a)来确定 $C_N(\omega)$ 的分子多项式的系数，并将多项式最高阶项的系数归一化为 1，生成多项式 $F(\omega)$。已知可根据式(6.42)和给定的多项式 $P(\omega) = \prod_{n=1}^{n_{fz}} (\omega - \omega_n)$ 求解得到 ε 和 ε_R (对于非规范型网络有 $\varepsilon_R = 1$)，则 $S_{21}(\omega)$ 和 $S_{11}(\omega)$ 的公共分母多项式，即赫尔维茨多项式 $E(\omega)$，可以根据式(6.43)计算得到。然后进一步综合原型网络，构造出具有传输特性 $S_{21}(\omega)$ 和反射特性 $S_{11}(\omega)$ 的实际电路网络。

多项式的综合过程的第一步，采用恒等式替换式(6.44a)中的 arcosh 项：

$$C_N(\omega) = \cosh\left[\sum_{n=1}^{N} \ln(a_n + b_n)\right]$$

其中

$$a_n = x_n(\omega), \qquad b_n = (x_n^2(\omega) - 1)^{\frac{1}{2}} \tag{6.50}$$

因此

---

① 最短路径原理是用来计算 N 阶直接耦合的谐振网络可实现的有限传输零点数(即不位于 $\omega = \pm \infty$ 处)的简单公式。如果在网络输入端(源)和输出端(负载)之间的最短路径(沿着非零的谐振器间耦合)的谐振器数为 $n_{\min}$，则这个网络可实现的最大有限传输零点数为 $n_{fz} = N - n_{\min}$。

$$C_N(\omega) = \frac{1}{2}\left[\mathrm{e}^{\sum\ln(a_n+b_n)} + \mathrm{e}^{-\sum\ln(a_n+b_n)}\right] = \frac{1}{2}\left[\prod_{n=1}^{N}(a_n+b_n) + \frac{1}{\displaystyle\prod_{n=1}^{N}(a_n+b_n)}\right] \tag{6.51}$$

式(6.51)中第二项的分子和分母同时乘以因子 $\displaystyle\prod_{n=1}^{N}(a_n-b_n)$，可得 $\displaystyle\prod_{n=1}^{N}(a_n+b_n)\cdot\prod_{n=1}^{N}(a_n-b_n) = $
$\displaystyle\prod_{n=1}^{N}(a_n^2-b_n^2) = 1$，则

$$C_N(\omega) = \frac{1}{2}\left[\prod_{n=1}^{N}(a_n+b_n) + \prod_{n=1}^{N}(a_n-b_n)\right] \tag{6.52}$$

式(6.52)为 $C_N(\omega)$ 的最终表示形式。用式(6.48)来代替 a_n 和 b_n 中的 $x_n(\omega)$，则式(6.50)可表示为

$$
\begin{aligned}
a_n &= \frac{\omega - 1/\omega_n}{1 - \omega/\omega_n}\\
b_n &= \frac{\sqrt{(\omega - 1/\omega_n)^2 - (1 - \omega/\omega_n)^2}}{1 - \omega/\omega_n} = \frac{\sqrt{(\omega^2-1)(1-1/\omega_n^2)}}{1 - \omega/\omega_n} = \frac{\omega'\sqrt{(1-1/\omega_n^2)}}{1 - \omega/\omega_n}
\end{aligned} \tag{6.53}
$$

其中 $\omega' = \sqrt{(\omega^2-1)}$ 为频率转换变量。

因此，式(6.52)可表示为

$$
\begin{aligned}
C_N(\omega) &= \frac{1}{2}\left[\frac{\displaystyle\prod_{n=1}^{N}\left[(\omega-1/\omega_n)+\omega'\sqrt{(1-1/\omega_n^2)}\right] + \prod_{n=1}^{N}\left[(\omega-1/\omega_n)-\omega'\sqrt{(1-1/\omega_n^2)}\right]}{\displaystyle\prod_{n=1}^{N}(1-\omega/\omega_n)}\right]\\
&= \frac{1}{2}\left[\frac{\displaystyle\prod_{n=1}^{N}(c_n+d_n) + \prod_{n=1}^{N}(c_n-d_n)}{\displaystyle\prod_{n=1}^{N}(1-\omega/\omega_n)}\right]
\end{aligned} \tag{6.54}
$$

其中，

$$c_n = (\omega - 1/\omega_n), \qquad d_n = \omega'\sqrt{(1-1/\omega_n^2)}$$

现在，与式(6.43)相比，显然 $C_N(\omega)$ 的分母与由给定传输零点 ω_n 产生的 $S_{21}(\omega)$ 的分子多项式 $P(\omega)$ 有着相同的零点。由式(6.43)和式(6.54)还可以发现，$C_N(\omega)$ 的分子的零点与 $S_{11}(\omega)$ 的分子 $F(\omega)$ 的零点也是相同的。起初看上去是两个有限阶多项式的合并，其中一个多项式只存在变量 ω，而另一个多项式的每个系数都与转换变量 ω' 相乘。

然而，当式(6.54)展开后，就会发现与 ω' 相乘的系数相互抵消了。这一点可以通过设 N 为较小的值，展开式(6.54)第二个等号右侧分子式包含的两个乘积项来证明如下：

当 $N=1$ 时，$\mathrm{Num}\left[C_1(\omega)\right] = \dfrac{1}{2}\left[\displaystyle\prod_{n=1}^{1}(c_n+d_n) + \prod_{n=1}^{1}(c_n-d_n)\right] = c_1$

当 $N=2$ 时，$\mathrm{Num}\left[C_2(\omega)\right] = c_1c_2 + d_1d_2$

当 $N=3$ 时，$\mathrm{Num}\left[C_3(\omega)\right] = (c_1c_2 + d_1d_2)c_3 + (c_2d_1 + c_1d_2)d_3$

$\vdots$

对每一步而言，其结果都可以展开为包含 c_n 和 d_n 的各项因子之和的形式。在式(6.54)的连乘

项 $\prod\limits_{n=1}^{N}(c_n+d_n)$ 中，c_n 与 d_n 之前的符号都为正，因此该项展开后所得含有 c_n 和 d_n 的因子之前的符号始终为正；而展开式(6.54)的连乘项 $\prod\limits_{n=1}^{N}(c_n-d_n)$ 时，由于 d_n 之前的符号为负，使得展开后含有奇次元素 d_n 的因子之前的符号也为负。因此，这两个连乘项展开后，含有奇次元素 d_n 的具有相同因子且符号相反的项会相互抵消。

现在，剩下的因子中仅包含偶次元素 d_n。因此，所有元素 d_n 的公共乘数 $\omega'=\sqrt{(\omega^2-1)}$ [见式(6.54)]只存在偶次幂，形成的子多项式均以 ω 为变量。最终，$C_N(\omega)$ 的分子为只含有变量 ω 的多项式。

运用以上关系，经过简单的运算可以确定 $C_N(\omega)$ 分子多项式的系数，归一化后使得最高阶项的系数为 1，从而得到 $S_{11}(\omega)$ 的分子 $F(\omega)$。

6.3.2 递归技术

式(6.54)的分子可写为如下形式：

$$\mathrm{Num}[C_N(\omega)] = \frac{1}{2}[G_N(\omega)+G_N'(\omega)] \tag{6.55}$$

其中，

$$G_N(\omega) = \prod_{n=1}^{N}[c_n+d_n] = \prod_{n=1}^{N}\left[\left(\omega-\frac{1}{\omega_n}\right)+\omega'\sqrt{\left(1-\frac{1}{\omega_n^2}\right)}\right] \tag{6.56a}$$

$$G_N'(\omega) = \prod_{n=1}^{N}[c_n-d_n] = \prod_{n=1}^{N}\left[\left(\omega-\frac{1}{\omega_n}\right)-\omega'\sqrt{\left(1-\frac{1}{\omega_n^2}\right)}\right] \tag{6.56b}$$

求解 $C_N(\omega)$ 分子多项式系数的方法是一个递归的过程。其中，对第 n 阶的求解建立在第 $n-1$ 阶计算结果的基础上。首先来看多项式 $G_N(\omega)$ [见式(6.56a)]。它可以重新组合为两个多项式 $U_N(\omega)$ 与 $V_N(\omega)$ 的和，其中主多项式 $U_N(\omega)$ 只含有以 ω 为变量的系数，而副多项式 $V_N(\omega)$ 的每个系数都与频率转换变量 ω' 相乘。

$$G_N(\omega) = U_N(\omega)+V_N(\omega)$$

其中，

$$U_N(\omega) = u_0+u_1\omega+u_2\omega^2+\cdots+u_N\omega^N$$
$$V_N(\omega) = \omega'(v_0+v_1\omega+v_2\omega^2+\cdots+v_N\omega^N) \tag{6.57}$$

从给定的第一个传输零点 ω_1 对应的项开始递归循环，即令式(6.56a)和式(6.57)中 $N=1$，则有

$$G_1(\omega) = [c_1+d_1] = \left(\omega-\frac{1}{\omega_1}\right)+\omega'\sqrt{\left(1-\frac{1}{\omega_1^2}\right)} = U_1(\omega)+V_1(\omega) \tag{6.58}$$

在第一个循环过程中，$G_1(\omega)$ 必须与第二个给定的零点 ω_2 对应的项相乘[见式(6.56a)]，给定为

$$G_2(\omega) = G_1(\omega)\cdot[c_2+d_2]$$

$$= [U_1(\omega)+V_1(\omega)]\cdot\left[\left(\omega-\frac{1}{\omega_2}\right)+\omega'\sqrt{\left(1-\frac{1}{\omega_2^2}\right)}\right] \tag{6.59}$$

$$= U_2(\omega)+V_2(\omega)$$

展开表达式 $G_2(\omega)$，并且再次把只含有 ω 的项归入 $U_2(\omega)$，与 ω' 相乘的项则归入 $V_2(\omega)$。显然，多项式 $\omega'V_N(\omega)$ 的结果为 $(\omega^2-1)\cdot(v_0+v_1\omega+v_2\omega^2+\cdots+v_n\omega^n)$［见式(6.57)］，由于式中只含有 ω 项，应归入 $U_n(\omega)$：

$$U_2(\omega)=\omega U_1(\omega)-\frac{U_1(\omega)}{\omega_2}+\omega'\sqrt{\left(1-\frac{1}{\omega_2^2}\right)}V_1(\omega) \qquad (6.60\mathrm{a})$$

$$V_2(\omega)=\omega V_1(\omega)-\frac{V_1(\omega)}{\omega_2}+\omega'\sqrt{\left(1-\frac{1}{\omega_2^2}\right)}U_1(\omega) \qquad (6.60\mathrm{b})$$

获得新的多项式 $U_2(\omega)$ 和 $V_2(\omega)$ 之后，继续对第三个给定零点重复循环，直到所有 N 个给定零点（包括 $\omega_n=\infty$）被采用，共计 $N-1$ 次循环过程结束为止。

这个循环过程很容易编程实现。下面给出了一段简短的 FORTRAN 子程序，其中复数数组 XP 包含了 ω 平面的 N 个传输零点（包括那些趋于无穷远处的零点）。

```
      X = 1.0 /XP(1)              由第一个给定零点ω₁进行初始化
      Y = CDSQRT(1.0 - X ** 2)
      U(1) = - X
      U(2) = 1.0
      V(1) = Y
      V(2) = 0.0
C
      DO 10 K = 3, N + 1          乘以第二个零点，以及后续的给定零点
      X = 1.0 /XP(K - 1)
      Y = CDSQRT(1.0 - X ** 2)
      U2(K) = 0.0
      V2(K) = 0.0
      DO 11 J = 1, K             乘以常数项
      U2(J) = - U(J) * X - Y * V(J)
   11 V2(J) = - V(J) * X + Y * U(J)
      DO 12 J = 2, K             乘以 ω 的项
      U2(J) = U2(J) + U(J - 1)
   12 V2(J) = V2(J) + V(J - 1)
      DO 13 J = 3, K             乘以 ω² 的项
   13 U2(J) = U2(J) + Y * V(J - 2)
      DO 14 J = 1, K             更新Uₙ和Vₙ
      u(J) = U2(J)
   14 V(J) = V2(J)
   10 CONTINUE                   循环处理第3个，第4个，……，第N个给定零点
```

如果对 $G'_N(\omega)=U'_N(\omega)+V'_N(\omega)$［见式(6.56b)］重复以上过程，则有 $U'_N(\omega)=U_N(\omega)$ 和 $V'_N(\omega)=-V_N(\omega)$。因此根据式(6.55)和式(6.57)，可得

$$\begin{aligned}\operatorname{num}[C_N(\omega)]&=\frac{1}{2}[G_N(\omega)+G'_N(\omega)]\\&=\frac{1}{2}((U_N(\omega)+V_N(\omega))+(U'_N(\omega)+V'_N(\omega)))=U_N(\omega)\end{aligned} \qquad (6.61)$$

式(6.61)表明，经过 $N-1$ 次递归循环之后，$C_N(\omega)$ 的分子［与 $F(\omega)$ 包含相同的零点］等于 $U_N(\omega)$。现在，$F(\omega)$ 的零点可以通过求解 $U_N(\omega)$ 的根得到，再结合给定零点的多项式 $P(\omega)/\varepsilon$，运用交替极点法构造出分母多项式 $E(\omega)$。其过程如下：

- 已知 $F(\omega)$ 和 $P(\omega)$，可以构造复合多项式 $P(\omega)/\varepsilon - jF(\omega)/\varepsilon_R = 0$［见式(6.40)］，并求解其零点(这些零点在 ω 的上半平面和下半平面交替出现)。给定回波损耗后，根据式(6.42)计算出 $\varepsilon/\varepsilon_R$ 的值。
- 对 ω 下半平面的任意零点取共轭(等价于映射成 s 平面上虚轴右半平面的反射零点，从而满足赫尔维茨条件)。
- 重构多项式，得到 $E(\omega)$。

为了说明整个过程，下面应用一个四阶例子，其等波纹回波损耗为 22 dB，给定零点为 $+j1.3217$ 和 $+j1.8082$，在通带右侧产生两个 30 dB 以上的衰减波瓣。

当 $\omega_1 = 1.3217$ 时，初始化式(6.58)可得

$$U_1(\omega) = -0.7566 + \omega$$
$$V_1(\omega) = \omega'(0.6539)$$

第一轮循环过后，当 $\omega_2 = 1.8082$ 时，可得

$$U_2(\omega) = -0.1264 - 1.3096\omega + 1.5448\omega^2$$
$$V_2(\omega) = \omega'(-0.9920 + 1.4871\omega)$$

第二轮循环过后，当 $\omega_3 = \infty$ 时，可得

$$U_3(\omega) = 0.9920 - 1.6134\omega - 2.3016\omega^2 + 3.0319\omega^3$$
$$V_3(\omega) = \omega'(-0.1264 - 2.3016\omega + 3.0319\omega^2)$$

第三轮循环过后，当 $\omega_4 = \infty$ 时，可得

$$U_4(\omega) = 0.1264 + 3.2936\omega - 4.7717\omega^2 - 4.6032\omega^3 + 6.0637\omega^4$$
$$V_4(\omega) = \omega'(0.9920 - 1.7398\omega - 4.6032\omega^2 + 6.0637\omega^3)$$

此时，多项式 $U_4(\omega)$ 是未归一化的反射函数 $S_{11}(\omega)$ 的分子多项式［即多项式 $F_4(\omega)$］，求解它的根可以得到 N 个带内反射零点。求解 $V_4(\omega)$ 的根则可以得到 $N-1$ 个带内反射极大点(见 6.3.4 节)。表 6.2(b)中列出了 s 平面坐标上的零点及对应的传输极点，其传输和反射特性曲线如图 6.7 所示。

表6.2　给定两个传输零点的(4-2)不对称切比雪夫滤波器函数

(a)归一化的传输和反射函数多项式			
s^i, $i=$	$P(s)$	$F(s)\ (=U_4(s))$	$E_4(s)$
0	$-j2.3899$	$+0.0208$	$-0.1268 - j2.0658$
1	$+3.1299$	$-j0.5432$	$+2.4874 - j3.6225$
2	$j1.0$	$+0.7869$	$+3.6706 - j2.1950$
3		-0.7591	$+2.4015 - j0.7591$
4		$+1.0$	$+1.0$
	$\varepsilon = 1.1548$	$\varepsilon_R = 1.0$	

(b)传输和反射函数的奇点				
	传输零点 (给定的)	反射零点 [$U_4(s) = F_4(s)$的根]	传输/反射极点 [$E_4(s)$的根]	带内反射极大值 [$V_4(s)$的根]	带外抑制波瓣位置
1	$+j1.3217$	$-j0.8593$	$-0.7437 - j.4178$	$-j0.4936$	$+j1.4587$
2	$+j1.8082$	$-j0.0365$	$-1.1031 + j0.1267$	$+j0.3796$	$+j2.8566$
3	$j\infty$	$+j0.6845$	$-0.4571 + j0.9526$	$+j0.8732$	—
4	$j\infty$	$+j0.9705$	$-0.0977 + j1.0976$	—	—

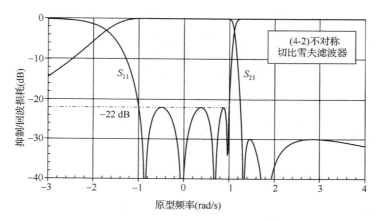

图 6.7   给定两个传输零点的(4-2)不对称切比雪夫滤波器的低通
原型的传输和反射特性($s_1 = +j1.3217$和$s_2 = +j1.8082$)

6.3.3   对称与不对称滤波器函数的多项式形式

表 6.2(a)列出了根据表 6.2(b)中的奇点构成的多项式 $E(s)$、$F(s)$ 和 $P(s)$ 的系数,分别进行归一化后,使其最高阶项的系数为 1。另外,由于本例中 $N - n_{fz} = 2$ 为偶数,为了满足归一化条件,$P(s)$ 的系数需要乘以 j(见 6.1 节)。根据这些多项式,现在就可以开始原型电路网络的综合。经过分析,可以准确地得到与初始多项式相同的特性。

此时,有必要对上述四阶不对称滤波器的多项式构成再进行研究,这样有助于理解由其综合得到的电路网络的独有特性:

- 由于 $E(s)$ 的零点(滤波器函数的极点)关于实轴和虚轴都呈不对称分布,$E(s)$ 的系数除了首项都是复数。
- $F(s)$ 的零点[即反射函数 $S_{11}(s)$ 的零点]关于虚轴不对称分布。这表示随着 s 的幂的增加,$F(s)$ 的系数在纯实数和纯虚数之间交替变化。
- 同理,由于 $P(s)$ 的零点[即传输函数 $S_{21}(s)$ 的零点]全都位于虚轴上(或关于虚轴对称分布),随着 s 的幂的增加,$P(s)$ 的系数同样也在纯实数和纯虚数之间交替变化。

通过针对 $-j\infty$ 到 $+j\infty$ 范围内包含频率变量 s 的多项式的分析,其不对称传输和反射特性如图 6.7 所示。

第 7 章将研究各种网络综合方法。通过 $E(s)$ 和 $F(s)$ 的系数构造出[$ABCD$]传输矩阵的多项式后,再综合得到电路网络。随着网络中各单元一步步地建立,相应多项式的阶次也逐次递减。此过程被称为从多项式中"提取"元件的过程。当电路网络充分综合后,在最后一个综合循环过程中,多项式的系数除了一个或两个为常数,其余都为零。

在逐步建立网络和多项式系数递减至零的过程中,如果多项式的系数为复数,则从多项式提取的元件除了电容和电感,还需要提取不随频率变化的电抗(FIR)元件。最终得到不对称的带通滤波器特性后,FIR 元件转换为归一化中心频率的偏移("异步调谐")。

如果滤波器函数的给定零点关于实轴对称分布,则根据这些传输零点产生的多项式 $E(s)$ 和 $F(s)$ 的奇点也是关于实轴对称分布的。关于实轴或虚轴对称分布也就意味着这些多项式由纯实系数构成:

- $E(s)$ 为 N 阶实系数多项式。
- $P(s)$ 为 n_{fz} 阶偶次实系数多项式,其中 n_{fz} 为零("全极点"型函数)到 N("全规范"型函数)之间给定的有限传输零点数。
- 若 N 为偶数,则 $F(s)$ 为 N 阶偶次纯实系数多项式;若 N 为奇数,则 $F(s)$ 为 N 阶奇次纯实系数多项式。

纯实系数预示着综合提取得到的 FIR 元件在数值上为零,滤波器中所有谐振器是同步调谐于中心频率处的。

6.3.4 广义切比雪夫原型带内反射最大值和带外传输最大值的位置求解

在某些优化过程中,了解 S_{21} 的带内回波损耗最大值和带外传输最大值(抑制波瓣峰值)的原型频率的位置非常有用。如第 18 章所述,使用带内回波损耗最大值的位置来优化多枝节多工器。针对单个滤波器的设计,通常会在特定的频带上指定一个最小的带外抑制水平,可以是对称的,也可以是不对称的。这个抑制还可以预先指定,通过优化传输零点位于虚轴上的位置来实现。最低抑制的位置会出现在传输零点的位置(抑制波瓣峰值)之间,且为了满足指标要求,需要已知这个对应的抑制。

接下来,提出一种计算广义切比雪夫原型关键频率的解析方法。该方法首先对本章前面式(6.44a)介绍的广义切比雪夫滤波函数 $C_N(\omega)$ 进行微分,并使其为零:

$$
\begin{aligned}
\frac{\mathrm{d}}{\mathrm{d}\omega}[C_N(\omega)] &= \frac{\mathrm{d}}{\mathrm{d}\omega} \cosh\left[\sum_{n=1}^{N} \operatorname{arcosh} x_n(\omega)\right] \\
&= \sinh\left[\sum_{n=1}^{N} \operatorname{arcosh} x_n(\omega)\right] \cdot \sum_{n=1}^{N} \frac{x_n'}{\sqrt{x_n^2(\omega)-1}} = 0
\end{aligned}
\tag{6.62}
$$

其中 $x_n(\omega) = \dfrac{\omega - 1/\omega_n}{1 - \omega/\omega_n}$ [见式(6.48)],且 $x_n' = \dfrac{\mathrm{d}}{\mathrm{d}\omega}[x_n(\omega)]$。

式(6.62)的零点是滤波器函数的拐点。将式(6.62)用两个表达式 $T_1(\omega)$ 和 $T_2(\omega)$ 的乘积形式表示为

$$
\frac{\mathrm{d}}{\mathrm{d}\omega}[C_N(\omega)] = T_1(\omega) \cdot T_2(\omega) = 0
$$

其中,

$$
T_1(\omega) = \sinh\left[\sum_{n=1}^{N} \operatorname{arcosh} x_n(\omega)\right]
\tag{6.63}
$$

$$
T_2(\omega) = \sum_{n=1}^{N} \frac{x_n'}{\sqrt{x_n^2 - 1}}
\tag{6.64}
$$

只有当 $|x_n| > 1$ 时,$T_2(\omega)$ 才是实数,所以它的零点代表带外拐点的频率位置,这也是传输最大值(见图 6.6)。切比雪夫滤波函数 $C_N(\omega)$ 的其余 $N-1$ 个带内拐点的频率位置为 $T_1(\omega)$ 的零点,对应着 $N-1$ 个带内回波损耗最大值。下面,运用这两个表达式来计算带内反射最大值和带外传输最大值。

6.3.4.1 带内反射最大值

这里使用 6.3.2 节的递归方法来求解副多项式 $V_N(\omega)$ 的根。它是表达式 $T_1(\omega)$ 的零点，因此也是拐点或回波损耗最大值，位于滤波函数的 $\omega \pm 1$ 的区间内。求解过程按照与 $C_N(\omega)$ 相同的步骤来实现，从式(6.50)开始，首先用到的表达式是 $T_1(\omega)$ [见式(6.63)]。

比较式(6.44a)与式(6.63)，唯一的区别是用"sinh"替换了"cosh"。由于 $\cosh(x) = \frac{1}{2}(e^x + e^{-x})$ 且 $\sinh(x) = \frac{1}{2}(e^x - e^{-x})$，这相当于在方程组(6.51)~(6.61)中引入了一个负号。例如，式(6.52)可以等效为

$$T_1(\omega) = \frac{1}{2}\left[\prod_{n=1}^{N}(a_n + b_n) - \prod_{n=1}^{N}(a_n - b_n)\right]$$

现在可以看出，在两个乘积项之间用一个负号取代了加号。这个负号在整个过程中会持续出现，直到最后构造出 $T_1(\omega)$ 的分子：

$$\begin{aligned}
\mathrm{Num}[T_1(\omega)] &= \frac{1}{2}[G_N(\omega) - G'_N(\omega)] = \frac{1}{2}((U_N(\omega) + V_N(\omega)) - (U'_N(\omega) + V'_N(\omega))) \\
&= V_N(\omega)
\end{aligned} \tag{6.65}$$

与式(6.61)相比可以看出，现在 U_N 和 U'_N $(=U_N)$ 多项式抵消了，保留了 V_N 和 V'_N $(=-V_N)$。因此，$V_N(\omega)$ 的零点将是 $T_1(\omega)$ 的零点，同时也是带内回波损耗的拐点。对于 6.3.2 节中的(4-2)型示例，多项式 $V_N(\omega)$ 的零点为 $N-1$ 个带内反射最大值的位置：$\omega_{r1} = -0.4936$，$\omega_{r2} = +0.3796$，$\omega_{r3} = +0.8732$。

6.3.4.2 带外传输最大值

带外传输最大值的位置（"抑制波瓣"或"衰减最小值"）可以通过求解多项式 $T_2(\omega)$ 分子的零点得到。根据式(6.64)，有

$$T_2(\omega) = \sum_{n=1}^{N} \frac{x'_n}{\sqrt{x_n^2 - 1}} \tag{6.66}$$

将式中 x_n 和 x'_n 分别用下式替换：

$$x_n(\omega) = \frac{\omega - 1/\omega_n}{1 - \omega/\omega_n}, \quad x'_n(\omega) = \frac{\mathrm{d}x_n(\omega)}{\mathrm{d}\omega} = \frac{1 - 1/\omega_n^2}{(1 - \omega/\omega_n)^2}$$

$T_2(\omega)$ 用给定的传输零点频率 ω_n（包含无穷远处的频率）表示如下：

$$T_2(\omega) = \sum_{n=1}^{N} \frac{x'_n}{\sqrt{x_n^2 - 1}} = \frac{1}{\omega'} \sum_{n=1}^{N} \frac{-\omega_n\sqrt{1 - 1/\omega_n^2}}{\omega - \omega_n} = \frac{1}{\omega'} \sum_{n=1}^{N} \frac{r_n}{\omega - \omega_n} \tag{6.67}$$

其中 $\omega' = \sqrt{\omega^2 - 1}$ 为频率转换变量，且 $r_n = -\omega_n\sqrt{1 - 1/\omega_n^2}$ 为部分分式展开的留数。取传输最大值时，$T_2(\omega) = 0$ 且 ω' 项消失。如果有限传输零点数为 n_{fz}，那么无限频率零点数为 $N - n_{fz}$。因此，对应 $\omega_n = \infty$ 的项的总和为 1。现在，表达式 $T_2(\omega)$ 可写为

$$T_2(\omega) = (N - n_{fz}) + \sum_{n=1}^{n_{fz}} \frac{r_n}{\omega - \omega_n} = 0 \tag{6.68}$$

运用标准方法,$T_2(\omega)$ 可由部分分式展开后重写为两个多项式的商的形式,即

$$T_2(\omega) = (N - n_{fz}) + \sum_{n=1}^{n_{fz}} \frac{r_n}{\omega - \omega_n} = \frac{A(\omega)}{P(\omega)} = 0 \tag{6.69}$$

求解分子多项式 $A(\omega)$ 的根,可以得到带外传输最大值 ω_t 的位置。由此得到如下几条结论:

- 虚轴上传输零点对应的波瓣将出现在实频率处,即 ω_t 为实数。如果在原型特性中存在复零点对(例如群延迟均衡器的应用),则最大值 ω_t 将出现在复频率处,所以很容易识别,可以忽略。
- 如果 $N - n_{fz} > 0$,那么 $A(\omega)$ 的阶数为 n_{fz}。假设所有 ω_t 都为实数,则将有 n_{fz} 个传输最大值与带外抑制波瓣的位置相对应。
- 如果 $N - n_{fz} = 0$(全规范原型),那么 $A(\omega)$ 的阶数为 $N-1$。在这种情况下,如果所有 ω_t 都为实数,则会出现 $n_{fz} - 1$ 个抑制波瓣[①]。如果这个全规范原型是对称偶数阶的,则其中一个波瓣将位于 $\omega = \infty$ 处。

这个求解带外抑制波瓣位置的方法可以用于优化过程中,其中带外抑制预设为特定的最小值。一旦确定了这个波瓣的位置,与其对应的抑制水平可以很容易地根据传输函数 $S_{21}(\omega_t) = P(\omega_t)/\varepsilon E(\omega_t)$ 计算出来。对 6.3.2 节中的(4-2)不对称切比雪夫滤波器应用该方法,可计算出两个带外抑制波瓣的位置,其结果为 $\omega_{t1} = +1.4587$ 和 $\omega_{t2} = +2.8566$。

该方法的优点在于,只需已知用于构成多项式 $P(\omega)$ 的 n_{fz} 个指定传输零点频率 ω_n 的位置和原型的阶数 N,就可以确定抑制波瓣的位置。所以,仅求解 N_{fz} 阶多项式,就可以保证较高的精度。由此表明,这里指定的回波损耗值不是必需的。也就是说,即使有些原型中指定的回波损耗值发生了改变,求解得到的波瓣的位置也是相同的(但与其对应的抑制水平不同)。因此,可以将回波损耗值与抑制波瓣水平的和近似为一个常数。也就是说,将设计的回波损耗值增加 x dB,将减少约 x dB 的抑制波瓣水平。在滤波器的调谐过程中,这是一个非常重要的考虑因素。当调谐过程中回波损耗值高于初始原型设计的值时,会降低带外衰减水平。

6.4 预失真滤波器特性

到目前为止涉及的所有滤波器传输多项式和反射多项式的综合方法,都假定最终实现滤波器响应的滤波器网络是由纯无耗(非耗散)元件组成的。如果在一个特定的频率,一个二端口网络的传输系数小于 1,即 $S_{21}(s) < 1$,能量就不会传输到输出终端,而是全部反射回输入端,这样的网络满足能量守恒定理,没有功率被耗散,不会被内部元件吸收。

在实际应用中,滤波器元件并不是完全无耗的,正如综合方法中的假定条件。特别是在微波滤波器中,制造谐振器的材料(例如银或铜)的导电特性包含一个非零的损耗正切,所以一

---

① 在全规范原型中,尽管含有 N 个传输零点,但是只有 $N-1$ 个抑制波瓣。在优化过程中,当优化这些传输零点的位置,令其对应的波瓣值为给定值时,只有 $N-1$ 个零点被用到。因此,优化过程中固定其中一个零点的位置将带来更多的灵活性,这个约束条件有时在一段窄带内需要高抑制时极其有用。

些能量在谐振器腔体内部被吸收,能量守恒公式不再成立。同样的道理也适用于平面和分布参数元件,它们的关键组成是传输线。

经过分析后,相对于无耗原型滤波器,包含耗散元件的滤波器响应的选择性更差、曲线呈现更大的圆弧状。而且,带通滤波器响应曲线中传输和反射零点的位置也不太清晰,其"肩部"(接近通带边沿的地方)更圆滑一些。图 6.8 给出了中心频率为 12 GHz 且带宽为 40 MHz 的(4-2)不对称带通滤波器在不同无载 Q 值下的幅度响应曲线,且包括基于无耗元件(Q_u 为无穷大)的滤波器响应,从图中可以很明显地看出 Q_u 逐渐恶化的影响。

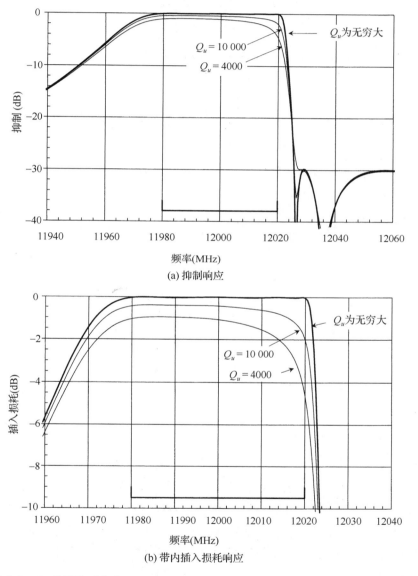

(a) 抑制响应

(b) 带内插入损耗响应

图 6.8　Q_u 分别为无穷大、10 000 和 4000 时,(4-2)不对称带通滤波器的传输响应

为了分析有限 Q 值滤波器的传输和反射响应,在纯虚频率变量 $s = j\omega$ 中引入一个正实因子 σ,例如 $s = \sigma + j\omega$(见图 6.9)。如 3.9 节所述,σ 由下式计算得到:

$$\sigma = \frac{f_0}{BW} \cdot \frac{1}{Q_u} \tag{6.70}$$

其中 Q_u 为谐振器的无载 Q 值,f_0 和 BW 分别为带通滤波器的中心频率和设计带宽。加入 σ 后,将改变 $j\omega$ 轴右侧的频率变量 s 在 $-j\infty$ 到 $+j\infty$ 范围内的移动轨迹。

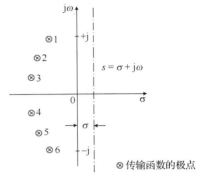

将所有基于无耗原型滤波器的传输/反射奇点均向右侧移动 σ 个单位后,频率变量与滤波器函数零极点的位置之间,向量移动的幅值和相位并没有发生变化,这与无耗情况下的分析结果是一致的。现在,我们可以针对无耗电路进行有效分析,但是奇点向右偏移后得到的结果与有耗情况下的分析响应是相同的。

预失真综合包含了理想传输函数(如切比雪夫函数)的综合,所有滤波器函数的极点[即多项式 $E(s)$ 的零点]向右侧移动了 σ 个单位,σ 值由滤波器结构的无载 Q 值计算得到[6,7]。根据这些新位置的极点,通过无耗分析得到预失真响应。在实际滤波器中谐振器的有限 Q_u 值影响下,频率变量 s

图 6.9　有限 Q_u 值作用下复平面上频率变量 s 的轨迹

$= \sigma + j\infty$ 向虚轴右侧移动了 σ 个单位。相对于 s 的位置,由于极点预先被右移了相同数量的单位并位于正确的位置,使得该理想无耗响应得以复原,图 6.10 展示了该过程。

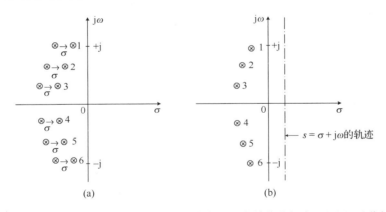

图 6.10　预失真类型综合。(a)综合前向右移动了 σ 个单位的极点;(b)经过分析后,与无耗响应等价且包含损耗的频率变量轨迹的极点位于正确的位置($s = \sigma + j\infty$)

对于包含有限传输零点的滤波器函数,当使用有耗元件实现时很难达到理想响应。这是因为,对于一个可实现网络的综合,传输零点必须关于虚轴对称,它们不可能单向移动 σ 个单位。但是带内响应由极点控制,若传输零点离开其初始位置,则传输特性 $S_{21}(s)$ 与理想响应的偏差不会太大。

因此,一个预失真网络的综合过程如下:

● 导出理想响应 $S_{21}(s)$ 的 $E(s)$ 和 $P(s)$ 多项式。
● 已知实际带通滤波器的中心频率和设计带宽,由式(6.70)计算出损耗因子 σ。

- 极点位置移动 $+\sigma$ 个实数单位，用 $p_k + \sigma$ 替代 p_k，其中 $k = 1, 2, \cdots, N$，也就是说极点向右移动了 σ 个单位。为了满足赫尔维茨条件，p_k 的实部必须始终为负。
- 根据初始多项式 $P(s)$，重新计算 ε。这可以根据式 $S_{21}(s) = (P(s)/\varepsilon)/E(s) \leqslant 1$ 在任意 s 处的取值得到，通常选择其最大值 $S_{21}(s) = 1$。
- 运用能量守恒公式(6.2)或式(6.37)重新计算反射函数 $S_{11}(s)$ 的分子多项式 $F(s)$。由于 6.3 节曾提到，一般情况下 $S_{11}(s)$ 和 $S_{22}(s)$ 的零点并不是分布在坐标轴上的，所以不能使用交替奇点方法。

总之，通过牺牲插入损耗为代价，可以有效地补偿有限 Q_u 值，还原至无穷大。在实际应用中，通常只对有限 Q_u 值进行部分补偿，比如将 Q_u 值从 4000 补偿到 10 000(即 Q_{eff})。用于部分补偿的 σ 的公式[见式(6.71)]为

$$\sigma = \frac{f_0}{\mathrm{BW}} \left(\frac{1}{Q_{\mathrm{act}}} - \frac{1}{Q_{\mathrm{eff}}} \right) \tag{6.71}$$

如果理想滤波器带内的线性性能没有严重恶化，部分补偿可以减小插入损耗，并改善其回波损耗。于明等人[7]介绍了一种对极点移动量进行加权的方法。例如，正弦曲线上接近虚轴的极点(通常为通带边缘)的移动量比那些接近通带中心的极点的移动量要小，这也有利于减小插入损耗和改善回波损耗(易于调谐)。

图 6.11 反映了采用 Q_u 值为 4000 的矩形波导谐振器实现(4-2)滤波器的影响。其中图 6.11(a)描述了 Q_u 值无穷大时预失真网络的抑制响应，其显现出类似"猫耳朵"形状的预失真特性。图 6.11(b)则显示了实际滤波器腔体 Q_u 值约为 4000 时的带内回波损耗响应和插入损耗响应，以及谐振器 $Q_u = 10\ 000$ 时得到有效改善的带内线性幅度。然而，其固定插入损耗却接近 5 dB。该损耗一部分为有限 Q_u 值带来的内部耗散，但绝大部分是由于有限 Q_u 值补偿带边圆角而引起的射频能量反射(回波损耗)所致，如图 6.11(b)所示。由于滤波器带内插入损耗过大，意味着预失真技术只能应用于低功率(输入)子系统，且其射频增益足够弥补其不足的情形。而且，输入和输出端需要安装隔离器来吸收反射能量。

如果滤波器的 Q_u 值可以有效改善，则意味着可以使用更小、更轻的腔体来获得与高 Q_u 值时相同的带内性能。图 6.12 给出了两个 C 波段(10-4-4)滤波器例子，其中一个由介质谐振器制成，另一个具有相同带内性能的滤波器由更小、更简单的同轴谐振腔制成。图 6.12(b)和图 6.12(c)同时也给出了这个预失真滤波器的带内插入损耗响应和抑制响应。

6.4.1 预失真滤波器网络综合

现在已知，预失真滤波器的反射函数 $S_{11}(s)$ 和 $S_{22}(s)$ 的零点[$F(s)$ 和 $F_{22}(s)$ 的根]并不在虚轴上。对于一个可综合的网络而言，$F(s)$ 和 $F_{22}(s)$ 的零点必须以镜像对的形式完全关于虚轴对称分布。与传输和反射函数的极点不同的是，反射零点无须满足赫尔维茨条件，而且构成多项式 $F(s)$ 的零点可以从每对零点的左侧或右侧中任意选取。$F_{22}(s)$ 则由每对零点中剩余的零点组成，与 $F(s)$ 形成互补函数。

所以，构造 $F(s)$ 和 $F_{22}(s)$ 存在 2^N 种零点组合，其中一半零点不是 $F(s)$ 和 $F_{22}(s)$ 简单交换得到的，即反转网络。每种组合下 $F(s)$ 的系数都不相同，且综合得到的网络元件值也不相同。

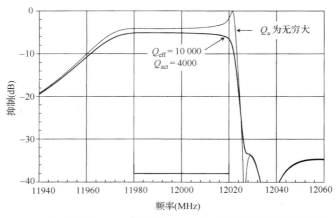

(a) Q_u为无穷大且Q_{act}=4000(相当于Q_{eff} = 10 000)时引入预失真的抑制响应

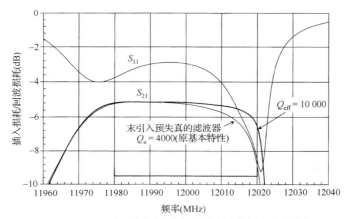

(b) 未引入预失真的滤波器的带内回波损耗响应和插入损耗响应

图 6.11　Q_{act} = 4000 且 Q_{eff} = 10 000 的(4-2)预失真滤波器

使用参数 μ 来对这些解进行分类，其定义为

$$\mu = \left| \sum_{k=1}^{N} \mathrm{Re}(s_k) \right| \tag{6.72}$$

s_k 包含构造 $F(s)$ 的 N 个零点，它们是从每对零点的左侧或右侧选取的。可以证明，如果选择的零点使得 μ 最小化，则折叠形拓扑网络的元件值可以最大程度地关于网络的物理中心对称。但是，网络更需要异步调谐。如果 μ 最大化，则反之也是成立的。此时，$F(s)$ 的零点只从每对镜像对称的零点的左侧或右侧选取。网络尽可能地同步调谐，网络的元件值则完全关于网络中心不对称。

　　尽管这个原则对于任意滤波器特性都是成立的(无论其对称或不对称)，但偶数阶滤波器的对称特性最有说服力。以一个六阶 23 dB 的切比雪夫滤波器为例，它有一对传输零点位于 $\pm j1.5522$，在通带两边各产生一个 40 dB 的抑制波瓣。腔体的实际 Q_u 值为 4000，但是采用预失真技术将有效 Q_u 值提高到了 20 000。

　　$S_{11}(s)$ 的零点排列存在三种可能性，其中一种可能性是 μ 值最大，另外两种可能性是 $\mu = 0$。μ 值最大的情形只存在一种排列，即 $F(s)$ 的零点 s_k 全部位于复平面的左半平面，如图 6.13(a)所示。图 6.13(b) 和图 6.13(c) 描述了 $\mu = 0$ 时两种可能的解。其中一种可能性是零点 s_k 随着 $j\omega$ 增大，在左半平面和右半平面交替出现；而另一种可能性是包含正虚部的零点均位于左半平面，包含负虚部的零点均位于右半平面。将所有参数进行归一化后，其中有两个零点正好位于虚轴上。需要注意的是，$F_{22}(s)$ 的零点假定关于虚轴镜像位置完全对称分布。

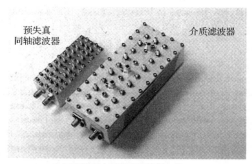

(a) 与无预失真介质腔体滤波器比较

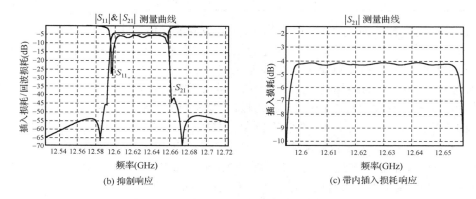

(b) 抑制响应　　　　　　　　　　　　　　　(c) 带内插入损耗响应

图 6.12　C 波段(10-4-4) 预失真同轴滤波器

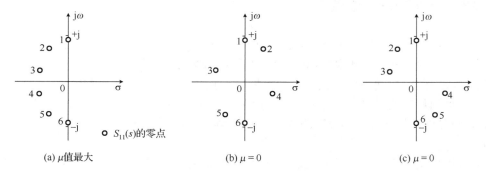

(a) μ 值最大　　　　　　　(b) $\mu = 0$　　　　　　　(c) $\mu = 0$

图 6.13　(6-2) 对称准椭圆滤波器多项式 $F(s)$ 的零点 s_k 排列

　　下面在滤波器函数中采用预失真技术将最大有效 Q_u 值增加到 20 000。运用第 8 章介绍的方法，对三种情况下的 $N + 2$ 耦合矩阵进行综合，数值结果如表 6.3 所示。对于第一种情形(μ 值最大)，很明显滤波器是同步调谐的。也就是说，表示每个谐振节点处谐振频率偏移的耦合矩阵的对角线元素值全部为零。但是，在本例中矩阵的耦合元件关于滤波器中心不对称，即关于交叉对角线不对称。$\mu = 0$ 的另外两种情形则表现出耦合元件关于矩阵交叉对角线的对称性，其关于滤波器中心是异步调谐的。

表 6.3 μ 值最大和两种 μ =0 情形下的折叠形耦合矩阵值

耦合	情形 A(μ 值最大) 如图 6.13(a)所示	情形 B(μ =0) 如图 6.13(b)所示	情形 C(μ =0) 如图 6.13(c)所示
M_{S1}	0.3537	0.9678	0.9677
M_{12}	0.8417	0.7890	0.6457
M_{23}	0.5351	0.4567	0.7284
M_{34}	0.6671	0.7223	0.5299
M_{45}	0.6642	$= M_{23}$	$= M_{23}$
M_{56}	1.1532	$= M_{12}$	$= M_{12}$
M_{6L}	1.3221	$= M_{S1}$	$= M_{S1}$
M_{25}	− 0.1207	− 0.0940	− 0.1403
调谐偏移量			
M_{11}	0.0	− 0.0859	0.4616
M_{22}	0.0	− 0.2869	0.1824
M_{33}	0.0	0.5334	− 0.3541
M_{44}	0.0	$= − M_{33}$	$= − M_{33}$
M_{55}	0.0	$= − M_{22}$	$= − M_{22}$
M_{66}	0.0	$= − M_{11}$	$= − M_{11}$

就滤波器的电气性能而言,在实际应用中(μ 值最大或 μ 值最小)可以任意选择其中之一,因为对于所有情形 $S_{21}(s)$ 都是相同的。有趣的是,当 μ 值最小时,在有限 Q_u 值条件下,$S_{11}(s)$ 和 $S_{22}(s)$ 参数表现为关于滤波器通带中心共轭对称。根据损耗可以表示为 s 的轨迹在 − j∞ 到 + j∞ 范围内向 jω 轴右侧的偏移这一点所想到的,原因就非常清楚了。从实际应用角度考虑,选取 μ 值最小时构造物理对称结构更容易,例如表 6.3 中的情形 B 和情形 C。在这些情形中,可能更倾向于情形 C,因为其中 M_{25} 的值比较大。但是,所有这些情形与常规切比雪夫滤波器相比,由于回波损耗很小且波形无规律,普遍认为调谐难度更大。文献[8]提出了一种针对集总元件滤波器的“有耗综合”方法,其中包括在其阻抗分量中加入电阻元件。这类预失真网络主要通过吸收(而不是反射)来实现幅度特性,而且网络更易于调谐。

6.5   双通带滤波器变换

在实际应用中,一般常规单通带滤波器有时在界定带宽内呈现两个通带。这种双通带特性是运用对称映射公式,由常规单通带的低通原型(LPP)滤波器特性产生的。通过对称映射,将具有初始等波纹的单通带(如果初始低通滤波特性为切比雪夫形式)变换为两个子通带。低通带的频带范围从初始通带的上边带 $s = − \mathrm{j}$ 到 $s = − \mathrm{j}x_1$,而高通带的频带范围从 $s = + \mathrm{j}x_1$ 到 $s = + \mathrm{j}$,其中分段参数 $\pm \mathrm{j}x_1$ 为在主通带内给定的频率点,定义为两个子通带的内带边频率(见图 6.14)。

虽然应用变换可以产生两倍的滤波器阶数和传输零点数(用 $2N$ 替代 N,用 $2n_{fz}$ 替代 n_{fz}),但是初始等波纹和任意波瓣的抑制水平(除了中心频带内的波瓣值)仍保持不变。即使滤波器函数的初始低通原型为不对称的,双通带特性还是关于零频率点对称。

双通带特性可以运用对称频率变换来得到:

$$s = as'^2 + b \tag{6.73}$$

其中 s' 是从原型 s 平面映射来的频率变量。常数 a 和 b 包含在以下边界条件中:

当 $s' = \pm \mathrm{j}$ 时, $s = −a + b = + \mathrm{j}$

当 $s' = \pm \mathrm{j}x_1$ 时, $s = −ax_1^2 + b = − \mathrm{j}$

可得

$$a = \frac{-2\mathrm{j}}{1 - x_1^2} \quad 和 \quad b = \frac{-\mathrm{j}(1 + x_1^2)}{1 - x_1^2} \tag{6.74}$$

将式(6.74)回代入式(6.73),得到变换公式为

$$s_i' = \mathrm{j}\sqrt{\frac{1}{2}[(1 + x_1^2) - \mathrm{j}s_i(1 - x_1^2)]}$$

且

$$s_{N+i}' = s_i'^* \tag{6.75}$$

其中 $i = 1, 2, \cdots, N$。经过变换后,低通原型滤波器的多项式 $E(s)$ 和 $F(s)$ 在 s 平面的 N 个奇点和多项式 $P(s)$ 的 n_{fz} 个奇点,将被分别映射为具有双通带特性的 $2N$ 个和 $2n_{fz}$ 个奇点。然后运用常用的网络综合方法处理这些两倍阶多项式,实现双通带滤波器。

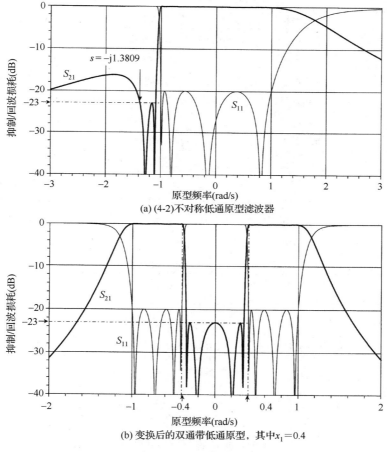

(a) (4-2)不对称低通原型滤波器

(b) 变换后的双通带低通原型,其中 $x_1 = 0.4$

图6.14 双通带滤波器

低通原型滤波器主通带以下的任意传输零点,都可以映射为双通带滤波器两个通带之间的频率。由式(6.75)可知,$s = -\mathrm{j}(1 + x_1^2)/(1 - x_1^2)$ 处的传输零点被映射到 $s' = 0$ 处。也就意味着低通原型中接近通带边沿的传输零点可以映射为双通带特性中一对限定位置的传输零点。例如,当 $x_1 = 0.4$ 时,在低通原型中比 $s_{\max} = -\mathrm{j}1.3809$ 位置更低的传输零点可以映

射为双通带响应中的一对位于实轴上的零点。

图 6.14(b)给出了 $x_1 = \pm0.4$ 时包含四个传输零点的八阶双通带滤波器,它由一个 20 dB 回波损耗的(4-2)不对称滤波器变换而成,距离通带最近的点 $s = -j1.3809$(变换到 $s' = 0$)与通带之间的最佳抑制为 23 dB,如图 6.14(a)所示。经过变换之后,在通带之间获得了 23 dB 的等波纹抑制水平。

表 6.4 列出了初始(4-2)不对称滤波器函数在 s 平面上的位置,以及变换为(8-4)对称双通带滤波器之后的位置。图 6.15 给出了采用第 7 章和第 8 章介绍的方法,通过变换奇点综合得到的耦合矩阵(这里使用的是折叠形拓扑结构)。需要注意的是,尽管初始原型是不对称的,但双通带耦合矩阵是同步调谐的。此外,还可以运用相似变换法(旋转)将矩阵变换为其他结构,例如级联四角元件结构。

更多推导多通带滤波器的高级方法将在第 21 章中介绍。

表 6.4　传输多项式和反射多项式的奇点

	反射零点	传输零点	传输/反射极点
	(a)　(4-2)不对称低通原型,回波损耗为 20 dB		
1	$-j0.9849$	$-j1.2743$	$-0.0405 - j1.0419$
2	$-j0.8056$	$-j1.1090$	$-0.2504 - j1.0228$
3	$-j0.1453$	$j\infty$	$-1.0858 - j0.4581$
4	$+j0.8218$	$j\infty$	$-0.8759 + j1.4087$
	$\varepsilon_R = 1.0$	$\varepsilon = 0.6590$	
	(b)　变换为(8-4)双通带滤波器后,$x_1 = 0.4$		
	$\pm j0.9619$	$\pm j0.3380$	$-0.1679 \pm j1.0954$
	$\pm j0.7204$	$\pm j0.2117$	$-0.3247 \pm j0.7022$
	$\pm j0.4916$	$\pm j\infty$	$-0.1287 \pm j0.4086$
	$\pm j0.4078$	$\pm j\infty$	$-0.0225 \pm j0.3780$
	$\varepsilon_R = 1.0$	$\varepsilon = 3.7360$	

	S	1	2	3	4	5	6	7	8	L
S	0	0.8024	0	0	0	0	0	0	0	0
1	0.8024	0	0.8467	0	0	0	0	0	0	0
2	0	0.8467	0	0.4142	0	0	0	-0.2900	0	0
3	0	0	0.4142	0	0.2754	0	-0.4170	0	0	0
4	0	0	0	0.2754	0	0.2832	0	0	0	0
5	0	0	0	0	0.2832	0	0.2754	0	0	0
6	0	0	0	-0.4170	0	0.2754	0	0.4142	0	0
7	0	0	-0.2900	0	0	0	0.4142	0	0.8467	0
8	0	0	0	0	0	0	0	0.8467	0	0.8024
L	0	0	0	0	0	0	0	0	0.8024	0

图 6.15　(8-4)双通带滤波器的耦合矩阵(折叠形拓扑结构)

6.6　小结

第 3 章描述了经典滤波器,包括巴特沃思、切比雪夫和椭圆函数滤波器。第 4 章介绍了采用计算机辅助设计技术来产生任意滤波器函数的过程。尽管这种方法很有效,但仍需结合优化方法来设计所需的滤波器函数。本章描述了如何运用准解析方法来得到这类重要的等波纹滤波器函数。

　　本章首先回顾了一些散射参数之间的重要关系（尤其是归一化条件），为后续章节中介绍的综合过程做准备。接下来讨论了广义切比雪夫多项式及其在滤波器设计中的应用。第 3 章描述的经典切比雪夫滤波器源自第一类切比雪夫多项式，一些书籍和文献中使用的"切比雪夫多项式"特指第一类切比雪夫多项式 $T_n(x)$，由该多项式得到的滤波器传输零点都位于无穷远处。本章介绍的广义切比雪夫多项式可以用于实现任意零点分布的传输函数，其滤波器函数的通带内具有最大数量的等波纹幅度峰值。由于归一化条件的限制，传输函数的零点必须关于虚轴对称分布以确保物理实现。为了证实这一点，本章介绍了一种递归技术，以推导出这类滤波器的传输多项式和反射多项式。这种方法常用于设计对称或不对称滤波器响应，本章通过示例阐述了设计过程。

　　本章最后部分简要概括了在某些特定应用的滤波器设计中引入预失真技术的优势，并在结尾处给出了预失真滤波器和双通带滤波器的设计示例。

6.7　原著参考文献

1. Collin, R. E. (1966) *Foundations for Microwave Engineering*, McGraw-Hill, New York.

2. Helszajn, J. (1990) *Synthesis of Lumped Element*, *Distributed and Planar Filters*, McGraw-Hill Book Company, United Kingdom.

3. J. D. Rhodes and S. A. Alseyab, The generalized Chebyshev low-pass prototype filter, *IEEE Transactions on Circuit Theory*, vol. **8**, pp. 113-125, 1980.

4. R. J. Cameron, "Fast generation of Chebyshev filter prototypes with asymmetrically prescribed transmission zeros," *ESA Journal*, vol. **6**, pp. 83-95, 1982.

5. R. J. Cameron, General coupling matrix synthesis methods for Chebyshev filtering functions, *IEEE Transactions on Microwave Theory and Techniques*, vol. **MTT-47**, pp. 433-442, 1999.

6. A. E. Williams, W. G. Bush and R. R. Bonetti, Predistortion technique for multicoupled resonator filters methods for Chebyshev filtering functions, *IEEE Transactions on Microwave Theory and Techniques*, vol. **33**, pp. 402-407, 1985.

7. M. Yu, W. -C. Tang, A. Malarky, V. Dokas, R. J. Cameron and Y. Wang, Predistortion technique for cross-coupled filters and its application to satellite communication systems, *IEEE Transactions and Microwave Theory and Techniques*, vol. **51**, pp. 2505-2515, 2003.

8. Hunter, I. C. (2001) *Theory and Design of Microwave Filters*, Electromagnetic Waves Series 48, IEE, London.

附录 6A　多端口网络复终端阻抗

　　前面提到的 S 参数及其综合和分析方法基于以下假设条件：（1）网络是二端口的，（2）归一化的源阻抗和负载阻抗。根据 Kurokawa[A1] 的工作成果，可以推广到具有复端口阻抗的多端口网络分析。该过程从经典的功率波方程开始：

$$a_i = \frac{V_i + Z_i I_i}{2\sqrt{|\mathrm{Re}(Z_i)|}}, \qquad b_i = \frac{V_i - Z_i^* I_i}{2\sqrt{|\mathrm{Re}(Z_i)|}} \qquad (6A.1)$$

其中，a_i 和 b_i 分别为 N_p 端口网络中第 i 个端口的入射功率波和反射功率波，V_i 和 I_i 为流向这个网络第 i 个端口的电压和电流，且 Z_i 为连接第 i 个端口电路的阻抗。根据式(6A.1)，可以看出 $|a_i|^2 - |b_i|^2 = a_i a_i^* - b_i b_i^* = \mathrm{Re}(V_i I_i^*)$，即端口 i 的前向功率减去反射功率等于传输到网络中第 i 个端口的功率，其中第 i 个端口与源阻抗 Z_i 相连。同时，运用式(6A.1)和关系式 $V_i = I_i Z_{\mathrm{IN}i}$（$Z_{\mathrm{IN}i}$ 为从第 i 个端口看进去的阻抗），第 i 个端口的反射系数为 $S_{ii} = \dfrac{b_i}{a_i} = \dfrac{Z_{\mathrm{IN}i} - Z_i^*}{Z_{\mathrm{IN}i} + Z_i}$。以上关系式表明，当源共轭阻抗 Z_i 等于第 i 个端口的输入阻抗 $Z_{\mathrm{IN}i}$，且 $b_i = 0$ 时，从网络源端传输到这个端口的功率为最大功率(共轭匹配)。

将式(6A.1)写成 N_p 端口网络矩阵的形式为

$$\boldsymbol{a} = \boldsymbol{F}(\boldsymbol{v} + \boldsymbol{G}\boldsymbol{i}), \qquad \boldsymbol{b} = \boldsymbol{F}(\boldsymbol{v} - \boldsymbol{G}^*\boldsymbol{i}) \tag{6A.2}$$

其中，"$*$"代表复共轭转置矩阵；$\boldsymbol{a}$、$\boldsymbol{b}$、$\boldsymbol{v}$ 和 $\boldsymbol{i}$ 为列向量，其第 i 个分量分别为 a_i、b_i、V_i 和 I_i；$\boldsymbol{F}$ 和 $\boldsymbol{G}$ 为 $N_p \times N_p$ 对角矩阵，其第 i 个对角元件分别为 $f_i = 1/(2\sqrt{|\mathrm{Re}(Z_i)|})$ 和 $g_i = Z_i$，且 Z_i 为 N_p 端口网络中第 i 个端口的复阻抗，$i = 1, 2, \cdots, N_p$。

每个端口的电压和电流与 $N_p \times N_p$ 矩阵 $\boldsymbol{Z}$ 的线性关系为 $\boldsymbol{v} = \boldsymbol{Z}\boldsymbol{i}$，同时 $\boldsymbol{a}$ 和 $\boldsymbol{b}$ 与功率波散射矩阵 $\boldsymbol{S}$ 的关系为 $\boldsymbol{b} = \boldsymbol{S}\boldsymbol{a}$。利用这些关系式，从式(6A.2)中消去 $\boldsymbol{a}$、$\boldsymbol{b}$ 和 $\boldsymbol{v}$，可得

$$\boldsymbol{F}(\boldsymbol{Z} - \boldsymbol{G}^*)\boldsymbol{i} = \boldsymbol{S}\boldsymbol{F}(\boldsymbol{Z} + \boldsymbol{G})\boldsymbol{i} \tag{6A.3}$$

由此可得 $\boldsymbol{S}$ 的表达式如下：

$$\boldsymbol{S} = \boldsymbol{F}(\boldsymbol{Z} - \boldsymbol{G}^*)(\boldsymbol{Z} + \boldsymbol{G})^{-1}\boldsymbol{F}^{-1} \tag{6A.4}$$

重写式(6A.4)，N_p 端口导纳矩阵 $\boldsymbol{Y}(= \boldsymbol{Z}^{-1})$ 使用矩阵 $\boldsymbol{S}$、$\boldsymbol{F}$、$\boldsymbol{G}$ 和 $\boldsymbol{I}$(单位矩阵)表示如下：

$$\boldsymbol{Y} = \boldsymbol{F}^{-1}(\boldsymbol{S}\boldsymbol{G} + \boldsymbol{G}^*)^{-1}(\boldsymbol{I} - \boldsymbol{S})\boldsymbol{F} \tag{6A.5}$$

对于一个二端口网络($N_p = 2$)，这些矩阵可以表示如下：

$$\boldsymbol{S} = \begin{bmatrix} S_{11}(s) & S_{12}(s) \\ S_{21}(s) & S_{22}(s) \end{bmatrix}, \quad \boldsymbol{F} = \frac{1}{2}\begin{bmatrix} 1/\sqrt{|\mathrm{Re}(Z_S)|} & 0 \\ 0 & 1/\sqrt{|\mathrm{Re}(Z_L)|} \end{bmatrix}, \quad \boldsymbol{G} = \begin{bmatrix} Z_S & 0 \\ 0 & Z_L \end{bmatrix} \tag{6A.6}$$

其中，Z_S 和 Z_L 分别为源和负载阻抗，$y_{11n}(s)$、$y_{12n}(s)$ [等于 $y_{21n}(s)$] 和 $y_{22n}(s)$ 分别为 $y_{11}(s)$、$y_{12}(s)$ [等于 $y_{21}(s)$] 和 $y_{22}(s)$ 的分子多项式，且 $y_d(s)$ 为它们的公共公母多项式。

式(6A.5)中的二端口 S 参数矩阵 $\boldsymbol{S}$ 可以用它们等效的 N 阶有理多项式替代：

$$S_{11}(s) = \frac{F(s)/\varepsilon_R}{E(s)}, \quad S_{22}(s) = \frac{F_{22}(s)/\varepsilon_R}{E(s)} = \frac{(-1)^N F(s)^*/\varepsilon_R}{E(s)}, \quad S_{12}(s) = S_{21}(s) = \frac{P(s)/\varepsilon}{E(s)} \tag{6A.7}$$

根据式(6A.6)，$y_{11n}(s)$、$y_{12n}(s)$ [等于 $y_{21n}(s)$]、$y_{22n}(s)$ 和 $y_d(s)$ 可以用已知的终端阻抗与多项式 $E(s)$、$F(s)$ 和 $P(s)$ 的系数来表示[A2]。

针对 S 参数多项式表示的二端口网络，其短路 y 参数多项式的推导首先要乘以 $\boldsymbol{Y}$ 的组成矩阵。这里的简写 F_{11}、F_{22}、P 和 E 分别表示 $F(s)/\varepsilon_R$、$F_{22}(s)/\varepsilon_R$、$P(s)/\varepsilon$ 和 $E(s)$，且 E^*、F^* 和 P^* 分别表示 $E(s)^*$、$F(s)^*/\varepsilon_R$ 和 $P(s)^*/\varepsilon$ 的仿共轭形式。当 $N - n_{fz}$ 为偶数时，需要用 $\mathrm{j}P(s)$ 替代 $P(s)$。

首先将 $\boldsymbol{A} = (\boldsymbol{S}\boldsymbol{G} + \boldsymbol{G}^*)^{-1}(\boldsymbol{I} - \boldsymbol{S})$ 代入式(6A.5)中，则有

$$\boldsymbol{Y} = \boldsymbol{F}^{-1} \cdot \boldsymbol{A} \cdot \boldsymbol{F} = 2\begin{bmatrix} \sqrt{\mathrm{Re}(Z_1)} & 0 \\ 0 & \sqrt{\mathrm{Re}(Z_2)} \end{bmatrix} \begin{bmatrix} a_{11} & a_{12} \\ a_{21} & a_{22} \end{bmatrix} \begin{bmatrix} 1/\sqrt{\mathrm{Re}(Z_1)} & 0 \\ 0 & 1/\sqrt{\mathrm{Re}(Z_2)} \end{bmatrix}\frac{1}{2}$$

$$= \begin{bmatrix} a_{11} & a_{12}\sqrt{\mathrm{Re}(Z_1)/\mathrm{Re}(Z_2)} \\ a_{21}\sqrt{\mathrm{Re}(Z_2)/\mathrm{Re}(Z_1)} & a_{22} \end{bmatrix} \tag{6A.8}$$

由此可见，只有 $y_{12}(s)$ 和 $y_{21}(s)$ 受到 $\boldsymbol{F}^{-1}$ 和 $\boldsymbol{F}$ 的影响。

$y_d(s)$ 的推导

首先考虑 $y_d(s)$ 的推导。从式(6A.5)中可以看出，$\boldsymbol{Y}$ 的分母 $y_d(s)$ 是逆矩阵 $(SG+G^*)^{-1}$ 的分母，也是 $(SG+G^*)$ 的行列式：

$$(\boldsymbol{SG}+\boldsymbol{G^*}) = \begin{bmatrix} S_{11} & S_{12} \\ S_{21} & S_{22} \end{bmatrix}\begin{bmatrix} Z_1 & 0 \\ 0 & Z_2 \end{bmatrix} + \begin{bmatrix} Z_1^* & 0 \\ 0 & Z_2^* \end{bmatrix} = \begin{bmatrix} S_{11}Z_1 + Z_1^* & S_{12}Z_2 \\ S_{21}Z_1 & S_{22}Z_2 + Z_2^* \end{bmatrix}$$

$$y_d(s) = \mathrm{denom}(\boldsymbol{SG}+\boldsymbol{G^*})^{-1} = \det(\boldsymbol{SG}+\boldsymbol{G^*}) = (S_{11}Z_1+Z_1^*)(S_{22}Z_2+Z_2^*) - S_{12}S_{21}Z_1Z_2$$

$$= Z_1^*Z_2^* + Z_1Z_2^*\frac{F_{11}}{E} + Z_1^*Z_2\frac{F_{22}}{E} + Z_1Z_2\left(\frac{F_{11}F_{22}}{E^2} - \frac{P^2}{E^2}\right)$$

由于 $F_{22} = (-1)^N F_{11}^*$ 且 $(F_{11}F_{22} - P^2) = (-1)^N EE^*$ [见式(6.20)]，所以有

$$y_d(s) = \left(Z_2^*(Z_1^*E + Z_1F_{11}) + (-1)^N Z_2(Z_1^*E+Z_1F_{11})^*\right)/E \tag{6A.9}$$

$y_{11n}(s)$ 和 $y_{22n}(s)$ 的推导

首先展开 $(SG+G^*)^{-1}(I-S)$ 的分子：

$$\mathrm{num}(\boldsymbol{SG}+\boldsymbol{G^*})^{-1}(\boldsymbol{I}-\boldsymbol{S})$$

$$= \begin{bmatrix} (S_{22}Z_2+Z_2^*)(1-S_{11}) + S_{12}S_{21}Z_2 & -S_{12}(S_{22}Z_2+Z_2^*) - S_{12}Z_2(1-S_{22}) \\ -S_{21}(S_{11}Z_1+Z_1^*) - S_{21}Z_1(1-S_{11}) & (S_{11}Z_1+Z_1^*)(1-S_{22}) - S_{12}S_{21}Z_1 \end{bmatrix} \tag{6A.10}$$

因此有

$$y_{11n}(s) = (S_{22}Z_2+Z_2^*)(1-S_{11}) + S_{12}S_{21}Z_2$$

$$= \left((-1)^N F_{11}^* Z_2 + EZ_2^* - F_{11}Z_2^* - Z_2(F_{11}F_{22}-P^2)/E\right)/E$$

再次用 $(-1)^N EE^*$ 替换 $(F_{11}F_{22}-P^2)$ [见式(6.20)]，所以有

$$y_{11n}(s) = \left(Z_2^*(E-F_{11}) - (-1)^N Z_2(E-F_{11})^*\right)/E \tag{6A.11a}$$

类似地有

$$y_{22n}(s) = \left((Z_1^*E+Z_1F_{11}) - (-1)^N (Z_1^*E+Z_1F_{11})^*\right)/E \tag{6A.11b}$$

$y_{12n}(s)$ 和 $y_{21n}(s)$ 的推导

根据式(6A.8)和式(6A.10)有

$$y_{12n}(s) = \left(-S_{12}(S_{22}Z_2+Z_2^*) - S_{12}Z_2(1-S_{22})\right)\sqrt{\mathrm{Re}(Z_1)/\mathrm{Re}(Z_2)}$$

$$= \left(-S_{12}(Z_2+Z_2^*)\right)\sqrt{\mathrm{Re}(Z_1)/\mathrm{Re}(Z_2)} \tag{6A.12a}$$

$$= -2\sqrt{\mathrm{Re}(Z_1)\mathrm{Re}(Z_2)}\, P/E$$

类似地有

$$y_{21n}(s) = -2\sqrt{\text{Re}(Z_1)\text{Re}(Z_2)}\ P/E = y_{12n}(s) \tag{6A.12b}$$

综上所述（现在写出完整表达式），将 Z_1 和 Z_2 分别替换为 Z_S 和 Z_L（注意 y 参数分母中的多项式 E 将抵消），则有

$$y_{11n}(s) = \left[Z_L^* \left(E(s) - F(s)/\varepsilon_R \right) - (-1)^N Z_L \left(E(s) - F(s)/\varepsilon_R \right)^* \right]$$

$$y_{22n}(s) = \left[\left(Z_S^* E(s) + Z_S F(s)/\varepsilon_R \right) - (-1)^N \left(Z_S^* E(s) + Z_S F(s)/\varepsilon_R \right)^* \right] \tag{6A.13}$$

$$y_{12n}(s) = y_{21n}(s) = -2\sqrt{\text{Re}(Z_S)\text{Re}(Z_L)}\ P(s)/\varepsilon$$

$$y_d(s) = \left[Z_L^* \left(Z_S^* E(s) + Z_S F(s)/\varepsilon_R \right) + (-1)^N Z_L \left(Z_S^* E(s) + Z_S F(s)/\varepsilon_R \right)^* \right]$$

需要注意的是，即使源阻抗和负载阻抗 Z_S 和 Z_L 可能为复数，随着频率变量 s 幂的增大，y 参数的系数仍将在纯实数和纯虚数之间交替变化，因此可以实现纯电抗分量。

然后，这些导纳参数可以用于包含复终端阻抗的耦合矩阵的综合过程（将在 8.4.4 节讨论）。一旦确定了 $N+2$ 型耦合矩阵 M，二端口网络的传输和反射特性就可以通过下列方程组推导得到：

$$S_{11}(s) = 1 - 2\sqrt{\text{Re}(1/Z_S)} \cdot \left[Y \right]_{1,1}^{-1}$$

$$S_{22}(s) = 1 - 2\sqrt{\text{Re}(1/Z_L)} \cdot \left[Y \right]_{N+2,N+2}^{-1} \tag{6A.14}$$

$$S_{12}(s) = S_{21}(s) = 2\sqrt{\text{Re}(1/Z_S)\text{Re}(1/Z_L)} \cdot \left[Y \right]_{N+2,1}^{-1}$$

其中，$\left[Y \right] = \left[R + I's + jM \right]$，$R$ 是除 $R_{1,1} = 1/Z_S$ 和 $R_{N+2,N+2} = 1/Z_L$ 以外所有元件值全部为零的 $N+2$ 型耦合矩阵，且 I' 是修改后的单位矩阵，其中 $I'_{1,1} = I'_{N+2,N+2} = 0$。

$[ABCD]$ 参数与 y 参数之间的关系

6.1.2 节介绍了基于单位源和负载阻抗的二端口网络的 $[ABCD]$ 矩阵多项式的推导过程，且 143 页的脚注中给出了修正过的复阻抗的 $[ABCD]$ 矩阵公式。由此可见，分子多项式 $A_n(s)$、$B_n(s)$、$C_n(s)$、$D_n(s)$ 和修正后的分母多项式 $P(s)$ 与 y 参数多项式的关系如下：

$$[ABCD] = \frac{1}{P'(s)/\varepsilon} \begin{bmatrix} A_n(s) & B_n(s) \\ C_n(s) & D_n(s) \end{bmatrix} = \frac{-1}{y_{21n}(s)} \begin{bmatrix} y_{22n}(s) & y_d(s) \\ \Delta_{yn}/y_d(s) & y_{11n}(s) \end{bmatrix}$$

其中 $\Delta_{yn} = y_{11n}(s)y_{22n}(s) - y_{12n}(s)y_{21n}(s)$，因此有

$$\begin{aligned}
A_n(s) &= y_{22n}(s) \\
B_n(s) &= y_d(s) \\
C_n(s) &= \Delta_{yn}/y_d(s) = \left(E(s) - F(s)/\varepsilon_R \right) + (-1)^N \left(E(s) - F(s)/\varepsilon_R \right)^* \\
D_n(s) &= y_{11n}(s) \\
P'(s)/\varepsilon &= -y_{21n}(s) = -y_{12n}(s) = 2\sqrt{\text{Re}(Z_S)\text{Re}(Z_L)}\ P(s)/\varepsilon
\end{aligned} \tag{6A.15}$$

其中 y 参数由式（6A.13）定义。Frickey 在文献［A4］中给出了二端口网络的各种电路参数之间的转换公式。

从文献［A1］中还可以推导出两个更有用的复阻抗二端口网络公式。从网络的驱动点和负

载端口看进去的阻抗 Z_{IN1} 和 Z_{IN2} 分别为

$$Z_{IN1} = (Z_S^* + S_{11}Z_S)/(1 - S_{11}), \qquad Z_{IN2} = (Z_L^* + S_{22}Z_L)/(1 - S_{22}) \qquad (6A.16)$$

终端阻抗的变化

对于一个 N_p 端口网络来说,端口传输系数 S_{ij} 和反射系数 S_{ii} 取决于归一化这个端口的阻抗。绝大多数情况下,终端阻抗都是归一化的。但是,在某些多工器应用中,将一组包含特定终端阻抗的 S 参数重新归一化到另一组可能包含复终端的阻抗是极其有用的。

为了将一组定义为终端阻抗 Z_i 的多端口 S 参数矩阵 $\boldsymbol{S}$ 转换为一组新终端阻抗 Z_i' 的新 S 参数矩阵 $\boldsymbol{S'}$,其推导过程通过改写式(6A.4)来开始[A1, A3]:

$$\boldsymbol{S'} = \boldsymbol{F'}(\boldsymbol{Z} - \boldsymbol{G'}^*)(\boldsymbol{Z} + \boldsymbol{G'})^{-1}\boldsymbol{F'}^{-1} \qquad (6A.17)$$

其中,对角矩阵 $\boldsymbol{F'}$ 和 $\boldsymbol{G'}$ 分别表示 $\boldsymbol{F}$ 和 $\boldsymbol{G}$ 中所有 Z_i 被替换为 Z_i' 时的矩阵。如上所述,$\boldsymbol{F}$ 和 $\boldsymbol{G}$ 为 $N_p \times N_p$ 对角矩阵,其第 i 个对角元件分别给定为 $f_i = 1/(2\sqrt{|\mathrm{Re}(Z_i)|})$ 和 $g_i = Z_i$。此外,还可以对式(6A.5)求逆,用阻抗矩阵 $\boldsymbol{Z}$ 来表示 N_p 端口导纳矩阵 $\boldsymbol{Y}$:

$$\boldsymbol{Z} = \boldsymbol{Y}^{-1} = \boldsymbol{F}^{-1}(\boldsymbol{I} - \boldsymbol{S})^{-1}(\boldsymbol{SG} + \boldsymbol{G}^*)\boldsymbol{F} \qquad (6A.18)$$

此外,另一个对角矩阵 $\boldsymbol{\Gamma}$ 可以定义为

$$\boldsymbol{\Gamma} = (\boldsymbol{G'} - \boldsymbol{G})(\boldsymbol{G'} + \boldsymbol{G}^*)^{-1} \qquad (6A.19a)$$

式(6A.19a)可以重写为

$$(\boldsymbol{G'} + \boldsymbol{G}^*) = \boldsymbol{\Gamma}^{-1}(\boldsymbol{G'} - \boldsymbol{G}) \qquad (6A.19b)$$

构建矩阵 $(\boldsymbol{I} - \boldsymbol{\Gamma})$,且

$$(\boldsymbol{I} - \boldsymbol{\Gamma}) = \boldsymbol{I} - (\boldsymbol{G'} - \boldsymbol{G})(\boldsymbol{G'} + \boldsymbol{G}^*)^{-1} = (\boldsymbol{G}^* + \boldsymbol{G})(\boldsymbol{G'} + \boldsymbol{G}^*)^{-1}$$
$$= 2\,\mathrm{Re}(\boldsymbol{G})(\boldsymbol{G'} + \boldsymbol{G}^*)^{-1} \qquad (6A.19c)$$

首先处理式(6A.17)的第二项 $(\boldsymbol{Z} + \boldsymbol{G'})^{-1}$。用式(6A.18)替换 $\boldsymbol{Z}$,则有

$$(\boldsymbol{Z} + \boldsymbol{G'}) = \boldsymbol{F}^{-1}(\boldsymbol{I} - \boldsymbol{S})^{-1}(\boldsymbol{SG} + \boldsymbol{G}^*)\boldsymbol{F} + \boldsymbol{G'}$$
$$= \boldsymbol{F}^{-1}(\boldsymbol{I} - \boldsymbol{S})^{-1}(\boldsymbol{S}(\boldsymbol{GF} - \boldsymbol{FG'}) + (\boldsymbol{G}^* + \boldsymbol{G'})\boldsymbol{F})$$

使用式(6A.19a)替换 $(\boldsymbol{G}^* + \boldsymbol{G'})$:

$$(\boldsymbol{Z} + \boldsymbol{G'}) = \boldsymbol{F}^{-1}(\boldsymbol{I} - \boldsymbol{S})^{-1}(\boldsymbol{S}(\boldsymbol{G} - \boldsymbol{G'})\boldsymbol{F} + \boldsymbol{\Gamma}^{-1}(\boldsymbol{G'} - \boldsymbol{G})\boldsymbol{F})$$
$$= \boldsymbol{F}^{-1}(\boldsymbol{I} - \boldsymbol{S})^{-1}(\boldsymbol{S} - \boldsymbol{\Gamma}^{-1})(\boldsymbol{G} - \boldsymbol{G'})\boldsymbol{F}$$

现在使用式(6A.19b)替换 $(\boldsymbol{G} - \boldsymbol{G'})$,并使用式(6A.19c)替换 $(\boldsymbol{G'} + \boldsymbol{G}^*)$:

$$(\boldsymbol{Z} + \boldsymbol{G'}) = \boldsymbol{F}^{-1}(\boldsymbol{I} - \boldsymbol{S})^{-1}(\boldsymbol{S} - \boldsymbol{\Gamma}^{-1})(-\boldsymbol{\Gamma})(\boldsymbol{G'} + \boldsymbol{G}^*)\boldsymbol{F}$$
$$= \boldsymbol{F}^{-1}(\boldsymbol{I} - \boldsymbol{S})^{-1}(\boldsymbol{I} - \boldsymbol{S\Gamma})(\boldsymbol{I} - \boldsymbol{\Gamma})^{-1}2\,\mathrm{Re}(\boldsymbol{G})\boldsymbol{F}$$

求逆可得

$$(\boldsymbol{Z} + \boldsymbol{G'})^{-1} = (2\boldsymbol{F}\,\mathrm{Re}(\boldsymbol{G}))^{-1}(\boldsymbol{I} - \boldsymbol{\Gamma})(\boldsymbol{I} - \boldsymbol{S\Gamma})^{-1}(\boldsymbol{I} - \boldsymbol{S})\boldsymbol{F} \qquad (6A.20)$$

这里可以证明式(6A.20)的乘积顺序可以调换,以便对最后的公式进行简化:

$$(\boldsymbol{I} - \boldsymbol{\Gamma})(\boldsymbol{I} - \boldsymbol{S\Gamma})^{-1}(\boldsymbol{I} - \boldsymbol{S}) = (\boldsymbol{I} - \boldsymbol{S})(\boldsymbol{I} - \boldsymbol{\Gamma S})^{-1}(\boldsymbol{I} - \boldsymbol{\Gamma}) \qquad (6A.21)$$

重新排列各项:

$$(\boldsymbol{I} - \boldsymbol{S})\boldsymbol{R}(\boldsymbol{I} - \boldsymbol{\Gamma S}) = (\boldsymbol{I} - \boldsymbol{S\Gamma})\boldsymbol{R}(\boldsymbol{I} - \boldsymbol{S}), \qquad 其中 \boldsymbol{R} = (\boldsymbol{I} - \boldsymbol{\Gamma})^{-1}$$

对应项相乘后抵消，则有

$$IRS - IR\Gamma S = SRI - S\Gamma RI$$

$$IR(I - \Gamma)S = S(I - \Gamma)RI$$

由于 $R = (I - \Gamma)^{-1}$，显然式(6A.21)是正确的。因此，式(6A.20)最后可以改写为

$$(Z + G')^{-1} = (2F\,\mathrm{Re}(G))^{-1}(I - S)(I - \Gamma S)^{-1}(I - \Gamma)F \qquad (6A.22)$$

式(6A.17)的首项 $(Z - G'^{*})$ 可以使用类似方法来处理，结果为

$$(Z - G'^{*}) = F^{-1}(I - \Gamma^{*})^{-1}(S - \Gamma^{*})(I - S)^{-1}2F\,\mathrm{Re}(G) \qquad (6A.23)$$

现在，式(6A.17)可以用式(6A.17)和式(6A.23)重组为

$$S' = F'(Z - G'^{*})(Z + G')^{-1}F'^{-1}$$
$$= F'F^{-1}(I - \Gamma^{*})^{-1}(S - \Gamma^{*})(I - \Gamma S)^{-1}(I - \Gamma)FF'^{-1} \qquad (6A.24)$$

该公式可以通过定义一个对角矩阵 A 来稍加简化，其中 $A = F'^{-1}F(I - \Gamma^{*})$。因此

$$S' = A^{-1}(S - \Gamma^{*})(I - \Gamma S)^{-1}A^{*} \qquad (6A.25)$$

其中，$a_{ii} = 2\sqrt{\mathrm{Re}(Z_i)\,\mathrm{Re}(Z'_i)}/(Z_i + Z'^{*}_i)$ 为对角矩阵 A 的第 i 个元件，且 Γ 为对角矩阵，其中元件值 $\Gamma_{ii} = (Z'_i - Z_i)/(Z'_i + Z^{*}_i)$，$i = 1, 2, \cdots, N_p$。$Z_i$ 为网络第 i 个端口的初始阻抗，Z'_i 为新阻抗，且 A^{*} 和 Γ^{*} 分别为对角矩阵 A 和 Γ 的复共轭矩阵。

原著附录 6A 参考文献

A1. Kurokawa, K. (1965) Power waves and the scattering matrix. *IEEE Transactions on Microwave Theory and Techniques*, 194-202, March 1965.

A2. Ge, C., Zhu, X.-W., Jiang, X., and Xu, X.-J. (2016) A general synthesis approach of coupling matrix with arbitrary reference impedances. *IEEE Microwave and Wireless Components Letters*, **25** (6), 349-351.

A3. Bodway, G.E. (1968) Circuit design and characterization of transistors by means of three-port scattering parameters. *Microwave Journal*, **11** (5), 7-1-7-11.

A4. Frickey, D.A. (1994) Conversions between S, Z, Y, H, ABCD, and T parameters which are valid for complex source and load impedances. *IEEE Transactions on Microwave Theory and Techniques*, **42** (2), 205-211.

第7章 电路网络综合方法

第6章介绍了建立传输多项式和反射多项式的方法，这些方法被广泛运用于各种低通原型滤波器函数的分析中。接下来第6章还介绍了如何将这些多项式转换为原型电路，完成实际滤波器的设计。实现这种转换有两种方法：一种是经典的电路综合方法，另一种是直接耦合矩阵综合方法。本章主要讲述基于 $[ABCD]$ 传输矩阵，有时也称为"链式"矩阵的电路综合方法。

文献 [1~6] 已经对电路综合的相关内容做了全面而详尽的叙述。本章并不想重复这些工作，而是想利用这些理论来建立一套普适的微波滤波器综合方法。本章所描述的方法既包括对称的，也包括不对称的低通原型滤波器。如3.10节和6.1节所述，这些原型网络都要求假定一些电抗元件不随频率变化，简称 FIR 元件[7]。如果电路中包含了这类元件，则传输和反射多项式将会出现复系数。在带通或带阻滤波器中，FIR 元件使得谐振电路产生频率偏移。通常网络综合过程中需要用到的元件有如下几种。

- 随频率变化的电抗元件、集总电容和集总电感。这些元件的数量决定了低通滤波器原型网络的级数或阶数①。在梯形网络中，运用对偶定理，电容和电感之间可以互换。
- 不随频率变化的电抗元件或 FIR② 元件。经典的网络综合理论主要基于以下概念：驱动点导抗函数 $Z(s)$ 或 $Y(s)$ 是满足**正实**条件的。即对于实际网络而言，当 $\mathrm{Re}(s) > 0$ 时，$\mathrm{Re}(Z(s)) > 0$ 或 $\mathrm{Re}(Y(s)) > 0$；且当 s 为实数时，$Z(s)$ 或 $Y(s)$ 也为实数[17]。如果将 FIR 元件引入网络，则无须满足第二个条件（说明频率响应是对称的），此时驱动点函数变成一个**正函数**[11]。FIR 表示谐振器的谐振频率与标称谐振频率之间的偏移量（低通谐振器的**标称谐振频率为零**，而带通谐振器的标称谐振频率为中心频率），如图 7.1 所示。对于不对称滤波器，驱动点多项式的系数虽然不能提取出电容和电感值，但是可以提取出 FIR 元件，然后利用相对于滤波器**标称**中心频率偏移的微波谐振单元来实现（比如一个波导谐振器，或一个介质谐振器），此时滤波器是**异步调谐**的。

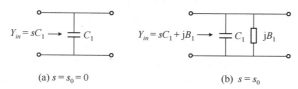

(a) $s = s_0 = 0$ (b) $s = s_0$

图 7.1 （a）当 $s = s_0 = 0$ 时 $Y_{in} = 0$，表示低通谐振器的谐振频率为零；（b）当 $s = s_0$ 时 $Y_{in} = sC_1 + jB_1 = 0$，表示低通滤波器的谐振频率 $s_0 = j\omega_0 = -jB_1/C_1$，即与标称中心频率之间的偏移量 $\omega_0 = -B_1/C_1$

- 不随频率变化的传输线相移元件。其特例是四分之一波长（90°）阻抗或导纳变换器（也称为**导抗变换器**）。在微波电路中，这些元件可以作为 90° 相移变换器，在许多微波结构中利用感性膜片和耦合探针来近似实现。在微波频段，这些变换器的运用极大地简化了滤波器的设计。

---

① 为便于全文统一，本书将全部使用"阶"来表示。——译者注
② 通常情况下，不随频率变化的阻抗和导纳都可以简称为"FIR"。

- 微波滤波器网络节点之间的耦合元件，以及耦合变换器。其中，按谐振器顺序依次连接的耦合称为**主耦合**，没有按谐振器顺序依次连接的耦合称为**交叉耦合**，源或负载与谐振器之间连接的耦合称为**输入/输出耦合**。对于全规范型滤波器，从源或负载到谐振器的耦合不止一个，且存在直接的源-负载耦合。

7.1　电路综合方法

对于源和负载阻抗为 1 的二端口网络，可以运用 $[ABCD]$ 矩阵表示如下[9]：

$$[ABCD] = \frac{1}{jP(s)/\varepsilon} \cdot \begin{bmatrix} A(s) & B(s) \\ C(s) & D(s) \end{bmatrix} \tag{7.1a}$$

其中，

$$S_{12}(s) = S_{21}(s) = \frac{P(s)/\varepsilon}{E(s)} = \frac{2P(s)/\varepsilon}{A(s) + B(s) + C(s) + D(s)} \tag{7.1b}$$

$$S_{11}(s) = \frac{F(s)/\varepsilon_R}{E(s)} = \frac{A(s) + B(s) - C(s) - D(s)}{A(s) + B(s) + C(s) + D(s)} \tag{7.1c}$$

$$S_{22}(s) = \frac{(-1)^N F(s)^*/\varepsilon_R}{E(s)} = \frac{D(s) + B(s) - C(s) - A(s)}{A(s) + B(s) + C(s) + D(s)} \tag{7.1d}$$

为了提取出交叉耦合变换器，式(7.1)的分母 $P(s)$ 必须乘以 j；另外，当 $N - n_{fz}$ 为偶数时，$P(s)$ 乘以 j 还可以满足正交归一化条件(见 6.2 节)。对于值不为 1 的源阻抗 R_S 和负载阻抗 R_L，其 $[ABCD]$ 矩阵可以变换为

$$[ABCD] = \frac{1}{jP(s)/\varepsilon} \cdot \begin{bmatrix} \sqrt{\dfrac{R_L}{R_S}} A(s) & \dfrac{B(s)}{\sqrt{R_S R_L}} \\ \sqrt{R_S R_L} C(s) & \sqrt{\dfrac{R_S}{R_L}} D(s) \end{bmatrix} \tag{7.2}$$

根据式(7.1)，显然多项式 $A(s)$、$B(s)$、$C(s)$ 和 $D(s)$ 都拥有共同的分母 $P(s)/\varepsilon$。并且，通过验证可以得出如下结论，实际滤波器电路元件构建的 $E(s)$、$F(s)/\varepsilon_R$ 及 $P(s)/\varepsilon$ 多项式，其系数之间的关系可以分别用理想滤波器的传输和反射特性来表示。

因此，首要任务是建立 $A(s)$、$B(s)$、$C(s)$ 和 $D(s)$ 多项式与代表滤波器函数传输和反射特性的 S 参数之间的对应关系。一个实际的滤波器电路可以通过构建一个简单三阶梯形网络的 $[ABCD]$ 矩阵来表示，然后将 $A(s)$、$B(s)$、$C(s)$ 和 $D(s)$ 及 $P(s)$ 多项式与构成 $S_{21}(s)$ 和 $S_{11}(s)$ 的多项式系数直接进行比较，来研究这些合成的多项式之间的构造关系。同时，为了普及本方法的应用，下面还将针对一些高级电路的 $[ABCD]$ 矩阵形式进行分析，包括不对称交叉耦合及单终端型电路。

图 7.2 所示的一个无耗的三阶梯形网络构成了一个低通滤波器。该电路的三个传输零点均位于 $s = j\infty$ 处，即为全极点滤波器。下面来说明网络的综合过程。首先，建立与这个三阶低通原型梯形网络相对应的 $A(s)$、$B(s)$、$C(s)$ 和 $D(s)$ 多项式，该网络由元件 C_1、L_1 和 C_2 组成(有时也用 g_1、g_2 和 g_3 来表示[11])；

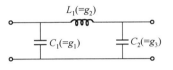

图 7.2　低通原型电路

然后，运用综合方法来说明如何从 $A(s)$、$B(s)$、$C(s)$ 和 $D(s)$ 的多项式中，提取出初始网络元件 C_1、L_1 和 C_2 的值。

7.1.1 三阶网络的[$ABCD$]矩阵构造

该三阶低通网络如图 7.2 所示。

步骤 A 并联 C_1 和串联 L_1 的级联

$$\begin{bmatrix} A & B \\ C & D \end{bmatrix} = \begin{bmatrix} 1 & 0 \\ sC_1 & 1 \end{bmatrix} \cdot \begin{bmatrix} 1 & sL_1 \\ 0 & 1 \end{bmatrix}$$

二阶网络 $(N = 2)$
多项式的阶数：
$A(s)$: $N-2$
$B(s)$: $N-1$
$C(s)$: $N-1$
$D(s)$: N

$$= \begin{bmatrix} 1 & sL_1 \\ sC_1 & 1 + s^2 L_1 C_1 \end{bmatrix}$$

$$\begin{bmatrix} A & B \\ C & D \end{bmatrix} = \begin{bmatrix} 1 & sL_1 \\ sC_1 & 1 + s^2 C_1 L_1 \end{bmatrix} \cdot \begin{bmatrix} 1 & 0 \\ sC_2 & 1 \end{bmatrix}$$

三阶网络 $(N = 3)$
多项式的阶数：
$A(s)$: $N-1$
$B(s)$: $N-2$
$C(s)$: N
$D(s)$: $N-1$

$$= \begin{bmatrix} 1 + s^2 L_1 C_2 & sL_1 \\ s(C_1 + C_2) + s^3 C_1 C_2 L_1 & 1 + s^2 C_1 L_1 \end{bmatrix}$$

观察以上 $A(s)$、$B(s)$、$C(s)$ 和 $D(s)$ 多项式的形式可以发现，低通原型网络的阶数 N 为偶数时，$B(s)$ 和 $C(s)$ 的阶数为 $N-1$，$D(s)$ 的阶数为 N，$A(s)$ 的阶数为 $N-2$。并且，当 N 为奇数时，$A(s)$ 和 $D(s)$ 的阶数为 $N-1$，$C(s)$ 的阶数为 N，$B(s)$ 的阶数为 $N-2$。因此，无论 N 为何值，$A(s)$ 和 $D(s)$ 多项式总是偶数阶的，$B(s)$ 和 $C(s)$ 多项式总是奇数阶的。

7.1.2 网络综合

现在来进行反向综合。已知 $A(s)$、$B(s)$、$C(s)$ 和 $D(s)$ 多项式的系数，需要依次从多项式中提取出 C_1、L_1 和 C_2。

通过计算 $s = j\infty$ 时网络的短路导纳参数(y)或开路阻抗参数(z)，可以得到距离输入端最近的元件值。然后将[$ABCD$]矩阵左乘一个与该元件相对应的逆矩阵，从而提取出这个元件，余下一个单位矩阵与剩余[$ABCD$]矩阵级联。

步骤 A.1 求解元件 C_1。根据短路导纳参数 y_{11} 或开路阻抗参数 z_{11} 推导出元件 C_1 的值。首先求解网络左边的参数 y_{11} 或 z_{11}，然后再计算 $s = j\infty$ 时 C_1 的值。对于一个基本的[$ABCD$]矩阵，可得

$$v_1 = A(s)v_2 + B(s)i_2$$
$$i_1 = C(s)v_2 + D(s)i_2$$

其中，

当 $v_2 = 0$ 时，$y_{11} = \dfrac{i_1}{v_1} = \dfrac{D(s)}{B(s)}$

当 $i_2 = 0$ 时，$z_{11} = \dfrac{v_1}{i_1} = \dfrac{A(s)}{C(s)}$

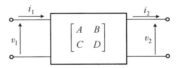

总的 $[ABCD]$ 矩阵为

$$\begin{bmatrix} A & B \\ C & D \end{bmatrix} = \begin{bmatrix} 1 + s^2 L_1 C_2 & sL_1 \\ s(C_1 + C_2) + s^3 C_1 C_2 L_1 & 1 + s^2 C_1 L_1 \end{bmatrix}$$

$$z_{11} = \frac{A(s)}{C(s)} = \frac{1 + s^2 L_1 C_2}{s(C_1 + C_2) + s^3 C_1 C_2 L_1}$$

$$sz_{11}|_{s \to \infty} = \frac{sA(s)}{C(s)}\bigg|_{s \to \infty} = \frac{1}{C_1}$$

或

$$y_{11} = \frac{D(s)}{B(s)} = \frac{1 + s^2 L_1 C_1}{sL_1}$$

$$\frac{y_{11}}{s}\bigg|_{s \to \infty} = \left|\frac{D(s)}{sB(s)_{s \to \infty}}\right| = C_1$$

步骤 A.2　提取出元件 C_1。 元件提取过程如下。

$[ABCD]$ 矩阵的表示形式为

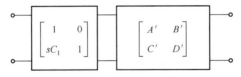

它由含有并联元件 C_1 的矩阵与剩余 $[ABCD]$ 矩阵级联而成，即

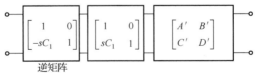

为了提取出 C_1，需要左乘 C_1 矩阵的逆，即

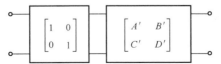

余下的矩阵形式为一个单位矩阵(可忽略)与剩余 $[ABCD]$ 矩阵的级联，即

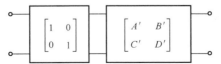

则总的 $[ABCD]$ 矩阵为

$$\begin{bmatrix} A & B \\ C & D \end{bmatrix} = \begin{bmatrix} 1 + s^2 L_1 C_2 & sL_1 \\ s(C_1 + C_2) + s^3 C_1 C_2 L_1 & 1 + s^2 C_1 L_1 \end{bmatrix} \tag{7.3}$$

左乘并联元件 C_1 的逆矩阵后, 结果表示如下:

$$\begin{bmatrix} A & B \\ C & D \end{bmatrix} = \begin{bmatrix} 1 & 0 \\ -sC_1 & 1 \end{bmatrix} \cdot \begin{bmatrix} 1 + s^2L_1C_2 & sL_1 \\ s(C_1 + C_2) + s^3C_1C_2L_1 & 1 + s^2C_1L_1 \end{bmatrix} = \begin{bmatrix} A' & B' \\ C' & D' \end{bmatrix}$$

所以

$$A'(s) = A(s)$$
$$B'(s) = B(s)$$
$$C'(s) = C(s) - sC_1A(s)$$
$$D'(s) = D(s) - sC_1B(s)$$

因此, 提取元件 C_1 后的剩余矩阵为

$$\begin{bmatrix} A' & B' \\ C' & D' \end{bmatrix} = \begin{bmatrix} 1 + s^2L_1C_2 & sL_1 \\ sC_2 & 1 \end{bmatrix} \tag{7.4}$$

步骤 B   利用步骤 A.2 得到的剩余矩阵提取串联元件 L_1

$$z_{11} = \frac{A(s)}{C(s)} = \frac{1 + s^2L_1C_2}{sC_2} \tag{7.5}$$

所以

$$L_1 = \frac{z_{11}}{s}\Big|_{s \to \infty} = \frac{A(s)}{sC(s)}\Big|_{s \to \infty}$$

此外, 还可以得到

$$y_{11} = \frac{D(s)}{B(s)} = \frac{1}{sL_1} \tag{7.6}$$

所以

$$\frac{1}{L_1} = \frac{sD(s)}{B(s)}\Big|_{s \to \infty}$$

步骤 B.1   提取元件 L_1   将上一步(步骤 A.2)求出的剩余矩阵左乘串联元件 L_1 的逆矩阵:

$$\begin{bmatrix} 1 & -sL_1 \\ 0 & 1 \end{bmatrix} \cdot \begin{bmatrix} 1 + s^2L_1C_2 & sL_1 \\ sC_2 & 1 \end{bmatrix} = \begin{bmatrix} A' & B' \\ C' & D' \end{bmatrix} \tag{7.7}$$

所以

$$A'(s) = A(s) - sL_1C(s)$$
$$B'(s) = B(s) - sL_1D(s)$$
$$C'(s) = C(s)$$
$$D'(s) = D(s)$$

提取元件 L_1 后的剩余矩阵为

$$\begin{bmatrix} A' & B' \\ C' & D' \end{bmatrix} = \begin{bmatrix} 1 & 0 \\ sC_2 & 1 \end{bmatrix} \tag{7.8}$$

其中包含并联元件 C_2。通过左乘 C_2 的逆矩阵并消去单位矩阵 $\begin{bmatrix} 1 & 0 \\ 0 & 1 \end{bmatrix}$, 就完成了元件 C_1, L_1 和 C_2 的提取, 至此整个网络综合过程结束。

在上述综合的每个步骤中,可以提取得到 C_1,L_1 和 C_2 的两组元件值。一组根据多项式 $B(s)$ 和 $D(s)$ 推导得到,另一组根据多项式 $A(s)$ 和 $C(s)$ 得到。通常情况下,这两种方法得到的结果是相同的,但是对于高阶网络,累积误差会导致两种方法得到的结果差异很大。有许多方法可以减小这些误差。比如利用网络的对称性,或改变定义域(变量转换到 z 平面)进行综合[9, 12, 13]。对于一些中等复杂网络,比如十二阶网络的计算,如果使用 32 位的计算机,那么元件值的精度可以精确到小数点后 6 位,而不必采用其他改进手段。然而在网络提取过程中,一般只使用 $A(s)$ 和 $C(s)$ 多项式,或 $B(s)$ 和 $D(s)$ 多项式。有时,在提取第一个元件时使用 $A(s)$ 和 $C(s)$ 多项式,而提取其他元件时使用 $B(s)$ 和 $D(s)$ 多项式,会得到较好的结果。当采用两种方法提取出的元件值在小数点后 6 位出现较大差异时,说明累积误差的影响开始变得严重。

7.2 耦合谐振微波带通滤波器的低通原型电路

图 7.3 所示的两个双终端低通原型电路,其终端分别端接特定的阻抗或导纳[11]。网络中的元件值用“g 参数”表示[11],视为并联电容或串联电感元件。若 g_1 是电容,则源终端 g_0 表示电阻;而若 g_1 是电感,则 g_0 表示电导。这个结论对于负载终端 g_{N+1} 也是一样的。从而,网络变换可以沿着梯形网络从左到右,阻抗-导纳-阻抗(反之亦然)交替进行。无论采用何种形式,电路所得到的响应都是相同的。

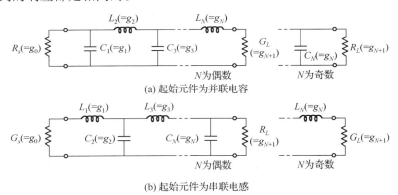

(a) 起始元件为并联电容

(b) 起始元件为串联电感

图 7.3　低通原型梯形网络

接下来运用对偶定理,通过加入单位变换器的形式将串联元件(电感)变换为并联电容。图 7.4 给出了三阶网络中串联电感 L_2 变为并联电容的过程,其变换后的电容值不变,仍为 g_2。类似地,通过加入单位变换器 M_{S1} 和 M_{3L},输入和输出端阻抗变换成为导纳。这时该网络就转换成了只含有导纳(导抗)的**并联谐振**低通原型电路。且这些变换器与实际滤波器的耦合元件是一一对应的。

耦合腔微波带通滤波器可以根据图 7.4 所示的低通原型电路直接变换得到。在加入串联和并联的谐振元件构成**带通原型**(BPP)之后,合理变换到带通滤波器的中心频率和带宽上,显然利用微波结构可以直接实现带通谐振电路元件的设计。实际滤波器的谐振器由微波结构(比如同轴谐振器)构成,图 7.5 利用一个四阶全极点同轴带通滤波器说明了这一过程。

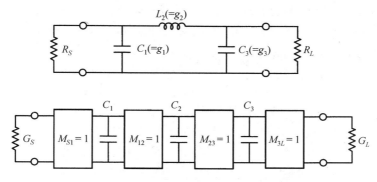

图 7.4　三阶低通原型梯形网络及加入单位变换器后的形式

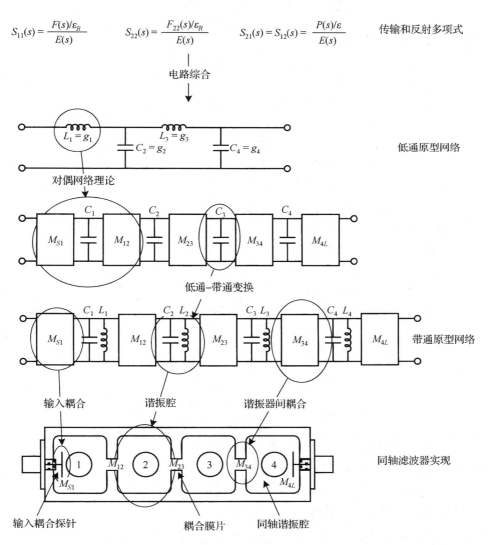

$$S_{11}(s) = \frac{F(s)/\varepsilon_R}{E(s)} \qquad S_{22}(s) = \frac{F_{22}(s)/\varepsilon_R}{E(s)} \qquad S_{21}(s) = S_{12}(s) = \frac{P(s)/\varepsilon}{E(s)} \qquad \text{传输和反射多项式}$$

电路综合

低通原型网络

对偶网络理论

低通–带通变换

带通原型网络

输入耦合　　谐振腔　　谐振器间耦合

同轴滤波器实现

输入耦合探针　　耦合膜片　　同轴谐振腔

图 7.5　四阶全极点同轴带通滤波器的综合过程

本章主要关注开路形式的并联元件，这是由于许多波导和同轴元件都是依据并联元件来建模的,包括矩形波导中的电感或电容膜片[14]。如果需要串联元件,则可以运用对偶定理,将并联电容变换为值相同的串联电感来表示,或者将导纳变换器(J)变换为阻抗变换器(K)[15~17]。

7.2.1　变换器电路的[ABCD]多项式综合

下面利用图7.4所示的三阶网络来推导并联耦合变换器谐振网络的基本多项式形式。

第一个变换器 M_{S1} 和第一个并联电容 C_1 级联后的[ABCD]矩阵为

$$\begin{bmatrix} 0 & j \\ j & 0 \end{bmatrix} \cdot \begin{bmatrix} 1 & 0 \\ sC_1 & 1 \end{bmatrix} = j\begin{bmatrix} 0 & 1 \\ 1 & 0 \end{bmatrix} \cdot \begin{bmatrix} 1 & 0 \\ sC_1 & 1 \end{bmatrix} = j\begin{bmatrix} sC_1 & 1 \\ 1 & 0 \end{bmatrix} \tag{7.9}$$

与第二个变换器 M_{12} 级联后的矩阵为

$$j\begin{bmatrix} sC_1 & 1 \\ 1 & 0 \end{bmatrix} \cdot j\begin{bmatrix} 0 & 1 \\ 1 & 0 \end{bmatrix} = -\begin{bmatrix} 1 & sC_1 \\ 0 & 1 \end{bmatrix} \tag{7.10}$$

与第二个并联电容 C_2 级联后的矩阵为

$$-\begin{bmatrix} 1 & sC_1 \\ 0 & 1 \end{bmatrix}\begin{bmatrix} 1 & 0 \\ sC_2 & 1 \end{bmatrix} = -\begin{bmatrix} 1+s^2C_1C_2 & sC_1 \\ sC_2 & 1 \end{bmatrix} \tag{7.11}$$

与第三个变换器 M_{23} 级联后的矩阵为

$$-\begin{bmatrix} 1+s^2C_1C_2 & sC_1 \\ sC_2 & 1 \end{bmatrix} \cdot j\begin{bmatrix} 0 & 1 \\ 1 & 0 \end{bmatrix} = -j\begin{bmatrix} sC_1 & 1+s^2C_1C_2 \\ 1 & sC_2 \end{bmatrix} \tag{7.12}$$

在这一步,已经获得了一个二阶滤波器网络($N=2$),该网络中包含了两个随频率变化的元件 C_1 和 C_2。观察这些多项式的构成,其具有如下特点:

- $A(s)$ 和 $D(s)$ 为奇数阶多项式,阶数为 $N-1$
- $B(s)$ 为偶数阶多项式,阶数为 N
- $C(s)$ 为偶数阶多项式,阶数为 $N-2$

与第三个并联电容 C_3 级联后的矩阵为

$$-j\begin{bmatrix} sC_1 & 1+s^2C_1C_2 \\ 1 & sC_2 \end{bmatrix} \cdot \begin{bmatrix} 1 & 0 \\ sC_3 & 1 \end{bmatrix} = -j\begin{bmatrix} s(C_1+C_3)+s^3C_1C_2C_3 & 1+s^2C_1C_2 \\ 1+s^2C_2C_3 & sC_2 \end{bmatrix} \tag{7.13}$$

与第四个变换器 M_{3L} 级联后的矩阵为

$$-j\begin{bmatrix} s(C_1+C_3)+s^3C_1C_2C_3 & 1+s^2C_1C_2 \\ 1+s^2C_2C_3 & sC_2 \end{bmatrix} \cdot j\begin{bmatrix} 0 & 1 \\ 1 & 0 \end{bmatrix}$$
$$= \begin{bmatrix} 1+s^2C_1C_2 & s(C_1+C_3)+s^3C_1C_2C_3 \\ sC_2 & 1+s^2C_2C_3 \end{bmatrix} \tag{7.14}$$

再次观察这个三阶电路的多项式($N=3$),其特点如下:

- $A(s)$ 和 $D(s)$ 为偶数阶多项式,阶数为 $N-1$
- $B(s)$ 为奇数阶多项式,阶数为 N
- $C(s)$ 为奇数阶多项式,阶数为 $N-2$

根据这些级联矩阵的运算过程,可以得到关于滤波器梯形网络的多项式 $A(s)$、$B(s)$、$C(s)$ 和 $D(s)$ 的一些重要特性。所有多项式均是以 s 为变量的实系数多项式,其阶数的奇偶性取决于滤波器阶数 N。无论 N 是奇数还是偶数,多项式 $B(s)$ 的阶数为 N 且始终最高;多项式 $A(s)$ 和 $D(s)$ 的阶数为 $N-1$,而多项式 $C(s)$ 的阶数为 $N-2$(最低)。

下面建立多项式 $A(s)$、$B(s)$、$C(s)$ 和 $D(s)$ 与传输多项式 $S_{21}(s)$ 和反射多项式 $S_{11}(s)$ ［多项式 $E(s)$、$P(s)/\varepsilon$ 和 $F(s)/\varepsilon_R$］之间的对应关系。一般情况下，$E(s)$ 和 $F(s)$ 的系数为复数（见3.10节）。考虑一般性，需要增加一个不随频率变化的电抗（FIR）元件 B_i 与一个随频率变化的并联元件 C_i（电容）并联，则该节点导纳从 sC_i 变为 $sC_i + jB_i$（见图7.1）。

在并联节点加入 FIR 元件，将使梯形网络的多项式 $A(s)$、$B(s)$、$C(s)$ 和 $D(s)$ 改为复奇数或复偶数形式。也就是说，随着 s 的幂的增加，其系数在纯实数和纯虚数之间交替出现。下面来举例说明。对于一个二阶 $[ABCD]$ 矩阵［见式(7.12)］，在加入 FIR 元件之前，其多项式 $B(s)$ 为

$$B(s) = -j(1 + s^2 C_1 C_2)$$

用 $sC_1 + jB_1$ 替代 sC_1，并用 $sC_2 + jB_2$ 替代 sC_2，可得

$$
\begin{aligned}
B(s) &= -j[(1 - B_1 B_2) + j(B_1 C_2 + B_2 C_1)s + C_1 C_2 s^2] \\
&= j[b_0 + jb_1 s + b_2 s^2]
\end{aligned}
\tag{7.15}
$$

其中系数 b_i 为纯实数。类似地，对于 $D(s)$ 有

$$
\begin{aligned}
D(s) &= -j[sC_2], & \text{无FIR元件} \\
D(s) &= -j[jB_2 + sC_2] = j[jd_0 + d_1 s], & \text{有FIR元件 } jB_2
\end{aligned}
\tag{7.16}
$$

其中，多项式 $D(s)$ 的系数 d_i 为纯实数。

运用类似的方法还可以推导出多项式 $A(s)$ 和 $C(s)$ 的系数。对于偶数阶的情况有

$$
\begin{aligned}
A(s) &= j[ja_0 + a_1 s + ja_2 s^2 + a_3 s^3 + \cdots + a_{N-1} s^{N-1}] \\
B(s) &= j[b_0 + jb_1 s + b_2 s^2 + jb_3 s^3 + \cdots + jb_{N-1} s^{N-1} + b_N s^N] \\
C(s) &= j[c_0 + jc_1 s + c_2 s^2 + jc_3 s^3 + \cdots + c_{N-2} s^{N-2}] \\
D(s) &= j[jd_0 + d_1 s + jd_2 s^2 + d_3 s^3 + \cdots + d_{N-1} s^{N-1}]
\end{aligned}
\tag{7.17}
$$

其中，系数 a_i，b_i，c_i，$d_i(i = 0, 1, 2, \cdots, N)$ 为实数。类似地，根据式(7.14)，奇数阶（三阶）矩阵的多项式推导如下：

$$
\begin{aligned}
A(s) &= a_0 + ja_1 s + a_2 s^2 \\
B(s) &= jb_0 + b_1 s + jb_2 s^2 + b_3 s^3 \\
C(s) &= jc_0 + c_1 s \\
D(s) &= d_0 + jd_1 s + d_2 s^2
\end{aligned}
\tag{7.18}
$$

一般情况下，对于奇数阶 N 有

$$
\begin{aligned}
A(s) &= a_0 + ja_1 s + a_2 s^2 + ja_3 s^3 + \cdots + a_{N-1} s^{N-1} \\
B(s) &= jb_0 + b_1 s + jb_2 s^2 + b_3 s^3 + \cdots + jb_{N-1} s^{N-1} + b_N s^N \\
C(s) &= jc_0 + c_1 s + jc_2 s^2 + c_3 s^3 + \cdots + c_{N-2} s^{N-2} \\
D(s) &= d_0 + jd_1 s + d_2 s^2 + jd_3 s^3 + \cdots + d_{N-1} s^{N-1}
\end{aligned}
\tag{7.19}
$$

注意，式(7.17)括号外多乘以一个 j，这是由于使用了变换器作为耦合元件，每个变换器表示为不随频率变化的90°相移。对于偶数阶的情况，信号的主路径上有奇数个变换器，则会产生奇数倍的90°相移，因此多项式总要多乘以一个 j。在下一步将要介绍的综合方法中，j 可以省略。

加入 FIR 元件是为了在多项式 $A(s)$、$B(s)$、$C(s)$ 和 $D(s)$ 的纯实系数中引入纯虚系数 ja_i 和 jb_i。这些纯虚系数可以保证多项式 $A(s)$、$B(s)$、$C(s)$ 和 $D(s)$ 与后面将要讨论的不对称传输函数中对应的 $E(s)$ 和 $F(s)$ 多项式完全匹配。在这种情况下，由于 $E(s)$ 和 $F(s)$ 多项式具有

复系数,且包含 *FIR* 元件,因此可以建立多项式 $A(s)$、$B(s)$、$C(s)$ 和 $D(s)$ 与传输多项式和反射多项式 $E(s)$、$F(s)$ 和 $P(s)$ 之间的对应关系。

现在,由于构造 $S_{11}(s)$ 和 $S_{21}(s)$ [多项式 $E(s)$、$P(s)/\varepsilon$ 及 $F(s)/\varepsilon_R$] 的 $A(s)$、$B(s)$、$C(s)$ 和 $D(s)$ 多项式的形式已知,且掌握了它们之间的对应关系[见式(7.1)],因此多项式 $A(s)$、$B(s)$、$C(s)$ 和 $D(s)$ 的系数可由 $E(s)$ 和 $F(s)/\varepsilon_R$ 的系数直接表示。这些多项式可以根据方程组(6.33)推导得到,且运用的关系式为 $z+z^* = 2\mathrm{Re}(z)$ 及 $z-z^* = 2\mathrm{jIm}(z)$,其中 z 为复系数。

根据式(7.1)有

$$[ABCD] = \frac{1}{\mathrm{j}P(s)/\varepsilon} \cdot \begin{bmatrix} A(s) & B(s) \\ C(s) & D(s) \end{bmatrix}$$

其中,当 N 为偶数时,可得

$$
\begin{aligned}
A(s) &= \mathrm{jIm}(e_0+f_0) + \mathrm{Re}(e_1+f_1)s + \mathrm{jIm}(e_2+f_2)s^2 + \cdots + \mathrm{jIm}(e_N+f_N)s^N \\
B(s) &= \mathrm{Re}(e_0+f_0) + \mathrm{jIm}(e_1+f_1)s + \mathrm{Re}(e_2+f_2)s^2 + \cdots + \mathrm{Re}(e_N+f_N)s^N \\
C(s) &= \mathrm{Re}(e_0-f_0) + \mathrm{jIm}(e_1-f_1)s + \mathrm{Re}(e_2-f_2)s^2 + \cdots + \mathrm{Re}(e_N-f_N)s^N \\
D(s) &= \mathrm{jIm}(e_0-f_0) + \mathrm{Re}(e_1-f_1)s + \mathrm{jIm}(e_2-f_2)s^2 + \cdots + \mathrm{jIm}(e_N-f_N)s^N
\end{aligned}
\tag{7.20a}
$$

当 N 为奇数时,则有

$$
\begin{aligned}
A(s) &= \mathrm{Re}(e_0+f_0) + \mathrm{jIm}(e_1+f_1)s + \mathrm{Re}(e_2+f_2)s^2 + \cdots + \mathrm{jIm}(e_N+f_N)s^N \\
B(s) &= \mathrm{jIm}(e_0+f_0) + \mathrm{Re}(e_1+f_1)s + \mathrm{jIm}(e_2+f_2)s^2 + \cdots + \mathrm{Re}(e_N+f_N)s^N \\
C(s) &= \mathrm{jIm}(e_0-f_0) + \mathrm{Re}(e_1-f_1)s + \mathrm{jIm}(e_2-f_2)s^2 + \cdots + \mathrm{Re}(e_N-f_N)s^N \\
D(s) &= \mathrm{Re}(e_0-f_0) + \mathrm{jIm}(e_1-f_1)s + \mathrm{Re}(e_2-f_2)s^2 + \cdots + \mathrm{jIm}(e_N-f_N)s^N
\end{aligned}
\tag{7.20b}
$$

这里,e_i 和 f_i($i=0,1,2,\cdots,N$)分别为多项式 $E(s)$ 和 $F(s)/\varepsilon_R$ 的复系数。

不难证明,这些多项式不仅满足式(7.1),而且还精确地反映了无源微波电路的无耗互易性。

7.2.1.1　构成

- 多项式 $A(s)$、$B(s)$、$C(s)$ 和 $D(s)$ 的系数随着 s 的幂增加,在纯实数和纯虚数之间交替变化。
- 对于非全规范型网络,$\varepsilon_R=1$,则 $E(s)$ 和 $F(s)/\varepsilon_R$ 的最高阶项的系数 e_N 和 f_N 分别为1。因此,除了多项式 $B(s)$ 的最高阶项的系数 b_N 不为零[$b_N = \mathrm{Re}(e_N+f_N)=2$],其他多项式 $A(s)$、$C(s)$ 和 $D(s)$ 的最高阶项的系数 a_N、c_N 和 d_N 均为零[$a_N = \mathrm{jIm}(e_N+f_N)=0$;$c_N = \mathrm{Re}(e_N-f_N)=0$;$d_N = \mathrm{jIm}(e_N-f_N)=0$],$e_N$ 和 f_N 为实数且都等于1。另外,由于 $n_{fz}<N$,根据多项式 $F(s)$ 和 $P(s)$ 构建多项式 $E(s)$,结果使 $\mathrm{Im}(e_{N-1})=\mathrm{Im}(f_{N-1})$,则 $c_{N-1}=\mathrm{jIm}(e_{N-1}-f_{N-1})=0$。因此,当 $B(s)$ 的阶数为 N 时,$A(s)$ 和 $D(s)$ 的阶数为 $N-1$,$C(s)$ 的阶数为 $N-2$。这与式(7.17)和式(7.19)推导得到的结论是一致的。不同的是,对于全规范型传输函数,$n_{fz}=N$,即 $\varepsilon_R \neq 1$。此时多项式 $C(s)$ 的阶数仍为 N。

7.2.1.2　公式

针对式(7.20)进行一些简单的加减运算,可以推导得出如下关系:

$$
\begin{aligned}
A(s)+B(s)+C(s)+D(s) &= 2E(s) \\
A(s)+B(s)-C(s)-D(s) &= 2F(s)/\varepsilon_R \\
-A(s)+B(s)-C(s)+D(s) &= 2F(s)^*/\varepsilon_R = 2F_{22}(s)/\varepsilon_R, \quad N\text{为偶数} \\
-A(s)+B(s)-C(s)+D(s) &= -2F(s)^*/\varepsilon_R = 2F_{22}(s)/\varepsilon_R, \quad N\text{为奇数}
\end{aligned}
\tag{7.21}
$$

为方便起见，将式(7.1)重列如下：

$$[ABCD] = \frac{1}{\mathrm{j}P(s)/\varepsilon} \begin{bmatrix} A(s) & B(s) \\ C(s) & D(s) \end{bmatrix}$$

其中，

$$S_{11}(s) = \frac{F(s)/\varepsilon_R}{E(s)} = \frac{A(s) + B(s) - C(s) - D(s)}{A(s) + B(s) + C(s) + D(s)}$$

$$S_{22}(s) = \frac{(-1)^N F(s)^*/\varepsilon_R}{E(s)} = \frac{D(s) + B(s) - C(s) - A(s)}{A(s) + B(s) + C(s) + D(s)}$$

$$S_{12}(s) = S_{21}(s) = \frac{P(s)/\varepsilon}{E(s)} = \frac{2P(s)/\varepsilon}{A(s) + B(s) + C(s) + D(s)}$$

综上所述，根据式(7.20)推导多项式 $A(s)$、$B(s)$、$C(s)$ 和 $D(s)$，可以直接使用常数 ε。如果使用多项式 $B(s)$ 的最高阶项的系数 b_N 对所有多项式进行归一化，则需要根据"在任何频率处，$[ABCD]$ 矩阵的行列式为 1"这一性质重新推导常数 ε 如下：

$$A(s)D(s) - B(s)C(s) = -\left[\frac{P(s)}{\varepsilon}\right]^2 \tag{7.22}$$

如果在零频率处计算式(7.22)，则只需要采用多项式的常数项来表示 ε：

$$a_0 d_0 - b_0 c_0 = \left[\frac{p_0}{\varepsilon}\right]^2 \quad \text{或} \quad \varepsilon = \left|\frac{p_0}{\sqrt{a_0 d_0 - b_0 c_0}}\right| \tag{7.23}$$

正如第 8 章将要介绍的，短路导纳参数(y 参数)可直接应用于滤波器耦合矩阵的综合。这里，运用 $[ABCD] \rightarrow [y]$ 参数变换公式[11]求解 y 参数矩阵 $[y]$ 如下：

$$\frac{1}{\mathrm{j}P(s)/\varepsilon} \begin{bmatrix} A(s) & B(s) \\ C(s) & D(s) \end{bmatrix} \Rightarrow \begin{bmatrix} y_{11}(s) & y_{12}(s) \\ y_{21}(s) & y_{22}(s) \end{bmatrix}$$

$$\begin{bmatrix} y_{11}(s) & y_{12}(s) \\ y_{21}(s) & y_{22}(s) \end{bmatrix} = \frac{1}{y_d(s)} \begin{bmatrix} y_{11n}(s) & y_{12n}(s) \\ y_{21n}(s) & y_{22n}(s) \end{bmatrix} = \frac{1}{B(s)} \begin{bmatrix} D(s) & \dfrac{-\Delta_{ABCD}\,\mathrm{j}P(s)}{\varepsilon} \\ \dfrac{-\mathrm{j}P(s)}{\varepsilon} & A(s) \end{bmatrix} \tag{7.24}$$

其中 $y_{ijn}(s)$，$i, j = 1, 2, \cdots$ 为 $y_{ij}(s)$ 的分子多项式，$y_d(s)$ 为它们的公共分母多项式，且 Δ_{ABCD} 为矩阵 $[ABCD]$ 的行列式。对于互易网络，$\Delta_{ABCD} = 1$，因此

$$
\begin{aligned}
y_d(s) &= B(s) \\
y_{11n}(s) &= D(s) \\
y_{22n}(s) &= A(s) \\
y_{21n}(s) &= y_{12n}(s) = \frac{-\mathrm{j}P(s)}{\varepsilon}
\end{aligned}
\tag{7.25}
$$

以上说明，可根据 $S_{11}(s)$ 和 $S_{21}(s)$ 的系数构建短路导纳参数，这与运用式(7.20)推导得到 $[ABCD]$ 多项式的方法相同(见附录 6A)。同理，运用同样的方法还可以构建开路阻抗参数 z_{ij}。

与 $[ABCD]$ 多项式的形式一样，$y(s)$ 多项式的系数也随着 s 的幂增加，在纯实数和纯虚数之间交替变化，且 $y_d(s)$ 的阶数为 N，$y_{11n}(s)$ 和 $y_{22n}(s)$ 的阶数为 $N-1$，$y_{21n}(s)$ 和 $y_{12n}(s)$ 的阶数为 n_{fz}(有限传输零点数)。下一章将介绍如何利用这些短路导纳参数直接进行耦合矩阵的综合。

7.2.2　单终端滤波器原型的[$ABCD$]多项式综合

单终端滤波器网络主要是基于极高或极低的源阻抗来设计的。这种滤波器曾用来连接一些具有很高输出阻抗(可以等效为电流源)的电子管放大器,以及一些晶体管放大器。这里讨论的单终端滤波器,其输入端的导纳特性特别有利于设计第 18 章将要介绍的邻接多枝节多工器。

图 7.6 显示了戴维南等效网络的推导过程。该网络的源阻抗为零,负载阻抗为 Z_L,负载上的电压 v_L[8, 18] 可以写为

$$v_L = \frac{-y_{12}v_S}{y_{22}} \cdot \frac{Z_L}{(Z_L + 1/y_{22})} \qquad (7.26)$$

因此,该网络的电压增益为

$$S_{21}(s) = \frac{P(s)/\varepsilon}{E(s)} = \frac{v_L}{v_S} = \frac{-y_{12}Z_L}{1 + Z_L y_{22}} \qquad (7.27)$$

令终端阻抗 $Z_L = 1\ \Omega$,并用 $y_{12n}(s)/y_d(s)$ 替代 y_{12},用 $y_{22n}(s)/y_d(s)$ 替代 y_{22},可以得到

$$\frac{P(s)/\varepsilon}{E(s)} = \frac{-y_{12n}(s)}{y_d(s) + y_{22n}(s)} \qquad (7.28)$$

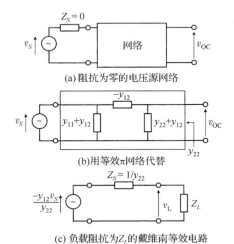

(a) 阻抗为零的电压源网络

(b)用等效π网络代替

(c) 负载阻抗为Z_L的戴维南等效电路

图 7.6　单终端滤波器网络

将 $E(s)$ 分解为复奇分量和复偶分量,可以得到

$$E(s) = m_1 + n_1$$

其中,

$$m_1 = \operatorname{Re}(e_0) + \mathrm{j}\operatorname{Im}(e_1)s + \operatorname{Re}(e_2)s^2 + \cdots + \operatorname{Re}(e_N)s^N$$
$$n_1 = \mathrm{j}\operatorname{Im}(e_0) + \operatorname{Re}(e_1)s + \mathrm{j}\operatorname{Im}(e_2)s^2 + \cdots + \mathrm{j}\operatorname{Im}(e_N)s^N \qquad (7.29)$$

将式(7.29)代入式(7.28),可得

$$\frac{P(s)/\varepsilon}{m_1 + n_1} = \frac{-y_{12n}(s)}{y_d(s) + y_{22n}(s)} \qquad (7.30)$$

将多项式 $E(s)$ 归一化,即其最高阶项的系数 $e_N = 1$。同时,已知 $y_{12n}(s)$、$y_{22n}(s)$ 和 $y_d(s)$ 多项式的系数随着 s 的幂增加,必定在纯实数和纯虚数之间交替变化;并且,多项式 $y_d(s)$ 的阶数比多项式 $y_{22n}(s)$ 的阶数大 1。因此有

$$\begin{aligned} y_d(s) = m_1, \quad & y_{22n}(s) = n_1, \qquad & N\text{为偶数} \\ y_d(s) = n_1, \quad & y_{22n}(s) = m_1, \qquad & N\text{为奇数} \\ y_{12n}(s) = y_{21n}(s) = & \frac{-\mathrm{j}P(s)}{\varepsilon}, \qquad & N\text{为偶数或奇数} \end{aligned} \qquad (7.31)$$

现在,可以根据理想传输函数来表示单终端滤波器网络的多项式 $y_{12n}(s)$、$y_{22n}(s)$ 和 $y_d(s)$。此外,由于 $A(s) = y_{22n}(s)$ 且 $B(s) = y_d(s)$,从而可以导出[$ABCD$]矩阵的多项式 $A(s)$ 和 $B(s)$。

因此，与双终端网络的综合方法类似，多项式 $A(s)$ 和 $B(s)$ 同样可以根据 $E(s)$ 多项式的系数简单地得到。然而，要进行下一步网络的综合，还需要求得多项式 $C(s)$ 和 $D(s)$，这里采用 Levy[13] 提出的方法很容易实现。该方法运用了无源网络的互易性，即对于任意频率变量 s，$[ABCD]$ 矩阵的行列式始终为 1，从而可得

$$A(s)D(s) - B(s)C(s) = -\left(\frac{P(s)}{\varepsilon}\right)^2 \tag{7.32}$$

下面以一个四阶网络为例来说明式 (7.32) 描述的矩阵多项式的阶数。

在四阶情况下，$P(s)/\varepsilon$ 的阶数为 n_{fz}，等于传输零点数；$A(s)$ 和 $D(s)$ 的阶数为 $N-1 = 3$；$B(s)$ 的阶数为 $N = 4$；$C(s)$ 的阶数为 $N-2 = 2$。

当 $N = 4$ 时，对于全规范型网络 ($n_{fz} = N$)，有矩阵

$$
\begin{bmatrix}
a_0 & 0 & 0 & 0 & b_0 & 0 & 0 & 0 & 0 \\
a_1 & a_0 & 0 & 0 & b_1 & b_0 & 0 & 0 & 0 \\
a_2 & a_1 & a_0 & 0 & b_2 & b_1 & b_0 & 0 & 0 \\
a_3 & a_2 & a_1 & a_0 & b_3 & b_2 & b_1 & b_0 & 0 \\
0 & a_3 & a_2 & a_1 & b_4 & b_3 & b_2 & b_1 & b_0 \\
0 & 0 & a_3 & a_2 & 0 & b_4 & b_3 & b_2 & b_1 \\
0 & 0 & 0 & a_3 & 0 & 0 & b_4 & b_3 & b_2 \\
0 & 0 & 0 & 0 & 0 & 0 & 0 & b_4 & b_3 \\
0 & 0 & 0 & 0 & 0 & 0 & 0 & 0 & b_4
\end{bmatrix}
\cdot
\begin{bmatrix}
d_0 \\ d_1 \\ d_2 \\ d_3 \\ -c_0 \\ -c_1 \\ -c_2 \\ -c_3 \\ -c_4
\end{bmatrix}
= \frac{1}{\varepsilon^2}
\begin{bmatrix}
p_0 \\ p_1 \\ p_2 \\ p_3 \\ \cdots \\ \cdots \\ p_{2n_{fz}} \\ 0 \\ 0
\end{bmatrix}
\tag{7.33}
$$

其中 $p_i (i = 0,1,2,\cdots,2n_{fz})$ 为多项式 $P(s)^2$ 的系数，其个数为 $2n_{fz} + 1$。将式 (7.33) 两边同时右乘最左边含有系数 a_i 和 b_i 的方阵的逆，可以求得多项式 $C(s)$ 和 $D(s)$ 的系数。由于 $y_{11n}(s)$ $= D(s)$，且根据式 (7.31)，多项式 $y_{21n}(s)$、$y_{22n}(s)$ 和 $y_d(s)$ 已知，则滤波器网络的导纳矩阵 $[y]$ 也就完全可以确定了。

实际上，全规范型单终端滤波器在设计中极少用到。对于非全规范型网络 ($n_{fz} < N$)，在计算矩阵式 (7.33) 之前，方阵的最后两行和最后两列，以及两个列向量的最后两行都可以省略。

7.3　梯形网络的综合

7.2 节描述了如何应用理想滤波器函数的特征多项式，推导出 $[ABCD]$ 矩阵和等效导纳矩阵 $[y]$ 的方法。接下来再根据这些矩阵综合出特定的拓扑网络结构，其过程与 7.1 节的类似。

根据式 (7.1)，传输函数的 $[ABCD]$ 矩阵表示为

$$[ABCD] = \frac{1}{\mathrm{j}P(s)/\varepsilon} \cdot \begin{bmatrix} A(s) & B(s) \\ C(s) & D(s) \end{bmatrix}$$

其中关于频率变量 s 的多项式 $A(s)$、$B(s)$、$C(s)$、$D(s)$ 和 $P(s)$，其系数随着 s 的幂增加，在纯实数和纯虚数之间交替变化。对于传输零点数为 n_{fz} 的 N 阶网络，多项式 $A(s)$ 和 $D(s)$ 的阶数为 $N-1$，$B(s)$ 的阶数为 N，$C(s)$ 的阶数为 $N-2$ [在全规范型网络中，$B(s)$ 和 $C(s)$ 的阶数为 N]，$P(s)$ 的阶数为 n_{fz}。当 $n_{fz} = 0$ (全极点网络) 时，$p(s)/\varepsilon$ 的阶数为零 (即多项式仅有常数 $1/\varepsilon$)，这时网络可以当成一个不含交叉耦合的普通梯形网络来综合。若 $n_{fz} > 0$，则表明存在有限频率位置的传输零点，因此综合得到的网络必定包含交叉耦合 (非邻接谐振器之间的耦合)，

或作用类似的提取极点型耦合。

　　为了说明网络的综合方法，下面由一个二阶网络开始综合过程(见图 7.7)。它不存在交叉耦合，但包含 FIR 元件。通常，对应着网络中交叉耦合的 FIR 元件可以实现不对称的滤波器响应曲线。但是，网络在不存在交叉耦合的情况下仍然可以异步调谐或对称共轭调谐，比如第 6 章介绍的反射零点位于轴外的预失真滤波器示例。总结出的并联耦合变换器的提取方法，还可以用于综合更高级的滤波器网络，实现不对称和线性相位的滤波器特性。

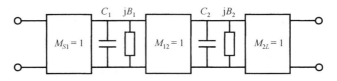

图 7.7　包含 FIR 元件和变换器的二阶梯形网络

　　根据式(7.15)和式(7.16)，构造得到图 7.7 所示网络的$[ABCD]$矩阵如下：

$$[ABCD] = -j \begin{bmatrix} (jB_1 + sC_1) & (1 - B_1B_2) + j(B_1C_2 + B_2C_1)s + C_1C_2s^2 \\ 1 & (jB_2 + sC_2) \end{bmatrix} \tag{7.34}$$

元件的提取过程与使用单个梯形网络元件构建$[ABCD]$矩阵的过程正好相反，需要预先给定元件的类型和阶数。每个基本元件的提取，都需要将整个$[ABCD]$矩阵左乘这个被提取元件的$[ABCD]$逆矩阵，余下的矩阵由一个剩余矩阵与一个可忽略的单位矩阵级联构成。随频率变化的串联和并联元件的提取过程参见 7.1 节。

　　在本例中，首先提取的元件为不随频率变化的导纳变换器，其值为$J = M_{S1} = 1$(见图 7.8)。

$$[ABCD] = \begin{bmatrix} 0 & j/J \\ jJ & 0 \end{bmatrix} \tag{7.35}$$

$$\text{逆矩阵：} \begin{bmatrix} 0 & -j/J \\ -jJ & 0 \end{bmatrix} = -j \begin{bmatrix} 0 & 1/J \\ J & 0 \end{bmatrix}$$

将整个$[ABCD]$矩阵[见式(7.34)]左乘一个单位变换器$J = 1$，可得

$$\begin{bmatrix} A(s) & B(s) \\ C(s) & D(s) \end{bmatrix}_{\text{rem}} = -j \begin{bmatrix} 0 & 1 \\ 1 & 0 \end{bmatrix} \cdot (-j) \begin{bmatrix} A(s) & B(s) \\ C(s) & D(s) \end{bmatrix} = - \begin{bmatrix} C(s) & D(s) \\ A(s) & B(s) \end{bmatrix}$$

$$= - \begin{bmatrix} 1 & (jB_2 + sC_2) \\ (jB_1 + sC_1) & (1 - B_1B_2) + j(B_1C_2 + B_2C_1)s + C_1C_2s^2 \end{bmatrix} \tag{7.36}$$

提取单位变换器的影响相当于将$[ABCD]$矩阵的上下两行元素互换。若终端阻抗为 1，则网络的输入导纳给定为

$$Y_{\text{in}} = \frac{C(s) + D(s)}{A(s) + B(s)} \tag{7.37}$$

提取变换器实际上也就是求输入导纳的倒数：

$$Y_{\text{in(rem)}} = \frac{1}{Y_{\text{in}}} \tag{7.38}$$

接下来提取的元件是网络中的并联电容C_1。首先提取随频率变化的元件，然后提取不随频率变化的元件。此时多项式$D(s)$的阶数比多项式$B(s)$的阶数大 1，且$C(s)$的阶数比$A(s)$的阶数大 1。

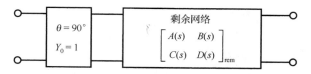

图 7.8　导纳变换器的提取网络

短路导纳参数 y_{11} 计算如下：

$$y_{11} = \frac{D(s)}{B(s)} = \frac{(1 - B_1 B_2) + j(B_1 C_2 + B_2 C_1)s + C_1 C_2 s^2}{(jB_2 + sC_2)} \tag{7.39}$$

其中，分子多项式的阶数比分母多项式的阶数大 1，表明下一个需要提取的元件必定是随频率变化的。在确定元件值之前，需要在式(7.39)的两边同时除以 s，且当 $s \to j\infty$ 时计算可得

$$\left.\frac{y_{11}}{s}\right|_{s \to j\infty} = \left.\frac{D(s)}{sB(s)}\right|_{s \to j\infty} = C_1 \tag{7.40a}$$

所以，$y_{11} = sC_1$，表明 C_1 是随频率变化的导纳元件。另外，用开路导纳 z_{11} 可表示为

$$z_{11} = \frac{A(s)}{C(s)} = \frac{1}{(jB_1 + sC_1)}$$

在等式两边同时乘以 s，且令 $s = j\infty$，可得

$$sz_{11}|_{s \to j\infty} = \left.\frac{sA(s)}{C(s)}\right|_{s \to j\infty} = \frac{1}{C_1}, \quad \text{或} z_{11} = 1/sC_1 \tag{7.40b}$$

并联电容值 C_1 确定以后，现在可以从矩阵式(7.36)中提取元件如下：

$$\begin{bmatrix} A(s) & B(s) \\ C(s) & D(s) \end{bmatrix}_{\text{rem}} = -\begin{bmatrix} 1 & 0 \\ -sC_1 & 1 \end{bmatrix} \cdot \begin{bmatrix} 1 & (jB_2 + sC_2) \\ (jB_1 + sC_1) & (1 - B_1 B_2) + j(B_1 C_2 + B_2 C_1)s + C_1 C_2 s^2 \end{bmatrix}$$

$$\begin{bmatrix} A(s) & B(s) \\ C(s) & D(s) \end{bmatrix}_{\text{rem}} = -\begin{bmatrix} 1 & (jB_2 + sC_2) \\ jB_1 & (1 - B_1 B_2) + jsB_1 C_2 \end{bmatrix} \tag{7.41}$$

注意，在剩余矩阵中，$C(s)$ 和 $D(s)$ 的阶数都减少了 1，而 $A(s)$ 和 $B(s)$ 的阶数没有变化，表明下一个提取的元件是不随频率变化的。此外，剩余矩阵中不包含元件 C_1，表明并联电容 C_1 已成功提取。

此时，不随频率变化的元件在提取过程中无须乘以或除以 s，只需再次令 $s = j\infty$，可得

$$\begin{aligned} y_{11}|_{s \to j\infty} &= \left.\frac{D(s)}{B(s)}\right|_{s \to j\infty} = \left.\frac{(1 - B_1 B_2) + jsB_1 C_2}{(jB_2 + sC_2)}\right|_{s \to j\infty} = jB_1 \\ z_{11}|_{s \to j\infty} &= \left.\frac{A(s)}{C(s)}\right|_{s \to j\infty} = \frac{1}{jB_1} \end{aligned} \tag{7.42}$$

现在，从式(7.40)的矩阵中提取出不随频率变化的并联电纳元件为

$$\begin{bmatrix} A(s) & B(s) \\ C(s) & D(s) \end{bmatrix}_{\text{rem}} = -\begin{bmatrix} 1 & 0 \\ -jB_1 & 1 \end{bmatrix} \cdot \begin{bmatrix} 1 & (jB_2 + sC_2) \\ jB_1 & (1 - B_1 B_2) + jsB_1 C_2 \end{bmatrix} = -\begin{bmatrix} 1 & (jB_2 + sC_2) \\ 0 & 1 \end{bmatrix} \tag{7.43}$$

类似地，$C(s)$ 和 $D(s)$ 的阶数又减了 1，且剩余矩阵中不再包含元件 jB_1，表明元件提取成功。

下一个需要提取的元件为另一个网络中级联的单位导纳变换器，其提取过程如上所示。余下的剩余矩阵为

$$\begin{bmatrix} A(s) & B(s) \\ C(s) & D(s) \end{bmatrix}_{\text{rem}} = \text{j} \begin{bmatrix} 0 & 1 \\ 1 & (\text{j}B_2 + sC_2) \end{bmatrix} \tag{7.44}$$

此时,可以运用与 C_1 和 $\text{j}B_1$ 相同的提取方法来得到元件 C_2 和 $\text{j}B_2$。由于多项式 $C(s)$ 和 $D(s)$ 的阶数分别比 $A(s)$ 和 $B(s)$ 大 1,则表明下一个需要提取的是随频率变化的元件 C_2,紧接着是不随频率变化的电纳元件 $\text{j}B_2$。依照与前面一样的提取方法,元件 C_2 和 $\text{j}B_2$ 提取后的剩余矩阵为

$$\begin{bmatrix} A(s) & B(s) \\ C(s) & D(s) \end{bmatrix}_{\text{rem}} = \text{j} \begin{bmatrix} 1 & 0 \\ -\text{j}B_2 - sC_2 & 1 \end{bmatrix} \begin{bmatrix} 0 & 1 \\ 1 & (\text{j}B_2 + sC_2) \end{bmatrix} = \text{j} \begin{bmatrix} 0 & 1 \\ 1 & 0 \end{bmatrix} \tag{7.45}$$

即网络最后简化成一个变换器。

至此整个电路的综合过程结束,且多项式 $A(s)$、$B(s)$、$C(s)$ 和 $D(s)$ 退化为零或常数。在综合过程中,随着多项式阶数的递减,梯形网络的元件依次构建得到。

但是,上述综合过程并没有考虑到多项式 $P(s)$ 的影响。在 $[ABCD]$ 矩阵中,$P(s)$ 为公共分母。对于全极点传输函数,$P(s)$ 多项式为常数(等于 $1/\varepsilon$),表明在复平面内不存在有限频率位置的传输零点,因此也就不存在交叉耦合(非邻接谐振器之间的耦合)。当复平面内的有限频率位置处(一般位于虚轴上,或关于虚轴对称且成对出现)出现传输零点时,多项式 $P(s)$ 的阶数不为零,且等于传输零点数 n_{fz}。为了将多项式 $P(s)$ [与 $A(s)$、$B(s)$、$C(s)$ 和 $D(s)$ 多项式一起] 化简为常数,需要在综合的适当过程中提取出**并联耦合变换器**(PCI)。下面以一个四阶(4-2)不对称滤波器为例说明该综合过程,该例在第 6 章中曾用于切比雪夫传输函数多项式 $S_{21}(s)$ 和 $S_{11}(s)$ 的综合。由于提取多项式电路元件的顺序非常重要,所以在提取过程中必须遵循提取次序规则。

7.3.1　并联耦合变换器的提取过程

如图 7.9 所示,需要提取的并联耦合变换器位于二端口网络的输入端和输出端之间,提取后的剩余矩阵还可以进行其他并联耦合变换器的提取。

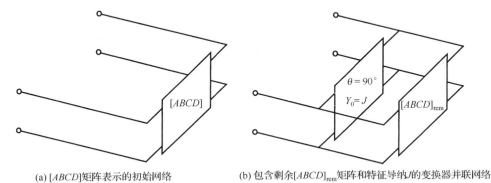

(a) $[ABCD]$ 矩阵表示的初始网络　　　　(b) 包含剩余 $[ABCD]_{\text{rem}}$ 矩阵和特征导纳 J 的变换器并联网络

图 7.9　并联耦合变换器的提取

初始 $[ABCD]$ 矩阵形式如式(7.1)所示。其中,多项式 $P(s)$ 的阶数不为零(即包含传输零点)。如果 $P(s)$ 的阶数比初始网络或变换器提取后的剩余网络的阶数少,则提取出的并联耦合变换器的特征导纳 $J = 0$。注意,多项式 $P(s)$ 也乘以了 j,从而使得交叉耦合元件可以当成 90° 变换器(变压器)来提取。当 $N - n_{fz}$ 为偶数时,$P(s)$ 需要再次乘以 j。

7.3.2　并联导纳变换的提取过程

初始 $[ABCD]$ 矩阵为

$$[ABCD] = \frac{1}{jP(s)/\varepsilon} \cdot \begin{bmatrix} A(s) & B(s) \\ C(s) & D(s) \end{bmatrix} \tag{7.46}$$

其等效 y 矩阵为

$$[y] = \begin{bmatrix} y_{11} & y_{12} \\ y_{21} & y_{22} \end{bmatrix} = \frac{1}{B(s)} \cdot \begin{bmatrix} D(s) & \dfrac{-jP(s)}{\varepsilon} \\ \dfrac{-jP(s)}{\varepsilon} & A(s) \end{bmatrix} \tag{7.47}$$

并联导纳变换器 J 的 $[ABCD]$ 矩阵为

$$[ABCD]_{inv} = \begin{bmatrix} 0 & \dfrac{j}{J} \\ jJ & 0 \end{bmatrix} \tag{7.48}$$

其等效 y 矩阵为

$$[y]_{inv} = \begin{bmatrix} 0 & jJ \\ jJ & 0 \end{bmatrix} \tag{7.49}$$

总矩阵 $[y]$ 可视为变换器的导纳矩阵与变换器提取后的网络剩余导纳矩阵 $[y]_{rem}$ 之和：

$$[y] = [y]_{inv} + [y]_{rem} \tag{7.50}$$

因此

$$
\begin{aligned}
[y]_{rem} = [y] - [y]_{inv} &= \frac{1}{B(s)} \cdot \begin{bmatrix} D(s) & \dfrac{-jP(s)}{\varepsilon} \\ \dfrac{-jP(s)}{\varepsilon} & A(s) \end{bmatrix} - \begin{bmatrix} 0 & jJ \\ jJ & 0 \end{bmatrix} \\
&= \frac{1}{B(s)} \cdot \begin{bmatrix} D(s) & -j\left(\dfrac{P(s)}{\varepsilon} + JB(s)\right) \\ -j\left(\dfrac{P(s)}{\varepsilon} + JB(s)\right) & A(s) \end{bmatrix}
\end{aligned}
\tag{7.51}
$$

重新变换为 $[ABCD]$ 矩阵，可得

$$[ABCD]_{rem} = \frac{1}{jP_{rem}(s)} \cdot \begin{bmatrix} A_{rem}(s) & B_{rem}(s) \\ C_{rem}(s) & D_{rem}(s) \end{bmatrix} = \frac{-1}{y_{21rem}} \cdot \begin{bmatrix} y_{22rem} & 1 \\ \Delta_{yrem} & y_{11rem} \end{bmatrix} \tag{7.52}$$

所以

$$A_{rem}(s) = \frac{-y_{22rem}}{y_{21rem}} = \frac{A(s)}{j(P(s)/\varepsilon + JB(s))} \tag{7.53a}$$

$$B_{\text{rem}}(s) = \frac{-1}{y_{21\text{rem}}} = \frac{B(s)}{j(P(s)/\varepsilon + JB(s))}$$

$$C_{\text{rem}}(s) = \frac{-\Delta_{y\text{rem}}}{y_{21\text{rem}}} = \frac{1}{B(s)} \cdot \frac{(A(s)D(s) + (P(s)/\varepsilon + JB(s))^2)}{j(P(s)/\varepsilon + JB(s))} \quad (7.53\text{b})$$

$$= \frac{A(s)D(s) + (P(s)/\varepsilon)^2 + 2JB(s)P(s)/\varepsilon + (JB(s))^2}{jB(s)(P(s)/\varepsilon + JB(s))}$$

由于 $A(s)D(s) - B(s)C(s) = -(P(s)/\varepsilon)^2$, 使得

$$C_{\text{rem}}(s) = \frac{B(s)C(s) + 2JB(s)P(s)/\varepsilon + (JB(s))^2}{jB(s)(P(s)/\varepsilon + JB(s))} = \frac{C(s) + 2JP(s)/\varepsilon + J^2B(s)}{j(P(s)/\varepsilon + JB(s))} \quad (7.53\text{c})$$

最后

$$D_{\text{rem}}(s) = \frac{-y_{11\text{rem}}}{y_{21\text{rem}}} = \frac{D(s)}{j(P(s)/\varepsilon + JB(s))} \quad (7.53\text{d})$$

因此, 剩余[ABCD]矩阵可以写成如下形式:

$$[ABCD]_{\text{rem}} = \frac{1}{jP_{\text{rem}}(s)/\varepsilon} \cdot \begin{bmatrix} A_{\text{rem}}(s) & B_{\text{rem}}(s) \\ C_{\text{rem}}(s) & D_{\text{rem}}(s) \end{bmatrix}$$

$$= \frac{1}{j(P(s)/\varepsilon + JB(s))} \cdot \begin{bmatrix} A(s) & B(s) \\ C(s) + 2JP(s)/\varepsilon + J^2B(s) & D(s) \end{bmatrix} \quad (7.54)$$

此时, 剩余[ABCD]矩阵, 即[ABCD]$_{\text{rem}}$包含初始矩阵元件和并联变换器 J 的参数。由于提取变换器后 J 的值已知, 则剩余矩阵[ABCD]$_{\text{rem}}$的分母多项式 $P_{\text{rem}}(s)$ 的阶数必须比初始[ABCD]矩阵多项式 $P(s)/\varepsilon$ 的阶数少1。

为了使提取的变换器的值不为零, 多项式 $P(s)$ 和 $B(s)$ 都应为 N 阶, 其系数展开如下:

$$\frac{P(s)}{\varepsilon} = p_0 + p_1 s + p_2 s^2 + \cdots + p_n s^n \quad (7.55\text{a})$$

$$B(s) = b_0 + b_1 s + b_2 s^2 + \cdots + b_n s^n \quad (7.55\text{b})$$

所以 $jP_{\text{rem}}(s)/\varepsilon = j(P(s)/\varepsilon + JB(s))$, 则 $P_{\text{rem}}(s)/\varepsilon$ 的最高阶项的系数计算如下:

$$jp_{n\text{rem}} = j(p_n + Jb_n) = 0, \quad 若(p_n + Jb_n) = 0, \quad 即 J = \frac{-p_n}{b_n} \quad (7.56)$$

由于变换器 J 的值已知, 剩余矩阵的多项式可以确定为

$$A_{\text{rem}}(s) = A(s), \qquad\qquad C_{\text{rem}}(s) = C(s) + \frac{2JP(s)}{\varepsilon} + J^2B(s)$$

$$B_{\text{rem}}(s) = B(s), \qquad\qquad D_{\text{rem}}(s) = D(s) \quad (7.57)$$

$$\frac{P_{\text{rem}}(s)}{\varepsilon} = \frac{P(s)}{\varepsilon} + JB(s)$$

显然, 只有多项式 $P(s)$(阶数少1)和多项式 $C(s)$ 在提取之后产生了变化。当综合过程结束后, $P(s)$ 多项式的阶数将退化为零, 即多项式为一个常数。

7.3.3 原型网络的主要元件汇总

图 7.10 总结了综合并联谐振器交叉耦合网络用到的主要元件, 以及根据多项式 $A(s)$、$B(s)$、$C(s)$、$D(s)$ 和 $P(s)$ 准确确定元件值, 利用这些多项式获得剩余多项式的运算公式。

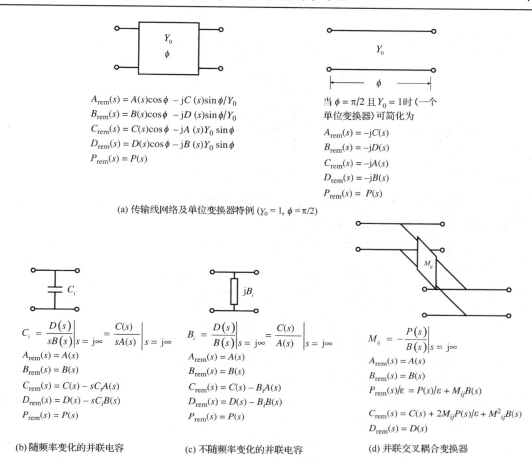

$$A_{\text{rem}}(s) = A(s)\cos\phi - jC(s)\sin\phi/Y_0$$
$$B_{\text{rem}}(s) = B(s)\cos\phi - jD(s)\sin\phi/Y_0$$
$$C_{\text{rem}}(s) = C(s)\cos\phi - jA(s)Y_0\sin\phi$$
$$D_{\text{rem}}(s) = D(s)\cos\phi - jB(s)Y_0\sin\phi$$
$$P_{\text{rem}}(s) = P(s)$$

当 $\phi = \pi/2$ 且 $Y_0 = 1$ 时（一个单位变换器）可简化为

$$A_{\text{rem}}(s) = -jC(s)$$
$$B_{\text{rem}}(s) = -jD(s)$$
$$C_{\text{rem}}(s) = -jA(s)$$
$$D_{\text{rem}}(s) = -jB(s)$$
$$P_{\text{rem}}(s) = P(s)$$

(a) 传输线网络及单位变换器特例 $(Y_0 = 1, \phi = \pi/2)$

$$C_i = \left.\frac{D(s)}{sB(s)}\right|_{s=j\infty} = \left.\frac{C(s)}{sA(s)}\right|_{s=j\infty}$$
$$A_{\text{rem}}(s) = A(s)$$
$$B_{\text{rem}}(s) = B(s)$$
$$C_{\text{rem}}(s) = C(s) - sC_iA(s)$$
$$D_{\text{rem}}(s) = D(s) - sC_iB(s)$$
$$P_{\text{rem}}(s) = P(s)$$

(b) 随频率变化的并联电容

$$B_i = \left.\frac{D(s)}{B(s)}\right|_{s=j\infty} = \left.\frac{C(s)}{A(s)}\right|_{s=j\infty}$$
$$A_{\text{rem}}(s) = A(s)$$
$$B_{\text{rem}}(s) = B(s)$$
$$C_{\text{rem}}(s) = C(s) - B_iA(s)$$
$$D_{\text{rem}}(s) = D(s) - B_iB(s)$$
$$P_{\text{rem}}(s) = P(s)$$

(c) 不随频率变化的并联电容

$$M_{ij} = \left.-\frac{P(s)}{B(s)}\right|_{s=j\infty}$$
$$A_{\text{rem}}(s) = A(s)$$
$$B_{\text{rem}}(s) = B(s)$$
$$P_{\text{rem}}(s)/\varepsilon = P(s)/\varepsilon + M_{ij}B(s)$$
$$C_{\text{rem}}(s) = C(s) + 2M_{ij}P(s)/\varepsilon + M_{ij}^2B(s)$$
$$D_{\text{rem}}(s) = D(s)$$

(d) 并联交叉耦合变换器

图 7.10　交叉耦合矩阵元件的提取公式

7.4　(4-2) 不对称滤波器网络综合示例

下面的示例主要用于阐明网络综合过程中需要遵循的一些规则[19]:

- 提取过程只能从源或负载终端开始；
- 提取过程是由初始矩阵开始的，根据前一步产生的剩余 [ABCD] 矩阵展开进行；
- 当存在交叉耦合时，只能使用 $D(s)/B(s)$ 形式计算出并联元件对 $sC + jB$ 的值；
- 提取并联元件对 $sC + jB$ 时，首先提取 C；
- 提取并联变换器（交叉耦合）时，首先提取端接的 $sC + jB$；
- 全规范型网络中首先提取源和负载之间的并联变换器；
- 最后提取的元件必定是并联变换器。

当提取过程结束后，多项式 $A(s)$、$C(s)$、$D(s)$ 和 $P(s)$ 均为零，而 $B(s)$ 为常数。

下面将以一个 (4-2) 不对称原型滤波器为例来说明整个电路的综合过程（见图 7.11），该例在第 6 章中用于函数 $S_{21}(s)$ 和 $S_{11}(s)$ 的推导。该网络为折叠形拓扑结构，包含两个交叉耦合：一个是对角耦合的，一个是直线耦合的。由于原型响应的不对称，网络中的并联 FIR 元件不为零。

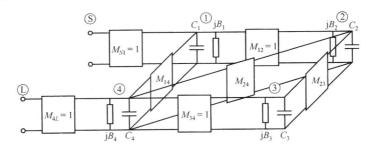

图 7.11 （4-2）不对称原型折叠形交叉耦合网络

第 6 章已推导出这个 (4-2) 不对称原型滤波器与有理函数 $S_{21}(s)$ 和 $S_{11}(s)$ 的零点对应的多项式 $E(s)$、$F(s)$ 和 $P(s)$，其系数如下所示。

s^i, $i =$	$E(s)$	$F(s)/\varepsilon_R$	$P(s)$
0	$-0.1268 - j2.0658$	$+0.0208$	$+2.3899$
1	$+2.4874 - j3.6255$	$-j0.5432$	$+j3.1299$
2	$+3.6706 - j2.1950$	$+0.7869$	-1.0
3	$+2.4015 - j0.7591$	$-j0.7591$	—
4	$+1.0$	$+1.0$	—
		$\varepsilon_R = 1.0$	$\varepsilon = 1.1548$

注意，这里多项式 $P(s)$ 乘以了 j 两次，一次是由于 $N - n_{fz}$ 为偶数，另一次是为了提取出交叉耦合变换器。由于多项式 $E(s)$、$F(s)$ 和 $P(s)$ 的系数已知，可以运用式 (7.20)、式 (7.29) 和式 (7.31) 来构建多项式 $A(s)$、$B(s)$、$C(s)$ 和 $D(s)$，如下所示。

s^i, $i =$	$A(s)$	$B(s)$	$C(s)$	$D(s)$	$P(s)/\varepsilon$
0	$-j2.0658$	-0.1059	-0.1476	$-j2.0658$	$+2.0696$
1	$+2.4874$	$-j4.1687$	$-j3.0823$	$+2.4874$	$+j2.7104$
2	$-j2.1950$	$+4.4575$	$+2.8836$	$-j2.1950$	-0.8660
3	$+2.4015$	$-j1.5183$	—	$+2.4015$	—
4	—	$+2.0$	—	—	—

首先从提取源端的输入耦合变换器开始网络综合：

提取次序	提取元件	工作节点
1	串联单位变换器 M_{S1}	S

提取单位变换器等效于将矩阵中的多项式 $B(s)$ 和 $D(s)$ 互换，将 $A(s)$ 和 $C(s)$ 互换，并且都需要与 $-j$ 相乘 [见图 7.10(a)]，如下所示。

s^i, $i =$	$A(s)$	$B(s)$	$C(s)$	$D(s)$	$P(s)/\varepsilon$
0	$+j0.1476$	-2.0658	-2.0658	$+j0.1059$	$+2.0696$
1	-3.0823	$-j2.4874$	$-j2.4874$	-4.1687	$+j2.7104$
2	$-j2.8836$	-2.1950	-2.1950	$-j4.4575$	-0.8660
3	—	$-j2.4015$	$-j2.4015$	-1.5183	—
4	—	—	—	$-j2.0$	—

现在，可以依次提取出节点 1 处随频率变化的电容 C_1 和 FIR 元件 jB_1：

提取次序	提取元件	工作节点
2	电容 C_1	1
3	电抗 jB_1	1

根据下式计算 C_1：

$$C_1 = \frac{D(s)}{sB(s)}\bigg|_{s=j\infty} = 0.8328$$

提取出 C_1 后的矩阵系数如下所示。

s^i, $i =$	$A(s)$	$B(s)$	$C(s)$	$D(s)$	$P(s)/\varepsilon$
0	$+\,\mathrm{j}0.1476$	-2.0658	-2.0658	$+\,\mathrm{j}0.1059$	$+2.0696$
1	-3.0823	$-\,\mathrm{j}2.4874$	$-\,\mathrm{j}2.6103$	-2.4482	$+\,\mathrm{j}2.7104$
2	$-\,\mathrm{j}2.8836$	-2.1950	$+0.3720$	$-\,\mathrm{j}2.3860$	-0.8660
3	—	$-\,\mathrm{j}2.4015$	—	$+0.3098$	—
4	—	—	—	—	—

根据下式计算 jB_1：

$$B_1 = \frac{D(s)}{B(s)}\bigg|_{s=j\infty} = \mathrm{j}0.1290$$

提取出 jB_1 后的矩阵系数如下所示。

s^i, $i =$	$A(s)$	$B(s)$	$C(s)$	$D(s)$	$P(s)/\varepsilon$
0	$+\,\mathrm{j}0.1476$	-2.0658	-2.0468	$+\,\mathrm{j}0.3724$	$+2.0696$
1	-3.0823	$-\,\mathrm{j}2.4874$	$-\,\mathrm{j}2.2127$	-2.7691	$+\,\mathrm{j}2.7104$
2	$-\,\mathrm{j}2.8836$	-2.1950	—	$-\,\mathrm{j}2.1028$	-0.8660
3	—	$-\,\mathrm{j}2.4015$	—	—	—
4	—	—	—	—	—

　　完成了节点 1 位置的元件 C_1 和 jB_1 提取后（见图 7.10），在两个终端之间出现了一个交叉耦合变换器 M_{14}。为了便于从网络另一端开始提取，需要将网络反向［多项式 $A(s)$ 和 $D(s)$ 互换］。然后，提取出串联单位变换器 M_{4L}，接着再提取出电容-电抗对 $C_4 + jB_4$。与提取次序 1～3 过程相同，可以得出 $C_4 = 0.8328$ 且 $B_4 = 0.1290$（与 C_1 和 B_1 的值相同）。

提取次序	提取元件	工作节点
网络反向	—	
4	串联单位变换器 M_{4L}	L
5	电容 C_4	L
6	电抗 jB_4	L

　　完成以上元件提取后，剩余多项式的系数如下所示。

s^i, $i =$	$A(s)$	$B(s)$	$C(s)$	$D(s)$	$P(s)/\varepsilon$
0	$+\,\mathrm{j}2.0468$	$+0.1476$	$+0.6364$	$+\,\mathrm{j}2.0468$	$+2.0696$
1	-2.2127	$+3.0823$	$+1.3499$	-2.2127	$+\,\mathrm{j}2.7104$
2	—	-2.8836	-0.2601	—	-0.8660
3	—	—	—	—	—
4	—	—	—	—	—

　　由上表可以看出，现在多项式 $P(s)$ 与 $B(s)$ 的阶数相同，这表示可以针对交叉耦合变换器 M_{14} 进行提取，如下所示。

提取次序	提取元件	工作节点
7	并联变换器 M_{14}	1, 4

根据式(7.56)计算 M_{14}，可得

$$M_{14} = \left. \frac{-P(s)}{\varepsilon B(s)} \right|_{s=j\infty} = -0.3003$$

然后运用式(7.57)进行提取，得到的剩余多项式如下表所示。注意，在交叉耦合变换器提取过程中，只有多项式 $C(s)$ 和 $P(s)$ 发生了变化。

$s^i, i =$	$A(s)$	$B(s)$	$C(s)$	$D(s)$	$P(s)/\varepsilon$
0	+ j2.0468	+ 0.1476	− 0.5933	+ j2.0468	+ 2.0253
1	− 2.2127	+ j3.0823	—	− 2.2127	+ j1.7848
2	—	− 2.8836	—	—	—
3	—	—	—	—	—
4	—	—	—	—	—

接下来，将提取对角线上的交叉耦合变换器 M_{24}。在此之前，先要完成与节点 2 连接的其他元件的提取。将网络反向并提取出串联单位变换器 M_{12}，然后再提取出电容/电抗对 $C_2 + jB_2$。与上面提取 M_{14} 的过程一样，现在可以对 M_{24} 进行提取，如下所示。

提取次序	提取元件	工作节点
网络反向	—	—
8	串联单位变换器 M_{12}	1
9	电容 C_2	2
10	电抗 jB_2	2
11	并联变换器 M_{24}	2, 4

由此可得 $C_2 = 1.3032$ 和 $B_2 = -0.1875$，随即可计算出 $M_{24} = -0.8066$。提取后的多项式的系数如下所示。

$s^i, i =$	$A(s)$	$B(s)$	$C(s)$	$D(s)$	$P(s)/\varepsilon$
0	+ j0.5933	+ 2.0468	—	+ j0.2362	+ 0.3744
1	—	+ j2.2127	—	—	—
2	—	—	—	—	—
3	—	—	—	—	—
4	—	—	—	—	—

最后，提取与节点 2 连接的交叉耦合变换器 M_{23}(实际上 M_{23} 为主耦合变换器，但由于这是最后一个变换器，可视为交叉耦合)。与提取次序 8 ~ 11 相似，将网络反向，提取出与节点 3 连接的单位变换器 M_{34} 和电容/电抗对 $C_3 + jB_3$。因此，我们只需要在与节点 3 相连的其他节点开始提取过程。

提取次序	提取元件	工作节点
网络反向	—	—
12	串联单位变换器 M_{34}	4
13	电容 C_3	3
14	电抗 jB_3	3
15	并联变换器 M_{23}	2, 3

由此得到 $C_3 = 3.7296$，$B_3 = -3.4499$ 且 $M_{23} = -0.6310$。完成以上元件提取后，在剩余多项式中，除了 $B(s) = 0.5933$ 为常数，其他的多项式系数都为零。至此整个综合过程结束，提取得到的所有 15 个元件值如下：

$$C_1 + jB_1 = 0.8328 + j0.1290，\qquad M_{S1} = 1.0000，\qquad M_{14} = -0.3003$$
$$C_2 + jB_2 = 1.3032 - j0.1875，\qquad M_{12} = 1.0000，\qquad M_{24} = -0.8066$$
$$C_3 + jB_3 = 3.7296 - j3.4499，\qquad M_{34} = 1.0000，\qquad M_{23} = -0.6310$$
$$C_4 + jB_4 = 0.8328 + j0.1290，\qquad M_{4L} = 1.0000$$

7.4.1　谐振器节点变换

对于一般全规范低通原型网络，运用电路元件提取方法综合后，网络主要由 N 个并联电容组成。每个电容与一个 FIR 元件并联组成一个节点，各个节点之间按数字次序排列的电容/FIR 节点通过 90°变换器（主线耦合）耦合连接。如果滤波器的传输函数包含有限传输零点，则会出现非相邻节点之间的交叉耦合。另外，在输入端（源）与第一个节点，及最后一个节点与输出端（负载）之间会存在两个以上的变换器。在某些情况下，其他的内部节点也可能与源和负载端产生耦合。对于全规范型传输函数（有限零点数与阶数相同），源和负载端之间将产生直接变换器耦合。在实际的带通滤波器结构中，电容/FIR 对将变成谐振器。如果 FIR 元件不为零，则其谐振频率相对于带通滤波器的中心频率产生偏移（或异步调谐），而变换器将变为输入和输出端或谐振器之间的耦合元件，比如膜片、探针和耦合环。

当谐振节点被变换器包围时，可以通过改变变换器的特征阻抗，对该谐振节点的阻抗进行任意比例的调整。实质上，这与利用变压器对网络进行阻抗匹配的原理是一样的。

对于图 7.10 所示的网络，经过每个变换器的能量使用耦合系数 k_{ij} 可以表示为

$$k_{ij} = \frac{M_{ij}}{\sqrt{C_i \cdot C_j}} \tag{7.58}$$

其中 M_{ij} 为第 i 个节点和第 j 个节点之间耦合变换器的特征阻抗。对于给定的传输函数，k_{ij} 在电路中必须为常数。因此，M_{ij} 及 C_i 和 C_j 可以变换为新的值 M'_{ij} 及 C'_i 和 C'_j，并满足如下关系：

$$k_{ij} = \frac{M_{ij}}{\sqrt{C_i \cdot C_j}} = \frac{M'_{ij}}{\sqrt{C'_i \cdot C'_j}} \tag{7.59}$$

因此，对于给定拓扑结构的网络，将有无穷个 M'_{ij} 及 C'_i 和 C'_j 可供选择。根据式（7.59）不难发现，不同的组合将会产生与初值 M_{ij} 及 C_i 和 C_j 相同的电气性能。

本章运用了以下两条准则：

- 所有的主耦合变换器 M_{ij} 变换为 1，而相应的并联电容 C_i（大多数情况下还包括终端导纳 G_L）不为 1。利用这种形式直接导出的梯形网络低通原型，常用于经典的滤波器电路设计。
- 所有谐振器节点上的并联电容变换为 1，而耦合变换器不为 1。这种形式主要有利于构造耦合矩阵，下一章将对此进行讨论。针对 7.3 节推导出的(4-2)型不对称示例的元件值应用变换公式，得到的变换器元件值不为 1。注意，C'_i 的值变换为 1。由于终端导纳 G'_S 和 G'_L 也变换为 1，因此这时的变换器元件值可以直接用于耦合矩阵中。

$$C_1' = 1.0, \qquad B_1' = M_{11}' = B_1/C_1 = +0.1549, \qquad M_{12}' = 0.9599, \qquad G_S' = 1.0$$
$$C_2' = 1.0, \qquad B_2' = M_{22}' = B_2/C_2 = -0.1439, \qquad M_{23}' = 0.2862, \qquad G_L' = 1.0$$
$$C_3' = 1.0, \qquad B_3' = M_{33}' = B_3/C_3 = -0.9250, \qquad M_{34}' = 0.5674,$$
$$C_4' = 1.0, \qquad B_4' = M_{44}' = B_4/C_4 = +0.1549, \qquad M_{14}' = 0.3606, \qquad M_{S1}' = 1.0958$$
$$M_{24}' = 0.7742, \qquad M_{4L}' = 1.0958$$

7.4.2 变换器归一化

图 7.12 描述了一个典型的低通原型网络(不含交叉耦合),该网络包含源和负载导纳、并联电容 C_i,以及主耦合变换器 M_{ij}。一般情况下,这些元件的值都不为 1。为了将变换器归一化,需要从源端开始进行变换。运用式(7.59)将源端的第一个变换器 M_{S1} 变换为 1,即 $M_{S1}' = 1$,则有

$$\frac{M_{S1}}{\sqrt{G_S C_1}} = \frac{1}{\sqrt{G_S' C_1'}} \tag{7.60}$$

因此,新的电容值 C_1' 为

$$C_1' = \frac{G_S C_1}{G_S' M_{S1}^2} \tag{7.61}$$

如果保持源端的导纳值不变($G_S' = G_S$),则可得

$$C_1' = \frac{C_1}{M_{S1}^2} \tag{7.62}$$

运用式(7.59)对第二个变换器进行变换,可得

$$\frac{M_{12}}{\sqrt{C_1 C_2}} = \frac{M_{12}'}{\sqrt{C_1' C_2'}}$$

如果令 M_{12}' 为 1,则有

$$C_2' = \frac{C_1 C_2}{C_1' M_{12}^2} \tag{7.63}$$

重复这一过程,直到最后一个变换器 M_{NL} 完成变换:

$$\frac{M_{NL}}{\sqrt{C_N' G_L}} = \frac{1}{\sqrt{C_N' G_L'}}, \qquad 即 \quad G_L' = \frac{G_L}{M_{NL}^2} \tag{7.64}$$

一般情况下,新的终端导纳 G_L' 是不为 1 的。然而,对于反射零点(理想传输点)位于零频率位置的滤波器函数,G_L' 为 1。图 7.12 所示的第二个网络表示变换后所有变换器为 1 的网络。

一旦主耦合变换为 1,且新的电容值 C_i' 已知,则任意交叉耦合变换器 M_{ik} 必须随着新的电容值进行如下变换:

$$M_{ik}' = M_{ik} \sqrt{\frac{C_i' C_k'}{C_i C_k}} \tag{7.65}$$

如果在谐振节点处存在非零的 FIR 元件(jB_i),则它们也必须按相同的电容比值变换为

$$B_i' = B_i \frac{C_i'}{C_i} \tag{7.66}$$

最后,如果要求两个终端的导纳都为 1(这种情况经常会用到),则变换过程可以同时从两个终端开始,向中心靠拢,并在内部的变换器上结束变换。此时,该变换器不为 1。这是前面

所描述的运用元件提取方法进行网络综合的基本形式。以 7.3.1 节的(4-2)型不对称滤波器为例，除了中心主耦合变换器 M_{23} 不为 1（$M_{23}=0.6310$），其他所有主耦合变换器的值和终端值都为 1。

图 7.12 进一步说明了如何运用对偶定理将 C_i' 和单位变换器转换为串联电感（其值为 C_i'）的过程。这时的网络变成为经典形式[11]，其中 $C_i' = g_i$，$G_S = g_0$，G_L（或 R_L）$= g_{N+1}$。从图中不难发现，对于对称的奇数阶滤波器函数，G_L'（或 R_L'）为 1，而一般情况下 G_L'（或 R_L'）不为 1。

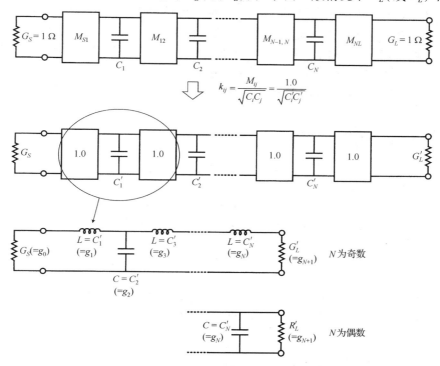

图 7.12　集总参数的低通原型梯形网络

7.5　小结

第 6 章介绍了各种滤波器函数的传输多项式和反射多项式的综合方法。接下来的设计过程需要将这些多项式转变为实际滤波器的原型电路。有两种方法可以实现：一种是经典的电路综合方法，另一种是直接耦合矩阵综合法。本章主要介绍了基于 $[ABCD]$ 传输矩阵（又称链式矩阵）的电路综合方法。

用于经典滤波器综合的电路元件包括无耗的电感、电容及终端电阻。基于这些元件的低通原型滤波器具有对称的频率响应特性。在 3.10 节和 6.1 节中引入不随频率变化的电抗元件（FIR 元件），不仅可以使原型网络具有不对称的频率响应特性，而且网络更具一般性。同时，这种器件的引入还使得传输多项式和反射多项式的系数变为复数。在实际带通或带阻滤波器中，FIR 元件表示为谐振电路频率的偏移量。另一个在滤波器综合中需要用到的元件是不随频率变化的阻抗或导纳变换器，一般统称为**导抗变换器**。这种变换器的运用明显地简化了分布式微波滤波器结构的物理实现。在窄带微波电路应用中，导抗变换器可以采用各种形式的微波结构来近似，比如感性膜片和耦合探针。

　　本章首先建立了滤波器函数的传输多项式和反射多项式的[ABCD]参数和散射矩阵参数之间的对应关系。随后介绍了利用单个元件级联的[ABCD]参数构建整个网络[ABCD]的过程。其逆过程,即从总的[ABCD]矩阵中提取单个元件,是最基本的电路综合方法。本章中所介绍的综合方法同时包括了对称的和不对称的低通原型滤波器。

　　综合过程的第一步是根据最优的低通原型滤波器多项式计算出[ABCD]矩阵,接下来从[ABCD]矩阵中提取各个元件的值。综合过程分为两个阶段,第一个阶段包括集总的无耗电感、电容和FIR元件的综合,第二个阶段则是导抗变换器的综合。使用这些变换器有利于原型电路中微波谐振器之间耦合的实现。本综合方法可用于对称的和不对称的梯形低通原型滤波器,以及交叉耦合滤波器的综合。另外,本章还介绍了单终端滤波器的综合过程,这类滤波器常用于第18章介绍的邻接多工器设计。运用本章提供的综合方法,可以简单推导出众所周知的参数 g_k。最后,本章通过一个不对称的滤波器示例展示了整个综合过程。

7.6　原著参考文献

1. Darlington, S. (1939) Synthesis of reactance 4-poles which produce insertion loss characteristics. *Journal of Mathematical Physics*, **18**, 257-353.

2. Cauer, W. (1958) *Synthesis of Linear Communication Networks*, McGraw-Hill, New York.

3. Guillemin, E. A. (1957) *Synthesis of Passive Networks*, Wiley, New York.

4. Bode, H. W. (1945) *Network Analysis and Feedback Amplifier Design*, Van Nostrand, Princeton, NJ.

5. van Valkenburg, M. E. (1955) *Network Analysis*, Prentice-Hall, Englewood Cliffs, NJ.

6. Rhodes, J. D. (1976) *Theory of Electrical Filters*, Wiley, New York.

7. Baum, R. F. (1957) Design of unsymmetrical band-pass filters. *IRE Transactions on Circuit Theory*, **4**, 33-40.

8. van Valkenburg, M. E. (1960) *Introduction to Modern Network Synthesis*, Wiley, New York.

9. Bell, H. C. (1979) Transformed-variable synthesis of narrow-bandpass filters. *IEEE Transactions on Circuits and Systems*, **26**, 389-394.

10. Carlin, H. J. (1956) The scattering matrix in network theory. *IRE Transactions on Circuit Theory*, **3**, 88-96.

11. Matthaei, G., Young, L., and Jones, E.M.T. (1980) *Microwave Filters, Impedance Matching Networks and Coupling Structures*, Artech House, Norwood, MA.

12. Orchard, H. J. and Temes, G. C. (1968) Filter design using transformed variables. *IEEE Transactions on Circuit Theory*, **15**, 385-408.

13. Levy, R. (1994) Synthesis of general asymmetric singly- and doubly-terminated cross-coupled filters. *IEEE Transactions on Microwave Theory and Techniques*, **42**, 2468-2471.

14. Marcuvitz, N. (1986) *Waveguide Handbook*, vol. Electromagnetic Waves Series 21, IEE, London.

15. Cohn, S. B. (1957) Direct coupled cavity filters. *Proceedings of IRE*, **45**, 187-196.

16. Young, L. (1963) Direct coupled cavity filters for wide and narrow bandwidths. *IEEE Transactions on Microwave Theory and Techniques*, **11**, 162-178.

17. Levy, R. (1963) Theory of direct coupled cavity filters. *IEEE Transactions on Microwave Theory and Techniques*, **11**, 162-178.

18. Chen, M. H. (1977) Singly terminated pseudo-elliptic function filter. *COMSAT Technical Reviews*, **7**, 527-541.

19. Cameron, R. J. (1982) General prototype network synthesis methods for microwave filters. *ESA Journal*, **6**, 193-206.

第8章 滤波器网络的耦合矩阵综合

本章将研究微波滤波器电路的**耦合矩阵**表示形式。构造矩阵形式的电路非常实用，因为它可以进行一些矩阵的操作，如求逆、相似变换和分解。这些操作简化了复杂电路的综合、拓扑重构和性能仿真。而且，耦合矩阵中含有滤波器元件的一些真实特性，即矩阵中的每个元素都可以与实际微波滤波器的元件唯一地对应。这样就能评估每个元件对电气特性的贡献，如每个谐振器的无载 Q_u 值，不同主耦合和交叉耦合的色散特性等。而这些特性，运用滤波器的特征多项式形式表述时，是很难或者说不可能分析得到的。

本章首先回顾了第 7 章介绍的表示耦合矩阵的基本电路形式，以及根据低通原型电路直接构造耦合矩阵的综合方法；接下来论述了直接从滤波器的传输多项式和反射多项式综合耦合矩阵的三种表示方法：$N \times N$ 矩阵，$N+2$ 矩阵和折叠网格形矩阵。

8.1 耦合矩阵

早在 20 世纪 70 年代，Atia 和 Williams 在对称波导双模滤波器应用中[1~4]引入了耦合矩阵的概念。他们主要研究的模型是一个带通原型（BPP），如图 8.1(a) 所示。

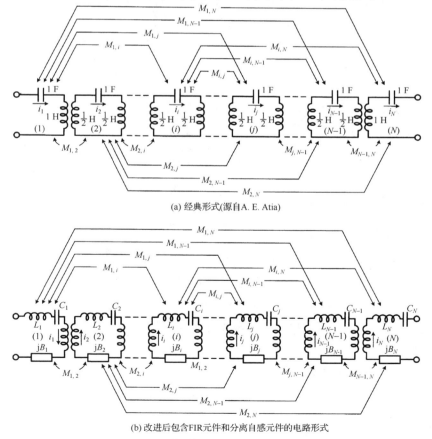

(a) 经典形式(源自A. E. Atia)

(b) 改进后包含FIR元件和分离自感元件的电路形式

图 8.1 多重耦合串联谐振器带通原型网络

此电路模型由变压器内耦合的集总串联谐振器级联构成，而每个谐振器由 1 F 的电容与主变压器的自感串联而成，回路总电感为 1 H。电路模型的中心角频率是 1 rad/s，耦合系数相对于其带宽进行归一化。除此之外，理论上，每个回路的主变压器之间采用交叉耦合的方式，与主回路中其他回路进行耦合。

该电路目前只支持对称滤波器特性。但是，回路中加入串联不随频率变化的电抗(FIR)元件之后，这个电路也可以扩展到不对称应用中。如图 8.1(b)所示，主线变压器的自感也被分离出来，并在每个回路中表示为一个单独的电感。

8.1.1　低通和带通原型

带通原型(BPP)电路的正频率特性可以运用 3.8.1 节介绍的低通原型(LPP)特性映射得到。集总元件的带通到低通的变换关系如下：

$$s = \mathrm{j}\,\frac{\omega_0}{\omega_2 - \omega_1}\left[\frac{\omega_B}{\omega_0} - \frac{\omega_0}{\omega_B}\right] \tag{8.1}$$

其中，$\omega_0 = \sqrt{\omega_1\omega_2}$ 是带通原型的中心频率(1 rad/s)，ω_1 和 ω_2 分别为通带下边沿频率和上边沿频率(例如，对于正频率带通原型，$\omega_2 = 1.618$ rad/s 且 $\omega_1 = 0.618$ rad/s，即"带宽"[①]为 $\omega_2 - \omega_1 = 1$ rad/s)，ω_B 是带通频率变量。此映射公式的运用确保了负频率 BPP 与正频率 BPP 的特性是一样的，可以准确映射到同一个低通原型的位置，即使是不对称特性也同样适用。对于负频率 BPP，由式(8.1)表示的所有频率项为负值，以至于在负频率 BPP 曲线中 $-\omega_B$ 处的衰减与正频率 BPP 曲线中 ω_B 处的衰减一样，也可以映射到低通域中 LPP 曲线相同位置处的频率点上(见图 8.2)。

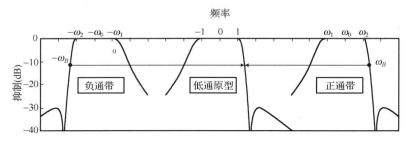

图 8.2　带通–低通频率映射

由于耦合元件不随频率变化，其串联谐振电路变换到低通域的过程如下：

1. 将所有变压器产生的互感耦合替换为大小相等的变换器互耦合。因此与变压器作用一样，变换器在谐振器节点之间产生相同的耦合能量，且同样呈现 90°相移变化(见图 8.3)。
2. 带通网络变换到低通原型网络，需要将通带边沿频率 $\omega = \pm 1$ 处的串联电容设为无穷大(零串联阻抗)。

现在的这种电路形式也就是第 7 章中根据滤波器函数多项式 $S_{21}(s)$ 和 $S_{11}(s)$ 综合得到的低通原型电路。由于耦合元件假定不随频率变化，在低通域和带通域中将会产生同样大小的

---

① 对于负频率带通原型，$\omega_2 - \omega_1 = -(-\omega_2) - (-\omega_1) = -1$ rad/s，即此时实际带宽为负值。

电路元件值；经过分析后，插入损耗与回波损耗的幅值也是相同的。而且，低通与带通频率变量可以运用集总元件的频率映射公式(8.1)进行相互变换。

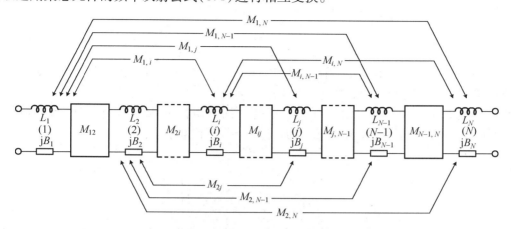

图 8.3　图 8.1(b)所示通过变换器耦合的带通网络的低通原型等效电路

8.1.2　一般 $N \times N$ 耦合矩阵形式的电路分析

如图 8.1(b)所示的二端口网络(其为 BPP 或 LPP 形式)，激励电压为 e_g(单位为 V)，内阻抗为 R_S(单位为 Ω)，负载为 R_L(单位为 Ω)。在含有回路电流的串联谐振电路中，源和负载的阻抗可以利用图 8.4 的阻抗矩阵 $[z']$ 来表示。

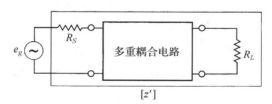

图 8.4　图 8.3 所示串联谐振电路中的源阻抗 R_S 和负载阻抗 R_L 之间的总的阻抗矩阵 $[z']$

应用基尔霍夫节点电流定理(流入同一节点的电流代数和为零)分析图 8.1(a)所示的谐振电路的回路电流，推导得到的一系列等式可用矩阵形式表示如下[1~4]：

$$[e_g] = [z'][i] \tag{8.2}$$

其中 $[z']$ 是包含终端在内的 N 个回路网络的阻抗矩阵，式(8.2)展开如下：

$$e_g[1, 0, 0, \cdots, 0]^{\mathrm{T}} = [\boldsymbol{R} + s\boldsymbol{I} + \mathrm{j}\boldsymbol{M}] \cdot [i_1, i_2, i_3, \cdots, i_N]^{\mathrm{T}} \tag{8.3}$$

其中 $[\cdot]^{\mathrm{T}}$ 表示矩阵转置，$\boldsymbol{I}$ 为单位矩阵，e_g 是源电压，$i_1, i_2, \cdots, i_N$ 分别为 N 个回路网络中的电流。

显然，阻抗矩阵 $[z']$ 可以用如下 3 个 $N \times N$ 矩阵的和来表示。

主耦合矩阵 j$\boldsymbol{M}$　这是一个 $N \times N$ 矩阵，包含不同网络节点之间的耦合值(图 8.1 中变压器产生的，且与图 8.3 中低通原型导抗变换器相等的值)。节点之间按数字顺序排列的耦合 $M_{i,i+1}$ 称为主耦合，主对角线元素 $M_{i,i}(\equiv B_i$，即每个节点的 FIR 元件)称为自耦合，而其他节点之间的不按数字顺序排列的耦合称为交叉耦合。

$$\mathrm{j}\boldsymbol{M} = \mathrm{j}\begin{bmatrix} B_1 & M_{12} & M_{13} & \cdots & & M_{1N} \\ M_{12} & B_2 & & & & \\ M_{13} & & \ddots & & & M_{N-1,N} \\ \vdots & & & \ddots & & \\ M_{1N} & & & M_{N-1,N} & & B_N \end{bmatrix} \tag{8.4}$$

由于无源网络的互易性，$M_{ij} = M_{ji}$，且通常其所有元素的值不为零。在这种情况下，射频频域内矩阵的耦合值可以随频率任意变化。

频率变量矩阵 $s\boldsymbol{I}$　　由于对角矩阵包含了每个回路阻抗的频率变量部分(低通或带通原型)，则如下 $N \times N$ 矩阵除了对角线元素为 $s = \mathrm{j}\omega$，其他元素均为零：

$$s\boldsymbol{I} = \begin{bmatrix} s & 0 & 0 & \cdots & 0 \\ 0 & s & & & \\ 0 & & \ddots & & \\ \vdots & & & \ddots & 0 \\ 0 & & & 0 & s \end{bmatrix} \tag{8.5}$$

对于带通滤波器而言，谐振器的有限无载 Q_u 值(品质因数)影响可以通过 s 偏移 δ 个正实数单位(即 $s \rightarrow \delta + s$)来表示。其中 $\delta = f_0 / (\mathrm{BW} \cdot Q_u)$，$f_0$ 为通带中心频率，BW 为设计带宽。

终端阻抗矩阵 $\boldsymbol{R}$　　这个 $N \times N$ 矩阵包含了源阻抗和负载阻抗，它们分别位于 R_{11} 和 R_{NN} 的位置，且矩阵中其他元素均为零：

$$\boldsymbol{R} = \begin{bmatrix} R_S & 0 & 0 & \cdots & 0 \\ 0 & 0 & & & \\ 0 & & \ddots & & \\ \vdots & & & \ddots & 0 \\ 0 & & & 0 & R_L \end{bmatrix} \tag{8.6}$$

8.1.2.1　$N \times N$ 和 $N+2$ 耦合矩阵

串联谐振网络的 $N \times N$ 阻抗矩阵 $[z']$ 可以分离为纯电阻部分和纯电抗部分的矩阵形式[见式(8.3)]

$$[z'] = \boldsymbol{R} + [s\boldsymbol{I} + \mathrm{j}\boldsymbol{M}] = \boldsymbol{R} + [z] \tag{8.7}$$

此时，阻抗矩阵 $[z]$ 代表图 8.5(a)中源阻抗 R_S 和负载阻抗 R_L 之间的纯电抗网络。

通常，源与负载的阻抗值不为零。因此，需要通过在源和负载端分别插入阻抗值为 $\sqrt{R_S}$ 和 $\sqrt{R_L}$ 的阻抗变换器 M_{S1} 和 M_{NL}，对它们进行归一化[见图 8.5(b)]。如图 8.5(a)和图 8.5(b)中的两个示例所示，R_S 和 R_L 为从网络分别向源和负载端看进去的阻抗。

$N \times N$ 阻抗矩阵两端加入两个阻抗变换器之后，其影响表现为以下两点：

1.终端阻抗变成终端导纳。$G_S = 1/R_S$ 且 $G_L = 1/R_L$(同时，电压源 e_g 变成为电流源 $i_g = e_g/R_S$)[1]。

---

[1]　通常网络源的终端导纳 G_S 对应着零导纳的电流源，而其阻抗 R_S 对应着零阻抗的电压源。运用诺顿和戴维南等效电路互换后，表示如下：

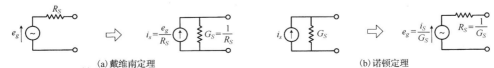

(a)戴维南定理　　　　　　　　　　　　　　　　　　　(b)诺顿定理

2. 两个变换器之间的阻抗矩阵$[z]$可以利用其对偶网络,即导纳矩阵$[y]$来代替。通常将$N \times N$矩阵的最外层分别同时增加一行和一列,产生包含输入和输出变换器值的新$(N+2) \times (N+2)$矩阵$[y]$,并将其称为$N+2$矩阵[见图8.5(c)]。如图8.5(d)所示,此网络的对偶网络由串联谐振器和阻抗变换器组成。无论是阻抗形式的还是导纳形式的,$N+2$矩阵的主耦合变换器和交叉耦合变换器的值是相同的。

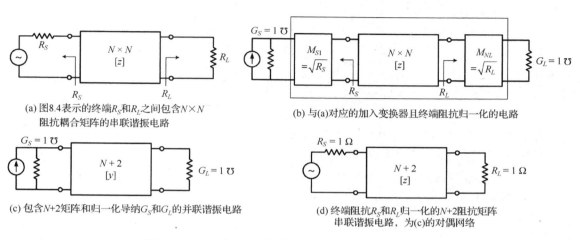

(a) 图8.4表示的终端R_S和R_L之间包含$N \times N$阻抗耦合矩阵的串联谐振电路

(b) 与(a)对应的加入变换器且终端阻抗归一化的电路

(c) 包含$N+2$矩阵和归一化导纳G_S和G_L的并联谐振电路

(d) 终端阻抗R_S和R_L归一化的$N+2$阻抗矩阵串联谐振电路,为(c)的对偶网络

图 8.5 $N \times N$ 和 $N+2$ 耦合矩阵的输入和输出电路结构

整个 $N+2$ 网络和对应的耦合矩阵如图 8.6 和图 8.7 所示。可以看出,除了主通道上的输入耦合 M_{S1} 和输出耦合 M_{NL},在源与负载端,以及中央 $N \times N$ 矩阵内部的谐振器节点之间,还可能包含其他耦合。当然,也可能包含源-负载的直接耦合 M_{SL},从而实现全规范型滤波器函数。对导纳矩阵而言,其谐振器为并联形式,且耦合元件为导纳变换器。

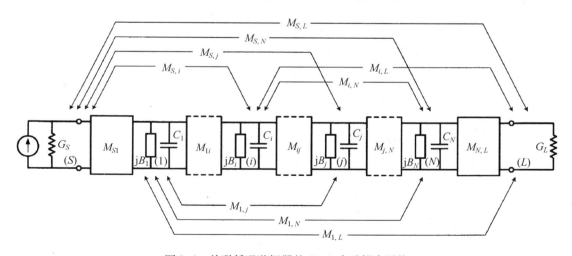

图 8.6 并联低通谐振器的 $N+2$ 多重耦合网络

8.1.3 低通原型电路的耦合矩阵构成

前面的章节介绍了由理想滤波器响应多项式得到折叠形交叉耦合网络的方法。最终,网

络由并联节点结构(并联电容 C_i 和 FIR 元件 jB_i)与变换器的主耦合和交叉耦合互连构成,可以直接根据这些元件值构建耦合矩阵。但是,电路中不随频率变化的元件(节点电容 C_i)必须首先归一化为 1,以使最终得到的耦合矩阵与图 8.1 中的电路完全对应。

	S	1	2	3	4	L
S	M_{SS}	M_{S1}	M_{S2}	M_{S3}	M_{S4}	M_{SL}
1	M_{S1}	M_{11}	M_{12}	M_{13}	M_{14}	M_{1L}
2	M_{S2}	M_{12}	M_{22}	M_{23}	M_{24}	M_{2L}
3	M_{S3}	M_{13}	M_{23}	M_{33}	M_{34}	M_{3L}
4	M_{S4}	M_{14}	M_{24}	M_{34}	M_{44}	M_{4L}
L	M_{SL}	M_{1L}	M_{2L}	M_{3L}	M_{4L}	M_{LL}

一旦原型电路的元件值一一对应地填入耦合矩阵中不为零的元件位置,就可以直接对耦合矩阵进行变换。图 8.7 所示为一个四阶网络的广义 $N+2$ 耦合矩阵,包含了所有的可能耦合,且关于主对角线对称。由于电路综合的最终结果包含并联低通谐振器(节点中的并联对

图 8.7   包含所有可能耦合的四阶 $N+2$ 耦合矩阵。双线圈内表示为中央 $N \times N$ 耦合矩阵,且矩阵关于主对角线对称,即 $M_{ij} = M_{ji}$

$sC_i + jB_i$),因此这种矩阵形式为导纳矩阵,其中源与负载的导纳分别为 $G_S = 1/R_S$ 和 $G_L = 1/R_L$。现在对矩阵运用标准变换过程。通过在第 i 行和第 i 列分别乘以 $\left[\sqrt{C_i}\right]^{-1}$,将位于 $M_{i,i}$ 节点处的电容 C_i 变换为 1,其中 $i = 1,2,3,\cdots,N$:

$$
\begin{array}{cccccc}
\times(\sqrt{G_S})^{-1} & \times(\sqrt{C_1})^{-1} & \times(\sqrt{C_2})^{-1} & \times(\sqrt{C_3})^{-1} & \times(\sqrt{C_4})^{-1} & \times(\sqrt{G_L})^{-1} \\
\downarrow & \downarrow & \downarrow & \downarrow & \downarrow & \downarrow
\end{array}
$$

$$
\begin{array}{l}
\times(\sqrt{G_S})^{-1} \to \\
\times(\sqrt{C_1})^{-1} \to \\
\times(\sqrt{C_2})^{-1} \to \\
\times(\sqrt{C_3})^{-1} \to \\
\times(\sqrt{C_4})^{-1} \to \\
\times(\sqrt{G_L})^{-1} \to
\end{array}
\begin{bmatrix}
G_S + jB_S & jM_{S1} & jM_{S2} & jM_{S3} & jM_{S4} & jM_{SL} \\
jM_{S1} & sC_1 + jB_1 & jM_{12} & jM_{13} & jM_{14} & jM_{1L} \\
jM_{S2} & jM_{12} & sC_2 + jB_2 & jM_{23} & jM_{24} & jM_{2L} \\
jM_{S3} & jM_{13} & jM_{23} & sC_3 + jB_3 & jM_{34} & jM_{3L} \\
jM_{S4} & jM_{14} & jM_{24} & jM_{34} & sC_4 + jB_4 & jM_{4L} \\
jM_{SL} & jM_{1L} & jM_{2L} & jM_{3L} & jM_{4L} & G_L + jB_L
\end{bmatrix} \tag{8.8}
$$

经过变换后,矩阵的所有对角线元素乘以了 C_i^{-1}。其中随频率变化的电容和 FIR 元件变换为 $sC_i \to s$ 和 $jB_i (\equiv M_{ii}) \to jB_i/C_i$,同时非对角线元素 M_{ij} 变换为

$$
M_{ij} \to \frac{M_{ij}}{\sqrt{C_i \cdot C_j}}, \qquad i,\, j = 1,2,3,\cdots,N, \quad i \neq j \tag{8.9a}
$$

此外,在第一行和第一列同时乘以 $1/\sqrt{G_S} \, (= \sqrt{R_S})$,可将输入和输出终端变换为 1。然后,元素 M_{SS} 变换为 $M_{SS} = G_S + jB_S \to 1 + jB_S/G_S$,且源与第 1 个谐振节点的主耦合 M_{S1} 变换为

$$
M_{S1} \to \frac{M_{S1}}{\sqrt{G_S C_1}} = M_{S1}\sqrt{\frac{R_S}{C_1}} \tag{8.9b}
$$

类似地,将最后一行和最后一列同时乘以 $1/\sqrt{G_L} \, (= \sqrt{R_L})$,可将元素 M_{LL} 变换为 $M_{LL} = G_L + jB_L \to 1 + jB_L/G_L$。并且,最后一个谐振器节点与负载终端的主耦合 M_{NL} 变换为

$$
M_{NL} \to \frac{M_{NL}}{\sqrt{C_N G_L}} = M_{NL}\sqrt{\frac{R_L}{C_N}} \tag{8.9c}
$$

再次运用原型网络的综合方法,以(4-2)型不对称滤波器函数为例,阐述耦合矩阵的变换过程。首先提取出 C_i、B_i 和 M_{ij} 的值,再根据方程组(8.9)将所有的 C_i 归一化为 1,并计算出新的 B_i 值

和 M_{ij} 值(分别用 B_i' 和 M_{ij}' 表示)。提取得到的 C_i、B_i 和 M_{ij} 的值汇总如下:

$$
\begin{array}{llll}
C_1 = 0.8328, & B_1 = \mathrm{j}0.1290, & M_{12} = 1.0, & G_S = 1.0 \\
C_2 = 1.3032, & B_2 = -\mathrm{j}0.1875, & M_{23} = 0.6310, & G_L = 1.0 \\
C_3 = 3.7296, & B_3 = -\mathrm{j}3.4499, & M_{34} = 1.0, & \\
C_4 = 0.8328, & B_4 = \mathrm{j}0.1290, & M_{14} = 0.3003, & M_{S1} = 1.0 \\
& & M_{24} = 0.8066, & M_{4L} = 1.0
\end{array}
$$

运用式(8.9)对 C_i 进行归一化,分别得到新的 B_i 和 M_{ij} 值为

$$
\begin{array}{llll}
C_1' = 1.0, & B_1' = \mathrm{j}0.1549, & M_{12}' = 0.9599, & G_S' = 1.0 \\
C_2' = 1.0, & B_2' = -\mathrm{j}0.1439, & M_{23}' = 0.2862, & G_L' = 1.0 \\
C_3' = 1.0, & B_3' = -\mathrm{j}0.9250, & M_{34}' = 0.5674, & \\
C_4' = 1.0, & B_4' = \mathrm{j}0.1549, & M_{14}' = 0.3606, & M_{S1}' = 1.0958 \\
& & M_{24}' = 0.7742, & M_{4L}' = 1.0958
\end{array}
$$

现在可以构造出(4-2)型网络的耦合矩阵形式。将乘积因子设为 -1,并使用相同的变换过程,必要时可将主对角线上的负元素变换为正的,然后可得

$$
\boldsymbol{M} =
\begin{array}{c}
 \\ S \\ 1 \\ 2 \\ 3 \\ 4 \\ L
\end{array}
\begin{array}{cccccc}
S & 1 & 2 & 3 & 4 & L \\
\left[\begin{array}{cccccc}
0.0 & 1.0958 & 0 & 0 & 0 & 0 \\
1.0958 & 0.1549 & 0.9599 & 0 & 0.3606 & 0 \\
0 & 0.9599 & -0.1439 & 0.2862 & 0.7742 & 0 \\
0 & 0 & 0.2862 & -0.9250 & 0.5674 & 0 \\
0 & 0.3606 & 0.7742 & 0.5674 & 0.1549 & 1.0958 \\
0 & 0 & 0 & 0 & 1.0958 & 0.0
\end{array}\right]
\end{array}
\tag{8.10}
$$

由于所有的电容 C_i 都归一化为 1,且对角线上的频率矩阵 $s\boldsymbol{I}$[见矩阵式(8.5)]也已经确定,终端矩阵 $\boldsymbol{R}$ 的元件值除 $R_{SS} = G_S = 1$ 且 $R_{LL} = G_L = 1$ 以外都为零[见矩阵式(8.6)]。现在这个(4-2)型不对称网络的 $N+2$ 导纳矩阵构造如下:

$$
[y'] (\text{或} [z']) = \boldsymbol{R} + s\boldsymbol{I} + \mathrm{j}\boldsymbol{M}
\tag{8.11}
$$

8.1.4　耦合矩阵形式的网络分析

耦合矩阵形式的网络分析有如下两种形式:

1. 一个 $[ABCD]$ 矩阵和其他元件的 $[ABCD]$ 矩阵级联构成的复合网络,如多枝节多工器,其不同信道的滤波器矩阵由传输线段、波导和同轴线等相互连接而成。

2. 包含终端阻抗 R_S 和 R_L 的独立网络。

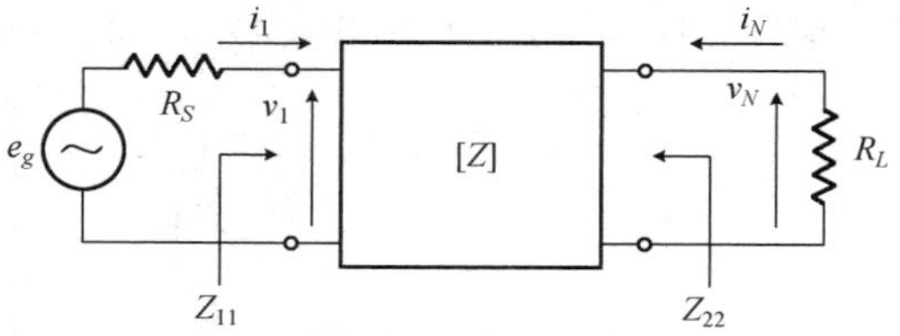

图 8.8 所示为第一种网络形式,其中 R_S 和 R_L 从主网络中分离出来。式(8.3)的矩阵形式($N \times N$ 矩阵)可写为[①]

图 8.8　源阻抗 R_S 与负载阻抗 R_L 之间的网络

---

① 　$N+2$ 矩阵的左上角与右下角元素为非谐振节点,因此不包含频率变量 s。

$$
\begin{bmatrix} e_g \\ 0 \\ \vdots \\ \vdots \\ 0 \end{bmatrix} = \begin{bmatrix} R_S & 0 & 0 & \cdots & 0 \\ 0 & 0 & & & \\ 0 & & \ddots & & \\ & & & \ddots & 0 \\ 0 & & & 0 & R_L \end{bmatrix} \begin{bmatrix} i_1 \\ i_2 \\ \vdots \\ \vdots \\ i_N \end{bmatrix} + \begin{bmatrix} s+jM_{11} & jM_{12} & jM_{13} & \cdots & jM_{1N} \\ jM_{12} & s+jM_{22} & & & \\ jM_{13} & & \ddots & & \\ \vdots & & & \ddots & jM_{N-1,N} \\ jM_{1N} & & & jM_{N-1,N} & s+jM_{NN} \end{bmatrix} \begin{bmatrix} i_1 \\ i_2 \\ \vdots \\ \vdots \\ i_N \end{bmatrix}
$$

$$(8.12)$$

$$
\begin{bmatrix} e_g - R_S i_1 \\ 0 \\ \vdots \\ \vdots \\ -R_L i_N \end{bmatrix} = \begin{bmatrix} s+jM_{11} & jM_{12} & jM_{13} & \cdots & jM_{1N} \\ jM_{12} & s+jM_{22} & & & \\ jM_{13} & & \ddots & & \\ \vdots & & & \ddots & jM_{N-1,N} \\ jM_{1N} & & jM_{N-1,N} & & s+jM_{NN} \end{bmatrix} \begin{bmatrix} i_1 \\ i_2 \\ \vdots \\ \vdots \\ i_N \end{bmatrix}
$$

$$(8.13)$$

由 $e_g - R_S i_1 = v_1$ 且 $-R_L i_N = v_N$(见图 8.8)可知,此时耦合矩阵为开路阻抗矩阵$[z]$的形式[5]:

$$
\begin{bmatrix} v_1 \\ 0 \\ \vdots \\ v_N \end{bmatrix} = \begin{bmatrix} & & \\ & [z] & \\ & & \end{bmatrix} \begin{bmatrix} i_1 \\ i_2 \\ \vdots \\ i_N \end{bmatrix}
$$

$$(8.14)$$

对$[z]$求逆,得到短路导纳矩阵$[y]$的形式为

$$
\begin{bmatrix} i_1 \\ i_2 \\ i_3 \\ \vdots \\ i_N \end{bmatrix} = \begin{bmatrix} & [y] & \\ & (= [z]^{-1}) & \end{bmatrix} \begin{bmatrix} v_1 \\ 0 \\ 0 \\ \vdots \\ v_N \end{bmatrix}
$$

$$(8.15)$$

由于只需要考虑终端的电流和电压,矩阵式(8.15)可重新写成

$$
\begin{bmatrix} i_1 \\ i_N \end{bmatrix} = \begin{bmatrix} y_{11} & y_{1N} \\ y_{N1} & y_{NN} \end{bmatrix} \cdot \begin{bmatrix} v_1 \\ v_N \end{bmatrix}
$$

$$(8.16)$$

其中,$[y]_{11}$和$[y]_{1N}$是导纳矩阵$[y]$的对角线元素。运用标准$[y] \to [ABCD]$参数变换,将$[y]$矩阵参数变换为$[ABCD]$矩阵参数[5],其中包含归一化的源和负载的阻抗值:

$$
\begin{bmatrix} A & B \\ C & D \end{bmatrix} = \frac{-1}{y_{N1}} \begin{bmatrix} \sqrt{\dfrac{R_L}{R_S}} y_{NN} & \dfrac{1}{\sqrt{R_S R_L}} \\ \Delta_{[y]} \sqrt{R_S R_L} & \sqrt{\dfrac{R_S}{R_L}} y_{11} \end{bmatrix}
$$

$$(8.17)$$

其中 $\Delta_{[y]}$ 是式(8.16)中的子矩阵行列式的值,且 $\Delta_{[y]} = y_{11} y_{NN} - y_{1N} y_{N1}$。如果需要进行快速分析,例如在优化耦合矩阵得到测量响应这个实时的参数提取过程中,运用高斯消元法[6]求解矩阵式(8.14)就比对$[z]$矩阵求逆更有效。在这种情况下,使用开路 z 参数 z_{11}、z_{1N}、zz_{N1} 和 z_{NN} 表示的等效$[ABCD]$矩阵给定为

$$\begin{bmatrix} A & B \\ C & D \end{bmatrix} = \frac{1}{z_{N1}} \begin{bmatrix} \sqrt{\dfrac{R_L}{R_S}} z_{11} & \dfrac{\Delta_{[z]}}{\sqrt{R_S R_L}} \\[4mm] \sqrt{R_S R_L} & \sqrt{\dfrac{R_S}{R_L}} z_{NN} \end{bmatrix} \tag{8.18}$$

其中 $\Delta_{[z]} = z_{11} z_{NN} - z_{1N} z_{N1}$。如果在上式中使用输入/输出的耦合变换器代替归一化的源与负载的阻抗值，即 $M_{S1} = \sqrt{R_S}$，$M_{NL} = \sqrt{R_L}$，则有

$$\begin{bmatrix} A & B \\ C & D \end{bmatrix} = \frac{1}{z_{N1}} \begin{bmatrix} \dfrac{M_{NL}}{M_{S1}} z_{11} & \dfrac{\Delta_{[z]}}{M_{S1} M_{NL}} \\[4mm] M_{S1} M_{NL} & \dfrac{M_{S1}}{M_{NL}} z_{NN} \end{bmatrix} \tag{8.19}$$

现在这个网络可以和其他 $[ABCD]$ 矩阵形式的网络（如传输线段）级联。

8.1.5　直接分析

第二种网络形式使用了包含源和负载的全耦合矩阵，重写式（8.2）如下：

$$[e_g] = [z'] \cdot [i], \quad \text{或} \quad [i] = [z']^{-1} [e_g] = [y'][e_g] \tag{8.20}$$

其中 $[z']$ 和 $[y']$ 分别为包含源和负载的网络开路阻抗和短路导纳矩阵。参照图 8.8 和式（8.20），可得

$$i_1 = [y']_{11} e_g \tag{8.21a}$$

$$i_N = [y']_{N1} e_g = \frac{v_N}{R_L} \tag{8.21b}$$

将式（8.21b）代入传输系数 S_{21} 公式[5]，可得

$$S_{21} = 2\sqrt{\frac{R_S}{R_L}} \cdot \frac{v_N}{e_g} = 2\sqrt{\frac{R_S}{R_L}} \cdot R_L [y']_{N1} = 2\sqrt{R_S R_L} \cdot [y']_{N1} \tag{8.22}$$

计算输入端的反射系数如下：

$$S_{11} = \frac{Z_{11} - R_S}{Z_{11} + R_S} = \frac{Z_{11} + R_S - 2R_S}{Z_{11} + R_S} = 1 - \frac{2R_S}{Z_{11} + R_S} \tag{8.23}$$

其中 $Z_{11} = v_1 / i_1$ 是从输入端看进去的阻抗（见图 8.8）。给定输入端的电压为 v_1，运用式（8.21a）求得电流 i_1，因此 Z_{11} 可以表示如下：

$$\frac{1}{Z_{11} + R_S} = [y']_{11} \tag{8.24}$$

将式（8.24）代入式（8.23），得到网络输入端的反射系数为

$$S_{11} = 1 - 2R_S [y']_{11} \tag{8.25a}$$

同理，对于输出端的反射系数，可得

$$S_{22} = 1 - 2R_L [y']_{NN} \tag{8.25b}$$

于是，运用式（8.25a）和式（8.21a），得到网络输入电压 v_1 与源电压 e_g 的关系如下（见图 8.8）：

$$v_1 = (e_g - R_S i_1) = e_g (1 + S_{11})/2 \tag{8.26a}$$

上式表明，对于理想传输点（$S_{11} = 0$）有 $v_1 = e_g/2$，这意味着输入阻抗 Z_{11} 与 R_S 相等。此时，

源传递给负载的资用功率最大。如果令源电压 e_g 为 2 V，且源阻抗为 $R_S = 1$ Ω，则输入端的入射功率 $P_i = 1$ W。用式(8.22)替换式(8.26a)中的 e_g，则 v_N 与 v_1 的关系可以直接用网络的 S 参数表示为

$$\frac{v_N}{v_1} = \sqrt{\frac{R_L}{R_S}} \cdot \frac{S_{21}}{(1 + S_{11})} \tag{8.26b}$$

8.2　耦合矩阵的直接综合

本节将介绍两种耦合矩阵形式的直接综合方法，第一种为 $N \times N$ 矩阵，第二种为 $N+2$ 矩阵。针对这两种情形，运用的分析方法在本质上是相同的。计算二端口短路导纳参数有两种方式：

1. 根据多项式 $F(s)/\varepsilon_R$、$P(s)/\varepsilon$ 和 $E(s)$ 系数构造的理想传输特性 $S_{21}(s)$ 和反射特性 $S_{11}(s)$；
2. 根据其耦合矩阵元件。

令推导耦合矩阵元件与传输多项式和反射多项式的两个公式相等，可以建立它们之间的关系。

尽管运用 $N+2$ 耦合矩阵方法比 $N \times N$ 耦合矩阵更灵活，且更容易综合，但是 $N \times N$ 耦合矩阵综合方法有助于对综合原理的深入分析。因此，介绍 $N+2$ 耦合矩阵综合方法之前，先研究 $N \times N$ 矩阵综合方法。

8.2.1　$N \times N$ 耦合矩阵的直接综合

由式(8.16)定义整个二端口网络的短路导纳矩阵为[4]

$$\begin{bmatrix} i_1 \\ i_2 \end{bmatrix} = \begin{bmatrix} y_{11} & y_{12} \\ y_{21} & y_{22} \end{bmatrix} \cdot \begin{bmatrix} v_1 \\ v_2 \end{bmatrix} = \frac{1}{y_d} \begin{bmatrix} y_{11n} & y_{12n} \\ y_{21n} & y_{22n} \end{bmatrix} \cdot \begin{bmatrix} v_1 \\ v_2 \end{bmatrix} \tag{8.27}$$

其中 y_{11}、y_{12}、y_{21} 和 y_{22}，以及 y_{11n}、y_{12n}、y_{21n} 和 y_{22n} 都为导纳矩阵 $[y]$ 中的元素，$[y]$ 矩阵也是阻抗矩阵 $[z] = sI + jM$ 的逆矩阵[见式(8.7)]。根据图 8.8 和 $[y]$ 矩阵元素的标准定义[5]，二端口 y 参数可以用耦合矩阵 M 和频率变量 $s = j\omega$ 表示如下：

$$y_{11}(s) = \frac{y_{11n}(s)}{y_d(s)} = [z]_{11}^{-1} = \left. \frac{i_1}{v_1} \right|_{v_N = 0} = [sI + jM]_{11}^{-1} = -j[\omega I + M]_{11}^{-1} \tag{8.28a}$$

$$y_{22}(s) = \frac{y_{22n}(s)}{y_d(s)} = [z]_{NN}^{-1} = \left. \frac{i_N}{v_N} \right|_{v_1 = 0} = [sI + jM]_{NN}^{-1} = -j[\omega I + M]_{NN}^{-1} \tag{8.28b}$$

$$y_{12}(s) = y_{21}(s) = \frac{y_{21n}(s)}{y_d(s)} = [z]_{N1}^{-1} = \left. \frac{i_N}{v_1} \right|_{v_N = 0} = [sI + jM]_{N1}^{-1} = -j[\omega I + M]_{N1}^{-1} \tag{8.28c}$$

这在网络综合过程中是非常重要的一步，它将纯数学形式表示的传输函数与[如有理多项式 $S_{11}(s)$ 和 $y_{21}(s)$ 等]实际耦合矩阵关联起来，且耦合矩阵中的每个元素与实际滤波器的物理耦合唯一对应。

从式(8.28)可以看出，与矩阵 $-M$ 对应的特征多项式为导纳矩阵 $[y]$[6] 中的公共分母多项式 $y_d(s)$。同时，由于矩阵 M 中元素为实数且关于主对角线对称，则它所有的本征值都是实数[1]。因此，包含行正交向量的 $N \times N$ 矩阵 T 满足下式：

$$-M = T \cdot \Lambda \cdot T^T \tag{8.29}$$

其中 $\Lambda = \text{diag}[\lambda_1, \lambda_2, \lambda_3, \cdots, \lambda_N]$，$\lambda_i$ 为 $-M$ 的本征值。并且，T^T 为矩阵 T 的转置矩阵。因此

$T \cdot T^T = I^{[6]}$。对于单终端和双终端情况，多项式 $y_{ij}(s)$ 的分子和分母多项式可以根据表述网络传输和反射特性的多项式 $F(s)/\varepsilon_R$、$P(s)/\varepsilon$ 和 $E(s)$ 的系数推导得到 [见式 (7.20)、式 (7.25) 和式 (7.31)]。实际上，求解过程中仅需要两个 y 参数，为了避免符号混淆，这里选择 $y_{21}(s)$ 和 $y_{22}(s)$。由于 $y_{22}(s)$ 可以由单终端网络的多项式 $A(s)$ 和 $B(s)$ 直接得到 [而无须使用 $C(s)$ 和 $D(s)$ 多项式]，将式 (8.29) 代入式 (8.28b) 和式 (8.28c)，可得

$$y_{21}(s) = -\mathrm{j}[\omega I - T \cdot \Lambda \cdot T^T]_{N1}^{-1} \qquad (8.30a)$$

$$y_{22}(s) = -\mathrm{j}[\omega I - T \cdot \Lambda \cdot T^T]_{NN}^{-1} \qquad (8.30b)$$

已知 $T \cdot T^T = I$，式 (8.30) 的等号右边可以推导如下[7]：

$$[\omega I - T \cdot \Lambda \cdot T^T]^{-1} = [T \cdot (T^T \cdot (\omega I) \cdot T - \Lambda) \cdot T^T]^{-1}$$
$$= (T^T)^{-1} \cdot (T^T \cdot (\omega I) \cdot T - \Lambda)^{-1} \cdot T^{-1}$$
$$= T \cdot (\omega I - \Lambda)^{-1} \cdot T^T$$
$$= T \cdot \mathrm{diag}\left(\frac{1}{\omega - \lambda_1}, \frac{1}{\omega - \lambda_2}, \cdots, \frac{1}{\omega - \lambda_N}\right) \cdot T^T$$

对式 (8.30) 的右边本征矩阵中 i 和 j 位置元素求逆的通解为

$$[\omega I - T \cdot \Lambda \cdot T^T]_{ij}^{-1} = \sum_{k=1}^{N} \frac{T_{ik} T_{jk}}{\omega - \lambda_k}, \qquad i, j = 1, 2, 3, \cdots, N \qquad (8.31)$$

因此，根据式 (8.30) 可得

$$y_{21}(s) = \frac{y_{21n}(s)}{y_d(s)} = -\mathrm{j}\sum_{k=1}^{N} \frac{T_{Nk} T_{1k}}{\omega - \lambda_k} \qquad (8.32a)$$

$$y_{22}(s) = \frac{y_{22n}(s)}{y_d(s)} = -\mathrm{j}\sum_{k=1}^{N} \frac{T_{Nk}^2}{\omega - \lambda_k} \qquad (8.32b)$$

式 (8.32) 表明，$-M$ 的本征值 λ_k 乘以了 j，同时它也是导纳函数 $y_{21}(s)$ 和 $y_{22}(s)$ 的公共分母多项式 $y_d(s)$ 的根。因此，可以令与本征值 λ_k 对应的 $y_{21}(s)$ 和 $y_{22}(s)$ 的留数分别与 $T_{1k} T_{Nk}$ 和 T_{NK}^2 相等，从而确定正交矩阵 T 的第一行元素 T_{1k} 和最后一行元素 T_{Nk}。已知 $y_{21}(s)$ 和 $y_{22}(s)$ 的分子和分母多项式 [即双终端网络中的式 (7.20) 和式 (7.25)，以及单终端网络中的式 (7.29) 和式 (7.31)]，可以运用部分分式展开①，确定留数 r_{21k} 和 r_{22k} 如下[4]：

$$y_{21}(s) = \frac{y_{21n}(s)}{y_d(s)} = -\mathrm{j}\sum_{k=1}^{N} \frac{r_{21k}}{\omega - \lambda_k}, \quad y_{22}(s) = \frac{y_{22n}(s)}{y_d(s)} = -\mathrm{j}\sum_{k=1}^{N} \frac{r_{22k}}{\omega - \lambda_k}$$

假设

$$T_{Nk} = \sqrt{r_{22k}}$$
$$T_{1k} = \frac{r_{21k}}{T_{Nk}} = \frac{r_{21k}}{\sqrt{r_{22k}}}, \quad k = 1, 2, 3, \cdots, N \qquad (8.33)$$

从式 (8.28a) 开始，采用同样的步骤可得 $T_{1k} = \sqrt{r_{11k}}$，其中 r_{11k} 是 $y_{11}(s)$ 的留数。结合式 (8.33)，

---

① 有理多项式的留数可以计算如下[6]：

$$r_{21k} = \left.\frac{y_{21n}(s)}{y_d'(s)}\right|_{s=\mathrm{j}\lambda_k}, \qquad r_{22k} = \left.\frac{y_{22n}(s)}{y_d'(s)}\right|_{s=\mathrm{j}\lambda_k}, \qquad k = 1, 2, 3, \cdots, N$$

其中 $\mathrm{j}\lambda_k$ 为 $y_d(s)$ 的根，而 $y_d'(s)$ 代表多项式 $y_d(s)$ 对 s 的微分。

可以得出 $T_{1k} = \sqrt{r_{11k}} = r_{21k}/\sqrt{r_{22k}}$，因此此网络可实现条件 $r_{21k}^2 = r_{11k}r_{22k}$ 成立[8]。根据 $y_{21}(s)$ 和 $y_{22}(s)$ 推导出 T_{1k}[见式(8.33)]，从而可以构造出多项式 $y_{11}(s) = y_{11n}(s)/y_d(s)$ 的分子。

通常，与网络直接连接的终端阻抗 R_S 和 R_L 没有归一化。为了归一化终端阻抗值为 1 Ω，需要根据图8.5(b)中的"内"网络，通过变换其行向量 T_{1k} 和 T_{Nk} 的幅度，求解得到输入/输出变换器值 M_{S1} 和 M_{NL} 如下：

$$M_{S1}^2 = R_S = \sum_{k=1}^{N} T_{1k}^2, \quad M_{NL}^2 = R_L = \sum_{k=1}^{N} T_{Nk}^2 \tag{8.34}$$

因此 $T_{1k} \rightarrow T_{1k}/M_{S1}$ 且 $T_{Nk} \rightarrow T_{Nk}/M_{NL}$，其中 M_{S1} 和 M_{NL} 分别等于网络的源和负载两个变压器的匝数比 n_1 和 n_2，使得终端阻抗与内部网络匹配[4]。

已知矩阵 T 的第一行元素和最后一行元素，接下来运用格拉姆-施密特正交法或类似方法[9]构造出其余的正交向量。最后，利用式(8.29)综合得到耦合矩阵 M。

8.3 耦合矩阵的简化

利用8.2节介绍的综合方法得到的矩阵 M，其所有非零元素如图8.7所示。代表不对称网络的耦合矩阵，其主对角线上的非零元素表示每个谐振器(异步调谐)相对于中心频率的偏移，而其他元素表示为网络中各个谐振器、源与负载，以及源或负载与每个谐振器之间的耦合系数。由于这样的耦合矩阵形式不适合应用，通常需要经过一系列相似变换(有时也称为"旋转")[10~12]，获得便于实现且包含最少耦合数量的矩阵形式。由于相似变换不会改变原来耦合矩阵 M 的本征值和本征向量，所以经过变换后，可以准确得到与初始矩阵完全相同的传输和反射特性。

对于变换后的耦合矩阵 M 而言，有许多比较实用的规范形式。众所周知的包括箭形[13]和更实用的折叠形[14,15]，如图8.9所示。任意一种便于实现耦合的规范形式都可以直接应用。另外，还可以将它们作为初始矩阵，经过进一步变换，得到更有利于滤波器的物理实现和电气特性受到限制的拓扑结构[16,17]。下面将要介绍的是耦合矩阵简化为折叠形矩阵的方法，箭形矩阵也可以运用类似方法推导。

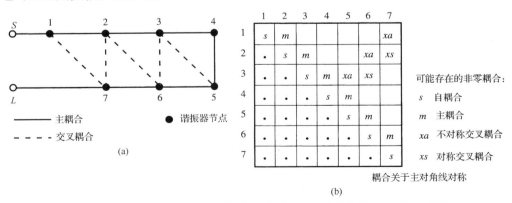

图8.9 七阶 $N \times N$ 规范折叠形耦合矩阵网络，在对称情况下，s 和 xa 为零

8.3.1　相似变换和矩阵元素消元

一个 $N \times N$ 耦合矩阵 $\boldsymbol{M}_0$ 的相似变换(或旋转),是通过在 $\boldsymbol{M}_0$ 的左端和右端分别乘以 $N \times N$ 旋转矩阵 $\boldsymbol{R}$,及其转置矩阵 $\boldsymbol{R}^{\mathrm{T}}$ 来实现的[10,11]:

$$\boldsymbol{M}_1 = \boldsymbol{R}_1 \cdot \boldsymbol{M}_0 \cdot \boldsymbol{R}_1^{\mathrm{T}} \qquad (8.35)$$

其中 $\boldsymbol{M}_0$ 为初始矩阵,$\boldsymbol{M}_1$ 是相似变换后的矩阵,旋转矩阵 $\boldsymbol{R}$ 的定义如图 8.10 所示。矩阵 $\boldsymbol{R}_r$ 中支点 $[i,j]$ $(i \neq j)$ 位置的元素 $R_{ii} = R_{jj} = \cos \theta_r$, $R_{ji} = -R_{ij} = \sin \theta_r (i, j \neq 1$ 或 $N)$,且 θ_r 为旋转角度。其余主对角线上的元素为 1,而其他非对角线上的元素为 0。

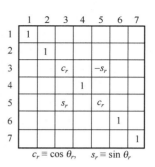

图 8.10　七阶旋转矩阵 $\boldsymbol{R}_r$。支点为 $[3,5]$,角度为 θ_r

经过相似变换之后,矩阵 $\boldsymbol{M}_1$ 的本征值与初始矩阵 $\boldsymbol{M}_0$ 仍是一致的。其中变换以 $\boldsymbol{M}_0$ 为开始矩阵,过程中应用了任意定义的支点和旋转角度,并经过任意次数的变换。每次变换过程中的矩阵形式如下:

$$\boldsymbol{M}_r = \boldsymbol{R}_r \cdot \boldsymbol{M}_{r-1} \cdot \boldsymbol{R}_r^{\mathrm{T}}, \qquad r = 1, 2, 3, \cdots, R \qquad (8.36)$$

经过分析后可知,变换后得到的矩阵 $\boldsymbol{M}_R$ 与初始矩阵 $\boldsymbol{M}_0$ 的响应保持一致。

利用支点 $[i,j]$ 和角度 $\theta_r (\neq 0)$,对矩阵 $\boldsymbol{M}_{r-1}$ 进行相似变换后,产生的新矩阵 $\boldsymbol{M}_r$ 的元素与 $\boldsymbol{M}_{r-1}$ 的相比,仅有第 i 行和第 j 行与第 i 列和第 j 列的元素发生了变化。因此,矩阵 $\boldsymbol{M}_r$ 的第 i 行或第 j 行,以及第 i 列或第 j 列的第 k 个元素 $(k \neq i,j)$,以及支点位置以外的元素,可以根据如下公式计算得到:

$$
\begin{aligned}
M'_{ik} &= c_r M_{ik} - s_r M_{jk}, \quad \text{第} i \text{行元素} \\
M'_{jk} &= s_r M_{ik} + c_r M_{jk}, \quad \text{第} j \text{行元素} \\
M'_{ki} &= c_r M_{ki} - s_r M_{kj}, \quad \text{第} i \text{列元素} \\
M'_{kj} &= s_r M_{ki} + c_r M_{kj}, \quad \text{第} j \text{列元素}
\end{aligned}
\qquad (8.37a)
$$

其中 $k(\neq i,j) = 1, 2, 3, \cdots, N$,且 $c_r = \cos \theta_r$ 和 $s_r = \sin \theta_r$。不含撇号($'$)的元素属于矩阵 $\boldsymbol{M}_{r-1}$,而包含撇号的元素属于矩阵 $\boldsymbol{M}_r$。对于支点位置的元素 M_{ii},M_{jj} 和 $M_{ij} (= M_{ji})$,有

$$
\begin{aligned}
M'_{ii} &= c_r^2 M_{ii} - 2 s_r c_r M_{ij} + s_r^2 M_{jj} \\
M'_{jj} &= s_r^2 M_{ii} + 2 s_r c_r M_{ij} + c_r^2 M_{jj} \\
M'_{ij} &= M_{ij}(c_r^2 - s_r^2) + s_r c_r (M_{ii} - M_{jj})
\end{aligned}
\qquad (8.37b)
$$

矩阵简化过程中推导出相似变换的两个性质如下:

1. 对于支点 $[i,j]$ 的变换而言,只有第 i 行和第 j 行,以及第 i 列与第 j 列的所有元素受到影响(其角度 $\theta_r \neq 0$),而矩阵中的其他元素保持不变。

2. 如果变换前支点的行与列交叉位置的元素均为零,则变换后它们依然为零。例如,图 8.11 中支点 $[3,5]$ 位置的元素 M_{13} 和 M_{15},在变换前后的值均为零,与变换角度 θ_r 无关。

式(8.37)可以应用于耦合矩阵中指定位置元素的消元(变换为零)。例如,对于图 8.11 所示的七阶耦合矩阵,为了消去不为零的元素 M_{15}(也包含 M_{51}),耦合矩阵中的支点为 $[3,5]$,旋转角度为 $\theta_1 = -\arctan(M_{15}/M_{13})$ [见式(8.37a)中的最后一个公式,其中 $k = 1$, $i = 3$, $j = 5$]。

经过变换后，矩阵中的 M'_{15} 和 M'_{51} 为零，而第 3 行和第 5 行，以及第 3 列和第 5 列的所有元素都发生了变化(见图 8.11 的阴影部分)。式(8.38)总结了利用支点 $[i,j]$，针对耦合矩阵中特定位置的元素进行旋转消元的角度公式如下：

$$\theta_r = \arctan(M_{ik}/M_{jk}), \qquad \text{第 } i \text{ 行的第 } k \text{ 个元素 } M_{ik} \qquad (8.38\text{a})$$

$$\theta_r = -\arctan(M_{jk}/M_{ik}), \qquad \text{第 } j \text{ 行的第 } k \text{ 个元素 } M_{jk} \qquad (8.38\text{b})$$

$$\theta_r = \arctan(M_{ki}/M_{kj}), \qquad \text{第 } i \text{ 列的第 } k \text{ 个元素 } M_{ki} \qquad (8.38\text{c})$$

$$\theta_r = -\arctan(M_{kj}/M_{ki}), \qquad \text{第 } j \text{ 列的第 } k \text{ 个元素 } M_{kj} \qquad (8.38\text{d})$$

$$\theta_r = \arctan\left(\frac{M_{ij} \pm \sqrt{M_{ij}^2 - M_{ii}M_{jj}}}{M_{jj}}\right), \qquad \text{支点交叉位置的元素 } M_{ii} \qquad (8.38\text{e})$$

$$\theta_r = \arctan\left(\frac{-M_{ij} \pm \sqrt{M_{ij}^2 - M_{ii}M_{jj}}}{M_{ii}}\right), \qquad \text{支点交叉位置的元素 } M_{jj} \qquad (8.38\text{f})$$

$$\theta_r = \frac{1}{2}\arctan\left(\frac{2M_{ij}}{(M_{jj} - M_{ii})}\right), \qquad \text{支点交叉位置的元素 } M_{ij} \qquad (8.38\text{g})$$

运用 8.2 节介绍的综合方法，可将得到的全耦合矩阵 $\boldsymbol{M}_0$ 经过一系列相似变换，对矩阵中无须或不便于实现的耦合元素依次进行消元，一步步地将矩阵简化为图 8.9 所示的折叠形拓扑。针对某些特定次序的变换应用，以上两条性质同样满足，从而在连续变换过程中，可以确保已经消元为零的元素，在随后变换中依然为零。

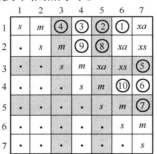

图 8.11　七阶耦合矩阵到规范折叠形拓扑的简化次序。支点为 $[3,5]$ 且旋转角度为 $\theta_r(\neq 0)$，相似变换后，其中阴影部分的元素发生了变化，而其他元素不变

8.3.1.1　全耦合矩阵到规范折叠形矩阵的简化过程

全耦合矩阵简化为折叠形，需要依次对矩阵进行若干次变换。其中包含从每行的右边到左边，以及从每列的上端到下端，依次对矩阵元素消元的过程。在图 8.11 所示的七阶滤波器中，首先从第 1 行第 $N-1$ 列的元素 M_{16} 开始消元。

在支点 $[5,6]$ 和角度 $\theta_1 = -\arctan(M_{16}/M_{15})$ 对矩阵进行相似变换，可以消去元素 M_{16}。接下来，在支点 $[4,5]$ 和角度 $\theta_2 = -\arctan(M_{15}/M_{14})$ 的变换可以消去元素 M_{15}。由于前面消去的元素 M_{16} 位于与其最近的支点位置的行与列的外围，因此变换过程中不受影响，依然保持为零。在第三次和第四次消元过程中，依次在支点位置 $[3,4]$ 和 $[2,3]$，使用角度 $\theta_3 = -\arctan(M_{14}/M_{13})$ 和 $\theta_4 = -\arctan(M_{13}/M_{12})$ 进行变换，进一步消去元素 M_{14} 和 M_{13}，而之前消去的元素一直保持为零。

经过上述四次变换之后，矩阵第 1 行中的主耦合 M_{12} 与末耦合 M_{17} 之间的元素均为零。由于矩阵关于主对角线对称，其第 1 列中的 M_{21} 与 M_{71} 之间的元素也同时为零。

继续消元过程，对于支点 [3,4]，[4,5] 和 [5,6]，使用角度 $\arctan(M_{37}/M_{47})$，$\arctan(M_{47}/M_{57})$ 和 $\arctan(M_{57}/M_{67})$ 进行变换，可分别消去第 7 列中的 M_{37}，M_{47} 和 M_{57} 这三个元素 [见式(8.38a)]。由于第一轮消元过程中，第 1 行每一个主耦合与最后一列之间的元素 M_{13}，M_{14}，M_{15} 和 M_{16} 同时消去为零，且在第二轮变换过程中它们彼此与旋转支点的列交叉，因此保持不变。

继续第三轮，沿着第 2 行依次可以消去 M_{25} 和 M_{24}，且最后一轮消去第 6 列中的 M_{46}。显然，此时已经实现了规范折叠形耦合矩阵形式（见图 8.9），其包含两个对角耦合，包括对称和不对称的交叉耦合。表 8.1 总结了整个矩阵消元过程。

表 8.1　七阶全耦合矩阵连续相似变换（旋转）简化为折叠形拓扑[①]

变换次序 r	消去的元素	支点 $[i,j]$	$\theta_r = \arctan(cM_{kl}/M_{mn})$				
			k	l	m	n	c
1	M_{16}，在第 1 行	[5,6]	1	6	1	5	-1
2	M_{15}，在第 1 行	[4,5]	1	5	1	4	-1
3	M_{14}，在第 1 行	[3,4]	1	4	1	3	-1
4	M_{13}，在第 1 行	[2,3]	1	3	1	2	-1
5	M_{37}，在第 7 列	[3,4]	3	7	4	7	$+1$
6	M_{47}，在第 7 列	[4,5]	4	7	5	7	$+1$
7	M_{57}，在第 7 列	[5,6]	5	7	6	7	$+1$
8	M_{25}，在第 2 行	[4,5]	2	5	2	4	-1
9	M_{24}，在第 2 行	[3,4]	2	4	2	3	-1
10	M_{46}，在第 6 列	[4,5]	4	6	5	6	$+1$

① 总变换次数为 $R = \sum\limits_{n=1}^{N-3} n = 10$。

最终矩阵中对角线位置的元素值可以自动确定，无须进行特别的消元处理。由于 $N \times N$ 矩阵的传输函数可实现的预设有限传输零点数为 $1 \sim (N-2)$，因此从靠近主对角线的不对称元素开始（如七阶滤波器矩阵中的 M_{35}），与对角线交叉的元素将逐个变得都不为零。假如，初始滤波器函数是对称的，则产生不对称特性的交叉耦合元素 M_{35}，M_{26} 和 M_{17} 都应为零（大多数情况下，主对角线的自耦合 M_{11} 至 M_{77} 同时为零）。

对于变换次序具有规律性的任意阶耦合矩阵的消元过程，通过编制计算机程序很容易实现。

8.3.1.2　实用范例

下面以一个七阶单终端不对称滤波器为例说明简化过程。其回波损耗为 23 dB，s 平面内一对共轭传输零点为 $\pm 0.9218 - j0.1546$，可以实现接近 60% 的群延迟均衡带宽，且虚轴上的零点为 $+j1.2576$，在通带外可实现 30 dB 抑制水平。

已知 3 个有限传输零点的位置，$S_{11}(s)$ 的分子多项式 $F(s)$ 可以运用 6.4 节的迭代算法来构造。然后，根据已知的回波损耗和常数 ε，可以确定 $S_{11}(s)$ 和 $S_{21}(s)$ 的公共分母多项式 $E(s)$，其 s 平面内多项式的系数参见表 8.2。注意，由于 $N - n_{fz} = 4$ 为偶数，多项式 $P(s)$ 需要乘以 j。

根据这些多项式的系数，运用式(7.29)和式(7.31)，可以确定这个单终端滤波器多项式 y_{21} 和 y_{22} 的分子和分母；然后将 y_{21} 和 y_{22} 运用部分分式展开，将求解得到的留数组成正交

矩阵 T[见式(8.33)]的第一行和最后一行。经过式(8.34)变换后,运用正交化过程[9]可以确定矩阵 T 中的其他元素。最后,运用式(8.29)求解得到耦合矩阵 M。矩阵 M 中的元素列于图8.12中。

表8.2　(7-1-2)不对称单终端滤波器的传输多项式和反射多项式的系数

s^n	多项式系数		
$(n=1)$	$P(s)$	$F(s)$	$E(s)$
0	− 1.0987	− j0.0081	+ 0.1378 − j0.1197
1	− j0.4827	+ 0.0793	+ 0.8102 − j0.5922
2	+ 0.9483	− j0.1861	+ 2.2507 − j1.3316
3	+ j1.0	+ 0.7435	+ 3.9742 − j1.7853
4		− j0.5566	+ 4.6752 − j1.6517
5		+ 1.6401	+ 4.1387 − j0.9326
6		− j0.3961	+ 2.2354 − j0.3961
7		+ 1.0	+ 1.0
	$\varepsilon = 6.0251$	$\varepsilon_R = 1.0$	

	1	2	3	4	5	6	7
1	0.0586	−0.0147	−0.2374	−0.0578	0.4314	−0.4385	0
2	−0.0147	−0.0810	0.4825	0.3890	0.6585	0.0952	−1.3957
3	−0.2374	0.4825	0.2431	−0.0022	0.3243	−0.2075	0.1484
4	−0.0578	0.3890	−0.0022	−0.0584	−0.3047	0.4034	−0.0953
5	0.4314	0.6585	0.3243	−0.3047	0.0053	−0.5498	−0.1628
6	−0.4385	0.0952	−0.2075	0.4034	−0.5498	−0.5848	−0.1813
7	0	−1.3957	0.1484	−0.0953	−0.1628	−0.1813	0.0211

图8.12　(7-1-2)不对称单终端滤波器简化前的 $N \times N$ 耦合矩阵。
其元素值关于主对角线对称,$R_1 = 0.7220$,$R_N = 2.2354$

　　为了将全耦合矩阵简化为折叠形,根据表8.1及运用式(8.35),以 M[等于式(8.36)中的 M_0]为初始矩阵,对 M 进行连续10次相似变换。其中每次变换都基于其上次变换的结果。经过最后一次变换后,M_{10} 矩阵中不为零的元素与折叠形滤波器中谐振器之间的耦合系数相对应,采用适当的方法可以直接实现(见图8.13)。注意,交叉对角线上的耦合元素 M_{17} 和 M_{27},由于指定的滤波器函数并不包含它们,将自动消为零,所以无须使用特别的消元过程。

	1	2	3	4	5	6	7
1	0.0586	0.6621	0	0	0	0	0
2	0.6621	0.0750	0.5977	0	0	0.1382	0
3	0	0.5977	0.0900	0.4890	0.2420	0.0866	0
4	0	0	0.4890	−0.6120	0.5038	0	0
5	0	0	0.2420	0.5038	−0.0518	0.7793	0
6	0	0.1382	0.0866	0	0.7793	0.0229	1.4278
7	0	0	0	0	0	1.4278	0.0211

图8.13　简化为折叠形式(M_{10})的(7-1-2)不对称单终端滤波器 $N \times N$ 耦合矩阵

这个耦合矩阵的响应如图8.14(a)(抑制/回波损耗)和图8.14(b)(群延迟)所示。从回波损耗曲线图上可以看出,这个单终端滤波器的通带内插入损耗是等波纹的,且30 dB的阻带抑制和带内群延迟均衡在变换过程中并不受影响。

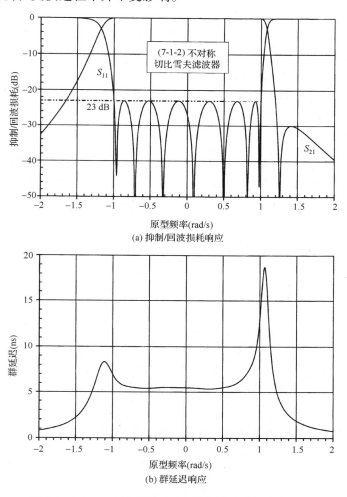

(a) 抑制/回波损耗响应

(b) 群延迟响应

图 8.14　(7-1-2)折叠形不对称单终端滤波器综合响应

图8.15(a)所示为与图8.13中耦合矩阵对应的折叠形网络拓扑结构,图8.15(b)所示为可用于滤波器实现的一种同轴腔结构。本例中的交叉耦合与主耦合符号是相同的,但一般情况下它们可以混合使用。

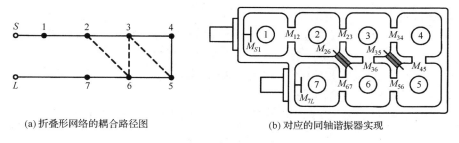

(a)折叠形网络的耦合路径图　　　　(b) 对应的同轴谐振器实现

图 8.15　折叠形拓扑结构实现

8.4 $N+2$ 耦合矩阵的综合

本节将介绍全规范型或折叠形 $N+2$ 耦合矩阵的综合方法,该方法克服了常规 $N \times N$ 耦合矩阵的缺点[18]。与常规 $N \times N$ 耦合矩阵相比,折叠形 $N+2$ 耦合矩阵更易于准确综合,且无须运用施密特正交化过程。$N+2$ 耦合矩阵或扩展矩阵的上边和下边各多出一行,且左边和右边各多出一列。这些额外增加的行与列位于以 $N \times N$ 耦合矩阵为中心的周围,可实现源和负载与谐振器节点的输入和输出耦合。

与常规的 $N \times N$ 耦合矩阵相比,$N+2$ 耦合矩阵具有如下优点:

- 可以实现多重输入/输出耦合。也就是说,不仅包括滤波器电路中第一个谐振器与最后一个谐振器之间的主输入/输出耦合,还包括源和(或)负载与谐振器之间的耦合。
- 可以综合全规范型滤波器函数(例如包含 N 个有限位置传输零点的 N 阶特性)。
- 在采用连续相似变换(旋转)的综合过程中,矩阵最外围的行或列的某些临时存放的耦合可以旋转到中间的其他位置。

首先利用滤波器函数的 N 阶“横向”电路耦合矩阵的综合方法,直接构建 $N+2$ 耦合矩阵;然后根据 8.3 节介绍的“全” $N \times N$ 耦合矩阵简化方法,将 $N+2$ 耦合矩阵简化为折叠形拓扑。

8.4.1   横向耦合矩阵的综合

为了综合 $N+2$ 横向耦合矩阵,我们运用了两种方法来构建整个二端口网络的短路导纳矩阵 $[Y_N]$。一种方法是根据实现滤波器特性的传输和反射参数 $S_{21}(s)$ 与 $S_{11}(s)$ 的有理多项式系数来构造矩阵;另一种方法是利用横向拓扑网络的电路元件。令两种方法推导出的导纳矩阵 $[Y_N]$ 相等,从而确立横向拓扑网络的耦合矩阵元素与多项式 $S_{21}(s)$ 与 $S_{11}(s)$ 的系数之间的关系。

8.4.1.1   传输多项式和反射多项式综合导纳函数 $[Y_N]$

根据 6.3 节构造的广义切比雪夫滤波器函数的传输多项式和反射多项式具有如下形式[见式(6.5)和式(6.6)]:

$$S_{21}(s) = \frac{P(s)/\varepsilon}{E(s)}, \quad S_{11}(s) = \frac{F(s)/\varepsilon_R}{E(s)} \tag{8.39}$$

其中,

$$\varepsilon = \frac{1}{\sqrt{10^{RL/10}-1}} \cdot \left| \frac{P(s)}{F(s)/\varepsilon_R} \right|_{s=\pm j}$$

RL 为给定的回波损耗 dB 值,并且假设 $E(s)$,$F(s)$ 和 $P(s)$ 多项式各自的最高阶项的系数归一化为 1。$E(s)$ 和 $F(s)$ 都是 N 阶多项式,N 为滤波器函数的阶数;而多项式 $P(s)$ 为 n_{fz} 阶多项式,其中 n_{fz} 为给定的有限传输零点数。对于一个可实现的网络,必须有 $n_{fz} \leq N$。

大多数应用中 ε_R 的值为 1,除了全规范型滤波器函数,其中所有传输零点都预先给定于有限频率处($n_{fz} = N$)。在这种情形下,位于无穷远处的 $S_{21}(s)$ 为有限 dB 值。由于每个多项式 $E(s)$,$F(s)$ 和 $P(s)$ 都归一化为 1,因此下式中 ε_R 的值会略大于 1[见式(6.26)]:

$$\varepsilon_R = \frac{\varepsilon}{\sqrt{\varepsilon^2 - 1}} \tag{8.40}$$

矩阵 $[Y_N]$ 的多项式 $y_{21}(s)$ 与 $y_{22}(s)$ 的分子和分母可以根据传输多项式和反射多项式 $S_{21}(s)$ 与 $S_{11}(s)$ 直接构造 [见式(7.20)和式(7.25)]。由于双终端网络的源和负载都为 $1\ \Omega^{[19]}$，可得

N 为偶数：　　　　　　　　$y_{21}(s) = y_{21n}(s)/y_d(s) = (P(s)/\varepsilon)/m_1(s)$

$$y_{22}(s) = y_{22n}(s)/y_d(s) = n_1(s)/m_1(s)$$

N 为奇数：　　　　　　　　$y_{21}(s) = y_{21n}(s)/y_d(s) = (P(s)/\varepsilon)/n_1(s)$

$$y_{22}(s) = y_{22n}(s)/y_d(s) = m_1(s)/n_1(s)$$

其中，

$$m_1(s) = \mathrm{Re}(e_0 + f_0) + \mathrm{jIm}(e_1 + f_1)s + \mathrm{Re}(e_2 + f_2)s^2 + \cdots$$
$$n_1(s) = \mathrm{jIm}(e_0 + f_0) + \mathrm{Re}(e_1 + f_1)s + \mathrm{jIm}(e_2 + f_2)s^2 + \cdots$$
$$\tag{8.41}$$

e_i 和 f_i，$i = 0,1,2,\cdots,N$ 分别为多项式 $E(s)$ 和 $F(s)/\varepsilon_R$ 的复系数。同时，还可以构造出 $y_{11}(s)$，但是与 $N \times N$ 耦合矩阵一样，在 $N+2$ 矩阵综合过程中它是多余的。类似地，单终端网络多项式 $y_{21}(s)$ 与 $y_{22}(s)$ 可以根据式(7.29)和式(7.31)构建得到。

已知 $y_{21}(s)$ 与 $y_{22}(s)$ 的分子和分母多项式，可以运用部分分式展开法，求解留数 r_{21k} 和 r_{22k}，$k = 0,1,2,\cdots,N$。通过求得 $y_{21}(s)$ 与 $y_{22}(s)$ 的公共分母多项式 $y_d(s)$ 的根，可以得出网络的纯实数本征值 λ_k。如果 N 阶多项式 $y_d(s)$ 具有纯虚数根 $\mathrm{j}\lambda_k$ [见式(8.32)]，则整个网络的导纳矩阵 $[Y_N]$ 用留数的矩阵形式可表示为

$$
[Y_N] = \begin{bmatrix} y_{11}(s) & y_{12}(s) \\ y_{21}(s) & y_{22}(s) \end{bmatrix} = \frac{1}{y_d(s)} \begin{bmatrix} y_{11n}(s) & y_{12n}(s) \\ y_{21n}(s) & y_{22n}(s) \end{bmatrix}
$$
$$
= \mathrm{j} \begin{bmatrix} 0 & K_\infty \\ K_\infty & 0 \end{bmatrix} + \sum_{k=1}^{N} \frac{1}{(s - \mathrm{j}\lambda_k)} \cdot \begin{bmatrix} r_{11k} & r_{12k} \\ r_{21k} & r_{22k} \end{bmatrix}
\tag{8.42}
$$

其中，除了对于全规范型滤波器函数(有限传输零点数 n_{fz} 等于阶数 N)的情况，实常数 $K_\infty = 0$。在全规范型函数中，$y_{21}(s)$ 分子多项式 $[y_{21n}(s) = \mathrm{j}P(s)/\varepsilon]$ 的阶数与其分母多项式 $y_d(s)$ 的阶数相等。在求解留数 r_{21k} 之前，首先需要从 $y_{21}(s)$ 中提取出常数 K_∞，使分子多项式 $y_{21n}(s)$ 的阶数减 1。注意，对于全规范型滤波器函数，由于 $N - n_{fz} = 0$ 为偶数，因此 $P(s)$ 必须乘以 j 来确保散射矩阵满足幺正条件。

令 $s = \mathrm{j}\infty$，则 K_∞ 的值与变量 s 无关，计算如下：

$$\mathrm{j}K_\infty = \left.\frac{y_{21n}(s)}{y_d(s)}\right|_{s=\mathrm{j}\infty} = \left.\frac{\mathrm{j}P(s)/\varepsilon}{y_d(s)}\right|_{s=\mathrm{j}\infty} \tag{8.43}$$

根据式(8.41)构造多项式 $y_d(s)$，最终其最高阶项的系数为 $1 + 1/\varepsilon_R$。由于 $P(s)$ 的最高阶项的系数为 1，因此 K_∞ 的值计算如下：

$$K_\infty = \frac{1}{\varepsilon} \cdot \frac{1}{(1 + 1/\varepsilon_R)} = \frac{\varepsilon_R}{\varepsilon} \frac{1}{(\varepsilon_R + 1)} \tag{8.44a}$$

根据式(8.40)，K_∞ 的另一个推导形式如下：

$$K_\infty = \frac{\varepsilon}{\varepsilon_R}(\varepsilon_R - 1) \tag{8.44b}$$

现在，新的分子多项式 $y'_{21n}(s)$ 确定为

$$y'_{21n}(s) = y_{21n}(s) - \mathrm{j}K_\infty y_d(s) \tag{8.45}$$

其阶数为 $N - 1$，且 $y'_{21}(s) = y'_{21n}(s)/y_d(s)$ 的留数 r_{21k} 可以运用之前的方法求解。

8.4.1.2 电路方法综合导纳矩阵[Y_N]

另外,整个二端口短路导纳矩阵[Y_N]还可以根据全规范型横向网络直接综合得到。其常用形式如图 8.16(a)所示,网络由一系列源与负载之间的 N 个单阶低通子网络并联组成,且它们之间不存在相互连接。在用于实现全规范型传输函数的网络中,还包含源-负载直接耦合变换器 M_{SL}。根据最短路径原理,有 $n_{fz\,max} = N - n_{min}$,其中 $n_{fz\,max}$ 为网络中可实现的最大有限传输零点数,n_{min} 为源与负载之间路径最短的谐振节点数。对于全规范型网络,$n_{min} = 0$,因此 $n_{fz\,max} = N$,即与网络的阶数相同。

每个低通子网络由并联电容 C_k 和不随频率变化的导纳 B_k 组成,它与源和负载的特征导纳 M_{SK} 和 M_{LK} 的导纳变换器连接。其中电路中第 k 个低通子网络如图 8.16(b)所示。

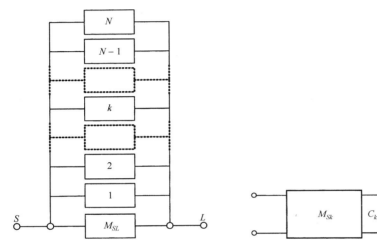

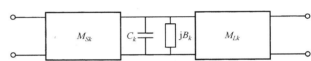

(a) 包含直接源–负载耦合 M_{SL} 的 N 个谐振器横向拓扑网络　　　　(b) 横向拓扑网络中第 N 个低通子网络的等效电路

图 8.16　全规范型横向拓扑网络

全规范型滤波器函数　图 8.16(a)中的源与负载直接耦合变换器 M_{SL} 的值为零(除了全规范型滤波器函数,其中滤波器的有限传输零点数与其阶数相等),在无穷远频率处($s = \pm j\infty$),低通子网络的所有并联电容 C_k 呈短路,且经过变换器 M_{SK} 和 M_{LK} 之后,在源-负载端口呈开路形式。因此,不随频率变化的导纳变换器 M_{SL} 在源与负载之间仅有一条路径。

如图 8.17 所示,如果负载阻抗为 1 Ω,则输入端看进去的驱动点导纳 $Y_{11\infty}$ 为

$$Y_{11\infty} = M_{SL}^2 \tag{8.46}$$

因此,$s = \pm j\infty$ 时的输入反射系数 $S_{11}(s)$ 为

$$S_{11}(s)|_{s=j\infty} \equiv |S_{11\infty}| = \left| \frac{(1 - Y_{11\infty})}{(1 + Y_{11\infty})} \right| \tag{8.47}$$

根据能量守恒定理,并替换式(8.47)中的 $|S_{11\infty}|$,可得

$$|S_{21\infty}| = \sqrt{1 - |S_{11\infty}|^2} = \frac{2\sqrt{Y_{11\infty}}}{(1 + Y_{11\infty})} = \frac{2M_{SL}}{(1 + M_{SL}^2)} \tag{8.48}$$

求解 M_{SL},可得

$$M_{SL} = \frac{1 \pm \sqrt{1 - |S_{21\infty}|^2}}{|S_{21\infty}|} = \frac{1 \pm |S_{11\infty}|}{|S_{21\infty}|} \tag{8.49}$$

由于全规范型滤波器函数中的多项式 $P(s)$ 和 $E(s)$ 的阶数都为 N 阶，且最高阶项的系数归一化为 1，因此在无穷远频率处有 $|S_{21}(\mathrm{j}\infty)| = |(P(\mathrm{j}\infty)/\varepsilon)/E(\mathrm{j}\infty)| = 1/\varepsilon$。同理可得 $|S_{11}|(\mathrm{j}\infty) = |(F(\mathrm{j}\infty)/\varepsilon_R)/E(\mathrm{j}\infty)| = 1/\varepsilon_R$。因此，

$$M_{SL} = \frac{\varepsilon(\varepsilon_R \pm 1)}{\varepsilon_R} \qquad (8.50)$$

由于全规范型网络中的 ε_R 略大于 1，因此上式中选取负号可以使 M_{SL} 的值相对更小，

$$M_{SL} = \frac{\varepsilon(\varepsilon_R - 1)}{\varepsilon_R} \qquad (8.51\mathrm{a})$$

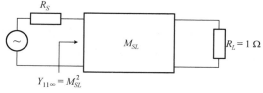

图 8.17　横向拓扑网络的等效电路 $(s = \pm \mathrm{j}\infty)$

对于非规范型滤波器函数，当 $\varepsilon_R = 1$ 时可以正确解出 $M_{SL} = 0$。此外，选取正号可以得到第二个解 $M'_{SL} = 1/M_{SL}$［见式(8.44)］，但是由于求得的数值较大，实际上从来不会采用[20]。根据式(8.40)，可以得到式(8.51a)的另一种形式(只含有 ε_R)：

$$M_{SL} = \sqrt{\frac{\varepsilon_R - 1}{\varepsilon_R + 1}} \qquad (8.51\mathrm{b})$$

其中，当 $\varepsilon_R = 1$ 时再次可以得到 $M_{SL} = 0$。

8.4.1.3　二端口导纳矩阵 $[Y_N]$ 的综合

图 8.16(b) 中级联的第 k 个低通谐振器元件的 $[ABCD]$ 传输矩阵给定为

$$[ABCD]_k = -\begin{bmatrix} \dfrac{M_{Lk}}{M_{Sk}} & \dfrac{(sC_k + \mathrm{j}B_k)}{M_{Sk}M_{Lk}} \\ 0 & \dfrac{M_{Sk}}{M_{Lk}} \end{bmatrix} \qquad (8.52)$$

然后，直接变换为如下等效短路导纳 y 参数矩阵(见表 5.2)：

$$[y_k] = \begin{bmatrix} y_{11k}(s) & y_{12k}(s) \\ y_{21k}(s) & y_{22k}(s) \end{bmatrix} = \frac{M_{Sk}M_{Lk}}{(sC_k + \mathrm{j}B_k)} \cdot \begin{bmatrix} \dfrac{M_{Sk}}{M_{Lk}} & 1 \\ 1 & \dfrac{M_{Lk}}{M_{Sk}} \end{bmatrix}$$

$$= \frac{1}{(sC_k + \mathrm{j}B_k)} \cdot \begin{bmatrix} M_{Sk}^2 & M_{Sk}M_{Lk} \\ M_{Sk}M_{Lk} & M_{Lk}^2 \end{bmatrix} \qquad (8.53)$$

并联横向拓扑网络的二端口短路导纳矩阵 $[Y_N]$ 由 N 个子单元网络的 y 参数矩阵，以及源-负载直接耦合变换器 M_{SL} 的 y 参数矩阵 $[y_{SL}]$ 叠加构成，即

$$[Y_N] = \begin{bmatrix} y_{11}(s) & y_{12}(s) \\ y_{21}(s) & y_{22}(s) \end{bmatrix} = [y_{SL}] + \sum_{k=1}^{N} \begin{bmatrix} y_{11k}(s) & y_{12k}(s) \\ y_{21k}(s) & y_{22k}(s) \end{bmatrix}$$

$$= \mathrm{j}\begin{bmatrix} 0 & M_{SL} \\ M_{SL} & 0 \end{bmatrix} + \sum_{k=1}^{N} \frac{1}{(sC_k + \mathrm{j}B_k)} \begin{bmatrix} M_{Sk}^2 & M_{Sk}M_{Lk} \\ M_{Sk}M_{Lk} & M_{Lk}^2 \end{bmatrix} \qquad (8.54)$$

8.4.1.4　$N+2$ 横向矩阵的综合

现在 $[Y_N]$ 有两种表示形式，一种是留数表示的传输函数矩阵形式［见式(8.42)］，另一种是横向拓扑网络的电路元件形式［见式(8.54)］。显然，$M_{SL} = K_\infty$，且对于式(8.42)和式(8.54)所示 $y_{21}(s)$ 和 $y_{22}(s)$ 矩阵中下标为 21 和 22 的元素，可得

$$\frac{r_{21k}}{(s - j\lambda_k)} = \frac{M_{Sk}M_{Lk}}{(sC_k + jB_k)} \tag{8.55a}$$

$$\frac{r_{22k}}{(s - j\lambda_k)} = \frac{M_{Lk}^2}{(sC_k + jB_k)} \tag{8.55b}$$

其中，留数 r_{21k} 和 r_{22k} 及本征值 λ_k 已经根据理想滤波器函数的多项式 $S_{21}(s)$ 与 $S_{22}(s)$ 推导得到 [见式(8.42)]，因此令式(8.55a)和式(8.55b)中的实部和虚部分别相等，可以建立电路参数之间的直接关系如下：

$$C_k = 1, \qquad B_k(\equiv M_{kk}) = -\lambda_k$$

$$M_{Lk}^2 = r_{22k}, \qquad M_{Sk}M_{Lk} = r_{21k}$$

所以

$$M_{Lk} = \sqrt{r_{22k}} = T_{Nk}, \quad M_{Sk} = r_{21k}/\sqrt{r_{22k}} = T_{1k}, \quad k = 1,2,3,\cdots,N \tag{8.56}$$

此时可以确定，M_{Sk} 和 M_{Lk} 与 8.2.1 节定义的正交矩阵 $\boldsymbol{T}$ 中未归一化的行向量 T_{1k} 和 T_{Nk} 相等。网络中所有的并联电容 $C_k = 1$，且不随频率变化的导纳 $B_k = -\lambda_k$（表示自耦合 $M_{11} \rightarrow M_{NN}$），输入耦合 M_{SK}，输出耦合 M_{LK} 及源与负载的直接耦合 M_{SL} 现在都已确定。由此可构造出图8.16(a)所示互易网络的 $N+2$ 横向耦合矩阵 $\boldsymbol{M}$，其中 N 个输入耦合 $M_{Sk}(= T_{1k})$ 出现在图 8.18 所示矩阵 $\boldsymbol{M}$ 的第一行和第一列中 1 到 N 的位置。类似地，N 个输出耦合 $M_{Lk}(= T_{Nk})$ 出现在矩阵最后一行和最后一列的 1 到 N 位置，而其他元素都为零。终端阻抗 R_s 和 R_L 分别与 $M_{SL}^2 + \sum_{k=1}^{N} M_{Sk}^2$ 和 $M_{SL}^2 + \sum_{k=1}^{N} M_{kL}^2$ 成正比。

	S	1	2	3	$\cdots$	k	$\cdots$	$N-1$	N	L
S		M_{S1}	M_{S2}	M_{S3}	$\cdots$	M_{Sk}	$\cdots$	$M_{S,N-1}$	M_{SN}	M_{SL}
1	M_{1S}	M_{11}								M_{1L}
2	M_{2S}		M_{22}							M_{2L}
3	M_{3S}			M_{33}						M_{3L}
$\vdots$	$\vdots$				$\ddots$					$\vdots$
k	M_{kS}					M_{kk}				M_{kL}
$\vdots$	$\vdots$						$\ddots$			$\vdots$
$N-1$	$M_{N-1,S}$							$M_{N-1,N-1}$		$M_{N-1,L}$
N	M_{NS}								M_{NN}	M_{NL}
L	M_{LS}	M_{L1}	M_{L2}	M_{L3}	$\cdots$	M_{Lk}	$\cdots$	$M_{L,N-1}$	M_{LN}	

图 8.18　横向拓扑网络的 $N+2$ 全规范型耦合矩阵 $\boldsymbol{M}$。中间双线框内表示为 $N \times N$ 子矩阵。其关于主对角线对称，即 $M_{ij} = M_{ji}$

在某些网络中，例如第 10 章介绍的源端和（或）负载端包含直接耦合提取极点的情况下，需要在源端和负载端分别添加并联的 FIR 元件 B_s 和 B_L。这类 FIR 元件通过综合方法计算得到，生成原型反射多项式 $S_{11}(s) = (F(s)/\varepsilon_R)/E(s)$ 和 $S_{22}(s) = (F_{22}(s)/\varepsilon_R)/E(s)$，其中 $E(s)$，$F(s)$ 和 $F_{22}(s)$ 具有复系数（最高阶项的系数也是如此）[21]。因此，利用式(8.41)建立的短路导纳矩阵$[Y_N]$的分子导纳多项式$y_{11n}(s)$和$y_{22n}(s)$也是 N 阶的，与其分母多项式$y_d(s)$的阶数相同。

现在，运用部分分式展开推导出该特性的留数r_{11k}和r_{22k}之前［见式(8.42)］，首先要估算并提取出一个因子，将分子多项式$y_{11n}(s)$和$y_{22n}(s)$的阶数减 1。对于全规范型传递函数［见式(8.43)和式(8.45)］，可运用同样的方法将$P(s)$多项式的阶数也减 1 。将留数形式的短路导纳公式(8.42)修改如下，其中K_S和K_L分别与源端和负载端的 FIR 元件相关，并在$s = \mathrm{j}\infty$时计算：

$$[Y_N] = \mathrm{j} \begin{bmatrix} K_S & K_\infty \\ K_\infty & K_L \end{bmatrix} + \sum_{k=1}^{N} \frac{1}{(s - \mathrm{j}\lambda_k)} \cdot \begin{bmatrix} r_{11k} & r_{12k} \\ r_{21k} & r_{22k} \end{bmatrix}$$

在横向电路的源端和负载端包含了这些 FIR 元件B_S和B_L以后，电路元件形式的横向网络的导纳公式(8.54)可以修改为

$$[Y_N] = \mathrm{j} \begin{bmatrix} B_S & M_{SL} \\ M_{SL} & B_L \end{bmatrix} + \sum_{k=1}^{N} \frac{1}{(sC_k + \mathrm{j}B_k)} \begin{bmatrix} M_{Sk}^2 & M_{Sk}M_{Lk} \\ M_{Sk}M_{Lk} & M_{Lk}^2 \end{bmatrix}$$

比较这两个公式，可以看出$B_S = K_S$且$B_L = K_L$，在横向矩阵中分别用M_{SS}和M_{LL}表示。

8.4.2　$N+2$ 横向耦合矩阵到规范折叠形矩阵的简化

大多数情况下，由于横向拓扑具有 N 个输入和输出耦合，显然它不可能实现，因此必须变换为更适用的拓扑结构。一个合适的结构是折叠形或反折形拓扑[14]，它不仅可以直接实现，还可以作为初始矩阵，进一步变换成其他更有利于实现的滤波器结构。

横向矩阵简化为折叠形结构的主要过程是运用 8.3 节介绍的 $N+2$ 耦合矩阵的变换方法，而不是 $N \times N$ 矩阵。本方法中使用一系列相似变换，消去不需要的耦合元素。消元次序由最外围的行和列开始，即从每行的右边到左边，从每列的上端到下端，直至矩阵中剩余的元素与折叠形滤波器拓扑结构一一对应（见图 8.19）。

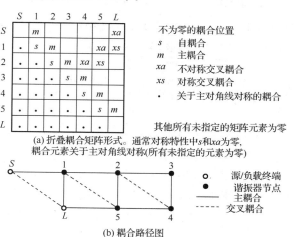

不为零的耦合位置
s　　自耦合
m　　主耦合
xa　　不对称交叉耦合
xs　　对称交叉耦合
·　　关于主对角线对称的耦合

其他所有未指定的矩阵元素为零

(a) 折叠耦合矩阵形式。通常对称特性中 s 和 xa 为零，耦合元素关于主对角线对称(所有未指定的元素为零)

○　　源/负载终端
●　　谐振器节点
——　　主耦合
----　　交叉耦合

(b) 耦合路径图

图 8.19　全规范折叠形 $N+2$ 网络耦合矩阵的五阶滤波器示例

与 $N \times N$ 耦合矩阵一样，交叉对角线上的耦合 xa 和 xs 无须进行特别的消元操作。如果它们对于指定的滤波器特性的实现毫无贡献，会自动消去为零。

8.4.3 实用范例

为了说明 $N+2$ 耦合矩阵的综合过程,下面以一个四阶不对称滤波器为例。其回波损耗为 22 dB,有 4 个有限传输零点,其中 2 个传输零点 $-j3.7431$ 和 $-j1.8051$ 在通带下边沿外的阻带产生 30 dB 抑制,另外 2 个传输零点 $j1.5699$ 和 $j6.1910$ 在通带上边沿外的阻带产生 20 dB 抑制。利用 6.3.4 节的计算方法,这些波瓣分别出现在通带下边沿外的 $-j22.9167$ 和 $-j2.2414$ 位置,以及通带上边沿外的 $+j2.0561$ 位置。

运用 6.3 节介绍的迭代方法,可以求得 $S_{11}(s)$ 和 $S_{21}(s)$ 的分子和分母多项式的系数。为了便于理解,多项式的计算公式重写如下:

$$S_{21}(s) = \frac{P(s)/\varepsilon}{E(s)}, \quad S_{11}(s) = \frac{F(s)/\varepsilon_R}{E(s)} \tag{8.57}$$

计算得到系数的值如表 8.3 所示,其中 ε_R 的值根据式(8.40)求得。注意,由于 $N - n_{fz} = 0$ 为偶数,所以 $P(s)$ 的系数需要乘以 j,结果参见表 8.3。

现在 $y_{21}(s)[=y_{21n}(s)/y_d(s)]$ 和 $y_{22}(s)[=y_{22n}(s)/y_d(s)]$ 的分子和分母多项式可以通过式(8.41)构造得到,利用 $y_d(s)$ 的最高阶项的系数归一化后的多项式 $y_{21n}(s)$,$y_{22n}(s)$ 和 $y_d(s)$ 的系数总结在表 8.4 中。

表 8.3　四阶(4-4)滤波器函数的多项式 $E(s)$,$F(s)$ 和 $P(s)$ 的系数

s^i, $i =$	S_{11} 和 S_{21} 分母多项式 $E(s)$ 的系数(e_i)	S_{11} 分子多项式 $F(s)$ 的系数(f_i)	S_{21} 分子多项式 $P(s)$ 的系数(p_i)
0	$1.9877 - j0.0025$	0.1580	$j65.6671$
1	$+3.2898 - j0.0489$	$-j0.0009$	$+1.4870$
2	$+3.6063 - j0.0031$	$+1.0615$	$+j26.5826$
3	$+2.2467 - j0.0047$	$-j0.0026$	$+2.2128$
4	$+1.0$	$+1.0$	$+j1.0$
		$\varepsilon_R = 1.000\ 456$	$\varepsilon = 33.140\ 652$

表 8.4　(4-4)滤波器函数 $y_{21}(s)$,$y_{22}(s)$ 和 $y'_{21n}(s)$ 的分子和分母多项式系数

s^i, $i =$	$y_{22}(s)$ 和 $y_{21}(s)$ 的分母多项式 $y_d(s)$ 的系数	$y_{22}(s)$ 的分子多项式 $y_{22n}(s)$ 的系数	$y_{21}(s)$ 的分子多项式 $y_{21n}(s)$ 的系数	提取 M_{SL} 之后 $y_{21}(s)$ 的分子多项式 $y'_{21n}(s)$ 的系数
0	1.0730	$-j0.0012$	$j0.9910$	$j0.9748$
1	$-j0.0249$	$+1.6453$	$+0.0224$	$+0.0221$
2	$+2.3342$	$-j0.0016$	$+j0.4012$	$+j0.3659$
3	$-j0.0036$	$+1.1236$	$+0.0334$	$+0.0333$
4	$+1.0$	—	$+j0.0151$	—

下一步运用部分分式展开求解 $y_{21}(s)$ 和 $y_{22}(s)$ 的留数。由于 $y_{22}(s)$ 的分子 $y_{22n}(s)$ 的阶数比分母 $y_d(s)$ 的阶数少 1,可以直接求得相应的留数 r_{22k}。而 $y_{21}(s)$ 的分子 $y_{21n}(s)$ 的阶数与分母 $y_d(s)$ 的阶数相同,所以必须首先提取出 $K_\infty(=M_{SL})$,从而使 $y_{21n}(s)$ 的阶数减 1。

通过计算 $s = j\infty$ 时 $y_{21}(s)$ 的值,很容易求解出 M_{SL},它等于 $y_{21}(s)$ 的分子和分母多项式的最高阶项的系数的比值[见式(8.43)]:

$$jM_{SL} = y_{21}(s)|_{s=j\infty} = \frac{y_{21n}(s)}{y_d(s)}\bigg|_{s=j\infty} = j0.015\ 09 \tag{8.58}$$

$y_{21n}(s)$ 的最高阶项的系数详见表 8.4。此外,M_{SL} 还可以由式(8.51)推导得到。

根据式(8.45)，从 $y_{21}(s)$ 的分子多项式中提取出 M_{SL} 为

$$y'_{21n}(s) = y_{21n}(s) - \mathrm{j}M_{SL}y_d(s) \tag{8.59}$$

此时，$y'_{21n}(s)$ 的阶数比 $y_d(s)$（见表 8.4）的阶数少 1，从而可以运用常规方法求得留数 r_{21k}。表 8.5 中列出了所有留数、本征值 λ_k［其中 $\mathrm{j}\lambda_k$ 为 $y_d(s)$ 的根］，以及本征向量 T_{1k} 和 T_{Nk} 的值［见式(8.56)］。

表 8.5　四阶(4-4)滤波器函数的留数、本征值和本征向量

k	本征值 λ_k	留　数		本征向量	
		r_{22k}	r_{21k}	$T_{Nk} = \sqrt{r_{22k}}$	$T_{1k} = r_{21k}/\sqrt{r_{22k}}$
1	-1.3142	0.1326	0.1326	0.3641	0.3641
2	-0.7831	0.4273	-0.4273	0.6537	-0.6537
3	0.8041	0.4459	0.4459	0.6677	0.6677
4	1.2968	0.1178	-0.1178	0.3433	-0.3433

需要注意的是，源和负载阻抗相同的双终端无耗网络，在可实现条件下，其留数 r_{22k} 为正实数，且 $|r_{21k}| = |r_{22k}|$ [8]。

已知本征值 λ_k，本征向量 T_{1k} 和 T_{Nk}，以及 M_{SL} 的值，现在可以完成整个 $N+2$ 横向耦合矩阵（见图 8.18）的构造，如图 8.20 所示。

	S	1	2	3	4	L
S	0	0.3641	-0.6537	0.6677	-0.3433	0.0151
1	0.3641	1.3142	0	0	0	0.3641
2	-0.6537	0	0.7831	0	0	0.6537
3	0.6677	0	0	-0.8041	0	0.6677
4	-0.3433	0	0	0	-1.2968	0.3433
L	0.0151	0.3641	0.6537	0.6677	0.3433	0

图 8.20　(4-4)全规范型滤波器的横向耦合矩阵，矩阵关于主对角线对称

运用 8.3.1 节介绍的类似简化方法，现在对 $N+2$ 矩阵进行操作，可以简化横向矩阵为折叠形拓扑。经过 6 次连续相似变换后，耦合元素 M_{S4}，M_{S3}，M_{S2}，M_{2L}，M_{3L} 和最后的 M_{13} 被依次消去（见表 8.6）。最终的折叠形耦合矩阵如图 8.21(a) 所示，且其对应的耦合元素和路径图如图 8.21(b) 所示。

表 8.6　四阶滤波器的横向耦合矩阵运用相似变换简化为折叠形的支点和角度①

变换次序 r	支点 $[i, j]$	消去元件	图 8.20 中的对应行或列	$\theta_r = \arctan(cM_{kl}/M_{mn})$				
				k	l	m	n	c
1	$[3,4]$	M_{S4}	位于第 S 行	S	4	S	3	-1
2	$[2,3]$	M_{S3}	位于第 S 行	S	3	S	2	-1
3	$[1,2]$	M_{S2}	位于第 S 行	S	2	S	1	-1
4	$[2,3]$	M_{2L}	位于第 L 列	2	L	3	L	$+1$
5	$[3,4]$	M_{3L}	位于第 L 列	3	L	4	L	$+1$
6	$[2,3]$	M_{13}	位于第 1 行	1	3	1	2	-1

① 总变换次数为 $R = \sum\limits_{n=1}^{N-1} n = 6$。

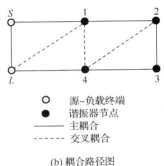

	S	1	2	3	4	L
S	0	1.0600	0	0	0	0.0151
1	1.0600	−0.0023	0.8739	0	−0.3259	0.0315
2	0	0.8739	0.0483	0.8359	0.0342	0
3	0	0	0.8359	−0.0668	0.8723	0
4	0	−0.3259	0.0342	0.8723	0.0171	1.0595
L	0.0151	0.0315	0	0	1.0595	0

○	源-负载终端
●	谐振器节点
——	主耦合
----	交叉耦合

(a) 耦合矩阵, 关于主对角线对称　　　　　(b) 耦合路径图

图 8.21　(4-4)全规范型折叠形拓扑结构的滤波器综合示例

经过分析, 该耦合矩阵的曲线如图 8.22 所示。显然, 与初始多项式 $S_{11}(s)$ 和 $S_{21}(s)$ 的回波损耗和抑制特性相比, 其性能并没有发生变化。

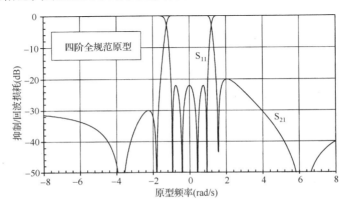

图 8.22　(4-4)全规范型综合示例: 折叠形耦合矩阵分析。其抑制波瓣为 $s \to \pm j\infty = 20\lg(\varepsilon) = 30.407$ dB

8.4.4　复终端网络 $N+2$ 耦合矩阵综合

二端口 $N+2$ 耦合矩阵用到的横向网络综合方法, 可以扩展到源和负载不随频率变化的复终端之间的矩阵综合设计, 它们之间并不一定相等。对于根据式(8.41)生成的短路 Y 参数多项式, 通过将其分子多项式 $y_{11n}(s)$, $y_{22n}(s)$, $y_{12n}(s)\left[=y_{21n}(s)\right]$ 和分母多项式 $y_d(s)$ 修改为端接复终端源阻抗 Z_S 和复终端负载 Z_L, 可进行如下计算(其推导过程详见附录 6A):

$$
\begin{aligned}
y_{11n}(s) &= [Z_L^*(E(s) - F(s)/\varepsilon_R) - (-1)^N Z_L(E(s) - F(s)/\varepsilon_R)^*] \\
y_{22n}(s) &= [(Z_S^* E(s) + Z_S F(s)/\varepsilon_R) - (-1)^N(Z_S^* E(s) + Z_S F(s)/\varepsilon_R)^*] \\
y_{12n}(s) &= y_{21n}(s) = -2\sqrt{\mathrm{Re}(Z_S)\mathrm{Re}(Z_L)}P(s)/\varepsilon \\
y_d(s) &= [Z_L^*(Z_S^* E(s) + Z_S F(s)/\varepsilon_R) + (-1)^N Z_L(Z_S^* E(s) + Z_S F(s)/\varepsilon_R)^*]
\end{aligned}
\tag{8.60}
$$

接下来, 运用与归一化终端横向耦合矩阵类似的综合方法, 即求解由已知的有理传输和反射多项式 $E(s)$, $F(s)/\varepsilon_R$ 和 $P(s)/\varepsilon$ 的留数表示的二端口导纳参数矩阵 $[Y]$, 以获得横向网络矩阵 $[Y]$ 中未知的电路元件参数。求解方程后, 构建出横向耦合矩阵, 且重构为一个更适用的拓扑。由于多项式 y_{11n} 和 y_{22n} 为全规范型传输函数, 其第 N 阶系数通常为复数且互不相等, 因此需要对求解方法做一个小的修改。注意, 这将在后面通过一个例子来演示。

首先，使用第 6 章中介绍的四阶不对称非规范型切比雪夫原型的多项式综合示例，其回波损耗为 22 dB，两个传输零点分别为 $s_{01} = +j1.3217$ 和 $s_{02} = +j1.8082$。本例中，源和负载终端阻抗分别设为 $Z_S = 0.5 + j0.6$ 和 $Z_L = 1.3 - j0.8$。已知多项式 $E(s)$，$F(s)/\varepsilon_R$ 和 $P(s)/\varepsilon$（见表 6.2），直接应用式（8.60），可得出多项式 $y_{11}(s)$，$y_{22}(s)$ 和 $y_{21}(s)$ 的系数，结果见表 8.7。

表 8.7 （4-2）型切比雪夫滤波函数：$y_{11}(s)$，$y_{22}(s)$ 和 $y_{21}(s)$ 的分子和分母多项式的系数

s^i, $i=$	$y_{11}(s)$，$y_{22}(s)$ 和 $y_{21}(s)$ 的分母多项式 $y_d(s)$ 的系数	$y_{11}(s)$ 的分子多项式 $y_{11n}(s)$ 的系数	$y_{22}(s)$ 的分子多项式 $y_{22n}(s)$ 的系数	$y_{12}(s) = y_{21}(s)$ 的分子多项式 $y_{12n}(s)$ 和 $y_{21n}(s)$ 的系数
0	-0.7113	$-j2.1567$	$j0.7264$	$j1.2835$
1	$-j3.9495$	$+4.3842$	-0.4659	-1.6809
2	$+2.6518$	$-j0.4205$	$-j2.1752$	$-j0.5370$
3	$-j1.4611$	$+2.4015$	$+0.9237$	—
4	$+1.0$	—	—	—

然后，运用 8.4 节介绍的相同方法，可求得导纳函数的留数和本征值 λ_k。由于原留数关系式 $r_{11k}r_{22k} = r_{21k}^2$ 仍适用，因此可计算出本征向量 T_{1k} 和 T_{Nk}，并构造横向耦合矩阵（见表 8.8）。

表 8.8 （4-2）型复终端滤波函数：本征值、留数和本征向量

k	本征值 λ_k	留数		本征向量	
		r_{21k}	r_{22k}	$T_{1k} = r_{21k}/\sqrt{r_{22k}}$	$T_{Nk} = \sqrt{r_{22k}}$
1	-1.6766	0.3061	0.5740	0.4040	0.7576
2	0.2139	-0.3575	0.2772	-0.6789	0.5265
3	1.0697	0.0542	0.0724	0.2015	0.2691
4	1.8541	-0.2890×10^{-2}	0.4808×10^{-5}	-1.3179	0.0022

运用一系列相似变换（见表 8.6），重构横向矩阵为折叠形耦合矩阵，如图 8.23（a）所示。为了便于比较，图 8.23（b）所示等效耦合矩阵中的终端阻抗进行了归一化［见式（8.10）］。

比较图 8.23 中的耦合矩阵，可以看出受到终端阻抗变化影响的只有第一个谐振器和最后一个谐振器的调谐状态，以及输入和输出耦合。

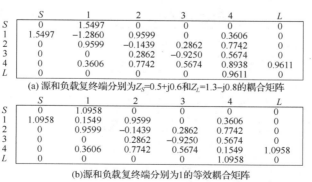

（a）源和负载复终端分别为 $Z_S=0.5+j0.6$ 和 $Z_L=1.3-j0.8$ 的耦合矩阵

（b）源和负载复终端分别为 1 的等效耦合矩阵

图 8.23 （4-2）型不对称滤波函数

8.4.4.1 复终端阻抗的全规范特性

这里应用与之前一样的方法，综合具有复终端阻抗的全规范型滤波函数的耦合矩阵。但

是，应用式(8.60)求得的多项式 y_{11n} 和 y_{22n} 的第 N 阶系数不为零。这意味着必须首先提取出这些系数，才能继续进行留数计算，这与从全规范特性多项式中提取最高阶项的系数的方法一样[见式(8.58)]。这些提取出来的系数将出现在耦合矩阵中的 M_{SS} 和 M_{LL} 位置。

为了说明此过程，运用8.4.3节介绍的相同全规范原型，同时源和负载复终端阻抗也与之前一样，为 $Z_S = 0.5 + j0.6$ 和 $Z_L = 1.3 - j0.8$。应用式(8.60)计算出多项式 $y_{11}(s)$，$y_{22}(s)$ 和 $y_{21}(s)$ 的系数，结果如表8.9所示。

表8.9　(4-4)型全规范型切比雪夫滤波函数：$y_{11}(s)$，$y_{22}(s)$ 和 $y_{21}(s)$ 的分子和分母多项式的系数

s^i, $i=$	$y_{11}(s)$，$y_{22}(s)$ 和 $y_{21}(s)$ 的分母多项式 $y_d(s)$ 的系数	$y_{11}(s)$ 的分子多项式 $y_{11n}(s)$ 的系数	$y_{22}(s)$ 的分子多项式 $y_{22n}(s)$ 的系数	$y_{12}(s) = y_{21}(s)$ 的分子多项式 $y_{12n}(s)$ 和 $y_{21n}(s)$ 的系数
0	1.7478	j1.1236	j0.7264	−j1.2289
1	−j1.0043	+3.3196	−0.4659	−0.0278
2	+3.2728	+j1.5633	−j2.1752	−j0.4975
3	−j0.6612	+2.2481	+0.9237	−0.0414
4	+1.0	+j0.00028	−j0.00021	−j0.0187

矩阵元件值 M_{SS} 和 M_{LL} 可计算得到：

$$
\begin{aligned}
y_{11}(s)|_{s=j\infty} &= \left.\frac{y_{11n}(s)}{y_d(s)}\right|_{s=j\infty} = j0.000\,28 = jM_{SS} \\
y_{22}(s)|_{s=j\infty} &= \left.\frac{y_{22n}(s)}{y_d(s)}\right|_{s=j\infty} = -j0.000\,21 = jM_{LL}
\end{aligned}
\tag{8.61}
$$

然后对 $y_{11}(s)$ 和 $y_{22}(s)$ 进行提取，将它们各自的阶数减1：

$$
y'_{11n}(s) = y_{11n}(s) - jM_{SS}y_d(s), \quad y'_{22n}(s) = y_{22n}(s) - jM_{LL}y_d(s)
\tag{8.62}
$$

现在可以计算出剩余网络的留数和本征向量，构造横向耦合矩阵且转换为折叠形式。表8.10列出了它的本征值、留数和本征向量，且图8.24显示了这个网络的折叠形耦合矩阵。注意，与归一化终端的矩阵相比(见图8.21)，所有耦合都发生了变化。

表8.10　(4-4)型复终端滤波函数：本征值、留数和本征向量

k	本征值 λ_k	留数		本征向量	
		r_{21k}	r_{22k}	$T_{1k} = r_{21k}/\sqrt{r_{22k}}$	$T_{Nk} = \sqrt{r_{22k}}$
1	−1.4748	−0.0504	0.4080	−0.0790	0.6387
2	−0.6719	0.3042	0.2697	0.5859	0.5193
3	0.9489	−0.2202	0.1833	−0.5143	0.4281
4	1.8590	−0.0626	0.0024	−1.2782	0.0490

	S	1	2	3	4	L
S	0.0003	1.4993	0	0	0	0.0187
1	1.4993	−1.3562	0.8743	0	−0.2987	0.0194
2	0	0.8743	0.0638	0.8347	0.0341	0
3	0	0	0.8347	0.0823	0.8719	0
4	0	−0.2987	0.0341	0.8719	0.7135	0.9290
L	0.0187	0.0194	0	0	0.9290	−0.0002

图8.24　源和负载复终端分别为 $Z_S = 0.5 + j0.6$ 和 $Z_L = 1.3 - j0.8$ 的(4-4)全规范型不对称耦合矩阵

8.5　奇偶模耦合矩阵综合方法：折叠形栅格拓扑

另一种方法是利用折叠形栅格拓扑来综合耦合矩阵[22~24]。本方法可用于全规范型矩阵的综合，无论是奇数阶的还是偶数阶的，实现对称或不对称特性。它的优点是简单，只需要 $S_{21}(s)$ 和 $S_{11}(s)$ 的分母多项式 $E(s)$ 就可以开始综合过程(尽管对于全规范特性来说，也需要用到比值 $\varepsilon/\varepsilon_R$)，而且只需要综合 $N/2$ 阶(N 为偶数)或($N+1$)/2 阶(N 为奇数)单端口网络。无须求解留数和特征值，省略了多项式求根的计算。这种方法应用到高阶网络时，有时会导致不准确。然而，这种方法仅限于源和负载相等的网络(因此不包括单终端网络)，以及所有反射零点[$S_{11}(s)$ 的分子多项式 $F(s)$ 的零点]位于虚轴上的网络的响应。

该方法利用了折叠形栅格拓扑的一个特性，其所有元件如频变电纳(电容)、FIR 元件和耦合变换器在将网络等分的对称平面上都是等值的。图 8.25(a)为六阶网络示例的示意图，图 8.25(b)则给出了相应的耦合路径图，并标示了网络等分的对称平面。在这种情况下，节点电抗 $B_1 = B_6$ 且 $C_1 = C_6$，耦合 $M_{S1} = M_{6L}$ 且 $M_{S6} = M_{1L}$，以此类推。图 8.25(c)显示了奇数(五)阶的等效网络示例。这里，对称面将中间谐振节点(节点 3)一分为二，将电容和 FIR 元件分为两个相等的部分，每部分包含一对值分别为 $C_3/2$ 和 $jB_3/2$ 的并联电容和 FIR 元件。在这两种情况下，都包含了实现全规范特性所必需的源–负载耦合 M_{SL}。

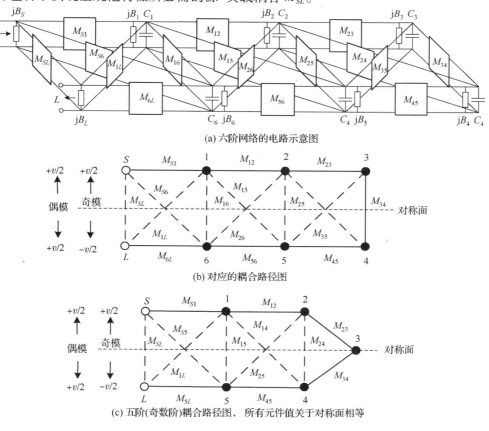

(a) 六阶网络的电路示意图

(b) 对应的耦合路径图

(c) 五阶(奇数阶)耦合路径图，所有元件值关于对称面相等

图 8.25　折叠形栅格网络

类似这样的对称网络元件值,可以通过使用奇模和偶模方法,将网络分成两个相同的单端口电路来综合。每一个单端口将有两个不同的驱动点导纳 Y_e 或 Y_o,这取决于分别施加到初始网络终端的奇模或偶模电压。奇模导纳和偶模导纳也可以根据所需的传输函数 $S_{21}(s)$ 和反射函数 $S_{11}(s)$,推导出单端口的奇模和偶模元件值。然后,通过一些简单的公式计算,可以得到整个栅格网络的元件值,并构建相应的耦合矩阵。

首先,通过对对称栅格网络终端施加奇模和偶模电压,沿对称平面将网络分成两个相同的单端口电路,如图 8.25 所示。

8.5.1 直耦合

针对直交叉耦合[见图 8.25(a)中的 M_{16}],对称平面将变换器分为两条导纳值为 M_{16} 且相位长度为 45° 的传输线段。该线段的传输[$ABCD$]矩阵为[见式(7.3)]

$$\begin{bmatrix} v_1 \\ i_1 \end{bmatrix} = \begin{bmatrix} \cos\theta & \mathrm{j}\sin\theta/M_{ij} \\ \mathrm{j}M_{ij}\sin\theta & \cos\theta \end{bmatrix} \begin{bmatrix} v_2 \\ i_2 \end{bmatrix} = \frac{1}{\sqrt{2}} \begin{bmatrix} 1 & \mathrm{j}/M_{ij} \\ \mathrm{j}M_{ij} & 1 \end{bmatrix} \begin{bmatrix} v_2 \\ i_2 \end{bmatrix} \tag{8.63a}$$

该等分变换器在终端 2 的负载导纳为 Y_L,从其终端 1 看进去的导纳 Y_S 为

$$Y_S = \frac{C + Y_L D}{A + Y_L B} \tag{8.63b}$$

在源和负载端施加两个相等的电压(偶模),在对称面上视为开路($Y_L = 0$),可得 $Y_S = \mathrm{j}M_{16}$。类似地,在源和负载端施加两个电压值相等但相位相反的电压(奇模),在对称面上将视为短路($Y_L = \infty$),可得 $Y_S = -\mathrm{j}M_{16}$。因此,在图 8.26 中的节点 1 和节点 6 处,该等分变换器成为并联 FIR 元件,其值分别为 $\mathrm{j}K_1 = \mathrm{j}K_6 = +\mathrm{j}M_{16}$(偶模)和 $\mathrm{j}K_1 = \mathrm{j}K_6 = -\mathrm{j}M_{16}$(奇模),并将 $\mathrm{j}K_1$ 和 $\mathrm{j}K_6$ 分别合并到这些节点已经存在的 FIR 元件 $\mathrm{j}B_1$ 和 $\mathrm{j}B_6$ 上。

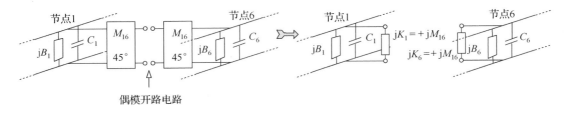

(a) 偶模

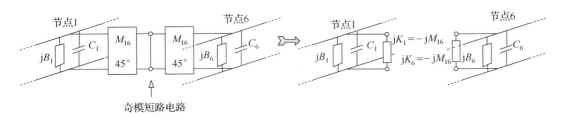

(b) 奇模

图 8.26 利用对称面等分的直交叉耦合

8.5.2　对角交叉耦合

由于栅格网络元件值的对称性,每部分子网络中包含对角耦合。当在网络终端施加相等的电压(偶模)时,相对的谐振节点(如六阶示例中的节点 1 和节点 6、节点 2 和节点 5 等)的电压将相等,而终端的奇模电压相等但相位相反。因此,当输入偶模电压时,与主耦合 M_{12} 和 M_{56} 并联的对角耦合 M_{15} 和 $M_{26}(M_{15}=M_{26})$ 用正值表示,而当输入奇模电压时则用负值表示(见图 8.27)。

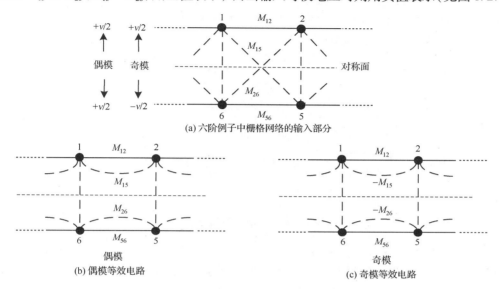

(a) 六阶例子中栅格网络的输入部分

偶模
(b) 偶模等效电路

奇模
(c) 奇模等效电路

图 8.27　通过对称面等分的对角耦合

8.5.3　奇数阶网络中的等分中心谐振节点

对于奇数阶网络,对称面将中心谐振节点分成值相等的两半,如图 8.28 所示。这里,该平面是将图 8.25(c)中的五阶示例的中心节点(节点 3)分为两个并联的半边 3a 和 3b,每个半边由一个值为 $C_3/2$ 的电容和一个值为 $jB_3/2$ 的电抗 FIR 元件组成。值得注意的是,图 8.28 中节点 3 的两半部分(节点 3a 和 3b)之间的实线是直接连线,而不是变换器。

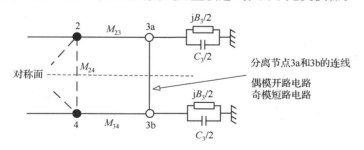

图 8.28　五阶(奇数阶)示例的等分中心谐振节点,对称面 $M_{23}=M_{34}$

在偶模条件下,节点 3a 和 3b 的电压将相等,3a 和 3b 之间的连接将视为开路。在奇模条件下,节点 3a 和 3b 处的电压将相等但相位相反,从而构成短路,再通过变换器 M_{23} 和 M_{34} 变换到节点 2 和节点 4 处,构成开路。因此,对于奇数阶网络,奇模单端口电路的阶数将比偶模电路的阶数少 1。

8.5.4　对称栅格网络的奇偶模电路

现在，对称栅格网络已经沿对称面被分成两个相同的网络，接下来的任务是由奇模和偶模导纳函数 Y_e 和 Y_o 来综合单端口奇模和偶模电路，其推导过程将在下面详细介绍。综合过程将产生两个单端口网络，如图 8.29 的六阶示例所示。对于偶数阶滤波函数，网络的阶数将为 $N/2$；对于奇数阶函数，偶模网络的阶数将为 $(N+1)/2$，而奇模网络的阶数将减 1，为 $(N-1)/2$。此外，对于奇数阶网络的偶模电路，网络非末端的元件值将是整个栅格网络中相应元件值的一半。

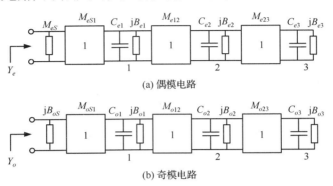

(a) 偶模电路

(b) 奇模电路

图 8.29　奇偶模单端口电路

下面按照常规的方式来进行单端口电路综合，详见 7.1.2 节[25]。在推导出有理多项式导纳函数 Y_e 和 Y_o 后，从每个网络的输入端向终端负载方向依次开始提取元件。如果函数是全规范型的，那么提取的第一个元件将是每个网络输入端的 FIR 元件，如图 8.29 中的 B_{eS} 和 B_{oS} 所示。接下来提取的是归一化的耦合变换器，提取这个元件的结果是使导纳函数反相。然后是每个网络的第一个谐振节点的元件，即偶模链路的 C_{e1} 和 B_{e1} 与奇模链路的 C_{o1} 和 B_{o1}。重复循环这个过程，直到从每条链路中提取出最后一个元件。

最后，对节点进行比例变换，将电容的值变换为 1。对于第一个变换器 M_{eS1} 和 M_{oS1}，有

$$M_{eS1} = 1/\sqrt{C_{e1}}, \quad M_{oS1} = 1/\sqrt{C_{o1}} \tag{8.64a}$$

对于第一个节点和节点 1 和 2 之间的耦合变换器，有

$$
\begin{aligned}
M_{e12} &= 1/\sqrt{C_{e1}C_{e2}}, & M_{o12} &= 1/\sqrt{C_{o1}C_{o2}} \\
B_{e1} &\to B_{e1}/C_{e1}, & B_{o1} &\to B_{o1}/C_{o1} \\
C_{e1} &\to 1, & C_{o1} &\to 1
\end{aligned} \tag{8.64b}
$$

重复循环以上过程，直到所有电容的值都变换为 1。考虑到从奇数阶滤波函数的偶模网络中提取出的最后一个元件为实际值的一半，连接到中心节点的最后一个变换器[见图 8.25(c)五阶示例中的 M_{23}]的变换和中心 FIR 元件的值给定为

$$M_{e(k-1,k)} = 1/\sqrt{2C_{ek}C_{e(k-1)}}, \quad B_{ek} \to B_{ek}/C_{ek}, \quad 最终\ C_{ek} \to 1 \tag{8.65}$$

其中 $k = (N+1)/2$。

变换偶模和奇模网络之后，利用两个对角线的对称性，就可以完成对称栅格网络的耦合矩阵的构造了。以图 8.25(b) 中六阶栅格网络的第一段为例，可以看出，将栅格网络的"直线"

交叉耦合进行等分,可以得到 $B_{e1} = (B_1 + M_{16})$,$B_{o1} = (B_1 - M_{16})$。将这些公式进行加减运算,可得 $B_1 = (B_{e1} + B_{o1})/2$ 的值,即自耦合 $M_{11}(= M_{66})$ 和直交叉耦合 $M_{16} = (B_{e1} - B_{o1})/2$。且对于对角交叉耦合(见图 8.27),$M_{e12} = (M_{12} + M_{15})$,$M_{o12} = (M_{12} - M_{15})$。类似地,运用加减计算可得主线耦合的值 $M_{12} = (M_{e12} + M_{o12})/2(= M_{56})$,以及对角线交叉耦合的值 $M_{15} = (M_{e12} - M_{o12})/2(= M_{26})$。对于全规范原型,有 $B_{eS} = (B_S + M_{SL})$,$B_{oS} = (B_S - M_{SL})$,由此可得 $B_S = (B_{eS} + B_{oS})/2$,即源自耦合 $M_{SS}(= M_{LL})$ 和源-负载直接耦合 $M_{SL} = (B_{eS} - B_{oS})/2$。

　　对剩余栅格网络运用这些简单的关系式,然后再利用对称性来完成其余的矩阵元件值的计算。接下来推导奇模和偶模导纳函数 $Y_e(s)$ 和 $Y_o(s)$ 的有理多项式,开始奇模和偶模单端口网络的综合。

8.5.5　传输多项式和反射多项式的奇偶模导纳多项式设计

　　反射多项式 $S_{11}(s)$ 和传输多项式 $S_{21}(s)$ 可以用奇偶模导纳多项函数 $Y_o(s)$ 和 $Y_e(s)$ 表示如下[26]:

$$S_{11}(s) = \frac{F(s)/\varepsilon_R}{E(s)} = \frac{1 - Y_e Y_o}{(1 + Y_e)(1 + Y_o)} \tag{8.66a}$$

$$S_{21}(s) = \frac{P(s)/\varepsilon}{E(s)} = \frac{Y_o - Y_e}{(1 + Y_e)(1 + Y_o)} \tag{8.66b}$$

从这些公式可以看出,赫尔维茨多项式 $E(s)$ 的零点也是 $(1 + Y_e)(1 + Y_o)$ 的零点。这意味着有理多项式 $(Y_e + 1)$ 和 $(Y_o + 1)$ 的分子也是属于赫尔维茨多项式,但目前还不清楚 $E(s)$ 的零点哪些要分配给 $(Y_e + 1)$,哪些要分配给 $(Y_o + 1)$。由于假设 $F(s)$ 和 $P(s)$ 的零点在虚轴上或者关于虚轴呈共轭对分布,因此可以考虑使用 $S_{21}(s)$ 的交替极点法来求解(见 6.2 节)。

　　$S_{21}(s)$ 可以用其交替极点表示如下[见式(6.39a)和式(6.39b)]:

$$S_{21}(s)S_{21}(s)^* = |S_{21}(s)|^2 = \frac{1}{[1 + \varepsilon_1 C_N(s)][1 - \varepsilon_1 C_N(s)]} = \frac{1}{1 - \varepsilon_1^2 C_N^2(s)} \tag{8.67}$$

其中,纯虚部特征函数 $C_N(s) = F(s)/P(s)$(当 $N - n_{fz}$ 为奇数时),或 $C_N(s) = F(s)/jP(s)$(当 $N - n_{fz}$ 为偶数时),$\varepsilon_1 = \varepsilon/\varepsilon_R$。

　　现在根据能量守恒定理,$S_{11}(s)$ 可以计算为

$$|S_{11}(s)|^2 = 1 - |S_{21}(s)|^2 = \frac{-\varepsilon_1^2 C_N^2(s)}{1 - \varepsilon_1^2 C_N^2(s)} \tag{8.68}$$

然后可以根据式(8.67)和式(8.68)写出比例因子 $|S_{11}(s)/S_{21}(s)|$:

$$\left| \frac{S_{11}(s)}{S_{21}(s)} \right| = j\varepsilon_1 C_N(s) \tag{8.69}$$

已知 $S_{11}(s)$ 和 $S_{21}(s)$ 之间存在一个恒定的相位差 $\pm \pi/2$ rad[见式(6.12)],那么这个标量就可以通过乘以 $\pm j$ 转化为向量。根据式(8.66)和式(8.69)可得

$$\frac{S_{11}(s)}{S_{21}(s)} = \pm \varepsilon_1 C_N(s) = \frac{1 - Y_e Y_o}{Y_o - Y_e} \tag{8.70}$$

考虑式(8.67)中的分母项 $[1 + \varepsilon_1 C_N(s)]$ 和 $[1 - \varepsilon_1 C_N(s)]$,用式(8.70)代替 $\varepsilon_1 C_N(s)$,可得

$$\frac{1}{1 + \varepsilon_1 C_N(s)} = \frac{Y_e - Y_o}{(Y_e - 1)(Y_o + 1)} \tag{8.71a}$$

$$\frac{1}{1 - \varepsilon_1 C_N(s)} = \frac{Y_o - Y_e}{(Y_e + 1)(Y_o - 1)} \tag{8.71b}$$

这两个表达式左侧的极点在 s 平面的左半平面和右半平面之间交替出现,将它们组合后,形成了一个关于 s 平面虚轴对称分布的图形。因此,从式 8.71(a)可以看出,如上文所阐述的 $(Y_o + 1)$ 的零点是赫尔维茨类型,也将是 $1 + \varepsilon_1 C_N(s)$ 的左半平面(赫尔维茨类型)零点。类似地,由式 8.71(b)可知,$(Y_e + 1)$ 的零点将与 $1 - \varepsilon_1 C_N(s)$ 的左半平面零点重合。实现零点关于虚轴呈对称分布之后,$(Y_e - 1)$ 和 $(Y_o - 1)$ 分别是 $1 + \varepsilon_1 C_N(s)$ 和 $1 - \varepsilon_1 C_N(s)$ 的右半平面零点。图 8.30 以一个六阶示例来说明了这种情况,其中 Y_{en} 和 Y_{on} 分别是 Y_e 和 Y_o 的分子多项式,而 Y_{ed} 和 Y_{od} 是它们的分母多项式。

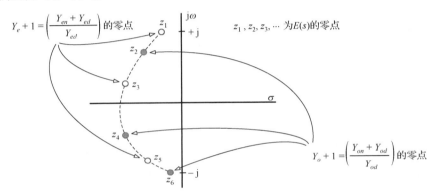

图 8.30　赫尔维茨多项式 $E(s)$ 的零点[$S_{21}(s)$ 和 $S_{11}(s)$]的奇偶模导纳函数的综合

已知 $E(s)$ 的零点位置以及 $S_{11}(s)$ 和 $S_{21}(s)$ 的分母多项式,便可构造出 Y_e 和 Y_o 的分子和分母多项式。$(Y_e + 1)$ 的分子多项式 $Y_{en} + Y_{ed}$,是由 $E(s)$ 的序号交替排列的零点构成的,从最大正虚部的零点开始,即图 8.30 的六阶示例中的零点 z_1,z_3 和 z_5。$(Y_o + 1)$ 的分子多项式 $Y_{on} + Y_{od}$,由 $E(s)$ 的其余零点 z_2,z_4 和 z_6 构成。对于奇数阶原型,$(Y_o + 1)$ 的分子的阶数将比 $(Y_e + 1)$ 的分子的阶数少 1。

8.5.5.1　规范带阻原型

对于非规范型滤波器阶数中有限零点数 $n_{fz} < N$ 的情况,由 $E(s)$ 的零点构成的 $(Y_e + 1)$ 和 $(Y_o + 1)$ 分子多项式,它们的最高阶项的系数将自动归一化为 1。然而对于全规范原型($n_{fz} = N$),需要确定一个向量乘数 $\bar{v}$,以计算这些情况下最高阶出现的非归一化系数。复向量 $\bar{v}$ 可由式(8.67)确定为 $\bar{v} = \sqrt{j + \varepsilon_1}$,然后 $(Y_{en} + Y_{ed})$ 乘以 $\bar{v}^*$ 且 $(Y_{on} + Y_{od})$ 乘以 $\bar{v}$。

为了获得带阻特性,向量 $\bar{v}$ 需要乘以 45°(如 $\bar{v}$ 变为 $\bar{v}\sqrt{j}$)。

8.5.5.2　奇偶模导纳多项式的构造

由于 $Y_e(s)$ 是一个纯电抗函数,它的极点和零点将在虚轴上交替出现,因此这意味着分子和分母多项式的共轭系数将在纯实数和纯虚数之间交替出现,即为复偶数和复奇数[8]。通过 $E(s)$ 的交替零点构成的分子多项式 $(Y_e + 1) = Y_{en} + Y_{ed}$,将得到复系数的多项式 $(Y_{en} + Y_{ed} =$

$e_0 + e_1 s + e_2 s^2 + e_3 s^3 + \cdots$）。然后，可以将分子和分母多项式分离出来，构成偶模导纳 Y_e（确保其分子 Y_{en} 具有最高阶的实系数）：

$$Y_e(s) = \frac{Y_{en}(s)}{Y_{ed}(s)} = \frac{j\text{Im}(e_0) + \text{Re}(e_1)s + j\text{Im}(e_2)s^2 + \text{Re}(e_3)s^3 + \cdots}{\text{Re}(e_0) + j\text{Im}(e_1)s + \text{Re}(e_2)s^2 + j\text{Im}(e_3)s^3 + \cdots} \tag{8.72}$$

类似地，奇模导纳函数 $Y_o(s)$ 也可由 $E(s)$ 的剩余零点构建得到。

从 $E(s)$ 的零点中找到奇偶模导纳函数后，运用第 7 章中介绍的电容、FIR 元件和变换器的提取方法，就可以开始综合相应的单端口电路。然后，应用简单的公式推导出耦合值，建立对称栅格网络的耦合矩阵。整个综合过程无须通过求根来计算留数，而且只针对 $N/2$ 阶（偶数阶）或 $(N+1)/2$ 阶（奇数阶）的多项式来进行分析，所以保证了较高的精度。

8.5.6   对称栅格网络耦合矩阵的综合

为了说明这个过程，以一个六阶不对称特性的对称栅格耦合矩阵综合为例。这个示例表明，即使原型是不对称的，也只需用到滤波器原型多项式 $E(s)$ 的零点，但全规范函数综合过程中还需要用到常数 ε 和 ε_R。

下面使用一个六阶不对称原型示例来说明，其回波损耗为 22 dB，通带上边沿外有 3 个传输零点，产生了三个 40 dB 的抑制波瓣。原型奇点如表 8.11 所示。

表 8.11   六阶示例中的传输多项式和反射多项式奇点

序号	传播/反射极点[$E_N(s)$ 的根]	反射零点[$F_N(s)$ 的根]	传输零点（预设的）	带内反射极大值
1	$-0.0230 + j1.0223$	$+j0.9932$	$+j1.0900$	$+j0.9707$
2	$-0.1006 + j0.9913$	$+j0.9264$	$+j1.1691$	$+j0.8490$
3	$-0.2944 + j0.8646$	$+j0.7233$	$+j1.5057$	$+j0.5335$
4	$-0.6405 + j0.4248$	$+j0.2721$	$j\infty$	-0.0491
5	$-0.7909 + j0.4592$	$-j0.3934$	$j\infty$	-0.7044
6	$-0.3672 + j1.2441$	$-j0.9218$	$j\infty$	—
	$\varepsilon_R = 1.0$		$\varepsilon = 2.2683$	

从表 8.11 中选择 $E(s)$ 的交替零点（序号为 1，3 和 5），并对它们进行因式分解，构成的三阶多项式为

$$Y_{en} + Y_{ed} = (-0.5464 - j0.6566) + (0.2404 - j1.6675)s + (1.1083 - j1.4277)s^2 + s^3$$

将这个多项式的系数的实部和虚部分离出来，变成复偶多项式 Y_{en} 和复奇多项式 Y_{ed}，从而得到

$$Y_e(s) = \frac{Y_{en}(s)}{Y_{ed}(s)} = \frac{-j0.6566 + 0.2404s - j1.4277s^2 + s^3}{-0.5464 - j1.6675s + 1.1083s^2}$$

类似地，对表 8.11 中 $E(s)$ 的零点（序号为 2，4 和 6）进行多项式分解，得到 Y_{on} 和 Y_{od}，因此 $Y_o(s)$ 为

$$Y_o(s) = \frac{Y_{on}(s)}{Y_{od}(s)} = \frac{-j0.6926 + 1.6772s - j0.1720s^2 + s^3}{0.7121 - j0.2757s + 1.1083s^2}$$

下面应用达林顿综合方法，从这些奇偶模多项式中提取出元件值，建立相应的单端口网

络。开始考虑的是偶模网络［见图8.29（a）］，首先提取出第一个输入 FIR 元件 B_{eS}（非规范型条件下将为零），接着是一个单位变换器 M_{eS1}，再接着是并联电容 C_{e1}，紧接着是并联 FIR 元件 B_{e1}，然后是下一个单位变换器 M_{e12}，以此类推，直到 Y_{en} 和 Y_{ed} 多项式为常数或零，所有元件都被提取出来。现在，可以在节点处进行变换，将所有的 C_{ei} 归一化为1。结果总结在表8.12（a）中，表8.12（b）中给出了该网络的奇模等效电路。

提取出奇偶模元件值并进行变换之后，可以应用二分法公式来确定耦合矩阵上三角的元件值。其中输入部分的参数为（见图8.25），

$$M_{SS} = (B_{eS} + B_{oS})/2, \qquad 输入自耦合$$
$$M_{SL} = (B_{eS} - B_{oS})/2, \qquad 规范型拓扑中的源与负载直接耦合$$
$$M_{S1} = (M_{e(S1)} + M_{o(S1)})/2, \qquad 主耦合$$
$$M_{SN} = (M_{e(S1)} - M_{o(S1)})/2, \qquad 对角交叉耦合$$
$$M_{11} = (B_{e1} + B_{o1})/2, \qquad 位于第一个谐振节点的自耦合$$
$$M_{1N} = (B_{e1} - B_{o1})/2, \qquad 第一个直交叉耦合$$

随后的栅格网络的部分参数为

$$M_{i,i+1} = (M_{e(i,i+1)} + M_{o(i,i+1)})/2, \qquad 主耦合$$
$$M_{i,N-i} = (M_{e(i,i+1)} - M_{o(i,i+1)})/2, \qquad 对角交叉耦合$$
$$M_{i+1,i+1} = (B_{e(i+1)} + B_{o(i+1)})/2, \qquad 自耦合$$
$$M_{i+1,N-i} = (B_{e(i+1)} - B_{o(i+1)})/2, \qquad 直交叉耦合$$

其中 $i = 1, 2, \cdots, N/2 - 1$［偶数阶，奇数阶则为 $(N-3)/2$］。对于奇数阶网络，中心谐振器的耦合值［见图8.25（c）的五阶示例中的 M_{23} 和 M_{34}］由式（8.65）给出。

表8.12　六阶示例中综合出的奇偶模单端口电路的电容和 FIR 元件

| | （a）偶模 | | | | | |
| | 提取出的元件值 | | | 变换后的元件值 | | |
i	C_{ei}	B_{ei}	$M_{e(i,i+1)}$	C_{ei}	B_{ei}	$M_{e(i,i+1)}$
	—	$B_{eS} = 0.0$	$M_{e(S1)} = 1.0$	—	$B_{eS} = 0.0$	$M_{e(S1)} = 1.0528$
1	0.9023	0.0693	1.0	1.0	0.0768	0.7860
2	1.7939	− 0.9026	1.0	1.0	− 0.5031	0.1041
3	51.4005	− 51.4712	1.0	1.0	− 1.0014	
	（b）奇模					
	提取出的元件值			变换后的元件值		
i	C_{oi}	B_{oi}	$M_{o(i,i+1)}$	C_{oi}	B_{oi}	$M_{o(i,i+1)}$
	—	$B_{oS} = 0.0$	$M_{o(S1)} = 1.0$	—	$B_{oS} = 0.0$	$M_{o(S1)} = 1.0528$
1	0.9023	0.0693	1.0	1.0	0.0768	1.0078
2	1.0913	0.5257	1.0	1.0	0.4818	0.5390
3	3.1541	− 2.3042	1.0	1.0	− 0.7305	

最后，利用两个对角线的固有对称性，可以获得整个矩阵参数。图8.31给出了六阶不对称示例的完整耦合矩阵，其元件值关于两个对角线对称。

如果有需要，现在可以对耦合矩阵进行旋转，将其变换为更适用的拓扑结构。图8.32给出的示例按照表8.13进行了两次旋转，将网格拓扑结构变换为折叠形式。

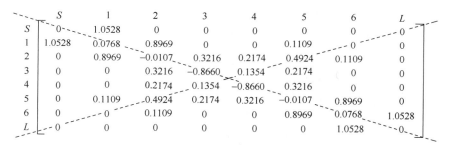

图 8.31　综合出的六阶对称栅格网络的耦合矩阵，对角线为对称面

$$\begin{array}{c|cccccccc} & S & 1 & 2 & 3 & 4 & 5 & 6 & L \\ \hline S & 0 & 1.0528 & 0 & 0 & 0 & 0 & 0 & 0 \\ 1 & 1.0528 & 0.0768 & 0.9037 & 0 & 0 & 0 & 0 & 0 \\ 2 & 0 & 0.9037 & 0.1092 & 0.4298 & & 0.4776 & 0.2201 & 0 \\ 3 & 0 & & 0.4298 & -0.7366 & 0.0399 & 0.3156 & & 0 \\ 4 & 0 & & & 0.0399 & -0.9954 & 0.1306 & & 0 \\ 5 & 0 & & 0.4776 & 0.3156 & 0.1306 & -0.1306 & 0.8765 & 0 \\ 6 & 0 & & 0.2201 & & & 0.8765 & 0.0768 & 1.0528 \\ L & 0 & 0 & 0 & 0 & 0 & 0 & 1.0528 & 0 \end{array}$$

图 8.32　经过两次相似变换(旋转)后，六阶折叠形(反折形)示例的耦合矩阵拓扑

表 8.13　六阶折叠形(反折形)对称栅格网络的旋转变换次序

变换次序 r	支点 $[i,j]$	消去的元件	图 8.31	$\theta_r = \arctan(cM_{kl}/M_{mn})$				
				k	l	m	n	c
1	$[2,5]$	M_{15}	第 1 行	1	5	1	2	-1
2	$[3,4]$	M_{24}	第 2 行	2	4	2	3	-1

对这些耦合矩阵中的任何一个进行分析，都会产生如图 8.33 所示的传输和反射特性。经过一系列简单的旋转后，对称栅格耦合矩阵转化成了闭端形，且 $N - nfz \geqslant 3$。以网络中心为支点开始向外旋转(见表 9.7)，每个旋转角度为 45°。图 8.33 所示的六阶示例的支点次序为 $[3,4]$ 和 $[2,5]$，然后是 $[1,6]$。

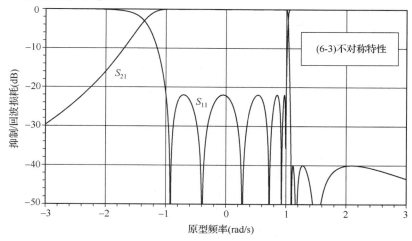

图 8.33　六阶对称栅格耦合矩阵的传输和反射特性分析

8.6 小结

在 20 世纪 70 年代，基于滤波器耦合矩阵的综合方法被引入双模带通滤波器的设计中。本方法中的基本带通原型电路是由无耗集总元件谐振器之间通过无耗变换器耦合构成的，这种网络可以实现对称滤波器响应。这种综合方法主要有两个优点：其一，一旦综合得到包含所有可能实现的基本耦合矩阵，并对耦合矩阵进行变换，就可以实现不同的拓扑结构；其二，耦合矩阵对应着实际带通滤波器的拓扑结构。因此，根据实际滤波器中唯一指定的参数，如无载 Q 值、色散特性及灵敏度，为滤波器性能的设计和优化提供了更准确的方法。

本章首先介绍了综合带通滤波器的 $N \times N$ 耦合矩阵概念，并扩展到包含假想的不随频率变化的电抗元件，如 3.10 节和 6.1 节所述。FIR 的引入使得综合过程更加通用，且还适用于不对称滤波器响应的综合。其次，FIR 的引入建立了耦合矩阵与低通原型等效电路之间的关系，并且可以运用第 7 章介绍的方法来综合此原型电路。

本章接下来深入讨论了 $N \times N$ 耦合矩阵的综合过程。通过分离出 $N \times N$ 耦合矩阵中纯电阻部分和纯电抗部分，可将这一概念推广应用到 $N + 2$ 耦合矩阵。如果综合得到的基本耦合矩阵中的所有位置都存在耦合，则这种拓扑的滤波器结构是不可能实现的。通过对耦合矩阵运用相似变换，可以推导出包含最少耦合的拓扑结构，即规范型拓扑。由于变换过程中矩阵的本征值和本征向量仍保持不变，从而确保了理想滤波器响应不受影响。

耦合矩阵 M 有一些比较实用的规范形式，其中有两种比较知名的拓扑结构，第一种是**箭形**，另一种更实用的是**折叠形**。如果耦合元件值便于实现，那么这两种规范结构形式都可以直接应用。此外，它们还可以作为初始矩阵，通过进一步的相似变换，得到更有利于实现的最终拓扑结构。本章详细介绍了基本耦合矩阵化简化为折叠形矩阵的方法，运用类似方法还可以推导出箭形耦合矩阵。最后，利用两个示例说明了 $N \times N$ 和 $N + 2$ 耦合矩阵的综合过程。

8.7 原著参考文献

1. Atia, A. E. and Williams, A. E. (1971) New types of bandpass filters for satellite transponders. *COMSAT Technical Review*, **1**, 21-43.

2. Atia, A. E. and Williams, A. E. (1972) Narrow-bandpass waveguide filters. *IEEE Transactions on Microwave Theory and Techniques*, **MTT-20**, 258-265.

3. Atia, A. E. and Williams, A. E. (1974) Nonminimum-phase optimum-amplitude bandpass waveguide filters. *IEEE Transactions on Microwave Theory and Techniques*, **MTT-22**, 425-431.

4. Atia, A. E., Williams, A. E., and Newcomb, R. W. (1974) Narrow-band multiple-coupled cavity synthesis. *IEEE Transactions on Circuits and Systems*, **CAS-21**, 649-655.

5. Matthaei, G., Young, L., and Jones, E. M. T. (1980) *Microwave Filters*, *Impedance Matching Networks and Coupling Structures*, Artech House, Norwood, MA.

6. Kreyszig, E. (1972) *Advanced Engineering Mathematics*, 3rd edn, John Wiley and Sons.

7. Frame, J. S. (1964) Matrix functions and applications, part IV: matrix functions and constituent matrices. *IEEE Spectrum*, **1**, Series of 5 articles.

8. van Valkenburg, M. E. (1955) *Network Analysis*, Prentice-Hall, Englewood Cliffs, NJ.

9. Golub, G. H. and van Loan, C. F. (1989) *Matrix Computations*, 2nd edn, The John Hopkins University Press.

10. Gantmacher, F. R. (1959) *The Theory of Matrices*, vol. **1**, The Chelsea Publishing Co., New York.

11. Fröberg, C. E. (1965) *Introduction to Numerical Analysis*, Addison-Wesley, Reading, MA, Chapter 6.

12. Hamburger, H. L. and Grimshaw, M. E. (1951) *Linear Transformations in n-Dimensional Space*, Cambridge University Press, London.

13. Bell, H. C. (1982) Canonical asymmetric coupled-resonator filters. *IEEE Transactions on Microwave Theory and Techniques*, **MTT-30**, 1335-1340.

14. Rhodes, J. D. (1970) A lowpass prototype network for microwave linear phase filters. *IEEE Transactions on Microwave Theory and Techniques*, **MTT-18**, 290-300.

15. Rhodes, J. D. and Alseyab, A. S. (1980) The generalized Chebyshev low pass prototype filter. *International Journal of Circuit Theory Applications*, **8**, 113-125.

16. Cameron, R. J. and Rhodes, J. D. (1981) Asymmetric realizations for dual-mode bandpass filters. *IEEE Transactions on Microwave Theory and Techniques*, **MTT-29**, 51-58.

17. Cameron, R. J. (1979) A novel realization for microwave bandpass filters. *ESA Journal*, **3**, 281-287.

18. Cameron, R. J. (2003) Advanced coupling matrix synthesis techniques for microwave filters. *IEEE Transactions on Microwave Theory and Techniques*, **51**, 1-10.

19. Brune, O. (1931) Synthesis of a finite two-terminal network whose driving point impedance is a prescribed function of frequency. *Journal of Mathematical Physics*, **10** (3), 191-236.

20. Amari, S. (2001) Direct synthesis of folded symmetric resonator filters with source-load coupling. *IEEE Microwave and Wireless Components Letters*, **11**, 264-266.

21. He, Y., Wang, G., and Sun, L. (2016) Direct matrix synthesis approach for narrowband mixed topology filters. *IEEE Microwave and Wireless Components Letters*, **26** (5), 301-303.

22. Bell, H. C. (1974) Canonical lowpass prototype network for symmetric coupled-resonator bandpass filters. *Electronics Letters*, **10** (13), 265-266.

23. Bell, H. C. (1979) Transformed-variable synthesis of narrow-bandpass filters. *IEEE Transactions on Circuits and Systems*, **26** (6), 389-394.

24. Bell, H. C. (2007) The coupling matrix in lowpass prototype filters. *IEEE Microwave Magazine*, **8** (2), 70-76.

25. Darlington, S. (1939) Synthesis of reactance 4-poles which produce prescribed insertion loss characteristics. *Journal of Mathematical Physics*, **18**, 257-355.

26. Hunter, I. C. (2001) *Theory and Design of Microwave Filters*, Electromagnetic Waves Series 48, IEE, London.

第9章 折叠耦合矩阵的拓扑重构

第7章和第8章介绍了基于理想滤波函数的传输多项式和反射多项式，综合规范折叠形拓扑耦合矩阵的两种不同的方法。对于滤波器设计人员来说，折叠形拓扑具有许多优势：

- 排列相对简单；
- 使用正耦合和负耦合可实现高性能滤波器；
- 最大可实现 $N-2$ 个有限传输零点；
- 实现不对称响应中所需的对角耦合。

然而，如果滤波器利用双模技术实现（同一个谐振器中有两个正交的谐振模式），这种拓扑的缺陷就会显现出来。这是因为折叠形拓扑结构中，滤波器的输入与输出位于同一个谐振腔内，这就限制了带通滤波器输入与输出之间的隔离。对于圆柱谐振腔的双 TE_{11n} 模式（横电模）或方形谐振腔的双 TE_{10n} 模式而言，通常隔离度只有 25 dB。因此，双模滤波器的输入和输出耦合必须位于不同的谐振腔中。本章主要介绍了将折叠形耦合矩阵变换为适合双模滤波器的多种拓扑矩阵的方法。

9.1 双模滤波器的对称实现

20 世纪 70 年代，Rhodes 最早在一系列文献[1~3]中提出了利用折叠形交叉耦合拓扑结构实现偶数阶的对称响应，还介绍了使用折叠形耦合矩阵综合轴向结构双模滤波器的方法[4]。滤波器的输入和输出分别位于结构两端，这样就避免了采用折叠形出现隔离度低的问题。

图9.1 说明了从一个(6-2)折叠形网络到串列形或传递形拓扑的变换过程。使用级联形拓扑结构，相对折叠形结构可以实现更少的有限传输零点（最短路径原理）。所以，原型函数的设计必须遵循如下规则：六阶滤波器包含2个有限传输零点，八阶或十阶滤波器包含4个有限传输零点，十二阶滤波器包含6个有限传输零点。

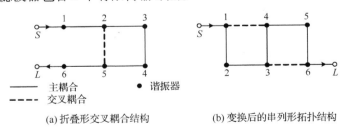

—— 主耦合	● 谐振器
- - - 交叉耦合	

(a)折叠形交叉耦合结构　　　　(b)变换后的串列形拓扑结构

图9.1 六阶网络

对于串列形拓扑结构，Rhodes 和 Zabalawi 采用偶模耦合矩阵作为基础矩阵[4]。对于偶数阶的对称网络，其偶模网络是按其垂直和水平中心线将折叠形 $N \times N$ 耦合矩阵均匀划分为对称的四块，并叠加至左上区域构成的，另一种产生奇模和偶模子矩阵的方法在 9.5.1 节中介绍。矩阵式(9.1)说明了一个六阶滤波器的示例的综合过程:式(9.1a)为一个关于中心线对称的 6×6 耦合矩阵;式(9.1b)为一个 3×3 偶模矩阵 $\boldsymbol{M}_e$ 和对应的矩阵 $\boldsymbol{K}$,它是通过将矩阵 $\boldsymbol{M}_e$ 中对角元素的下标简单地调整为实际矩阵中的对应元素位置而得到的(如 $K_{22} = M_{25}$);式(9.1c)为经过一系列旋转变换得到的偶模矩阵;式(9.1d)为展开后的全耦合矩阵,如下所示:

$$
\boldsymbol{M} = \left[\begin{array}{ccc|ccc}
0 & M_{12} & 0 & 0 & 0 & 0 \\
M_{12} & 0 & M_{23} & 0 & M_{25} & 0 \\
0 & M_{23} & 0 & M_{34} & 0 & 0 \\
\hline
0 & 0 & M_{34} & 0 & M_{23} & 0 \\
0 & M_{25} & 0 & M_{23} & 0 & M_{12} \\
0 & 0 & 0 & 0 & M_{12} & 0
\end{array}\right]
\tag{9.1a}
$$

$$
\boldsymbol{M}_e = \begin{bmatrix}
0 & M_{12} & 0 \\
M_{12} & M_{25} & M_{23} \\
0 & M_{23} & M_{34}
\end{bmatrix} = \begin{bmatrix}
0 & K_{12} & 0 \\
K_{12} & K_{22} & K_{23} \\
0 & K_{23} & K_{33}
\end{bmatrix}
\tag{9.1b}
$$

$$
\boldsymbol{M}'_e = \begin{bmatrix}
0 & K'_{12} & K'_{13} \\
K'_{12} & 0 & K'_{23} \\
K'_{13} & K'_{23} & K'_{33}
\end{bmatrix}
\tag{9.1c}
$$

$$
\boldsymbol{M}' = \left[\begin{array}{ccc|ccc}
0 & K'_{12} & 0 & K'_{13} & 0 & 0 \\
K'_{12} & 0 & K'_{23} & 0 & 0 & 0 \\
0 & K'_{23} & 0 & K'_{33} & 0 & K'_{13} \\
\hline
K'_{13} & 0 & K'_{33} & 0 & K'_{23} & 0 \\
0 & 0 & 0 & K'_{23} & 0 & K'_{12} \\
0 & 0 & K'_{13} & 0 & K'_{12} & 0
\end{array}\right]
\tag{9.1d}
$$

现在矩阵变成六阶串列形滤波器[见图9.1(b)]的正确形式。接下来,将对偶模矩阵进行一系列旋转变换。根据表9.1,旋转角度是根据初始折叠形矩阵元素求解得到的,但任意阶的支点和旋转次序似乎没有规律可循,需要单独对每阶进行确定。表9.1列举了六阶至十二阶偶模矩阵的支点和旋转次序。每次旋转对应的角度公式给定为式(9.2)至式(9.5)。角度公式中的耦合元件值取自初始的 $N \times N$ 折叠形耦合矩阵。

表 9.1 对称偶数阶原型网络:变换折叠形耦合矩阵为串列形的支点和角度的定义

阶数 N	旋转次序 r	支点 $[i, j]$	角度 θ_r	角度公式	矩阵 $[M_e]$ 中消去的元件
6	1	$[2,3]$	θ_1	(9.2)	K_{22}
8	1	$[3,4]$	θ_1	(9.3a)	—
	2	$[2,4]$	θ_2	(9.3b)	$K_{22} K_{24}$
10	1	$[4,5]$	θ_1	(9.4a)	—
	2	$[3,5]$	θ_2	(9.4b)	—
	3	$[2,4]$	θ_3	(9.4c)	$K_{44} K_{33} K_{25}$
12	1	$[4,5]$	θ_1	(9.5a)	—
	2	$[5,6]$	θ_2	(9.5b)	—
	3	$[4,6]$	θ_3	$\theta_3 = \arctan(K_{46}/K_{66})$	—
	4	$[3,5]$	θ_4	$\theta_4 = \arctan(K_{35}/K_{55})$	$K_{33} K_{35} K_{44} K_{46}$
	5	$[2,4]$	θ_5	$\theta_5 = \arctan(K_{25}/K_{45})$	K_{25}

9.1.1　六阶滤波器

将折叠形网络变换为图9.1所示的串列形只需要进行一次旋转，支点为$[2,3]$，角度θ_1给定为[见式(8.37e)]

$$\theta_1 = \arctan\left[\frac{M_{23} \pm \sqrt{M_{23}^2 - M_{25}M_{34}}}{M_{34}}\right] \tag{9.2}$$

下面通过一个六阶对称切比雪夫滤波函数示例来说明它的应用。此滤波器的回波损耗为23 dB，在$\pm j1.5522$处产生两个40 dB的抑制波瓣。图9.2(a)所示为这个滤波器的$N \times N$折叠形耦合矩阵$\boldsymbol{M}$，且图9.2(b)为其偶模矩阵$\boldsymbol{M}_e$。根据式(9.2)可计算出θ_1的两个解：$-5.984°$和61.359°。取θ_1的第一个解并在支点$[2,3]$对$\boldsymbol{M}_e$进行一次旋转变换消去M_{22}，得到变换后的偶模矩阵$\boldsymbol{M}_e'$，如图9.2(c)所示。最后，还原得到包含对称耦合元素的耦合矩阵的扩展形式，如图9.2(d)所示。

$$\boldsymbol{M}=\begin{bmatrix} 0 & 0.8867 & 0 & 0 & 0 & 0 \\ 0.8867 & 0 & 0.6050 & 0 & -0.1337 & 0 \\ 0 & 0.6050 & 0 & 0.7007 & 0 & 0 \\ 0 & 0 & 0.7007 & 0 & 0.6050 & 0 \\ 0 & -0.1337 & 0 & 0.6050 & 0 & 0.8867 \\ 0 & 0 & 0 & 0 & 0.8867 & 0 \end{bmatrix}$$

$$\boldsymbol{M}_e = \begin{bmatrix} 0 & 0.8867 & 0 \\ 0.8867 & -0.1337 & 0.6050 \\ 0 & 0.6050 & 0.7007 \end{bmatrix}$$

(a)

(b)

$$\boldsymbol{M}_e' = \begin{bmatrix} 0 & 0.8820 & -0.0919 \\ 0.8820 & 0 & 0.6780 \\ -0.0919 & 0.6780 & 0.5670 \end{bmatrix}$$

$$\boldsymbol{M}' = \begin{bmatrix} 0 & 0.8820 & 0 & -0.0919 & 0 & 0 \\ 0.8820 & 0 & 0.6780 & 0 & 0 & 0 \\ 0 & 0.6780 & 0 & 0.5670 & 0 & -0.0919 \\ -0.0919 & 0 & 0.5670 & 0 & 0.6780 & 0 \\ 0 & 0 & 0 & 0.6780 & 0 & 0.8820 \\ 0 & 0 & -0.0919 & 0 & 0.8820 & 0 \end{bmatrix}$$

(c)

(d)

图9.2　六阶折叠形耦合矩阵变换为对称串列形的过程

9.1.2　八阶滤波器

参考图9.3。

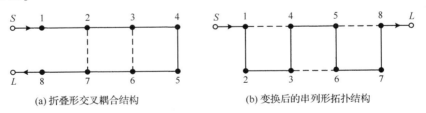

(a) 折叠形交叉耦合结构　　　　　　(b) 变换后的串列形拓扑结构

图9.3　八阶网络

八阶滤波器所需的两次旋转变换的角度θ_1和θ_2给定为

$$\theta_1 = \arctan\left[\frac{M_{27}M_{34} \pm \sqrt{M_{27}^2M_{34}^2 + M_{27}M_{45}(M_{23}^2 - M_{27}M_{36})}}{M_{23}^2 - M_{27}M_{36}}\right] \tag{9.3a}$$

$$\theta_2 = \arctan\left[\frac{M_{27}}{M_{23}\sin\theta_1}\right] \tag{9.3b}$$

9.1.3　十阶滤波器

参考图 9.4。

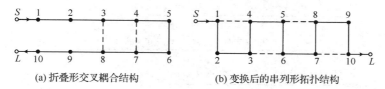

(a) 折叠形交叉耦合结构　　　　　(b) 变换后的串列形拓扑结构

图 9.4　十阶网络

十阶滤波器需要在 3 个角度进行旋转,结果如下:

$$\theta_1 = \arctan\left[\frac{M_{45} \pm \sqrt{M_{45}^2 - M_{47}M_{56}}}{M_{56}}\right] \tag{9.4a}$$

$$\theta_2 = \arctan\left[\frac{s_1 M_{34} \pm \sqrt{s_1^2 M_{34}^2 - M_{38}(M_{47} + M_{56})}}{M_{47} + M_{56}}\right] \tag{9.4b}$$

$$\theta_3 = \arctan\left[\frac{t_2 M_{23}}{M_{45} - t_1 M_{56} + c_1 t_2 M_{34}}\right] \tag{9.4c}$$

其中 $c_1 \equiv \cos\theta_1$,$t_2 \equiv \tan\theta_2$,等等。

9.1.4　十二阶滤波器

参考图 9.5。

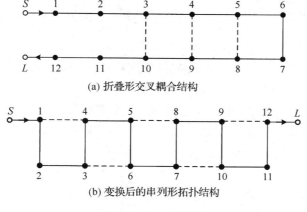

(a) 折叠形交叉耦合结构

(b) 变换后的串列形拓扑结构

图 9.5　十二阶网络

十二阶滤波器需要求解一个四次方程,其解析过程如下[5]:

$$t_1^4 + d_3 t_1^3 + d_2 t_1^2 + d_1 t_1 + d_0 = 0 \tag{9.5a}$$

其中 $t_1 \equiv \tan\theta_1$,且

$$d = a_2 c_3^2 + a_3 c_2^2$$

$$d_0 = \frac{a_0 + a_3 c_0^2 + a_4 c_0}{d}$$

$$d_1 = \frac{a_1 + 2a_0 c_3 + 2a_3 c_0 c_1 + a_4(c_1 + c_0 c_3)}{d}$$

$$d_2 = \frac{a_2 + 2a_1 c_3 + a_0 c_3^2 + a_3(c_1^2 + 2c_0 c_2) + a_4(c_2 + c_1 c_3)}{d}$$

$$d_3 = \frac{2a_2 c_3 + a_1 c_3^2 + 2a_3 c_1 c_2 + a_4 c_2 c_3}{d}$$

$$a_0 = M_{58}, \qquad b_0 = M_{49}M_{67}, \qquad c = a_3 b_5 - a_4 b_4$$

$$a_1 = 2M_{45}, \qquad b_1 = -2M_{45}M_{67}, \qquad c_0 = \frac{a_0 b_4 - a_3 b_0}{c}$$

$$a_2 = M_{49} - \frac{M_{34}^2}{M_{3,10}}, \qquad b_2 = M_{58}M_{67} - M_{56}^2, \qquad c_1 = \frac{a_1 b_4 - a_3 b_1}{c}$$

$$a_3 = M_{67}, \qquad b_3 = -2M_{56}M_{45}, \qquad c_2 = \frac{a_2 b_4 - a_3 b_2}{c}$$

$$a_4 = -2M_{56}, \qquad b_4 = M_{49}M_{58} - M_{45}^2, \qquad c_3 = \frac{a_3 b_3}{c}$$

$$b_5 = 2M_{56}M_{49}$$

然后，从上述四次方程中求解得到的 4 个根中，任意选择一个根 t_1 用于求解 θ_2，过程如下：

$$\theta_2 = \arctan\left[\frac{c_0 + c_1 t_1 + c_2 t_1^2}{(1 + c_3 t_1)\sqrt{1 + t_1^2}}\right] \tag{9.5b}$$

接下来还需要对矩阵进行 3 次旋转变换。根据表 9.1，在每次旋转过程中都需要用到前一次变换后的矩阵元件值，直到最后旋转结束，展开得到串列形拓扑，如图 9.5(b)所示。

9.1.4.1 对称实现的条件

重构折叠形耦合矩阵为对称串列形的旋转角度公式，包含了四次方程组的求解过程。某些初始原型滤波函数的传输零点中不可避免地存在负平方根，不能使用对称结构实现。这些限制因素在文献[4]中有详细的讨论。一种违反"正平方根条件"的例子是包含一对实数传输零点和一对虚数传输零点的八阶(8-2-2)滤波器。这类特殊问题可以运用下面将要讨论的级联四角元件或其他不对称的实现方法来解决。

9.2 对称响应的不对称实现

不对称级联结构实现的串列形拓扑与初始折叠形耦合矩阵导出的对称响应完全吻合。然而，串列形耦合矩阵的元件值及实现它们的物理尺寸，相对于物理结构中心却不是对称相等的[6]。虽然这意味着这种滤波器的研制需要花费更多的时间，但是它对传输零点的形式没有限制，即原型可以包含许多零点形式[除了最短路径原理规定的零点，还有关于虚轴对称的(满足幺正条件)和关于实轴对称的(对称响应)传输零点]。而且，用于产生串列形结构的矩阵运算也不太复杂。

与对称结构一样，对于不同阶数的滤波器，旋转次序和角度并没有统一的标准可循。每阶（偶数阶）都必须单独考虑。当 $N=4$ 时，折叠形和串列形结构是完全一样的，所以无须变换。第一个特例是由 $N=6$ 开始的，运用变换可以导出 $N=6,8,10,12,14$ 的解。表 9.2 总结了用于获得这些阶数条件下的串列形结构的支点和旋转角度 θ_r。对于第 r 次旋转，M_{l_1,l_2} 和 M_{m_1,m_2} 为前一次旋转产生的耦合矩阵元件值；对于第 $r=1$ 次，首先由初始折叠形矩阵开始。除了 6 阶、10 阶和 14 阶的例子，对称级联结构的串列形拓扑结果完全相同。此时，最接近滤波器输出端的交叉耦合元件值为零。

表 9.2　实现常规 $N=6,8,10,12$ 和 14 阶不对称串列形拓扑用到的支点和旋转角度

阶数 N	旋转次序 r	支点 $[i,j]$	$\theta_r = \arctan[cM_{l_1,l_2}/M_{m_1,m_2}]$				
			l_1	l_2	m_1	m_2	c
6	1	[2,4]	2	5	4	5	+1
8	1	[4,6]	3	6	3	4	−1
	2	[2,4]	2	7	4	7	+1
	3	[3,5]	2	5	2	3	−1
	4	[5,7]	4	7	4	5	−1
10	1	[4,6]	4	7	6	7	+1
	2	[6,8]	3	8	3	6	−1
	3	[7,9]	6	9	6	7	−1
12	1	[5,9]	4	9	4	5	−1
	2	[3,5]	3	10	5	10	+1
	3	[2,4]	2	5	4	5	+1
	4	[6,8]	3	8	3	6	−1
	5	[7,9]	6	9	6	7	−1
	6	[8,10]	5	10	5	8	−1
	7	[9,11]	8	11	8	9	−1
14	1	[6,10]	5	10	5	6	−1
	2	[4,6]	4	11	6	11	+1
	3	[7,9]	4	9	4	7	−1
	4	[8,10]	7	10	7	8	−1
	5	[9,11]	6	11	6	9	−1
	6	[10,12]	9	12	9	10	−1
	7	[5,7]	4	7	4	5	−1
	8	[7,9]	6	9	6	7	−1
	9	[9,11]	8	11	8	9	−1
	10	[11,13]	10	13	10	11	−1

9.3　Pfitzenmaier 结构

1977 年，G. Pfitzenmaier 引入了一种结构，它避免了在六阶双模对称滤波器的折叠形结构中出现输入和输出之间的隔离问题[7]。同时 Pfitzenmaier 也证明了六阶电路综合可以转化（不

用耦合矩阵方法)成输入和输出位于相邻谐振腔(1和6)的双模拓扑结构综合,从而避免了隔离问题。

此外,由于谐振腔1和谐振腔6之间可能包含直接交叉耦合,输入和输出之间的信号仅经过了2个谐振腔。因此,根据最短路径原理,Pfitzenmaier型结构可以实现 $N-2$ 个传输零点,这与折叠形结构一样。六阶Pfitzenmaier型耦合拓扑结构如图9.6所示。

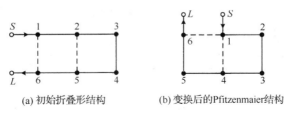

(a) 初始折叠形结构　　　　　(b) 变换后的Pfitzenmaier结构

图9.6　(6-4)对称滤波器特性的Pfitzenmaier结构

运用一系列耦合矩阵旋转变换[8],可以简单地导出六阶及更高偶数阶的Pfitzenmaier拓扑结构。与不对称串列形结构不同的是,其旋转次序中的支点和角度可以由一些简单的公式来确定。以折叠形矩阵为起点,根据式(9.6),进行 $R=(N-4)/2$ 次旋转变换,最后可以得到Pfitzenmaier结构(见图9.7)。

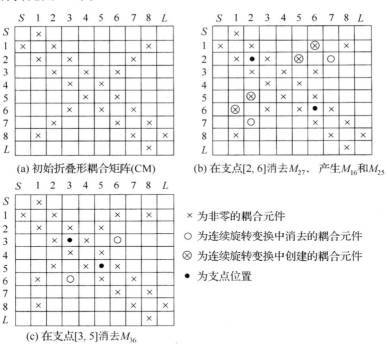

(a) 初始折叠形耦合矩阵(CM)　　　(b) 在支点[2, 6]消去 M_{27},产生 M_{16} 和 M_{25}

× 为非零的耦合元件

○ 为连续旋转变换中消去的耦合元件

⊗ 为连续旋转变换中创建的耦合元件

● 为支点位置

(c) 在支点[3, 5]消去 M_{36}

图9.7　Pfitzenmaier拓扑构造

对于第 k 次旋转变换,支点在 $[i,j]$,旋转角度为 θ_r,其中

$$i=r+1, \quad j=N-i, \quad \theta_r=\arctan\frac{M_{i,N-r}}{M_{j,N-r}} \quad r=1,2,3,\cdots,R \tag{9.6}$$

N 为滤波器阶数,N 为偶数($N \geqslant 6$)。

同样的过程也适用于包含 6 个有限传输零点的八阶滤波器，总的旋转次数为 $R = (N-4)/2 = 2$，列表如下。

阶数 N	旋转次序 r	支点 $[i, j]$	消去元件	$\theta_r = \arctan(cM_{i,N-r}/M_{j,N-r})$				
				i	$N-r$	j	$N-r$	c
8	1	$[2,6]$	M_{27}	2	7	6	7	-1
	2	$[3,5]$	M_{36}	3	6	5	6	-1

从折叠形拓扑到 Pfitzenmaier 拓扑的耦合矩阵变换过程如图 9.7 所示。

从图 9.8 中可以看出，Pfitzenmaier 拓扑很容易用双模结构来实现。例如，TE_{113} 模圆波导腔或双 $TE_{0.18}$ 模介质谐振器。与初始折叠形一样，耦合元件值 M_{18}（很小）在变换中不受影响，保持带外抑制性能不变。而且，与前面提及的不对称串列形一样，对传输零点的形式也没有任何限制。

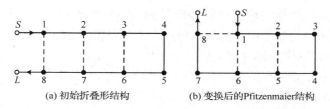

(a) 初始折叠形结构　　　(b) 变换后的 Pfitzenmaier 结构

图 9.8　八阶对称滤波器特性的 Pfitzenmaier 结构

9.4　级联四角元件——八阶及以上级联的两个四角元件

第 10 章将介绍一种利用三角元件创建级联四角元件（CQ）的方法。然而，更直接的方法可以应用于八阶及更高阶滤波器，其包含 2 对传输零点（每对通过两个级联的四角元件其中之一来实现[6]）。由于首次用到的旋转角度为一个二次方程的解，使得可实现的传输零点形式受到限制。然而，这与对称串列形结构应用中的限制不同。对于级联四角元件结构，2 对传输零点可以一个位于实轴上，一个位于虚轴上，或分别成对位于实轴或虚轴上。而且，每对零点必须关于轴对称，不能出现不位于轴上分布的情形。级联四角元件结构可以实现比较有用的(8-2-2)型拓扑，它包含 2 对传输零点，其中一对位于实轴上，一对位于虚轴上。尽管这种形式违反了对称串列形拓扑的可实现条件。

以折叠形耦合矩阵为起点，综合八阶的级联四角元件结构需要对耦合矩阵连续进行 4 次旋转变换。第一次变换的旋转角度通过求解一个二次方程（两个解）得到，利用初始折叠形耦合矩阵中的耦合元件可表示为

$$
\begin{aligned}
&t_1^2(M_{27}M_{34}M_{45} - M_{23}M_{56}M_{67} + M_{27}M_{36}M_{56}) \\
&+ t_1(M_{23}M_{36}M_{67} - M_{27}(M_{34}^2 - M_{45}^2 - M_{56}^2 + M_{36}^2)) \\
&- M_{27}(M_{36}M_{56} + M_{34}M_{45}) = 0
\end{aligned} \tag{9.7}
$$

其中 $t_1 \equiv \tan\theta_1$。接下来，根据表 9.3，进行 3 次旋转变换，最后得到八阶滤波器的级联四角元件拓扑结构，如图 9.9 所示。

表 9.3　级联四角元件结构的旋转顺序

阶数 N	旋转次序 r	支点 $[i,j]$	消去元件	$\theta_r = \arctan(cM_{l_1,l_2}/M_{m_1,m_2})$				
				l_1	l_2	m_1	m_2	c
8	1	$[3,5]$	—					
	2	$[4,6]$	M_{36}	3	6	3	4	-1
	3	$[5,7]$	M_{27}, M_{47}	4	7	4	5	-1
	4	$[2,4]$	M_{25}	2	5	4	5	$+1$

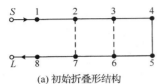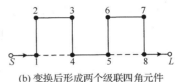

(a) 初始折叠形结构　　　　(b) 变换后形成两个级联四角元件

图 9.9　八阶对称滤波器特性的级联四角元件结构

如果对图 9.9(b) 的拓扑结构运用最短路径原理，显然级联四角元件结构总共可以实现 4 个传输零点。相应地，初始原型特性也只包含 4 个有限传输零点。因此，根据原型多项式综合得到的折叠形耦合矩阵中的耦合 M_{18} 为零。然而，假如原型中有 6 个有限传输零点，即存在 M_{18} 耦合，它在级联四角元件拓扑中实现时并不受级联四角元件旋转变换的影响。这将会产生类似 Pfitzenmaier 拓扑的结构，如图 9.10 所示，比较适合一些特定场合的应用。

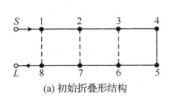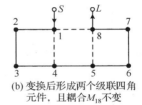

(a) 初始折叠形结构　　　　(b) 变换后形成两个级联四角
　　　　　　　　　　　　　　元件，且耦合 M_{18} 不变

图 9.10　八阶规范型对称滤波器特性的准 Pfitzenmaier 拓扑

对于更高阶的滤波器，可以运用同样的过程来综合其折叠形耦合矩阵，所有产生的中心 8×8 子矩阵的旋转角度公式和支点的耦合元件值，其下标和支点数字会同时增加 $(N-8)/2$。例如，对于 (10-2-2) 原型例子，$(N-8)/2=1$。式 (9.7) 中的耦合元件值 M_{67} 变为 M_{78}，支点 $[3,5]$ 变为支点 $[4,6]$，以此类推。根据表 9.4 中的数据（i 为四角元件的第一个谐振器节点）运用一次旋转变换，将四角元件移动到耦合矩阵对角线的其他位置。例如，在图 9.9(b) 中将第一个四角元件向下移动到耦合矩阵对角线的另一个位置（与第二个四角元件连接），在支点 $[2,4]$ 和角度 $\theta=\arctan(-M_{14}/M_{12})$ 运用一次旋转可以消去耦合元件值 M_{14}，从而产生耦合 M_{25}。当耦合矩阵对角线上的四角元件向上移动时，则可以创建一个双输入滤波器，它包含 2 个源耦合 M_{S1} 和 M_{S3}。

表 9.4　运用旋转变换，将四角元件向上或向下移动到耦合矩阵对
角线上的某个位置（i 为四角元件中的第一个谐振器节点）

四角元件的移动方向	支　　点	消去元件	$\theta = \arctan[cM_{l_1,l_2}/M_{m_1,m_2}]$				
			l_1	l_2	m_1	m_2	c
上对角	$[i, i+2]$	$M_{i,i+3}$	i	$i+3$	$i+2$	$i+3$	$+1$
下对角	$[i+1, i+3]$	$M_{i,i+3}$	i	$i+3$	i	$i+1$	-1

如果初始原型为不对称的,则每个级联四角元件单元包含一个对角交叉耦合,因此不能运用这种综合方法。对于不对称拓扑,电路必须首先使用三角元件综合,再进行旋转(混合综合),这些将在第 10 章详细讨论。

级联四角元件结构有许多实用价值。其拓扑不仅在一些双模结构中易于实现,而且每个级联四角元件对应一对特定的传输零点,便于设计和调试。如果传输零点对位于实轴上,则交叉耦合元件值为正;如果传输零点对位于虚轴上,则交叉耦合元件值为负。

接下来的两节将讨论两种新型的结构:并联二端口网络和闭端形结构[9]。第一种结构基于 $N+2$ 横向耦合矩阵,通过分组留数构造单独的二端口子网络,再将它们与源和负载终端并联而成;第二种结构则是对折叠形耦合矩阵进行一系列相似变换得到的。

9.5　并联二端口网络

滤波器函数的本征值及相应留数(见第 8 章)与其短路导纳参数密切相关。通过运用前面提到的矩阵旋转方法组建子网络,然后将子网络与源和负载终端并联,可以复原为初始滤波器的特性,而横向拓扑本身可以视为 N 个谐振器的并联。

由于留数分组是任意的,子网络内部和节点之间,以及源与负载终端之间可能产生难以实现的耦合。因此,滤波器函数的选取和留数分组必须受到限制。其主要限制概括如下:

- 滤波器函数必须为对称的偶数阶全规范型。
- 每组的本征值及对应的留数必须以互补对的形式出现。也就是说,如果选定本征值为 λ_i,它对应的留数 r_{21i} 和 r_{22i} 必须同组,而且同一组中还必须包含本征值 $\lambda_j(=-\lambda_i)$,以及对应的留数 $r_{21j}(=-r_{21i})$ 和 $r_{22j}(=r_{22i})$。这就意味着,这种简单结构只能应用于源与负载终端等值的双终端网络综合。

如果符合以上条件,那么总的网络由若干个二端口网络组成,其数量与源和负载终端并联的留数分组对应。假如滤波器函数为全规范型,则源和负载之间存在直接耦合 M_{SL}。

留数分组后,简化为折叠形子矩阵的综合过程与第 8 章讨论的横向网络综合相同。为了说明这个过程,考虑一个六阶滤波器示例,其回波损耗为 23 dB,包含两个对称传输零点 $\pm j1.3958$,以及一对实零点 ± 1.0749。滤波器分为两个子网络综合,其中一个是二阶的,一个是四阶的。采用第 8 章的方法,计算得到的留数和本征值如表 9.5 所示。

表 9.5　(6-2-2)对称滤波器函数的留数、本征值和本征向量

k	本征值 λ_k	留　　数		本征向量	
		r_{22k}	r_{21k}	$T_{Nk}=\sqrt{r_{22k}}$	$T_{1k}=r_{21k}/\sqrt{r_{22k}}$
1	-1.2225	0.0975	-0.0975	0.3122	-0.3122
2	-1.0648	0.2365	0.2365	0.4863	0.4863
3	-0.3719	0.2262	-0.2262	0.4756	-0.4756
4	0.3719	0.2262	0.2262	0.4756	0.4756
5	1.0648	0.2365	-0.2365	0.4863	-0.4863
6	1.2225	0.0975	0.0975	0.3122	0.3122

通过将 $k=1,6$ 时的本征值和对应的留数组成一组,可得到这个二阶子网络的折叠形矩阵,如图 9.11 所示。

接着再将 $k=2,3,4,5$ 时的本征值和留数分为一组，产生图 9.12 所示的四阶折叠形耦合矩阵。

通过两个矩阵叠加，组成的总矩阵如图 9.13 所示。

总耦合矩阵的响应如图 9.14(a)(抑制/回波损耗)和图 9.14(b)(群延迟)所示，其结果表明，结构变化后 25 dB 抑制波瓣水平和带内均衡群延迟特性仍保持不变。

这种拓扑结构还可以采用其他方案实现，这取决于子网络的留数组合。然而，无论什么组合，至少输入或输出中有一个耦合是负的。而且，随着滤波器阶数的增加，拓

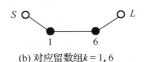

	S	1	6	L
S	0	0.4415	0	0
1	0.4415	0	1.2225	0
6	0	1.2225	0	0.4415
L	0	0	0.4415	0

(a) 耦合矩阵

(b) 对应留数组 $k=1,6$

图 9.11　耦合子矩阵

扑类型也相应地增加了。例如，一个十阶滤波器可以用两个二端口网络并联实现，其中一个是四阶的，一个是六阶的；或者用三个二端口网络并联实现，其中一个是二阶的，另外两个是四阶的，所有子网络都与源和负载之间并联。同时，每个子网络本身可以变换为其他的二端口拓扑结构。

	S	2	3	4	5	L
S	0	0.9619	0	0	0	0
2	0.9619	0	0.7182	0	0.3624	0
3	0	0.7182	0	0.3305	0	0
4	0	0	0.3305	0	0.7182	0
5	0	0.3624	0	0.7182	0	-0.9619
L	0	0	0	0	-0.9619	0

(a) 耦合矩阵　　　　　　(b) 对应留数组 $k=2,3,4,5$

图 9.12　耦合子矩阵

	S	1	2	3	4	5	6	L
S	0	0.4415	0.9619	0	0	0	0	0
1	0.4415	0	0	0	0	0	1.2225	0
2	0.9619	0	0	0.7182	0	0.3624	0	0
3	0	0	0.7182	0	0.3305	0	0	0
4	0	0	0	0.3305	0	0.7182	0	0
5	0	0	0.3624	0	0.7182	0	0	-0.9619
6	0	1.2225	0	0	0	0	0	0.4415
L	0	0	0	0	0	-0.9619	0.4415	0

(a) 耦合矩阵　　　　　　(b) 耦合路径图

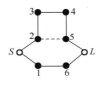

图 9.13　二阶和四阶子矩阵叠加后的矩阵

如果网络分为 $N/2$ 个并联耦合的子网络，如图 9.15(b)所示，则存在更多的直接综合方法。由横向矩阵开始，只需经过一轮 $N/2$ 次旋转变换，如图 9.15(a)所示，就可以消去第一行中最右端位置 $M_{S,N}$ 到中点位置 $M_{S,N/2+1}$ 的耦合元件中的一半。由于横向矩阵行列最外围的元件值是对称的，则同时消去对应的最后一列元件值 M_{1L} 到 $M_{N/2,L}$。

用于耦合矩阵消元的这些支点首先从 $[1,N]$ 开始，向着矩阵的中心位置 $[N/2,N/2+1]$ 递进。根据表 9.6，一个六阶滤波器需要对横向矩阵进行 $N/2=3$ 次旋转变换。

经过一系列旋转变换之后，最终的耦合矩阵如图 9.15(a)所示，其对应的耦合拓扑结构如图 9.15(b)所示。所有例子中，输入或输出耦合至少有一个是负的。一种有意义的例子是文献[10]中介绍的使用介质谐振器实现的四阶拓扑结构。

还有一种可实现的结构是三个平面双模谐振片叠加排列而成的三层基板，如图 9.15(c)所示。使用多层基板的低温共烧陶瓷(LTCC)技术比较适合制作这种滤波器。

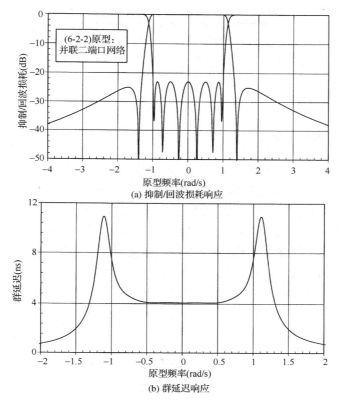

(a) 抑制/回波损耗响应

(b) 群延迟响应

图 9.14　并联二端口网络的总耦合矩阵的响应

	S	1	2	3	4	5	6	L
S	0	0.4415	0.6877	0.6726	0	0	0	0
1	0.4415	0	0	0	0	0	1.2225	0
2	0.6877	0	0	0	0	1.0648	0	0
3	0.6726	0	0	0	0.3720	0	0	0
4	0	0	0	0.3720	0	0	0	0.6726
5	0	0	1.0648	0	0	0	0	−0.6877
6	0	1.2225	0	0	0	0	0	0.4415
L	0	0	0	0	0.6726	−0.6877	0.4415	0

(a) 耦合矩阵

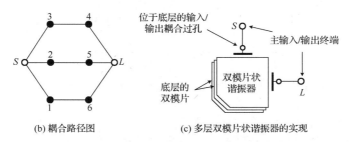

(b) 耦合路径图　　　　(c) 多层双模片状谐振器的实现

图 9.15　并联对耦合的(6-2-2)对称滤波器结构

表 9.6　(6-2-2)对称滤波器：横向耦合矩阵简化为并联对耦合形式的旋转次序

变换次序	支点[i,j]	消去的元件	$\theta_r = \arctan(cM_{kl}/M_{mn})$				
			k	l	m	n	c
1	[1,6]	M_{S6}(和 M_{1L})	S	6	S	1	-1
2	[2,5]	M_{S5}(和 M_{2L})	S	5	S	2	-1
3	[3,4]	M_{S4}(和 M_{3L})	S	4	S	3	-1

9.5.1　偶模和奇模耦合子矩阵

滤波器函数的偶模和奇模子矩阵可以采用本征值分组的方法来综合得到。如果函数的本征值是降序排列的，则奇数组表示为奇模耦合矩阵，偶数组表示为偶模耦合矩阵。运用与 $N+2$ 全耦合矩阵一样的综合方法，利用两组本征值及相应的留数来综合出这两个耦合矩阵。一旦得到了这两个横向子矩阵，就可以运用旋转变换，将不想要的耦合消去。

代表对称串列形滤波器拓扑结构的偶模耦合矩阵(见 9.1 节)可以采用这种留数分组的方法得到。下面使用六阶对称滤波器的例子来说明从折叠形到串列形拓扑的变换过程。其本征值计算为 $\lambda_1 = -\lambda_6 = 1.2185$，$\lambda_2 = -\lambda_5 = 1.0729$ 且 $\lambda_3 = -\lambda_4 = 0.4214$。将本征值及其相应留数和本征向量分成偶数组，可以综合得到相应的 $N+2$ 偶模矩阵 $\boldsymbol{M}_e$；若使用奇数组本征值，则产生相应的奇模矩阵 $\boldsymbol{M}_o$：

$$\boldsymbol{M}_e = \begin{bmatrix} 0 & 0.7472 & 0 & 0 & 0 \\ 0.7472 & 0 & 0.7586 & -0.4592 & 0.7472 \\ 0 & 0.7586 & -0.4459 & 0.0891 & 0 \\ 0 & -0.4592 & 0.0891 & 1.0129 & 0 \\ 0 & 0.7472 & 0 & 0 & 0 \end{bmatrix}$$

$$\boldsymbol{M}_o = \begin{bmatrix} 0 & 0.7472 & 0 & 0 & 0 \\ 0.7472 & 0 & 0.6151 & 0.6387 & -0.7472 \\ 0 & 0.6151 & 0.3053 & 0.4397 & 0 \\ 0 & 0.6387 & 0.4397 & -0.8723 & 0 \\ 0 & -0.7472 & 0 & 0 & 0 \end{bmatrix} \tag{9.8a}$$

本例中，需要运用一次旋转变换将 $\boldsymbol{M}_e$ 和 $\boldsymbol{M}_o$ 耦合矩阵变成 9.1 节例子中的折叠形拓扑。变换的支点位于[2,3]，用于消去 M_{13}，结果如下：

$$\boldsymbol{M}_e = \begin{bmatrix} 0 & 0.7472 & 0 & 0 & 0 \\ 0.7472 & 0 & 0.8867 & 0 & 0.7472 \\ 0 & 0.8867 & -0.1337 & 0.6050 & 0 \\ 0 & 0 & 0.6050 & 0.7007 & 0 \\ 0 & 0.7472 & 0 & 0 & 0 \end{bmatrix}$$

$$\boldsymbol{M}_o = \begin{bmatrix} 0 & 0.7472 & 0 & 0 & 0 \\ 0.7472 & 0 & 0.8867 & 0 & -0.7472 \\ 0 & 0.8867 & 0.1337 & 0.6050 & 0 \\ 0 & 0 & 0.6050 & -0.7007 & 0 \\ 0 & -0.7472 & 0 & 0 & 0 \end{bmatrix} \tag{9.8b}$$

现在可以看出 $\boldsymbol{M}_e$ 中心 $N \times N$ 矩阵和图 9.2(b)中的偶模矩阵相同。不出预料，变换后的 $\boldsymbol{M}_o$ 为它的共轭矩阵。这些矩阵也可以运用 9.6.1 节中的闭端形综合方法得到。

9.6　闭端形结构

基本闭端形（cul-de-sac）结构[9]仅限于双终端网络，且最多可以实现 $N-3$ 个传输零点。另外，这种结构形式可以实现任意奇数阶和偶数阶的对称和不对称原型电路，并给谐振器排列带来了更大的自由度。

图 9.16（a）所示为一个十阶滤波器的典型闭端形结构。它最大允许存在 7 个传输零点（本例中有 3 个位于虚轴的零点，以及两对复零点）。中间呈正方形的谐振器之间的相互直耦合（不含对角交叉耦合）构成了一个四角元件[（见图 9.16（a）中标为 1，2，9 和 10 处]，其中任意一个耦合元件值应为负。中间四角元件的输入与输出分别位于正方形的对角 1 和 10 处，如图 9.16（a）所示。

在中间四角元件的另外两个对角处，其他所有谐振器将分别呈等分（偶数阶原型），或一边比另一边多一个的形式（奇数阶原型）级联排列。每条链路的末端谐振器都没有输出耦合，这就是此结构使用"闭端形"命名的由来。另一种奇数阶特性（七阶）的结构如图 9.16（b）所示。如果在其中间的四角元件输入和输出之间加入一个对角交叉耦合，则可以产生一个额外的传输零点。这个耦合元件值的大小与对应的初始折叠形耦合矩阵的元件值相同。

对于对称或不对称响应的双终端滤波器网络，闭端形拓扑的综合利用了其梯形栅格网络的对称性[11]。这使得旋转变换特别简单，且具有规律性。以折叠形耦合矩阵为起点，经过一系列有规律的相似变换（奇数阶滤波器），以及支点位置的旋转变换（偶数阶滤波器），从矩阵中心的主对角元件开始，沿着或平行于交叉对角元件向外进行消元。

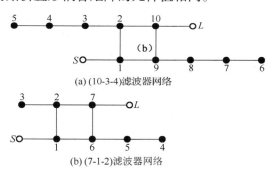

(a)(10-3-4)滤波器网络

(b)(7-1-2)滤波器网络

图 9.16　闭端形结构

对于奇数阶滤波器，旋转角度公式的通用形式[见式（8.38a）]为

$$\theta_r = \arctan \frac{M_{ik}}{M_{jk}} \qquad (9.9)$$

其中 $[i,j]$ 为支点坐标，$k=j-1$。对于偶数阶特性，交叉支点的变换角度公式[见式（8.38g）]为

$$\theta_r = \frac{1}{2}\arctan\left(\frac{2M_{ij}}{(M_{jj}-M_{ii})}\right) \qquad (9.10)$$

表 9.7 列出了关于四阶至九阶折叠形耦合矩阵相似变换顺序的支点位置和角度公式，以及任意 $N \geq 4$ 阶的常用支点位置公式。

下面使用一个双终端折叠形耦合矩阵的例子来说明 8.3 节中耦合矩阵的简化过程，如图 9.17（a）所示。这是一个七阶不对称滤波器，回波损耗为 23 dB，包含一对复数传输零点。复数传输零点对给出了近 60% 的群延迟带宽，虚轴上的单传输零点在通带上边沿外给出了 30 dB 的抑制波瓣。

表9.7 折叠形简化为闭端形的支点坐标

阶数 N	支点位置$[i,j]$和被消去的元件				变换角度 θ_r的公式
	相似变换次数				
	$r=1,2,3,\cdots,R$			$R=(N-2)/2$, N 为偶数 $R=(N-3)/2$, N 为奇数	
	$r=1$	$r=2$	$r=3$	r	
4	$[2,3]M_{23}$				(9.10)
5	$[2,4]M_{23}$				(9.9)
6	$[3,4]M_{34}$	$[2,5]M_{25}$			(9.10)
7	$[3,5]M_{34}$	$[2,6]M_{25}$			(9.9)
8	$[4,5]M_{45}$	$[3,6]M_{36}$	$[2,7]M_{27}$		(9.10)
9	$[4,6]M_{45}$	$[3,7]M_{36}$	$[2,8]M_{27}$		(9.9)
—	—	—	—	—	—
N(为偶数)	$[i,j]M_{i,j}$ $i=(N+2)/2-1$ $j=N/2+1$	—	—	$[i,j]M_{i,j}$ $i=(N+2)/2-r$ $j=N/2+r$	(9.10)
N(为奇数)	$[i,j]M_{i,j-1}$ $i=(N+1)/2-1$ $j=(N+1)/2+1$	—	—	$[i,j]M_{i,j-1}$ $i=(N+1)/2-r$ $j=(N+1)/2+r$	(9.9)

	S	1	2	3	4	5	6	7	L
S	0	1.0572	0	0	0	0	0	0	0
1	1.0572	0.0211	0.8884	0	0	0	0	0	0
2	0	0.8884	0.0258	0.6159	0	0	0.0941	0	0
3	0	0	0.6159	0.0193	0.5101	0.1878	0.0700	0	0
4	0	0	0	0.5101	−0.4856	0.4551	0	0	0
5	0	0	0	0.1878	0.4551	−0.0237	0.6119	0	0
6	0	0	0.0941	0.0700	0	0.6119	0.0258	0.8884	0
7	0	0	0	0	0	0	0.8884	0.0211	1.0572
L	0	0	0	0	0	0	0	1.0572	0

(a) 初始折叠形耦合矩阵

	S	1	2	3	4	5	6	7	L
S	0	1.0572	0	0	0	0	0	0	0
1	1.0572	0.0211	0.6282	0	0	0	0.6282	0	0
2	0	0.6282	−0.0683	0.5798	0	0	0	−0.6282	0
3	0	0	0.5798	−0.1912	0	0	0	0	0
4	0	0	0	0	−0.4856	0.6836	0	0	0
5	0	0	0	0	0.6836	0.1869	0.6499	0	0
6	0	0.6282	0	0	0	0.6499	0.1199	0.6282	0
7	0	0	−0.6282	0	0	0	0.6282	0.0211	1.0572
L	0	0	0	0	0	0	0	1.0572	0

(b) 变换后的闭端形结构

图9.17 七阶闭端形结构滤波器

为了将折叠形网络耦合矩阵变换为闭端形结构,根据表9.7,利用式(9.9)的角度计算公式(支点[3,5]和[2,6]),进行两次旋转变换后,得到图9.17(b)所示的耦合矩阵。对应的耦合拓扑结构如图9.16(b)所示,耦合矩阵的曲线分析结果如图9.18(a)(抑制/回波损耗)和图9.18(b)(群延迟)所示。显然,30 dB 的抑制和带内的群延迟特性没有受到旋转变换的影响。需要注意的是,当源和负载与四角元件的对角直接相连,且有限传输零点少于 $N-3$ 个时,四角元件中的四个耦合元件的绝对值相同。

对应图9.17中两个耦合矩阵的实际同轴腔滤波器的拓扑如图9.19(a)(折叠形)和

图 9.19(b)(闭端形)所示。相对折叠形结构而言，闭端形结构更简单。它没有对角耦合，且负耦合只有一个。

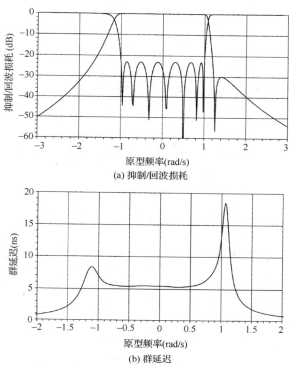

(a) 抑制/回波损耗

(b) 群延迟

图 9.18 (7-1-2)不对称滤波器的仿真性能

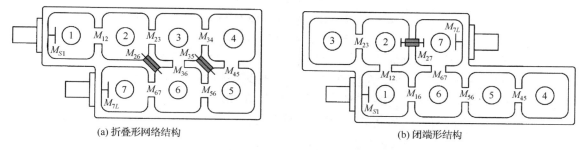

(a) 折叠形网络结构   (b) 闭端形结构

图 9.19 (7-1-2)同轴腔结构的不对称滤波器

9.6.1 闭端形结构的扩展形式

图 9.16 显示了一个偶数阶和一个奇数阶的闭端形结构例子。其基本核心部分是，谐振器节点互连形成的一个四角元件，其中两个对角直接与源和负载终端相连，而另外两个对角与余下的谐振器构成的两条链路连接。此拓扑形式是根据表 9.7 列出的支点和变换角度，对初始折叠形耦合矩阵连续进行 R 次旋转变换而成的。旋转次数为 $R = (N - 2)/2$ (N 为偶数)，或 $R = (N - 3)/2$ (N 为奇数)。

通过在倒数第二次旋转后停止(即 $R - 1$ 次旋转变换)，或再进行一次额外的旋转变换(即 $R + 1$ 次旋转变换)，可以获得其两个扩展结构形式。第一种结构中的四角元件与源和负载终端没有直接相连，如图 9.20(a)的八阶滤波器所示。根据最短路径原理，这个例子实现的有限

传输零点数为 $N_{fz} = N - 5$。与包含 $N - 3$ 个有限传输零点的基本结构相比,其实现的零点数较少。但是,这种结构的优点是输入和输出之间的隔离度更大,而且更适合双模谐振腔的应用。

额外添加一次旋转,可以获得规范闭端形的拓扑形式,其中源和负载成为了中间四角元件中的一部分,如图 9.20(b) 所示。这种拓扑可以实现 $N - 1$ 个传输零点,且包含源与负载的直接耦合 M_{SL}[见图 9.20(b) 中的虚线],这说明这种形式是全规范型的,即 $n_{fz} = N$。显然,这两个分支分别构成了滤波器函数的奇模和偶模子网络,其工作原理与 Hunter 等人在文献[12,13]中提到的混合电桥反射型带通和带阻滤波器原理类似。

假如在网络输入端和输出端新增额外的单位耦合变换器,则创建了一个 $N + 4$ 矩阵(新增的单位变换器不会改变 S_{11} 和 S_{21},只使相位变化了 180°)。然后,旋转次序中需要再多一次旋转过程。这时,主网络部分的四角元件都为非谐振节点,如图 9.20(c) 所示。其中主四角元件的耦合值都为 $1/\sqrt{2}$,且包含一个负耦合。显然,主网络部分成为一个环形耦合器,使用微带或其他平面技术比较容易实现。其中,包含负耦合的分支实现的相位是 270°,而不是 90°。正如图 9.20(b) 所示的网络,构成滤波器奇模子网络和偶模子网络的两个分支,可以通过闭端综合程序自动完成。

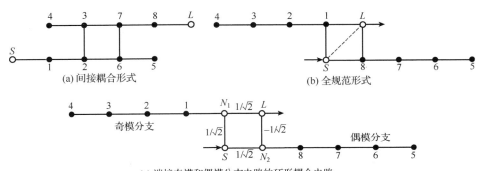

(a) 间接耦合形式　　　　　　　　(b) 全规范形式

(c) 端接奇模和偶模分支电路的环形耦合电路

图 9.20　三种闭端形结构

为了说明规范闭端形网络的综合过程[见图 9.20(b)],再次采用六阶串列形对称响应示例(见 9.1.1 节)。首先导出这个滤波器的 $N + 2$ 折叠形耦合矩阵,在交叉支点[3,4],[2,5] 和 [1,6] 进行三次旋转变换,分别消去 M_{34}、M_{25} 和 M_{16},其耦合矩阵如图 9.21 所示。由此可以看出,规范闭端形网络的两个分支构成了与 9.1.1 节和 9.5.1 节介绍的一样的偶模和奇模网络。

	S	1	2	3	4	5	6	L
S	0	0.7472	0	0	0	0	0.7472	0
1	0.7472	0	0.8867	0	0	0	0	0.7472
2	0	0.8867	−0.1337	0.6050	0	0	0	0
3	0	0	0.6050	0.7007	0	0	0	0
4	0	0	0	0	−0.7007	0.6050	0	0
5	0	0	0	0	0.6050	0.1337	0.8867	0
6	0.7472	0	0	0	0	0.8867	0	−0.7472
L	0	0.7472	0	0	0	0	−0.7472	0

图 9.21　(6-2)对称特性的规范闭端形耦合矩阵

9.6.1.1　概念验证模型

为了验证之前的结论,采用图 9.20(a) 所示的间接耦合闭端形结构,通过同轴腔来实现一个 S 波段八阶不对称滤波器并测量其曲线。其原型为八阶切比雪夫滤波器函数,回波损耗为 23 dB,3 个给定的传输零点为 $s = -\mathrm{j}1.3553$,$s = +\mathrm{j}1.1093$ 和 $s = +\mathrm{j}1.2180$,在通带下边沿外阻带产生一个 40 dB 的抑制,在通带上边沿外阻带产生两个 40 dB 的抑制。以这个原型的折叠形耦合矩阵为初始矩阵[见图 9.22(a)],应用表 9.7 中的支点[4,5]和[3,6],进行 $R-1$ 次,即 2 次相似变换后,得到的耦合矩阵及对应的结构如图 9.22(b)和图 9.20(a)所示。

图 9.22　(8-3)不对称滤波器

该滤波器的抑制和回波损耗性能的仿真与测量曲线如图 9.23 所示,图中清楚地显示了 3 个有限传输零点的位置。虽然由于滤波器带宽略微变大(110 MHz)引起了色散影响(耦合值随着频率变化),即回波损耗会稍微变差,但是其结果与仿真模型非常吻合。

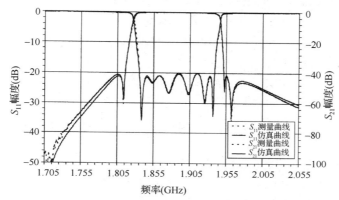

图 9.23　(8-3)闭端形滤波器性能的仿真和测量曲线

图 9.24 给出了滤波器的谐振器排列示意图,可以看出其耦合拓扑极其简单。由于省略了第三次旋转变换,使得输入和输出终端之间的耦合并没有与中间四角元件(2,3,6 和 7)直接相连,这样对带外抑制是比较有利的。这种构造同样也适用于八阶对称或不对称响应的滤波器,传输零点数在 0～3 之间。

注意,在四角元件中,除了有一个耦合元件值为负,其他耦合元件值全部为正。为了方便起见,负耦合可以移到四角元件中的其他位置,并使用容性探针来实现。例如,采用同轴谐振腔技术实现的滤波器,其所有正耦合由感性膜片或感性环来实现。尽管初始原型为不对称的,也不会存在对角耦合。

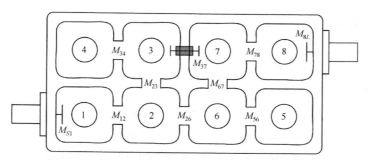

图 9.24　(8-3)不对称滤波器间接耦合的闭端形结构

闭端形结构的重要特性总结如下:

1. 闭端形结构可用于实现大部分的电气滤波器函数。它可以是对称的或不对称的,奇数阶的或偶数阶的。而且还可以用于源与负载终端(双终端)阻抗相同的滤波器函数设计,且滤波器函数包含的有限传输零点数小于或等于 $N-3$,其中 N 为函数的阶数。

2. 实现包含有限传输零点的滤波器函数时,使用的耦合元件最少,且调谐机制最简化。一个包含 7 个有限传输零点的十阶函数,需要 10 个谐振器间耦合;而等价的折叠形结构则需要 16 个谐振器间耦合,其中一些还是对角耦合。

3. 如果将所有谐振器排列成规则的网格形状,则所有的耦合为直耦合,即它们在谐振器间要么垂直,要么平行。由于对角元件难以加工、组装和调试,且它们对振动和温度的变化十分敏感。因此,将对角元件消去,可以极大地简化设计。虽然缺少对角耦合元件,但是在一些双模谐振器应用中仍可以实现不对称的滤波器响应。这些双模谐振器包括介质谐振器、波导谐振器或更高 Q_u 值的 TE$_{011}$ 模圆波导谐振器。

4. 同一种结构,可以适用于相同阶数下对称或不对称的双终端滤波器函数(其中 $n_{fz} \leq N-3$)。因此,对于耦合元件一体化的同一个滤波器壳体,可以实现不同的滤波器特性。例如,如果耦合值相对初始设计差异很小,为了矫正色散失真,只需要调整膜片附近的螺丝就可以实现,而无须修改滤波器谐振器间的耦合膜片尺寸,或增加额外的交叉耦合。

5. 无论哪种传输特性,除了中间四角元件中的一个耦合符号,其余谐振器间的耦合符号全部相同。由于谐振器间耦合值的分布范围很小,因此在通用设计中允许使用符号和取值相同的耦合。

6. 与复杂滤波器结构中的寄生和杂散耦合相比,谐振器间的耦合值相对较大。本结构不仅设计和调试简单,而且可以通过外部螺丝来调节所有谐振器间耦合,从而降低了制造公差,使最终产品具有最优的性能。

7. 随着耦合元件的增加,微波谐振腔的 Q_u 值将会恶化,这样就增加了腔体滤波器的插入损耗。由于闭端形滤波器的谐振器间耦合最少,且只有一个负的耦合(通常在同轴和介质谐振器中用探针实现时会带来损耗,特别是对角耦合的使用),其插入损耗比耦合元件较多的等价滤波器的更小。

8. 短路某些谐振腔,将滤波器分为更小的部分,可以简化设计且便于生产调试。

9. 闭端形滤波器可以简单地分为腔体和盖板两部分进行加工,所有调节螺丝位于最上面。这样使得这种滤波器适合批量生产和调试,采用压铸方式可以实现大规模制造。此外,滤波器腔体排列特别灵活,可以和其他子系统或器件紧凑地集成为一体。

9.6.2 灵敏度分析

相对于采用折叠形结构或三角元件等实现的等价滤波器,闭端形滤波器包含最少的谐振器间耦合,其耦合元件值和调谐状态的变化会更敏感就不足为奇了。为了评估相同滤波器函数在不同结构下的敏感程度,下面给出了一个简要的定量分析。

引起滤波器耦合和谐振器变化的因素主要有两类:随机性,由元件的加工和装配公差引起;单向或双向性,主要是温漂的影响。针对第一类变化,运用蒙特卡罗灵敏度分析软件包对一个十一阶原型滤波器的特性进行评估分析,其标准的抑制和回波损耗特性如图 9.25(a)所示。滤波器通带下边沿外有 3 个有限传输零点,给出了 97 dB 的抑制,分别使用折叠形、盒形、三角元件(见第 10 章)和闭端形来实现。其中耦合值变化 1% 时,对盒形和三角元件形的抑制影响相对较小。但是,对折叠形和闭端形的抑制影响极大,如图 9.25(b)的曲线所示。虽然在生产过程中,耦合元件值的变化可以通过调节螺丝来补偿加工和装配公差的影响,并将滤波器的抑制性能复原到理想状态，但这在批量生产过程中将增大调试量。

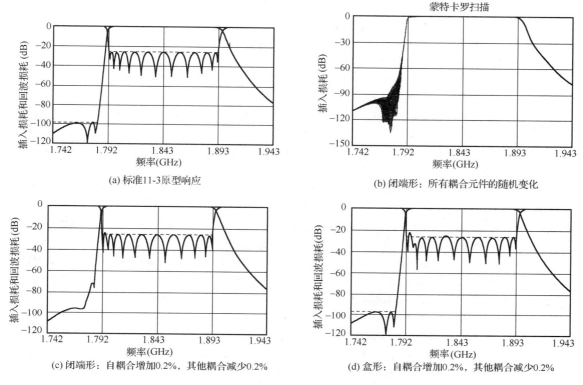

(a) 标准11-3原型响应　　　　　　　　　　(b) 闭端形：所有耦合元件的随机变化

(c) 闭端形：自耦合增加0.2%，其他耦合减少0.2%　　　(d) 盒形：自耦合增加0.2%，其他耦合减少0.2%

图 9.25　滤波器耦合元件值变化的敏感性

　　第二种变化是将自耦合增加 0.2%，而将其他耦合减小 0.2%。通过比较可以发现，闭端形滤波器的抑制恶化特别严重，如图 9.25（c）所示；而对盒形滤波器的影响相对较小，如图 9.25（d）所示。这表明闭端形滤波器的耦合元件值和谐振频率的热稳定性需要改善，或者采用机械设计来保证温漂变化的方向保持一致。

9.7　小结

　　第 7 章和第 8 章分别介绍了如何利用理想滤波函数的传输多项式和反射多项式，综合规范折叠形拓扑耦合矩阵的两种方法。如果在某些应用中易于实现耦合，则可以直接采用这种规范形式。另外，也可以将它作为初始矩阵，进行一系列旋转变换，得到更方便实现的拓扑结构。此方法主要作用是双模滤波器设计中的应用，在单个物理谐振腔、介质片或平面结构中实现两个正交极化的简并模式。本方法极大地减小了滤波器的体积，并对滤波器的无载 Q 值和寄生响应影响极小。由于双模滤波器的体积大幅减小，使得它可以广泛应用于卫星和无线通信系统中。本章还专门介绍了运用相似变换方法实现适合双模滤波器的各种拓扑结构。除了轴向形和折叠形拓扑，还包括级联**四角元件**和**闭端形**拓扑结构。本章最后通过示例论述了一些双模滤波器拓扑的敏感性。

9.8　原著参考文献

1. Rhodes，J. D.（1970）A lowpass prototype network for microwave linear phase filters. *IEEE Transactions on Microwave Theory and Techniques*，**18**，290-301.

2. Rhodes，J. D.（1970）The generalized interdigital linear phase filter. *IEEE Transactions on Microwave Theory and Techniques*，**18**，301-307.

3. Rhodes，J. D.（1970）The generalized direct-coupled cavity linear phase filter. *IEEE Transactions on Microwave Theory and Techniques*，**18**，308-313.

4. Rhodes，J. D. and Zabalawi，I. H.（1980）Synthesis of symmetrical dual mode in-line prototype networks，in *Circuit Theory and Application*，vol. **8**，Wiley，New York，pp. 145-160.

5. Abramowitz，M. and Stegun，I. A.（eds）（1970）*Handbook of Mathematical Functions*，Dover Publications，New York.

6. Cameron，R. J. and Rhodes，J. D.（1981）Asymmetric realizations for dual-mode bandpass filters. *IEEE Transactions on Microwave Theory and Techniques*，**29**，51-58.

7. Pfitzenmaier，G.（1977）An exact solution for a six-cavity dual-mode elliptic bandpass filter. IEEE MTT-S International Microwave Symposium Digest，San Diego，pp. 400-403.

8. Cameron，R. J.（1979）Novel realization of microwave bandpass filters. *ESA Journal*，**3**，281-287.

9. Cameron，R. J.，Harish，A. R.，and Radcliffe，C. J.（2002）Synthesis of advanced microwave filters without diagonal cross-couplings. *IEEE Transactions on Microwave Theory and Techniques*，**50**，2862-2872.

10. Pommier，V.，Cros，D.，Guillon，P.，Carlier，A. and Rogeaux，E.（2000）*Transversal filter using whispering gallery quarter-cut resonators*，IEEE MTT-S International Symposium Digest，Boston，pp. 1779-1782.

11. Bell，H. C.（1982）Canonical asymmetric coupled-resonator filters. *IEEE Transactions on Microwave Theory and Techniques*，**30**，1335-1340.

12. Hunter，I. C.，Rhodes，J. D.，and Dassonville，V.（1998）Triple mode dielectric resonator hybrid reflection filters. *IEE Proceedings of Microwaves*，*Antennas and Propagation*，**145**，337-343.

13. Hunter，I. C.（2001）*Theory and Design of Microwave Filters*，Electromagnetic Waves Series 48，IEE，London.

第10章 提取极点和三角元件的综合与应用

尽管可以根据滤波器结构的不同应用场合推导得到折叠形和横向耦合矩阵，但是有一些结构很难或不可能单独用耦合矩阵来综合实现。本章将运用电路方法来综合"提取极点"网络，并且直接应用于带通和带阻滤波器的设计。接下来，本章讨论了利用提取极点网络方法实现的另一种单传输零点形式，也就是"三角元件"的应用。三角元件可以直接在网络中应用，或者将它作为与其他结构级联的一部分。另外，它还可以应用于更加复杂的网络的综合。首先综合出级联三角元件结构，然后经过耦合矩阵变换，进一步重构网络。然后，运用这种变换方法，将级联三角元件变换为级联四角元件、五角元件或六角元件等的方法进行了概述。最后，本章介绍了级联三角元件变换到盒形及其衍生结构——扩展盒形拓扑的综合方法。

10.1 提取极点滤波器的综合

高功率滤波器的低损耗要求，通常意味着设计中滤波器的阶数要小，带内无时延均衡要求（群延迟均衡器将增加插入损耗）。另外还有带外相对陡峭的隔离度，使得频谱扩展的影响（由于高功率放大器的非线性因素）最小化，从而确保信道之间有足够的隔离度。

虽然低阶对称与不对称原型滤波器网络的综合非常简单，但是如果存在负的交叉耦合[①]，则实现起来非常困难。在低功率环境中，负耦合通常采用容性探针来实现。然而，在高功率条件下，探针可能因为过热（通常需要高效率的散热器来传导热）而导致击穿，使腔体的无载 Q_u 值严重降低。

运用提取极点方法可以避免产生负耦合。实际上，在网络主腔部分综合之前，可以提取出传输零点作为网络中的带阻腔。当这类传输零点提取出来以后，除了对称滤波器中用于实现群延迟均衡的一对实轴对称分布的传输零点（采用与主耦合符号相同的交叉耦合来实现）尚未提取，剩余网络中不存在交叉耦合，无论是直的还是对角的耦合。

10.1.1 提取极点元件的综合

本节将详细介绍提取单个传输零点（虚轴上分布）的电路综合方法。下面运用 7.3 节的 (4-2)不对称原型滤波器示例来说明综合过程。这里介绍的方法与参考文献[1]相比具有更大的灵活性，且文献[1]中的方法仅适用于对称网络的共轭极点对的提取。

产生传输零点（或极点）的原型电路如图 10.1 所示，它由 FIR 元件 $B = -s_0/b_0$ 和电感元件 $L = 1/b_0$ 串联组成的谐振器的两端与传输线网络并联构成，其中 b_0 为极点的留数。显然，当 $s = s_0$ 时，串联对电路的阻抗为零，即传输线短路。

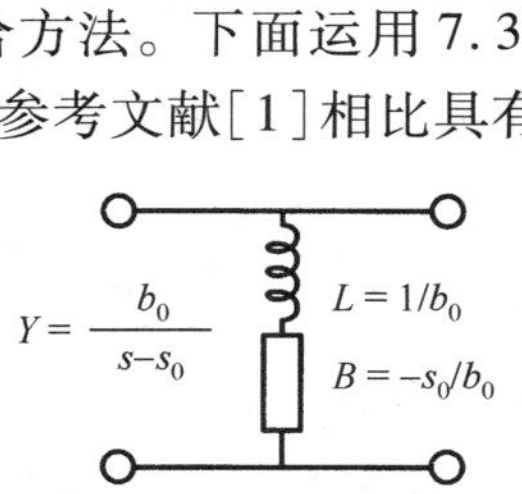

$$Y = \frac{b_0}{s-s_0}$$

$L = 1/b_0$

$B = -s_0/b_0$

图 10.1　$s = s_0$ 时呈短路的并联而成的串联元件对

---

① 这里"负"的意思是相对于网络中的其他耦合而言的，如果其他正耦合为感性，则负耦合为容性，反之亦然。

代表整个滤波器网络的$[ABCD]$矩阵的提取极点方法分以下3步进行:

1. 提取$s=s_0$处的极点之前,首先需要从电路网络中移出不随频率变化的相移器(部分移除)。
2. 移去$s=s_0$处的并联谐振器对。
3. 在剩余网络中的其他极点,或滤波器输入端的电容/FIR 对$(C+jB)$提取之前,需要再次提取网络中的相移线段。

10.1.1.1 提取相移线段

代表整个电路的$[ABCD]$矩阵可以看成传输线段与剩余$[A'B'C'D']$矩阵的级联[为简单起见,这里省略了s,即$A\equiv A(s)$,$B\equiv B(s)$,等等,且假定$P(\equiv jP(s)/\varepsilon)$已包含了常数$\varepsilon$],

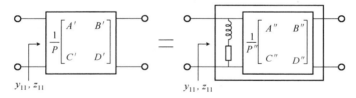

所以

$$\frac{1}{P}\begin{bmatrix} A & B \\ C & D \end{bmatrix} = \begin{bmatrix} \cos\varphi & j\sin\varphi/J \\ jJ\sin\varphi & \cos\varphi \end{bmatrix} \cdot \frac{1}{P}\begin{bmatrix} A' & B' \\ C' & D' \end{bmatrix}$$

$$\frac{1}{P}\begin{bmatrix} A' & B' \\ C' & D' \end{bmatrix} = \frac{1}{P}\begin{bmatrix} A\cos\varphi - jC\sin\varphi/J & B\cos\varphi - jD\sin\varphi/J \\ C\cos\varphi - jAJ\sin\varphi & D\cos\varphi - jBJ\sin\varphi \end{bmatrix} \qquad (10.1)$$

剩余矩阵中包含的第一个元件为并联谐振器对:

当s趋于极点频率s_0时,剩余矩阵输入端的开路阻抗z_{11}趋于零,且其短路导纳y_{11}接近于无穷大,表示为

$$z_{11} = \frac{A'}{C'} = 0, \qquad y_{11} = \frac{D'}{B'} = j\infty \qquad (10.2)$$

因此在$s=s_0$处,$A'=0$ 或 $B'=0$。从矩阵式(10.1)中提取元件A'和B',可得

$$A' = A\cos\varphi - \frac{jC\sin\varphi}{J} = 0, \quad 所以 \quad \tan\varphi_0 = \frac{AJ}{jC}\bigg|_{s=s_0}, \quad 或 J_0 = \frac{jC\tan\varphi}{A}\bigg|_{s=s_0} \qquad (10.3a)$$

$$B' = B\cos\varphi - \frac{jD\sin\varphi}{J} = 0, \quad 所以 \quad \tan\varphi_0 = \frac{BJ}{jD}\bigg|_{s=s_0}, \quad 或 J_0 = \frac{jD\tan\varphi}{B}\bigg|_{s=s_0} \qquad (10.3b)$$

式(10.3)表明,当$A'=0$ 和 $B'=0$ 时,变换器导纳J可以根据给定的相移线段φ_0来确定,或相移线段φ_0(不等于90°)可以根据给定的变换器导纳J来确定。实际上,J的值通常给定为1,即表示互连的相移线段与传输线媒质界面的特征阻抗相等。如果J给定为1,则根据式(10.3)计算相移线段φ_0的结果如下:

$$\varphi_0 = \arctan\frac{A}{jC}\bigg|_{s=s_0} \qquad (10.4a)$$

$$\varphi_0 = \arctan\frac{B}{jD}\bigg|_{s=s_0} \tag{10.4b}$$

由于在 $s = s_0$ 处，多项式 A' 和 B' 为零，因此同时除以公因子 $(s-s_0)$ 之后，可以获得中间多项式 A^x 和 B^x：

$$A^x = \frac{A'}{(s-s_0)}, \quad B^x = \frac{B'}{(s-s_0)} \tag{10.5}$$

10.1.1.2　提取谐振器对

提取相移线段之后，可以计算得到谐振器对的留数 b_0。如图 10.2 所示，当 s 趋近于 s_0 时，网络的阻抗或导纳主要取决于并联的谐振器对：

$$y_{11} = \frac{D'}{B'} = \frac{b_0}{(s-s_0)}\bigg|_{s=s_0}, \qquad 所以 \ b_0 = \frac{(s-s_0)D'}{B'}\bigg|_{s=s_0} = \frac{D'}{B^x}\bigg|_{s=s_0} \tag{10.6a}$$

$$z_{11} = \frac{A'}{C'} = \frac{(s-s_0)}{b_0}\bigg|_{s=s_0}, \qquad 所以 \ b_0 = \frac{(s-s_0)C'}{A'}\bigg|_{s=s_0} = \frac{C'}{A^x}\bigg|_{s=s_0} \tag{10.6b}$$

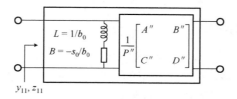

图 10.2　s 趋近于 s_0 时网络的输入阻抗/导纳

现在来提取谐振器对：

$$\frac{1}{P''}\begin{bmatrix} A'' & B'' \\ C'' & D'' \end{bmatrix} = \begin{bmatrix} 1 & 0 \\ -b_0/(s-s_0) & 1 \end{bmatrix} \cdot \frac{1}{P}\begin{bmatrix} A' & B' \\ C' & D' \end{bmatrix}$$

$$= \frac{1}{P}\begin{bmatrix} A' & B' \\ C' - A'b_0/(s-s_0) & D' - B'b_0/(s-s_0) \end{bmatrix} \tag{10.7a}$$

$$= \frac{1}{P}\begin{bmatrix} A' & B' \\ C' - b_0 A^x & D' - b_0 B^x \end{bmatrix}$$

其中 $[A''B''C''D'']$ 为剩余矩阵。将式 (10.7a) 最右边的矩阵提取公因子 $(s-s_0)$，可得

$$\frac{1}{P''}\begin{bmatrix} A'' & B'' \\ C'' & D'' \end{bmatrix} = \frac{(s-s_0)}{P}\begin{bmatrix} \dfrac{A'}{(s-s_0)} & \dfrac{B'}{(s-s_0)} \\ \dfrac{C'-b_0 A^x}{(s-s_0)} & \dfrac{D'-b_0 B^x}{(s-s_0)} \end{bmatrix} \tag{10.7b}$$

显然，$A'' = A'/(s-s_0) = A^x$，$B'' = B'/(s-s_0) = B^x$，且 C'' 和 D'' 的分子分别为 $C' - b_0 A^x$ 和 $D' - b_0 B^x$。由于 $s = s_0$ 时 $b_0 = C'/A^x = D'/B^x$［见式 (10.6)］，所以当 $s = s_0$ 时式 (10.7b) 中 C'' 和 D'' 的分子都为零。因此，为了提取谐振器对的留数 b_0，C'' 和 D'' 的分子需要同时除以因子 $(s-s_0)$。与提取相移线段的方法相同，A' 和 B' 的分子也需要同时准确地除以 $(s-s_0)$。根据定义，初始矩阵的多项式 P 也需要除以 $(s-s_0)$。

当 $s = s_0$ 时，单个传输零点提取和剩余矩阵 $[A''B''C''D'']$ 的求解过程总结如下：

1. 根据式 (10.3) 计算得到提取的传输线相移线段 φ_0 或特征导纳 J_0。

2. 计算得到提取出传输线段后的矩阵$[A'B'C'D']$[见式(10.1)]。

3. 根据式(10.5),将A'和B'与因子$(s-s_0)$相除,得到中间多项式$A^x=A''$和$B^x=B''$。

4. 根据式(10.6)计算留数b_0的值。

5. 求解$C'-b_0A^x$和$D'-b_0B^x$。

6. 利用$(s-s_0)$分别去除上一步求得的多项式,得到C''和D''。

7. 最后,利用$(s-s_0)$去除P,得到P''。

因此,上一个极点提取后,剩余矩阵中的所有多项式的阶数比初始矩阵中的多项式的阶数少1。现在可以在新的极点频率s_{02}处,从剩余矩阵中移除另一段传输线段,以提取第二个极点。在滤波器主腔部分开始综合时,如果下一个提取的元件是变换器或并联的$C+jB$,则需要在$s_0=j\infty$时移除相移线段。滤波器的主腔部分自身可作为交叉耦合网络综合,从而产生更多的传输零点(一般是用于群延迟均衡的实轴传输零点)。而且,还可以通过旋转变换来重构滤波器拓扑(通常拓扑形式有限),而无论是否存在提取极点。另外,也可以采用在滤波器主腔内创建提取极点的方式,将谐振器单独从主腔中分离出来,如图10.6(b)所示。这种形式虽然非常有利于滤波器调试,但是将会导致综合的耦合元件值产生一些极值。

10.1.2　提取极点综合示例

为了说明提取极点的过程,再次使用推导出的(4-2)滤波器原型特性的$[ABCD]$多项式,以综合滤波器的提取极点电路。上节中介绍的提取极点的综合方法可以在网络中任意位置提取出每个极点,甚至是主腔的谐振器之间的极点。对于一个双极点网络,当两个极点分别位于物理网络的任一端展开综合时,可以得到最实用的耦合元件值。但是,为了说明该方法的有效性,下面选择两个极点位于滤波器的输入端进行展开综合。根据(4-2)滤波器(见7.3节)特性的$[ABCD]$多项式,开始综合过程如下:

$s^i, i =$	$A(s)$	$B(s)$	$C(s)$	$D(s)$	$P(s)/\varepsilon$
0	$-j2.0658$	-0.1059	-0.1476	$-j2.0658$	$+2.0696$
1	$+2.4874$	$-j4.1687$	$-j3.0823$	$+2.4874$	$+j2.7104$
2	$-j2.1950$	$+4.4575$	$+2.8836$	$-j2.1950$	-0.8656
3	$+2.4015$	$-j1.5183$	—	$+2.4015$	—
4	—	$+2.0$	—	—	—

移除网络中第一个极点$s_{01}=j1.8082$之前,提取特征导纳为1的传输线段的相位长度θ_{S1},可得

$$\theta_{S1}=\arctan\frac{B(s)}{jD(s)}\bigg|_{s=s_{01}}=48.9062°$$

提取出传输线段之后,剩余多项式的系数如下所示:

$s^i, i =$	$A'(s)$	$B'(s)$	$C'(s)$	$D'(s)$	$P(s)/\varepsilon$
0	$-j1.2466$	-1.6265	-1.6539	$-j1.2780$	$+2.0696$
1	-0.6880	$-j4.6146$	$-j3.9006$	-1.5067	$+j2.7104$
2	$-j3.6160$	$+1.2755$	$+0.2411$	$-j4.8021$	-0.8656
3	$+1.5785$	$-j2.8078$	$-j1.8099$	$+0.4343$	—
4	—	$+1.3146$	—	$-j1.5073$	—

因子多项式 A' 和 B' 与 $(s-s_0)$ 相除，从而构成中间多项式 $A^x(s)$ 和 $B^x(s)$：

$s^i, i=$	$A^x(s)$	$B^x(s)$	$C'(s)$	$D'(s)$	$P(s)/\varepsilon$
0	$+0.6894$	$-j0.8995$	-1.6539	$-j1.2780$	$+2.0696$
1	$-j0.7618$	$+2.0546$	$-j3.9006$	-1.5067	$+j2.7104$
2	$+1.5785$	$-j0.4308$	$+0.2411$	$-j4.8021$	-0.8656
3	—	$+1.3146$	$-j1.8099$	$+0.4343$	—
4	—	—	—	$-j1.5073$	—

计算并联谐振器对的留数 b_{01}：

$$b_{01} = \left.\frac{D'(s)}{B^x(s)}\right|_{s=s_{01}} = 1.9680$$

计算 $C'-b_{01}A^x(s)$ 和 $D'(s)-b_{01}B^x(s)$，然后分别除以因子 $(s-s_0)$，得到 $C''(s)$ 和 $D''(s)$。最后，用因子 $(s-s_{01})$ 去除 $P(s)$，推导出 $P''(s)$：

$s^i, i=$	$A''(s)(=A^x(s))$	$B''(s)(=B^x(s))$	$C''(s)$	$D''(s)$	$P''(s)/\varepsilon$
0	$+0.6894$	$-j0.8995$	$-j1.6650$	-0.2722	$+j1.1446$
1	$-j0.7618$	$+2.0546$	$+0.4073$	$-j2.9189$	-0.8660
2	$+1.5785$	$-j0.4308$	$-j1.8099$	$+0.5726$	—
3	—	$+1.3146$	—	$-j1.5073$	—
4	—	—	—	—	—

现在，重复以上步骤，可提取出第二个极点 $s_{02}=j1.3217$，从而得到 $\theta_{12}=27.5430°$ 和 $b_{02}=3.6800$，且剩余多项式为

$s^i, i=$	$A''(s)$	$B''(s)$	$C''(s)$	$D''(s)$	$P''(s)/\varepsilon$
0	$-j0.1200$	$+0.5082$	$+1.0240$	$-j1.9122$	-0.8660
1	$+0.5627$	$-j0.0274$	$-j2.3347$	$+1.1540$	—
2	—	$+0.4686$	—	$-j1.9443$	—
3	—	—	—	—	—
4	—	—	—	—	—

网络中的 C_3+jB_3 移除之前，提取位于 $s=j\infty$ 处的相移线段，可得

$$\theta_{23} = \left.\arctan\frac{B(s)}{jD(s)}\right|_{s=j\infty} = 13.5508°$$

提取出相移线段后，剩余多项式为

$s^i, i=$	$A(s)$	$B(s)$	$C(s)$	$D(s)$	$P(s)/\varepsilon$
0	$-j0.3566$	$+0.0460$	$+0.9673$	$-j1.9781$	-0.8660
1	—	$-j0.2970$	$-j2.4015$	$+1.1540$	—
2	—	—	—	$-j2.00000$	—
3	—	—	—	—	—
4	—	—	—	—	—

下面根据 7.4 节介绍的方法来综合滤波器主腔的网络：

1. 提取 $C_3 = 6.7343$ 和 $B_3 = 2.7126$；

2. 网络反向。如果极点位于网络的输出端，则必须首先提取出相移线段 θ_{5L}，以便提取谐振器对。在本例中所有的极点位于输入端，因此 $\theta_{5L} = 0$。

3. 提取出 90° 传输线段和输出耦合变换器 $(Y_0 = M_{45} = 1)$。

4. 提取出谐振器对元件 $C_4 = 0.8328$ 和 $B_4 = 0.1290$。

5. 最后，提取出并联变换器 $M_{34} = 2.4283$。

在相移线段 θ_{23} 和元件 $C_3 + jB_3$ 之间，可以添加两个相位长度分别为 $-90°$ 和 $+90°$ 的单位变换器，而网络的传输函数不受影响。其中第一段传输线段被 θ_{23} 吸收（$\theta_{23} \rightarrow \theta_{23} - 90° = -79.4492°$），第二段传输线段则构成了滤波器主腔中的输入耦合变换器 M_{23}。

对于图 10.3 所示的极点电路，根据对偶网络定理，可以变换为与主耦合变换器级联的并联谐振器对，如图 10.4(a) 所示，或变换为串联在主腔中两个单位变换器之间的并联谐振器对，如图 10.4(b) 所示。变换后的电路可以使用 H 面或 E 面的矩形波导 T 型接头实现。注意，在图 10.4(a) 中，H 面接头的等效电路中包含一个变换器[7]。

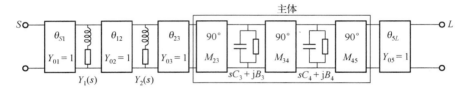

图 10.3　输入端包含两个极点的(4-2)提取极点滤波器网络

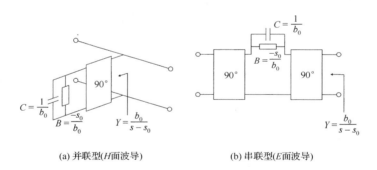

(a) 并联型(H面波导)　　　　(b) 串联型(E面波导)

图 10.4　实际用到的提取极点网络的形式

对于图 10.5 中的并联谐振器对电路，根据对偶网络定理，也可以设计为一个变换器与一端短路的传输线段的级联，传输线段长度为 180° 或传输零点频率 s_0 半波长的整数倍。最终，传输线段可以采用谐振腔来实现，而变换器成为它的输入耦合。实际上，变换器等效于一个与长度极短且相位为负的传输线段并联的电感，通常采用感性的波导孔径来实现。

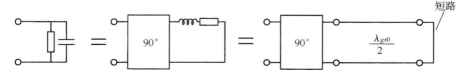

图 10.5　并联谐振器对变换为半波长短路传输线段与变换器的级联形式

图 10.6（a）所示为一个提取极点滤波器结构，它采用 TE_{011} 模的圆柱形谐振腔实现，且两个极点都位于输入端。尽管该结构包含两个传输零点，却不存在负耦合（该耦合在 TE_{011} 模谐振腔中难以实现）。为了抑制 TE_{111} 模，主谐振腔之间的耦合与输入和输出耦合之间相互呈直角，该模式在 TE_{011} 模谐振腔中为简并模。图 10.6（b）所示为另一种排列方式，其中有一个提取极点位于于主耦合结构的中间。

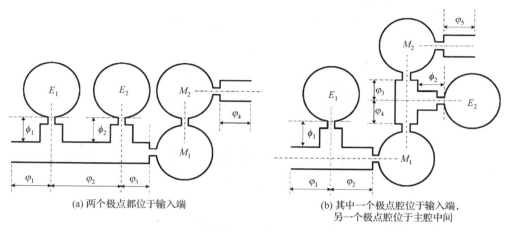

(a) 两个极点都位于输入端

(b) 其中一个极点腔位于输入端，
另一个极点腔位于主腔中间

图 10.6　（4-2）TE_{011} 模圆柱形谐振腔的提取极点滤波器结构

10.1.3　提取极点滤波器网络的分析

提取极点网络可以运用经典的级联[$ABCD$]矩阵方法进行分析。更有效的方法是基于导纳矩阵，采用与耦合矩阵[M]分析相同的方法[见式(8.7)]。

总的导纳矩阵[Y]由两个单独的 2×2 子矩阵[y]叠加构成。这些子矩阵还可以通过众多的单个元件的[$ABCD$]矩阵来建立。或者，将这些矩阵"子级联"起来，然后再转换为 y 矩阵。图 10.7 列出了 4 种这样的子矩阵。第一个子矩阵由相位长度为 θ_i 且特征导纳为 Y_{0i} 的传输线段，与导纳为 $Y_i(s)$ 的提取极点级联组成；第二个子矩阵由代表最后一个提取极点与滤波器主腔的输入耦合变换器(M_{S1})之间的相移线段，与特征导纳为 $Y_0 = M_{jk}$ 的耦合变换器级联组成；第三个子矩阵由并联电容和 FIR 元件，与主腔的耦合变换器级联组成；第四个子矩阵和第三个相似，只是额外引入了一段相移线。这种元件级联成对的方式，将减少谐振器节点数量。最后通过求逆，总导纳矩阵的维数也就减小了。当然，还可以通过简单交换子矩阵的元素 y_{11} 和 y_{22}，将网络矩阵[y]$^{(i)}$ 反向，以开始综合（从滤波器的输出端开始）。

输入端级联两个提取极点的(4-2)滤波器如图 10.8 所示，将单个 2×2 子矩阵[y]$^{(i)}$ 叠加，其中子矩阵[y]$^{(1)}$ 表示输入相移线段与提取极点 1 的级联；[y]$^{(2)}$ 表示两个极点之间的相移线段与提取极点 2 的级联；子矩阵[y]$^{(3)}$ 表示最后的相移线段与滤波器主腔的输入耦合变换器的级联；子矩阵[y]$^{(4)}$ 和子矩阵[y]$^{(5)}$ 表示滤波器的主耦合网络（也可以使用 $N \times N$ 交叉耦合矩阵来表示）。归一化的源和负载终端之间，输入和输出的相位参考面取决于输入相移线段 θ_{S1} 和最后的相移线段 θ_{SL}，它们对传输和反射的幅度特性没有影响。在实际应用中，如果网络允许，那么两个提取极点最好综合于滤波器主通道中的任意一端，从而得到更利于实现的耦合元件值。

运用常规耦合矩阵综合方法，对 y_{11} 和 y_{66} 位置包含归一化终端阻抗（1 Ω）的耦合矩阵求逆，并结合传输和反射特性的运算公式[见式(8.22)和式(8.25)]，可以得到网络的传输和反射性能。

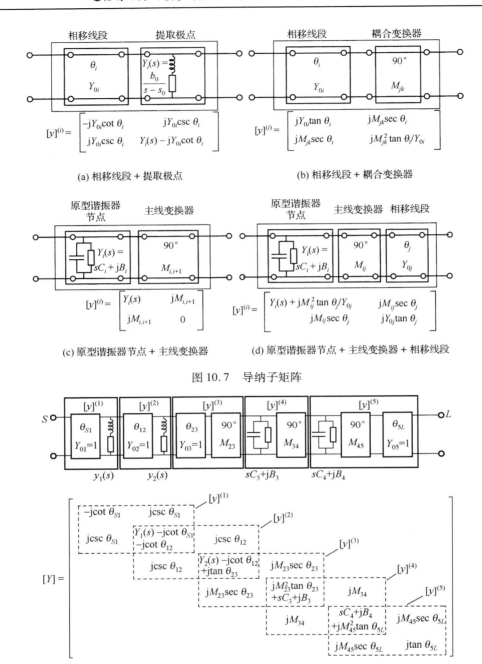

图 10.7　导纳子矩阵

图 10.8　导纳子矩阵叠加构成的总导纳矩阵

10.1.4　直接耦合提取极点滤波器

极点之间，以及最后一个提取极点与滤波器主腔之间的相移线段，还可以根据图 10.9 所示的等效电路来构成。即特征导纳 Y_0 和不随频率变化的相移线段 θ_i，可以等效为导纳变换器 $Y_0\csc\theta_i$ 左右两边分别连接值为 $-jY_0\cot\theta_i$ 的 FIR 元件构成的电路。

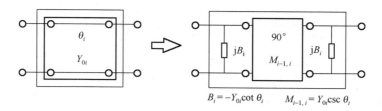

图 10.9　相移线段与变换器两端级联 FIR 元件的网络的等效关系

$B_i = -Y_{0i}\cot\theta_i$　　$M_{i-1,\,i} = Y_{0i}\csc\theta_i$

　　提取极点与滤波器主腔中首个谐振器 $C + jB$ 之间的相移线段，可以直接使用图 10.9 所示的变换器和两个 FIR 元件组成的网络来代替。变换器自身构成了与滤波器主腔中第一个谐振器连接的输入耦合变换器（这样就避免了上面提取极点的例子中需要增加 $-90°$ 或 $+90°$ 相移线段）。同时，右边的 FIR 元件通过与第一个谐振器导纳 $sC + jB$ 的合并，使用新产生的谐振频率偏移来实现；而左边的 FIR 元件可以在滤波器的输入端添加电容（电感）微扰或螺丝来实现，方便时也可以采用非谐振节点（NRN）来实现。

　　通过以下示例，很容易说明利用相位耦合结构来设计直接耦合提取极点滤波器的过程。图 10.10 显示了（4-2）不对称滤波器综合的提取极点网络。但是，本例中的两个提取极点分别位于主腔部分的每一端，提取综合的次序如下：

1. 提取相移线段 θ_{S1}；
2. 提取节点 1 的串联谐振器对 1；
3. 提取相移线段 θ_{12}；
4. 提取 $C_2 + jB_2$，并将网络反向；

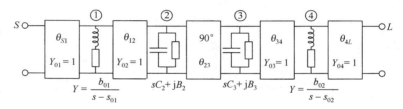

图 10.10　（4-2）不对称滤波器，相位耦合的提取极点网络

5. 提取相移线段 θ_{4L}；
6. 提取节点 4 的串联谐振器对 2；
7. 提取相移线段 θ_{34}；
8. 提取 $C_3 + jB_3$；
9. 最后提取并联耦合变换器 M_{23}。

获得的元件值总结在表 10.1 中。

表 10.1　（4-2）提取极点滤波器——原型网络元件值

传输零点数 i	传输零点频率 s_{0i}	提取极点的留数 b_{0i}	$Y_i(s) = sC_i + jB_i$	相移线段 $\theta_{i-1,i}$	特征导纳 Y_{0i}
1	$s_{01} = j1.3217$	$b_{01} = 0.5767$		$\theta_{S1} = +23.738°$	$Y_{01} = 1.0$
				$\theta_{12} = +66.262°$	$Y_{02} = 1.0$
			$C_2 = 1.3937$		
			$B_2 = 0.8101$		
				$90.0°$	$M_{23} = 1.7216$
			$C_3 = 2.8529$		
			$B_3 = 1.7180$		
2	$s_{02} = j1.8082$	$b_{02} = 1.9680$		$\theta_{34} = +41.094°$	$Y_{03} = 1.0$
				$\theta_{4L} = +48.906°$	$Y_{04} = 1.0$

图 10.11 所示为相移线段 θ_{12} 和 θ_{34} 用等效 FIR 元件和变换器代替的网络结构。同时,串联谐振器对 Y_1 和 Y_2 还可以通过单位变换器 M_{S1} 和 M_{4L} 变换,构成并联谐振器对(见图 10.4)。

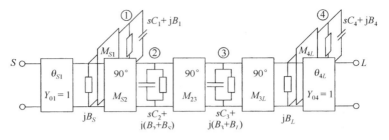

图 10.11 直接耦合提取极点的(4-2)不对称滤波器电路图

新的元件值为

$$M_{S2} = \csc\theta_{12} = 1.0924, \qquad M_{3L} = \csc\theta_{34} = 1.5214$$
$$B_S = -\cot\theta_{12} = -0.4398, \qquad B_L = -\cot\theta_{34} = -1.1466$$
$$C_1 = \frac{1}{b_{01}} = 1.7340, \qquad C_4 = \frac{1}{b_{02}} = 0.5081 \qquad (10.8\text{a})$$
$$B_1 = -\frac{s_{01}}{b_{01}} = -2.2918, \qquad B_4 = -\frac{s_{02}}{b_{02}} = -0.9188$$
$$B_2 \to B_2 + B_S = 0.3703, \qquad B_3 \to B_3 + B_L = 0.5714$$

现在将所有节点上的元件 C_i 变换为 1,则有

$$M_{S1} = \frac{1}{\sqrt{C_1}} = 0.7594, \qquad M_{4L} = \frac{1}{\sqrt{C_4}} = 1.4029$$
$$B_1 \to \frac{B_1}{C_1} = -s_{01} = -1.3217 \equiv M_{11}, \qquad B_4 \to \frac{B_4}{C_4} = -s_{02} = -1.8082 \equiv M_{44}$$
$$M_{S2} \to \frac{M_{S2}}{\sqrt{C_2}} = 0.9254, \qquad M_{3L} \to \frac{M_{3L}}{\sqrt{C_3}} = 0.9007$$
$$B_2 \to \frac{B_2}{C_2} = 0.2657 \equiv M_{22}, \qquad B_3 \to \frac{B_3}{C_3} = 0.2003 \equiv M_{33} \qquad (10.8\text{b})$$
$$M_{23} \to \frac{M_{23}}{\sqrt{C_2 C_3}} = 0.8634$$
$$M_{SS} \equiv B_S = -0.4398, \qquad M_{LL} \equiv B_L = -1.1466$$
$$C_1, C_2, C_3, C_4 \to 1$$

由于所有元件 C_i 变换为 1,下面可以直接构造耦合极点滤波器的耦合矩阵。每个 FIR 元件可利用图 10.11 所示的微扰来实现,如输入/输出耦合位置添加的螺丝,或"非谐振节点"(NRN),即与极点和主腔部分谐振器都存在耦合的失谐谐振器[3]。其耦合矩阵与对应的耦合路径图分别如图 10.12(a)和图 10.12(b)所示,其中加入的单位变换器可分别用于非谐振节点与源和负载终端的输入和输出耦合。注意,原型传输零点位置(分别为 s_{01} 和 s_{02})的元件 M_{11} 和 M_{NN} 为负值,且出现在 $M_{N1,N1}$ 和 $M_{N2,N2}$ 位置的导纳值 B_S 和 B_L 分别表示与输入和输出端并联的 FIR 元件。图 10.12(c)和图 10.12(d)所示为用波导实现的两种提取极点网络结构。

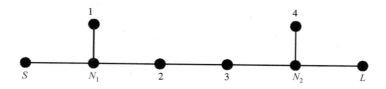

$$
[M]=
\begin{array}{c}
S \\ 1 \\ 2 \\ 3 \\ 4 \\ L
\end{array}
\begin{bmatrix}
S & 1 & 2 & 3 & 4 & L \\
-0.4398 & 0.7594 & 0.9254 & 0 & 0 & 0 \\
0.7594 & -1.3217 & 0.0 & 0 & 0 & 0 \\
0.9254 & 0.0 & 0.2657 & 0.8634 & 0 & 0 \\
0 & 0 & 0.8634 & 0.2003 & 0.0 & 0.9007 \\
0 & 0 & 0 & 0.0 & -1.8082 & 1.4029 \\
0 & 0 & 0 & 0.9007 & 1.4029 & -1.1466
\end{bmatrix}
$$

(a) 耦合矩阵, 其中节点 N_1 和 N_2 (除了节点 S 和节点 L) 为NRN

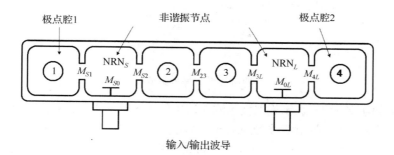

(b) 耦合路径图

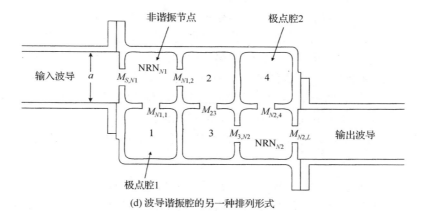

(c) 波导谐振腔的一种排列形式

(d) 波导谐振腔的另一种排列形式

图 10.12   直接耦合提取极点的 (4-2) 不对称滤波器矩阵拓扑结构

10.2　带阻滤波器的提取极点综合方法

带阻滤波器用于衰减指定频段中的窄带信号，例如高功率放大器饱和输出的二次谐波频率。虽然带通滤波器也可以达到同样的效果，但在优化带通滤波器的阻带抑制特性时，主信号保持低插入损耗和好的回波损耗特性比较困难。而且，带阻滤波器只需要优化其阻带特性，其带阻腔设计不会在通带内产生寄生信号。

通常，带阻滤波器利用一系列等距离排列在主传输媒质上的带阻谐振腔来传输信号，从而降低了主通道的功率容量要求。图 10.13 所示为一个波导实现的四阶带阻滤波器结构[4,5]。

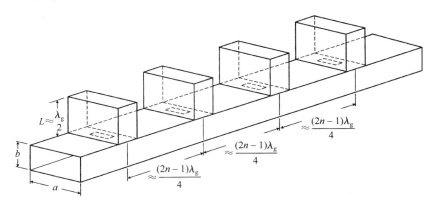

图 10.13　四阶矩形波导带阻滤波器

由于带阻滤波器的带阻腔与表示提取极点滤波器中传输零点的带阻谐振腔的等效电路相同，因此提取极点方法同样适用于带阻滤波器的综合。本方法首先由文献[6]提出且在文献[7]中详细进行了介绍，主要不同之处在于 $S_{21}(s)$ 和 $S_{11}(s)$ 特性进行了互换，即原反射特性转变成了传输特性，反之亦然。如果滤波器特性为切比雪夫型，则给定的回波损耗变成了等波纹阻带衰减，而原抑制特性变成了阻带外的回波损耗特性。

因此，反射函数 $S_{11}(s)$ 的分子 $F(s)/\varepsilon_R$ 变成了传输函数 $S_{21}(s)$ 的分子，$P(s)/\varepsilon$ 变成了新 $S_{11}(s)$ 的分子。所以，对于 N 阶带阻滤波器，在原反射零点的位置可以提取得到 N 个传输零点，阶数不限。在提取所有极点和对应的相移线段的同时，还需要提取出并联的变换器元件。变换器可以位于级联网络中的任意位置，在大部分情况下其值为 1，除了不对称的和偶数阶对称的规范型滤波器函数。值不为 1 的变换器可以表示为不随频率变化的小电抗元件，这种情况下，反射多项式在无穷频率处必定为有限回波损耗值。

下面采用 8.4 节的(4-4)不对称规范原型网络的综合示例，来说明带阻滤波器的综合过程：

1. 交换(4-4)低通原型传输函数 $S_{21}(s)$ 和反射函数 $S_{11}(s)$ 的多项式 $F(s)/\varepsilon_R$ 和 $P(s)/\varepsilon$。由于 $N-n_{fz}$ 为偶数，$P(s)$ 需要乘以 j，使得交叉耦合可以用变换器实现。而现在 $F(s)/\varepsilon_R$ 必须乘以 j，因为它是 $S_{21}(s)$ 的新分子。

2. 提取出多项式 $F(s)$ 中最低零点频率 $s_{01} = -\text{j}0.9384$ 处的第一个相移线段 θ_{S1} 及谐振器对 Y_1。

3. 类似地，提取出 $s_{02} = -\text{j}0.4228$ 处的 θ_{12} 和 Y_2。

4. 提取出 $s_0 = j\infty$ 处的相移线段 $\theta_{23}^{(1)}$。

5. 网络反向，提取出频率 $s_{04} = j0.9405$ 处的 θ_{4L} 和 $Y_4[F(s)$ 的最高零点频率]。

6. 类似地，提取出 $s_{03} = j0.4234$ 处的 θ_{34} 和 Y_3。

7. 提取出 $s_0 = j\infty$ 处的相移线段 $\theta_{23}^{(3)}$。同时，通常需要多提取出一段额外的 90° 相移线段，用于获得最后一个并联耦合变换器提取的多项式的正确形式。

8. 提取出并联耦合变换器 M_{23}。在大多数条件下 M_{23} 的值为 1，而对于对称偶数阶或任意不对称初始规范低通原型网络，M_{23} 的值为 $\varepsilon_R \pm \sqrt{\varepsilon_R^2 - 1}$。并且，$M_{23}$ 可以近似为一个小的电抗，如 FIR 元件来实现，使得原型电路在无穷频率处将产生有限的回波损耗值。

综合得到的(4-4)带阻滤波器网络如图 10.14 所示，其对应的元件值在表 10.2 中给出。对于大多数实际带阻滤波器的物理拓扑结构，如果元件值为负值或极小值，则可在谐振器间的相移线段上引入一段半波长（180°）传输线。然而其长度也不能太长，这主要是因为虽然理论上没有色散，但实际上仍然是存在的。

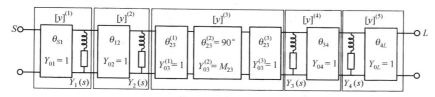

图 10.14　（4-4）带阻滤波器网络

表 10.2　（4-4）不对称规范带阻滤波器的元件值

传输零点数 i	传输零点频率 s_{0i}	相移线段 $\theta_{i-1,i}$	提取极点的留数 b_{0i}	特征导纳 Y_{0i}
1	$s_{01} = -j0.9384$	$\theta_{S1} = +34.859°$	$b_{01} = 0.6243$	$Y_{01} = 1.0$
2	$s_{02} = -j0.4228$	$\theta_{12} = +75.104°$	$b_{02} = 1.6994$	$Y_{02} = 1.0$
		$\theta_{23}^{(1)} = -19.962°$	—	$Y_{03}^{(1)} = 1.0$
		$\theta_{23}^{(2)} = +90.0°$	—	$Y_{03}^{(2)} = M_{23} = 1.0307$
3	$s_{03} = +j0.4234$	$\theta_{23}^{(3)} = 18.772°$	$b_{03} = 1.6024$	$Y_{03}^{(3)} = 1.0$
4	$s_{04} = +j0.9405$	$\theta_{34} = -72.334°$	$b_{04} = 0.6328$	$Y_{04} = 1.0$
		$\theta_{4L} = -36.438°$	—	$Y_{0L} = 1.0$
		$\sum \theta = k \cdot 90°$		

在本例中，传输零点为升序排列，但也可以不受此限制，即它们的排列可以是任意顺序的。除此之外，最后一个变换器的实现也不受限制，它也可以位于网络的末端。在这种情况下，首先按顺序提取 4 个极点，然后再提取无穷频率处的相移线段，最后是并联变换器。

10.2.1　直接耦合带阻滤波器

一旦将 $S_{21}(s)$ 和 $S_{11}(s)$ 的函数互换，就可以运用第 7 章介绍的网络综合方法，构建与带通滤波器类似且具有带阻滤波器特性的拓扑。其中谐振器之间为直接耦合，因此其宽带特性更佳。由于谐振腔全部调谐于阻带频率上，主信号功率通过输入和输出之间的直接耦合传输，绕过了谐振腔，从而给出了极小的插入损耗和相对较高的功率容量。

对于提取极点网络，由普通低通原型多项式产生带阻特性，只需要交换反射和传输函数（包括常数）：

$$S_{11}(s) = \frac{P(s)/\varepsilon}{E(s)}, \qquad S_{21}(s) = \frac{F(s)/\varepsilon_R}{E(s)} \tag{10.9}$$

由于 $S_{21}(s)$ 和 $S_{11}(s)$ 拥有公共的分母多项式 $E(s)$，因此满足无源无耗网络的幺正条件。如果滤波器特性为切比雪夫型，则预先给定的等波纹回波损耗特性变成了传输响应，即最小的阻带衰减值等于预先给定的回波损耗值。由于 $S_{21}(s)\;[= F(s)/\varepsilon_R]$ 的新分子多项式的阶数与其分母 $E(s)$ 的阶数相同，因此综合得到的网络为全规范型的；且 $S_{11}(s)$ 的新分子为原传输函数的分子多项式 $P(s)/\varepsilon$，可以给定任意个（小于或等于滤波器阶数 N）传输零点。如果 $n_{fz} < N$，则常数 $\varepsilon_R = 1$。

带阻滤波器网络耦合矩阵的综合，与 8.4 节介绍的带通滤波器的全规范型低通原型网络的综合非常相似。首先，交换多项式 $P(s)/\varepsilon$（阶数为 n_{fz}）和 $F(s)/\varepsilon_R$（阶数为 N），然后推导出网络的有理短路导纳多项式 $y_{21}(s)$ 和 $y_{22}(s)$。对于源和负载阻抗为 $1\ \Omega$ 的偶数阶双终端网络，可得

$$
\begin{aligned}
y_{21}(s) &= \frac{y_{21n}(s)}{y_d(s)} = \frac{(F(s)/\varepsilon_R)}{m_1(s)}\\
y_{22}(s) &= \frac{y_{22n}(s)}{y_d(s)} = \frac{n_1(s)}{m_1(s)}
\end{aligned}
\tag{10.10a}
$$

对于奇数阶网络，可得

$$
\begin{aligned}
y_{21}(s) &= \frac{y_{21n}(s)}{y_d(s)} = \frac{(F(s)/\varepsilon_R)}{n_1(s)}\\
y_{22}(s) &= \frac{y_{22n}(s)}{y_d(s)} = \frac{m_1(s)}{n_1(s)}
\end{aligned}
\tag{10.10b}
$$

其中，

$$m_1(s) = \mathrm{Re}(e_0 + p_0) + \mathrm{jIm}(e_1 + p_1)s + \mathrm{Re}(e_2 + p_2)s^2 + \cdots$$
$$n_1(s) = \mathrm{jIm}(e_0 + p_0) + \mathrm{Re}(e_1 + p_1)s + \mathrm{jIm}(e_2 + p_2)s^2 + \cdots$$

且 e_i 和 p_i，$i = 0,1,2,\cdots,N$ 分别为多项式 $E(s)$ 和 $P(s)/\varepsilon$ 的复系数。如果 $n_{fz} < N$（一般情况），则 $P(s)/\varepsilon\,(= p_N)$ 的最高阶项的系数为零。

构造了分子多项式 $y_{21n}(s)$，$y_{22n}(s)$ 及分母多项式 $y_d(s)$，则可以运用与 8.4 节介绍的类似方法准确地综合得到耦合矩阵。现在，由于 $S_{21}(s)$ 分子的阶数与分母相同，即特性属于全规范型，也就是耦合矩阵包含源与负载的直接耦合 M_{SL}。M_{SL} 计算如下［见式（8.43）］：

$$\mathrm{j}M_{SL} = \frac{y_{21}(s)}{y_d(s)}\bigg|_{s=\mathrm{j}\infty} = \frac{\mathrm{j}F(s)/\varepsilon_R}{y_d(s)}\bigg|_{s=\mathrm{j}\infty} \tag{10.11}$$

如果初始带通特性为非规范型，即 $P(s)$ 的阶数 $n_{fz} < N$，则 $p_N = 0$。由式（10.10）可知，$y_d(s)$ 的首系数为 1。对于切比雪夫特性，多项式 $F(s)$ 的首系数总是等于 1；而对于非规范型的 ε_R，其值也为 1。显然，由式（10.11）可得 $M_{SL} = 1$。也就是说，由于源和负载之间的直接耦合变换器与连接到源和负载的传输线的特征阻抗相等，则可以采用 90° 传输线来简单地构造它。对于全规范特性，M_{SL} 略小于 1 且其无穷远频率处的回波损耗为有限值，这正是全规范原型的特点。

对于带通滤波器而言，剩余耦合矩阵的综合过程也是折叠形低通原型网络的综合过程。如果响应为不对称的，则会出现对角耦合元素。图 10.15 给出了一个四阶带阻滤波器的折叠形结构，从图中可以看出，主信号直接经过输入输出的直接耦合 M_{SL} 进行传输。

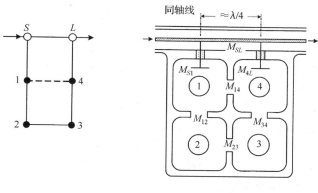

(a) 耦合路径图　　　　　(b) 可实现的同轴腔结构

图 10.15　(4-2)直接耦合带阻滤波器

一般而言，直接耦合的折叠形带阻滤波器拓扑中并不希望出现复耦合，它仅限于对称原型中的应用。考虑一个回波损耗为22 dB（即阻带抑制）的四阶对称滤波器例子，2 个传输零点（现在是反射零点）±j2.0107 给出了30 dB的带外抑制水平（回波损耗）。综合出折叠梯形网络并变换所有的 C_i 为 1 之后，可得其耦合矩阵：

$$
\boldsymbol{M} = \begin{array}{c} S \\ 1 \\ 2 \\ 3 \\ 4 \\ L \end{array} \begin{bmatrix} S & 1 & 2 & 3 & 4 & L \\ 0.0 & 1.5109 & 0 & 0 & 0 & 1.0000 \\ 1.5109 & 0.0 & 0.9118 & 0 & 1.3363 & 0 \\ 0 & 0.9118 & 0.0 & -0.7985 & 0 & 0 \\ 0 & 0 & -0.7985 & 0.0 & 0.9118 & 0 \\ 0 & 1.3363 & 0 & 0.9118 & 0.0 & 1.5109 \\ 1.0000 & 0 & 0 & 0 & 1.5109 & 0.0 \end{bmatrix} \quad (10.12a)
$$

注意，在非规范型中，输入输出的直接耦合 M_{SL} 为 1。也就是说，这个耦合变换器具有与输入输出之间的传输线相同的特征阻抗，它可以由滤波器主腔部分的输入和输出抽头之间 90°（$\approx \lambda/4$）的传输线来实现，用于传输主信号功率，图 10.15(b)所示为用同轴谐振腔实现的一类结构。然而，在矩阵式(10.12a)中 M_{23} 为负耦合，需要使用探针来实现。

值得注意的是，在带阻滤波器的传输和反射特性中，当反射零点数（原**传输零点**）小于或等于滤波器阶数 N（即 $n_{fz} < N$ 时)，运用对偶网络定理还可以推导出另一组解。通过简单地将分子多项式 $F(s)$ 和 $P(s)$ 的反射系数乘以 -1，可以得到其对偶网络，它等效于在网络的输入和输出端各添加一个单位变换器。如果在(4-2)型对称示例中运用此方法，则经过重新综合后，可得所有元素符号为正的带阻耦合矩阵

$$
\boldsymbol{M} = \begin{array}{c} S \\ 1 \\ 2 \\ 3 \\ 4 \\ L \end{array} \begin{bmatrix} S & 1 & 2 & 3 & 4 & L \\ 0.0 & 1.5109 & 0 & 0 & 0 & 1.0000 \\ 1.5109 & 0.0 & 0.9118 & 0 & 0.9465 & 0 \\ 0 & 0.9118 & 0.0 & 0.7985 & 0 & 0 \\ 0 & 0 & 0.7985 & 0.0 & 0.9118 & 0 \\ 0 & 0.9465 & 0 & 0.9118 & 0.0 & 1.5109 \\ 1.0000 & 0 & 0 & 0 & 1.5109 & 0.0 \end{bmatrix} \quad (10.12b)
$$

通常情况下，耦合符号的一致性不会改变。

10.2.1.1　直接耦合带阻矩阵的闭端形式

如果带阻滤波器的反射零点数小于网络的阶数($n_{fz} < N$),网络为双终端形式且源和负载的阻抗相等,那么在网络的任一侧分别引入两个阻抗为 1 的 45°相移线段,可得与带通滤波器(见 9.6 节)类似的闭端形带阻网络拓扑。这与多项式 $F(s)$、$F_{22}(s)$ 和 $P(s)$ 分别与 j 相乘的效果是一样的,对网络的传输和反射响应不会产生影响,除非改变 90°相移线段的长度。

运用电路方法或直接耦合矩阵的任一方法综合得到的网络如图 10.16 所示,其主要特点是中心正方形代表四角元件形耦合,且源和负载分别与输入和输出端相邻的两个拐角边接。与另外两个拐角串接的两条链路上的其他谐振器,当 N 为偶数时其数量相等,当 N 为奇数时其数量差为 1。而且,结构中也不会含有对角耦合,甚至对于不对称响应,其所有的耦合符号也相同。由于以上这些特性,当 $n_{fz} < N$ 时,源和负载的直接耦合元件值 M_{SL} 总是等于 1。

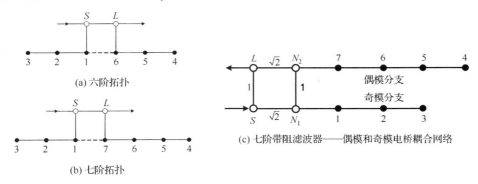

(a) 六阶拓扑

(b) 七阶拓扑

(c) 七阶带阻滤波器——偶模和奇模电桥耦合网络

图 10.16　直接耦合带阻滤波器的闭端形拓扑

对于带阻滤波器,也可以首先综合出低通原型的偶模和奇模的单端口网络,再连接到耦合网络的分支上,如图 10.16(c)的七阶拓扑所示。如果耦合网络是一个 3 dB 电桥耦合拓扑,而不是与带通滤波器一样的环形耦合拓扑(见 9.6.1 节),则会得到带阻等效响应,也就是将 S_{21} 和 S_{11} 的响应进行了交换。这个过程很简单,首先生成 $N+4$ 耦合矩阵,并对带通滤波器进行一系列的闭端旋转,然后将环形耦合元件替换为 3 dB 耦合元件,即 $M_{S,L} = M_{N1,N2} = 1$ 且 $M_{S,N1} = M_{N2,L} = \sqrt{2}$,无须改变偶模和奇模网络的元件值,这是在闭端旋转过程中自动生成的。类似地,这种结构特别适合平面技术的实现,例如微带线。

下面以第 7 章和第 8 章使用的(4-2)不对称滤波器为例。交换多项式 $F(s)$ 和 $P(s)$,然后与 j 相乘,并综合折叠形耦合矩阵(见第 8 章),产生新的耦合矩阵式:

$$
\boldsymbol{M} = \begin{array}{c} S \\ 1 \\ 2 \\ 3 \\ 4 \\ L \end{array}
\begin{bmatrix}
S & 1 & 2 & 3 & 4 & L \\
0.0 & 1.5497 & 0 & 0 & 0 & 1.0000 \\
1.5497 & 0.5155 & 1.2902 & 0 & 1.2008 & 0 \\
0 & 1.2902 & -0.0503 & 0.0 & 0 & 0 \\
0 & 0 & 0.0 & -1.0187 & 0.4222 & 0 \\
0 & 1.2008 & 0 & 0.4222 & -0.2057 & 1.5497 \\
1.0000 & 0 & 0 & 0 & 1.5497 & 0.0
\end{bmatrix}
\tag{10.13}
$$

图 10.17 所示为对应的耦合路径图,以及矩形波导实现的结构。其中连接输入和输出的波导传输线构成了输入和输出的直接耦合 M_{SL},它可以是 1/4 波长的奇数倍,且越短越好。

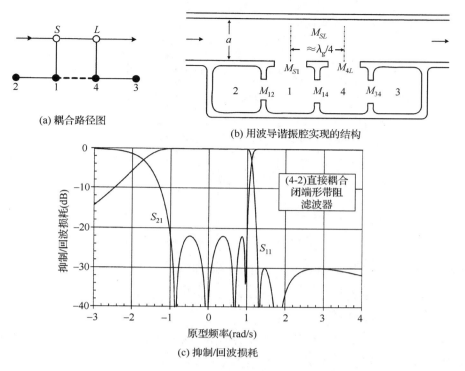

(a) 耦合路径图

(b) 用波导谐振腔实现的结构

(c) 抑制/回波损耗

图 10.17 (4-2)直接耦合闭端形带阻滤波器

直接耦合带阻滤波器中的谐振器,可以使用同轴、介质或平面谐振器来实现。一种可能的应用是高功率双工器,其插入损耗要求极高且无带外抑制要求(或使用低损耗的宽带滤波器),无须极高的隔离度指标。在双工器应用中,两个带阻滤波器分别调谐于合路一侧的支路上,抑制另一侧支路上的信道频率。

10.3 三角元件

与提取极点结构一样,三角元件为另一种实现单个传输零点的结构。每个三角元件由三个节点相互耦合构成,第一个和第三个可以是源或负载,或**低通谐振器** $C_i + jB_i$,而中间节点一般是低通谐振器[2,6,8]。图 10.18 显示了 4 种可能实现的结构。其中,图10.18(a)表示谐振腔之间相互连接的三角元件,图 10.18(b)和图 10.18(c)分别表示与输入和输出端接的三角元件,其中一个节点为源或负载终端。当第一个和第三个节点分别为源和负载时,如图 10.18(d)所示,它可以看成一个单阶的规范型网络,其中源和负载的直接耦合 M_{SL} 构成了单个传输零点。此外,三角元件也可以和其他三角元件以间接或邻接的形式级联,如图 10.18(e)和图 10.18(f)所示。

一般来说,如果三角元件实现的传输零点位于通带上边沿外,则交叉耦合元件值[见图 10.18(b)中的 M_{S2}]为正;如果传输零点位于通带下边沿外,则交叉耦合元件值为负。其中,负交叉耦合元件可以采用呈对角的容性探针来实现,而正交叉耦合元件可以采用感性的耦合环来实现。

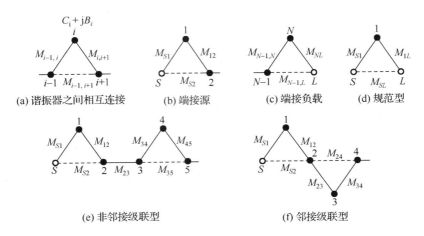

图 10.18　三角元件的耦合路径图

用于高级交叉耦合拓扑结构的三角元件的性质如下:

- 实际给定的传输零点与三角元件中的交叉耦合元件值相对应;
- 三角元件可以使用耦合矩阵元素来表示。

　　三角元件的综合非常灵活,在整个滤波器网络内不受位置的限制。然后针对耦合矩阵进行旋转变换,可以获得最终的拓扑结构。但是,采用折叠形和横向形矩阵为初始矩阵进行综合,有一些结构很难得到。下面来讨论单个三角元件和级联三角元件的两种综合方法:一种是基于电路元件提取的混合方法,并变换为耦合矩阵形式;另一种是完全基于耦合矩阵方法。下面将概述含有三角元件结构的耦合矩阵变换为其他级联形式(n 角元件与盒形)的方法。

10.3.1　三角元件的电路综合方法

　　三角元件的综合与提取极点电路的综合方法类似,只需提取出并联元件和传输线段[6]。在提取极点过程中,首先需要从表示滤波器特性的总 $[ABCD]$ 矩阵中提取出相移线段,以便网络可以继续提取并联的谐振器串联对,实现传输零点 $s = s_0$。而对于三角元件,首先提取 $s = s_0$ 处的并联导纳 FIR 元件 J_{13};接下来,提取单位导纳变换器,以便网络可以继续提取谐振器对,这一步与提取极点的过程相同。然后提取下一个值为 $-1/J_{13}$ 的 FIR 元件及另一个单位导纳变换器,最后提取得到的 FIR 元件 J_{13},与第一个提取出的 FIR 元件值相同。因此,运用对偶网络定理,经过电路变换可以得到三角元件网络。

　　表 10.3 给出了整个变换过程。第一步中的初始网络由 2 个变换器和 3 个并联的 FIR 元件及一组谐振器对构成,这些元件是根据多项式 $A(s)$、$B(s)$、$C(s)$、$D(s)$ 及 $P(s)/\varepsilon$ 综合得到的。与提取极点方法一样,提取出这些元件之后,剩余多项式的阶数将比原多项式的阶数少 1。第二步和第三步过程展示了如何将网络变换成第三步中的 π 形网络。

　　现在,运用众所周知的变换方法,针对 π 形网络中的串联元件,将网络变换成第四步中的新 π 形网络。经过变换可以证实,当 $s = 0$ 和 $s = s_0$ 时,包含串联元件的 π 形网络的短路输入导纳值 y_{11} 相等。此时,特征导纳值为 $-J_{13}$ 的等效导纳变换器,可以用导纳 $-J_{13}$ 两边分别与并联导纳 J_{13} 桥接构成的 π 形网络来代替[4]。最后运用对偶网络定理,将余下的串联元件变换为并联谐振器对 $C_{S2} + jB_{S2}$,即三角元件结构中间的低通谐振器。

表10.3　三角元件的综合方法

1. 元件的提取顺序
   a. 提取极点 $s = s_0$ 之前，先提取不随频率变化的并联导纳 jJ_{13}
   b. 提取单位变换器
   c. 提取并联谐振器对的串联电感 $L_{S0}(= 1/b_0)$ 和不随频率变化的电抗 $jX_{S0}(= -s_0/b_0)$，实现极点的提取（见 10.1.1 节）
   d. 再次提取不随频率变化的并联导纳 $-1/jJ_{13}$
   e. 提取另一个单位变换器
   f. 提取最后一个不随频率变化的并联导纳 jJ_{13}

2. 对偶网络定理的应用
   a. 将并联的串联谐振器对 L_{S0} 和 jX_{S0} 变换为两个单位变换器之间串联的并联谐振器对：
      $$B_{S0} = X_{S0}$$
      $$C_{S0} = L_{S0}$$
   b. 两个单位变换器之间的并联导纳 $-1/jJ_{13}$ 变换为串联电抗 $-1/jJ_{13}$

3. 电路变换
   $$X_{S2} = \frac{J_{13} - B_{S0}}{-J_{13}^2} = \frac{J_{13} + \omega_0/b_0}{-J_{13}^2}$$
   $$L_{S2} = \frac{-jB_{S0}}{s_0 J_{13}^2} = \frac{1}{b_0 J_{13}^2}$$

4. 最终电路
   a. 使特征导纳变换器 $-jJ_{13}$ 由包含电纳 J_{13} 的 π 形网络构成
   b. 运用对偶网络定理，将串联对 $L_{S2} + jX_{S2}$ 变换成两个单位变换器之间的并联对 $C_{Sz} + jB_{Sz}$：
      $$C_{S2} = L_{S2}$$
      $$B_{S2} = X_{S2}$$

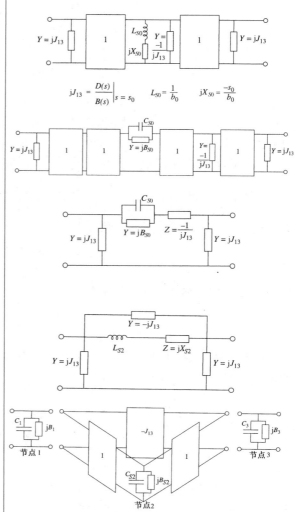

$$jJ_{13} = \left.\frac{D(s)}{B(s)}\right|s = s_0 \qquad L_{S0} = \frac{1}{b_0} \qquad jX_{S0} = \frac{-s_0}{b_0}$$

如表 10.3 所示，三角元件的输入和输出节点（分别为节点 1 和节点 3）与其低通谐振器节点相连。但是，这些节点也可能是源或负载。在这种情况下，滤波器为双输入型，从源到谐振器 1 和谐振器 2，或从谐振器 $N-1$ 和谐振器 N 到负载之间包含两个耦合。当然，三角元件也可以通过指定 C_s、B_s 和 J 的标示符（即下标），在高阶网络中的任意位置综合得到。如果三角元件中间的并联谐振器对位于整个网络的节点位置 k，则 k 可作为三角元件的**下标**，且包含这个下标的交叉耦合变换器可表示为 $-J_{k-1,k+1}$（表 10.3 中的三角元件下标 $k=2$）。提取出其他元件且归一化所有电容后，这些变换器的值以及三角元件中间的谐振器对 $C_{Sk} + jB_{Sk}$ 的元件值，都能在耦合矩阵中反映出来。最后，运用旋转变换来重构网络拓扑。

N 阶网络的三角元件中下标为 k 的元件，按比例变换为耦合矩阵元素如下：

$$M_{k-1,k} = \frac{1}{\sqrt{C_{k-1} C_{Sk}}}$$

$$M_{k,k+1} = \frac{1}{\sqrt{C_{Sk} C_{k+1}}}$$

$$M_{k-1,k+1} = \frac{-J_{k-1,k+1}}{\sqrt{C_{k-1} C_{k+1}}} \tag{10.14}$$

$$B_{Sk}(\equiv M_{k,k}) \rightarrow \frac{B_{Sk}}{C_{Sk}}$$

$$C_{Sk} \rightarrow 1$$

其中，C_{Sk} 和 B_{Sk} 为三角元件中间的并联元件，且 C_{k-1} 和 C_{k+1} 是三角元件两边直接提取出的并联电容值。当 $k=1$ 时 $C_{k-1}=1$，当 $k=N$ 时 $C_{k+1}=1$。

求得已变换或未变换的三角元件后，运用如下公式，计算可得其传输零点的频率：

变换前的元件值：
$$\omega_0 = -\frac{1}{C_{Sk}}\left[\frac{1}{J_{k-1,k+1}} + B_{Sk}\right] \tag{10.15a}$$

如果用耦合矩阵元素来表示，则可得

$$\omega_0 = \frac{M_{k-1,k} \cdot M_{k,k+1}}{M_{k-1,k+1}} - M_{k,k} \tag{10.15b}$$

即当 $s = \mathrm{j}\omega_0$ 时，求解三角元件的行列式如下：

$$\det\begin{vmatrix} M_{k-1,k} & M_{k-1,k+1} \\ \omega_0 + M_{k,k} & M_{k,k+1} \end{vmatrix} = 0 \tag{10.15c}$$

图 10.19 采用了 10.1.2 节介绍的(4-2)不对称滤波器原型示例，其综合结果与图 10.18(e)中的形式类似。

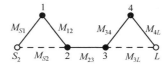

图 10.19　(4-2)不对称滤波器的三角元件实现

利用 7.4 节已经综合得到的(4-2)滤波器的 $[ABCD]$ 矩阵多项式，其中下标 $k=1$ 且传输零点为 j1.8082 的第一个三角元件综合过程如下(参见表 10.3 中的第 1 项)。

1. 根据下式计算并联 FIR 元件 J_{S2} 的值：

$$\mathrm{j}J_{S2} = \frac{D(s)}{B(s)}\bigg|_{s=s_0}, \quad J_{S2} = -0.8722$$

2. 根据多项式 $A(s)$、$B(s)$、$C(s)$ 和 $D(s)$ 提取 FIR 元件 J_{S2} 和单位变换器以后，得到剩余多项式 $A'(s)$、$B'(s)$、$C'(s)$ 和 $D'(s)$。

接下来，提取过程与 10.1 节中介绍的并联谐振器对(提取极点)的提取方法类似。

3. $A'(s)$ 和 $B'(s)$ 与因子 $(s-s_0)$ 相除，得到多项式 $A''(s)$ 和 $B''(s)$。

4. 计算留数 b_0 的值：

$$b_0 = \frac{D'(s)}{B''(s)}\bigg|_{s=s_0}, \quad b_0 = 1.1177$$

根据下式计算 B_{S1} 和 C_{S1} 的值：

$$B_{S1} = -\frac{J_{S2} + \omega_0/b_0}{J_{S2}^2}, \quad C_{S1} = \frac{1}{b_0 J_{S2}^2}$$

可得 $B_{S1} = -0.9801$，$C_{S1} = 1.1761$。

5. 计算 $C'(s) - b_0 A''(s)$ 和 $D'(s) - b_0 B''(s)$。

6. 用 $(s - s_0)$ 去除上面的这两个多项式，得到 $C''(s)$ 和 $D''(s)$。

7. 将多项式 $P(s)$ 除以因子 $(s - s_0)$ 可得 $P''(s)$。此时，多项式的系数列表如下：

s^i, $i =$	$A''(s)$	$B''(s)$	$C''(s)$	$D''(s)$	$P''(s)/\varepsilon$
0	$+0.9148$	$-j1.1936$	$-j1.7080$	-0.7964	$+j1.1446$
1	$-j1.0108$	$+2.7263$	-0.1938	$-j3.5503$	-0.8660
2	$+2.0945$	$-j0.5716$	$-j2.4015$	$+0.1484$	
3	—	$+1.7443$	—	$-j2.0000$	
4	—	—	—	—	

8. 根据矩阵 $[A''B''C''D'']$ 提取并联 FIR 元件 $-1/J_{S2}$，接着提取单位变换器，最后提取出 FIR 元件 J_{S2}。

第一个三角元件提取完成后，余下 $[ABCD]$ 多项式的系数如下：

s^i, $i =$	$A(s)$	$B(s)$	$C(s)$	$D(s)$	$P(s)/\varepsilon$
0	-0.6591	$-j0.5721$	$-j1.4896$	-0.6946	$+j1.1446$
1	$-j0.9652$	-0.4244	-0.1690	$-j3.0964$	-0.8660
2		$-j0.8038$	$-j2.0945$	$+0.1294$	
3	—	—	—	$-j1.7443$	
4	—	—	—	—	

注意，本轮提取过程结束后，通常多项式 $D(s)$ 会取代 $B(s)$ 而具有最高阶数。这是因为在开始过程中没有首先提取出单位变换器。但是，这并不影响余下的综合过程。由于已经提取出这个三角元件，并联谐振器对 $C_2 + jB_2$ 也可以被提取，其中 $C_2 = 2.1701$ 且 $B_2 = 1.3068$。

接下来，提取第二个下标 $k = 4$ 的三角元件中间的并联对 $C_{S4} + jB_{S4}$，其实现的传输零点为 $s_0 = j1.3217$。将网络反向，即交换 $A(s)$ 和 $D(s)$，运用与上述相同的 8 个步骤进行综合。求得的相应参数分别为 $J_{3L} = -2.2739$，$b_0 = 0.0935$，$C_{S4} = 2.0694$ 和 $B_{S4} = -2.2954$。接着提取出并联对 $C_3 + jB_3$，其中 $C_3 = 7.2064$ 且 $B_3 = 4.1886$。最后，提取出并联变换器 $J_{23} = 3.4143$（见表 10.4）。

表 10.4　包含两个三角元件的 (4-2) 不对称滤波器的元件值

节点处随频率变化的电容值	节点处不随频率变化的电抗值	邻接耦合变换器的元件值	不邻接耦合变换器的元件值
$C_{S1} = 1.1761$	$B_{S1} = -0.9801$	$J_{S1} = 1.0$	$-J_{S2} = 0.8722$
$C_2 = 2.1701$	$B_2 = 1.3068$	$J_{12} = 1.0$	$-J_{3L} = 2.2739$
$C_3 = 7.2065$	$B_3 = 4.1886$	$J_{23} = 3.4143$	—
$C_{S4} = 2.0694$	$B_{S4} = -2.2954$	$J_{34} = 1.0$	—
—	—	$J_{4L} = 1.0$	—

将所有节点的电容值变换为 1, 可以得到图 10.20(a) 所示的 $N+2$ 耦合矩阵。经过矩阵分析, 可以准确地得到与初始折叠形结构完全吻合的曲线。图 10.20(b) 所示为采用两个双模介质谐振腔实现的结构形式。其输入和输出谐振腔拐角位置的探针可以分别激励出双输入耦合 M_{S1} 和 M_{S2}, 以及双输出耦合 M_{4L} 和 M_{3L}。

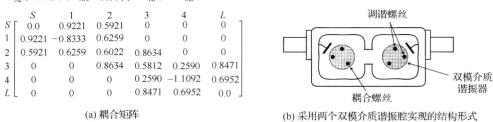

	S	1	2	3	4	L
S	0.0	0.9221	0.5921	0	0	0
1	0.9221	-0.8333	0.6259	0	0	0
2	0.5921	0.6259	0.6022	0.8634	0	0
3	0	0	0.8634	0.5812	0.2590	0.8471
4	0	0	0	0.2590	-1.1092	0.6952
L	0	0	0	0.8471	0.6952	0.0

(a) 耦合矩阵　　　　　　　　　　　(b) 采用两个双模介质谐振腔实现的结构形式

图 10.20　包含三角元件的 (4-2) 不对称滤波器的 $N+2$ 耦合矩阵

10.3.2　级联三角元件——耦合矩阵方法

Tamiazzo 和 Macchiarella 提出了一种基于耦合矩阵的级联三角元件的综合方法[9]。该方法主要基于 Bell 的**规范轮形**或**规范箭形**耦合矩阵。它的优点是, 只需根据第 8 章介绍的利用滤波器函数的传输多项式和反射多项式直接综合得到的任意规范耦合矩阵形式 (如全矩阵或横向矩阵), 以它为初始矩阵进行相似变换操作, 而无须首先对电路综合, 再转换为等效耦合矩阵。通过对初始耦合矩阵运用纯耦合矩阵方法进行连续不间断的旋转变换, 可以得到箭形、级联三角元件等耦合矩阵拓扑; 如果有必要, 还可以经过重构得到其他拓扑结构形式 (如级联四角元件)。

10.3.2.1　规范箭形耦合矩阵的综合

第 7 章和第 8 章介绍的折叠形交叉耦合电路及其对应的耦合矩阵, 是基本的规范型耦合矩阵形式之一, 它可以在 N 阶网络中实现 N 个有限传输零点。而第二种形式由 Bell 于 1982 年提出[10], 也就是称为**轮形**或**箭形**的拓扑结构。与折叠形结构一样, 其所有主耦合元件值不为零; 另外, 源和每个谐振腔与负载都存在耦合。

图 10.21(a) 所示为一个五阶全规范型滤波器电路的耦合路径图, 形象地说明了为什么这种拓扑称为规范轮形。其中, 主耦合构成"轮圈"(实际上不是完整的圈), 而交叉耦合和输入输出耦合构成"轮辐"。图 10.21(b) 所示为与之对应的耦合矩阵, 其中交叉耦合元件都位于矩阵的最后一列和最后一行位置, 沿着主对角线上的主耦合与自耦合一起, 形成了指向矩阵右下角的箭头。

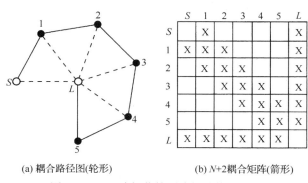

(a) 耦合路径图(轮形)　　　　　　　　(b) $N+2$ 耦合矩阵(箭形)

图 10.21　五阶规范轮形或规范箭形电路

将网络倒置后，则所有的交叉耦合都位于矩阵的第一行和第一列，形成了指向左上角的箭头。如果传输函数中不包含传输零点（全极点函数），则箭形矩阵的最后一行与最后一列只包含输出耦合 M_{NL}。当包含一个传输零点时，矩阵的最后一行和最后一列的耦合 $M_{N-1,L}$ 不为零；当包含两个传输零点时，$M_{N-2,L}$ 位置的元件值也不为零，以此类推；直至最后包含 N 个传输零点（全规范型），且耦合 M_{SL} 也不为零，如图 10.21（b）所示。因此，随着滤波器函数的传输零点数由 0 递增至 N，矩阵右边最后一行和最后一列逐渐被完全填满，形成箭头。

10.3.2.2　箭形耦合矩阵的综合

与折叠形矩阵（见 8.3 节）类似，箭形矩阵可以采用横向矩阵或任意其他矩阵形式，经过一系列旋转变换得到。用于产生 $N+2$ 箭形耦合矩阵所需的连续旋转变换的总次数为 $R = \sum_{r=1}^{N-1} r$，即图 10.21 所示的五阶示例中的 R 为 10。表 10.3 给出了五阶示例所需的支点次序和角度公式，可以将初始 $N+2$ 耦合矩阵（横向、折叠形或其他形式）简化为箭形矩阵。对于折叠形矩阵，位于最后一行和最后一列的元件值及位置在变换过程中自动生成，无须特别的消元过程。由于支点位置和角度的计算具有通用性，通过编程可以很容易地实现（见表 10.5）。

表 10.5　五阶 $N+2$ 耦合矩阵简化为箭形耦合矩阵的相似变换（旋转）次序

变换次数 r	支点 $[i,j]$	消去元件		$\theta_r = -\arctan(M_{kl}/M_{mn})$			
				k	l	m	n
1	$[1,2]$	M_{S2}	在第 1 行	S	2	S	1
2	$[1,3]$	M_{S3}	—	S	3	S	1
3	$[1,4]$	M_{S4}	—	S	4	S	1
4	$[1,5]$	M_{S5}	—	S	5	S	1
5	$[2,3]$	M_{13}	在第 2 行	1	3	1	2
6	$[2,4]$	M_{14}	—	1	4	1	2
7	$[2,5]$	M_{15}	—	1	5	1	2
8	$[3,4]$	M_{24}	在第 3 行	2	4	2	3
9	$[3,5]$	M_{25}	—	2	5	2	3
10	$[4,5]$	M_{35}	在第 4 行	3	5	3	4

10.3.2.3　箭形矩阵中三角元件的创建与定位

箭形耦合矩阵中第 i 个传输零点 $s_{0i} = j\omega_{0i}$ 对应的三角元件的创建，需要位于矩阵箭头尖端附近的支点 $[N-1, N]$ 进行一次旋转变换。与首个零点 $s_{01} = j\omega_{01}$ 对应的第一个三角元件，其旋转角度的计算需要满足变换后含有这个零点的矩阵的行列式条件 [式（10.15c）]：

$$\det \begin{vmatrix} M_{N-2,N-1}^{(1)} & M_{N-2,N}^{(1)} \\ \omega_{01} + M_{N-1,N-1}^{(1)} & M_{N-1,N}^{(1)} \end{vmatrix} = 0 \tag{10.16}$$

其中 $M_{ij}^{(1)}$ 为变换后矩阵 $\boldsymbol{M}^{(1)}$ 中的元件值。接下来对初始箭形矩阵 $\boldsymbol{M}^{(0)}$ 在支点 $[N-1, N]$ 应用旋转变换 [见式（8.35）]，满足式（10.16）条件的旋转角度 θ_{01} 确定如下：

$$\theta_{01} = \arctan \left[\frac{M_{N-1,N}^{(0)}}{\omega_{01} + M_{N,N}^{(0)}} \right] \tag{10.17}$$

其中，$M_{N-1,N}^{(0)}$ 和 $M_{N,N}^{(0)}$ 为初始箭形矩阵 $\boldsymbol{M}^{(0)}$ 中的元件值。

在支点$[N-1,N]$使用角度θ_{01}进行旋转变换后,得到的矩阵$\boldsymbol{M}^{(1)}$中产生了新耦合$M^{(1)}_{N-2,N}$,也就是箭形拓扑中包含下标$k=N-1$的三角元件。然后在支点$[N-2,N-1]$使用角度θ_{12}再次进行旋转变换,可以将这个对角线上的三角元件向上移动到下标$k=N-2$的位置。经过此次操作后,新矩阵$\boldsymbol{M}^{(2)}$中的元件值$M^{(2)}_{N-2,N}$消去为零,且产生新的元件值$M^{(2)}_{N-3,N-1}$[见式(8.35)]:

$$\theta_{12} = \arctan \frac{M^{(1)}_{N-2,N}}{M^{(1)}_{N-1,N}} \tag{10.18}$$

展开这个新位置三角元件的行列式(10.16),可得 $M^{(1)}_{N-2,N-1} \cdot M^{(1)}_{N-1,N} = M^{(1)}_{N-2,N} \cdot (\omega_{01} + M^{(1)}_{N-1,N-1})$,经过重新排列并代入式(10.18),可得

$$\theta_{12} = \arctan \left[\frac{M^{(1)}_{N-2,N}}{M^{(1)}_{N-1,N}} \right] = \arctan \left[\frac{M^{(1)}_{N-2,N-1}}{\omega_{01} + M^{(1)}_{N-1,N-1}} \right] \tag{10.19}$$

因此,根据式(10.17)至式(10.19),显然在支点$[N-2,N-1]$使用角度θ_{12}进行旋转变换后,可以将对角线上的三角元件向上推进一个位置,并且新位置的三角元件再次满足其行列式的值自动为零这一条件。无论箭形矩阵中对角线上的三角元件位于何处,这一点同样适用。

接下来在支点$[N-3,N-2]$使用角度$\theta_{23} = \arctan(M^{(2)}_{N-3,N-1}/M^{(2)}_{N-2,N-1})$进行旋转变换,进一步向上将三角元件移动到下标$k=N-3$的位置。结果,在新矩阵中消去了耦合元件$M^{(3)}_{N-3,N-1}$,并创建了元件$M^{(3)}_{N-4,N-2}$,以此类推,直到将这个三角元件移到理想位置。一旦三角元件移出了箭形区域,位于最后一行和最后一列中的距离箭头最远处的交叉耦合元件值就为零;换句话说,轮形耦合拓扑图,也就是图10.21(a)中少了一根轮辐。

如果传输函数包含第二个传输零点$s_{02} = j\omega_{02}$,经过重复以上步骤,则可以创建与零点s_{02}对应的第二个三角元件。以此类推,直到实现三角元件s_{01},s_{02},$\cdots$级联的形式。然后进一步旋转变换,得到级联的四角元件和五角元件形式,这些将在10.3.3节介绍。

10.3.2.4　示例说明

为了说明以上过程,以一个回波损耗为23 dB的(8-2-2)不对称滤波器为例。其中两个传输零点分别为$-j1.2520$和$-j1.1243$,在通带下边沿外产生两个40 dB的抑制波瓣;且一对复零点分别为$\pm 0.8120 + j0.1969$,可以均衡群延迟接近50%的通带带宽。首先综合出与两个纯虚轴上零点对应的两个三角元件,然后再合并为四角元件。

运用上面介绍的消元法(需要旋转28次),根据传输函数构造出相应的$N+2$耦合矩阵,变换得到的箭形拓扑如图10.22(a)所示,对应的耦合路径图如图10.22(b)所示。注意,传输函数包含4个有限传输零点,因此耦合矩阵中最后一行和最后一列也包含4个交叉耦合,以及主耦合M_{8L}。

对于虚轴上的第一个零点$s_{01} = -j1.2520$,根据式(10.17)计算可得其旋转角度为$\theta_{01} = -j1.2747°$。首次在支点$[7,8]$运行旋转变换后,创建的三角元件如图10.22(c)所示。进一步运行5次旋转变换,将下标为7[见图10.22(d)]的三角元件向上移到下标为2的位置[见图10.22(e)],实现第一个传输零点s_{01}的三角元件并完成其位置构建。接下来开始第二轮变换,利用首轮变换结束后矩阵中的耦合元件值,根据式(10.17)计算出零点$s_{02} = -j1.1243$的角度θ_{67},再次在支点$[7,8]$进行新一轮的首次旋转变换。然后,进一步使用3次旋转变换,将创建的最新三角元件向上移到下标为4的位置,完成第二个三角元件的位置创建。整个过程总结在表10.6中。

	S	1	2	3	4	5	6	7	8	L
S	0	1.0516	0	0	0	0	0	0	0	0
1	1.0516	−0.0276	0.8784	0	0	0	0	0	0	0
2	0	0.8784	−0.0324	0.6147	0	0	0	0	0	0
3	0	0	0.6147	−0.0467	0.5816	0	0	0	0	0
4	0	0	0	0.5816	−0.1060	0.6078	0	0	0	−0.1813
5	0	0	0	0	0.6078	−0.2419	0.6167	0	0	0.2399
6	0	0	0	0	0	0.6167	−0.0428	0.5506	0	−0.3582
7	0	0	0	0	0	0	0.5506	0.3337	0.0027	0.8168
8	0	0	0	0	0	0	0	0.0027	1.1293	0.4691
L	0	0	0	0	−0.1813	0.2399	−0.3582	0.8168	0.4691	0

(a) 初始箭形耦合矩阵

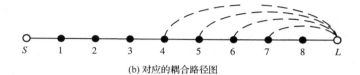

(b) 对应的耦合路径图

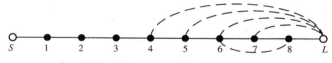

(c) 第一次旋转变换后创建得到下标为7的首个三角元件

(d) 第二次旋转变换后，三角元件向前移到下标为6的设置

(e) 经过六次旋转变换，首个三角元件移到下标为2的位置

图 10.22 (8-2-2)滤波器综合示例

表 10.6 (8-2-2)滤波器的两个三角元件位置创建的旋转次序

旋转次数 r	支点[i, j]	消去元件	$\theta_{r-1,\,r} = \arctan(M_{kl}^{(r-1)}/M_{mn}^{(r-1)})$ [见式(8.38a)]				备　注
			k	l	m	n	
1	[7,8]		$\theta_{01} = -1.2747°$				创建首个下标为 7 且零点 $\omega_{0i} = \omega_{01} =$ −1.2520 的三角元件[见式(10.17)]，同时产生耦合 M_{68}
2	[6,7]	M_{68}	6	8	7	8	第 2~6 次旋转变换：将第一个三角元件从下标为 7 的位置移到下标为 2 的位置
3	[5,6]	M_{57}	5	7	6	7	
4	[4,5]	M_{46}, M_{4L}	4	6	5	6	
5	[3,4]	M_{35}	3	5	4	5	
6	[2,3]	M_{24}	2	4	3	4	

（续表）

旋转次数 r	支点$[i, j]$	消去元件	$\theta_{r-1,\,r}=\arctan(M_{ki}^{(r-1)}/M_{mn}^{(r-1)})$ [见式(8.38a)]				备　　注
			k	l	m	n	
7	[7,8]		$\theta_{67}=79.3478°$				创建第二个下标为7且零点 $\omega_{0i}=\omega_{02}=$ -1.1243 的三角元件[见式(10.17)]，并再次产生耦合 M_{68}
8	[6,7]	M_{68}	6	8	7	8	第8~10次旋转变换：将第二个三角
9	[5,6]	M_{57}, M_{5L}	5	7	6	7	元件从下标为7的位置移到下标为4
10	[4,5]	M_{46}	4	6	5	6	的位置

　　创建并确定这两个三角元件的位置之后，其耦合矩阵和对应的耦合路径图分别如图 10.23(a)和图 10.23(b)所示。注意，从箭形拓扑中提取出两个传输零点并通过三角元件来实现。位于耦合矩阵中箭头末端最后一行和最后一列的交叉耦合 M_{4L} 和 M_{5L}，在三角元件位置的移动过程中会自动消去为零，无须特别的消元过程。

$$
\begin{array}{c|ccccccccc}
 & S & 1 & 2 & 3 & 4 & 5 & 6 & 7 & 8 & L \\
\hline
S & 0 & 1.0516 & 0 & 0 & 0 & 0 & 0 & 0 & 0 & 0 \\
1 & 1.0516 & -0.0276 & 0.6953 & -0.5368 & 0 & 0 & 0 & 0 & 0 & 0 \\
2 & 0 & 0.6953 & 0.6920 & 0.4324 & 0 & 0 & 0 & 0 & 0 & 0 \\
3 & 0 & -0.5368 & 0.4324 & -0.1274 & 0.4045 & -0.4043 & 0 & 0 & 0 & 0 \\
4 & 0 & 0 & 0 & 0.4045 & 0.7074 & 0.4167 & 0 & 0 & 0 & 0.0000 \\
5 & 0 & 0 & 0 & -0.4043 & 0.4167 & -0.0435 & 0.6262 & 0 & 0 & 0.0000 \\
6 & 0 & 0 & 0 & 0 & 0 & 0.6262 & 0.0061 & 0.7454 & 0 & 0.4189 \\
7 & 0 & 0 & 0 & 0 & 0 & 0 & 0.7454 & -0.0451 & 0.5875 & 0.0855 \\
8 & 0 & 0 & 0 & 0 & 0 & 0 & 0 & 0.5875 & -0.1965 & 0.9608 \\
L & 0 & 0 & 0 & 0 & 0.0000 & 0.0000 & 0.4189 & 0.0855 & 0.9608 & 0 \\
\end{array}
$$

(a) 综合得到两个三角元件后的耦合矩阵

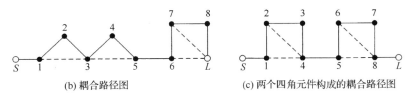

(b) 耦合路径图　　　　　　　(c) 两个四角元件构成的耦合路径图

图 10.23　(8-2-2)不对称滤波器函数

　　现在，通过再次在支点[3,4]进行旋转变换可以消去 M_{35}。然后，在支点[2,3]进行旋转变换可以消去 M_{13} 或 M_{24}，将第二个三角元件向前移动，直到两个三角元件合并为四角元件形式。而第二个四角元件(由一对复数传输零点实现)已经包含在余下的箭形拓扑中，如图 10.23(a)所示。通过在支点[7,8]和支点[6,8]进行两次旋转变换分别消去 M_{7L} 和 M_{6L}，将对角上的元件向上再移动一个位置。最后，这个(8-2-2)级联四角元件滤波器的最终耦合路径图如图 10.23(c)所示。

10.3.2.5　复数传输零点的三角元件实现

　　运用上面介绍的方法，每个三角元件可以在箭形拓扑中单独创建，然后移动到对角线上的另一个位置，且每个三角元件可以实现与之唯一对应的传输零点。从箭形拓扑中移出传输零点并构建三角元件，等同于移出了对应的单个零点。当传输零点 s_{0i} 为纯虚数时，运用式(10.17)计算得到的旋转角度 θ_{ti} 为实数，在旋转变换过程中会更适用。

　　然而，只有位于虚轴上的传输零点才能单独存在。而对于虚轴外的传输零点（均衡群延迟作用），必须关于虚轴对称并以镜像对的形式出现，才能满足网络的可实现条件。由于每个三角元件只能实现复数传输零点对或实轴零点对中的一个零点，根据式（10.17），可推导得到矩阵应用的初始旋转角度 $\theta_{ti} = a + jb$ 为复数（即表 10.6 中的第一次旋转变换）。在这种情况下，旋转变换中需要用到且以复数形式出现的 $\sin\theta_{ti}$ 和 $\cos\theta_{ti}$（见 8.3.1 节）可以计算如下[11]：

$$\theta_{ti} = \arctan\left[\frac{M_{N-1,N}}{\omega_{0i} + M_{N,N}}\right] = \arctan(x + jy) = a + jb \tag{10.20}$$

其中，

$$a = \frac{1}{2}\arctan\left[\frac{2x}{1 - x^2 - y^2}\right], \quad b = \frac{1}{4}\ln\left[\frac{x^2 + (y+1)^2}{x^2 + (y-1)^2}\right]$$

现在已知 a 和 b，可以计算 $\sin\theta_{ti}$ 和 $\cos\theta_{ti}$ 如下：

$$\sin\theta_{ti} = \sin a\cosh b + j\cos a\sinh b = -j\sinh[j(a+jb)]$$
$$\cos\theta_{ti} = \cos a\cosh b - j\sin a\sinh b = \cosh[j(a+jb)] \tag{10.21}$$

使用复数角度进行首次旋转变换，矩阵中的一些元件值将产生复数。并且，当三角元件沿着对角线向上移动时，用于一些元件消元（即表 10.6 中的第 2~6 次旋转变换）的旋转角度同样也是复数。对于第 r 次旋转变换，

$$\theta_r = \arctan\frac{M_{ij}}{M_{kl}} = \arctan(x_r + jy_r) = a_r + jb_r \tag{10.22}$$

根据式（10.20）和式（10.21），运用相同的方法可以计算得到 $\sin\theta_r$ 和 $\cos\theta_r$。

　　因此，经过第一轮旋转变换之后，确定了首个复数传输零点 s_{01} 的位置，推导得到的耦合矩阵的元件值为复数，当然这类矩阵在实际环境中无法应用。然而，如果呈镜像排列的复数传输零点对中的第二个传输零点（$s_{02} = -s_{01}^*$）创建的另一个三角元件，沿着对角线移动且与第一个三角元件构成一个四角元件［见图 10.23（c）中的八阶示例］，则矩阵中所有复数的虚部将会消去，仅剩下纯实数部分。因此，多于一组的复零点对的级联四角元件的综合必须包含以上过程（见图 10.24）。

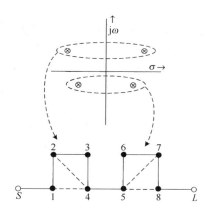

图 10.24　运用级联四角元件实现的复零点对

10.3.3　基于三角元件的高级电路综合方法

　　本节将介绍两类实用的网络拓扑综合方法：级联 n 角元件（例如四角、五角或六角元件）与盒形设计方法（包括盒形的衍生结构——**扩展盒形拓扑**）。这两种拓扑结构对于微波滤波器设计人员来说非常重要，它们在性能设计、加工和调试过程中具有许多优点。一般来说，这些网络的综合过程始于级联三角元件的创建，可以运用前面章节中介绍的电路方法或箭形耦合矩阵的方法来实现。

10.3.3.1　四角元件、五角元件和六角元件的综合方法

　　下面首先总结四角元件的综合方法，接下来将本方法扩展到级联五角元件和六角元件的综合，还可能扩展到六角元件以上形式拓扑的综合。但是，这种拓扑在实际中极少使用。

10.3.3.2　级联四角元件

本方法由一对零点 s_{01} 和 s_{02} 级联的三角元件开始综合，如图 10.23(a)的(8-2-2)不对称滤波器(两个纯虚轴上的传输零点和一对复零点)所示。在特定情况下，剩余网络通常可以综合成折叠形拓扑，如(8-2-2)示例中自动创建的第二个四角元件。下一步运用两次旋转变换，一次在支点[3,4]消去 M_{35}，这次旋转变换将产生两个新的耦合元件值 M_{14} 和 M_{24}。显然，这两个对角耦合元件值 M_{13}(开始由第一个三角元件创建)和 M_{24} 构成了一个四角元件。而在支点[2,3]进行的第二次旋转变换可以消去耦合 M_{13} 或 M_{24}。

10.3.3.3　创建级联四角元件、五角元件和六角元件的通用过程

运用级联四角元件的综合方法时需要注意，连续运用旋转变换消元，最后获得四角元件的过程包含以下两个阶段。

1. 运用旋转变换，消去任意三角元件产生的交叉耦合，即主矩阵的 4×4 子矩阵的外部最后被四角元件占用的耦合，如(8-2-2)示例中的耦合 M_{35}。在此变换过程中，会创建更多的耦合元件值，这些新耦合都位于 4×4 子矩阵中。在这一阶段，这种现象称为"汇集"。

2. 针对 4×4 子耦合矩阵进行一系列旋转变换，消去不需要的耦合元件值(它们一般不为零)，得到折叠形拓扑。旋转变换的次序与初始 $N\times N$ 或 $N+2$ 矩阵简化为折叠形矩阵的次序相似，如表 10.7 中所列，整个过程如图 10.25 所示。在这个(8-2-2)示例中，第一个三角元件位于 $k=2$ 的位置，而第二个位于 $k=4$ 的位置，并产生了耦合 M_{13} 和 M_{35}。此外，该过程还可以应用于三角元件组中，无论耦合的下标和旋转支点是否位于主矩阵中的正确位置。

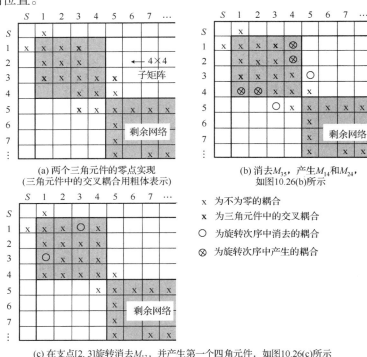

(a) 两个三角元件的零点实现
(三角元件中的交叉耦合用粗体表示)

(b) 消去 M_{35}，产生 M_{14} 和 M_{24}，如图10.26(b)所示

(c) 在支点[2,3]旋转消去 M_{13}，并产生第一个四角元件，如图10.26(c)所示

x　为不为零的耦合
x　为三角元件中的交叉耦合
○　为旋转次序中消去的耦合
⊗　为旋转次序中产生的耦合

图 10.25　级联四角元件的构成

针对耦合矩阵运用旋转变换，很容易将网络中的四角元件移到另一个位置。例如，图 10.26(b)中的第一个四角元件沿对角线向下移动一个位置(与节点 5 的第二个四角元件邻接)，运用两次旋转变换，第一次在支点 $[2,4]$ 消去 M_{14} (产生 M_{25})，第二次在支点 $[3,4]$ 消去 M_{24} (如果需要)。

表 10.7　(8-2-2)示例中两个三角元件变换为级联四角元件的旋转过程

旋转次数 r	支点 $[i, j]$	消去元件	$\theta_r = \arctan(cM_{kl}/M_{mn})$				
			k	l	m	n	c
		聚集到 4×4 子矩阵中					
1	$[3,4]$	M_{35}	3	5	4	5	+1
		4×4 子矩阵简化为折叠形结构					
2	$[2,3]$ 或 $[2,3]$	M_{13} 在第 1 行	1	3	1	2	−1
		M_{24} 在第 2 行	2	4	3	4	+1

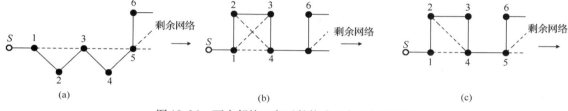

图 10.26　两个邻接三角元件构成四角元件的变换

10.3.3.4　级联五角元件

用于实现 3 个传输零点的一个五角元件(见图 10.27 和表 10.8)，可以由这 3 个传输零点对应的三个邻接三角元件的级联形式构成，如图 10.28(a)所示。

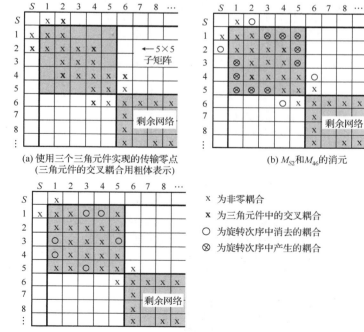

(a) 使用三个三角元件实现的传输零点
(三角元件的交叉耦合用粗体表示)

(b) M_{S2} 和 M_{46} 的消元

(c) 连续3次变换后产生的5×5折叠形子矩阵

x 为非零耦合
x 为三角元件中的交叉耦合
○ 为旋转次序中消去的耦合
⊗ 为旋转次序中产生的耦合

图 10.27　级联四角元件的构成

表 10.8　三个邻接三角元件变换为级联五角元件的旋转过程

旋转次数 r	支点[i,j]	消去元件	$\theta_r = \arctan(cM_{kl}/M_{mn})$				
			k	l	m	n	c
		聚集到5×5子矩阵中					
1	[1,2]	M_{S2}	S	2	S	1	−1
2	[4,5]	M_{46}	4	6	5	6	+1
		简化为5×5折叠形子矩阵					
3	[3,4]	M_{14} 在第1行	1	4	1	3	−1
4	[2,3]	M_{13} —	1	3	1	2	−1
5	[3,4]	M_{35} 在第5列	3	5	4	5	+1

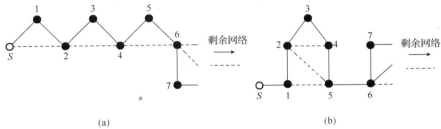

(a)　　　　　　　　　　　　　　　　(b)

图 10.28　三个邻接三角元件构成五角元件的变换过程

10.3.3.5　级联六角元件

　　一个六角元件(见图 10.29 和表 10.9)由四个邻接三角元件的级联形式构成,如图 10.30(a)所示,它可以实现 4 个传输零点。

(a) 4个三角元件实现的传输零点
(三角元件的交叉耦合用粗体表示)

(b) M_{S2} 和 M_{68} 的消元

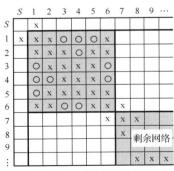

(c) 连续6次旋转变换后构成的6×6折叠形子矩阵

x　为非零耦合

x　为三角元件中的交叉耦合

○　为旋转次序中消去的耦合

⊗　为旋转次序中产生的耦合

图 10.29　级联六角元件的构成

表 10.9　四个邻接的三角元件变换为级联六角元件的旋转过程

旋转次数 r	支点 $[i, j]$	消去元件		$\theta_r = \arctan(cM_{kl}/M_{mn})$				
				k	l	m	n	c
		聚集到 6×6 子矩阵中						
1	$[1,2]$	M_{S2}		S	2	S	1	-1
2	$[6,7]$	M_{68}		6	8	7	8	$+1$
3	$[5,6]$	M_{57}		5	7	6	7	$+1$
4	$[4,6]$	M_{47}		4	7	6	7	$+1$
		简化为 6×6 折叠形子矩阵						
5	$[4,5]$	M_{15}	在第 1 行	1	5	1	4	-1
6	$[3,4]$	M_{14}	—	1	4	1	3	-1
7	$[2,3]$	M_{13}	—	1	3	1	2	-1
8	$[3,4]$	M_{36}	在第 6 列	3	6	4	6	$+1$
9	$[4,5]$	M_{46}	—	4	6	5	6	$+1$
10	$[3,4]$	M_{24}	在第 2 行	2	4	2	3	-1

10.3.3.6　多重级联结构

尽管使用以上通用方法构成级联 n 角元件结构相对容易一些，但是随着阶数的增加，沿着矩阵对角线位置需要更多的节点空间。这是因为实现第一个传输零点的首个三角元件构建后，每个额外新增的传输零点对应的三角元件需要占用另外两个电路节点位置。例如，由图 10.30(a) 可知，占据源节点及 8 个谐振器节点的四个三角元件对应着 4 个传输零点，而最终实现这 4 个零点的六角元件，占用的前 6 个节点中不包括源节点，如图 10.30(b) 所示。由于耦合矩阵中剩余可用的节点极少，也就无法综合得到更多的三角元件及 n 角元件形式。

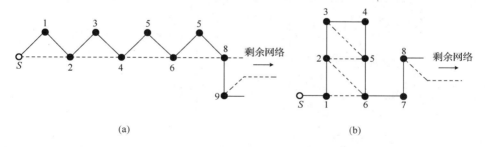

(a)　　　　　　　　　　　　　　(b)

图 10.30　四个邻接的三角元件构成六角元件的变换过程。第二次旋转变换消去了 M_{68} 并创建了
耦合 M_{57} 和耦合 M_{47}，这两个耦合将分别在第三次和第四次旋转变换过程中消去

如果运用直接耦合矩阵方法创建基本的级联三角元件（见 10.3.2 节），就可以克服这个问题。因为只需要对耦合矩阵进行纯粹的旋转变换，将适当数量的级联三角元件移出箭形拓扑，则可以单独创建级联的 n 角元件结构。例如，首先从箭形拓扑中提取出两个三角元件，然后运用上面介绍的方法将其合并为耦合矩阵中最终位置的一个四角元件。因此，通过更多的三角元件提取与合并，可以产生另外一个与第一个级联的 n 角元件结构。通过将适当数量的基本三角元件从箭形拓扑中移出，可以构成 n 角元件结构。这种沿着耦合矩阵的对角线所需的节点空间，与首先级联所有的三角元件后再构成 n 角元件结构占用的节点空间相比要少一些。

另一种基于电路构成三角、四角和五角等元件的方法在文献 [12 ~ 15] 中介绍。

10.4　盒形和扩展盒形拓扑

对于某些应用,信道滤波器需要满足不对称的抑制特性。特别是在实际移动通信系统中,基站前端的发射和接收双工器需要优化滤波器的性能,在实现最佳的阻带抑制的同时,还需要保持极好的带内幅度与群延迟线性度,以及最小的插入损耗。

针对这类特性的网络综合,以及重构谐振器间主耦合与交叉耦合的过程,对角耦合出现的概率极高。本节将介绍一种实现对称和不对称滤波器特性(无须采用对角耦合结构)的综合方法:盒形拓扑,及其衍生结构——扩展盒形拓扑[16]。

10.4.1　盒形拓扑

盒形拓扑与级联四角元件拓扑类似,由四个谐振器节点组成一个正方形结构,其输入和输出端口位于其对角位置。图10.31(a)所示为包含单传输零点的四阶滤波器的常规四角元件拓扑。图10.31(b)则对应单个传输零点的等价盒形拓扑,但无须对角耦合。运用最短路径原理,表明盒形拓扑只能实现单个传输零点。

盒形拓扑是根据滤波器耦合矩阵综合得到的三角元件,在交叉支点进行相似旋转变换来创建的[见式(8.38g)]。交叉支点的相似变换与支点变换相同,其中耦合矩阵中相应坐标的元件值将被消去。也就是说,消去的元件在支点的交叉点上[见式(9.10)]。通过对交叉支点的旋转角度任意添加90°的倍数来得到另一种求解,如下所示:

$$\theta_r = \frac{1}{2}\arctan\left(\frac{2M_{ij}}{(M_{jj}-M_{ii})}\right) \pm k\frac{\pi}{2} \tag{10.23}$$

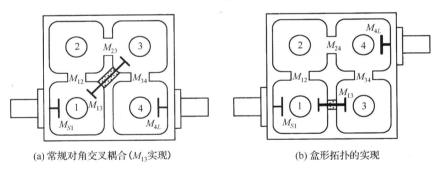

(a) 常规对角交叉耦合(M_{13}实现)　　　　　(b) 盒形拓扑的实现

图10.31　(4-1)不对称滤波器函数

在盒形拓扑中,需要设定支点用于消去耦合矩阵中三角元件的第二个主耦合。因此图10.31(a)所示的四阶例子中,支点[2,3]用于消去耦合元件值M_{23}(和M_{32}),对应的耦合路径图如图10.32(a)所示。在消去耦合元件值M_{23}的过程中产生了新的耦合元件值M_{24},如图10.32(b)所示。将这个结构反扭可以构成盒形拓扑,如图10.32(c)所示。在最终得到的盒形拓扑中,始终有一个耦合为负,这与初始三角元件的交叉耦合值M_{13}的符号无关。

为了说明以上过程,以一个四阶25 dB回波损耗的切比雪夫滤波器为例。其包含的一个有限传输零点$s = +j2.3940$,位于通带上边沿外,提供了41 dB的抑制波瓣。

图10.33(a)所示为一个(4-1)滤波器的$N+2$耦合矩阵,其中M_{13}为三角元件的交叉耦合,与图10.32(a)的耦合拓扑相对应。图10.33(b)是变换为盒形拓扑后的耦合矩阵,且

图 10.34(a)为这个(4-1)同轴腔滤波器的测量曲线,其结构如图 10.31(b)所示。从图中可看出,其仿真结果与实际测量结果非常吻合。

(a) 三角元件拓扑   (b) 消去M_{23}且产生M_{24}后的拓扑   (c) 反扭形成的盒形拓扑

图 10.32   (4-1)滤波器的盒形拓扑变换过程

	S	1	2	3	4	L
S	0	1.1506	0	0	0	0
1	1.1506	0.0530	0.9777	0.3530	0	0
2	0	0.9777	−0.4198	0.7128	0	0
3	0	0.3530	0.7128	0.0949	1.0394	0
4	0	0	0	1.0394	0.0530	1.1506
L	0	0	0	0	1.1506	0

(a) 三角元件拓扑

	S	1	2	3	4	L
S	0	1.1506	0	0	0	0
1	1.1506	0.0530	0.5973	−0.8507	0	0
2	0	0.5973	−0.9203	0	0.5973	0
3	0	−0.8507	0	0.5954	0.8507	0
4	0	0	0.5973	0.8507	0.0530	1.1506
L	0	0	0	0	1.1506	0

(b) 变换后构成的盒形拓扑(传输零点位于通带上边沿外)

	S	1	2	3	4	L
S	0	1.1506	0	0	0	0
1	1.1506	−0.0530	0.5973	−0.8507	0	0
2	0	0.5973	0.9203	0	0.5973	0
3	0	−0.8507	0	−0.5954	0.8507	0
4	0	0	0.5973	0.8507	−0.0530	1.1506
L	0	0	0	0	1.1506	0

(c) 传输零点位于通带下边沿外

图 10.33   (4-1)滤波器耦合矩阵

下面采用位于通带下边沿外的传输零点 − j2.3940 来代替。变换为盒形拓扑后,其谐振器间耦合值相同,但是自耦合不同[图 10.33(c)中沿着耦合矩阵主对角线的耦合 $M_{11}, M_{22}, \cdots$]。由于自耦合代表谐振器中心频率的偏移,因此同一种滤波器结构经过螺丝调节可以同时用于实现双工器中发射和接收滤波器。例如,对于图 10.34(a)所示的滤波器结构,其测量曲线中的单个传输零点位于通带上边沿外;而图 10.34(b)所示的同一滤波器结构,其测量曲线中的单个传输零点位于通带下边沿外。

此外,还可以将盒形拓扑级联来创建高阶滤波器,其中交叉旋转支点的坐标与每个三角元件正确对应。图 10.35 所示为包含两个位于通带下边沿外的传输零点的十阶滤波器的耦合路径图,而图 10.36 所示为仿真和测量得到的滤波器的回波损耗和抑制曲线。

　　显然,由图 10.35(b)可知,不对称特性可以利用双模谐振腔来实现(没有对角交叉耦合)。

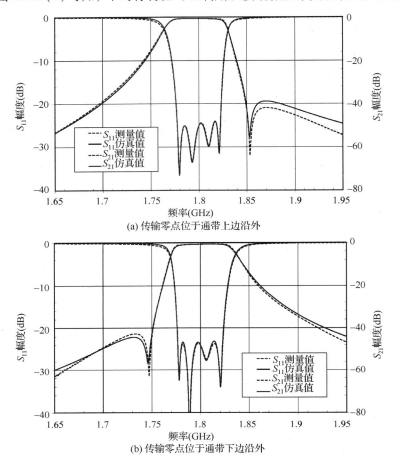

(a) 传输零点位于通带上边沿外

(b) 传输零点位于通带下边沿外

图 10.34　(4-1)滤波器的仿真与测量结果比较

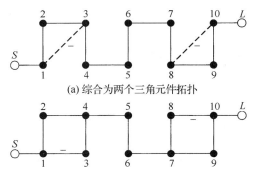

(a) 综合为两个三角元件拓扑

(b) 在交叉支点[2,3]和[8,9]的旋转变换,将三角元件变换为两个盒形拓扑。本拓扑结构适合用双模谐振腔来实现

图 10.35　(10-2)不对称滤波器的耦合路径图

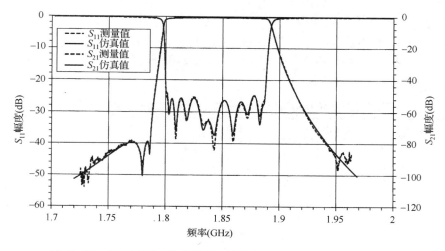

图 10.36　（10-2）不对称滤波器回波损耗和抑制的仿真与测试曲线

10.4.2　扩展盒形拓扑

在高阶网络中，针对级联的三角元件，在单个交叉支点进行旋转变换，消去其主耦合，再反扭后即可构成一系列盒形拓扑结构。但是，运用这种方法得到的盒形结构中，有两个盒形拓扑部分公用一个谐振器节点。以图 10.37 所示的八阶网络为例，由于其中一个谐振器上加载了 4 个耦合（图 10.37 中的第 4 个谐振器），此结构极难实现。而且，此网络只能实现两个有限传输零点。

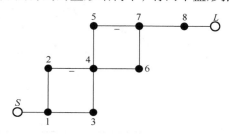

图 10.37　八阶网络，同一个拐角　　邻接的两个盒形拓扑

另一种方法更利于物理排列，可用于实现若干个零点的拓扑结构如图 10.38 所示。从图中可以看出，在四阶盒形拓扑网络的基础上，通过加入若干个谐振器对，可以分别构成四阶、六阶、八阶和十阶网络。运用最短路径原理，在四阶、六阶、八阶、十阶或 N 阶网络中可以实现的传输零点数分别为 $1, 2, 3, 4, \cdots, (N-2)/2$。滤波器结构排列为并列两行，且每行的谐振器数为总数的一半；其中输入位于一端的拐角上，而输出位于相反一端的对角上。即便特性是不对称的，也无须用到对角交叉耦合。

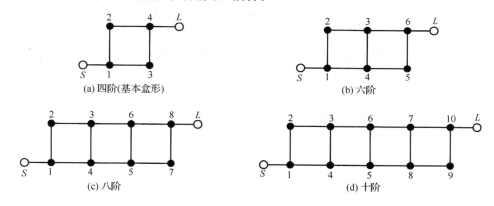

(a) 四阶(基本盒形)　　　　　　　　(b) 六阶

(c) 八阶　　　　　　　　(d) 十阶

图 10.38　扩展盒形拓扑网络的耦合路径图

根据折叠形或其他任意规范型网络来综合扩展盒形拓扑,其旋转次序并没有规律可循。在表 10.10 中,首先利用扩展盒形网络,简化为 8.3 节介绍的折叠形耦合矩阵的旋转次序,然后从反向进行旋转,将折叠形矩阵(运用第 7 章和第 8 章的方法,根据多项式 S_{21} 和 S_{11} 推导得到)变换成扩展盒形矩阵。

表 10.10　不同阶数下,拓扑结构折叠形矩阵简化为扩展盒形拓扑的支点坐标和旋转过程

阶数 N	旋转次数 r	支点 $[i, j]$	角度 θ_r	消去元件
6	1	$[3, 4]$	θ_1	—
	2	$[2, 4]$		M_{24}
	3	$[3, 5]$		M_{25}, M_{35}
8	1	$[4, 5]$	θ_1	—
	2	$[5, 6]$	θ_2	—
	3	$[3, 5]$		M_{37}
	4	$[3, 4]$		M_{46}
	5	$[3, 5]$		M_{35}
	6	$[2, 4]$		M_{24}, M_{25}
	7	$[6, 7]$		M_{67}, M_{37}
10	1	$[5, 6]$	θ_1	—
	2	$[5, 7]$	θ_2	—
	3	$[6, 7]$	θ_3	—
	4	$[4, 7]$	θ_4	—
	5	$[4, 6]$	θ_5	—
	6	$[4, 5]$		M_{47}
	7	$[6, 8]$		M_{48}
	8	$[3, 5]$		M_{37}, M_{38}
	9	$[7, 8]$		M_{57}, M_{68}
	10	$[3, 4]$		M_{46}, M_{35}
	11	$[7, 9]$		M_{79}, M_{69}
	12	$[2, 4]$		M_{24}, M_{25}

颠倒旋转次序,也就意味着有一些旋转角度 θ_r 事先未知,只能根据与初始折叠形耦合矩阵相关的最终耦合矩阵的元件值来求解得到 θ_r(这与八阶网络中综合级联四角元件的方法类似[17])。运用解析方法求解 θ_r 的计算公式,其代数运算十分复杂,但是通过编程很容易实现。

本方法预先设定未知旋转角度的初值(其中六阶为 1 个,八阶为 2 个,十阶为 5 个),然后根据表 10.10 列出的旋转次序,变换得到耦合矩阵。由于这些初值可能会使一些耦合元件值不为零,因此可以构造出关于这个耦合矩阵内所有这些元素和的平方根的误差函数。然后运用算法调整角度的初值,使评价函数趋于零。旋转过程中,改变交叉支点的角度公式中整数 k 的初值[见式(10.23)],大多数情况下会出现几组不同的解。根据这些解,可以选择其中最易于实现的耦合矩阵元件值。

下面考虑回波损耗为 23 dB 的八阶滤波器,它包含 3 个给定的传输零点:$s = -j1.3553$,$s = +j1.1093$ 和 $s = +j1.2180$,分别位于通带下边沿外产生一个 40 dB 的抑制波瓣和通带上边沿外产生两个 40 dB 的抑制波瓣。其折叠形 $N+2$ 耦合矩阵如图 10.39(a)所示。通过求解两个未知角度 θ_1 和 θ_2(分别为 +63.881° 和 +35.865°),经过 7 次旋转变换(见表 10.10),得到的扩展盒形拓扑的耦合矩阵如图 10.39(b)所示,与之对应的是图 10.38(c)所示的耦合路径图。根据图 10.40 所示的耦合矩阵的传输和反射特性曲线,表明性能并没有受到影响。

另一种优化方法是由 Seyfer[18] 提出的基于计算机运算的综合方法,可以获得更多的解。

实际上，本方法可以得到几乎所有可能的解。但是，有些解的耦合值为复数，这是不可能实现的，而实数解的数量取决于原型中传输零点的形式。表 10.11 总结了运用最短路径原理，得到包含最多传输零点的六阶至十二阶原型滤波器的可能实数解。

	S	1	2	3	4	5	6	7	8	L
S	0	1.0428	0	0	0	0	0	0	0	0
1	1.0428	0.0107	0.8623	0	0	0	0	0	0	0
2	0	0.8623	0.0115	0.5994	0	0	0	0	0	0
3	0	0	0.5994	0.0133	0.5356	0	-0.0457	-0.1316	0	0
4	0	0	0	0.5356	0.0898	0.3361	0.5673	0	0	0
5	0	0	0	0	0.3361	-0.8513	0.3191	0	0	0
6	0	0	0	-0.0457	0.5673	0.3191	-0.0073	0.5848	0	0
7	0	0	0	-0.1316	0	0	0.5848	0.0115	0.8623	0
8	0	0	0	0	0	0	0	0.8623	0.0107	1.0428
L	0	0	0	0	0	0	0	0	1.0428	0

(a) 初始折叠形耦合矩阵

	S	1	2	3	4	5	6	7	8	L
S	0	1.0428	0	0	0	0	0	0	0	0
1	1.0428	1.0107	0.2187	0	-0.8341	0	0	0	0	0
2	0	1.2187	-1.0053	0.0428	0	0	0	0	0	0
3	0	0	0.0428	-0.7873	0.2541	0	-0.2686	0	0	0
4	0	-0.8341	0	0.2541	0.0814	0.4991	0	0	0	0
5	0	0	0	0	0.4991	0.2955	0.4162	0.1937	0	0
6	0	0	0	-0.2686	0	0.4162	-0.2360	0	-0.7644	0
7	0	0	0	0	0	0.1937	0	0.9192	0.3991	0
8	0	0	0	0	0	0	-0.7644	0.3991	0.0107	1.0428
L	0	0	0	0	0	0	0	0	1.0428	0

(b) 变换后的扩展盒形拓扑

图 10.39　八阶扩展盒形拓扑

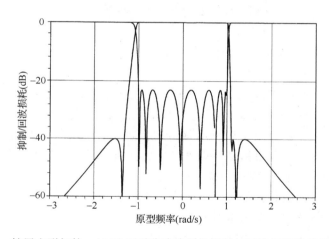

图 10.40　扩展盒形拓扑。(8-3)不对称滤波器的抑制与回波损耗性能的仿真曲线

从图 10.38 可以看出，由于没有对角耦合元件，扩展盒形拓扑也适用于双模谐振腔滤波器。这种结构的优点主要体现在所有耦合都为直接耦合，任意寄生耦合的影响都可以忽略。6、8、10 和 12 等偶数阶滤波器的综合方法，同样分别适用于 7、9、11 和 13 等奇数阶滤波器的综合。

表 10.11　扩展盒形拓扑的实数解个数

阶数 N	有限传输零点 n_{fz}的最大值	实数解个数（近似）
6	2	6
8	3	16
10	4	58
12	5	>2000

对耦合矩阵进行局部变换,也可以实现混合型拓扑结构。以包含 3 个传输零点的十一阶滤波器为例,首先综合出 3 个三角元件,如图 10.41(a)所示。接着对前 2 个三角元件进行两次旋转变换,在支点[4,5]和[3,4]分别消去 M_{46} 和 M_{24},得到不对称的级联四角元件拓扑,如图 10.41(b)所示。然后运用前面章节中针对六阶例子的迭代过程,对主耦合矩阵左上角的 6×6 子矩阵进行变换,在网络左边构成扩展盒形拓扑,如图 10.41(c)所示。最后,在支点[8,9]进行交叉支点变换,消去耦合 M_{89},从而在网络右边构成基本的盒形拓扑,此外还可以在支点[9,10]进行交叉支点变换,在网络最右边构成基本盒形拓扑。

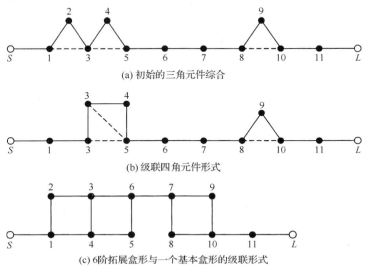

(a) 初始的三角元件综合

(b) 级联四角元件形式

(c) 6阶拓展盒形与一个基本盒形的级联形式

图 10.41　级联盒形拓扑的(10-3)网络综合步骤

10.5　小结

第 7 章至第 9 章介绍的综合方法主要基于无耗集总电感、电容、不随频率变化的电抗(FIR)元件,以及不随频率变化的 K 和 J 变换器元件,从而推导出众多折叠形和横向耦合矩阵的滤波器拓扑结构。本章还介绍了两种高级的电路拓扑结构:提取极点型和三角元件拓扑。这两种结构都可以实现一个有限传输零点。同时,它们还可以与滤波器网络中的其他元件级联,扩展微波滤波器可实现的拓扑范围。

高功率滤波器应用中最好避免存在负耦合。这种耦合通常用容性探针来实现,在高功率作用下过热且容易受到影响。运用本章介绍的提取极点方法,可以有效地消除负耦合。它允许在剩余网络综合之前移出有限传输零点(带阻谐振腔实现)。由于传输零点已提取,剩余网络也就无须对角或者直的交叉耦合(没有移出的有限传输零点除外)。本章还介绍了提取极点网络的综合过程,通过列举多种示例,深入讨论了提取极点型拓扑在三角元件构造中的作用。

在许多更高级的交叉耦合网络拓扑结构中,三角元件具有许多优点。一个三角元件的交叉耦合可以与一个特定的传输零点相对应,并通过耦合矩阵的形式表示。滤波器网络中的三角元件综合非常灵活,且不受位置的限制。在针对耦合矩阵进行旋转变换而最终获得的拓扑中,有些结构是采用折叠形或横向矩阵作为初始矩阵极难获得的。三角元件可以直接实现,或作为其他三角元件级联的一部分,应用于更复杂的网络综合。首先综合级联三角元件,然后运用耦合矩阵变换，进一步重构拓扑。本章接下来阐述了这种方法用于级联三角元件构成级联四角元件、五角元件和六角元件的有效性。最后，通过举例说明了盒形拓扑及其衍生结构——扩展盒形拓扑综合过程的复杂性。

10.6　原著参考文献

1. Rhodes, J. D. and Cameron, R. J. (1980) General extracted pole synthesis technique with applications to low-loss TE_{011} mode filters. *IEEE Transactions on Microwave Theory and Techniques*, **28**, 1018-1028.

2. Levy, R. (1976) Filters with single transmission zeros at real or imaginary frequencies. *IEEE Transactions on Microwave Theory and Techniques*, **24**, 172-181.

3. Amari, S., Rosenberg, U., and Bornemann, J. (2004) Singlets, cascaded singlets, and the nonresonating node model for advanced modular design of elliptic filters. *IEEE Microwave Wireless Components Letters*, **14**, 237-239.

4. Matthaei, G., Young, L., and Jones, E. M. T. (1980) *Microwave Filters, Impedance Matching Networks and Coupling Structures*, Artech House, Norwood, MA.

5. Rhodes, J. D. (1972) Waveguide bandstop elliptic filters. *IEEE Transactions on Microwave Theory and Techniques*, **20**, 715-718.

6. Cameron, R. J. (1982) General prototype network synthesis methods for microwave filters. *ESA Journal*, **6**, 193-206.

7. Amari, S. and Rosenberg, U. (2004) Direct synthesis of a new class of bandstop filters. *IEEE Transactions on Microwave Theory and Techniques*, **52**, 607-616.

8. Levy, R. and Petre, P. (2001) Design of CT and CQ filters using approximation and optimization. *IEEE Transactions on Microwave Theory and Techniques*, **49**, 2350-2356.

9. Tamiazzo, S. and Macchiarella, G. (2005) An analytical technique for the synthesis of cascaded N-tuplets cross-coupled resonators microwave filters using matrix rotations. *IEEE Transactions on Microwave Theory and Techniques*, **53**, 1693-1698.

10. Bell, H. C. (1982) Canonical asymmetric coupled-resonator filters. *IEEE Transactions on Microwave Theory and Techniques*, **30**, 1335-1340.

11. Stegun, I. A. and Abramowitz, M. (eds) (1970) *Handbook of Mathematical Functions*, Dover Publications, New York.

12. Levy, R. (1995) Direct synthesis of cascaded quadruplet (CQ) filters. *IEEE Transactions on Microwave Theory and Techniques*, **43**, 2939-2944.

13. Yildirim, N., Sen, O. A., Sen, Y. et al. (2002) A revision of cascade synthesis theory covering cross-coupled filters. *IEEE Transactions on Microwave Theory and Techniques*, **50**, 1536-1543.

14. Reeves, T. Van Stigt, N. and Rossiter, C. (2001) *A Method for the Direct Synthesis of General Sections*. IEEE MTT-S International Microwave Symposium Digest, Phoenix, pp. 1471-1474.

15. Reeves, T. and Van Stigt, N. (2002) *A Method for the Direct Synthesis of Cascaded Quintuplets*. IEEE MTT-S International Microwave Symposium Digest, Seattle, pp. 1441-1444.

16. Cameron, R. J., Harish, A. R., and Radcliffe, C. J. (2002) Synthesis of advanced microwave filters without diagonal cross-couplings. *IEEE Transactions on Microwave Theory and Techniques*, **50**, 2862-2872.

17. Cameron, R. J. and Rhodes, J. D. (1981) Asymmetric realizations for dual-mode bandpass filters. *IEEE Transactions on Microwave Theory and Techniques*, **29**, 51-58.

18. Seyfert, F. et al. (2002) *Design of Microwave Filters: Extracting Low Pass Coupling Parameters from Measured Scattering Data*, International Workshop Microwave Filters, Toulouse, France, June 24-26.

第 11 章　微波谐振器

谐振器作为带通滤波器的一个基本单元，在频率作用下同时存储电能和磁能。一个简单的例子就是 LC 谐振器，其中电感存储磁能，电容存储电能。谐振器的谐振频率是当存储的电场能量等于存储的磁场能量时的频率。微波频段的谐振器结构呈现各种形状，由于同时存储电能和磁能，其结构外形会影响谐振器的场分布。任何微波结构都有可能构成谐振器，它的谐振频率由该结构的物理参数和尺寸决定。本章将主要探讨不同形状的谐振器结构的应用范畴，同时也将回顾可用于微波谐振器的谐振频率、无载 Q 值的计算和测量方法。

11.1　微波谐振器结构

微波谐振器设计中主要考虑的参数是谐振器的尺寸、无载 Q 值、谐波性能及功率容量。无载 Q 值表征谐振器的固有损耗，Q 值越低，损耗越大。因此，为了减少滤波器的插入损耗并改善其选择性，需要使用高 Q 值的谐振器。与 LC 谐振器相比，后者仅存在一个谐振频率，而微波谐振器可以支持无限多的电磁场构和谐振模式。与谐振器工作主模相邻的模式被认为是谐波，且谐波模式影响着滤波器性能。因此，通过扩大谐振器的无谐波窗口可以改善滤波器的带外抑制性能。

在微波谐振器中，谐振模式表现为一个电谐振单模，或以简并模的形式存在（即存在相同谐振频率而不同场分布的模式）。在同一物理谐振器中，简并模可以用两个电谐振（双模谐振器）或三个电谐振（三模谐振器）模式实现。例如，双模中的 TE_{11} 模存在于圆波导腔体中[1~4]；HE_{11} 存在于介质谐振器中[5,6]；TM_{11} 模存在于圆形或矩形微带谐振器中[7]。矩形波导谐振器和介质谐振器里存在三模[8]。双模或三模工作模式最大的优点是可以减小尺寸。总之，这些模式对腔体谐振器的谐波性能、无载 Q 值及功率容量都有很大影响。表 11.1 中总结了每种模式的特点。

表 11.1　不同工作模式的比较

参　　数	单　　模	双　　模	三　　模
尺寸	大	中等	小
谐波性能	好	差	差
无载 Q 值	高	中等	中等
功率容量	高	中等	中等
设计难度	低	中等	高

微波谐振器可分为三类：集总元件 LC 谐振器，平面谐振器和三维腔体谐振器。图 11.1(a) 所示为一个集总元件谐振器，它由贴片电感和贴片电容组成。集总元件谐振器还可以通过螺旋电感和交指电容的形式，在介质基板上印刷而成，如图 11.1(b) 所示。集总元件谐振器的尺寸很小，提供了非常宽的无谐波窗口，但其 Q 值相对较低。

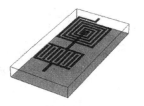

(a) 一个贴片电感和贴片电容　　　　　(b) 螺旋电感和交指电容

图 11.1　集总元件谐振器的实现方式

　　平面谐振器的例子如图 11.2 所示。平面谐振器可以是一段终端开路或短路的微带线，或者是弯曲线、折叠线、环谐振器、矩形片谐振器或其他任意结构形式[9~11]。一个印刷电路形式的谐振器，其尺寸、基板的介电常数和厚度决定了其谐振频率。

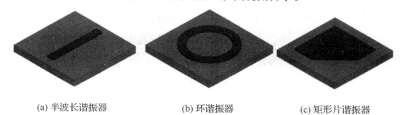

(a) 半波长谐振器　　　　　(b) 环谐振器　　　　　(c) 矩形片谐振器

图 11.2　微带谐振器的形式

　　图 11.3 分别给出了同轴谐振器、矩形波导谐振器、圆波导谐振器和介质谐振器等三维腔体谐振器的例子。同轴谐振器由一段两端短路的同轴线组成，波导谐振器也由一段两端短路的矩形波导和圆波导组成。介质谐振器则安装在低截止频率的金属腔体内，由低介电常数基体支撑的高介电常数的介质谐振器组成。三维腔体谐振器的体积虽然较大，但具有极高的 Q 值，此外还能承载很高的射频功率。

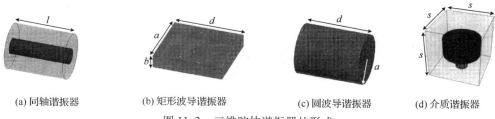

(a) 同轴谐振器　　　(b) 矩形波导谐振器　　　(c) 圆波导谐振器　　　(d) 介质谐振器

图 11.3　三维腔体谐振器的形式

　　在实际应用中，谐振器或滤波器结构的选取，需要在滤波器插入损耗（即谐振器的 Q 值）、尺寸、成本及功率容量等指标之间折中。谐振器之间的对比如图 11.4 和图 11.5 所示。通常，集总元件滤波器应用于低频，适合集成在单片微波集成电路（MMIC）或射频集成电路中。集总元件谐振器的典型无载 Q 值，在 1 GHz 频率时介于 10~50 之间。平面谐振器常用于宽带化、紧凑和低成本应用，其典型无载 Q 值在 1 GHz 频率时介于50~300 之间。如果用超导实现[9]，则无载 Q 值在 1 GHz 频率时介于20 000~50 000之间。但是，这类滤波器需要风冷至低于90 K的温度。同轴谐振器、波导谐振器和介质谐振器的无载 Q 值在 1 GHz 频率时介于3000~30 000之间。三维腔体谐振器广泛用于构建无线和太空应用中的低损耗滤波器[10,11]，高 Q 值滤波器的小型化技术用到的介质谐振器及介质谐振滤波器将在第 16 章中详细介绍。

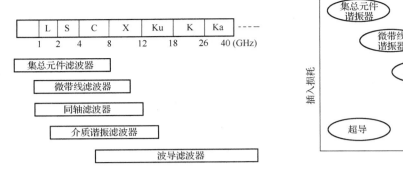

图 11.4　各种谐振器结构的应用　　　　图 11.5　各种谐振器尺寸与插入损耗的对应关系

图 11.1 至图 11.3 仅列出了一些最常用的谐振器形式，还有其他许多不同结构的谐振器的研究成果已大量发表在文献中。20 世纪 90 年代早期，一些商用电磁仿真软件的出现，有效地帮助微波领域的设计人员设计出各种不同的平面谐振器和三维腔体谐振器结构。特别值得一提的是针对平面谐振器结构的一项巨大革新，即运用同样低成本的光刻蚀工艺，可以获得简单或复杂的平面谐振器结构，方便设计人员很快地制作样品，检验他们的设计。

11.2　谐振频率计算

11.2.1　常规传输线谐振器的谐振频率

谐振器由一段终端短路或开路的波导、同轴或微带线构成，根据波长 λ_g 可计算得到其谐振频率。图 11.6 所示的传输线，在其两边终端处都呈短路。假设它是一个无耗结构，谐振频率是由沿着传输线上任意一点，根据向两端看过去的阻抗或导纳计算得到的。谐振时，有

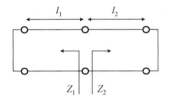

图 11.6　两端短路的传输线

$$Z_1 + Z_2 = 0 \quad 或 \quad Y_1 + Y_2 = 0 \tag{11.1}$$

Z_1 和 Z_2 是从终端短路的传输线的输入端方向看进去的阻抗，计算如下：

$$Z_1 = j\tan\beta l_1, \quad Z_2 = j\tan\beta l_2 \tag{11.2}$$

因此，由 $Z_1 + Z_2 = 0$ 可得 $\tan\beta l_1 = -\tan\beta l_2$，导出为

$$\beta l_1 = -\beta l_2 + q\pi, \quad \beta(l_1 + l_2) = \beta l = \frac{2\pi}{\lambda_g}l = q\pi, \quad q = 1, 2, 3, \cdots \tag{11.3}$$

$$l = q\frac{\lambda_g}{2}, \quad q = 1, 2, 3, \cdots \tag{11.4}$$

下面根据式(11.4)计算同轴谐振器、微带谐振器及波导谐振器的谐振频率。

1. **同轴谐振器**[见图 11.3(a)]　具有非色散媒质特性的同轴传输线的波长 λ_g 为

$$\lambda_g = \frac{c_0}{f\sqrt{\varepsilon_r}}, \quad f_{0q} = q\frac{c_0}{2l\sqrt{\varepsilon_r}} \tag{11.5}$$

其中，ε_r 为完全填充在内外导体之间的介质材料的相对介电常数，c_0 为自由空间光速($c_0 = 2.998 \times 10^8$ m/s)。

2. 微带谐振器［见图 11.2(a)］　微带线中的电磁场并未完全封闭在介质内传输，其传播特性是用有效介电常数 ε_{eff}[10] 来描述的。导波长 λ_g 为

$$\lambda_g = \frac{c_0}{f\sqrt{\varepsilon_{\text{eff}}}}, \quad f_{0q} = q\frac{c_0}{2l\sqrt{\varepsilon_{\text{eff}}}} \tag{11.6}$$

微带线为色散媒质，ε_{eff} 是关于频率的变量。但是，在较低的频率下，ε_{eff} 可以近似表示为[2]

$$\varepsilon_{\text{eff}} = \frac{\varepsilon_r + 1}{2} + \frac{\varepsilon_r - 1}{2}\frac{1}{\sqrt{1 + 12h/W}} \tag{11.7}$$

其中 h 为基板的厚度，W 为微带线的宽度。更精确的 ε_{eff} 表达式可在文献［10,11］中找到。

3. 矩形波导谐振器［见图 11.3(b)］　矩形波导的传播常数 β 为[1]

$$\beta = \sqrt{\left(\frac{2\pi f}{c}\right)^2 - \left(\frac{n\pi}{a}\right)^2 - \left(\frac{m\pi}{b}\right)^2} \tag{11.8}$$

当 $c = 1/\sqrt{\mu\varepsilon}$ 时，应用式(11.3)，可得

$$\text{TE}_{nmq} \text{模和 TM}_{nmq} \text{模：} f_{omnq} = \frac{c}{2\pi}\sqrt{\left(\frac{n\pi}{a}\right)^2 + \left(\frac{m\pi}{b}\right)^2 + \left(\frac{q\pi}{d}\right)^2} \tag{11.9}$$

4. 圆波导谐振器［见图 11.3(c)］　圆波导中 TE 模和 TM 模的传播常数为[1]

$$\text{TE}_{nm} \text{模：} \quad \beta = \sqrt{\left(\frac{2\pi f}{c}\right)^2 - \left(\frac{\rho'_{nm}}{a}\right)^2} \tag{11.10}$$

$$\text{TM}_{nm} \text{模：} \quad \beta = \sqrt{\left(\frac{2\pi f}{c}\right)^2 - \left(\frac{\rho_{nm}}{a}\right)^2} \tag{11.11}$$

其中 ρ_{nm} 和 ρ'_{nm} 分别为贝塞尔函数 $J_n(x)$ 和 $J'_n(x)$ 的第 m 次根[1]。TE_{nmq} 模和 TM_{nmq} 模的谐振频率为

$$\text{TE}_{nmq} \text{模：} \quad f_{omnq} = \frac{c}{2\pi}\sqrt{\left(\frac{\rho'_{nm}}{a}\right)^2 + \left(\frac{q\pi}{d}\right)^2} \tag{11.12}$$

$$\text{TM}_{nmq} \text{模：} \quad f_{omnq} = \frac{c}{2\pi}\sqrt{\left(\frac{\rho_{nm}}{a}\right)^2 + \left(\frac{q\pi}{d}\right)^2} \tag{11.13}$$

圆波导腔的谐振模式如图 11.7 所示，它可以帮助设计人员通过选择合适的谐振器尺寸(半径 a 和高度 d)来获得理想的谐振频率，从而得到较宽的无谐波窗口设计。

对于同轴传输线、矩形波导和圆波导的详细分析，很全面地概括在一些微波书籍中[1,2]，并提供了各种模式的场分布信息。滤波器设计人员需要熟悉各种模式的场分布，除了可以用于判断输入和输出耦合的最佳位置，还可以用于确定理想的谐振器间耦合结构。

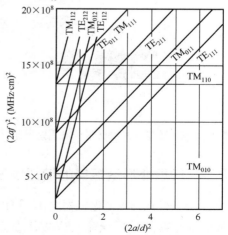

图 11.7　圆波导谐振器中的谐振模式[1]

11.2.2　计算谐振频率的横向谐振法

在传输线谐振器上加载一个容性/感性元件，或任意不连续元件，比如螺丝，可以改变谐振器的频率。图 11.8 所示的微带传输线谐振器，在沿谐振器长度方向上加载了一个矩形片。矩形片在传输线中是不连续的，为了满足因不连续性(discontinuity)产生的新边界条件，必须改变该谐振器中的场分布。反之，存储的电能和磁能的改变使谐振频率产生了偏移，这个新的谐振频率可以运用横向谐振法计算得到[12]。使用一个二端口网络来表示传输线的不连续性，其 S 参数可以运用商用电磁仿真器，如 HFSS，SONNET EM 或其他软件工具来计算。图 11.9 为图 11.8 所示谐振器的二端口网络，其中谐振器分别连接长度为 l_1 和 l_2 的开路传输线，则 Γ_L 为

$$\Gamma_L = e^{-2j\beta l_2} \tag{11.14}$$

回顾 5.1.5 节中不连续性传输线的 S 参数定义，确定输入反射系数 Γ_{in} 如下：

$$\Gamma_{\text{in}} = \frac{V_1^-}{V_1^+} = S_{11} + \frac{S_{12}\Gamma_L S_{21}}{1 - \Gamma_L S_{22}} \tag{11.15a}$$

总之，二端口网络的输入端反射电压 V_1^+ 和 V_1^- 的关系可以表示如下：

$$V_1^+ = e^{-2j\beta l_1} V_1^- \tag{11.15b}$$

合并式(11.15a)和式(11.15b)，可得

$$\left[1 - e^{-2j\beta l_1}\Gamma_{\text{in}}\right] V_1^- = 0 \tag{11.16}$$

式(11.16)称为"特征方程"。当谐振时，V_1^+ 的系数必须等于零。因此，谐振器的谐振频率可以根据下式求解得到：

$$\left[1 - e^{-2j\beta l_1}\left(S_{11} + \frac{S_{12}e^{-2j\beta l_2}S_{21}}{1 - e^{-2j\beta l_2}S_{22}}\right)\right] = 0 \tag{11.17}$$

注意，不连续传输线的传播常数 β 和散射参数都是频率的函数。首先，S 参数是根据谐振器无扰条件下的谐振频率近似计算得到的，且假定其与频率无关。求解式(11.17)得到 β，反过来给出新谐振频率的近似值。为了得到更精确的计算结果，再次求解式(11.17)。此外，还可以运用第 15 章介绍的自适应频率采样技术，得到与频率相关的多项式，作为散射参数的近似表达式。

图 11.8　加载矩形片的微带传输线谐振器

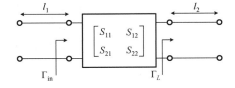

图 11.9　图 11.8 所示谐振器的二端口网络

11.2.3　任意外形谐振器的谐振频率

对于一个任意外形的谐振器结构，可以使用电磁仿真工具的本征模分析[13]或 S 参数分析方法，准确地计算其谐振频率。这两种方法都可用于计算谐振器的基模频率及更高次模的谐振频率。

11.2.3.1　本征模分析

　　一些电磁软件包,比如 HFSS 和 CST,利用其本征模求解工具可以求解任意微波谐振器的谐振频率、无载 Q 值和场分布等参数。如果设计人员指定了频率范围,通过本征模求解就能识别出这些频率范围内的所有谐振模式。图 11.10 所示为运用 HFSS 求解顶端加载的同轴谐振器的本征模的例子[13]。图中给出了两个谐振频率、与之对应的无载 Q 值,以及第一个 TEM 谐振模式的场分布。

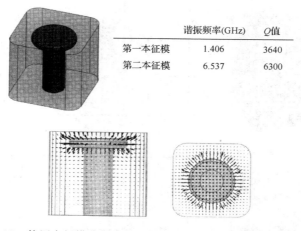

	谐振频率(GHz)	Q值
第一本征模	1.406	3640
第二本征模	6.537	6300

图 11.10　使用本征模分析求解顶端加载的同轴谐振器基模的场分布

　　结果表明,基模谐振器的谐振频率为 1.406 GHz,并且第二模式的谐振频率为6.537 GHz。因此,该谐振器的无谐波窗口带宽为5.131 GHz。

11.2.3.2　S 参数分析

　　另一种本征模分析工具是利用电磁仿真软件来计算散射参数。使用与图 11.10 中相同结构的谐振器并添加探针激励,经过分析可以得到从探针端口看进去的输入反射系数 S_{11} 的频率响应,如图 11.11 所示。从图中可以看出,大部分频率对应的射频能量都被反射回来了。曲线图的波谷代表谐振器所存储射频能量对应的频率,还包括不同模式下的谐振频率。S_{11} 响应只能显示探针在谐振器里激励出的模式。因此,需要大致了解谐振模式的场分布,确保合适的探针激励。

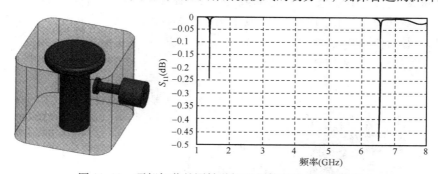

图 11.11　顶部加载的同轴谐振器的单端口 S 参数分析

　　波谷的带宽反映了腔体的损耗程度。对于无耗腔体,由于波谷带宽太小,以至于无法显示在仿真曲线中。因此,需要在损耗条件下进行单端口的 S 参数分析。腔体有耗时,在 S_{11} 响应中显示的波谷带宽会变宽。同时还要注意,为了准确计算出谐振频率,需要在探针和谐振器之间使用弱耦合,使谐振器加载最小。以上这些表明,使用单端口 S 参数分析与本征模分析来获得谐振频率,其结果将略微存在一些差异。

另外,输入和输出端口同时存在馈入的谐振器还可以运用二端口分析方法。但是,如果输入和输出端口表现为强耦合,将会降低二端口分析的准确性。图 11.12 比较了使用单端口和二端口分析微带谐振器的结果。从图中可以看出,由于输出端加载了探针,二端口分析给出的结果与单端口分析的相比略有不同。

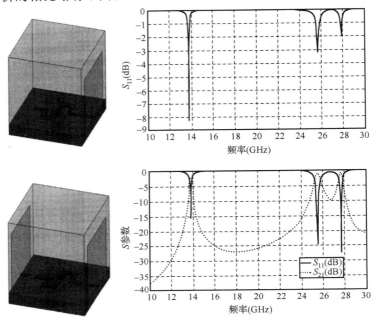

图 11.12　使用 HFSS 计算微带谐振器的单端口和二端口 S 参数分析

单端口 S 参数分析对谐振频率的测量极其有效。直接简单的 S_{11} 测量,可以同时得到谐振器的谐振频率及谐波性能参数。

双模和三模谐振器的谐振频率也可以使用本征模分析或 S 参数分析计算得到。经过本征模求解,双模表现为两个近乎相同的谐振频率,却具有不同的场分布。而使用单端口 S 参数分析,S_{11} 仿真曲线上显示为两个相互接近的波谷。图 11.13 所示为一个输入探针馈入的介质谐振器,使用 HFSS 仿真可以得到 S_{11} 曲线,其中第一个波谷表示 TE_{01} 单模谐振频率,而随后两个波谷表示混合 HE 双模谐振频率[5]。如第 14 章所述,两个波谷的间距表示两个双模之间的耦合。本例中,耦合是由输入探针激励产生的。

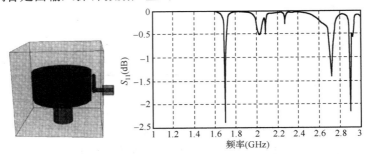

图 11.13　使用单端口分析介质谐振器的单模和双模谐振频率

11.3　谐振器的无载 Q 值

　　无载 Q 值表征谐振器的频率选择性，体现了谐振曲线的陡峭程度。定义如下：

$$Q_u = \omega_0 \frac{W_T}{P_{\text{loss}}} \tag{11.18}$$

其中 ω_0 为角谐振频率，W_T 为平均存储能量，P_{loss} 为谐振器消耗的功率。平均存储能量为存储的电能 W_e 与磁能 W_m 之和：

$$W_T = W_e + W_m = 2W_e = 2W_m \quad （因谐振时 W_e = W_m） \tag{11.19}$$

$$W_e = \frac{\varepsilon}{4} \int_v E \cdot E^* \mathrm{d}v \tag{11.20}$$

$$W_m = \frac{\mu}{4} \int_v H \cdot H^* \mathrm{d}v \tag{11.21}$$

谐振器的总能量消耗为谐振器导体壁消耗功率 P_c 与介质消耗功率 P_d 之和，可写为

$$P_c = \frac{R_s}{2} \int_{\text{walls}} |H_t|^2 \mathrm{d}s \tag{11.22}$$

$$P_d = \frac{\omega_0 \varepsilon''}{2} \int_v E \cdot E^* \mathrm{d}v \tag{11.23}$$

这里，H_t 是导体壁表面的切向磁场；R_s 是导体壁的表面电阻，且 $R_s = \sqrt{\omega\mu_0/2\sigma}$，其中 σ 为谐振器导体壁的电导率。而 ε'' 为介电常数的虚部，它与损耗角正切 δ 的关系表示如下：

$$\varepsilon = \varepsilon' - \mathrm{j}\varepsilon'' = \varepsilon_r \varepsilon_0 (1 - \mathrm{j}\tan\delta) \tag{11.24}$$

考虑到导体与介质的损耗因素，Q_u 值可以表示如下：

$$Q_u = \omega_0 \frac{W_T}{(P_c + P_d)} \tag{11.25}$$

定义 $Q_c = \omega_0 W_T / P_c$ 且 $Q_d = \omega_0 W_T / P_d$，Q_u 值可以进一步表示为

$$\frac{1}{Q_u} = \frac{1}{Q_c} + \frac{1}{Q_d} \tag{11.26}$$

根据式（11.20）和式（11.23），Q_d 值可以写为

$$Q_d = \omega_0 \frac{2W_e}{P_d} = \frac{\varepsilon'}{\varepsilon''} = \frac{1}{\tan\delta} \tag{11.27}$$

根据式（11.26）和式（11.27），可以得出如下结论：当谐振器存在介质加载时，总的无载 Q 值将小于 $1/(\tan\delta)$。

11.3.1　常规谐振器的无载 Q 值

　　终端短路的 $\lambda/2$ 同轴谐振器　对于同轴谐振器，可以使用式（11.18）至式（11.23），并根据同轴线的场分布[1,2]，得到 Q_c 值的精确解析表达式。然而，由于谐振器为终端短路的传输线形式，如图 11.14（a）所示，因此只能获得 Q_c 值的近似表达式。使用串联 RLC 谐振电路，谐振器谐振时的输入阻抗可以近似为

$$Z_{\text{in}} = Z_0 \tanh(\alpha l + \mathrm{j}\beta l) = Z_0 \frac{\tanh \alpha l + \mathrm{j}\tan \beta l}{1 + \mathrm{j}\tan \beta l \tanh \alpha l} \tag{11.28}$$

在谐振频率附近有 $\omega = \omega_0 + \Delta\omega$，且 $\beta l = \pi + \pi\Delta\omega/\omega_0$。由于损耗很小，可以将 $\tanh \alpha l$ 近似为 $\tanh \alpha l \approx \alpha l$，因此 Z_{in} 可以近似如下：

$$Z_{\text{in}} \approx Z_0 \left(\alpha l + j\frac{\pi\Delta\omega}{\omega_0} \right)$$

上式代表串联 RLC 谐振电路的输入阻抗形式，其中元件 R，L 和 C 给定为[1,2]

$$R = Z_0\alpha l, \quad L = \frac{Z_0\pi}{2\omega_0}, \quad C = \frac{1}{\omega_0^2 L} \tag{11.29}$$

其中 α 是衰减常数，Z_0 为同轴传输线的特征阻抗。假设同轴线的内半径为 a，外半径为 b，则 $Z_0 = \eta/2\pi\ln b/a$。串联谐振等效电路的无载 Q 值表示为

$$Q_u = \frac{\omega_0 L}{R} = \frac{\pi}{2\alpha l} = \frac{\beta}{2\alpha} \tag{11.30}$$

因此，同轴线的 Q_c 值可以近似为

$$Q_c \approx \frac{\beta}{2\alpha_c} \tag{11.31}$$

α_c 给定为

$$\alpha_c = \frac{R_s}{2\eta \ln b/a} \left(\frac{1}{a} + \frac{1}{b} \right) \tag{11.32}$$

$$Q_c \approx \frac{ab\beta\eta \ln b/a}{(a+b)R_s} \tag{11.33}$$

其中 η 是自由空间阻抗，且 $\eta = 376.7\ \Omega$。注意，由式(11.33)给定的 Q_c 值表达式没有考虑短路端面的损耗情况。

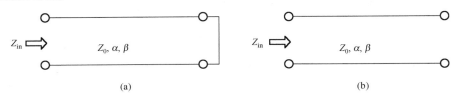

图 11.14　(a) $\lambda/2$ 短路传输线；(b) $\lambda/2$ 开路传输线

$\lambda/2$ 微带谐振器　微带线是一个不均匀的结构，对于微带线中的场分布计算，没有准确的闭式表达式。因此，使用式(11.18)至式(11.23)获得微带线的 Q_c 值的准确解析表达式非常困难。微带谐振器与同轴谐振器一样，也可以推导出 Q_c 值的近似表达式。考虑到谐振器是呈终端开路的 $\lambda/2$ 传输线形式，如图 11.14(b)所示，谐振时的输入阻抗 Z_{in} 可以使用一个并联 RLC 谐振电路来近似，给定为

$$Z_{\text{in}} = Z_0 \coth(\alpha l + j\beta l) = Z_0 \frac{1 + j\tan \beta l \tanh \alpha l}{\tanh \alpha l + j\tan \beta l} \tag{11.34}$$

由于谐振时损耗很小，可推导出 $\omega = \omega_0 + \Delta\omega$，$\beta l = \pi + \pi\Delta\omega/\omega_0$，且 $\tanh \alpha l \approx \alpha l$。因此，$Z_{\text{in}}$ 可以近似表示为

$$Z_{\text{in}} \approx \frac{Z_0}{\alpha l + j\frac{\pi\Delta\omega}{\omega_0}}$$

上式代表并联 RLC 谐振电路的输入阻抗形式，其中元件 R，L 和 C 给定为[1,2]

$$R = \frac{Z_0}{\alpha l}, \quad C = \frac{\pi}{2\omega_0 Z_0}, \quad L = \frac{1}{\omega_0^2 C} \tag{11.35}$$

并联谐振等效电路的的无载 Q 值给定为

$$Q_u = \omega_0 RC = \frac{\pi}{2\alpha l} = \frac{\beta}{2\alpha} \tag{11.36}$$

因此，$\lambda/2$ 微带谐振器的 Q_c 值和 Q_d 值可以近似写为

$$Q_c \approx \frac{\beta}{2\alpha_c}, \quad Q_d \approx \frac{\beta}{2\alpha_d} \tag{11.37}$$

由于微带线中不存在 α_c 和 α_d 的准确闭式表达式，可将它们近似写为[2]

$$\alpha_c \approx \frac{R_s}{Z_0 W} \tag{11.38}$$

$$\alpha_d = \frac{k_0 \varepsilon_r (\varepsilon_{\text{eff}} - 1) \tan \delta}{2\sqrt{\varepsilon_{\text{eff}}}(\varepsilon_r - 1)} \tag{11.39}$$

R_s 是表面电阻率，且 $R_s = \sqrt{\omega\mu_0/2\sigma}$。另外，此 Q_c 值表达式中没有考虑到边缘场效应，以及安装谐振器的金属腔壁的损耗影响。

矩形波导谐振器　矩形波导谐振器［见图 11.3（b）］的腔体内的场分布存在解析表达式。运用式（11.18）至式（11.23），可以推导出这类谐振器的无载 Q_c 值的解析表达式。一个工作于 TE_{10q} 模式，尺寸分别为 a，b 和 d 的矩形谐振器的 Q_c 值给定为[1,2]

$$Q_c = \omega_0 \frac{W_T}{P_c} = \frac{(k_{10q}ad)^3 b\eta}{2\pi^2 R_s} \frac{1}{[2q^2 a^3 b + 2bd^3 + q^2 a^3 d + ad^3]} \tag{11.40a}$$

其中，

$$k_{10q} = \left[\left(\frac{\pi}{a}\right)^2 + \left(\frac{q\pi}{b}\right)^2\right]^{1/2}, \quad \eta = \sqrt{\frac{\mu}{\varepsilon}} \tag{11.40b}$$

圆波导谐振器　类似地，运用式（11.18）至式（11.23），通过对圆波导腔的场分布的解析求解，可以获得圆波导谐振器的 Q_c 值的准确表达式。一个工作在 TE_{nmq} 模式，半径为 a 且长度为 b 的圆波导腔的 Q_c 值给定为[1]

$$Q_c = \omega_0 \frac{W_T}{P_c} = \frac{\lambda_0}{\delta_s} \frac{\left[1 - \left(\frac{n}{p'_{nm}}\right)^2\right]\left[(p'_{nm})^2 + \left(\frac{q\pi a}{d}\right)^2\right]^{3/2}}{2\pi \left[(p'_{nm})^2 + \frac{2a}{d}\left(\frac{q\pi a}{d}\right)^2 + \left(1 - \frac{2a}{d}\right)\left(\frac{nq\pi a}{p'_{nm}d}\right)^2\right]} \tag{11.41}$$

其中 δ_s 为趋肤深度，且 $\delta_s = 1/\sqrt{\pi f \mu_0 \sigma}$。注意 Q_c 值与 λ_0/δ_s 成正比，因此无载 Q 值与 $\sqrt{f}$ 成反比。

图 11.15 显示了圆波导谐振器不同模式下的无载 Q 值曲线［见图 11.3（c）］[1]。注意，TE_{011} 谐振模式的无载 Q 值比 TE_{111} 的更高，当 $d = 2a$ 时其值最大。然而，从图 11.7 中给出的模式曲线可知，TE_{011} 模被 TM_{111} 模简并。因此，需要小心地选择耦合方式，避免激发 TM_{111} 模[14]。

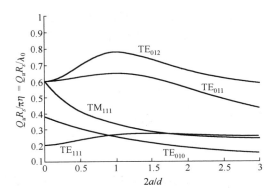

图 11.15　圆波导腔内各种模式的无载 Q 值曲线[1]

11.3.2　任意外形谐振器的无载 Q 值

本征模分析可同时用于计算这类谐振器的谐振频率和无载 Q 值。如果本征值(谐振频率)已知,则可以计算出本征向量(场分布),再反过来求解无载 Q 值。所有商业软件包都可以自动处理此过程,直接提取出谐振频率、无载 Q 值和场分布。图 11.10 所示为顶端加载的同轴谐振器的本征模分析,同时也给出了它的无载 Q 值。

11.4　有载和无载 Q 值的测量

为了准确计算微波谐振器的无载 Q 值,除了需要了解金属导体壁的导电率,还需要知道谐振器中加载的介质材料的损耗角正切。例如,在平面滤波器应用中,通过在金属表面或介质表面使用沉积或电镀某高导电率的金属(如金、铜和银)的方式,可以实现高 Q 值用途。不同材料之间的导电率总是随沉积工艺及材料表面粗糙度而变化的。

另外,一个不确定的因素是介质材料的损耗角正切。通常,介质供应商给出的介质基板和介质谐振器的损耗角正切是定义在特定频率下的,这个频率往往不同于工作频率。大多数设计人员假设乘积[频率·($1/\tan\delta$)]为一个常数,这样就建立了损耗角正切与工作频率之间的比例关系。虽然这个比例关系能给出一个好的近似,但是不可能给出工作频率下损耗角正切的精确值。而且,对于介质常数 ε_r,损耗角正切($1/\tan\delta$)等参数,对于不同批次的产品,值也是不相同的。此外,在滤波器实际应用中,常用于加载的调谐元件会严重影响谐振器的无载 Q 值。由于这些因素,使测量成为准确评估谐振器的无载 Q 值大小的唯一方法[15~25],而测量方法通常使用单端口或二端口测量两种方式实现。本章将利用谐振器输入端的容性或感性耦合来进行反射测量,以说明单端口的测量过程。

为了阐述以上概念,下面来看图 11.16 所示的谐振器等效电路。用一个电抗 X_s 来代替传输线的输入耦合,谐振器未加载时谐振频率为 $f_0 = 1/(2\pi\sqrt{LC})$,无载 Q 值为 $Q_u = \dfrac{2\pi f_0 C}{G_0}$。如图 11.17 所示,在这个无加载谐振器的端口 2 加载一个外部导纳 Y_{ex},给定为

$$Y_{ex} = G_{ex} + jB_{ex} = \frac{1}{R_c + jX_s} \tag{11.42}$$

由于引入了 B_{ex},加载产生的影响使谐振条件发生了变化,产生了一个新的谐振频率 f_L。而且

G_{ex} 的引入使 Q 值降低，可用有载 Q 值 Q_L 来表示。谐振时，有载谐振器的导纳 $Y_L = Y_0 + Y_{ex}$ 可近似为

$$Y_L \approx G_{ex} + G_0 + j\left(2G_0 Q_u \frac{f-f_0}{f_0} + B_{ex}\right) \tag{11.43}$$

因此，令 Y_L 的虚部为零，可以求得有载谐振频率 f_L 如下：

$$f_L = f_0\left(1 - \frac{B_{ex}}{2Q_u G_u}\right) \tag{11.44}$$

将有载 $Q_L = \dfrac{2\pi f_0 C}{G_0 + G_{ex}}$ 用包含 Q_u 的项表示为

$$Q_L = Q_u \frac{G_0}{G_0 + G_{ex}} = Q_u \frac{1}{1 + \dfrac{G_{ex}}{G_0}} \tag{11.45}$$

$$Q_L = \frac{Q_0}{1+k} \tag{11.46}$$

其中 k 为耦合系数，表示外部负载消耗的功率与谐振器消耗的功率之比：

$$k = \frac{P_{loss-ex}}{P_{loss-res}} = \frac{V^2 G_{ex}}{V^2 G_0} = \frac{G_{ex}}{G_0} \tag{11.47}$$

当外部电路消耗的功率等于谐振器消耗的功率时，即为临界耦合，即耦合系数 $k=1$；而欠耦合（$k<1$）表示外部电路消耗的功率小于谐振器消耗的功率。反之，过耦合（$k>1$）表示外部电路消耗的功率大于谐振器消耗的功率。

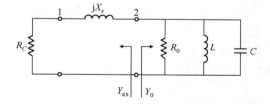

图 11.16　输入端采用感性耦合的谐振器

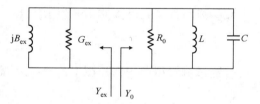

图 11.17　谐振器输入耦合的加载影响

根据式（11.42），耦合系数可以使用耦合电抗元件 X_s 表示如下：

$$k = \frac{\dfrac{R_0}{R_c}}{1 + \dfrac{X_s^2}{R_c^2}} \tag{11.48}$$

有载谐振器的谐振频率使用系数 k、无载 Q_0 值及等效电路元件 X_s 和 R_c 表示为

$$f_L = f_0\left(1 + \frac{kX_s}{2Q_u R_c}\right) \tag{11.49}$$

通过对图 11.16 中端口 1 处在不同频率下的反射系数 S_{11} 的测量，可以进一步求解出 Q_L 值、k 和 Q_u 值等参数。在图 11.16 所示的电路中，端口 1 处的输入反射系数 Γ 可写为

$$S_{11} = \Gamma = \frac{jX_s + \dfrac{1}{Y_0} - R_c}{jX_s + \dfrac{1}{Y_0} + R_c} \tag{11.50}$$

Kajfez 在文献[20]中指出,式(11.50)可以简化为

$$\Gamma = \Gamma_d + \frac{2k}{1+k} \frac{\mathrm{e}^{-\mathrm{j}2\delta}}{1 + 2\mathrm{j}Q_L \dfrac{f - f_L}{f_0}} \tag{11.51}$$

其中,

$$\Gamma_d = \frac{\mathrm{j}X_s - R_c}{\mathrm{j}X_s + R_c} = -\frac{Y_{\mathrm{ex}}}{Y_{\mathrm{ex}}^*} = -\mathrm{e}^{-\mathrm{j}2\delta}, \quad \delta = \arctan \frac{X_s}{R_c} \tag{11.52}$$

在史密斯图上用圆表示向量 $\Gamma - \Gamma_d$,如图 11.18 所示,此圆称为 Q 圆[17]。当频率远离谐振时(如失谐条件下 $f > f_L$),式(11.51)等号右侧的第二项很小,可以将反射系数近似写为 $\Gamma_{\mathrm{untuned}} \approx \Gamma_d$。谐振时有 $f = f_L$,因此反射系数给定为

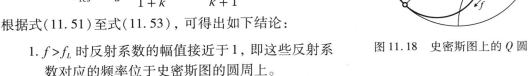

$$\Gamma_{\mathrm{res}} = \Gamma_d + \frac{2k}{1+k}\mathrm{e}^{-\mathrm{j}2\delta} = \frac{k-1}{k+1}\mathrm{e}^{-\mathrm{j}2\delta} \tag{11.53}$$

根据式(11.51)至式(11.53),可得出如下结论:

图 11.18　史密斯图上的 Q 圆

1. $f > f_L$ 时反射系数的幅值接近于 1,即这些反射系数对应的频率位于史密斯图的圆周上。
2. 谐振时反射系数的角度为 $-\mathrm{j}2\delta$。随着系数 k 的变化,$\Gamma_{\mathrm{untuned}}$ 或 Γ_d 有时同相,有时反相。
3. 史密斯图上用圆表示的反射系数 Γ_{res} 与这个圆距离史密斯圆中心最短的点对应。其中,δ 随着频率的升高而变大,且输入反射系数沿着 Q 圆顺时针方向移动。
4. Q 圆的直径 d 可以使用差值 $\Gamma_d - \Gamma_{\mathrm{res}} = [2k/(1+k)]$ 来表示。因此,直径 d 可写为

$$d = \frac{2k}{1+k} \tag{11.54}$$

经过测量得到史密斯图上的直径 d,耦合系数 k 计算如下:

$$k = \frac{d}{2-d} \tag{11.55}$$

根据史密斯图上的 Q 圆的大小,可以明显看出耦合是欠耦合还是过耦合。小 Q 圆代表欠耦合($k < 1$),大 Q 圆代表过耦合($k > 1$),而当 Q 圆直径为 1 时表示临界耦合($k = 1$)。

例如,图 11.19 所示的输入端容性耦合的 $\lambda/2$ 谐振器,由一段终端开路的 $\lambda/2$ 传输线构成。假设谐振频率为 2 GHz,介电常数为 2 时传输线长度为 53 mm,损耗为 1 dB/m。经过简单计算可知,电容为 0.125 pF 时此结构为临界耦合($k = 1$)。当 $\theta = 0°$ 时,分别求解电容 $C = 0.1$ pF(欠耦合),$C = 0.2$ pF(过耦合)和 $C = 0.125$ pF(临界耦合)时的反射系数,

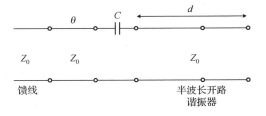

图 11.19　输入电容耦合的 $\lambda/2$ 传输线谐振器

对应的 Q 圆分别如图 11.20(a)至图 11.20(c)所示,显然反射系数的 Q 圆直径取决于耦合 k 值的大小。还要注意到,史密斯图上的圆从 0° 线移到了 -2δ。假设电路中电容 $C = 0.125$ pF(临界耦合)且 $\theta = 35°$,经过求解,与该电容值对应的 Q 圆如图 11.20(d)所示,此时 Q 圆从 0°

移到了 $-(2\delta + 2\theta)$。通过以上实例中对反射系数的测量，表明 Q 圆在史密斯图中的位置完全取决于参考平面。

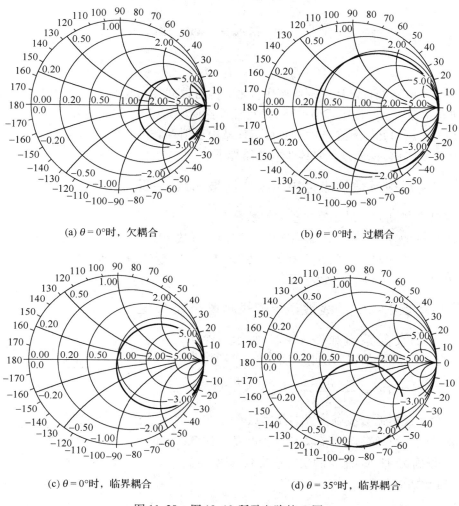

(a) $\theta = 0°$ 时，欠耦合　　　　　　　　(b) $\theta = 0°$ 时，过耦合

(c) $\theta = 0°$ 时，临界耦合　　　　　　　　(d) $\theta = 35°$ 时，临界耦合

图 11.20　图 12.19 所示电路的 Q 圆

为了计算有载 Q 值，需要确定有载谐振器的谐振频率 f_L，以及谐振频率附近两个频率点的反射系数的相位信息，其中 Q 圆上与最短长度 Γ（即反射最小）对应的频率为谐振频率。运用式（11.51）并参考图 11.21，分别移动谐振频率 f_L 的左边和右边对应的频率点 f_1 和 f_2，与其对应的相位 ϕ_1 和 ϕ_2 可表示为

$$\tan \phi_1 = -2Q_L \frac{f_1 - f_L}{f_0} \qquad (11.56)$$

$$\tan \phi_2 = -2Q_L \frac{f_2 - f_L}{f_0} \qquad (11.57)$$

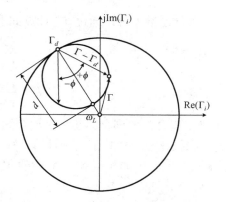

图 11.21　Q 圆上 f_L 附近的两个频率点对应的反射系数[17]

令式(11.56)与式(11.57)相减,可得

$$Q_L = \frac{1}{2}\frac{f_L}{f_2 - f_1}(\tan\phi_1 - \tan\phi_2) \tag{11.58}$$

如果选取 f_1 和 f_2 对应的相位 $\phi_1 = 45°$ 和 $\phi_2 = -45°$,则有

$$Q_L = \frac{f_L}{f_2 - f_1} \tag{11.59}$$

注意,虽然角度 ϕ 不能直接从史密斯图中读取,但可以间接由反射系数的角度计算得到。因此,对于极化显示模式,使用式(11.58)进行计算比使用式(11.59)更方便。

从上面的分析可知,无载 Q 的测量可以任意由反射系数的极化显示模式(史密斯图)或线性显示模式(dB 幅值)来实现。具体步骤总结如下。

11.4.1　使用反射系数的极化显示模式测量无载 Q 值

1. 在 Q 圆上找到对应最小反射系数的频率点 f_L;
2. 测量 Q 圆的直径 $[k = d/(2 - d)]$,计算耦合系数。
3. 确定 f_L 周边的两个频率点 f_1 和 f_2,使用式(11.58)或式(11.59)计算 Q_L 值。
4. 使用 $Q_u = Q_L(1 + k)$ 计算 Q_u 值。

11.4.2　使用反射系数的线性显示模式测量无载 Q 值

线性刻度的反射系数如图 11.22 所示。参考图 11.21,当 $\phi = 45°$ 时很容易读取。有

$$|\Gamma|^2 = \frac{1 + |\Gamma_{\text{res}}|^2}{2} \tag{11.60}$$

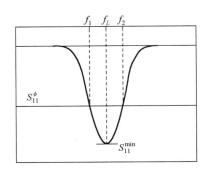

图 11.22　线性刻度表示的反射系数

1. 找到位于反射系数波谷位置的频率点 f_L。
2. 在波谷位置的频率点上读取 $S_{11}^{\min}$ 的 dB 值。注意,$S_{11}^{\min}$ 是根据式(11.53)求得的反射系数 Γ_{res} 计算得到的,推导如下:

$$S_{11}^{\min} = 20\lg|\Gamma_{\text{res}}| = 20\lg\left|\frac{k-1}{k+1}\right| \tag{11.61}$$

因此,反射系数 k 可以通过 $S_{11}^{\min}$ 计算如下:

欠耦合:
$$k = \frac{1 - 10^{S_{11}^{\min}/20}}{1 + 10^{S_{11}^{\min}/20}} \tag{11.62}$$

过耦合:
$$k = \frac{1 + 10^{S_{11}^{\min}/20}}{1 - 10^{S_{11}^{\min}/20}} \tag{11.63}$$

为了确定耦合是欠耦合的还是过耦合的,需要转换到极化显示模式下查看 Q 圆的半径。注意,在极化显示模式下无须计算,所有的计算步骤都是在线性显示模式下进行的。

3. 运用下式确定 S_{11}^{ϕ} 的相位 $\phi = 45°$ 时的 dB 值:

$$S_{11}^{\phi} = 10\lg\frac{1 + 10^{S_{11}^{\min}/10}}{2} \tag{11.64}$$

由于 $S_{11} = S_{11}^{\phi}$,可以求得频率点 f_1 和 f_2,如图 11.22 所示。Q_L 值计算如下:

$$Q_L = \frac{f_L}{f_2 - f_1} \tag{11.65}$$

4. 利用公式 $Q_u = Q_L(1 + k)$ 计算出 Q_u 值。

11.5　小结

本章全面介绍了微波谐振器的谐振频率和无载 Q 值的理论计算与实践方法，包括标准矩形波导谐振器和圆波导谐振器的谐振频率和无载 Q 值的闭式表达式。通过对具有电容加载效应的不连续性传输线构成的微带谐振器的研究，说明了如何使用横向谐振法来计算传输线谐振器的谐振频率。同时，本章也概述了任意外形谐振器的谐振频率的两种分析方法：本征模分析和 S 参数分析。运用实例说明了如何基于电磁商用软件工具，如 HFSS 来实现这两种方法。

微波滤波器所用材料的不确定性影响了 Q 值的计算。例如，在介质谐振滤波器中，介质材料的损耗角正切通常是不确定的，并且调谐螺丝使得 Q 值严重恶化。对于这种谐振器结构，只有测量 Q 值的方法才能提供可信的结果。本章通过使用矢量网络分析仪的极化显示，或标量网络分析仪的线性显示，逐步概括了有载和无载 Q 值的测量过程。

11.6　原著参考文献

1. Collin, R. E. (1966) *Foundation for Microwave Engineering*, McGraw-Hill, New York.

2. Pozar, D. (1998) *Microwave Engineering*, 2nd edn, Wiley, New York.

3. Atia, A. E. and Williams, A. E. (1972) Narrow bandpass waveguide filters. *IEEE Transactions on Microwave Theory and Techniques*, **20**, 238-265.

4. Atia, A. E. and Williams, A. E. (1971) New types of waveguide bandpass filters for satellite transponders. *COMSAT Technical Reviews*, **1** (1), 21-43.

5. Fiedziusko, S. J. (1982) Dual-mode dielectric resonator loaded cavity filter. *IEEE Transactions on Microwave Theory and Techniques*, **30**, 1311-1316.

6. Kajfez, D. and Guilon, P. (1986) *Dielectric Resonators*, Artech House, Norwood, MA.

7. Mansour, R. R. (1994) Design of superconductive multiplexers using single-mode and dual-mode filters. *IEEE Transactions on Microwave Theory and Techniques*, **42**, 1411-1418.

8. Walker, V. and Hunter, I. C. (2002) Design of triple mode TE_{01} resonator transmission filters. *IEEE Microwave and Wireless Components Letters*, **12**, 215-217.

9. Mansour, R. R. (1972) Microwave superconductivity. *IEEE Transactions on Microwave Theory and Techniques*, **50**, 750-759.

10. Hammerstad, E. O. and Jensen, O. (1980) Accurate models for microstrip computer-aided design. *IEEE-MTT-S*, 407-409.

11. Bahl, I. and Bhartia, P. (April 2003) *Microwave Solid State Circuit Design*, 2nd edn, Wiley, New York.

12. Itoh, T. (April 1989) *Numerical Techniques for Microwave and Millimeter-Wave Passive Structures*, Wiley, New York.

13. Collin, R. E. (1960) *Field Theory of Guided Waves*, McGraw-Hill, New York.

14. Atia, A. E. and Williams, A. E. (1976) General TE_{01} mode waveguide bandpass filters. *IEEE Transactions on Microwave Theory and Techniques*, **24**, 640-648.

15. Ginzton, E. L. (1957) *Microwave Measurements*, McGraw-Hill, New York.

16. Sucher, M. and Fox, J. (eds) (1963) *Handbook of Microwave Measurements*, Polytechnic Press, New York.

17. Kajfez, D. (1994) *Q Factor*, Vector Forum, Oxford, MS.

18. Kajfez, D. and Hwan, E. J. (1984) Q-factor measurement with network analyzer. *IEEE Transactions on Microwave Theory and Techniques*, **32**, 666-670.

19. Wheless, W. P. and Kajfez, D. (1986) Microwave resonator circuit model from measured data fitting. IEEE MTT-S Symposium Digest, Baltimore, June 1986, pp. 681-684.

20. Asija, A. and Gundavajhala, A. (1994) Quick measurement of unloaded Q using a network analyzer. *RF Design*, **17** (11), 48-52.

21. Kajfez, D. (1995) Q-factor measurement with a scalar network analyzer. *IEE Proceedings Microwave, Antennas and Propagation*, **142**, 369-372.

22. Sanchez, M. C., Martin, E., and Zamarro, J. M. (1990) Unified and simplified treatment of techniques for characterizing transmission, reflection, or absorption resonators. *IEE Proceedings*, **137** (4), 209-212.

23. Miura, T., Takahashi, T., and Kobayashi, M. (1994) Accurate Q-factor evaluation by resonance curve area method and it's application to the cavity perturbation. *IEICE Transactions on Electronics*, **C** (6), 900-907.

24. Leong, K. and Mazierska, J. (2001) Accurate measurements of surface resistance of HTS films using a novel transmission mode Q-factor technique. *Journal of Superconductivity*, **14** (1), 93-103.

25. Leong, K. and Mazierska, J. (1998) Accounting for lossy coupling in measurements of Q-factors in transmission mode dielectric resonators. Proceedings of Asia Pacific Microwave Conference, APMC'98, Yokohama, December 8-11, pp. 209-212.

第 12 章　波导与同轴低通滤波器

第 7 章至第 9 章介绍的综合方法主要基于无耗集总元件的原型滤波器形式。这类元件模型适用于微波频段的窄带(带宽一般小于 2%)滤波器的实现。在通信系统中,实际上大多数滤波器应用中采用的是带宽小于 2% 的带通滤波器,集总元件形式可以很好地满足这种应用。但是,通信系统也需要低通滤波器(LPF),且对低通滤波器的带宽要求也非常高(一般在吉赫级)。因此,集总元件模型在微波频段将不再适用,原型滤波器中需要使用分布元件,其综合方法也需要相应地进行修正。

本章首先讨论了低通滤波器传输多项式和反射多项式的综合方法,它适用于两种类型:**分布阶梯阻抗**(SI)**滤波器**和**混合集总/分布滤波器**。综合和实现这些低通滤波器所基于的理论源自 Levy 于 20 世纪 60 年代至 70 年代发表的一系列文献[1~5]。他介绍了一种适合表征低通滤波器传输和反射性能的原型多项式,包括全极点切比雪夫函数(即第二类切比雪夫函数)和 Achieser-Zolotarev 函数[2,6],由此综合出低通滤波器的电路模型。根据这些函数综合出的原型电路,可以采用矩形波导、同轴传输线或平面横电磁模(TEM)传输线(如带状线)来实现微波低通滤波器。

然后,本章介绍了低通滤波器的各类原型多项式在波导、同轴线或平面结构中的应用,以及制作这些滤波器的方法。然后将研究公比线在低通原型滤波网络中的应用。

本章接下来研究了阶梯阻抗低通滤波器的变换,以构成与其自身匹配的传输多项式,从而导出这类低通滤波器的网络综合方法,本章还讨论了通过综合方法产生的、性能与滤波器传输特性类似的短阶梯阻抗变换器。更复杂的集总/分布低通滤波器的综合过程,以及确定其结构尺寸的分析方法,将在本章末尾详细阐述。

12.1　公比线元件

公比线元件是实现微波滤波器的一个重要元件。它由电长度为 θ_c 的短传输线组成,用于实现与集总电容和电感等效的分布元件。

公比线元件具有与其等效的集总元件相同的符号和取值。但是,其频率变量 $s = j\omega$ 被替换成了 $t = j\tan\theta$,其中 $\theta = \omega l/v_p = 2\pi l/\lambda = \beta l$ 是频率为 ω 时元件的电长度,l 为公比线的物理长度,v_p 为传输线在媒质中的传播速度。在公式 $\theta_0 = \omega_0 l/v_p$ 中,假设 v_p 在频域中为常数,其中 θ_0 为元件在参考频率 ω_0 下的电长度,由此可以导出含有 ω 的频率变量 θ 的公式 $\theta = (\omega/\omega_0)\theta_0$。$t = j\tan\theta$ 就是众所周知的 **Richard 变换**[7],同时也作为频率变量广泛应用于公比线网络中。

图 12.1 所示的集总元件及其等效公比线在频率为 f_c 时具有相同的阻抗或导纳值,且传输线的电长度为 θ_c。但是,频率远离 f_c 时其值会出现差异。集总元件的电抗随频率趋向无穷大时呈单调变化,而分布元件的电抗以 π 为周期循环变化。

另一个常用的传输线元件是单位元件(UE),它与集总元件没有直接的等效关系。图 12.2 所示为由相移线段 θ 和特征导纳 Y_u 组成的一个单位元件,运用恒等式 $\cos\theta = 1/\sqrt{1 + \tan^2\theta}$ 和 $\sin\theta = \tan\theta/\sqrt{1 + \tan^2\theta}$,可以导出关于 $t = j\tan\theta$ 的 $[ABCD]$ 矩阵和导纳矩阵。

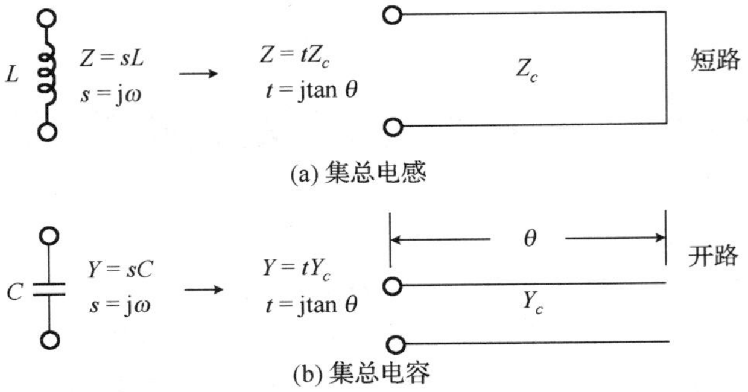

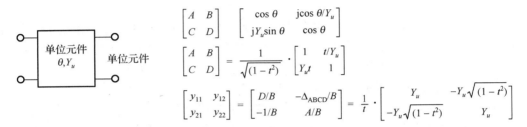

图 12.1　等效公比线

$$
\begin{bmatrix} A & B \\ C & D \end{bmatrix} \quad \begin{bmatrix} \cos\theta & j\cos\theta/Y_u \\ jY_u\sin\theta & \cos\theta \end{bmatrix}
$$

$$
\begin{bmatrix} A & B \\ C & D \end{bmatrix} = \frac{1}{\sqrt{(1-t^2)}} \cdot \begin{bmatrix} 1 & t/Y_u \\ Y_u t & 1 \end{bmatrix}
$$

$$
\begin{bmatrix} y_{11} & y_{12} \\ y_{21} & y_{22} \end{bmatrix} = \begin{bmatrix} D/B & -\Delta_{ABCD}/B \\ -1/B & A/B \end{bmatrix} = \frac{1}{t} \cdot \begin{bmatrix} Y_u & -Y_u\sqrt{(1-t^2)} \\ -Y_u\sqrt{(1-t^2)} & Y_u \end{bmatrix}
$$

图 12.2　单位元件及对应的 $[ABCD]$ 矩阵和导纳矩阵

　　以上这些元件在梳状带通滤波器或交指带通滤波器、耦合器、阻抗变换器等匹配器件的综合和建模中应用得十分广泛。

12.2　低通原型传输多项式

　　对于阶梯阻抗低通滤波器和集总/分布元件滤波器的综合,所对应的微波结构仅支持以下特定滤波器的函数形式。其中,阶梯阻抗型包括:

- 全极点函数(无传输零点);
- 奇数阶或偶数阶函数;
- 等波纹全极点切比雪夫函数(所有类型中最常用的一种);
- 全极点 Zolotarev 函数。

集总/分布型包括:

- 仅奇数阶多项式;
- 含有半零点对的传输多项式;
- 含有半零点对的第二类切比雪夫函数;
- 含有半零点对的 Zolotarev 函数。

12.2.1　第二类切比雪夫多项式

　　第一类等波纹全极点切比雪夫多项式常用于带通滤波器的设计,相关的详细综合方法在第 6 章中介绍。其传输函数和反射函数由下式给出:

$$S_{21}(\omega) = \frac{1}{\varepsilon E(\omega)}, \quad S_{11}(\omega) = \frac{F(\omega)}{E(\omega)} \tag{12.1}$$

其中 $E(\omega)$ 为第一类 N 阶首一切比雪夫多项式。在集总/分布参数低通滤波器函数用到的第二类切比雪夫多项式中，传输零点是以半零点对的形式对称分布的，其传输函数和反射函数可表示为

$$S_{21}(\omega) = \frac{\sqrt{\omega^2 - a^2}}{\varepsilon E(\omega)}, \quad S_{11}(\omega) = \frac{F(\omega)}{E(\omega)} \tag{12.2}$$

其中 $\pm a$（a^2 的根）为半零点的位置，$E(\omega)$ 为第二类 N 阶切比雪夫多项式。这是与包含对称分布的全零点对的第一类切比雪夫多项式相比较而言的，后者运用第 6 章介绍的综合方法可表示为

$$S_{21}(\omega) = \frac{(\omega^2 - a^2)}{\varepsilon E(\omega)}, \quad S_{11}(\omega) = \frac{F(\omega)}{E(\omega)} \tag{12.3}$$

图 12.3 比较了两种切比雪夫函数的性能，很明显第二类多项式的传输零点比第一类产生的近端带外抑制差，远端抑制却比较好。在这个 7 阶滤波器实例中，调整了第一类多项式中全零点的位置，直到最大抑制波瓣值达到 50 dB，然后设定第二类多项式的半零点位于相同的位置。显然，第二类多项式的抑制波瓣值更低，且靠近通带边沿的抑制更差。但是，两者的带内回波损耗性能几乎是相同的。

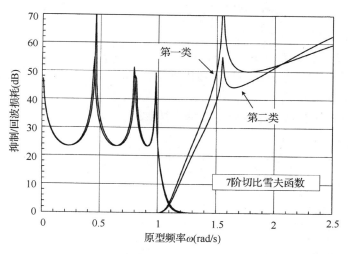

图 12.3　第一类切比雪夫函数（全零点）与第二类切比雪夫函数（半零点）的对比

对于半零点数最大为 N 的第二类 N 阶切比雪夫多项式的分子和分母多项式，可以根据零映射公式和递归方法求解得到，这与第 6 章已知 $P(\omega)$ 求解第一类多项式 $F(\omega)$ 的方法类似。采用与前面相同的符号来表示，可得

$$C_N(\omega) = \frac{F(\omega)}{P(\omega)} = \cosh \left[\sum_{n=1}^{N} \text{arcosh} (x_n) \right] \tag{12.4}$$

其中,

$$x_n = \omega \sqrt{\frac{(1-1/\omega_n^2)}{(1-\omega^2/\omega_n^2)}}$$

计算 a_n 和 b_n 可得

$$a_n = x_n = \omega \sqrt{\frac{(1-1/\omega_n^2)}{(1-\omega^2/\omega_n^2)}}$$

$$b_n = \sqrt{x_n^2 - 1} = \frac{\omega'}{\sqrt{(1-\omega^2/\omega_n^2)}}$$

(12.5)

其中频率转换变量为 $\omega' = \sqrt{\omega^2 - 1}$。

最后,构建 C_N 多项式的形式如下:

$$C_N(\omega) = \frac{\prod_{n=1}^{N}\left[\omega\sqrt{(1-1/\omega_n^2)} + \omega'\right] + \prod_{n=1}^{N}\left[\omega\sqrt{(1-1/\omega_n^2)} - \omega'\right]}{2\prod_{n=1}^{N}\sqrt{(1-\omega^2/\omega_n^2)}}$$

$$= \frac{\prod_{n=1}^{N}[c_n + d_n] + \prod_{n=1}^{N}[c_n - d_n]}{2\prod_{n=1}^{N}\sqrt{(1-\omega^2/\omega_n^2)}}$$

(12.6)

其中, $c_n = \omega \sqrt{(1-1/\omega_n^2)}$, $d_n = \omega'$ 。

运用与6.3节类似的递归方法可以构造出 $F(\omega)$ 。由于给定半零点位置的多项式 $P(\omega)$ 已知,因此可以确定分母多项式 $E(\omega)$ 。

求解 $F(\omega)$ 多项式的方法与第6章介绍的方法类似。这里,复数向量 XP 含有给定位置的半零点,且包含在 $\omega = \infty$ 处的零点:

```
        X=1.0/XP(1)**2              由第一个给定的半零点ω₁进行初始化

        Y=CDSQRT(1.0-X)
        U(1)=0.0
        U(2)=Y
        V(1)=1.0
        V(2)=0.0
C
        DO 10 K=3, N+1              乘以第二个零点,以及后续给定的半零点

        X=1.0 / XP(K-1)**2
        Y=CDSQRT(1.0-X)
        U2(K)=0.0
        V2(K)=0.0
        DO 11 J=1, K-1             与常数项相乘
        U2 (J)=-V(J)
11      V2 (J)=U(J)
        DO 12 J=2, K              与ω的项相乘
```

```
                    U2(J)=U2(J)+Y * U(J-1)
12                  V2(J)=V2(J)+Y * V(J-1)
                    DO 13 J=3, K              与ω²的项相乘
13                  U2(J)=U2(J)+V(J-2)
                    DO 14 J=1, K              更新Uₙ和Vₙ
                    U(J)=U2(J)
14                  V(J)=V2(J)
10                  CONTINUE                  由第三个给定的零点开始重复
                                              以上过程,至第N个零点结束
```

和前面一样,多项式 U 含有与 $F(\omega)$ 多项式一样的系数,计算它的根可以得到反射函数 $S_{11}(\omega)$ 多项式的分子的 N 个奇点。如果需要,还可以通过求解多项式 V 的根,确定 $N-1$ 个带内极大值。由于 $S_{21}(\omega)$ 分子含有平方根,不能直接使用交替极点法(见 6.3 节)来获得包含奇数个半零点对的 $E(\omega)$ 多项式的系数。但是,与集总/分布参数低通滤波器有关的章节里指出,经过 t 平面变换之后,$S_{21}(t)$ 总是存在偶数个半零点对。因此,$S_{21}(\omega)$ 多项式的分子的平方根符号可以消去,构造出多项式 $P(t)$,然后运用前面介绍的交替极点法求解出 $E(t)$。

12.2.2　Achieser-Zolotarev 函数

Achieser-Zolotarev 函数[2]与第二类切比雪夫函数类似,两者在通带内都具有等波纹特性。但是,Achieser-Zolotarev 函数还包含另一个设计参数,也就是通带内接近原点处可以产生一个超出预期的等波纹水平峰值。图 12.4 给出了偶数阶(8 阶)和奇数阶(9 阶)Achieser-Zolotarev 函数的通带内的幅度特性。

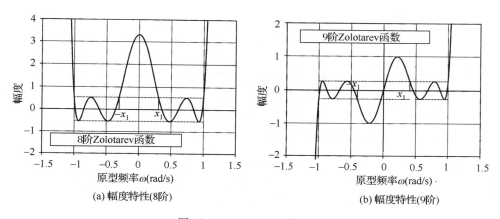

图 12.4　Zolotarev 函数特性

图 12.5 比较了 7 阶第二类切比雪夫函数和 Zolotarev 函数的通带内幅度性能及通带外抑制性能。显然,图 12.5(a)中 Zolotarev 函数的第一个波纹比较高,而从图 12.5(b)可看出两者通带外的抑制性能十分接近,而 Zolotarev 函数略好一些。但是,这并没有体现 Zolotarev 函数在低通滤波器设计中的优势。通常,利用这个函数可以推导出更合适的非突变元件值,且元件之间的间距也比较大,从而有利于高功率设计。

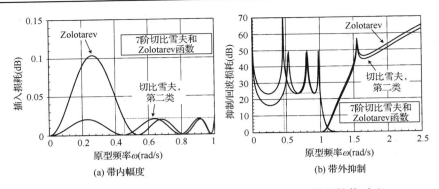

图 12.5　7 阶第二类切比雪夫函数和 Zolotarev 函数的性能对比

12.2.2.1　Achieser-Zolotarev 函数的综合

全极点偶数阶 Achieser-Zolotarev 函数（适用于阶梯阻抗低通滤波器，但不适用于集总/分布参数低通滤波器），可以根据 $N_2 = N/2$ 阶的广义切比雪夫函数的零点和给定的回波损耗，运用如下映射公式推导得到：

$$s'_k = \mathrm{j}\sqrt{\frac{1}{2}[(1+x_1^2)-\mathrm{j}s_k(1-x_1^2)]} \tag{12.7}$$

且

$$s'_{N+k} = s'^*_k, \quad k = 1,2,\cdots,N_2$$

其中 s_k 为复平面 s 上奇点的初始位置，s'_k 为变换后的位置，$x_1(|x_1|<1)$ 为带内等波纹起始频率点，如图 12.4（a）所示。对于 N 阶（N 为奇数或偶数）给定回波损耗（RL，单位为 dB）的全极点切比雪夫函数，$S_{21}(s)$ 的极点[$E(s)$ 的根 s_{pk}]和 $S_{11}(s)$ 的零点[$F(s)$ 的根 s_{zk}]由文献[8,9]简单地确定如下：

$$s_{pk} = \mathrm{j}\cosh(\eta + \mathrm{j}\theta_k), \quad s_{zk} = \mathrm{j}\cos\theta_k$$

其中

$$\eta = \frac{1}{N_2}\ln\left(\varepsilon_1 + \sqrt{\varepsilon_1^2 + 1}\right), \quad \varepsilon_1 = \sqrt{10^{\mathrm{RL}/10}-1}, \quad \theta_k = \frac{(2k-1)\pi}{2N_2} \tag{12.8}$$

$$k = 1,2,\cdots,N_2, \quad N_2 = N/2$$

当 $x_1 = 0$ 时，偶数阶 Zolotarev 函数退化为纯全极点切比雪夫函数。这些偶数阶 Zolotarev 函数有时还可以用于双通带原型的滤波器的设计。

相对于确定偶数阶 Zolotarev 函数多项式的简易性，奇数阶 Zolotarev 函数无论有无半零点对，求解过程都极其复杂。其多项式的综合过程可以参考 Levy 在文献[2]中的详细描述，且其元件数值表列于文献[6]中。

12.3　分布阶梯阻抗低通滤波器的综合实现

阶梯阻抗低通原型滤波器由公比线元件级联实现，这些公比线元件具有相同的电长度 θ_c，但是沿传播方向上相邻元件的阻抗各不相同。本章主要是为了说明，这种级联的多项式通过如下映射函数从 ω 平面变换到 θ 平面后，与传输和反射多项式的设计一样，仍具有相同的形式，即

$$\omega = \frac{\sin\theta}{\sin\theta_c} = a\sin\theta \tag{12.9}$$

其中 θ_c 为公比线的电长度，且 $a = 1/\sin\theta_c$。

在 ω 平面上,对全极点 Zolotarev 函数应用映射公式变换后,其结果如图 12.6(a)所示。从 ω 平面上该函数的传输特性和反射特性可以看出,它的截止频率位于 $\omega = \pm 1$ 处,等波纹区域内的回波损耗为 30 dB。图 12.6(b)所示为根据式(12.9)从 ω 平面映射到 θ 平面的函数特性曲线,其公比线的电长度 $\theta_c = 20°$,也就是 $a = 2.9238$。

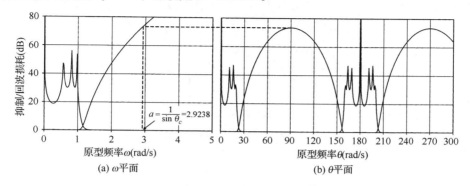

图 12.6　全极点传输函数和反射函数的阶梯阻抗低通滤波器根据映
射公式 $\omega = a\sin\theta$ 从 ω 平面映射到 θ 平面的函数特性曲线

θ 从零开始增大,ω 平面上相应的频率变量 ω 也随之增大,当 $\theta = \theta_c(20°)$ 时到达通带边沿 $\omega = \pm 1$。区间 $\theta_c \leqslant \theta \leqslant 90°$ 对应的归一化频域为 $1 \leqslant \omega \leqslant a$。随着 θ 从 90°增大到 180°,ω 平面上的曲线沿着原来的轨迹返回至原点,并随着 θ 增大到 270°时到达 $-a$。所以,图 12.6(b)中对称显示的通带曲线与 ω 平面上 $\omega = \pm a$ 之间的函数特性对应。

12.3.1　ω 平面到 θ 平面的传输函数 S_{21} 的映射

根据式(12.9)(映射公式)和恒等式 $\sin\theta = \tan\theta / \sqrt{1 + \tan^2\theta}$,可得

$$\omega = \frac{a\tan\theta}{\sqrt{1 + \tan^2\theta}} \tag{12.10}$$

令 $t = \mathrm{j}\tan\theta$,则有

$$s = \mathrm{j}\omega = \frac{at}{\sqrt{1 - t^2}} \tag{12.11a}$$

或

$$t = \frac{\pm s}{\sqrt{a^2 + s^2}} = \frac{\pm s \sin\theta_c}{\sqrt{1 + (s\sin\theta_c)^2}} \tag{12.11b}$$

s 平面上全极点传输函数的形式可表示为 $S_{21}(s) = 1/(\varepsilon E(s))$,其中 $E(s)$ 为全极点切比雪夫函数或 Zolotarev 传输函数的 N 阶分母多项式[见式(12.8)]。将式(12.11a)中的频率变量 s 替换为 t,可得

$$S_{21}(t) = \frac{1}{\varepsilon E\left(\dfrac{at}{\sqrt{1 - t^2}}\right)} = \frac{\left[\sqrt{1 - t^2}\right]^N}{\varepsilon' E'(t)} \tag{12.12}$$

其中 $E'(t)$ 为另一个关于变量 $t = \mathrm{j}\tan\theta$ 的 N 阶多项式。确定 $E'(t)$ 的最准确的方法是运用式(12.11b),将 s 平面上 $E(s)$ 的 N 个奇点变换到 t 平面上,然后分解它们,构成关于 t 的新多

项式。在 $\theta = \theta_c$ 处,可以计算得到归一化常数 ε'(对应于 $\omega = 1$),其中回波损耗是已知的。注意,$S_{21}(t)$ 的 N 个传输半零点出现在 $t = \pm 1$ 处,等价于 s 平面上的 $s = \pm j\infty$。

12.3.1.1　电路方法中 $S_{21}(t)$ 的构成

如前所述,N 阶阶梯阻抗低通滤波器由 N 个不同阻抗 $Z_i(i = 1, 2, \cdots, N)$ 的公比线段级联构成。其中一个线段如图 12.7(a) 所示,它的 $[ABCD]$ 传输矩阵给定为

$$[ABCD] = \begin{bmatrix} \cos\theta & jZ_i\sin\theta \\ \dfrac{j\sin\theta}{Z_i} & \cos\theta \end{bmatrix} = \frac{1}{\sqrt{1-t^2}}\begin{bmatrix} 1 & Z_i t \\ \dfrac{t}{Z_i} & 1 \end{bmatrix} \tag{12.13}$$

由于 $t = j\tan\theta$,则 $\cos\theta = 1/\sqrt{1-t^2}$ 且 $j\sin\theta = t/\sqrt{1-t^2}$。

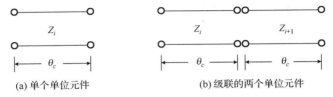

(a) 单个单位元件　　　　　　　　(b) 级联的两个单位元件

图 12.7　公比线段(单位元件)

如图 12.7(b) 所示,通过级联两个阻抗为 Z_i 和 Z_{i+1} 的单位元件,可得

$$[ABCD] = \left[\frac{1}{\sqrt{1-t^2}}\right] \cdot \begin{bmatrix} 1 + t^2\dfrac{Z_i}{Z_{i+1}} & t(Z_i + Z_{i+1}) \\ t\left(\dfrac{1}{Z_i} + \dfrac{1}{Z_{i+1}}\right) & 1 + t^2\dfrac{Z_{i+1}}{Z_i} \end{bmatrix} \tag{12.14}$$

$$= \left[\frac{1}{\sqrt{1-t^2}}\right]^2 \cdot \begin{bmatrix} A_2(t) & B_1(t) \\ C_1(t) & D_2(t) \end{bmatrix}$$

对于 N 段公比线的级联,则有

$$[ABCD] = \left[\frac{1}{\sqrt{1-t^2}}\right]^N \cdot \begin{bmatrix} A_N(t) & B_{N-1}(t) \\ C_{N-1}(t) & D_N(t) \end{bmatrix}, \quad N\text{为偶数}$$

$$= \left[\frac{1}{\sqrt{1-t^2}}\right]^N \cdot \begin{bmatrix} A_{N-1}(t) & B_N(t) \\ C_N(t) & D_{N-1}(t) \end{bmatrix}, \quad N\text{为奇数} \tag{12.15}$$

其中,元素的下标表示含有变量 t 的多项式的阶数。传输函数与 $[ABCD]$ 矩阵的关系推导如下:

$$S_{21}(t) = \frac{2[1-t^2]^{N/2}}{A(t) + B(t) + C(t) + D(t)} = \frac{[1-t^2]^{N/2}}{\varepsilon_t E'(t)} \tag{12.16a}$$

$$= \frac{[(1-t)(1+t)]^{N/2}}{\varepsilon_t E'(t)} = \frac{\sqrt{P(t)}/\varepsilon_t}{E'(t)} \tag{12.16b}$$

其中 $P(t)$ 为 $S_{21}(t)$ 的 N 阶分子多项式,其系数统一由 ε_t 归一化。运用映射公式(12.11)将全极点切比雪夫函数或 Zolotarev 函数直接映射到 t 平面后,可明显看出式(12.16a)与式(12.12)具有相同的形式。注意分子多项式 $P(t)$ 是 N 阶的,并且在 $t = \pm 1$ 处有 N 个传输半零点,这表明函数为全规范型的。对应的反射函数为 $S_{11}(t) = F(t)/(\varepsilon_{Rt}/E'(t))$,为了满足能量守恒条件,$\varepsilon_{Rt}$ 不可能为 1(但在高阶函数中 ε_{Rt} 接近于 1)。

虽然不可能构成奇数阶函数的 $\sqrt{P(t)}$ 多项式形式，但在实际综合过程中并不会用到这种多项式。当 $S_{21}(t)$ 和 $S_{11}(t)$ 已知时，ε_t 的值可以由滤波器函数相关的频率点简单计算得到，比如截止频率，其中截止角度 $\theta = \theta_c$，则有

$$\varepsilon_t = \left. \frac{[1-t^2]^{N/2}}{\left(\sqrt{1-10^{-\mathrm{RL}/10}}\right) \cdot |E'(t)|} \right|_{t=t_c}, \qquad \varepsilon_{Rt} = \frac{\varepsilon_t}{\sqrt{\varepsilon_t^2 - 1}} \qquad (12.17)$$

其中 $t_c = \mathrm{j}\tan\theta_c$。

12.3.2　阶梯阻抗低通原型电路的综合

传输线级联构成的阶梯阻抗低通滤波器的综合，与采用多项式 $A(t)$，$B(t)$，$C(t)$ 和 $D(t)$ 表示的带通滤波器的低通原型网络综合方法类似[见式(12.15)]。当网络关于 $t=0$ 对称时，多项式 $F(t)$ 的奇偶性取决于 N 为奇数还是偶数，且 $E'(t)$ 和 $F(t)$ 都存在纯实系数。

从电路输入端看进去的阻抗 Z_{in} 为

$$Z_{\mathrm{in}} = \frac{A(t)Z_L + B(t)}{C(t)Z_L + D(t)} = \frac{1+S_{11}(t)}{1-S_{11}(t)} = \frac{E'(t) + F(t)/\varepsilon_{Rt}}{E'(t) - F(t)/\varepsilon_{Rt}} \qquad (12.18)$$

其中，Z_L 为网络输出端的负载阻抗，且假设源阻抗 $Z_S = 1$。在综合过程中，可以通过计算多项式的比值 $A(t)/C(t)$ 和 $B(t)/D(t)$ 推导出级联单位元件的特征阻抗 Z_i。因此，Z_L 是否包含在式(12.18)中并不重要。为了便于理解，在后面的综合过程中将省略 Z_L。

无论 N 为偶数还是奇数，$A(t)$ 和 $D(t)$ 都为偶数阶多项式，$B(t)$ 和 $C(t)$ 都为奇数阶多项式[见式(12.15)]，根据多项式 $E'(t)$ 和 $F(t)/\varepsilon_{Rt}$ 的系数构建多项式 $A(t)$，$B(t)$，$C(t)$ 和 $D(t)$ 如下：

$$\begin{aligned}
A(t) &= (e_0 + f_0) + (e_2 + f_2)t^2 + (e_4 + f_4)t^4 + \cdots \\
B(t) &= (e_1 + f_1)t + (e_3 + f_3)t^3 + (e_5 + f_5)t^5 + \cdots \\
C(t) &= (e_1 - f_1)t + (e_3 - f_3)t^3 + (e_5 - f_5)t^5 + \cdots \\
D(t) &= (e_0 - f_0) + (e_2 - f_2)t^2 + (e_4 - f_4)t^4 + \cdots
\end{aligned} \qquad (12.19)$$

其中 e_i 和 f_i，$i = 0,1,2,\cdots,N$ 分别为多项式 $E'(t)$ 和 $F(t)/\varepsilon_{Rt}$ 的系数。这样表述可以确保多项式构成的正确性，并且对于传输函数和反射函数都是成立的[见式(12.16a)]：

$$S_{12}(t) = S_{21}(t) = \frac{\sqrt{P(t)}/\varepsilon_t}{E'(t)} = \frac{2[1-t^2]^{N/2}/\varepsilon_t}{A(t) + B(t) + C(t) + D(t)} \qquad (12.20\mathrm{a})$$

$$S_{11}(t) = S_{22}(t) = \frac{F(t)/\varepsilon_{Rt}}{E'(t)} = \frac{A(t) + B(t) - C(t) - D(t)}{A(t) + B(t) + C(t) + D(t)} \qquad (12.20\mathrm{b})$$

网络综合　按照 7.2.1 节介绍的方法提取变换器，需要依次从 $[ABCD]$ 矩阵中移除单位元件，每次提取后将得到一个剩余矩阵。首先，整个 $[ABCD]$ 矩阵被分解为第一个单位元件矩阵和剩余矩阵的级联，表示如下：

$$\begin{aligned}
\frac{\varepsilon_t}{[1-t^2]^{N/2}} \cdot \begin{bmatrix} A(t) & B(t) \\ C(t) & D(t) \end{bmatrix} &= \frac{1}{[1-t^2]^{1/2}} \cdot \begin{bmatrix} 1 & Z_1 t \\ t/Z_1 & 1 \end{bmatrix} \frac{\varepsilon_t}{[1-t^2]^{(N-1)/2}} \begin{bmatrix} A_{\mathrm{rem}}(t) & B_{\mathrm{rem}}(t) \\ C_{\mathrm{rem}}(t) & D_{\mathrm{rem}}(t) \end{bmatrix} \\
&= \frac{\varepsilon_t}{[1-t^2]^{N/2}} \begin{bmatrix} A_{\mathrm{rem}}(t) + tZ_1 C_{\mathrm{rem}}(t) & B_{\mathrm{rem}}(t) + tZ_1 D_{\mathrm{rem}}(t) \\ C_{\mathrm{rem}}(t) + \dfrac{tA_{\mathrm{rem}}(t)}{Z_1} & D_{\mathrm{rem}}(t) + \dfrac{tB_{\mathrm{rem}}(t)}{Z_1} \end{bmatrix}
\end{aligned} \qquad (12.21)$$

电路的开路阻抗有以下两种计算方式:

$$z_{11} = \frac{A(t)}{C(t)}\bigg|_{t=1} = \frac{A_{\text{rem}}(t) + tZ_1C_{\text{rem}}(t)}{C_{\text{rem}}(t) + tA_{\text{rem}}(t)/Z_1}\bigg|_{t=1} = Z_1 \tag{12.22a}$$

$$z_{11} = \frac{B(t)}{D(t)}\bigg|_{t=1} = \frac{B_{\text{rem}}(t) + tZ_1D_{\text{rem}}(t)}{D_{\text{rem}}(t) + tB_{\text{rem}}(t)/Z_1}\bigg|_{t=1} = Z_1 \tag{12.22b}$$

运用式(12.22)中的任意一个公式计算出 Z_1,从初始[$ABCD$]矩阵中提取出第一个单位元件,得到剩余矩阵[$ABCD$]$_{\text{rem}}$的过程为

$$
\begin{aligned}
\frac{\varepsilon_t}{[1-t^2]^{(N-1)/2}}\begin{bmatrix} A_{\text{rem}}(t) & B_{\text{rem}}(t) \\ C_{\text{rem}}(t) & D_{\text{rem}}(t) \end{bmatrix} &= \frac{1}{[1-t^2]^{1/2}} \cdot \begin{bmatrix} 1 & -Z_1t \\ \dfrac{-t}{Z_1} & 1 \end{bmatrix} \cdot \frac{\varepsilon_t}{[1-t^2]^{N/2}} \cdot \begin{bmatrix} A(t) & B(t) \\ C(t) & D(t) \end{bmatrix} \\
&= \frac{\varepsilon_t}{[1-t^2]^{(N+1)/2}}\begin{bmatrix} A(t)-tZ_1C(t) & B(t)-tZ_1D(t) \\ C(t)-\dfrac{tA(t)}{Z_1} & D(t)-\dfrac{tB(t)}{Z_1} \end{bmatrix}
\end{aligned}
\tag{12.23}
$$

最后,为了减小式(12.23)最右边的[$ABCD$]矩阵的分母幂次,上下两行元素必须同时除以 $(1-t^2)$,从而获得与式(12.21)左边的剩余矩阵相同的幂次。提取出 Z_1 后,将分子多项式除以$(1-t^2)$,其剩余多项式为 $A_{\text{rem}}(t)$, $B_{\text{rem}}(t)$, $C_{\text{rem}}(t)$ 和 $D_{\text{rem}}(t)$。在提取单位元件 Z_1 的推导过程中,如果网络总阶数从偶数阶的变成奇数阶的,则多项式 $A_{\text{rem}}(t)$ 和 $D_{\text{rem}}(t)$ 与之相比要少两阶;或者,如果网络总阶数从奇数阶的变成偶数阶的,则多项式 $B_{\text{rem}}(t)$ 和 $C_{\text{rem}}(t)$ 与之相比要少两阶[见式(12.15)]。对剩余矩阵重复这个过程,提取出第二个单位元件 Z_2,以此类推,直到提取出全部 N 个单位元件。

在零点频率,显然不存在单位元件的级联,根据 $Z_{\text{in}} = Z_L$ 可以导出终端负载值。因此,在 $t=0$ 时,求解式(12.18)可得

$$Z_{\text{in}}|_{t=0} = \frac{E'(t) + F(t)/\varepsilon_{Rt}}{E'(t) - F(t)/\varepsilon_{Rt}}\bigg|_{t=0} = \frac{e_0 + f_0}{e_0 - f_0} = Z_L \tag{12.24}$$

对于奇数阶网络,$f_0 = 0$($t=0$ 时的理想传输点),Z_L 归一化为 1 且等于源阻抗 Z_S。对于偶数阶网络,$f_0 \neq 0$ 且 $Z_L > 1$。

如文献[3]中所述,奇数阶网络的单位元件关于网络中心对称,而偶数阶网络却是不对称的:

$$Z_k = Z_{N-k+1} \ (N \text{ 为奇数}), \quad Z_kZ_{N-k+1} = Z_L \ (N\text{为偶数}), \quad k = 1,2,\cdots,N \tag{12.25}$$

上式包含一个非常有用的特性,即一半单位元件值可以根据另一半单位元件值计算得到,这种特性通常可以用于提高和检验综合的准确性。

式(12.22)中任意一种 z_{11} 的表达式都可用于实现网络综合。但是,为了避免误差的累积,在整个综合过程中最好只采用其中一种表达式,不要混合使用。而通常最佳的方式是同时使用两种公式单独并行综合,然后根据网络的对称性(偶数阶)或不对称性(奇数阶)来确定偏差最小的那种综合方式。

12.3.3 实现

理论上,通过单位元件级联构成的阶梯阻抗低通滤波器可以使用波导、同轴线或平面结构等具有相同长度的一系列传输线直接实现。以一个 6 阶阶梯阻抗低通滤波器的综合过程为例,

令其特征阻抗为 $Z_i(i=1,2,\cdots,6)$，使用矩形波导实现时，意味着内部波导的高度（b_i）与 Z_i 成正比。当 Z_i 变大时，b_i 也随之变大，反之亦然。一般情况下，b_i 与输入波导高度 b 相同或略小一些。一个 6 阶阶梯阻抗低通滤波器的原型电路及用矩形波导实现的结构如图 12.8 所示。

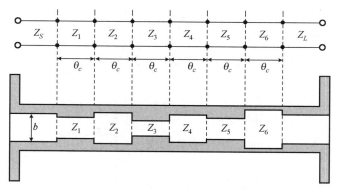

图 12.8　6 阶阶梯阻抗低通滤波器的原型电路及用矩形波导实现的结构

但是，这种结构在波导连接处因阻抗突变会产生寄生电容效应。与理想响应相比，其性能将严重恶化。如果对交替排列的单位元件运用对偶网络定理，在波导连接处引入冗余阻抗变换器，响应就能得到较好的改善。这种方法使得传输线阻抗趋于一致且设计灵活，并允许预先给定传输线阻抗的值。

一旦引入了冗余阻抗变换器，就可以按比例来确定其阻抗（见图 12.9），且保持耦合系数 $k_{i,i+1}$ 不变，即

$$k_{i,i+1} = \frac{K'_{i,i+1}}{\sqrt{Z'_i \cdot Z'_{i+1}}} = \frac{K''_{i,i+1}}{\sqrt{Z''_i \cdot Z''_{i+1}}} \tag{12.26}$$

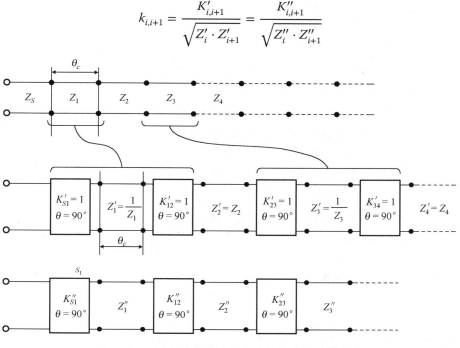

图 12.9　引入冗余阻抗变换器及阻抗变换后的电路

例如,如果将所有的 Z_i'' 设为 1(一般情况下),则变换器阻抗值给定为

$$K_{i,i+1}'' = \frac{1}{\sqrt{Z_i' \cdot Z_{i+1}'}}, \quad i = 0,1,2,\cdots,N \tag{12.27}$$

其中 $Z_0 \equiv Z_S = 1$ 且 $Z_{N+1} \equiv Z_L$,因此有 $Z_1'' = Z_2'' = \cdots = Z_N'' = Z_L'' = 1$。现在变换器的值都不为 1,在矩形波导结构中可以使用电容膜片来实现。如果网络开始是不对称的(偶数阶),运用此方法就可以变换成与奇数阶网络一样且两边包含归一化终端的对称网络。图 12.10 给出了用波导实现的 6 阶滤波器。

为了说明以上设计过程,下面设计一个 6 阶 Zolotarev 阶梯阻抗低通滤波器的原型电路。其回波损耗为26 dB,等波纹区域从 $\theta_1 = 8°$ 开始,截止角度为 $\theta_c = 22°$。

首先,运用式(12.8)产生全极点切比雪夫函数的奇点,即 $E(\omega)$ 和 $F(\omega)$ 的根,接着使用映射公式(12.7),将 ω 平面上的奇点变换成偶数阶 Zolotarev 函数的奇点,如表 12.1 的前两列所示。然后运用式(12.11),将这些奇点转换到 t 平面上,如表 12.1 的后两列所示。

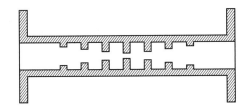

图 12.10　6 阶矩形波导阶梯阻抗低通滤波器

表 12.1　6 阶 Zolotarev 函数的奇点变换为 ω 平面和 t 平面上的极点和零点

ω 平面		t 平面	
极点[$E(\omega)$ 的根]	零点[$F(\omega)$ 的根]	映射后的极点	映射后的零点
$-0.1486 \pm j1.1328$	$\pm j0.9707$	$-0.0747 \pm j0.4654$	$\pm j0.3904$
$-0.3952 \pm j0.8516$	$\pm j0.7543$	$-0.1707 \pm j0.3234$	$\pm j0.2946$
$-0.4907 \pm j0.3429$	$\pm j0.4425$	$-0.1851 \pm j0.1230$	$\pm j0.1681$
		$\varepsilon = 704.58$	$\varepsilon_R = 1.000\,001$

通过改进 t 平面上的多项式,可以创建出 $[ABCD]$ 多项式,运用估值和提取方法综合 6 个单位元件的级联,并推导出高低阻抗级联的单位元件值,如表 12.2 的前两列所示。现在,在元件之间插入值为 1 的阻抗变换器 $K_{i,i+1}$(从开始端级联的第一个单位元件开始),它起到互换第二个单位元件的作用(对偶网络定理),如表 12.2 的第三列所示。最后,运用式(12.26)将单位元件阻抗与终端负载阻抗归一化为 1(见表 12.2 的最后一列)。显然,此时网络的元件值关于中心对称。

表 12.2　阶梯阻抗低通滤波器的元件值

高低阻抗级联形式		吸收变换器 $K_{i,i+1}$ 后		
	单位元件阻抗值	单位元件阻抗值 Z_i' ($K_{i,i+1}=1.0$)	相对于 Z_L 归一化为 1 的单位元件值 Z_i''	
Z_1	2.625 71	2.625 71	K_{S1}''	0.617 13
Z_2	0.320 87	3.116 57	K_{12}''	0.349 57
Z_3	5.224 72	5.224 72	K_{23}''	0.247 82
Z_4	0.322 08	3.104 79	K_{34}''	0.248 29
Z_5	5.244 55	5.244 55	K_{45}''	0.247 82
Z_6	0.640 89	1.560 33	K_{56}''	0.349 57
Z_L	1.682 79		K_{6L}''	0.617 13

运用电路网络的分析方法,可以推导出低通滤波器的回波损耗和抑制性能,如图 12.11 所示。从图中可以看出,回波损耗的第一个波纹开始于 $\theta = 8°$,且在 $8° \sim 22°$ 之间满足 26 dB。

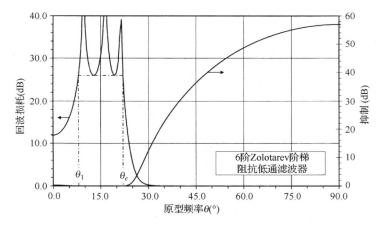

图 12.11　6 阶阶梯阻抗低通滤波器的回波损耗和抑制性能(在 $\theta_1 = 8°$ 和 $\theta_c = 22°$ 之间的回波损耗为 26 dB)

12.3.3.1　阻抗变换器的实现

原型网络中的阻抗变换器等价于波导中的容性膜片,其位于两个相位平面之间(见图 12.12)。因此,与膜片的高度 b_0 成正比的原型变换器的特征阻抗,与膜片阻抗 Z_0 的关系表示如下:

$$
\begin{aligned}
&\begin{bmatrix} a'' & jb'' \\ jc'' & d'' \end{bmatrix} &&\begin{bmatrix} a' & jb' \\ jc' & d' \end{bmatrix} \\
&a'' = d'' = 0 &&a' = Z_{n1}(c - sB_2 Z_0) \\
&b'' = \frac{K_{i,i+1}}{Z_{n2}} &&b' = s\frac{Z_0}{Z_{n2}} \\
&c'' = \frac{Z_{n2}}{K_{i,i+1}} &&c' = Z_{n2}\left[c(B_1 + B_2) + s\left[\frac{1}{Z_0} - B_1 B_2 Z_0\right]\right] \\
& &&d' = \frac{c - sB_1 Z_0}{Z_{n1}}
\end{aligned}
\tag{12.28}
$$

其中, $Z_{n1} = \sqrt{Z_{i+1}/Z_i}$, $Z_{n2} = \sqrt{Z_i Z_{i+1}}$; B_1 和 B_2 为阶梯连接处的边缘电容[10]; l 为膜片厚度; $\beta = 2\pi/\lambda_{gi}$, λ_{gi} 为膜片的波长; $c = \cos\beta l$, $s = \sin\beta l$; Z_i, Z_{i+1} 及 $K_{i,i+1}$ 为原型变换器和单位元件的特征阻抗。

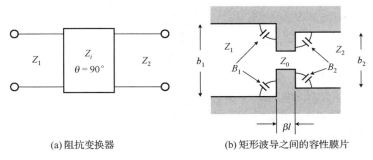

(a) 阻抗变换器　　　　　　　(b) 矩形波导之间的容性膜片

图 12.12　等效电路

式(12.28)中的未知参数是阶梯连接处的特征阻抗 Z_0，可以通过令下式中的矩阵元件相等并反复求解来得到：

$$1 + \frac{1}{4}(a' - d')^2 + \frac{1}{4}(b' - c')^2 = 1 + \frac{1}{4}(a'' - d'')^2 + \frac{1}{4}(b'' - c'')^2 \tag{12.29}$$

参考相位平面计算如下[11]：

$$\tan 2\phi_1 = \frac{2(b'd' - a'c')}{(a'^2 - d'^2) + (b'^2 - c'^2)}$$
$$\tan 2\phi_2 = \frac{2(a'b' - c'd')}{(d'^2 - a'^2) + (b'^2 - c'^2)} \tag{12.30}$$

应该注意的是，在原型网络中引入的变换器是不随频率变化的，因此它对该网络的特性毫无影响。但是，实际应用中变换器变成了波导结构中的容性膜片，由于这些膜片是随频率变化的，这相当于在滤波器设计中增加了元件，因此可以实现低通特性。所以，在图 12.10 所示的结构中，虽然初始设计是 6 阶原型网络，却呈现了 13(即 6 + 7)阶滤波器性能。图 12.13 举例说明了一个截止频率为 23.5 GHz 的低通滤波器的分析结果。

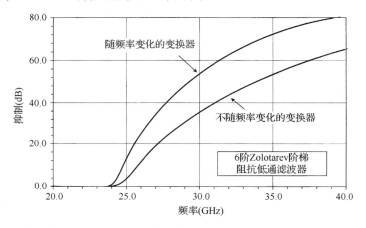

图 12.13　含有随频率变化的变换器和不随频率变化的变换器时，6 阶阶梯阻抗低通滤波器的抑制对比

12.4　短阶梯变换器

本节介绍的短阶梯变换器的设计过程与阶梯阻抗低通滤波器的相似，可以使用偶数阶 Zolotarev 函数和等公比线的综合方法。对于不同阻抗水平的传输线连接，以及不同高度的波导的匹配，短阶梯变换器是一个极为有用的匹配元件[12]。注意，短阶梯变换器退化后的一个特例是变成了众所周知的四分之一波长变换器。

综上所述，阶梯阻抗低通滤波器的综合方法应用于偶数阶低通滤波器函数时，单位元件的特征阻抗 Z_i 相对于滤波器中心是不对称的，使得负载阻抗 Z_L 与源阻抗 Z_S 不相等。因此在零频率处，偶数阶滤波器函数会出现非零的插入损耗，且级联形式的单位元件可以忽略。也就是说，源阻抗 $Z_S = 1\ \Omega$ 直接与负载阻抗 Z_L 相接。因此，当 Z_L 不为 1 时将引起源与负载失配，导致在 $\omega = 0$ 处的回波损耗肯定也不为零，对应的关系式如下：

$$S_{11}(\omega)|_{\omega=0} = \frac{f_0}{e_0} = 10^{-\mathrm{RL}_0/20}, \quad Z_L = \frac{1 + S_{11}(\omega)}{1 - S_{11}(\omega)}\bigg|_{\omega=0} = \frac{e_0 + f_0}{e_0 - f_0} \tag{12.31}$$

其中，RL_0 为低通滤波器函数在零频率处的回波损耗，e_0 和 f_0 分别为多项式 $E(\omega)$ 和 $F(\omega)$ 中的常系数。

在给定阶数的情况下，大范围调节偶数阶 Zolotarev 函数的第一个波纹值，可以确保零频率处的回波损耗值 RL_0 是所需的。而第一个波纹值的调节可以通过改变等波纹回波损耗水平或 Zolotarev 函数的带宽来实现，即 ω 平面的 $x_1 \sim 1$ 范围内（见图 12.4），或 θ 平面的 $\theta_1 \sim \theta_c$ 范围内的等波纹区域。通常，将回波损耗作为变量，固定阶数和带宽，运用简单的单变量求解方法反复求解回波损耗，根据式（12.31），就能得到理想的 Z_L 值。如果求得的 RL_0 低得不可接受或高得离谱，则需重新调整阶数或带宽，再继续迭代过程。

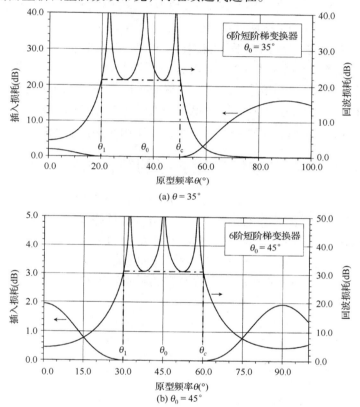

图 12.14 1:4 短阶梯变换器的插入损耗和回波损耗

在短阶梯变换器的设计过程中，允许在等波纹通带的带宽和等波纹通带上边沿外的抑制之间进行折中（通带下边沿外的抑制取决于设计的变换比例大小）。

令变换器的带宽为 $\theta_b = \theta_c - \theta_1$，且中心频率处的电长度 $\theta_0 = (\theta_c + \theta_1)/2$。当 $\theta_0 < 45°$ 时，通带上边沿外抑制的斜率高于通带下边沿外的斜率，而当 $\theta_0 > 45°$ 时则正好相反。等波纹带宽 θ_b 变宽后，将导致通带上边沿外的抑制变差，但在实际应用中，抑制指标相对于宽带宽工作、好的回波损耗及实现难易程度等条件来说是次要的。

下面通过一个 6 阶短阶梯变换器实例来说明这个过程。需要变换的阻抗值为 $Z_L = 4Z_S$，$\theta_1 = 20°$ 且 $\theta_c = 50°$，也就是 $\theta_0 = 35°$。运用迭代方法可得，当 θ 在 20° 到 50° 之间时，等波纹回波损耗水平为 21.57 dB。指定源与负载阻抗比为 1:4 的条件下，6 阶 Zolotarev 函数对应零频率处的插入损耗为 1.94 dB（回波损耗为 4.44 dB）。其插入损耗和回波损耗如图 12.14（a）所示，综合得到的 6 个传输线阻抗列于表 12.3。

表 12.3　当中心频率处的电长度 $\theta_0 = 35°$ 和 $\theta_0 = 45°$ 时的短阶梯变换器的线阻抗

	$\theta_0 = 35°$ 时的线阻抗	$\theta_0 = 45°$ 时的线阻抗
Z_S	1.0	1.0
Z_1	1.6427	1.2417
Z_2	0.9661	1.2417
Z_3	2.9717	2.0000
Z_4	1.3460	2.0000
Z_5	4.1403	3.2215
Z_6	2.4350	3.2215
Z_L	4.0	4.0

关于短阶梯变换器的一个显著特点是,当变换器中心频率处的电长度为 45° 时,沿变换器长度方向的一对相邻单位元件的阻抗值是相等的。继续利用同一例子,其中 $\theta_1 = 30°$ 且 $\theta_c = 60°$,即 $\theta_0 = 45°$。这种条件下的等波纹回波损耗水平为 30.8 dB,其插入损耗和回波损耗特性如图 12.14(b)所示。注意,它们关于 45° 中心对称。根据此对称条件综合出的传输线阻抗列于表 12.3。从表中可以看出,内部相邻的阶梯变换器的阻抗相等。此时短阶梯变换器已经变成了常规的四分之一波长变换器,包含 3 个阶梯线段,在中心频率处的每个电长度为 $2 \times 45° = 90°$,且其阻抗依然关于中心是不对称的。如果 $N/2$ 为奇数,则中间的阶梯阻抗等于 $\sqrt{Z_L}$。

12.5　混合集总/分布参数低通滤波器的综合与实现

与阶梯阻抗电路相似,集总/分布参数(L/D)低通滤波器电路由一系列单位元件级联构成。但是,与阶梯阻抗低通滤波器电路的不同之处在于,这些单位元件是成对出现的,每对单位元件的特征阻抗 Z_i 是相同的,并且在每对单位元件的交点处并联了一个分布电容。如图 12.15 所示,这个分布电容是在一对单位元件的两端各并联一个开路单位元件构成的[见图 12.15(b)]。因此,本电路可以用 3 阶皱折低通原型滤波器来表示。

(a) 两端各并联一个开路单位元件(分布电容)的一对单位元件　　(b) 分布电容的等效集总元件表示形式

图 12.15　集总/分布滤波器的基本原型元件

在单位元件电长度 θ_c 为 90° 的频率处,从主线看进去的终端开路的并联单位元件变为短路形式,且两个单位元件的电长度合并为 180°。因此,在该 3 阶电路中,单位元件的电长度 θ_c 为 90°(或 90° 加上 180° 的整数倍)的频率处,将产生一个传输零点。

图 12.15 所示的这类电路,经验证,与阶梯阻抗低通滤波器具有相同的传输函数形式。如第二类切比雪夫函数,或在频率 $\omega_c = 1/(\sin \theta_c)$ 处包含一个传输半零点的 Zolotarev 函数。其中,θ_c 为分布原型滤波器电路的截止频率,可运用与阶梯阻抗低通滤波器相同的映射公式变换得到。

12.5.1　传输和反射多项式的构成

阶梯阻抗低通滤波器的映射公式重复如下:

$$\omega = \frac{\sin \theta}{\sin \theta_c} = a \sin \theta \tag{12.32}$$

其中 θ_c 为公比线的电长度，$a = 1/\sin \theta_c$。这里，a 表示 ω 平面上的半零点对的位置，映射到 θ 平面为 $90°$（见图 12.16）。而且，图 12.16(b) 中的重复通带形式可看成由 ω 平面上位于 $\omega = \pm a$ 之间的部分通带特性映射得到。第二类切比雪夫函数或包含单个半零点对的 Zolotarev 函数的传输函数形式在 ω 平面表示为

$$S_{21}(\omega) = \frac{\sqrt{\omega^2 - a^2}}{\varepsilon E(\omega)} \tag{12.33}$$

变换 $S_{21}(\omega)$ 可得

$$S_{21}(\theta) = \frac{\mathrm{j}\sqrt{a^2 - a^2 \sin^2 \theta}}{\varepsilon E(a \sin \theta)} = \frac{\mathrm{j} \cos \theta}{\varepsilon_t E(a \sin \theta)} \tag{12.34}$$

其中常数项合并到了 ε_t 中。

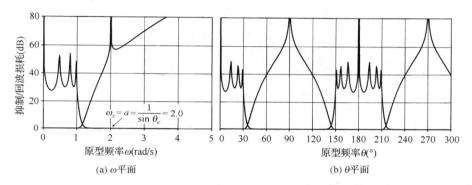

(a) ω 平面   (b) θ 平面

图 12.16   7 阶 Zolotarev 传输函数和反射函数映射后的曲线对比。运用映射公式 $\omega = a\sin\theta$ 从 ω 平面变换到 θ 平面，其中 $a = 1/\sin\theta_c$，本例中 $\theta_1 = 10°$，$\theta_c = 30°$，回波损耗为 30 dB

应用恒等式 $\sin \theta = \tan \theta / \sqrt{1 + \tan^2 \theta}$ 和 $\cos \theta = 1/\sqrt{1 + \tan^2 \theta}$，并假设 $t = \mathrm{j}\tan \theta$，可得

$$S_{21}(t) = \frac{1}{\sqrt{1 - t^2}} \cdot \frac{1}{\varepsilon_t E\left(-\mathrm{j}ta/\sqrt{1 - t^2}\right)} = (-1)^{(N+1)/2} \frac{\left[\sqrt{1 - t^2}\right]^{N-1}}{\varepsilon_t' E'(t)} \tag{12.35}$$

其中 ε_t' 为变换后的常数，$E'(t)$ 是关于变量 t 的奇数阶多项式，且 $S_{21}(t)$ 的分子是多项式 $\left[\sqrt{1 - t^2}\right]^{N-1}$。由于 $N - 1$ 为偶数，因此构成的 $N-1$ 阶多项式 $P(t)$ 同样为偶数阶的。根据以上结论，不难发现 $S_{21}(t)$ 在 $t = \pm 1$ 处包含 $N-1$ 个零点。

表示低通传输函数的原型多项式经过映射后，构成的 $S_{21}(t)$ 函数形式已知，因此下面可以验证公比线电路的传输函数是否具有相同的形式，如图 12.15 所示。一旦确定之后，就可以利用原型多项式构造出 $[ABCD]$ 多项式，开始电路综合过程。

如果使用电长度为 θ_c 且特征阻抗 Z_1 相同的两节单位元件级联 [见图 12.17(a)]，则这对单位元件的 $[ABCD]$ 传输矩阵可表示为

$$[A B C D] = \begin{bmatrix} \cos \theta & \mathrm{j}Z_1 \sin \theta \\ \dfrac{\mathrm{j} \sin \theta}{Z_1} & \cos \theta \end{bmatrix}^2 = \cos^2\theta \begin{bmatrix} 1 & \mathrm{j}Z_1 \tan \theta \\ \dfrac{\mathrm{j} \tan \theta}{Z_1} & 1 \end{bmatrix}^2 = \frac{1}{1 - t^2} \cdot \begin{bmatrix} 1 + t^2 & 2Z_1 t \\ \dfrac{2t}{Z_1} & 1 + t^2 \end{bmatrix} \tag{12.36}$$

如前所述，$t = \mathrm{j}\tan \theta$。现在，在上式最后一个矩阵的两侧分别乘以一个代表短截线的分布电容矩

阵[见图 12.17(b)]，可得

$$\frac{1}{1-t^2} \cdot \begin{bmatrix} 1 & 0 \\ Y_{S1}t & 1 \end{bmatrix} \cdot \begin{bmatrix} 1+t^2 & 2Z_1 t \\ \dfrac{2t}{Z_1} & 1+t^2 \end{bmatrix} \cdot \begin{bmatrix} 1 & 0 \\ Y_{S2}t & 1 \end{bmatrix} = \frac{1}{1-t^2} \cdot \begin{bmatrix} A_2(t) & B_1(t) \\ C_3(t) & D_2(t) \end{bmatrix} \tag{12.37}$$

其中，下标依然表示关于变量 t 的多项式的阶数。现在，这个 3 阶集总/分布低通电路的 $[ABCD]$ 矩阵如图 12.15 所示。

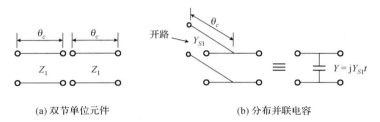

(a) 双节单位元件　　　　　　　　　　(b) 分布并联电容

图 12.17　皱折低通原型滤波器电路的构成

通过添加更多的单位元件对和并联电容，这个 N 阶 $[ABCD]$ 矩阵的一般形式可表示为

$$[A\,B\,C\,D] = \frac{1}{[1-t^2]^{(N-1)/2}} \cdot \begin{bmatrix} A_{N-1}(t) & B_{N-2}(t) \\ C_N(t) & D_{N-1}(t) \end{bmatrix} \tag{12.38}$$

由此可导出传输函数 $S_{21}(t)$ 为

$$S_{21}(t) = \frac{2[1-t^2]^{(N-1)/2}}{A_{N-1}(t)+B_{N-2}(t)+C_N(t)+D_{N-1}(t)} = \frac{[1-t^2]^{(N-1)/2}}{\varepsilon_t E_N(t)} \tag{12.39}$$

经过变换后，该传输多项式的最终形式与式(12.35)是一样的。

图 12.15 表明此类电路具有切比雪夫函数或 Zolotarev 函数一样的传输特性(由于它是无耗的，因此反射特性也是相同的)。此时为了满足特定的指标，需要推导出与集总/分布参数原型电路的多项式 $[ABCD]$ 有关的多项式 $E(t)$ 和 $F(t)$，然后综合出电路元件值。

12.5.2　皱折低通原型滤波器电路的综合

运用 12.2 节介绍的方法，可以得到反射函数的分子多项式 $F(\omega)$，以及与包含单个传输半零点的传输函数 $S_{21}(\omega)$ 对应的分子多项式 $P(\omega) = \sqrt{\omega^2 - a^2}$。下一步的任务是得到 $S_{11}(\omega)$ 和 $S_{21}(\omega)$ 共同的分母多项式 $E(\omega)$，这样就可以开始集总/分布原型网络的综合了。然而，$S_{21}(\omega)$ 的分子多项式的形式为 $P(\omega) = \sqrt{\omega^2 - a^2}$，并不能直接使用交替极点法求得 $E(\omega)$。

但是，已知从 ω 变换到 $\mathrm{j}\tan\theta$ 的频率变量，就可以构建与式(12.35)相同形式的有理函数 $S_{21}(t)$。其分子 $P(t) = [1-t^2]^{(N-1)/2}$ 为包含变量 t 的多项式，其中 N 为奇数。

因此，运用此方法得到反射函数多项式 $S_{11}(t) = F(t)/E(t)$ 的过程如下。

1. 首先确定低通滤波器与其第二寄生通带之间的阻带宽度(见图 12.16)所需的截止电长度 θ_c，根据它计算出传输半零点的位置 $a = 1/\sin\theta_c$。然后，根据所需的通带内回波损耗等波纹值，运用 12.2 节介绍的切比雪夫(第二类)函数或奇数阶 Zolotarev 函数[2]综合方法，构建多项式 $F(\omega)$。在 $\omega = \pm a$ 之间，这些函数的分子多项式中都包含单个传输半零点。

2. 求解 $F(\omega)$ 多项式的根，运用式(12.11b)将它的奇点变换到 t 平面。接下来选取 t 平面上的这些奇点来构建多项式 $F(t)$，且多项式 $P(t) = [1-t^2]^{(N-1)/2}$。

3. 已知回波损耗，当 $t = t_c = \mathrm{j}\tan\theta_c$ 时在截止频率处计算 ε_t，可得

$$\varepsilon_t = \frac{1}{|F(t)_c|} \cdot \frac{[1 - t_c^2]^{(N-1)/2}}{\sqrt{10^{\mathrm{RL}/10} - 1}} \tag{12.40}$$

4. 求解多项式 $P(t) \pm \varepsilon_t F(t)$ 的根。为了满足赫尔维茨条件，所有右半平面的奇点需要反射到左半平面上，从而构建出赫尔维茨多项式 $E(t)$。

推导出多项式 $E(t)$ 和 $F(t)$ 后，就可以采用与阶梯阻抗低通滤波器相同的方法，开始进行网络综合。注意，多项式为矩阵级联的形式[见式(12.38)]，因此 t 平面的 $[ABCD]$ 矩阵中的多项式 $A(t)$，$B(t)$，$C(t)$ 和 $D(t)$ 可以构建如下：

$$\begin{aligned}
A(t) &= (e_0 + f_0) + (e_2 + f_2)t^2 + (e_4 + f_4)t^4 + \cdots \\
B(t) &= (e_1 + f_1)t + (e_3 + f_3)t^3 + (e_5 + f_5)t^5 + \cdots \\
C(t) &= (e_1 - f_1)t + (e_3 - f_3)t^3 + (e_5 - f_5)t^5 + \cdots \\
D(t) &= (e_0 - f_0) + (e_2 - f_2)t^2 + (e_4 - f_4)t^4 + \cdots
\end{aligned} \tag{12.41}$$

其中 e_i 和 f_i，$i = 0, 1, 2, \cdots, N$ 分别为 $E(t)$ 和 $F(t)/\varepsilon_{Rt}$ 多项式的系数。由于分母多项式的阶数比分子的高 1，因此这里 $\varepsilon_{Rt} = 1$（即该滤波器函数不是规范型的）。

网络综合 在第一次综合过程中，假设整个梯形网络由并联电容、双节单位元件和剩余矩阵 $[ABCD]^{(2)}$ 组成。

首先提取出并联电容 Y_{S1}，以便于网络继续提取特征阻抗为 Z_1 的双节单位元件。初步假设整个网络由剩余矩阵 $[ABCD]^{(1)}$（见图 12.18）与并联电容级联组成：

$$\begin{aligned}
\frac{1}{[1 - t^2]^{(N-1)/2}} \cdot \begin{bmatrix} A(t) & B(t) \\ C(t) & D(t) \end{bmatrix} &= \begin{bmatrix} 1 & 0 \\ tY_{S1} & 1 \end{bmatrix} \cdot \frac{1}{[1 - t^2]^{(N-1)/2}} \cdot \begin{bmatrix} A^{(1)} & B^{(1)} \\ C^{(1)} & D^{(1)} \end{bmatrix} \\
&= \frac{1}{[1 - t^2]^{(N-1)/2}} \cdot \begin{bmatrix} A^{(1)} & B^{(1)} \\ C^{(1)} + tY_{S1}A^{(1)} & D^{(1)} + tY_{S1}B^{(1)} \end{bmatrix}
\end{aligned} \tag{12.42}$$

从该网络看进去的短路导纳 y_{11} 为

$$y_{11} = \frac{D(t)}{B(t)} = y_{11R} + tY_{S1} = \frac{D^{(1)}}{B^{(1)}} + tY_{S1} \tag{12.43}$$

现在的问题是如何计算出 Y_{S1}。不同于其他形式的提取方法，它并不能随便通过设定一个 t 值如 $t = 0, 1, t_c, \infty$ 等简单地计算得到。但是，可以利用"首个元件为双节单位元件的网络，其输入导纳（见图 12.18 中的 $[ABCD]^{(1)}$）在 $t = \pm 1$ 处关于 t 的**微分**为零"这一特性求解得到 Y_{S1}。当 $t = 1$ 时，求解级联双节单位元件与剩余矩阵（见图 12.18 中的 $[ABCD]^{(1)}$）组成网络的输入导纳 y_{11R} 关于 t 的微分，很容易证明以上过程。

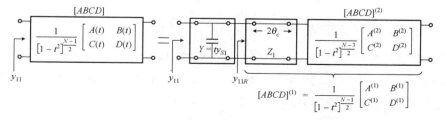

图 12.18 集总/分布低通滤波器梯形网络的首次综合过程。初始矩阵包含并联电容、双节单位元件和剩余矩阵 $[ABCD]^{(2)}$

根据式(12.43),计算整个网络的输入导纳 y_{11} 的微分 y_{11}' 可得

$$y_{11}' = \frac{\mathrm{d}y_{11}}{\mathrm{d}t} = \left[\frac{D(t)}{B(t)}\right]' = \left[\frac{D^{(1)}}{B^{(1)}}\right]' + Y_{S1} \tag{12.44}$$

其中,上撇号表示关于 t 的微分。因此,当 $t = 1$ 时,式(12.44)中的 $\left[\frac{D^{(1)}}{B^{(1)}}\right]'$ 等于零,有

$$y_{11}'\big|_{t=\pm1} = \left[\frac{D(t)}{B(t)}\right]'\bigg|_{t=\pm1} = Y_{S1} \tag{12.45}$$

现在,随着 Y_{S1} 的值已知,这个通用的连续综合过程总结如下。

1. 从整个矩阵中提取出并联导纳 Y_{S1};

$$\begin{aligned}
\begin{bmatrix} 1 & 0 \\ -tY_{S1} & 1 \end{bmatrix} &\cdot \frac{1}{[1-t^2]^{(N-1)/2}} \cdot \begin{bmatrix} A & B \\ C & D \end{bmatrix} \\
&= \frac{1}{[1-t^2]^{(N-1)/2}} \cdot \begin{bmatrix} A & B \\ C - tY_{S1}A & D - tY_{S1}B \end{bmatrix} \\
&= \frac{1}{[1-t^2]^{(N-1)/2}} \cdot \begin{bmatrix} A^{(1)} & B^{(1)} \\ C^{(1)} & D^{(1)} \end{bmatrix}
\end{aligned} \tag{12.46}$$

2. 剩余矩阵 $[ABCD]^{(1)}$ 由一个双节单位元件和剩余矩阵 $[ABCD]^{(2)}$(见图12.18)构成。计算可得首个双节单位元件的特征阻抗 Z_1:

$$\begin{aligned}
\frac{1}{[1-t^2]^{(N-1)/2}} &\cdot \begin{bmatrix} A^{(1)} & B^{(1)} \\ C^{(1)} & D^{(1)} \end{bmatrix} = \frac{1}{(1-t^2)} \cdot \begin{bmatrix} 1+t^2 & 2tZ_1 \\ 2t/Z_1 & 1+t^2 \end{bmatrix} \cdot \frac{1}{[1-t^2]^{(N-3)/2}} \cdot \begin{bmatrix} A^{(2)} & B^{(2)} \\ C^{(2)} & D^{(2)} \end{bmatrix} \\
&= \frac{1}{[1-t^2]^{(N-1)/2}} \cdot \begin{bmatrix} (1+t^2)A^{(2)} + 2tC^{(2)}Z_1 & (1+t^2)B^{(2)} + 2tD^{(2)}Z_1 \\ (1+t^2)C^{(2)} + 2tA^{(2)}/Z_1 & (1+t^2)D^{(2)} + 2tB^{(2)}/Z_1 \end{bmatrix}
\end{aligned} \tag{12.47}$$

从 $[ABCD]^{(1)}$ 输入端看进去的导纳 y_{11R} 为

$$y_{11R} = \frac{D^{(1)}}{B^{(1)}} = \frac{(1+t^2)D^{(2)} + 2tB^{(2)}/Z_1}{(1+t^2)B^{(2)} + 2tD^{(2)}Z_1} \tag{12.48}$$

在 $t = 1$ 时计算可得

$$y_{11R}\big|_{t=1} = \frac{D^{(1)}}{B^{(1)}}\bigg|_{t=1} = \frac{2B^{(2)}/Z_1 + 2D^{(2)}}{2B^{(2)} + 2D^{(2)}Z_1} = \frac{1}{Z_1} \tag{12.49}$$

3. 已知 Z_1 的值,现在可以从 $[ABCD]^{(1)}$ 中提取出双节单位元件如下:

$$\begin{aligned}
\frac{1}{(1-t^2)} &\cdot \begin{bmatrix} 1+t^2 & -2Z_1t \\ -2t/Z_1 & 1+t^2 \end{bmatrix} \cdot \frac{1}{[1-t^2]^{(N-1)/2}} \cdot \begin{bmatrix} A^{(1)} & B^{(1)} \\ C^{(1)} & D^{(1)} \end{bmatrix} \\
&= \frac{1}{[1-t^2]^{(N+1)/2}} \cdot \begin{bmatrix} A^{(2)} & B^{(2)} \\ C^{(2)} & D^{(2)} \end{bmatrix}
\end{aligned} \tag{12.50}$$

4. 最后,将剩余矩阵 $[ABCD]^{(2)}$ 的分子分母同时除以 $(1-t^2)^2$,得到分母多项式正确的阶数为 $(N-3)/2$(见图12.18中的 $[ABCD]^{(2)}$)。提取出首个并联电容 Y_{S1} 后,分子多项式 $A^{(2)}$,$B^{(2)}$,$C^{(2)}$ 和 $D^{(2)}$ 还需要能够同时被 $(1-t^2)^2$ 整除。

提取出第一个并联电容和首个双节单位元件后,对剩余矩阵 $[ABCD]^{(2)}$ 重复如上过程,直到在 $t = 1$ 处提取得到最后一个并联电容。

12.5.3　应用

图 12.19 显示了一个 7 阶集总/分布低通滤波器的原型网络，其并联分布电容为 Y_{Si}，且双节单位元件的特征阻抗为 Z_i。原型网络中的并联电容[见图 12.20(a)]在波导或同轴结构中用电容膜片表示[见图 12.20(b)]，而膜片阻抗取决于矩阵的匹配过程，这与阶梯阻抗低通滤波器中用到的方法类似，如图 12.12 和式(12.28)的总结内容所示[11]：

$$
\begin{bmatrix} a'' & jb'' \\ jc'' & d'' \end{bmatrix} \qquad\qquad \begin{bmatrix} a' & jb' \\ jc' & d' \end{bmatrix}
$$

$$
\begin{aligned}
a'' &= Z_{n1} & a' &= Z_{n1}(c - sB_2 Z_0) \\
b'' &= 0 & b' &= s\frac{Z_0}{Z_{n2}} \\
c'' &= t_c Y_S Z_{n2} & c' &= Z_{n2}\left[c(B_1 + B_2) + s\left[\frac{1}{Z_0} - B_1 B_2 Z_0 \right] \right] \\
d'' &= \frac{1}{Z_{n1}} & d' &= (c - sB_1 Z_0)/Z_{n1}
\end{aligned}
\tag{12.51}
$$

其中 $Z_{n1} = \sqrt{Z_{i+1}/Z_i}$，$Z_{n2} = \sqrt{Z_i Z_{i+1}}$；$B_1$ 和 B_2 为阶梯连接处的边缘电容[10]；l 为膜片的厚度（通常需要提前设定）；$\beta = 2\pi/\lambda_{gi}$，$\lambda_{gi}$ 为膜片的波长；$c = \cos\beta l$，$s = \sin\beta l$，$t_c = \tan\theta_c$；Z_i，Z_{i+1} 与 Y_{Si} 分别为双节单位元件的阻抗和原型网络中的并联电容。

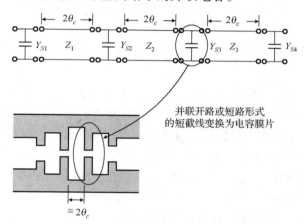

图 12.19　集总/分布低通滤波器的原型网络组成元件与波导结构的对应关系

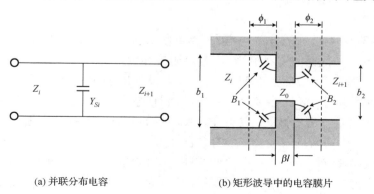

(a) 并联分布电容　　　　　　　　(b) 矩形波导中的电容膜片

图 12.20　等效电路

与阶梯阻抗低通滤波器使用的方法类似，未知的容性阶梯连接处的阻抗 Z_0，可由下式中相同的矩阵元件迭代求得：

$$1 + \frac{1}{4}(a' - d')^2 + \frac{1}{4}(b' - c')^2 = 1 + \frac{1}{4}(a'' - d'')^2 + \frac{1}{4}(b'' - c'')^2 \tag{12.52}$$

如果忽略阶梯连接处的边缘电容，就能利用迭代过程首先估算位于第 $i + 1(i = 0, 1, \cdots, N)$ 个膜片处的值 Z_0。当 $B_1 = 0$ 且 $B_2 = 0$ 时，运用式(12.52)求解方程组(12.51)可得

$$Z_0 = \frac{Z_{n2}}{\sqrt{2}} \left[\sqrt{x+1} - \sqrt{x-1} \right]$$

其中，

$$x = \frac{1}{2} \left[\frac{Z_{i+1}}{Z_i} + \frac{Z_i}{Z_{i+1}} + Z_i Z_{i+1} \left(\frac{t_c Y_{s,i+1}}{\sin \beta l} \right)^2 \right] \tag{12.53}$$

根据式(12.30)计算得到的参考相位平面，将使膜片之间的相位长度变短。微调 Z_0 可用于补偿相邻膜片[13,14]之间的电容耦合的邻近效应。类似的方法还可以用于同轴低通滤波器的容性元件的设计。

12.5.3.1　综合的精确条件

前文刚刚提到，集总/分布或阶梯阻抗低通滤波器的原型网络综合是一个渐进的过程：从给定的多项式中依次提取出电子元件，创建梯形网络，直到提取出最后一个元件且多项式为零阶时结束。提取过程中通常需要注意一个突发性问题：随着计算误差不断累积，必然导致综合变得不稳定。双精度类型的数据输入将有助于提高综合的准确性，但是通过下面一些简单的措施也可以改善精度。

1. **并行综合**。综合过程中使用的短路参数 y_{11}，不仅可通过 t 平面 $[ABCD]$ 矩阵的 B 和 D 多项式计算得到，还可通过 A 和 C 多项式计算得到，即 $y_{11} = C(t)/A(t)$[见式(12.42)]。并且，网络的元件值也可以使用同一过程来确定。这样就可以推导出两组 Y_{si} 和 Z_i 值。由于这些元件值关于滤波器中心对称，所以选择对称性最佳的那组。确定了这组精确值后，就可以利用对称性，由前半部分的元件值直接得到网络中后半部分的元件值。通常不建议采用对两组值取平均的做法，尤其是在每步综合过程之后。

2. **高阶低通滤波器**。在综合出现误差之前，利用对称性可以准确综合高达 25 阶的低通滤波器。而对于高达 31 阶的滤波器，则可以运用改进的 z 平面综合方法[15~17]得到十分准确的结果。

要设计高于 31 阶的低通滤波器，需要用到高阶低通滤波器中部的波导高度会趋于一致这一优点。也就是说，在低通滤波器中部，实现高阻抗和低阻抗的波导高度并没有明显变化。因此，对于高阶低通滤波器(阶数大于 31)，首先需要设计出 31 阶低通滤波器(或满足所需精度的任意阶)，然后将中间波导尺寸多次运用"复制和粘贴"，直到低通滤波器的阶数满足要求。经过分析可知，此办法十分有效，仅使截止区域附近的回波损耗略微恶化。必须注意的是"复制和粘贴"后，需要确保网络依然关于结构中心对称。

图 12.21 所示为针对 31 阶 Zolotarev 低通滤波器的中间波导尺寸扩展后的结果，其中回波损耗为 30 dB，截止频率为 12 GHz，低通滤波器阶数为 49。从图中可以看到，除了截止频率附近的区域，回波损耗基本保持在 30 dB 以下水平。

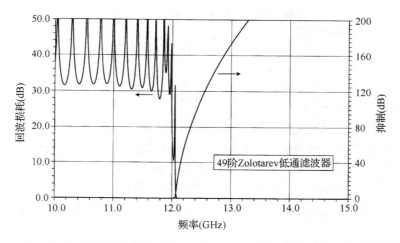

图 12.21　用 31 阶原型网络扩展设计出的 49 阶 Zolotarev 低通滤波器的回波损耗和抑制响应

12.5.3.2　寄生响应

低通滤波器的主要作用是抑制噪声，以及抑制其频率比低通滤波器的截止频率高出好几倍的干扰信号，最关键的是要保证对整个阻带的全部抑制。寄生响应的产生主要有以下三个原因：

1. 公比线网络的重复通带；
2. TE_{n0} 高次模的传播，$n = 2, 3, \cdots$
3. 滤波器结构内的模式转换。

12.5.3.3　重复通带

重复通带是公比线梯形网络这类微波电路的固有特性，无法完全避免。由于网络中存在非理想的公比线元件，例如集总/分布低通滤波器中实现分布电容的矩形波导电容膜片，使得重复通带所在的频率比原型预计的要低。通过在原型设计中选择较低的截止频率来减少通带宽度，可以在一定程度上抵消这种影响。但是，这样也可能导致综合出的元件值之间的变化更离谱。

12.5.3.4　波导中的 TE_{n0} 高次模

随着信号频率的增大，这些频率对应的高次模将在波导的宽度方向上逐渐截止，首先是 TE_{20} 模，然后是 TE_{30} 模，等等。如果将包含这些高次模的信号输入低通滤波器，那么虽然这些模式的带宽会变窄，但从理论上讲仍具有与 TE_{10} 基模一样的传输特性，会经滤波器的高频部分传播。寄生通带的近似估算方法如下所述[5]。

通带下边沿频率表示为 f_{0n}，且 $f_{0n} = nf_{01}$。其中，$f_{01} = c/2a \approx 15/a$ 为波导的基模的截止频率（单位为 GHz），c 为光速，a 为波导的宽边尺寸（单位为 cm），且 f_{0n} 为 TE_{n0} 模对应通带的波导截止频率（单位为 GHz），其通带上边沿频率 f_{cn} 给定为

$$f_{cn} = \sqrt{f_{cl}^2 + (n^2 - 1)f_{01}^2} \qquad (12.54)$$

其中 f_{cl} 和 f_{cn} 分别为基模和 TE_{n0} 模的通带上边沿频率。对于宽边尺寸 $a = 1.0668$ cm，截止频率 23.5 GHz 的波导型号 WR-42 实现的低通滤波器，波导中高次模的传播带宽如表 12.4 所示。

表12.4　波导中高次模的传播带宽

n	TE_{n0}模	通带下边沿频率 f_{0n} (GHz)	通带上边沿频率 f_{cn} (GHz)
1	TE_{10}	14.06	23.50
2	TE_{20}	28.12	33.84
3	TE_{30}	42.18	46.19
4	TE_{40}	56.24	59.31

TE_{20}和TE_{30}高次模的理论通带如图12.22所示。从理论上讲，如果这些模式从低通滤波器的输入端入射，就会在各自的通带内无衰减地传播。理想情况下，入射的这些模式根本不应该产生，但由于采用了同轴线到波导的某些实现方式，使用了弯波导，或因装配不当造成波导节之间错位等，有可能激发高次模。但是，如果将滤波器内的波导节逐渐变窄，分散高次模的通带响应，就可以将这些影响减小到一定程度。然而，变窄的范围有限，需要避免基模被新创建的滤波器波导节截止。

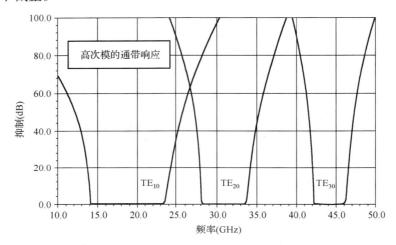

图12.22　低通滤波器的 TE 高次模的理论通带(TE_{10}模为主要模式)

12.5.3.5　模式转换

如果同轴或波导低通滤波器的内部尺寸允许高次模存在，它们就会在内部激发并传播，从而严重制约低通滤波器的性能。滤波器内部的不连续性导致基模转换而激发高次模，在输出端附近复原到基模之前，通过滤波器传输能量。实际上，低通滤波器的抑制特性将被旁路。

通过确保所有内部波导节的宽度和高度不大于输入波导的宽度和高度，可以显著减少高次模。通常，需要在任意输入端引入阶梯阻抗变换器来降低波导高度。由于所有内部高度都与低通滤波器第一节馈入膜片的波导高度有关，因此馈入波导高度的选定可以保证所有波导内部高度低于来自射频馈源端口的主波导高度。

减小滤波器内部的波导高度，通常也就是降低滤波器中心附近电容膜片的高度(代表滤波器的最小高度)，同时也会降低功率容量。而此时 Zolotarev 函数低通滤波器的优势就体现出来了，与切比雪夫函数相比，在阶数相同时，不仅波导的间隙更大，而且波导的高度变化更小。

12.5.3.6　综合举例

下面通过一个17阶切比雪夫集总/分布低通滤波器的原型电路设计来说明综合的过程。该滤波器的回波损耗为26 dB，截止电长度 $\theta_c = 22°$。低通滤波器使用波导接口型号 WR-42

$(1.0668\ \mathrm{cm}\times0.4318\ \mathrm{cm})$实现，膜片宽度为$0.1\ \mathrm{cm}$，截止频率设计为$23.5\ \mathrm{GHz}$。其中滤波器输入和输出的波导高度减小为$0.2\ \mathrm{cm}$。

本例中，ω平面上传输半零点的位置为$\omega=a=1/\sin\theta_c=2.6695$。运用12.2.1节介绍的方法，可推导出反射函数$S_{11}(\omega)$的零点如表12.5的第二列所示。第三列则给出了使用式(12.11b)映射到t平面上的零点。最后一列给出了运用交替极点法得到的反射极点[见$S_{11}(t)$的分母]。

表 12.5　17 阶切比雪夫反射函数 $S_{11}(\omega)$ 在 ω 平面和 t 平面上的零点和极点

| | ω平面 | t平面 | |
	零点[$F(\omega)$的根]	零点 [$F(t)$的根]	极点[$E(t)$的根]
1	$+0.9958$	$\pm\mathrm{j}0.4020$	$-0.0095\pm\mathrm{j}0.4130$
2	±0.9622	$\pm\mathrm{j}0.3864$	$-0.0276\pm\mathrm{j}0.3965$
3	±0.8960	$\pm\mathrm{j}0.3563$	$-0.0437\pm\mathrm{j}0.3649$
4	±0.7993	$\pm\mathrm{j}0.3138$	$-0.0568\pm\mathrm{j}0.3206$
5	±0.6753	$\pm\mathrm{j}0.2615$	$-0.06696\pm\mathrm{j}0.2665$
6	±0.5281	$\pm\mathrm{j}0.2018$	$-0.0739\pm\mathrm{j}0.2052$
7	±0.3626	$\pm\mathrm{j}0.1371$	$-0.0786\pm\mathrm{j}0.1392$
8	±0.1845	$\pm\mathrm{j}0.0693$	$-0.0811\pm\mathrm{j}0.0703$
9	0.0000	0.0000	$-0.0819\pm\mathrm{j}0.0000$

根据反射函数t平面上的极点和零点，使用式(12.41)计算出多项式$E(t)$和$F(t)$，并综合得到集总/分布梯形网络。表12.6的第二列和第三列给出了并联电容和双节单位元件的导纳的最终原型元件值，第四列给出了根据并联电容Y_{Si}计算得到的电容膜片的特征导纳值。但是，计算过程中暂时忽略了边缘电容B_1和B_2的影响。相应元件的电长度在第五列和第六列中给出。注意，由于并联电容和电容膜片的相位参考平面的差异，双节单位元件的电长度应满足$2\theta_c<44°$。

表 12.6　17 阶切比雪夫集总/分布低通滤波网络的原型元件值

| 元件 i | 综合出的特征导纳 | | 电容膜片的特征导纳 $1/Z_{0i}$ | 元件的电长度 | |
	并联电容 Y_{Si}	双节单位元件 $1/Z_i$		电容膜片	双节单位元件
1, 17	1.8532	—	2.2329	22.6190°	—
2, 16	—	0.4948	—	—	40.2709°
3, 15	4.0907	—	4.3459	22.6190°	—
4, 14	—	0.4219	—	—	41.8787°
5, 13	4.5219	—	4.7863	22.6190°	—
6, 12	—	0.4086	—	—	42.0657°
7, 11	4.6289	—	4.8965	22.6190°	—
8, 10	—	0.4051	—	—	42.1092°
9	4.6533	—	4.9217	22.6190°	—

表12.7概括了修正后的膜片导纳参数，它们考虑了边缘电容和邻近效应的影响，也就是说双节单位元件的电长度经过了修正。最后三列给出了元件的实际尺寸，其中输入波导的高度为$b(0.2\ \mathrm{cm})$，且输入波导的长度是依据WR-42在$23.5\ \mathrm{GHz}$的波长计算得到的。虽然波导的宽度是常数，但是也可以通过缩短宽度来降低高频寄生响应，如图12.23所示。

表 12.7   集总/分布低通滤波器的元件值，修正边缘电容和邻近效应后的电长度及尺寸

元件 i	电容膜片		双节单位元件		波导高度（cm）	波导长度（cm）	波导宽度（cm）
	Y_{Si}	$\theta_i(°)$	Y_i	$\theta_i(°)$			
1, 17	1.7021	22.6190°	—	—	0.1175	0.1000	1.0668
2, 16	—	—	0.4948	39.2847°	0.4042	0.1737	1.0668
3, 15	2.7701	22.6190°	—	—	0.0722	0.1000	1.0668
4, 14	—	—	0.4219	40.5960°	0.4741	0.1795	1.0668
5, 13	3.0036	22.6190°	—	—	0.0666	0.1000	1.0668
6, 12	—	—	0.4086	40.8383°	0.4894	0.1805	1.0668
7, 11	3.0658	22.6190°	—	—	0.0652	0.1000	1.0668
8, 10	—	—	0.4051	40.9016°	0.4937	0.1808	1.0668
9	3.0804	22.6190°	—	—	0.0649	0.1000	1.0668

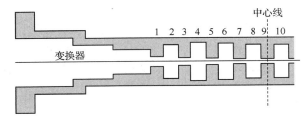

图 12.23   包含变换器的 17 阶集总/分布低通滤波器

利用电磁模式匹配软件针对这些尺寸进行分析，可以得到图 12.24 所示的回波损耗和抑制响应。从图中可以看出，通带内17 GHz以上回波损耗达到了设计的26 dB。包含变换器的17阶切比雪夫集总/分布低通滤波器，如图 12.23 所示。

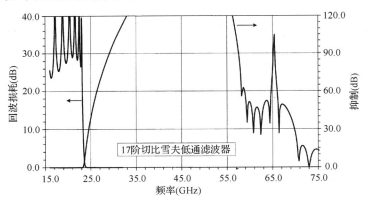

图 12.24   17 阶集总/分布低通滤波器的模式匹配分析后的响应

12.6   小结

第 7 章至第 9 章中介绍的综合方法主要是基于集总元件模型的。运用这些方法得到的原型电路仅适用于微波频率窄带（通常带宽不大于2%）带通和窄带带阻滤波器。窄带带宽为2%且微波频率为1 GHz 和12 GHz 时，带宽分别为20 MHz 和240 MHz。而低通滤波器用于抑制高功率放大器产生的谐波时，带宽需要达到吉赫级，因此集总元件模型不再适用，必须在原型滤

波器中引入分布元件，所以称之为分布低通原型滤波器。

本章阐述了微波频率下低通滤波器的综合方法。首先概述了分布电路的元件特性，其主要传输线段称为**单位元件**（UE）。必须注意的是，单位元件不能使用集总元件等效。虽然在原型设计阶段可以选取不同长度的单位元件，但通常会选取相同的长度，称为“公比线”。然后，本章专门介绍了如何使用公比线电路来实现传输和反射多项式。

第二类切比雪夫函数和 Achieser-Zolotarev 函数是低通滤波器设计中推导特征多项式的主要选项。本章首先介绍了这些函数的计算方法，接着给出了分布阶梯阻抗低通滤波器和混合集总/分布低通滤波器的详细综合过程，最后用以波导结构实现的阶梯阻抗和集总/分布（皱折）滤波器实例来说明这个设计过程，其中包括对滤波器的寄生响应及其最小化方法的论述。

12.7　原著参考文献

1. Levy, R. and Cohn, S. B. (1984) A history of microwave filter research, design and development. *IEEE Transactions on Microwave Theory and Techniques*, **32**, 1055-1066.

2. Levy, R. (1970) Generalized rational function approximation in finite intervals using Zolotarev functions. *IEEE Transactions on Microwave Theory and Techniques*, **18**, 1052-1064.

3. Levy, R. (1965) Tables of element values for the distributed low-pass prototype filter. *IEEE Transactions on Microwave Theory and Techniques*, **13**, 514-536.

4. Levy, R. (1970) A new class of distributed prototype filters with application to mixed lumped/distributed component design. *IEEE Transactions on Microwave Theory and Techniques*, **18**, 1064-1071.

5. Levy, R. (1973) Tapered corrugated waveguide low-pass filters. *IEEE Transactions on Microwave Theory and Techniques*, **21**, 526-532.

6. Levy, R. (1971) Characteristics and element values of equally terminated Achieser-Zolotarev quasi-lowpass filters. *IEEE Transactions on Circuit Theory*, **18**, 538-544.

7. Richards, P. I. (1948) Resistor-transmission-line circuits. *Proceedings of the IRE*, **36**, 217-220.

8. Rhodes, J. D. and Alseyab, S. A. (1980) The generalized Chebyshev low-pass prototype filter. *IEEE Transactions on Circuit Theory*, **8**, 113-125.

9. Hunter, I. C. (2001) *Theory and Design of Microwave Filters*, Electromagnetic Waves Series 48, IEE, London.

10. Marcuvitz, N. (1986) *Waveguide Handbook*, Electromagnetic Waves Series 21, IEE, London.

11. Levy, R. (1973) A generalized design technique for practical distributed reciprocal ladder networks. *IEEE Transactions on Microwave Theory and Techniques*, **21**, 519-525.

12. Matthaei, G. L. (1966) Short-step Chebyshev impedance transformers. *IEEE Transactions on Microwave Theory and Techniques*, **14**, 372-383.

13. Somlo, P. I. (1967) The computation of coaxial line step capacitances. *IEEE Transactions on Microwave Theory and Techniques*, **15**, 48-53.

14. Green, H. E. (1965) The numerical solution of some important transmission line problems. *IEEE Transactions on Microwave Theory and Techniques*, **13**, 676-692.

15. Saal, R. and Ulbrich, E. (1958) On the design of filters by synthesis. *IRE Transactions on Circuit Theory*, **5**, 284-327.

16. Bingham, J. A. C. (1964) A new method of solving the accuracy problem in filter design. *IEEE Transactions on Circuit Theory*, **11**, 327-341.

17. Orchard, H. J. and Temes, G. C. (1968) Filte design using transformed variables. *IEEE Transactionson Circuit Theory*, **15**, 385-407.

第 13 章   单模和双模波导滤波器

在前面的章节里，读者已经学习了一些生成滤波器函数多项式的方法。这些函数形式的滤波器在当今的微波系统中应用得十分广泛，涵盖了陆地和太空通信、雷达、地表观测及其他科学系统。其中最常用的是等波纹切比雪夫函数滤波器，它可以极好地平衡带内线性度、近带选择性及带外抑制的要求。而对于某些高性能滤波器，例如不对称响应、群延迟均衡、指定的传输零点或上述要求的组合，则需要对此函数专门进行修改。本章还简要提及了另一类函数滤波器，如椭圆巴特沃思滤波器，有带内线性度极高的群延迟特性，可用于幅度的线性预失真，并且结构十分紧凑。

接下来关注的是根据产生的初始滤波器的传输和反射多项式，准确地综合对应的电气网络结构的方法，并通过某种微波结构，诸如同轴谐振器或波导谐振器来实现。根据电气网络，或直接由它们的传输和反射多项式，产生各种拓扑结构的耦合矩阵，并且矩阵中的元件值与滤波器结构中的单个元件一一对应。耦合矩阵(CM)不仅有利于描述滤波器的电气元件，而且还形象地诠释了实际滤波器主耦合和谐振器的频率偏移，与其传输和反射多项式之间纯数学上的严格对应关系，等等。

第 8 章介绍的方法或其他优化方法，可用于产生耦合矩阵。一旦确定了耦合矩阵，就可以运用纯数学方法，例如相似变换(即平面旋转)或节点变换对耦合矩阵进行创建或消元，从而改变耦合矩阵的元件值或调谐状态。由于这些操作并不改变耦合矩阵的本征值，因此对耦合矩阵进行更多连续变换，仍不会破坏实际硬件结构与耦合矩阵元件之间的一一对应关系。

在本章中将学习一些实用的滤波器设计方法。利用这些方法可以构造有用的滤波器函数，及其要实现的微波结构，并尽可能地给出滤波器耦合矩阵的元件值和实际结构之间的对应关系。

在实际应用中，双模谐振器可以用波导和介质谐振器实现。双模滤波器广泛应用于：(1)中低功率级别的通信系统，对频率选择性和带内线性度要求极高的信道滤波器；(2)高功率设备的输出端，需要优先考虑采用频率低损耗滤波器。在实际卫星通信系统中，高性能滤波器必须具备以下条件：尽可能小的体积和质量，环境温度变化时的高稳定性，高功率容量(主要指输出端滤波器需要将射频能量传导至散热板，且能经受真空环境下的二次电子倍增击穿及低气压放电)。最后，滤波器和多工器组件安装必须足够牢固，以经受发射时的震动和冲击等严格考验。

在 20 世纪 70 年代初，Atia 和 Williams 介绍了波导双模滤波器在实际中的应用[1~4]。随着航天工业的发展[5~8]，这类滤波器能够在极为严苛的条件下保持良好的性能。而近来出现的在不增加滤波器复杂性的前提下实现不对称滤波器的设计方法[9]，极有利于校正宽带滤波器固有的群延迟斜率，以及输出多工器邻接信道后在边带上出现的失真，或利用不对称性提供有效"量身定制"的抑制特性。

13.1   滤波器综合过程

第 7 章描述了利用同轴谐振器设计与实现切比雪夫微波带通滤波器的典型方法(见图 7.5)。该方法大致分为以下 3 个步骤。

1. 采用合适的仿真器来设计和优化滤波器函数(多项式、奇点),以确保达到理想指标要求。
2. 采用耦合矩阵的形式综合原型网络。耦合矩阵元素对应着滤波器结构的谐振频率调谐元件或耦合调谐元件,对角线元素代表频率偏移,非对角线元素代表实际耦合元件,如耦合孔径或膜片、探针、圆环或螺丝,以及输入耦合或输出耦合等。
3. 将低通原型映射到带通频率域,确定谐振腔的结构尺寸和耦合孔径,评估每个独立耦合元件的色散(与频率有关),以及每个谐振器的无载 Q 值,即 Q_u。

13.2　滤波器函数设计

3.7 节、4.4 节和 6.2 节已描述过滤波器函数的设计及其选取。第 6 章用实例说明了一个广义切比雪夫滤波器函数的设计方法。这类包含有限传输零点的广义切比雪夫函数,在滤波器设计中应用非常广泛。其中给定的传输零点可以位于复平面的虚轴上(在滤波器的通带外产生传输零点,从而增加阻带抑制),也可以位于实轴上(对称的群延迟均衡),或者在复平面内分布(对称或不对称的群延迟均衡),还可以是以上位置的组合。第 6 章讨论的用于产生广义切比雪夫多项式的递归技术,同样适用于有限传输零点数最大的情况(零点数与阶数同为 N,即全规范型)。还可以跳过循环过程,直接构造反射零点都位于 $s = 0$,如 $F(s) = s^N$ 的反射函数的分子多项式 $F(s)$,生成巴特沃思滤波器函数[1]。

引入传输零点后,必须进一步优化零点位置以满足幅度和群延迟指标,或兼顾二者需求。

13.2.1　幅度优化

第 3 章描述了基于幅度响应,利用通用设计表设计滤波器的方法。对于巴特沃思滤波器、切比雪夫滤波器和椭圆函数滤波器,很容易产生通用设计表(见附录 3A),这些表格里的数据可作为优化滤波器幅度响应时较好的初值。第 4 章介绍了如何运用计算机辅助优化方法,产生任意幅度响应的滤波器函数。其中一个子过程可以根据给定的阶数和传输零点数,优化滤波器函数的幅度响应。这也就意味着通过优化传输零点和反射零点的位置,可以实现理想的滤波器响应。

根据给定的抑制和(或)群延迟均衡带宽优化传输响应的方法并不是唯一的,有时取决于滤波器函数的选取。此过程通常视设计人员的个人喜好而定,不过这里仍给出了优化阻带抑制和群延迟均衡带宽的方法和建议。

13.2.2　抑制优化

利用设定的抑制波瓣目标值与分析实际原型得到的结果之间的差异,可以建立关于抑制波瓣的评价函数。由于 $E(s)$ 为包含复平面零点的复数多项式,它的拐点(代表抑制波瓣的频率位置)无法直接通过对 $S_{21}(s) = P(s)/\varepsilon E(s)$ 求微分得到。但是,可以通过对如下标量功率方程求微分得到所有的拐点:

$$S_{21}(s)S_{21}(s)^* = \frac{P(s)P(s)^*}{P(s)P(s)^* + \varepsilon^2 F(s)F(s)^*/\varepsilon_R^2} \tag{13.1}$$

---

[1] 纯巴特沃思函数有时用于通带外远端的高抑制要求,在所有滤波器函数中具有极好的渐近抑制斜率:$6N$ dB/倍频程。同时,由于巴特沃思滤波器通带边沿的截止频率处的斜率变化相对缓慢,因此带内具有近乎线性的群延迟特性,特别适用于要求很宽的通带内平坦群延迟特性的场合。

　　由于 $P(s)$ 的零点成对地关于虚轴镜像分布,或位于虚轴上,所以 $P(s)^* = -(-1)^N P(s)$ (见6.1.2 节)。因此,对式(13.1)求微分的结果,将以多项式商的形式出现,其分子为 $(-1)^N[P^2(FF'' + F'F^*) - 2PP'FF^*]/(\varepsilon\varepsilon_R)^2$,这里上撇号代表 F 和 P 关于 s 的微分,这个基本表达式的零点与各种类型(包括全规范型和不对称型,以及那些反射零点不在轴上分布的类型)的滤波器在通带内或通带外的拐点相对应。如果假设反射多项式 $F(s)$ 的零点全部位于虚轴上,与 $F_{22}(s)$ 的零点重合,即 $F(s)^* = (-1)^N F(s)$,则式(13.1)微分后的分子可简化为

$$2P(s)F(s)[P(s)F'(s) - P'(s)F(s)]/(\varepsilon\varepsilon_R)^2 \tag{13.2}$$

令式(13.2)等于零并求根,可以得到传输函数的所有 $2(N + n_{fz}) - 1$ 个拐点。

　　然而,如果多项式 $P(s)$ 的 n_{fz} 个有限传输零点所对应的 n_{fz} 个拐点已知,则可以降低计算的复杂性。此外,由于 $F(s)$ 中的 N 个反射零点所对应的 N 个拐点(理想传输点)也已知,因此剩余 $(N + n_{fz}) - 1$ 个拐点可通过求解如下公式得到:

$$F'(s)P(s) - P'(s)F(s) = 0 \tag{13.3}$$

此式等价于求解如下微分方程:

$$\frac{\mathrm{d}}{\mathrm{d}s}\left(\frac{F(s)}{P(s)}\right) = 0 \tag{13.4}$$

因此,只需构造出多项式(13.3)并求根,得到 $(N + n_{fz}) - 1$ 个拐点,然后选择通带外对应抑制波瓣位置的实频率点,根据这些带外拐点求解 $-20\lg S_{21}(s)$,即可得到抑制波瓣的 dB 值。在通带内,切比雪夫函数包含 $N - 1$ 个实频率拐点,对应于 $N - 1$ 个反射最大点。图 13.1 给出了第 6 章中设计的(4-2)不对称滤波器函数 $F(s)/P(s)$ 的曲线,图中显示了带内 3 个拐点和 2 个抑制波瓣的位置。

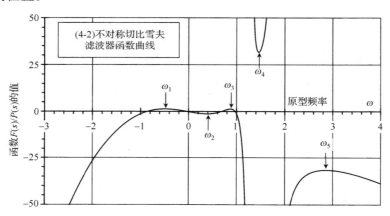

图 13.1　(4-2)不对称滤波器函数 $F(s)/P(s)$ 的曲线

　　使用 $(N + n_{fz}) - 1$ 阶多项式代替 $2(N + n_{fz}) - 1$ 阶多项式并求根,这种求解带外抑制波瓣频率的方法将更快、更准确。对于全规范型函数($n_{fz} = N$)而言,式(13.3)的最高次项系数将被消去,且 $2N - 2$ 个根将会减少一个。这意味着,如果全规范型滤波器函数的 N 个传输零点都分布于虚轴上,则将在抑制特性曲线上产生 $N - 1$ 个波瓣;而在非规范型滤波器函数中,n_{fz} 个传输零点将在抑制特性曲线上产生 n_{fz} 个波瓣。

　　该方法主要取决于多项式 $F(s)$ 和 $P(s)$ 是否关于虚轴对称。对于多项式 $P(s)$,其零点总是关于虚轴对称分布的;但是对于多项式 $F(s)$,必须要求其所有零点分布于虚轴上。这与

第 6 章介绍的交替极点法的限制条件类似，6.3.4 节介绍过这种计算切比雪夫函数的抑制波瓣频率的方法。

将计算出的抑制波瓣值与对应的目标值进行比较，可以得到评价函数。接下来通过优化传输零点的位置可确定新的 $F(s)$ 多项式，然后再次根据新的抑制波瓣值来计算评价函数。与前一次的迭代结果相比，如果新的迭代结果使性能有所改善，则再次在相同的方向改变零点位置并继续优化，直到评价函数无限接近于零。

在优化过程中，必须设置约束条件以避免传输零点过于接近通带边沿，甚至出现进入通带的情形($|s| > j$)，从而保证了求解过程稳定并且迅速收敛，即便是对于全规范型滤波器函数。第 6 章中介绍的抑制波瓣值为 30 dB 的(4-2)不对称滤波器函数例子，也可以使用这种设计方法。

如果优化程序中利用传输零点位置的梯度来优化幅度函数，则可以运用 4.6 节介绍的解析公式来计算。其关系总结如下：

$$\frac{\partial T}{\partial b_i} = -40 \lg e \cdot |\rho|^2 \cdot \frac{b_i}{(s^2 \pm b_i^2)}$$

$$\frac{\partial R}{\partial b_i} = 40 \lg e \cdot |t|^2 \cdot \frac{b_i}{(s^2 \pm b_i^2)}$$

其中零点的位置为 $s^2 = \pm b_i^2$。正号代表零点位于虚轴上，负号代表零点位于实轴上。T 和 R 分别表示以 dB 为单位的传输损耗和反射损耗。根据散射参数的定义，$T = -10 \lg |S_{21}(s)|^2$ dB 且 $R = -10 \lg |S_{11}(s)|^2$ dB，关于虚轴对称的复零点计算如下：

$$Q(s) = (s + \sigma_1 \pm j\omega_1)(s - \sigma_1 \pm j\omega_1) = s^2 \pm j2s\omega_1 - (\sigma_1^2 + \omega_1^2)$$

关于复零点位置的梯度计算如下：

$$\frac{\partial T}{\partial \sigma_1} = -40 \lg e \cdot |\rho|^2 \sigma_1 \frac{(s^2 - \sigma_1^2 - \omega_1^2)}{|Q(s)|^2}$$

$$\frac{\partial R}{\partial \omega_1} = -40 \lg e \cdot |t|^2 \omega_1 \frac{(3s^2 - \sigma_1^2 - \omega_1^2)}{|Q(s)|^2}$$

计算以上公式的解析梯度，有利于提高优化过程的效率。

13.2.3 群延迟优化

在最小相位滤波器中，相位和群延迟的变化仅与其幅度响应有关[10]。最小相位滤波器传输函数的零点分布于虚轴上(对椭圆和准椭圆滤波器而言)，或趋于无穷远处(对最大平坦和切比雪夫滤波器而言)。对于这种滤波器，一旦优化得到了幅度响应，也就确定了与幅度响应对应的群延迟特性。第 17 章讨论的全通均衡器方法，可以在不影响幅度响应的前提下改善群延迟特性。

另一种改善群延迟响应的方法是在传输函数中引入一些零点，即 $P(s)$ 的零点，其关于实轴或虚轴成对地对称分布。如 3.11 节和 6.1 节所述，为了满足稳定条件，$P(s)$ 的零点必须关于虚轴对称分布。这种滤波器称为**非最小相位滤波器、线性相位滤波器**或**自均衡滤波器**，它们的幅度和相位不再是唯一对应的。经过优化后的线性相位滤波器，是以牺牲幅度响应为代价来提高群延迟特性的，这意味着需要采用更高阶的滤波器来获得理想幅度响应和改善群延迟响应。与往常一样，必须在滤波器的复杂性和性能之间进行折中。为了区分 $P(s)$ 包含的不同零点[通常称为传输零点(TZ)]类型,广泛使用的标记方法是根据滤波器阶数,用分布于虚轴上的传输零点数及其他位置的传输零点数的组合来表示。例如,(10-2-4)表示滤波器阶数为10,包含两个 $j\omega$ 轴上的传输零点(不一定是对称分布的),而另外 4 个传输零点关于虚轴对称分布。这也就表明标记方式中最后一位数字通常为偶数。

接下来的问题是,如何确定群延迟波动最小的传输零点的位置。由于这些零点仅成对地关于虚轴对称分布,当 s 沿着虚轴变化时(π 的整数倍除外),它们自身对整个滤波器的相位特性并未产生贡献,因此对群延迟特性也就没有任何影响。然而,传输零点的引入改变了特征多项式,也就是滤波器传输特性和反射特性发生了变化。因此,必须重构多项式 $F(s)$ 和 $E(s)$,并恢复滤波器函数的初始响应(例如,切比雪夫类型的等波纹通带)。如 3.4 节所述,相位和群延迟特性完全取决于多项式 $E(s)$。

13.2.3.1 群延迟和衰减斜率的计算

滤波器函数的群延迟和衰减斜率特性通常可以由下列传输多项式推导得到。

如果 $S_{21}(s) = P(s)/\varepsilon E(s)$ 为传输函数,且 $S'_{21}(s)$ 为关于频率变量 s 的一阶导数,则 $S'_{21}(s)/S_{21}(s)$ 的实部为群延迟函数 $\tau(s)$,而虚部为传输特性的增益斜率。实际证明如下:

$$-\frac{S'_{21}(s)}{S_{21}(s)} = -\frac{d}{ds}[\ln S_{21}(s)] = -\frac{d}{ds}\left[\ln\left(|S_{21}(s)|e^{j\phi}\right)\right]$$

$$= -\frac{d}{ds}[\ln|S_{21}(s)| + j\phi]$$

其中 ϕ 为 $S_{21}(s)$ 的相位。由于 $s = j\omega$,因此 $ds = jd\omega$,推导如下:

$$-\frac{S'_{21}(s)}{S_{21}(s)} = j\frac{d}{d\omega}[\ln|S_{21}(s)| + j\phi] = -\frac{d\phi}{d\omega} + j\frac{dA}{d\omega} \tag{13.5}$$

其中 $A = \ln|S_{21}(s)|$ 为增益,单位为奈培;$\mathrm{Re}[-S'_{21}(s)/S_{21}(s)]$ 为群延迟,单位为 s;$-8.6859\mathrm{Im}[-S'_{21}(s)/S_{21}(s)]$ 为衰减斜率,单位为 dB /(rad/s)。上式可以简单地写为

$$-\frac{S'_{21}(s)}{S_{21}(s)} = \frac{E'(s)}{E(s)} - \frac{P'(s)}{P(s)} \tag{13.6}$$

其中 $E'(s)$ 和 $P'(s)$ 为多项式 $E(s)$ 和 $P(s)$ 关于 s 的微分。由于所有传输零点不是分布于虚轴上,就是关于虚轴以镜像对的形式对称分布,因此式(13.6)的第二项总是纯虚数,无须计算该项就能得到群延迟的值。

13.2.3.2 群延迟的优化方法

尽管存在许多解析方法可以准确设计这类群延迟均衡滤波器(又称为**线性相位滤波器**)[10,11],但最常用的还是优化方法。以现今个人计算机的运算速度和计算能力,即使对于极其复杂的情况,优化过程也可以在短短数秒内实现收敛。此外,也可以同时优化传输零点并满足给定的抑制波瓣值,实现不对称特性。一种可用于群延迟优化的流程图如图 13.2 所示,下面详细介绍了该过程。

1. 首先根据预先给定的滤波器拓扑结构,运用最短路径原理检查可用于群延迟和抑制波瓣值优化的所有传输零点的类型和数量。接下来选择用于优化群延迟均衡器的部分通带带宽。在实际优化过程中,对于实轴上的零点对选取 50% 的通带带宽,而对于复平面上的零点对则选取 65% ~70% 的通带带宽。即在优化群延迟的过程中,需要在群延迟均衡器的通带带宽和幅值波动之间进行一定的折中。

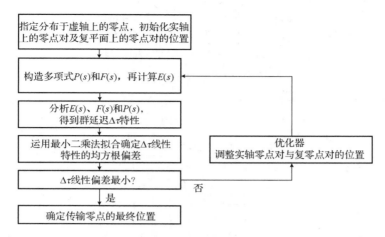

图 13.2 群延迟均衡器的优化流程图

2. 初始化复传输零点的位置。对于对称特性,选取实轴上的零点对的位置为 $\pm 0.8 + j0.0$,而复平面上的零点对的位置为 $\pm 0.8 \pm j0.5$,通常能得到很好的结果。

3. 运用第 4 章描述的解析梯度优化法,结合给定的传输零点位置,针对幅度响应进行优化。然后根据得到的结果构造 $P(s)$ 多项式,并生成多项式 $F(s)$ 和 $E(s)$。对于切比雪夫滤波器而言,利用第 6 章介绍的方法生成 $F(s)$ 和 $E(s)$ 多项式更实用。

4. 计算均衡带宽内(对称情况下为中心频率到通带边沿一半的带宽)N_s 个采样点 s_i 的群延迟 τ_i。根据多项式 $E(s)$,采样点 s_i 的群延迟由式(13.6)计算可得:

$$\tau_i = \mathrm{Re}\left[\frac{E'(s_i)}{E(s_i)}\right] \tag{13.7}$$

其中 $E'(s_i)$ 表示 $E(s_i)$ 的微分。

5. 运用最小二乘法最优直线拟合(BFSL)求解:

$$\tau(\omega) = m\omega + c \tag{13.8}$$

其中,$m = \dfrac{\sum\limits_{i=1}^{N_s} \tau_i(\omega_i - \omega_{av})}{\sum\limits_{i=1}^{N_s}(\omega_i - \omega_{av})^2}$;$c = \tau_{av} - m\omega_{av}$;$\omega_{av} = [\sum\limits_{i=1}^{N_s}\omega_i]/N_s$ 为采样点的均值;$\tau_{av} = [\sum\limits_{i=1}^{N_s}\tau_i]/N_s$ 为群延迟的均值;$\omega_i = -js_i$ 为第 i 个采样点;m 和 c 分别为 BFSL 的斜率和常数;N_s 为采样点数。

一旦得到了 BFSL 的斜率和常数,就可以根据 BFSL 计算出群延迟的均方根(rms)偏差如下:

$$\Delta\tau_{\mathrm{rms}} = \left[\sum_{i=1}^{N_s}[\tau_i - (m\omega_i + c)]^2\right]^{1/2} \tag{13.9}$$

通过建立 $\Delta\tau_{\mathrm{rms}}$ 与 BFSL 斜率 m 的评价函数,运用优化方法使之尽可能地趋于零。另外,也可以利用斜率偏移构造评价函数,以补偿因采用该方法实现滤波器而引入的色散影响。例如,在膜片耦合波导带通滤波器中,用一个正斜率来补偿自然形成的负的群延迟斜率。通过选取合适的权重值,分布于虚轴上的传输零点也可以与对称或不对称准椭圆自均衡滤波器函数中的复平面,以及分布于实轴上的均衡零点对一样,用于建立评价函数。在图 13.3 所示 8 阶滤波器的响应中,其回波损耗为23 dB。整个原型带宽内的群延迟斜率为 1 ns,两个对称的 40 dB 的幅度抑制波瓣分别位于通带边沿外左右两侧。两个传输零点分别为 + j1.3527 和 − j1.3692,且一对群延迟自均衡零点为 ±0.8592 + j0.1091。

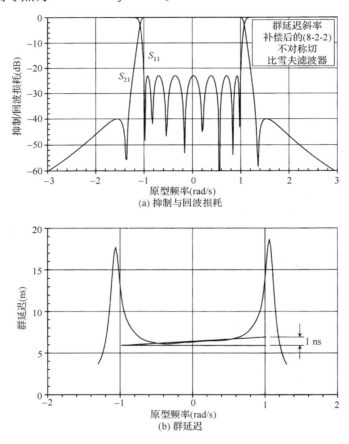

图 13.3　补偿群延迟斜率后的含有两个抑制波瓣的 8 阶滤波器

在某些情况下,还可以优化表示滤波器特性的耦合矩阵模型,而不是优化滤波器函数的极点和零点。由于耦合矩阵元件值与实际滤波器的耦合结构之间直接对应,因此所有偏差影响都可以通过耦合元件值反映出来,且每个谐振器的频率变化也可以通过构建更精确的模型来表示。尽管在每次迭代过程中增加了综合和分析矩阵的计算时间,但是可以得到更准确的近似结果。

13.3　微波滤波器网络的实现与分析

一旦选定了原型滤波器函数的设计,就能开始原型网络的综合了。如果一个全极点滤波器函数的传输零点与纯切比雪夫和巴特沃思滤波器的传输零点一样,都分布在 $s = \pm j\infty$ 处,则该网络不存在交叉耦合,低通原型将简化为一个梯形电路。通常全极点网络为同步调谐,这就意味着节点处的 FIR 元件值都为零。而对于包含有限传输零点的滤波器函数而言,在不相邻谐振器节点之间一定存在交叉耦合。

在大多数实例中，耦合矩阵由滤波器函数的多项式直接构造，或间接通过原型电路综合。其中电路方法非常灵活，允许综合多重级联的三角元件和提取极点，且三角元件和直接耦合提取极点都可以使用耦合矩阵来表示。但是，对于相位耦合提取极点类型[12]，耦合矩阵只能反映出其部分主要特性。

下一步运用相似变换，将原型耦合矩阵重构为理想拓扑结构，再计算出与滤波器理想耦合矩阵元件对应的实际耦合元件的结构参数。图 13.4 显示了一个 6 阶对称滤波器函数的矩阵变换过程，其包含的两个传输零点在通带边沿外左右两侧产生了两个对称的抑制波瓣，使用串列形矩形波导结构来实现。

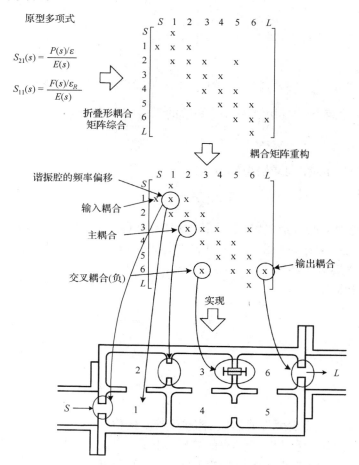

图 13.4　耦合矩阵所对应的原型滤波器函数变换为矩形波导结构的过程

在图 13.4 所示的矩形波导结构实例中，耦合矩阵的主耦合使用感性膜片实现，而交叉耦合（其中负耦合取决于传输零点的位置和类型）可以通过感性膜片或耦合环（主要在同轴谐振滤波器中），或容性探针（负耦合）来实现。接下来的实现过程是对实际耦合元件赋值，通过对滤波器样品的测量或后面章节介绍的电磁方法得到具体尺寸。

与波导谐振器间耦合结构对应的并联电感，可以等效为由耦合矩阵推导出的阻抗变换器或导纳变换器。Matthaei 等人[13]指出，运用耦合矩阵方法，阻抗变换器等效电路可以用并联电感 X，以及电感两端对称放置的特征阻抗为 Z_0 且电长度为 ϕ 的传输线段构成的电路来表示，如图13.5所示。其中，所有变换器或集总元件的阻抗或导纳分别用特征阻抗 Z_0 或特征导纳 Y_0 进行了归一化。

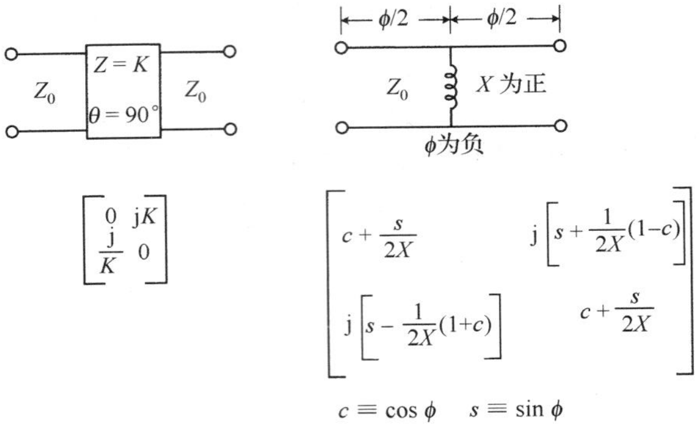

图13.5　并联电抗两端对称连接传输线段的阻抗变换器等效方法

在图13.5所示的两个电路中，$[ABCD]$ 矩阵的元件"A"与相移线段 ϕ 的关系为

$$\phi = -\arctan 2X = -\operatorname{arccot}\frac{B}{2} \tag{13.10a}$$

将元件"B"和元件"C"相减，可求得电纳 B 为

$$B = \frac{1}{|X|} = K - \frac{1}{K} \tag{13.10b}$$

对于波导耦合，其等效电路特别实用，因为传输线段可以被相邻传输线吸收而构成比原长度略短的波导谐振腔。而且，波导孔径或膜片的射频电纳 B 作为可直接测量的参数，与原型耦合矩阵的耦合元件值直接对应。

对于输入耦合和输出耦合[13]，有

$$K_{S1} = \frac{M_{S1}}{\sqrt{\alpha}}, \quad K_{LN} = \frac{M_{LN}}{\sqrt{\alpha}} \tag{13.11a}$$

对于谐振器间耦合，有

$$K_{ij} = \frac{M_{ij}}{\alpha} \tag{13.11b}$$

其中 M_{ij} 为原型耦合矩阵的耦合元件值，K_{ij} 为阻抗变换器的值；$\alpha = \left[(\lambda_{g1} + \lambda_{g2})/n\pi(\lambda_{g1} - \lambda_{g2}) \right]$，$\lambda_{g1}$ 和 λ_{g2} 分别为通带下边沿和上边沿频率的波导波长；n 为波导谐振器的半波长数。例如，对于 TE_{10} 模的矩形波导腔，谐振数为半波长的3倍，则其谐振模式表示为 TE_{103}，即 $n = 3$。其中 α 为低通滤波器变换到波导带通滤波器的比例因子①，通常大于1。

现在运用式(13.11)求解波导耦合元件相对于其导纳归一化的电纳值。沿波导传播方向上的谐振器 R_i 和 R_j 之间，及 R_j 和 R_k 之间的直耦合(见图13.6)，其主耦合电纳 B_{ij} 和 B_{jk} 分别为[13]

$$B_{ij} = K_{ij} - \frac{1}{K_{ij}}, \quad B_{jk} = K_{jk} - \frac{1}{K_{jk}} \tag{13.12}$$

由于 α 通常大于1，当原型耦合系数 M_{ij} 为正时(电路中可以表示为并联电感，而实际上由感性

① 在同轴带通滤波器中，α 为百分比带宽的倒数，$\alpha = f_0/BW$。

孔径或膜片实现），则对应的耦合导纳 B_{ij} 为负。谐振器 R_j 的总电长度为

$$\theta_j = n\pi + \frac{1}{2}\left(\operatorname{arccot}\frac{B_{ij}}{2} + \operatorname{arccot}\frac{B_{jk}}{2}\right) \quad \text{rad} \tag{13.13}$$

谐振器之间的侧耦合可以近似表示为两个谐振器中点（或者电压最大点，见图 13.7）之间的并联耦合，相当于沿着谐振器 R_j 和 R_l 的长度方向中心点近似插入一个并联 FIR 元件[14]。运用修正的谐振器电长度计算公式(13.13)，可以计算得到侧耦合和直耦合。同时，式中包含了用耦合矩阵对角线耦合元件表示的谐振器的频率偏移（异步调谐）：

$$\theta_{1j} = \frac{n\pi}{2} + \frac{1}{2}\left(\operatorname{arccot}\frac{B_{ij}}{2} - \arcsin(B_{jl} - B_{jj})\right)$$
$$\theta_{2j} = \frac{n\pi}{2} + \frac{1}{2}\left(\operatorname{arccot}\frac{B_{jk}}{2} - \arcsin(B_{jl} - B_{jj})\right) \tag{13.14}$$

其中，$B_{jl} = M_{jl}/\alpha$ 为谐振器 R_j 和 R_l 之间的侧耦合（见图 13.7），$B_{jj} = M_{jj}/\alpha$ 为频率偏移因子，且 $\theta_{1j} + \theta_{2j}$ 为谐振器 R_j 的总电长度。

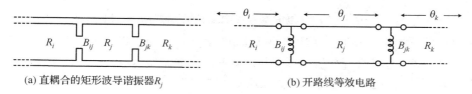

(a) 直耦合的矩形波导谐振器 R_j (b) 开路线等效电路

图 13.6 直耦合的矩形波导谐振器

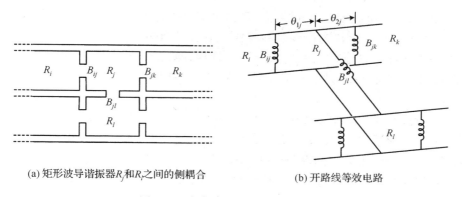

(a) 矩形波导谐振器 R_j 和 R_l 之间的侧耦合   (b) 开路线等效电路

图 13.7 侧耦合的矩形波导谐振器

图 13.7(b) 所示的用电感表示的侧耦合元件 B_{jl}，其耦合极性与直耦合元件 B_{ij} 的相同，因此也可以用感性膜片实现，如图 13.7(a) 所示。如果 B_{jl} 的极性与孔径耦合的相反，则在电路中用电容表示，并使用容性探针实现。在 13.4 节中将说明如何在单个圆柱或矩形截面的双模腔体中，实现两个正交极化模式的波导谐振器 R_j 和 R_l。在双模腔体中，侧耦合 B_{jl} 可以用腔体壁上 45°方向的调谐螺丝来实现，而腔体内的直耦合 B_{ij} 和 B_{jk} 等则可以在腔体壁上开槽实现。

上文曾提及，当原型电路映射到波导电路时，运用对偶网络定理可将原型电路的并联谐振器（并联 $C_j + jB_j$）变换为波导电路的串联谐振器（传输线长度约为 $n\lambda/2$），即在原型网络两端各增加一个变换器，可以构造出输入膜片 B_{S1} 和输出膜片 B_{NL}，如图 13.9 所示。

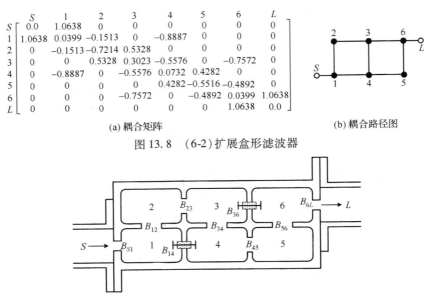

(a) 耦合矩阵　　　　(b) 耦合路径图

图 13.8　(6-2)扩展盒形滤波器

图 13.9　(6-2)不对称扩展盒形 TE_{103} 模矩形波导滤波器的实现

　　为了验证这个代表波带通滤波器的开路电路模型,下面将以扩展盒形拓扑实现的(6-2)不对称滤波器为例,通过合理分析来说明其准确性。此滤波器函数为不对称切比雪夫型,回波损耗为 23 dB,两个极性为正的传输零点在通带上边沿外实现的两个抑制波瓣值为 50 dB。其中心频率为6.65 GHz,带宽 40 MHz。滤波器采用了宽边尺寸为3.485 cm(对应于波导型号WR-137)的 TE_{103} 模矩形波导腔体结构。

　　接下来用前面提到的方法,确定原型多项式并综合折叠形耦合矩阵。然后用第 10 章介绍的方法将折叠形耦合矩阵重构为扩展盒形拓扑。最后得到的 $N+2$ 耦合矩阵及对应的耦合路径图,如图 13.8 所示。注意,经过式(13.12)变换后,耦合矩阵中连续(主)耦合 B_{ij} 的极性都为负,因此可用孔径耦合来实现;而交叉耦合 B_{14} 和 B_{36} 的极性为正,因此可用容性探针来实现(见图 13.9)。

　　根据式(13.11)、式(13.12)及式(13.14),并令 $\alpha=20.5219$,计算得到的耦合系数和谐振器长度见表 13.1,利用这些参数分析得到的开路等效电路曲线如图 13.10 所示,从图中可以看出,其回波损耗和抑制旁瓣比较接近于电路初值。但是,由于分析过程中存在色散现象,导致回波损耗等波纹特性不太理想。

表 13.1　(6-2)不对称扩展盒形滤波器的耦合电纳[①]与谐振器尺寸

	端　　耦　　合		谐振器长度(°)		
	终 端 壁	侧 壁	j	θ_{1j}	θ_{2j}
主耦合	$B_{S1}=-4.0234$	—	1	257.05	272.75
	—	$B_{12}=-0.0074$	2	269.20	267.72
	$B_{23}=-38.4940$	—	3	269.71	273.31
	—	$B_{34}=-0.0272$	4	273.36	269.69
	$B_{45}=-47.9005$	—	5	268.72	269.91
	—	$B_{56}=-0.0238$	6	272.85	257.52
	$B_{6L}=-4.0234$	—			
交叉耦合	$B_{14}=+23.0492$	—			
	$B_{36}=+27.0672$	—			

① 相对于矩形波导特征导纳 Y_0 归一化后的值。

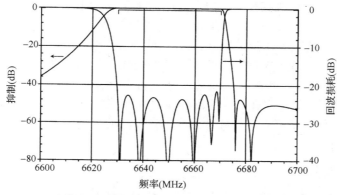

图 13.10　用开路等效电路模型表示的（6-2）扩展盒形滤波器的射频特性分析

13.4　双模滤波器

在 20 世纪 70 年代早期，由于双模滤波器结构紧凑，且可以实现复杂的滤波器函数特性，因此普遍应用于卫星系统的转发器中[1~4]。双模滤波器表现为同一腔体谐振器内包含极化简并模，而不仅仅是包含两个不同的模式[15]。**简并模**表明两个模式独立存在且具有相同的模系数（即正交），可以使用螺丝等耦合元件，通过干扰场分布来产生耦合。TE 模和 TM 模都可以作为简并模，而圆柱腔谐振器应用中最常见的是 TE_{11n} 模，如图 13.11（a）所示。每个圆柱腔谐振器支持两个 TE_{11n} 正交极化的谐振模式，这两个谐振模式通过放置在圆柱腔体侧壁上且相互成 90° 的两个调谐螺丝（如 T_1 和 T_2，以及 T_3 和 T_4）来实现调节，且限定其极化方向并使之稳定。这两个谐振模式是独立存在的，也就是说，经水平输入膜片激励产生耦合的垂直谐振模式 1，不会对水平谐振模式 2 产生影响，除非在位于腔体侧壁上两个谐振模式之间成 45° 位置进行干扰，如添加调谐螺丝 M_{12} 或 M_{34}。由于引入的不对称性，使谐振模式 1 的场分布产生畸变，并在谐振模式 2 的电场方向产生持续的场分量。实际上，这个耦合螺丝实现了耦合 M_{12}，其馈入腔体内的深度决定了耦合强度。

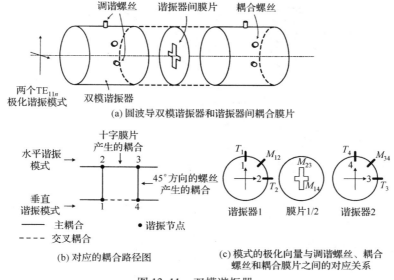

(a) 圆波导双模谐振器和谐振器间耦合膜片

(b) 对应的耦合路径图

(c) 模式的极化向量与调谐螺丝、耦合螺丝和耦合膜片之间的对应关系

图 13.11　双模谐振器

谐振器间耦合是通过放置在腔体谐振器之间的十字膜片来实现的。如果再次假设谐振器1内的谐振模式1为垂直极化，且谐振器2内的垂直谐振模式4是由这个十字膜片上的水平槽孔产生的，则这个槽孔实现了耦合 M_{14}，其耦合强度取决于槽孔的长度、宽度及厚度。类似地，膜片上的垂直槽孔可以实现谐振器1内的水平谐振模式2与谐振器2内的水平谐振模式3之间的耦合 M_{23}。通常，由于膜片槽孔的长度大于宽度，交叉极化耦合的影响可忽略不计。例如，谐振模式1和谐振模式4之间产生的耦合 M_{14}，比谐振模式2和谐振模式3之间产生的耦合要弱得多。还有其他一些可实现的膜片结构。各种滤波器的输入耦合和输出耦合方式及许多有用的设计公式可参阅文献[15]。

13.4.1　虚拟负耦合

当综合并重构包含有限传输零点的滤波器函数时，会发现有些传输零点不可避免地出现了负耦合。例如，两个传输零点在虚轴上对称分布的(4-2)滤波器，其耦合矩阵中的交叉耦合 M_{14} 相对于 M_{12}，M_{23} 和 M_{34} 来说为负。在采用单模谐振器实现的滤波器中，M_{14} 由容性探针实现，其他耦合则通过感性耦合环或孔径来实现。

对于双模腔体滤波器而言，负耦合由放置于圆柱腔体侧壁上的两个互成45°的耦合螺丝来实现，这种方式在一定程度上避免了使用容性耦合元件带来的复杂性、无载 Q 值恶化，以及可靠性和稳定性的降低。

为了说明"虚拟"负耦合是如何产生的，按惯例，首先指定双模谐振器中的水平极化模式和垂直极化模式的正极化方向(即向量的箭头方向)，并调节位于该谐振器的圆柱腔体侧壁上与两个谐振模式的极化方向成45°的螺丝，使得它们产生耦合。按此惯例，从图13.12(a)中可知，调节耦合 M_{12} 和 M_{34} 的螺丝分别位于谐振器1和谐振器2的圆柱腔体上，且在侧壁的同一相对位置，实现了谐振器间耦合 M_{14} 的谐振模式1和谐振模式4的极化方向相同。但是，如果改变谐振器2上调节耦合 M_{34} 的螺丝的位置，并相对于耦合 M_{12} 的螺丝位置在腔体侧壁上轴向旋转90°，再沿耦合 M_{14} 看过去，则谐振模式4与谐振模式1的极化方向相反，如图13.12(b)所示。因此，谐振模式4与谐振模式1的相位差为180°，从而导致 M_{14} 表现为一个虚拟负耦合，即便其结构的电特性表现为感性。

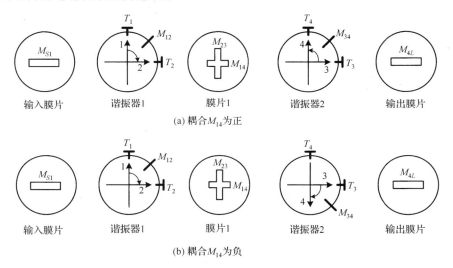

图 13.12　双模谐振器之间负耦合的产生

当利用开路等效电路模型分析这类耦合时，需要在并联电感 B_{14} 的前面添加负号以表示耦合 M_{14}（其电纳 B_{14} 为正），而感性耦合的频率相关性不变（λ_g/λ_{g0}）。

13.5　耦合极性修正

双模谐振器的主要优势之一是，在同一结构内仅使用感性耦合就能同时实现正耦合和负耦合。与单模谐振腔相比，这不仅降低了体积和质量，还能在不使用容性探针的前提下，实现复杂滤波器函数所需的负耦合。

然而，在设计双模滤波器之前，需要对反映滤波器特性的耦合矩阵拓扑进行约束，确保十字耦合膜片中的一个槽孔能产生负耦合，也就是图 13.11（b）所示耦合路径图中的水平耦合。对于特殊滤波器函数的拓扑结构，经过综合并重构耦合矩阵后，负耦合是随机出现的，有时由双模谐振器中 45° 方向的耦合螺丝产生。这些耦合需要移到谐振器间膜片实现的耦合位置上，运用 13.4.1 节介绍的方法，将耦合螺丝在腔体侧壁上轴向偏移 90°，以实现虚拟负耦合。

任意耦合 M_{ij} 的极性可以通过耦合矩阵中第 i 行和第 j 列，或第 j 行和第 j 列的所有元素乘以 -1 来"转换"（即负变为正），将负耦合变换到耦合矩阵中的其他位置。例如，如果图 13.8 中耦合矩阵的耦合 M_{12} 为负（双模结构中由 45° 方向的螺丝实现），将第 2 行和第 2 列的所有元素乘以 -1，即可使主耦合 M_{23} 及第 2 行和第 2 列的所有交叉耦合都变为负。由于耦合 M_{23} 是通过谐振器 1 和谐振器 2 之间膜片上的一个槽孔产生的，将耦合螺丝沿腔体侧壁轴向偏移 90°，即可实现这个虚拟负耦合。注意，表示谐振模式 2 频率偏移的对角线耦合 M_{22}，由于乘以了 -1 两次，不会受到"转换"的影响。

由于转换不影响耦合矩阵的电特性，因此有必要时可以多次乘以 -1，将耦合矩阵的负耦合变换到合适的位置，但该方法十分烦琐，并且容易出错。运用简易的图形表示，结合耦合路径图，就可以取代该方法。

这种新方法要求在耦合路径上任意画个圆圈，且同时改变与圆圈边界交叉的每个耦合路径的耦合极性。图 13.13 所示为一个 8 阶轴向双模滤波器，经过综合并重构耦合矩阵后，耦合 M_{56} 的极性为负（螺丝产生的耦合），其他都为正。在图 13.13（b）所示的耦合 M_{56} 处画个圈，将其极性改为正，则对应的膜片耦合 M_{45} 和 M_{58} 变为负。此滤波器使用双模结构的实现如图 13.13（c）所示。这个例子等效于将耦合矩阵中的第 5 行和第 5 列同时乘以 -1。

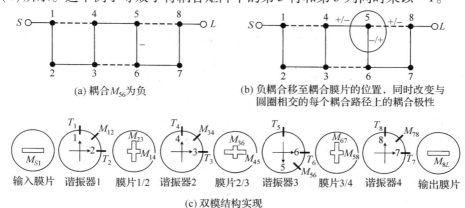

(a) 耦合 M_{56} 为负　　　　　(b) 负耦合移至耦合膜片的位置，同时改变与
　　　　　　　　　　　　　　　　圆圈相交的每个耦合路径上的耦合极性

(c) 双模结构实现

图 13.13　修正耦合极性的画圈法

使用单个或多个圆圈包围多个谐振器节点,可以同时修正若干个负耦合的极性。另外,如果有必要,还可以同时圈入单个或多个输入耦合和输出耦合,以改变它们的极性。图 13.14 给出了另外两个例子,其中第二个例子修正了图 13.8 所示的 6 阶扩展盒形耦合矩阵元素的极性,从而变换为双模腔体实现的拓扑结构。

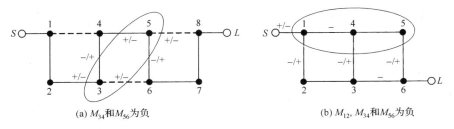

(a) M_{34} 和 M_{56} 为负 (b) M_{12}, M_{34} 和 M_{56} 为负

图 13.14 采用画圈法修正多个耦合极性

13.6 典型耦合矩阵拓扑的双模实现

前面的章节讨论了几类滤波器拓扑结构的综合与重构方法。通常认为利用直接耦合矩阵综合方法可以得到规范折叠形拓扑(有时称为**反射型拓扑**)。针对矩阵应用相似变换(旋转),构造其他的滤波器拓扑形式(根据最短路径原理),其中许多拓扑可以利用双模结构来实现。这些拓扑结构包括:

- 传递形拓扑或串列形拓扑
  - ◆ 对称结构
  - ◆ 不对称结构
- pfitzenmaier 拓扑
- 级联四角元件拓扑
- 扩展盒形拓扑

以上每种拓扑结构都有各自的优缺点。下面将具体介绍与之对应的双模谐振器,以及谐振器间耦合膜片,以及耦合螺丝的排列方式。

13.6.1 折叠形拓扑

规范折叠形矩阵可以采用双模谐振器结构实现,如图 13.15 所示。进入滤波器的极化模保持同一极化方向,朝谐振器终端方向传播,且腔体上 45°方向的耦合螺丝在终端谐振器内产生正交极化谐振模式。然后,信号沿着滤波器末端谐振器的正交极化方向,返回同一个输入谐振器。其中 45°方向的耦合螺丝在谐振器中实现交叉耦合。

折叠形双模滤波器的优点是最多可以实现 $N-2$ 个有限传输零点(对于 8 阶滤波器,$n_{fz}=6$),且耦合系数关于耦合矩阵的对角线对称。这意味着其中两个膜片的槽孔尺寸是一样的(膜片也可以是圆孔)。然而,这种结构最大的缺点是输入耦合和输出耦合在同一个谐振器内,导致隔离度很低。此外,需要在第一个谐振器使用正交模转换器或采用侧壁耦合,分离输入信号和输出信号。

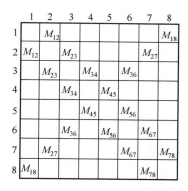

(a) 折叠形$N \times N$耦合矩阵

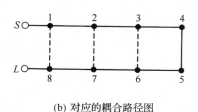

(b) 对应的耦合路径图

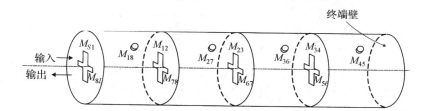

物理腔体编号		1	2	3	4
对应的谐振器编号	垂直极化	8	7	6	5
	水平极化	1	2	3	4

(c) 双模腔体的排列方式

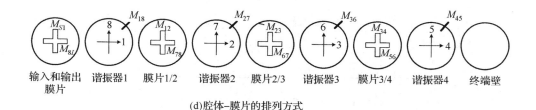

(d) 腔体–膜片的排列方式

图 13.15　8 阶双模滤波器折叠形拓扑耦合矩阵的实现

13.6.2　Pfitzenmaier 拓扑

如图 13.16 所示，将折叠形结构变换为输入耦合和输出耦合位于相邻谐振器的 Pfitzenmaier 拓扑，有利于改善隔离度过低的问题，并且同样能实现最大数量的有限传输零点。

13.6.3　传递形拓扑

对称和不对称的传递形矩阵都可以通过双模结构来实现，图 13.17 给出了一个 8 阶滤波器实例。

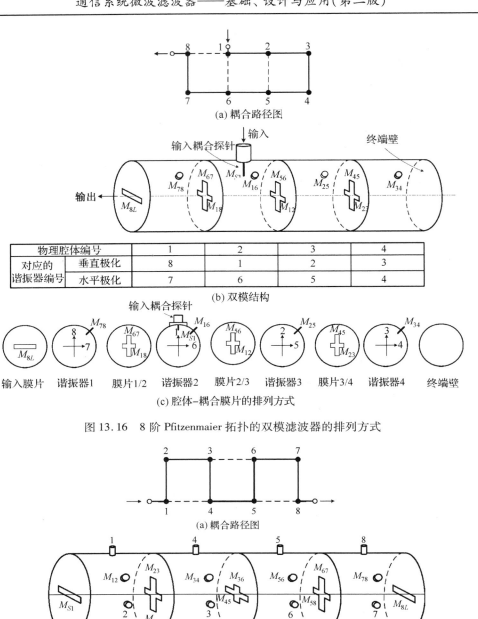

(a) 耦合路径图

(b) 双模结构

物理腔体编号		1	2	3	4
对应的 谐振器编号	垂直极化	8	1	2	3
	水平极化	7	6	5	4

(c) 腔体–耦合膜片的排列方式

图 13.16　8 阶 Pfitzenmaier 拓扑的双模滤波器的排列方式

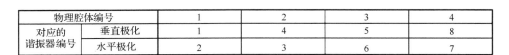

(a) 耦合路径图

物理腔体编号		1	2	3	4
对应的 谐振器编号	垂直极化	1	4	5	8
	水平极化	2	3	6	7

(b) 双模结构

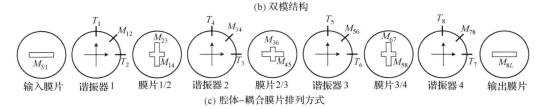

(c) 腔体–耦合膜片排列方式

图 13.17　8 阶传递形拓扑的双模滤波器的排列方式

利用不对称传递形拓扑可以实现任意对称的滤波器函数(根据最短路径原理),但是利用对称传递形拓扑实现的滤波器函数却受到严格的限制。由于滤波器的输入和输出分别位于两端,因此可以获得极好的输入和输出之间的隔离度。但是,与折叠形拓扑比较,该结构实现的传输零点数较少(对于 8 阶滤波器, $n_{fz}=4$)。注意,如果 $N/2$ 为奇数,则输出的耦合槽孔相对于输入需要按轴向旋转 90°。

13.6.4　级联四角元件

级联四角元件与传递形拓扑类似,其简单区别在于一些谐振器间膜片只有一个槽孔。由于每个四角元件与关于虚轴或实轴对称分布的一对传输零点唯一对应(见图 13.18),因此调谐相对比较简单。

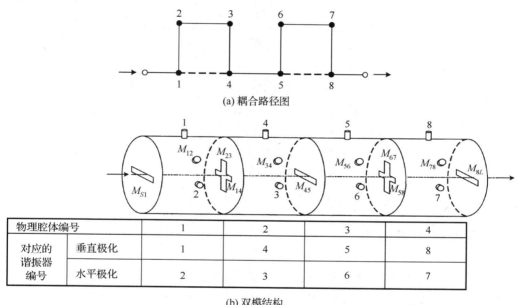

(a) 耦合路径图

物理腔体编号		1	2	3	4
对应的谐振器编号	垂直极化	1	4	5	8
	水平极化	2	3	6	7

(b) 双模结构

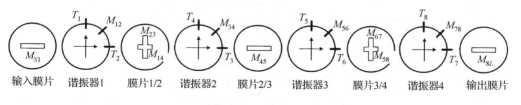

(c) 腔体–耦合膜片的排列方式

图 13.18　8 阶级联四角元件双模滤波器的排列方式

13.6.5　扩展盒形拓扑

扩展盒形滤波器是唯一可以实现不对称滤波器函数的拓扑,同时还保留了与实现对称滤波器函数特性的常用拓扑形式一样的简单双模腔体结构。对于任意偶数阶滤波器来说,与输出端耦合的槽孔位置通常相对于输入端位置在圆柱腔体的轴向方向旋转了 90°。并且,谐振器为异步调谐,在一些情况下,双模腔体结构的设计可能极为复杂。例如,图 13.19 所示的(6-2)不对称滤波器函数的耦合路径图示于图 13.8(b),其中 M_{14} 和 M_{36} 都是负耦合。从图 13.19 中可以看出,为了实现这些负耦合,耦合螺丝 M_{34} 相对于耦合螺丝 M_{12} 和 M_{56} 的方向旋转了 90°。

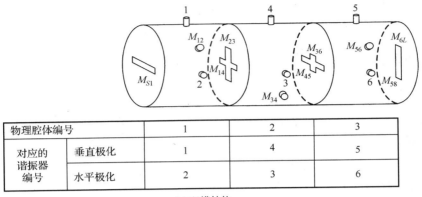

物理腔体编号		1	2	3
对应的谐振器编号	垂直极化	1	4	5
	水平极化	2	3	6

(a) 双模结构

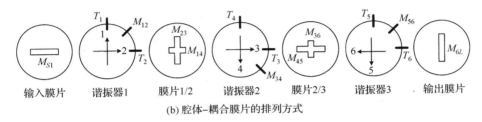

(b) 腔体–耦合膜片的排列方式

图 13.19　6 阶扩展盒形拓扑双模滤波器的排列方式

13.7　提取极点滤波器

第 10 章详细介绍了从网络中提取出传输零点并使用带阻谐振器实现的方法。一旦提取出传输零点,就可以综合并构造出滤波器的主谐振腔结构。这种方法对于非提取极点形式的滤波器来说同样适用。提取出传输零点后,主谐振腔结构中任意为正的交叉耦合,可以采用与 TE_{011} 模谐振器类似的单模腔来实现,而其中的负耦合必须用容性探针结构来实现。这样带来的结果无论是功率容量还是可靠性,都会很差。

图 13.20(a)所示为包含两个 E 面提取极点的(6-2)矩形波导滤波器的结构示意图,其中传输零点使用两个提取极点腔来实现,通过一段波导分别连接到滤波器主谐振腔结构的每个终端的腔体上。由于传输函数仅包含两个传输零点(即非实轴或非复零点对),因此滤波器的主谐振腔结构中也就不存在交叉耦合,可以用级联谐振器来实现。图 13.20(b)示意了提取极点原型电路中的串联谐振器对,用矩形波导等效电路中的并联带阻谐振器来等效的设计过程,带阻谐振器通过一个 E 面接头(串联)[12] 连接到主波导。根据式(13.10)至式(13.12),可以确定提取极点腔的电气参数,而且这个极点腔可视为常规滤波器中的第一个谐振器,没有输出耦合和交叉耦合,且谐振于传输零点频率。

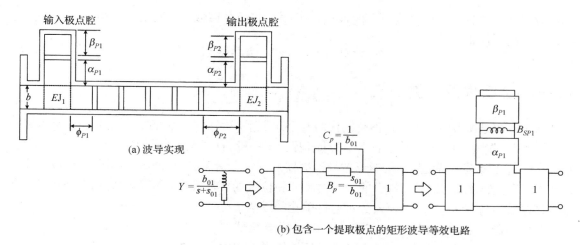

(a) 波导实现

(b) 包含一个提取极点的矩形波导等效电路

图 13.20　包含两个 E 面提取极点的(6-2)矩形波导滤波器

13.7.1　极点腔和互连短截线

运用式(13.11)和式(13.12)，极点腔输入膜片的电纳为[12]

$$B_{SP1} = \frac{1}{\sqrt{\alpha C_{P1}}} - \sqrt{\alpha C_{P1}} \tag{13.15}$$

其中 $C_{P1} = 1/b_{01}$，且 b_{01} 为提取极点 1 的留数。极点腔的相位长度给定为

$$\beta_{P1} = n\pi + \frac{1}{2}\operatorname{arccot}\frac{B_{SP1}}{2} - \arcsin B_{P1} \tag{13.16}$$

其中 $B_{P1} = \omega_{01}/\alpha$，$s_{01} = j\omega_{01}$ 为原型电路中虚轴上的传输零点，并确保极点腔谐振于该传输零点频率。由感性膜片的缩短效应可知，特定条件下极点腔和波导壁之间的连接线段 α_{P1} 的电长度一定为负。因此，需要加入一段等效为 180° 相位长度的传输线，使之变为正。由于这个加载的传输线段可以用极点腔中的感性膜片来等效，因此式(13.16)可用于极点频率的归一化，且 $\alpha_{P1} = \beta_{P1}$。

13.7.2　滤波器主谐振腔与极点腔之间的相移线段

滤波器主谐振腔与 T 形接头之间波导的单位导纳的相移线段 ϕ_{P1} 与三个参数有关：(1) 在原型电路中，滤波器主谐振腔中第一个并联的 $C_1 + jB_1$ 与相邻极点腔之间的相移线段 ψ_{P1}；(2) 与输入膜片对应且电长度为负的短传输线段；(3) 如果极点腔通过 E 面接头与主波导连接，则需要添加一个 90° 变换器等效电路，如图 13.20 所示。因此，滤波器主谐振腔与其最近的一个极点腔之间的修正后的相移线段如下[12]：

$$\phi_{P1} = \psi_{P1} + \frac{\pi}{2} - \frac{1}{2}\left(\operatorname{arccot}\frac{B_{S1}}{2}\right) \tag{13.17}$$

其中 ψ_{P1} 为等效原型电路中的极点腔与滤波器主谐振腔之间的相移线段，B_{S1} 为滤波器输入膜片的电纳。

13.7.3　相邻极点腔之间的相移线段

对于相邻极点腔之间的相移线段，如果不考虑所有相邻的导纳变换器，则第一级谐振器间

膜片的影响可以忽略。相移线段只能根据其半波长的任意倍数,也就是通过增加或减少合适的物理结构来修正:

$$\phi_P \to \phi_P \pm k\pi \quad \text{rad}, \quad k \text{ 为整数} \tag{13.18}$$

13.8　全感性双模滤波器

每个双模谐振器腔体中包含正交极化的两个同类型基本模式,它们之间相互独立且可以通过一个45°位置处的螺丝实现耦合。Guglielmo 提出了一种新型"全感性"(全部为感性耦合)双模结构[16],它主要基于特定尺寸的矩形波导谐振器。在每个谐振器中,两种不同的矩形波导模式之间相互独立,通过与输入端耦合的一个对尺寸和位置的要求都非常苛刻的单孔径来传输。而在该谐振器的输出端,这两个模式分别通过单孔径或两个孔径,与相邻谐振器中的相应模式耦合①。在不同谐振器之间,相同模式之间的耦合称为"直耦合",不同模式之间的耦合则称为"交叉"耦合。

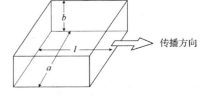

图 13.21　双模矩形波导谐振器

图 13.21 为一个矩形波导谐振器,其中 a 和 b 分别表示波导截面的宽边尺寸和窄边尺寸,且传播方向上的 l 表示其长度。

在同一个谐振器内,同时谐振于频率 f_0 的一对模式 TE_{m0n} 和 TE_{p0q},其宽边尺寸 a 与长度 l 计算如下:

$$a = \frac{c}{2f_0} \sqrt{\frac{(mq)^2 - (np)^2}{q^2 - n^2}} \tag{13.19a}$$

$$l = \frac{c}{2f_0} \sqrt{\frac{(mq)^2 - (np)^2}{m^2 - p^2}} \tag{13.19b}$$

$$\frac{a}{l} = \sqrt{\frac{m^2 - p^2}{q^2 - n^2}} \tag{13.19c}$$

其中 c 为波速。

在实际应用中,为了确保双模谐振腔能够正常工作,第一个和最后一个模式的指数必须不同,即 $m \neq p$ 或者 $n \neq q$。如果模式的中间指数为零,则通过改变波导窄边 b 可以获得最佳的 Q_u 值,以及抑制寄生模式。如果谐振器的尺寸随温度线性变化,则两个模式的谐振频率将相互影响。

图 13.22 所示为两个谐振器构成的一种(4-2)双模滤波器结构。每个谐振器同时支持一个 TE_{102} 谐振模式和一个 TE_{201} 谐振模式。对于每个模式而言,为了避免内部出现交叉耦合,调谐螺丝必须相对于每个模式对称放置,且分别位于其中一个模式的电场最强的位置,和另一个模式的电场最弱或为零的位置。图 13.22 还标出了输入膜片、输出膜片及谐振器间耦合膜片的尺寸变量和位置变量。运用电磁优化方法对这些尺寸参数进行优化,可以同时获得理想的直接耦合与交叉耦合的值。也可以使用相同的方法对腔体尺寸进行精细调节。然而,实际上调谐螺丝对场分布会产生微扰,并且打乱了由每个耦合孔径实现的多重耦合之间的平衡。

---

① 与第一个谐振器类似,第二个谐振器内的模式是否相同并不受限;即使谐振器内的模式不同,通过孔径耦合的方式同样适用。

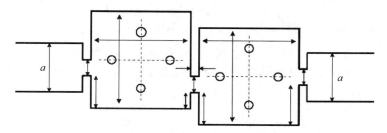

图 13.22　4 阶全感性双模滤波器实例

在同一个谐振器间膜片的连接处，两种模式之间存在少量弱耦合，这在孔径的优化过程中需要加以考虑。同时，利用引入的第二个或第三个孔径，可以带来更大的灵活性。例如，对于两个谐振器内同一模式之间的特定耦合，第一个孔径膜片不仅提供了正确的交叉耦合，同时也不可避免地引入了一些直耦合。因此，需要增加第二个和第三个膜片，使得直耦合达到设计值。

13.8.1　等效电路综合

图 13.23 所示为一个 4 阶双模滤波器的等效电路，以及一个由三个谐振器级联构成的 6 阶双模滤波器电路。从图中可以看出，矩形波导连接处为双输入耦合和输出耦合，直耦合和交叉耦合由谐振器之间的孔径产生，可以根据任意级联耦合矩阵来构造拓扑结构，这些拓扑包括不对称双模、级联四角元件或不对称的偶数阶扩展盒形拓扑。

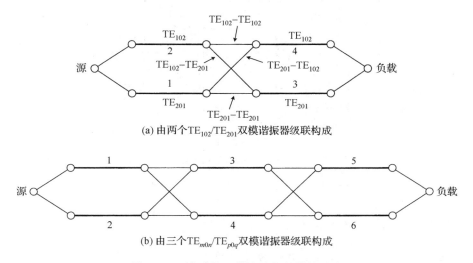

(a) 由两个 TE_{102}/TE_{201} 双模谐振器级联构成

(b) 由三个 TE_{m0n}/TE_{p0q} 双模谐振器级联构成

图 13.23　全感性双模滤波器的等效电路

在实际双模谐振器中，所支持的两个模式之间并不存在直耦合。与矩形双模结构相比，谐振器内的模式耦合是由 45° 调谐螺丝产生的。因此，实际双模耦合矩阵的综合方法首先由串列形拓扑开始，使用支点 $[1,2]$，$[3,4]$，$\cdots$，$[N-1,N]$ 进行连续 $N/2$ 次交叉旋转变换［见式(8.37g)］，在变换的各个阶段依次消去主耦合 M_{12}，M_{34}，$\cdots$，$M_{N-1,N}$，其中 N 为滤波器的阶数。消去 M_{12} 的过程中，产生了第二个输入耦合 M_{S2}，并创建了 M_{13} 和 M_{24}。旋转 M_{34}，同时产生 M_{35} 和 M_{46}，等等。直到消去所有级联的谐振器间耦合，并产生第二个输出耦合 $M_{N-1,L}$。

　　本章前面介绍的(6-2)扩展盒形拓扑实例,说明了这类网络的分析方法,图13.8给出了初始扩展盒形耦合矩阵。使用支点[1,2],[3,4]和[5,6]进行3次交叉旋转变换,得到的矩阵如图13.24(a)所示。变换后依次消去了M_{12},M_{34}及M_{56},且修正了耦合极性。图13.24(b)给出了实际双模滤波器开路等效电路的分析曲线,这里假设每个谐振器中分别存在TE$_{102}$和TE$_{201}$模式。

	S	1	2	3	4	5	6	L
S	0.0	0.2000	1.0449	0	0	0	0	0
1	0.2000	−0.7504	0.0	0.2012	0.5111	0	0	0
2	1.0449	0.0	0.0689	0.7397	−0.4740	0	0	0
3	0	0.2012	0.7397	−0.3815	0.0	0.0540	0.5798	0
4	0	0.5111	−0.4740	0.0	0.7571	0.5240	−0.3782	0
5	0	0	0	0.0540	0.5240	−0.8275	0.0	0.5226
6	0	0	0	0.5798	−0.3782	0.0	0.3158	0.9266
L	0	0	0	0	0	0.5226	0.9266	0.0

(a) 耦合矩阵

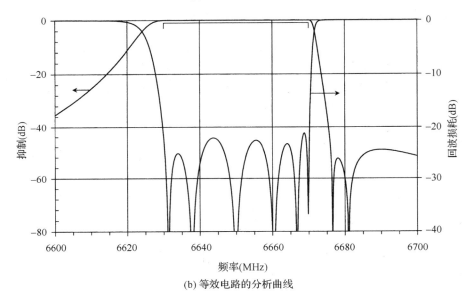

(b) 等效电路的分析曲线

图13.24　全感性(6-2)不对称双模滤波器的特性

13.9　小结

　　实际双模滤波器的物理结构中采用了两个正交极化模式,这意味着每个物理腔体或谐振器可以支持两个相互独立的电谐振模式,从而减少了二分之一的体积和质量。然而,这些优势是以牺牲性能为代价的,如减少了谐波带宽及降低了无载Q值。由于极大地降低了双模滤波器的体积和质量,因此它在通信系统中得到了广泛应用。

　　另外,双模滤波器可以采用波导、介质加载及各种平面结构来实现。本章描述了双模谐振器工作于主模和高阶传播模式的滤波器设计,并运用各种实例来说明下列各种滤波器的设计过程:轴向滤波器和全规范拓扑滤波器、扩展盒形拓扑滤波器、提取极点滤波器及全感性耦合滤波器。在这些例子中,还包括对称与不对称滤波器的设计。在使用不同技术实现滤波器的设计过程中,还介绍了优化幅度和群延迟响应的方法。本章实例均运用了第 3 章至第 10 章介绍的分析和综合方法。

13.10　原著参考文献

1. Atia, A. E. and Williams, A. E. (1971) New types of bandpass filters for satellite transponders. *COMSAT Technical Review*, **1**, 21-43.

2. Williams, A. E. (1970) A four-cavity elliptic waveguide filter. *IEEE Transactions on Microwave Theory and Techniques*, **18**, 1109-1114.

3. Atia, A. E. and Williams, A. E. (1972) Narrow bandpass waveguide filters. *IEEE Transactions on Microwave Theory and Techniques*, **20**, 258-265.

4. Atia, A. E. and Williams, A. E. (1974) Non-minimum phase optimum-amplitude bandpass waveguide filters. *IEEE Transactions on Microwave Theory and Techniques*, **22**, 425-431.

5. Kudsia, C. M., Kallianteris, S., Ainsworth, K. R. and O'Donovan, M. V. (1978) Status of filter and multiplexer technology in the 12 GHz frequency band for space application. Communications Satellite Systems Conference, 7th, San Diego, CA, April 24-27, 1978, Technical Papers (A78-32876 13-32). American Institute of Aeronautics and Astronautics, Inc., New York, pp. 194-202.

6. Fiedziuszko, S. J. (1982) Dual mode dielectric resonator loaded cavity filter. *IEEE Transactions on Microwave Theory and Techniques*, **30**, 1311-1316.

7. Cameron, R. J., Tang, W. C. and Kudsia, C. M. (1990) Advances in dielectric loaded filters and multiplexers for communications satellites. Proceedings of the AIAA 13th International Satellite System Conference, March 1990.

8. Kudsia, C., Cameron, R., and Tang, W. C. (1992) Innovations in microwave filters and multiplexing networks for communications satellite systems. *IEEE Transactions on Microwave Theory and Techniques*, **40**, 1133-1149.

9. Cameron, R. J., Harish, A. R., and Radcliffe, C. J. (2002) Synthesis of advanced microwave filters without diagonal cross-couplings. *IEEE Transactions on Microwave Theory and Techniques*, **50**, 2862-2872.

10. Rhodes, J. D. (1976) *Theory of Electrical Filters*, Wiley, New York.

11. Rhodes, J. D. (1973) Filters approximating ideal amplitude and arbitrary phase characteristics. *IEEE Transactions on Circuit Theory*, **20**, 150-153.

12. Rhodes, J. D. and Cameron, R. J. (1980) General extracted pole synthesis technique with applications to low-loss TE_{011} mode filters. *IEEE Transactions on Microwave Theory and Techniques*, **28**, 1018-1028.

13. Matthaei, G., Young, L., and Jones, E. M. T. (1980) *Microwave Filters, Impedance Matching Networks and Coupling Structures*, Artech House, Norwood, MA.

14. Rhodes, J. D. (1970) The generalized direct-coupled cavity linear phase filter. *IEEE Transactions on Microwave Theory and Techniques*, **18**, 308-313.

15. Uher, J., Bornemann, J., and Rosenberg, U. (1993) *Waveguide Components for Antenna Feed Systems—Theory and CAD*, Artech House, Norwood, MA.

16. Guglielmi, M., *et al.* (2001) Low-cost dual-mode asymmetric filters in rectangular waveguide. IEEE MTT-S International Microwave Symposium Digest, Phoenix, pp. 1787-1790.

第 14 章　耦合谐振滤波器的结构与设计

　　本章阐述了微波滤波器的物理实现,演示了如何结合滤波器的电路模型,运用电磁仿真工具来确定滤波器的物理尺寸,并举例说明了利用耦合矩阵模型、阻抗变换器模型或导纳变换器模型的元件,直接综合滤波器物理尺寸的方法。利用该方法可以快速地给出准确的结果。本章通过多个实例,逐步说明了该方法在介质谐振器、波导及微带滤波器设计中的应用。

　　带通滤波器通常由相互耦合的容性或感性耦合元件构成的谐振器组成,一些常用的微波滤波器结构如图 14.1 所示。在波导滤波器、同轴滤波器和介质谐振滤波器中,谐振器间耦合由膜片实现,输入耦合和输出耦合由探针或膜片实现。在微带滤波器中,谐振器间耦合、输入耦合和输出耦合可以依据不同电路拓扑而形式各异,从而有利于确定单个谐振器的物理尺寸,以及谐振器间耦合膜片、输入膜片和输出膜片的物理尺寸。

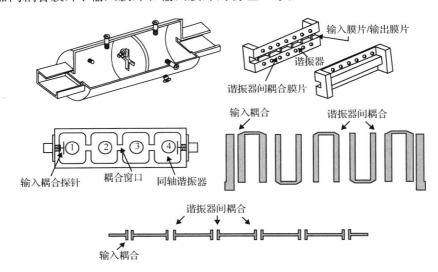

图 14.1　波导滤波器、介质谐振滤波器、同轴滤波器和微带滤
　　　　　波器的元件的谐振器间耦合、输入耦合及输出耦合

滤波器的设计通常包括以下 4 个主要步骤:

1. 根据指标需求确定滤波器的阶数和滤波器函数。
2. 综合利用耦合矩阵 $[M]$,K 或 J 电路变换器模型,实现理想的滤波器函数。
3. 根据需求的尺寸、Q 值和功率容量,确定滤波器的类型(波导滤波器、介质谐振滤波器、同轴滤波器或微带滤波器等)。
4. 确定滤波器的物理尺寸。

　　第 3 章和第 4 章及第 6 章至第 10 章论述了第 1 步和第 2 步,第 11 章介绍了第 3 步中的某些内容,本章和第 15 章将讨论第 4 步。第 15 章将介绍一些基于电磁的高级滤波器设计方法,其计算结果虽然精确,但是计算量非常庞大。本章将采用滤波器电路模型和电磁仿真器相结合的方法,快速地得到相当准确的设计结果。该方法采用"分而治之"的策略,将滤波器结构分为谐振器间耦合、输入耦合和输出耦合来设计，其准确性取决于电路模型本身的近似值，以及假设与频率无关的电路模型的实际元件值。采用该方法获得的求解结果，虽然不能期望靠它给出精确的设计，但作为初值通常已足够了。精确的设计可以进一步通过对初值的精细调节，以及运用第 15 章介绍的任意高级电磁方法来获得。

14.1　切比雪夫带通滤波器的电路模型

本章以切比雪夫滤波器为例，阐述了如何利用滤波器电路模型和电磁仿真器来计算滤波器的物理尺寸。该方法并不局限于切比雪夫滤波器，还可以极好地应用于其他函数滤波器。

图 14.2 给出了三种切比雪夫滤波器的电路模型：耦合矩阵模型、阻抗变换器模型和导纳变换器模型。第 7 章和第 8 章给出了这些模型的详细推导。这三个模型之间可以相互等效，且耦合元件 $M_{n,n+1}$，阻抗变换器 $K_{n,n+1}$，导纳变换器 $J_{n,n+1}$ 与低通原型集总元件 g_0，g_1，g_2，$\cdots$，g_{N+1} 的关系如下[1]。

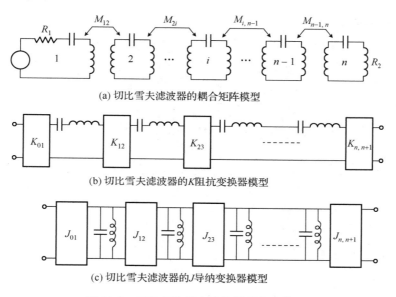

(a) 切比雪夫滤波器的耦合矩阵模型

(b) 切比雪夫滤波器的 K 阻抗变换器模型

(c) 切比雪夫滤波器的 J 导纳变换器模型

图 14.2　三种切比雪夫滤波器的电路模型

在耦合矩阵模型中，

$$M_{j,j+1} = \frac{1}{\sqrt{g_j g_{j+1}}}, \qquad j = 1, 2, \cdots, N-1 \tag{14.1}$$

$$R_1 = \frac{1}{g_0 g_1}, \qquad R_N = \frac{1}{g_N g_{N+1}} \tag{14.2}$$

在阻抗变换器模型中，

$$\frac{K_{j,j+1}}{Z_0} = \frac{\pi \Delta}{2\sqrt{g_j g_{j+1}}}, \qquad j = 1, 2, \cdots, N-1 \tag{14.3}$$

$$\frac{K_{01}}{Z_0} = \sqrt{\frac{\pi \Delta}{2 g_0 g_1}}, \qquad \frac{K_{N,N+1}}{Z_0} = \sqrt{\frac{\pi \Delta}{2 g_N g_{N+1}}} \tag{14.4}$$

在导纳变换器模型中,

$$\frac{J_{j,j+1}}{Y_0} = \frac{\pi\Delta}{2\sqrt{g_j g_{j+1}}}, \qquad j = 1, 2, \cdots, N-1 \tag{14.5}$$

$$\frac{J_{01}}{Y_0} = \sqrt{\frac{\pi\Delta}{2g_0 g_1}}, \qquad \frac{J_{N,N+1}}{Y_0} = \sqrt{\frac{\pi\Delta}{2g_N g_{N+1}}} \tag{14.6}$$

其中,式(14.3)至式(14.6)中的参数 Δ 为百分比带宽。对于色散媒质,Δ 给定为 $\Delta = (\lambda_{g1} - \lambda_{g2})/\lambda_{g0}$[1],其中 λ_{g0} 为中心频率对应的波长,λ_{g1} 和 λ_{g2} 分别为通带边沿频率对应的波长。为了获得最大平坦响应与切比雪夫响应,低通元件值 g_k 分别由式(14.7)和式(14.8)确定如下[1,2]。

在最大平坦滤波器中,

$$g_0 = 1$$
$$g_k = 2\sin\left[\frac{(2k-1)\pi}{2n}\right], \quad k = 1, 2, \cdots, n \tag{14.7}$$
$$g_{n+1} = 1$$

在切比雪夫滤波器中,

$$g_0 = 1$$
$$\beta = \ln\left(\coth\left(\frac{L_{AR}}{17.37}\right)\right)$$
$$\gamma = \sinh\left(\frac{\beta}{2n}\right)$$
$$a_k = \sin\left[\frac{(2k-1)\pi}{2n}\right], \quad k = 1, 2, \cdots, n$$
$$b_k = \gamma^2 + \sin^2\left(\frac{k\pi}{n}\right) \quad k = 1, 2, \cdots, n \tag{14.8}$$
$$g_1 = \frac{2a_1}{\gamma}$$
$$g_k = \frac{4a_{k-1}a_k}{b_{k-1}g_{k-1}}, \quad k = 2, 3, \cdots, n$$
$$g_{n+1} = \begin{cases} 1, & n\text{为奇数} \\ \coth^2\left(\frac{\beta}{4}\right), & n\text{为偶数} \end{cases}$$

其中 n 为滤波器的阶数,L_{AR} 为通带波纹并可根据滤波器的回波损耗计算得到。在切比雪夫滤波器中,L_{AR} 取不同值时的 g 值如表 14.1 所示。正如第 7 章所述,阻抗变换器和导纳变换器基本上可以分别表示为阻抗变换器和导纳变换器。这些变换器可以使用表 14.2[3]中的集总元件电路实现。电路元件参数与等效变换器参数的关系如式(14.9)至式(14.16)所示。

对于表 14.2(c)与表 14.2(d)所示的阻抗变换器电路,有

$$K = Z_0 \tan\left|\frac{\phi}{2}\right|, \quad \phi = -\arctan\frac{2X}{Z_0} \tag{14.9}$$

$$\left|\frac{X}{Z_0}\right| = \frac{\dfrac{K}{Z_0}}{1 - \left(\dfrac{K}{Z_0}\right)^2} \tag{14.10}$$

表 14.1　切比雪夫滤波器在 L_{AR} 取不同值时的元件值（$g_0 = 1$, $\omega_c = 1$）

	g_1	g_2	g_3	g_4	g_5	g_6	g_7	g_8	g_9	g_{10}	g_{11}
0.01 dB 波纹											
1	0.0960	1.0000									
2	0.4488	0.4077	1.1007								
3	0.6291	0.9702	0.6291	1.0000							
4	0.7128	1.2003	1.3212	0.6476	1.1007						
5	0.7563	1.3049	1.5773	1.3049	0.7563	1.0000					
6	0.7813	1.3600	1.6896	1.5350	1.4970	0.7098	1.1007				
7	0.7969	1.3924	1.7481	1.6331	1.7481	1.3924	0.7969	1.0000			
8	0.8072	1.4130	1.7824	1.6833	1.8529	1.6193	1.5554	0.7333	1.1007		
9	0.8144	1.4270	1.8043	1.7125	1.9057	1.7125	1.8043	1.4270	0.8144	1.0000	
10	0.8196	1.4369	1.8192	1.7311	1.9362	1.7590	1.9055	1.6527	1.5817	0.7446	1.1007
0.0138 dB 波纹											
1	0.1128	1.0000									
2	0.4886	0.4365	1.1194								
3	0.6708	1.0030	0.6708	1.0000							
4	0.7537	1.2254	1.3717	0.6734	1.1194						
5	0.7965	1.3249	1.6211	1.3249	0.7965	1.0000					
6	0.8210	1.3770	1.7289	1.5445	1.5414	0.7334	1.1194				
7	0.8362	1.4075	1.7846	1.6368	1.7846	1.4075	0.8362	1.0000			
8	0.8463	1.4269	1.8172	1.6837	1.8847	1.6234	1.5973	0.7560	1.1194		
9	0.8533	1.4400	1.8380	1.7109	1.9348	1.7109	1.8380	1.4400	0.8533	1.0000	
10	0.8583	1.4493	1.8521	1.7281	1.9636	1.7542	1.9344	1.6546	1.6223	0.7668	1.1194
0.01 dB 波纹											
1	0.3052	1.0000									
2	0.8430	0.6220	1.3554								
3	1.0315	1.1474	1.0315	1.0000							
4	1.1088	1.3061	1.7703	0.8180	1.3554						
5	1.1468	1.3712	1.9750	1.3712	1.1468	1.0000					
6	1.1681	1.4039	2.0562	1.5170	1.9029	0.8618	1.3554				
7	1.1811	1.4228	2.0966	1.5733	2.0966	1.4228	1.1811	1.0000			
8	1.1897	1.4346	2.1199	1.6010	2.1699	1.5640	1.9444	0.8778	1.3554		
9	1.1956	1.4425	2.1345	1.6167	2.2053	1.6167	2.1345	1.4425	1.1956	1.0000	
10	1.1999	1.4481	2.1444	1.6265	2.2253	1.6418	2.2046	1.5821	1.9628	0.8853	1.3554
0.2 dB 波纹											
1	0.4342	1.0000									
2	1.0378	0.6745	1.5386								
3	1.2275	1.1525	1.2275	1.0000							
4	1.3028	1.2844	1.9761	0.8468	1.5386						
5	1.3394	1.3370	2.1660	1.3370	1.3394	1.0000					
6	1.3598	1.3632	2.2394	1.4555	2.0974	0.8838	1.5386				
7	1.3722	1.3781	2.2756	1.5001	2.2756	1.3781	1.3722	1.0000			
8	1.3804	1.3875	2.2963	1.5217	2.3413	1.4925	2.1349	0.8972	1.5386		
9	1.3860	1.3938	2.3093	1.5340	2.3728	1.5340	2.3093	1.3938	1.3860	1.0000	
10	1.3901	1.3983	2.3181	1.5417	2.3904	1.5536	2.3720	1.5066	2.1514	0.9034	1.5386

表 14.2　阻抗变换器与导纳变换器的等效电路

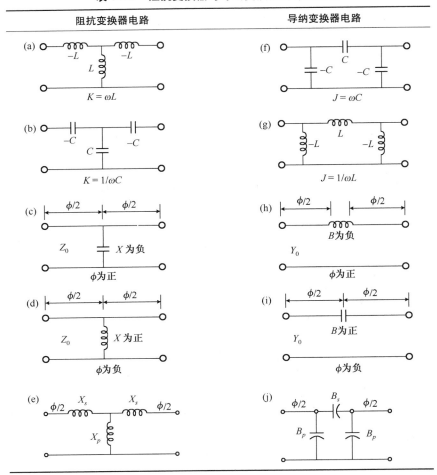

对于表 14.2(h)与表 14.2(i)所示的导纳变换器电路，有

$$J = Y_0 \tan\left|\frac{\phi}{2}\right|, \quad \phi = -\arctan\frac{2B}{Y_0} \qquad (14.11)$$

$$\left|\frac{B}{Y_0}\right| = \frac{\dfrac{J}{Y_0}}{1 - \left(\dfrac{J}{Y_0}\right)^2} \qquad (14.12)$$

对于表 14.2(e)所示的阻抗变换器电路，有

$$\frac{K}{Z_0} = \left|\tan\left(\frac{\phi}{2} + \arctan\frac{X_s}{Z_0}\right)\right| \qquad (14.13)$$

$$\phi = -\arctan\left(2\frac{X_p}{Z_0} + \frac{X_s}{Z_0}\right) - \arctan\frac{X_s}{Z_0} \qquad (14.14)$$

对于表 14.2(j)所示的导纳变换器电路，有

$$\frac{J}{Y_0} = \left| \tan\left(\frac{\phi}{2} + \arctan\frac{B_p}{Y_0}\right) \right| \tag{14.15}$$

$$\phi = -\arctan\left(2\frac{B_s}{Y_0} + \frac{B_p}{Y_0}\right) - \arctan\frac{B_p}{Y_0} \tag{14.16}$$

14.2　谐振器间耦合计算

14.2.1　电壁与磁壁的对称性应用

首先来研究两个谐振器之间的耦合。应用对称性可以将问题分解为端接电壁与端接磁壁的两个单独的谐振器来考虑，这样就可以由这两个单独谐振器的谐振频率来确定耦合。两个谐振器之间使用一个感性耦合元件来分隔，其等效电路如图 14.3 所示。耦合元件可用一个 T 形网络来表示，由一个并联电感 L_m 和两个串接电感 $-L_m$ 组成。T 形网络有效地描述了表 14.2(a) 中阻抗变换器的特性，其耦合系数 M 可由图 14.3 所示的奇偶模电路的谐振频率计算得到。

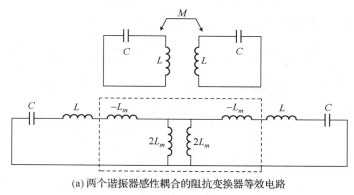

(a) 两个谐振器感性耦合的阻抗变换器等效电路

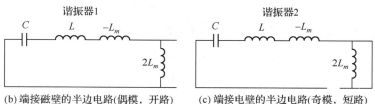

(b) 端接磁壁的半边电路(偶模，开路)　　　(c) 端接电壁的半边电路(奇模，短路)

图 14.3　两个谐振器感性耦合的阻抗变换器等效电路、端接磁壁的半边电路(偶模，开路)，以及端接电壁的半边电路(奇模，短路)

图 14.3(b) 和图 14.3(c) 所示的两个电路的谐振频率 f_m 和 f_e 可以计算如下：

$$f_m = \frac{1}{2\pi\sqrt{(L + L_m)C}} \tag{14.17}$$

$$f_e = \frac{1}{2\pi\sqrt{(L - L_m)C}} \tag{14.18}$$

求解式(14.17)和式(14.18)，可得感性耦合系数 k_M 为

$$k_M = \frac{L_m}{L} = \frac{f_e^2 - f_m^2}{f_e^2 + f_m^2} \tag{14.19}$$

在第8章中,耦合矩阵$[M]$中的元件值都需要使用百分比带宽来归一化。因此,两个相邻谐振器之间的耦合元件值M为

$$M = \frac{f_0}{\text{BW}} \frac{f_e^2 - f_m^2}{f_e^2 + f_m^2} \tag{14.20}$$

其中,f_0为滤波器的中心频率,BW为滤波器的带宽。

类似地,对于容性耦合,等效电路可以用图14.4来表示。图中的π形网络有效地描述了表14.2(f)所示的导纳变换器特性。

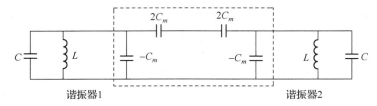

(a) 两个谐振器容性耦合的导纳变换器等效电路

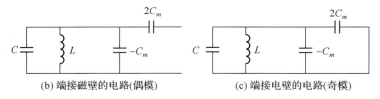

(b) 端接磁壁的电路(偶模)   (c) 端接电壁的电路(奇模)

图14.4   两个谐振器容性耦合的导纳变换器等效电路与奇偶模电路

图14.4(b)与图14.4(c)所示的两个电路的谐振频率给定如下:

$$f_e = \frac{1}{2\pi\sqrt{(C + C_m)L}} \tag{14.21}$$

$$f_m = \frac{1}{2\pi\sqrt{(C - C_m)L}} \tag{14.22}$$

求解式(14.21)和式(14.22),可得电耦合系数k_e为

$$k_e = \frac{C_m}{C} = \frac{f_m^2 - f_e^2}{f_m^2 + f_e^2} \tag{14.23}$$

归一化的耦合元件值M为

$$M = \frac{f_0}{\text{BW}} \frac{f_m^2 - f_e^2}{f_m^2 + f_e^2} \tag{14.24}$$

一般情况下,感性耦合时有$f_e > f_m$,容性耦合时有$f_m > f_e$。在耦合膜片物理尺寸的计算过程中,仅需要知道耦合的幅值,详见14.4节的例子。在以上分析中,假定设计是同步的,即滤波器所有的谐振器具有相同的谐振频率。关于异步设计的表达式在文献[4]中给出。

14.2.2 利用 S 参数计算谐振器间耦合

利用电磁壁的对称性计算谐振器间耦合的方法在实验上难以实现,只能通过理论计算,并要求电磁仿真器具有本征值计算的功能,如 HFSS 或 CST Microwave Studio。此外,谐振频率 f_e

和f_m可以通过图 14.5 所示的与两个谐振器连接的二端口网络或单端口网络来计算。这种方法要求端口与谐振器之间呈弱耦合。图 14.6 给出了该网络的S_{11}的曲线，其中S_{11}的两个波谷代表频率f_e和f_m。无论耦合特性是电耦合还是磁耦合，都可以根据S_{11}的相位参数来确定[4]。

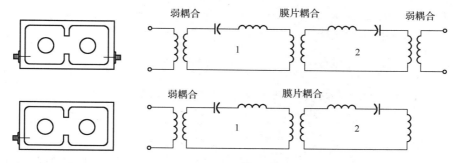

图 14.5　二端口网络和单端口网络谐振器间耦合的测量

在波导和微带滤波器中，谐振器以传输线形式存在，将耦合元件看成两段传输线之间的不连续性，就能根据耦合元件的S参数直接计算得到谐振器间耦合。例如，在波导滤波器中，谐振器间耦合实际上是用膜片实现的，由膜片引起的不连续性的等效电路可用图 14.7 所示的 T 形网络表示。T 形网络的元件值则根据表 5.2 给出的公式，将表示波导不连续性的二端口S矩阵转换为Z矩阵，再计算得到。其中，并联电感决定了K变换器的值，而串联电感表示相邻谐振器的加载影响。14.5 节给出了运用此方法计算谐振器间耦合的详细例子。

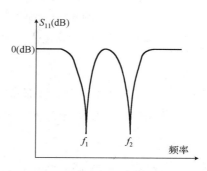

图 14.6　图 14.5 所示电路的回波损耗曲线

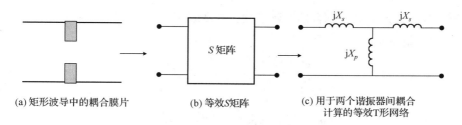

(a) 矩形波导中的耦合膜片　　　(b) 等效S矩阵　　　(c) 用于两个谐振器间耦合计算的等效 T 形网络

图 14.7　利用S参数计算谐振器间耦合

14.3　输入耦合和输出耦合的计算

14.3.1　频域法

图 14.8 中给出了第一个谐振器与馈源输入耦合的等效电路，其中输入耦合用导纳G表示。从源端向单个谐振器看进去的反射系数与馈线的特征导纳G的关系为

$$S_{11} = \frac{G - Y_{\text{in}}}{G + Y_{\text{in}}} = \frac{1 - Y_{\text{in}}/G}{1 + Y_{\text{in}}/G} \tag{14.25}$$

从单个谐振器看进去的阻抗 Y_{in} 表示为

$$Y_{in} = j\omega C + \frac{1}{j\omega L} = j\omega_0 C \left(\frac{\omega}{\omega_0} - \frac{\omega_0}{\omega} \right) \qquad (14.26)$$

其中 $\omega_0 = 1/\sqrt{LC}$。接近谐振时频率为 $\omega = \omega_0 + \Delta\omega$，其中 $\Delta\omega \ll \omega_0$，那么 Y_{in} 可近似表示为

$$Y_{in} \approx j\omega_0 C \frac{2\Delta\omega}{\omega_0} \qquad (14.27)$$

运用式（14.27），根据 $Q_e = (\omega_0 C/G)$ 可得谐振器的反射系数 S_{11} 为

$$S_{11} = \frac{1 - jQ_e(2\Delta\omega/\omega_0)}{1 + jQ_e(2\Delta\omega/\omega_0)} \qquad (14.28)$$

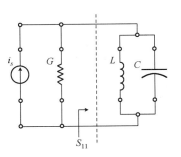

图 14.8　与源耦合的第一个谐振器的输入等效电路

当谐振频率偏移 $\Delta\omega_{\mp} = \mp\omega_0/2Q_e$ 时，S_{11} 的相位偏移了 $\pm 90°$。因此，Q_e 与 S_{11} 的 $\pm 90°$ 相位带宽之间的关系可以表示为 $\Delta\omega_{\pm 90°} = \Delta\omega_+ - \Delta\omega_- = \omega_0/Q_e$，即

$$Q_e = \frac{\omega_0}{\Delta\omega_{\pm 90°}} \qquad (14.29)$$

另一方面，回顾第 8 章，由于外部品质因数 Q_e 与耦合矩阵模型中归一化输入阻抗 R 的关系为 $Q_e = \omega_0/(R\cdot(\omega_2 - \omega_1))$，其中 $(\omega_2 - \omega_1)$ 为滤波器的带宽（单位为 rad/s），因此 R 可写为

$$R = \frac{\Delta\omega_{\pm 90°}}{(\omega_2 - \omega_1)} \qquad (14.30)$$

然后，从仿真或测量得到输入和输出谐振器的反射系数的 $\pm 90°$ 相位信息中，可以分别提取出耦合矩阵模型 $[M]$ 中的归一化阻抗 R_1 和 R_2。

14.3.2　群延迟法

用于确定单个谐振器输入耦合的群延迟法，主要是针对反射系数 S_{11} 的群延迟进行分析的。式（14.28）可以重新写为

$$S_{11} = \left| \frac{1 - jQ_e(2\Delta\omega/\omega_0)}{1 + jQ_e(2\Delta\omega/\omega_0)} \right| |\angle\varphi \qquad (14.31)$$

其中，

$$\varphi = -2\arctan\left(Q_e\left(2\frac{(\omega - \omega_0)}{\omega_0} \right) \right) \qquad (14.32)$$

利用

$$\frac{d}{dx}(\arctan x) = \frac{1}{1 + x^2}$$

则群延迟 $\tau = -(\partial\varphi/\partial\omega)$ 为

$$\tau = \frac{4Q_e}{\omega_0} \frac{1}{1 + (2Q_e(\omega - \omega_0)/\omega_0)^2} \qquad (14.33)$$

注意，谐振时（$\omega = \omega_0$）群延迟具有极大值 $\tau_{max} = \tau(\omega_0) = (4Q_e/\omega_0)$。由于 Q_e 与耦合矩阵模型的归一化输入阻抗 R 之间的关系为 $Q_e = \omega_0/(R\cdot(\omega_2 - \omega_1))$，则归一化阻抗 R 可写为

$$R = \frac{4}{(\omega_2 - \omega_1)} \frac{1}{\tau(\omega_0)} \qquad (14.34)$$

因此，外部品质因数 Q_e 与耦合矩阵模型的归一化阻抗 R_1 和 R_2，可以分别通过输入谐振器和输出谐振器的反射系数在频率 ω_0 处的群延迟求解得到。

14.4　耦合矩阵模型的介质谐振滤波器设计实例

下面通过一个 4 阶介质谐振滤波器的设计，阐述如何利用耦合矩阵滤波器电路模型和电磁仿真器来综合滤波器的物理尺寸。首先，指定切比雪夫带通滤波器响应的中心频率、带宽和回波损耗，然后将滤波器指标转化为理想的耦合矩阵元件值 M_{ij}，R_1 和 R_2，以便于进一步将这些耦合元件值转化为对应的物理尺寸。

图 14.9 显示了一个 4 阶介质谐振滤波器的结构，它由 4 个 $TE_{01\delta}$ 单模工作的介质谐振器组成；谐振器之间的耦合用膜片实现，而输入耦合和输出耦合用探针实现。假设滤波器的指标为：滤波器阶数 $n = 4$，中心频率 $f_0 = 1930$ MHz，带宽 BW $= 15$ MHz（百分比带宽为 BW$/f_0 = 0.007\,772$），回波损耗 RL $= 20$ dB（即通带波纹为 0.0436 dB）。根据式（14.8），对应回波损耗为 20 dB 的滤波器的 g 值为 $g_0 = 1$，$g_1 = 0.9332$，$g_2 = 1.2923$，$g_3 = 1.5795$，$g_4 = 0.7636$，$g_5 = 1.2222$。

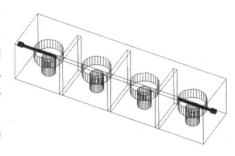

图 14.9　4 阶介质谐振滤波器

根据式（14.1）和式（14.2），耦合矩阵的元件值如下：

$$R_1 = \frac{1}{g_0 g_1} = 1.0715，\qquad R_n = \frac{1}{g_4 g_5} = 1.0715，\qquad M_{12} = \frac{1}{\sqrt{g_1 g_2}} = 0.9106$$

$$M_{23} = \frac{1}{\sqrt{g_2 g_3}} = 0.6999，\qquad M_{34} = \frac{1}{\sqrt{g_3 g_4}} = 0.9106$$

对角元件 $M_{11} = M_{22} = M_{33} = M_{44} = 0$，且 $M_{ij} = M_{ji}$。

回顾第 8 章的耦合矩阵 $[M]$ 理论，滤波器的 S 参数如下：

$$S_{11} = 1 + 2jR_1[\lambda \boldsymbol{I} - j\boldsymbol{R} + \boldsymbol{M}]_{11}^{-1} \tag{14.35}$$

$$S_{21} = -2j\sqrt{R_1 R_n}[\lambda \boldsymbol{I} - j\boldsymbol{R} + \boldsymbol{M}]_{n1}^{-1} \tag{14.36}$$

其中矩阵 $\boldsymbol{R}$ 是除元件 $[R]_{11} = R_1$ 且 $[R]_{nn} = R_n$ 不为零以外，其他元件都为零的 $N \times N$ 矩阵，$\boldsymbol{M}$ 为 $N \times N$ 对称耦合矩阵，$\boldsymbol{I}$ 为 $N \times N$ 单位矩阵。并且，

$$\lambda = \frac{f_0}{\mathrm{BW}}\left(\frac{f}{f_0} - \frac{f_0}{f}\right)$$

根据求得的 4 阶滤波器的耦合矩阵元件值，仿真得到滤波器的理想响应（见图 14.10）。

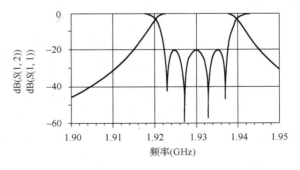

图 14.10　基于耦合矩阵模型的理想滤波器的仿真响应

14.4.1 介质谐振器腔体结构的计算

介质谐振器的腔体结构及尺寸如图14.11所示。假设 $\varepsilon_r = 34$。将 $\varepsilon_{rs} = 10$,直径 $D_s = 14.22$ mm,高度 $L_s = 20.32$ mm的圆柱形介质支撑件安装在一个矩形腔体内(50.8 mm × 50.8 mm × 51.5 mm)。利用 HFSS 8.5 版进行电磁仿真,结果显示为工作于 $TE_{01\delta}$ 模式,直径 $D = 29.87$ mm 且高度 $L_d = 12.21$ mm的介质谐振器,其谐振频率为1.931 GHz。第二个模式的谐振频率为2.292 GHz,即谐振器呈现的无谐波窗口带宽接近300 MHz。

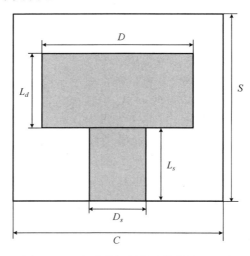

图 14.11 介质谐振器的腔体结构及尺寸

14.4.2 谐振器间耦合膜片尺寸的计算

下面运用14.2.1节介绍的电磁壁对称性分析方法来计算谐振器间耦合。首先利用 HFSS 仿真器计算出奇模和偶模谐振频率,再用 HFSS 仿真得到两腔耦合的谐振器结构,如图14.12所示。注意,计算奇模和偶模谐振频率时,预先给出了腔体的初始尺寸(即 $C = 50.8$ mm 和 $S = 51.5$ mm),且假设所有膜片厚度都为 $T = 3.81$ mm。表14.3列出了奇偶模频率 f_e 和 f_m,以及对应的耦合因子 k 的计算结果。

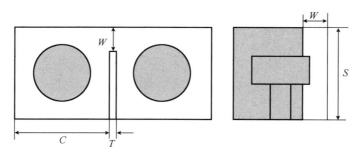

图 14.12 两腔耦合的介质谐振器结构

表 14.3   不同膜片宽度 W 下 f_e 和 f_m 的计算结果

$W(\text{in})$ ①	$f_m(\text{GHz})$	$f_e(\text{GHz})$	$k=(f_e^2-f_m^2)/(f_e^2+f_m^2)$
0.05	1.9324	1.9355	0.001 603
0.07	1.9285	1.9336	0.002 641
0.1	1.9261	1.9319	0.003 007
0.2	1.9232	1.9319	0.004 513
0.25	1.9211	1.9313	0.005 295
0.45	1.9170	1.9319	0.007 742

根据归一化的耦合元件值 M_{ij}，计算物理耦合 k_{ij} 如下：

$$M_{ij} = \frac{f_0}{\text{BW}} \times k_{ij} \tag{14.37}$$

运用内插法可以确定满足耦合元件值 M_{12}，M_{23} 和 M_{34} 指标的膜片尺寸，如图 14.13 所示。表 14.4 给出了图 14.12 所示结构的膜片尺寸和耦合元件值。

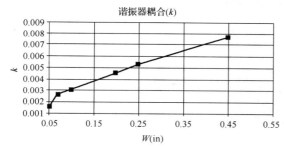

图 14.13   谐振器耦合(k)与膜片宽度(W)的
关系曲线，计算数据来自表 14.3

表 14.4   4 阶介质谐振滤波器的谐振器间耦合膜片参数

M_{ij}	k	$W(\text{in})$
$M_{12}(0.9106)$	0.007 077	0.396(W_{12})
$M_{23}(0.6999)$	0.005 44	0.262(W_{23})
$M_{34}(0.9106)$	0.007 077	0.396(W_{34})

运用该方法时，需要特别注意相邻谐振器的膜片，以及输入耦合和输出耦合的加载影响。加载会导致谐振器的谐振频率产生偏移。因此运用该方法时需要改变介质谐振器的尺寸，以补偿加载产生的影响，最终获得一个最佳的结果。针对相邻谐振器膜片的加载影响，可以推导出谐振器频率偏移的理论表达式。对于图 14.11 所示的基本谐振器结构，可以通过调节其尺寸参数来计算频率偏移，此外还可以通过求解该结构的本征值得到介质谐振器的尺寸。它由介质谐振器、两个膜片及两个不含介质谐振器的相邻腔体组成。然后，通过调节介质谐振器尺寸（直径或高度，或两者），使之谐振于滤波器的中心频率。

图 14.14 所示结构中的膜片尺寸，是根据图 14.11 给出的初始谐振器结构参数计算得到的。假设谐振器间耦合不太敏感，对谐振器的谐振频率影响很小。对于图 14.14 所示的位于两个膜片之间的谐振腔体，可利用 HFSS 微调其中的介质谐振器的直径，当使之谐振于 1.930 GHz 时，可得其直径为 29.66 mm。因此，与图 14.11 给出的初始谐振器直径相比，第二个和第三个介质谐振器的直径减少了 0.21 mm。

---

① 1 in ≈ 2.54 cm。——编者注

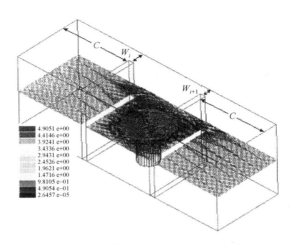

图 14.14　包含膜片的加载影响的谐振器间耦合谐振频率的计算
（相邻腔体需要移除介质谐振器,使之处于失谐状态）

14.4.3　输入耦合和输出耦合的计算

输入耦合 Q_e 可以由归一化输入/输出耦合和电抗参数 R_1 和 R_n 推导如下:

$$Q_e = \frac{f_0}{\text{BW} \times R_1} \qquad (14.38)$$

当 $R_1 = 1.071\,54$ 时可得 $Q_e = 120.08$。下面将运用 14.3.2 节
介绍的群延迟方法来计算 Q_e。利用 HFSS 仿真器,群延迟可
由图 14.15 所示谐振器结构的输入反射系数 S_{11} 计算得到。考
虑到膜片的加载影响,采用了图 14.15 中的结构,而不是单
个腔体谐振器的结构。其中第一个谐振腔的终端是膜片 W_{12},
而第二个谐振腔需要移除介质谐振器,使之处于失谐状态。

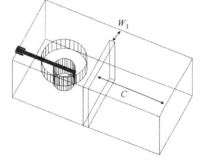

图 14.15　膜片加载影响下第一个谐振
器的谐振频率和 Q_e 的计算

图 14.16 详细给出了滤波器中用到的探针结构及相关
尺寸。为了获得合适的外部 Q_e 值,需要将探针的馈入深度
H 作为变量。然而,探针的馈入深度 H 同样会影响到谐振
器的谐振频率。因此,为了实现所需的谐振频率 f_0 和 Q_e 值,在膜片宽度 W_{12} 固定的前提下,
需要同时调节探针的馈入深度 H 和介质谐振器直径 D。这个过程可以运用下面的迭代方法来
完成。首先,假设无加载影响的谐振器的初始直径为 $D = 29.87$ mm,通过调节参数 H,并运用
群延迟方法计算所需的 Q_e。接下来,保持参数 H 的值不变,利用 HFSS 调节介质谐振器的直
径,使整个结构谐振于滤波器中心频率 f_0。然后根据新产生的参数 D,重新调节探针馈入深度
H,求得所需的 Q_e,之后继续迭代过程,分别反复调节 H 和 D,得到 Q_e 和 f_0,直至过程收敛。
另外,还可以改变探针尺寸及位置(见图 14.16 的 H, G 和 F),以实现所需的 Q_e 和谐振频率
f_0。当探针馈入深度 $H = 37.84$ mm 且介质谐振器直径 $D = 29.87$ mm 时,利用 HFSS 仿真得到了
所需的 $Q_e = 120.014$,中心频率 $f_0 = 1.930$ GHz。

表 14.5 给出了这个 4 阶滤波器的设计尺寸。注意,其膜片尺寸是根据图 14.12 给出的
模型计算得到的。由于谐振器间耦合对谐振频率不太敏感,最终得到的结果比较符合预期。
图 14.17 举例说明了基于表 14.5 给出的滤波器物理尺寸并用 HFSS 仿真得到的结果。另外,
图 14.17 中还给出了滤波器的理想响应和仿真响应的曲线。经过比较可以得出,根据理想

响应的数据产生的结果，可以作为一个合适的初值。而更准确的求解需要通过精细调节或第 15 章介绍的任意高级电磁优化方法获得。

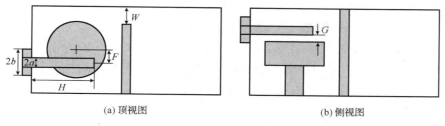

图 14.16 第一个谐振腔体和最末谐振腔体中探针的物理尺寸($a = 0.044$ in, $b = 0.1$ in, $G = 0.01$ in, $F = 7.47$ mm)

在本例中，为了消除膜片及输入耦合和输出耦合探针的加载影响，将介质谐振器的直径作为了变量。这不仅使谐振器 1 和谐振器 4 的直径与谐振器 2 和谐振器 3 的不一致，而且利用研磨技术获得合适的介质谐振器尺寸的这种加工方式代价太昂贵。因此，实际应用中通常采用 4 个相同的直径和高度的介质谐振器，并使用调谐螺丝来弥补设计缺陷，消除膜片和探针的加载影响。

表 14.5 4 阶介质谐振滤波器的设计尺寸（腔体尺寸由图14.11给出）

结构参数	尺寸
耦合膜片宽度	$W_{12} = W_{34} = 10.058$ mm
	$W_{23} = 6.6548$ mm
介质谐振器直径	$D_1 = D_4 = 29.87$ mm
	$D_2 = D_3 = 29.66$ mm
输入探针和输出探针尺寸	$H = 37.84$ mm
	$G = 0.254$ mm
	$a = 1.117$ mm
	$b = 2.54$ mm
	$F = 7.47$ mm

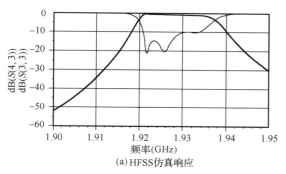

(a) HFSS仿真响应

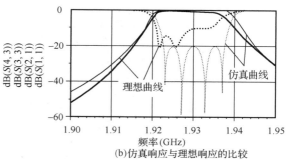

(b)仿真响应与理想响应的比较

图 14.17 基于表 14.5 给出的滤波器物理尺寸的 HFSS 仿真响应和理想响应

14.5 阻抗变换器模型的波导膜片滤波器设计实例

这里研究图 14.18(a)所示的 4 阶感性膜片耦合的切比雪夫波导滤波器设计。结合图14.2(b)所示的 K 阻抗变换电路器模型，运用电磁仿真器可以计算出滤波器的物理尺寸。该滤波器由工作于 TE_{101} 模式的半波长矩形谐振器构成，谐振器之间使用感性膜片分隔，图 14.1 给出了这个 4 阶滤波器的三维示意图。通过运用电磁仿真器，可以获得膜片的散射矩阵及对应的等效 T 形网络。其中每个膜片由两个标记为 X_s 的串联电感和一个标识为 X_p 的并联电感来表示。然后，这个波导膜片滤波器可以简化为图 14.18(b)所示的等效电路。根据表 14.2(b)中的阻抗变换器电路，可以得到图 14.2(e)所示的阻抗变换器电路形式，它是一个感性的 T 形网络，且每侧端接两个长度为 $\phi/2$ 的线段。如图 14.18(c)所示，变换器的不连续性影响可以通过在每侧加入长度为 $\phi/2$ 和 $-\phi/2$ 的线段来消除。注意，加入长度为$\phi/2$和 $-\phi/2$ 的线段不会改变初始电路的特性。

　　图 14.18(c)中的电路完全等效于图 14.2(b)所示的阻抗变换器电路。本例中的谐振器由长度为 L_n 的波导传输线分别与长度为 $-\phi_n/2$ 和 $-\phi_{n+1}/2$ 的虚拟线段连接构成。这些线段表示相邻耦合变换器对谐振器的加载影响。假定滤波器指标为：滤波器中心频率$f_0 = 11$ GHz，带宽 BW $= 300$ MHz(百分比带宽为 0.027 27)，回波损耗 RL $= 25$ dB(波纹为0.013 76 dB)，波导接口型号为 WR-90 且 $a = 0.9$ in, $b = 0.4$ in(即 $a = 22.86$ mm, $b = 10.16$ mm)，膜片厚度为 2 mm(所有膜片一致)。运用式(14.8)或表 14.1，对应 25 dB 回波损耗的低通原型的 g 值分别为 $g_0 = 1$, $g_1 = 0.753\ 31$, $g_2 = 1.225\ 20$, $g_3 = 1.371\ 21$, $g_4 = 0.673\ 10$, $g_5 = 1.119\ 17$。

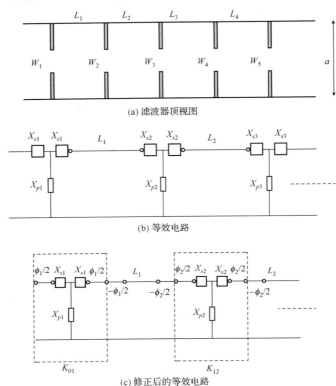

图 14.18　4 阶波导膜片滤波器

　　滤波器中心频率与通带边沿频率的关系可表示为 $f_0 = \sqrt{f_1 \times f_2}$，BW $= f_2 - f_1$。计算如下：

$$f_1 = 10.85 \text{ GHz}, \quad f_2 = 11.15 \text{ GHz}$$

$$\Delta = \frac{\lambda_{g1} - \lambda_{g2}}{\lambda_{g0}} = 0.0423$$

$$\frac{K_{01}}{Z_0} = \frac{K_{45}}{Z_0} = \sqrt{\frac{\pi\Delta}{2g_0g_1}} = 0.297$$

$$\frac{K_{12}}{Z_0} = \frac{K_{34}}{Z_0} = \frac{\pi\Delta}{2\sqrt{g_1g_2}} = 0.0692$$

$$\frac{K_{23}}{Z_0} = \frac{\pi\Delta}{2\sqrt{g_2g_3}} = 0.0513$$

　　使用基于模式匹配法的电磁仿真器[5]，可以计算得到膜片的散射参数。根据表 5.2，图 14.7 所示的 T 形网络元件 X_s 和 X_p 与散射参数的关系可表示如下：

$$j\frac{X_s}{Z_0} = \frac{1 - S_{12} + S_{11}}{1 - S_{11} + S_{12}} \tag{14.39}$$

$$j\frac{X_p}{Z_0} = \frac{2S_{12}}{(1 - S_{11})^2 - S_{12}^2} \tag{14.40}$$

其中 S_{11} 和 S_{21} 为 TE_{10} 主模的散射参数。对于表 14.2(e) 所示的阻抗变换器，X_s 和 X_p 与 K 和 ϕ 的关系表示如下：

$$\frac{K}{Z_0} = \left| \tan\left(\frac{\phi}{2} + \arctan\frac{X_s}{Z_0} \right) \right| \tag{14.41}$$

$$\phi = -\arctan\left(2\frac{X_p}{Z_0} + \frac{X_s}{Z_0} \right) - \arctan\frac{X_s}{Z_0} \tag{14.42}$$

其中，X_s 和 X_p，以及 K 和 ϕ 都是膜片宽度 W 的函数。由于这些函数定义太含糊，需要运用电磁仿真器计算出一定宽度范围内膜片的 S 参数和对应的 X_s，X_p，ϕ 和 K，以构造查询表或 K 与 W 的关系曲线。利用已知的 K 值，可以确定膜片宽度 W，然后使用对应的 ϕ_i 值，计算得到谐振器的长度如下：

$$l_r = \frac{\lambda}{2\pi} \left[\pi + \frac{1}{2}(\phi_r + \phi_{r+1}) \right], \quad r = 1, \cdots, N \tag{14.43}$$

表 14.6 列出了设计出的波导滤波器的物理尺寸，运用模式匹配法得到的电磁仿真结果如图 14.19 所示，其中，谐振腔长度 $L_1 = L_4 = 14.022$ mm，$L_2 = L_3 = 15.611$ mm。图中还给出了根据表 14.6 中的尺寸计算得到的理想响应。经过比较可以看出，实际应用中的阻抗变换器模型必须准确包含谐振器膜片的加载影响，才能获得满意的结果，如式(14.43)所述。该方法可以准确应用于窄带滤波器，而对于宽带滤波器，则需要依据文献[6]中提出的分析方法来准确计算中心频率的波长 λ_g。

表 14.6　4 阶波导滤波器的物理尺寸

耦 合 参 数	X_p	X_s	相　　位	宽度(mm)
$K_{01} = K_{45} = 0.297$	0.358	0.120	-0.816	10.499
$K_{12} = K_{34} = 0.0692$	0.071	0.070	-0.279	6.706
$K_{23} = 0.0513$	0.052	0.063	-0.228	6.147

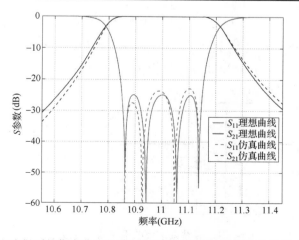

图 14.19　模式匹配法得到的仿真曲线与理想曲线的对比(滤波器的设计尺寸由表 14.6 给出)

14.6 导纳变换器模型的微带滤波器设计实例

本节将研究一个 6 阶容性耦合微带滤波器的设计,如图 14.20(a)所示。滤波器由 6 个相互容性耦合的微带谐振器组成。根据图 14.2(c)所示的导纳变换器模型构成的滤波器电路,结合平面电路电磁仿真器来设计这个滤波器。通过电磁仿真器仿真后很容易看出,容性耦合节可以表示为由一个串联电容 C_s 与两个并联电容 C_p 组成的 π 形网络,如图 14.21 所示。因此,滤波器的等效电路可以表示为图 14.20(b)所示的形式,且电路需要修正为满足图 14.2(c)中的导纳变换器的形式。本例中采用表 14.2(j)给出的导纳变换器模型,它由 π 形网络与其两侧分别添加的两段传输线组成。为了匹配此模型,需要在不连续电容的两侧分别添加一段正和负的传输线段 ϕ,修正电路后,得到了导纳变换器模型的滤波器电路形式,如图 14.20(c)所示,其中谐振器由长度为 $L_1 + \phi_i + \phi_{i+1}$ 的微带传输线组成。

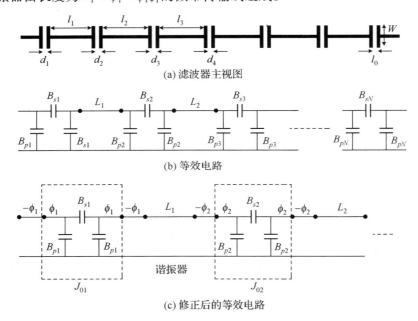

(a) 滤波器主视图

(b) 等效电路

(c) 修正后的等效电路

图 14.20　6 阶容性耦合微带滤波器

假定微带滤波器指标为:中心频率 $f_0 = 2$ GHz,带宽 BW = 40 MHz(相对带宽为 0.02),回波损耗 RL = 20 dB(波纹为 0.0436 dB),基板 $\varepsilon_r = 10$ 且厚度为 1.27 mm,输入/输出阻抗 $Z_0 = 50\ \Omega$(微带线宽为 1.234 mm)。

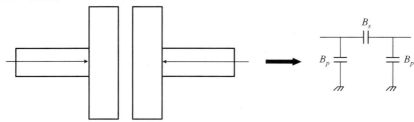

图 14.21　容性微带线的不连续性等效电路

根据已知的低通 g_k 值 $g_0 = 1$，$g_1 = 0.994$，$g_2 = 1.4131$，$g_3 = 1.8933$，$g_4 = 1.5506$，$g_5 = 1.7253$，$g_6 = 0.8141$，$g_7 = 1.2210$，可以计算导纳变换器如下：

$$J_{01} = J_{67} = Y_0 \sqrt{\frac{\pi \Delta}{2 g_0 g_1}} = 3.55 \times 10^{-3} \quad \text{s}$$

$$J_{12} = J_{56} = \frac{Y_0 \pi \Delta}{2 \sqrt{g_1 g_2}} = 5.3 \times 10^{-4} \quad \text{s}$$

$$J_{23} = J_{45} = \frac{Y_0 \pi \Delta}{2 \sqrt{g_2 g_3}} = 3.84 \times 10^{-4} \quad \text{s}$$

$$J_{34} = \frac{Y_0 \pi \Delta}{2 \sqrt{g_3 g_4}} = 3.67 \times 10^{-4} \quad \text{s}$$

其中 Δ 为百分比带宽，给定为

$$\Delta = \frac{f_2 - f_1}{f_0} = 0.02$$

注意，定义 Δ 时使用的是频率而不是 λ_g，这是由于窄带下的微带线有效介电常数 ε_{eff} 可视为常数。

使用 EM SONNET 或 Momentum 电磁仿真器，可以计算得到不连续电容的散射参数。Y 网络参数与散射参数的关系可以表示如下：

$$\frac{\text{j} B_p}{Y_0} = \frac{1 - S_{12} - S_{11}}{1 + S_{11} + S_{12}} \tag{14.44}$$

$$\frac{\text{j} B_s}{Y_0} = \frac{2 S_{12}}{(1 + S_{11})^2 - S_{12}^2} \tag{14.45}$$

其中 S_{11} 和 S_{21} 为不连续微带电容的散射参数。回顾式（14.15）和式（14.16），J 和 ϕ 可以分别用 B_s 和 B_p 表示如下：

$$\frac{J}{Y_0} = \left| \tan \left(\frac{\phi}{2} + \arctan \frac{B_p}{Y_0} \right) \right| \tag{14.46}$$

$$\phi = -\arctan \left(2 \frac{B_s}{Y_0} + \frac{B_p}{Y_0} \right) - \arctan \frac{B_p}{Y_0} \tag{14.47}$$

接下来需要根据不连续电容的尺寸来计算得到所需的 J 值。如图 14.21 所示，通过调节微带不连续电容的 3 个变量（即长度 l_0，宽度 W 和间隙 d），可以得到合适的 J 值。假设所有不连续电容的宽度 W 和长度 l_0 都是相同的，选择 W 和 l_0 值为 $W = 6$ mm，$l_0 = 1.234$ mm。为了得到理想的 J 变换器值，只需要改变电容的间隙 d。通过对不连续电容在不同间隙 d 下的仿真，可以得到 d 与 J 和 ϕ 的关系。然后根据表 14.9 中对应的 J 值来确定这些电容间隙 d_0，d_1，$\cdots$，d_N。已知 ϕ，谐振器的长度可以计算为

$$l_r = \frac{\lambda_{g0}}{2\pi} \left[\pi + \frac{1}{2}(\phi_r + \phi_{r+1}) \right], \quad r = 1, \cdots, N \tag{14.48}$$

间隙 d 与 J 和 ϕ 的关系可以利用 ADS 电路仿真器和 Momentum 电磁仿真器生成。表 14.7 所示的查询表是由 ADS 电路仿真器生成的，表 14.8 所示为通过查表 14.7 计算得到的滤波器尺寸，而图 14.22 给出了利用 ADS 电路仿真器得到的仿真曲线。结果与理想响应相比略有不同，这主要是由于此方法中假设实际间隙电容的等效电路与频率无关。

表 14.7   利用 ADS 电路仿真器求解所需间隙尺寸的查询表

d(mm) *	Y_{11}	Y_{12}	J	ϕ
0.04	j0.015 9294	− j0.005 7781	0.0036	− 1.296
0.06	—	—	0.0035	—
0.08	—	—	0.0034	—
0.10	—	—	0.0033	—
1.00	—	—	9.4097e − 004	—
1.35	—	—	5.6546e − 004	—
1.39	j0.013 7513	− j0.000 7852	5.3333e − 004	− 1.2037
1.40	—	—	5.2562e − 004	—
1.50	—	—	4.5418e − 004	—
1.60	—	—	3.9241e − 004	—
1.61	j0.013 7280	− j0.000 5688	3.8671e − 004	− 1.2026
1.63	—	—	3.7558e − 004	—
1.65	j0.013 7252	− j0.000 5365	3.6479e − 004	− 1.2024
1.70	—	—	3.3906e − 004	—

﹡间隙对应于所需的 J 值。

表 14.8   利用 ADS 电路仿真器仿真得到的最终设计尺寸(mm)

	1	2	3	4
l	17.312	17.739	17.745	—
d	0.040	1.390	1.610	1.650

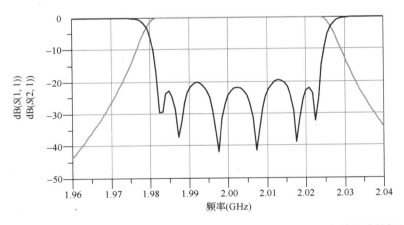

图 14.22   利用 ADS 电路仿真器仿真得到的曲线(根据表 14.7 中的设计数据)

　　仿真后导出的数据可用来构建查询表,利用该表可进行更准确的分析。表 14.9 显示了由 Momentum 电磁仿真器计算得到的 d 随 J 和 ϕ 变化的结果,相应的滤波器尺寸在表 14.10 中给出。表 14.10 给出的滤波器尺寸的电磁仿真曲线如图 14.23 所示。由于电路在进行 Momentum 仿真时没有设置屏蔽盒,因此电路辐射的影响导致通带下边沿外的滚降出现恶化。同时还应注意到,在滤波器响应的左边产生了一个传输零点。与理想响应不一致主要是由于谐振器之间产生了交叉耦合,这在本章介绍的方法中并没有提及。总之,采用以上方法推导的结果可以作为一个合适的初值,需要进一步运用第 15 章介绍的高级电磁优化方法。

表 14.9 利用 Momentum 电磁仿真器求解所需间隙尺寸的查询表

$d(\text{mm})$	Y_{11}	Y_{12}	J	ϕ
0.10	—	—	0.0039	—
0.11	—	—	0.0038	—
0.133	j0.016 5340	– j0.005 9586	0.003 61	– 1.3304
0.138	—	—	0.003 57	—
0.14	—	—	0.003 56	—
0.15	—	—	0.0035	—
1.56	—	—	5.3439e – 001	—
1.565	j0.013 7929	– j0.000 7837	5.3128e – 004	– 1.2065
1.58	—	—	5.2217e – 004	—
1.60	—	—	5.1022e – 004	—
1.61	—	—	5.0441e – 004	—
1.70	—	—	4.5482e – 004	—
1.80	—	—	4.0571e – 004	—
1.82	—	—	3.9664e – 004	—
1.83	—	—	3.9210e – 004	—
1.85	j0.013 7662	– j0.000 5648	3.8330e – 004	– 1.2052
1.89	j0.013 7637	– j0.000 5397	3.6630e – 004	– 1.2050
1.90	—	—	3.6224e – 004	—

表 14.10 利用 Momentum 电磁仿真器仿真得到的最终尺寸（mm）

	1	2	3	4
l	17.188	17.763	17.770	—
d	0.133	1.565	1.850	1.890

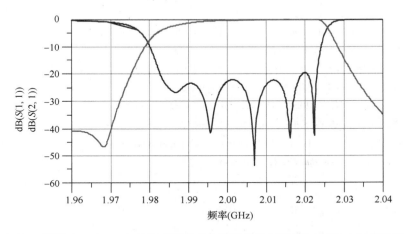

图 14.23 利用 Momentum 电磁仿真器得到的仿真曲线（根据表 14.10 中的设计数据）

14.7 小结

本章阐述了如何结合滤波器电路模型，运用电磁仿真工具来综合微波滤波器的物理尺寸。需要用到的三个耦合谐振滤波器的电路模型简要概括为：耦合矩阵模型、阻抗变换器模型和导纳变换器模型。对于切比雪夫滤波器,设计人员只需根据低通 g 值就可以计算得到耦合矩阵模型的元件值 M_{ij},以及另外两个模型的阻抗变换器和导纳变换器的参数。而对于其他复杂函数的滤波器,可以运用第 7 章至第 10 章介绍的方法来构造这些电路模型元件。

如果不具备电磁仿真工具,那么滤波器设计人员可以参考微波工程手册,或 20 世纪 70 至 80 年代期间持续发表的关于微波采用闭式表达式的大量论文。这些简单表达式或者凭经验获得,或者使用了近似法。例如,针对波导应用中无限薄的膜片的分析,以及 TEM 结构的准静态分析,都使用了近似法。

本章以一个介质谐振滤波器为例,演示了如何将耦合矩阵元件转换成物理尺寸的综合方法。该方法通常可以采用任意技术(微带、同轴、波导或介质)来实现单模或双模滤波器。但是,该方法主要适用于非耦合传输线形式谐振器的微波滤波器,如介质谐振滤波器、梳状滤波器或其他任意形状谐振器的滤波器。对于耦合传输线形式谐振器的滤波器,例如波导膜片耦合滤波器、E 面波导滤波器、微带电容耦合滤波器,以及微带并行耦合滤波器,则需要运用阻抗变换器和导纳变换器模型的综合方法。最后,通过研究波导电感膜片耦合滤波器和微带电容耦合滤波器的设计,验证了这两种方法的可行性。

本文描述的这三种方法提供了较准确的设计结果,可用作手动调试时的初值或第 15 章介绍的任意高级电磁优化方法的初值。本方法的准确性仅限于实际滤波器电路元件假定与频率无关的情况。因此,它们更多应用于窄带设计。同时,这些方法也没有顾及不同滤波器元件之间的串扰问题,而这个问题在微带滤波器设计中尤为突出。

实际上,滤波器设计人员可以利用本章提供的知识,获得一个较好的切比雪夫滤波器初始设计。经过少量调试,很容易实现一个完美的设计。

14.8　原著参考文献

1. Matthaei, G., Young, L., and Jones, E. M. T. (1980) *Microwave Filters, Impedance-Matching Networks, and Coupling Structures*, Artech House, Norwood, MA.

2. Saad, T. S. *et al.* (eds) (1971) *Microwave Engineer's Handbook*, Artech House, Norwood, MA.

3. Collin, R. E. (1966) *Foundation for Microwave Engineering*, McGraw-Hill, New York.

4. Hong, J. and Lancaster, M. J. (2001) *Microstrip filters for RF/Microwave Applications*, Wiley, New York.

5. Cogollos, S. (2005) Design of Iris Filters Using Mode Matching Technique. Technical report. University of Waterloo.

6. Bui, L. Q., Ball, D., and Itoh, T. (1984) Broadband millimeter-wave E-plane bandpass filter. *IEEE Transactions on Microwave Theory and Techniques*, **32**, 1655-1658.

第 15 章　微波滤波器高级电磁设计方法

目前，许多商业软件包都可用于微波电路的电磁仿真。这些电磁软件提供了非常精确的仿真结果，允许微波滤波器设计人员在不制作滤波器实物的情况下，采用最经济的方法设计各种滤波器。然而，商业软件包只是"仿真"工具，而不是"设计"工具。尽管它们可以用于检查设计的有效性，却不能单独用于设计。滤波器设计人员必须借助其他工具和方法，并结合电磁仿真器完成设计工作。可用于微波滤波器设计的电磁方法有许多种，大致分为以下三类：

- 电磁综合方法(电磁仿真器 + 电路模型)；
- 电磁优化方法(电磁仿真器 + 优化工具)；
- 高级电磁设计方法(电磁仿真器 + 电路模型 + 优化工具)。

第 14 章阐述了电磁综合方法，本章将讨论另外两种方法，并着重于高级电磁设计方法。

15.1　电磁综合方法

第 14 章专门介绍了电磁综合方法。通过给定的 3 个实例，展示了如何运用电磁仿真器综合得到介质谐振器、波导滤波器和微带滤波器的物理尺寸。由第 14 章给出的结果可知，电磁综合方法并不能提供完全符合设计要求的结果。这是由于这些方法忽略了非相邻谐振器的交叉耦合影响，且仅能在滤波器的中心频率处计算得到耦合元件值。尽管这些方法能为波导滤波器提供合理的结果，但是对于谐振器之间容易产生交叉耦合的平面滤波器结构来说，却无法提供精确的结果。同样，对于同轴滤波器和介质谐振滤波器，膜片加载对于整个滤波器通带产生的影响难以精确计算。但是，利用电磁综合方法获得的初始设计，可以进一步用于手工优化，或用于后续章节将要介绍的电磁优化方法。

15.2　电磁优化方法

在电磁优化方法中，精确的电磁仿真器主要利用了其优化功能，通过调节滤波器的尺寸参数而获得理想响应。文献[1~3]介绍了多种实用优化方法，主要包括以下两种：一种需要给定初值，如梯度算法[4]；而另一种则无须给定初值，如遗传算法[5]。通常，有一个好的初值可以减少优化时间，获得更完美的设计。在优化过程中，反复修正滤波器的物理参数，直到满足指标为止。图 15.1 展示了整个电磁优化流程图，其初值可利用第 14 章介绍的各种综合方法得到。

设计流程的主要核心是电磁仿真工具，设计的准确性主要取决于工具的精度。图 15.1 示意了几种不同类型的精确电磁仿真器。可供设计人员选择的工具包括商业电磁仿真器和全波分析软件。另外，还可以采用半电磁仿真器或具有自适应频率采样功能的电磁仿真器，或使用内插函数及网络的方法来代替电磁仿真器。电磁内插法包括神经网络法、多维柯西(Cauchy)法和模糊逻辑法。

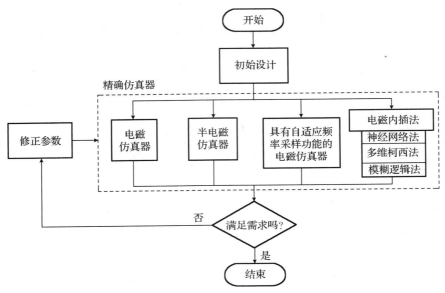

图 15.1　电磁优化流程图

优化算法以滤波器的物理尺寸为优化变量,并求目标函数的最小值。在确定优化误差函数(目标函数)时,如图 15.2 所示,通过扫描滤波器通带和阻带内选定的几个采样点的响应,并结合给定的滤波器指标,生成两组关于通带和阻带的误差函数。

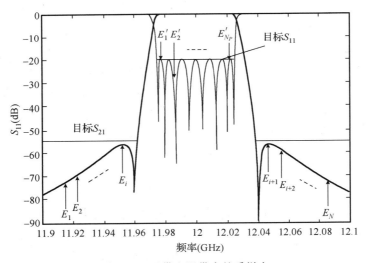

图 15.2　通带和阻带内的采样点

响应可以是 S 参数的幅度、相位或群延迟,而大多数情况下在初始优化阶段使用的是 S 参数的幅度。其误差函数合理定义如下:

通带:
$$F_j = \left| \frac{S_{11(j)\text{spec.}}}{S_{11(j)\text{resp.}}} \right|, \quad j = 1, 2, \cdots, N_p \tag{15.1}$$

阻带：
$$F_j' = \left| \frac{S_{21(j)\text{spec.}}}{S_{21(j)\text{resp.}}} \right|, \quad j = 1,2,\cdots,N_s \tag{15.2}$$

其中，$S_{11(j)\text{resp.}}$ 和 $S_{21(j)\text{resp.}}$ 表示根据选定的采样点进行准确仿真得到的 S 参数的 dB 值，而 $S_{11(j)\text{spec.}}$ 和 $S_{21(j)\text{spec.}}$ 表示相同采样点所需的 S 参数的最小 dB 值。包含最小二乘法[6]和极值法[7]运算的误差函数可以定义如下：

最小二乘法：
$$U \text{的极小值} = \left(\sum_{j=1}^{N_p} F_j^2 + \sum_{j=1}^{N_S} F_j'^2 \right) \tag{15.3}$$

极值法：　U 的极小值 $= (F_1, F_2, \cdots, F_{N_p},\ F_1', F_2', \cdots, F_{N_S}')$ 中的最大值 $\tag{15.4}$

优化误差函数还可以采用其他几种方法来构建[1,2]。

15.2.1　电磁仿真器优化法

　　电磁仿真器优化法中的电磁仿真器可以是一个商业电磁仿真器，比如 HFSS8，EM SONNET，Momentum，IE3D，CST Microwave Studio，Microwave Wizard，也可以是其他的全波分析仿真软件。其中少量商业电磁仿真器包含内置优化功能，允许设计人员指定优化参数，并能提供各种途径来构建目标函数。但是，现阶段大多数商业软件包对于设计参数选取的操作不太灵活，通常需要设计人员凭经验开发特定的优化工具。

　　采用缜密的电磁仿真器优化，可以得到最精确的设计。然而，这种方法的计算量非常密集。例如，根据目前的计算机性能，一个普通 8 阶介质谐振滤波器直接进行电磁仿真器优化，需要数周的时间才能完成；若采用梯度优化法，则典型的 CPU 时间可以近似为

$$N_{\text{freq}} \times N_{\text{var}} \times N_{\text{ite}} \times I_{\text{drev}} \times T_{\text{sim}} \tag{15.5}$$

其中，N_{freq} 为用于构建目标函数的采样点数（$N_{\text{freq}} = N_p + N_s$）；$N_{\text{var}}$ 为优化过程中包含的变量数；N_{ite} 为优化迭代次数；I_{drev} 为数值梯度法的误差函数个数；T_{sim} 为仿真每个采样点的滤波器性能的 CPU 时间。

　　下面以对称的 6 阶切比雪夫滤波器结构为例。其优化过程中包含 7 个变量，即 $N_{\text{var}} = 7$，式（15.5）中其他参数的典型值为 $N_{\text{freq}} = 20$，$N_{\text{ite}} = 20$，$I_{\text{drev}} = 2$。若采用二阶梯度优化法，则总的 CPU 时间为

$$20 \times 7 \times 20 \times 2 \times T_{\text{sim}} = 5600\ T_{\text{sim}} \tag{15.6}$$

仿真时间 T_{sim} 取决于滤波器阶数、电磁仿真器类型及仿真工作站的速度。假设每个采样点需要 1 min（即 $T_{\text{sim}} = 1$ min），则优化滤波器总的 CPU 时间达到了 5600 min（接近 4 天）。由此可知，尽管仿真每个采样点的滤波器性能只需 1 min，但是对于给定的指标仍需接近 4 天的总的 CPU 时间。另外，在某些情况下，为了使调谐滤波器完美达到理想性能，以上优化过程需要进行两次。因此，对于这类 6 阶滤波器设计，需要占用 CPU 时间接近 8 天。

　　随着计算机运算速度的提高，仿真时间 T_{sim} 可以大幅减少。因此，虽然目前这种简单穷举法只能用于低阶滤波器设计，但是有可能在未来成为设计人员的首选。而对于高阶介质谐振滤波器这类更复杂的滤波器结构，T_{sim} 值非常大，电磁仿真器优化方法将被限制使用。此外，随着滤波器电路拓扑复杂性的增加，所需的 CPU 时间呈指数级增长，该方法也不再适用。因此，需要不断地开发更高级的方法来降低复杂结构设计的 CPU 时间。

15.2.2　半电磁仿真器优化法

半电磁仿真器优化法可在不严重降低设计精度的条件下,减少由式(15.5)计算得出的仿真时间 T_{sim}。在半电磁仿真器方法中,完整的滤波器电路被分成若干子电路,利用电磁仿真器计算得到子电路的 S 参数后,再根据第 5 章介绍的电路级联方法,即可获得整个电路的散射参数。减少 T_{sim} 主要基于此事实:对于大多数电磁仿真器而言,所需的 CPU 时间与子电路数量的平方成正比。因此,电路分为 N 个相同的子电路后,这 N 个子电路的仿真时间近似为 $NT_{overall}/N^2$,即 $T_{overall}/N$,其中 $T_{overall}$ 为仿真整个电路所需的总时间。例如,图 15.3(a) 中的滤波器电路可以分解为图 15.3(b) 所示的子电路,这些子电路通过传输线级联而成。在这种情况下,式(15.5)中的 T_{sim} 为利用电磁仿真器计算三个级联子单元在某个频率点的散射矩阵所消耗的时间。因此整个电路仿真所需的 CPU 时间明显减少,从而节省了整个电路的优化时间。

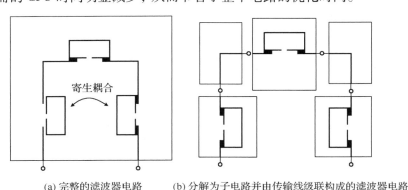

(a) 完整的滤波器电路　　　　(b) 分解为子电路并由传输线级联构成的滤波器电路

图 15.3　完整的滤波器电路,以及分解为子电路并由传输线级联构成的滤波器电路

但是,提高运算速度是以降低设计精度为代价的。采用半电磁仿真器法无法计算出非相邻谐振器之间的交叉耦合。虽然这对于波导滤波器来说不是问题,但对于平面滤波器而言,这种耦合非常明显,将影响散射参数的准确性。图 15.4 比较了整个滤波器电路的电磁仿真结果和滤波器子电路的散射参数级联后的电磁仿真结果。图 15.4(a) 所示的传输零点表示非相邻谐振器之间存在交叉耦合。显然,半电磁仿真器法无法用于评估电路中的交叉耦合影响。

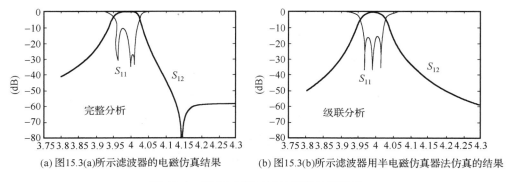

(a) 图15.3(a)所示滤波器的电磁仿真结果　　　(b) 图15.3(b)所示滤波器用半电磁仿真器法仿真的结果

图 15.4　图 15.3 所示滤波器的仿真结果

15.2.3　自适应频率采样电磁仿真优化法

这种方法以减小式(15.5)中的采样点数 N_{freq} 为目标。在滤波器仿真过程中，不再使用 N_{freq} 个采样点来建立目标函数，而是使用依据少量采样点(明显少于 N_{freq})依次创建的代表整个滤波器通带响应的内插多项式，然后用这些多项式计算出其他频率处的滤波器响应。目前大多数商业电磁仿真器都具有自适应频率采样(有时也称为"快速频率扫描")功能，设计人员可以利用该功能得到整个频段的仿真结果，而实际仿真运算中仅使用了其中少量采样点。

运用帕德(Padé)近似法[8]，无源微波滤波器电路散射参数的有理多项式[9~11]形式可以准确地表示如下：

$$S(f) = \frac{a_0 + a_1 f + a_2 f^2 + \cdots + a_N f^N}{1 + b_1 f + b_2 f^2 + \cdots + b_M f^M} = \frac{a_0 + \sum\limits_{j=1}^{N} a_j f^j}{1 + \sum\limits_{j=1}^{M} b_j f^j} \tag{15.7}$$

根据式(15.7)得到的多项式称为柯西内插多项式，其阶数取决于仿真过程中的采样点数。若使用 K 个仿真采样点($K = 1 + N + M$)构成线性方程组，则其系数 $a_1, a_2, \cdots, a_N$ 和 $b_1, b_2, \cdots, b_M$ 可以运用矩阵求逆得到。而文献[11]中采用的 Bulirsch-Stoer 算法[12]，可以在避免涉及矩阵求逆的同时，计算得到式(15.7)中的多项式系数。

为了验证自适应频率采样法的有效性，图 15.5 比较了一个 4 阶微带滤波器运用样条内插法和柯西内插法得到的仿真结果[11]，滤波器响应只针对少数采样点进行了采样。值得注意的是，采用柯西内插法得到的结果与精细模型的响应非常接近。

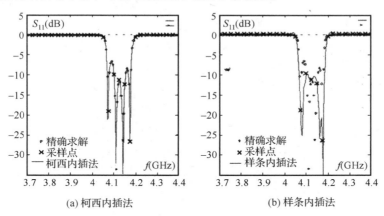

图 15.5　4 阶滤波器两种不同内插法的对比

采用自适应频率采样法[9~11]，采样点数将明显减少。首先选取少量通带内均匀分布的采样点，然后自适应选取更多的采样点，直到结果收敛为止。利用自适应频率采样法，可使构造柯西多项式的采样点数最少，如文献[11]给出的例子，用于构建滤波器多项式的采样点只有 9 个。首先选取均匀分布于带内的 5 个采样点，构建出两个不同的有理多项式函数。其中多项式 1 的分子和分母的阶数分别为 $N = 2$ 和 $M = 2$；多项式 2 的分子和分母的阶数分别为 $N = 1$ 和 $M = 3$。通过比较这两个多项式在整个频段内结果的吻合度，在匹配度最差的频率范围内选取更多的采样点，然后计算出新的多项式并重复以上过程，直至两条曲线完全重合。图 15.6 显示了整个采样过程,每次迭代过程中都新增了一个采样点。从图中可以看出,在最初 5 个采样点基础上自适应增加 4 个采样点后,两个多项式的曲线完全重合。

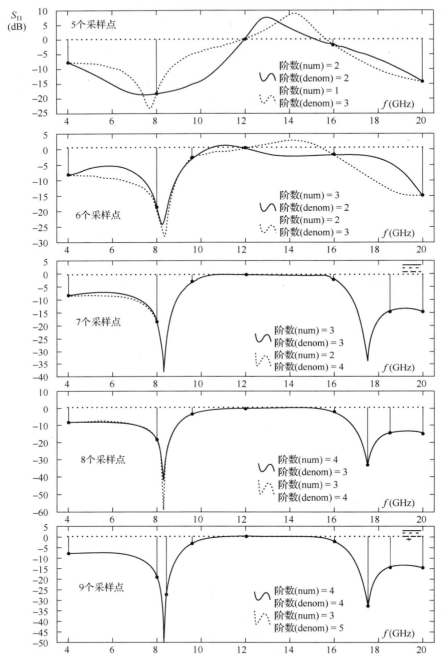

图 15.6   自适应频率采样过程(num 代表分子,denom 代表分母)

15.2.4   电磁神经网络模型优化法

电磁神经网络模型优化法以减少式(15.5)中的仿真时间 T_{sim} 为目标。微波电路的电磁模型可以用包含输入向量 p 和输出向量 y 的系统来表示，其中输入向量代表电路的物理尺寸和频率，输出向量代表电路的散射参数。p 和 y 之间的关系是多维且非线性的，对于神经网络[13,14]可以采用与向量 p 和 y 有关的电磁仿真结果进行训练。一旦训练成功，神经网络就可以作为电路模型，取代计算密集的电磁仿真器。一般而言，电磁神经网络的设计方法遵循以下步骤。

1. **选择合适的神经网络结构**　一个典型的神经网络包含两组基本单元：处理单元和处理单元之间的互连单元[13,14]。处理单元称为神经元，而神经元之间的互连单元称为链路。每个链路都有一个与之对应的权重值，每个神经元接受来自其他与之互连的神经元的激励，处理信息并产生一个输出。接受来自网络外部激励的神经元称为输入层神经元，用于外部输出的神经元称为输出层神经元，而在网络中接受其他神经元的激励并对其他神经元输出激励的神经元，称为"隐层神经元"。图 15.7 所示的多层感知器（MLP）形式是一种流行的神经网络结构。其中，神经元被分为三层，分别为输入层、输出层和隐层。隐层中的神经元用 sigmoid 函数激活如下：

$$a_h = \frac{1}{1 + \exp\left(-\sum_{i=1}^{n} a_i w_{ih} - \theta_h\right)} \qquad (15.8)$$

其中，a_h 为激活后的神经元，w_{ih} 为第 i 个和第 h 个神经元之间可调整的权重值，θ_h 为阈值。对于神经网络来说，一个好的切入点是使用三层网络。根据通用的逼近理论[14]，总是存在一个三层感知器的神经网络，可以任意逼近所有的非线性、连续且多维的函数。其中隐层神经元的数量必须小心确定，少量的神经元不能精确地模拟这个系统，而太多的神经元会使网络校验过度。更多关于神经网络结构选取的详细内容参见文献[13,14]。

2. **数据生成和网络训练**　为了构建网络，必须采用由电磁仿真器计算并采样得到的若干输入和输出向量数据，对 (p, y) 样本进行训练。生成的数据分为两组：训练数据和测试数据。训练数据用于指导训练过程，确定权重值 w_{ih} 和阈值 θ_h；测试数据用于检验神经网络训练后的准确性。

   在训练过程中，神经网络会自动调整它的权重值 w_{ih} 和阈值 θ_h，使得预测输出（由神经网络得到）和实际输出（由电磁仿真器得到）之间的误差最小。通常，神经网络训练算法采用基于梯度的训练方法，如反向传播法、共轭梯度法和拟牛顿（Quasi-Newton）法[14]。全局优化法，如模拟退火算法和遗传算法，可以改善神经网络的训练质量，但同时会增加训练过程的 CPU 时间。

3. **网络应用**　训练和测试完毕后，网络就可以当成电磁仿真器来使用。根据训练区间内任意给定的输入参数 p，可以预测得到输出参数 y。由于只需要少量的基本代数运算，计算速度极快。构建成功的神经网络还能在优化过程中取代电磁仿真器，极大地节省了设计时间。

下面运用文献[15]中的实例来说明基于电磁的神经网络在内馈式微带贴片谐振器设计中的应用，如图 15.8 所示。微带贴片谐振器所用基板的介电常数 $\varepsilon_r = 2.3$，高度 $h = 2$ mm，宽度固定为 28.7 mm。目标是得到当谐振频率为 4 GHz 时微带贴片谐振器的尺寸 $p = (p_1, p_2, p_3)$。通过改变这三个几何尺寸（p_1 的范围为 17～29 mm，p_2 的范围为 0～12 mm，p_3 的范围为 0～12 mm）和频率 f（范围为 3.4～4.4 GHz）的值，可以获得总计 500 个训练点。因此这个多层感知器网络是由 4 个输入节点（1 个频率和 3 个几何尺寸），10 个隐藏节点，以及 2 个输出节点（S_{11} 的幅值和相位）构成的。

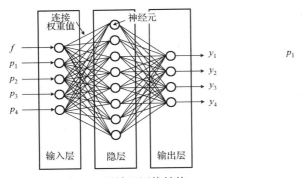

图 15.7　三层神经网络结构

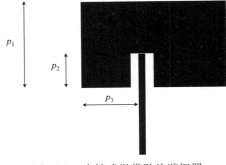

图 15.8　内馈式微带贴片谐振器

如图 15.9 所示,选取两个点进行网络测试。与电磁仿真器的计算结果相比可以看出,两种方法得到的曲线完全重合。然后,在优化过程中运用神经网络,谐振器频率为 4 GHz 时,微带贴片谐振器的最佳尺寸为 **p** = (23.38 mm, 3.5 mm, 1.19 mm)。同时,图 15.9 还显示了分别采用电磁仿真器(精确解)和神经网络得到的 S_{11} 仿真结果。对比可知,同一个优化过程,采用神经网络只需数秒,而采用电磁仿真器需要几小时[15]。

在已发表的一些文献中,将神经网络成功应用于设计的文献很少,且仅限于低阶(3 阶或 4 阶)微波滤波器的设计,其中神经网络用于构建整个滤波器模型[15,16]。对于高阶滤波器而言,由于尺寸变量 **p** 和参数 **y** 的规模变得太大,因此需要大量的训练数据和测试数据来进行相应的网络训练。这时神经网络法可用于构建滤波器中的一个子电路,然后采用子电路级联的方式构成整个滤波器模型。例如 15.2.2 节介绍的半电磁仿真器优化法,其中容性子电路可以简单地运用电磁神经网络仿真,然后再通过子电路级联得到整个滤波器的散射矩阵。

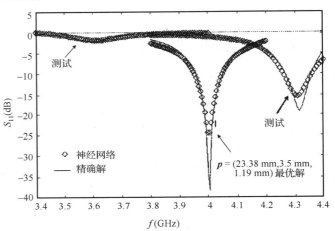

图 15.9　图 15.8 中采用电磁仿真器(精确解)和神经网络计算得到的谐振器 S_{11} 仿真曲线的对比[15]

目前,许多商业电磁仿真软件内嵌了神经网络工具[17],如包含神经网络工具的 MATLAB 软件。这种情况下,用户可以多次调用电磁仿真来生成数据对集合。而且,在训练过程中通过吸收一些有效的电路方法,可以提高电磁神经网络的性能。文献[18,19]中提到了许多关于神经网络的方法,可用于微波电路设计的神经网络电磁工具详见文献[13]。

15.2.5　电磁优化的多维柯西法

多维柯西法与神经网络类似,都需要运用电磁仿真器生成输入(物理尺寸和频率)和输出(滤波器电路的散射参数)数据对,以建立模型。然后,利用这些数据对生成一组多维柯西插值,并取代电磁仿真器,分析和优化特定的滤波器电路。

多维柯西法可用于对以频率和尺寸为变量的电路进行插值。该方法主要基于与频率有关的一维柯西插值法(详见 15.2.3 节)。文献[11]提出的用多维柯西法进行多维插值,是基于一维柯西法并经迭代计算得到的。此外,在多维柯西法中还可以运用自适应采样,以减少所需的采样数据对数量[11]。图 15.10 所示为该方法在 3 阶微带滤波器电路设计中的应用。由于电路的对称性,滤波器只需要 4 个尺寸变量的集合,即 $\boldsymbol{p} = (p_1, p_2, p_3, p_4)$。通过改变其中 3 个几何尺寸变量和 1 个频率变量,就可以生成电磁仿真器的训练数据。其结果如图 15.11 所示,仅使用 625 组训练数据点就获得了极好的性能[11]。

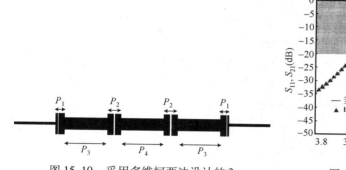

图 15.10　采用多维柯西法设计的 3
阶微带滤波器结构图[11]

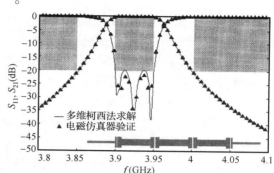

图 15.11　图 15.10 所示 3 阶微带
滤波器的仿真结果[11]

多维柯西法适用于小型电路的准确建模,其输入变量相对较少(5 个或 5 个以下)。以神经网络为例,将整个滤波器电路划分为一些子电路,然后将每个子电路用一个多维柯西模型表示,以取代电磁仿真器。整个滤波器的性能可以根据这些子电路的级联方式计算得到。

15.2.6　电磁优化的模糊逻辑法

文献[20]首次论证了模糊逻辑系统(FLS)在微波滤波器的诊断与调试中应用的可行性。第 19 章对此进行了详细介绍。模糊逻辑系统作为一个基本函数逼近器,能以任意精度逼近所有连续的非线性实函数。利用电磁仿真器产生的数据,可以构建模糊逻辑系统来逼近此电磁仿真器,这与神经网络的作用相似。因此,在优化过程中,模糊逻辑系统模型可以取代图 15.1 所示的精确仿真器。

建立神经网络或模糊逻辑模型的函数逼近问题 $y = f(\boldsymbol{x})$,称为"正向命题"。其中输入 $\boldsymbol{x}$ 表示滤波器的物理尺寸和频率,输出 y 表示滤波器的散射参数。而文献[22]中介绍的模糊逻辑系统可用于分析"逆向命题" $\boldsymbol{x} = \phi(y)$。其中,根据电磁仿真器生成的数据所构建的模糊逻辑系统,已根据给定的指标或散射参数预测出了滤波器的物理尺寸,因此就无须优化了。这是一种针对低阶微波滤波器的直接近似设计方法,更多详细内容可参见文献[22,23]。

15.3　高级电磁设计方法

目前,许多文献中都提出了关于减少设计过程中占用 CPU 时间的方法。这些方法主要涉及两种模型:精细模型和粗糙模型。精细模型运算精确,但计算量密集;粗糙模型运算速度快,但精度不够。电磁仿真器的仿真结果可作为精细模型,而粗糙模型可以用电路模型表示。这些方法主要利用精细模型的精度和粗糙模型的速度,制定既快速又精确的解决方案。虽然这些方法也需要使用优化工具,但是设计过程中需要优化的仅限于粗糙模型,而对精细模型使用优化工具的次数极少。

因此,将精细模型与粗糙模型结合起来,可以形成非常快速且准确的混合模型。虽然大部分计算工作是由快速的粗糙模型完成的,但是这类设计方法仍然可以成功地提供准确结果。本章着重介绍以下两种方法,空间映射法(SM)和修正粗糙模型法(CCM)。

15.3.1　空间映射法

空间映射法已成功应用于微波滤波器的设计和其他工程问题[24~28]。本方法主要用于在两个模型(即,高精度而慢速的精细模型,低精度而快速的粗糙模型)的空间设计参数之间建立一种数学联系(映射),目的是为了避免采用慢速精细模型优化滤波器结构的高运算成本问题。在空间映射法中,必须采用能够模拟各种不同滤波器结构参数的粗糙模型。而且,在空间映射过程中,粗糙模型不能更改或更换。空间映射法分为两步:(1)优化粗糙模型的参数,以符合原设计指标要求;(2)在两种模型的空间参数之间建立映射关系,然后将空间映射设计参数视为最优粗糙模型映射产生的镜像。

用 x_c 表示粗糙模型参数,用 x_f 表示精细模型参数,用 x_c^* 表示最优粗糙模型设计参数。同时,也可以将粗糙模型响应表示为 $R_c(x_c)$,而将精细模型响应表示为 $R_f(x_f)$,如图 15.12 所示。精细模型与粗糙模型之间的映射关系可表示为 $x_c = P(x_f)$,并使差值 $|R_f(x_f) - R_c(x_c)|$ 最小。通常,映射 P 是根据局部范围内的空间参数经过迭代计算求得的。如果 $P^{(j)}$ 表示第 j 次迭代运算后的映射结果,则对应的精细模型设计参数给定为

$$x_f^{(j+1)} = (P^{(j)})^{-1}(x_c^*)$$

在一定精度范围内,如果 $R_f(x_f^{(j+1)})$ 满足指标,那么根据粗糙模型的解 x_c^* 经过空间映射得到的结果 $x_f^{(j+1)}$ 被认为是可接受的。否则,对于已求解的 P,需要更新映射并开始新的迭代过程。

Bandler 等人于 1994 年首次提出了空间映射法[24]。在这种初始空间映射法中,假设两种模型的两组参数空间为线性映射的。运用线性方程组的最小二乘

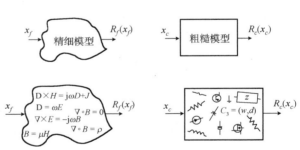

图 15.12　精细模型和粗糙模型示意图[27]

求解,得到的结果与这两个空间的数据点相对应。如果粗糙模型与精细模型的响应不能完全重合,那么虽然这个映射极其简单,但也不一定能收敛为一个有效解。而通常不能重合的原因是使用了过于粗糙的模型,与精细模型的响应相比,粗糙模型的响应的偏差太大。

此外,Bandler 等人对初始空间映射法进行了修正[25,26],修正后的方法称为**主动空间映射**(ASM)。在映射不一定呈线性的前提下,运用主动空间映射法,只需要少量迭代运算就可能收敛于一个有效解。为了解决参数提取时的非唯一性问题,以及迭代次数最小化问题,已相继提出一些基于空间映射的方法,包括置信域主动空间映射法(TRASM)、混合迭代主动空间映射法和神经网络空间映射法。这些空间映射法详见文献[27]。

本章将详细讨论初始空间映射法和主动空间映射法,并着重介绍更有效的主动空间映

射法。下面用两个实例来说明主动空间映射法的应用,其中包括一个 6 阶微带滤波器的设计实例。

15.3.1.1 初始空间映射法

初始空间映射法的使用步骤概括如下。

1. 优化粗糙模型,寻找最优解 x_c^*。在这种情况下,x_c^* 为基于粗糙模型的最优解,即 $R_c(x_c^*)$ 为理想响应参数。

2. 令 $x_f^{(1)} = x_c^*$,然后在 $x_f^{(1)}$ 附近任意选取点 $x_f^{(2)}$,$x_f^{(3)}$,$\cdots$,$x_f^{(j)}$,构成一个初始集合。注意,向量 $x_f^{(1)}$,$x_f^{(2)}$,$\cdots$,$x_f^{(j)}$ 表示滤波器的物理尺寸参数,用集合 $S_f^{(j)}$ 定义为

$$S_f^{(j)} = \left\{ x_f^{(1)}, x_f^{(2)}, \cdots, x_f^{(j)} \right\} \tag{15.9}$$

3. 计算集合 $S_f^{(j)}$ 里每个点的精细模型响应。

4. 优化粗糙模型,使得与第 3 步中求得的精细模型响应相匹配。利用参数提取方法,求解 $\| R_c(x_c^i) - R_f(x_f^{(i)}) \|$ ($i = 1, 2, \cdots, j$) 的最小值,提取出代表粗糙模型空间物理尺寸参数的向量 $x_c^{(1)}$,$x_c^{(2)}$,$\cdots$,$x_c^{(j)}$,用集合 $S_c^{(j)}$ 表示为

$$S_c^{(j)} = \left\{ x_c^{(1)}, x_c^{(2)}, \cdots, x_c^{(j)} \right\} \tag{15.10}$$

5. 利用这两组集合 $S_c^{(j)}$ 和 $S_f^{(j)}$ 求解映射公式 $x_c = P^{(j)}(x_f)$。在文献[24]中,Bandler 假定两个空间为线性映射的,因此

$$x_c = P^{(j)}(x_f) = B^{(j)} x_f + C^{(j)} \tag{15.11}$$

如果定义 $A^{(j)}$ 为 $\begin{bmatrix} C^{(j)} & B^{(j)} \end{bmatrix}$,则式(15.11)可写为

$$\begin{bmatrix} x_c^{(1)} & x_c^{(2)} & \cdots & x_c^{(j)} \end{bmatrix} = A^{(j)} \begin{bmatrix} 1 & 1 & \cdots & 1 \\ x_f^{(1)} & x_f^{(2)} & \cdots & x_f^{(j)} \end{bmatrix} \tag{15.12}$$

运用最小二乘法求解 $A^{(j)}$,可得[35]

$$A^{(j)\mathrm{T}} = (D^{\mathrm{T}} D)^{-1} D^{\mathrm{T}} Q \tag{15.13}$$

其中,

$$D = \begin{bmatrix} 1 & 1 & \cdots & 1 \\ x_f^{(1)} & x_f^{(2)} & \cdots & x_f^{(j)} \end{bmatrix}^{\mathrm{T}} \tag{15.14}$$

且

$$Q = \begin{bmatrix} x_c^{(1)} & x_c^{(2)} & \cdots & x_c^{(j)} \end{bmatrix}^{\mathrm{T}} \tag{15.15}$$

一旦解出 $A^{(j)}$,空间映射设计参数就可以表示为

$$x_f^{(j+1)} = (P^{(j)})^{-1}(x_c^*) = (B^{(j)})^{-1}(x_c^* - C^{(j)}) \tag{15.16}$$

6. 如果 $\| R_f(x_f^{(j+1)}) - R_c(x_c^*) \| \leqslant \varepsilon$ 条件成立,则其解 $x_f^{(j+1)}$ 为最接近精细设计参数 x_f 的值;否则需要添加点 $x_f^{(j+1)}$,从而将集合 $S_f^{(j)}$ 扩展为 $S_f^{(j+1)}$;还需要添加对应的点 $x_c^{(j+1)}$,从而将集合 $S_c^{(j)}$ 扩展为 $S_c^{(j+1)}$。然后建立新的映射,以验证映射点的精细模型响应。重复以上过程,直到精细模型响应与理想响应 $R_c(x_c^*)$ 完全一致。初始空间映射法示意图如图 15.13 所示。

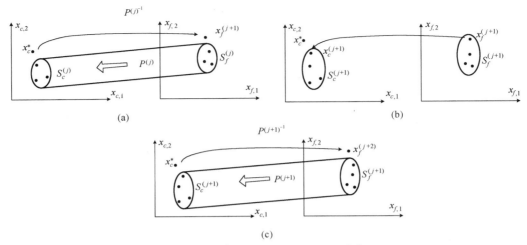

图 15.13　初始空间映射法示意图[28]

在许多应用中，两个模型之间为线性映射的假设条件并不一定成立，因此初始空间映射法只适用于粗糙模型响应与精细模型响应非常接近(呈线性映射)的情况。而主动空间映射法对粗糙模型响应与精细模型响应之间出现的严重偏移问题并不敏感，因此该方法成为这些应用中的首选。

15.3.1.2　主动空间映射法

在主动空间映射法中，x_f^* 可以通过求解下列非线性方程得到：

$$P(x_f) - x_c^* = 0 \tag{15.17}$$

运用拟牛顿法并迭代求解。如果 $x_f^{(j)}$ 为第 j 次迭代产生的结果，则下一次迭代产生的 $x_f^{(j+1)}$ 可记为

$$x_f^{(j+1)} = x_f^{(j)} + h^{(j)} \tag{15.18}$$

其中 $h^{(j)}$ 由 $B^{(j)} h^{(j)} = -f^{(j)}$ 求解得到，且

$$f^{(j)} = P(x_f^{(j)}) - x_c^* = x_c^{(j)} - x_c^* \tag{15.19}$$

$$P(x_f^{(j)}) = x_c^{(j)}, \quad 使得 \| R_c(x_c^{(j)}) - R_f(x_f^{(j)}) \| \leqslant \varepsilon \tag{15.20}$$

通过优化粗糙模型参数并提取向量 $x_c^{(j)}$，使得 $x_c^{(j)}$ 对应的粗糙模型响应与 $x_f^{(j)}$ 对应的精细模型响应完全相同。在点 $x_f^{(j)}$ 处，若 $B^{(j)}$ 表示与 x_f 有关的矩阵 f 的雅可比近似，则可运用 Broyden 秩 1 公式[28]将 $B^{(j+1)}$ 写为

$$B^{(j+1)} = B^{(j)} + \frac{f^{(j+1)} h^{(j)\mathrm{T}}}{h^{(j)\mathrm{T}} h^{(j)}} \tag{15.21}$$

其中初始的 $B^{(1)}$ 为单位矩阵，$B^{(1)} = U$。主动空间映射法的过程总结如下。

1. 提取 $R_c(x_c^*)$ 为理想响应时的解 x_c^*，将 j 初始化为 1，令 $x_f^{(1)} = x_c^*$，$B^{(1)} = U$；
2. 计算出 $R_f(x_f^{(1)})$；
3. 当条件 $R_c(x_c^{(1)}) \approx R_f(x_f^{(1)})$ 成立时，提取 $x_c^{(1)}$；
4. 计算 $f^{(1)} = x_c^{(1)} - x_c^*$，如果 $\| f^{(1)} \| \leqslant \eta$ 则停止；

5. 根据 $B^{(j)} h^{(j)} = -f^{(j)}$，求解出 $h^{(j)}$；

6. 令 $x_f^{(j+1)} = x_f^{(j)} + h^{(j)}$；

7. 计算出 $R_f(x_f^{(j+1)})$；

8. 当条件 $R_c(x_c^{(j+1)}) \approx R_f(x_f^{(j+1)})$ 成立时，提取 $x_c^{(j+1)}$；

9. 计算 $f^{(j+1)} = x_c^{(j+1)} - x_c^*$，如果 $\| f^{(j+1)} \| \le \eta$ 则停止；

10. 更新 $B^{(j+1)} = B^{(j)} + \dfrac{f^{(j+1)} h^{(j)\,\mathrm{T}}}{h^{(j)\,\mathrm{T}} h^{(j)}}$；

11. 令 $j = j+1$，返回到第 4 步。

重复上述步骤，直到求解满足要求为止。下面通过两个实例来说明主动空间映射法的应用原理：求解 2 阶 Rosenbrock 函数和设计 6 阶微带滤波器。

例 15.1   主动空间映射理论的实例（2 阶 Rosenbrock 函数）   这个例子用主动空间映射法来求解 Rosenbrock 函数[29]。本例中的每一步设计过程，读者都可利用计算器重现计算结果。首先来看下面给出的 2 阶 Rosenbrock 函数 $R_c(x)$ 和 $R_f(x)$。

用粗糙模型表示为 $R_c(x) = 100(x_2 - x_1^2)^2 + (1-x_1)^2$，其中 $x = \begin{bmatrix} x_1 \\ x_2 \end{bmatrix}$

用精细模型表示为 $R_f(x) = 100(u_2 - u_1^2)^2 + (1-u_1)^2$，其中 $u = \begin{bmatrix} u_1 \\ u_2 \end{bmatrix} = \begin{bmatrix} 1.1 & -0.2 \\ 0.2 & 0.9 \end{bmatrix} x + \begin{bmatrix} -0.3 \\ 0.3 \end{bmatrix}$

问题是如何根据式 $R_f(x) = 0$ 求解 x_1 和 x_2 的值。这两个函数如图 15.14 所示。

运用主动空间映射法求解

1. 当 $R_c^* = R_c(x_c^*) = 0$ 时求解可得 $x_c^* = \begin{bmatrix} 1 \\ 1 \end{bmatrix}$，令 $j=1$，$x_f^{(1)} = x_c^* = \begin{bmatrix} 1 \\ 1 \end{bmatrix}$，$B^{(1)} = U$；

2. $R_f(x_f^{(1)}) = 108.32$；

3. 当 $R_c(x_c^{(1)}) = R_f(x_f^{(1)}) = 108.32$ 时，求解可得 $x_c^{(1)} = \begin{bmatrix} 0.6 \\ 1.4 \end{bmatrix}$；

4. $f^{(1)} = \begin{bmatrix} 0.6 \\ 1.4 \end{bmatrix} - \begin{bmatrix} 1 \\ 1 \end{bmatrix} = \begin{bmatrix} -0.4 \\ 0.4 \end{bmatrix}$；

5. 由于 $B^{(1)} = 1$，因此有 $h^{(1)} = \begin{bmatrix} -0.4 \\ 0.4 \end{bmatrix}$；

6. 令 $x_f^{(2)} = \begin{bmatrix} 1 \\ 1 \end{bmatrix} + \begin{bmatrix} 0.4 \\ -0.4 \end{bmatrix} = \begin{bmatrix} 1.4 \\ 0.6 \end{bmatrix}$；

7. $R_f(x_f^{(2)}) = 1.8207$；

8. 当 $R_c(x_c^{(2)}) = R_f(x_f^{(2)}) = 1.8207$ 时，求解可得 $x_c^{(2)} = \begin{bmatrix} 1.12 \\ 1.12 \end{bmatrix}$；

9. $f^{(2)} = \begin{bmatrix} 1.12 \\ 1.12 \end{bmatrix} - \begin{bmatrix} 1 \\ 1 \end{bmatrix} = \begin{bmatrix} 0.12 \\ 0.12 \end{bmatrix}$；

10. $B^{(2)} = B^{(1)} + \dfrac{f^{(2)} h^{(1)\,\mathrm{T}}}{h^{(1)\,\mathrm{T}} h^{(1)}} = \begin{bmatrix} 1.15 & -0.15 \\ 0.15 & 0.85 \end{bmatrix}$；

11. $h^{(2)} = -B^{(2)-1} f^{(2)} = \begin{bmatrix} -0.12 \\ -0.12 \end{bmatrix}$；

12. 令 $x_f^{(3)} = \begin{bmatrix} 1.4 \\ 0.6 \end{bmatrix} + \begin{bmatrix} -0.12 \\ -0.12 \end{bmatrix} = \begin{bmatrix} 1.28 \\ 0.48 \end{bmatrix}$;

13. $R_f(x_f^{(3)}) = 0.1308$;

14. 当 $R_c(x_c^{(3)}) = R_f(x_f^{(3)})$ 时,求解可得 $x_c^{(3)} = \begin{bmatrix} 1.012 \\ 0.988 \end{bmatrix}$;

15. $f^{(3)} = \begin{bmatrix} 1.012 \\ 0.988 \end{bmatrix} - \begin{bmatrix} 1 \\ 1 \end{bmatrix} = \begin{bmatrix} 1.012 \\ -0.012 \end{bmatrix}$;

16. $B^{(3)} = B^{(2)} + \dfrac{f^{(3)} h^{(2)^{\mathrm{T}}}}{h^{(2)^{\mathrm{T}}} h^{(2)}} = \begin{bmatrix} 1.1 & -0.2 \\ 0.2 & 0.9 \end{bmatrix}$;

17. $h^{(3)} = -B^{(3)^{-1}} f^{(3)} = \begin{bmatrix} -0.0082 \\ 0.0151 \end{bmatrix}$;

18. $x_f^{(4)} = \begin{bmatrix} 1.28 \\ 0.48 \end{bmatrix} + \begin{bmatrix} -0.0082 \\ 0.0151 \end{bmatrix} = \begin{bmatrix} 1.2718 \\ 0.4951 \end{bmatrix}$

19. $R_f(x_f^{(4)}) = 9.2 \times 10^{-8}$,则 $x_f = x_f^{(4)}$,至此演算结束。

最后,$R_f(x) = 0$ 的解为 $x_1 = 1.2718$ 和 $x_2 = 0.4951$。

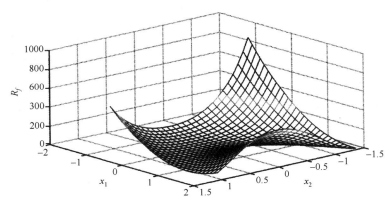

(a) 精细模型 $R_f(x_1, x_2)$

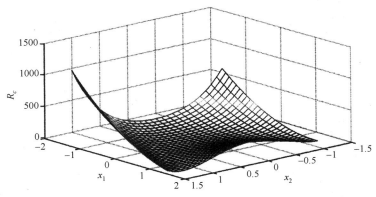

(b) 粗糙模型 $R_c(x_1, x_2)$

图 15.14　Rosenbrock 函数

例 15.2　运用主动空间映射法设计一个 6 阶滤波器　下面来研究一个 6 阶微带滤波器的设计,其结构如图 15.15 所示。滤波器中心频率为 2 GHz,带宽为 2%,回波损耗为 20 dB。用于实现滤波器的氧化铝基板高度 $h = 0.025$ in(25 mil①)且介电常数 $\varepsilon_r = 10.2$。整个结构中包含 6 个谐振器和 7 个耦合间隙。假设所有谐振器的阻抗都为 50 Ω,需要求解该滤波器电路的物理尺寸 w, l_0, d_1, d_2, d_3, d_4, l_1, l_2 和 l_3。

图 15.15　6 阶滤波器结构图

运用主动空间映射法求解

在这个例子中,精细模型采用 Momentum 电磁仿真器,而粗糙模型采用 ADS 电路仿真器。电路结构如图 15.16 所示,其中通过两个不连续阶梯结构(由两段传输线和一个间隙电容组成)实现电容耦合。由于这些不连续结构在 ADS 中采用了闭式经验模型,因此粗糙模型的计算速度很快。依照主动空间映射法的求解步骤,下面给出了这个 6 阶滤波器的详细设计过程。如图 15.16 所示,使用电路优化可以求解出粗糙模型参数 x_c^*,优化过程中包含图 15.15 所示的需要用到的全部 9 个参数。表 15.1 列出了 x_c^* 的最优解,而图 15.17 则显示了与粗糙模型参数 x_c^* 对应的最优曲线。

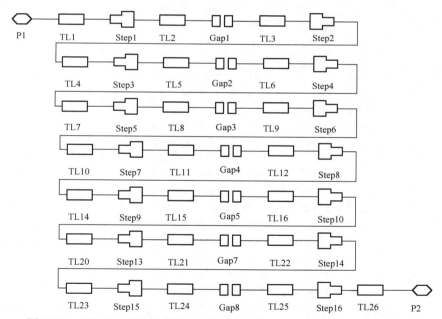

图 15.16　图 15.5 所示的微带滤波器的粗糙模型(图中所注均为模型代号)

表 15.1　图 15.16 所示优化 ADS 粗糙模型得到的 6 阶滤波器尺寸

d_1 (mil)	d_2 (mil)	d_3 (mil)	d_4 (mil)	l_0 (mil)	l_1 (mm)	l_2 (mm)	l_3 (mm)	w (mil)
1.01337	27.9174	32.1179	32.7377	24.9124	17.6166	18.0528	18.061	225.02

---

① 1 mil(密耳)= 0.001 in = 2.54 mm。——编者注

　　表15.2 所示为运用主动空间映射法迭代求解所得的参数 $x_c^{(j)}$, $x_f^{(j)}$, $f^{(j)}$ 和 $h^{(j)}$ 的值。经过 8 次迭代后，主动空间映射法趋于收敛，图15.18所示为 8 次迭代过程的滤波器响应。

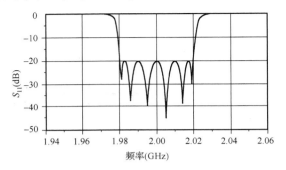

图 15.17　与粗糙模型参数 x_c^* 对应的滤波器最优曲线

表 15.2　8 次迭代过程中精细模型参数和粗糙模型参数的变化

主动空间映射法的迭代次序		d_1 (mil)	d_2 (mil)	d_3 (mil)	d_4 (mil)	l_0 (mil)	l_1 (mm)	l_2 (mm)	l_3 (mm)	w (mil)
第 1 次	$x_f^{(1)}$	1.01337	27.9174	32.1179	32.7377	24.9124	17.6166	18.0528	18.061	225.02
	$x_c^{(1)}$	0.954 706	26.8626	29.9675	30.5151	16.8989	18.3516	18.4402	18.4455	267.01
	$f^{(1)}$	-0.0587	-1.0548	-2.1504	-2.2226	-8.0135	0.7350	0.3874	0.3845	41.9900
	$h^{(1)}$	-0.0207	0.0282	0.0014	-0.0258	-0.3206	0.0055	0.0009	0.0006	1.2830
第 2 次	$x_f^{(2)}$	1.0720	28.9722	34.2683	34.9603	32.9259	16.8816	17.6654	17.6767	183.0280
	$x_c^{(2)}$	1.231 76	28.6173	32.9179	33.5163	20.9102	17.0009	17.5378	17.5515	246.608
	$f^{(2)}$	0.2184	0.6999	0.8000	0.7786	-4.0022	-0.6157	-0.5150	-0.5095	21.5880
	$h^{(2)}$	-0.0124	-0.0399	-0.0456	-0.0444	0.2281	0.0351	0.0293	0.0290	-1.2302
第 3 次	$x_f^{(3)}$	0.6285	27.5506	32.6434	33.3789	41.0547	18.1321	18.7114	18.7117	139.1787
	$x_c^{(3)}$	1.045 41	27.7568	30.6978	30.4684	21.5204	18.3551	18.7148	18.6829	212.054
	$f^{(3)}$	0.0320	-0.1606	-1.4201	-2.2693	-3.3920	0.7385	0.6620	0.6219	-12.9660
	$h^{(3)}$	-0.0732	-0.0990	0.5234	0.9662	2.7851	-0.2204	-0.2071	-0.1879	1.0712
第 4 次	$x_f^{(4)}$	0.6868	27.9074	33.8485	35.1238	41.7942	17.4332	18.0983	18.1265	155.3479
	$x_c^{(4)}$	0.8533	28.1703	32.5873	33.5311	28.4139	17.1644	17.5678	17.5959	217.48
	$f^{(4)}$	-0.1601	0.2529	0.4694	0.7934	3.5015	-0.4522	-0.4850	-0.4651	-7.5400
	$h^{(4)}$	0.0497	-0.2537	-0.4371	-0.6397	-1.3282	0.3691	0.3666	0.3536	-0.1173
第 5 次	$x_f^{(5)}$	1.2047	27.6410	32.4441	32.4860	29.4390	18.5305	19.2887	19.2519	178.3964
	$x_c^{(5)}$	1.443 91	27.6133	31.3112	31.3195	20.1401	18.2778	18.7656	18.7294	239.325
	$f^{(5)}$	0.4305	-0.3041	-0.8067	-1.4182	-4.7723	0.6612	0.7128	0.6684	14.3050
	$h^{(5)}$	-0.1009	0.1580	0.3879	0.5922	0.6341	-0.2699	-0.2636	-0.2482	-0.017 57
第 6 次	$x_f^{(6)}$	0.8174	27.7587	33.3458	34.2027	36.9616	17.8706	18.5708	18.5795	163.1318
	$x_c^{(6)}$	0.9733	28.0252	32.2081	32.8322	25.1093	17.5888	18.0159	18.0251	225.869
	$f^{(6)}$	-0.0401	0.1078	0.0902	0.0945	0.1969	-0.0278	-0.0369	-0.0359	0.8490
	$h^{(6)}$	0.0358	-0.0689	0.0084	0.0492	-0.0678	-0.0380	-0.0244	-0.0227	-0.0593
第 7 次	$x_f^{(7)}$	0.8584	27.6370	33.2676	34.1409	37.0008	17.8909	18.5998	18.6080	162.0220
	$x_c^{(7)}$	1.034 03	27.8892	32.1165	32.7635	25.233	17.6111	18.0519	18.0604	223.737
	$f^{(7)}$	0.0207	-0.0282	-0.0014	0.0258	0.3206	-0.0055	-0.0009	-0.0006	-1.2830
	$h^{(7)}$	-0.0428	0.0286	-0.0038	-0.0201	-0.0686	0.0016	-0.0091	-0.0085	0.0105
第 8 次	$x_f^{(8)}$	0.8469	27.6602	33.2659	34.1182	36.7479	17.8937	18.6005	18.6087	162.6640
	$x_c^{(8)}$	—	—	—	—	—	—	—	—	—

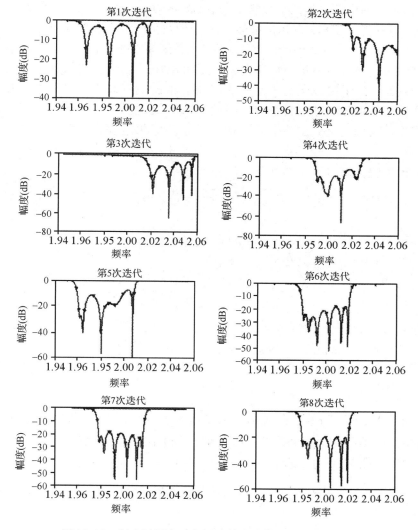

图 15.18　每次运用主动空间映射法迭代后的滤波器响应

15.3.2　修正粗糙模型法

文献[30]介绍了用于设计滤波器的修正粗糙模型法(CCM)，该方法更通用的形式是文献[31~33]介绍的采用滤波器耦合矩阵模型的形式。修正粗糙模型法也需要用到两种模型，即粗糙模型和精细模型。而且，修正粗糙模型法还允许设计人员在粗糙模型中引入一些实际经验。这不仅有利于大幅减少所需的电磁仿真次数，而且还提供了更大的灵活性。设计人员可以动态地修改粗糙模型，使之与精细模型完全保持一致。例如，一些滤波器中不相邻谐振器之间的耦合，通常会产生传输零点效应。如果粗糙模型没有包含上述影响，采用常规空间映射法则不可能收敛。另外，在运用修正粗糙模型法时，开始采用的是同一个的粗糙模型；但是为了与精细模型保持一致，需要在每次迭代过程中修正粗糙模型，用在下次迭代开始时。

常规空间映射法与修正粗糙模型法之间最基本的区别在于：前者采用的粗糙模型是静态的，在整个迭代过程中使用的是同一个粗糙模型；而后者采用的粗糙模型是动态的，即每次迭代过程中使用的粗糙模型各不相同。

事实上,修正粗糙模型法类似于微波测量中的校准方法。为了测量某个器件,需要对测试设备进行校准,以补偿由于损耗、相位偏移和失配产生的影响。通常,需要保存一组校准信息来评估待测器件的性能。在修正粗糙模型法应用中,精细模型将作为校准过程中的参考"标准"。

针对粗糙模型的仿真电路进行局部"校准",可以使粗糙模型的仿真结果与精细模型趋于一致。换句话说,修正粗糙模型法允许动态调节粗糙模型以提高其仿真精度,且结果与精细模型完全重合。由于只是局部修正,因此每次优化过程之后可能需要再次精细调节已修正的粗糙模型。总而言之,在整个修正粗糙模型法应用过程中,精细模型只运用了少量电磁仿真。

修正粗糙模型法计算过程总结如下。

0. 当 $R_c(x_c^*)$ 为理想响应时提取 x_c^*,且令 $x_f^{(1)} = x_c^{(1)} = x_c^*$;

1. 计算 $R_f(x_f^{(1)})$;

2. 当条件 $R_c(x_c^{(1)}, Y_c^{(1)}) = R_f(x_f^{(1)})$ 成立时,提取 $Y_c^{(1)}$;

3. 当 $R_c(x_c^{(2)}, Y_c^{(1)})$ 为理想响应时,提取 $x_c^{(2)}$;

4. 令 $x_f^{(2)} = x_c^{(2)}$;

5. 计算 $R_f(x_f^{(2)})$;

6. 当条件 $R_c(x_c^{(2)}, Y_c^{(2)}) = R_f(x_f^{(2)})$ 成立时,提取 $Y_c^{(2)}$;

7. 当 $R_c(x_c^{(3)}, Y_c^{(2)})$ 为理想响应时提取 $x_c^{(3)}$;

8. 令 $x_f^{(3)} = x_c^{(3)}$;

9. 计算 $R_f(x_f^{(3)})$。

将第 6 步至第 9 步重复 j 次,直到 $R_f(x_f^{(j)})$ 满足理想响应时结束,因此最终解为 $x_f^{(j)}$。

需要注意的是,修正粗糙模型法的灵活性在于通过不断地添加变量 $Y_c^{(j)}$,使修正粗糙模型产生一个与精细模型相匹配的局部解(位于点 $x_c^{(j)}$ 附近)。下面将列举两个实例来进行说明。

例 15.3　修正粗糙模型法的实例　这个例子将通过初始粗糙模型和精细模型之间的简单函数关系来说明修正粗糙模型理论:

$$R_f(x) = \frac{1}{x^2 + 0.1}$$

问题是,求 $R_f(x) = 5.0$ 时的解 x:

$$R_c(x) = \frac{1}{x^2} + 1$$

在运用修正粗糙模型法的每次迭代变化过程中,为了与精细模型保持较好的一致性,需要在粗糙模型中引入变量 Y_c。图 15.19 给出了这两个函数 $R_f(x)$ 和 $R_c(x)$ 的曲线。显然,这两个函数的局部曲线(即给定的 Δx 范围内)相互接近,且呈线性变化。因此,修正粗糙模型可以选取如下:

$$R_c(x, Y_c) = \frac{Y_c}{x^2} + 1$$

运用修正粗糙模型法求解如下:

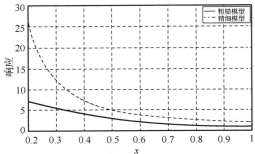

图 15.19　粗糙模型函数和精细模型函数

0. 当 $R_c(x_c^*) = 5$ 时，求解可得 $x_c^* = 0.5$，然后令 $x_f^{(1)} = x_c^{(1)} = x_c^* = 0.5$；

1. 计算 $R_f(0.5) = \dfrac{1}{0.25 + 0.1} = 2.8$；

2. 当 $R_c(x_c^{(1)}, Y_c^{(1)}) = R_f(x_f^{(1)})$ 时求解 $Y_c^{(1)}$，即 $\dfrac{Y_c^{(1)}}{x^2} + 1 = 2.8 \longrightarrow Y_c^{(1)} = 0.45$；

3. 当 $R_c(x_c^{(2)}, Y_c^{(1)}) = 5$ 时求解 $x_c^{(2)}$，即 $\dfrac{0.45}{x^2} + 1 = 5 \longrightarrow x_c^{(2)} = 0.3354$；

4. 令 $x_f^{(2)} = x_c^{(2)} = 0.3354$；

5. 计算 $R_f(x_f^{(2)}) = \dfrac{1}{0.3354^2 + 0.1} = 4.7060$；

6. 当 $R_c(x_c^{(2)}, Y_c^{(2)}) = R_f(x_f^{(2)})$ 时求解 $Y_c^{(2)}$，即 $\dfrac{Y_c^{(2)}}{0.3354^2} + 1 = 4.7060 \longrightarrow Y_c^{(2)} = 0.4169$；

7. 当 $R_c(x_c^{(3)}, Y_c^{(2)}) = 5$ 时求解 $x_c^{(3)}$，即 $\dfrac{0.4169}{x^2} + 1 = 5 \longrightarrow x_c^{(3)} = 0.3228$；

8. 令 $x_f^{(3)} = x_c^{(3)} = 0.3228$；

9. 计算 $R_f(x_f^{(3)}) = \dfrac{1}{0.3228^2 + 0.1} = 4.8972$；

10. 当 $R_c(x_c^{(3)}, Y_c^{(3)}) = R_f(x_f^{(3)})$ 时求解 $Y_c^{(3)}$，即 $\dfrac{Y_c^{(3)}}{0.3228^2} + 1 = 4.8972 \longrightarrow Y_c^{(3)} = 0.4061$；

11. 当 $R_c(x_c^{(4)}, Y_c^{(3)}) = 5$ 时求解 $x_c^{(4)}$，$\dfrac{0.4061}{x^2} + 1 = 5 \longrightarrow x_c^{(4)} = 0.3186$；

12. 令 $x_f^{(4)} = x_c^{(4)} = 0.3186$；

13. 计算 $R_f(x_f^{(4)}) = \dfrac{1}{0.3186^2 + 0.1} = 4.9626$（至此演算结束）。

运用修正粗糙模型法迭代 4 次之后，得到的解为 $x = 0.3186$，而当 $R_f(x) = 0.5$ 时，x 的精确解为 $x = 0.3162$。注意，运用修正粗糙模型法给出误差小于 1% 的解只经过了 4 次迭代，即整个过程中精细模型仿真只需要运行 4 次。

例15.4　运用修正粗糙模型法设计一个 3 阶滤波器[30]　考虑图 15.20 所示的 3 阶微带滤波器。选取整个滤波器电路的全波电磁仿真器为精细模型，如图 15.20 所示；选取这个电路的半电磁仿真器为粗糙模型，如图 15.21 所示。其中电容节子电路是运用电磁仿真器得到的，而整个滤波器的散射矩阵是根据这些滤波器子电路的级联来实现的。图 15.22 中给出了精细模型的全波电磁仿真曲线和粗糙模型的半电磁仿真曲线的对比，虽然其电容节使用了相同的电磁仿真器来运算，但是这两种模型的仿真结果明显存在较大差异。

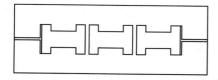

图 15.20　3 阶微带滤波器的电磁精细模型

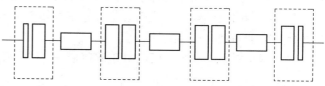

图 15.21　3 阶微带滤波器的粗糙模型

本例中的粗糙模型无法诠释谐振器1与谐振器3之间存在的强交叉耦合效应，但可以通过直接添加的二端口网络模拟该效应，如图 15.23 所示。此二端口网络对应于采用修正粗糙模型法的粗糙模型中引入的变量 Y_c。为了在迭代过程中与精细模型保持较好的一致性，该二端口网络总是变化的。为了说明该网络对曲线趋于一致的重要性，对比图 15.24 所示的某次迭代过程中精细模型与修正粗糙模型的仿真曲线，可以明显看出两条曲线完

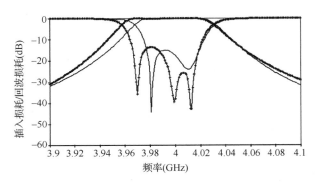

图 15.22　精细模型与粗糙模型的仿真曲线对比

全重合。关于本例的详细内容发表在文献[30]中，整个设计过程只需要运行两次电磁仿真。

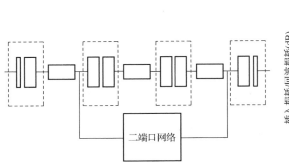

图 15.23　修正粗糙模型示意图[30]

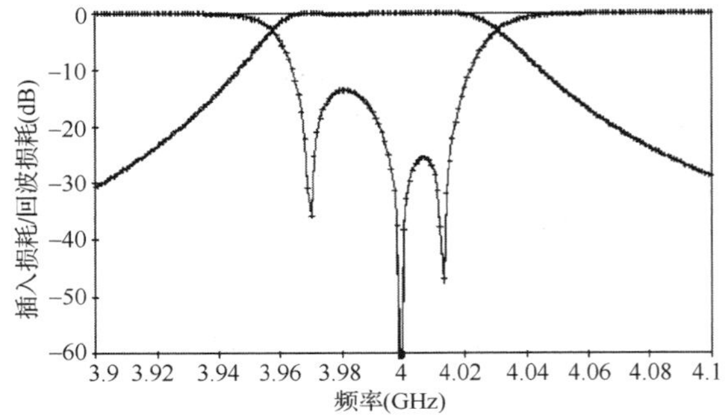

图 15.24　精细模型(实线)与修正粗糙模型(+++)的对比

15.3.3　滤波器设计的广义修正粗糙模型法

在 15.3.2 节介绍的修正粗糙模型法中，针对参数 Y_c 的选取需要具备一定的工程直觉，合适的 Y_c 可以加快整个设计进程。例如，在 3 阶滤波器的设计实例中，由于严格指定了二端口网络的位置，因此整个设计过程只需运行两次迭代。但是，这种方法未必适用于复杂的滤波器电路，这主要是因为用于准确修正粗糙模型的参数 Y_c 的选取极其困难。为了避免此问题，文献[31,32]介绍了一种基于修正粗糙模型的更系统的方法。

这种方法采用电磁仿真器作为精细模型，且采用电路仿真器作为粗糙模型。然后，从两种模型的仿真结果中提取滤波器的耦合矩阵，并针对耦合矩阵进行修正。之所以选取耦合矩阵，主要是因为它可以直接诠释滤波器元件之间的寄生效应。在运用空间映射法时，粗糙模型和精细模型之间会出现明显的不重合，尤其是在不相邻的谐振器之间产生强耦合的情况下。该方法可以避免这个问题。

对于广义滤波器结构，其散射矩阵可以用 M 矩阵表示如下：

$$S_{11} = 1 + 2\mathrm{j}R_1[\lambda I - \mathrm{j}R + M]^{-1}_{11} \tag{15.22}$$

$$S_{21} = -2\mathrm{j}\sqrt{R_1 R_n}[\lambda I - \mathrm{j}R + M]^{-1}_{n1} \tag{15.23}$$

其中，I 为单位矩阵，λ，R 和 M 在第 8 章中定义。

　　定义$[S]_c$为粗糙模型产生的滤波器响应(滤波器的散射矩阵),$[S]_f$为精细模型产生的滤波器响应。将修正粗糙模型的散射矩阵定义为$[S^*]_c$,它是在粗糙模型的耦合矩阵被修正后,利用这个修正耦合矩阵计算得到的,如图 15.25 所示。

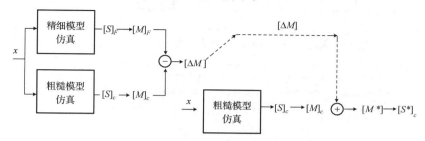

图 15.25　修正耦合矩阵方法的示意图

　　已知滤波器的散射参数,就能使用优化方法或其他任意参数提取方法提取出耦合矩阵(见第 19 章)。因此,对于散射矩阵$[S]_c$,$[S]_f$和$[S^*]_c$,其对应的耦合矩阵分别定义为$[M]_c$、$[M]_f$和$[M^*]_c$。广义修正粗糙模型法的求解步骤如下。

0. 计算$[S]_c(x_c^*)$为理想响应时的解x_c^*,令$x_f^{(1)} = x_c^*$;
1. 计算$[S]_f(x_f^{(1)})$;
2. 从$[S]_c(x_c^*)$中提取耦合矩阵$[M]_c(x_c^*)$;
3. 从$[S]_f(x_f^{(1)})$中提取耦合矩阵$[M]_f(x_f^{(1)})$;
4. 定义$[\Delta M]^{(0)} = [M]_f(x_f^{(1)}) - [M]_c(x_c^*)$;
5. 利用$[\Delta M]^{(0)}$修正粗糙模型(见图 15.25),计算$[S^*]_c(x_c^{(1)})$为理想响应时的解$x_c^{(1)}$;
6. 令$x_f^{(2)} = x_c^{(1)}$,计算$[S]_f(x_f^{(2)})$;
7. 从$[S]_c(x_c^{(1)})$中提取耦合矩阵$[M]_c(x_c^{(1)})$;
8. 从$[S]_f(x_f^{(2)})$中提取耦合矩阵$[M]_f(x_f^{(2)})$;
9. 定义$[\Delta M]^{(1)} = [M]_f(x_f^{(2)}) - [M]_c(x_c^{(2)})$;
10. 利用$[\Delta M]^{(1)}$修正粗糙模型(见图 15.27),计算$[S^*]_c(x_c^{(2)})$为理想响应时的解$x_c^{(2)}$;
11. 令$x_f^{(3)} = x_c^{(2)}$,计算$[S]_f(x_f^{(3)})$,反复计算,直到$[S]_f(x_f^{(j)})$满足理想响应时为止,最终解为$x_f^{(j)}$。

例 15.5　运用广义耦合矩阵法设计一个 6 阶滤波器[32]　图 15.26 所示为运用广义修正粗糙模型法设计的 6 阶滤波器电路[32],其中精细模型使用的是整个滤波器的电磁仿真模型。粗糙模型采用的是用若干个滤波器子电路级联构成的半电磁仿真模型,如图 15.27 所示。首先运用电磁仿真器计算得到这些子电路的散射矩阵,然后采用级联方式构成整个滤波器的散射矩阵。如图 15.28 所示,由于不相邻的谐振器之间存在交叉耦合,因此由这两种模型计算得到的仿真结果也不相同。图中的交叉耦合元件的值可根据误差矩阵$[\Delta M]$计算得到。需要注意的是,误差矩阵$[\Delta M]$不仅包含交叉耦合元件,还包含这两种模型之间的其他任意偏差。图 15.29 对比了由电磁仿真器得到的仿真结果和经过少量迭代计算后得到的修正粗糙模型结果,可以看出由两种方法得到的曲线完全重合。该滤波器的实物照片如图 15.30 所示。关于这个实例的详细内容参见文献[31,32]。

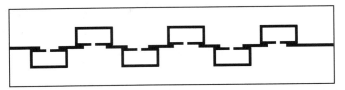

图 15.26　运用广义修正粗糙模型法设计的 6 阶滤波器，整个滤波器的电磁仿真代表精细模型

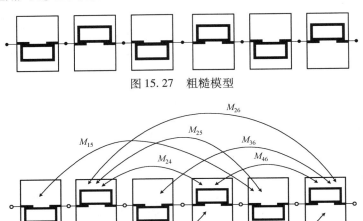

图 15.27　粗糙模型

图 15.28　图 15.20 所示的微带滤波器中不相邻谐振器之间的耦合

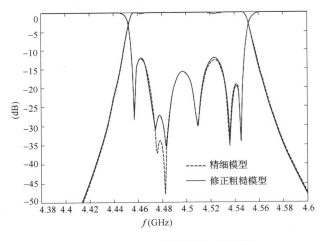

图 15.29　修正粗糙模型与精细模型的仿真结果对比[32]

图 15.30　运用修正粗糙模型法设计的滤波器[32]

15.4　小结

　　本章介绍了几种基于电磁的微波滤波器设计方法。其中最直接的方法是结合精确电磁仿真软件的优化工具包，优化滤波器的物理尺寸，从而获得理想响应。实际上这种方法可视为一个高效的调试过程，其中的调试主要由优化软件包而不是技术人员完成。在优化过程中，为了

满足收敛条件，通常需要给定一个合适的初始设计，而这个初始设计可以根据第 14 章介绍的综合方法推导得到。并且，强烈建议在优化过程中结合相关的滤波器理论知识进行计算。另外，通过有效地分析微波结构的谐振频率和耦合元件的敏感性，获得的参数信息可作为优化过程的约束条件。对于复杂滤波器及含有许多变量的双工器网络，该方法可以提供一种有效的解决手段。

不存在任何利用简单假设条件的直接优化法，运算量总是十分密集。在高阶滤波器或三维滤波器结构的应用中，使用这种方法不切实际。例如，鉴于当前的计算机工作站的运行速度，运用本方法设计一个 8 阶介质谐振滤波器，需要数周的时间。为了减少这类穷举法的计算时间，可以用半电磁仿真器、快速频率扫描，或基于电磁插值和多项式插值的电磁仿真器来取代实际的电磁仿真器。虽然这些方法的运用有助于减少优化所用的 CPU 时间，但它们必然会影响到设计精度。

本章还详细讨论了两种优化微波滤波器物理尺寸的高级电磁设计方法：空间映射法和修正粗糙模型法，并介绍了这两种方法的具体求解步骤。为了说明这些理论和方法的应用，本章首先给出了一个简单实例，便于读者使用计算器来重复其数值计算过程。接下来通过一个 6 阶微带滤波器的设计实例，展示了主动空间映射法应用于微波滤波器设计的优势。另外，本章还介绍了运用修正粗糙模型法设计的两个滤波器实例。对于同一优化过程，采用直接优化法需要数以百倍的电磁仿真时间，而采用主动空间映射法或修正粗糙模型法却只需要很短的时间。因此，目前在一些文献中发表的由空间映射法演化而来的几种方法，是应用于微波滤波器精确电磁仿真的最有效方法。

15.5　原著参考文献

1. Bandler, J. W. and Chen, S. H. (1988) Circuit optimization: the state of the art. *IEEE Transactions on Microwave Theory and Techniques*, **36**, 424-443.

2. Fletcher, R. (1987) *Practical Methods of Optimization*, 2nd edn, Wiley, New York.

3. Steer, M. B., Bandler, J. W., and Snowden, C. M. (2002) Computer-aided design of RF and microwave circuits and systems. *IEEE Transactions on Microwave Theory and Techniques*, **50**, 996-1005.

4. Bandler, J. W., Chen, S. H., Daijavad, S., and Madsen, K. (1988) Efficient optimization with integrated gradient approximations. *IEEE Transactions on Microwave Theory and Techniques*, **36**, 444-455.

5. Haupt, R. L. (1995) An introduction to genetic algorithms for electromagnetics. *IEEE Antennas and Propagation Magazine*, **37**, 7-15.

6. Hald, J. and Madsen, K. (1985) Combined LP and quasi-Newton methods for nonlinear LI optimization. *SIAM Journal on Numerical Analysis*, **22**, 68-80.

7. Bandler, J. *et al.* (1994) Microstrip filter design using direct EM field simulation. *IEEE Transactions on Microwave Theory and Techniques*, **42**, 1353-1359.

8. Brezinski, C. (1980) *Padé-Type Approximation and General Orthogonal Polynomials*, Birkhauser Verlag, Basel, Switzerland.

9. Ureel, J., *et al.* (1994) Adaptive frequency sampling algorithm of scattering parameters obtained by electromagnetic simulation. *IEEE AP-S Symposium Digest*, pp. 1162-1167.

10. Dhaene, T., Ureel, J., Fache, N. and De Zutter, D. (1995) Adaptive frequency sampling algorithm for fast and accurate S-parameter modeling of general planar structures. *IEEE MTT-S Symposium Digest*, pp. 1427-1431.

11. Peik, S. F., Mansour, R. R., and Chow, Y. L. (1998) Multidimensional Cauchy method and adaptive sampling for an accurate microwave circuit modeling. *IEEE Transactions on Microwave Theory and Techniques*, **46** (12), 2364-2371.

12. Stoer, J. and Bulirsch, R. (1980) *Introduction to Numerical Analysis*, Springer-Verlag, Berlin, Sec. 2.2.

13. Zhang, Q. J. and Gupta, K. C. (2000) *Neural Networks for RF and Microwave Design*, Artech House, Norwood, MA.

14. Zhang, Q. J., Deo, M., and Xu, J. (2005) Neural network for microwave circuits, in *Encyclopedia of RF and Microwave Engineering*, Wiley.

15. Peik, S. F., Coutts, G. and Mansour, R. R. (1998) Application of neural networks in microwave circuit modeling. IEEE Canadian Conference of Electrical and Computer Engineering, 24-28 May 1998, pp. 928-931.

16. Burrascano, P., Dionigi, M., Fancelli, C. and Mongiardo, M. (1998) A neural network model for CAD and optimization of microwave filters. *IEEE-MTT-S Microwave Symposium Digest*, June 1998, pp. 13-16.

17. Zhang, Q. J. (2004) *Neuromodeler Software'*, Department of Electronics, Carleton University, Ottawa, Canada.

18. Watson, P. M., Gupta, K. C. and Mahajan, R. L. (1998) Development of knowledge based artificial neural networks models for microwave components. *IEEE MTT-S International Microwave Symposium Digest*, Baltimore, pp. 9-12.

19. Zhang, Q. J. (1997) Knowledge based neuromodels for microwave design. *IEEE Transactions on Microwave Theory and Techniques*, **45**, 2333-2343.

20. Miraftab, V. and Mansour, R. R. (2002) Computer-aided tuning of microwave filters using fuzzy logic. *IEEE Transactions on Microwave Theory and Techniques*, **50** (12), 2781-2788.

21. Wang, L. X. and Mendel, J. (1992) Fuzzy basis functions, universal approximation, and orthogonal least-squares learning. *IEEE Transactions on Neural Networks*, **3** (5), 807-814.

22. Miraftab, V. and Mansour, R. R. (2003) EM-based design tools for microwave circuits using fuzzy logic techniques. *IEEE MTT-S International Microwave Symposium Digest*, June 2003, pp. 169-172.

23. Miraftab, V. (2006) Computer-aided design and tuning of microwave circuits using fuzzy logic. Ph. D. thesis. University of Waterloo, Ontario, Canada.

24. Bandler, J. W., Biernacki, R. M., Chen, S. H. *et al.* (1994) Space mapping technique for electromagnetic optimization. *IEEE Transactions on Microwave Theory and Techniques*, **42**, 2536-2544.

25. Bandler, J. W., Biernacki, R. M., Chen, S. H. *et al.* (1995) Electromagnetic optimization exploiting aggressive space mapping. *IEEE Transactions on Microwave Theory and Techniques*, **43**, 2874-2882.

26. Bandler, J. W., Biernacki, R. M., Chen, S. H., and Huang, Y. F. (1997) Design optimization of interdigital filters using aggressive space mapping and decomposition. *IEEE Transactions on Microwave Theory and Techniques*, **45**, 761-769.

27. Bandler, J. W. *et al.* (2004) Space mapping: the state-of-the-art. *IEEE Transactions on Microwave Theory and Techniques*, **52**, 337-361.

28. Bakr, M. H., Bandler, J. W., Madsen, K., and Søndergaard, J. (2000) Review of the space mapping approach to engineering optimization and modeling. *Optimization and Engineering*, **1**, 241-276.

29. Rayas-Sanchez, J. E. (1999) Space mapping optimization for engineering design: a tutorial presentation. *Proceedings of the Workshop Next Generation Methodologies for Wireless and Microwave Circuit Design*, McMaster University, June 1999.

30. Ye, S. and Mansour, R. R. (May 1997) An innovative CAD technique for microstrip filter design. *IEEE Transactions on Microwave Theory and Techniques*, **45**, 780-786.

31. Peik, S. F. (1999) Efficient design and optimization techniques for planar microwave filters. Ph. D. thesis. University of Waterloo, Ontario, Canada.

32. Peik, S. F. and Mansour, R. R. (2002) A novel design approach for microwave planar filters. *IEEE MTT-S International Microwave Symposium Digest*, June 2002, pp. 1109-1112.

33. Bila, S. *et al.* (2001) Direct electromagnetic optimization of microwave filters. *IEEE Microwave Magazine*, **2**, 46-51.

第16章 介质谐振滤波器

1939 年，美国斯坦福大学的 R. D. Richtmyer 首次提到了"介质谐振器"[1]，并指出介质可以用作微波谐振器。不仅如此，之后 20 多年里大量关于介质的微波特性的研究成果相继发表，其中包括 1965 年 Cohn[2,3] 和 1968 年 Harrison[4] 首次发表的关于微波介质谐振滤波器的报告。但是，由于当时介质谐振器材料的热稳定性差，那些滤波器无法在实际中应用。材料的介电常数会随着温度的改变而显著变化，导致滤波器在中心频率产生漂移，最大可达 500 ppm/℃。

在 20 世纪 70 年代和 80 年代，由于介质材料的改进，使得材料在微波频段应用时能同时满足高无载 Q 值、高介电常数和小温度漂移这些特点。目前，许多制造商都可以提供介电常数在 20~90 之间，温度漂移在 -6~+6 ppm/℃ 范围内的高 Q 值介质材料。商业中广泛使用的介电常数 $\varepsilon_r = 29$ 的介质谐振器，其品质因数与频率的乘积（$Q \times f$）可达 90 000 以上，即频率为 1.8 GHz 时可实现大于 50 000 的无载 Q 值。但是，一般情况下介电常数的上升将使谐振器的无载 Q 值恶化。当介质谐振器的介电常数提高到 45 时，其 $Q \times f$ 值退化为 44 000。图 16.1 列举了商业介质谐振滤波器中用到的各种介质谐振器材料。

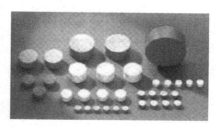

(a) 谐振器

(b) 谐振器、支撑柱和介质基板

图 16.1 商用介质谐振滤波器的各种介质谐振器材料

图 16.2 所示为安装在金属屏蔽腔里的圆柱形介质谐振器。通常，介质谐振器采用高介电常数的圆柱形材料（称为介质柱），并用低介电常数的支撑柱安装在金属屏蔽腔里。金属屏蔽腔（无介质）的尺寸选取，需要确保其频率以逐渐消逝的模式工作。电磁场基本位于介质柱的中心，谐振器的 Q 值在很大程度上由介质材料的损耗角正切决定。

16.1 介质谐振器的谐振频率计算

与常规的矩形和圆波导谐振器相比，介质谐振器的麦克斯韦方程的精确解只能运用数值电磁法，比如模式匹配法[5,6]、有限元分析法或积分方程法[7] 计算得到。许多商用软件包如 HFSS 和 CST Microware Studio，可以简单用于任意外形的介质谐振器的谐振频率、场分布和 Q 值的计算。另外，还可以采用一种以模式匹配法为基础，用于分析圆柱形介质谐振器的商用软件工具[8]。该软件包能以相对较快的速度准确地计算谐振频率和 Q 值。

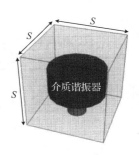

图 16.2 介质谐振器

对于 $\text{TE}_{01\delta}$ 模谐振器，假设环绕谐振器的是磁壁边界，因此可将其当成均匀填充的圆柱形谐振器来分析[9]。该假设条件主要基于以下事实：波从高介电常数媒质入射到空气媒质时，其反射系数近似为 1。该假设条件简化了 $TE_{01\delta}$ 模谐振器的谐振频率和场分布计算的分析过程，并提供了合理的结果[9]。

考虑图 16.3 所示的圆柱形介质谐振器，由于结构的对称性，沿 z 方向以 $e^{-j\beta z}$ 传播的电磁场的径向分量和方位向分量分别为[9,10]：

$$E_r = \frac{-j}{k_c^2}\left(\beta\frac{\partial E_z}{\partial r} + \frac{\omega\mu}{r}\frac{\partial H_z}{\partial \phi}\right) \tag{16.1}$$

$$H_r = \frac{j}{k_c^2}\left(\frac{\omega\varepsilon}{r}\frac{\partial E_z}{\partial \phi} - \beta\frac{\partial H_z}{\partial r}\right) \tag{16.2}$$

$$E_\phi = \frac{-j}{k_c^2}\left(\frac{\beta}{r}\frac{\partial E_z}{\partial \phi} - \omega\mu\frac{\partial H_z}{\partial r}\right) \tag{16.3}$$

$$H_\phi = \frac{-j}{k_c^2}\left(\omega\varepsilon\frac{\partial E_z}{\partial r} + \frac{\beta}{r}\frac{\partial H_z}{\partial \phi}\right) \tag{16.4}$$

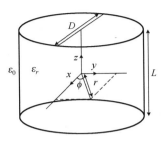

图 16.3　圆柱形介质谐振器

其中 $k_c^2 = k^2 - \beta^2$，$k = \sqrt{\varepsilon_r}k_0$。当 $E_z = 0$ 时，TE 模的磁场分量必须满足亥姆霍兹(Helmholtz)方程($\nabla^2 + k^2)H_z = 0$。在圆柱坐标系中可以表示为

$$\frac{1}{r}\frac{\partial}{\partial r}\left(r\frac{\partial}{\partial r}H_z\right) + \frac{1}{r^2}\frac{\partial^2}{\partial \phi^2}(H_z) + \frac{\partial^2}{\partial z^2}(H_z) + k^2 H_z = 0 \tag{16.5}$$

继续假设传播方向为 z 方向，这也就意味着必须用 $H_z = R(r)\Phi(\phi)e^{-j\beta z}$ 代替 H_z。替换式(16.5)中的 H_z，且公式两边同时除以 $r^2 H_z$，可得

$$\underbrace{\frac{r}{R(r)}\frac{\partial}{\partial r}\left(r\frac{\partial}{\partial r}R(r)\right) + r^2(k^2 - \beta^2)}_{\text{仅为}r\text{的函数}} + \underbrace{\frac{1}{\Phi(\phi)}\frac{\partial^2}{\partial \phi^2}(\Phi(\phi))}_{\text{仅为}\phi\text{的函数}} = 0 \tag{16.6}$$

如上式所示，第 1 项和第 2 项分别为 r 和 ϕ 的函数。由于上式对于任意 r 和 ϕ 的组合条件必须都成立，因此这两个函数之和必须是常数，从而它们自身也必须为常数。令

$$\frac{1}{\Phi(\phi)}\frac{\partial^2}{\partial \phi^2}(\Phi(\phi)) = -k_\phi^2 \tag{16.7}$$

由于 $\Phi(\phi) = \Phi(\phi + 2\pi)$，为了保持自洽性，有 $\Phi(\phi) = A\cos(k_\phi\phi) + B\sin(k_\phi\phi)$，其中 $k_\phi = n = 1,2,3,\cdots$。由于 $k_c^2 = k^2 - \beta^2$，因此径向分量的方程可表示为

$$r^2\frac{\partial^2 R(r)}{\partial r^2} + r\frac{\partial R(r)}{\partial r} + (k_c^2 r^2 - n^2)R(r) = 0 \tag{16.8}$$

对于式(16.8)，其物理上可接受的(有限的)解为第一类贝塞尔函数[7]：

$$R(r) = CJ_n(k_c r) \tag{16.9}$$

通常，在介质平面边界入射，且在相对介电常数 ε_r 远大于 1 的媒质中传播的平面波，其特征阻抗 $\eta_D = \eta_0/\sqrt{\varepsilon_r}$ 远小于空气特征阻抗。因此，波在传播中产生的反射能量表示为

$$\vec{E}_{ref} = \vec{E}_{inc}\frac{(\eta_0 - \eta_D)}{(\eta_0 + \eta_D)} \approx E_{inc} \tag{16.10}$$

如果介质边界用开路等效电路来模拟，则该近似边界称为磁壁边界条件[9]。这种边界条件的运用，可以极大地简化边界条件的分析。采用磁壁边界条件，也就进一步意味着当 $r = a$ 时 $H_z = 0$，将 k_c 量化，可得

$$J_n(k_c a) = 0, \quad k_c^{(nm)} = \frac{p_{nm}}{a} \tag{16.11}$$

其中 p_{nm} 为第 n 类贝塞尔函数 $J_n(k_c r)$ 的第 m 个根。在该约束条件下，可以类推出这个 nm 模式的场的总解为

$$H_z = H_0 J_n(k_c^{(nm)} r)(A\cos(n\phi) + B\sin(n\phi)) e^{-j\beta z} \tag{16.12}$$

对于 $TE_{01\delta}$ 模式谐振条件的推导，需要在 $Z = L/2$ 和 $Z = -L/2$ 处的介质-空气界面额外增加一个边界条件。令 $n = 0$ 且 $m = 1$，可得 $H_z = A_n J_0(k_c^{(01)} r) e^{-j\beta z}$，即 $(\partial H_z)/(\partial \phi) = 0$。而实际对于 TE 模式，$E_z = 0$；对于 $TE_{01\delta}$ 模式，$(\partial E_z)/(\partial r) = (\partial E_z)/(\partial \phi) = 0$。式（16.1）至式（16.4）可简化为

$$E_\phi = A J_0'(k_c^{(01)} r)\cos(\beta z) \tag{16.13}$$

$$H_r = -\frac{jA\beta}{\omega\mu_0} J_0'(k_c^{(01)} r)\sin(\beta z) \tag{16.14}$$

当 $|Z| \leq L/2$（即在介质媒质内）时，$E_r = H_\phi = 0$。当 $|Z| > L/2$ 时，在空气中逐渐消逝的场分量为[9]

$$E_\phi = B J_0'(k_c^{(01)} r)\exp(-\alpha|z|) \tag{16.15}$$

$$H_r = -\frac{jB\alpha}{\omega\mu_0} J_0'(k_c^{(01)} r)\exp(-\alpha|z|) \tag{16.16}$$

其中 $\alpha = \sqrt{k_c^2 - k_0^2}$。根据介质界面处的边界条件的定义，规定两个边界处电场的横向分量必须相等，即 $E_\phi(L/2^+) = E_\phi(L/2^-)$。类似地，由于两边都是非磁性材料，磁通密度的径向分量也必须是相等的，即 $H_r(L/2^+) = H_r(L/2^-)$。将其代入式（16.13）至式（16.16），可得

$$A\cos\left(\frac{\beta L}{2}\right) = B\exp\left(-\frac{\alpha L}{2}\right) \tag{16.17}$$

$$A\beta\sin\left(\frac{\beta L}{2}\right) = B\alpha\exp\left(-\frac{\alpha L}{2}\right) \tag{16.18}$$

其中

$$\beta = \sqrt{\varepsilon_r k_0^2 - \left(\frac{2p_{01}}{D}\right)^2} \tag{16.19}$$

$$\alpha = \sqrt{\left(\frac{2p_{01}}{D}\right)^2 - k_0^2} \tag{16.20}$$

假设介质谐振器满足 $D/L = 3$ 且 $\varepsilon_r = 45$，在给定谐振频率下，可以根据式（16.17）至式（16.20）的数值解获得其直径 D。各种不同谐振频率对应的曲线如图 16.4 所示。

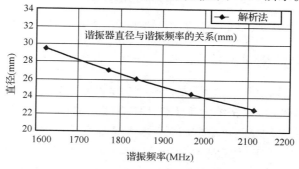

图 16.4　利用解析法得到的介质谐振器直径与谐振频率的关系曲线

TE$_{01\delta}$谐振模式的场分布,对于滤波器输入耦合和输出耦合的设计非常重要。对应 TE$_{01\delta}$模式的场方程为

$$E_\phi = A J_0'(k_c^{(01)} r) \cos(\beta z) \tag{16.21}$$

$$H_r = -\frac{jA\beta}{\omega \mu_0} J_0'(k_c^{(01)} r) \sin(\beta z) \tag{16.22}$$

$$H_z = A J_0(k_c^{(01)} r) e^{-j\beta z} \tag{16.23}$$

$$E_r = E_z = H_\phi = 0 \tag{16.24}$$

注意,在这些场方程中,$E_r = 0$ 且 $E_z = 0$;也就是说,电场方向上只存在 ϕ 分量。而磁场是由指向 $\hat{e}_r$ 和 $\hat{e}_z$ 方向的向量线性叠加产生的。由于 H_r 和 H_z 分别呈正弦和余弦变化,因此其线性叠加后产生了正交于电力线的环形 H 场磁力线。

16.2　介质谐振器的精确分析

由于简化了介质边界径向和方位向的场边界条件,运用 16.1 节中的分析方法只能得到近似解。为了屏蔽外界的辐射影响,介质谐振器通常安装在金属屏蔽腔中,并采用低介电常数的支撑柱,使得介质谐振器与金属腔表面分隔开,如图 16.2 所示。

16.1 节介绍的近似解析法并未考虑介质谐振器与安装腔体时产生的这些额外因素的影响,但是这些影响可以运用模式匹配法[5,6]或有限元法进行全电磁仿真获得。特别是有限元法,它可以处理腔体中任意外形的介质谐振器。对于如图 16.3 所示的谐振器结构,分别运用 16.1 节介绍的解析法和 HFSS 软件自带的有限元法求解,其结果对比如图 16.5 所示[10]。介质谐振器位于腔体中心,计算时假设其没有支撑柱。比较结果可知,运用解析法和 HFSS 软件自带的有限元法,计算得到的谐振频率存在 15% 的偏差。

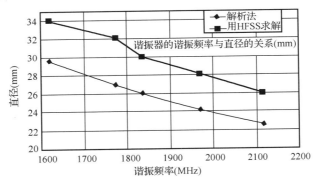

图 16.5　当 $D/L = 3$,$\varepsilon_r = 45$ 时,介质谐振器的谐振频率与直径的关系曲线

16.2.1　介质谐振器的模式图

考虑图 16.6 所示的圆柱形介质谐振器,其尺寸参数见表 16.1。

介质谐振器的谐振模式可以归纳为 TEE、TEH、TME、TMH、HEE 和 HEH 这几类。在文献 [6,8] 中,这些模式缩写名的第三个字母用于区分沿着谐振器径向尺寸 $Z = L/2$ 处对称分布的模式是奇模还是偶模,其中"E"代表电壁对称(也就是当 $Z = L/2$ 时平面处的电壁),而"H"代表磁壁对称(也就是当 $Z = L/2$ 时平面处的磁壁)。TEH 模式的主模为基本 TE$_{01\delta}$ 模式。图 16.7

至图 16.10 分别显示了 $D = 1.176$ in 且 $L = 0.481$ in 的介质谐振器运用 HFSS 软件仿真后，获得的谐振频率中前四个模式 THE、TME、HEH 和 HEE 的场分布。其中 THE 和 TME 都是单模式，而 HEH 和 HEE 都是混合双模式。假设谐振器直径 D 为常数（1.176 in），根据不同的厚度 L 计算得到的这些模式的谐振频率列于表 16.2，其中谐振器的直径 D 不变而只改变 L，其尺寸参数见表 16.1。由其中的数据转化成的模式图如图 16.11 所示。关于谐振频率与无载 Q 值的理论和经验计算，详见第 11 章。

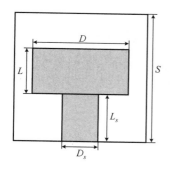

图 16.6　介质谐振器

表 16.1　图 16.6 所示的谐振器组件的尺寸参数

组件名称	参数与尺寸
介质谐振器	$\varepsilon_r = 34$，$D = 1.176$ in；$L = 0.481$ in
支撑柱	$\varepsilon_r = 10$，$D_s = 0.56$ in；$L_s = 0.8$ in
金属腔	2 in × 2 in × 2.03 in（$C = 2$ in，$S = 2.03$ in）

表 16.2　介质谐振器中前 4 个模式的谐振频率（GHz）

直径与高度的比值（D/L）	D(in)	L(in)	TEH（单模）	HEH（双模）	HEE（双模）	TME（单模）
1	1.176	1.176	1.672	1.909	1.605	1.521
1.5	1.176	0.784	1.739	2.218	1.883	2.027
2	1.176	0.588	1.841	2.331	2.188	2.193
2.445	1.176	0.481	1.931	2.414	2.483	2.289
3	1.176	0.392	2.039	2.518	2.838	2.381
3.5	1.176	0.336	2.131	2.597	3.111	2.437
4	1.176	0.294	2.220	2.669	3.209	2.481

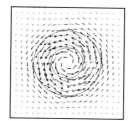
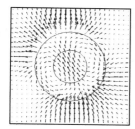

图 16.7　TEH 模式的电场分布
（TEH 单模：1.931GHz）

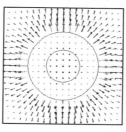
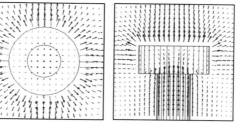

图 16.8　TME 模式的电场分布
（TME 单模：2.289GHz）

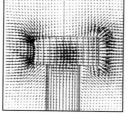

图 16.9　HEH 模式的电场分布
（HEH 双模：2.414GHz）

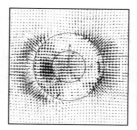
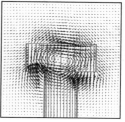

图 16.10　HEE 模式的电场分布
（HEE 双模：2.483GHz）

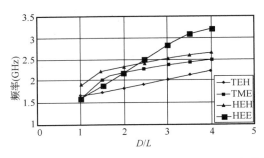

图 16.11　介质谐振器前四个模式的模式图(由表 16.2 中的数据产生)

注意,对于 TME 模式而言,支撑柱在 z 方向上存在电场。采用较低介电常数的支撑柱,可以使 TME 模式的谐振频率向高偏移,并远离 TEH 模式。

16.3　介质谐振滤波器的结构

在过去的 20 多年里[11~16],关于介质谐振器的各种不同结构发表过许多文献。其中一种比较典型的介质谐振滤波器是将若干介质谐振器安装在低于截止频率工作的腔体内实现的。滤波器腔体之间用膜片分隔,从而提供了必要的谐振器间耦合。在腔体内以任意平面和轴向结构安装的介质谐振器分别如图 16.12 和图 16.13 所示。其中轴向结构类似于圆波导腔滤波器,通过选取合适的膜片形状很容易实现耦合,而平面结构则可以简化谐振器支撑柱的设计。同时,在折叠形滤波器结构及非邻接谐振器之间的耦合实现方面,平面结构具有很大的灵活性,从而使研制诸如自均衡滤波器这样的高性能滤波器成为可能。

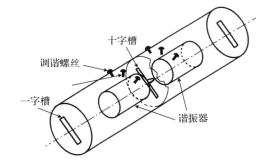

图 16.12　一种平面结构的介质谐振滤波器　　　　图 16.13　一种轴向结构的介质谐振滤波器

如 16.2 节所述,介质谐振滤波器的工作模式存在几种可能。这几种模式对滤波器尺寸、无载 Q 值和谐波性能都会产生影响。在无线应用系统的滤波器中,最常用的谐振器是工作于 $TE_{01\delta}$ (TEH)模式的单模介质谐振器。与其他几种工作模式相比,采用这种模式设计实现的滤波器的 Q 值最高。对于介电常数为 45 的介质谐振器,频率为 1.8 GHz 时腔体尺寸(介质谐振器 + 金属屏蔽腔)约为 1.6 in × 1.6 in × 1.7 in,即体积约为 4.4 in^3。如果采用中间有孔的圆柱形介质谐振器,那么与实心的谐振器相比,其体积约增大 5% ~ 10%。中间加孔不仅可以略微提高谐振器的谐波性能,而且屏蔽腔内谐振器的排列和安装都极为方便,这是它的主要优点。第 14 章详细列举了单模介质谐振滤波器的设计步骤。

与单模介质谐振滤波器相比,双模介质谐振滤波器的体积可以减小约30%。假设具有两个电谐振模式的双模介质谐振器的介电常数为45,则其尺寸约为 $1.8\ \text{in}\times1.8\ \text{in}\times1.7\ \text{in}$,即体积约为 $5.5\ \text{in}^3$。图16.14举例说明了无线码分多址(CDMA)系统应用中的8阶双模滤波器[17],它由四个工作于HEH双模的介质谐振器组成。这些谐振器采用低介电常数的支撑柱固定在盖板上,并依次安装在由膜片分隔成的四个金属腔体中。

图16.14　应用于 CDMA 系统中的 8 阶双模滤波器

与单模介质谐振滤波器相比,采用三模介质谐振器[18]的滤波器的体积可以减少一半。图16.15为一种三模介质谐振器[18],它是利用一个安装在长方体腔体内的矩形介质谐振器实现的。谐振器工作于三个正交 $TE_{01\delta}$ 模,并通过调谐螺丝产生相互耦合。另外还有四模介质谐振滤波器。图16.16所示为发表在文献[19]中的工作于四个正交模式(两个 TM 模和两个 TE 模)的四模介质谐振器,文献[19]中详细介绍了这些模式之间的耦合。由于三模和四模滤波器设计都要求采用市面上少见的形状不规则的介质谐振器,因此虽然这类滤波器在体积紧凑方面具有优势,却增加了谐振器在机械加工和调试方面的成本。

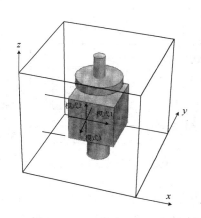

图16.15　三模介质谐振器

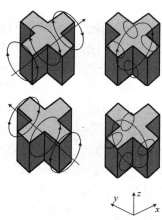

图16.16　四模介质谐振器的四个正交模式图例

表16.3概括了采用以上三种模式设计,频率为1.8 GHz且介电常数 ε_r 分别为29和45的介质谐振器的尺寸及可达到的 Q 值。注意,滤波器可达到的 Q 值通常是无载 Q 值的70% ~ 80%。Q 值减少主要是由于金属屏蔽腔、支撑柱及调谐螺丝都存在损耗。

表 16.3　工作在 1.8 GHz 时单模、双模及三模介质谐振滤波器的尺寸和可达到的 Q 值

	无载 Q 值 (1/tan δ)	滤波器 有载 Q 值	体积 (in³)	每个电谐振器 的体积(in³)
单模($TE_{01\delta}$),$\varepsilon_r=29$	50 000	35 000	7.8	7.8
双模(HEH),$\varepsilon_r=29$	50 000	30 000	10.0	5.0
三模($3TE_{01\delta}$),$\varepsilon_r=29$	50 000	28 000	11.0	3.7
单模($TE_{01\delta}$),$\varepsilon_r=45$	24 000	20 000	4.4	4.4
双模(HEH),$\varepsilon_r=45$	24 000	18 000	5.5	2.8
三模($3TE_{01\delta}$),$\varepsilon_r=45$	24 000	17 000	6.3	2.1

16.4　介质谐振滤波器设计中的考虑

16.4.1　滤波器可达到的 Q 值

介质谐振器供应商提供的 Q 值是无载 Q 值，而不是决定介质滤波器插入损耗的实际 Q 值。供应商提供的无载 Q 值通常是介质材料损耗角正切的倒数($1/\tan\delta$)。除了损耗角正切，实际可达到的滤波器负载 Q 值还取决于其他因素，比如金属屏蔽腔尺寸、支撑柱和调谐螺丝的影响等。

屏蔽腔尺寸　增大屏蔽腔尺寸自然会使 Q 值增加，但其尺寸通常受到滤波器带宽的限制。屏蔽腔的边壁，也就是膜片的位置必须离介质谐振器足够近，这样才能提供必要的耦合。屏蔽腔一般为矩形，其边长为介质谐振器直径的 $1.5 \sim 1.7$ 倍。屏蔽腔所用材料的导电率，对滤波器实际可达到的有载 Q 值也有一定影响。

支撑柱　介质谐振器通常利用支撑柱固定在腔体内，而支撑柱一般是由较低介电常数的介质材料制成的。例如 Trans-Tech 公司制造的支撑柱，其介电常数 $\varepsilon_r = 4.5$ 且 $\tan\delta = 0.0002$。介质谐振器和支撑柱之间通常采用一层黏性材料，如图 16.17 所示。而包含介质谐振器和支撑柱的组件，一般采用金属螺丝或塑料螺丝将其安装到腔体内。如果设计不合理，那么支撑柱将使 Q 值严重恶化。

调谐元件　一般而言，不同批次材料之间介电常数的公差为 $\pm 1\%$，而同批次之间介电常数的公差为 $\pm 0.5\%$。对于 $\varepsilon_r = 29$ 的介质谐振器，介电常数 $\pm 1\%$ 的变化意味着谐振频率偏移 ± 30 MHz 左右。滤波器厂商针对每批次材料进行内部筛选，从而减小因公差带来的影响，然后运用研磨加工技术来调节谐振器的长度，以补偿这种影响。但是，完全重新调整是做不到的，仍必须使用螺丝来调节谐振频率。14.4 节介绍的设计实例着重指出了在介质谐振器中需要使

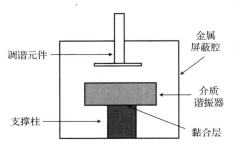

图 16.17　介质谐振器的典型支撑柱

用调谐螺丝。另外，滤波器腔体的尺寸公差足以影响膜片的耦合，而这些耦合一般可以采用在膜片位置的调谐螺丝来重新调节。谐振器及膜片的调谐螺丝都会使滤波器的 Q 值恶化。

16.4.2　介质谐振滤波器的谐波性能

与其他结构的微波滤波器相比(波导、同轴或平面结构等)，介质谐振滤波器的谐波性能最差。在 1.8 GHz 频率，无谐波窗口的带宽约为 $400 \sim 500$ MHz。通常，介质谐振滤波器厂商解决此问题的一种方法是采用混合谐振法(见图 16.18)[14]，将同轴谐振器与介质谐振器混合使用，或者将同轴滤波器与介质谐振滤波器级联(见图 16.19)[14]。同轴谐振器具有很宽的无谐波窗口带宽，至少可以达到三次谐波以上，即中心频率为 1.8 GHz 时谐波为 3.6 GHz。增加同轴腔体的数量无疑能解决谐波问题，但却使滤波器整体尺寸增大了 $15\% \sim 20\%$，并且滤波器的损耗将增加 $10\% \sim 15\%$。

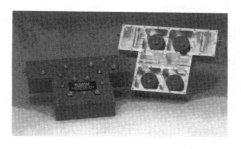

图 16.18 介质谐振器和同轴谐振器混合应用,以提高滤波器的谐波性能

图 16.19 与同轴滤波器级联,以提高滤波器的谐波性能[17]

还有一种方法可用于改善双模介质滤波器的谐波性能[20]。文献[20]中的实验结果表明,如果将谐振器结构从常规圆柱形改成图 16.20 所示的谐振器结构,其谐波性能可以提高 40% 以上。从图 16.11 给出的模式图可以看出,邻近的 HEE 模限制了 HEH 双模谐振器的谐波性能。在谐振器顶部及底部附近,HEE 模的电场最大,而这两处 HEH 模的电场几乎为零。因此,如图 16.20 所示,减小上下两部分的直径可使 HEE 模的谐振频率偏移,而对 HEH 模的影响却非常小。更多详细内容可参阅文献[20]。

图 16.20 优化谐振器结构,以改善 HEH 双模谐振器的谐波性能

16.4.3 温度漂移

滤波器总的温度漂移是由谐振器和支撑柱的温度系数,以及调谐螺丝和屏蔽腔的热膨胀系数决定的。介质谐振器具有很宽的温度系数范围($-6 \sim +6$ ppm/℃),从而确保设计人员可以针对上述因素造成的温度漂移问题进行补偿。依据使用材料的不同,总的温度漂移既可能为正,也可能为负。通过选择适当温度系数的介质谐振器材料,滤波器的温度漂移可以减小到 1 ppm/℃ 以内(例如,当 ΔT 大于 50℃ 时,1.8 GHz 中心频率处的频率漂移仅为 90 kHz)。

16.4.4 功率容量

在高峰值功率应用中,$TE_{01\delta}$ 模介质谐振滤波器是理想的选择,这归功于它们的场分布和低损耗性能。在高功率介质滤波器设计中,支撑柱的热传导性能,以及黏合材料的特性都是非常重要的因素。支撑柱设计应保证介质谐振器内产生的热量可以很快地传导到滤波器外壳表面。

16.5 其他介质谐振器结构

一些文献中还介绍了另外几种新型的介质谐振器结构,如文献[15]中提到了一种半切式(half-cut)谐振器。虽然这种谐振器尺寸接近常规单模式谐振器的一半,但是其 Q 值却下降得很少。图 16.21(a)显示了常规 HEH 双模介质谐振器的场分布。使用金属板(电壁)作为镜像面[21]产生的半切式谐振器如图 16.21(b)所示,其谐振频率与原完整尺寸的介质谐振器的频率相同。若采用理想磁壁,如图 16.21(c)所示[15],则也可以产生相同的结果,使谐振器具有相同的谐振频率 f_0。还可以通过介质-空气界面(非理想磁壁)来近似理想磁壁,从而可以得到较高谐振频率($f_0 + \Delta f$)的半切式谐振器,如图 16.21(d)所示。

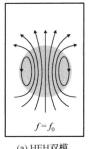
(a) HEH双模

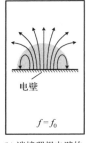
(b) 端接理想电壁的
半切式谐振器

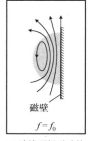
(c) 端接理想磁壁的
半切式谐振器

(d) 半切式谐振器，介质–空气
界面等效为端接非理想磁壁

图 16.21　介质谐振器的场分布

　　另外，半切式谐振器还可以用于提高谐波性能[15]。图 16.22 对比了由半切式谐振器构成的 4 阶滤波器与采用常规圆柱形单模谐振器构成的 4 阶滤波器，可以看出半切式谐振滤波器的尺寸减少了 40%。当频率为 4 GHz 时，谐振器可达到的滤波器有载 Q 值为 7000，而常规 $TE_{01\delta}$ 单模谐振器可达到的有载 Q 值为 9000[15]。

　　在文献[15]中提出了一种采用两个单模式谐振器构成一个准双模谐振器的概念，这种准双模谐振器可以由两个半切式谐振器在一个单腔内组合得到，具有常规双模谐振器的所有特性。如图 16.23 所示，4 阶滤波器在两个腔体内使用了 4 个半切式谐振器，图中还给出了这种滤波器的测量曲线。

　　此外，还可以在梳状金属滤波器的小体积优势和介质谐振滤波器的高 Q 值优势之间折中，得到不同的滤波器结构。这些滤波器包括梳状介质谐振滤波器[16]和 TM 模介质谐振滤波器。图 16.24 举例说明了一个 8 阶同轴介质谐振滤波器[17]，其中包含 6 个直接固定在腔体中的介质谐振器。输入端和输出端都只采用普通的梳状导体谐振器，用于提高滤波器的谐波性能。与标准梳状金属滤波器相比，相同体积下梳状介质谐振滤波器的 Q 值可以提高约 50%。图 16.25 所示的 TM 模介质谐振滤波器

图 16.22　常规单模介质谐振滤波器和单模半切式介质谐振滤波器的尺寸对比

由两端都与金属腔体短路的介质谐振器构成，在给定体积下能提供较高的 Q 值，这类滤波器主要适合需要减小体积的应用场合。

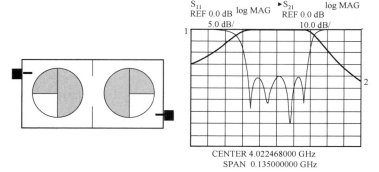

图 16.23　采用两个半切式谐振器构成的 4 阶准双模介质谐振滤波器

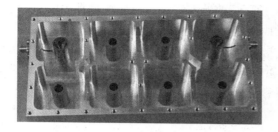

图 16.24　同轴 TM 模介质滤波器[17]

图 16.25　TM 模介质滤波器

　　文献[22]讨论了一种新型的介质滤波器结构。这种滤波器结构在提供适当高 Q 值的同时，还能满足低成本的批量生产要求，其中介质谐振器由一片高 k 值的基板材料构成。所有谐振器通过这片基板实现相互连接，并已采用有效的加工方式，将这片介质材料准确地切割为理想形状。这种由 Trans-Tech 公司生产的基板，可以运用简单低成本的水射流加工技术（waterjet machining technology）切割，从而获得广泛应用。这种介质谐振器安装在滤波器壳体内，并采用了低 k 值的特氟龙（Teflon）材料作为支撑。之前需要安装 N 个不同谐振器的 N 阶滤波器，现在简化为只装配一片介质基板，而且无须考虑谐振器的排列方式，从而极大地简化了装配过程，节约了时间和成本。图 16.26 所示为用于构造滤波器的高 k 值陶瓷基板，而图 26.27 则示意了一个 4 阶滤波器的装配过程。可以预见，这类滤波器非常有利于无线基站中的滤波器应用。更多详细内容可参阅文献[22]。

图 16.26　Trans-Tech 公司生产的用于制作低成本介质滤波器的高 k 值陶瓷基板

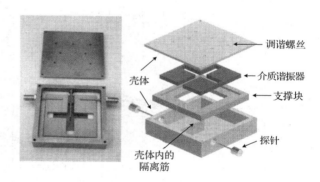

图 16.27　用高 k 值陶瓷基板制成的 4 阶滤波器的装配图

16.6　低温介质谐振滤波器

　　在低温条件下，许多介质材料的损耗角正切将得到极大改善。例如，工作于 X 波段的高纯度蓝宝石（$\varepsilon_r = 9.4$），温度为 300 K 时 $\tan\delta = 10^{-5}$，而在 77 K 时 $\tan\delta = 10^{-7}$[18]。其他介质材料如氧化镁（MgO，$\varepsilon_r = 9.7$）、金红石（$\varepsilon_r = 105$）和铝酸镧（LaAlO$_3$，$\varepsilon_r = 23.4$）等，与室温工作环境相比，其低温条件下的损耗角正切也得到了明显改善[23]。

　　室温条件下的一些常规滤波器采用的介质谐振器材料，在低温条件下的损耗很低，同时温度漂移也非常小，例如 Murata 公司生产的介电常数为 22 的 BaMgTaO（BMT）。图 16.28 给出了根据 BMT 材料测得的损耗角正切与温度之间的关系[24]。还有一些由 Murata 公司及其他厂商生产的介质材料,在低温条件下也表现出类似损耗角正切改善的特性。这些结果都表明,低温条件下介质滤波器的损耗角正切具有改善的可能性。

文献[23]介绍了一套全自动测量系统,可以测量 10 ~ 310 K 温度范围内介质谐振器的 Q 值和介电常数。图 16.29 所示为测量中使用的介质腔体结构,该结构由在铜腔内部采用石英片支撑的介质谐振器组成,使用带有可调螺丝的盖板来实现调谐。测量中使用了 $TE_{01\delta}$ 基模,主要是由于此模式容易建立 Q 值与介质损耗角正切之间的关系。测量中与腔体连接的射频探针必须是弱耦合的。由于探针的耦合很弱,因此不同温度下电缆损耗的不确定性带来的插入损耗误差不足以影响无载 Q 值。腔体组件固定在低温制冷机的冷却区域顶部,允许温度在 20 ~ 300 K 之间变化。表 16.4 给出了温度为 20 K、77 K 及 300 K 时测量得到的四种不同陶瓷混合材料的 Q 值[23]。

表 16.4　不同陶瓷混合材料的 Q 值测量[23]

材　　料	20 K 时的 Q_u 值	77 K 时的 Q_u 值	300 K 时的 Q_u 值
氧化铝(Alumina)	704 000	269 000	40 000
BaMgTaO(BMT)	87 000	37 000	21 000
ZrSnTiO	56 000	17 000	5300
二氧化钛(TiO₂)	77 000	30 000	4400

所有常规介质谐振滤波器都可以设计工作于低温环境下,而设计的关键因素在于如何选取合适的介质材料及谐振器的机械结构。

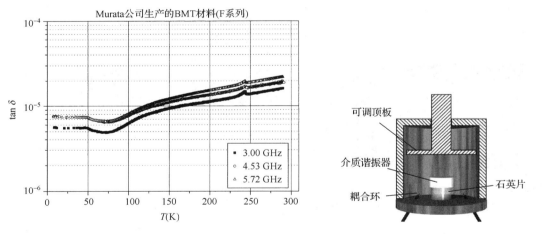

图 16.28　BMT 材料的损耗角正切与温度的测量曲线　　图 16.29　用于测量介质谐振器无载 Q 值的腔体[23]

16.7　混合介质/超导滤波器

在图 16.30(a)所示的常规介质谐振器中,位于 $z=0$ 平面的 HEE_{11} 模的正切电场几乎不存在,因此在该平面引入一个导体壁对本模式的场分布干扰很小。所以,在导体表面(镜像平面)直接安装谐振器可以减少 HEE 模介质谐振滤波器的尺寸,如图 16.30(c)所示。如果使用介质填充满整个腔体,如图 16.30(d)所示,则可以进一步减小尺寸。

然而,使用普通的导体镜像平面会降低谐振器的 Q 值,而无法实现高 Q 值需求。另一方面,如果使用高温超导(HTS)材料制成的平面代替普通导体镜像平面,那么原谐振器的无载 Q 值仅受少许影响，因此这种谐振器结构可以实现尺寸紧凑的滤波器，并满足在低温条件下出众的损耗性能。使用镜像平面可以减少尺寸，而使用 HTS 材料的镜像平面可以改善损耗性能。并且，当温度从 300 K 下降到 77 K 时，介质谐振器的无载 Q 值将增大。

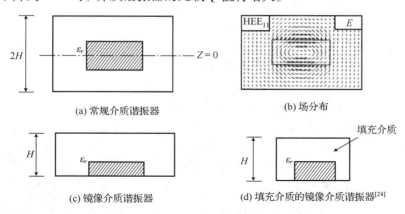

(a) 常规介质谐振器　　　　　　　　　　(b) 场分布

(c) 镜像介质谐振器　　　　　　　(d) 填充介质的镜像介质谐振器[24]

图 16.30　常规介质腔体转换为镜像介质腔体

利用图 16.30 阐述的概念，可以研制出几种 4 阶和 8 阶混合介质/HTS 滤波器[24~26]。图 16.31 所示为一个 8 阶混合介质/HTS 滤波器的详细结构图[26]。该滤波器由 4 个工作于镜像双模的介质谐振器组成，谐振器由低损耗、低介电常数的陶瓷材料固定在滤波器腔体内。其中 HTS 材料是由一个 2 in 的薄片制成的小方片(C 波段的方片尺寸为 0.5 in × 0.5 in)，紧贴着介质谐振器，利用金属板和弹簧垫圈通过螺栓固定在滤波器腔体内。外壳和陶瓷块上都预留过孔，便于使用标准金属螺丝对滤波器进行调谐。这类滤波器的插入损耗主要是由介质谐振器和陶瓷块的损耗角正切，以及腔体表面的表面阻抗决定的。在低温条件下，腔体表面的导电率及介质材料的损耗可以得到改善，更有助于降低滤波器的插入损耗。关于该类滤波器的详细描述可参阅文献[26]。

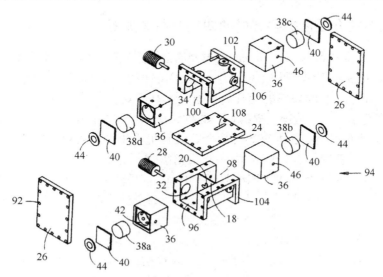

图 16.31　混合介质/HTS 滤波器组件。38 为介质谐振器；40 为使用标准 2 in HTS 薄片制成的小方片；36 为介质支撑柱；44 为弹簧垫圈；24，26，102 及 104 为滤波器腔体；28 和 30 为输入探针和输出探针

　　此类滤波器的主要缺点在于机械设计过于复杂。但是，与常规 HTS 薄膜平面滤波器相比，混合介质/HTS 滤波器具有如下优点。

1. 无须对 HTS 材料进行刻蚀。刻蚀工艺会减小 HTS 材料的功率容量，并恶化其表面阻抗。该设计无须使用薄膜滤波器必须采用的沉金触点，同时也不涉及电路及阻焊。
2. 在薄膜微带滤波器的图形化过程中，大部分 HTS 材料在刻蚀过程中被浪费了，而对于混合介质/HTS 滤波器，用作"短路面"的 HTS 材料被切割成若干小方薄片，使 HTS 材料的利用得到了最大化。
3. 使用常规调谐螺丝便可对滤波器进行简单调谐。
4. 这类滤波器具有良好的谐波性能。镜像平面不仅有助于减小滤波器尺寸，还可以抑制谐波模式，从而确保在中心频率为 4 GHz 的滤波器设计中，无谐波窗口带宽可达 2 GHz 以上。

图 16.32　采用混合介质/HTS 谐振器构成的8阶双模滤波器[24,26]

　　如果采用金属板代替 HTS 薄片，上面描述的滤波即可用在一般的室温环境。与常规双模滤波器相比，这类滤波器的优点在于可以显著减少尺寸。当然，滤波器的无载 Q 值相对于常规介质滤波器而言会降低，但是对于小体积的应用场合，这类滤波器非常适用。图 16.32 所示为采用混合介质/HTS 谐振器[24,26]构成的 8 阶滤波器，其体积是常规双模介质滤波器的 1/8，中心频率为 4 GHz。

16.8　介质谐振器的小型化

16.8.1　常规圆柱介质谐振器制成的四模介质谐振器

　　图 16.33 是一个直径为 $D = 17.78$ mm 的电介质谐振器的模式图，它安装在一个 1 in^3 的矩形腔内，固定在低介电常数的支撑柱上。图中给出了不同的 D/L 比值下，谐振器前三种模式的（TEH，HEH$_{11}$ 和 HEE$_{11}$）谐振频率的变化。注意，当 D/L 比值约为 2 时，HEH$_{11}$ 双模的频率与 HEE$_{11}$ 双模的频率趋于一致。值得一提的是，如果使用其他材料作为介质谐振器和支撑柱，这两类双模式的谐振频率也可能会在大于 2 的某个 D/L 比值下重合。实现四模滤波器的思路是，根据这个特定的 D/L 比值选择合适的圆柱形介质谐振器尺寸，其中有四个模式谐振于同一频率[27,28]。根据图 16.34 所示的两类 HEH$_{11}$ 双模和 HEE$_{11}$ 双模的滤波器的场分布，可以看出与这四个模式相关的最大电场并不在同一个平面上。虽然这四个模式都谐振于同一频率，但可想而知它们是能独立控制的。因此，单个圆柱形介质谐振器可以作为一个"四模"介质谐振滤波器的主要构件，且在一定程度上缩小了体积。

　　图 16.35 详细描述了四模介质谐振滤波器的内部结构，直径为 D 且高度为 L 的圆柱形谐振器安装在直径为 D_c 且高度为 L_c 的圆腔内。两个探针安装在远离腔体的中心位置且互成 90°，从腔体的顶部或底部的任意位置伸入腔内。探针长度 H_p 及与谐振器的距离偏差决定了输入耦合和输出耦合的大小。如图 16.35 所示，腔体外壳安装了几个调谐螺丝和耦合螺丝。与两个探针平行的螺丝分别用于调节 HEH$_{11}$ 双模和 HEE$_{11}$ 双模的谐振频率，与探针呈 90° 的螺丝分别

用于调节 HEH_{11} 双模和 HEE_{11} 双模之间的耦合。位于 45° 的螺丝则用于调节每类模式中两个正交分量之间的耦合。垂直螺丝位于远离腔体中心的顶部或底部，而水平螺丝正好位于谐振器的中间位置。图 16.36(a) 为装配好的四模滤波器，而图 16.36(b) 给出了其测量结果[28]。

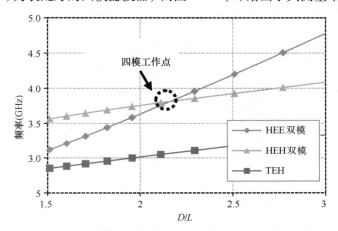

图 16.33　$D = 17.78$ mm 且 $\varepsilon_r = 38$，腔体尺寸为 25.4 mm × 25.4 mm × 25.4 mm 的圆柱
　　　　　介质谐振器的模式图，图中显示了改变谐振器的高度 L 获得的电磁仿真结果

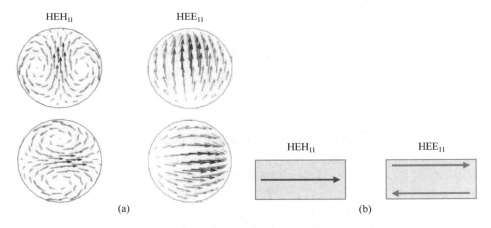

图 16.34　(a) HEH_{11} 双模和 HEE_{11} 双模的两类滤波器的电场顶视图。每类模式都包含
　　　　　两个正交分量，并呈 90° 分布；(b) 电场侧视图，HEH_{11} 模的电场主要分布在
　　　　　靠近谐振器中心的位置，HEE_{11} 模的电场主要集中在谐振器的顶部和底部

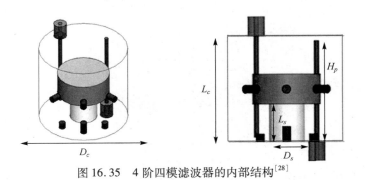

图 16.35　4 阶四模滤波器的内部结构[28]

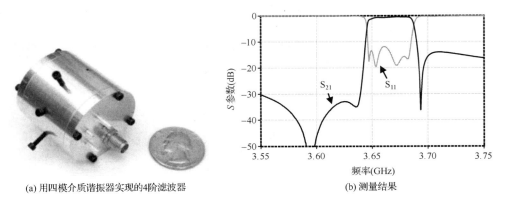

(a) 用四模介质谐振器实现的4阶滤波器

(b) 测量结果

图 16.36　用四模介质谐振器实现的 4 阶滤波器及测量结果

16.8.2　半切介质谐振器制成的双模介质谐振器

正如 16.5 节所述,在 HEH$_{11}$ 双模和 HEE$_{11}$ 双模谐振器例子中,沿平面方向将圆柱体介质谐振器切成对称的两半,则相对于该平面的法向电场为零,并且在剩余的一半谐振器中仍可获得几乎相同的场分布。这两类模式分别称为二分之一 HEH$_{11}$ 模和二分之一 HEE$_{11}$ 模。如果选择 D/L 比值接近 2,则这两类模式具有相同的谐振频率,这与上文提及的四模滤波器设计例子的结果完全一致。从图 16.37 给出的场分布可知,这两类模式具有可以独立控制的场分量。实现双模滤波器的思路是利用半切介质谐振器中的二分之一 HEH$_{11}$ 模和二分之一 HEE$_{11}$ 模,构成双模谐振器[27,28]。图 16.38 显示了包含调谐螺丝和耦合螺丝的单腔结构,它不仅可以使二分之一 HEH$_{11}$ 模和二分之一 HEE$_{11}$ 模产生耦合,还可以通过膜片使这两类谐振模式在邻接腔体中产生耦合。图 16.39 所示为使用半切介质双模谐振器实现的 4 阶滤波器,而图 16.40 则给出了其测量结果。如文献[28]所示,通过在谐振器上开槽可以改善半切介质双模谐振器的谐波性能。关于四模和双模介质谐振器的更多设计细节,可以参阅文献[27~29]。

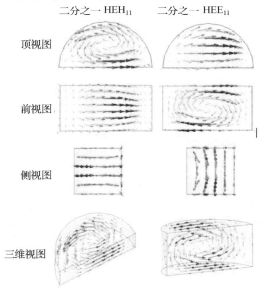

图 16.37　半切圆柱形介质谐振器中,正交的二分之一 HEH$_{11}$ 模和二分之一 HEE$_{11}$ 模的电场分布图

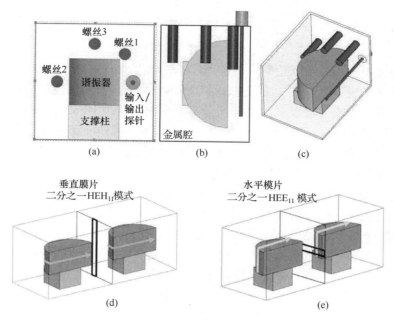

图 16.38　（a）前视图；（b）顶视图；（c）装有耦合螺丝和调谐螺丝的金属腔三维结构图。螺丝 1 用于两个模式的耦合，螺丝 2 用于二分之一 HEH_{11} 模的调谐，螺丝 3 用于二分之一 HEE_{11} 模的调谐，图中放置的输入探针和输出探针主要与二分之一 HEH_{11} 模产生耦合；（d）与邻接腔体中二分之一 HEH_{11} 模产生耦合的垂直膜片；（e）与邻接腔体中二分之一 HEE_{11} 模产生耦合的水平膜片[32]

(a) 包含半切介质双模谐振器的　　　　(b) 两个腔体拆开后内部固定好
　　两个腔体组装而成的4阶滤波器　　　　的半切介质谐振器和耦合膜片

图 16.39　包含半切介质双模谐振器的 4 阶滤波器组装前后[28]

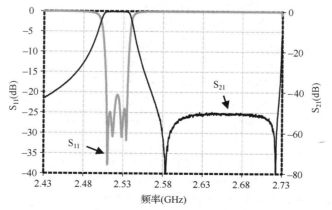

图 16.40　图 16.39 所示的 4 阶半切介质双模谐振滤波器的测量结果[28]

16.9   小结

介质谐振滤波器在无线及卫星系统中应用广泛。随着介质材料性能的提高，这种技术必定会得到越来越多的应用。本章介绍了采用多种结构的介质谐振滤波器的设计方法，并给出了介质谐振器中前 4 个模式的模式图及其场分布示意图。运用 HFSS 和 CST Microwave Studio 等软件包，即可计算出任意外形的介质谐振器的谐振频率、场分布及 Q 值。

本章还描述了介质谐振滤波器设计中的主要考虑因素，并阐述了用于改善谐波性能的两种不同方法，以及若干关于介质谐振滤波器的非常规设计方法。利用这些设计方法，不仅可以在小体积和可达到的 Q 值之间进行折中，还可以根据折中来建立常规介质谐振滤波器与常规梳状同轴滤波器之间的尺寸和 Q 值的具体对应关系。本章还介绍了采用高 k 值陶瓷基板设计的介质谐振滤波器的结构。由于这种结构的滤波器在制造和组装方面比常规介质滤波器简单，因而广受瞩目。该结构同时具有梳状同轴滤波器的低成本特点和介质谐振滤波器的高 Q 值特点，可以满足无线基站中应用的滤波器的批量生产要求。

本章还阐明了低温环境有利于介质谐振器的 Q 值的改善，并介绍了一种相对于常规设计而言尺寸显著减小的混合超导/介质谐振滤波器。该结构运用镜像原理，使用普通金属平面代替镜像超导平面，从而可以满足室温环境下的应用。

16.10   原著参考文献

1. Richtmyer, R. D. (1939) Dielectric resonators. *Journal of Applied Physics*, **10**, 391-398.

2. Cohn, S. B. and Targow, E. N. (1965) Investigation of Microwave Dielectric Resonator Filters. Internal report. Rantec Div., Emerson Electric Co.

3. Cohn, S. B. (1967) Microwave bandpass filters containing high-Q dielectric resonators. *IEEE Transactions on Microwave Theory and Techniques*, **16**, 218-227.

4. Harrison, W. H. (1968) Microwave bandpass filters containing high-Q dielectric resonators. *IEEE Transactions on Microwave Theory and Techniques*, **16**, 218-227.

5. Zaki, K. A. and Chunming, C. (1986) New results in dielectric-loaded resonators. *IEEE Transactions on Microwave Theory and Techniques*, **34** (7), 815-824.

6. Xiao-Peng, L. and Zaki, K. A. (1993) Modeling of cylindrical dielectric resonators in rectangular waveguides and cavities. *IEEE Transactions on Microwave Theory and Techniques*, **41** (12), 2174-2181.

7. Kajfez, D. and Guillon, P. (1986) *Dielectric Resonators*, Artech House, Norwood, MA.

8. Zaki, K. W. University of Maryland, College Park, MD, USA.

9. Pozar, D. (1998) *Microwave Engineering*, 2nd edn, Wiley, New York.

10. Salefi, J. (2004) Design Engineering Fourth-Year Design Project Report, University of Waterloo.

11. Fiedziuzko, J. *et al.* (2002) Dielectric materials, devices and circuits. *IEEE Transactions on Microwave Theory and Techniques*, **50**, 706-720.

12. Kudsia, C., Cameron, R., and Tang, W. C. (1992) Innovations in microwave filters and multiplexing networks for communications satellite systems. *IEEE Transactions on Microwave Theory and Techniques*, **40** (6), 1133-1149.

13. Noshikawa, T. (1998) Comparative filter technologies for communications systems. *Proceedings of 1998 MTT-S Workshop Comparative Filter Technologies for Communications Systems*, Baltimore.

14. Ji-Fuh, L. and William, B. (1998) High-Q TE_{01} mode DR filters for PCS wireless base stations. *IEEE Transactions on Microwave Theory and Techniques*, **46**, 2493-2500.

15. Mansour, R. R. *et al.* (2000) Quasi dual-mode resonators. *IEEE Transactions on Microwave Theory and Techniques*, **48** (12), 2476-2482.

16. Wang, C., Zaki, C. K. A., Atia, A. E., and Dolan, T. (1998) Dielectric combline resonators and filters. *IEEE Transactions on Microwave Theory and Techniques*, **3** (7-12), 1315-1318.

17. Mansour, R. R. (2004) Filter technologies for wireless base station filters. *IEEE Microwave Magazine*, **5** (1), 68-74.

18. Walker, V. and Hunter, I. C. (2002) Design of triple mode TE_{01} resonator transmission filters. *IEEE Microwave and Wireless Components Letters*, **12**, 215-217.

19. Hattori, J. *et al.* (2003) 2GHz band quadruple mode dielectric resonator filter for cellular base stations. *IEEE-MTT IMS-2003 Digest*, Philadelphia.

20. Mansour, R. R. (1993) Dual-mode dielectric resonator filters with improved spurious performance. *IEEE MTT International of Microwave Symposium Digest*, pp. 439-442.

21. Nishikawa, T. *et al.* (1987) Dielectric high-power bandpass filter using quarter-cut TE_{01} image resonator for cellular base stations. *IEEE Transactions on Microwave Theory and Techniques*, **35**, 1150-1154.

22. Zhang, R. and Mansour, R. R. (2006) Dielectric resonator filters fabricated from high-K ceramic substrates. *IEEE-IMS* June 2006.

23. Penn, S. and Alford, N. High Dielectric Constant, Low Loss Dielectric Resonator Materials. EPSRC final report GR/K70649, EEIE, South Bank University, London, 2000.

24. Mansour, R. R. *et al.* (1996) Design considerations of superconductive input multiplexers for satellite applications. *IEEE Transactions on Microwave Theory and Techniques*, **44**, 1213-1228.

25. Mansour, R. R. (2002) Microwave superconductivity. *IEEE Transactions on Microwave Theory and Techniques* (Special issue—50th Anniversary of *IEEE MTT Trans*, **52**, 750-759.

26. Mansour, R. R. and Dokas, V. (1996) Miniaturized dielectric resonator filters and method of operation thereof at cryogenic temperatures. US Patent 0549,8771.

27. Memarian, M. and Mansour, R. R. (2012) Methods of operation and construction of dual-mode filters, dual-band filters and diplexers/multiplexers using half-cut and full dielectric resonators. US Patent 8,111,115, issued Feb. 2012.

28. Memarian, M. and Mansour, R. R. (2009) Quad-mode and dual-mode dielectric resonator filters. *IEEE Transactions on Microwave Theory and Techniques*, **57** (12), 3418-3426.

29. Memarian, M. (2009) Compact dielectric resonator filters and multiplexers. Master thesis. University of Waterloo, Waterloo, Ontario, Canada.

第17章　全通相位与群延迟均衡器网络

理想的滤波器网络特性包括陡峭的幅度响应和通带内线性的相位响应。然而，即使是采用理想元件，这种理想特性也不可能实现。因此，需要在影响滤波器幅度和相位的参数之间进行折中，如滤波器的阶数、响应函数和设计的复杂性。

大多数滤波器都是基于最小相位网络设计的，因为这种网络能提供的衰减最大。为了在带外提供足够的衰减量，滤波器通常以幅度响应作为目标来优化。这种滤波器的相位响应（即群延迟响应）和幅度响应是一一对应的。这也就意味着，一旦幅度响应得到优化，相位和群延迟的响应就同时确定下来了。大多数应用中，这种折中设计的滤波器是可接受的。

然而，在不牺牲幅度特性的前提下，改善滤波器的相位和群延迟特性仍然是可能的。相位/群延迟的均衡可以通过以下两种方式来实现，一种是在滤波器内部实现（即线性相位滤波器），另一种是在滤波器外部添加一个全通网络来实现。这两种方式都会增加整个滤波器网络的通带损耗，以及设计的复杂性。本章主要介绍利用外部全通网络来实现相位和群延迟均衡的方法，同时也讨论了在实际应用中线性相位与外部均衡滤波器网络之间的折中设计。

17.1　全通网络的特性

如果一个网络能够传输所有的入射功率而没有反射，则称其为全通网络。这类网络的传输系数为1，反射系数为零，其零极点的构成可以通过分析一个二端口网络的散射矩阵得到：

$$[S] = \begin{bmatrix} S_{11} & S_{12} \\ S_{12} & S_{22} \end{bmatrix} \tag{17.1}$$

即满足以下条件的网络为全通网络：

$$S_{11} = S_{22} = 0 \quad 且 \quad 当 s = j\omega 时 \, |S_{12}| = 1 \tag{17.2}$$

二端口无耗网络的传输函数 S_{12} 可以表示为

$$S_{12}(s) = \frac{N(s)}{E(s)} \tag{17.3}$$

其中，$E(s)$ 为严格的赫尔维茨多项式。$N(s)$ 为实系数多项式，通常其阶数比多项式 $E(s)$ 的最多大1。对于均衡网络而言，为了满足条件式(17.2)，多项式 $N(s)$ 和 $E(s)$ 的模必须相等。而对于一个用于控制相位响应的全通网络，这两个多项式的相位不可能相同，否则不起作用，最终只能表示为一段普通的匹配传输网络。满足模相等的唯一成立条件就是令两个多项式等模反相位。因此，二端口无耗全通网络的传输函数可以表示为

$$S_{12}(s) = \frac{E(-s)}{E(s)} \tag{17.4}$$

其中，赫尔维茨多项式 $E(s)$ 由下列三类因子组成：

$$
\begin{array}{ll}
(s+a), & a \text{ 为正实数} \\
(s^2+b^2), & b \text{ 为实数} \\
(s^2+2cs+c^2+d^2), & c \text{ 为正实数}, d \text{ 为实数}
\end{array} \qquad (17.5)
$$

显然，对于一个全通网络，赫尔维茨多项式的零点位置只能由下面两类因子构成：

$$
(s+a) \quad \text{和} \quad (s^2+2cs+c^2+d^2) \qquad (17.6)
$$

由于全通函数不包含由 (s^2+b^2) 因子构成的零点，因此由这些网络级联而成的全通网络，其零点与极点成对地分布在实轴上或复平面的四个象限内，且关于虚轴对称，如图 17.1 所示。因此，含有 k 个 1 阶因子和 m 个 2 阶因子的全通网络的一般表达式为

$$
E(s)=\prod_{a=1}^{k}(s+\sigma_a)\prod_{b=1}^{m}(s^2+2s\sigma_b+|s_b|^2) \qquad (17.7)
$$

其中 $s_b=\sigma_b+j\omega_b$ 且 σ_a，σ_b 和 ω_b 都为正实数。

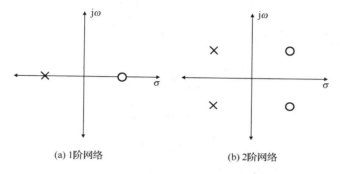

(a) 1阶网络　　　　　　　　(b) 2阶网络

图 17.1　集总元件全通网络的零极点位置

这种网络的幅度响应 α 和相位响应 β 分别为

$$
\alpha=|S_{12}(s)|=1
$$

$$
\beta=-\sum_{a=1}^{k}2\arctan\frac{\omega}{\sigma_a}-\sum_{b=1}^{m}2\arctan\frac{2\sigma_b\omega}{|s_b|^2-\omega^2} \qquad (17.8)
$$

群延迟响应为

$$
\tau=-\frac{\mathrm{d}\beta}{\mathrm{d}\omega}=2\sum_{a=1}^{k}\frac{\sigma_a}{\sigma_a^2+\omega^2}+2\sum_{b=1}^{m}\frac{2\sigma_b(|s_b|^2+\omega^2)}{\omega^4+2\omega^2(\sigma_b^2-\omega_b^2)+|s_b|^4} \qquad (17.9)
$$

17.2　集总元件的全通网络

许多学者已经对集总元件的全通网络进行了全面的叙述[1,2]。这里，将针对微波全通网络设计的背景知识进行简要的小结。

典型的集总元件全通网络由对称的栅格网络构成。栅格网络的一般形式如图 17.2(a) 所示，其等效桥式网络如图 17.2(b) 所示。

虽然栅格网络的两种表示形式基本相同，但是桥式网络的表达形式更有利于单节栅格网络的分析；另外，由若干栅格网络级联而成的基本表示形式更实用。如图 17.2(b) 所示，栅格网络的开路阻抗为

$$z_{11} = z_{22} = \frac{1}{2}(Z_a + Z_b) \tag{17.10}$$

在开路情形下，网络简化为两个具有相同分支的并联网络，其传输阻抗 z_{12} 可以由以下分析得到。

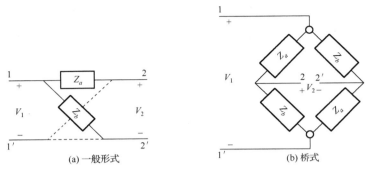

图 17.2　集总元件的对称栅格网络

令 V_1 和 V_2 分别为端口 1 和端口 2 的电压，I_1 和 I_2 为相应的端口电流。电压 V_2 和 V_1 之间的关系可以表示为

$$V_2 = \frac{Z_b V_1}{Z_a + Z_b} - \frac{Z_a V_1}{Z_a + Z_b} \tag{17.11}$$

当端口 2-2′ 开路时，根据式(17.10)，端口 1 的电压 V_1 和电流 I_1 之间的关系为

$$V_1 = I_1 \left[\frac{1}{2}(Z_a + Z_b) \right] \tag{17.12}$$

将式(17.12)代入式(17.11)并整理，可得

$$\frac{V_2}{I_1} = z_{12} = \frac{1}{2}(Z_b - Z_a) \tag{17.13}$$

因此，栅格网络的阻抗 Z_a 和 Z_b 可以确定如下：

$$Z_a = z_{11} - z_{12}, \quad Z_b = z_{11} + z_{12} \tag{17.14}$$

同理，

$$y_{11} = y_{22} = \frac{1}{2}(Y_a + Y_b), \quad y_{12} = \frac{1}{2}(Y_b - Y_a) \tag{17.15}$$

其中

$$Y_a = \frac{1}{Z_a}, \quad Y_b = \frac{1}{Z_b}$$

虽然根据式(17.14)和式(17.15)之间的关系，可以推导出许多种关于输出端开路的栅格网络的综合方法，但我们主要关心的是相位和群延迟均衡滤波器网络的输出端接匹配负载的情形。因此，在下面例子中默认栅格网络都是终端接负载的。

17.2.1　终端接纯阻性负载的对称栅格网络

本节以一个终端接纯阻性负载的基本网络为例(见图 17.3)。该网络在开路情形下有

$$\begin{aligned} V_1 &= z_{11}I_1 + z_{12}I_2 \\ V_2 &= z_{12}I_1 + z_{22}I_2 \end{aligned} \tag{17.16}$$

图 17.3　终端接负载 R 的基本网络

对于全通网络，输入阻抗必须等于滤波器网络的终端阻抗，因此有

$$Z(s) = \frac{V_1}{I_1} = R \tag{17.17}$$

将 $V_2 = -RI_2$ 代入式（17.16）中，就可以用开路网络参数表示输入阻抗 $Z(s)$。假设栅格网络是对称的（即 $z_{11} = z_{22}$），且网络用 $R = 1$ 进行归一化，则式（17.17）可以写为

$$Z(s) = \frac{z_{11}^2 - z_{12}^2 + z_{11}}{z_{11} + 1} = 1 \quad 或 \quad z_{11}^2 = 1 + z_{12}^2 \tag{17.18}$$

将式（17.18）、式（17.10）和式（17.13）三式联立求解，可得

$$Z_a Z_b = 1 \tag{17.19}$$

　　如果栅格网络输出端接负载为 R（单位为 Ω），则可以得到更常见的形式：$Z_a Z_b = R^2$。因此，当输入阻抗为常数时 Z_a 和 Z_b 必须互为倒数。对于输出端接 R 的网络，其传输阻抗（$Z_{12} = V_2/I_1$）与 Z_a 之间的关系为[2]

$$Z_{12} = R\left(\frac{R - Z_a}{R + Z_a}\right) \tag{17.20}$$

当 $R = 1$ 时，针对网络进行归一化，可得

$$Z_{12} = \left(\frac{1 - Z_a}{1 + Z_a}\right), \quad Z_a = \frac{1 - Z_{12}}{1 + Z_{12}}, \quad Z_b = \frac{1}{Z_a} \tag{17.21}$$

通过以上这些重要关系，可以根据给定的 Z_{12} 计算出 Z_a 和 Z_b 的值。通常，Z_{12} 必须满足稳定性条件，即 Z_{12} 在右半平面和虚轴上没有极点，并且满足 $|Z_{12}(j\omega)| \leqslant 1$。

　　下面来研究一个栅格网络。除了端接负载，该网络的其余元件均由无耗的电感和电容组成。在实频率下对网络进行推导，可得

$$|Z_{12}(j\omega)| = \left|\frac{1 - Z_a(j\omega)}{1 + Z_a(j\omega)}\right| = \left|\frac{1 - jX_a}{1 + jX_a}\right| = 1 \tag{17.22}$$

因此，这个由 L 和 C 构成的网络是全通网络，且其输出端接匹配负载。对于所有频率 ω，条件 $|Z_{12}(j\omega)| = 1$ 都是成立的。若 $|Z_{12}(j\omega)| < 1$，则表示栅格网络存在损耗。

　　端接常数电阻的栅格网络具有一个非常重要的性质，即对于一个输出端接 R（单位为 Ω）的单栅格网络，其输入阻抗也是 R。因此，这个栅格网络又可为下一个栅格网络提供合适的端接电阻 R。通过不断重复这一过程，从而构成图 17.4 所示的任意数量级联的栅格网络。对于这种级联网络，其输入阻抗仍为 R。

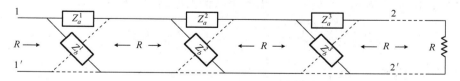

图 17.4　端接常数电阻的集总元件级联而成的栅格网络[2]

17.2.2　网络实现

　　任意一个全通函数均可以使用 1 阶或 2 阶全通函数的级联来表示，而且还可以使用单个栅格网络级联实现。因此，需要建立 1 阶或 2 阶全通函数与单个栅格网络阻抗之间的关系，如图 17.5 所示。

传输函数 $H(s)$ 定义为输出电压与输入电压的比 V_2/V_1。对于全通网络，$V_1 = I_1 R$，因此传输函数可写为

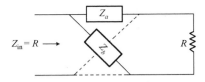

$$H(s) = \frac{Z_{12}}{R} = \frac{R - Z_a}{R + Z_a} \qquad (17.23)$$

图 17.5　端接常数电阻的单个
集总元件栅格网络

17.2.2.1　1 阶栅格网络

对于 1 阶网络，$Z_a = sL$，将其代入式(17.23)可得

$$H(s) = \frac{R/L - s}{R/L + s}$$

运用式(17.7)可得

$$L = \frac{R}{\sigma_a}, \qquad Z_b = \frac{R^2}{Z_a} = \frac{R^2}{sL} = \frac{1}{sC} \qquad (17.24)$$

相应的电容值为

$$C = \frac{L}{R^2} = \frac{1}{\sigma_a R} \qquad (17.25)$$

因此，栅格网络的电抗元件值取决于 1 阶全通函数的零极点位置。注意，L 和 C 谐振于 σ_a。

17.2.2.2　2 阶栅格网络

对于 2 阶网络，Z_a 表示为并联谐振电路的阻抗：

$$Z_a = \frac{Ls}{LCs^2 + 1} \qquad (17.26)$$

将其代入式(17.23)可得

$$H(s) = \frac{s^2 - (1/RC)s + 1/LC}{s^2 + (1/RC)s + 1/LC} \qquad (17.27)$$

与式(17.7)比较，有

$$\frac{1}{RC} = 2\sigma_b, \qquad \frac{1}{LC} = |s_b|^2 = \sigma_b^2 + \omega_b^2 \qquad (17.28)$$

因此，L 和 C 的值分别为

$$L = \frac{2\sigma_b R}{|s_b|}, \qquad C = \frac{1}{s\sigma_b R|s_b|} \qquad (17.29)$$

由于 $Z_a Z_b = R^2$ 且 $Z_a = sL_1/(s^2 L_1 C_1 + 1)$，因此串联谐振电路的阻抗 Z_b 可写为

$$Z_b = \frac{R^2(s^2 L_1 C_1 + 1)}{sL_1} = sR^2 C_1 + \frac{1}{s(L_1/R^2)} = sL_2 + \frac{1}{sC_2} \qquad (17.30)$$

串联电路由 L_2 和 C_2 构成，其中

$$L_2 = R^2 C_1, \qquad C_2 = \frac{L_1}{R^2} \qquad (17.31)$$

图 17.6 总结了 1 阶和 2 阶栅格网络的设计公式。

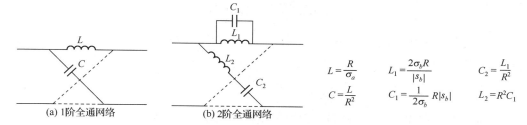

图 17.6　栅格网络的集总元件形式

17.3　微波全通网络

　　一个理想的全通网络具有以下特性：在无穷带宽内，其幅度响应为一定值，而其相位或群延迟响应随频率变化。这表明幅度响应和相位响应是完全相互独立的。而且，由于网络在无穷带宽内的幅度为一个定值，因此没有必要像研究滤波器网络那样去研究它的低通集总元件电路，而是直接利用均衡器给定的频率和带宽进行设计。因此，微波全通网络可以直接根据分布参数电路的频率变量进行综合设计。

　　Scanlon 和 Rhodes 指出[3]，任意用 TEM 公比线等效的全通网络（即分布参数全通网络），其传输函数均可以用下式表示：

$$S_{12} = \frac{E(-t)}{E(t)} \tag{17.32}$$

其中分布参数电路的频率变量 t 由下式给出：

$$t = \tanh\gamma\ell = \Sigma + \mathrm{j}\Omega \tag{17.33}$$

其中 γ 表示复传播常数，ℓ 为网络的公比线长度（一般等于中心频率处传输线的 1/4 波长）。这一结果与集总元件全通网络的传输函数非常相似，只是集总电路的实频率变量变成了分布参数电路的频率变量 t。由于无耗情况下 $\Sigma = 0$，因此有

$$t = \mathrm{j}\Omega = \mathrm{j}\tan\theta \tag{17.34}$$

其中 $\theta = (\omega\ell/v) = (2\pi/\lambda)\ell$，$\theta$ 为传输线的等效电长度，ℓ 为最短的公比线长度，v 为传播速度，ω 为实数角频率，λ 为信号波长。若网络中的有效单位元件数量为 n，则传输函数的表达式为[3]

$$S_{12}(t) = \left(\frac{1-t}{1+t}\right)^{n/2} \frac{E(-t)}{E(t)} \tag{17.35}$$

在传输函数中出现的因子 $[(1-t)/(1+t)]^{n/2}$ 等效为中心频率处 $n/4$ 波长传输线产生的延迟。

　　这个传输函数的相位 β 为

$$\beta = -\mathrm{j}\ell\, nS_{12}(t) \tag{17.36}$$

群延迟 τ 为

$$\tau = -\left.\frac{\mathrm{d}\beta}{\mathrm{d}\omega}\right|_{t=\mathrm{j}\Omega} = -\frac{1}{2\pi}\frac{1}{f_0}\left.\frac{\mathrm{d}\beta}{\mathrm{d}t}\frac{\mathrm{d}t}{\mathrm{d}F}\right|_{t=\mathrm{j}\Omega} \tag{17.37}$$

其中，$F = f/f_0$ 为归一化频率变量（f 为频率），f_0 为中心频率。在全通网络的物理实现中，公比线长度通常取值为中心频率处传输线的 1/4 波长。因此，变量 t 可以表示为

$$t = \mathrm{jtan}\, \frac{2\pi}{\lambda} \frac{\lambda_{\mathrm{cf}}}{4} = \mathrm{jtan}\, \frac{\pi}{2} \frac{\lambda_{\mathrm{cf}}}{\lambda} \tag{17.38}$$

其中 λ_{cf} 为中心频率处传输线的波长。

对于 TEM 传输线,有

$$\lambda_{\mathrm{cf}} = \lambda_0 = \frac{c}{f_0} \tag{17.39}$$

其中 λ_0 为通带中心频率 f_0 处传输线的自由空间波长。因此

$$t = \mathrm{jtan}\, \frac{\pi}{2} \frac{\lambda_0}{\lambda} = \mathrm{jtan}\, \frac{\pi}{2} \frac{f}{f_0} \tag{17.40}$$

对于波导网络,必须使用波导波长 λ_g,它由下式给出:

$$t = \mathrm{jtan}\, \frac{2\pi}{\lambda_g} \ell, \quad \lambda_g = \frac{\lambda}{\sqrt{1 - \left(\dfrac{\lambda}{\lambda_{\mathrm{co}}}\right)^2}} \tag{17.41}$$

其中 λ 为自由空间波长,λ_{co} 为波导的截止波长。令 ℓ 为中心频率处波导的 1/4 波长,可得

$$t = \mathrm{jtan}\, \frac{2\pi}{\lambda} \sqrt{1 - \left(\frac{\lambda}{\lambda_{\mathrm{co}}}\right)^2} \frac{\lambda_{g0}}{4} \tag{17.42}$$

其中 λ_{g0} 为中心频率 f_0 处波导的波导波长,由下式给出:

$$\lambda_{g0} = \frac{\lambda_0}{\sqrt{1 - \left(\dfrac{\lambda_0}{\lambda_{\mathrm{co}}}\right)^2}} \tag{17.43}$$

因此有

$$t = \mathrm{jtan}\, \frac{\pi}{2} \frac{\lambda_0}{\lambda} \frac{\sqrt{1 - \left(\dfrac{\lambda}{\lambda_{\mathrm{co}}}\right)^2}}{\sqrt{1 - \left(\dfrac{\lambda_0}{\lambda_{\mathrm{co}}}\right)^2}} \tag{17.44}$$

将

$$F = \frac{f}{f_0} = \frac{\lambda_0}{\lambda}, \quad F_0 = \frac{f_{\mathrm{co}}}{f_0} = \frac{\lambda_0}{\lambda_{\mathrm{co}}}$$

代入式(17.44),并求解其关于 F 的微分,可得

$$t = \mathrm{jtan}\, \frac{\pi}{2} \sqrt{\frac{F^2 - F_0^2}{1 - F_0^2}}, \qquad \frac{\mathrm{d}t}{\mathrm{d}F} = \mathrm{j}\frac{\pi}{2}(1 - t^2) \frac{F}{[(F^2 - F_0^2)(1 - F_0^2)]^{1/2}} \tag{17.45}$$

对于 TEM 传输线,有

$$f_{\mathrm{co}} = 0, \qquad t = \mathrm{jtan}\, \frac{\pi}{2} F = \mathrm{jtan}\, \frac{\pi}{2} \frac{f}{f_0}, \qquad \frac{\mathrm{d}t}{\mathrm{d}F} = \mathrm{j}\frac{\pi}{2}(1 - t^2) \tag{17.46}$$

接下来研究全通网络的赫尔维茨多项式 $H(t)$ 的一般形式,由下式给出:

$$E(t) = \prod_{i=1}^{k}(t + \sigma_i) \prod_{j=1}^{m}(t^2 + 2\sigma_j t + |t_j|^2) \tag{17.47}$$

其中 σ_i, $\sigma_j > 0$ 且 $t_j = \sigma_j + \mathrm{j}\omega_j$。注意，这个公式和式(17.7)非常相似，只是原式中的复频率 s 换成了分布参数电路的频率变量 t。上式中的整数 k 表示实零点数，m 表示复零点数。$k+m$ 为整个全通网络的阶数，下标 i 和 j 则分别表示第 i 个传输零点和第 j 个传输零点。在微波术语定义中，零极点位于实数轴上的 1 阶全通网络称为 C 类网络，而零极点以共轭复数对出现的 2 阶全通网络称为 D 类网络。图 17.7 描述了 C/D 两类全通网络的零极点分布情况。

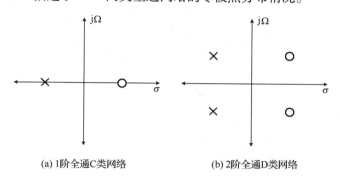

(a) 1阶全通C类网络　　　　　　　　　(b) 2阶全通D类网络

图 17.7　分布参数全通网络的零极点分布图

基于式(17.36)至式(17.47)描述的关系，C 类(1 阶)全通均衡器的相位和归一化群延迟可以写为

$$\beta = -2\arctan\frac{\Omega}{\sigma_c}, \qquad \tau_N = \tau f_0 = \frac{1}{2}\frac{\sigma_c(1+\Omega^2)}{\sigma_c^2+\Omega^2}S(F, F_0) \tag{17.48}$$

其中，

$$S(F, F_0) = \frac{F}{[F^2 - F_0^2]^{1/2}[1 - F_0^2]^{1/2}}$$

而 D 类(2 阶)全通均衡器的相位和归一化群延迟可以写为

$$\beta = -2\arctan\frac{2\sigma_d\Omega}{|t_d|^2 - \Omega^2}$$

$$\tau_N = \sigma_d(1+\Omega^2)\frac{\Omega^2 + |t_d|^2}{\Omega^4 + 2\Omega^2(\sigma_d^2 - \omega_d^2) + |t_d|^4}S(F, F_0) \tag{17.49}$$

$$t_d = \sigma_d + \mathrm{j}\omega_d$$

因此，一般形式的微波全通网络的相位和归一化群延迟可以使用 k 个 1 阶网络与 m 个 2 阶网络的级联来表示，计算如下：

$$\beta = -n\arctan\Omega - 2\left[\sum_{i=1}^{k}\arctan\frac{\Omega}{\sigma_i} + \sum_{j=1}^{m}\arctan\frac{2\sigma_j\Omega}{|t_j|^2 - \Omega^2}\right]$$

$$\tau_N = \frac{n}{4} + S(F, F_0)\left[\frac{1}{2}\sum_{i=1}^{k}\frac{\sigma_i(1+\Omega^2)}{\sigma_i^2+\Omega^2} + \sum_{j=1}^{m}\sigma_i(1+\Omega^2)\frac{\Omega^2 + |t_j|^2}{\Omega^4 + 2\Omega^2(\sigma_j^2 - t_j^2) + |t_j|^4}\right] \tag{17.50}$$

根据以上关系式，可以计算出任意全通网络的相位和群延迟响应。根据给定范围内零极点的位置，可以得到 C 类和 D 类网络的归一化延迟，分别如图 17.8 和图 17.9 所示。

全通网络的群延迟波形与滤波器网络的群延迟波形几乎是反相的。因此，可以通过在滤波器后级联全通网络来均衡滤波器的群延迟。这也就表明，要得到理想的相位和群延迟响应，还必须对全通网络的零点位置进行优化。

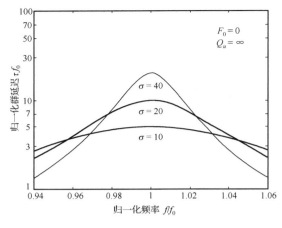

图 17.8　C 类 TEM 均衡器的归一化群延迟

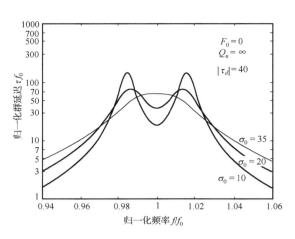

图 17.9　D 类波导均衡器的归一化群延迟

17.4　全通网络的物理实现

　　滤波器和全通均衡器都是一个二端口网络。在集总电路中，均衡器由栅格网络实现，如 17.2 节所述。而在微波频段，栅格网络的等效电路极其复杂，往往无法实现。但是，非互易的铁氧体环形器和隔离器使微波电路的级联变得非常简单，可以广泛应用于微波频段的全通网络。下面简单介绍这两种可供选择的实现方式。

17.4.1　传输型均衡器

　　对于 TEM 传输线[4~6]和波导传输线[4,8]的二端口传输型均衡器设计，许多学者都进行过相关的研究。这类网络的关键在于通带内需要保持接近于理想的匹配特性，而且优化得到的相位和群延迟响应能够中和滤波器的群延迟特性，从而导致网络变得特别敏感，成本增加。因此，这种均衡器在实际应用中受限。另外，反射型均衡器结构简单且易于实现，下文将具体介绍它。

17.4.2　反射型全通网络

　　最简单的全通网络组成结构如图 17.10 所示。这类网络由理想的非互易三端口铁氧体环形器构成，其中端口 1 为输入端，端口 2 端接无耗的电抗网络，端口 3 为输出端。所有传输线的特性阻抗与环形器都是相同的。1.8.2 节简要描述了这种环形器。由于它的非互易性，且端口 2 可视为短路，所有从端口 1 入射的能量都将从端口 3 输出，因此符合全通网络的本质特性。通过将端口 2 的电抗网络作为级联的公比线来设计，可以实现任意阶的全通网络。在微波频段，铁氧体环形器广泛应用于平面、同轴及波导结构中。由于环形器的引入，可将全通网络的设计视为一个单端口电抗网络的综合过程。因此，全通网络的设计和实现变得更简单，成本更低。然而，在一些应用中，由于要求具有极低的插入损耗(小于0.1 dB)、宽的温度工作范围(范围大于40℃)、高功率(几十瓦或上百瓦)，以及上述任意组合，因此铁氧体环形器不再适合于这类应用。另一种结构(混合电桥耦合反射型)可以不采用单向的铁氧体器件，如图 17.11 所示。

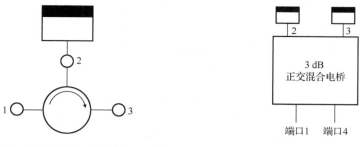

图 17.10   环形器耦合反射型全通网络   图 17.11   混合电桥耦合反射型均衡器

混合电桥耦合反射型均衡器由一个 3 dB 正交混合电桥构成，其中端口 1 为输入端，端口 4 为输出端，耦合端口 2 和端口 3 接相同的电抗网络。在这类电路中（假定混合电桥为理想的），为了满足全通和互易的网络特性，所有从端口 1 入射的功率将从端口 4 输出，反之亦然。混合电桥的设计可以通过各种微波电路实现，最常用的是平面电路，其结构紧凑且易于实现。另外，由于这种电路无须铁氧体器件，因此不受铁氧体材料特性的限制。然而，电路中需要使用两个完全相同的电抗网络，这将增加额外的硬件，从而导致设计参数更加敏感。

17.5   反射型全通网络的综合

许多学者已经对反射型微波均衡器的综合进行了大量的研究[4~11]，对于低阶（$n \leqslant 3$）和窄带（小于 5%）全通网络，Cristal 给出了针对波导和 TEM 传输线近乎完美的描述和计算公式[8]。这些研究涵盖了大部分应用，并且具有足够的精度。运用现代综合方法，可以简单拓展到高阶网络。本节中引用的方法主要来源于文献[8]。

使用理想环形器可以简化反射型均衡器的综合过程，而通常这种环形器位于一定带宽内的隔离度高于 30 ~ 40 dB，这在微波频段比较容易实现。以上条件同样适用于正交混合电桥耦合型全通网络。因此，全通网络可以当成短路电抗网络（单端口）来综合。更确切地说，只需综合出网络输入端的反射系数，就能获得理想的群延迟响应。电抗网络的反射系数给定为

$$\Gamma(j\Omega) = \frac{Z_{in} - Z_0}{Z_{in} + Z_0} = \frac{z_{in} - 1}{z_{in} + 1} \tag{17.51}$$

其中，Z_0 为环形器的特征阻抗，Z_{in} 为电抗网络的输入阻抗，且 z_{in} 为归一化输入阻抗 Z_{in}/Z_0。接下来需要建立全通函数的零点和极点与电抗网络的输入阻抗之间的关系。众所周知，任一电抗函数均可根据赫尔维茨多项式的奇数阶项与偶数阶项的比值，或偶数阶项与奇数阶项的比值这两类公式形式来表示。因此，归一化阻抗可以表示为

$$z(j\Omega) = \frac{偶\ E(j\Omega)}{奇\ E(j\Omega)} = \frac{E(j\Omega) - E(-j\Omega)}{E(j\Omega) + E(-j\Omega)} \tag{17.52}$$

将式（17.52）代入式（17.51），可得

$$\Gamma(j\Omega) = -\frac{E(-j\Omega)}{E(j\Omega)} \tag{17.53}$$

上式中的负号表示相位改变了 180°，这在均衡器中很容易实现。根据电抗网络两类公式形式推导出的结果相同，而且式（17.53）与推导公比线形式全通网络的式（17.32）也相同，从而在数学上证明了：任意传输线形式全通网络的传输函数，均可通过环形器耦合电抗网络实现。一

且函数 $E(t)$ 经过优化得到了理想的群延迟响应，运用式(17.52)就可以建立电抗网络与 $E(t)$ 之间的关系。

二端口网络的输入阻抗 Z_{in}，用含有分布参数电路的频率变量 t 的 $[ABCD]$ 矩阵形式表示为 $[$ 见式(12.18)$]$

$$Z_{in} = \frac{A(t)Z_L + B(t)}{C(t)Z_L + D(t)} \tag{17.54}$$

对于一个短路电抗网络，$Z_L = 0$ 且

$$Z_{in} = \frac{B(t)}{D(t)} \tag{17.55}$$

运用式(17.52)可得

$$Z_{in}(j\Omega) = \frac{B(t)}{D(t)} = Z_0 \frac{E(j\Omega) - E(-j\Omega)}{E(j\Omega) + E(-j\Omega)} \tag{17.56}$$

由于优化后 $E(t)$ 的系数已知，因此 $[ABCD]$ 矩阵参数表示的输入阻抗可由式(17.56)推导得到。然后运用第 7 章介绍的方法，可以综合出任意阶的电抗网络。根据 $[ABCD]$ 矩阵参数计算 C 类、D 类及 CD 类电抗网络的输入阻抗如下。

C 类网络：
$$E(t) = t + \sigma_c$$

$$Z_{in}(j\Omega) = \frac{B(t)}{D(t)} = Z_0 \frac{E(j\Omega) - E(-j\Omega)}{E(j\Omega) + E(-j\Omega)} = Z_0 \frac{j\Omega}{\sigma_c} \tag{17.57}$$

$$E(t) = t^2 + 2\sigma_D t + |t_D|^2, \quad \text{其中 } t_D = \sigma_D + j\omega_D$$

D 类网络：
$$Z_{in}(j\Omega) = \frac{B(t)}{D(t)} = Z_0 \frac{j2\sigma_D \Omega}{|t_D|^2 - \Omega^2} \tag{17.58}$$

$$E(t) = (t + \sigma_c)(t^2 + 2\sigma_D t + |t_D|^2)$$

CD 类网络：
$$Z_{in}(j\Omega) = \frac{B(t)}{D(t)} = Z_0 j\Omega \frac{(2\sigma_C \sigma_D + |t_D|^2) - \Omega^2}{\sigma_C |t_D|^2 - (\sigma_C + 2\sigma_D)\Omega^2} \tag{17.59}$$

17.6　实际窄带反射型全通网络

如第 3 章所述，滤波器的群延迟响应与实际带宽成反比变化。这就意味着，实际带宽较窄的滤波器的群延迟波动较大；而实际带宽较宽的滤波器的群延迟波动较小，与滤波器的中心频率无关。在商用通信系统中，通常采用窄带信道来优化话务量和通信容量，且大多数用于均衡相位和群延迟的微波全通网络的带宽通常为中心频率的 0.5% ~ 5%。通信系统中，射频信道的典型带宽范围为几兆赫到 100 MHz。这种窄带滤波器的群延迟通常极大，特别是在通带边沿。因此，在均衡整个通带的群延迟过程中不可能不产生大的群延迟波动。一般情况下，群延迟均衡指标在 80% 的带宽内的波动为 1 ~ 3 ns，而通带边沿相对而言更大一些。

实际系统中，高温工作环境下对群延迟影响显著，这是由于滤波器与均衡器之间的失配造成了群延迟均衡的波动变大。而在整个工作温度范围内，高阶均衡器的敏感程度更高，滤波器与均衡器之间的失配对群延迟的影响更大。因此，大多数实际系统中采用的全通网络不超过 3 阶，即大量应用的是 1 阶或 2 阶均衡器网络。针对这些应用，文献[8]给出了窄带单端口电抗网络的闭式方程。这些窄带 C 类和 D 类电抗网络总结如下。

17.6.1 C 类波导全通均衡器网络

C 类(1 阶)均衡器网络的赫尔维茨多项式及输入电抗推导如下:

$$E(t) = t + \sigma_c, \qquad z_{\text{in}} = \text{j}\left(\frac{\Omega}{\sigma_c}\right) = \frac{t}{\sigma_c} \tag{17.60}$$

图 17.12 所示网络的输入电抗给定为

$$Z_1 = \text{j} Z_0 \tan 2\theta$$

$$Z_2 = \frac{K_1^2}{\text{j} Z_0 \tan 2\theta} \tag{17.61}$$

$$z_{\text{in}} = \frac{Z_2}{Z_0} = \left(\frac{K_1}{Z_0}\right)^2 \frac{1}{\text{j} \tan 2\theta}$$

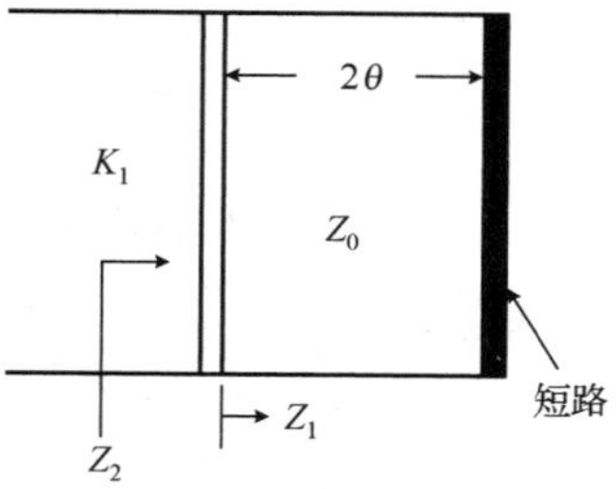

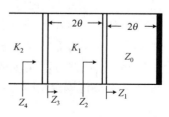

对于波导谐振器而言,与级联电长度为 $\pi/2$ 的传输线网络相反,其在中心频率处的电长度为 π,即表示为 2θ。用频率变量 t 表示 $\tan 2\theta$,可得 $2t/1+t^2$,因此

图 17.12 1 阶波导电抗网络

$$z_{\text{in}} = \frac{K_1^2}{Z_0^2}\left(\frac{1+t^2}{2t}\right) = \left(\frac{K_1}{Z_0}\right)^2\left[\frac{1}{2t} + \frac{t}{2}\right] \tag{17.62}$$

在谐振频率附近,t 趋近于无穷大,可得

$$z_{\text{in}} = \frac{1}{2}\left(\frac{K_1}{Z_0}\right)^2 t \tag{17.63}$$

令此输入阻抗与由式(17.60)得到包含 σ_c 的 C 类网络的输入阻抗相等,可得

$$\frac{K_1}{Z_0} = \sqrt{2/\sigma_c} \tag{17.64}$$

归一化电抗 X_i/Z_0 和腔体长度 θ_i 与归一化阻抗变换器的关系表示为[12]

$$\frac{X_i}{Z_0} = \frac{K_i/Z_0}{1 - (K_i/Z_0)^2}, \quad i = 1, 2, \cdots$$

$$\theta_i = \pi - \frac{1}{2}\left[\arctan\left(2\frac{X_i}{Z_0}\right) + \arctan\left(2\frac{X_{i-1}}{Z_0}\right)\right] \tag{17.65}$$

因此,归一化电抗和腔体长度计算如下:

$$\frac{X_1}{Z_0} = \frac{\sqrt{2\sigma_c}}{\sigma_c - 2}, \qquad \theta_1 = \pi - \frac{1}{2}\arctan\left(2\frac{X_1}{Z_0}\right) \tag{17.66}$$

17.6.2 D 类波导全通均衡器网络

图 17.13 显示了一个 2 阶波导电抗网络。对于一个 2 阶全通网络,有

$$E(t) = t^2 + 2\sigma_d t + |t_d|^2 \tag{17.67}$$

其中 $t_d = \sigma_d + \text{j}\omega_d$。

接下来运用与 C 类均衡器网络相同的设计方法,近似推导出 D 类均衡器网络的关系如下[8]:

图 17.13 2 阶波导电抗网络

$$\frac{X_1}{Z_0} = \frac{2|t_d|}{|t_d|^2 - 4}, \quad \frac{K_1}{Z_0} = \frac{2}{|t_d|}$$

$$\frac{X_2}{Z_0} = \frac{2\sqrt{\sigma_d}\,|t_d|}{|t_d|^2 - 4\sigma_d}, \quad \frac{K_2}{Z_0} = 2\frac{\sqrt{\sigma_d}}{|t_d|}$$

$$\theta_1 = \pi - \frac{1}{2}\arctan 2\left(\frac{X_1}{Z_0}\right)$$ (17.68)

$$\theta_2 = \pi - \frac{1}{2}\left[\arctan\left(2\frac{X_2}{Z_0}\right) + \arctan\left(2\frac{X_1}{Z_0}\right)\right]$$

17.6.3　窄带 TEM 传输线电抗网络

如图 17.14 所示,容性耦合谐振器的级联对于窄带 TEM 传输线网络非常适用,特别是印刷电路和微带电路,因为带线无须接地。另外,由于可以使用正交混合电桥代替环形器,因此电路结构更加紧凑,且易于加工。这种电路类似前述的 2 阶波导并联耦合谐振电路。因此运用式(17.66)和式(17.68)时,需要将归一化电抗 X_i/Z_0 替换为归一化串联耦合导纳 B_i/Y_0,并将阻抗变换器 K_i/Z_0 替换为理想导纳变换器 J_i/Y_0。

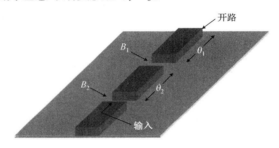

图 17.14　2 阶容性耦合谐振器构成的 2 阶 TEM 传输线均衡器

级联公比线的设计方法已经十分完善,利用各种分布耦合传输线可以构造出各种不同的 TEM 电抗网络。Cristal 给出了级联电抗网络导纳的迭代关系,以及用于实现任意零极点位置的全通网络的各种传输线结构[8]。

17.6.4　多耦合腔体电抗网络

Hsu 等人提出了一种针对任意阶数耦合腔体反射均衡器的更通用的设计方法,它可以直接分析由耦合腔体构成的电抗网络[11]。通过电抗网络输入阻抗的极点和零点可以表示网络的群延迟,这些极点和零点的位置可以根据给定的群延迟指标进行优化。一旦完成这些工作,就可以运用综合程序将谐振器的耦合系数与电抗网络的极点和零点建立明确的关系。本方法非常适用于高阶均衡器的综合。

另一种全通网络的设计方法是由张青峰和 Caloz 提出的基于耦合矩阵的综合方法[13]。在该方法中,将均衡器网络的传输函数的阶数加倍,综合出的全通滤波器的耦合矩阵含有交叉耦合。实际上,用该方法实现的均衡器结构类似于图 17.11 所示的混合电桥耦合均衡器结构。这种广义方法将耦合矩阵综合扩展到了全通网络的设计。

17.7　全通网络的优化准则

在通信系统中,全通网络用于均衡滤波器的群延迟响应。理想的群延迟响应表示在整个射频信道带宽内的群延迟是相对平坦的。然而,该响应无法实现,与之最接近的响应是利用全通网络在整个通带内实现等波纹的群延迟响应。但是,这种近似方法使得整个通带的群延迟波动在一段较长的时间周期内变得相当大,给信道带来严重失真。另外,还有一种方法可使整个信道中间部分带宽的群延迟波动较小,而通带边沿的群延迟波动相对较大。这种方法就是针对平坦群延迟带宽(通常关于中心频率对称)及通带边沿的群延迟波纹进行折中设计。这种信道特性,对于大多数调制方式产生的能量谱是适用的。因此,整个系统的优化约束目标通常是给定频段内的相对群延迟,从而使中心区域的群延迟趋于平坦(即对群延迟波纹进行控制),而代价是区域外朝通带边沿方向的群延迟显著增加。典型的通信信道的群延迟均衡过程如图 17.15 所示。

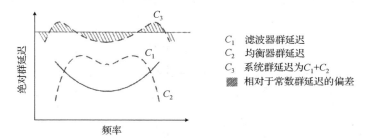

(a) 指定带宽内的系统群延迟为常数(任意预先指定的常数或固定变化的值)

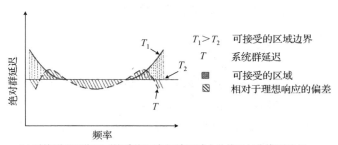

(b) 系统群延迟位于可接受的区域内(该区域由曲线 T_1 与曲线 T_2 围成)

图 17.15　均衡器的优化准则

令曲线 $C_1(f_i, \tau_i, i = 1, 2, \cdots, N)$ 表示滤波器的绝对群延迟响应,它由一组点集来描述。其中 f_i 为第 i 个频率点,τ_i 为相应的绝对群延迟。令 τ_C 和 τ_D 分别为 C 类均衡器和 D 类均衡器级联产生的特定频率 f_i 的群延迟,因此曲线 $C_2(f_i) = (\tau_C)_i + (\tau_D)_i$,其中

$$(\tau_C)_i + (\tau_D)_i = \sum_{i=1}^{k} \tau_i + \sum_{i=1}^{m} \tau_i \tag{17.69}$$

分别表示为 k 阶 C 类均衡器和 m 阶 D 类均衡器的群延迟。

总的群延迟 C 给定为

$$C = C_1 + C_2 \tag{17.70}$$

令 C_0 为通带中心的总群延迟,当给定 $f = f_0$ 时,均衡器的相对群延迟 C_R 为

$$C_R = C - C_0, \quad C_0 = (C_1 + C_2) \tag{17.71}$$

求解 C_R 的极小值,可以得到指定带宽内总的等波纹群延迟响应。接下来,如图 17.15(b) 所示,令曲线 T_1 和 T_2 表示为预先指定的总的相对群延迟区域,满足该准则实际上就是求解函数 F 的极小值,推导如下:

$$F = \sum_{i=1}^{N} (T_{1i} - C_{Ri})^2 + \sum_{i=1}^{N} (T_{2i} - C_{Ri})^2, \quad \text{其中} \, T_{1i} < C_{Ri}, \, T_{2i} > C_{Ri} \tag{17.72}$$

求解函数 F 的极小值,也就确定了 C 类和 D 类均衡网络零点的最佳位置。其中函数 F 的极小值可以运用文献记载的各种优化方法来求解,变量总数为 $k + 2m$ 个。

例 17.1　　以一个通信卫星系统的 6/4 GHz 信道滤波器为例,说明如何通过折中设计得到带内等波纹的群延迟响应。

信道滤波器参数　　转发器中 36 MHz 信道滤波器的典型参数为阶数 $N = 9$,切比雪夫型,中心频率 $f_0 = 4000$ MHz,通带带宽 BW $= 38$ MHz 且回波损耗 RL $= 22$ dB。计算得到的该滤波器的幅度响应如图 17.16 所示。

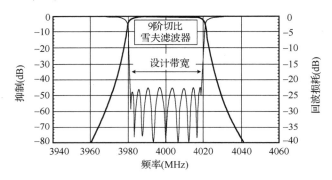

图 17.16　9 阶切比雪夫滤波器的幅度响应

均衡器的折中　　为了得到平坦的群延迟响应,考虑运用 C 类、D 类及 CD 类全通网络来均衡信道滤波器的群延迟响应。通常,将系统指标中群延迟峰值之间的波动设置为小于或等于 2 ns。当然,整个滤波器带宽内的群延迟波动小于 2 ns 是不可能的,折中的目的主要是使群延迟峰值之间 2 ns 波动范围内的均衡带宽最大化。

因此,对均衡器网络优化所施加的约束条件可以归纳如下:

1. 整个滤波器带宽中间部分的群延迟波动 $|\tau(f) - \tau(f_0)| < 1$ ns。
2. 群延迟峰值之间 2 ns 波动范围内的均衡带宽最大化。

优化参数的计算　　波导接口型号为 WR-229,$a = 2.29$ in $= 58.166$ mm,$b = 1.145$ in $= 29.083$ mm,截止频率为 2.577 GHz。

均衡器参数的优化

C 类网络:$\sigma_c = 101$,最大均衡宽带为 59%。

D 类网络:$\sigma_d = 99$,$\omega_d = 57.5$,最大均衡带宽为 74%。

CD 类网络:$\sigma_c = 67$,$\sigma_d = 92.5$,$\omega_d = 57.5$,最大均衡带宽为 77.5%。

单个滤波器的群延迟响应,以及三种均衡器优化后的群延迟响应如图 17.17 所示。这个例子清楚地表明，D 类均衡器代表了通信信道中群延迟均衡的最经济有效的方法。使用 3 阶或更高阶均衡器虽然可以稍微改善均衡带宽，但代价是增加结构的质量、复杂性和敏感性。综上所述，实际应用中的系统总是使用 2 阶(最多达 3 阶)均衡器网络。

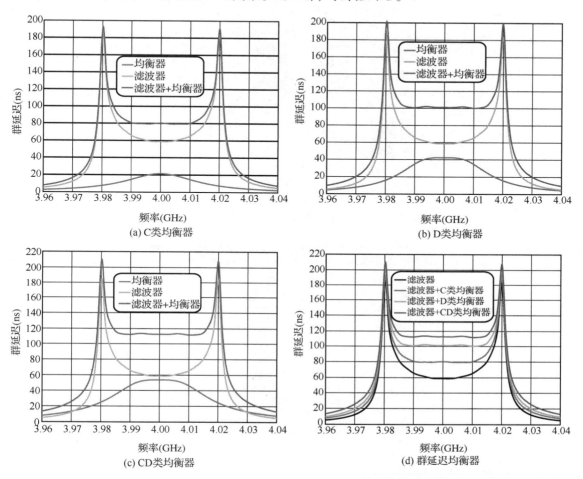

图 17.17　单个滤波器的群延迟响应和滤波器外接三种均衡器优化后的群延迟响应

物理实现　为了计算物理尺寸，我们选取了最有效、最实用的 D 类均衡器网络。按照式(17.68)计算的电参数结果如下(见图 17.18)：

$$\sigma_d = 99.03, \qquad \omega_d = 57.54$$
$$|t_d| = |\sigma_d + j\omega_d| = 114.53$$
$$\frac{K_1}{Z_0} = 0.0175, \qquad \frac{K_2}{Z_0} = 0.1738$$
$$\frac{X_1}{Z_0} = 0.0175, \qquad \frac{X_2}{Z_0} = 0.1792$$
$$\theta_1 = 179.0, \qquad \theta_2 = 169.1$$

在图 17.19 中，D 类均衡器的物理尺寸包括：波导接口型号为 WR-229，$a = 58.166$ mm，$b = 29.083$ mm。中间部分为感性膜片；膜片厚度 $t = 2$ mm；膜片宽度 $w_1 = 9.067$ mm，$w_2 = 20.776$ mm；腔体长度：$l_1 = 48.53$ mm，$l_2 = 45.2814$ mm。以上物理尺寸是利用电磁方法计算得到的。

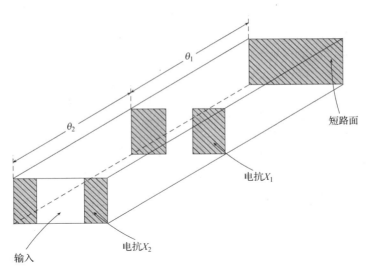

图 17.18　D 类均衡器示意图

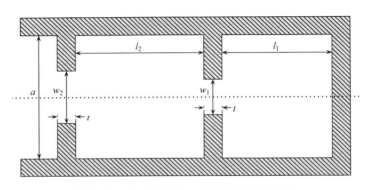

图 17.19　D 类均衡器的物理实现(顶视图)

17.8　全通网络的损耗

全通网络的损耗与滤波器网络的关系一致,它与网络的归一化绝对群延迟成正比,与均衡器结构的无载 Q 值成反比。一个极好的损耗近似公式是

$$\alpha_E = 20(\lg \mathrm{e})\frac{\pi}{Q}\tau_N \quad \mathrm{dB} \tag{17.73}$$

其中, τ_N 为归一化群延迟,且 Q 为均衡器网络的无载 Q 值。

根据式(17.48)和式(17.49),C 类和 D 类均衡器中间带宽的归一化群延迟分别计算为 $\sigma/2(1-F_0^2)$ 和 $\sigma/(1-F_0^2)$。因此,网络的损耗计算如下:

C 类均衡器: $$\alpha = 20(\lg \mathrm{e})\frac{\pi}{Q}\frac{\sigma/2}{1-F_0^2} \quad \mathrm{dB} \tag{17.74}$$

D 类均衡器: $$\alpha = 20(\lg \mathrm{e})\frac{\pi}{Q}\frac{\sigma}{1-F_0^2} \quad \mathrm{dB} \tag{17.75}$$

均衡器中间带宽部分的总损耗是通过各个 C 类和 D 类均衡器的损耗叠加得到的,这个近似值在整个通带内都是成立的。也就是说,群延迟变化反映了损耗的变化,其中变化比例常数为 $20(\lg e)\dfrac{\pi}{Q}$, 即 $27.3/Q$。

17.9　均衡器的折中设计

全通网络主要用于在不改变幅度响应的前提下提高滤波器的性能。然而,加入全通网络会增加系统的损耗、质量、体积、成本及复杂性。因此,在使用均衡器网络时,应该从系统的角度出发来折中考虑。

信道的均衡一般通过外接均衡器,或采用自均衡滤波器(线性相位滤波器)来实现。与外接均衡器相比,线性相位滤波器似乎更具有吸引力,因为其体积更小,也更轻,但也会增加滤波器的阶数及设计的复杂性。这类设计对物理公差非常敏感,因此很难通过调试得到理想的响应,对于大量应用中的窄带滤波器更是如此。与最小相位滤波器相比,由于自均衡滤波器需要更多的谐振器,因此对工作环境也极其敏感。

用于均衡整个信道响应的外接均衡器的设计简单、安装方便,反射型均衡器更是如此。这种外接均衡器完全独立于滤波器之外,可以在集成的最后阶段应用,用来均衡滤波器的群延迟,以及系统的群延迟误差。外接均衡器不一定与滤波器集成在一起,它可以单独存在并通过传输线或波导等媒质连接。用于均衡网络设计的电抗网络必须尽量简单,并且经过简单调试就能得到理想响应。与相同阶数的线性相位滤波器相比,外接均衡器可以获得更好的信道特性。

外接均衡器的另一个优势是可以通过改变电抗网络的无载 Q 值灵活地控制通带内的损耗,而对于群延迟均衡的影响却很小。但是,外接均衡器需要使用非互易(铁氧体环形器)或互易(3 dB 正交混合电桥)的器件与电抗网络产生耦合,从而增加均衡器的质量和体积。同时,器件耦合还会导致外接均衡器产生额外的损耗。在小功率应用中,这种额外的损耗非常小,对整个系统的影响不大。反射型均衡器的另一个缺点是对外界的温度变化较为敏感。一般温度超过 $\pm20^\circ C$ 就可能会出现问题,这主要是由于环形器的铁氧体材料造成的。

综上所述,针对通信系统中理想信道特性的系统折中,关键取决于滤波器网络设计的好坏。

17.10　小结

本章首先简要介绍了集总全通网络,它是接下来将要介绍的微波全通网络的基础。

一个全通网络可以用 1 阶网络(C 类网络)和 2 阶网络(D 类网络)的级联来表示。对于 C 类全通网络,其极点和零点位于实轴上且关于虚轴对称分布;而对于 D 类网络,其极点和零点在复平面内的四个象限内对称分布。通过优化这些零极点的位置可以均衡滤波器通带内的群延迟特性,从而使整个信道特性的折中设计与实现均衡网络的物理结构无关。在微波应用中,实现全通网络的方式主要有两种:一种是使用非互易的三端口环形器,其中一个端口接短路电抗网络;另一种是使用 3 dB 正交混合电桥,其两个端口接相同的电抗网络。由于环形器在微波频段满足 30 ~ 40 dB 的隔离度比较容易实现,因此这种方式是最方便的。在实际应用中,该环形器足以满足近乎理想的全通网络的需要,从而简化了用于特定电抗网络的反射型均衡器网络的综合过程。本章通过一个卫星信道应用实例来说明怎样使用 C 类、D 类和 CD 类均衡器进行群延迟的均衡折中，并选取 D 类均衡器进行优化，最后运用电磁工具计算出结构的物理尺寸。

本章末尾还简要讨论了与等价的线性相位滤波器相比，外部均衡网络所具有的优点。

17.11　原著参考文献

1. Blinchkoff, H. J. and Zverev, A. I. (1976) *Filtering in the Time and Frequency Domains*, Wiley, New York.
2. Van Valkenburg, M. E. (1960) *Modern Network Synthesis*, Wiley, New York.
3. Scanlon, J. O. and Rhodes, J. D. (1968) Microwave all-pass networks Part 1 and Part 2. *IEEE Transactions on Microwave Theory and Techniques*, **16**, 62-79.
4. Merlo, D. (1965) Development of group-delay equalizers for 4GC. *Proceedings 1EE (London)*, **112**, 289-295.
5. Cristal, E. G. (1966) Analysis and exact synthesis of cascaded commensurate transmission-line C-section all-pass networks. *IEEE Transactions on Microwave Theory and Techniques*, **14**, 285-291. [see also addendum to this article, ibid., **14**, 498-499 (Oct. 1966)].
6. Abele, T. A. and Wang, H. C. (1967) An adjustable narrow band microwave delay equalizer. *IEEE Transactions on Microwave Theory and Techniques*, **15**, 566-574.
7. Woo, K. (1965) An adjustable microwave delay equalizer. *IEEE Transactions on Microwave Theory and Techniques*, **13**, 224-232.
8. Cristal, E. G. (1969) Theory and design of transmission line all-pass equalizers. *IEEE Transactions on Microwave Theory and Techniques*, **17** (1), 28-38.
9. Kudsia, C. M. (1970) Synthesis of optimum reflection type microwave equalizers. *RCA Review*, **31** (3), 571-595.
10. Chen, M. H. (1982) The design of a multiple cavity equalizer. *IEEE Transactions on Microwave Theory and Techniques*, **30**, 1380-1383.
11. Hsu, H. T. *et al.* (2002) Synthesis of coupled-resonators group-delay equalizers. *IEEE Transactions on Microwave Theory and Techniques*, **50** (8), 1960-1967.
12. Cohn, S. B. (1957) Direct-coupled resonator filters. *Proceedings of the IRE*, **45**, 187-196.
13. Zhang, Q. and Caloz, C. (2013) Alternative construction of the coupling matrix of filters with non-paraconjugate transmission zeros. *IEEE Microwave and Wireless Components Letters*, **23** (10), 509-511.

第18章 多工器理论与设计

前面的章节论述了通信网络中单个微波滤波器的设计。在多用户环境下，通信系统将一系列微波滤波器作为多端口网络的一部分，用于划分或合并射频信道。这种多端口网络通常简称为多工器网络，或多工器(MUX)。本章专门介绍多工器在不同工作环境中的设计应用。

18.1 概述

在通信系统中，多工器的作用主要是将宽带信号划分为若干窄带信号(射频信道)。在多用户环境下，按照通信话务量分配频段的信道化具有很大灵活性。同时，单个信道的放大，仅需要高功率放大器(HPA)在一定可接受的非线性条件下高效地工作。另外，多工器也可以提供相反的功能，即将多个窄带信号合并为一个宽带混合信号，并经过公用天线传输。因此，多工器又称为信道器或合路器。由于滤波器网络的互易性，多工器也可以在同一器件中起到分离发射与接收频段的作用，称为双工机(duplexer)或双工器(diplexer)。双工器可以应用于不同的场合，比如卫星有效载荷、无线系统和电子战系统。关于信道频段分配的基本原理、多工器技术概要及其信道影响，详见第1章。

尽管利用单端口天线系统划分或合并不同频率信号(信道)的技术已出现多年，然而直到20世纪70年代卫星通信系统的出现，才极大地推动了这方面的应用。图18.1给出了一个常用的简单有效载荷系统框图，它由收发天线、低噪声接收机、输入和输出多工器及高功率放大器组成。这个有效载荷系统用于执行在轨转发，也就是在分配的频段内接收、放大及发射信号。由于实际高功率放大器的限制，需要通过输入多工器(IMUX)将接收信号划分为若干窄带射频信道，并分别由高功率放大器放大后，再通过输出多工器(OMUX)合并信道，经共用天线传输回地面。在卫星有效载荷系统中，输入和输出多工器决定了射频信道特性，因此它们对整个系统具有重大影响。典型的输入和输出多工器中滤波器的数量在48~100之间。

另一种多工器结构是广泛应用于无线通信系统基站中的收发双工器。这类器件需要满足严苛的电气指标和使用要求，且在一个腔体内同时存在非常接近的高低功率信号。在某些应用中，这些双工器被安装在发射天线塔顶端，需要承受糟糕的极端天气环境。图18.2显示了一个蜂窝基站前端的简单框图。接收滤波器的用途是抑制输入低噪声放大器和下变频器中的带外干扰，而发射滤波器主要用于抑制基站发射部分产生的带外信号，同时必须对接收频段具有极高的抑制，消除可能经过共用天线馈入接收机的互调产物。

另外，多工器也可以应用于无线系统中基站需要在不同方位安装定向天线以传输多个信道频率的场合。这种情况下，多工器将整个频段划分成单独的信道，并朝不同的方向辐射信号。多工器在无线基站中的另一个可能应用是当基站给不同的运营商提供服务时，授权每个运营商只能使用整个基站覆盖频段中的指定信道。

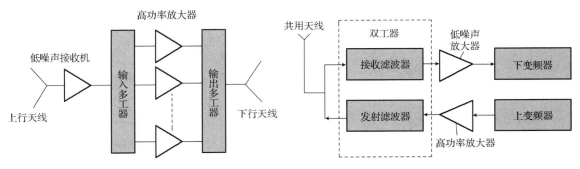

图 18.1　卫星有效载荷系统的简单框图　　　　图 18.2　蜂窝基站前端的简单框图

在电子战系统中,多工器构成了一个开关滤波器组,是工作在敌对方密集信号干扰环境下的宽带接收机的基本组成部分。其中开关与多工器集成在一起,并起到特定信道的选择作用,实际上还可以使用具有可变中心频率和可变带宽的可调谐滤波器来实现。

18.2　多工器的构造

从 20 世纪 70 年代中期到现在,多工器网络的设计与实现取得了很大的进展,其最常用的结构为混合电桥耦合多工器、环形器耦合多工器、定向滤波器多工器和多枝节耦合多工器。这些多工器结构的优缺点总结在表 18.1 中[5]。

表 18.1　各种多工器结构的比较

	混合电桥耦合多工器	环形器耦合多工器	定向滤波器多工器	多枝节耦合多工器
优点	1. 遵循模块化设计理念 2. 调试简单,信道滤波器之间无相互影响 3. 传输模式或反射模式的总功率经过混合电桥分路后,其中功率的一半入射到每个滤波器输入端;功率容量增加的同时,电压击穿的可能性降低	1. 遵循模块化设计理念 2. 每信道只需要一个滤波器 3. 滤波器采用标准设计 4. 调试简单,信道滤波器之间无相互影响	1. 遵循模块化设计理念 2. 每信道只需要一个滤波器 3. 调试简单,信道滤波器之间无相互影响	1. 每信道只需要一个滤波器 2. 更紧凑设计 3. 能实现最佳的绝对插入损耗、幅值和群延迟响应的性能
缺点	1. 每个信道需要一对相同的滤波器和一对混合电桥 2. 混合电桥与滤波器之间的线段长度需要准确调节,以满足电路的方向性指标要求 3. 相对于其他结构的多工器,体积和质量都比较大	1. 信号必须连续通过每路径上的所有环形器,导致损耗增加 2. 低损耗、高功率的铁氧体环形器增加成本 3. 相对于其他结构而言,无源互调较差	1. 仅限于全极点函数,例如巴特沃思函数和切比雪夫函数 2. 实现大于 1% 的带宽很困难	1. 设计复杂 2. 多工器调试耗时且成本高 3. 频率划分不灵活,即改变信道频率需要全新的设计

18.2.1　混合电桥耦合结构

图 18.3 显示了一个混合电桥耦合多工器结构,其中每个信道分别由一对相同的滤波器和一对 90°混合电桥组成。混合电桥耦合的主要优点是方向性指标极高,使得信道滤波器的相互影响最小化。因此,混合电桥耦合多工器遵循模块化设计,今后在一些系统中需要增加额外的信道时,不受现有多工器设计的影响。该结构的另一个重要优点是每个滤波器仅承受一半的输入功率,因此这种多工器应用于高功率时可以放宽滤波器的设计指标。另外,由于每信

道需要使用一对滤波器和一对混合电桥，因此它的缺点是体积特别大。此类多工器的另一个设计考虑是，两路信号经过两路滤波器之后，在信道输出端将产生相位偏差。因此，在实际平面电路应用中，当使用调谐元件实现两路相位平衡非常困难时，可以通过减小结构制造公差来保证相位偏差最小。

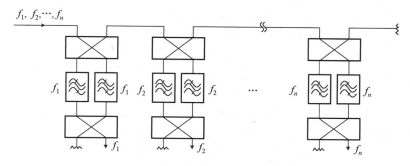

图 18.3　混合电桥耦合多工器结构

18.2.2　环形器耦合结构

在环形器耦合结构中，每个信道由一个嵌入式环形器和一个滤波器组成，如图 18.4 所示。与混合电桥耦合类似，环形器的单向性使其同样遵循模块化集成设计，设计和装配极其简单。第一个信道的插入损耗为信道滤波器插入损耗与环形器插入损耗之和。由于随后的信道需要经过多个相邻信道的环形器，因此其插入损耗相对较高。图 18.5 所示为一个四信道环形器耦合多工器[17]，由串成一排的四个环形器通过电缆分别与四个滤波器连接而成。

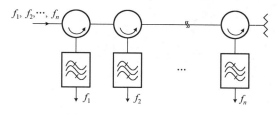

图 18.4　环形器耦合多工器

图 18.5　四信道环形器耦合多工器[17]

18.2.3　定向滤波器结构

图 18.6 所示为一组定向滤波器串联而成的多工器结构。定向滤波器为四端口器件，其中一个端口接负载，另外三个端口的作用实际上与连接带通滤波器的环形器的作用类似。功率从第一个端口入射，在第二个端口呈现带通频率响应，而反射功率出现在第三个端口。因此，定向滤波器无须使用铁氧体环形器。

图 18.7 给出了分别用波导和微带实现的两种定向滤波器[1]。波导结构的定向滤波

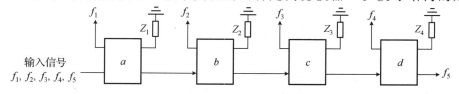

图 18.6　定向滤波器多工器

器是通过矩形波导(工作于 TE_{10} 模)与圆波导滤波器(工作于 TE_{11} 模)耦合实现的,而在微带结构中,定向滤波器是通过一段传输线与一组相互耦合的 $360°$ 波长环形谐振器产生耦合后,再耦合到另一段传输线上实现的。这种多工器网络的优点与混合电桥耦合和环形器耦合的多工器网络类似,缺点是只适合窄带应用。

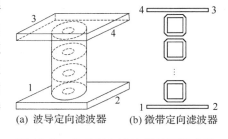

(a) 波导定向滤波器　(b) 微带定向滤波器

图 18.7　实现定向滤波器的两种方法

18.2.4　多枝节耦合结构

图 18.8 所示为多枝节耦合多工器,其插入损耗的绝对值是最小的,因此可作为最佳的选择方案。在这种多工器的设计过程中需要考虑当所有信道滤波器同时存在时,信道之间的相互影响该如何补偿。这也就意味着多枝节耦合多工器不能适用于任意频率分配场合,信道的任何改变都需要当成新的多工器来设计。此外,随着信道的增加,运用该方法实现多工器变得更加困难。图 18.8所示的多枝节耦合多工器实际上可称为信道器。这种结构也可以作为合路器使用。图 18.9 所示为一个四信道多工器,由一个波导多枝节和四个双模圆波导滤波器组成。图中还给出了一个由同轴多枝节超导滤波器构成的小型多工器[20]。多枝节耦合的概念还可以通过图 18.10 所示的平面电路来实现,三个微带滤波器通过一个多枝节微带线连接到一起[17]。在这个特例中,其中一个信道直接与多枝节相接。

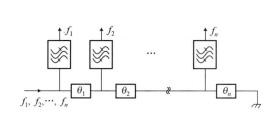

图 18.8　多枝节耦合多工器

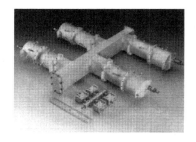

图 18.9　C 波段四信道波导多工器与四信道超导多工器的比较

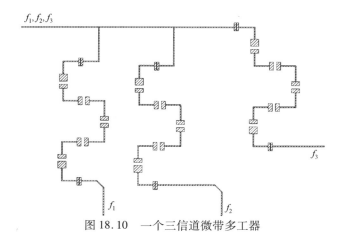

图 18.10　一个三信道微带多工器

通信系统中的多工器网络按功能可以分为三类：射频信道器、射频合路器和收发双工器。每类多工器的设计都会受到系统及其应用的制约。

18.3 射频信道器(多工器)

宽带通信系统的可用频谱需要划分为若干窄的频段或信道，从而优化系统性能，如第 1 章所述。实现这种功能的多工器称为输入多工器、多路复用器或射频信道器。每个接收机系统都需要使用这种多工器，其设计受到以下条件的限制：

1. 必须具有将频段划分为若干个离散毗连的射频信道的能力。
2. 每个射频信道必须输出近乎理想的响应特性，即通带内损耗和群延迟波动最小化，带外衰减最大化，从而使来自其他信道的干扰最小化，并给高功率放大器提供干净的放大信号。换句话说，一个近乎理想的滤波器可以避免将射频信道带外的干扰信号放大。

在一个通信系统中，宽带信号经过低噪声放大器放大后由射频信道传输。因此，插入损耗可以不受限制，这类多工器的设计正好利用了这个特性。必须注意的是，如果损耗过大则需要额外的放大器，这反而增加了系统的负担。最常见的输入多工器设计是混合电桥分支网络多工器和环形器耦合多工器。

18.3.1 混合电桥分支网络多工器

图 18.11 所示的一个混合电桥分支网络多工器的典型排列形式，具体描述了一组五信道邻接多工器的应用。宽带输入信号经过 3 dB 混合电桥后等分成两个支路信号，直到支路数等于信道数为止。支路中每个信道滤波器的输入端都安装了一个隔离器。

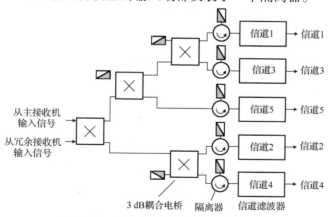

图 18.11 混合电桥分支网络输入多工器

每个滤波器输入端出现的频谱信号包含整个信道组的频谱。其中与滤波器通带对应的频谱得到传输，而其余频谱被反射，由隔离器负载吸收。任意一路末端的信道滤波器的位置不受限制。

混合电桥分支网络多工器的优点总结如下。

- 设计简单，只需使用标准的混合电桥和信道滤波器。
- 分支网络可以使用微带技术集成，质量轻，结构紧凑且可靠。

- 混合电桥的第二个输入端可作为冗余低噪声放大器的输入,无须使用射频开关。
- 由于每个滤波器输入端直接接收宽带信号,所以信道之间不存在干扰。另外,每个信道滤波器单独工作并且可以单个调试,与整个多工器中的其他滤波器无关。
- 整个输入多工器全带宽内的输入回波损耗较好。

此多工器的缺点主要是插入损耗过高,其中每个混合电桥的典型损耗值为 3.5 dB。图 18.11 所示的一个 Ku 波段的输入多工器,最坏情况下包含互连电缆和隔离器的插入损耗接近 12 dB (信道 1 和信道 3),其中还不包含信道滤波器的损耗。另一个缺点是,各个信道的插入损耗存在很大的差异,这主要取决于信道滤波器到输入端链路中混合电桥的数量。每个信道传输的功率水平各不相同,需要在高功率放大器之前进行均衡,从而增加了系统设计的复杂性。

18.3.2　环形器耦合多工器

环形器耦合输入多工器有时称为"信道分离"多工器,这样能更好地诠释它是如何工作的[15]。图 18.12 所示为一组五个邻接信道多路复用的环形器耦合输入多工器,其中输入混合电桥将五个信道组的功率信号等分为两个支路。每个支路中的第一个环形器直接与该支路中第一个信道滤波器构成一组,其中与这个滤波器通带对应的信道信号朝该滤波器输出方向传输,而此滤波器通带外的其他信道信号被反射到其输入端,由环形器控制并馈送到链路中第二组环形器和信道滤波器。这时,与第二组滤波器通带对应的信道信号经过该滤波器传输,而剩余信号被反射,等等,直至所有剩余信号被链路末端的终端负载吸收。

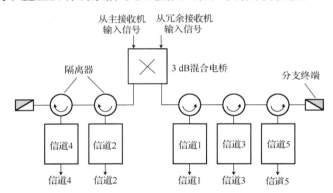

图 18.12　环形器耦合(信道分离)输入多工器

环形器耦合输入多工器不仅插入损耗极小,而且这种设计方法几乎可以保持混合电桥分支网络技术的所有优点。在射频信道链路中,每个混合电桥提供了两个可选支路,而每个支路允许连接到交替的(非邻接)信道滤波器。一旦从支路中提取出所有信道信号,剩余信号能量就将由最后一个环形器端接的负载吸收。由于非邻接信道之间频率间隔较大,其产生的反射信号对邻接信道的影响可忽略不计。如果多工器的输入端不使用混合电桥,那么显然在同一支路中会提取到邻接信道的信号。在这种情况下,由于没有其他支路,信号反射的影响将使信道的性能产生明显下降。这种现象有时也称为"路径失真"(将在 18.3.3 节介绍)。

环形器耦合多工器的优点与混合电桥多工器相似,即环形器链路可以变得更轻,更紧凑,结构更可靠。信道滤波器不仅可以按单个模块来设计和调试,而且将其集成到多工器子系统后,对某些性能参数的影响基本上可忽略不计。

　　与混合电桥分支网络输入多工器相比，环形器耦合输入多工器的损耗更小。一个典型应用是通信卫星的 Ku 波段波导环形器耦合输入多工器子系统，如图 18.13 所示。在这个例子中，滤波器采用的是与环形器耦合的外接群延迟均衡功能的双模带通滤波器。

18.3.3　路径失真

图 18.13　Ku 波段波导环形器耦合输入多工器子系统

　　在环形器耦合多工器中，单个滤波器集成到多工器子系统后，其传输特性不受影响。信道信号传输到各自的信道滤波器之前，会受到路径中非对应的滤波器输入信号的反射影响。由于信道反射造成的偏差称为路径失真。"路径"这个词贴切地描述了这种失真，而且逐渐被采纳。其计算过程如下。

　　链路中对应第一个滤波器的信道信号（见图 18.12 中右边支路的信道 1）不会受到其他滤波器信道的任何反射影响，直接经该滤波器输出。但是，在第一个信道滤波器的输入端，不仅包含第二个信道信号和该信道后面所接信道的反射信号，而且还包含这个信道滤波器的输入反射信号。传输特性可以近似表示为

$$
\begin{aligned}
S_{1c}(s) &= S_{21}^{(1)}(s) \qquad \text{dB}, && n = 1 \\
S_{nc}(s) &= S_{21}^{(n)}(s) + \sum_{i=1}^{n-1} S_{11}^{(i)}(s) \qquad \text{dB}, && n = 2,3,\cdots
\end{aligned}
\tag{18.1}
$$

其中 $s = \mathrm{j}\omega$；n 为实际链路中滤波器的位置编号；$n=1$ 表示距离公共输入端最近的第一个滤波器；$n=2$ 表示链路中的第二个滤波器，等等；$S_{nc}(s)$ 表示链路中公共输入端到第 n 个滤波器输出端的总传输函数；$S_{21}^{(n)}(s)$ 为链路中第 n 个滤波器的传输函数；$S_{11}^{(i)}(s)$ 为链路中第 i 个滤波器的反射函数。

　　在式（18.1）中，假设多工器中的环形器是理想的，即其方向性指标为无限大。这意味着信号单向传输，反向隔离度无穷大。在大多数多工器实际应用中，方向性指标介于 30～40 dB 之间的环形器非常普遍，从而说明了假设的合理性。反射响应不仅与传输信道和反射信道的频率间隔有关，而且还取决于信道滤波器的性能。

18.3.3.1　非邻接信道的路径失真

　　在图 18.12 所示的输入多工器结构中，两个支路之间的信道为非邻接的。以右边支路（奇数信道）为例，信道 1 的传输函数为信道滤波器自身的传输函数。公共端输入的信道 3 的信号经信道 3 滤波器输出之前，会叠加信道 1 滤波器的反射信号。因此，信道 3 的信号经输入多工器后的传输响应，就是信道 1 滤波器的回波损耗响应叠加了信道 3 滤波器的传输响应之后的响应，即

$$
S_{3c}(s) = S_{21}^{(3)}(s) + S_{11}^{(1)}(s)
\tag{18.2}
$$

信道 1 不会受到链路中其他信道滤波器的影响，但后面的信道，如信道 3 和信道 5，除了自身传输响应，还分别接收了信道 1 的、以及信道 1 与信道 3 叠加的回波损耗响应，如图 18.14（a）所示。对于非邻接信道，链路中后面的其他信道引入的反射响应，对信道通带内的幅度和群延迟的影响不大。

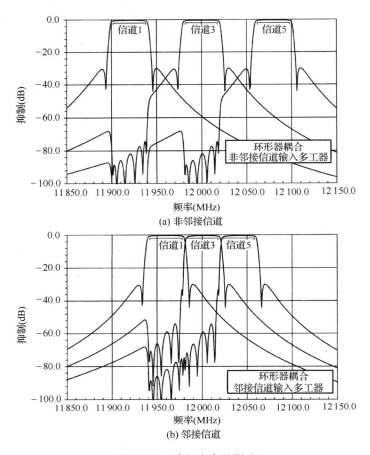

图 18.14　路径失真的影响

18.3.3.2　邻接信道的路径失真

对于邻接信道,可以运用与非邻接信道相同的方法,来计算邻接信道整个频段内的反射响应。如图 18.14(b)所示,其中信道 1、信道 3 和信道 5 是邻接的,信道 1 不会受到其他信道反射的影响。但是,信道 3 却会受到信道 1 反射的影响。由于信道 3 的通带下边沿频率与信道 1 的通带上边沿频率非常接近,导致其下边沿频率附近的损耗与群延迟变化很大,如图 18.15 所示。信道 3 的通带上边沿频率离信道 1 较远,几乎不受任何影响。类似地,信道 3 不对称的反射信号将对信道 5 产生影响。

需要注意的是,如果上面例子中信道的顺序相反,则信道的通带上边沿频率会受到严重影响。这样因反射影响带来的较大变化只存在于通带内的一侧,而另一侧则不受影响,因此信道响应将呈现不对称。影响信道反射响应的还有信道滤波器的抑制。在非邻接信道的系统中,如果给定频率的抑制超过 60 ~ 70 dB,则对反射响应几乎没有影响。然而,在邻接信道的系统中,若给定频率的抑制位于 5 ~ 10 dB 之间,则将引起其带内幅度及群延迟的极大变化。这些问题将在 18.4.2 节讨论混合电桥耦合滤波模块多工器时详细描述,而采用不对称的滤波器设计可以在一定程度上改善失真。

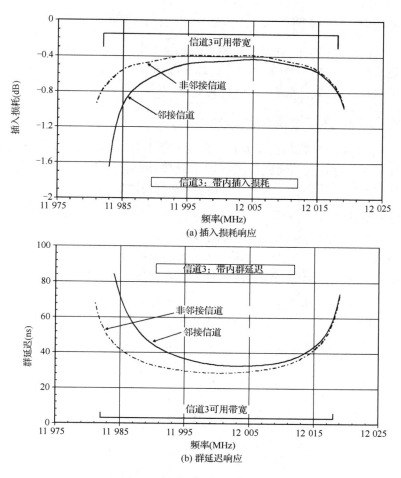

图 18.15 信道 3 的带内失真

18.4 射频合路器

射频合路器通常也称为输出多工器或简称为多工器。这种合路器主要是提供与射频信道器相反的功能,用于基站系统中的发射部分。这种多工器有以下设计限制条件。

1. 必须能对若干邻接或非邻接的射频信道功率进行合路。
2. 主要参数是插入损耗,它将直接影响到功率的辐射和传输能力。
3. 在地面或太空环境应用中,必须具有极高的功率容量。
4. 必须在接收频段提供极高的隔离度,用于抑制高功率放大器产生的谐波。

输出多工器的主要用途为将若干射频信道功率合并为一路并馈送到天线。由于天线只有一个端口,因此实现简单且容易优化其性能。这种多工器的设计主要取决于信道的数量,无论信道是邻接的还是非邻接的。最关键的是,输出多工器的功率容量和工作环境都会影响其设计与实现。表 18.1 列出了用于射频信道合路的各种多工器结构的比较,但在大部分系统中使用的是多枝节耦合或混合电桥耦合的多工器。

18.4.1　环形器耦合多工器

环形器耦合结构仅适用于低损耗要求的中低功率(几十瓦或数百瓦以下)的两信道合路。虽然这种结构最简单且最经济,但受到了环形器的高功率承受能力及低损耗水平的制约,而这些可以通过使用混合电桥耦合滤波模块网络来克服。

18.4.2　混合电桥耦合滤波模块多工器

由两个相同的带通滤波器和两个90°(正交)混合电桥组成的混合电桥耦合滤波模块(HCFM),其方向性指标较高,使该模块可用于代替环形器,工作原理如图18.16所示。根据90°混合电桥的散射矩阵定义[21],可以得到该模块的性质如下。

- 端口3输入的带外信道信号通过主路上的混合电桥进入两个相同的信道滤波器的输入端,被滤波器反射的信号在端口4合路输出。
- 剩余没有反射的信号被模块对角端口2所接的负载吸收。
- 端口1输入的主信道信号与端口3的带外信号在端口4合路输出。

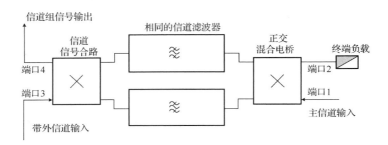

图18.16　混合电桥耦合滤波模块

使用任意长度的传输线,可将HCFM相互连接起来,构成多工器(见图18.17)。其中,每个模块内的单个滤波器仅承受一半的输入功率,因此滤波器腔体内的峰值电压会减少$1/\sqrt{2}$,同时其热消耗将减半。

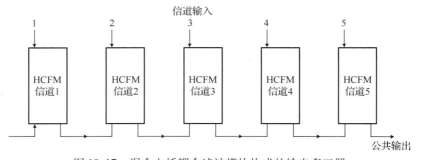

图18.17　混合电桥耦合滤波模块构成的输出多工器

在波导结构应用中,如果信道输入端口与滤波器输出端口呈直角,则网络中混合电桥通常可以采用简单而紧凑的E面短路裂缝耦合器。由于其内部是一个开放结构,因此非常适合应用于需要承受高峰值电压的信道合路模块。另外,该模块还可以使用宽边分支线耦合器来实现。常用HCFM结构如图18.18所示,其中图18.18(a)所示滤波器为6阶扩展盒形拓扑(双模实现)滤波器,图18.18(b)所示滤波器为6阶相位耦合提取极点(在一个壳体中加工而成)滤波器。

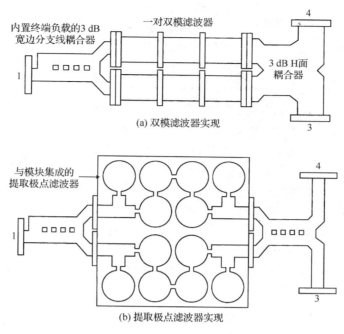

(a) 双模滤波器实现

(b) 提取极点滤波器实现

图 18.18　常用的 HCFM 结构

18.4.2.1　路径失真

HCFM 多工器与环形器耦合多工器的功能类似，即混合电桥加上一对滤波器，这与环形器加上滤波器的作用是相同的。因此式（18.1）同样可以用于表述此模块中每个信道的传输特性，其中限制条件是需要采用理想的混合电桥，即其方向性指标为无穷大，这与环形器耦合多工器中假设环形器的反向隔离度为无穷大的道理是一样的。在实际系统中，混合电桥的方向性指标为 30 ~ 40 dB，完全可以满足上述限制条件。每个信道的传输响应主要取决于模块中对应的信道滤波器响应，而且还包含模块中后接信道的反射响应。如果信道为非邻接信道合路方式，就可以获得极好的高功率性能。然而，如果信道为邻接信道合路方式，则会引起信道通带边沿的插入损耗恶化及群延迟失真。图 18.15 给出了邻接信道合路后引起响应失真的曲线。

邻接信道合路导致信道通带边沿的插入损耗和群延迟波动过大，这种合路方式在实际系统中并不适用。因此，HCFM 多工器的同一分支中很少出现邻接甚至半邻接的信道通带。在卫星通信地面站中，偶数信道分在一个分支，而奇数信道分在另一分支。然后它们通过一个体积较大的混合电桥合路，其中一个端口必须接水冷或强制风冷的负载终端，用于消耗达数千瓦的射频功率。由于使用了混合电桥，运用这种方法将产生额外的 3 dB 损耗，因此在数千瓦量级的功率应用中将带来极大的功率浪费[22]。

突破邻接信道合路限制的方法有两种，一种方法是采用后面章节中介绍的多枝节耦合多工器；另一种方法是修改信道滤波器的设计，产生对称的信道响应来补偿信道通带边沿的失真，这就需要在信道可实现的性能与滤波器结构设计的复杂性和灵敏度之间进行量化折中。接下来将介绍此方法。

已知滤波器类型和后接模块的设计带宽，就有可能修改模块中滤波器的设计，利用不对称来补偿后面的邻接信道。表 18.2 总结了这些方案。

表18.2　HCFM 滤波器解决方案

后面的邻接信道	HCFM 滤波器解决方案
全部为非邻接	常规对称零点
通带的一边存在邻接	邻接信道的通带边沿外有一个或两个传输零点的不对称设计
通带的两边存在邻接	全极点切比雪夫型设计,抑制由邻接信道提供

　　理想情况下,由于后面的邻接信道的反射响应在信道滤波器的传输响应上产生了一个有效的"虚拟"零点,因此信道滤波器在无须添加传输零点的情况下,仍可以保持响应的对称。

　　图18.19 显示了整个 HCFM 多工器的传输响应,其中信道 1 的通带上边沿外的传输响应包含邻接信道 2 及其他两个信道(信道 3 和信道 4)的反射响应。在 HCFM 多工器设计中,信道 1 至信道 3 的每个滤波器的通带下边沿外设计了一个传输零点,由于信道 4 的通带上边沿外没有邻接信道,因此设计了两个对称的传输零点。从图中可以看出,后面包含邻接信道的信道 1 至信道 3 的通带外抑制是对称的。其中滤波器自身的传输零点决定了通带下边沿外的高抑制特性,而通带上边沿外的抑制是由邻接信道的反射产生的。信道 1 的通带内插入损耗和群延迟响应,以及与等价的非邻接信道对称滤波器(包含两个对称的传输零点)响应的对比如图18.19(b)和图18.19(c)所示。

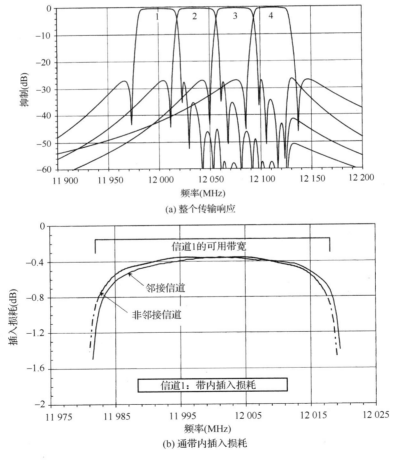

(a) 整个传输响应

(b) 通带内插入损耗

图 18.19　四邻接信道 HCFM 多工器

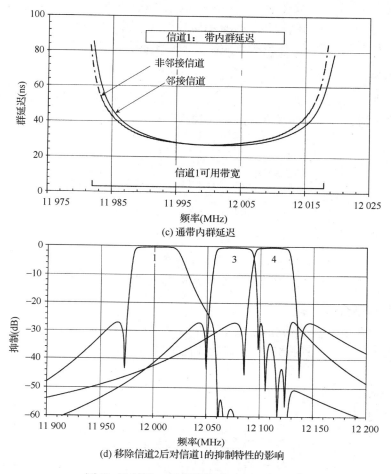

(c) 通带内群延迟

(d) 移除信道2后对信道1的抑制特性的影响

图 18.19(续)　四邻接信道 HCFM 多工器

图 18.19(d)显示了 HCFM 多工器移除信道 2 后对信道 1 的抑制特性的影响。由于后面缺少邻接信道，导致信道 1 通带上边沿外的抑制出现"崩溃"状态，呈现出自然衰变的曲线，表明信道 1 自身的固有响应受到邻接信道的影响。

18.4.3　定向滤波合路器

18.2 节介绍了定向滤波多工器结构。其优缺点总结在表 18.1 中。由于对结构的敏感性且带宽有限，此类多工器极少用于高功率合路网络。这类设计的优点主要体现在滤波器的定向性可起到开关的作用，改变滤波器的输入极化。在卫星通信系统的窄带多工器网络中，该功能可用于切换两个天线的波束[6]。

18.4.4　星形接头多工器和多枝节多工器

星形接头多工器和多枝节多工器的特点是，信道滤波器用星形接头或多枝节实现公共输出端。这两种类型的理论与设计非常相似，主要区别在于多枝节多工器信道之间的多枝节相移线段可将每个发射信道分离出来，因此在优化设计上比较灵活。此外，该设计还有利于将信道滤波器与公共输出传输线有效集成，从而减少了对结构的敏感性。在星形接头多工器中，所有信道的功率聚集在星形接头处,将产生很高的电压和热耗;而在多枝节多工器中,功率是沿着枝节均匀分布的。通常星形结构用于数量相对较少的信道,一般最多4个,比较常见的是低频段的同轴双工器,其内部的星形接头与滤波器的输出端紧凑连接。

18.4.4.1　星形接头多工器

一些星形接头多工器的常用结构如图18.20所示,包括用常规星形接头或阶梯星形接头实现的四信道多工器,以及内部紧凑合路的同轴双工器。

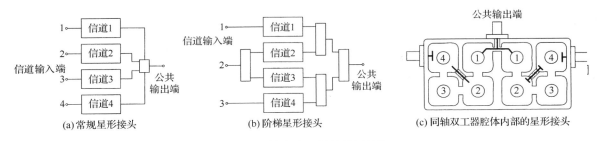

图 18.20　星形接头多工器的常用结构

18.4.4.2　多枝节耦合多工器

三种多枝节耦合多工器结构如图18.21所示,其中信道滤波器采用与多枝节的单边(梳状),两边(鱼脊形),以及与底部馈出端口相连的形式(可用于前两种)。

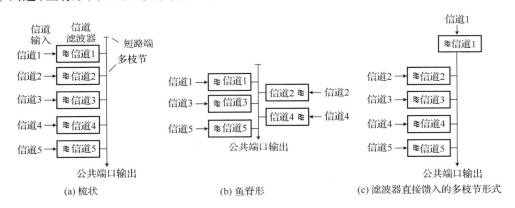

图18.21　多枝节耦合多工器的三种结构

20世纪70年代至80年代,多枝节多工器的设计理论得到了快速发展,许多事实表明它是通信卫星载荷系统的理想方案[3~6]。从电路的角度来看,这种设计方法的最大优点是可以合并任意数量的信道,与它们的带宽和信道间隔无关。另外,多枝节多工器中信道滤波器的设计与实现也没有限制。多枝节可以是传输线、同轴线、矩形波导或其他低损耗结构。这种多工器结构呈现的信道特性与单个信道滤波器的性能接近,这是其他多工器结构不可能实现的。

从机械的角度来看,这种多工器结构可以制作得很轻且紧凑,同时还能达到足够的抗震强度,以及其他严酷的太空发射要求。通过采用特殊材料,在环境温差较大的情况下可以获得稳定的电性能,以及有效地耗散射频能量,将能量传导至冷却板。

图18.22所示为一个太空应用的典型C波段输出多工器,其中一端短路的多枝节上连接了鱼脊形排列的五信道双模滤波器,如图18.21(b)所示。

图 18.22　常规双模滤波器构成的 C 波段五信道多枝节输出多工器

18.4.4.3　设计方法论

由于多枝节多工器中没有定向元件或隔离元件(环形器或混合电桥),因此所有信道滤波器通过近乎无耗的多枝节相互电气连接。此外,多枝节多工器的设计需要全局考虑,不能只考虑单个信道。在早期,考虑到多枝节中不同滤波器的相互影响,针对单个滤波器的设计曾发明过一些独特的方法[1~4,7,8],作用类似于端接匹配负载。然而,近年来随着计算机能力的显著提高,多工器的优化设计技术已发展到极为成熟的阶段,在解析技术的局限性条件下,可以运用优化方法实现多工器的最终设计。值得一提的是 Bandler 等人开发的空间映射技术[23],实现粗糙模型的优化(电路模型或嵌入电磁模型元件的混合电路模型),以及建立粗糙模型与精细模型(即全波电磁模型)之间的映射关系。由于优化变量较多,精细模型电磁仿真器将占用大量的计算机 CPU 时间,在优化过程中应尽量少用。另外,粗糙模型可用电路仿真器来快速优化,特别是在主程序中通过固定没有相互作用的元件的 S 参数(例如波导多枝节接头),预先利用电磁技术建模,作为查表或专用程序来快速调用,从而提供了一套高效精确的优化方法来仿真多枝节多工器。

本节并不打算详细讨论由 Bandler 等人提出的电磁仿真优化方法[23]。接下来将概述用于建立优化电路模型的一些基本方法,其次是关于优化策略的讨论。

18.4.4.4　公共端口回波损耗和信道传输损耗的分析

所有电路优化器的核心是一个高效的分析算法,变量优化过程也就是在不同频率下多次调用这个分析算法[10]。通常,多工器中构建整个评价函数的两个参数是公共端口的回波损耗和单个信道的传输损耗。

针对每个滤波器公共端口的回波损耗对应的初始滤波器函数的带内回波损耗的零点(理想传输点)和回波损耗的最大值(带内最大插入损耗波纹点)的采样频率点,目的是找到与多枝节上其他滤波器相互影响的滤波器的初始频率位置,使公共端口的回波损耗快速优化到合理水平。另外,一般还需要加上两个通带边沿的回波损耗点,采样频率点总数达到了 $2N_k + 1$ 个,其中 N_k 为多枝节连接的第 k 个滤波器的阶数。有时,当通带边沿的抑制处于临界时,还需要在评价函数中额外加入 2 个或 4 个抑制频率点。所以,必须预先给定每个信道的传输和反射指标。图 18.23 显示了一个典型的(5-2)准椭圆函数滤波器的采样频率点的位置。

在优化过程中,需要多次调用计算每个采样频率点对应的公共端口的回波损耗和信道传输损耗的子程序。尽管可以通过建立整个多工器电路的导纳矩阵来分析每个频率点所需的传输和反射性能,但是当信道滤波器的数量过多时,多工器矩阵的阶数将会很大,矩阵求逆需要占用大量的 CPU 时间,即便矩阵是疏松的,并且已知许多参数无须优化。

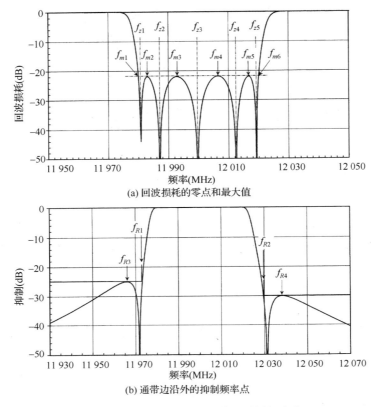

(a) 回波损耗的零点和最大值

(b) 通带边沿外的抑制频率点

图 18.23　优化评价函数的典型采样频率点

在本节末尾介绍"分段"优化方法[12,13]，它可以极大地节省计算机 CPU 时间。这种方法依次反复循环优化每个滤波器参数，且只需计算该滤波器的传输性能，而其他滤波器不会受这个滤波器优化参数变化的影响(假定变化很小)。

为了加快整个优化的速度，需要更有效地单独分析每个滤波器输入端到公共输出端的传输响应以及公共端口的反射响应。多工器的多枝节可以表示为一段单边终端短路的开路传输线与沿长度方向等间距排列的三端口 E 面或 H 面波导接头组成的电路。信道滤波器通过一段短传输线(短截线)与每个接头的第三个端口相接，如图 18.24 所示。

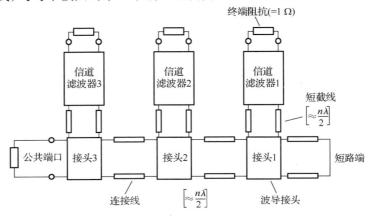

图 18.24　波导多枝节多工器的开路传输线模型(三信道)

如果多枝节为波导形式，则接头类型为 E 面或 H 面。由于它们的固有参数在优化过程中不会改变，因此通过模式匹配法预先计算得到的三端口 S 参数最能代表该接头的特性，其频率范围应覆盖整个多工器的带宽，或者是指定的采样频率点。通常接头的端口 1 和端口 2 是对称的，而端口 3 的尺寸可能有所不同，如图 18.25 所示。

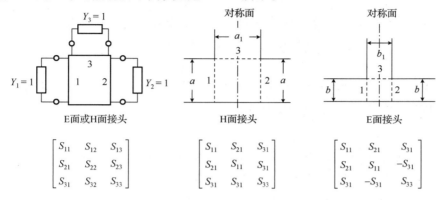

图 18.25　E 面和 H 面波导接头的尺寸参数和 S 参数矩阵表示形式

由于图 18.25 中的接头具有互易性，以及结构上关于垂直轴的对称性，因此有 $S_{22} = S_{11}$ 和 $S_{32} = S_{31}$（H 面），或有 $S_{32} = -S_{31}$（E 面）。这意味着接头的电气性能只需要 4 个参数 S_{11}，S_{21}，S_{31} 和 S_{33} 就可以表示，在计算其 S 参数时假定每个端口都接有匹配负载。但是，如果其中一个端口负载为任意值，则余下两个端口的 S 参数可以定义如下。

1. 端口 2 的导纳 Y_{L2}（不等于 1）：

$$\begin{bmatrix} S'_{11} & S'_{13} \\ S'_{31} & S'_{33} \end{bmatrix} = \begin{bmatrix} S_{11} & S_{13} \\ S_{31} & S_{33} \end{bmatrix} + \frac{\Gamma_2}{1 - \Gamma_2 S_{11}} \begin{bmatrix} S_{21}^2 & kS_{21}S_{31} \\ kS_{21}S_{31} & S_{31}^2 \end{bmatrix} \tag{18.3a}$$

其中 $\Gamma_2 = (1 - Y_{L2})/(1 + Y_{L2})$ 且 Y_{L2} 为接头端口 2 的导纳。当接头为 H 面时 $k = 1$；当接头为 E 面时 $k = -1$。反之，如果端口 1 的导纳为 Y_{L1}，则只需将 S 矩阵中元素的下标 2 改为 1。

2. 端口 3 的导纳 Y_{L3}（不等于 1）：

$$\begin{bmatrix} S'_{11} & S'_{12} \\ S'_{21} & S'_{22} \end{bmatrix} = \begin{bmatrix} S_{11} & S_{12} \\ S_{21} & S_{22} \end{bmatrix} + \frac{\Gamma_3 S_{31}^2}{1 - \Gamma_3 S_{33}} \begin{bmatrix} 1 & k \\ k & 1 \end{bmatrix} \tag{18.3b}$$

其中 $\Gamma_3 = (1 - Y_{L3})/(1 + Y_{L3})$，$Y_{L3}$ 为接头端口 3 的导纳，k 的定义同上。

18.4.4.5　公共端口回波损耗

给定的频率点（例如 1 个采样点）的公共端口回波损耗（CPRL）计算过程如下。

1. 确定并存储信道滤波器在采样点的输入导纳参数 Y_{F1}，Y_{F2} 和 Y_{F3}。

2. 已知端口 3 的导纳，计算每个接头的传输和反射 S 参数 [S'_{21} 和 S'_{11} 见式 (18.3b)]，并转化为 [$ABCD$] 矩阵。从短路端开始，通过每一步中多枝节相移线段与接头的级联，依

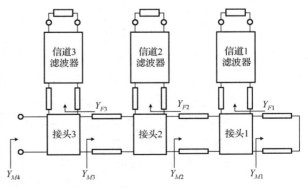

图 18.26　公共端口的回波损耗计算

次计算并存储单个多枝节的导纳参数 Y_{M1}，Y_{M2}，$\cdots$，如图 18.26 所示。

$$Y_{Mi} = \frac{1 + S_{11i}}{1 - S_{11i}} \tag{18.4}$$

其中 $i = 1, 2, \cdots, n + 1$。n 为多枝节所连接的信道滤波器数。

根据最后一个导纳参数(见图 18.26 中的 Y_{M4})可计算出公共端口回波损耗为

$$\Gamma_{\mathrm{CP}} = \frac{1 + Y_{Mn+1}}{1 - Y_{Mn+1}}, \qquad \mathrm{RL}_{\mathrm{CP}} = -20\lg \Gamma_{\mathrm{CP}} \quad \mathrm{dB} \tag{18.5}$$

如果优化参数只有多枝节间距 θ_{M1}，θ_{M2}，$\cdots$，则用于优化公共端口回波损耗的滤波器输入导纳 Y_{F1}，Y_{F2}，$\cdots$在每个采样频率点仅计算和存储一次。

18.4.4.6　信道的传输损耗

如果优化的重点是单个信道滤波器的输入端到公共端的传输函数(如抑制对应的采样频率点)，则可以通过以下步骤来计算。以信道 2 为例，如图 18.27 所示。

1. 根据更新后的参数计算出信道 2 的新参数 Y_{F2}；
2. 根据 18.4.4.5 节第 2 步存储的接头 2 导纳参数 Y_{M2} 并结合式(18.3a)，计算出接头 2 位于端口 2 的 S_{31} 和 S_{11}；
3. 将信道 2 滤波器的 $[ABCD]$ 矩阵和接头 2 的 S 参数 S_{31}，以及沿公共端口方向上的其他多枝节参数进行级联，可以计算出信道 2 的传输损耗。对于其他信道重复以上过程。

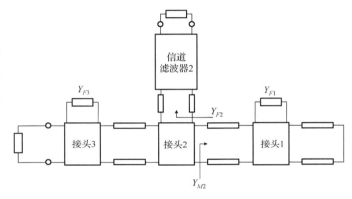

图 18.27　信道 2 的传输损耗计算

用于公共端口反射与传输损耗计算的滤波器和短截线网络的元件都是无耗的(纯电抗)，因此矩阵的乘积与求逆，以及其他运算并不复杂，从而加快了优化速度。

18.4.4.7　信道滤波器设计

多枝节多工器中信道滤波器的纯电抗特性(即信道输入端和公共输出端之间不存在电阻性元件)，与枝节连接的信道滤波器之间存在相互影响。信道滤波器之间的频率间隔越宽，信道滤波器之间的相互影响就越小。其原因是每个滤波器通带外的阻带区域对应的正好是其他滤波器的通带，且在与多枝节连接最近的端口处呈短路状态。为了与其他信道滤波器和多枝节分隔开，该信道滤波器采用了二端口网络设计。信道滤波器与多枝节集成在一起后，需要调节多枝节的所有连接线和短截线的长度，以及微调滤波器的前 3 个或 4 个元件值，使公共端口的回波损耗恢复到一个合理水平。

然而，随着邻接信道滤波器之间过渡带的减小，多枝节所连接的滤波器之间的相互影响变得特别强烈。为使公共端口回波损耗达到一个可接受的水平，需要反复调节滤波器、多枝节连接线及短截线的相移参数。尽管经过优化后双终端滤波器可以用于邻接信道，但如果开始就采用单终端(ST)原型滤波器设计,那么最终将获得最佳的优化结果。第 7 章介绍了单终端原型滤波器的设计方法[1,24]。由于多枝节所连接的邻接信道单终端滤波器之间的相互影响,会产生有利于双方的共轭匹配,使得单终端滤波器网络设计在邻接信道多枝节多工器中极为有效。这种"自然多工"效应,可通过研究从单终端滤波器电路输入端看进去的导纳的特殊性质进行证明。

滤波器输入导纳的实部响应与功率传输响应相同,在通带内趋于 1,在带外下降至趋于零。随着频率从负的无穷大开始增加,导纳的虚部从零开始递增,位于通带下边沿趋于一个正的峰值。然后在整个通带内单调下降,位于通带上边沿趋于一个负的峰值。接下来缓慢递增,在频率无穷远处趋于零。图 18.28 给出了单终端和双终端原型滤波器的导纳实部和虚部响应的变化。

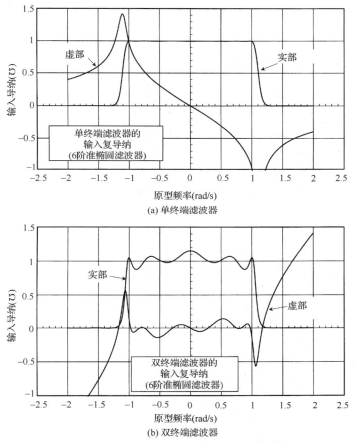

(a) 单终端滤波器

(b) 双终端滤波器

图 18.28 原型滤波器输入导纳的实部与虚部的响应

如果与多枝节连接的邻接信道单终端滤波器在靠近接头处表现为"零阻抗"终端,则它的导纳虚部在通带内的负斜率与延伸到其通带内的两个邻接滤波器的正斜率相互抵消了。从图 18.29 所示的结果可以看出,从端接负载为 1 的多枝节公共端口看进去的源的实部导纳为 1,而源(单终端滤波器)和负载(多枝节所连接的其他滤波器)的导纳虚部基本上相互抵消了,这是因为其他信道滤波器的输入阻抗被自身抑制完全隔离了。

因此,源与负载实现了共轭匹配。虽然这个共轭匹配不太理想,但是相对于采用双终端滤波器设计来说更有用,很合适作为优化过程中的初值。多枝节所连接的邻接信道组中最外边的信道,由于只有一个相邻信道,经过优化后其带内传输损耗更小,且抑制略显不对称。

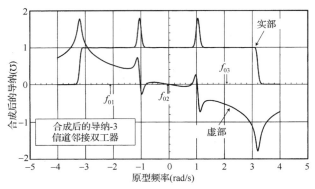

图 18.29　左右两边含有邻接信道的单终端滤波器，从多枝节公共端口看进去合成后的导纳响应

18.4.4.8　优化策略

对于波导多枝节多工器网络而言，中等规模以上网络的建模将变得十分复杂。对于由 6 阶准椭圆双模滤波器构成的六信道多枝节多工器，其开路等效电路大约需要 90 个采样频率点，100 个敏感程度多样且约束条件不同的电子元件。为了满足整个多工器的要求，所有这些电子元件的参数必须正确赋值。

如果同时优化这些参数，那么不仅占用大量 CPU 时间，也很难得到全局优化结果，而是将产生大量局部优化解。多枝节多工器通常需要合路 20 个信道，将来还可能达到 30 个信道以上，这么多变量采用全局优化方法显然不合适。

由于以上这些原因，许多卫星输出多工器的主要设计人员和制造商针对多枝节多工器专门开发了更高效的优化方法。其中之一为"分段"优化法，单独反复循环优化多工器中的部分变量并趋于收敛。这里的"部分"或"参数族"是包含每个信道滤波器(窄带)的前 5 个元件，或所有的多枝节的短截线长度(宽带)。通常首先优化宽带参数(与多枝节的连接线和短截线相关的参数)，接下来重点优化窄带参数(滤波器参数)，初步形成公共端口的回波损耗响应。典型优化过程如下。

设计

1. 设计单个信道滤波器的传输/反射函数，使带内损耗及抑制符合要求。
2. 综合相应的耦合矩阵，假如分隔信道滤波器带宽的过渡带大于设计带宽(DBW) 25%，则采用双终端设计，否则采用单终端设计。由此可以看出，假如一个单终端滤波器的末端与所连端口(即最靠近多枝节的端口)出现共轭匹配，则单终端设计的回波损耗(以 dB 为单位)将加倍。因此，如果为单终端原型滤波器选择一个 9~10 dB 的回波损耗设计值，其虚部导纳与邻接信道滤波器的导纳近似抵消，再加上多枝节输出负载的影响，出现了共轭匹配，该回波损耗值实际将达到约 20 dB。为单终端原型滤波器设计这么低的回波损耗还有一个好处，就是可将其输入耦合值(离多枝节最远的耦合)降至约为 1，从而得到一个与双终端等效且更接近的值。
3. 令多枝节的 E 面或 H 面接头之间的初始间距为 $m\lambda_g/2$，其中 m 尽可能小，这样有利于结构设计。再令多枝节短路面与第一个接头的初始间距为 $\lambda_g/4$(H 面)或 $\lambda_g/2$(E 面)，其中 λ_g 为与波导多枝节公共端口最近的滤波器的中心频率处的波长。
4. 令多枝节接头与滤波器之间的短截线长度为 $n\lambda_g/2$。类似地，n 应该尽可能小。

优化

1. 宽带器件优化。优化接头之间的距离，第一个接头与短路面之间的距离，以及短截线的长度。这样做通常可以极有效地提高公共端口的回波损耗水平。

2. 窄带器件优化。优化短截线与信道滤波器 1 的前 3 个参数或前 4 个参数，即 M_{S1}（滤波器与多枝节的耦合）、M_{11}（第一个谐振器的调谐状态）和 M_{12}（谐振器 1 与谐振器 2 的耦合）。

3. 对所有的信道重复以上过程，由于短截线的长度有限，尽可能使其保持不变。直到评价函数得到改善，其值可以忽略不计为止。

改进

1. 反复优化多枝节的连接线和短截线的长度。

2. 使用更小的步长重新优化每个信道滤波器的参数，而距离多枝节较远的元件仅做少许变化，且最后一个滤波器的耦合 M_{NL} 保持不变（如多工器中滤波器的输入耦合）。

18.4.4.9　四信道邻接输出多工器的分段优化实例

下面用一个四信道邻接的 Ku 波段波导多枝节多工器的优化实例来说明分段优化过程。其中 (5-2) 准椭圆函数滤波器的电性能指标为设计带宽38 MHz，中心频率间隔40 MHz，带外抑制 30 dB，并符合邻接信道的定义。

滤波器采用单终端原型来设计，与初始长度的短截线相连，最终性能结果却令人大失所望。如图 18.30 所示，公共端口回波损耗很差，一个信道也无法识别出。

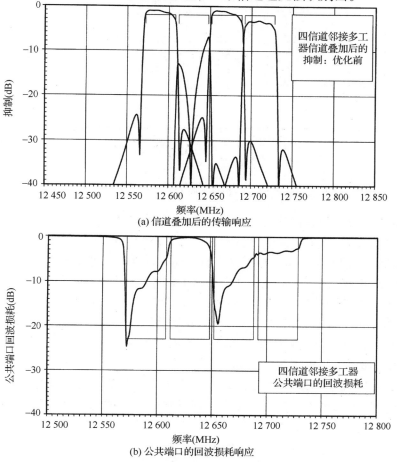

(a) 信道叠加后的传输响应

(b) 公共端口的回波损耗响应

图 18.30　四信道多枝节多工器优化前的性能

　　图 18.31 表明，多枝节的各传输线的长度经优化后，性能得到了较大改善。信道通带外的抑制性能接近设计值，公共端口的平均回波损耗接近 10 dB。

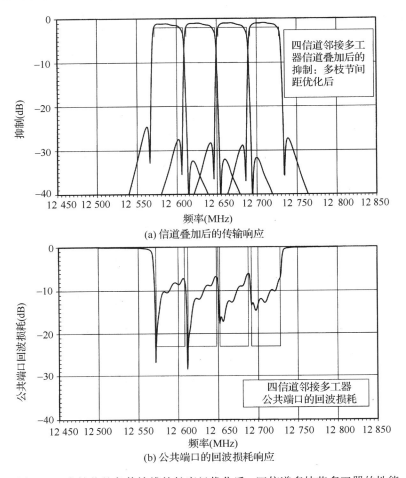

(a) 信道叠加后的传输响应

(b) 公共端口的回波损耗响应

图 18.31　多枝节的各传输线的长度经优化后，四信道多枝节多工器的性能

　　接下来优化每个信道滤波器的前 4 个参数(第一个耦合膜片 M_{S1}，第一个谐振器的调谐状态 M_{11}，第二个耦合膜片 M_{12}，第二个谐振器的调谐状态 M_{22})，使公共端口回波损耗获得更大改善，其响应如图 18.32 所示。所有信道滤波器之间的带外抑制都接近于设计值 30 dB。但是，由于最外边的信道滤波器无邻接信道，因此其带外抑制上升到了 24 dB。

　　再经过精细优化，最终结果如图 18.33 所示。现在，所有信道带宽内公共端口回波损耗都超过了 23 dB。由于信道 1 滤波器的左侧和信道 4 滤波器的右侧没有邻接信道，抑制响应受到的影响极其明显，最外边的信道滤波器的抑制也没有邻接信道条件下的陡峭。因此，导致带内群延迟和插入损耗出现了少许不对称失真。

　　以上仿真过程中，假定全部信道滤波器的 Q_u 值都为 12 000，但是如果假定信道滤波器为无耗网络，则可以加快优化速度。整个优化过程在中等速度的个人计算机(700 MHz)上耗时约 2 min。

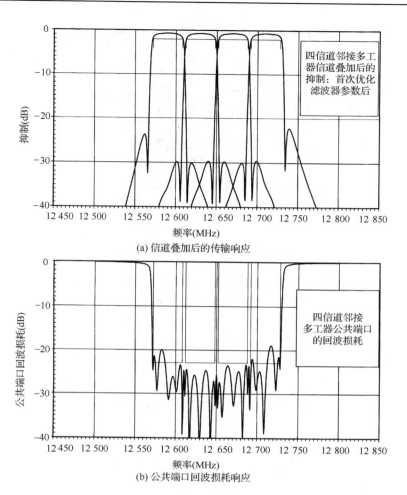

(a) 信道叠加后的传输响应

(b) 公共端口回波损耗响应

图 18.32　首次优化滤波器参数后的四信道多枝节多工器的性能

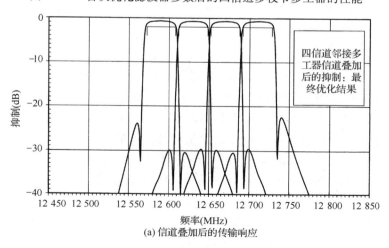

(a) 信道叠加后的传输响应

图 18.33　四信道多枝节多工器的最终性能

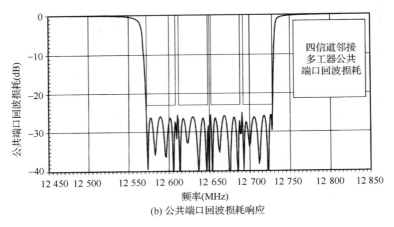

(b) 公共端口回波损耗响应

图18.33(续)　四信道多枝节多工器的最终性能

此外,针对更多信道的合路,这种优化策略也是适用的。图18.34给出了一个C波段20信道(4阶滤波器)多枝节多工器公共端口的回波损耗响应和传输响应,在设计过程中运用了分段优化方法。

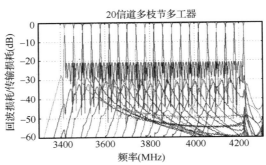

图18.34　20信道多枝节多工器中,信道叠加后公共端口的回波损耗响应和传输响应

18.5　收发双工器

Diplexer和duplexer都可以称为双工器,这种互换方式已被射频工程师使用了许多年。前缀"di-"定义为"两次"或"双倍",而前缀"du-"定义为"两个"或"双"。plex源自拉丁语plexus,意思是零件或元件的交织组合。这两个词在定义上没有本质的区别。例如,当通过开关或环形器来切换接收和发射信号,以实现天线共用时,许多射频技术人员更喜欢用duplexer,而对于同样功能的器件,有些人则喜欢使用diplexer。回顾IEEE近20年的出版物,可以清楚地看到这两个词是可替代使用的。本章使用的是diplexer一词,明显的区别是,diplexer不仅具有合并接收和发射的功能,而且还是一个简单的二信道多工器,可以合并或分离两个信道。

一个简单的双工器结构如图18.35所示,由两个90°混合电桥和两个完全相同的滤波器组成。滤波器设计工作于接收频段,具有足够高的隔离度用于抑制发射频段。双工器允许共用天线接收(Rx)和发射(Tx)信号。根据90°混合电桥的散射矩阵概念[21],从天线端口接收的信号将被发送到接收端口,而来自发射端口的信号被滤波器反射后进入天线端口。该双工器结构的体积较大,需要使用两个混合电桥,但其设计极为简单。

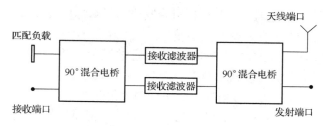

图 18.35　使用 90° 混合电桥实现的双工器

实现双工器的另一种方法是利用 T 形接头（T 形抽头线或 T 形波导接头）合并两个分别实现接收和发射功能的信道滤波器。图 18.36(a) 给出的双工器由两个同轴滤波器和一个 T 形抽头线合路实现，图 18.36(b) 给出的双工器由两个波导膜片带通滤波器和一个 T 形波导接头合路实现。这种情况下，两个滤波器的相互影响非常严重，需要调节接头中的连接线的相位来保证收发信号同时有效工作。在一些应用中，例如雷达系统，接收和发射信号不会同时存在，可使用快速切换开关代替 T 形接头，允许天线任意连接到接收或发射电路。

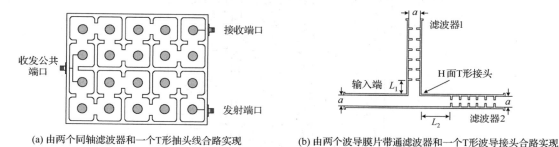

(a) 由两个同轴滤波器和一个T形抽头线合路实现　　　　(b) 由两个波导膜片带通滤波器和一个T形波导接头合路实现

图 18.36　收发双工器的结构

在双工器应用中，接收滤波器的插入损耗指标极其重要，它直接对双工器后面接收机的整个噪声系数产生影响。发射滤波器的插入损耗也同样重要，将影响功率传输和发射系统的效率。因此，需要在滤波器的插入损耗、抑制和尺寸之间进行折中。在不影响滤波器的插入损耗与尺寸的前提下，利用不对称的滤波器响应，在适当的位置添加若干衰减极点，可以提高滤波器的抑制性能。通常，90° 混合电桥设计的插入损耗略高于 T 形接头，但它具有更高的功率容量，这主要是因为 T 形接头的功率容量设计取决于单个发射滤波器的功率容量，而混合电桥的功率容量取决于两个相同滤波器的反射性能。

收发双工器用于天线同时发射和接收信号的系统（区别于半双工或单工系统中接收和发射的时分工作方式）。与常规通信系统相比，在雷达系统中发射和接收信号很少同时工作，通常可以采用一个快速切换的电子开关（铁氧体环形器开关）来隔离高灵敏度的低噪声接收机和高功率发射机。在通信卫星转发器中，宽带收发双工器有时使用一个滤波器覆盖发射信道组，使用另一个滤波器覆盖接收信道组，并通过一个天线系统构成上下行链路。然而，在蜂窝通信系统中，发射和接收信道组的间隔非常接近，需要使用指标更加严苛的收发双工器。

在收发双工系统中，必须保持发射通道和接收通道之间具有极高，甚至高达 120 dB 的隔离度，用于阻止发射功率、谐波分量或互调产物进入高灵敏度的低噪声放大器单元。这也就意味着不仅要求发射滤波器自身对接收带宽具有较高的隔离度（反之亦然），而且要求采用极高的制造标准来避免双工器在高功率应用中产生无源互调产物。通常，当带外抑制要求不高并且发射和接收的通带非常接近时,一般会利用滤波器的不对称性设计来降低插入损耗,减小体积和质量,以及降低复杂性。在蜂窝通信系统中,为了在间隔较小的发射通道和接收通道之间获得100 dB的隔离度,基站同轴双工器的滤波器通常设计为12阶的,并有3个传输零点。图18.37所示为这个双工器的滤波器示意图,图18.38给出了该双工器的仿真和测量曲线。谐振器1~6构成的一个6阶扩展盒形拓扑可以实现两个传输零点,谐振器9~12构成的盒形拓扑可以实现一个以上的传输零点。虽然负耦合仍然存在,但是这里用"直"耦合替代了斜耦合(如$M_{9,10}$)。斜耦合的消除降低了制造难度,从而提高了可靠性和产能,有利于这种双工器的批量生产。

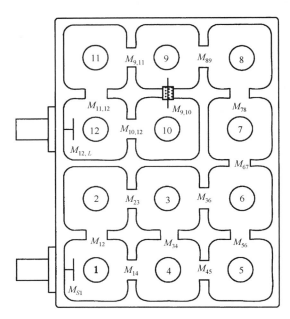

图18.37　采用一个6阶扩展盒形拓扑(实现两个传输零点)和一个4阶盒形拓扑(实现一个传输零点)实现的(12-3)滤波器示意图

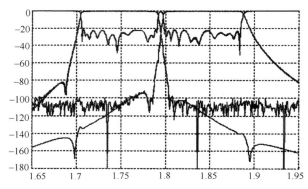

图18.38　蜂窝通信基站中发射/接收双工器的抑制的仿真与测量曲线

在L和S频段(大多数移动通信使用的频段),滤波器通常采用凹形腔来构造同轴谐振器,且双工器中两个滤波器的第一个谐振器采用星形接头连接,由于连接线相对于波长来说极短,因此合路结构非常紧凑且有效。图18.20(c)给出了一个同轴双工器的示意图,它由两个(4-1)不对称滤波器组成,同时图中也给出了其合路结构的星形接头部分。

18.5.1 收发双工滤波器的内部电压

收发双工器设计的主要系统限制因素是对发射部分功率承受能力的要求，设计时必须确保在高功率工作时不产生放电。放电现象包括大气中的电弧放电（如在高功率地面电视广播系统中），在某些气压条件下的电晕放电（如在导弹或火箭发射设备上），以及真空中的二次电子倍增效应（如在航天器中）。这类高功率影响因素将在第 20 章中讨论。

在微波滤波器中，谐振器的峰值电压可以在原型设计阶段估算，确保在后续谐振器结构的设计中预留足够的空气间隙来承受峰值电压。对于一个 $N \times N$ 或 $N + 2$ 耦合矩阵的滤波器，其谐振器电压的计算过程总结如下。

- 根据 8.1.2 节介绍的方法建立滤波器网络的 $N \times N$ 开路阻抗矩阵 $[z]$，即 $[z'] = [R] + [jM + sI]$。其中 M 为滤波器的耦合矩阵 [包含对角线上的频率偏移（自耦合）]，sI 为包含频率变量 s 的对角矩阵，其中包含的因子 $\delta_k = f_0 / (\mathrm{BW} \times Q_{uk})$，$k = 1, 2, \cdots, N$，是根据谐振器的有限无载 Q_u 值计算得到的，$[R]$ 为终端矩阵。在网络两端加入变换器并归一化负载为 1，将 $N \times N$ 阻抗矩阵 $[z]$ 转化为 $N + 2$ 导纳矩阵 $[y]$（利用对偶网络定理）。
- 对 $N + 2$ 导纳矩阵 $[y]$ 求逆可得 $[y']^{-1} = [z'']$。分别指定输入和输出节点为 0 和 $N + 1$，运用式（18.6）计算第 k 个谐振器的电压 v_k 和网络的输入电压 v_0 [式（18.6）中 $k = 0$]。

$$v_k = \left(z_{k,0} - \frac{z_{k,N+1} z_{N+1,0}}{1 + z_{N+1,N+1}} \right) i_0 \tag{18.6}$$

其中，$z_{i,j}$ 是阻抗矩阵 $[z]$ 的元素，而 $v_k (1 + S_{11}(s)) / v_0$ 表示第 k 个谐振器的电压与网络输入端入射电压的比值[25]。

- $\sqrt{R_s}$ 与节点电压相乘。如果 $R_s = R_L = 1 \ \Omega$，且电压源 $e_g = 2 \ \mathrm{V}$，则电压 $v_k = 1 \ \mathrm{V}$，对应着源功率 P_i 为 1 W 时的最大资用功率（见 20.5.5 节）。

将谐振器节点上的内部电压 V_k 与因子 F_v 相乘，可以得到带通滤波器的射频电压，其中 F_v 取决于滤波器的构造形式。例如，对于波导带通滤波器有

$$F_v = \frac{\lambda_0}{\lambda_{g0}} \sqrt{\frac{2f_0}{n\pi \mathrm{BW}}} \tag{18.7}$$

其中，n 为波导谐振器的半波长数，f_0 为中心频率，BW 为设计带宽，λ_{g0} 和 λ_0 分别为 f_0 在波导和自由空间的波长[25]。对于给定入射功率为 P_i（单位为 W）的 TE_{01} 模矩形波导滤波器，将式（18.6）与另外一个因子相乘，得到沿波导腔体中心线与波导窄边 b 交叉的峰值电压梯度为

$$\widehat{E} = \sqrt{\frac{480\pi \lambda_g P_i}{ab\lambda}} \quad \mathrm{V/cm} \tag{18.8}$$

其中，a 和 b 分别为波导的宽边和窄边尺寸（单位为 cm）。λ_g 和 λ 分别为波导和自由空间的波长。

对于更复杂结构的腔体谐振器的电压分析，例如同轴腔，最实用的分析方法是储能法。运用有限元电磁方法分析单位能量情况时滤波器中单个谐振器的电压波形及梯度分布，则每个谐振器的绝对电压值可以通过如上每个谐振器原型网络电压与入射功率的平方根之比计算得到[26]。

图 18.39 给出了收发双工器的抑制响应，以及两个（6-2）滤波器腔体内在 1 W 输入功率时的电压值，其中高功率滤波器工作于低频段，其传输零点由两个三角元件实现。图 18.39 中的粗线表示峰值最高的电压波形，出现在从发射滤波器输入端看进去的第三个腔体内。图 18.39

所示曲线还表明接收滤波器的腔体内也会出现很高的电压，这是由发射滤波器通带上边沿的功率信号引起的，最大电压出现在从公共端口向接收滤波器看进去的第三个腔体内。这意味着接收滤波器的谐振器也需要进行高功率设计。同轴腔谐振器的最大电压主要集中于调谐螺丝靠近谐振柱的顶部区域[27,28]。

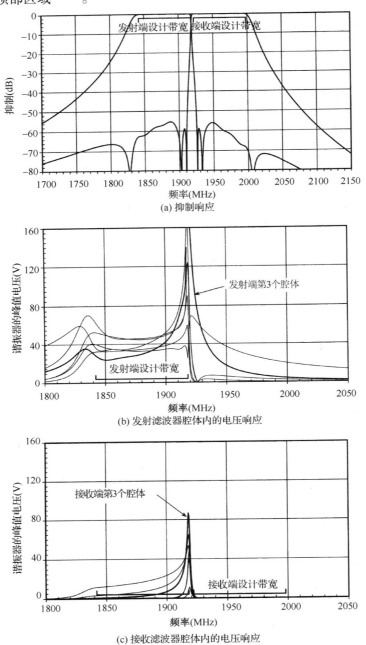

(a) 抑制响应

(b) 发射滤波器腔体内的电压响应

(c) 接收滤波器腔体内的电压响应

图18.39　两种特性相反的(6-2)不对称滤波器构成的收发双工器

这些电压的分布和大小主要取决于滤波器的耦合拓扑结构，相同的抑制特性可以由不同拓扑结构(例如折叠形变换为三角元件)来实现，而其电压分布却并不相同。通过对一些拓扑结构的研究，可以得到平坦且较低的平均电压分布。但是，呈现最低电压分布的拓扑结构却非常复杂[29]。另外，最少耦合数量的腔体拓扑结构，比如闭端形滤波器，其电压水平很差，由此表明利用简单的拓扑结构并不一定能得到较低的峰值电压[27,28]。

18.6 小结

前面的章节讨论了在通信网络中如何将微波滤波器作为一个独立器件来设计。在多用户环境中，通信系统中使用的一系列滤波器不仅作为一个独立器件，而且还被视为多端口网络中的一部分，用于分离和合并射频信道。最常见的是多工器网络，或简称为多工器。本章专注于不同应用环境下多工器的设计和折中考虑。

在通信系统中，常使用多工器将一个宽带信号划分为若干窄带信号（射频信道），频段信道化使得多用户的通信话务量分配更加灵活。同时，还可以降低对高功率放大器的要求，在可接受的非线性条件下高效率地工作。多工器也可以反向使用，合并几个窄带信号为一个宽带信号，并经共用天线发射。根据滤波器网络的互易性，多工器还可以在同一器件中实现发射和接收频段的分离，称其为双工机或双工器。由于多工器只针对单个射频信道的特性进行控制，因此放大器、开关网络及天线等宽带器件对窄带射频信道影响不大。所以，多工器使频谱得到有效利用，最重要是可以提高信道容量，因此在卫星和蜂窝通信系统中应用十分广泛。

本章开始讨论了单模或双模滤波器构成的各种多工器网络，包括环形器耦合、混合电桥耦合多工器及多枝节耦合多工器，还包括基于定向滤波器的多工器。接下来通过众多的设计实例与外观照片展示，阐述了各种多工器的设计与折中考虑，以及更复杂网络的多枝节耦合多工器的设计方法和优化策略。本章结尾还讨论了高功率环境下多工器网络的应用及其影响。

18.7 原著参考文献

1. Matthaei, G., Young, L., and Jones, M. T. (1985) *Microwave Filters*, *Impedance Matching Networks and Coupling Structures*, Artech House, Norwood, MA.

2. Cristal, E. G. and Matthaei, G. L. (1964) A technique for the design of multiplexers having contiguous channels. *IEEE Transactions on Microwave Theory and Techniques*, **12**, 88-93.

3. Atia, A. E. (1974) Computer aided design of waveguide multiplexers. *IEEE Transactions on Microwave Theory and Techniques*, **22**, 322-336.

4. Chen, M. H., Assal, F., and Mahle, C. (1976) A contiguous band multiplexer. *COMSAT Technical Review*, **6**, 285-307.

5. Kudsia, C. M. *et al.* (1979) A new type of low loss 14 GHz high power combining network. Proceedings of 9th European Microwave Conference, London, September 1979.

6. Kudsia, C. M., Ainsworth, K. R., and O'Donovan, M. V. (1980) Microwave filters and multiplexing networks for communication satellites in the 1980s. Proceedings of AIAA 8th Communications Satellite Systems Conference, April 1980.

7. Rhodes, J. D. and Levy, R. (1979) Design of general manifold multiplexers. *IEEE Transactions on Microwave Theory and Techniques*, **27**, 111-123.

8. Rhodes, J. D. and Levy, R. (1979) A generalized multiplexer theory. *IEEE Transactions on Microwave Theory and Techniques*, **27**, 99-110.

9. Doust, D. *et al.* (1989) Satellite multiplexing using dielectric resonator filters. *Microwave Journal*, **32**, 93-166.

10. Bandler, J., Daijavad, S., and Zhang, Q.-J. (1986) Exact simulation and sensitivity analysis of multiplexing networks. *IEEE Transactions on Microwave Theory and Techniques*, **34**, 111-112.

11. Levinson, D. S. and Bennett, R. L. (1989) Multiplexing with high performance directional filters. *Microwave Journal*, 92-112.

12. Rosowsky, D. (1990) Design of manifold multiplexers. *Proceedings of ESA Workshop Microwave Filters*, June 1990, pp. 145-156.

13. Rosenberg, U., Wolk, D., and Zeh, H. (1990) High performance output multiplexers for Ku-band satellites. Proceedings of 13th AIAA International Communication Satellite Conference, Los Angeles, March 1990, pp. 747-752.

14. Kudsia, C., Cameron, R., and Tang, W. C. (1992) Innovation in microwave filters and multiplexing networks for communication satellite systems. *IEEE Transactions on Microwave Theory and Techniques*, **40**, 1133-1149.

15. Uher, J., Bornemann, J., and Rosenberg, U. (1993) *Waveguide Components for Antenna Feed Systems—Theory and CAD*, Artech House, Norwood, MA.

16. Ye, S. and Mansour, R. R. (1994) Design of manifold-coupled multiplexers using superconductive lumped element filters. IEEE MTT-IMS, pp. 191-194.

17. Mansour, R. R. *et al.* (1996) Design considerations of superconductive input multiplexers for satellite applications. *IEEE Transactions on Microwave Theory and Techniques*, **44**, 1213-1228.

18. Matthaei, G., Rohlfing, S., and Forse, R. (1996) Design of HTS lumped element manifold-type microwave multiplexers. *IEEE Transactions on Microwave Theory and Techniques*, **44**, 1313-1320.

19. Mansour, R. R. *et al.* (2000) A 60 channel superconductive input multiplexer integrated with pulse-tube cryocoolers. *IEEE Transactions on Microwave Theory and Techniques*, **48** (7), 1171-1180.

20. Mansour, R. R., Ye, S., Dokas, V. *et al.* (2000) System integration issues of high power HTS output multiplexers. *IEEE Transactions on Microwave Theory and Techniques*, **48**, 1199-1208.

21. Pozar, D. (1998) *Microwave Engineering*, Wiley, New York.

22. Kudsia, C. M. (1987) High power contiguous combiners for satellite earth terminals. Proceedings of Canadian Satellite User Conference, Ottawa, Ontario, Canada, May 25-28, 1987.

23. Bandler, J., Biernacki, R., Chen, S. *et al.* (1994) Space mapping technique for electromagnetic optimization. *IEEE Transactions on Microwave Theory and Techniques*, **42**, 2536-2544.

24. Chen, M. H. (1977) Singly-terminated pseudo-elliptic function filter. *COMSAT Technical Review*, **7**, 527-541.

25. Sivadas, A., Yu, M., and Cameron, R. J. (2000) A simplified analysis for high power microwave bandpass filter structures. *IEEE MTT-S International Microwave Symposium Digest*, Boston, 2000, pp. 1771-1774.

26. Ernst, C. and Postoyalko, V. (1999) Comparison of the stored energy distributions in a QC-type and a TC-type prototype with the same power transfer function. *IEEE MTT-S International Microwave Symposium Digest*, Anaheim, CA, 1999, pp. 1339-1342.

27. Harish, A. R., Petit, J. S., and Cameron, R. J. (2001) Generation of high equivalent peak powers in coaxial filter cavities. Proceedings of 31st European Microwave Conference, London, September 2001, pp. 289-292.

28. Ernst, C. and Postoyalko, V. (2003) Prediction of peak internal fields in direct-coupled filters. *IEEE Transactions on Microwave Theory and Techniques*, **51**, 64-73.

29. Senior, B. S. (2004) Optimized network topologies for high power filter applications. Ph. D. thesis. University of Leeds.

第 19 章　微波滤波器计算机辅助诊断与调试

　　由于制造公差和材料的差异,滤波器在生产中的调试必不可少。长久以来,滤波器的调试是由熟练的技术人员手工完成的,调试过程不仅耗时而且成本极高,尤其是指标严苛的高阶窄带滤波器的调试过程。事实上,几乎所有无线通信基站和卫星通信的滤波器都需要经过生产调试才能应用。例如,在典型的 4 GHz 频段卫星应用中,信道滤波器需要非常严格的带内和带外指标,设计裕量只有 300 kHz(即小于 0.01%),这么小的设计裕量还只考虑了温度变化引起的滤波器频率漂移,几乎没有给制造公差留下任何设计裕量。无线通信基站滤波器也存在同样的问题。

　　滤波器调试的复杂程度取决于它使用的技术及结构。例如,对窄带介质谐振滤波器和窄带平面滤波器进行调试的过程是必不可少的,因为不同批次的介质谐振器和平面基板的介电常数可能存在偏差。对于介电常数 $\varepsilon_r = 38$ 且工作于 4 GHz 的介质谐振器,介电常数偏差 ± 0.5 时,对应的频率偏移接近 25 MHz。在某些应用中,这么大的中心频率偏移甚至已经超过了滤波器本身的带宽。滤波器的拓扑结构和用途也会增加滤波器调试的复杂程度。通常双模椭圆函数滤波器和自均衡(self-equalized)滤波器比单模切比雪夫滤波器的调试难度大得多。

　　一般而言,滤波器手动调试实际上是一个实时的迭代优化的过程。为了便于调试,通常在滤波器结构中设计了调谐螺丝或其他形式的调谐元件,以便技术人员调试时能够改变滤波器谐振器的谐振频率和谐振器间耦合。在调试过程中,调试技术人员通过矢量网络分析仪(VNA)监测滤波器的性能,根据曲线变化反复调节调谐螺丝,直至满足指标要求。对于许多调试技术人员而言,滤波器调试更像一门艺术,而不是科学。因此,复杂结构的滤波器和双工器的手动调试,通常由经验丰富的调试技术人员来完成。

　　滤波器调试在整个滤波器的生产成本中占比很高。而且,它对整个工程的进度也有很大的影响。在滤波器的调试过程中,如果运用计算机辅助技术来协助技术人员进行调试,就能在很大程度上减少调试时间。机器人的使用有望解除人工操作,进一步节省时间和成本。

　　虽然计算机辅助调试这个概念已经提出了许多年[1~15],但是直到 20 世纪 90 年代中期对无线通信基站滤波器低成本和短周期交付的要求,才真正促进了计算机辅助调试技术的发展与创新。利用不同技术对微波滤波器进行计算机辅助调试的论文也在那段时间陆续发表。这些技术基本上可以归为 5 大类:

　　1. 基于耦合谐振滤波器的逐阶调试;

　　2. 基于电路模型参数提取的计算机辅助调试;

　　3. 基于输入反射系数的零极点的计算机辅助调试;

　　4. 基于时域响应的调试;

　　5. 基于模糊逻辑技术的调试。

　　下面几节将具体介绍这些方法。

19.1　基于耦合谐振滤波器的逐阶调试

Ness 提出,用于逐阶调试的谐振器的输入反射系数的群延迟形式包含了滤波器调试的所有信息[16]。他在论文中讨论了如何用低通原型的 g_k 值简单地表示滤波器中心频率的群延迟。图 19.1 所示为低通原型滤波器电路。耦合矩阵模型的 Q_e 和 M_{ij} 用低通原型元件值 g_k、滤波器中心频率 f_0 和滤波器带宽 BW 表示如下:

$$M_{j,j+1} = \frac{1}{\sqrt{g_j g_{j+1}}}, \quad j = 1, 2, \cdots, N-1 \tag{19.1}$$

$$R_1 = \frac{1}{g_0 g_1}, \quad R_2 = \frac{1}{g_N g_{N+1}} \tag{19.2}$$

$$Q_e = \frac{f_0}{R_1 \cdot \text{BW}} = \frac{g_0 g_1 f_0}{\text{BW}} \tag{19.3}$$

$$k_{j,j+1} = \frac{\text{BW}}{f_0} M_{j,j+1} = \frac{\text{BW}}{f_0} \frac{1}{\sqrt{g_j g_{j+1}}} \tag{19.4}$$

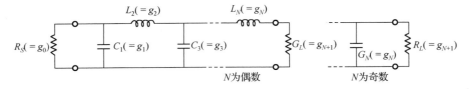

图 19.1　低通原型滤波器电路

在低通原型滤波器中,经过低通-带通变换后,反射信号的群延迟滤波器可以直接用简单的 g_k 值和归一化带宽计算得到。运用式(19.1)至式(19.4),外部 Q_e 和耦合 k_{ij} 可以直接由滤波器的设计参数确定。当谐振器依次调试于谐振状态时,这些耦合参数也就与对应谐振位置的反射信号 S_{11} 的群延迟 Γ_d 有关了。$S_{11}(\omega)$ 的群延迟定义如下:

$$\Gamma_d(\omega) = -\frac{\partial \phi}{\partial \omega} \tag{19.5}$$

经过标准的低通-带通变换,可得

$$\omega' \to \frac{\omega_0}{(\omega_2 - \omega_1)} \left(\frac{\omega}{\omega_0} - \frac{\omega_0}{\omega} \right) \tag{19.6}$$

其中 ω' 为低通原型滤波器的角频率,ω_0 为带通滤波器的中心频率,且 $\omega_0 = (\omega_1 \times \omega_2)^{1/2}$。$\omega_1$ 和 ω_2 分别为带通的滤波器下边沿频率和上边沿频率。那么,$\Gamma_d(\omega)$ 可表示如下:

$$\Gamma_d(\omega) = -\frac{\partial \phi}{\partial \omega'} \frac{\partial \omega'}{\partial \omega} \tag{19.7}$$

$$\Gamma_d(\omega) = -\frac{\omega^2 + \omega_0^2}{\omega^2(\omega_2 - \omega_1)} \frac{\partial \phi}{\partial \omega'} \tag{19.8}$$

除第一个谐振器以外,其余谐振器处于短路(失谐)的情况下,相当于低通原型元件 g_2,g_3,$\cdots$,g_{N+1} 从电路中全部断开。那么,输入阻抗 Z_{in} 和反射系数 S_{11} 为

$$Z_{\text{in}} = -\frac{j}{\omega' g_1}, \quad Z_0 = g_0 \tag{19.9}$$

$$S_{11} = \frac{Z_{\text{in}} - Z_0}{Z_{\text{in}} + Z_0} \tag{19.10}$$

$$S_{11} = \frac{\omega' g_1 g_0 + \text{j}}{-\omega' g_1 g_0 + \text{j}} \tag{19.11}$$

$$\phi = 2\arctan\frac{1}{\omega' g_1 g_0} \tag{19.12}$$

定义 $\Gamma_{d1}(\omega)$ 为群延迟, 除第一个谐振器以外, 其余谐振器都短路 (失谐) 的情况下, $\Gamma_{d1}(\omega)$ 可写为

$$\Gamma_{d1}(\omega) = -\frac{2(\omega^2 + \omega_0^2)}{\omega^2(\omega_2 - \omega_1)} \cdot \frac{g_0 g_1}{1 + (g_0 g_1 \omega')^2} \tag{19.13}$$

中心频率 ω_0 处的 $\Gamma_{d1}(\omega_0)$ 为

$$\Gamma_{d1}(\omega_0) = \frac{4 g_0 g_1}{(\omega_2 - \omega_1)} \tag{19.14}$$

根据式 (19.3), 用 Q_e 表示群延迟 $\Gamma_{d1}(\omega_0)$ 为

$$\Gamma_{d1}(\omega_0) = \frac{4 Q_e}{\omega_0} \tag{19.15}$$

下面考虑带通滤波器的另一种情况, 也就是除第一个和第二个谐振器以外, 其余谐振器都呈短路 (失谐) 状态。在低通原型滤波器电路中, 这相当于第二个元件 g_2 接地。然后, 根据得到的输入阻抗, 并结合式 (19.8) 至式 (19.10) 推导 $\Gamma_{d2}(\omega_0)$ 如下:

$$\Gamma_{d2}(\omega_0) = \frac{4 g_2}{g_0(\omega_2 - \omega_1)} \tag{19.16}$$

根据式 (19.1) 至式 (19.4), $\Gamma_{d2}(\omega_0)$ 与 K_{12} 的关系如下:

$$\Gamma_{d2}(\omega_0) = \frac{16}{\omega_0^2 k_{12}^2 \Gamma_{d1}(\omega_0)} = \frac{4}{\omega_0 Q_e k_{12}^2} \tag{19.17}$$

接着依次短路余下的谐振器 (失谐), 运用类似的方法可以推导出对应的群延迟。表 19.1 给出了当阶数 $n \leqslant 6$ 时, 滤波器在逐阶调试过程中, 中心频率 ω_0 处输入反射系数的群延迟[16] 计算公式。注意, 中心频率 ω_0 处 S_{11} 的群延迟, 当谐振器数量为奇数时由并联元件决定, 而当谐振器数量为偶数时由串联元件决定; 如果用对偶电路形式来表示这个低通滤波器, 则上面的结论相反。这是件有趣的事情。

表 19.1　滤波器在逐阶调试过程中, 中心频率 ω_0 处输入反射系数的群延迟计算公式

阶数	输入反射系数	群延迟	相位参考面
$n = 1$	$\Gamma_{d1}(\omega_0) = \dfrac{4 g_0 g_1}{(\omega_2 - \omega_1)}$	$\Gamma_{d1}(\omega_0) = \dfrac{4 Q_e}{\omega_0}$	$\phi \to \pm 180°$
$n = 2$	$\Gamma_{d2}(\omega_0) = \dfrac{4 g_2}{g_0(\omega_2 - \omega_1)}$	$\Gamma_{d2}(\omega_0) = \dfrac{4}{\omega_0 Q_e k_{12}^2}$	$\phi \to 0°$
$n = 3$	$\Gamma_{d3}(\omega_0) = \dfrac{4 g_0(g_1 + g_3)}{(\omega_2 - \omega_1)}$	$\Gamma_{d3}(\omega_0) = \Gamma_{d1} + \dfrac{4 Q_e k_{12}^2}{\omega_0 k_{23}^2}$	$\phi \to \pm 180°$
$n = 4$	$\Gamma_{d4}(\omega_0) = \dfrac{4(g_2 + g_4)}{g_0(\omega_2 - \omega_1)}$	$\Gamma_{d4}(\omega_0) = \Gamma_{d2} + \dfrac{4 k_{23}^2}{\omega_0 Q_e k_{12}^2 k_{34}^2}$	$\phi \to 0°$
$n = 5$	$\Gamma_{d5}(\omega_0) = \dfrac{4 g_0(g_1 + g_3 + g_5)}{(\omega_2 - \omega_1)}$	$\Gamma_{d5}(\omega_0) = \Gamma_{d3} + \dfrac{4 Q_e k_{12}^2 k_{34}^2}{\omega_0 k_{23}^2 k_{45}^2}$	$\phi \to \pm 180°$
$n = 6$	$\Gamma_{d6}(\omega_0) = \dfrac{4(g_2 + g_4 + g_6)}{g_0(\omega_2 - \omega_1)}$	$\Gamma_{d6}(\omega_0) = \Gamma_{d4} + \dfrac{4 k_{45}^2 k_{23}^2}{\omega_0 Q_e k_{12}^2 k_{34}^2 k_{56}^2}$	$\phi \to 0°$

由此很容易看出，窄带滤波器的群延迟 $\Gamma_{d1}(\omega)$，$\Gamma_{d2}(\omega)$，$\cdots$，$\Gamma_{dn}(\omega)$ 可以近似表示为当 ω 趋于 ω_0 时的偶函数；对于已经逐阶调试过的谐振器，S_{11} 相位也可以用包含 $\pm 180°$ 或 $0°$ 相位且相应频率与中心频率 ω_0 重合的曲线表示。图 19.2 和图 19.3 给出了滤波器中的谐振器在逐阶调试过程中，工作于中心频率 12 GHz 时的相位和群延迟曲线。从图中可以看出，$\pm 180°$ 或 $0°$ 相位时的频率并未与中心频率完全重合，且群延迟不是完美对称的。实际上，略不对称主要是由耦合矩阵模型 M 引起的，其主对角线元件 M_{ii} 的值决定了谐振器是否调试于最佳位置（$M_{ii} = 0$ 表示谐振器为最佳调谐）。两图中谐振器的失谐状态是通过对角线元件 M_{ii} 取一个较大的值来表示的，而不是将谐振器完全短接（短路）。事实上这与现实情况相符。在大多数实际应用中，难以实现谐振器完全短接。

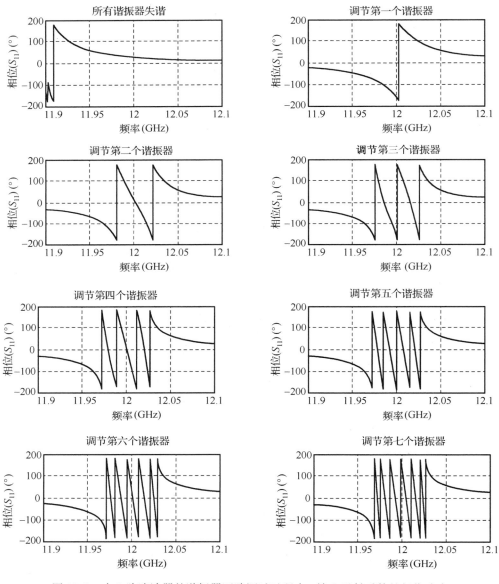

图 19.2 在 8 阶滤波器的谐振器逐阶调试过程中，输入反射系数的相位响应

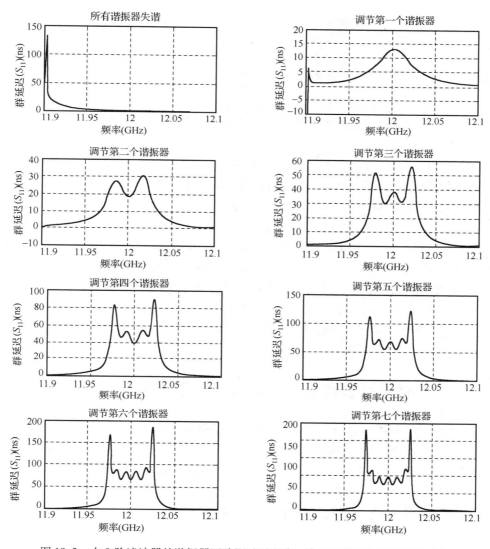

图 19.3　在 8 阶滤波器的谐振器逐阶调试过程中，输入反射系数的群延迟响应

19.1.1　调试步骤

滤波器的谐振器调试步骤如下所示。

1. 根据给定的滤波器指标，由低通 g_k 值或耦合值 k_{ij} 计算出群延迟 Γ_{d1}，Γ_{d2}，$\cdots$，Γ_{dN}。
2. 除了第一个谐振器，短路（失谐）其他所有谐振器。调节第一个谐振器的输入耦合和谐振频率，直到群延迟满足中心频率指定的 Γ_{d1}。
3. 除了第一个和第二个谐振器，短路（失谐）其他所有谐振器，调节第二个谐振器的谐振频率，以及第一个和第二个谐振器之间的耦合，得到关于滤波器中心频率对称且满足指定的 Γ_{d2} 的群延迟响应。如果这两个谐振器之间的耦合太强，则会导致第一个谐振器失谐。为了保证对称性，有可能需要重新调节第一个谐振器。
4. 按第 3 步的方法，继续对后面的每个谐振器进行调试。为了确保群延迟的对称性，滤波器中心频率的群延迟需要调节到指定的 Γ_{d3}, Γ_{d4}, $\cdots$, Γ_{dN-1}, 且在每一步中还可能需要微调前一个已调试过的谐振器的谐振频率。

5. 当调试最后一个谐振器且滤波器的输出端接正确的负载时,通过观察 S_{11} 的幅度响应,调节最后一个谐振器的谐振频率及输出耦合,以满足回波损耗指标。

只有在谐振器完全短路而不是简单失谐的情况下,才能得到精确的结果。但是,这个调试过程提供了使滤波器尽可能接近指标要求的调试方法。为了完全达到滤波器指标要求,在第 5 步之后,还需要对滤波器进行精细调节。

在以上调试过程中[16],要求群延迟响应保持对称,因此每一步都需要同步调节谐振频率和谐振器间耦合这两个参数。而且,由于相位需要满足在 0°或 ±180°时的频率等于中心频率,因此当谐振器处于失谐状态时,这两个参数可以依次调节,而无须同步调节。当调节谐振器的谐振频率满足 0°或 ±180°相位时的频率等于中心频率后,再调节谐振器间耦合,使群延迟尽可能接近指标。然后在此基础上,精细调节谐振频率与谐振器间耦合,使群延迟准确地满足指标要求。然而,在实际应用中,通常滤波器的输入端和输出端与传输线连接,这将影响到 ±180°或 0°相位的对应频率位置,且相位的运用需要已知输入参考面。确定输入参考面的方法有几种,最简单的是应用这些步骤调节第一个调谐器时,使群延迟响应保持对称且群延迟为 Γ_{d1}。此时由频率产生的偏移可直接用于改变输入参考面位置。因此,应用 0°或 ±180°相位方法可将滤波器初调到所用频段上。

19.2 基于电路模型参数提取的计算机辅助调试

基于电路模型参数提取的计算机辅助调试方法,将滤波器电路模型和优化程序相结合,通过优化滤波器电路模型参数,使电路模型响应与滤波器的测量结果一致。然后,将提取的参数与滤波器的理想参数对比,以确定需要调节的滤波器元件。这项技术最早是由 Thal 提出的[7],随后又有人发表了几篇关于此技术改进的文献[6,17~22]。20 世纪 90 年代初,COM DEV[17] 和其他滤波器制造商开发了基于参数提取的计算机辅助调试工具,用来指导技术人员对微波滤波器进行调试。

虽然这项技术可以应用于若干电路模型,但是耦合矩阵电路模型具有明显优势,其耦合元件值与物理调谐元件的位置是直接相关的。一旦耦合元件值与理想值不符,就可以通过调节相应的调谐元件,很容易地将它调节到理想值。

考虑图 19.4 所示的基本滤波器网络,电路模型由 n 个无耗的耦合谐振器组成,其中 M_{ij} 表示第 i 个和第 j 个谐振器之间与频率无关的耦合。式(19.18)给出了基本的矩阵形式。对于给定的滤波器指标要求,可以按照第 8 章至第 10 章介绍的方法综合出耦合矩阵。

$$M = \begin{bmatrix} m_{11} & m_{12} & \cdots & m_{1n} \\ m_{21} & m_{22} & \cdots & m_{2n} \\ \vdots & & & \vdots \\ m_{n1} & m_{n2} & \cdots & m_{nn} \end{bmatrix} \tag{19.18}$$

根据耦合矩阵与输入耦合 R_1 和输出耦合 R_2,该滤波器的散射参数为

$$S_{21} = -2j\sqrt{R_1 R_2}[A^{-1}]_{n1} \tag{19.19}$$

$$S_{11} = 1 + 2jR_1[A^{-1}]_{11} \tag{19.20}$$

$$A = \lambda I - \mathrm{j}R + M \tag{19.21}$$

$$\lambda = \frac{f_0}{\mathrm{BW}}\left(\frac{f}{f_0} - \frac{f_0}{f}\right) \tag{19.22}$$

其中 I 为单位矩阵，R 是除 $R_{11} = R_1$ 和 $R_{nn} = R_2$ 以外，其他所有元件均为零的对角矩阵。

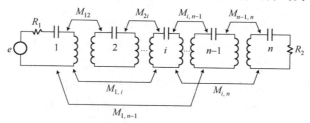

图 19.4　基本耦合谐振滤波器模型

使用同样的电路模型来表示测试得到的滤波器 S 参数。这里，所有耦合矩阵元件值的变化都与实际调谐元件相对应。例如，调节滤波器谐振频率对应着耦合矩阵对角线上的元件值 M_{ii} 的变化，而调节谐振器间耦合对应着耦合矩阵非对角线上的耦合元件值 M_{ij} 的变化。因此，可以通过优化耦合矩阵元件值，使电路模型 S 参数与测得的 S 参数相匹配，再从测量结果中提取耦合矩阵。然后，将这个耦合矩阵与理想滤波器耦合矩阵进行比较，找到需要调节的元件值。整个调试过程总结如下。

1. 测量待调试的滤波器性能。
2. 使用耦合矩阵电路模型，通过优化使之与测量结果完全一致，提取耦合元件值 M_{ij}，R_1 和 R_2。为了构建目标函数，需要提取滤波器带宽内几个频率点的测量结果。令目标函数最小化，可得

$$\phi = \sum_{\mathrm{freq}} \sum_{i=1}^{2} \sum_{j=1}^{2} (\mathrm{abs}(S_{ij}^{\mathrm{model}}) - \mathrm{abs}(S_{ij}^{\mathrm{measured}})) \tag{19.23}$$

其中 S_{ij}^{model}（$i = 1,2$ 且 $j = 1,2$）为根据耦合矩阵电路模型特定频率点计算得到的 S 参数，而 $S_{ij}^{\mathrm{measured}}$（$i = 1,2$，$j = 1,2$）为在相同频率点测量获得的 S 参数。需要优化的变量是耦合元件值 M_{ij}、输入耦合 R_1 和输出耦合 R_2。

3. 将优化后的耦合矩阵元件值与理想耦合矩阵元件值进行比较，根据两者之间的偏差，调节相应的调谐元件。
4. 重复第 1 步至第 3 步，直到滤波器调试完成。此时，从测量结果中提取的耦合元件值与理想耦合元件值应该完全一致。

这种方法带来的一个问题是：通常需要为优化变量选定一个合适的初值，减少出现局部极小值或不收敛的可能性。在严重失谐的滤波器中，这种情况尤为明显。为了克服这个问题，提出了以下两种解决方法：逐阶参数提取技术；模糊逻辑技术（详见 19.6 节）。

逐阶参数提取技术[22]从所有谐振器失谐（短路）开始，将对应谐振器的谐振频率全部移至工作频率范围以外，然后依次调节每个谐振器（变为非短路状态）。对于阶数为 n 的滤波器，可以得到一系列 n 个子滤波器，第 i 个子滤波器包含 $n-i$ 个短路的谐振器，以及 i 个非短路的谐振器。然后，对每一步中子滤波器的耦合元件值进行提取。在第 i 步，移除第 i 个谐振器，使之为非短路后，测量得到该子滤波器的回波损耗 S_{11}，则其对应的参数可通过求解如下目标函数的极小值来获得：

$$\varepsilon(i) = \sum_j |S_{11}^{\mathrm{meas}}(\omega_j) - S_{11}^{\mathrm{mod}}(\omega_j)_{(i)}|^2 \qquad (19.24)$$

式(19.24)表示每个子滤波器的测量曲线与子滤波器模型响应之间的偏差。一旦提取出子滤波器参数,在下一步过程开始之前则应调节实际子滤波器参数,使其与理想滤波器的耦合矩阵参数之间的差异最小。

将理想滤波器的全耦合矩阵表示为$[M]$,对于子滤波器i的反射参数$S_{11(i)}^{\mathrm{mod}}$,可以根据图19.4中的电路,短路后面$n-i$个谐振器后计算得到。或者根据式(19.19)至式(19.22),在每一步利用子滤波器不同的耦合矩阵计算得到$S_{11(i)}^{\mathrm{mod}}$。设$[M]^{(1)}$,$[M]^{(2)}$,$\cdots$,$[M]^{(n-1)}$分别为子滤波器1至子滤波器$n-1$的耦合矩阵,然后对这些耦合矩阵进行简单的处理,将对角线上的元件值设为一个很大的值,相当于该子滤波器中的谐振器失谐。关于这些子滤波器的矩阵M的详细提取步骤如下。

1. 对于子滤波器1,短路除第一个和第二个谐振器以外的其他谐振器,待优化参数为R_1和M_{11}。将M_{22},M_{33},$\cdots$,M_{nn}设成很大的值,得到$[M]^{(1)} = [M]$。

2. 对于子滤波器2,短路除第一个和第二个谐振器以外的其他谐振器,待优化参数为M_{12}和M_{22},而R_1和M_{11}为第1步中提取的值,保持不变。当然,待优化参数中也可以包含R_1和M_{11}。精细调节后,这些参数对应的曲线与子滤波器2的测量结果完全重合。然后,将M_{33},M_{44},$\cdots$,M_{nn}设成很大的值,得到$[M]^{(2)} = [M]$。

3. 对于子滤波器$n-1$,短路第n个谐振器,待优化参数为$M_{n-2,n-1}$和$M_{n-1,n-1}$。将M_{nn}设成很大的值,得到$[M]^{(n-1)} = [M]$。

4. 对于整个滤波器,待优化参数为M_{nn}和R_2。耦合矩阵的其他耦合元件值,可以采用前面步骤中已提取到的值,也可以作为待优化参数。精细调节后,这些参数对应的曲线应与整个滤波器的测量响应完全重合。

这种方法可以灵活控制优化变量的个数。第i步提取出的参数可以在提取第$i+1$步的参数时保持不变。当然也可以从另一个角度考虑,既然调节第$i+1$个谐振器时可能会对邻近的耦合产生影响,第i步提取出的参数就可以作为第$i+1$步中的优化变量。然而,为了提高优化效率,这些变量的初值应该是第i步提取的值,而不是理想电路的值。

这种逐阶参数提取方法虽然需要进行多步优化,但避免了一次优化所有滤波器参数而带来的收敛问题。参数提取(优化)的次数可以通过减少子滤波器的个数来降低。以一个10阶滤波器为例,可用到的子滤波器分为三类,即子滤波器1的后面7个谐振器短路;子滤波器2的后面3个谐振器短路;子滤波器3为整个滤波器,没有谐振器短路。文献[22]的研究结果表明,这种方法可以用来调节比较复杂的滤波器,包括12阶自均衡双模波导滤波器。

子滤波器调试的每一步,都会有一定数量的滤波器参数与理想滤波器参数不符,从而需要调节。因此,在每一步,矩阵中可能会有几个元件值也需要调节,且必须选取其中某个元件值作为下一步调节过程中的变量。在某些情况下,调试过程能否收敛完全取决于需要先调节矩阵中的哪个元件值。一般的选取原则是,基于实际耦合矩阵与理想矩阵存在差异这一事实,需要先调节差异最大的那个元件值。然而,这种方法一般会优先优化较大的元件值(如主耦合),而不是较小的元件值,如交叉耦合和谐振频率(即耦合矩阵对角线上的元件值)。而且,即使元件值进行了归一化,也很难通过比较得出耦合和谐振器的失谐程度。在文献[22]中还提出了一种基于等效电路的灵敏度分析方法,可以找出需要优先调节的元件值。

到目前为止,参数提取技术还只是一种诊断工具,用于提取耦合矩阵并与理想耦合矩阵进行比较，确定需要调节的元件值（耦合和谐振频率）。该技术可以在调试过程中指导调试人员哪些是需要调节的元件值，并经过反复调试后得到理想的滤波器响应。问题是耦合（M_{ij}，R_1，R_2）或谐振频率（M_{ii}）的偏差如何转化为调谐元件（或调谐螺丝）拧入的深度，解决了此问题才能使参数提取过程完全自动化，以便用机器人取代调试人员。

灵敏度分析可以用来建立耦合元件值的偏差与调谐螺丝（或调谐元件）的位置之间的对应关系。灵敏度分析[19]所需的步骤如下：

1. 在调谐范围内对滤波器进行初调；
2. 测量调谐螺丝位于初始位置时的 S 参数；
3. 测量每个调谐螺丝每次调节后的 S 参数；
4. 提取初始位置和每个调谐螺丝每次调节后的耦合矩阵元件值。

假设调谐螺丝的数量为 m，在整个自动调谐过程中，需要控制的参数是螺丝旋转的圈数。对于 m 个调谐螺丝，令 n_1，n_2，$\cdots$，n_m 分别为调谐螺丝 1，2，$\cdots$，m 的旋转圈数。将初始位置提取到的耦合矩阵与 Δn_1，Δn_2，$\cdots$，Δn_m 等合计 m 步提取到的耦合矩阵给出的 ΔR_1，ΔR_2，Δm_{11} 和 Δm_{ij} 参数进行比较，由此可以建立以下灵敏度矩阵：

$$\begin{bmatrix} \dfrac{\partial R_1}{\partial n_1} & \dfrac{\partial R_1}{\partial n_2} & \cdots & \dfrac{\partial R_1}{\partial n_m} \\ \dfrac{\partial m_{11}}{\partial n_1} & \dfrac{\partial m_{11}}{\partial n_2} & \cdots & \dfrac{\partial m_{11}}{\partial n_m} \\ \dfrac{\partial m_{12}}{\partial n_1} & \dfrac{\partial m_{12}}{\partial n_2} & \cdots & \dfrac{\partial m_{12}}{\partial n_n} \\ \vdots & \vdots & \ddots & \vdots \\ \dfrac{\partial m_{nn}}{\partial n_1} & \dfrac{\partial m_{nn}}{\partial n_2} & \cdots & \dfrac{\partial m_{nn}}{\partial n_m} \\ \dfrac{\partial R_2}{\partial n_1} & \dfrac{\partial R_2}{\partial n_2} & \cdots & \dfrac{\partial R_2}{\partial n_m} \end{bmatrix} \tag{19.25}$$

耦合元件值的偏差与调谐螺丝位置之间的对应关系可以写为

$$\Delta m_{ij} = \sum_{k=1}^{k=m} \frac{\partial m_{ij}}{\partial n_k} \Delta n_k$$

灵敏度矩阵可以用于设计自动调试滤波器的机器人（见 19.6 节）。在大多数滤波器结构中，每个调谐元件不仅影响耦合矩阵中对应的元件值，还影响周围的元件值，其影响程度也可以在灵敏度矩阵中得到。因此，灵敏度矩阵既有助于自动调试，也有助于诊断调试。

本节介绍的调试方法已成功应用于微波滤波器的诊断和计算机自动辅助调试，一些文献中也报道了基于这项技术改进的使用其他滤波器电路模型，或提取耦合元件值的其他方法。例如文献[18]采用下面的目标函数取代式（19.23）中的目标函数：

$$\phi = \sum_{i=1}^{N} |S_{11}^{\text{model}}(P_i)|^2 + \sum_{i=1}^{M} |S_{21}^{\text{model}}(Q_i)|^2 \tag{19.26}$$

其中 P_i 和 Q_i 分别为测量结果中得到的反射零点和传输零点的位置。该方法的基本思路是，基于模型参数估算法[23]，通过测量的滤波器响应的采样点来构造多项式，然后再从这些多项式中提取反射零点和传输零点的位置。具体步骤可参阅文献[18]。

19.3 基于输入反射系数零极点的计算机辅助调试

本节主要介绍了基于滤波器的零极点,确定级联耦合谐振电路中单个谐振频率和耦合系数的通用模型。这种构造方法的核心思想是[24],通过对反射系数的相位的测量或计算,提供耦合和谐振频率计算的所有必要信息。为了更好地理解该方法,下面来研究图 19.5 所示的输出短路的 2 阶滤波器电路,其回路方程为

$$e_1 = i_1 \left(j\omega L_1 + \frac{1}{j\omega C_1} \right) - jM_{12}i_2 \qquad (19.27)$$

$$0 = i_2 \left(j\omega L_2 + \frac{1}{j\omega C_2} \right) - jM_{12}i_1 \qquad (19.28)$$

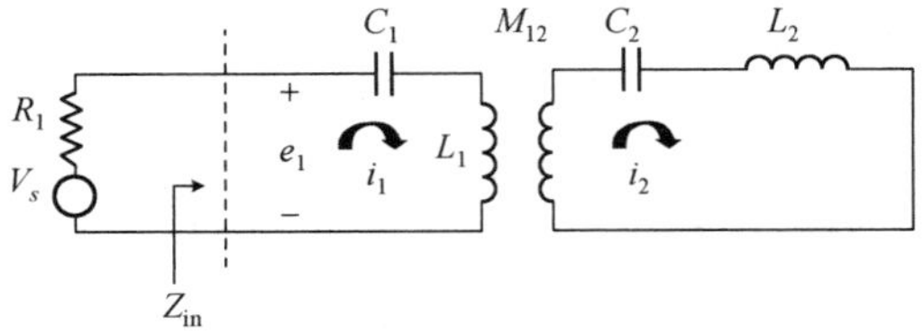

如果定义 m_{12} 为

$$m_{12}^2 = \omega_{01}\omega_{02}\frac{M_{12}^2}{Z_{01}Z_{02}} \qquad (19.29)$$

图 19.5 终端短路的 2 阶级联滤波器等效电路

其中 $\omega_{0i} = 1/\sqrt{L_i C_i}$,$Z_{0i} = \sqrt{L_i/C_i}$,则 Z_{in} 可以表示为

$$Z_{in} = \frac{e_1}{i_1} = j\frac{Z_{01}}{\omega\omega_{01}}\frac{(\omega^2 - \omega_{01}^2)(\omega^2 - \omega_{02}^2) - \omega^2 m_{12}^2}{(\omega^2 - \omega_{02}^2)} \qquad (19.30)$$

Z_{in} 也可以写成多项式的形式

$$Z_{in} = j\frac{Z_{01}}{\omega\omega_{01}}\frac{(\omega^2 - \omega_{z1}^2)(\omega^2 - \omega_{z2}^2)}{(\omega^2 - \omega_{p1}^2)} \qquad (19.31)$$

其中,

$$\omega_{01}^2 = \frac{\omega_{z1}^2\omega_{z2}^2}{\omega_{p1}^2}, \quad \omega_{02}^2 = \omega_{p1}^2 \qquad (19.32)$$

$$m_{12}^2 = \omega_{z1}^2 + \omega_{z2}^2 - \omega_{p1}^2 - \omega_{01}^2 \qquad (19.33)$$

以上分析说明了在输出端短路的情况下,输入反射系数的零极点与单个谐振频率和耦合系数是相关联的。

如图 19.6 所示,考虑第 n 个谐振器在参考面 TT 被短路的广义耦合谐振器模型,回路 i 的输入阻抗表示如下:

$$Z_{in}^{(i)} = j\frac{Z_{0i}}{\omega\omega_{0i}}\frac{P_i(\omega^2)}{Q_i(\omega^2)}, \quad i = 1,2,\cdots,n \qquad (19.34)$$

其中 $P_i(\omega^2)$ 和 $Q_i(\omega^2)$ 分别为 $n-i+1$ 和 $n-1$ 阶多项式,Z_{0i} 和 ω_{0i} 分别为第 i 个谐振器的特征阻抗和谐振频率。这两个多项式表示如下:

$$P_i(\omega^2) = \prod_{t=1}^{n-i+1}(\omega^2 - \omega_{zt}^{(i)2}), \quad i = 1,2,\cdots,n \qquad (19.35)$$

$$Q_i(\omega^2) = \prod_{q=1}^{n-i}(\omega^2 - \omega_{pq}^{(i)2}), \quad i = 1,2,\cdots,n \qquad (19.36)$$

其中 $\omega_{zt}^{(i)2}(t = 1,2,\cdots,n-i+1)$ 和 $\omega_{pq}^{(i)2}(q = 1,2,\cdots,n-i)$ 分别是 $P_i(\omega^2)$ 和 $Q_i(\omega^2)$ 的零点,且分别为单端口网络中回路 i 的输入阻抗的零点和极点。

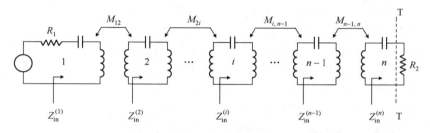

图 19.6　终端短路的 N 个谐振器级联的等效电路

文献[24]给出了谐振频率和耦合与零点和极点之间的关系，表示如下：

$$\omega_{0i}^2 = \frac{\prod_{t=1}^{n-i+1} \omega_{zt}^{(i)^2}}{\prod_{q=1}^{n-i} \omega_{pq}^{(i)^2}}, \quad i = 1,2,\cdots,n \tag{19.37}$$

$$m_{i,i+1}^2 = \sum_{t=1}^{n-i+1} \omega_{zt}^{(i)^2} - \sum_{q=1}^{n-i} \omega_{pq}^{(i)^2} - \omega_{0i}^2, \quad i = 1,2,\cdots,n-1 \tag{19.38}$$

$$r_{1,n} = \left| \frac{\prod_{i=1}^{n}(\omega_R^2 - \omega_{zi}^{(1)^2})}{\omega_R \prod_{i=1}^{n}(\omega_R^2 - \omega_{pq}^{(1)^2})} \right| \tag{19.39}$$

其中 ω_R 为输入反射系数的相位为 $\pm 90°$ 时的频率。式(19.37)和式(19.38)提供了滤波器参数（单个谐振器的谐振频率和谐振器间耦合）与短路电路网络的零极点之间的直接对应关系。这些零极点可以直接或间接测量得到。在直接测量方法中，明确定义了参考面，相位为 $\pm 180°$ 和 $0°$ 时，频率分别对应输入反射系数（输入阻抗）的零点和极点。而在间接测量方法中，零点和极点的位置可以通过计算相位关于频率的导数来确定。相位关于频率求导得到的极大（或极小）频率点对应的就是输入阻抗的零点（或极点）。

该方法的最后一步需要将最后一个谐振器的终端直接短路。然而在实际应用中，最后一个谐振器的短路参考面很难实现。大多数情况下，最后一个谐振器连接一段传输线或连接器，相当于一个负载。Hsu 等人提出了一种有效的系统性方法，以去除最后一个谐振器的负载影响，使加载只能影响最后一个谐振器的谐振频率[24]。因此，加载影响在调试的初始阶段并不重要。关于如何去除加载对最后一个谐振器的影响，读者可以参阅文献[24]。

运用该方法进行调试所依赖的事实是，输入反射系数的零极点（作为第一组）与滤波器的谐振频率和谐振器间耦合（作为另一组）直接关联。也就是说，可从已知的另一组数据中提取（外推）第一组的数据。定义谐振器间耦合和中心频率所需的理论值为 M_{12}，M_{23}，$\cdots$，$M_{n-1,n}$，F_{01}，F_{02}，$\cdots$，F_{0n}，调试步骤归纳如下。

1. 经过校准，可以确定合适的参考面位置，用于滤波器相位的准确测量。在实际调试过程中，首先将所有滤波器的调谐螺丝拧入腔体内很深的位置，使每个腔体的谐振频率远离所需的谐振频率（失谐条件）。通过矢量网络分析仪的极化显示模式来观察其状态，当扫描带宽为所需中心频率条件下通带带宽的几倍时，输入反射系数显示为一个点。调节相位参考面，将频率扫描得到的"最好"的点作为零参考平面点。

2. 调节第一个谐振器,使其处于谐振位置,其他谐振器不变,通过测量和调节得到 R_1(输入耦合)。R_1 也可通过文献[3,16]中介绍的方法确定。该方法同样适用于输出耦合 R_2 的测量。

3. 将输出端口短路,并观察输入反射系数的相位。调节调谐螺丝,使所有的谐振器处于谐振状态,且所有的零点和极点显示在矢量网络分析仪上。其中左边对应零点频率(± 180°位置),而右边对应极点频率(0°位置)。

4. 在矢量网络分析仪上记录所有零点和极点(n 个零点和 $n-1$ 个极点)的频率后,接着提取谐振器间耦合和谐振频率(n 个谐振频率,$n-1$ 个耦合)[24]。此时,提取的这些耦合和谐振频率与理论值存在差异,定义其集合为 $\{M'_{12}, M'_{23}, \cdots, M'_{n-1,n}, F'_{01}, F'_{02}, \cdots, F'_{0n}\}$。

5. 对于通过第 4 步提取的谐振器间耦合和谐振器中心频率的集合,用理想耦合值 M_{12} 取代 M'_{12}。然后,利用新的集合 $\{M_{12}, M'_{23}, \cdots, M'_{n-1,n}, F'_{01}, F'_{02}, \cdots, F'_{0n}\}$ 综合出的零点和极点,作为第一个和第二个谐振器之间耦合值大小的调节判定依据。该方法的思路是:通过调节对应 M_{12} 的调谐螺丝,使零点和极点位于所记录的位置,则第一个和第二个谐振器之间的耦合被调谐于理想值。

6. 重复第 5 步得到所有谐振器间耦合。例如,对于第二个和第三个谐振器之间的耦合,集合 $S = \{M_{12}, M_{23}, \cdots, M'_{n-1,n}, F'_{01}, F'_{02}, \cdots, F'_{0n}\}$ 可用来综合零点和极点。重复应用第 5 步 $n-1$ 次,直到将所有的谐振器间耦合调节到理想值。

7. 应用第 5 步调节每个谐振器的谐振频率。即对于第一个谐振器,可使用集合 $\{M_{12}, M_{23}, \cdots, M_{n-1,n}, F_{01}, F'_{02}, \cdots, F'_{0n}\}$ 综合新的零点和极点集合。调节第一个谐振器的调谐螺丝,直到测得的零点和极点与以上综合结果相符。因此,重复应用第 5 步 n 次将得到所有的谐振频率。

综上所述,在输入输出耦合正确设定后,调谐总次数为 $2n-1$。文献[24]给出了应用此方法的例子。

19.4　基于时域的调试

基于时域的调试方法首次由 Agilent 公司提出[25,26]。这种调试方法的基本思路是将输入反射系数 S_{11} 的时域响应的某些特征,与谐振器的中心频率和谐振器间耦合值准确对应。图 19.7 所示为经过理想调试后,5 阶切比雪夫滤波器的频率响应和 S_{11} 的时域响应,其中 S_{11} 的时域响应为频率响应的傅里叶逆变换。在 $t > 0$ 的时域响应中,共有五个波谷,分别对应滤波器的每个谐振器。延迟最短的第一个波谷对应第一个谐振器,而第二个波谷对应第二个谐振器,以此类推。同时,波谷之间的峰值是与谐振器间耦合值相对应的。这里的时域响应主要描述的是反射能量;因此,当 $t < 0$ 时波峰和波谷毫无意义,且与滤波器元件无关。对于这种方法,Agilent 公司提供的应用手册[27]给出了详细说明。

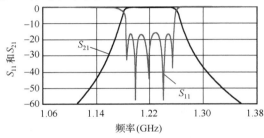
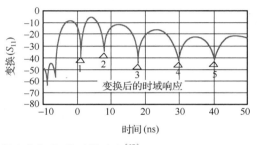

图 19.7　5 阶带通滤波器的频率响应和 S_{11} 的时域响应[27]

19.4.1　谐振器频率的时域调试

为了说明时域响应的波谷和单个谐振器之间的关系，下面将每个谐振器失谐并同时观察频率响应和时域响应。图 19.8 所示为仅第二个谐振器失谐后的频率响应和 S_{11} 的时域响应[27]。图 19.9 描述的是第三个和第四个谐振器失谐时的响应[27]。两图中还包含了滤波器完全调谐到理想响应的曲线。需要注意的是，将第二个谐振器失谐后，第一个谐振器的波谷基本没有变化，且第二个波谷不再有极小值，其余的波谷也不再有极小值。当第三个谐振器失谐时，第一个和第二个波谷也不会变化，第三个至第五个波谷也不再有极小值。相同的情况在滤波器其他谐振器失谐时也会出现。这就说明了波谷和单个谐振器之间的关系，失谐一个谐振器并不会影响之前谐振器的波谷。这个例子也阐述了一个事实：S_{11} 时域响应的波谷只有在谐振器调谐到最佳状态时才会有极小值。无论谐振器从哪个方向失谐，都会导致其波谷处的极小值出现偏差。

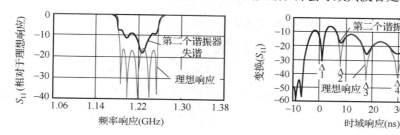

图 19.8　第二个谐振器失谐后的频率响应和 S_{11} 的时域响应
（细曲线为理想响应，粗曲线为失谐后的曲线）

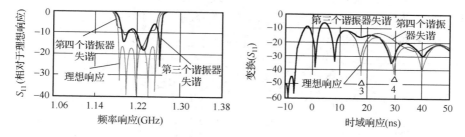

图 19.9　第三个和第四个谐振器失谐后的频率响应和 S_{11} 的时域
响应（细曲线为理想响应，粗曲线为失谐后的曲线）

从第一个谐振器开始，逐阶调节其谐振频率，直到每个波谷达到极小值（波谷值越低越好）。每个谐振器的调试大致上是独立的。然而，对于严重失谐的滤波器，调节后面的谐振器可能会导致前面谐振器的波谷处的极小值略微变差。因此，当所有的谐振器调试完成后，需要再重新精细调节一遍，从第一个谐振器开始，将所有的波谷都调到极小值。对于高阶滤波器，最后几个谐振器的波谷可能没有前几个谐振器的波谷那么明显。在这种情况下，利用 S_{22} 的时域响应，并运用相同的调试方法，从最后一个谐振器开始向中间方向调节。注意，S_{22} 的时域响应中第一个波谷与最后一个谐振器的谐振频率有关。

19.4.2　谐振器间耦合的时域调试

为了说明谐振器间耦合对 S_{11} 的时域响应的影响，下面研究 5 阶滤波器的第一个和第二个谐振器间耦合 M_{12} 和 M_{23} 发生变化时的时域响应。图 19.10 给出了第一个谐振器间耦合 M_{12} 增大 10% 时 S_{11} 的频率响应和时域响应,其中细曲线表示理想响应。从图中可以看出,当耦合 M_{12} 增大时,滤波器的带宽略变宽,且回波损耗也发生了变化。这个结果在预料之中,因为耦合增大意味着更多的能量通过滤波器,从而导致带宽变宽,并且时域响应中不同波谷之间的峰值会有所不同。而我们感兴趣的主要是,$t>0$ 时位于波谷之间且与单个谐振器耦合有关的峰值。

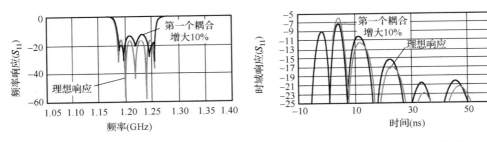

图 19.10　当 M_{12} 增大 10% 时,S_{11} 的时域响应和频率响应(细曲线表示 M_{12} 增大之前的理想频率响应)[27]

　　值得注意的是,增大耦合 M_{12} 会导致第一个峰值(位于第一个谐振器波谷之后)的减小。当谐振器间耦合 M_{12} 增大时,这个峰值的减小可以这样解释:耦合增大意味着更多的能量耦合到下一个谐振器,反射能量减少了,对应这个耦合元件的反射能量峰值也就降低了。同时也可以注意到,后面的峰值与理想响应相比有所增大。当能量通过第一个耦合窗口传输时,更多的能量会从余下的耦合窗口反射回来[27]。

　　图 19.11 的例子给出了第二个谐振器间耦合 M_{23} 减小 10% 的情况[27]。从图中可以看出,虽然 M_{23} 的减小并没有影响到第一个峰值,却导致了第二个峰值(位于第二个谐振器波谷之后)的增大,这是因为 M_{23} 的减小导致了更多能量被反射。由于减小了耦合到后面窗口的总能量,因此后面的峰值将变得更小。

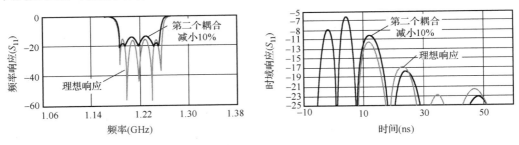

图 19.11　当 M_{23} 减小 10% 时,S_{11} 的时域响应和频率响应(细曲线表示 M_{23} 减小之前的理想频率响应)

　　这个例子说明了时域响应可以很好地分离每个谐振器间耦合的变化影响,允许单独调节耦合。但关键是改变第一个谐振器间耦合 M_{12} 会影响其他耦合的峰值。因此,需要从第一个谐振器间耦合开始,朝滤波器中间谐振器的方向依次调节其他的谐振器间耦合。如果靠近输入端的耦合调节不准确,则会使其他所有谐振器间耦合对应的响应失真。在调节谐振频率时,S_{11} 的时域响应可调节靠近输入端的耦合元件,而 S_{22} 的时域响应可调节靠近输出端的耦合元件。

19.4.3　"黄金"滤波器的时域响应

　　显然,调节谐振器间耦合需要一个目标时域响应作为参考峰值,通过对理想滤波器的 S_{11} 频域响应进行傅里叶变换,可以得到这个仿真时域响应。将其下载到矢量网络分析仪中,可作为调试模板。另外，也可以将测量完全调试好的实验滤波器（"黄金"滤波器）所得的时域响应作为目标时域响应，然后再调节后面的滤波器，以获得完全一样的响应曲线。然而需要指出的是，在时域变换中，时域响应的峰值取决于滤波器带宽与频率扫描带宽的比值。频率扫描带宽与滤波器带宽的比值越大，被反射的能量就越多，从而导致峰值变大。因此，在调试过程中需要确保使用的频率扫描带宽与产生目标响应的频率带宽相同。同时，还必须使矢量网络分析仪的中心频率与理想滤波器的中心频率一致。通常，频率扫描带宽需要设置为滤波器带宽的 $2 \sim 5$ 倍。带宽太窄时无法提供足够的分辨率，从而无法区分滤波器中的各个谐振器，带宽太宽则导致更多能量被反射，从而降低了调试的灵敏度。

　　对于矢量网络分析仪的时域设置[27]，必须使用带通模式，起始和终止的时间设置必须确保每个谐振器响应都可以显示。对于大多数的滤波器来说，起始时间需要比零时刻稍微提前，而终止时间要比滤波器群延迟的两倍大一些。正确的设置可近似为：起始时间 $t = -2/(\pi \text{BW})$，终止时间 $t = (2N+1)/(\pi \text{BW})$，其中 BW 为滤波器的带宽，$N$ 为滤波器的阶数。这样就可以为滤波器开始前和终止后的时域响应预留一些裕量。如果在滤波器的时域调试中同时使用了 S_{11} 和 S_{22} 响应，则终止时间可以设得更小，因为 S_{22} 响应可以用于调节延迟值较大的谐振器（靠近输出端）。时域响应的显示格式为对数幅值（dB），通常把 0 dB 设置在屏幕的顶部。

　　必须提到的一点是，滤波器的谐振频率调试可以不使用"黄金"滤波器的时域响应作为参考曲线，只需要使波谷最小化。只有调节谐振器间耦合时才会用到"黄金"滤波器时域响应。时域调试方法对于输入和输出耦合元件 R_1 和 R_2 不适用，需要使用其他调试技术来调节这两个元件。该方法也不适用于具有非邻接谐振器间耦合的准椭圆函数滤波器。关于时域调试方法的详细例子可参阅文献[27]。

19.5　基于模糊逻辑技术的调试

　　Miraftab 和 Mansour 首次在微波业界内提出了运用模糊逻辑技术调试滤波器的理念[28~30]。这个理念源于实际手动调试过程，技术人员使用集合的概念来描述不同的耦合元件。无论如何，他们都可以找到正确的解决方案将滤波器调试得更好。例如，滤波器耦合元件的集合包括：很小、小、大、很大，等等。一些经验丰富的调试人员可以通过观察滤波器的响应曲线进行判断，以调节特定的耦合元件。例如，对于一个特别小的耦合，通过判断就能调节特定的调谐螺丝以增加耦合，且滤波器调试过程中需要多次重复以上做法。他们并不知道确切的耦合元件值，只是根据一个测量得到的滤波器响应，就能调试滤波器使之满足要求。这种人类思维过程可以用模糊逻辑来模拟，同时模糊逻辑也用到了集合的概念。

　　19.2 节至 19.4 节所描述的计算机辅助调试技术是基于数学模型来指导分析和测量数据的。由于模糊逻辑系统采用相同的方法解释和处理数字数据信息、语言（专家）信息，因此利用模糊逻辑技术在一个模型中汇聚数学模型、测量数据和人的技术经验是可行的。

　　Zadeh 于 1965 年首先提出了模糊逻辑技术[31]，目前该技术在许多工程领域得到了很好的应用[32~37]。它在工业自动化、模式识别和医疗诊断系统等领域成为一项标准技术。然而，由于其概念上的模糊性，微波研究人员对于使用这项技术一直很犹豫。实际上，这项技术本身没有任何"模糊"的地方，它只是一个简单的"函数逼近"——实际上是一个很好的函数逼近器。文献[32]给出了一个模糊逻辑系统（FLS），可以任意精度地逼近任何真实的连续非线性函数。

19.5.1　模糊逻辑系统描述

在经典的布尔逻辑中,集合的定义很明确;一个元素属于这个集合,或者不属于这个集合。在模糊逻辑中,可以运用二进制的0和1的隶属度值来表征该集合中的每个元素。0代表这个元素根本不属于该集合,1代表这个元素完全属于该集合。模糊逻辑通过语言规则来描述数值数据,然后以一定的提取规则计算系统的输出值。

如图19.12所示,模糊逻辑系统可以描述成一个函数逼近器。总的来说,模糊逻辑系统将精确的输入映射为精确的输出。系统包括四部分:模糊化、知识(规则)库、推理机和解模糊化。一旦建立了规则,就可以将模糊逻辑系统当成函数 $y = f(x)$ 来使用。规则可以是专家规则,也可以是从数据里提取的规则。无论是哪种情况,这些规则都是用 IF-THEN 语句表达的。

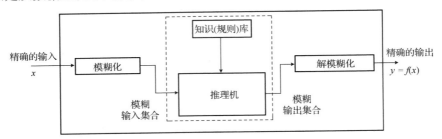

图 19.12　模糊逻辑系统

模糊化过程将精确的输入数字映射到模糊集合中,推理机的目的则是通过规则和输入模糊集合产生输出模糊集合。目前已有多种模糊逻辑推理过程可用于设计推理机,但通常只有一小部分能在工程中应用。根据不同的推理过程来理解事物,这与人类的决策方法类似。解模糊化过程将模糊输出集合映射为精确的输出。这一步很重要,因为在很多工程问题上需要的是精确的输出。

图19.13给出了一个模糊集合的例子,其中变量"年龄"具有不同的隶属函数,这里用变量 X 表示"年龄"。这个变量可分解成集合为 X(年龄) = {非常年轻,年轻,中年,年老,非常年老},X(年龄)的每一项都可定义为全集 $U = \{0, 80\}$ 内的模糊集合。如图19.13所示,描述一个25岁的人既属于模糊集合里的"年轻",也属于模糊集合里的"中年",其隶属函数分别为0.7和0.3,两者却不相同。这个例子说明,在模糊逻辑里,一个元素可以按不同相似程度放入多个集合中。按照类似的方法可以处理耦合值 M_{ij},如图19.14所示,其中定义了一个覆盖 M_{ij} 所有可能值的函数的集合{S2, S1, CE, B1, B2}。

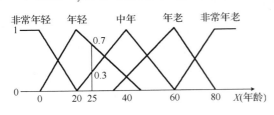

图 19.13　函数 X(年龄) = {非常年轻,
年轻,中年,年老,非常年老}

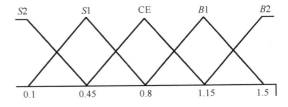

图 19.14　耦合矩阵元件值潜在的隶属函数

最常用的隶属函数形状是三角形、分段线性梯形和高斯形。隶属函数可以利用优化方法来设计[30]，但更多情况下是基于用户解决特定问题的经验而定的。隶属函数的数量由设计人员确定，隶属函数越多，获得的分辨率就越高，而代价是增加了计算复杂性。

19.5.2　建立模糊逻辑系统的步骤

为了介绍建立模糊逻辑系统的主要步骤，考虑下面的例子。假设例子中的数据集合由表 19.2 给定，该例展示了如何将模糊逻辑当成一个函数逼近器 $y = f(x)$ 使用。因此，问题就变成根据给定的这些数据对集合，运用模糊逻辑计算 $x_1 = 0.4$，$x_2 = 0.3$ 对应的 y 输出。建立模糊逻辑的步骤如下。

表 19.2　数据集合示例

x_1	x_2	y
0.3	0.7	0.5
0.6	0.5	0.1
0.1	0.2	0.9

　　步骤1　给所有的变量定义隶属函数。有关隶属函数形状的选取和优化，详见文献[30～33]。为了诠释这个概念，选取最简单的三角形隶属函数，如图 19.15 至图 19.17 所示。给变量 x_1 选取 5 个隶属函数集合（即 $S2$，$S1$，CE，$B2$，$B1$），给变量 x_2 和变量 y 选取 3 个隶属函数集合（即 $S1$，CE，$B1$）。

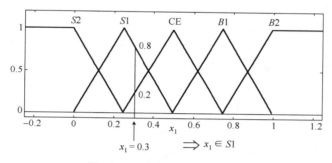

图 19.15　变量 x_1 的隶属函数

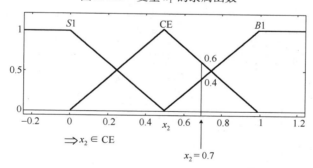

图 19.16　变量 x_2 的隶属函数

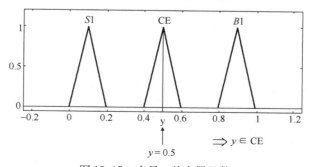

图 19.17　变量 y 的隶属函数

步骤2 建立 IF-THEN 模糊规则。为了基于数值数据生成模糊规则,可以应用许多种方法[32~34],这里采用文献[33]介绍的方法,因为它可以在一个简单的公共框架里合并数值数据和语言信息。规则的建立可以基于表19.2的数据组,而不仅仅是隶属函数。第一组数据对($x_1 = 0.3$,$x_2 = 0.7$,$y = 0.5$)的IF-THEN 规则建立在图19.15 至图19.17 中。如图19.15 所示,点 $x_1 = 0.3$ 属于 $S1$ 的隶属值是 0.8,同时属于 CE 的隶属值是 0.2。由于属于 $S1$ 的隶属值比属于 CE 的高,可以看成 x_1 属于 $S1$,即 x_1 是 $S1$。同理,从图19.16 和图19.17中可以看出,点 $x_2 = 0.7$ 属于 CE,点 $y = 0.5$ 也属于 CE。因此,第一组数据($x_1 = 0.3$,$x_2 = 0.7$,$y = 0.5$)的模糊规则建立如下:

规则1 IF(x_1 是 $S1$) 且 (x_2 是 CE) THEN (y 是 CE)

同理,根据表19.2的另外两对数据可以建立规则2 和规则3。运用同样的概念,这两个规则可以简单写为:

规则2 IF(x_1 是 CE) 且 (x_2 是 CE) THEN (y 是 $S1$)

规则3 IF(x_1 是 $S2$) 且 (x_2 是 $S1$) THEN (y 是 $B1$)

注意,在这一步,利用表19.2的三组数据对有效地建立了三个 IF-THEN 规则。

步骤3 模糊推理和去模糊化处理。这一步需要用到重心法(面积中心法)来解模糊化[29],给定输入 $x_1 = 0.4$ 和 $x_2 = 0.3$,可得输出 y:

$$y_i = \frac{\sum_{j=1}^{K} m_j y_i^j}{\sum_{j=1}^{K} m_j}$$

其中 $m_j = m_j(x_1) m_j(x_2) \cdots$,$y_i^j$ 为对应输出 y_i 和规则 j 的模糊集合的中心值,$m_j(x_k)$ 为对应输入 x_k 和规则 j 的模糊集合中的 x_k 的隶属值,K 为规则数。注意,只要输出隶属函数是对称的,y_i^j 就可以简单地表示为每个隶属函数的中心。如果选用了不对称的隶属函数,就需要根据 y_i^j 计算每个隶属函数的重心,而选择对称的隶属函数可以减少计算量。在这个例子中,通过规则1 可以得到点 $x_1 = 0.4$ 和点 $x_2 = 0.3$ 的隶属值,计算出 $m_1(x_1)$ 和 $m_1(x_2)$。根据规则1、图19.15 和图19.16,很容易得出点 $x_1 = 0.4$ 属于 $S1$,隶属值是 0.4,即 $m_{S1}(0.4) = 0.4$;点 $x_2 = 0.3$ 属于 CE,隶属值是 0.6,即 $m_{CE}(0.3) = 0.6$。因此,得到规则如下:

规则1 IF(x_1 是 $S1$) 且 (x_2 是 CE) THEN (y 是 CE)
$$m_1 = m_{S1}(0.4) m_{CE}(0.3) = 0.4 \times 0.6 = 0.24, \quad \bar{y}_1 = 0.5$$

同理,根据规则2 和规则3,有

规则2 IF(x_1 是 CE) 且 (x_2 是 CE) THEN (y 是 $S1$)
$$m_2 = m_{CE}(0.4) m_{CE}(0.3) = 0.6 \times 0.6 = 0.36, \quad \bar{y}_2 = 0.1$$

规则3 IF(x_1 是 $S2$) 且 (x_2 是 $S1$) THEN (y 是 $B1$)
$$m_3 = m_{S2}(0.4) m_{S1}(0.3) = 0 \times 0.4 = 0, \quad \bar{y}_3 = 0.9$$

与 $x_1 = 0.4$ 和 $x_2 = 0.3$ 对应的 y 计算如下:

$$y_i = \frac{\sum_{j=1}^{3} m_j y_i^j}{\sum_{j=1}^{3} m_j} = \frac{m_1 \bar{y}_1 + m_2 \bar{y}_2 + m_3 \bar{y}_3}{m_1 + m_2 + m_3} = \frac{0.24 \times 0.5 + 0.36 \times 0.1 + 0 \times 0.9}{0.24 + 0.36 + 0} = 0.26$$

注意,这里使用了规则 1 和规则 2,而没有使用规则 3。在这个例子中,模糊逻辑系统起到了一个函数逼近器的作用。针对 $x_1 = 0.4$ 和 $x_2 = 0.3$,求解可得 $y = 0.26$。

19.5.3   对比布尔逻辑和模糊逻辑

本节将模糊逻辑和布尔逻辑同时用来逼近一个简单函数 $y = x^2 + 1$,从而说明逻辑系统是一个很好的函数逼近器[38]。运用布尔逻辑函数逼近器对所有的输入值进行分组,并使每组与一个输出值相关联。由于每个输入值必须对应一个输出,因此输出曲线通常看上去是“阶梯”形状的。这种逼近器的准确性取决于如何将输入值分组,以及共计用了多少组。由于是布尔逻辑,因此逼近器呈“阶梯”形状完全不可避免,如图 19.18 所示。

在这个例子中,布尔逻辑函数逼近器将输入值分为 10 组。为了简化设计,每组中 x 值的覆盖范围都是一样的。然后将每组输入值的中心值代入公式($y = x^2 + 1$),得到每组所对应的输出值。本例使用了 10 个输出值。使用的输入值和对应的输出值分别为 (1,2),(1.33,2.78),(1.67,3.78),(2,5),(2.33,6.44),(2.67,8.11),(3,10),(3.33,12.11),(3.67,14.44) 和 (4,17)。

有了这组数据对集合后,可以运用类似 19.5.2 节所述的方法来建立模糊逻辑系统,逼近这个函数。另一方面,模糊系统还可以运用 MATLAB 的模糊逻辑工具箱[36]建立。用户只需定义系统输入和输出的数量,然后定义每个输入和输出的隶属函数的数量。MATLAB 的模糊逻辑工具箱为用户提供了不同类型的隶属函数选择,例如三角函数或高斯函数。一旦设置好了模糊推理系统的所有参数(输入、输出和规则),模糊逻辑系统的计算就非常简单了。MATLAB 的模糊逻辑工具箱根据输入值来计算得到输出,所有的模糊化和去模糊化过程都是在 MATLAB 的模糊逻辑工具箱内部进行的。

通过调整输入隶属函数的形状、规则的数量和输出隶属函数的形状,可以只用很少的样本数据点设计出极其准确的函数逼近器。图 19.19 所示为只使用四个数据点开发的模糊逻辑函数逼近器。

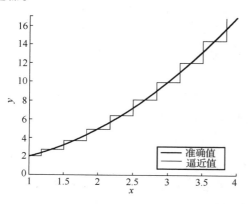

图 19.18   布尔逻辑函数逼近器

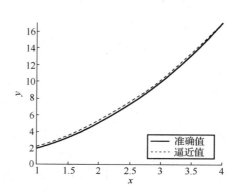

图 19.19   模糊逻辑函数逼近器

用于构造逼近器的 Sugeno 类型模糊逻辑系统只存在一个输入变量(x)[35]。且输入变量 x 包含四个三角形隶属函数,中心值分别为 1, 2, 3 和 4。四组数据对是(1,2),(2,5),(3,10)和(4,17),由这些数据对可生成四个 IF-THEN 规则。为简化起见,计算过程中采用了三角形隶属函数。

通过运用高斯隶属函数,可以改善模糊逻辑函数逼近器的性能,MATLAB 模糊工具箱则用来优化这些高斯隶属函数。本例中需要使用更多的数据对,其中一些数据对用来优化高斯隶属函数和输出值,以保证系统的输出接近给定的数据对,这个过程称为"模糊逻辑系统训练"[30]。在已优化的逼近器中,10 个数据点(采用与构造布尔逻辑函数逼近器相同的数据点)用来训练和建立模糊系统。

图 19.20 给出了已优化的模糊逻辑函数逼近器的输出曲线,而图 19.21 给出了采用布尔逻辑、未优化的和已优化的模糊逻辑函数逼近器的误差。如图 19.21 所示,使用布尔逻辑函数逼近器的误差在一个很高的值(9% ~ 17%)至 0 之间变化;而模糊逻辑函数逼近器的最大误差为 14%,且经过优化后误差可降到 2% 以下。虽然增加布尔逻辑函数逼近器输出数据对的数量可以提高精度,但是在相同数据对条件下,模糊逻辑函数逼近器给出了更高的精度。

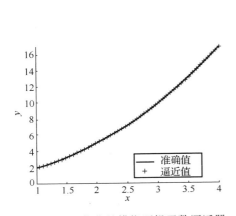

图 19.20　已优化的模糊逻辑函数逼近器

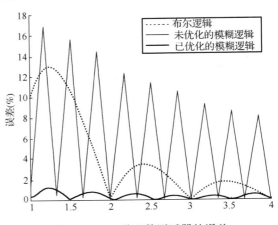

图 19.21　三种函数逼近器的误差

19.5.4　滤波器调试中的模糊逻辑应用

Miraftab 和 Mansour 给出了应用于微波滤波器调试的如下三种模糊逻辑系统[28~30,39,40]:

1. 基于数学模型(例如滤波器的电路模型)生成的数据对,建立 IF-THEN 规则并构建客观的模糊逻辑系统[29,30];

2. 基于手动调试滤波器的过程中对专家经验的跟踪,建立 IF-THEN 规则并构建客观的模糊逻辑系统[39];

3. 基于专家经验的直接提取,建立 IF-THEN 规则并构建主观的模糊逻辑系统[40]。文献[40]也证明了基于这种思想来设计一套机器人系统以完成调试工作的可行性。

文献[41]给出了这三种方法的详细介绍。本章将简要介绍第一种方法,基于数学模型来建立 IF-THEN 规则[29,30]。

文献[29,30]所用的数学模型是耦合矩阵电路模型。在这种情况下,模糊逻辑系统等同于特定的实验滤波器响应对应的耦合矩阵。模型逻辑系统作为 $y = f(x)$ 的函数逼近器,其中 x 为实验滤波器的响应,y 为耦合矩阵。对于同样的问题,19.3 节运用优化方法来求解电路模型的耦合矩阵，且优化过程中包含了多次迭代运算，可认为这是一种间接的逼近方法。而模糊逻辑技术是一种直接逼近方法，通过耦合矩阵模型产生数据对，并尝试建立初始模糊逻辑系统。一旦建立了该系统，就可以由特定的实验响应直接提取出耦合矩阵。

将滤波器 M 矩阵中的耦合系数作为输出，并将滤波器在不同频率采样点处的 S 参数作为输入。假设有 p 个频率采样点，即有 p 个输入和 q 个未知的耦合系数输出。从 S_{21} 或 S_{11} 中提取输入信息，则输入的形式是 $S(f_1)$，$\cdots$，$S(f_p)$，可以简单地用 x_1，x_2，$\cdots$，x_p 来表示。而输出为耦合系数，也可以简单地写成 y_1，y_2，$\cdots$，y_q。耦合矩阵模型[见式(19.19)至式(19.22)]主要用于生成初始的数据对。因此，选取与理想设计接近的值作为耦合系数，即可生成若干输入和输出数据对：

$$(x_1^{(1)}, x_2^{(1)}, \cdots, x_p^{(1)};\ y_1^{(1)}, y_2^{(1)}, \cdots, y_q^{(1)})$$
$$(x_1^{(2)}, x_2^{(2)}, \cdots, x_p^{(2)};\ y_1^{(2)}, y_2^{(2)}, \cdots, y_q^{(2)})$$
$$\vdots$$
$$(x_1^{(n)}, x_2^{(n)}, \cdots, x_p^{(n)};\ y_1^{(n)}, y_2^{(n)}, \cdots, y_q^{(n)})$$

一旦建立了数据对，就可以采用 19.5.2 节介绍的三个步骤，或者用商业模糊逻辑软件工具(如 MATLAB)来建立模糊逻辑系统。其 IF-THEN 规则如下所示：

$$\text{IF } (x_1 \text{ 是 } fs_{x1}) \text{ 且 } (x_2 \text{ 是 } fs_{x2}) \cdots \text{ 且 } (x_p \text{ 是 } fs_{xp}),$$
$$\text{THEN } (y_1 \text{ 是 } fs_{y1}) \text{ 且 } (y_2 \text{ 是 } fs_{y2}) \cdots \text{ 且 } (y_q \text{ 是 } fs_{yq})$$

其中 fs 为输入变量和输出变量的模糊集合之一。下面以一个 4 阶切比雪夫滤波器的调试为例来说明这个概念。耦合矩阵(M 矩阵)为一个对称的 4×4 矩阵($m_{ij} = m_{ji}$)，除 m_{12}，m_{23}，m_{34} 以外的元件值都为零，它们是待调试的变量；在本例中，假设 R_1 和 R_2 是固定不变的。该滤波器的理想耦合值是 $m_{12} = 1.2$，$m_{23} = 0.95$，$m_{34} = 1.2$。图 19.22 给出了两个失谐滤波器随频率变化的 S_{21} 曲线，其中一个相对于理想曲线轻微失谐，而另一个则严重失谐[29]。

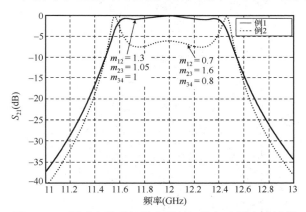

图 19.22　严重失谐和轻微失谐的 4 阶切比雪夫滤波器

这两个例子给出了两个不同程度失谐的滤波器的实验数据。为了开始调试过程，需要从实验结果提取 M 矩阵。然后，基于已知的理想耦合矩阵，可以得到失谐的矩阵元件位置。在指定隶属函数或模糊集合时，我们为每个输入变量选取五组模糊集合。输出变量的隶属函数的选取如图 19.23 所示[28]。

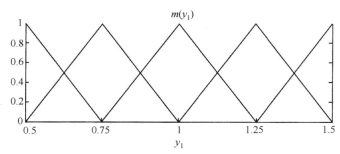

图 19.23 4 阶滤波器的输出隶属函数

本例中所选择的输入为 S_{21} 对应的 9 个频率参数,其中 7 个在通带内,另外 2 个在通带外。该模糊逻辑系统有 9 个输入和 3 个输出。通过耦合矩阵模型[见式(19.19)至式(19.22)]可以计算得到数据对,利用这些数据对可以生成 70 个 IF-THEN 规则。提取得到的这两个滤波器的响应(轻微失谐和严重失谐)如图 19.24 和图 19.25 所示,图中不仅给出了其耦合值,还可从中看出提取的响应与实验响应非常接近。

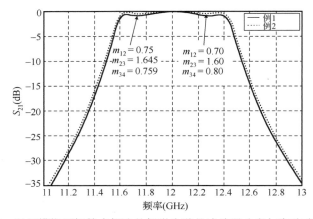

图 19.24 运用模糊逻辑技术提取的轻微失谐的滤波器响应与实验响应的对比

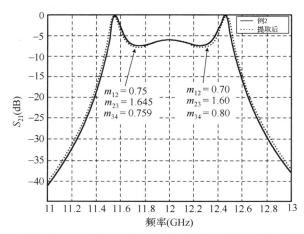

图 19.25 运用模糊逻辑技术提取的严重失谐的滤波器响应与实验响应的对比

模糊逻辑技术的主要优点是,能够在一个模型中结合理论模型、测量数据和专家经验,特别是能够将专家经验融入一个模型中。专家经验应用的细节详见文献[39～41]。

19.6　滤波器自动调试系统

图 19.26 给出了一个滤波器自动调试系统(机器人)的原理图,其中包括矢量网络分析仪、计算机、带机械臂的电机和包含调谐螺丝的待调试滤波器。矢量网络分析仪用于采集滤波器的数据,并传输到计算机;然后运行计算机里的调试算法处理这些数据,再反过来通过电机接口完成必要的调试。本章介绍的五种计算机辅助调试技术,都可以用于自动调试系统,进行微波滤波器的调试。

作为全球领先的滤波器和多工器供应商,COM DEV 公司开发了第一台滤波器调试系统[42,43]。图 19.27 所示为 COM DEV 公司的 RoboCat 系统[43]。这个系统有一个可替换的螺丝/螺母起子头,允许对调谐螺丝及对应的锁紧螺母同时进行独立的机械化伺服驱动控制。该系统的一个关键功能是,允许调试系统针对敏感元件完成最终调谐螺丝的锁紧,该锁紧过程将影响器件性能。而本系统可以预测螺母锁紧后的影响,并且能够对调试螺丝的位置进行微量调节,以抵消与之对应的失谐。螺丝/螺母起子头很容易替换,以适应不同的螺丝/螺母组合和不同的螺丝尺寸,同时还与自锁螺丝和其他无螺母的螺丝设计完全兼容。使用该系统,可以在几分钟内完成无线基站中同轴双工器的调试。关于该系统的更多细节详见文献[43]。

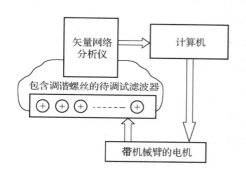

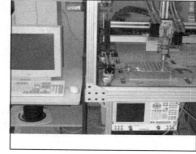

螺丝/螺母
起子头

图 19.26　自动调试系统　　　　　图 19.27　COM DEV 公司的 RoboCat 系统

图 19.28 给出了采用多个电机控制的滤波器自动调试系统[40]。该系统能够对调谐螺丝分列于盖板上的滤波器进行调试。调节这些螺丝的起子头,通过定制的柔性导向杆驱动,并连接到伺服/步进电机的主轴上。为了便于在三维空间内实现调节,电机需要使用万能支架,安装固定在主平面的指定位置,对准特定滤波器或多工器的需调节的螺丝。关于该系统的更多细节详见文献[40]。

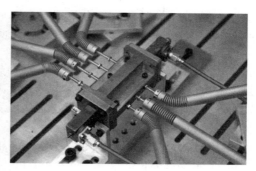

图 19.28　滤波器自动调试系统[40]

19.7　小结

从理论角度讲，基于任意精度的电磁仿真技术可以实现微波滤波器的物理尺寸。实际上，基于电磁仿真工具的设计非常耗时，限制了其在高阶滤波器和多工器网络中的应用。而且，电磁设计不可能给出与理论结果完全吻合的测量结果，这是由于制造公差和滤波器使用的材料特性差异造成的。对于无线通信系统和卫星通信系统等对滤波器性能要求特别严苛的应用场合，这个问题变得更加突出。鉴于以上这些原因，绝大多数滤波器需要经过调试才能达到理想响应。本章专门讨论了微波滤波器的计算机辅助调试技术。

为了满足所有设计指标，首先利用合适的电磁仿真技术来设计(见第 14 章和第 15 章)，再通过调试来实现所需的测量响应。调试通常由经验丰富的技术人员完成，这也被认为是滤波器生产中的主要瓶颈。几十年来，滤波器调试被认为是一门艺术，而不是科学。近期出现的一些计算机辅助技术改变了人们的看法，使得调试过程变得更具科学性。

本章介绍了五种不同的微波滤波器辅助调试技术，包括基于耦合谐振滤波器的逐阶调试、基于电路模型参数提取、滤波器输入反射系数的零极点、滤波器时域响应调试和模糊逻辑技术。逐阶调试和时域响应的调试用于指导调试人员逐个调节谐振器和耦合元件，该技术已成功应用于切比雪夫滤波器的调试。电路模型参数提取技术有几种不同的形式，已成功应用于高阶准椭圆函数滤波器、双工器和多工器的调试。而模糊逻辑技术的研究结合了调试过程的艺术性和科学性，已成功应用于切比雪夫滤波器的初调。文献[44]总结了其他关于计算机辅助调试的概念和方法。

本章还概述了两种滤波器自动调试装置。第一个装置中使用了内嵌机制，一旦滤波器调试结束，螺母就会被锁定。第二个装置基于柔性机械臂，便于调节调谐螺丝分散在滤波器腔体上的微波滤波器和多工器，它也允许同时调节多个调谐螺丝，有助于加快调试过程。

19.8　原著参考文献

1. Dishal, M. (1951) Alignment and adjustment procedure of synchronously tuned multiple resonant circuit filters. *Proceedings of the IRE*, **39**, 1448-1455.

2. Wheeler, H. A. (1954) Tuning of waveguide filters by perturbing of individual sections. *Procedings of Symposium on Modern Advances in Microwave Technology*, pp. 343-353.

3. Atia, A. E. and Williams, A. E. (1974) Nonminimum phase optimum amplitude band pass waveguide filters. *IEEE Transactions on Microwave Theory and Techniques*, **22**, 425-431.

4. Atia, A. E. and Williams, A. E. (1975) Measurement of intercavity couplings. *IEEE Transactions on Microwave Theory and Techniques*, **23**, 519-522.

5. Williams, A. E., Egri, R. G., and Johnson, R. R. (1983) Automatic measurement of filter coupling parameters. *IEEE MTT-S International Microwave Symposium Digest*, pp. 418-420.

6. Accatino, L. (1986) Computer-aided tuning of microwave filters. *IEEE MTT-S International Microwave Symposium Digest*, pp. 249-252.

7. Thal, H. L. (1978) Computer aided filter alignment and diagnosis. *IEEE Transactions on Microwave Theory and Techniques*, **26**, 958-963.

8. Ishizaki, T., Ikeda, H., Uwano, T., Hatanaka, M., and Miyake, H. (1990) A computer aided accurate

adjustment of cellular radio RF filters. *IEEE MTT-S International Microwave Symposium Digest*, pp. 139-142.

9. Mirzai, A. R., Cowan, C. F. N., and Crawford, T. M. (1989) Intelligent alignment of waveguide filters using a machine learning approach. *IEEE Transactions on Microwave Theory and Techniques*, **37**, 166-173.

10. Antreich, K., Gleissner, E., and Muller, G. (1975) Computer aided tuning of electrical circuits. *Nachrichtentech. Z.*, **28** (6), 200-206.

11. Adams, R. L. and Manaktala, V. K. (1975) An optimization algorithm suitable for computer-assisted network tuning. *Proceedings of IEEE International Symposium on Circuits and Systems*, Newton, MA, pp. 210-212.

12. Bandler, J. W. and Salama, A. E. (1985) Functional approach to microwave postproduction tuning. *IEEE Transactions on Microwave Theory and Techniques*, **33**, 302-310.

13. Lopresti, P. V. (1977) Optimum design of linear tuning algorithms. *IEEE Trans. Circuits Syst.*, **24**, 144-151.

14. Alajajian, C. J., Trick, T. N., and El-Masry, E. I. (1980) On the design of an efficient tuning algorithm. *Proceedings of IEEE International Symposium on Circuits and Systems*, Houston, TX, pp. 807-811.

15. Accatino, L. and Carle, P. (1984) *Computer Aids for Designing and Simulating Microwave Multiplexer for Satellite Applications*, GLOBECOM, Atlanta, Georgia.

16. Ness, J. B. (1998) A unified approach to the design, measurement, and tuning of coupled-resonator filters. *IEEE Transactions on Microwave Theory and Techniques*, **46**, 343-351.

17. Yu, M. (1994) Computer Aided Tuning. COM DEV internal report.

18. Kahrizi, M., Safavi-Naeini, S., and Chaudhuri, S. K. (2000) Computer diagnosis and tuning of microwave filters using model-based parameter estimation and multi-level optimization. *IEEE MTT-S International Microwave Symposium Digest*, pp. 1641-1644.

19. Harscher, P. and Vahldieck, R. (Nov. 2001) Automated computer-controlled tuning of waveguide filters using adaptive network models. *IEEE Transactions on Microwave Theory and Techniques*, **49** (11), 2125-2130.

20. Harscher, P., Amari, S., and Vahldieck, R. (2001) Automated filter tuning using generalized low pass prototype networks and gradient-based parameter extraction. *IEEE Transactions on Microwave Theory and Techniques*, **49**, 2532-2538.

21. Yu, M. (2001) Simulation/design techniques for microwave filters—an engineering perspective. Proceedings of Workshop WSA: State-of-the-Art Filter Design Using EM and Circuit Simulation Techniques, *International Symposium IEEE Microwave Theory and Techniques*, Phoenix.

22. Pepe, G., Gortz, F. J., and Chaloupka, H. (2004) Computer-aided tuning and diagnosis of microwave filters using sequential parameter extraction. *IEEE MTT-S International Microwave Symposium Digest*.

23. Miller, E. K. and Burke, G. J. (1991) Using model-based parameter estimation to increase the physical interpretability and numerical efficiency of computational electromagnetics. *Computer Physics Communications*, **69**, 43-75.

24. Hsu, H., Yao, H., Zaki, K. A., and Atia, A. E. (2002) Computer-aided diagnosis and tuning of cascaded coupled resonators filters. *IEEE Transactions on Microwave Theory and Techniques*, **50**, 1137-1145.

25. Dunsmore, J. (1999) Simplify filter tuning using time domain transformers. Microwaves RF (March).

26. Dunsmore, J. (1999) Tuning band pass filters in the time domain. *IEEE MTT-S International Microwave Symposium Digest*, pp. 1351-1354.

27. Agilent application note, Agilent AN 1287-8.

28. Miraftab, V. and Mansour, R. R. (2002) Computer-aided tuning of microwave filters using fuzzy logic. *IEEE MTT-S International Microwave Symposium Digest*, vol. 2, pp. 1117-1120.

29. Miraftab, V. and Mansour, R. R. (2002) Computer-aided tuning of microwave filters using fuzzy logic. *IEEE Transactions on Microwave Theory and Techniques*, **50** (12), 2781-2788.

30. Miraftab, V. and Mansour, R. R. (2004) A robust fuzzy technique for computer-aided diagnosis of microwave

filters. IEEE Transactions on Microwave Theory and Techniques, **52** (1), 450-456.

31. Zadeh, L. A. (1965) Fuzzy sets. *Information and Control*, **8**, 338-353.

32. Kim, Y. M. and Mendel, J. M. (1995) Fuzzy basis functions: comparisons with other basis functions. *IEEE Transactions on Fuzzy Systems*, **43**, 1663-1676.

33. Wang, L. X. and Mendel, J. (1992) Fuzzy basis functions, universal approximation, and orthogonal least-squares learning. *IEEE Transactions on Neural Networks*, **3** (5), 807-814.

34. Mouzouris, G. C. and Mendel, J. M. (1994) Non-singleton fuzzy logic systems. *Proceedings of 1994 IEEE Conference Fuzzy Systems*, Orlando, FL.

35. Sugeno, M. and Tanaka, K. (1991) Successive identification of a fuzzy model and its applications to prediction of a complex system. *Fuzzy Sets and Systems*, **42** (3), 315-334.

36. Mendel, J. M. (1995) Fuzzy logic systems for engineering. *Proceedings of the IEEE* (Special Issue on Engineering Applications of Fuzzy Logic), **83** (3).

37. Larsen, P. M. (1980) Industrial applications of fuzzy logic control. *International Journal of Man-Machine Studies*, **12** (1), 3-10.

38. Lau, K. T. (2005) Function Approximation Using Fuzzy Logic. Technical report, University of Waterloo.

39. Miraftab, V. and Mansour, R. R. (2005) Tuning of microwave filters by extracting human experience using fuzzy logic. *IEEE MTT-S International Microwave Symposium Digest*, June 12-17, 2005, pp. 1605-1608.

40. Miraftab, V. and Mansour, R. R. (2006) Automated microwave filter tuning by extracting human experience in terms of linguistic rules using fuzzy controllers. *IEEE MTT-S International Microwave Symposium Digest*, San Francisco, CA, 2006, pp. 1439-1442.

41. Miraftab, V. (2006) Computer aided tuning and design of microwave circuits using fuzzy logic. Ph. D. thesis.

42. Yu, M. and Tang, W. C. (2003) A fully automated filter tuning robots for wireless basestation diplexers. Workshop Computer Aided Filter Tuning, *IEEE International Microwave Symposium*, Philadelphia, June 8-13.

43. Yu, M. (2006) Robotic computer-aided tuning. *Microwave Journal*, 136-138.

44. Mongiardo, M. and Swanson, D. (2003) Workshop on computer aided filter tuning. *IEEE International Microwave Symposium*, Philadelphia, June 8-13.

第 20 章　微波滤波器网络的高功率因素

（由 Chandra M. kudsia，Vicente E. Boria 和 Santiago Cogollos 更新和完善）

本章专门概括了地面和太空应用中的微波滤波器和多工器网络的高功率因素，重点关注实际高功率滤波器网络的设计与应用。

20.1　概述

不同物理条件下气体的微波击穿现象，是众所周知并讨论已久的问题。MacDonald 在文献[1]中总结了与之有关的经典研究成果。另一种现象是由 Kudsia 等人提出的[2]，在标准气压下不会表现出来，当接近于真空条件时才会发生，这种现象称为二次电子倍增（又称为微放电）效应。同样重要的因素还包括高功率器件的无源互调（PIM）现象，它取决于设备使用的材料，以及机械设计和制造的质量标准。对微波滤波器的新型拓扑结构的追求，以及对高功率器件的持续需求，都使得原有的一些结论和方法在新的应用场合和限定条件下不再适用。这个问题在使用新材料实现微波器件时可能更加突出。总之，面对高功率击穿、无源互调和使用环境等实际应用中的诸多问题，许多微波设计人员往往会在解决此问题之前重复别人的错误。本章主要回顾击穿现象，然后详细介绍滤波器网络设计中的实际高功率因素。

在微波频段，无线系统中的高功率需求主要体现在以下两种应用场合：

- 雷达系统
- 通信系统

雷达系统的主要特点是要求工作在中低带宽，并使用低占空比的脉冲功率，另外的特点是跳频需求和抗干扰能力。通常情况下，雷达系统的峰值脉冲功率达到了千瓦量级，其连续波功率可超过百瓦量级。并且，雷达系统需要采用多种脉冲压缩技术，以得到更远的探测距离和最佳的多普勒分辨率。由于大部分雷达系统用于军事领域，因此高功率器件需要进行优化，以脉冲方式工作。本书的主要目的是讨论非军事领域的应用，因此重点关注通信系统中高功率器件的设计。

20.2　无线系统中的高功率要求

如 1.3 节所述，通信系统的容量主要由基本的香农定理决定，它与系统中信道的带宽和信噪比有关。如果给定了信道带宽，则通信系统的容量取决于可达到的信噪比指标，且最小噪声受限于热噪声。因此，系统的容量最终取决于可用的无线发射功率。这是不是意味着只需简单地提高发射功率，就能无限地增加系统的容量呢？这个问题涉及两个方面：（1）产生射频功率的成本很高；（2）由天线的物理孔径聚集的能量传输到远端接收机时的制约因素。这也意味着仅有有限的能量到达目的地，其余能量在空间中被损耗了，即能量的传输效率很低。此外，能量泄漏会对其他系统造成干扰，这些干扰限制了系统的功率使用效率。正如 1.2.2 节所述，频段分配和允许的干扰电平是由政府机构严格控制的,并确保众多系统的正常使用。因此,通信系统中射频功率的产生和传输,不仅需要付出高昂的成本代价,并且自身也是干扰源。另外,射频功率的产生效率一直受到技术的限制。对于手持移动电话和其他设备,由于微波辐射对人体具有潜在的危害,还需要考虑与健康相关的问题。表 20.1 和表 20.2 分别给出了地面和太空应用中高功率发射机的典型功率值。

表 20.1　地面系统的高功率需求[a]

系统类型	典型功率要求(W)	系统类型	典型功率要求(W)
个人通信系统	0.1 ~ 1	小区蜂窝站点	60
手持机	0.6	视距无线系统	1 ~ 10
车载设备	4	有线电视(Community Antenna TV, CATV)	100

a　分配的频段分别为 400 MHz, 800 MHz, 900 MHz, 1700 MHz, 1800 MHz 和 1900 MHz(见表 1.3 和表 1.4)。

表 20.2　典型卫星系统的高功率需求

卫星系统的频段(GHz)	发射机的带宽(MHz)	典型功率要求(每信道)	
		上行(地面站)(W)	下行(卫星)(W)
1.5	0.01(上行) 0.5 ~ 5(下行)	1 ~ 10	150 ~ 220
6/4	36, 54, 72	500 ~ 3000	10 ~ 100
14/11	27, 54, 72	500 ~ 3000	20 ~ 200
30/20	36, 72, 112	100 ~ 600	5 ~ 80

20.3　高功率放大器

在微波系统中,输出放大器可以是固态功率放大器(SSPA)、行波管放大器(TWTA)或速调管放大器。它们的区别在于可传输的最大输出功率不同,如图 20.1 所示[3,4]。

固态功率放大器广泛应用于蜂窝通信和视距(Line-Of-Sight, LOS)无线系统,行波管放大器主要用于卫星系统;而功率特别高的场合常用到速调管放大器,在地面站中用于提供极高的上行功率,在地基雷达系统中以脉冲方式工作。

行波管放大器和速调管放大器的效率通常可达 30% ~ 50%。在太空应用中,行波管放大器的设计效率高达 70%。典型的固态功率放大器的效率为 20% ~ 35%,甚至接近 50%。另外,高功率放大器还需要耗散掉大量的热量,这对航天和卫星应用中的高功率器件设计提出了极大挑战。

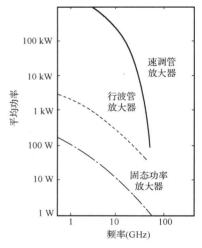

图 20.1　微波功率源的近似极限,固态放大器、行波管放大器和速调管放大器[3]

20.4　气体放电

气体放电现象受到了广泛关注,从而有了许多新的发现。人们最初是在研究能量产生或传输时的直流电压或相关的低频交流电压时发现了这种现象。由于雷达和通信系统的出现,需要在更高的频率下满足高功率应用。在高功率条件下,工作于相对较高的频率(兆赫至吉赫)

将带来一些新的特殊效应。本节将回顾微波频段的高功率击穿现象，以及对高功率微波无源器件设计产生的影响。

20.4.1　基本理论

任何气体都由原子或分子组成，它们都是中性粒子。而且，由于宇宙射线电离或其他现象（例如光电效应），使气体中都会存在少量的电子和带电粒子。在电场的作用下，气体中的电子和带电粒子会沿电场方向加速运动，与路径上的中性粒子在容器表面发生碰撞，其中电子碰撞起主要作用。这是由于离子较重，加速较慢，碰撞机会也就较少，因此离子在碰撞中远不如电子释放的能量多。

MacDonald 给出了微波气体击穿的详细介绍[1]，具体描述了空气和其他气体中的离子在微波频段的碰撞频率（平均自由路径）、扩散、吸附效应和气体特性。

平均自由路径的概念基于空气动力学经典理论。假设将气体中的电子、原子、分子和离子比喻为在随机状态下小范围自由运动的刚性小弹球，且这些粒子像弹球一样互相碰撞；碰撞产生的距离为自由路径，其平均长度就是平均自由路径。由于需要研究封闭气体容器中的亿万个这种粒子，因此有可能用到统计力学方法，高精度地分析碰撞的概率和频率。这需要假设所有粒子的运动速度相同，在所有方向上都是等概率的。因此，平均自由路径还取决于气体中原子或分子的浓度（由气压决定）。

碰撞类型有两种：弹性碰撞和非弹性碰撞。在弹性碰撞中，电子或离子从原子中弹出，只与原子交换能量，不会改变原子的状态。而自由电子沿电场方向运动，产生了微弱的电流。在大气层中存在着大量这种混合的中性粒子。在非弹性碰撞中，电子的能量足够高，它们消耗自身的能量并改变了原子内部的状态。碰撞后被激发的原子通常会很快回到它的基态能级，原子捕获的能量会被辐射出来。如果电场的能量达到最高，在碰撞过程中，一些电子就会从原子中电离出其他电子，产生二次电子和正离子。当电场的能量在一段持续时间内足够强时，这些碰撞会频繁发生，产出的电子数量将大于因扩散或复合而失去的电子数量，从而发生击穿。也就是说，额外产生电子的速度只需稍大于失去电子的速度，就会导致电子浓度的急速上升，发生击穿。图 20.2 给出了电子浓度与外加电场的变化关系曲线。

显然，随着电场的逐渐升高，气体会遵从欧姆定律，直到产生二次电子。此时，在很宽的电场变化范围内，电子浓度相差不大（见图 20.2 所示曲线中的平坦区域），即气体变得导电了。然后，甚至只给电场一个极小的微扰，就能使电子浓度和电流升高到一定数量级，导致发光和击穿。

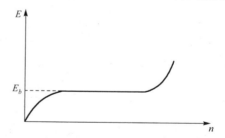

图 20.2　电子浓度与外加电场的变化关系曲线

在气体媒质中，粒子的浓度或速度的梯度会导致沿梯度递减方向产生粒子流，这种粒子流称为扩散。在电离气体中，电子在原子和分子的作用下，沿外加电场的方向散射，并且散射的电子被气体容器表面吸收。这些电子的损失是由于扩散造成的。扩散速率取决于电子浓度、电场梯度、电子产出率，以及容器的几何形状、大小和表面条件。此外，扩散速率还取决于电子和离子的相互作用，其中的主导因素是电子的自由扩散。

电子可能被吸附在气体中的中性粒子上。一旦被吸附，被吸附的电子在离子化过程中就不会再发挥任何作用，这是因为中性粒子的质量是电子的 2000 倍以上。因此，中性粒子的速度比自由电子慢得多，它与失去的电子等价。必须注意，这里失去的电子和扩散过程中失去的电子不一样,扩散过程中电子的运动是电场作用的结果。在不同气体条件下,吸附率的变化与氧气含量的高低有关,吸附过程取决于气体中的原子和分子的性质。

20.4.2　空气击穿

在一定量的气体中,电子浓度为[1]

$$n = n_0 \, e^{((v_i - v_a) - D/\Lambda^2)t} \tag{20.1}$$

其中,n 为累积的电子浓度,n_0 为初始浓度,v_i 为离子率,v_a 为吸附率,D 为扩散系数,Λ 为特征扩散长度。

当净速率 $(v_i - v_a)$ 与扩散速率 D/Λ^2 处于平衡状态时,代表了击穿阈值(若低于该值则不会发生击穿)。另一方面,如果净电离率,即式(20.1)中的指数变得大于零,电子就会迅速累积而导致击穿。

在高气压环境下,分析空气的击穿数据可以看出[1],在高于 1/10 甚至更高的大气压环境下(如 76 Torr①),击穿电场强度与频率和特征扩散长度无关,可以表示为

$$\frac{E}{p} = 30 \;\; \text{V/(cm-Torr)}$$

图 20.3 表明,当频率为 9.4 GHz 时,虽然特征扩散长度 Λ 的影响随气压的增加而减小,但空气的击穿电场强度仍趋于 30 V/(cm-Torr)。当频率为 992 MHz 时可得到同样的结论,由此可以推断出击穿是吸附-控制过程。在标准大气压(760 Torr)下,空气的击穿电场强度 E_b 为

$$E_b = 30 \times 760 = 22.8 \;\; \text{kV/cm}$$

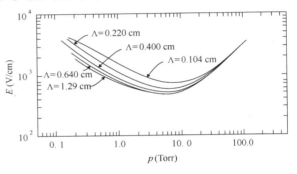

图 20.3　频率为 9.4 GHz 时空气的击穿电场强度[1]

图 20.4 和图 20.5 分别给出了空气、氮气和氧气在频率为 992 MHz 和 9.4 GHz 时电压击穿的试验数据。

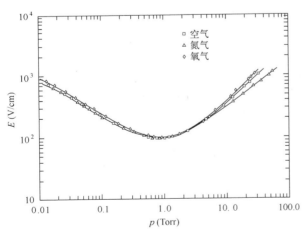

图 20.4　频率为 992 MHz 时,空气、氮气和氧气的击穿电场强度[1]

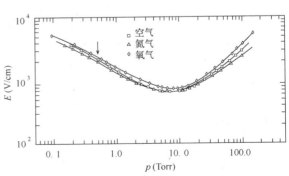

图 20.5　频率为 9.4 GHz 时,空气、氮气和氧气的击穿电场强度[1]

① 1 Torr(托) = 1 mm 汞柱 = 133.329 Pa。——编者注

在低气压环境下, 气体中电子和分子之间的碰撞较少发生, 电子处于自由振荡状态, 且大多数情况下与外加电场的方向相反。随着气压的增加, 碰撞的次数也相应地增加。由于反相电子引起的碰撞次数增加, 将减小电子和外加电场之间的相位滞后, 由此产生的运动提高了能量的传输效率。从每次振荡产生少量碰撞到多次碰撞, 这种过渡极其关键。当电子碰撞的频率等于外加电场的射频频率时, 就会发生击穿。也就是说, 在一个大气压条件下, 当气体中电子的碰撞频率等于射频频率时, 就会得到最小的击穿电场强度。在微波频率下, 当空气由 1 GHz 时的 1 mm 汞柱所代表的气压, 线性变化到 10 GHz 时的 10 mm 汞柱所代表的气压时, 对应的击穿电场强度分别如图 20.4 和图 20.5 所示。当气压降低时, 击穿电场强度会迅速增加。高功率微波设备通常需要设计为能够承受临界气压, 即便是通信系统从来也不会工作于这种条件下。

近年来, 科学界一直在大力研究能够确定复杂微波器件内部气体击穿功率的方法[5, 6]。目前, 主要的实现方法是运用式(20.1)求解复杂外形的器件中存在的任意场分布。例如, 文献[5]采用变分法来求解这个方程, 以确定击穿阈值。另一方面, 文献[6]采用基于有限元法的全数值方法。随着计算机能力的不断进步, 几乎对所有器件都能进行严格的击穿分析。

在临界气压附近运用数值方法进行计算, 是相当精确的。然而, 在中压或高压(更高大气压)下, 存在局部放电(过程由吸附主导), 再加上金属拐角周围奇异电场的相关性, 求解可能出现精度问题。由于计算这种拐角周围电场的不确定性, 降低了数值分析方法的准确性。为了克服这个问题, 在文献[7]中提出了一种解析方法。但是这种方法并不通用, 并且限制了模拟任意器件的能力。解决这个问题的最佳方案是对高功率器件内部进行圆角处理, 从而避免出现奇点。这种方法的另一个优势是降低了电场幅度, 从而提升了高功率作用下的击穿阈值。

20.4.3　波导和同轴传输线的功率等级

微波设备的功率等级取决于两个因素: 击穿电压和容许温升。在连续波工作条件下, 这两个因素中哪一个起主导作用, 取决于峰值功率和平均功率, 以及设备的工作环境。对于空气填充的波导, 击穿电压约为 22.8 kV/cm, 正如前面章节所述, 它主要基于下面的假设[1, 8]:

1. 波导壁之间的距离必须远大于电子的平均自由路径;
2. 波导内的气体是干燥且静止的;
3. 气压为一个标准大气压;
4. 只与主要工作模式匹配, 即电压驻波比(VSWR)为 1。

在这些条件下, 工作在主模的矩形波导和圆波导的理论功率容量给定为[8]

$$P_{\max}(\text{TE}_{10}) = 0.34ab\frac{\lambda}{\lambda_g} \quad (\text{MW}), \quad P_{\max}(\text{TE}_{11}) = 0.26D^2\frac{\lambda}{\lambda_g} \quad (\text{MW}) \quad (20.2)$$

其中, a 和 b 分别为矩形波导的宽边尺寸和窄边尺寸, D 是圆波导的直径(单位为 cm), λ 和 λ_g 代表自由空间的波长和波导的波长。匹配同轴线的功率容量推导如下[8]:

$$P = \frac{E_m^2}{480}\left(\frac{b}{2.54}\right)^2\frac{\ln b/d}{(b/d)^2} \quad (\text{W})$$

$$= 0.17d^2\ln\left(\frac{b}{d}\right) \quad (\text{MW}) \quad (20.3)$$

其中, E_m 代表击穿电场强度 22.8 kV/cm。d 和 b 分别是同轴线的内导体直径和外导体直径(单位为 cm)。

20.4.4　降额系数

微波设备传输功率的能力取决于许多因素,而这些因素却无法得到准确的评估[9]。气体击穿的基本现象不是自然发生的,而是需要一个过程,从而产生足够的电子,且这些电子被能量加速,产生离子化碰撞。这个过程中关键的一步是有效电子的产出率。在宇宙射线和自然辐射的作用下,微波器件的间隙击穿产生的电子数可达每分钟10位数,将这些电子加速,在产生新的电子之前,其中一部分电子被分子俘获或被器件的表壁吸收了。

电子是否有效,取决于它的初始速度、位置及产生电子时的相位,所有这些因素都是随机的。即便是连续波功率,给出一个准确的击穿功率值或给定功率条件下的击穿时间,仍是不可能的。除了这些不确定因素,还需要考虑一些变量,例如电压驻波比、相对湿度、设备中的杂质(清洁程度)、气压(海拔高度)、可能存在的高次模,以及结构上的不连续等,所有这些因素都会导致功率容量的降低。累积效应可使功率比理论最大值低5%~10%。图20.6给出了实际应用中波导的降额系数对高功率容量的影响程度。

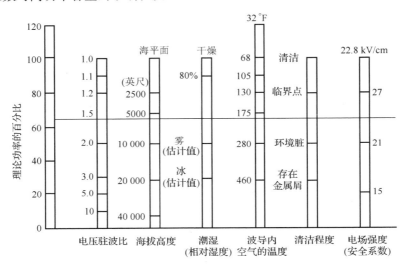

图20.6　波导结构中降额系数对高功率容量的影响程度[9]

采用增压系统可以提高击穿裕量,但是会增加成本和降低可靠性。采用惰性气体,例如氟利昂,由于其具有极高的吸附系数,可以提供更高的击穿电压。然而,这些气体具有毒性,不能在商业系统中使用。

20.4.5　功率的热耗散影响

在连续波功率作用下,传输线和微波器件需要耗散大量的热能。因此,允许的温升可以作为确定功率容量的重要标准。热设计必须确保高功率设备的温升范围是可接受的。在地面环境中,可以考虑使用一些冷却技术(包括扩大冷却表面)来辐射散热,如利用空气冷却或水冷却。King给出了标准温升下地面应用的波导的平均功率等级理论曲线[10],如图20.7所示。由于电压驻波比过大,以及材料的非理想性而导致能量耗散过于集中,或出现热点,从而降低了功率容量。波导和其他微波器件关于功率容量的更全面的内容参见文献[8,10]。通过这些数据可以得出一个结论:在连续波工作条件下,地面设备的功率容量取决于设备的温升而不是击穿电压。

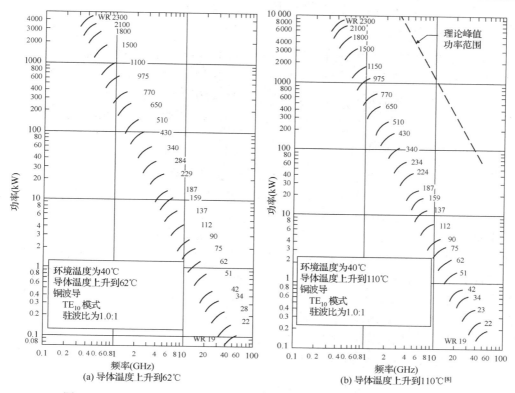

图 20.7　TE_{10} 模铜矩形波导的功率等级理论曲线（其中 WR 代表波导接口）

20.5　二次电子倍增击穿

二次电子倍增属于一种射频击穿现象，发生在真空条件下，此时电子的平均自由路径大于传导射频功率电流的表壁之间的间隙，而施加的射频电压使自由电子加速穿过表壁之间的间隙。假设传输时间内，电子与表壁撞击之后，电场反向，使得电子朝表壁的相反方向加速运动，从而产生了电子共振。如果施加的电场强度过高，以至于电子与表壁碰撞后产生了二次电子并持续释放，就会导致射频击穿。该击穿现象取决于碰撞后电子在表壁上第二次释放的倍增电子，通常称为二次电子共振效应。

不同类型的二次电子倍增效应取决于共振的性质，有可能出现单边二次电子倍增效应，即电子总是撞击同一表壁。单边二次电子倍增效应通常出现在具有高切向场的电介质表面[11]。此外，还可能存在双边二次电子倍增效应，通常是在微波器件内部的金属表壁之间出现[12, 13]，它是通信系统中最常见的二次电子倍增形式。虽然确实存在更复杂的共振，如多个点的二次电子倍增，但单边和双边是最常见的共振形式。

二次电子倍增的产生受下列条件制约：

1. 真空条件；

2. 材料的表面条件；

3. 施加的射频信号，以及器件的频率与间隙的乘积（$f \times d$ 乘积）；

4. 载波数与调制方式。

20.5.1 节至 20.5.4 节将简要介绍这些制约条件。

20.5.1　真空条件

二次电子倍增产生的条件是电子的平均自由路径必须足够长,以使电子在发射表壁被加速,以较低概率与周围的原子或分子发生碰撞。当气压低于 10^{-3} Torr 时[14],在普通气体分子(如氮气、氧气和氩气)填充条件下,电子的平均自由路径为数十厘米,而对于射频设备,一般的间隙尺寸为毫米量级,因此认为 10^{-3} Torr 或更低的气压条件下会产生二次电子倍增是合理的。

20.5.2　材料的表面条件

为了维持二次电子倍增效应,表壁上的入射电子必须能够产生二次电子,即二次电子发射系数(SEY),定义为二次电子与入射电子的比值。这个比值必须大于1,否则产生的电子快速衰减,二次电子倍增无法持续下去。

给定材料的 SEY 与初始电子的入射能量和入射角度的关系曲线如图 20.8 所示[14]。在低入射能量条件下,初始电子无法释放更多的二次电子,则二次电子倍增也不会被激发。而在非常高的入射能量条件下,初始电子进入表壁很深,产生的二次电子被束缚在材料里,无法到达表面,也无法产生二次电子倍增效应。因此,初始电子的入射能量必须位于极小值和极大值之间,才能持续产生二次电子倍增,如图 20.8(a)所示。这些能量的上边界和下边界分别称为第一交叉能量和第二交叉能量,允许在宽的频率范围和施加电压范围内产生二次电子倍增。其中,第一交叉能量是二次电子倍增的主导参数。此外,SEY 也取决于电子的入射角度,如图 20.8(b)所示。

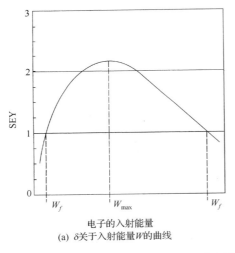

(a) δ 关于入射能量 W 的曲线

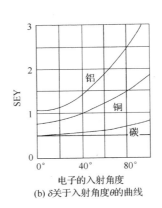

(b) δ 关于入射角度 θ 的曲线

图 20.8　二次电子发射参数

SEY 对材料的相对纯度非常敏感。在入射能量较低时,表面杂质会引起 SEY 出现较大变化。杂质太多会增大 SEY,从而增大产生二次电子倍增的可能性。在电子的衰变过程中,SEY 会随着时间推移而增大,这在很大程度上取决于材料的纯度和存储条件。对于太空应用中的高功率器件,保持材料表面无杂质非常重要。

20.5.3　施加的射频信号,以及器件的频率与间隙的乘积

电子被施加的射频信号产生的电场加速。在一定的信号参数组合(振幅、频率和相位)条件下,与射频电场同相的电子连续撞击间隙的表壁,并需要拥有足够的能量以释放二次电子。

为了实现这样的共振，间隙尺寸必须与工作信号的振幅和频率相关。最简单的间隙结构由两个无限大的平行板组成，二次电子倍增的击穿电压取决于频率与间隙的乘积($f \times d$)。20.5.5 节将对双边二次电子倍增的这些条件进行更详细的阐述。

20.5.4　载波数与调制方式

单载波信号的二次电子倍增已经在文献中广泛涉及，已有许多理论和实验结果。因为电子动力学很容易建模，所以这是最容易研究的案例，并适用于单个射频信道的功率器件，如滤波器、耦合器、功率分配器、环形器和传输线。

当设备必须处理大量射频载波的功率合路时，就会出现最差的情形。当所有载波为同相时，总峰值功率为 $N^2 P_{in}$。反之，如果载波的相位完全是随机的，则合路功率通常为 NP_{in}。其中 N 为载波数，P_{in} 为最大的单载波输入功率。挑战在于如何确定峰值功率的持续时间，以及该持续时间是否足够长，以激发和维持二次电子倍增击穿。此外，射频载波的调制方式将在这个过程中引入额外的复杂性。射频调制信号的振幅随时间的演化取决于许多因素，如调制类型、数字编码参数和信息的性质。关于调制信号的二次电子倍增现象的研究非常少。无论如何，调制会干扰电子共振，导致击穿功率的阈值增加。因此，对二次电子倍增击穿的预测和测试所用的都是未调制的信号。

20.5.5　双边的理论分析、仿真和预测

二次电子倍增的理论和仿真的目的是准确地预测射频功率的阈值，以便设计出不存在二次电子倍增效应的器件，避免以错误的方式进行试验与测试。在实际应用中，由于预测本身的不确定性，为了保证器件不存在二次电子倍增效应，有必要加入一些设计裕量。接下来介绍两种用于分析双边二次电子倍增的方法，分别是单载波激励法和多载波激励法。

20.5.5.1　单载波激励法

经典二次电子倍增理论[12]涵盖了在单载波和无限大平板工作条件下，双边二次电子倍增的特殊应用。基本上，经典理论通过分析求解电子运动方程，寻找电子共振和产出的条件。产生二次电子倍增的条件如下：

- 电子在撞击过程中，电子的相位必须是射频半周期值的奇数倍，即 1/2 倍、3/2 倍和 5/2 倍，以此类推。这些倍数对应着二次电子倍增的阶数，或简称为二次电子倍增模式。
- 电子释放的时间或相位必须在一定范围内与电场的时间或相位同步。
- 撞击能量(速度)必须位于 W_1 和 W_2 之间，它们分别是 SEY 的第一交叉能量和第二交叉能量。

为了获得满足上述条件的射频信号的振幅、频率和间隙参数，许多研究人员进行了大量的理论研究和测试[14~17]。这些参数可以绘制成频率和间隙的乘积($f \times d$)与电压的关系曲线，即二次电子倍增曲线图。图 20.9 所示为典型平板之间的二次电子倍增曲线图。

每个二次电子倍增模式都对应着一条二次电子倍增曲线。主要模式对应 1 阶二次电子倍增，其他模式则称为高阶二次电子倍增。每条二次电子倍增曲线都有一个激发和维持二次电子倍增能量或峰值电压的极小值和极大值，如 20.5.3 节所述。许多高纯度材料都具有这样的曲线[17]。

经典理论认为，电子是以固定的、确定的速度发射的。实际上，二次电子是以随机的能量

和角度发射的。这使得经典理论对于阶数大于1的二次电子倍增的预测非常不准确。使用统计理论将这种随机性纳入公式中，从而获得了更精确的结果[18]。

平板(PP)理论可以外推到实际结构中，只要器件的间隙尺寸比其他尺寸略小[19]。然而，为了满足电气性能的要求，大多数实际结构是由不连续区域组成的，并具有复杂的外形。在不连续区域和尖锐拐角的附近，电场强度可能与基于简单平板外形的电场强度相差较大。由平板表面电场分布的不均匀性造成的偏差，会对共振造成一定的破坏。因此，基于平板外形的预测结果可以被认为代表了"最差的情形"。

高速计算机的出现，使我们有可能用数值方法模拟二次电子倍增现象，并用仿真软件进行分析。将全波三维电磁求解器

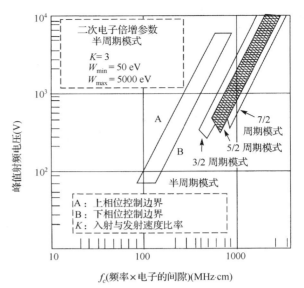

图 20.9　典型平板之间的二次电子倍增曲线图

与粒子跟踪器组合使用的算法，就是所谓的粒子模拟(PIC)代码算法。材料表面的 SEY 特性也可用这种数值方法来建模。

粒子模拟代码算法已广泛应用于等离子体的数值模拟[20]，利用两个不同的空间来求解粒子运动问题和电场方程。由于连续空间内的电子运动不受任何限制，因此很容易获得它们的轨迹和与边界的相互作用。然而，电场是通过使用网格或方格，或兼顾两者，在固定位置计算得到的，特别是所覆盖的拐角和不连续区域。这意味着只需用一个初始网格，其中两个空间通过某种粒子到网格，或网格到粒子的插值来连接。集成了粒子模拟代码算法的软件，如 DS 公司的 SPARK3D 或 CST Particle Studio，都可用于各类结构，特别是二维结构(但也可以用于三维结构)的二次电子倍增计算[21,22]。

以上数值方法会产生更大的计算成本。然而，它们能够允许在一个复杂结构中更准确地分析单边和双边的二次电子倍增效应，可用于非均匀电场，以及不同的射频载波数和调制方式。

20.5.5.2　多载波激励法

关于多载波信号的研究极其复杂，一个典型的多载波信号是由几段频率间距较小的调制载波组成的，因此不同载波信号经过合路后极具破坏性，还导致信号的包络发生了时变。这种情况给二次电子倍增的预测增加了一种动态限制条件。当包络的振幅高于单载波击穿电平时，就满足了二次电子倍增的共振条件，出现了二次电子倍增。当低于该电平时，共振被打破，电子被吸收。

对于单载波信号，预测只能在给定器件外形、工作频率和材料的 SEY 特性的条件下，提供一个击穿电压(射频功率)值，而多载波对应的限制条件则明显不同。在多载波信号中，多载波放电不仅取决于每个载波的振幅，还取决于它们之间的相对相位。这意味着器件在间隙、材料和载波频率都相同的条件下，某些相位参数组合相对于其他参数组合来说具有更高或更低的击穿电平。最低的击穿电平代表"最差的情形"。

在多载波工作环境中，二次电子倍增的预测方法有许多种，至于该应用哪一种，业界并没有达成普遍的共识。因此，由于缺乏可靠的理论，业界想方设法在单载波理论基础上做了一些

简单的假设，以粗略评估多载波放电的影响。最终，基于峰值功率法和 20 间隙渡越规则[17]是最简单的预测方法。应用这些规则，并增加一定的裕量，得到的结果通常是安全的，但这种做法往往被认为过于保守[23]。

根据峰值功率法，最差的情形发生在所有载波同相时。该方法假设当峰值功率等于单载波的功率阈值时，就会发生放电。即 $N^2 P_{in} = P_{sc}$，N 为载波数，P_{in} 为最大的单载波输入功率，P_{sc} 为单载波的功率阈值。这种方法可以得到最保守的预测。

在多载波工作环境下预测二次电子倍增的更实用的方法是，不仅要获取多载波的峰值功率，还要获取其持续时间。正是在这两个参数的作用下，激发了二次电子倍增效应，从而生成了 20 间隙渡越规则[17]。该规则规定：

> 在多载波峰值功率工作周期内，只要电子的间隙在多载波峰值功率的持续时间与二次电子倍增的阶数不出现大于 20 次的电子间隙渡越，即使偶尔超过了二次电子倍增的功率阈值，该器件的设计相对于二次电子倍增击穿而言仍是安全的。

20 间隙渡越规则指出，为了能够产生二次电子倍增效应，多载波包络功率必须在超过 20 次的电子间隙渡越时间内高于单载波阈值。该时间的计算方法如下：

$$N_c = \frac{2fT}{n} = 20$$

其中 N_c 为电子渡越次数，n 为二次电子倍增的阶数，f 为最低载波频率。因此

$$T_{20} = 10\frac{n}{f} \tag{20.4}$$

一旦 T_{20} 已知，就可以运用不同的方法来计算最差的情形，而不是由该规则自身给定。下一步是评估峰值功率最后一次持续超过 T_{20} 的时间。在文献[24,25]中给出了预测功率阈值的近似边界曲线，它们是基于理论计算得到的（通过优化最差的情形下的载波相位，在给定的持续时间内进行峰值功率求解）。20 间隙渡越规则表明了两种限制条件：对于阶数较小的二次电子倍增，功率阈值接近 $N^2 P$，而对于阶数较大的二次电子倍增，功率阈值近似为 NP。

近期，有人提出了非稳态理论[26]和准稳态理论方法[23]，以充分表征完全任意的振幅和相位参数条件下的二次电子倍增效应。利用这类理论，不仅能模拟多载波包络功率在任意时间内的电子生长和吸收，还能模拟多载波包络功率在一定周期内的电子积累或长期放电。图 20.10 为文献[27]中提取出的六载波信号的例子。

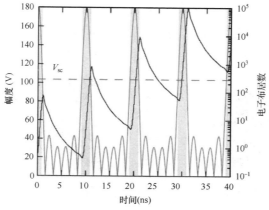

图 20.10　六载波信号工作环境下电子布居数随时间的变化曲线

多载波激励条件下允许对 20 间隙渡越规则采取不同的方法,这些方法能够计算出某种相位组合的包络在一个周期内的电子布居数。因此,对于每个相位和振幅的组合,可以确定是否存在二次电子倍增。根据这些方法,无须再确定任何超过间隙渡越的次数。鉴于这类数值优化方法的强大功能,很容易找到导致最低击穿电平的相位组合。

20.5.6　二次电子倍增击穿电平

二次电子倍增击穿可以在很低的功率电平下(瓦级)发生,但更多时候发生在高功率条件下。高 Q 值电路,例如滤波器和多工器,特别容易发生击穿。这是因为这些器件结构紧凑,不连续位置的电场很强,且通带外失配严重,以及选择的材料不相符。表 20.3 总结了一系列高功率微波器件的应用数据。这些应用中的功率电平代表了目前通信和卫星遥感系统对高功率器件需求的现状。

表 20.3　宇航级高功率微波器件应用数据表

卫　星	描　　述	预防二次电子倍增的设计方法	功率容量
INTELSAT Ⅵ 和 INTELSAT Ⅶ	C 波段谐波滤波器	介质填充 大的间隙尺寸	>1.5 kW
INTELSAT Ⅶ	Ku 波段发射带阻滤波器	大的间隙尺寸	4 kW
STC DBS	输出组件(12 GHz): 多工器 谐波滤波器	TE$_{114}$滤波器 阶梯阻抗	>2 kW >2 kW
ERS-1	输出组件(5 GHz): 环形器 谐波滤波器 机械开关	介质填充 大的间隙尺寸 大的间隙尺寸	26 kW(峰值) 26 kW(峰值) 45 kW(峰值)
移动 Satcom	800 MHz 双工器	包含介质的探针 同轴耦合设计	14 kW
SCS-1	Ku 波段双工器 Ku 和 Ka 波段隔离器	大的间隙尺寸 使用脊和柱的形式	1 kW
Aussate B	L 波段双工器	同轴耦合设计	400 W
Satcom K	12 GHz VPD 系统	半波长极化器	>500 W
Olympus	18 GHz 双工器 18 GHz 隔离器	大的间隙尺寸 平面设计	180 W
NIMIQ 4	八信道 Ku 波段多工器	TE$_{113}$模式滤波器,大的间隙尺寸	19.2 kW

数据来源:加拿大 COM DEV 公司。

图 20.11 所示为 S 波段五信道高功率多工器,其中每个信道的功率为 100 W。图 20.12 所示为 Ku 波段八信道高功率多工器,其中每个信道的功率为 300 W。

图 20.11　S 波段五信道高功率多工器 　　图 20.12　低 PIM(−140 dBm)的 Ku 波段八信道高功率多工器

20.5.7 二次电子倍增的检测与预防

尽管在预测二次电子倍增的理论、软件工具和仿真手段方面取得了许多进展（见 20.5.5 节），但仍有必要对该影响进行最终测试，以减少潜在的风险，并满足航天应用极其苛刻的指标要求。在卫星相关应用中，需要采用最先进的二次电子倍增试验平台来重现或尽可能地接近待测器件的实际运行条件。这就要求实验设备必须安放在至少十万级的无尘室环境中，包括高真空室、专用的高功率射频测试平台，以及用于射频信号产生、放大和测量的昂贵仪器[28]。

经典的射频击穿效应（即二次电子倍增和气体放电）的测量装置主要分为三部分，即射频信号的产生、电子播种和击穿检测，如图 20.13 所示。大多数射频击穿的测试是在单载波模式下进行的，即产生一个非调制信号（无论是脉冲波还是连续波），然后将其放大、滤波并输入待测器件。然而，包含多载波和（或）数字调制信号的新型实验装置的应用正在成为可能。电子播种是这些设备的一个关键功能，所用的源通常是锶 90 或紫外线（光电效应）。这些电子源通常放置在可能产生二次电子倍增的待测器件区域附近。

击穿检测方法可以分为两类：局部检测方法和全局检测方法。在待测器件内部的实际放电点附近适合进行局部检测（采用电子测量仪或光学系统，并考虑温度和压力水平等测试条件，见图 20.13）。但是，对于系统级测试，全局检测方法用于检测在高功率器件的某一部位是否存在放电。接近载波信号的噪声、相位和三次谐波噪声，正向或反向功率，以及微波调零系统（见图 20.13）等指标的介绍详见文献[17,29]。

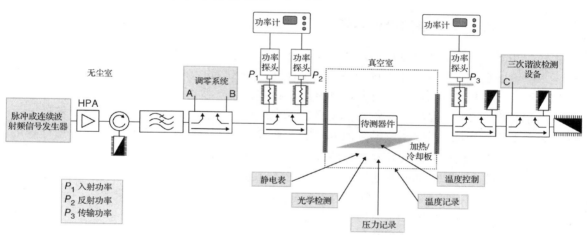

图 20.13　射频击穿效应（如二次电子倍增和气体放电）的测量设备

在高功率环境下，除了需要准确测量不希望出现的射频放电，更重要的是降低甚至尽可能防止其出现。在本节的前面部分，已知一些约束条件对于激发和维持二次电子倍增至关重要。因此，违反这些约束条件中的任何一个，都是抑制二次电子倍增的手段。防止放电的可能方法列举如下：

- 控制频率-间隙的乘积（即加大间隙尺寸，或使间隙尺寸低于截止频率波长）；
- 介质填充；
- 增压；
- 直流偏置或磁偏置；
- 材料表面处理（即减少表面放电的潜在条件）。

表20.4 总结了这些方法的特点及相对优势。

表20.4 二次电子倍增的预防方法

方　　法	描　　述	优　　点	缺　　点
控制频率与间隙的乘积,使间隙尺寸加大	电子渡越时间为非共振状态,需要更高的电压激发和维持二次电子倍增	机械结构最简单	射频设计和可实现的性能受到限制
控制频率与间隙的乘积,使间隙尺寸低于截止频率波长	电子渡越时间为非共振状态,电子被散射与吸收,因此可以预防二次电子倍增的产生	由于存在二次电子倍增击穿,没有功率容量限制	射频设计不适合大多数实际应用,实际 Q 值相对较低
介质填充	在放电的真空区域填充泡沫或固体介质,可以减少平均自由路径	理论简单	器件的有效 Q 值更低,高于 12 GHz时应用困难
增压	利用惰性气体增压,使得电子的平均自由路径接近于零	消除了二次电子倍增产生的机制	如果存在泄漏可能导致失效,增加了系统质量,则系统必须使用密封连接器,从而成为一个潜在的 PIM 源
直流偏置或磁偏置	直流偏置电压或施加的磁场可以改变电子共振条件,提高功率容量	使功率容量的裕量约为 1 dB 以上,通过改变间隙来预防放电	表面容易侵蚀,产生宽带噪声及降低其他性能;改善作用不明显
材料表面处理(减少表面放电的潜在条件)	表面涂覆低发射系数的材料,改变二次电子的发射速度	应用简单	由于损耗高,应用受到了限制

20.5.8 二次电子倍增的设计裕量

在高功率器件及其子系统中,设计裕量对于客户、总承包商和供应商而言是一个敏感问题。二次电子倍增击穿取决于工件制造的质量标准、对杂质的敏感性、器件间隙的复杂性和人员的稳定性,以上所有因素可能使客户制定的指标超出了二次电子倍增要求的裕量和测试要求。由于竞争关系,主要的承包商常常没有选择余地而只能接受这些指标。高功率器件的供应商总是要面对指标、时间和成本方面的困难。最优的选择是对所有关心的问题采用确定的指导方针:基于理论计算和实验验证相结合的方法来分配设计裕量。

目前,有两个主要的标准来处理二次电子倍增问题:由 ECSS 编写的欧洲标准[17]和由航空航天公司编写的美国标准[30]。除了裕量的定义,这两个标准还描述了设计阶段关于二次电子倍增击穿的预测方法,以及验证阶段合适的测试方法。

虽然给定的裕量并不完全相同,但两个标准是相似的,因为这两个标准都指出,裕量的确定取决于以下方面:

- 器件类型:根据器件的材质和拓扑结构进行分类。
- 设计/测试阶段:设计阶段与测试阶段的预测所给定的裕量是不同的。
- 信号类型:在单载波和多载波工作条件下给定的裕量是不同的。

表20.4 给出了单个高功率器件设计方法的概述。对于单载波信号,上面提到的两个标准针对功率容量都给出了 3 dB 的测试裕量。通过增加器件的体积、质量及其他设计特征,比较容易实现 3 dB 裕量,但是也增加了器件的复杂性和成本。另外,提高功率测试电平也会增加成本(特别是对于较高的频率)。然而,对于器件而言,最复杂的工作限制条件是工作于多载波环境。

对于多载波信号,假设峰值功率阈值有 3 dB 的裕量,那么这个器件的功率容量指标将高

达 $2 \times N^2 P_{in}$。如果为六载波合路，则功率容量将是单载波应用的72倍! 对于地面器件，如卫星地面站和蜂窝站点，则很少要求多载波；而且，质量和体积指标也不是特别关键。然而，太空应用中需要更多的载波，实现这样的指标的成本很高，通常超过了高功率测试器件的成本范围。在某些情况下，如果将器件放入一个注满惰性气体的密封结构中，则能够实现的指标可达 $2 \times N^2 P_{in}$。由于质量、体积和可靠性也很关键，因此问题变得更加复杂。器件必须在高真空环境中无故障地工作 $10 \sim 15$ 年，这也考验着器件的密封性，因为随着时间的推移，注入的气体存在泄漏的可能性。此外，这种方案的成本极高。因此，多载波工作环境下二次电子倍增击穿的裕量设计在现实场景中必须引起足够重视。

20.6　高功率带通滤波器

高功率设器件计要求低损耗、能量不受损失，并且热耗散最小。在这类器件中，为了实现低损耗，需要采用高 Q 值的微波结构。由于大多数通信系统需求的是窄通带的滤波器，更加剧了问题的严重性。窄带意味着更高的损耗和电场过于集中在滤波器腔体内。因此，高 Q 值窄带滤波器的功率容量成为高功率器件设计中最严峻的问题。滤波器内部产生的高电场限制了滤波器功率容量的应用范围，且热耗散也会导致腔体发热。Cohn 最早讨论了高功率滤波器设计中需要考虑的有关事项[31]，通过解析表达式，利用低通原型滤波器参数描述窄带直接耦合波导滤波器不同谐振腔内的电场峰值。这些公式给出了每个谐振腔内电场随频率变化的函数。文献[31]中描述了谐振腔之间内部电场峰值如何变化，以及如何通过扩大某些谐振腔来增加谐波频率数量，使其最小化。

Young 提出了另一种方法[32]，根据滤波器的群延迟特性来分析滤波器谐振腔中的功率比。该方法假设直接耦合谐振滤波器为"周期性结构"。在这个假设条件下，可以直接得出滤波器谐振腔中的储能与其群延迟成正比。这个方法也适用于宽带直接耦合滤波器的电场计算。本方法由 Ernst 进一步扩展[33]，得出了无源无耗二端口网络的平均时间储能（TASE）与群延迟成正比的严谨表达式，适用于巴特沃思、切比雪夫和椭圆函数滤波器。该方法充分说明了使用滤波器的群延迟特性可以衡量滤波器的功率容量，突出了高功率对滤波器参数的敏感性，特别是对滤波器的选择性。内部电场峰值对滤波器的带宽和选择性非常敏感，绝对带宽越小，群延迟和内部电场强度就越高。类似地，利用接近通带的传输零点或增加阶数，可使滤波器的选择性更陡峭，使群延迟和内部电场峰值上升梯度更大。谐振腔的储能可以利用集总低通原型滤波器的电路模型推导得到，而实际带通滤波器的储能是利用原型滤波器经过频率变换得到的。对于直接耦合梯形滤波器，单个谐振腔内的平均时间储能可以直接通过低通原型参数来计算[33]，然后根据储能计算出电场。可以通过解析方法得到标准的矩形波导或圆波导。该方法可以简化规范拓扑实现的滤波器功率容量的分析，比如梯形网络。对于更复杂的结构，包括滤波器腔体的不连续性，可能需要采用准确的电磁分析。

文献[34～36]提出了一种无任何限制的、基于集总元件原型滤波器内部电压估算的通用方法。它强调了一个事实，即相同的滤波器响应可能由不同的实际拓扑来实现（从理论上讲，所有可用的交叉耦合有无限多个）。每个拓扑的总储能相同，简单分配于不同的谐振腔中。这就可能需要在滤波器拓扑和谐振腔内部电场峰值之间进行折中[33, 37]。实际上，拓扑的选取必须考虑设计上的简易性，以及工作环境中对结构的敏感性，即需要对设计类型进行限制。这种分析方法还可以用于各类滤波器，包括双工器和多工器结构的峰值电压计算。

20.6.1　带通滤波器的热耗散

地面发射机的功率通常为几百瓦到千瓦量级。由于器件存在损耗,高功率工作条件下将产生大量的热能,尤其是窄带滤波器。采用高 Q 值结构可以使热耗散最小化,其中 Q 值取决于其物理尺寸和传播模式。设计窄带高功率滤波器,通常需要用更大的腔体和低损耗的传播模式。然而,实现更低损耗是以产生大量谐波模式为代价的;因此,谐波模式的抑制是设计中不可缺少的一部分。另一个设计重点是,找出滤波器内部的发热点并提供一个有效的导热路径至散热器,以保持整个滤波器良好的热稳定性。滤波器腔体可以通过采用热稳定性高的殷钢材料,并在表面镀银来实现。发热点一般在耦合膜片的中心位置。利用厚铜片来实现耦合膜片,可以起到有效的散热作用,使得对整个滤波器热稳定性的影响最小化。而且,铜膜片很容易与散热器集成,这种结构设计常用于卫星地面站的高功率滤波器和多工器[38, 39]。

对于 800 MHz 蜂窝基站所用的滤波器,为了减小其体积,在允许损失少许 Q 值的情况下,可以采用介质加载腔来实现,但这给高功率的散热问题带来了挑战;而采用 TM_{110} 模的整块介质谐振器结构,可用于设计热稳定性较高的高功率介质滤波器[40]。整块谐振器可采用高介电常数、低损耗的陶瓷制成,四周采用镀银的介质滤波器,使其可与金属腔体无缝接触。这种结构在谐振器与腔体之间提供了一个连续的热扩散路径,同时还需要使用风扇或水冷系统来散热。在太空应用中,可利用的散热手段有传导和辐射,但太空中所用器件的功率一般比地面器件的小得多。

20.6.2　带通滤波器的电压击穿

在太空应用中,滤波器和多工器受到二次电子倍增效应的影响,20.5 节详细讨论了这个问题。当设备在高真空环境下工作时,击穿电压被严格限制在一个极低的水平。另外,热耗散产生的热能必须通过传导和辐射带走。因此,滤波器(特别是窄带滤波器)内电场峰值的计算显得尤为重要。以上分析方法也可同等应用于地面高功率设备,例如蜂窝基站所用的双工器(见 18.5.1 节)。

关于滤波器内部电压和功率分布的准确分析,可以运用有限元法(FEM)或时域有限差分(FDTD)法,对滤波器结构进行三维分析。然而,这种分析方法特别耗时,而且在带宽极窄的滤波器中并不可行(由于性能对尺寸的高敏感性)。计算滤波器内部电压的另一种更合适的分析方法,是基于带通滤波器的集总元件原型网络的(耦合矩阵表示)。该方法很有效,通常对于峰值电压计算来说足够了。如果条件允许,那还可以利用商业有限元软件严谨地分析能量最高的那个谐振腔,准确地判断特殊几何形状及耦合结构中的热点。在文献[36]中还提到了另一种方法:通过对集总原型网络中的单谐振腔进行数值分析,来计算滤波器内部的电压。

20.6.3　原型滤波器网络

窄带到中等带宽的带通滤波器,可以由 N 个谐振器通过导纳变换器耦合构成的原型网络来表示[8]。第 8 章深入介绍了滤波器网络的分析与综合方法,这里将在该方法的基础上进行改进,来计算滤波器或双工器内部的电压分布[33, 41, 42]。

图 20.14 给出了常规低通滤波器的表示方法,其中 N 个单位电容通过不随频率变化的导纳变换器 M_{ij} 实现交叉耦合。运用低通到带通变换 $s \leftarrow f_0/BW(s/\omega_0 + \omega_0/s)$,可以获得中心频率为 f_0 且带宽为 BW 的带通滤波器网络,其中 $s = j\omega$ 为复频率变量,$\omega_0 = 2\pi f_0$。因此,由 N 个

集总 LC 元件组成的带通滤波器网络具有 $N+2$ 个节点，其中节点 0 和 $N+1$ 分别表示输入节点和输出节点。每个谐振器的不随频率变化的并联电纳 M_{ii}，代表每个谐振器的调谐状态。通过将每个谐振器与电导 $(f_0/\text{BW})/Q_i$ 并联的方式，可以在网络中引入损耗，其中 Q_i 表示谐振器的无载品质因数。以上这些网络参数可以通过求解如下节点系统方程得到：

$$Y \cdot v = i \tag{20.5}$$

其中

$$Y_{pp} = s + \mathrm{j}M_{pp}, \quad p = 1, \cdots, N$$

$$Y_{pp} = 0, \quad p = 0, N+1$$

$$Y_{pq} = \mathrm{j}M_{pq}, \quad p \neq q$$

$$\boldsymbol{v} = [V_0 \quad V_1 \quad \cdots \quad V_N \quad V_{N+1}]^\mathrm{T}$$

$$\boldsymbol{i} = [I_0 \quad 0 \quad \cdots \quad 0 \quad I_{N+1}]^\mathrm{T}$$

式中 I_0 和 I_{N+1} 为滤波器端口的激励电流。滤波器的 S 参数可根据滤波器的二端口阻抗矩阵 $\boldsymbol{Z}_f$ 计算得到。首先计算阻抗矩阵 $\boldsymbol{Z} = \boldsymbol{Y}^{-1}$，然后选择 $\boldsymbol{Z}$ 矩阵拐角的元件，构成滤波器二端口阻抗矩阵

$$\boldsymbol{Z}_f = \begin{bmatrix} Z_{0,0} & Z_{0,N+1} \\ Z_{N+1,0} & Z_{N+1,N+1} \end{bmatrix} \tag{20.6}$$

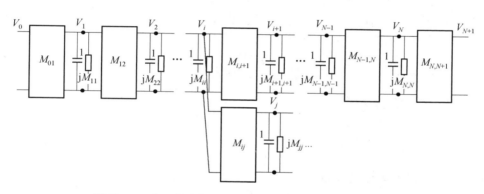

图 20.14　交叉耦合低通滤波器原型中的基本导纳变换器

20.6.4　集总到分布变换

实际上，谐振器可以采用波导腔或同轴腔实现。因此，集总谐振器与分布形式的腔体谐振器之间可以通过电压计算来建立等效关系。这里，假设谐振器采用 $n\lambda_{g0}/2$ 波长的短路谐振腔，其中 n 为谐振器的长度相对于半波长周期变化的次数；λ_{g0} 为 f_0 的导波长。虽然原型 LC 谐振器和腔体谐振器都谐振于频率 f_0，但是它们的电纳斜率分别为 f_0/BW 和 $n\pi(\lambda_{g0}/\lambda_0)^2/2$。因此，如果集总谐振器的电纳斜率等于腔体谐振器的电纳斜率，就能用等效分布传输线原型分析集总元件原型网络。低通原型中的单位电容必须根据比例因子 $T = n\pi(\text{BW}/f_0)(\lambda_{g0}/\lambda_0)^2/2$ 来缩放，采用这种方式变换得到的原型单位电容值，不会改变式(20.5)所示的二端口网络的滤波器响应。对于 $\boldsymbol{Y}$ 矩阵，除了第一行和第一列，以及最后一行和最后一列乘以 $\sqrt{T}$，其余所有行列都乘以系数 T[34]，其中谐振器内部电压 V_1 至 V_N 的比例因子为 $1/\sqrt{T}$。因此，腔体滤波器的谐振器电压计算，首先可以根据式(20.5)来求解集总原型网络，然后对集总谐振器的电压 V_1 至 V_N 使用 $1/\sqrt{T}$ 变换。

20.6.5　原型网络的谐振器电压

通常情况下,滤波器的激励可以看成当输入为单位电流驱动时输出端接负载 Z_L。对于一个阻抗矩阵 $\boldsymbol{Z} = \boldsymbol{Y}^{-1}$ 的 $N+2$ 端口网络,其中第 k 个谐振器的电压为

$$V_k = I_0 \left(Z_{k,0} - \frac{Z_{k,N+1}\ Z_{N+1,0}}{Z_L + Z_{N+1,N+1}} \right), \quad k = 0, \cdots, N \tag{20.7}$$

类似地,V_0 可以确定为

$$V_0 = I_0 \left(Z_{0,0} - \frac{Z_{0,N+1}\ Z_{N+1,0}}{Z_L + Z_{N+1,N+1}} \right) \tag{20.8}$$

因此,根据阻抗矩阵的元件可以计算得到比值 V_k/V_0 [见式(20.6)]。源电压 V_{gen} 和入射电压 V_0 的关系如下[见式(8.26a)]:

$$V_0 = \frac{V_{\text{gen}}}{2}(1 + S_{11}) \tag{20.9}$$

如果源阻抗 $Z_S = Z_L = 1\ \Omega$,则在无耗纯电抗网络的理想传输频率处,其源和负载是匹配的$(S_{11} = 0)$,最大资用功率从源传输到了负载。根据式(20.9),在特例下 $S_{11} = 0$,$V_0 \rightarrow V_{0\max}^+ = V_{\text{gen}}/2$。如果令 V_{gen} 为 2 V,则入射电压 $V_{0\max}^+ = 1$ V,传输到负载的最大功率为 1 W。任意频率下的内部电压 V_k,相对于入射功率为 1 W 的电压进行归一化后,可得

$$\frac{V_k}{V_{0\max}^+} = \frac{V_k}{V_0}(1 + S_{11}) \tag{20.10}$$

变换成传输线网络的形式为[14]

$$\frac{V_k}{V_0}(1 + S_{11})\frac{1}{\sqrt{T}}$$

20.6.6　有限元仿真与验证实例

为了验证前面提到的方法,下面运用 ansoft HFSS 软件的有限元仿真工具来计算图 20.15 所示 5 阶 H 面膜片耦合波导切比雪夫滤波器的电压分布。图 20.16 所示为原型滤波器的响应和有限元计算的响应对比,其中 $f_0 = 12\,026$ MHz,BW $=470$ MHz;耦合元件值为 $M_{01} = M_{56} = 1.078$,$M_{12} = M_{45} = 0.928$ 且 $M_{23} = M_{34} = 0.662$。图 20.17 给出了原型滤波器中五个谐振器的电压比关于频率的关系曲线。图 20.18 给出了在滤波器的中心频率(12 026 MHz)处及 3 dB 带宽的边沿频率(11 737 MHz)处计算得到的对应电场分量 E_z 的电压比(E_z 集中分布在滤波器腔体的两个宽的边壁之间)。与原型滤波器电压分布中的峰值电压相比[见(式 20.10)],可以看出滤波器的峰值电压与原型值比较接近。

以下几点值得注意。

1. 在中心频率处,中间谐振器的电压最高;

2. 在通带边沿频率处,第二个谐振器的电压最高;

3. 由于反射功率的影响,在通带外,第一个谐振器承受了大部分的反射能量。

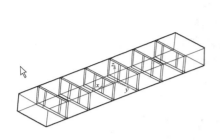

图 20.15 5 阶 H 面膜片滤波器(WR75)

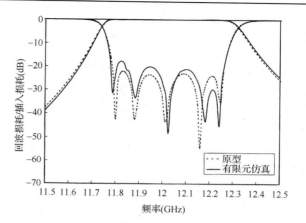

图 20.16 5 阶 H 面膜片滤波器的原型响应与有限元仿真响应

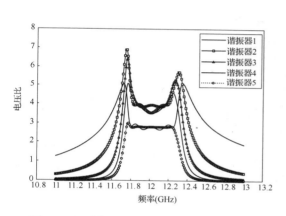

图 20.17 谐振器电压比与频率的关系曲线

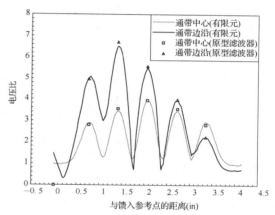

图 20.18 根据原型滤波器获得的峰值电压与沿滤波器中心运用有限元仿真得到的电压之比

20.6.7 多工器中的高电压

在卫星应用中,通常多工器中的每个信道由含有两个传输零点的 4 阶圆波导双模滤波器构成。典型的例子是工作频率为 12 100 MHz,带宽为 36 MHz 的 TE_{113} 模滤波器(腔体直径为 1.07 in)。表 20.5 给出了 4 个谐振器位于 3 个关键频率点的电压比,其中峰值电压出现在模式 2 的通带边沿[34]。由于功率与电压的平方成正比,因此第二个谐振器在通带边沿的峰值功率通常可以达到输入功率的 120 倍。

表 20.5 典型 4 阶双模滤波器内 4 种不同模式的电压比[a]

频率(GHz)	谐振器电压比			
	谐振器 1	谐振器 2	谐振器 3	谐振器 4
12 100(通带中心)	6.16	7.18	6.48	6.39
12 082(通带边沿)	7.29	11.45	10.57	6.10
12 020(通带边沿外)	3.29	0.67	0.09	0.150

a 耦合元件值为 $M_{12} = M_{34} = 0.8745$, $M_{23} = 0.8024$, $M_{14} = -0.2363$, $M_{01} = M_{45} = 1.0429$; $f_0 = 12\ 100$ MHz, BW = 36 MHz。

20.6.8 二次电子倍增击穿的计算方法汇总

二次电子倍增击穿的计算通常分为两步:首先计算出滤波器结构中的电压或电场,然后根据这些已知电场分析二次电子倍增。求解这两类问题的方法有很多种,各有优缺点。前文已经介绍过其中一些方法,这里针对这些方法进行比较和简要总结。表 20.6 列出了滤波器结构中电压或电场的各种计算方法。一般来说,任何方法都需要在模型的复杂性和精度之间进行折中。通常,简单的近似理论求解很快,但仅适用于简单的外形结构。针对全三维电磁模型的数值求解需要进行大量计算,但覆盖范围更广,精度更高。

表 20.6　滤波器结构中电压或电场计算方法的汇总

方法	描述	优点	缺点
低通原型模型[34]	理想电路模型	模型简单,容易计算	不能代表实际物理模型 不能识别热点
群延迟模型[33]	谐振器中的平均时间储能,电路模型,均匀场谐振器	模型简单,容易计算	不能代表实际物理模型 不能识别热点
全三维电磁模型	具有任意外形和真实电磁场的三维模型	代表任意形状的物理模型可以识别热点,预测准确	模型复杂 计算量庞大

同样的理念也可以应用于二次电子倍增的分析。解析方法仅限用于简单外形结构(平板或类似结构),但提供了较快的计算速度。全三维电磁模型的数值求解用途更广,但意味着更高的计算成本。表 20.7 汇总了各种二次电子倍增击穿的分析方法。

表 20.7　二次电子倍增击穿的分析方法汇总

方法	描述	优点	缺点
经典二次电子倍增理论[12~16]a	基于简单双边电子共振条件的平板外形 假定电子以固定和确定的速度发射	模型简单,解析计算	不代表滤波器的实际物理模型 通常需要 3~5 dB 的保守值 对于大于 1 阶的电子倍增不准确
经典二次电子倍增理论(经验数据拟合)[12~16]b	基于简单双边电子共振条件的平板外形 假定电子以固定和确定的速度发射 理论预测与有限材料的实验数据相吻合	模型简单,解析计算	不代表滤波器的实际物理模型 通常需要 3~5 dB 的保守值 限制了某些材料应用
非稳态二次电子倍增理论[18,26]	基于简单双边电子共振条件的平板外形 电子的入射能量和入射角度的随机分布	模型简单,解析计算 对于任意阶电子倍增都非常准确 处理多载波	不代表滤波器的实际物理模型 通常需要 3~5 dB 的保守裕量
数值方法[21,22]c	任意三维几何模型 等离子体的数值模拟 电子的入射能量和入射角度的随机分布	复杂结构下实现精确分布 不均匀场 处理多载波和不同调制方式	分析复杂 计算量大

a. 使用航空航天公司标准[30]。
b. 使用 ECSS 标准[17]。
c. 数值软件工具,如 DS 公司的 SPARK3D, FEST3D 和 CST Particle Studio。

20.7　高功率器件的无源互调因素

如 1.5.6 节所述,众所周知,有源器件由于固有的非线特性而产生互调产物。然而,难以理解的是如滤波器、天线等无源器件,也会产生低电平的互调产物,称为无源互调(PIM)[43]。20 世纪 60 年代后期的太空应用中,第一次在林肯实验室的人造卫星项目 LES-5 和 LES-6 中观测到了无源互调现象。

从那时起,在其他的一些人造卫星、高功率地面站设备和地面微波系统中,都发现了无源互调。随着宇宙飞船技术的不断发展,需要更多数量和更大功率的卫星转发器,使得无源互调问题更加突出,通常它反映了无源器件的非线性特性。在人造卫星上,所有的高功率射频信道之间彼此接近,包括接收设备,如 1.8.4 节所述。此外,发射和接收部分的功率差达到 120 dB,这就要求无源互调电平相对于发射信道功率低 140～150 dB。这是最恶劣环境下制定的无源互调指标。因此,在规划人造卫星系统的频率以及高功率器件指标分配时,应该考虑无源互调的因素,在频率划分时必须确保主要的三阶无源互调不会落入接收带,并使其最小化。这有助于供应商提供完全符合指标的高功率器件。类似的问题在地面高功率发射设备中也存在。然而,卫星地面站可以从物理上分离发射和接收部分,使得无源互调问题最小化。而对于蜂窝基站,如果发射和接收部分的功率差相对较小,无源互调就不会成为非常突出的问题。

无源互调的来源归为两类:接触非线性和材料非线性。产生无源互调的主要原因是金属表面存在一层很薄的氧化层,或结构连接不理想,或这两个原因同时存在。由于金属表面被 10～40 Å 埃厚的氧化层隔离,通过这个隔离层发生了非线性的电子隧道效应,从而提高了无源互调的电平。微裂纹、金属结构的裂缝(影响较大)、表面不清洁,或金属粒子等也会导致非线性的产生。这些地方因微电压累积产生的微电流,表现为低电平(取绝对值)的无源互调。另一方面,所有的接口和接头处也都容易产生低电平的无源互调,器件的无源互调为所有这些效应的总和。磁介质和电介质材料固有的非线性,在无源互调中起主导作用。值得注意的是,应对无源互调的办法只能是减小但无法完全消除其影响。尽管经验表明一些方法相对较好,但是减小无源互调必须通过实验来验证。保持平滑、清洁的表面,以及干净、无氧化,是减小无源互调的最基本手段。

20.7.1　无源互调的测量

高功率通信系统(例如直播卫星或军用卫星)中的无源互调指标,通常要求低至 −140 dBm。因此测试系统的无源互调电平必须比指标优 5～10 dB。这比标准测试设备的要求更苛刻,需要搭建自己的测试系统来满足系统设计的特定精度。图 20.19 描述了一个典型无源互调测试系统的装置(工作于 6/4 GHz 卫星系统频段)。

这个装置由两个高功率输入信号(频率为 F_1 和 F_2)、待测器件(DUT)、合路器及低功率测量设备组成。信号由频率综合器产生并放大到理想电平,再经过一个窄带滤波器滤波,以保证信号的纯度。功率电平可以通过位于放大器之前的衰减器进行调节,定向耦合器则用于测量待测器件端口的前向和反向功率。

待测器件由一个 3 dB 混合电桥和待进行无源互调测试的器件或元件组成。混合电桥的两个输入端与信号 F_1 和 F_2 连接,每个输出端接收每个载波的一半功率。其中一个输出端接待测器件,另一个输出端接负载。其中一半功率被负载消耗掉,无源互调功率由与双工器连接的待测器件产生。双工器将载波信号从无源互调中分离出来。剩余的载波信号被与双工器连接的负载消耗掉,而无源互调经过滤波后,再通过一个低噪声放大器放大,馈入频谱分析仪。在测量过程中,还需要对系统的噪底和测试设备自身产生的无源互调进行校准。在双工器输入端的高功率信号(包含 F_1 和 F_2)用于计算来自负载或双工器无源互调的贡献,并使其最小化;而双工器输入端的低信号电平(无源互调频率)用于校准系统的噪底。

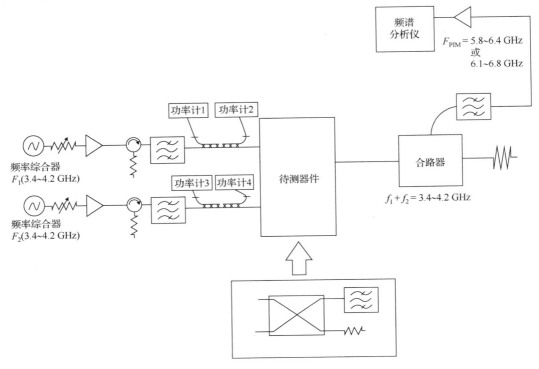

图 20.19　无源互调测试系统装置

在待测器件之前,每个元件和接口都可能产生无源互调,并且必须保持比待测器件指标水平优5～10 dB。也就是说,如果指标为 −140 dBm,则这些器件的无源互调电平要求为 −145 ～ −150 dBm。为了使系统自身的无源互调在整个工作温度范围内长期保持一致性(即可重复性),并在如此低的功率电平下可控,需要对测试设备提出严格要求,尤其是在多接口情况下。如果存在同轴接口,问题就会变得更糟。这里只能依靠经验来为低无源互调的测试建立精确的测试系统。文献[44]中介绍了另一种基于反射无源互调的装置。在这个新的解决方案中,只有一个多工器[45, 46]负责将所有高功率输入载波合路,并分离出待测器件反射的希望得到的无源互调信号。在采用这种方式测量的实验装置内部,所需采用的器件数量是最少的(从而减少了可能产生的无源互调)。

表 20.8 给出了目前工艺条件下若干频率范围的无源互调系统的测量水平。

表20.8　无源互调系统的测量水平

频率(MHz)	总功率(W)	三阶无源互调(dBm)	dBc
300	60	−120 ～ −130	−167 ～ −177
8000	2000	−150	−213
12 000	40	−140	−186

20.7.2　无源互调的控制准则

无源互调的特点决定了其不能运用理论来进行设计，它取决于材料的分子量级的质量，以及它们之间的相互连接、表面条件、工作标准和设备制造的后续工序。减小无源互调最有效的方法是每一步都严格遵循下面给出的有关无源互调的指导准则[17, 29]：

- 在高功率器件中避免使用铁磁性材料。
- 使用低无源互调的材料，例如金、银、紫铜和黄铜。铝和钢会产生较高的无源互调。
- 在射频器件的设计中采用比较大的尺寸结构，减少电流较密集区域。
- 特别注意材料、连接器和接口的选择。所有的接触和连接必须使用同一种材料，并且安装牢固。为了保持表面清洁，关键是避免表面出现杂质，使无源互调最小化。
- 少用或尽量不用调谐螺丝。
- 特别注意表面电镀，避免使用镀镍。
- 避免边沿尖锐而引起电流汇聚。

表 20.9 列出了低无源互调需求的一些器件目前可达到的指标范围。

表 20.9　两路 +45 dBm 载波输入时，无源器件三阶无源互调的当前水平

器　件	常规（dBm）	目前水平（dBm）
双工器	−70	−120
多工器	−60	−120
混合电桥	−60	−140
环形器	−70	−110
同轴连接器	−60 ~ −100	−140
正交模转换器	−100	−140

20.8　小结

在地面应用的高功率微波设备内，使用空气或其他气体填充，可以有效地节省成本，但是需要很好地应对微波频率下气体的击穿现象。

在太空应用中，封闭结构通常需要采用抽气方式（以确保高真空），或填充惰性气体密封。鉴于在高真空环境中对气体的泄漏指标要求非常严格，所以很少采用密封方式。工作在真空环境中的设备，当气压低于 10^{-3} Torr 或更低时，将受到二次电子倍增击穿现象的制约。在地球同步轨道上，真空程度达到了 10^{-17} Torr 量级，因此太空应用中的二次电子倍增效应是高功率设备设计中最主要的制约因素。

本章回顾了微波气体击穿现象，阐述了电压击穿与气压的关系（包括临界气压），并特别强调了降额系数是地面高功率设备性能恶化的重要因素。

接着，本章深入论述了二次电子倍增现象，包括基于平板外形的电压击穿经典理论，以及使用集总低通原型的滤波器模型来进行电场击穿计算。对于大多数应用，这种简单的分析给太空设备的电压和功率击穿提供了一个保守值。为了使任意几何外形的微波结构的击穿值计算更准确和实用，需要结合以下两类模型：

1. 使用电磁方法计算电场的物理三维模型；
2. 使用数值方法分析二次电子倍增击穿的三维结构模型。

　　这种方法虽然计算量大，但是可以针对不同数量的载波，在各种调制方式和功率水平下，对任意外形的结构进行分析。本章简要讨论了这些方法，包括用各种方法对比实际应用中的滤波器的击穿电压和功率。

　　在高功率器件的设计中，另一个非常重要的现象是无源互调，特别是在高功率卫星系统中，此问题更加突出。无源互调的分析非常困难，它取决于材料的选择和制造的质量标准。本章最后给出了高功率器件的无源互调测量指南，并讨论了使其最小化的方法。

20.9　致谢

　　作者希望对同事 Carlos Vicente 博士、Sergio Anza 博士、Jordi Gil 博士，以及 Aurora Software and Testing S. L(Aurorasat)的工作人员表示诚挚和深切的感谢，感谢他们在审阅和补充本章内容时做出的贡献和给予的支持！

20.10　原著参考文献

1. MacDonald, A. D. (1966) *Microwave Breakdown in Gases*, Wiley, New York.

2. Kudsia, C., Cameron, R., and Tang, W. C. (1992) Innovations in microwave filters and multiplexing networks for communications satellite systems. *IEEE Transactions on Microwave Theory and Techniques*, **40**, 1133-1149.

3. Gordon, G. D. and Morgan, W. L. (1993) *Principles of Communications Satellites*, Wiley.

4. Strauss, R., Bretting, J., and Metivier, R. (1977) Traveling wave tubes for communication satellites. *Proceedings of the IEEE*, **65**, 387-400.

5. Anderson, D. *et al.* (1999) Microwave breakdown in resonators and filters. *IEEE Transactions on Microwave Theory and Techniques*, **47** (12), 2547-2556.

6. Pinheiro-Ortega, T. *et al.* (2010) Microwave corona breakdown prediction in arbitrarily-shaped waveguide based filters. *IEEE Microwave and Wireless Components Letters*, **20** (4), 214-216.

7. Jordan, U. *et al.* (2007) Microwave corona breakdown around metal corners and wedges. *IEEE Transactions on Plasma Science*, **35** (3), 542-550.

8. Matthaei, G. L., Young, L., and Jones, E. M. T. (1964) *Microwave Filters, Impedance Matching Networks and Coupling Structures*, McGraw-Hill, New York.

9. Ciavolella, J. (1972) Take the hassle out of high power design. *Microwaves*, 60-62.

10. King, H. E. (1961) Rectangular waveguide theoretical CW average power rating. *IRE Transactions on Microwave Theory and Techniques*, **9** (4), 349-357.

11. Kishek, R. A., Lau, Y. Y., Ang, L. K. *et al.* (1998) Multipactor discharge on metals and dielectrics: historical review and recent theories. *Physics of Plasmas*, **5** (5), 2120-2126.

12. Gill, E. W. B. and von Engel, A. (1948) Starting potentials of high-frequency gas discharges at low pressure. *Proceedings of the Royal Society of London. Series A: Mathematical and Physical Sciences*, **192** (1030), 446-463.

13. Vaughan, J. R. M. (1988) Multipactor. *IEEE Transactions on Electron Devices*, **35** (7), 1172-1180.

14. The study of multipactor breakdown in space electronic system, NASA CR-488, Goddard Space Flight Center, 1966.

15. Hatch, A. J. and Williams, H. B. (1954) The secondary electron resonance mechanism of low pressure-high frequency breakdown. *Journal of Applied Physics*, **25** (4), 417-423.

16. Vance, E. F. and Nanevicz, J. E. (1967) *Multipactor Discharge Experiments*, ARCRL-68-0063, SRI Project

5359, Stanford Research Institute, Palo Alto, CA.

17. Multipaction design and test, European Cooperation for Space Standardisation ESA-ESTEC Document, ECSS-E-20-0IA, May 2003.

18. Anza, S., Vicente, C., Gil, J. *et al.* (2010) Nonstationary statistical theory for multipactor. *Physics of Plasmas*, **17** (6), 062110.

19. Semenov, V. E., Rakova, E. I., Anderson, D. *et al.* (2007) Multipactor in rectangular waveguides. *Physics of Plasmas*, **14** (3), 033501.

20. Birdsall, C. K. and Langdon, A. B. (2005) *Plasma Physics Via Computer Simulation*, Taylor & Francis Group, London, UK.

21. Anza, S., Vicente, C., Raboso, D., Gil, J., Gimeno, B. and Boria, V. E. (2008) Enhanced prediction of multipaction breakdown in passive waveguide components including space charge effects. *IEEE International Microwave Symposium*, June 2008, Atlanta, USA, pp. 1095-1098.

22. Burt, G., Carter, R. G., Dexter, A. C., Hall, B., Smith, J. D. A. and Goudket, P. (2009) Benchmarking simulation of multipactor in rectangular waveguides using CST particle studio. *Proceedings of SRF2009*, Berlin, Germany, pp. 1-5.

23. Anza, S., Vicente, C., Gil, J. *et al.* (2012) *Prediction of multipactor breakdown for multicarrier applications: the quasi-stationary method. IEEE Transactions on Microwave Theory and Techniques*, **60** (7), 2093-2105.

24. Angevain, J.-C., Drioli, L. S., Delgado, P. S. and Mangenot, C. (2009) A boundary function for multicarrier multipaction analysis. *3rd European Conference on Antennas and Propagation*, 2009. EuCAP2009, March 2009, pp. 2158-2161.

25. Wolk, D., Schmitt, D. and Schlipf, T. (2000) A novel approach for calculating the multipaction threshold in multicarrier operation. Proceedings of the 3rd International Workshop on Multipactor, RF and DC Corona and Passive Intermodulation in Space RF Hardware. ESTEC, September 4-6, Noordwijk, The Netherlands, pp. 85-91.

26. Anza, S., Mattes, M., Vicente, C. *et al.* (2011) Multipactor theory for multicarrier signals. *Physics of Plasmas*, **18** (3), 032105.

27. Anza, S., Vicente, C., Gil, J., Mattes, M., Wolk, D., Wochner, U., Boria, V. E., Gimeno, B. and Raboso, D. (2014) Multipactor prediction with multi-carrier signals: Experimental results and discussions on the 20-Gap-crossing rule. *8th European Conference on Antennas and Propagation (EuCAP)*, April 2014, pp. 1638-1642.

28. European High Power Radio-Frequency Space Laboratory, European Space Agency (ESA) and Val Space Consortium, Valencia, Spain, 2010.

29. Tang, W. C. and Kudsia, C. M. (1990) Multipactor breakdown and passive Intermodulation in microwave equipment for satellite application. *IEEE Military Communication Conference Proceedings*, Monterey, CA, October 1990.

30. Graves, T. P. (2014) Standard/Handbook for Radio Frequency (RF) Breakdown Prevention in Spacecraft Components, Report no. TOR-2014-02198, May 2014.

31. Cohn, S. B. (1959) Design considerations for high-power microwave filters. *IRE Transactions on Microwave Theory and Techniques*, **7** (1), 149-153.

32. Young, L. (1960) Peak internal fields in direct-coupled filters. *IRE Transactions on Microwave Theory and Techniques*, **8** (6), 612-616.

33. Ernst, C. (2000) Energy storage in microwave cavity filter networks. Ph. D. thesis. University of Leeds, School of Electronic and Electrical Engineering.

34. Sivadas, A., Yu, M., and Cameron, R. (2000) A simplified analysis for high power microwave bandpass filter structures. *IEEE MTT-S Microwave Symposium Digest*, June 2000.

35. Wang, C. and Zaki, K. A. (2001) Analysis of power handling capability of bandpass filters. *IEEE MTT-S Microwave Symposium Digest*, June 2001.

36. Yu, M. (2007) Power-handling capability for RF filter. *IEEE Microwave Magazine*, **8** (5), 88-97.

37. Senior, B. S., Hunter, I. C., Postoyalko, V. and Parry, R. (2001) Optimum network topologies for high power microwave filters. High Frequency Postgraduate Student Colloquium, 2001. *6th IEEE*, Cardiff, pp. 53-58.

38. Atia, A. E. (1979), A 14-GHz high-power filter. *Microwave Symposium Digest*, 1979, *IEEE MTT-S International*, Orlando, FL, USA, pp. 261-264.

39. Kudsia, C. M., *et al.* (1979) A new type of low loss 14 GHz high power combining networks for satellite earth terminals. *9th European Microwave Conference*, Brighton, England.

40. Nishikawa, T., Wakino, K., Hiratsuka, T. and Ishsikawa, Y. (1988) 800 MHz band high-power bandpass filter using TM110 mode dielectric resonators for cellular base stations. *Microwave Symposium Digest*, vol. 1. *IEEE MTT-S International*, New York, NY, USA, pp. 519-522.

41. Atia, A. E. and Williams, A. E. (1972) Narrow band waveguide filters. *IEEE Transactions on Microwave Theory and Techniques*, MTT-**20**, 258-265.

42. Cameron, R. J. (1982) General prototype network-synthesis methods for microwave filters. *ESA Journal*, **6**, 193-206.

43. Chapman, R. C., Rootsey, J. V., Poldi, I. and Davison, W. W. (1976) Hidden threat: multicarrier passive component IM generation. *AIM/CASI 6th Communications Satellite Systems Conference*, Paper 76-296, Montreal, April 5-8.

44. Soto, P., *et al.* (2015) CAD of multiplexers for PIM measurement set-ups. *Proceedings of 6th International Workshop on Microwave Filters*, Session 4: High-Power and Compact Filters and Multiplexers II, March 23-25, 2015, CNES-ESA, Toulouse, France, 5 pp.

45. Cogollos, S. *et al.* (2015) Efficient design of waveguide manifold multiplexers based on low-order EM distributed models. *IEEE Transactions on Microwave Theory and Techniques*, **63** (8), 2540-2549.

46. Carceller, C. *et al.* (2015) Design of compact wideband manifold-coupled multiplexers. *IEEE Transactions on Microwave Theory and Techniques*, **63** (10), 3398-3407.

第 21 章　多通带滤波器

21.1　概述

如今,大多数通信系统被设计成能够支持若干频段,因此需要使用多路滤波器来分离各频段。如果采用多通带滤波器,就能减少滤波器的使用数量。如图 21.1 所示,其中一个滤波器物理结构(一进一出)可以支持 2 个(或 3 个)以上通带。在无线系统中,这样有助于将更多的硬件集成为一体,从而减少基站的尺寸,降低成本。另一方面,这样还有助于应网络需求而部署其他必要频段的设备。在卫星通信系统中,多通带滤波器可用于多个非邻接信道信号在同一站点位置以单波束方式传输,如图 21.2 所示[1]。在这个案例中,只需要使用单台高功率放大器,这样可以极大地简化系统架构,减少直流功率消耗。更重要的是,随着针对其他通信网络干扰消除需求的日益增长,必须引入多通带滤波器网络理论,通过增加带内抑制的方式来达到目的。该理论不仅可以用于设计多通带滤波器,还可以用于设计双工器和多工器(从而显著减少其体积)。

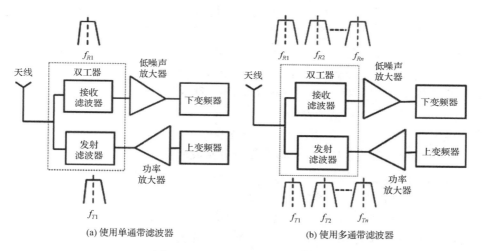

图 21.1　两种双工器的实现方法

实现多通带滤波器的可用方法有如下 4 种:

方法 1:使用带内添加传输零点的宽带滤波器。

方法 2:使用多模谐振器,其中每个通带与其中一种模式相对应。

方法 3:使用并联滤波器。

方法 4:使用多路带阻滤波器(陷波器)级联的方式,构成一个宽带滤波器。

每种方法都有其优点,也存在缺点。方法 1 可以灵活控制每个通带的间隔和带宽。由于原型设计采用的是宽带滤波器理论,可使每个通带的插入损耗尽可能低。但是,由于采用了与单通带滤波器相同数量的谐振器,方法 1 不能随意减小尺寸。另外,方法 1 需要使用非传统的滤波器综合技术,以产生包含带内传输零点的耦合矩阵。21.7 节详细给出了这类多通带滤波器的综合设计方法。

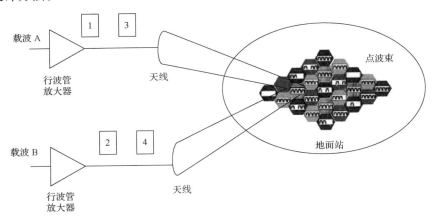

载波 A

行波管
放大器

天线

点波束

地面站

载波 B

行波管
放大器

天线

图 21.2　多通带滤波器实现多个信道信号波束的传输示意图

由于实际谐振器的数量显著减少,方法 2 可使滤波器设计尺寸最小化。此外,仍然可以使用传统的单通带滤波器综合方法。在一个滤波器物理结构中,每个通带是和其他通带合并在一起的,在电路上呈现出分离,并拥有各自的耦合矩阵。但是,方法 2 需要对以下参数独立控制:(1)多模谐振器的谐振频率;(2)每个通带的谐振器间耦合;(3)每个通带的输入耦合和输出耦合。在一些实际案例中,通带一般相隔极近,运用方法 2 难以在每个通带之间实现较高的隔离度。与采用常见的谐振器结构实现的方法 1、方法 3 和方法 4 相比,本方法通常需要用到非传统谐振器结构,以便于分离出多模谐振器的谐振频率,调谐于通带的理想中心频率。因此,该方法给滤波器研究人员针对谐振器结构和耦合结构提供了开创性的设计思路,引导其思考如何全面地控制多通带滤波器的性能。

方法 3 是一种传统且广泛应用于多通带滤波器的方法,它将多个单通带滤波器并联在一起。通过在输入端使用分支连接,可将整个通带分割成若干子通带,再通过相似的分支连接,将子通带合并为一路输出。本方法的优势是很容易实现通带数量众多的多通带滤波器。

方法 4 通常用于消除干扰的场合,通过在一个通带滤波器内级联多个带阻滤波器的方式来实现指定频带内的衰减。这样的滤波器也可以看成多通带滤波器。虽然在整个窄的阻带内实现最大的滚降特性非常困难,但是相比较其他三种方法,本方法更容易实现。另外,使用可调节的带阻滤波器,可以更灵活地控制和调节每个通带的带宽。

在过去的几十年里,发表了许多有关多通带滤波器的文献。实际上,这些文献最关注的是微带双通带滤波器。由于低 Q 值微带谐振器的制约,微带多通带滤波器只能应用于特殊场合。本章主要关注于高 Q 值多通带滤波器的应用,代表着高 Q 值的同轴谐振器、波导谐振器和介质谐振器构成的双通带滤波器的最高水平研究成果,发表在文献[2~16]中。

21.2　方法 1:多通带滤波器实现——带内插入传输零点的宽带滤波器应用

理论上,此方法可以用于任意谐振器结构,无论是梳状线、波导或介质制成的单模或双模谐振器形式。设计开始的第一步是导出包含所需的通带内或通带外传输零点的耦合矩阵。确定了耦合矩阵后，谐振器及谐振器之间的耦合结构就能采用与任一带通滤波器所用的相同方法来排布。因此，综合出正确的耦合矩阵是实现本方法的最关键设计步骤。这类耦合矩阵的综合方法详见 21.7 节。

两种采用梳状结构的双模滤波器发表在文献[2]中，其通带分别是等带宽的和不等带宽的。这两种滤波器的耦合拓扑、物理结构和仿真结果如图 21.3 和图 21.4 所示。从图中可以看出，一旦建立了耦合矩阵，就很容易实现这种滤波器结构的设计。文献[3]报告了一种采用双模圆柱腔实现的双模滤波器。在这些腔体中用到的模式是典型的 TE_{113} 简并双模。图 21.5 所示为包含 4 个传输零点的 11 阶双通带滤波器的耦合拓扑、物理结构和仿真结果。

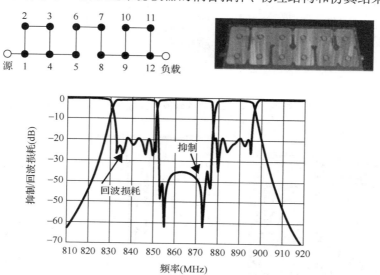

图 21.3　通带等带宽的 12 阶双通带滤波器的耦合拓扑、物理结构和仿真结果

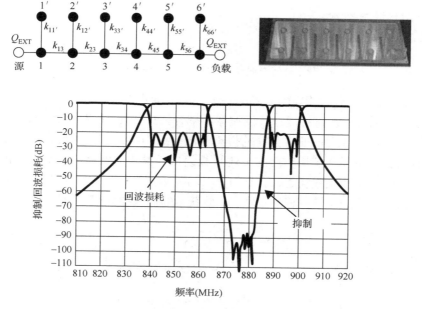

图 21.4　通带不等带宽的 12 阶双通带滤波器的耦合拓扑、物理结构和仿真结果

　　一种空气填充的紧凑型 6 阶金属脊波导宽带双通带滤波器发表在文献[4]中。图21.6展示了该滤波器的内部结构和测量结果。谐振器采用脊波导节来实现,而谐振器间耦合采用的是任意的消逝模矩形波导节或消逝模脊波导节。此双模滤波器[4]的百分比带宽设计为当中心频率为 2.8 GHz 时接近 60%,两个通带的带宽都为 200 MHz,且过渡带宽接近 1.25 GHz。以上数据充分说明,采用此脊波导结构来实现双通带滤波器时,两个通带之间的过渡带更宽。

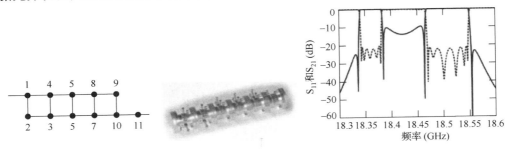

图 21.5　采用圆柱形双模腔实现的双通带滤波器的耦合拓扑、物理结构和仿真结果

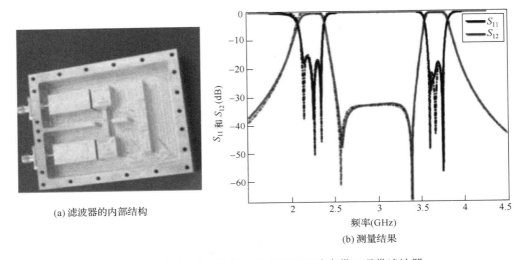

(a) 滤波器的内部结构

(b) 测量结果

图 21.6　利用金属脊波导结构实现的 6 阶宽带双通带滤波器

　　文献[5]发表了一种包含 10 个传输零点的 16 阶双通带滤波器的设计过程,通常可用于指标要求苛刻的无线系统中。这种双通带滤波器的耦合拓扑如图 21.7 所示,其中脊波导谐振器采用了一种与 E 面波导相似的非常紧凑的折叠脊波导结构实现。此滤波器由两块对称的半结构和一块具有谐振器间耦合膜片功能的金属平板组成。其中,耦合的正负极性由两组脊波导谐振器之间膜片的大小和位置确定,如图 21.8 所示。图 21.9 显示了这种 16 阶双通带滤波器的测量结果。由于其百分比带宽相对较宽,因此获得的插入损耗很小。

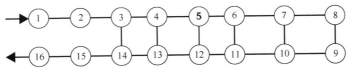

图 21.7　16 阶双通带滤波器的耦合拓扑图

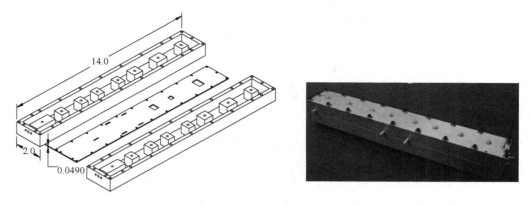

图 21.8　脊波导滤波器的装配结构图：两块对称结构和中间的金属平板

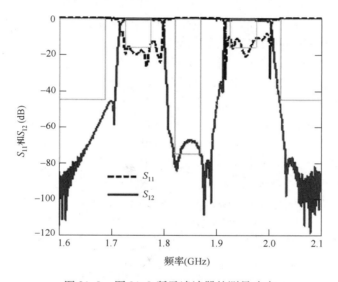

图 21.9　图 21.8 所示滤波器的测量响应

21.3　方法 2：多通带滤波器实现——多模谐振器的应用

多模谐振器可用于多通带滤波器的设计，其中每个工作模式对应一个通带。由于一个谐振器可用于几个通带，因此其优点是尺寸可以显著减小。但是，运用本设计方法会带来一系列挑战，归纳如下。

1. 当通带的中心频率已知时，为了精确控制与其对应的谐振模式之间的偏差，需要设计人员选取一种非传统谐振器结构，或者改变传统谐振器结构的谐振模式，使其变得适用。

2. 一般情况下，多通带滤波器的通带带宽不等宽。因此，同样的输入耦合和输出耦合结构，必须能与同一腔体中的每个谐振模式产生不同的耦合，从而需要选取一种非传统的输入耦合和输出耦合结构。

3. 类似地，谐振器间耦合结构也必须能在相邻腔体或非相邻腔体中提供同类模式之间所需的耦合，该耦合对于各个通带是不同。

4.如果加入谐振螺丝来精细调节,则需要极其小心地选取这些调谐螺丝的位置,使得不同模式之间的耦合最小化。然而,这样却限制了通带之间可实现的抑制。

接下来的章节将讨论这几年基于本方法发表的采用梳状谐振器、波导谐振器和介质谐振器实现双通带滤波器的设计。

21.3.1　梳状多模谐振器的应用

图21.10举例说明了一种三导体结构的梳状谐振器[6,7]。它由三种金属导体制成:内导体或圆杆,中间导体,以及外壳。内导体和中间导体都在外壳的一端呈短路状态,在另一端呈开路状态。谐振器包含两种谐振模式,其谐振频率随着内导体和中间导体的高度改变而变化。表21.1给出了这种三导体梳状谐振器和传统直梳状谐振器在外径尺寸相同的前提条件下,谐振频率和Q值的对比。可以看出,与外径尺寸一样的单梳状谐振器相比,三导体谐振器的Q值较低。但是,它的优点是尺寸可以显著减小,在一个多通带滤波器的物理结构中可实现两个通带,从而在尺寸和性能之间提供了很好的折中。

图12.11所示为这个三导体谐振器的电场分布图。通过运用高频结构仿真器(HFSS)的本征求解,可得此谐振器的谐振模式1和谐振模式2。在图21.11(a)中,内导体比中间导体矮一些;而在图21.11(b)中,内导体比中间导体高一些。如果定义两个区域为区域A(中间导体内)和区域B(中间导体外),那么在这两个区域内,模式1的场方向相同,而模式2的场方向相反。由此可以得出以下结论,当内导体比中间导体矮[见图21.11(a)]时,模式2的电磁场主要分布在区域A里;而当内导体比中间导体高[见图21.11(b)]时,模式2的电磁场分布在区域B里。因此,通过调节导体的相对长度,就可以控制中间导体内外两个区域内的场分布。这也是通带带宽不等宽的双通带滤波器中控制相邻腔之间耦合的关键途径。

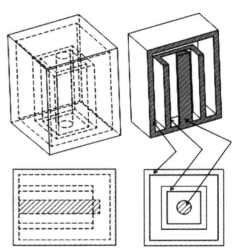

图21.10　三导体梳状谐振器

表21.1　传统梳状谐振器和三导体梳状谐振器的对比

梳状谐振器类型		f_{res}(GHz)	Q_u(铝)	Q_u/V_{cav}(1/mm^3)	$f_{第一个谐波}$(GHz)
传统类型		1.74	3560	0.097	5.1
三导体类型	模式1	1.70	2150	0.071	4.1
	模式2	1.94	2020	0.067	

图21.12所示为这种滤波器的三维剖面图,展示了利用三个独立的部件制作这种滤波器的方法。其中,输入耦合和输出耦合是通过抽头连接到中间导体上的,为实现两个谐振模式与输入耦合之间不同的变化参数,提供了足够的灵活性[6]。内腔耦合则通过在每个腔体的中间导体上开窗口的方式来产生,且利用两个腔体之间的间距来控制强弱。图21.13所示为根据文献[6]开发的3阶和5阶双通带滤波器的原型样机,图21.14给出了其中的5阶双通带滤波器的测量结果。从图中可以看出,由于结构中传输零点的作用,过渡带的抑制能力特别强,

达到了 100 dB 以上。与传统梳状滤波器获得的效果类似，这类双通带滤波器也展示了极好
的带外谐波性能（位于 3 倍频）。其中，两个通带的上下边带存在的偏差，与标准梳状滤波
器的一样，是由色散造成的。这类滤波器的优点主要是低成本且结构紧凑，进而体现在体
积减小方面。这类技术有望在新兴的双通带无线基站滤波器市场上发挥作用。这种结构详
见文献[6,7]。

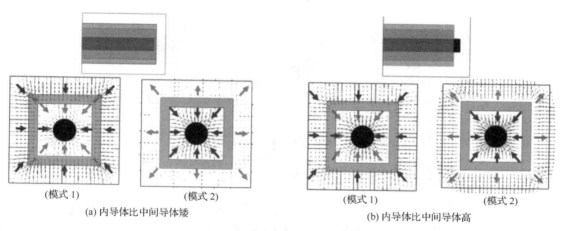

（模式 1）　　　　　（模式 2）　　　　　　　　　（模式 1）　　　　　（模式 2）

(a) 内导体比中间导体矮　　　　　　　　　　　(b) 内导体比中间导体高

图 21.11　三导体梳状腔体内的场分布

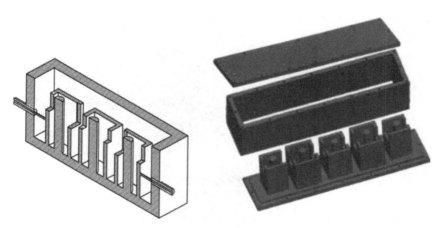

图 21.12　一种双通带滤波器的三维剖面图，以及由三个不同零部件组成的装配示意图

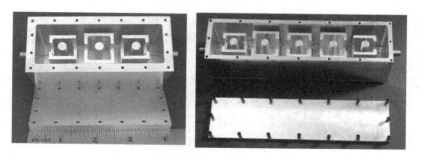

图 21.13　采用三导体梳状谐振器制成的 3 阶和 5 阶双通带滤波器的原型样机

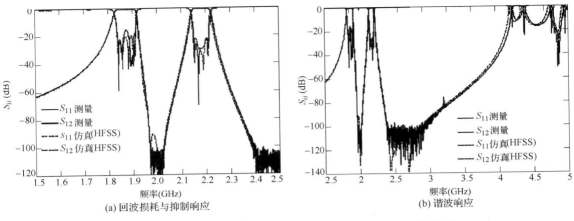

图 21.14　图 21.13 所示的 5 阶双通带滤波器的仿真和测量结果

21.3.2　波导多模谐振器的应用

　　多通带滤波器可以使用包含多种模式的波导腔来实现,只需通过调试,将这些模式的谐振频率分别与所需的通带对应。更重要的是,这些谐振模式之间不会产生耦合,允许每个滤波器通带单独设计。文献[8]里的椭圆腔可以用于双通带滤波器的设计,每个椭圆腔内的工作模式仍基于 TE_{11n} 简并模,其场分布如图 21.15 所示。

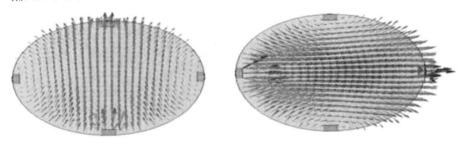

图 21.15　椭圆波导腔内 TE_{11n} 模的场分布

　　通过改变椭圆腔的轴距,可以调节这两个模式的中心频率,使得两个完全独立的正交极化模式能够传输两路通带信号。在本例中,双通带滤波器与 TE_{11n} 双模圆波导腔滤波器的设计方法是一致的,不同之处在于必须合理设计双通带滤波器的输入耦合和输出耦合的物理参数,才能与双模谐振器内的两个模式产生耦合。与两个模式耦合的实现方式,不仅需要控制馈入波导相对于两个轴线的旋转角度,还需要控制膜片的大小。通过计算馈入波导口看进去的反射系数的群延迟参数,可以得到输入耦合,图 21.16 显示了输入群延迟与馈入波导方向的旋转角度 φ 之间的关系。从图中可以看出,旋转角度不仅可以控制输入与两个模式之间的耦合,同时也会在两个谐振节点上产生不同的负载效应。因此,必须细微地调整轴距尺寸,才能得到两个中心频率与所需的输入耦合和输出耦合。运用第 14 章描述的类似方法,也可以计算出输入和输出与这两个模式之间的耦合。

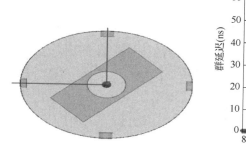

(a) 输入膜片沿馈入波导方向的旋转角度 ϕ

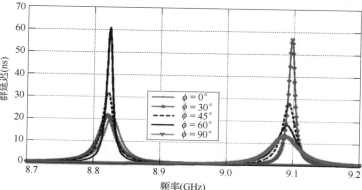

(b) 不同角度 ϕ 下的群延迟响应

图 21.16　当输入膜片沿馈入波导方向的旋转角度 ϕ 变化时的群延迟响应

对相邻腔之间的耦合可以使用图 21.17 所示的十字膜片来实现。使用宽度比较窄的十字槽孔，有助于增大两个通带之间的隔离度，可将双通带滤波器当成两个单独的滤波器进行设计。在文献 [8] 中演示了使用这个理念设计出的 8 阶 Ku 波段双通带滤波器，其结构如图 21.18 所示，由 6 个 TE_{112} 模和 2 个 TE_{113} 模椭圆波导腔组成，其中 2 个 TE_{113} 模腔用来改善整个滤波器的 Q 值和无谐波带宽。在波导接口与输入膜片和输出膜片之间加入的阶梯变换器，可以增大两个谐振模式的耦合，实现 2% 以上的百分比相对带宽。添加的调谐螺丝则用于精细调节。同时，图 21.18 给出了这种滤波器经过仿真和测得的 S 参数响应的对比。

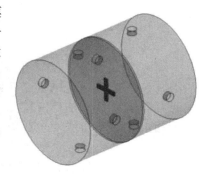

图 21.17　与输入波导腔耦合的十字槽膜片结构

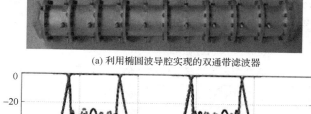

(a) 利用椭圆波导腔实现的双通带滤波器

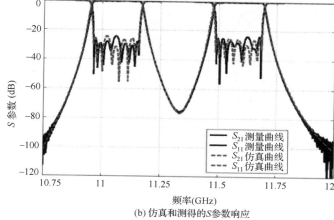

(b) 仿真和测得的 S 参数响应

图 21.18　利用椭圆波导腔实现的双通带滤波器经过仿真和测得的 S 参数响应

对矩形腔运用相同的理念,通过选取合适的矩形腔尺寸,可以控制 TE_{101} 模和 TE_{011} 模之间的频率间隔。矩形腔更便于实现通带内包含传输零点的双通带滤波器。在图 21.19 所示的双通带滤波器耦合结构中,每个通带都使用了三角元件拓扑。双通带滤波器中所用的三角元件,从物理上讲,可以采用矩形波导来实现。如图 21.20 所示,在两个相邻双模腔体之间放置了两个单模腔体谐振器,该结构实现了 2 个传输零点,分别位于每个通带的任意一侧。如果滤波器包含 N 个双通带谐振器,则最多可能实现 $N-1$ 个传输零点[8]。

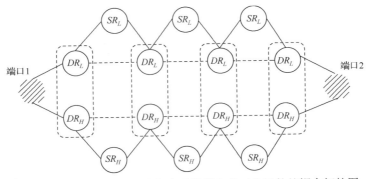

图 21.19　双通带滤波器中每个通带都含有三角元件的耦合拓扑图

文献[9]探讨了采用波导滤波器实现的三通带滤波器,矩形波导腔中使用了 TE_{101} 模、TE_{011} 模和 TM_{110} 模,分别对应着每个通带。例如,表 21.2 中给出了 $2.2\ \text{in} \times 1.9\ \text{in} \times 2.4\ \text{in}$ 腔体中三个模式的谐振频率和 Q 值。图 21.21 为矩形波导腔实现的 4 阶三通带滤波器的耦合拓扑图,其中上支路、中支路和下支路的三个模式没有互耦合,允许每条支路对应的滤波器能够单独综合和设计。鉴于这种结构中所有的自耦合和相邻耦合参数完全独立可控,常被推荐使用。

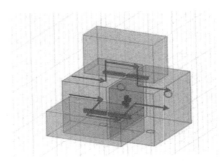

图 21.20　采用矩形波导腔实现的双通带滤波器的三角元件结构

表 21.2　三通带矩形波导滤波器中三个模式的谐振频率和 Q 值

尺寸(in)	谐振模式	频率(GHz)	无载 Q 值(表面为铜)
$a = 2.2$	TE_{101}	3.62	16 716
$b = 1.9$	TM_{110}	3.83	17 104
$d = 2.4$	TE_{011}	4.04	17 566

谐振器间耦合可使用图 21.22 所示的膜片/探针结构,实际上这是在两个腔体之间使用了一种混合耦合结构,该结构由一个十字槽孔和一个探针组成。运用第 14 章描述的在对称平面上添加电壁和磁壁的本征模仿真,可以计算出该槽孔和探针的尺寸。使用同一个输入或输出探针,就能在同一个单腔里提取与 TE_{101}、TM_{110} 和 TE_{011} 模之一对应的理想耦合。使用图 21.23 所示且在文献[9]中提到的 L 形探针结构,可以实现这个目的。这个探针包含四个参数:L_1、L_2、ΔL 和角度 θ,通过单独改变这些参数,可以调节这三个模式与输入或输出的耦合。与 TM_{110} 模的耦合主要取决于长度 L_1,而与 TE_{101} 模和 TE_{011} 模的耦合由 L_2、ΔL 和角度 θ 确定[9]。

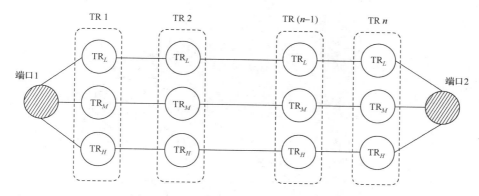

图 21.21 4 阶三通带滤波器的耦合拓扑图

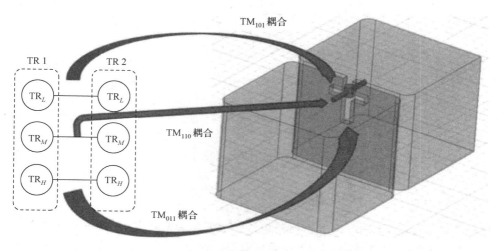

图 21.22 三通带波导滤波器的谐振器间耦合

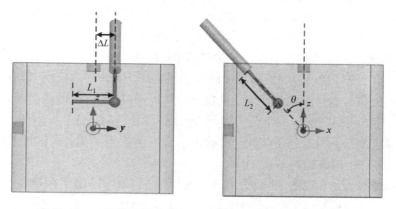

图 21.23 三通带波导滤波器的输入耦合和输出耦合探针结构

从探针看进去的这三个模式的输入耦合系数，可通过测量这三个模式的反射系数群延迟峰值的极大值并计算得到。图 21.24 所示为这个制成的三通带滤波器及其内部结构图，在每个腔体上添加的三个螺丝，可用于精细调节该滤波器的曲线。同时，图中还给出了测量结果，表明通带之间的隔离度达到了 50 dB 以上。

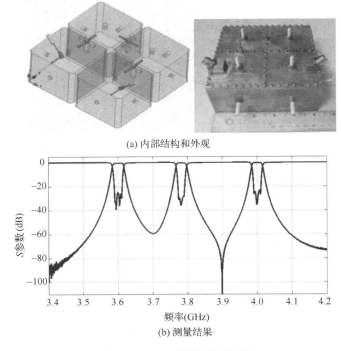

(a) 内部结构和外观

(b) 测量结果

图 21.24 三通带波导滤波器

21.3.3 介质多模谐振器的应用

在众多微波谐振器案例中,介质谐振器包含无限多个谐振模式。这些模式非常接近,使介质谐振器在多通带滤波器中得到了广泛应用。但是,由于传统的圆柱形介质谐振器通常只能调节直径和高度,将其谐振频率准确地调节到多通带滤波器通带的中心频率处,是极其困难的。因此,需要对传统圆柱形介质谐振器进行改进,使其谐振频率能够被精确地控制。

图 21.25(a) 显示的双通带介质谐振器结构,采用单片介质常数为 45 的陶瓷基板加工而成[10]。通过合理选择陶瓷谐振器中两个矩形区域 R1 和 R2 的尺寸,可在指定的中心频率处产生两个谐振模式。图 21.25(b) 和图 21.25(c) 说明了运用 HFSS 的本征模求解器计算出的前两个谐振模式的场分布。如果将这两个位于区域 R1 和 R2 的模式相互远离,则其中每个模式的场分布与 TEH_{01} 模的相似。从这两个模式的场分布图可以很容易看出,每个模式与每个指定的通带存在一一对应关系。与工作于 TEH_{01} 模的传统介质谐振器类似,在区域 R1 和 R2 中间添加槽孔膜片,可将寄生模式远离基模 TEH_{01}。

为了使相邻谐振器之间模式的耦合互不影响,文献[10] 提出了两类耦合膜片结构(见图 21.26)。其中,图 21.26(b) 所示的耦合结构,通过合理控制谐振器之间的间距,可以获得较大的耦合值。针对输入耦合和输出耦合,需要在第一个模式和第二个模式的电场的同一方向上放置一个同轴探针(见图 21.27)。通过改变探针长度 L、水平间距 C 和垂直间距 H,可以实现输入和输出与两个模式之间的理想耦合。

图 21.28 显示了一款使用这类谐振器结构实现的 2 阶双通带滤波器,其中介质谐振器被放置在腔体内,使用介电常数为 2.1 的特氟龙材料支撑。低介电材料支撑柱被切割加工成想

要的凹槽形状，便于双模介质谐振器之间按并行排列方式固定。滤波器外壳由两块完全一样的腔体和置于其中间的一块膜片，以螺丝固定而成。为了解决介质谐振器因生产批次不同而导致介电常数产生变化，在每个腔体上添加了两个调谐螺丝，一个位于腔壁顶部，一个位于腔体底部（图中没有显示），通过它们来调节滤波器的两个通带的中心频率。类似地，文献[10]中也描述了这种类型的 3 阶双通带滤波器。

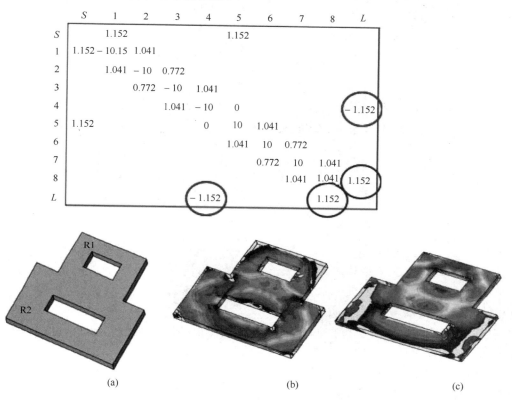

图 21.25　单片陶瓷基板加工而成的双通带介质谐振器结构，以及前两个模式的场分布

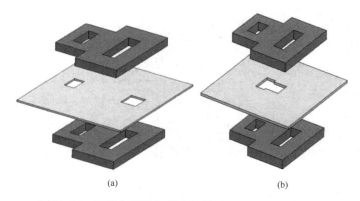

图 21.26　两类相邻谐振器之间模式可用到的耦合结构

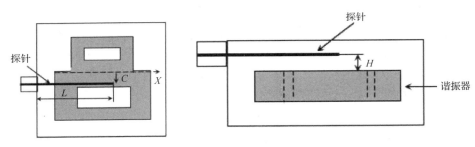

图 21.27　输入耦合探针和输出耦合探针

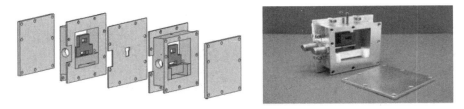

图 21.28　2 阶双通带介质谐振滤波器

文献[11]中介绍的半切介质谐振器结构，可用作新型双模介质谐振滤波器中的一部分。这种半切结构是沿着传统圆柱形介质谐振器的轴向一分为二制成的，如图 21.29 所示。介质谐振器采用了一个低介电常数的支撑柱，平行安装在一个封闭金属腔体内，其中二分之一 HEE$_{11}$ 模和二分之一 HEH$_{11}$ 模是整个圆柱形谐振器中单模式分量的一半。选取合适的谐振器直径 D 和高度 L，将这些模式谐振于相同的频率，如文献[11]中提到的；或者如文献[12]中介绍的，将这些模式谐振于不同的频率，其中每个谐振模式与相应的通带对应。

谐振器间耦合的调节方式如图 21.30 所示，采用的是极化分离膜片，它能够单独控制每个通带的谐振器间耦合。膜片上的水平槽孔和垂直槽

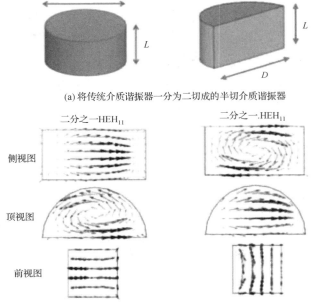

(a) 将传统介质谐振器一分为二切成的半切介质谐振器

(b) 半切介质谐振器前两个模式的场分布

图 21.29　将传统介质谐振器一分为二切成的
半切介质谐振器及其模式的场分布

孔，使得二分之一 HEE$_{11}$ 模之间的耦合和二分之一 HEH$_{11}$ 模之间的耦合几乎不受影响。除了使用两个正交的膜片，一个呈斜十字的膜片也可以同时耦合这两个模式。滤波器的输入耦合与输出耦合可以采用同一种类型的探针，每个通带与第一个谐振器，以及与最后一个谐振器的耦合的强弱，不仅取决于探针长度，还与探针位置有关。类似地，这种滤波器的关键指标是谐波分量，可以通过在半切谐振器内部开槽使其改善[11]。

图 21.31（a）所示为采用半切谐振器制成的 3 阶双模滤波器[12]，其仿真结果如图 21.31（b）所示。从图中可以发现，两个通带之间产生了一个带内传输零点。这个零点的存在与否，取决于这款双通带滤波器的阶数。每个单腔中的两个模式，对应两个通带之间频率的相位

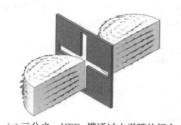

(a) 二分之一HEE$_{11}$模通过水平膜片耦合　(b) 二分之一HEE$_{11}$模通过垂直膜片耦合

图 21.30　两个腔体之间的正交模式膜片耦合的极化判定

差是 180°。也就是说，对于奇数阶的双通带滤波器，每个腔中总的相位反转数是 180° 的奇数倍。因此，在滤波器输出端的两个路径的相位叠加后，可以产生一个传输零点。而对于偶数阶滤波器，由于采用相同类型的单独串列式设计，不会产生带内传输零点。这是因为，两个路径产生的两个内通带信号，经过了偶数倍的 180° 相位反转且叠加后，完全抵消了。在这种情形下，为了产生传输零点，两个通带内的一个耦合的极性必须与其他耦合的极性相反。

以图 21.32 所示的一个 4 阶双通带介质谐振滤波器为例，其耦合矩阵由文献[12]的式（3.1）给定，两个通带分别单独设计。当耦合 M_{8L} 极性为正时，两个通带之间不会产生传输零点，但改变其中一路，使其与末级谐振器的输出耦合极性为负时，则会产生一个带内传输零点。在实际应用中，耦合极性可以通过调整与拓扑对应的探针位置来实现，如图 21.32（b）所示。将输出探针移到靠近谐振器的另一侧，使得输出耦合中二分之一 HEE$_{11}$ 模的耦合极性反转，而二分之一 HEH$_{11}$ 模的耦合极性保持不变，就能在两个通带之间产生一个传输零点，如图 21.32（c）所示。

文献[14]探讨了一种由三模介质谐振器制成的特殊三通带介质谐振滤波器，其中介质谐振器由矩形介质块制成，通过改变其上面的槽孔大小，可以任意控制这三个模式的

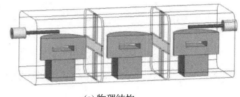

(a) 物理结构

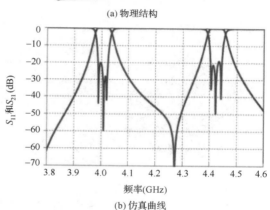

(b) 仿真曲线

图 21.31　采用半切谐振器制成的 3 阶
双通带介质谐振滤波器

谐振频率，实现谐振器间耦合。图 21.33（a）为谐振器结构，图 21.33（b）为谐振器模式图，其中前三个模式分别为 TEH$_{01}$ 模、二分之一 HEE$_{11}$ 模和二分之一 HEH$_{11}$ 模，每个模式分别对应于滤波器的每个通带。开槽抑制了二分之一 HEE 模和二分之一 HEH 模以外的退化模式，且有利于每个模式的谐振频率的精细调节：即 S_1 控制 TEH$_{01}$ 模的谐振频率，S_2 控制二分之一 HEH$_{11}$ 模的谐振频率，S_3 控制二分之一 HEE$_{11}$ 模的谐振频率[14]。图 21.34 所示为基于这个原理设计的三通带滤波器。其中谐振器间耦合结构由一组水平膜片和一组垂直膜片组成，一组容性探针分别与 TEH$_{01}$ 模、二分之一 HEE$_{11}$ 模和二分之一 HEH$_{11}$ 模耦合，且当这组容性探针与

垂直膜片开路端呈十字放置时更具可调性。制成的这款滤波器图片及其实验结果如图21.35所示。从结果可知,这款滤波器在C波段的有载Q值接近7000。前面章节提到过,依据180°相位抵消的结果,滤波器各通带之间出现了传输零点。关于此滤波器更多的详细介绍参见文献[14]。

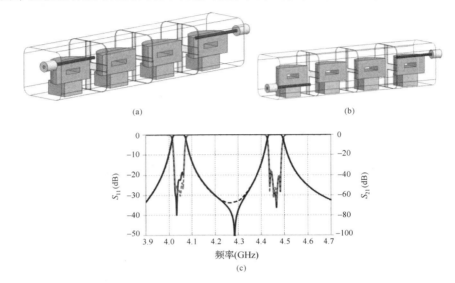

图21.32　改变4阶双通带滤波器输入或输出端的位置,在
两个通带之间插入一个传输零点的曲线变化

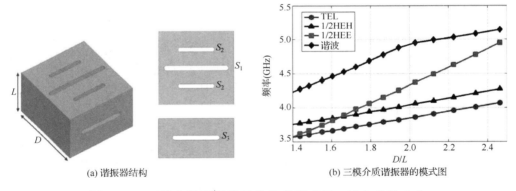

图21.33　三模介质谐振器结构及其模式图,其中直径D为
0.69in,介电常数ε_r为35,腔体尺寸为1 in×1 in×0.9 in

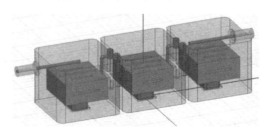

图21.34　3阶三通带介质谐振波滤波器

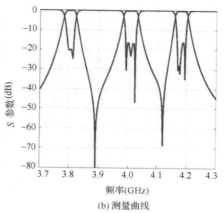

(a) 3阶三通带介质谐振滤波器结构　　　　　(b) 测量曲线

图 21.35　3 阶三通带介质谐振滤波器结构和测量曲线

21.4　方法3：多通带滤波器实现——单通带滤波器的并联应用

本方法通过单通带滤波器用两组多枝节并联连接实现，这也是实现多通带滤波器最简单的传统方法。由于两个滤波器的首末端都通过多枝节连接，因此这种方法给这类滤波器的耦合矩阵综合带来了不便。文献[15]提出了一种针对并联滤波器的综合方法，值得注意的是，无论滤波器是否像切比雪夫形式那样具有对称性，运用传统折叠形多工器的综合方法，优化后都能获得极好的结果。单通带滤波器可使用任意传输线谐振器形式，如微带、梳状、波导或介质谐振器。

文献[16,17]提出了一种用高温超导(HTS)实现的三通带滤波器，图 21.36(a)所示为滤波器的电路图。这种滤波器由三个 8 阶高温超导滤波器，与两组高温超导薄膜材料制备的多枝节微带线并联而成。为了减小三个滤波器中谐振器之间的寄生耦合影响，将滤波器和多枝节微带线基板安装在一个带有金属屏蔽条的腔体内，如图 21.36(b)所示。在这三个滤波器和两组多枝节线之间，采用金丝搭焊。这种三通带高温超导滤波器面积尺寸为 1.68 in × 1.68 in，整个滤波器封装后需要冷却到 77 K 温度以下，测量得到其带宽范围为 800 ~ 1400 MHz。图 21.37 对比了这种滤波器的 SONNET 电磁仿真曲线与测量结果。需要注意的是，为了使得电磁仿真和测量结果趋于一致，在用 SONNET 软件处理超导电路时，必须考虑超导材料的动态电感对仿真结果的影响。

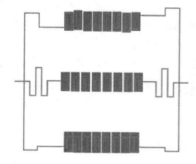

(a) 将滤波器并联的三通带高温超导滤波器结构　　　　(b) 三通带高温超导滤波器的外观

图 21.36　将滤波器并联的三通带高温超导滤波器[16]

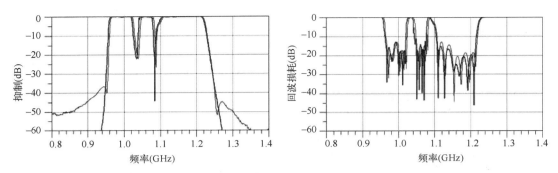

图 21.37   图 21.36 所示的三通带高温超导滤波器的电磁仿真曲线和测量结果的对比

21.5   方法 4：多通带滤波器实现——陷波器与宽带滤波器的级联应用

可用于设计陷波器的方法有很多(详见第 10 章)，一个多路陷波器可以用多个单陷波器的简单级联方式来实现。通过在谐振器上增加可调元件，可使多通带滤波器的通带中部分带宽变得可调。图 21.38(a)所示为一种集成三通带高温超导滤波器，采用一个双陷波高温超导滤波器和一个宽带高温超导滤波器的级联来实现[16,17]，并且这个双陷波器包含两组与微带线耦合的折叠谐振器。为了实现所需的抑制带宽，获得更高的抑制水平，需要合理选取谐振器之间的间距。宽带滤波器的百分比带宽约为 24%。用于构成宽带滤波器的高温超导谐振器，设计成了折叠短截线的形式，且谐振器之间的微带线间隔为 1/4 波长。将其中的 1/4 波长变换器也改成折叠线形式，则这种 L 波段 8 阶高温超导滤波器的体积可减小为 1.2 in × 0.35 in。为了改善两个滤波器在所需频带内的匹配性，需要谨慎选取连接两个滤波器的微带线长度。图 21.38(b)所示为组装后的集成组件，图 21.39 为制冷低温下的测量曲线。从图中可以看出，引入双陷波器后，整个通带滤波器通带被分为三个子通带，其带宽取决于陷波的位置。

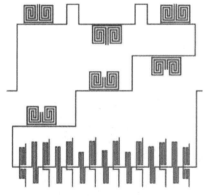

(a) 双陷波器和一个宽带滤波器构成的三通带滤波器结构

(b) 三通带滤波器外观

图 21.38   双陷波器和一个宽带滤波器构成的三通带滤波器

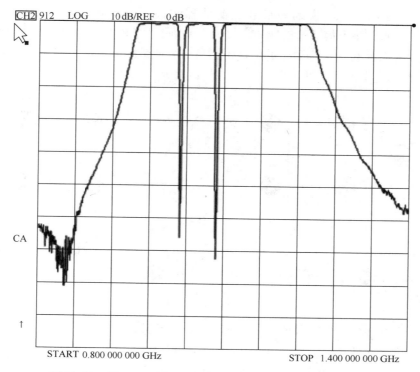

CH2 912　LOG　10 dB/REF　0 dB

CA

START 0.800 000 000 GHz　　　　STOP　1.400 000 000 GHz

图 21.39　图 21.38 所示的高温超导三通带滤波器的测量曲线

21.6　双工器和多工器应用中的双通带滤波器

　　双通带滤波器也可以作为双工器，从而显著减少体积和质量[13]。图 21.40 所示为两种用双通带滤波器组成的双工器拓扑结构。在第一种结构中，两个输出端连接到最后一个腔体，其中每个端口分别与腔体中的每个模式产生耦合；在第二种结构中，与最后一个腔体连接的是两个单模腔体，再分别与各自的输出端产生耦合。由于第二种结构中双工器的输出端不是与同一个腔体耦合的，因此提供了较高的信道隔离度。图 21.41(a) 所示的双工器是在用 21.3.2 节介绍的方法设计出的 4 阶双通带滤波器基础上改制的，其中四个椭圆腔体用于实现双通带滤波器。与其他例子相比，本例的唯一不同之处在于，两个通带(信道)是通过两个垂直连接且与最后一个谐振器中的两个正交模式耦合的输出波导接口来分离的。

　　这个双工器的仿真曲线如图 21.41(b) 所示，每个信道的 S_{21} 响应在其他信道上出现一段突起曲线，其数值约为 60 dB。这段突起曲线是由该双工器的特性决定的，因为它的两个输出端共用一个输出双模谐振器[8]。如果采用图 21.40(b) 所示的方案，两个输出端分别使用两个单模矩形波导腔与最后一个双模腔连接，就能有效地减小突起程度。本例中，每个信道滤波器的阶数为 5，与传统使用多枝节/耦合接头与两信道耦合的 4 阶双工器相比，虽然高了一阶，但是双工器尺寸更小。

　　文献[8]探讨了采用双通带矩形波导滤波器制成的双工器，其结构如图 21.42 所示，其中两个输出波导与双通带矩形波导滤波器的最后一个谐振器正交放置，构成双工器。这个双通带滤波器有三个谐振器，两个通带的谐振频率分别工作于 TE_{101} 模和 TE_{011} 模。每个滤波器通带包含一个三角元件(由 TE_{102} 模的矩形腔与滤波器的前两个谐振器产生耦合而构成),如图 21.42 所示。因此,每个信道滤波器的阶数为 4。值得注意的是,这两个三角元件耦合结构产生的传输零点,分别位于一个通带的上边带和另一个通带的下边带。在双工器应用中,这样可以改善两个信道之间的隔离度。

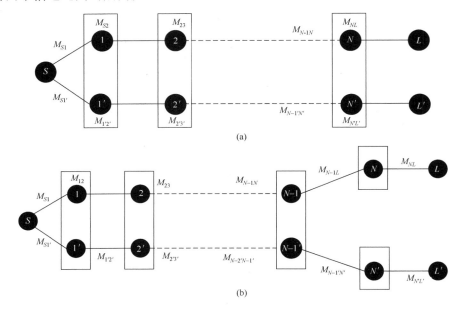

(a)

(b)

图 21.40　两种双通带滤波器生成的双工器的拓扑结构

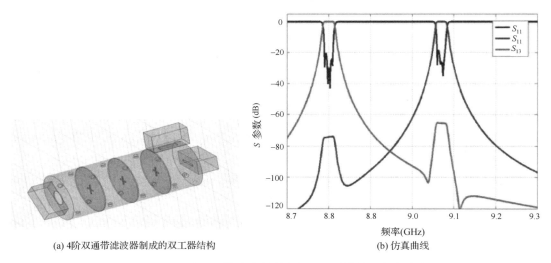

(a) 4阶双通带滤波器制成的双工器结构　　　　　(b) 仿真曲线

图 21.41　4 阶双通带滤波器制成的双工器结构及仿真曲线

该双工器由两块铜材料加工而成,如图 21.43 所示。加入调谐螺丝后,即可单独调节谐振频率和耦合参数。图 21.43(a)所示为该双工器的加工组件,图 21.43(b)则对比了其测量曲线与仿真结果。由于输出波导分别与第三个双通带腔体正交连接,因此图中也出现了两段突起曲线,代表了两个信道之间的干扰程度。与上例类似,在双通带滤波器最后一个输出双模腔后面加入两个单模谐振腔,即可有效地降低突起程度。图 21.44 对比了这个双工器与采用 T 形波导接头和两个标准单通带滤波器构成的常规双工器[8]，两类双工器的设计指标完全一致；这两类双工器中，工作于 TE_{102} 模的波导腔在每个信道中用于构成一个三角元件拓扑；显然，采用这种双通带滤波器构成的双工器，在减小体积方面提供了最佳的示例。

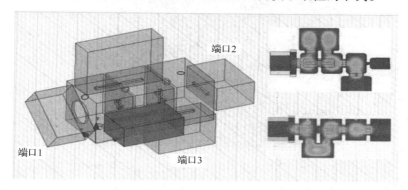

(a) 采用双通带矩形波导滤波器制成的双工器示意图　　　(b) 模式仿真图

图 21.42　采用双通带矩形波导滤波器制成的双工器及模式仿真图

(a) 制成的双工器

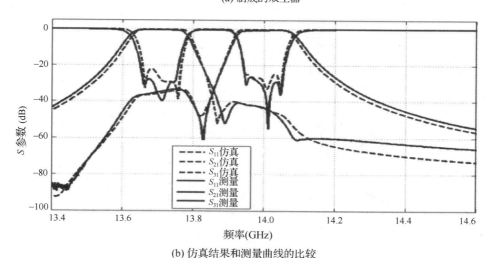

(b) 仿真结果和测量曲线的比较

图 21.43　制成的双工器仿真结果和测量曲线的对比

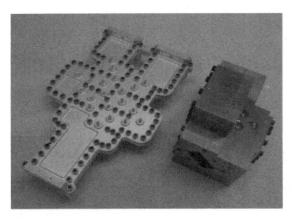

图 21.44   采用双通带波导滤波器与采用两个常规单通带波导滤波器构成的双工器的尺寸对比

同样的方法可以应用到多工器设计中，用来减小其体积和质量。例如，在图 21.45(a)所示的常规环形器耦合多工器中，采用的是传统的单通带滤波器；如果采用图 21.45(b)所示的双通带滤波器，则体积至少可以减小 40%。其中，两个单通带滤波器可以被一个双通带滤波器取代。当使用双通带结构合路时，信道可以按照两个通带之间频率间隔最大化的方式来排列。

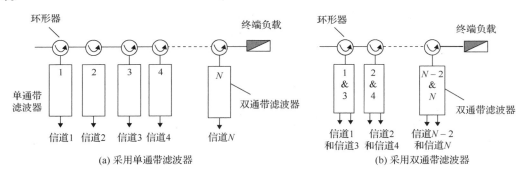

图 21.45   采用两种不同滤波器构成的双工器的比较

21.7   多通带滤波器的综合

21.7.1   概述

近年来发表的一些文献中，介绍了用于对称和不对称多通带滤波器函数原型多项式的设计方法[2,3,18~32]。了解这些文章后发现，尽管子通带的带宽和传输零点的位置可以预设，但是通带内的等波纹回波损耗(RL)不太容易提前设定。固定传输零点的位置后，紧接着必须确定回波损耗和抑制这两项参数。设计人员需要提前设定这些参数，以满足关键系统指标要求。本节主要基于前人完成的工作，目的是尽可能地用公式来建立一套设计方法，确定带内回波损耗和抑制指标。

21.7.2   多通带原型函数的设计

在近来年发表的大多数有关多通带滤波器函数的文献中，文献[22]提出了一套有效算法，用来构造等波纹通带和给定传输零点位置的多通带滤波器的传输函数 $S_{21}(s)$ 和反射函数 $S_{11}(s)$，与多项式 $E(s)$、$F(s)$ 和 $P(s)$ 的关系给定如下：

$$S_{11}(s) = \frac{F(s)/\varepsilon_R}{E(s)}, \quad S_{21}(s) = \frac{P(s)/\varepsilon}{E(s)} \tag{21.1}$$

该方法的适用条件为：带宽($s = \pm j$)内包含多个单独通带(子通带)，且给定了每个子通带的带边频率。生成原型多项式的方法在参考文献[22]中已详细列出，现简要总结如下。

1. 给定子通带数和带边频率，其中最低频带的下边沿频率设为 $s = -j$，最高频带的上边沿频率设为 $s = +j$。给定每个子通带内的反射零点数，所有子通带的总反射零点数也就是滤波器的阶数。

2. 给定传输零点数及位置，构成多项式 $P(s)$。

3. 设定每个子通带内反射零点的初始频率位置，构成多项式 $F(s)$。

4. 将特征函数 $C(s) = F(s)/P(s)$ 微分并求根，找出所有的拐点值。

5. 在每个子通带的带内拐点频率 c_i 和带边频率处计算 $C(s)$ 的值。这些频率随着多项式 $F(s)$ 的零点 f_i 交替出现，而与拐点频率和带边频率对应的 $C(s)$ 的值，按正负排列方式交替出现(见图 21.46)。

6. 根据计算出的位于拐点频率处的 $C(s)$ 值，应用文献[22]所给的更新过的公式，将频率 f_i 移到新位置，重构多项式 $F(s)$，再根据新多项式 $F(s)$ 和初始多项式 $P(s)$，重新计算 $C(s)$ 的新拐点值。在每个独立子通带内，所有新拐点频率对应的 $C(s)$ 值之间的差异会变得越来越小。重复以上第 4 步至第 6 步，直到根据每个子通带的带内拐点频率 c_i 与带边频率计算得到的各个 $C(s)$ 之间的差，在给定精度范围内近似为零。

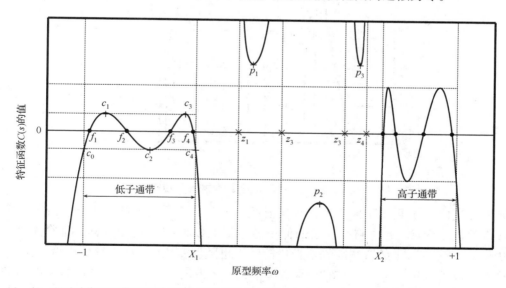

图 21.46　(8-4)不对称双通带滤波器(两个子通带之间的带边频率分别为 $x_1 = -0.4$ 和 $x_2 = +0.6$)，这是特征函数 $C(s)$ 的经典形式，图中给出了低子通带的关键频率点。注意，两个子通带内的等波纹系数不相等

以一个 8 阶不对称双通带滤波器的经典形式的特征函数 $C(s)$ 为例，通带之间有四个传输零点，如图 21.46 所示。其中，f_i 为回波损耗等于零的频率点，c_i 为低子通带的边沿频率和拐

点频率;p_i 为带外抑制的拐点频率,z_i 为给定传输零点的位置;$x_1 = -0.4$ 和 $x_2 = +0.6$ 分别是两个子通带之间的带边频率点。

在以上讨论的设计方法中,设计人员需要考虑子通带数、通带的带边频率点和回波损耗指标。其中,最低子通带的下边沿频率和最高子通带的上边沿频率分别固定为 $\omega = -1$ 和 $\omega = +1$,通带外的传输零点数、两个子通带之间的传输零点数,以及每个子通带的反射零点数,也可能需要自行定义。

无论如何,本方法只能提前预设一个子通带的等波纹回波损耗(这里一般是预设最高通带的回波损耗),除了对称双通带类型。其他通带的等波纹回波损耗取决于传输零点数和位置、每个子通带的反射零点数,以及预设的子通带带宽。然而,只有最高子通带的回波损耗可以预设为等波纹的,这也就意味着这种多通带滤波器具有不对称特性(具有不同的子通带带宽或不对称的抑制参数等)。虽然每个子通带的通带内的回波损耗是等波纹的,在幅值上却不相等,或与最高子通带设定的值不同。

图 21.47 用一个 8 阶不对称双通带滤波器说明了以上情况,其中 5 个反射零点位于低子通带,3 个反射零点位于高子通带且无传输零点。最低子通带的边沿频率 ω 分别为 -1 和 -0.1,最高子通带的边沿频率 ω 分别为 $+0.8$ 和 1。从图 21.47 可以看出通过计算得到的等波纹带宽,其中高子通带的等波纹回波损耗符合设定的 22 dB,而低子通带的等波纹回波损耗却为 16.7 dB。如果预设高子通带的带宽和回波损耗为其他值,则最低子通带的回波损耗会出现意想不到的低值,或不切实际的高值。

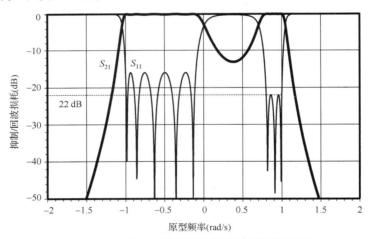

图 21.47　(8-0)不对称双通带滤波器(无传输零点)

如果首先预设低子通带的等波纹回波损耗,而不是高子通带的,则至少需要一个滤波器参数作为优化变量,允许它以预设的低子通带等波纹回波损耗为目标,随着优化计算过程而变化。文献[23]中的方法允许通带边沿频率也随着变化(包括通带最边沿频率),但是通常这不会成为首选,这是因为在实际应用中,子通带的带宽为了满足系统带内的抑制指标而应保持不变。

更适用的方法是在滤波器函数中引入一个传输零点,通过优化它的位置,使得高子通带的等波纹回波损耗与低子通带预设的保持一致。如图 21.47 的(8-0)例子所示,在两个通带之间引入单个传输零点,优化该传输零点的位置后,可使高子通带实现22 dB 的等波纹回波损耗,与第一个通带的等波纹回波损耗相同,结果如图 21.48 所示。

在两个子通带之间放置一个传输零点,并不会产生一个波瓣;但是,这个零点的位置可作为实现低子通带等波纹回波损耗的优化变量。如果在子通带之间再加入一个传输零点,就能产生一个波瓣。现在,这两个零点的位置可以用于等波纹回波损耗和给定波瓣抑制的优化。类似地,在两个子通带的外侧每添加一个传输零点,就会相应地产生一个波瓣;这些零点位置和子通带之间的传输零点位置的作用一样,都可以用于等波纹回波损耗和给定波瓣抑制的优化。

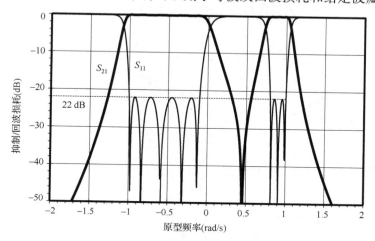

图 21.48 包含一个传输零点的(8-1)不对称双通带滤波器,其中
等波纹回波损耗在低子通带和高子通带都设为 22 dB

对于图 21.49 所示的 8 阶双通带滤波器,两个通带之间包含两个传输零点,产生了一个波瓣,且另外两个传输零点分别位于低子通带的左侧和高子通带的右侧,各产生了一个波瓣。现在,共有四个传输零点的位置可用作优化变量,以满足以下条件:一个低子通带的带内等波纹回波损耗(这里和高子通带一样都设为 22 dB)和三个波瓣抑制(本例中分别设为 30 dB、20 dB 和 35 dB)。由于这些波瓣的位置(即带外拐点频率 p_i,见图 21.46)是在实现通带内等波纹回波损耗的优化过程中产生的,因此对这些频率处的抑制参数的求解可作为整个优化过程的一部分。

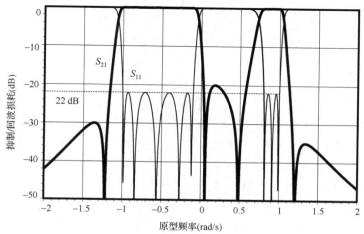

图 21.49 包含四个传输零点的(8-4)不对称双通带滤波器,其中
等波纹回波损耗在低子通带和高子通带都设为 22 dB

对每个子通带内的不同的等波纹回波损耗和不对称的波瓣抑制进行预先设计的方法,可以扩展到任意子通带数和任意波瓣数的滤波器的设计,所需遵循的简单规则如下:

必须使用至少一个传输零点,作为多通带滤波器的两个子通带之间的优化变量。

当然,总传输零点数 n_{fz} 不会超过整个滤波器的阶数 N。图 21.50 所示为 12 阶三通带滤波器,子通带外包含七个传输零点,且每个子通带内包含四个反射零点。七个优化变量用来满足以下七个设定参数:

- 两个低子通带的回波损耗与最高子通带设定的一样,都为 22 dB;
- 最低子通带下边带的一个传输零点产生的波瓣抑制为 30 dB;
- 两个低子通带之间的两个传输零点产生的一个波瓣抑制为 20 dB;
- 两个高子通带之间的三个传输零点产生的两个波瓣抑制分别为 30 dB;
- 最高子通带上边带的一个传输零点产生的一个波瓣抑制为 40 dB。

最高子通带的回波损耗已设定为 22 dB,可作为其他通带内的等波纹回波损耗的优化初值。

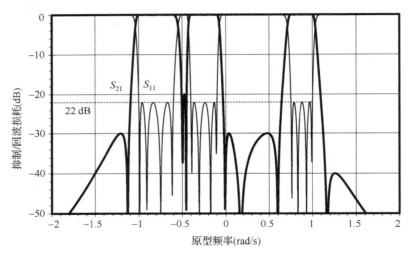

图 21.50　包含七个传输零点的(12-7)不对称三通带滤波器,最低子通带的等波纹回波损耗与最高子通带的一样(都为22 dB)

21.7.3　制约条件

在一个非规范型单通带滤波器中,每个有限传输零点可以在滤波器函数中产生一个波瓣。再次令这些波瓣抑制为给定的目标值,则传输零点的移动范围是整个通带频率 $s = \pm j\infty$ 以外的任何位置。对于单通带滤波器来说,这些给定的波瓣抑制所对应的频率位置,几乎存在无数个可能的解。

尽管多通带滤波器的所有子通带外的传输零点可位于通带外频率至无限大频率范围内,但子通带之间的传输零点的可移动范围受到通带之间带宽的限制。零点移动的范围受限于以下某个目标参数,或这些目标参数的组合:子通带的带宽、回波损耗,以及每个子通带的反射零点数和波瓣抑制。这也就意味着,在这些限制条件下优化不可能收敛。为了尝试满足目标参数,传输零点的位置可能落入通带范围内而导致无解。目前,无法确定哪组试验参数存在解;

但是在大多数实际案例中，经验是行之有效的方法。通过对通带带宽、子通带之间的抑制和回波损耗进行调节，增加或减少子通带内的反射零点数，以及增加或减少子通带之间的传输零点数，就能获得令人满意的结果。近年来，一些研究成果提到了该问题，文献[30]则给出了寻找最优解的方法。

尽管还可能通过引入通带外的复传输零点来增加优化变量数，但这种方式通常不可取，这是因为复传输零点不像虚轴零点，其对抑制的贡献不大。在滤波器结构中，仍然有必要使用交叉耦合来改善抑制参数。

21.7.4　耦合矩阵综合

一旦确定了多项式 $E(s)$，$F(s)$ 和 $P(s)$，以及常数 ε 和 ε_R，就可以与常规同阶单通带滤波器的方法一样，进行耦合矩阵综合，并精确重构多通带滤波器。为了说明以上过程，可使用 (8-4) 不对称双通带滤波器的例子，其耦合矩阵响应如图 21.49 所示。在本例中，设定低子通带频率 ω 的范围为 $-1 \sim -0.1$，设定高子通带频率 ω 的范围为 $0.8 \sim +1$。目标抑制分别为 30 dB、25 dB 和 35 dB，低子通带的目标回波损耗值与高子通带的一样，都是 22 dB。

根据这四个传输零点的初值，可以导出传输函数分子多项式 $P(s)$；且运用以上讨论的算法，也可以导出双通带滤波器的反射函数分子多项式。由于高子通带的回波损耗预设为 22 dB，则可以运用 6.2 节介绍的交替极点方法来构成公共分母多项式 $E(s)$。使用带外抑制的拐点频率，可以计算出波瓣抑制；同时通过计算低子通带任一边沿频率处的回波损耗和带内的目标等波纹回波损耗，生成评价函数。然后调整这些传输零点的位置，并重复整个优化过程，直到评价函数无限接近于零。这些多项式最终结果给定在表 21.3 中。

表 21.3　优化后 (8-4) 双通带滤波函数中的多项式 $E(s)$、$F(s)$ 和 $P(s)$ 的零点位置

零点编号	$P(s)$ 的零点 （求得 ε = 12.1182）	$F(s)$ 的零点 （求得 ε_R = 1.0）	$E(s)$ 的零点	
1#	$-j1.2203$	$-j0.9836$	-0.0604	$-j1.0544$
2#	$j0.0558$	$-j0.8430$	-0.2301	$-j0.9319$
3#	$j0.4832$	$-j0.5637$	-0.3667	$-j0.5795$
4#	$j1.2030$	$-j0.2689$	-0.2648	$-j0.1673$
5#		-0.1168	-0.0561	$-j0.0427$
6#		$j0.8155$	-0.0767	$j0.7503$
7#		$j0.9100$	-0.1330	$j0.9287$
8#		$j0.9893$	-0.0446	$j1.0354$

现在，可以使用横向矩阵法（见 8.4 节和文献[26]）综合出 $N+2$ 折叠形耦合矩阵。然后，运用 10.3 节介绍的方法，使用两个级联的四角元件形式来重构矩阵，如图 21.51 所示；其中第一组四角元件 (1-2-3-4) 实现了通带外的一组传输零点对（即表 21.3 中的 1# 和 4#），而第二组四角元件 (5-6-7-8) 实现了子通带之间的传输零点对（即表 21.3 中的 2# 和 3#）。这种组合方式将使四角元件中对角交叉耦合的元件值最小。最终，所有耦合元件值和频率偏移都完全满足实际要求，且输入和输出耦合元件值比常规单通带滤波器的略小。

	S	1	2	3	4	5	6	7	8	L
S	0	0.7850	0	0	0	0	0	0	0	0
1	0.7850	0.2516	0.6857	0	−0.2453	0	0	0	0	0
2	0	0.6857	−0.2194	0.7399	−0.0206	0	0	0	0	0
3	0	0	0.7399	0.2943	0.4057	0	0	0	0	0
4	0	−0.2453	−0.0206	0.4057	−0.1568	0.6922	0	0	0	0
5	0	0	0	0	0.6922	0.0572	0.2529	0.0785	0.3943	0
6	0	0	0	0	0	0.2529	−0.0105	0.3267	0	0
7	0	0	0	0	0	0.0785	0.3267	−0.4067	0.6123	0
8	0	0	0	0	0	0.3943	0	0.6123	0.2516	0.7850
L	0	0	0	0	0	0	0	0	0.7850	0

(a) 耦合矩阵

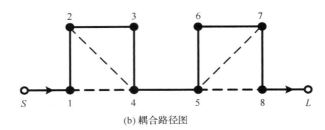

(b) 耦合路径图

图 21.51   (8-4)不对称双通带滤波器

21.7.5   包含零频率传输零点的双通带滤波器

2005 年,Macchiarella 和 Tamiazzo 提出了实现对称双通带滤波器的一种简单结构,其中一个或多个传输零点位于零频率处[2]。例如,对于一个 6 阶对称双通带滤波器响应,其中低子通带频率 ω 的范围为 −1.0 ~ −0.5,高子通带频率 ω 的范围为 +0.5 ~ +1.0。两个子通带之间有 3 个传输零点,其中一个零点位于零频率处,另外两个零点位于有限频率处。它们在两个子通带之间一起产生了两个 30 dB 的波瓣抑制,且两个子通带的带内回波损耗都是 22 dB,详见图 21.52(a)。

再次运用 10.3 节的方法进行综合,得到的网络中包含三个级联三角元件,其中前两个三角元件实现了两个有限频率处的传输零点,而第三个三角元件实现了零频率处的传输零点,如图 21.52(b)所示。本例实现了零频率处的三角元件(5-6-L)中的一个主耦合 M_{6L},其元件值将自动为零。

应用旋转变换,合并三角元件(1-2-3)和三角元件(3-4-5),可以实现两个对称的有限频率零点,即构成一组对称的四角元件(1-2-3-4),图 21.52(c)给出了其耦合矩阵和路径图。图中显示的这组四角元件与网络右侧的提取零点的谐振器 5 和谐振器 6,可用双模谐振器来实现。对应的耦合矩阵如图 21.52(d)所示。

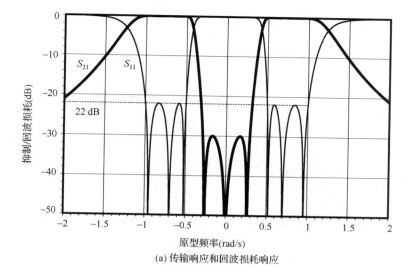

(a) 传输响应和回波损耗响应

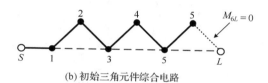

(b) 初始三角元件综合电路

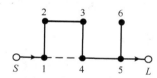

(c) 重构为包含一组四角元件和一个提取零点的电路

	S	1	2	3	4	5	6	L
S	0	0.8044	0	0	0	0	0	0
1	0.8044	0	0.6389	0	0.6387	0	0	0
2	0	0.6389	0	−0.0906	0	0	0	0
3	0	0	−0.0906	0	0.6673	0	0	0
4	0	0.6387	0	0.6673	0	0.5591	0	0
5	0	0	0	0	0.5591	0	0.7152	0.8044
6	0	0	0	0	0	0.7152	0	0
	0	0	0	0	0.8044	0	0	0

(d) 对应的耦合矩阵

图 21.52 零频率处有一个传输零点的(6-3)对称双通带滤波器

    图 21.53(a)所示的 10 阶对称双通带滤波器，包含两组传输零点对和一个位于零频率处的传输零点。图 21.53(b)给出了一种可行的拓扑方案，其中提取零点可以位于实现两组传输零点对的四角元件之间，也可以位于更合适的任何位置。

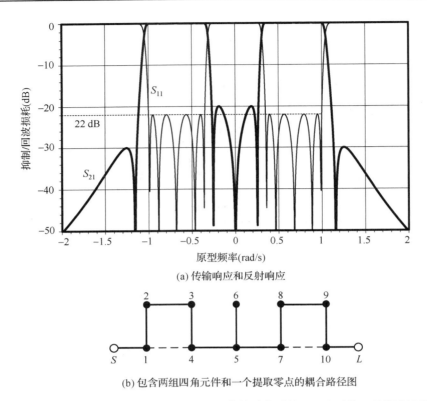

(a) 传输响应和反射响应

(b) 包含两组四角元件和一个提取零点的耦合路径图

图21.53　零频率处有一个传输零点和两组传输零点对的(10-5)对称双通带滤波器

21.7.5.1　位于零频率处的多个传输零点

　　一种简单的拓扑结构同样可以用于对称双通带滤波器响应,其中多个传输零点位于零频率处[2]。一个 N 阶滤波器响应(N 为偶数)有 $N/2$ 个传输零点位于零频率处,这种结构仅限于两个相邻子通带之间有时需要极高抑制的应用。在这些例子中,整个滤波器网络将由 $N/2$ 个级联耦合的提取零点组成。

　　下面列举一个零频率处有 4 个传输零点的 8 阶对称双通带滤波器设计的实例,其中低子通带的等波纹通带频率范围设定为 $-1.0 \sim -0.6$,高子通带的相应频率范围设定为 $+0.6 \sim +1.0$,两个子通带的回波损耗都是 22 dB,其传输响应和反射响应如图21.54(a)所示。

　　下面运用同样的方法来综合 10.3 节介绍的(8-4)滤波器的耦合矩阵。该滤波器包含 4 个级联的三角元件,每个三角元件在零频率处产生一个传输零点,其耦合矩阵和路径图分别如图21.54(b)和图21.54(c)所示。从图中可以看出,耦合矩阵中每个三角元件的主耦合 M_{23}、M_{45}、M_{67} 和 M_{8L} 在综合后都自动为零。另外,主谐振器与极点谐振器的耦合 M_{12}、M_{34}、M_{56} 和 M_{78} 具有相同的元件值。从路径图中还可以看出,该结构适合用双模谐振器实现。

　　在这类结构中,如果所有极点谐振器(上例中的谐振器 2、4、6 和 8)的谐振频率保持相同的偏移,不会破坏等波纹反射响应。这样能够保持与初始对称滤波器的拓扑一致,但会改变两个子通带的相对带宽,产生不对称的传输响应。

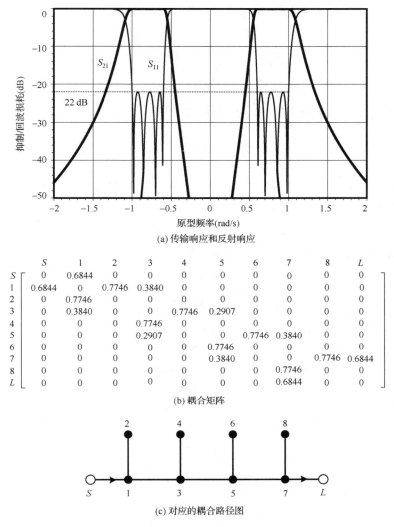

图 21.54 零频率处有 4 个传输零点的(8-4)对称双通带滤波器

为了保持射频域的带宽不变,文献[2]介绍的方法可用于确定传输零点的位置。根据射频域两个通带边沿的频率,可计算出 $N/2$ 个传输零点的位置和低通原型的带边频率。其中文献[2]所用的符号 ω_{L1} 和 ω_{H1} 分别代表双通带滤波器的低子通带(通带 1)的上下边沿频率,而 ω_{L2} 和 ω_{H2} 则代表了高子通带(通带 2)的上下边沿频率,主谐振器和极点谐振器的频率分别用 ω_{01} 和 ω_{02} 表示,两个带宽的变换因子 b_1 和 b_2 可以计算如下:

$$\omega_{01} = \sqrt{\frac{n_0 n_3}{n_1}}, \quad \omega_{02} = \sqrt{\frac{n_1}{n_3}} \tag{21.2a}$$

$$b_1 = \frac{\omega_{01}}{n_3}, \quad b_2 = \frac{-n_3 \omega_{02}}{n_2 + \omega_{01}^2 + \omega_{02}^2} \tag{21.2b}$$

其中,

$$n_0 = \omega_{L1}\omega_{H1}\omega_{L2}\omega_{H2}$$

$$n_1 = \omega_{H1}\omega_{H2}(\omega_{L1} + \omega_{L2}) - \omega_{L1}\omega_{L2}(\omega_{H1} + \omega_{H2})$$

$$n_2 = \omega_{H1}\omega_{H2} + \omega_{L1}\omega_{L2} - (\omega_{L1} + \omega_{L2})(\omega_{H1} + \omega_{H2})$$

$$n_3 = (\omega_{H1} - \omega_{L1}) + (\omega_{H2} - \omega_{L2})$$

与射频域频率对应的原型频率,可运用通带-低通频率变换公式推导如下[详见式(8.1)]:

$$\Omega = \text{BWR}\left(\frac{\omega}{\omega_{0B}} - \frac{\omega_{0B}}{\omega}\right) \tag{21.3}$$

其中 $\omega_{0B} = \sqrt{\omega_{L1}\omega_{H2}}$,带宽比 $\text{BWR} = \omega_{0B}/(\omega_{H2} - \omega_{L1})$, ω 为射频域频率, Ω 是对应的低通原型频率。将两个变换因子分别除以带宽比,则变换得到等效的低通原型为

$$b_1' = b_1/\text{BWR}, \quad b_2' = b_2/\text{BWR}$$

关于双通带滤波器在射频域的应用,引用文献[2]介绍的设计案例 B 来说明如下:

- 等波纹通带 1: $\omega_{L1} = 840$ MHz, $\omega_{H1} = 862$ MHz
- 等波纹通带 2: $\omega_{L1} = 888$ MHz, $\omega_{H2} = 899$ MHz

本例中,低子通带的带宽是高子通带的 2 倍,分别为 22 MHz 和 11 MHz。应用式(21.2)和式(21.3)可得 $\Omega_{01} = -0.1553$, $\Omega_{02} = 0.3547$, $b_1' = 1.7785$ 和 $b_2' = 1.4695$ 。 Ω_{01} 和 Ω_{02} 分别代表主谐振器和极点谐振器的原型频率的偏移,即双通带耦合矩阵中的自耦合 $M_{ii} = -\Omega_{01}$ 为主谐振器频率的偏移, $M_{ii} = -\Omega_{02}$ 为极点谐振器频率的偏移。针对这个 N 阶(N 为偶数)全极点型双通带滤波器,其一半的主谐振器间耦合通过原型耦合变换如下(见图 21.54):

对于输入耦合和输出耦合,有

$$M_{S1} = M_{S1}'/\sqrt{b_1'}, \quad M_{N,L} = M_{N/2,L}'/\sqrt{b_1'} \tag{21.4a}$$

且对于主谐振器间耦合,有

$$M_{j,j+2} = M_{i,i+1}'/b_1' \tag{21.4b}$$

所有主谐振器与极点谐振器之间的耦合都是相同的,有

$$M_{k,k+1} = 1/\sqrt{b_1' b_2'} \tag{21.4c}$$

在式(21.4)中,带上撇号的耦合与该滤波器耦合矩阵中一半的原型耦合对应。

在以上这个回波损耗为 22 dB 的 8 阶切比雪夫滤波器例子中, $N/2$ 的一半,即 4 阶切比雪夫滤波器的耦合元件值为 $M_{s1}' = M_{4L}' = 1.0822$, $M_{12}' = M_{34}' = 0.9600$, $M_{23}' = 0.7268$ 。根据式(21.4a)和式(21.4b),变换这些值可得 $M_{S1} = M_{8L} = 0.8115$, $M_{13} = M_{57} = 0.5398$, $M_{35} = 0.4086$ 。运用式(21.4c),变换主谐振器与极点谐振器之间的耦合,可得 $M_{12} = M_{34} = M_{56} = M_{78} = 0.6186$ 。完整的耦合矩阵如图 21.55(a)所示,且其射频域响应如图 21.55(b)所示。

从图 21.55(a)所示的耦合矩阵可以看出,这个不对称双通带滤波器仍保留如图 21.54(c)所示的简单拓扑结构。这一点对于需要不对称抑制响应的滤波器来说十分有用,结构设计和加工制造也极其简单。带宽的设定只需要用到双通带滤波器的频域参数,对于大多数特定滤波器的原型电路都是适用的。

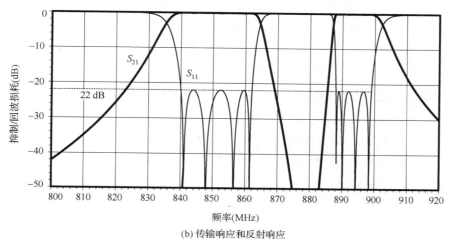

$$\begin{array}{c|ccccccccccc}
 & S & 1 & 2 & 3 & 4 & 5 & 6 & 7 & 8 & L \\
\hline
S & 0 & 0.8115 & 0 & 0 & 0 & 0 & 0 & 0 & 0 & 0 \\
1 & 0.8115 & 0.1553 & 0.6186 & 0.5398 & 0 & 0 & 0 & 0 & 0 & 0 \\
2 & 0 & 0.6186 & -0.3547 & 0 & 0 & 0 & 0 & 0 & 0 & 0 \\
3 & 0 & 0.5398 & 0 & 0.1553 & 0.6186 & 0.4086 & 0 & 0 & 0 & 0 \\
4 & 0 & 0 & 0 & 0.6186 & -0.3547 & 0 & 0 & 0 & 0 & 0 \\
5 & 0 & 0 & 0 & 0.4086 & 0 & 0.1553 & 0.6186 & 0.5398 & 0 & 0 \\
6 & 0 & 0 & 0 & 0 & 0 & 0.6186 & -0.3547 & 0 & 0 & 0 \\
7 & 0 & 0 & 0 & 0 & 0 & 0.5398 & 0 & 0.1553 & 0.6186 & 0.8115 \\
8 & 0 & 0 & 0 & 0 & 0 & 0 & 0 & 0.6186 & -0.3547 & 0 \\
L & 0 & 0 & 0 & 0 & 0 & 0 & 0 & 0.8115 & 0 & 0
\end{array}$$

(a) 综合得到的耦合矩阵

(b) 传输响应和反射响应

图 21.55　包含 4 个传输零点的 (8-4) 不对称双通带滤波器

21.7.6　综合多通带滤波器的电抗变换法

基于 21.7.5 节描述的方法，Brand 等人在其基础上扩展的针对多通带滤波器应用的电抗变换技术，发表在文献 [31,32] 中。这种非优化方法通过设计一个频率映射函数，取代初始单通带原型滤波器中针对单个谐振器的综合，变成针对复合谐振器的综合。在多通带原型滤波器中，实现传输零点的交叉耦合可能是对称的，也可能是不对称的，且支持任意数量的子通带，每个子通带具有特定的带宽，保留着最简单的耦合拓扑结构。将多通带滤波器的带宽按比例变换为初始原型滤波器的频段后，每个子通带对应的不同阶数、回波损耗和波瓣抑制等都将受到限制，这些参数不能被单独指定。

将频率映射函数转换成有理多项式商的形式，其中分子多项式的阶数为 N_b，分母多项式的阶数为 N_b-1，N_b 为子通带数。具体表示如下：

$$\omega'(\omega_i) = \frac{p_{N_b}\omega_i^{N_b} + p_{N_b-1}\omega_i^{N_b-1} + p_{N_b-2}\omega_i^{N_b-2} + \cdots + p_2\omega_i^2 + p_1\omega_i + p_0}{q_{N_b-1}\omega_i^{N_b-1} + q_{N_b-2}\omega_i^{N_b-2} + \cdots + q_2\omega_i^2 + q_1\omega_i + 1} = \frac{P(\omega)}{Q(\omega)} \tag{21.5}$$

其中，ω 是多通带频域的频率，且 $\omega'(\omega)$ 是对应子通带的频率。该式包含的 N_b 个零点和 N_b-1 个极点是沿着 ω 轴迭代求解获得的，其中 $\omega'(\omega)=\pm 1$ 且 $\omega=\omega_1,\omega_2,\cdots,\omega_{2N}$，详见图 21.56 所示的三通带滤波器的映射函数。因此，映射函数公式表明，当 ω 在 $-1\sim+1$ 范围内变化时，映射频率$\omega'(\omega)$将在$-1 \sim +1$范围内交替出现N_b次,从而获得这些子通带的边沿频率参数,映射函数$\omega'(\omega) = \pm\infty$的$N_{b-1}$个极点则出现在子通带之间。

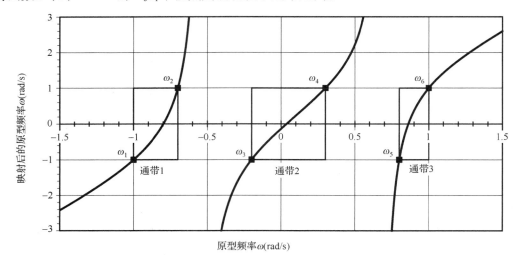

图21.56　三通带滤波器的映射函数,其中子通带1的边沿频率范围为$-1.0 \sim -0.7$,子通带2的边沿频率范围为$-0.2 \sim +0.3$,子通带3的边沿频率范围为$+0.8 \sim +1.0$

如图21.56所示,映射函数需要用到子通带的边沿频率,即最低子通带的边沿频率-1.0和最高子通带的边沿频率$+1.0$。假定$\omega_1 = -1$且$\omega_{2N_b} = +1$,则在映射函数中可以构造出下列$2N_b$组条件对:

$$\{\omega_i, \omega'(\omega_i)\} = \{(-1,-1),(\omega_2,+1),(\omega_3,-1),\cdots,(\omega_{2N_b-1},-1),(+1,+1)\} \tag{21.6}$$

为了找到满足式(21.5)条件的多项式$P(\omega)$和$Q(\omega)$的$2N_b$个未知系数,将式(21.5)重写为

$$P(\omega_i) - \omega'(\omega_i)Q(\omega_i) = 0, \quad i = 1,2,\cdots,2N_b \tag{21.7}$$

这些$2N_b$组线性方程可以用矩阵$\boldsymbol{AX} = \boldsymbol{B}$的形式表示,其中$\boldsymbol{A}$是一个$2N_b \times 2N_b$方阵,$\boldsymbol{X}$是包含多项式$P(\omega)$和多项式$Q(\omega)$的$2N_b$个未知系数的列矩阵,$\boldsymbol{B}$是包含$2N_b$个给定子通带的边沿频率$\omega'(\omega)$的列矩阵,其中$\omega = \omega_1, \omega_2, \cdots, \omega_{2N_b}$:

$$\boldsymbol{A} = \begin{bmatrix} \omega_1^{N_b} & \omega_1^{N_b-1} & \cdots & \omega_1 & 1 & -\omega'(\omega_1)\omega_1^{N_b-1} & -\omega'(\omega_1)\omega_1^{N_b-2} & \cdots & -\omega'(\omega_1)\omega_1 \\ \omega_2^{N_b} & \omega_2^{N_b-1} & \cdots & \omega_2 & 1 & -\omega'(\omega_2)\omega_2^{N_b-1} & -\omega'(\omega_2)\omega_2^{N_b-2} & \cdots & -\omega'(\omega_2)\omega_2 \\ \vdots & \vdots & \cdots & \vdots & \vdots & \vdots & \vdots & \cdots & \vdots \\ \omega_{2N_b}^{N_b} & \omega_{2N_b}^{N_b-1} & \cdots & \omega_{2N_b} & 1 & -\omega'(\omega_{2N_b})\omega_{2N_b}^{N_b-1} & -\omega'(\omega_{2N_b})\omega_{2N_b}^{N_b-2} & \cdots & -\omega'(\omega_{2N_b})\omega_{2N_b} \end{bmatrix}$$

上方标注:$\lhd \cdots P(\omega_i) \cdots \rhd \qquad \lhd \cdots -\omega'(\omega_i)Q(\omega_i) \cdots \rhd$

$$\begin{aligned} \boldsymbol{X} &= \text{transpose } [p_{N_b}, p_{N_b-1}, p_{N_b-2}, \cdots, p_1, p_0, q_{N_b-1}, q_{N_b-2}, \cdots, q_2, q_1] \\ \boldsymbol{B} &= \text{transpose } [\omega'(\omega_1), \omega'(\omega_2), \omega'(\omega_3), \cdots, \omega'(\omega_{2N_b})] \end{aligned} \tag{21.8}$$

由于矩阵$\boldsymbol{A}$的秩和增广矩阵$\boldsymbol{A}|\boldsymbol{B}$都是$2N_b$阶的,因此矩阵存在解,且针对矩阵$\boldsymbol{B}$可以任意取值(实数)。选取$2N_b$个子通带的边沿频率$\omega'(\omega_i)(i = 1,2,\cdots,2N_b)$[式(21.6)]如下:

$$\boldsymbol{B} = \text{transpose } [-1,+1,-1,\cdots,-1,+1]$$

运用式(21.3)，即集总元件滤波器的带通到低通映射函数，可将通带边沿频率转换到射频域中。

现在求出矩阵 $\boldsymbol{X}$，确定多项式 $P(\omega)$ 和多项式 $Q(\omega)$ 的系数矩阵为

$$\boldsymbol{X} = \boldsymbol{A}^{-1}\boldsymbol{B} \tag{21.9}$$

用多项式 $P(\omega)$ 和多项式 $Q(\omega)$ 的系数矩阵来分析映射函数[式 21.5]，得到的曲线如图 21.56 所示。根据这些参数和其他原型频率，如传输零点和波瓣抑制的位置，求解式(21.7)，得到 $2N_b$ 个根，再映射到多通带滤波器的频域中。

21.7.6.1　复合谐振网络的综合

由于映射函数是两个有限阶多项式的比值，分母多项式比分子多项式少 1 阶，它们的零点和极点都是实数，且交替排列在 ω 频率轴上。映射函数 $\omega'(\omega_i)$ 也是一个导纳函数，可以等效为由并联的电容和不随频率变化的电抗(FIR)元件，以及单位变换器组成的单端口梯形网络，该网络可用第 7 章介绍的经典方法来综合。

图 21.57(a)所示为单通带滤波器中使用的一个典型低通谐振器电路，该谐振器包含一个与 FIR 元件并联的电容，其值可以为正、为负，或者为零。在实际应用中，并联的不随频率变化电抗可看成滤波器中心频率的偏移。单个谐振器的导纳可表示为 $Y(\omega) = sC + jB$。图 21.57(b) 所示的三通带复合谐振器的单端口网络，由 3 个低通谐振器和 2 个与谐振器连接的变换器组成。该网络可以取代单通带滤波器中的每个单谐振器，实现三通带响应。

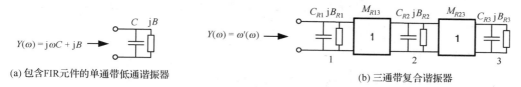

(a) 包含FIR元件的单通带低通谐振器　　　　　　(b) 三通带复合谐振器

图 21.57　单通带谐振器和三通带复合谐振器的原型电路

为了说明以上过程，以一个三通带滤波器为例，其中子通带 1 的边沿频率范围为 $-1 \sim -0.7$，子通带 2 的边沿频率范围为 $-0.2 \sim +0.3$，子通带 3 的边沿频率范围为 $+0.8 \sim +1.0$(见图 21.56)。根据这三个给定的子通带的边沿频率，根据式(21.8)，可构造出 6×6 矩阵

$$\boldsymbol{A} = \begin{bmatrix} -1.0000 & 1.0000 & -1.0000 & 1.0000 & 1.0000 & -1.0000 \\ -0.3430 & 0.4900 & -0.7000 & 1.0000 & -0.4900 & 0.7000 \\ -0.0080 & 0.0400 & -0.2000 & 1.0000 & 0.0400 & -0.2000 \\ 0.0270 & 0.0900 & 0.3000 & 1.0000 & -0.0900 & -0.3000 \\ 0.5120 & 0.6400 & 0.8000 & 1.0000 & 0.6400 & 0.8000 \\ 1.0000 & 1.0000 & 1.0000 & 1.0000 & -1.0000 & -1.0000 \end{bmatrix}$$

并有　　　　　　　　　　$\boldsymbol{B} = \text{transpose } [-1, +1, -1, +1, -1, +1]$

现在，列矩阵 $\boldsymbol{X}$ 可以计算为

$$\boldsymbol{X} = \boldsymbol{A}^{-1}\boldsymbol{B} = \text{transpose } [-5.4054, 0.5405, 3.7027, -0.1351, -2.7027, 0.4054]$$

已知多项式 $P(\omega)$ 和多项式 $Q(\omega)$ 的系数，有理映射导纳函数 $\omega'(\omega)$ 可以构造如下：

$$\omega'(\omega) = \frac{P(\omega)}{Q(\omega)} = \frac{-5.4054\omega^3 + 0.5405\omega^2 + 3.7027\omega - 0.1351}{-2.7027\omega^2 + 0.4054\omega + 1.0} \tag{21.10}$$

采用经典电路综合方法(见第 7 章)，可计算出图 21.57(b)中的单端口梯形网络的参数如下：

$$C_{R1} = 2.0000, \qquad B_{R1} = 0.1000, \qquad M_{R12} = 1.0$$
$$C_{R2} = 1.6260, \qquad B_{R2} = -0.0139, \qquad M_{R23} = 1.0$$
$$C_{R3} = 1.6566, \qquad B_{R3} = -0.2344$$

这个复合谐振器可用来代替任意原型滤波器网络中的单谐振器电路。下面以一个回波损耗为 22 dB 且波瓣抑制为 20 dB 的(4-2)对称准椭圆函数单通带原型滤波器为例。其中，主耦合为 $M_{S1} = M_{1L} = 1.0602$，$M_{12} = M_{34} = 0.8589$ 且 $M_{23} = 0.8527$，交叉耦合为 $M_{14} = -0.3519$，所有自耦合 M_{11}、M_{22}、M_{33} 和 M_{44} 全部为零。图 21.58(a)所示为该滤波器的耦合路径图，图 21.58(b)则给出了它的传输响应和反射响应。

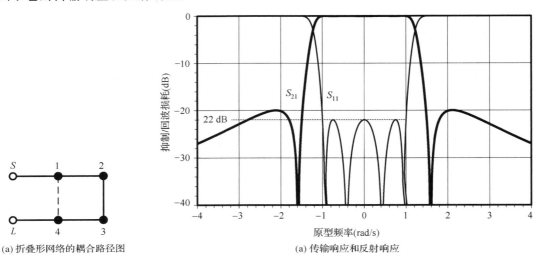

(a) 折叠形网络的耦合路径图　　　　　　(a) 传输响应和反射响应

图 21.58　(4-2)对称准椭圆函数单通带原型滤波器

为了获得三通带响应，单通带原型滤波器中的每个谐振器都可用一个单端口复合谐振器来代替，产生一个 $4 \times 3 = 12$ 阶的滤波器网络，其耦合路径图如图 21.59 所示，其中每个单通带原型滤波器可用图 21.57(b)所示的三通带复合谐振器来代替。

为了构建它的等效耦合矩阵，所有节点电容必须变换为 1。首先变换复合谐振器网络的元件值 $M_{R12} = \sqrt{C_{R1}C_{R2}}$ 和 $M_{R12} = \sqrt{C_{R2}C_{R3}}$，如果用复合谐振器来代替主谐振器网络中包含的 FIR 元件 B_i，如图 21.57(a)所示，则加入 B_{R1} 后 $B_i + B_{R1}$ 变换为 $(B_i + B_{R1})/C_{R1}$，而出现在复合谐振器网络中的余下的 FIR 元件 B_{R2} 变换为 B_{R2}/C_{R2}，B_{R3} 变换为 B_{R3}/C_{R3}。例如，将耦合矩阵中连续出现的 3 个 FIR 元件组成一组：第一个谐振器用的是 M_{11}、M_{22} 和 M_{33}，第二个谐振器用的是 M_{44}、M_{55} 和 M_{66}，以此类推。接下来，将包含交叉耦合在内的所有主网络耦合都除以 C_{R1}，并将输入耦合和输出耦合都除以 $\sqrt{C_{R1}}$，从而使主网

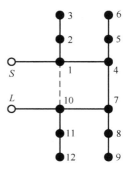

图 21.59　(4-2)准椭圆函数三通带滤波器的耦合路径图

络的电容变换为 1。最终，这三个复合谐振器中的电容 C_{R1}、C_{R2} 和 C_{R3} 都等于 1。按照图 21.59 中给出的谐振器的编号顺序，就可以构造出这个 $N+2$ 耦合矩阵。矩阵中的非零耦合元件值列于表 21.4 中，计算出的传输响应和反射响应如图 21.60 所示，其中每个子通带根据(4-2)初始单通带原型网络进行频率映射和带宽变换。

表 21.4　（4-2）三通带滤波器（12 阶）的耦合元件值

滤波器网络主耦合		复合谐振器中的耦合		复合谐振器中的谐振器间耦合	
M_{S1}，$M_{10,L}$	0.7497	M_{11}，M_{44}，M_{77}，$M_{10,10}$	0.0500	M_{12}，M_{45}，M_{78}，$M_{10,11}$	0.5545
M_{14}，$M_{7,10}$	0.4295	M_{22}，M_{55}，M_{88}，$M_{11,11}$	−0.0085	M_{23}，M_{56}，M_{89}，$M_{11,12}$	0.6093
M_{47}	0.4263	M_{33}，M_{66}，M_{99}，$M_{12,12}$	−0.1415		
交叉耦合 $M_{1,10}$	−0.1759				

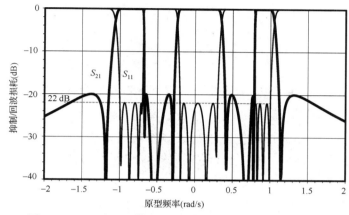

图 21.60　12 阶三通带原型滤波器的传输响应和反射响应

初始原型网络中包含的一对传输零点 $\omega' = \pm 1.5858$，在运用式（21.7）进行映射后，将零点 −1.5858 映射为 $\omega = -1.1812$，$\omega = -0.2914$ 和 $\omega = +0.7797$，将零点 1.5858 映射为 $\omega = -0.6680$，$\omega = +0.4165$ 和 $\omega = +1.1444$。通带内的电抗极点，即 $Q(\omega)$ 的 $N_b - 1$ 个根，映射为 $\omega = -0.5379$ 和 $\omega = +0.6879$，与单通带原型频率 $\omega' = \pm \infty$ 相对应。

从耦合矩阵可以看出，所有复合谐振器的耦合参数和频率偏移都是一样的，且不存在负耦合，仅主原型网络中的一个负交叉耦合除外。通常，设计包含复合谐振器的多通带网络时只需已知子通带数和通带的边沿频率。一旦设计完成，同一个复合谐振器即可应用于任意对称或不对称原型网络，并根据每个子通带进行带宽变换和频率变换。

21.7.6.2　多阻带滤波器

前文讲述了使用复合谐振器来简单代替任意原型网络中的单通带谐振器，从而创建多通带响应的方法。多通带响应的子通带可以根据初始原型网络来进行频率变换和带宽变换，同时还可以使用直接耦合带阻原型网络，其耦合拓扑保留与带通滤波器一样的简单结构。为了证明该方法的可行性，下面以 10.2.1 节介绍的闭端形带阻滤波器为例。

在这个（4-2）对称低通原型例子中，波瓣抑制为 20 dB 且回波损耗为 26 dB。在带阻原型网络的设计过程中，交换传输特性和反射特性之后，综合并得到这个闭端形网络的耦合元件值如下［见图 21.61（a）中的耦合路径图］：

$$M_{S1} = M_{4L} = 1.6259, \qquad M_{SL} = 1.0, \qquad M_{11} \equiv B_1 = 0.3776$$
$$M_{12} = M_{34} = 0.9576, \qquad M_{14} = 1.3218, \qquad M_{22} \equiv B_2 = -0.9052$$
$$M_{23} = 0.0, \qquad\qquad\qquad\qquad\qquad\qquad\quad M_{33} \equiv B_3 = 0.9052$$
$$M_{44} \equiv B_4 = -0.3776$$

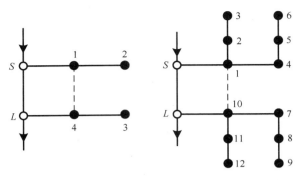

(a) 原型网络　　　　　(b) 单通带谐振器用三阶复合谐振器代替

图 21.61　直接耦合三阻带滤波器的闭端形结构

　　这个三阻带网络与前文讨论的三通带滤波器一样,采用了相同的带宽,使得同样的方法可用于复合谐振器的设计。在带阻原型网络中加入复合谐振器后,构建出 12 阶滤波器网络,如图 21.61(b)所示。经过变换后,这些复合谐振器的耦合矩阵元件值列于表 21.4 中,但主网络的耦合元件值需要修正如下:

$$M_{S1} = M_{10,L} = 1.1497, \qquad M_{SL} = 1.0, \qquad M_{11} = (B_1 + B_{R1})/C_{R1} = 0.2388$$
$$M_{14} = M_{7,10} = 0.4788, \qquad M_{1,10} = 0.6609, \qquad M_{44} = (B_2 + B_{R1})/C_{R1} = -0.4030$$
$$M_{47} = 0.0, \qquad\qquad\qquad\qquad\qquad\qquad\quad M_{77} = (B_3 + B_{R1})/C_{R1} = 0.5030$$
$$M_{10,10} = (B_4 + B_{R1})/C_{R1} = -0.1388$$

注意,变换后的直接源-负载耦合仍保持不变,其值为 1。

　　针对这个耦合矩阵进行分析,结果如图 21.62 所示。从图中可以看出,初始原型网络的回波损耗 26 dB 现在变成了三阻带内的等波纹抑制,初始原型网络的波瓣抑制 20 dB 变成了阻带内的回波损耗。

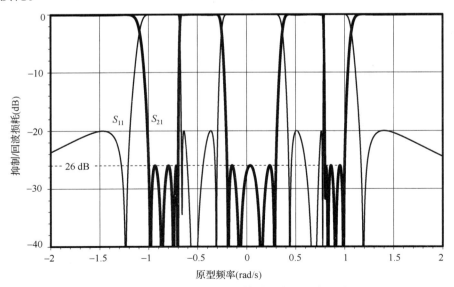

图 21.62　三阻带滤波器的传输响应和反射响应

21.7.6.3 复合谐振器的替代结构

使用第 8 章介绍的二端口网络横向耦合矩阵的综合过程中类似留数计算的方法，可将复合谐振器综合成星形拓扑结构。这个 N_b 阶复合谐振器的星形拓扑，包含串列形结构的主谐振器和与其连接的 N_{b-1} 个单端口谐振器。图 21.63 所示为这些 3、4 和 5 阶复合谐振器的基本拓扑结构，图 21.64 所示为将图 21.61（b）中的 4 阶三阻带原型网络的第 2 组谐振器和第 3 组谐振器（即谐振器[4-5-6]和谐振器[7-8-9]）用星形拓扑构成的结构，其他拓扑结构则可以通过矩阵相似变换得到。

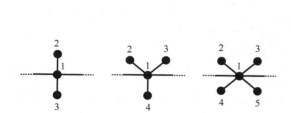

图 21.63 3 阶、4 阶和 5 阶复合谐振器的星形拓扑

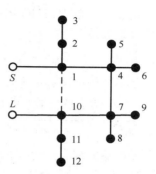

图 21.64 （4-2）三阻带原型网络，其中复合谐振器[4-5-6]和[7-8-9]由星形拓扑构成

进行 N_b 阶复合谐振器的星形拓扑的综合，首先要从代表串列结构的有理导纳多项式中准确提取出电容/FIR 对，接下来用部分分式展开，计算余下的 N_{b-1} 阶导纳函数的留数和极点，开始进行 N_{b-1} 阶单端口谐振器的综合。

图 21.65 所示为星形复合谐振器结构的一个分支，其中每个 N_b 阶复合谐振器包含 N_b-1 个与网络中心的主谐振器并联的单端口网络。

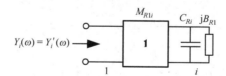

图 21.65 星形复合谐振器中的一个单端口网络

星形复合谐振器中的第 i 个单端口元件的导纳（$i = 2, 3, \cdots, N_b$）为

$$Y_i(\omega) = -\mathrm{j}Y_i(s) = \frac{-\mathrm{j}}{\mathrm{j}\omega C_{Ri} + \mathrm{j}B_{Ri}} = \frac{-1/C_{Ri}}{(\omega + B_{Ri}/C_{Ri})} \tag{21.11a}$$

与首个谐振器并联的 N_{b-1} 个单端口元件的总导纳 $Y'(\omega)$ 为单个单端口导纳之和，即

$$Y'(\omega) = -\sum_{i=2}^{N_b} \frac{1/C_{Ri}}{(\omega + B_{Ri}/C_{Ri})} \tag{21.11b}$$

接下来，提取复合谐振器中首个谐振器（主谐振器）的电容/FIR 对。式（21.10）中的有理导纳多项式可简化为

$$\omega'(\omega) = \frac{P(\omega)}{Q(\omega)} = \frac{p_{N_b-2}\omega^{N_b-2} + \cdots + p_2\omega^2 + p_1\omega + p_0}{q_{N_b-1}\omega^{N_b-1} + q_{N_b-2}\omega^{N_b-2} + \cdots + q_2\omega^2 + q_1\omega + 1} \tag{21.12}$$

其中，分子多项式的阶数减了 2。这个有理多项式用部分分式展开如下：

$$Y'(\omega) = \omega'(\omega) = \sum_{i=2}^{N_b} \frac{r_i}{(\omega - \omega_{0i})} \tag{21.13}$$

其中 r_i 代表 N_{b-1} 个留数，且 ω_{0i} 代表多项式 $Q(\omega)$ 的 N_{b-1} 个零点。现在，令部分分式形式表示的导纳公式(21.13)与式(21.11b)相等，可以求得星形结构中除主谐振器以外的谐振器的电容和 FIR 元件分别为

$$C_{Ri} = -1/r_i, \quad B_{Ri} = -\omega_{0i}C_{Ri}, \quad i = 2,3,\ldots,N_b \tag{21.14}$$

将主谐振器和星形结构中相邻谐振器之间的耦合进行变换，最终可得到与主谐振器耦合的每个变换器的元件值，对应的电容(等于 1)和 FIR 元件分别为

$$M_{R1i} = 1/\sqrt{C_{R1}C_{Ri}} = \sqrt{-r_i/C_{R1}}, \quad B_{Ri} \to B_{Ri}/C_{Ri} = -\omega_{0i}, \quad C_{Ri} \to 1, \quad i = 2,3,\cdots,N_b \tag{21.15}$$

为了说明复合谐振器的综合过程，下面以 21.7.6.1 节所述(4-2)三通带原型滤波器为例。从式(21.10)给定的有理导纳函数中的第一个电容和 FIR 元件开始提取，可得 $C_{R1} = 2.0$，$B_{R1} = 0.1$。余下的导纳函数给定为

$$Y'(\omega) = \frac{1.6622\omega - 0.2351}{-2.7027\omega^2 + 0.4054\omega + 1.0} \tag{21.16a}$$

用部分分式形式表示为

$$Y'(\omega) = -\left[\frac{0.3408}{(\omega + 0.5379)} + \frac{0.2742}{(\omega - 0.6879)}\right] \tag{21.16b}$$

令式(21.16b)与式(21.11b)相等，可推导出相邻谐振器的参数如下：

$$r_2 = -0.3408, \quad \omega_{02} = -0.5379, \quad r_3 = -0.2742, \quad \omega_{03} = 0.6879$$

因此

$$C_{R2} = -1/r_2 = 2.9343, \quad B_{R2} = -\omega_{02}C_{R2} = 0.5379C_{R2}$$
$$C_{R3} = -1/r_3 = 3.6470, \quad B_{R3} = -\omega_{03}C_{R3} = -0.6879C_{R3}$$

现在使用变换器将 C_{R2} 和 C_{R3} 变换为 1，则有

$$M_{R12} = 1/\sqrt{C_{R1}C_{R2}} = 0.4128, \quad M_{R13} = 1/\sqrt{C_{R1}C_{R3}} = 0.3702$$
$$B_{R2} \to B_{R2}/C_{R2} = 0.5379, \quad B_{R3} \to B_{R3}/C_{R3} = -0.6879$$
$$C_{R2} \to 1.0, \quad C_{R3} \to 1.0$$

一旦星形复合谐振器的耦合元件值成为整个多通带原型滤波器矩阵的一部分，就可以运用矩阵相似变换，将每个复合谐振器用各种拓扑结构来表示。表 21.5 给出了一些 4 阶和 5 阶复合谐振器的例子，可以与整个多通带滤波器中的其他复合谐振器的其他拓扑形式混合使用。表 21.5 中谐振器的编号顺序是假设从网络中首个复合谐振器开始综合的，但是任意一个或所有谐振器的编号顺序都可以重新分配。

星形结构的缺点主要是，至少有 4 个（而不是 3 个）支路上的串联谐振器对主谐振器构成加载。无论如何，这种结构的排列方式更简单，对于一些应用，加载问题在可接受的范围内。

表 21.5　可选结构：4 阶和 5 阶复合谐振器的旋转过程

旋转次数 r	支点[i, j]	消去的元件	$\theta_r = \arctan(cM_{kl}/M_{mn})$				
			k	l	m	n	c
		4阶					
1	[2, 3]	M_{13}	1	3	1	2	−1

旋转次数 r	支点[i, j]	消去的元件	k	l	m	n	c
		5阶示例1					
1	[3, 4]	M_{14}	1	4	1	3	−1
2	[2, 3]	M_{13}	1	3	1	2	−1
3	[3, 4]	M_{24}	2	4	2	3	−1

旋转次数 r	支点[i, j]	消去的元件	k	l	m	n	c
		5阶示例2					
1	[4, 5]	M_{15}	1	5	1	4	−1
2	[2, 3]	M_{13}	1	3	1	2	−1
3	[4, 5]	—			90°		

21.8　小结

针对当今可用射频频谱急剧增长的需求，为了抑制微波滤波器的通带内的一些干扰，本章提出了"多通带"滤波器的概念。多通带滤波器函数与众所周知的单通带滤波器函数的区别在于，多通带滤波器的传输零点可放置在通带范围内，用阻带的形式把单通带分离为两个或多个通带。这种滤波器特性如今在射电天文学、军用无线系统中应用广泛，以防止窄带信号出现堵塞或干扰信号出现在可用通带带宽内。

本章主要介绍了实现多通带滤波器的四种不同方法，举例说明了每种方法的优缺点，且列举了近期发表在文献中的一个高 Q 值多通带滤波器实例。同时，本章还讨论了多通带滤波器的详细综合方法。

21.9 原著参考文献

1. Holme, S. (2002), Multiple passband filters for satellite applications. Proceedings of the 20th AIAA International Communications Satellite Systems Conference and Exhibit.

2. Macchiarella, G. and Tamiazzo, S. (2005) Design techniques for dual-passband filters. *IEEE Transactions on Microwave Theory and Techniques*, **53** (11), 3265-3271.

3. Lenoir, P., Bila, S., Seyfert, F. *et al.* (2006) Synthesis and design of asymmetrical dual-band bandpass filters based on equivalent network simplification. *IEEE Transactions on Microwave Theory and Techniques*, **54** (7), 3090-3097.

4. Fahmi, M., Ruiz-Cruz, J. A., Mansour, R. R., and Zaki, K. A. (2010) Compact wide-band ridge waveguide dual-band filter. IEEE International Microwave Symposium (IMS).

5. Fahmi, M., Ruiz-Cruz, J. A., and Mansour, R. R. (2016) Dual-band ridge waveguide filters for high selectivity wireless base station applications. *International Journal of RF and Microwave Computer-Aided Engineering*, **26** (8), 703-712.

6. Ruiz-Cruz, J., Fahmi, M. M., and Mansour, R. R. (2012) Triple-conductor combline resonators for dual-band filters with enhanced guard-band selectivity. *IEEE Transactions on Microwave Theory and Techniques*, **60** (12), 3969-3979.

7. Ruiz-Cruz, J. A., Fahmi, M. M., and Mansour, R. R. (2014) Method of operation and construction of filters and multiplexers multi-conductor multi-dielectric combline resonators. US Patent 20140347148, Nov.

8. Zhu, L., Mansour, R. R., and Yu, M. (2017) *Compact waveguide dual-band filter and diplexers*, vol. **65**, IEEE Trans. Microwave Theory Tech., pp. 1525-1533.

9. Zhu, L., Mansour, R. R., and Yu, M. (2016) Compact triple-band bandpass filter using rectangular waveguide resonators. IEEE International Microwave Symposium (IMS).

10. Zhang, R. and Mansour, R. R. (2009) Dual-band dielectric-resonator filters. *IEEE Transactions on Microwave Theory and Techniques*, **57** (7), 1760-1766.

11. Memarian, M. and Mansour, R. R. (2009) Quad-mode and dual-mode dielectric resonator filters. *IEEE Transactions on Microwave Theory and Techniques*, **57** (12), 3418-3426.

12. Memarian, M. and Mansour, R. R. (2009) Dual-band half-cut dielectric resonator filters. European Microwave Symposium (EuMC), pp. 555-558.

13. Memarian, M. and Mansour, R. R. (2012) Methods of operation and construction of dual-mode filters, dual-band filters and diplexers/multiplexers using half-cut and full dielectric resonators. US Patent 8,111,115, issued, Feb., 2012.

14. Zhu, L., Mansour, R. R., and Yu, M. (2017) Triple-band dielectric resonator bandpass filters. IEEE International Microwave Symposium (IMS), June 2017.

15. Macchiarella, G. and Tamiazzo, S. (2007) Dual-band filters for base station multi-band combiners. IEEE International Microwave Symposium (IMS).

16. Laforge, P. (2010) Tunable superconducting microwave filters. PhD thesis. University of Waterloo, Waterloo, Ontario, Canada.

17. Mansour, R. R. and Laforge, P. (2016) Multi-band superconductor filters. IEEE International Microwave Symposium (IMS).

18. Lee, J., Uhm, M. S., and Yom, I.-B. (2004) A dual-passband filter of canonical structure for satellite

applications. *IEEE Microwave and Wireless Components Letters*, **14** (6), 271-273.

19. Di, H., Wu, B., Lai, X., and Liang, C. (2010) Synthesis of cross-coupled triple-passband filters based on frequency transformation. *IEEE Microwave and Wireless Components Letters*, **20** (8), 432-434.

20. Mokhtaari, M., Bornemann, J., Rambabu, K., and Amari, S. (2006) Coupling-matrix design of dual and triple passband filters. *IEEE Transactions on Microwave Theory and Techniques*, **54** (11), 3940-3946.

21. Lee, J. and Sarabandi, K. (2007) A synthesis method for dual-passband microwave filters. *IEEE Transactions on Microwave Theory and Techniques*, **55** (6), 1163-1170.

22. Zhang, Y., Zaki, K. A., Ruiz-Cruz, J. A., and Atia, A. E. (2007) Analytical synthesis of generalized multi-band microwave filters. 2007 IEEE MTT-S International Microwave Symposium Digest, June 2007, pp. 1273-1276.

23. Deslandes, D. and Boone, F. (2007) Iterative design techniques for all-pole dual-bandpass filters. *IEEE Wireless and Components Letters*, **17** (11), 775-777.

24. Guan, X., Ma, Z., Cai, P. *et al.* (2006) Synthesis of dual-band bandpass filters using successive frequency transformations and circuit conversions. *IEEE Microwave and Wireless Components Letters*, **16** (3), 110-112.

25. Macchiarella, G. (2013) Equi-ripple synthesis of multiband filters using Remez-like algorithm. *IEEE Microwave and Wireless Components Letters*, **23** (5), 231-233.

26. Cameron, R. J. (2003) Advanced coupling matrix synthesis techniques for microwave filters. *IEEE Transactions on Microwave Theory and Techniques*, **51** (1), 1-10.

27. Cameron, R. J., Yu, M., and Wang, Y. (2005) Direct-coupled microwave filters with single and dual stopbands. *IEEE Transactions on Microwave Theory and Techniques*, **53** (11), 3288-3279.

28. Uchida, H. *et al.* (2004) Dual band-rejection filter for distortion reduction in RF transmitters. *IEEE Transactions on Microwave Theory and Techniques*, **52** (11), 2550-2556.

29. Bila, S., Cameron, R. J., Lenoir, P., Lunot, V., and Seyfert, F. (2006) Chebyshev synthesis for multi-band microwave filters. 2006 IEEE MTT-S International Microwave Symposium Digest, June 2006, pp. 1221-1224.

30. Lunot, V., Seyfert, F., Bila, S., and Nasser, A. (2008) Certified computation of optimal multiband filtering functions. *IEEE Transactions on Microwave Theory and Techniques*, **56** (1), 105-112.

31. Brand, T. G., Meyer, P., and Geschke, R. H. (2015) Designing multiband coupled-resonator filters using reactance transformations. *International Journal of RF and Microwave Computer-Aided Engineering*, **25** (1), 81-92.

32. Brand, G., Geschke, R. H., and Meyer, P. (2015) in *Advances in Multi-Band Microstrip Filters*, EuMA High Frequency Technologies Series (ed. V. Crnojevi'c-Bengin), Cambridge University Press.

第 22 章　可调滤波器

22.1　概述

为了促进空闲频谱的有效利用,可以在可重构系统中使用高性能的射频可调滤波器。这种滤波器在前端接收机中主要用于抑制干扰信号,降低振荡器的相位噪声影响并改善其动态范围。在高性能系统的概念中,可调滤波器也可用来取代大型滤波器组,以适应环境需求。此外,可调滤波器还被提出用于高功率设备中,用于抑制功率放大器产生的谐波。过去的 20 多年里,发表了许多关于可调滤波器的文献[1~66]。在这些可调滤波器的文献中,大多是关于可调微带滤波器的。首先,微带滤波器的 Q 值很低(100~200);此外,在滤波器上一旦集成了调谐元件,就会进一步降低可达到的 Q 值。因此,这种可调微带滤波器的实际应用范围受到了限制。本章将重点研究高 Q 值可调三维滤波器,如合路器、介质谐振滤波器、波导滤波器等 Q 值能够满足无线基站和卫星应用中苛刻的性能需求的滤波器。这里我们所说的"可调"滤波器,主要指中心频率和带宽可调。

当需要共站址部署不同的系统时,无线系统就需要具有可调性和可配置性。这种部署需求通常出现在运营商需要在已安装的网络中增加新一代网络时。例如,在现有第三代(3G)网络中增加第四代(4G)网络,或在现有的 4G 网络中增加 5G 网络。可调或可重构硬件的可用性也为网络运营商提供了管理硬件资源的有效手段,同时能够适应多种标准要求并实现网络流量或容量的优化。无线系统也可以从其他领域应用的可调滤波器技术中受益。比如在一座 15 层楼高的通信塔上安装无线基础设施,如远程无线电单元(RRU),就是一项成本非常高昂的任务。通过使用可调滤波器,安装一次就可以使用许多年。如果需要改变频率或带宽,则可以通过远程电子调谐来完成,而不必安装一个新的滤波器。此外,在城市地区,由于楼宇条件限制和(或)某些安装站点(如路灯杆或电力线)的最大承重限制,无线服务供应商安装基站的空间非常有限。因此,一旦安装站点获批,无线服务供应商自然会使用可调滤波器,以便将多种功能(如多标准和多通带)集成到一个站点中。

卫星通信运营商越来越多地使用可重构的有效载荷,以适应卫星 15 年使用寿命内不断衍生的市场需求。这得益于数字技术(信道器、可编程处理器和 FPGA)、可控多点阵波束、可重构相控阵天线和柔性行波管放大器技术的进步。另一个灵活性要素是,选择射频信道带宽的能力,以满足卫星生命周期内特定客户的需求,这正是可调滤波器网络在频率和带宽方面的可控能力的强大之处。可调滤波器给各种转发器在频率选择和带宽分配方面提供了潜在的灵活性。使用可调滤波器还能允许硬件共享,从而使有效载荷更轻。为了满足卫星在更长生命周期内对可重构的、柔性有效载荷的迫切需要,软件定义的车载通信卫星无线电技术成为最有希望、最可行的解决方案。

在一些通信系统中,可用的高 Q 值可调滤波器可能对生产成本和交付周期产生重大影响。这种系统需要用到大量滤波器,除了中心频率和带宽,这些滤波器的其他指标通常是相同的。

通过构建标准的滤波器单元,可以显著降低生产成本。这些滤波器单元在生产阶段很容易重构,来适应所需的频段划分。在无线和卫星应用中,交付周期成为赢得或失去市场的关键因素,而可调器件可以提前生产,并能提供极具竞争力的交付时间表。

理想可调滤波器必须具备以下特点:高加载 Q 值、宽调谐范围、高调谐速度、极好的线性度、高功率容量、体积小、质量轻,以及高可靠性。可调滤波器的加载 Q 值是由滤波器结构的固有 Q 值和调谐元件的固有损耗决定的,所使用调谐元件的种类也会影响调谐速度、调谐范围和直流功耗。实现调谐元件的方法有很多种,包含半导体[67~69]、铁电材料[钛酸锶钡(BST)][70,71]、铁磁材料(YIG 和铁氧体)[72,73]和机械系统(微型电机、压电和 MEMS)[74~77]。最近,还有人提出了用相变材料(PCM)来实现开关[78~82]。这些材料展示了由绝缘状态到金属状态的逆变特性,这种转变可由温度变化、光激发或电流注入引起。表 22.1 给出了这些调谐元件在无载 Q 值(插入损耗)、线性度、功率容量和尺寸等方面的比较。

表 22.1　调谐元件之间的比较

参数	机械和压电	半导体	BST	铁磁材料	MEMS	相变材料
无载 Q 值	高	低	中等	高	高	高
调谐范围	中等	窄	中等	宽	中等	中等
功率容量	高	低	中等	中等	高	中等
调谐速度	慢	快	快	快	较快	较快
尺寸	大	小	小	极大	小	小
线性度	极好	差	好	好	极好	非常好
频率范围(GHz)	<20	<30	<3	<20	<40	<100

能够提供高 Q 值的滤波器结构是三维腔体结构,如同轴腔、介质谐振腔或波导腔。这些腔体结构也是当前无线和卫星系统中滤波器常用的结构。如果进一步使无线和卫星系统具有可重构性,可调三维滤波器将是最佳解决方案。然而,可调三维滤波器的开发面临以下几个挑战:在宽调谐范围内实现恒定的带宽和保持 Q 值不变、调谐元件与高 Q 值三维谐振器的集成、线性度和功率容量。接下来讨论的是实现高 Q 值可调三维滤波器的主要挑战。

22.2　实现高 Q 值可调三维滤波器的主要挑战

22.2.1　在宽调谐范围内保持恒定的带宽和合理的回波损耗

为了减少调谐元件的数量,从而减小可调滤波器的插入损耗,最好是只使用调谐元件来调节谐振器的中心频率。然而,谐振器间耦合随频率的变化与输入耦合和输出耦合的变化是不同的,这反过来会导致滤波器的回波损耗出现恶化,以及滤波器的绝对带宽在宽调谐范围内出现变化。当然,最简单的解决方案是添加调谐元件,以控制谐振器间耦合、输入耦合和输出耦合。在许多情况下,这种解决方案可能行不通,因为尺寸的限制、设计的复杂性,以及调谐次序和交叉耦合的固有难度。因此,最好只使用调谐元件来调节谐振器的频率,并依赖其他方法来保持谐振器间耦合、输入耦合和输出耦合的恒定,或补偿它们在调谐范围内的变化。一种简单方法是使用谐振器的非同步调谐。谐振器的频率在调谐过程中不会因位移相同而改变,这将有助于补偿谐振器间耦合的变化。然而,这种方法在一定程度上有所帮助,但在较大调谐范围内(超过5%)时无法得到可接受的结果。22.3.1节将详细介绍一种设计技术,用于实现具有恒定带宽的可调滤波器。

22.2.2 在宽调谐范围内保持恒定的高 Q 值

大多数可调三维滤波器最初都具有一个相对较高的 Q 值,并在调谐过程中表现出明显的 Q 值恶化。这个问题很容易解释。考虑这样一个例子,我们通过一个螺丝或圆盘构成一个移动装置,插入一个三维单谐振腔内,以调谐其谐振频率。由于谐振器的调谐范围很宽,螺丝或圆盘伸入腔体内的尺寸更长,从而显著降低了 Q 值。当使用 MEMS、PCM、BST 或半导体等调谐元件来调节谐振器时,也会出现类似效应。电容加载会显著降低谐振器的 Q 值,22.3.2 节将讨论电容加载对 Q 值恶化的影响。

22.2.3 三维滤波器中调谐元件的集成

使用芯片(MEMS、PCM、BST、半导体)将调谐元件与高 Q 值三维谐振器集成到一起,是一个主要挑战。这种调谐元件的尺寸非常小,而三维谐振器(同轴谐振器、波导谐振器和介质谐振器)的尺寸却大得多。对于芯片级的调谐元件需要设计一种集成方式,以便与谐振器内部的电磁场相互作用,并相应地在宽调谐范围内调节谐振器,而其 Q 值不出现严重恶化。另一个重大挑战是 5 阶或 6 阶的大型开关电容组(例如,实现 32 种或 64 种状态)的开发需要,需要使用 MEMS、PCM 或半导体开关形式的调谐元件来实现大范围的调谐状态。通常,这种大型电容组表现出相对较低的自谐振频率,仅限于低频应用。

22.2.4 线性度和高功率容量

当今,许多通信系统对线性指标有非常苛刻的要求,机械调谐元件(如电机和 MEMS 开关)是这类应用的最佳选择。这些调谐元件都具备使滤波器实现可调的潜力,可以承受与其对应的固定滤波器同等的功率水平。

接下来将介绍近年来发表的,用梳状谐振器、介质谐振器和波导谐振器等技术实现的可调滤波器示例。

22.3 可调梳状滤波器

22.3.1 绝对带宽恒定的可调梳状滤波器

图 22.1 所示为传统梳状谐振器,该谐振器可以通过调节金属谐振杆和金属调谐盘之间的间隙来实现可调,这是用类似电机的驱动装置实现的。使用传统的机械步进电机可以实现精细步进调节,但是这些电机一般非常昂贵和笨重,增大了可调滤波器的尺寸。另外,压电电机[20]具有高分辨率和各种可供选择的尺寸,可代替传统电机,与可调滤波器简单地集成。文献[12]提出了一种基于电机的可调梳状滤波器,主要用于 WiMAX 系统。滤波器设计为在 2550 ~ 2650 MHz 频段范围内连续工作,带宽为 30 MHz。如图 22.2 所示,滤波器的基本腔体尺寸为 30 mm×30 mm×30 mm,谐振杆直径为 12 mm,高度为 21 mm。在腔体内集成了一个压电电

机[20]，电机安装在盖板上，电机主轴连接到一个金属调谐盘。因此，这个金属调谐盘可以在金属谐振杆顶部上下移动。可调谐振器的实测性能如图 22.3 所示，按 20 μm 步长改变间隙尺寸，则频率可从 2.645 GHz 调节到 2.565 GHz，测得的 Q 值可从 2914 变化到 2252。本例中，腔体是用紫铜材料制成的，金属调谐盘是用铝表面镀金制成的。值得注意的是，在 4% 的调谐范围内，Q 值几乎恶化了 25%。尽管通过优化单谐振腔和金属调谐盘的尺寸可以适当减小恶化，但是这个例子表明，在整个调谐范围内 Q 值仍会大幅降低。

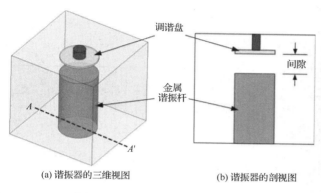

(a) 谐振器的三维视图   (b) 谐振器的剖视图

图 22.1   传统梳状谐振器示意图

图 22.2   集成了压电电机的梳状谐振器[12]

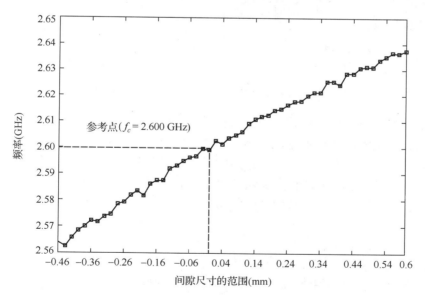

图 22.3   图 22.2 所示谐振器的实测调谐性能[12]

下面选取一个满足 WiMAX 需求的 6 阶滤波器[12]。图 22.4 所示为与压电电机组装后的滤波器结构，这个 6 阶滤波器包含两个传输零点，通过在谐振器 2 和谐振器 5 之间插入探针来实现负耦合，而压电电机只用于调节谐振器的谐振频率。这款 WiMAX 可调滤波器测得的三个频段的响应如图 22.5 所示。该滤波器能够满足所有 WiMAX 指标要求，在所需的调谐范围内显示了恒定的绝对带宽。本例中，由于带宽的调谐范围只有 4%，使用非同步调谐可以避免谐振器间耦合、输入耦合和输出耦合在整个调谐范围内出现变化。为了在更宽的调谐范围内保持恒定带宽,需要使用其他方法来实现。接下来将介绍一种可以实现恒定宽带的可调谐振器的方法,其中调谐元件只用于谐振器中心频率的调节。

图 22.4 6 阶 WiMAX 可调滤波器[12]

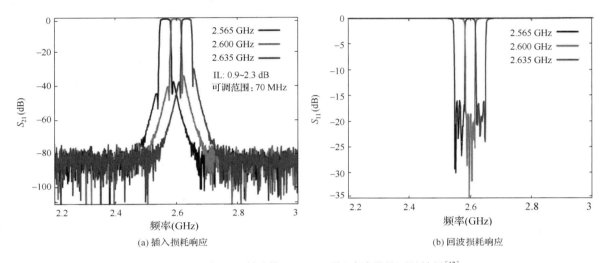

(a) 插入损耗响应   (b) 回波损耗响应

图 22.5 图 22.4 所示的 WiMAX 可调滤波器的测量结果[12]

与固定滤波器类似,可调滤波器的性能也取决于耦合矩阵的元件值。值得注意的是,用低通原型表示的耦合矩阵的元件值是无量纲的。为了使滤波器在中心频率上保持相同的波形,它的耦合矩阵应在所有中心频率上具有相同的归一化元件值。然而,归一化耦合元件值与物理耦合系数有关,当调节滤波器中心频率时,物理耦合系数也会随频率发生变化。

归一化谐振器间耦合系数 M_{ij} 与物理耦合系数 K_{ij} 的关系为

$$M_{ij} = \frac{\omega_0}{\Delta\omega} \cdot K_{ij} \tag{22.1}$$

其中 ω_0 为中心频率,$\Delta\omega$ 为带宽。当所有其他谐振器移除或失谐,从而远离滤波器中心频率时(见第 14 章),根据从首个谐振器看进去的反射系数的群延迟,计算归一化输入阻抗,可得

$$R = \frac{4}{\Delta\omega \cdot \tau(\omega_0)} \tag{22.2}$$

其中,$\tau(\omega_0)$ 为输入反射系数在中心频率 ω_0 处的群延迟。

式(22.1)和式(22.2)表明,为了使可调滤波器在整个调谐范围内保持恒定带宽和可接受的回波损耗,输入耦合和输出耦合必须采用同一种结构形式,使谐振频率变化时保持恒定的群延迟峰值。同时,当频率变化时,谐振器间耦合结构的选取必须使 ω_0 与 K_{ij} 的乘积保持不变。

为了说明这一概念,下面讨论一个 4 阶可调梳状滤波器的设计。谐振器由一个直径(WD)

为12 mm、高度(HD)为21 mm 的圆柱组成,腔体尺寸($H \times C \times D$)为 30 mm×30 mm×30 mm。调谐元件由一个直径为12 mm 的调谐圆盘和一个螺丝组成,并用螺丝将圆盘连接到盖板上,或将圆盘接地。谐振器通过调节圆盘和谐振杆之间的间隙来实现简单调谐,将间隙尺寸从3 mm 增大到8 mm,可实现中心频率从 2.24 GHz 调节到 2.71 GHz(调谐范围为 470 MHz)。

22.3.1.1　恒定带宽下耦合膜片的设计

图 22.6 所示为发表在文献[17,18]中,用于恒定带宽的可调滤波器内谐振器耦合窗口。应用这种耦合结构,并运用高频结构仿真器(HFSS)进行优化,在中心频率变化时可获得平坦耦合并保持恒定的绝对带宽。通过对水平窗口设置合适的边界条件,耦合谐振器对能够分离出奇模谐振频率 f_e 和偶模谐振频率 f_m,其中 f_e 对应着理想电壁(PEC),f_m 对应着理想磁壁(PMC)。物理耦合系数为

$$K_{ij} = \frac{f_e^2 - f_m^2}{f_e^2 + f_m^2} \tag{22.3}$$

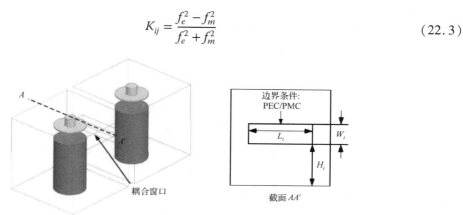

图 22.6　谐振器间耦合的示意图

图 22.7 所示为耦合窗口所在腔体边壁的电场和磁场仿真结果。从图中可以看出,最大的电场出现在腔体侧壁的中心,而最大的磁场出现在腔体侧壁的底部。电耦合和磁耦合的强弱可以通过耦合窗口的垂直高度 H_i 来调节。因此,优化水平窗口的高度可以获得平坦的谐振器间耦合,从而在调节中心频率时保持恒定的归一化耦合。

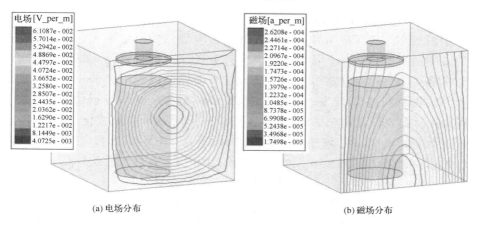

(a) 电场分布　　　　　　　　　　　　　　(b) 磁场分布

图 22.7　腔体边壁的场分布

物理耦合系数 K_{ij} 与中心频率 f_0 成反比。针对不同高度的水平耦合窗口的电磁仿真结果如图22.8所示。耦合窗口尺寸为 $W_i \times L_i = 4 \text{ mm} \times 20 \text{ mm}$,当靠近腔体底部时($H_i = 4 \text{ mm}$),归一化耦合 M_{ij} 随着中心频率的升高而增大,而对于远离腔体底部的耦合窗口($H_i = 24 \text{ mm}$),耦合 M_{ij} 随着中心频率的升高而减小。因此,这两个 H_i 的取值之间存在一个最优值。如图22.9所示,最佳耦合窗口高度为 $H_i = 17.2 \text{ mm}$。在这个高度下,谐振器之间可以得到一个恒定的归一化耦合 M_{ij}。

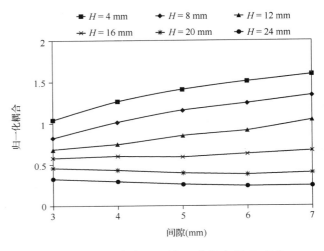

图 22.8　不同高度 H_i 下归一化耦合 M_{ij} 的变化

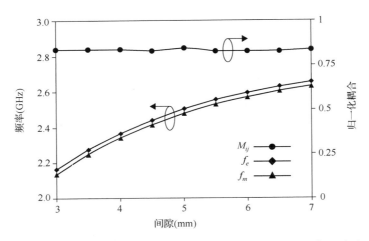

图 22.9　$H_i = 17.2 \text{ mm}$ 时归一化耦合与偶模和奇模谐振频率的关系

22.3.1.2　恒定带宽下输入/输出耦合的设计

由式(22.2)可知,为了使可调滤波器在调谐范围内保持恒定带宽,其归一化输入阻抗 R 在整个调谐范围内应该是一个常数。R 值通过群延迟计算得到,而群延迟是在第二个谐振腔体失谐的条件下,运用电磁仿真计算馈入首个谐振腔体的探针的反射系数得到的,如图22.10所示。两种长度($L_p = 20 \text{ mm}$ 和 $L_p = 25 \text{ mm}$)的探针的群延迟仿真结果如图22.11所示,且中心频率随着圆盘和金属谐振杆之间的间隙尺寸的变化而变化。从图中可以看出,当探针长度为 $L_p = 20 \text{ mm}$,中心频率从2.31 GHz调谐到2.62 GHz时,群延迟峰值在25.4~9.74 ns(比值为2.6)之间变化。在相同的频率调谐范围内,将探针长度改为 $L_p = 25 \text{ mm}$,则群延迟峰值在14.5~6.9 ns(比值为2.1)之间变化。这表明,在特定情况下,探针越长,群延迟峰值的变化就越小,相应的输入阻抗 R 的变化也就越小。本例选取的探针长度29.3 mm为最佳长度。如图22.12所示,当 $L_p = 29.3 \text{ mm}$ 时,群延迟峰值在500 MHz的调谐范围内保持相对不变。

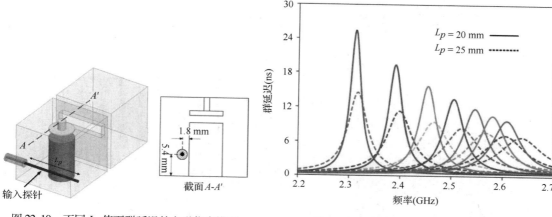

图 22.10　不同 L_p 值下群延迟的电磁仿真模型

图 22.11　L_p 取两种不同尺寸时，调节
中心频率引起群延迟变化

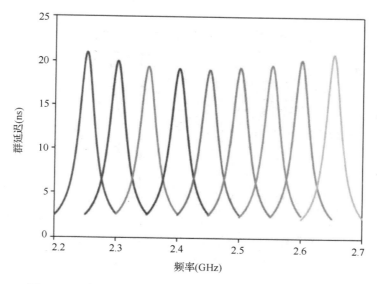

图 22.12　当 $L_p = 29.3$ mm 时，调节中心频率引起群延迟变化

　　利用前面的分析来设计一个具有恒定的绝对带宽的 4 阶可调滤波器。图 22.13 所示为该滤波器的三维电磁模型和耦合结构，该滤波器的所有耦合窗口的对地高度都设计为 $H_i = 17.2$ mm。耦合窗口的其他尺寸为 $L_p = 20$ mm，$L_p = 25$ mm，$W_i = 6$ mm，$L_1 = L_3 = 23.125$ mm，$L_2 = 20.024$ mm。长的输入探针（$L_p = 29.3$ mm）可以减小输入/输出阻抗（R）的变化，这个 4 阶可调原型滤波器的电磁仿真结果如图 22.13 所示，其在 2.25~2.65 GHz 手动调谐范围内的测量结果（调谐范围为 400 MHz）如图 22.14 所示[17]。在所有调谐状态下，通带内的回波损耗大于 15 dB，整个调谐范围内测得的最大插入损耗在 1.04~0.53 dB 之间变化，带宽从 31.1 MHz 变化到 28.9 MHz，即带宽变化范围为 ±1.1 MHz（变化幅度小于 ±3.7%）。不同频率下提取出的 Q 值如图 22.15 所示，整个调谐范围内测得的无载 Q 值大于 3000。滤波器的盖板被集成压电电机的盖板取代，通过压电电机调节的测量结果如图 22.16 所示[17]。

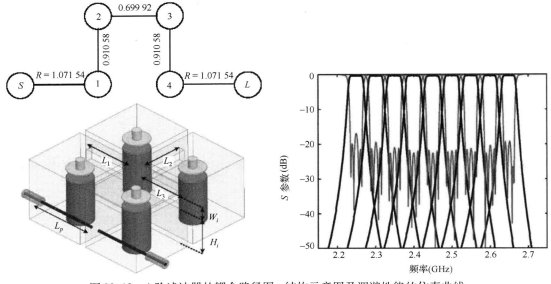

图 22.13　4 阶滤波器的耦合路径图、结构示意图及调谐性能的仿真曲线

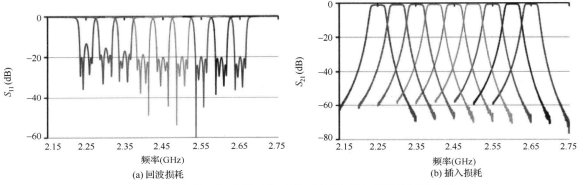

(a) 回波损耗　　　　　　　　　　　　　　　　(b) 插入损耗

图 22.14　在整个调谐范围内,回波损耗和插入损耗的测量结果

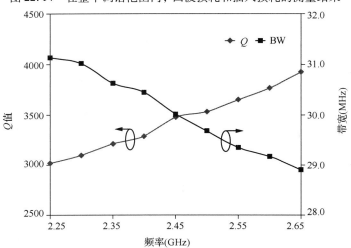

图 22.15　在整个调谐范围内,Q 值的测量结果

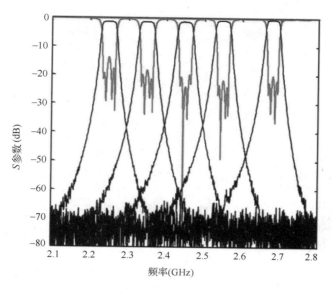

图 22.16 在整个调谐范围内，可调滤波器的 S 参数测量结果

运用同样的方法，文献[18]论述了两种调谐范围都接近 1 GHz 的 5 阶 5 GHz 可调滤波器（针对 WiFi 应用）和 7 阶 7.5 GHz 可调滤波器的研制，其中图 22.17 所示为 5 GHz 可调滤波器的测量结果，而图 22.18 所示为 7.5 GHz 可调滤波器的结构及其测量结果。这些滤波器是由电机驱动调节的，可以实现恒定的绝对带宽和可接受的回波损耗。值得注意的是，图 22.17 和图 22.18 所示的滤波器腔体都是用铝制成的，使用铜或铝镀银的腔体可以实现更小的插入损耗。

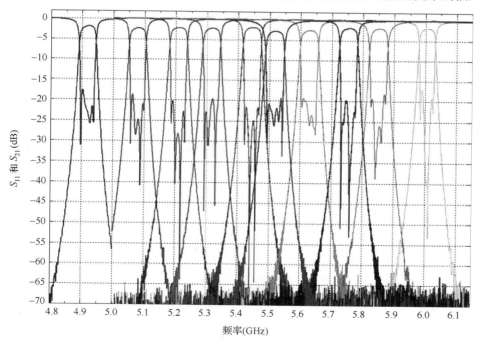

图 22.17 5 阶 5 GHz（针对 WiFi 应用）可调梳状滤波器的测量结果

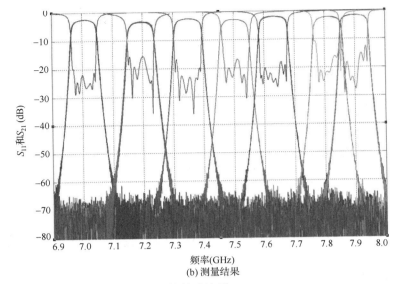

(a) 压电电机调谐装置

(b) 测量结果

图 22.18　腔体用铝制成的 7 阶可调梳状滤波器

机械可调梳状谐振器的最直观设计是使用螺丝或金属圆盘在金属谐振杆顶部上下移动,这种方式使 Q 值在调谐范围内出现了明显恶化。另一种方式是使用金属圆盘在金属谐振杆顶部呈放射状移动,这样有助于在相对较宽的谐振范围内 Q 值变化较小。更重要的是,它使得简易轴向旋转的电机设计应用成为可能,而无须使用任何复杂的安装夹具来保证电机主轴的垂直位移。为了说明垂直方式和角度方式的区别,文献[15]提出了两种用于调节梳状谐振器的方法,图 22.19(a) 所示为采用垂直方式调节金属圆盘与谐振器之间间隙时的谐振频率和 Q 值,图 22.19(b) 所示为相应地采用角度方式调节时的谐振频率和 Q 值。这两种可调梳状谐振器的谐振频率、Q 值和调谐范围在开始时都保持了一致。由此可看出,使用角度方式调节时,在 15% 的调谐范围内的 Q 值几乎保持恒定,而使用垂直方式调节时,在相同调谐范围内的 Q 值出现了接近 30% 的恶化。但是,通过优化谐振器结构,即使用垂直方式调节也可能实现最小的 Q 值恶化。

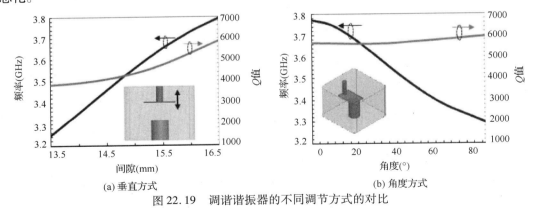

(a) 垂直方式

(b) 角度方式

图 22.19　调谐谐振器的不同调节方式的对比

22.3.2　MEMS 可调梳状滤波器

梳状滤波器也可以使用 MEMS、PCM、BST 或半导体调谐元件进行调节,其原理是在金属谐振杆顶部放置一个孤立的圆盘,圆盘和金属谐振杆之间的间隙构成一个不接地的可变电容,圆盘的一端连接到 MEMS 开关电容组或半导体变容二极管，金属谐振杆的一端短路接地。因此，加载金属谐振杆的总电容由圆盘和金属谐振杆之间的间隙电容与调谐元件的电容组成。

图 22.20 所示为使用射频 MEMS 开关电容组[12]调谐的可调梳状谐振器，开关电容组集成在印刷电路板上，并安装在腔体顶部。开关电容组的一端连接到通过特氟龙垫片与腔体分隔的金属调谐盘上，而另一端通过过孔连接到地，利用金属调谐盘上电容组的可变加载效应，对谐振器进行调谐。开关电容组由高 Q 值电容与射频 MEMS 触点开关串联而成，图 22.20(c) 给出了射频 MEMS 调谐电路的简化原理图和等效电路图，通过连通或断开 MEMS 开关，在直流电压驱动下，改变加载的电容值来调整谐振器的频率。

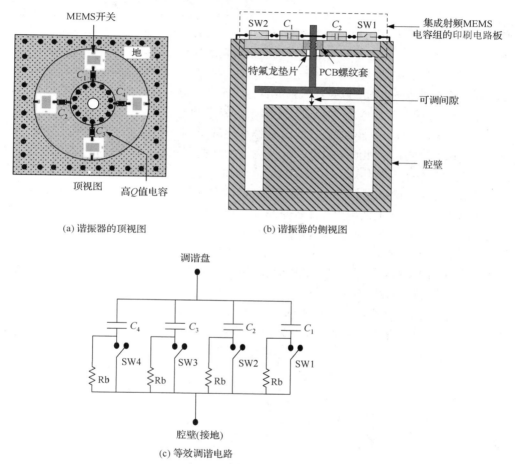

(a) 谐振器的顶视图　　　　　　(b) 谐振器的侧视图

(c) 等效调谐电路

图 22.20　使用射频 MEMS 开关电容组调谐的可调梳状谐振器的示意图及等效调谐电路[12]

开关电容组由若干与陶瓷电容连接的 MEMS 单刀单掷(SPST) 开关组装而成，每个 MEMS 开关都是单独驱动的。谐振器的调谐范围可从 2.503 GHz 变化至 2.393 GHz（即变化 110 MHz），这个调谐范围内测得的 Q 值可从 1300 变化至 374。需要注意的是，文献[12]中列出的 Q 值和调谐范围是针对特定的腔体结构得出的。通过优化谐振器结构和印刷电路板设计，可以获得更高的 Q 值和更宽的调谐范围。

文献[12]中演示了采用这一概念制成的 6 阶 WiMAX 可调梳状滤波器，这个滤波器的结构如图 22.21 所示。它包含 6 块印刷电路板，在滤波器盖板上集成了射频 MEMS 调谐元件。在

MEMS 电容组和腔壁之间建立良好的接地是极其重要的。因此，需要在盖板上安装接地垫圈，并在印刷电路板的底层和 MEMS 电容组的顶层平面上放置足量的过孔[12]，这款基于 MEMS 的可调滤波器的实测性能如图 22.22 所示。由于这个特定滤波器使用的是同步调谐，因此可实现的调谐范围较窄。如果使用非同步调谐，则会产生更宽的调谐范围。但是，这将需要使用由连续可变电容构成，或选用合适的容值构成的大规模开关电容组。另一种解决方案是使用之前介绍的方法，在宽的调谐范围内实现绝对恒定的带宽。

图 22.21　基于 MEMS 的可调梳状滤波器[12]

这个可调滤波器的 Q 值取决于单谐振腔的 Q 值、对应 MEMS 开关的电抗、片状陶瓷电容的电抗和印刷电路板对应的电抗，以及将调谐元件连接到滤波器腔壁(地)的过孔的电抗。值得注意的是，在整个调谐范围内，电容加载对确定整个有载 Q 值起着主要作用。

为了研究电容调谐元件对可调梳状谐振器的 Q 值的影响，文献[19]中建立了基于电磁的等效电路模型。该模型阐述了如何使用可变电容构成加载调谐元件，以获得谐振器最佳的 Q 值性能。此外，该模型有助于设计人员对提高可调谐振器的性能掌握更多的知识。图 22.23 显示了包含 5 个标准节点的基本梳状谐振器的三维模型，以这 5 个节点为基础，得到如图 22.24 所示的 ADS 电路模型[19]。同轴传输线电路模型和集总元件模型都可用于每个节点之间部分的建模。例如，在节点 1 和节点 2 之间，使用了一段内半径、外半径、长度和介电常数都已知的同轴线，在 ADS 软件中很容易建模实现。节点 2 和节点 3 之间用电感来建立内导体的延伸模型，用电容来建立内导体顶部到谐振杆的空气间隙模型和接地电容模型。在节点 3 假设有一个三端口的 T 形结，连接到输入耦合集总电路和表示谐振器的同轴线上。在 ADS 电路模型中，包含了传输线的导体损耗，同时也包含金属腔上壁和下壁之间的电阻损耗。通过将 ADS 电路模型的性能与 HFSS 电磁模型的性能进行拟合，可以得到集总元件值。从表 22.2 可以看出，两种模型的中心频率和 Q 值完全重合。

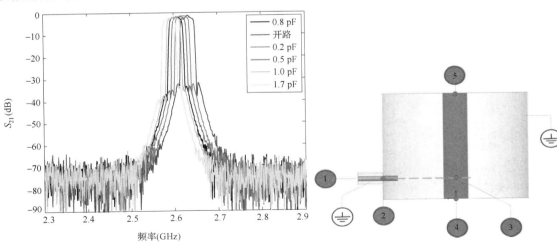

图 22.22　图 22.21 所示的梳状滤波器的测量结果

图 22.23　带有节点标注的两端短路的同轴谐振器模型

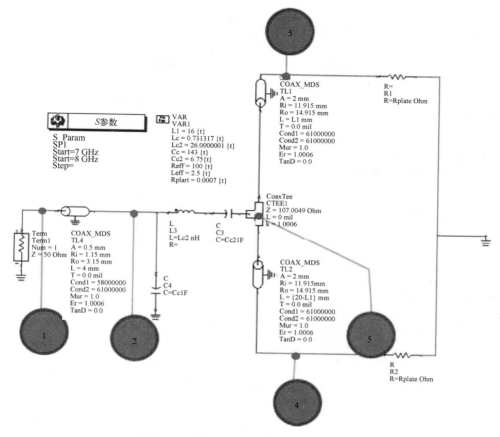

图 22.24 图 22.23 中节点的等效电路模型

到目前为止，等效电路模型提供了与电磁模型相似的结果，现在的目标是获得一个同轴谐振器的等效电路模型。该谐振器的一端短路，另一端连接到表示理想变容二极管的调谐元件上。该模型由变容二极管组成，变容二极管连接到基板，并通过两个过孔与同轴谐振器耦合，其中一个过孔连接到谐振杆上，另一个过孔连接到腔壁（接地）。图 22.25 为同轴谐振器的三维电磁模型，而图 22.26 为包含变容二极管的等效电路[19]。在该等效电路中，基板用电容表示，其介电损耗用与基板电容串联的电容表示，过孔用包含电感和电阻的串联电路来表示。

表 22.2 电路模型和电磁模型的对比

	f_0 (GHz)	Q_0
电磁模型	7.489	4941.7
电路模型	7.447	4864.2

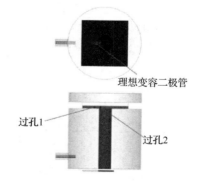

图 22.25 同轴谐振器顶部连接理想
变容二极管的电磁模型

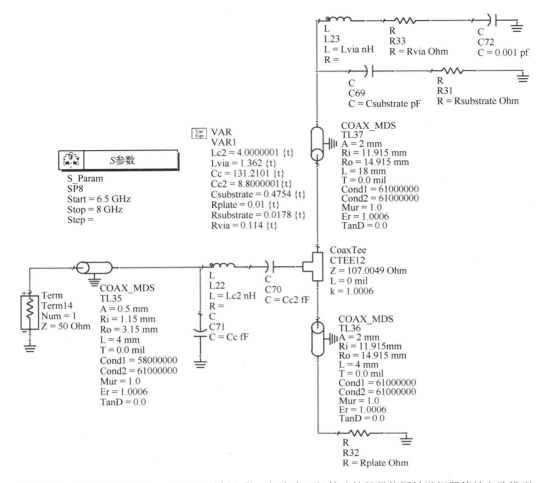

图 22.26　与安装在 RT/duroid 5880 基板上的理想变容二极管连接的最终同轴谐振器等效电路模型

图 22.27 所示为变容二极管在不同容值的作用下，在较宽频率范围内的电磁模型和电路模型的对比。结果表明，ADS 电路模型有较好的可信度。这个模型便于加深对电路元件的理解，并能提供改善性能的思路。例如，设计人员可以很好地了解基板的损耗影响，它对性能的影响有多大，以及低损耗基板对于高 Q 值应用是多么重要。值得注意的是，即使调谐元件是理想无耗的，加载 Q 值也会随着变容二极管的容值增加而显著降低，这反过来更体现出需要在加载电容的可调谐范围与 Q 值恶化之间进行折中。

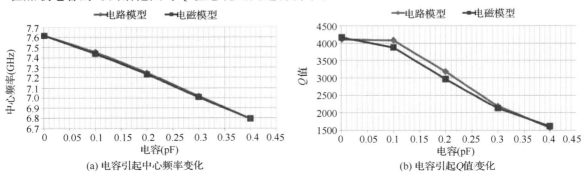

(a) 电容引起中心频率变化　　　　　　　(b) 电容引起 Q 值变化

图 22.27　电路模型和电磁模型的对比[19]

　　为了解决电容加载的问题，在文献[13]中提出了一种全新的方法。在一个 2 阶滤波器中，用圆柱形金属杆作为调谐开关，图 22.28 示意了这种调谐方法。腔体谐振器由与腔体分离的多根柱形圆柱形金属杆组成，金属杆与腔体的连接是通过 MEMS 开关，或其他任意类型的开关，如 PCM 开关或半导体开关控制的。金属杆以不同的尺寸或不对称的方式伸入腔体，以获得多种状态。例如，腔体内的 3 根金属杆可以产生 8 种不同的调谐状态，4 根金属杆可以产生 16 种不同的调谐状态。

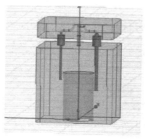

图 22.28　圆柱形金属杆用作调谐开关的示意图

　　图 22.29 所示为基于此方法制作的可调梳状滤波器[13]，调谐元件通过基板上的微带线与腔体连接，并使用 MEMS 开关来连通或断开。图 22.30 所示为采用理想零电阻的 MEMS 开关的电磁仿真结果。从图中可以看出，在所有调谐状态下，滤波器仍保持较高的 Q 值。文献[13]中给出了该滤波器在实际 MEMS 开关作用下的实验结果。

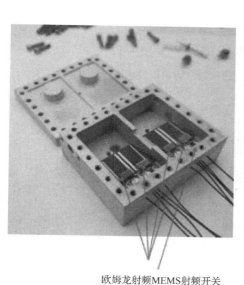

欧姆龙射频MEMS射频开关

图 22.29　圆柱形金属杆用作调谐
开关的可调梳状谐振器

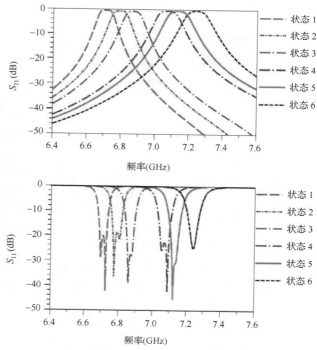

图 22.30　使用 MEMS 开关，在 6 种调谐状
态下的滤波器的电磁仿真结果

22.4 可调介质谐振滤波器

22.4.1 机械或压电驱动的可调介质谐振滤波器

在无线系统和卫星系统应用中,介质谐振滤波器成为大多数射频滤波器的基准设计。与其他已知的滤波器方法相比,它们能提供极高的 Q 值和极高的 Q 值/体积比。关于机械调谐介质谐振滤波器的第一篇文献是由 Wakino 在 1987 年发表的[49],图 22.31 显示了 Wakino 的专利中公开的两个可调介质谐振器结构[49]。在图 22.31(a)中,压电驱动器被安装到介质谐振器的顶部,此时压电驱动器可视为一个调谐板,它与谐振器的间隙由直流电压控制。Wakino 在文献里提到,当压电驱动器与谐振器的间隙在 1~5 mm 之间变化时,调谐范围为 8%。在图 22.31(b)中,通过改变附加在压电驱动器上的介质调谐盘与介质谐振器的距离,可以对介质谐振器进行调谐。Wakino 指出,运用这种方法,介质谐振器和介质调谐盘之间的间隙变化超过 4 mm,可实现 12% 的调谐范围[49]。必须注意的是,若将压电驱动器放置在谐振器附近,则可以用较小的间隙变化实现相同的调谐范围。然而,这将对谐振器的 Q 值产生影响。通过使用电磁仿真工具如 HFSS,可调滤波器的设计人员可以轻松地优化谐振器/驱动器的位置,以获得最佳的调谐范围和 Q 值。

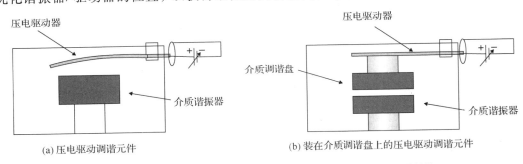

(a) 压电驱动调谐元件　　　　(b) 装在介质调谐盘上的压电驱动调谐元件

图 22.31　Wakino 在 1987 年的专利中公开的可调介质谐振器结构

在过去的几年里,一些出版物已经讨论了介质谐振滤波器的调谐范围,在文献[50,51]中使用双谐振器概念提高了可调范围。由于电场主要集中在介质谐振器内部,因此有效方法是采用相同或更高介电常数的介质材料来扰动原谐振器的内部电场,从而改变谐振器的谐振频率。文献[50]是将一个介质谐振器靠近主介质谐振器而实现可调的,而文献[51]是将一个较小直径的介质谐振器伸入主介质谐振器内部而实现可调的,如图 22.32 所示。文献[50,51]中的方法是在没有集成机械调谐元件的条件下,使用手动调节进行演示的,实验结果表明介质谐振滤波器获得了 4%~5% 的调谐范围。

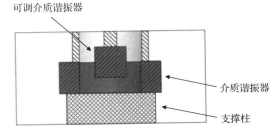

图 22.32　使用尺寸较小的第二个介质谐振器改善调谐范围

文献[52]中提出了一种锥形介质谐振器,用来实现中心频率和带宽可调的介质谐振滤波器。在实验过程中,将该滤波器的带宽从 5 MHz 调节到 20 MHz,中心频率从 1930 MHz 调节到 1960 MHz,可达到的 Q 值为 16 000。该文献还演示了如何实现 200 MHz(中心频率从1965 MHz

调节到 2165 MHz)的调谐范围。图 22.33 显示了采用文献[53]的概念设计的一款 7 阶滤波器,介质环(尺寸比介质谐振器的更小)通过螺丝伸入和移出,用来调节这个锥形空心介质谐振器的谐振频率。图 22.33(a)和图 22.33(b)分别给出了介质环分别伸入或移出锥形谐振器的图片,当移动介质环进入空心锥形谐振器内部时,谐振频率就会降低。谐振器之间的耦合变化通过锥形谐振器之间的调谐螺丝来控制。与圆柱形谐振器相比,使用锥形谐振器能更好地改善滤波器的谐波性能[52]。

(a) 介质环位于锥形谐振器外部　　　　　　　　(b) 介质环伸入锥形谐振器内部

图 22.33　介质环用手动调节的锥形介质谐振滤波器(其他谐振器)[53]

图 22.34 表明,利用这个概念获得了极好的实验结果,一个 20 MHz 带宽的滤波器,其中心频率调谐范围达 50 MHz。然后再重新调节一个 5 MHz 带宽的滤波器,其中心频率调谐范围也可以达到 50 MHz。该结构允许手动调节带宽和中心频率。这类滤波器在降低制造成本方面非常实用,因为只需一次设计,手动调谐就可以制造出在 2 GHz 附近实现任意中心频率或带宽可调的滤波器。如果用电机取代调谐螺丝,则滤波器可以实现电子调谐。

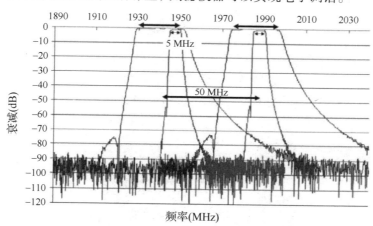

图 22.34　含有锥形谐振器的滤波器的测量结果[53]

文献[54~57]讨论了使用压电驱动的机械可调介质谐振滤波器。图 22.35 说明了文献[56]中提到的 4 阶滤波器结构,它由与两个耦合膜片连接的双模介质谐振器组成。谐振器的可调通过谐振器上方的金属盘实现,其中金属盘与腔体外压电驱动的金属杆连接一起。文献[55]讨论了一个 2 阶滤波器,使用了工作于双模的单介质谐振器,如图 22.36(a)所示。该滤波器的实验结果示于图 22.36(b),在 2.25~2.45 GHz 之间的调谐范围可达 8%。

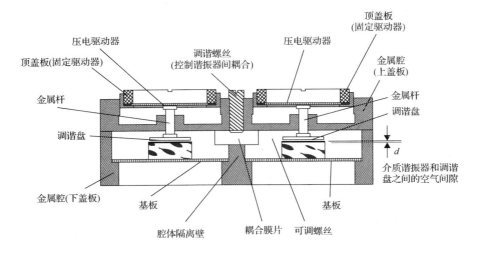

(a) 侧视图

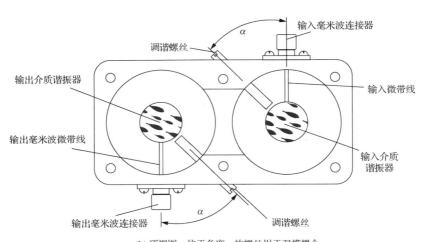

(b) 顶视图，位于角度 α 的螺丝用于双模耦合

图 22.35　压电驱动调谐的双模可调介质谐振滤波器[56]

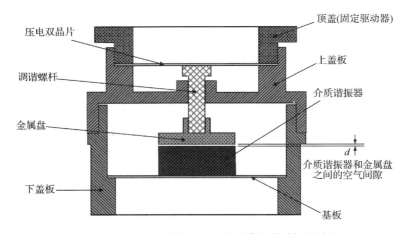

图 22.36　压电驱动实现的 2 阶双模介质谐振滤波器

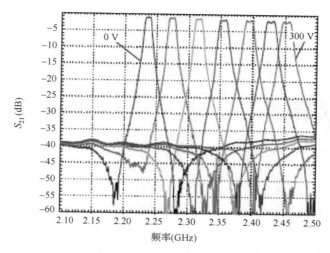

图 22.36（续）　压电驱动实现的 2 阶双模介质谐振滤波器

文献[58]讨论了工作于 TM 模的压电可调介质谐振滤波器，这种 TM 模也称为 TME 模。该谐振器尺寸非常小，且结构上更可调。图 22.37 示意了这个介质谐振器的结构[58]，谐振器直接安装在腔体底部，使 TME 模成为主模。因此，即使介质谐振器和腔体上盖板之间的间隙很小，谐振频率向低偏移，仍能保持相对可接受的较高无载 Q 值（大于 2000），腔体的体积越大，则无载 Q 值越高。图 22.38（a）和图 22.38（b）分别为用 HFSS 软件仿真得到的介质谐振器的调谐范围和无载 Q 值，其中上盖板和谐振器之间的间隙在 0.1 ~ 2 mm 之间变化。显然，这类谐振器[58]在理论上可以实现大于 70% 的调谐范围。

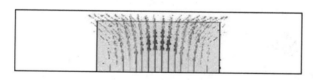

图 22.37　TM 模介质谐振器

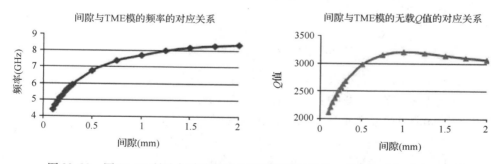

图 22.38　图 22.37 所示介质谐振器的调谐范围和无载 Q 值与间隙的对应关系

在文献[58]中，介质谐振器的可调是用压电概念实现的，其中金属薄铜片用作 TM 模介质谐振器的上盖板。滤波器腔体上的压电传感器采用铜片连接，如图 22.39 所示。当对压电传感器施加直流电压时，覆盖在腔体顶部的薄铜片在力的作用下发生了形变。图 22.39（a）显示了腔体盖板形变后的侧视图，所用的压电传感器仅对薄铜片施加了较小的力，就使其变化了 100 ~

200 μm。由图22.38可以看出，当上盖板与介质谐振器之间的间隙较小时，间隙微小的改变都会引起极大的频率变化。而且，在这个范围内工作时，其 Q 值会大幅减小。

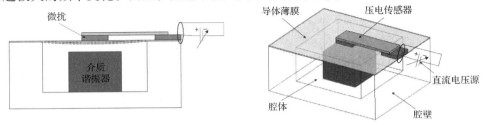

图 22.39　压电调谐机制

应用文献[58]的概念来构建一个 4 阶可调介质谐振滤波器。该滤波器由 4 个直接耦合的介质谐振器组成，每个介质谐振器都集成了一个压电薄膜传感器。谐振器是用低损耗、高 K 值的介质基板加工而成的，基板厚度为 2.54 mm，介电常数 $\varepsilon_r = 45$ 且损耗角正切值为 10^{-5}。图 22.40所示为这个 4 阶可调滤波器的仿真结果，其中上盖板和谐振器的间隙仅变化了 20 μm。调谐前，该滤波器的初始间隙为 160 μm，中心频率为 5 GHz 且带宽为 50 MHz，插入损耗为 1.14 dB，回波损耗为 17.5 dB。当间隙减小到 140 μm 时，滤波器的理论插入损耗增大到 1.75 dB，中心频率为 4.83 GHz(偏移了 170 MHz)。需要注意的是，虽然该滤波器能够实现更宽的调谐范围，但是由于谐振器间耦合没有调谐元件，在更宽的调谐范围内回波损耗会出现恶化。因此，文献[58]中给出的调谐范围可以提供比较合理的回波损耗水平。

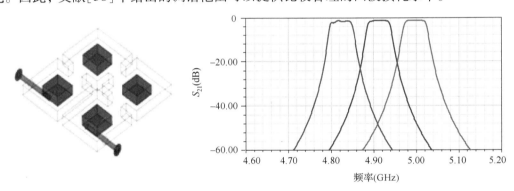

图 22.40　滤波器的示意图和 HFSS 仿真结果

图 22.41 所示为研制出的该滤波器。首先使用一个带普通金属上盖板(无压电调谐)的滤波器来测试射频性能，该滤波器的实验结果如图 22.42 所示，插入损耗为 2.7 dB。然后，加装调谐元件并在不同的直流驱动电压下测试该滤波器，理论 Q 值接近 2000，而实测的 Q 值仅为 550。该滤波器的 Q 值出现严重恶化，可以归因于许多因素，包括腔体内为支撑介质谐振器而使用了高损耗的黏合剂，铜腔体表面、输入探针和输出探针出现氧化，以及使用了未电镀的调谐螺丝。

为了比较相同尺寸下 TM 模可调介质谐振滤波器和消逝模腔体滤波器的性能差别，图 22.43 给出了在谐振器顶部和盖板之间不同间隙尺寸下，两种滤波器所用谐振器的 Q 值对比。从图中可以看出，当间隙较小时，TME 模介质谐振器的 Q 值比消逝模谐振器的 Q 值高得多。

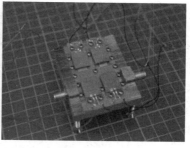

图 22.41 压电驱动调谐的介质谐振滤波器[58]

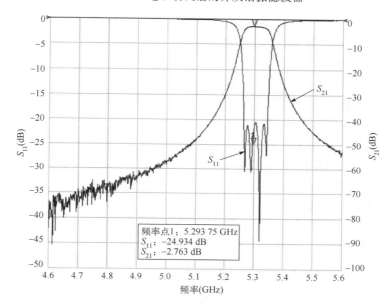

图 22.42 图 22.41 所示的介质谐振滤波器调谐前的测量结果

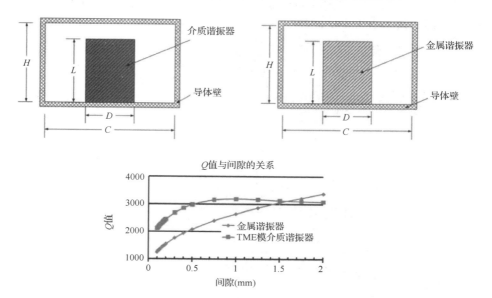

图22.43 在相同尺寸下，TME 模介质谐振器和消逝模谐振器（金属谐振器）的 Q 值对比

22.4.2　MEMS 可调介质谐振滤波器

文献[10]提出了一种基于 MEMS 的可调介质滤波器,基本组成部件包括一个工作于 TE_{01} 模式的介质谐振器、一个金属盘和多个 MEMS 驱动器。其中,MEMS 驱动器和金属盘集成在一起,用来代替常规介质谐振滤波器中常用的调谐螺丝。如图 22.44 所示,所有部件都包含在一个金属腔体内,在 MEMS 驱动器作用下,沿着 z 轴移动金属盘来实现可调性。在 MEMS 驱动器没有施加直流偏置电压的情况下,金属盘位于最接近介质谐振器的位置,即调节间隙 h 的值最小。在这种状态下,所对应的谐振频率最高。当对 MEMS 驱动器施加直流电压时,金属盘远离介质谐振器,谐振频率开始下降。

在文献[10]中使用了高频电磁仿真器(HFSS)和 MEMS 仿真器(CoventorWare)来确定最佳的金属盘尺寸,在考虑结构机械特性的同时,获得最宽的调谐范围和最大的品质因数。这类结构最重要的设计参数是调节间隙 h 和金属盘直径 d,因为它们对介质谐振器的调谐范围和品质因数影响最大。下面通过两组仿真结果来研究这两个参数的影响。图 22.45 和图 22.46 分别展示了频率偏移和品质因数随着调节间隙和金属盘直径变化而发生的电磁仿真变化。虽然更大直径的金属调谐盘将提供更宽的调谐范围,但金属盘过大会带来其他设计问题,如机械稳定性和形变,从而限制了驱动器的设计。图 22.47 给出了

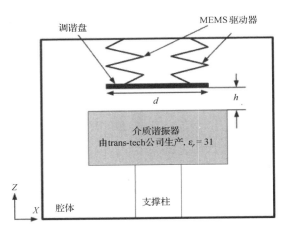

图 22.44　文献[10]中提出的调谐结构示意图

一个 3 阶可调介质谐振滤波器的 HFSS 仿真结果,仿真模型中使用了直径为 3 mm 的圆金属盘,在 MEMS 调谐元件作用下产生了 0.7 mm 的偏移,滤波器的中心频率可从 15.65 GHz 连续调谐到 16.45 GHz,即调谐范围为 800 MHz。

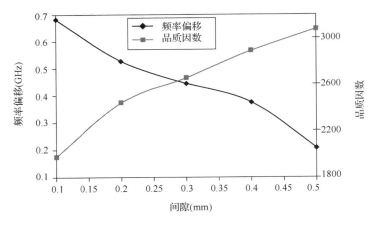

图 22.45　固定金属盘的直径时,频率偏移和品质因数与间隙的关系

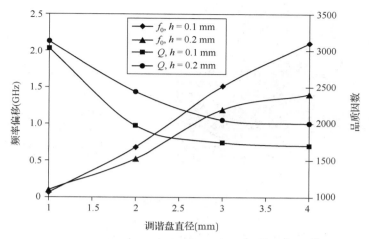

图 22.46　调节间隙在 0.1～0.2 mm 范围内时,频率偏移和品质因数与金属盘直径的关系

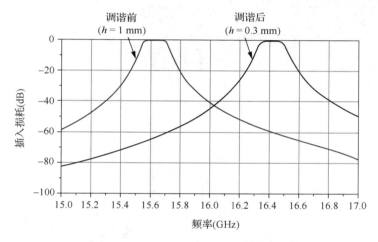

图 22.47　不同调谐频率下,3 阶介质谐振滤波器的 HFSS 仿真结果(不含损耗)

为了实现更宽的调谐范围,设计这样一种 MEMS 驱动器至关重要。该驱动器能够产生足够大的作用力来拉起一个尺寸较大的金属盘,并产生较大的偏移。此外,低驱动电压和极快的调谐速度是必要的。在文献[16]中用到了热塑形变安装工艺,为滤波器设计了一种具有垂直位移的 MEMS 调谐元件。该文献还提到,通过热驱动可沿 z 方向将尺寸为 3000 μm × 3000 μm × 2 μm 的圆金属盘提升 1 mm 以上。为了消除形变,采用了六边形金属盘代替圆金属盘(见图 22.48)[10]。

图 22.49 所示的可调介质谐振滤波器被加工成两部分:图 22.49(a)所示的上盖板和图 22.49(b)所示的腔体[10]。为了减少金属腔体的导体损耗,这两部分都是镀金的。介质谐振器装在腔体内,并将 MEMS 调谐元件集成在上盖板上。每个 MEMS 调谐元件连接到两个直流馈通引脚上,以施加控制电压。这种结构允许每个调谐元件单独控制。可调滤波器设计中也可以使用一些机械调谐螺丝,以补偿制造公差和材料性能引起的变化。

某 3 阶可调介质谐振带通滤波器的插入损耗和回波损耗响应如图 22.50 所示。滤波器的中心频率在 15.6～16.0 GHz 范围内同步调谐,插入损耗从 1.5 dB 增加到 4.5 dB。插入损耗变大,主要归因于这个滤波器的生产装配过程和所用的损耗材料(环氧树脂、不锈钢调谐螺丝等)。显然,通过进一步优化设计,可以获得更好的插入损耗性能。

MEMS调谐元件

(a) 已变形的实心圆金属盘

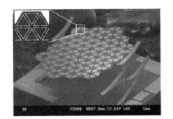

(b) 未变形的六边形金属盘

图 22.48　MEMS 调谐元件

(a) 集成了MEMS调谐元件的上盖板

(b) 滤波器组件

(c) 装配后的滤波器

图 22.49　3 阶可调介质谐振滤波器

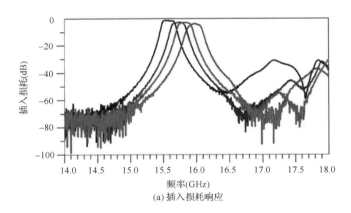

(a) 插入损耗响应

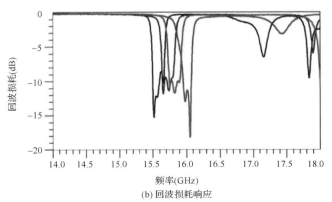

(b) 回波损耗响应

图 22.50　不同调谐状态下的可调介质谐振滤波器的测量结果对比

另一种可调谐介质谐振器的概念发表在文献[57,62]中，它不仅可用 MEMS 技术来实现，还用压电材料来实现。调谐机制主要分为三部分：工作于 TE_{01} 模式的介质谐振器、由若干个径向排列的四分之一波长槽线谐振器组成的金属盘，以及位于每个槽线谐振器末端的用来控制 TE_{01} 模式和槽线模式之间耦合的开关。这个概念如图 22.51 所示，具有径向槽线的基板对称地排列在圆柱介质谐振器上方，8 个开关分别放置在每条槽线末端。当开关断开时，在四分之一波长槽线谐振器上容性加载的 8 条槽线在径向方向具有很强的磁场分量，使这些谐振模式之间产生了强耦合。由于介质谐振器和槽线谐振器之间存在相互作用，因此存储的电磁能量集中分布在介质谐振器和槽线之间，使得谐振器的有效尺寸增大，从而拉低了谐振频率。利用图 22.51(b)中的单谐振器可对这一概念进行试验论证，使用双晶片压电驱动器来控制槽线的开关状态，在 2 GHz 频率下实现了 5 MHz 的可调范围，且 Q 值为 12 000。

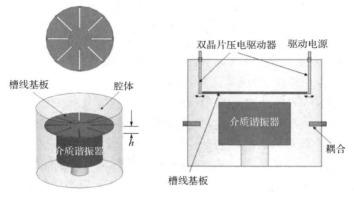

图 22.51　在金属盘上集成了开关的可调介质谐振器

将这一概念与平面介质谐振滤波器相结合，可以构造一种可调介质谐振滤波器。图 22.52 所示为设计制造出的 2 阶滤波器，它由两个高 K 值基板制成的介质谐振器组成。放置在谐振器附近的两个金属盘集成在上盖板上，每个盘有 4 条槽线。为了研究金属盘对谐振器 Q 值的影响，表 22.3 对不带金属盘的谐振器和通过开关控制的金属盘的谐振器的理论谐振频率及 Q 值进行了比较，其中开关在 HFSS 中用金属线来模拟，由于谐振器与金属盘的邻近效应，使 Q 值会恶化 40% 左右。当开关连通时，Q 值将进一步降低。装配后的滤波器组件如图 22.52 所示。槽线末端的开关分别在连通和断开时的 HFSS 仿真结果如图 22.53 所示，调谐范围达到了 60 MHz。可以通过减小金属盘与谐振器的距离来实现更宽的调谐范围，但这会使 Q 值变得更低。

表 22.3　金属盘加载时谐振器的谐振频率和 Q 值对比

	不带金属盘	金属盘上开关断开	金属盘上开关连通
频率(GHz)	4.008	4.167	4.227
Q 值	6000	3730	2760

图 22.52　上盖板上集成了两个金属盘和
开关的 2 阶介质谐振滤波器

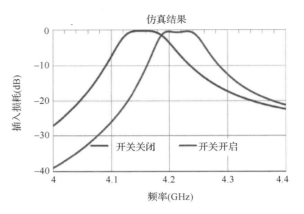

图 22.53　图 22.52 所示滤波器的 HFSS 仿真结果

　　要实现用 MEMS 开关或半导体开关调节的可调介质谐振器,需要将这些调谐元件与介质谐振器相结合,使之相互作用并扰动电磁场。滤波器中广泛应用的介质谐振器的两个常用单模是 TME 模和 THE 模,虽然 TME 模的 Q 值较低,但 TME 模的场分布使得介质谐振器更易于集成 MEMS 或半导体调谐元件。在文献[11]中,集成 MEMS 开关的带线放置在 THE 模介质谐振器内部,如图 22.54(a)所示。该可调谐振器包含一个中间带孔的介质谐振器,可改善 THE 模介质谐振器的谐波性能。谐振器用特氟龙支架支撑,并安装到腔体内。谐振器中间的孔用来提供空间,以放置调谐电路。调谐思路是使带线上产生的表面电流与 TME 模的场分布发生强烈的相互作用,从而实现可调。图 22.54(b)所示的调谐电路由厚度为 625 μm 的氧化铝基板上的三条镀金带线组成,这三条不同长度(L_1, L_2 和 L_3)的带线之间相互间隔 100 μm,两组接触式射频 MEMS 开关放置在带线的间隙之间。图 22.55 为用扫描电子显微镜(SEM)获得的 MEMS 开关图片,这些开关是在滑铁卢大学使用 UW-MEMS 工艺制作的[83]。

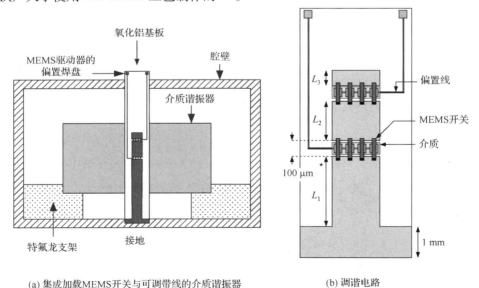

(a) 集成加载MEMS开关与可调带线的介质谐振器　　　　　(b) 调谐电路

图 22.54　集成加载 MEMS 开关与可调带线的介质谐振器及其调谐电路

每组 MEMS 开关都有一个单独的偏置线连接到腔体外的偏置焊盘上，可以实现单独驱动。当 MEMS 开关上的偏置电压为零时，带线的有效长度为 L_1。当第一组驱动开关连通时，第二段带线与第一段带线连通，带线总长度增加为 $L_1 + L_2$，从而引起电磁场扰动，使得谐振器的谐振频率可调。第三种状态可以通过同时驱动两组 MEMS 开关来实现。使用这一概念设计的工作于 4.8 GHz，且带宽为 20 MHz 的 2 阶滤波器发表在文献[11] 中，图 22.56 所示为加工制成的可调介质谐振滤波器，而图 22.57 则给出了三种状态下的测量结果。从 4.64 GHz 到 4.8 GHz 共计 160 MHz 的调谐范围内，回波损耗优于 20 dB，Q 值范围可从 1220 变到 510。值得注意的是，这个结构中的介质谐振器源自 $Q \times f$ 值仅为 40 000 的传统介质谐振器材料，如果使用 $Q \times f$ 值为 100 000 以上的介质谐振器材料，则比文献[11] 中的 Q 值更高。

图 22.55　图 22.54 中 MEMS 开关的 SEM 照片

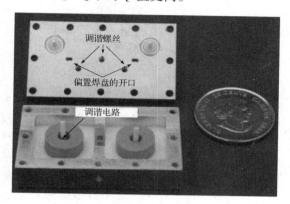

图 22.56　2 阶 MEMS 可调介质谐振滤波器

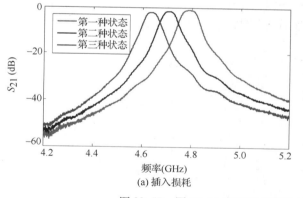

(a) 插入损耗

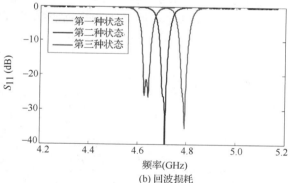

(b) 回波损耗

图 22.57　图 22.56 中基于 MEMS 的可调介质谐振滤波器的测量结果

为了实现连续可调，可以使用半导体变容二极管来代替射频 MEMS 开关。图 22.58 所示为采用变容二极管作为调谐元件的调谐电路原理图[11]，由氧化铝基板上与半导体变容二极管连接的两条不同长度的镀金带线组成。与这两条带线连接的商用 GaAs 变容二极管的容值变化范围为 $1.1 \sim 0.32$ pF，反向偏置电压的变化范围为 $0 \sim 10$ V。第一条带线放置在介质谐振器孔内，其他带线与壳体连接，实现接地。测量结果如图 22.59 所示，当偏置电压分别为 $V_{bias} = 10$ V 和 $V_{bias} = 0$ V 时，该滤波器的插入损耗分别为 1.17 dB 和 4.6 dB。这里插入损耗过高，归因于变容二极管的 Q 值太低。

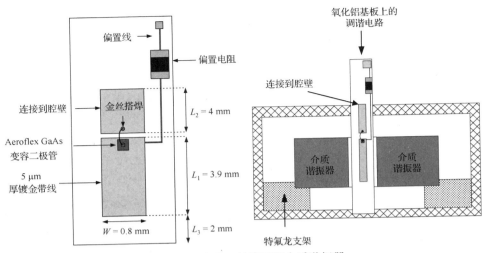

图 22.58　变容二极管可调介质谐振器

为了提高可调介质谐振滤波器的损耗性能，同时实现连续可调(或多个调谐状态)，文献 [11]中还用到了一种 4 位射频 MEMS 开关电容组来实现调谐电路。图 22.60 显示了该谐振电路 的原理图，它有两条带线，一条带线连接到腔壁，另一条带线放置在介质谐振器的孔内。4 位射 频 MEMS 电容组的 SEM 照片及其等效电路如图 22.61 所示，由 4 个金属-绝缘体-金属(MIM)电 容，即 C_1、C_2、C_3 和 C_4，与 4 个容性射频 MEMS 开关组成，连通状态和断开状态的电容分别为 C_u 和 C_d。这个 4 位射频 MEMS 电路由滑铁卢大学使用 UW-MEMS 工艺制作而成，容值变化范围为 347～744 fF。这个滤波器如图 22.62 所示，而图 22.63 给出了 16 种调谐状态下的测量结果。实现的 调谐可从 5.20 GHz 变化到 5.02 GHz(即变化了180 MHz)，回波损耗接近 15 dB，最大插入损耗优于 2.8 dB。当所有 MEMS 开关都由断开状态切换到连通状态时，测量的 Q 值从 800 变化到 550。

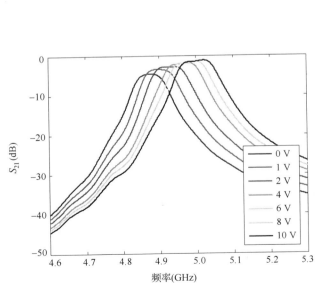

图 22.59　2 阶变容二极管可调介质谐振滤波器的测量结果

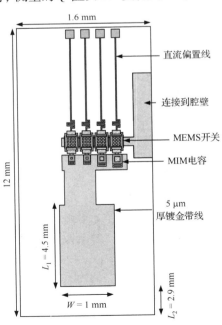

图 22.60　用于介质谐振滤波器调谐的 4 位射频MEMS开关电容电路

 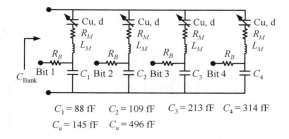

$C_1 = 88$ fF　　$C_2 = 109$ fF　　$C_3 = 213$ fF　　$C_4 = 314$ fF

$C_u = 145$ fF　　$C_u = 496$ fF

图 22.61　4 位射频 MEMS 开关电容组的 SEM 照片及其等效电路

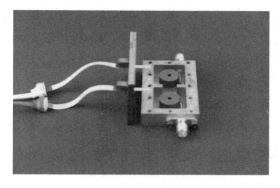

图 22.62　基于 MEMS 的 2 阶可调介质谐振滤波器外观

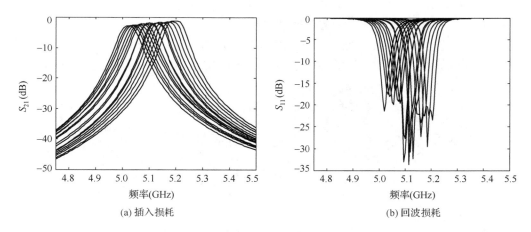

图 22.63　图 22.62 中 MEMS 可调介质谐振滤波器在 16 种调谐状态下的测量结果

　　文献[14]提出了类似于文献[12]中用于梳状波波器的概念,以实现可调介质谐振滤波器,图 22.64 为这个可调介质谐振器的三维视图,包含一个放置于金属腔体中间且用薄特氟龙盘支撑的介质谐振器。在装配过程中,腔体底部的金属盘与介质谐振器对齐,盖板用印刷电路板制成。印刷电路板在底层的圆片通过过孔与顶层电路连接,过孔周围的槽孔用来隔离顶层并接地。变容二极管表贴在槽孔上,并使用一个高阻抗直流偏置电阻来避免射频泄漏,同时施加直流电压给变容二极管。用这个概念制成 2 阶 5 GHz 可调滤波器的过程发表在文献[14]中,其调谐范围为 300 MHz。

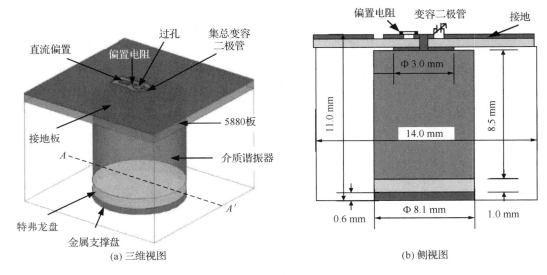

图 22.64　变容二极管可调介质谐振器

22.5　可调波导滤波器

文献[42]提出了一种基 MEMS 的可调波导滤波器。该滤波器使用的是射频 MEMS 开关,开关放置在基板上的微带线之间,基板安装在矩形波导的侧壁上,使微带线与波导的宽边接地。图 22.65 所示为该滤波器的原理图,通过射频 MEMS 开关的连通和断开状态,可以有效控制侧壁波导的等效位移,从而改变波导谐振器的谐振频率。文献[42]提出了一款工作频率为 23 GHz 的 E 面波导滤波器,其 Q 值范围为 750～1450,实现的调谐范围可达 3.1%。

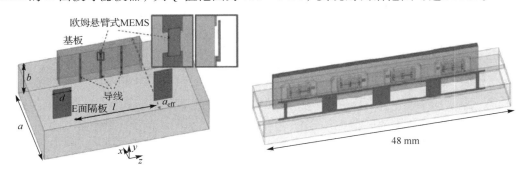

图 22.65　文献[38]基于 MEMS 调谐机制,通过感性隔板耦合的 E 面矩形波导谐振器

在文献[43]中,还使用了 MEMS 开关来实现阻带可切换的波导滤波器。这个概念是基于放置在矩形波导侧壁上的 MEMS 开关平面谐振器实现的,图 22.66 所示为集成 5 个平面谐振器的波导谐振器,以及其中单个平面谐振器的原理图。当 MEMS 开关处于断开状态时,平面谐振器的谐振频率位于波导频段的通带外,对波导的 S_{21} 响应的影响较小。另一方面,当 MEMS 开关处于连通状态时,平面谐振器的谐振频率会进入波导滤波器的通带内,在 S_{21} 响应中间产生一个阻带。该设计允许实现多个阻带,通过开关切换状态在波导频段的通带内或通带外出现。每个阻带都由一组平面谐振器控制,这些谐振器被设计在特定频段工作。

图 22.66(a)所示为使用 5 个平面谐振器的 Ku 频段带阻滤波器的测量结果,其中平面谐振器通过开关在波导频段内实现谐振。

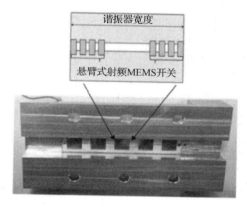

(a) 集成射频MEMS开关的WR-62矩形波导谐振器

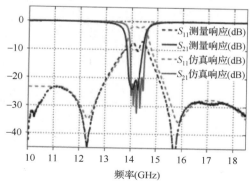

(b) MEMS开关处于连通状态时的测量曲线

图 22.66　集成射频 MEMS 开关的 WR-62 矩形波导谐振器,
以及 MEMS 开关处于连通状态时的测量曲线

　　工作于 TE_{011} 模式的机械可调波导滤波器发表在文献[45,46]中,通过一个直径与腔体接近的可移动活塞来实现可调。由于腔壁上的电流是纯环绕电流,因此使用非接触式活塞,从而使谐振器呈现 TE_{011} 模式的场分布。但是, TE_{011} 模式工作的主要缺点是谐波带宽太窄,这反过来会限制滤波器的调谐范围。基于 TE_{113} 双模工作的可调滤波器发表在文献[47]中,通过机械移动每个腔体末端的边壁实现可调。测量一个带宽为 32 MHz 的 26 GHz 可调滤波器,测得其调谐范围为 900 MHz 且有效 Q 值为 11 000。

　　文献[25]报道了一款 Ku 波段的高 Q 值 TE_{113} 模式可调椭圆函数滤波器,为了满足整个可调范围内的带宽恒定,它采用了尺寸相同的膜片结构。通过安装在腔体谐振器顶部的柔性铜波纹管,并推动其伸入腔体内部,改变腔体的长度来实现可调。输入膜片、输出膜片和谐振器间耦合膜片都使用一组耦合槽来设计,并放置于合适的位置,使整个频段内的耦合变化最小。图 22.67所示为该滤波器的膜片结构设计,而图 22.68 为其测量结果,最终实现的调谐范围为 3.3% 。

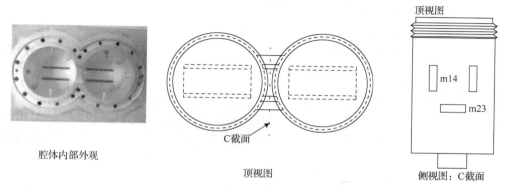

图 22.67　通过波纹管实现的可调滤波器的膜片结构设计

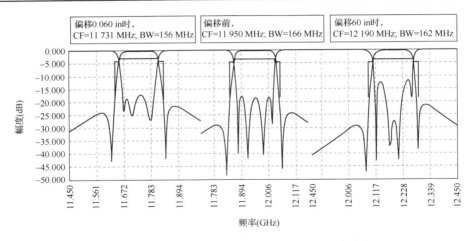

图 22.68　波纹管偏移 60 in 时测量得到的调谐响应

22.6　带宽可调滤波器

　　中心频率和带宽都可调的一种设计方法是将两个中心频率可调的滤波器级联,如图 22.69 所示。这两个滤波器其中一个是可调低通滤波器,另一个是可调高通滤波器,或者两个都是简单的可调带通滤波器。将这两个滤波器的通带重叠,从而使新构成的滤波器可以实现中心频率和带宽皆可调。为了减小两个滤波器之间的干扰,通常它们之间会用到隔

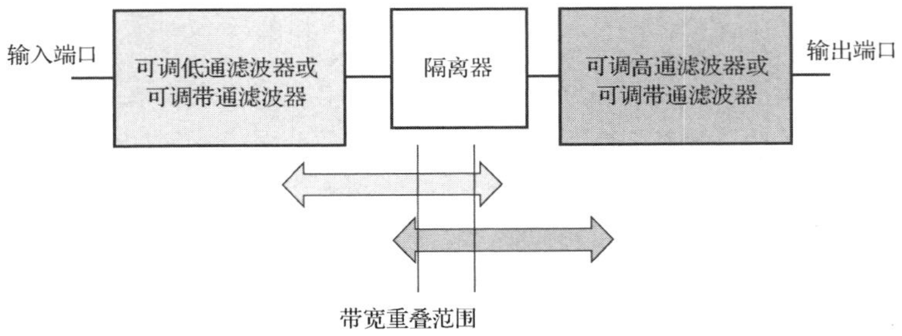

图 22.69　实现中心频率和带宽可调的滤波器结构

离器。在文献[18]中,使用了 22.3 节介绍的两个 6 阶可调梳状带通滤波器来实现中心频率和带宽皆可调。在整个调谐范围内,这两个梳状带通滤波器的设计是恒定带宽的,其测量结果如图 22.70 所示。滤波器组合后实现的中心频率可调范围为 1.185 ~ 2.2 GHz,其带宽可调范围为 10 ~ 100 MHz,即 34% 的带宽。文献[22]所实现的中心频率和带宽皆可调的可调滤波器,是使用两个 6 阶 TE_{011} 模腔体滤波器,并在其之间串联隔离器实现的。该滤波器通过机械推动活塞伸入和移出 TE_{011} 模式腔体来实现可调,图 22.71 所示为获得的测量结果[22]。

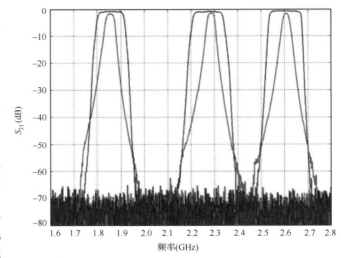

图 22.70　两个滤波器之间使用隔离器连接,且中心频率和带宽皆可调的梳状滤波器的测量结果

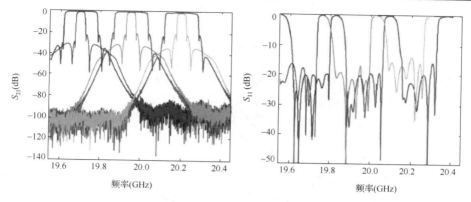

图 22.71　可调滤波器的测量响应，在中心频率可调范围大于
500 MHz 的基础上实现了带宽谐调范围为 40 ~ 160 MHz

　　虽然使用隔离器有助于获得更好的 S_{21} 响应，但带宽可调滤波器的输入回波损耗基本上由级联结构中首个滤波器的回波损耗决定。最终得到的带宽可调滤波器是非互易的，它具有宽带回波损耗响应，与滤波器的带宽无关。由于具有非互易性，因此排除了它们在多工器中的应用。

　　文献[18]采用固定长度的传输线来代替隔离器，并相应地对两个级联滤波器的谐振频率再次进行优化，获得的测量结果如图 22.72 所示。这种方法会产生一个互易响应，结果导致隔离性能降低。

　　文献[36]提出了另一种仅使用可调谐振器的方法来实现带宽可调的梳状滤波器，它的设计思路是基于双通带滤波器结构，其中可调谐振器经优化后，使双通带的第一个通带实现可调。但是，这种方法实现的可调范围有限。

　　为了实现中心频率和带宽可调的滤波器，最直接的方法是在谐振器的输入耦合、输出耦合和谐振器间耦合都使用调谐元件。然而，输入耦合、输出耦合和谐振器间耦合的调谐通常极其复杂，特别是使用了机械调谐元件时。在文献[21]中使用了非谐振器的电抗耦合概念，以实现波导滤波器中心频率和带宽的可调。图 22.73 所示为该滤波器的结构，其中谐振器间耦合是使用与主谐振器具有相同结构但尺寸较小的谐振器来实现的。然后，主谐振器和非谐振器(耦合)都可以使用类似的机械调谐元件来实现可调。

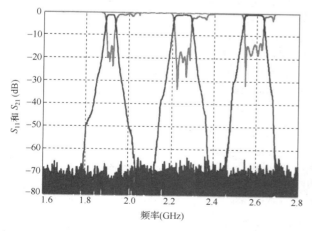

图 22.72　两个滤波器之间采用传输线连接，且中心频率和带宽皆可调的梳状滤波器的测量结果

图 22.73　采用非谐振器实现输入耦合、输出耦合和谐振器间耦合的 2 阶切比雪夫滤波器的三维模型

22.7 小结

三维可调的同轴谐振器、波导谐振器和介质谐振器制成的滤波器可以满足高 Q 值(3000 或以上)的无线基站和卫星应用。但是,在实际系统应用中设计这种高 Q 值可调滤波器面临几个挑战,主要挑战是在宽谐振范围内保持绝对恒定的带宽、合适的回波损耗和高 Q 值。虽然三维滤波器可以很容易地通过电机调节,但是将微型调谐元件如 MEMS 开关或半导体变容二极管与三维谐振器集成在一起,非常困难。调谐元件与三维谐振器集成在一起,必须对其电磁场产生足够的干扰,以实现更宽的调谐范围。当然,需要读者投入更多精力来发掘高 Q 值三维谐振器应用的潜力,使其射频性能接近目前无线基站和卫星应用中用到的固定滤波器的性能。

22.8 原著参考文献

1. Mansour, R. R. (2009) High-Q tunable dielectric resonator filters. *IEEE Microwave Magazine*, **10** (6), 84-98.

2. Wong, P. W. and Hunter, I. (2009) Electronically tunable filters. *IEEE Microwave Magazine*, **10** (6), 46-54.

3. Rebeiz, G. M. *et al.* (2009) Tuning in RF MEMS. *IEEE Microwave Magazine*, **10** (6), 46-54.

4. Hong, J. S. (2009) Reconfigurable planar filters. *IEEE Microwave Magazine*, **10** (6), 46-54.

5. Mansour, R. R., Huang, F., Fouladi, S. *et al.* (2014) High-Q tunable filters: challenges and potential. *IEEE Microwave Magazine*, **15** (5), 70-82.

6. Peroulis, D., Naglich, E., Sinani, M., and Hickle, M. (2014) Transfer-function-adaptive filters in evanescent-mode cavity-resonator technology. *IEEE Microwave Magazine*, **15** (5), 55-69.

7. Yu, M., Tassini, B., Keats, B., and Wang, Y. (2014) High-performance tunable filters based on air-cavity resonators. *IEEE Microwave Magazine*, **15** (5), 83-93.

8. Guyette, A. (2014) Controlled agility. *IEEE Microwave Magazine*, **15** (5), 32-42.

9. Gomez-Garcia, R., Sanchez-Soriano, M., Tam, K., and Xue, Q. (2014) Flexible filters. *IEEE Microwave Magazine*, **15** (5), 43-54.

10. Yan, W. D. and Mansour, R. R. (2007) Tunable dielectric resonator bandpass filter with embedded MEMS tuning elements. *IEEE Transactions on Microwave Theory and Techniques*, **55**, 154-160.

11. Huang, F., Fouladi, S., and Mansour, R. R. (2011) High-Q tunable dielectric resonator filters using MEMS technology. *IEEE Transactions on Microwave Theory and Techniques*, **59**, 3401-3409.

12. Fouladi, S., Huang, F., Yan, W. D., and Mansour, R. R. (2013) High-Q narrowband tunable combline bandpass filters using MEMS capacitor banks and piezomotors. *IEEE Transactions on Microwave Theory and Techniques*, **61**, 393-402.

13. Jiang, J. and Mansour, R. R. (2016) High-Q tunable filter with a novel tuning structure. European Microwave Symposium, October 2016.

14. Huang, F. and Mansour, R. R. (2013) A novel varactor tuned dielectric resonator filter. IEEE-MTT-S International Microwave Symposium (IMS), June 2013.

15. Iskander, M., Nasr, M. and Mansour, R. R. (2014) High-Q tunable combline bandpass filter using angular tuning technique. European Microwave Symposium, EUMC.

16. Yan, W. D. (2007) Microwave and millimeter-wave MEMS tunable filters. Ph. D. thesis. University of Waterloo, Waterloo, Ontario, Canada.

17. Huang, F. (2012) High-Q tunable filters. Ph.D. thesis, University of Waterloo, Waterloo, Ontario, Canada.

18. Nasresfahani, M. (2014) Design and fabrication of centre frequency and bandwidth tunable cavity filters. M. Sc. thesis. University of Waterloo, Waterloo, Ontario, Canada.

19. Iskander, M. (2014) RF tunable resonators and filters. M. Sc. thesis. University of Waterloo, Waterloo, Ontario, Canada.

20. piezo 官方网站

21. Arnold, C., Parleba, J., and Zwick, T. (2014) Reconfigurable waveguide filter with variable bandwidth and center frequency. *IEEE Transactions on Microwave Theory and Techniques*, **62** (8), 1663-1670.

22. Yassini, B., Yu, M., and Keats, B. (2012) A Ka-Band fully tunable cavity filter. *IEEE Transactions on Microwave Theory and Techniques*, **60**, 4002-4012.

23. Snyder, R. V. (2000) A wideband tunable filter technique based on double-diplexing and low-Q tuning elements. Proceedings IEEE International Microwave Symposium Digest, vol. 3, pp. 1759-1762.

24. Rhodes, J. D., Mobbs, C. I. and Ibbetson, D. (2011) Tunable bandpass filters. US patent 7,915,977, Mar. 29, 2011.

25. Yassini, B., Yu, M., and Kellett, S. (2009) A Ku-band high-tunable filter with stable tuning response. *IEEE Transactions on Microwave Theory and Techniques*, **57** (12), 2948-2957.

26. Kurudere, S. and Ertürk, V. B. (2013) Novel microstrip fed mechanically tunable combline cavity filter. *IEEE Microwave and Wireless Components Letters*, **23**, 570-580.

27. Liu, X., Katehi, L. P. B., Chappell, W. J., and Peroulis, D. (2010) High tunable microwave cavity resonators and filters using SOI-based RF MEMS tuners. *Journal of Microelectromechanical Systems*, **19** (4), 774-784.

28. Naglich, E. J., Peroulis, D. and Chappell, W. J. (2013) Wide spurious free range positive-to-negative inter-resonator coupling structure for reconfigurable filters. International Microwave Symposium (IMS).

29. Arif, M. S. and Peroulis, D. (2014) All-silicon technology for high-Q evanescent mode cavity tunable resonators and filters. *Journal of Microelectromechanical Systems*, **23** (3), 727-739.

30. Sirci, S., Martinez, J. D., Taroncher, M. and Boria, V. E. (2012) Analog tuning of compact varactor-loaded combline filters in substrate integrated waveguide. European Microwave Symposium, pp. 257-260.

31. Mira, F., Mateu, J., and Collado, C. (2012) Mechanical tuning of substrate integrated waveguide resonators. *IEEE Microwave and Wireless Components Letters*, **22** (9), 447-449.

32. Armendariz, M., Sekar, V. and Entesari, K. (2010) Tunable SIW bandpass filters with PIN diodes. European Microwave Conference, pp. 830-833.

33. Hyunseong, K., Sam, S., Ik-Jae, H., Chang-Wook Baek, B. and Sungjoon Lim, L. (2013) Silicon-based substrate-integrated waveguide-based tunable band-pass filter using interdigital MEMS capacitor. Asia Pacific Microwave Conference Proceedings (APMC), pp. 456-458.

34. Da-Peng, W., Wen-Quan, C. and Russer, P. (2008) Tunable substrate-integrated waveguide (SIW) dual-mode square cavity filter with metal cylinders. Proceedings IEEE MTT-S International Microwave Workshop Series on Art of Miniaturizing RF and Microwave Passive Components, pp. 128-131.

35. Joshi, H., Sigmarsson, H. H., Moon, S. *et al.* (2009) High fully reconfigurable tunable band pass filters. *IEEE Transactions on Microwave Theory and Techniques*, **57** (12), 3525-3533.

36. Abunjaileh, A. I. and Hunter, I. C. (2010) Tunable bandpass and bandstop filters based on dual-band combline structures. *IEEE Transactions on Microwave Theory and Techniques*, **58**, 3710-3719.

37. Abunjaileh, A. I. and Hunter, I. C. (2009) Tunable combline bandstop filter with constant bandwidth. Proceedings IEEE International Microwave Symposium Digest, pp. 1349-1352.

38. Matthaei, G. L. (2003) Narrow-band, fixed-tuned, and tunable bandpass filters with zig-zag hairpin-comb resonators. *IEEE Transactions on Microwave Theory and Techniques*, **51**, 1214-1219.

39. Zahirovic, N., Fouladi, S., Mansour, R. R. and Yu, M. (2011) Tunable suspended substrate stripline filters with constant bandwidth, IEEE MTT-S International Microwave on Symposium Digest.

40. Psychogiou, D. and Peroulis, D. (2014) Tunable VHF miniaturized helical filters, *IEEE Transactions on*

Microwave Theory and Techniques, **62**, 282-289 2014.

41. Jiang, J. and Mansour, R. R. (2016) High-Q tunable filter with a novel tuning structure. European Microwave Symposium.

42. Pelliccia, L., Cacciamani, F., Farinelli, P., and Sorrentino, R. (2016) High-tunable waveguide filters using Ohmic RF MEMS switches. *IEEE Transactions on Microwave Theory and Techniques*, **63** (10), 3381-3390.

43. Chan, K. Y., Ramer, R., Mansour, R. R., and Sorrentino, R. (2016) Design of waveguide switches using switchable planar bandstop filters. *IEEE Microwave and Wireless Components Letters*, **26** (10), 798-800.

44. Chan, K. Y., Ramer, R., and Mansour, R. R. (2016) Switchable iris bandpass filter using RF MEMS switchable planar resonators. *IEEE Microwave and Wireless Components Letters*, **26** (10), 34-36.

45. Rosenberg, U., Rosowsky, D., Rummer, W. and Wolk, D. (1988) Tuneable manifold multiplexers—a new possibility for satellite redundancy philosophy. European MicrowaveConference EuMC88, Proceedings, Stockholm, Sweden, pp. 681-686.

46. Kunes, M. A. and Connor, G. G. (1989) A digitally controlled tunable high power output filter for space applications. European Microwave Conference EuMC89, Proceedings, London, UK, pp. 870-875.

47. Rosenberg, U. and Knipp, M. (2005) Novel tunable high Q filter design for branching networks with extreme narrowband channels at mm-wave frequencies. EuMC2005 Conference Proceedings (CD), Paris, France, October 2005.

48. Arnold, C., Parleba, J. and Zwick, T. (2016) Reconfigurable doublet dual-mode cavity filter designs providing remote controlled center frequency and bandwidth re-allocation. 46th European Microwave Symposium, pp. 532-536.

49. Wakino, K., Tamura, H. and Isikawa, Y. (1987) Dielectric resonator device. US Patent, 4,692,712, Sept. 1987.

50. Chen, S., Zaki, K. A., and West, R. G. (1990) Tunable temperature-compensated dielectric resonators and filters. *IEEE Transactions on Microwave Theory and Techniques*, **38**, 1046-1051.

51. Wang, C. and Blair, W. D. (2002) Tunable high-Q dielectric loaded resonator and filter. IEEE-IMS, June 2002.

52. Pance, L. and Rochford, G. (2008) Multiple band and multiple frequency dielectric resonators tunable filters for base stations. Proceedings of the 38th European Microwave Conference, Amsterdam, October 2008, pp. 488-491.

53. L. Pance, Private Communication, October 2008.

54. Furman, E., Lanagan, M., Golubeva, I. and Poplayko, Y. Piezo-controlled microwave frequency agile dielectric devices. IEEE, International Ultrasonic Ferroelectric and Frequency Control, August 2004, pp. 266-271.

55. Petrov, P. K. *et al.* (2004) Tuneable two pole one dielectric resonator filter with elliptic characteristics. *Integrated Ferroelectrics*, **66**, 261-266.

56. Alford, N. *et al.* (2005) Tunable 4-pole piezoelectric filter based on two dielectric resonators. *Integrated Ferroelectrics*, **77**, 123-128.

57. Panaitov, G., *et al.* (2004) Tuning of high-q dielectric resonators in IEEE-IMS workshop on tunability for highly selective microwave filters. IEEE-IMS, June 2004.

58. Huang, F. and Mansour, R. R. (2009) Tunable compact dielectric resonator filters. European Microwave Symposium EuMC, pp. 559-562.

59. Yan, W. D. and Mansour, R. R. (2006) Micromachined millimeter-wave ridge waveguide filter with embedded MEMS tuning elements. IEEE-MTT-IMS, June 2006.

60. Joshi, H., *et al.* (2007) Highly loaded evanescent cavities from widely tunable high-Q filters. IEEE-IMS.

61. Amadjikpe, A. and Papapolymerou, J. (2008) A high-Q electronically tunable evanescent-mode double ridged rectangular waveguide resonator. IEEE-IMS, June 2008.

62. Panaitov, G., Ott, R., and Klein, N. (2005) Dielectric resonator with discrete electromechanical frequency tuning. *IEEE Transactions on Microwave Theory and Techniques*, **53**, 3371-3377.

63. Mansour, R. R. (2009) IEEE-IMS workshop on emerging applications of RF MEMS. IEEE-IMS.

64. Faar, A. N., Blackie, G. N. and Williams, D. (1983) Novel techniques for electronic tuning of dielectric resonators.

Proceedings 13th European Microwave Conference, Nürnberg, Germany, September 1983, pp. 791-796.

65. Krupka, J., Abramowicz, A., and Derzakowski, K. (2006) Magnetically tunable filters for cellular communication terminals. *IEEE Transactions on Microwave Theory and Techniques*, **54**, 2329-3335.

66. Virdee, B. S., Virdeet, A. and Trinogga, L. A. (2003) Novel invasive electronic tuning of dielectric resonators. IEEE-IMS.

67. Gevorgian, S. (2009) Agile microwave devices. *IEEE Microwave Magazine*, **10** (5), 93-98.

68. Chandler, S. R., Hunter, I. C., and Gardiner, J. G. (1993) Active varactor tunable bandpass filter. *IEEE Microwave and Guided Wave Letters*, **3** (3), 70-71.

69. Torregrosa-Penalva, G., Lopez-Risueno, G., and Alonso, J. I. (2002) A simple method to design wide-band electronically tunable combline filters. *IEEE Transactions on Microwave Theory and Techniques*, **50** (1), 172-177.

70. Nath, J. *et al.* (2005) An electronically tunable microstrip bandpass filter using thin-film barium-strontium-titanate BST varactors. *IEEE Transactions on Microwave Theory and Techniques*, **53** (9), 2707-2712.

71. Tombak, A. *et al.* (2003) Voltage-controlled RF filters employing thin-film barium-strontium-titanate tunable capacitors. *IEEE Transactions on Microwave Theory and Techniques*, **51** (2, part 1), 462-467.

72. Murakami, Y. *et al.* (1987) A 0. 5-4. 0-GHz Tunable Bandpass Filter Using YIG Film Grown by LPE. *IEEE Transactions on Microwave Theory and Techniques*, **35**, 1192-1198.

73. Tsutsumi, M. and Okubo, K. (1992) On the YIG film filters. *IEEE MTT-S International Microwave Symposium Digest*, **3**, 1397-1400.

74. Rebeiz, G. M. (2003) *RF MEMS: Theory, Design, and Technology*, Wiley, Hoboken, NJ.

75. Yan, W. and Mansour, R. R. (2007) Compact tunable bandstop filter integrated with large deflected actuators. IEEE-IMS, June 2007.

76. Rebeiz, G. M. *et al.* (2009) Tuning in RF MEMSRF MEMS. *IEEE Microwave Magazine*, **10** (6), 55-72.

77. Mansour, R. R. (2013) RF MEMS-CMOS device integration: an overview of the potential for RF researchers. *IEEE Microwave Magazine*, **14**, 39-56.

78. Wang, M. and Rais-Zadeh, M. (2014) Directly heated four-terminal phase-change switches. IEEE International Microwave Symposium (IMS).

79. El-Hinnawy, N., *et al.* (2013) A 7. 3 THz cut-off frequency, inline, chalcogenide phase-change RF switch using an independent resistive heater for thermal actuation. Compound Semiconductor IC Symposium (CSICS), p. 14.

80. Moon, J. S., *et al.* (2015) 10. 6 THz figure-of-merit phase-change RF switches with embedded micro-heater. 2015 IEEE 15th Topical Meeting on Silicon Monolithic Integrated Circuits in RF Systems, pp. 73-75.

81. Jiang, J., Chugunov, G. and Mansour, R. R. (2017) Fabrication and characterization of VO2-based series and parallel RF switches. IEEE International Microwave Symposium (IMS), June 2017.

82. Jiang, J. and Mansour, R. R. (2017) A VO2-based 30GHz variable attenuator. IEEE International Microwave Symposium (IMS), June 2017.

第 23 章　实际因素与设计实例

本章旨在通过一系列的实际案例，使读者进一步加深对本书各章介绍的基本原理的理解；本章另一个关键目的是，在微波滤波器和多工器网络中，建立理论与具体实现之间的对应关系。本章主要分为以下 5 节。

23.1 节提供了关于整个滤波器网络指标设计的系统因素和折中的实例，以及滤波器函数中零极点结构的信道特性的仿真。因制造公差和工作环境对滤波器指标的制约因素，引入了等效线性频率偏移（ELFD）的概念，它主要覆盖了第 1 章至第 4 章的基本理论。

23.2 节提供了滤波器的设计方法和综合实例，用来巩固第 5 章至第 15 章的基本理论知识。通过举例说明了运用电磁工具来计算滤波器的物理尺寸，并阐明了在给定滤波器指标的条件下，关于滤波器拓扑的综合方法。

23.3 节的简单实例介绍有助于了解两类广泛应用的多工器（环形器耦合多工器和多枝节多工器）的设计方法。在多枝节多工器实例中，着重提到了如何在信道响应和设计复杂性之间进行折中，以加深对其优化方法的理解。

23.4 节通过滤波器和多工器在太空与地面高功率环境中的应用实例，着重强调了高功率滤波器在不同微波结构（波导或同轴）中的场分布，在太空应用中防止发生二次电子倍增击穿，以及在地面应用中避免出现放电现象。

23.5 节介绍了如何运用电磁仿真工具对制造公差进行简单的分析。

23.1　通信系统中的滤波器指标的系统因素

本节介绍的实例主要涵盖了滤波器网络的系统因素和折中设计。根据零极点结构的滤波器函数，可以仿真理想信道的响应。其中，零极点的准确位置是通过经典滤波器的闭式公式来确定的。运用第 4 章介绍的计算机辅助技术，也可以确定任意响应的滤波器的零极点位置。在实际应用中，滤波器会受到材料的有限电导率的影响。假定谐振器内部的耗散是均匀的，并且代表了滤波器的真实损耗。根据第 3 章关于谐振器的无载 Q 值的介绍，将滤波器函数的零极点偏移一定的距离，可实现均匀耗散的效果。本节将根据工作温度环境和制造公差的变化，引入 ELFD 的概念，全面地阐述这个与材料热属性有关的参数的影响。在已知滤波器函数的零极点位置和基本物理结构的材料属性，却不掌握滤波器的综合知识的前提下，采用这种方法就能准确计算出信道的特性。硬件工程师和系统工程师都可以将其当成一个简单有效的工具，完成滤波器网络的折中设计，评估影响成本的指标。本节涉及的基本理论源自第 1 章至第 4 章。

23.1.1　等效线性频率偏移

等效线性频率偏移可用于整个指定工作环境下，通信有效载荷设备中滤波器性能折中的评估，包括滤波器网络允许的工作温度范围和制造公差的影响。因此，等效线性频率偏移由以下两部分组成：

1. 工作温度产生的频率偏移(见附录 23A)。

中心频率 f_0 随谐振器长度的变化而变化,并满足以下条件式:

$$\frac{\Delta f}{f_0} = -\frac{\Delta l}{l_0}\Delta T \ , \ \Delta f = -\alpha\Delta T f_0$$

其中, Δf 为总线性频率偏移($f_0 \pm \frac{|\Delta f|}{2}$), α 为热膨胀系数, ΔT 为工作温度范围。

对于一个工作温度范围为 0 ~ 50℃ 的 4 GHz 滤波器,选用如下制作材料:
- ◆ 当材料为铝($\alpha = 22.4$ ppm)时,频率偏移为 ±2.24 MHz;
- ◆ 当材料为殷钢($\alpha = 1.6$ ppm)时,频率偏移为 ±0.16 MHz

2. 制造公差和装配误差产生的频率偏移。

在室温环境下,安装在滤波器外壳上的调谐元件,可用来调节性能,从而接近理想响应,有效地补偿制造公差。然而,当滤波器受到温度变化影响,特别是出现较大温差(> 20℃)时,响应会随之变化,同时中心频率和曲线形状也会出现偏移。由于滤波器结构和参数变化,如调谐元件和耦合膜片调整,再考虑到材料的热膨胀系数,以及接头和装配结构的复杂性,偏移量越来越难以预测。滤波器物理结构相关的热胀冷缩,不仅会改变谐振器的电长度,同时也会改变耦合参数。频率响应的变化不再满足环境横向的变化条件,不会表现出近乎理想的等波纹响应。为了获取这些不确定性,不仅需要在室温环境下通过正确的测量方式对滤波器的初始状态进行修正,在工业设计中还需要用到 ELFD[1] 的概念,定义如下:

ELFD 是指在整个工作温度范围内,给定一组通带和带外抑制性能的理想滤波器,在归一化中心频率下的总的线性频率偏移。

一般情况下,通带的约束条件是选取指定通带带宽内和通带边沿的群延迟指标,而带外的约束条件则是选取阻带带宽对应的 20 ~ 30 dB 的抑制指标。在确定的所有参数条件中,最敏感的是温度范围。ELFD 的计算依据如下:

- 将室温环境下理想的滤波器特性作为计算机程序的输入参数,随着归一化中心频率进行递增和递减偏移,仿真计算滤波器的群延迟和抑制。
- 仿真测量整个工作温度范围内,通带边沿的群延迟和抑制(通常是 20 dB)。
- 比较整个温度范围内滤波器的仿真测量结果和理想响应,当群延迟等于或小于测量结果,且抑制等于或大于测量结果时,计算出的中心频率处的最大偏移代表整个指定温度范围内的线性频率偏移。

23.1.1.1　材料的选择折中和 ELFD

针对实际应用中的滤波器和多工器而言,材料的选择取决于工作频率、理想带宽、插入损耗、工作环境、尺寸和质量。在高功率应用中,功率容量和无源互调指标通常是最关键的设计选取参数;而在所有应用中,成本始终是首要考虑的约束条件。

如上文所述,滤波器设计人员的出发点是,根据系统的约束条件进行滤波器性能折中。在实际滤波器应用中,针对谐振器的无载 Q 值(确定整个通带内的插入损耗的变化趋势)和工作温度范围的评估,在这些折中方案的实施过程中是必不可少的。

　　微波滤波器广泛使用的材料一般是铝材(较轻且易加工)和殷钢,其中热稳定性是关键要素。然而自二十世纪 80 年代开始,高品质的介质材料展现出惊人的优势。如第 16 章所述,介电常数范围在 20 ~ 90 之间的高无载 Q 值商用介质材料,其温度偏移为 $-6 ~ +6$ ppm/℃。Q 值取决于介电常数,通常采用无载 Q 值与频率 f(单位为 GHz)的乘积,即 $Q \times f$ 来表示。当介电常数为 29 时 $Q \times f$ 为 90 000,当介电常数为 45 时 $Q \times f$ 为 50 000。另一个有价值的应用是将铝材制成平面、同轴或波导结构形式,或在制成的腔体内安装介质谐振器,这样就能不受任何热稳定性差的材料的影响。使用温度补偿方法(用铝腔体容易实现),可将有效热偏移控制在 ± 1 ppm/℃ 范围内。铝腔体代表低成本、低质量和小体积。基于这些因素,介质加载滤波器可广泛应用于中低功率(多达几十瓦,取决于使用频段)环境中。介质滤波器的实际 Q 值极小,可以媲美波导滤波器的性能。

　　接下来,需要选取一个合适的 ELFD 参数对性能实施折中。正如之前所述,要考虑的涉及两方面:工作温度范围的影响;设计的复杂程度、制造的难易程度和装配公差。其中,前者显然取决于材料的选取,可视为线性频率偏移在低维度上的约束条件;后者反映出设计的复杂性和工艺标准,成本是重要因素。限定制造公差范围相对成本来说特别敏感,窄的范围意味着更好的性能,但是制造成本变得更高,反之亦然。从系统层面看,对于滤波器和多工器网络指标的设计和预算,性能与线性频率偏移的折中是一个关键依据。整个线性频率偏移的选取,所用的主要是工业经验方法。表 23.1 列出了常用频段和材料下,微波滤波器网络用到的线性频率偏移的典型值。表内参数的取值基于以下条件:

- 工作温度范围:$0 ~ 50$℃;
- α 表示原始材料的热膨胀系数,单位为百万分之一每摄氏度,即 ppm/℃;
- 等效 α 表示谐振器结构的热膨胀系数的假定值,它包含因制造过程和物理结构复杂性引入的误差。表中的参数计算基于铝的热膨胀系数 $\alpha = 25$ ppm/℃,殷钢和介质加载结构的热膨胀系数 $\alpha = 2$ ppm/℃。
- 装配误差和制造公差是任意的,这些参数反映了工业制造的经验水平。当滤波器受到工作温度环境的影响时,微波结构中存在调谐元件和不连续性,从而产生了寄生耦合(常称为二阶效应)。此处假定与滤波器的设计方法无关。

表 23.1　线性频率偏移的典型参数

工作温度范围:$0 ~ 50$℃

补偿装配误差和制造公差用到的线性频率偏移值,当频率为 1 GHz 时为 ± 0.1 MHz,当频率为 2 GHz 时为 ± 0.15 MHz,当频率为 4 GHz 时为 ± 0.25 MHz,当频率为 12 GHz 时为 ± 0.4 MHz

	α (ppm/℃)	等效 α (ppm/℃)	频带 (GHz)			
			1	2	4	12
			总线性频率偏移($\pm$MHz)			
铝	22.4	25	0.80	1.40	2.75	8.0
殷钢[a]	1.6	2 ~ 2.5	0.15	0.25	0.45	1.0
介质加载结构[a]	2 ~ 4	2 ~ 6	0.15	0.25	0.45	1.0

[a]　假设殷钢和介质加载结构的热膨胀系数 $\alpha = 2$ ppm/℃。

23.1.2　同步与不同步调谐滤波器

针对具有对称响应的带通和带阻滤波器，可以使用同步调谐或不同步调谐的谐振器；如果滤波器需要不对称响应，则必须使用一个或多个不同步调谐的谐振器。

23.1.2.1　同步调谐滤波器

大多数系统需要射频信道关于中心频率呈对称性，同步调谐滤波器是实现对称响应的最理想选择。柯林在 1957 年发表的文献中提出了直接耦合谐振滤波器的基本综合方法，使用了同步调谐谐振器。自此以后，同步调谐谐振器成为所有商业微波滤波器应用中必不可少的一部分。

二十世纪 70 年代，有学者提出了双模滤波器技术和耦合矩阵（CM）综合方法。双模技术最适合用于同步谐振器，可以采用方波导或圆波导。类似地，方或圆的平面谐振器结构也可以在一个单谐振器中呈现两个正交模式。一些耦合元件，如一个调谐螺丝或一段不连续的传输线，可用于这个谐振器中的两个模式产生耦合。采用双模结构很容易实现两个不邻接谐振器之间的耦合，这种耦合形式出现在各种滤波器拓扑中，可实现椭圆和准椭圆滤波器函数响应。该耦合的另一个作用是为给定的滤波器函数提供最大的设计自由度（例如滤波器阶数），从而引申出无限种可能的解决方案。在实际应用中，采用双模结构可以实现最少的耦合路径数，双模拓扑也极其紧凑，且滤波器结构的成本也是最经济的。

23.1.2.2　不同步调谐滤波器

在实际应用中，如果需要不对称响应，则至少需要使用一个或多个不同步调谐谐振器。21 世纪初，耦合矩阵方法被扩展应用于不对称响应的滤波器设计。在第 9 章、第 10 章和第 13 章提到了若干使用不同步谐振器的滤波器的拓扑和设计实例，这些拓扑包括闭端形拓扑、提取极点型拓扑和扩展盒形拓扑。

虽然不同步调谐谐振器是设计不对称滤波器的关键，但是在增加特定耦合的情形下，也可以实现对称响应。例如，在滤波器拓扑中使用两个三角元件。不同步调谐谐振器用来实现对称响应，意味着该谐振器的物理尺寸不可能是一致的，同一腔体中的两个谐振频率不可能分离得很远，这就限制了双模结构的设计应用。同一腔体中需要分离出两个不同的谐振频率，同样也意味着其中一个调谐螺丝需要伸入腔体内部极深，从而导致无载 Q 值的恶化。虽然不同步调谐谐振器实现对称响应，在实际滤波器网络应用中不太适用，但是在某些应用中需要用到。其中一个例子是，设计滤波器用于射频信道末端，构成合路器或多工器，这种滤波器需要利用不对称响应，以补偿滤波器通带一侧因缺失相邻信道而引起的不对称。另一个例子是蜂窝基站应用中的双工器，也就是两信道多工器，为了保护每个信道的最佳（对称）响应，这两个滤波器需要使用不对称设计。

23.1.3　射频信道滤波器的参数折中

本节将通过若干实例，说明如何实现通信系统射频信道中基于切比雪夫和准椭圆函数滤波器的折中。基于这种类型的滤波器函数应用广泛，或易于计算。这种折中方法具有普适性，而且可以用于任意类型的滤波器函数。假定滤波器物理结构中的耗散是均匀分布的（一般情况下），信道的幅度和相位/群延迟性能能够十分精确地参数化。引入等效线性频率偏移的概念后，就可以计算出在整个工作温度范围内和可接受的制造公差灵敏度条件下，对滤波器性能进行折中。

例23.1 实际滤波器函数极点和零点的仿真

本例主要利用滤波器函数的极点和零点,说明实际滤波器的幅度和群延迟的计算过程;本例另一个目的是从整个工作温度范围和制造公差的灵敏度两个方面,来突出性能上的折中。

本例选取一个6阶准椭圆同轴滤波器,它包含一对传输零点,且特征因子 $F = 60$ dB(见第3章)。另外,假定回波损耗 RL = 22 dB,中心频率 $f_0 = 4$ GHz,指定的通带带宽 BW = 24 MHz 且无载 Q 值(Q_0)为4000。滤波器的设计带宽必须大于指定的通带带宽。由于制造公差的影响,在整个工作温度范围内允许性能出现恶化,因此本例中选取的设计带宽为26 MHz。

解: 使用表3A.3中的滤波器原型的关键频率,总结如下:

传输零点: $s_{tz} = \{ \pm j1.4869 \}$

反射零点: $s_r = \{ \pm j0.2818, \pm j0.7415, \pm j0.9723 \}$

极点: $s_p = \{ -0.1068 \pm j1.0908, -0.3687 \pm j0.8775, -0.5980 \pm j0.3463 \}$

包含这些关键频率的多项式系数、归一化因子 ε 和 ε_R 如表23.2所示。

表23.2　归一化多项式 $E(s)$, $F(s)$ 和 $P(s)$ 的系数和归一化因子

	$E(s)$	$F(s)$	$P(s)$
s^6	1.0000	1.0000	—
s^5	2.1471	—	—
s^4	3.8797	1.5747	—
s^3	4.2421	—	—
s^2	3.4607	0.6386	j1.0000
s^1	1.8171	—	—
s^0	0.5197	0.0413	j2.2109
	$\varepsilon_R = 1.0000$		$\varepsilon = 4.2673$

这个带通滤波器的耗散因子 δ 计算如下:

$$\delta = \frac{f_0}{\Delta f} \frac{1}{Q_0} = 0.03846$$

将极点和零点的实部分别减去 δ,可以表示均匀耗散的影响。

下面根据23.1.1节的介绍,通过引入等效线性频率偏移的概念,来说明常用工作环境下实际滤波器的性能折中。在本例中,假设滤波器的工作温度范围为 0~50℃,采用殷钢或等效材料,使谐振器结构的最小线性频率偏移为 ±0.2 MHz,且假设因制造公差产生的等效线性频率偏移为 ±0.3 MHz,因此总等效线性频率偏移为 ±0.5 MHz。

图23.1显示了该滤波器的归一化幅度响应。对于大多数应用,接近通带边沿的抑制通常限制在 20~30 dB 范围内。正如第1章介绍的,当考虑通信系统中收发器或信道的噪声预算分配指标时,需要满足这种限制条件。

在本例中,选取阻带带宽为 ±18 MHz 且抑制为 30 dB,大于限制指标要求。从图23.1中可以看出,30 dB 的衰减斜率非常陡峭,这意味着滤波器性能随着这个线性频率偏移会出现极大变化。为了强调此处的折中,注意,由图23.2(a)可看出,带宽扩展后对应频率点的抑制约为30 dB。

通带中最敏感的参数是通带边沿的相对群延迟和插入损耗。使用横坐标来标示通带带宽的各频率点,图23.2(b)和图23.2(c)所示分别为通带边沿的相对群延迟和插入损耗的波动响应。通过使用群延迟均衡器或线性相位滤波器,并引入一组新的折中参数,通带性能可以得到极大改善。

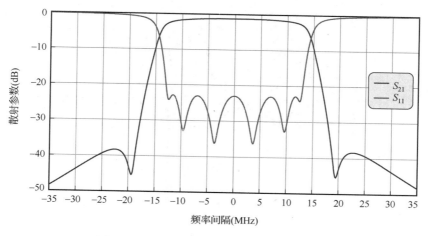

图 23.1　例 23.1 中 (6-2) 滤波器的电气响应

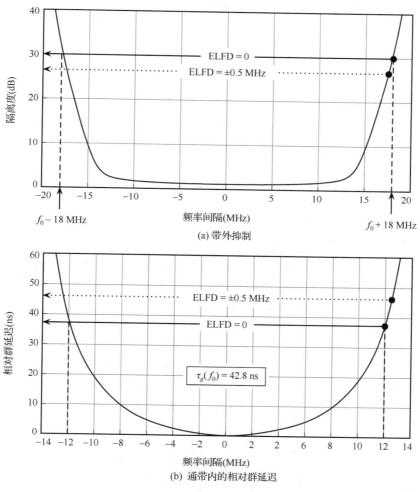

(a) 带外抑制

(b) 通带内的相对群延迟

图 23.2　给定滤波器函数与等效线性频率偏移的滤波器的折中示意图

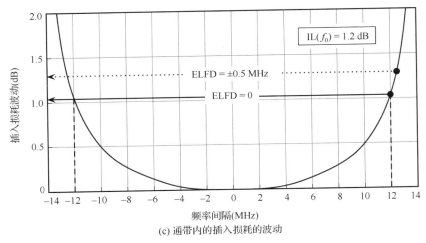

(c) 通带内的插入损耗的波动

图 23.2(续)　给定滤波器函数与等效线性频率偏移的滤波器折中后的响应

表 23.3 给出了归一化响应的计算结果,以及线性频率偏移为 ±0.5 MHz 时最差的结果,该表仅代表在指定滤波器函数和指标限制条件下的一个例子。接下来,使用不同频率点(靠近通带)的抑制和阻带带宽指标作为限制条件,进行滤波器性能的折中。在实际应用中,通常还需要考虑各种滤波器函数,在最终选定其中一种之前进行折中。

表 23.3　性能折中汇总

参数(最差条件下)	ELFD(MHz)		
	0	±0.2	±0.5
抑制(±18 MHz)	30.0 dB	29.2 dB	26.6 dB
相对群延迟(±12 MHz[a])	37.3 ns	40.6 ns	46.4 ns
相对插入损耗(±12 MHz[b])	1.0 dB	1.1 dB	1.3 dB

　　a　中心频率的绝对群延迟为 42.8 ns。
　　b　中心频率的绝对插入损耗为 1.2 dB。

　　这个简单的例子阐述了在已知滤波器函数的零极点结构的条件下,实际滤波器网络在任意工作环境下应用的折中设计方法。这个工作温度范围定义了最小的等效线性频率偏移,明确了实现滤波器所用材料的热稳定性。等效线性频率偏移超过最小值,就能较好地评估性能受制造公差和成本因素的影响。对 Q_0 的选取确定了折中手段,需要考虑滤波器的拓扑、物理结构、传播模式和工艺标准;而且,Q_0 还是反映滤波器的尺寸和质量的重要参数。本例中介绍的方法不仅对滤波器设计人员,而且对系统工程师来说也是非常实用的,可以分析和优化通信系统中滤波器的需求。

例23.2　6/4 GHz 卫星系统信道滤波器的折中

目的

　　上例展示了如何根据已知滤波器函数的关键频率(即零极点结构)计算出实际滤波器网络的性能。本例将扩展该方法,用于评估 6/4 GHz 卫星系统可用频谱信道化的系统参数和设计参数。窄带信道微波滤波器主要对信道或转发器的性能产生影响,这种滤波器性能决定了转发器的可用带宽;带宽越大,也就意味着通信容量越高。本例中,可用带宽的最大化需要用到更高阶、更复杂的滤波器函数。工作环境的影响和实现滤波器网络使用的方法,更容易在系统层面的折中过程中体现出来。通过将这些计算性能与各自的电磁模型(见例 23.7)进行对比，可以验证这些方法的有效性。它适用于任意通信系统滤波器性能的折中评估。

系统限制

　　正如 1.8 节所介绍的，6/4 GHz 卫星系统的下行频谱从 3.7 GHz 扩展到 4.2 GHz，通常需要将这 500 MHz 带宽划分为 12 个信道，每个信道分配的带宽为 40 MHz。在实际应用中，为了给信道滤波器预留裕量，需要分配 4 MHz 作为过渡带宽，因此分配给每个信道的可用带宽为 36 MHz。过渡带分配 4 MHz 带宽是任意的，这是由实际滤波器网络可实现的性能决定的。1.5 节曾提到，需要尽可能使来自相邻信道和其他同极化信道的干扰噪声水平保持低于理想信号 20~30 dB，这也就意味着滤波器必须具有陡峭的衰减，在相邻信道通带边沿的理想衰减值一般是 20 dB。在相邻信道的带边(例如，中心频率 ±22 MHz 或更宽)实现这么陡峭的衰减，通带将会出现失真。因此，我们限制典型的抑制指标在 $f_0 \pm 22$ MHz 时大于 10 dB，在 $f_0 \pm 25$ MHz 时大于 35 dB。在 3.7~4.2 GHz 频率范围内，要求的抑制指标会更高。

滤波器性能折中

　　三种不同滤波器的性能折中设计方法如下。

1. 选取一个最小衰减相差 10 dB 的(8-4)准椭圆函数滤波器(详见附录 4A)，相应的低通原型的传输零点为 $s_{tz} = \{\pm \mathrm{j}1.1601, \pm \mathrm{j}1.4321\}$，回波损耗为 22 dB 且中心频率为 4 GHz，折中后在远离中心频率的 22 MHz 通带带宽外，抑制大于 10 dB 的带宽可实现最大化。实施折中后带宽为 39.5 MHz，且相对 $f_0 \pm 22$ MHz 时的抑制大于 15 dB，它的理想电气响应如图 23.3 所示。

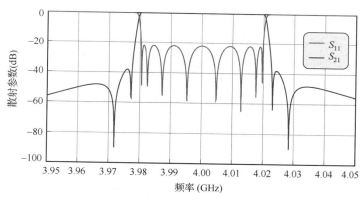

图 23.3　最小衰减相差 10 dB 的(8-4)准椭圆函数滤波器的理想电气响应

2. 将上述(8-4)滤波器外接根据第 17 章介绍的优化方法设计的 D 类均衡器(见图 23.4)，求解目标是优化通带中间部分的群延迟变化，使其波动小于 2 ns。假设在均衡器所用的环形器指标中，正向损耗为 0.2 dB，反向隔离度为 30 dB 且整个工作温度范围内为理想响应[1]。

3. 对于(10-2-2)线性相位滤波器，低通原型的传输零点为 $s_{tz} = \{\pm \mathrm{j}1.2015, \pm 0.719\}$，选取 s 平面上的实传输零点，允许群延迟最大波动为 2 ns。该滤波器的基本指标为 RL = 22 dB，$f_0 = 4$ GHz 且 BW = 39.5 MHz。它的理想电气响应如图 23.5 所示。

---

① 在整个温度范围内，实际环形器的性能将出现变化，优化后在窄的带宽内表现出较好的性能。

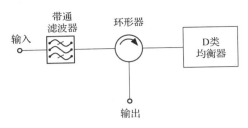

图 23.4　外接 D 类反射型均衡器的带通滤波器

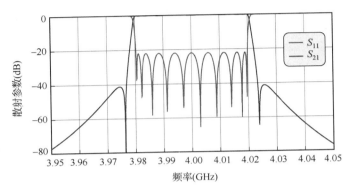

图 23.5　(10-2-2)准椭圆函数滤波器的理想电气响应

为了便于比较,将这三种滤波器的曲线显示在同一幅图中,如图 23.6 所示。外接均衡器的(8-4)滤波器与自均衡(10-2-2)滤波器相比,在整个宽的带宽范围内实现的群延迟曲线更平滑。

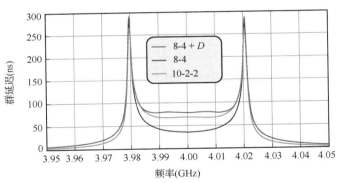

图 23.6　三种设计方法给出的群延迟曲线比较

假定所有滤波器是由波导谐振器或介质加载谐振器构成的,无载 Q 值为 10 000。为了满足工作温度范围和制造公差,等效线性频率偏移的最保守的取值范围是 ±0.5 MHz。

表 23.4 总结了这三种滤波器的折中方法。该表突出了在实际通信系统应用中,外接均衡器的信道滤波器性能与线性相位滤波器性能的折中对比。根据表里的数据可知,无均衡功能的滤波器的通带性能最差,但它的结构最简单、最轻,且体积最小。外接均衡器的信道滤波器则提供了最佳性能,代价是较复杂、较重,以及敏感性的增加,在整个工作温度范围内,性能也会出现恶化。线性相位滤波器虽然在性能上表现出极好的折中,但是它的结构对制造公差更敏感。

表 23.4 6/4 GHz 卫星系统信道滤波器性能的折中总结

滤波器类型	抑制(dB)		相对群延迟(ns)		插入损耗波动(dB)	
	$f_0 \pm 22$	$f_0 \pm 25^a$	$f_0 \pm 15$	$f_0 \pm 18$	$f_0 \pm 15$	$f_0 \pm 18$
(8-4)双模滤波器[b]	14.8	38.2	26.3	68.2	0.3	0.7
(8-4)双模滤波器 + D 类均衡器[c]	16.2	39.1	5.4	42	0.3	0.4
(10-2-2)自均衡滤波器[d]	14.8	41.9	14.9	52.5	0.2	0.6

假设等效线性频率偏移为 ±0.5 MHz。

a   在 3.7 ~ 4.2 GHz 频率范围内,指定 $f_0 \pm 25$ MHz 及更远处的抑制指标。

b   通带中心的绝对群延迟为 35.5 ns,插入损耗为 0.4 dB。

c   通带中心的绝对群延迟为 79.5 ns,插入损耗为 1.3 dB。

d   通带中心的绝对群延迟为 68.5 ns,插入损耗为 0.8 dB。

23.2 滤波器的综合方法和拓扑

本节主要讨论一些滤波器的设计方法,以及如何运用电磁仿真工具,从理想模型(集总模型和分布参数模型)开始,逐步计算出它的物理尺寸。

下面通过若干实例,介绍如何使用耦合矩阵方法综合各种滤波器拓扑的电路模型。然后运用电磁仿真工具和全波分析方法,根据这些电路模型计算出物理尺寸。物理实现包括波导、同轴和介质等加载结构。滤波器拓扑的选取是为了实现更高的指标要求,并阐明不同结构的优点和缺点。对于滤波器设计而言,明智地运用电磁仿真器这一强大的工具计算物理尺寸至关重要。这些例子中包含了充分的介绍,着重强调了初始模型的设计。通过有选择地添加分布参数元件,匹配特定的电磁基本理论,从而产生全尺寸的电磁模型。

例 23.3   单模滤波器的电磁模型

以一个切比雪夫直接耦合波导带通滤波器为例,其指标为阶数 $N = 3$,回波损耗 RL = 20 dB,中心频率 $f_0 = 4$ GHz,通带带宽 BW = 40 MHz,结构为全感性耦合矩形波导。

该滤波器是全极点滤波器,因此设计中没有传输零点,相关多项式可以直接引用经典公式来计算。下面使用低通原型的散射参数公式来开始设计:

$$S_{21}(s) = \frac{P(s)/\varepsilon}{E(s)}, \quad S_{11}(s) = \frac{F(s)/\varepsilon_R}{E(s)}$$

因为这是一个全极点设计且 $N - n_{tz} = 3$,所以令 $P(s) = 1$,$\varepsilon_R = 1$,多项式 $E(s)$ 的根(滤波器的极点)可根据下式求解:

$$p_k = \text{j}\cosh(\eta + \text{j}\theta_k)$$
$$\eta = \frac{1}{\eta}\text{asinh}(\varepsilon_1), \quad \varepsilon_1 = \sqrt{10^{\text{RL}/10} - 1}$$
$$\theta_k = \frac{2k-1}{2N}\pi, \quad k = 1, 2, 3$$

求得的 3 个极点如下:

$$p_1 = -1.171\,72, \quad p_{2,3} = -0.585\,86 \pm \text{j}1.334\,05$$

反射零点,即 $F(s)$ 的零点直接根据以下经典公式计算可得:

$$z_k = \mathrm{j}\cos\theta_k\,, \quad \theta_k = \frac{2k-1}{2N}\pi, \quad k = 1,2,3$$

给出的 3 个反射零点为

$$z_1 = 0, \quad z_{2,3} = \pm\mathrm{j}0.8660$$

多项式的表达形式如下:

$$
\begin{aligned}
E(s) &= (s-p_1)(s-p_2)(s-p_3) \\
&= 2.4875 + 3.4958s + 2.3434s^2 + s^3 \\
F(s) &= (s-z_1)(s-z_2)(s-z_3) \\
&= 0.75s + s^3
\end{aligned}
$$

最后,根据切比雪夫滤波器在通带边沿 $\omega = \pm 1$ 处完全满足给定的回波损耗这一条件,计算归一化因子 ε 可得:

$$\varepsilon = \frac{1}{\varepsilon_1}\left|\frac{P(s)}{F(s)}\right|_{s=\pm\mathrm{j}} = 0.402\,02$$

一旦获得了上述这些多项式,就可以将滤波器的数学表达式转化为电路形式。最简洁的基本电路形式是集总梯形网络,经过数学运算可以准确获得相同的响应。针对切比雪夫滤波器,贝尔维奇[2]推出了求解电路元件值的解析表达式(见14.1节),从而避免了使用多项式综合的方法。求得的集总元件参数为

$$
\begin{aligned}
g_0 &= g_4 = 1\ \Omega \\
g_1 &= g_3 = 0.853\,45\ \mathrm{F} \\
g_2 &= 1.103\,87\ \mathrm{H}
\end{aligned}
$$

使用上述参数构建的低通梯形网络如图 23.7 所示。如果集总元件公式未知,则这个集总电路必须运用合适的多项式综合方法来导出。如果有需要,则也可以采用对偶电路,同样能获得相同的响应。在微波滤波器的物理实现过程中,完美地将这些相同的分布元件(可看成一个电感或电容)与滤波器结构结合起来(见附录 A),使得结构更简单、更稳定。为了使用阻抗或导纳变换器来实现,最佳的实现方式是将网络的所有相同元件归一化为 1,如图 23.8 所示,在低通梯形网络中,将所有并联电容归一化为 1 F 了。

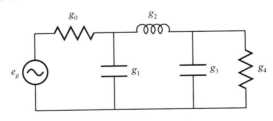

图 23.7　滤波器的集总低通梯形网络

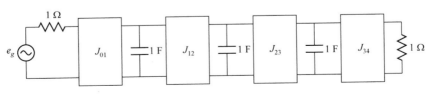

图 23.8　包含 J 变换器的归一化原型电路

根据附录 A 中的公式，变换器的元件值计算如下：

$$J_{i,i+1} = \frac{1}{\sqrt{g_i g_{i+1}}} \Rightarrow \begin{cases} J_{01} = 1.082\ 46 = J_{34} \\ J_{12} = 1.030\ 27 = J_{23} \end{cases}$$

因此，用 $N+2$ 耦合矩阵直接表示为

$$\boldsymbol{M} = \begin{pmatrix} 0 & J_{01} & 0 & 0 & 0 \\ J_{01} & 0 & J_{12} & 0 & 0 \\ 0 & J_{12} & 0 & J_{23} & 0 \\ 0 & 0 & J_{23} & 0 & J_{34} \\ 0 & 0 & 0 & J_{34} & 0 \end{pmatrix}$$

下一步是将滤波器的低通原型变换为带通形式。对所有电容运用 3.8 节介绍的低通到带通的变换公式，将并联电容变换为并联谐振器(具有相同的元件值)如下：

$$C_p = \frac{1}{2\pi\,\mathrm{BW}} = 3.978\ 874\ \mathrm{nF}$$

$$L_p = \frac{1}{4\pi^2 f_0^2 C_p} = 0.397\ 887\ 4\ \mathrm{pH}$$

由于这些变换器是不随频率变化的，因此变换器的元件值将保持不变。图 23.9 所示的等效集总带通滤波器的电气响应如图 23.10 所示。

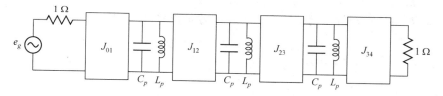

图 23.9　等效集总带通滤波器的对偶网络电路

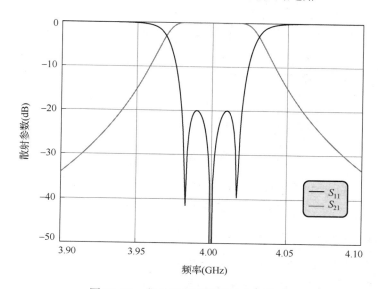

图 23.10　集总带通滤波器的电气响应

首先利用集总元件模型与等效耦合矩阵之间严格的对应关系，来构建这个由传输线和变换器组成的分布模型。接下来选取实现滤波器的物理结构形式，本例使用的是波导结构，因此

传输线响应必须考虑波导传播模式引起的色散特性(本例中使用 TE_{10} 模式)。由于最终实现的结构中包含感性窗口和 $\lambda_{g0}/2$ 波长谐振器,因此使用图 23.11 中的 K 变换器表示这个分布模型[1]比较合适。本例中选择的波导接口型号为 WR-229 ($a = 58.116\ mm$,$b = 29.083\ mm$),归一化的 K 变换器参数计算如下(见附录 A):

$$\overline{K}_{01} = \overline{K}_{34} = M_{S1}\sqrt{\frac{n\pi}{2}\mathcal{W}_\lambda} = 0.177\ 49$$

$$\overline{K}_{12} = \overline{K}_{23} = M_{12}\frac{n\pi}{2}\mathcal{W}_\lambda = 0.027\ 70$$

其中,

$$\lambda_{g0} = \frac{\lambda_{g1} + \lambda_{g2}}{2}, \quad \mathcal{W}_\lambda = \frac{\lambda_{g1} - \lambda_{g2}}{\lambda_{g0}}$$

且 n 为谐振模式的半波长数(本例中 $n = 1$),λ_{g1} 为低通带边沿频率对应的谐振器的波长,λ_{g2} 为高通带边沿频率对应的谐振器的波长。

对于带宽较窄的分布模型,它的频率响应几乎与集总模型的完全相同,如图 23.10 所示。

现在,需要运用电磁方法(也称为电磁模型)来获得滤波器的物理尺寸。传输线可以直接转化为波导长度,但是变换器必须转化为合适尺寸的耦合窗口。感性窗口变换器模型(见表 14.2)如图 23.12 所示,该模型适合用厚膜片实现,且所有窗口厚度 t 固定为 $2\ mm$。该模型的相位 ϕ 为负值,而 X_s 和 X_p(相对于波导基模的特征阻抗 Z_0 进行归一化)为正值。

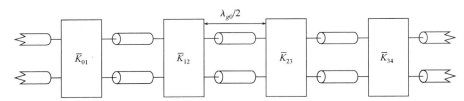

图 23.11　滤波器的分布参数模型

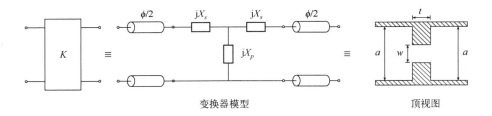

图 23.12　用波导实现感性窗口变换器模型(中图)。顶视图
(右图)给出了两个主要设计参数:宽度 w 和厚度 t

对称膜片的设计过程分为以下几个步骤。

1. 使用文献[3]中的模型或之前设计的一些电磁数据来作为膜片宽度的初值。
2. 在中心频率附近对膜片进行电磁仿真,获得 S_{11} 和 S_{12}。

---

① 滤波器的电路形式与全封闭(短路)的半波长谐振器的类似,通过级联的谐振器和变换器来实现高并联电抗的建模,该模型的对偶网络电路如图 23.9 所示。

3. 根据 14.5 节的公式，模型参数计算如下：

$$jX_s = \frac{1 - S_{12} + S_{11}}{1 - S_{11} + S_{12}}, \qquad jX_p = \frac{2S_{12}}{(1 - S_{11})^2 - S_{12}^2}$$

4. 首次迭代计算，得到变换器 $K^{(1)}$ 的绝对值：

$$K = \left| \tan\left[\frac{\phi}{2} + \arctan(X_s) \right] \right|$$

$$\phi = -\arctan(2X_p + X_s) - \arctan(X_s)$$

5. 比较 $K^{(1)}$ 和理想的 K 值。如果 $K^{(1)} < K$，则增大耦合（感性窗口尺寸变大），反之则减小耦合（感性窗口尺寸变小）。

6. 重复 n 次第 2～5 步，直到 $K - K^{(n)}$ 的差值可忽略不计为止。

7. 根据这些变换器的所有最终相位参数 ϕ，修正相邻谐振器的长度。变换器 $r-1$ 和变换器 r（该变换器位于谐振器 r 的末端）之间的谐振器 r 的长度可修正如下：

$$l_r = \frac{\lambda_{g0}}{2\pi}\left[\pi + \frac{1}{2}(\phi_{r-1} + \phi_r) \right], \quad r = 1, \cdots, N$$

针对所有膜片，按上述方法获得的所有尺寸（单位为 mm）为

$$a = 58.115, \quad w_1 = w_4 = 20.937, \quad l_1 = l_3 = 45.012$$
$$b = 29.083, \quad w_2 = w_3 = 10.663, \quad l_2 = 47.624, \ t = 2 \tag{23.1}$$

图 23.13 给出了最终滤波器的平面图，以及由以上算法获得的物理尺寸；将这些尺寸代入电磁全波仿真工具，得到优化前的响应如图 23.14 所示。

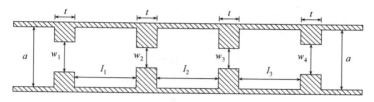

图 23.13　感性膜片滤波器的平面图

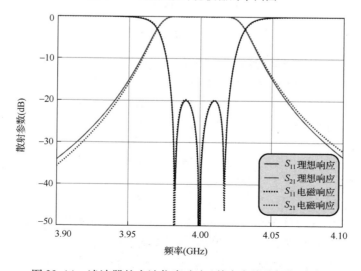

图 23.14　滤波器的全波仿真响应（其中实线为理想响应）

例 23.4   双模滤波器的电磁模型

本例分析一个波导双模结构的准椭圆函数滤波器，其指标为阶数 $N=4$，回波损耗 $RL=22$，带外衰减大于 40 dB，中心频率 $f_0=12$ GHz，通带带宽 $BW=76$ MHz，无载 Q_u 值 >10 000，使用结构为 TE_{113} 模式的圆腔双模波导。

为了满足所需的带外衰减，低通原型滤波器的传输零点位置确定为 $s=\pm j2.6207$。根据阶数 N、回波损耗 RL 及传输零点的位置，运用第 6 章介绍的递归技术，得到这些散射参数的多项式为

$$S_{21}(s)=\frac{P(s)/\varepsilon}{E(s)},\quad S_{11}(s)=\frac{F(s)/\varepsilon_R}{E(s)}$$

其中 $\varepsilon=4.0532$ 且 $\varepsilon_R=1$。极点位置为

$$p_{1,2}=-0.2973\pm j1.2310$$
$$p_{3,4}=-0.8565\pm j0.5713$$

这些多项式的系数列于表 23.5 中。由于滤波器是双模结构，因此它的耦合路径图是单四角元件形式，如图 23.15 所示。

表 23.5   例 23.4 中多项式 $E(s)$、$F(s)$ 和 $P(s)$ 的归一化系数和归一化因子

	$E(s)$	$P(s)$	$F(s)$
s^4	1.0000	—	1.0000
s^3	2.3076	—	—
s^2	3.6821	j1.0000	1.0197
s^1	3.3774	—	—
s^0	1.6998	j6.8681	0.1350
	$\varepsilon_R=1.0000$		$\varepsilon=4.0532$

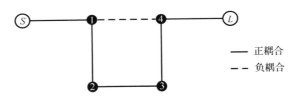

图 23.15   例 23.4 中滤波器的耦合路径图

这个含有单四角元件的(4-2)滤波器的耦合矩阵拓扑，实际应该是折叠形式的。因此，根据第 8 章介绍的方法，其对应的耦合矩阵求解如下：

$$\boldsymbol{M}=\begin{pmatrix} 0 & 1.0741 & 0 & 0 & 0 & 0 \\ 1.0741 & 0 & 0.9359 & 0 & -0.1069 & 0 \\ 0 & 0.9359 & 0 & 0.7666 & 0 & 0 \\ 0 & 0 & 0.7666 & 0 & 0.9359 & 0 \\ 0 & -0.1069 & 0 & 0.9359 & 0 & 1.0741 \\ 0 & 0 & 0 & 0 & 1.0741 & 0 \end{pmatrix}$$

低通原型电路可以视为将谐振节点处多个 $C=1$ F 的并联电容，通过 J 变换器连接而成，对应的带通集总模型可以使用图 23.16 所示的并联谐振器来代替并联电容而获得。假定所有谐振器的参数完全相同，将并联电容运用低通到带通映射公式变换后，求得元件值如下：

$$C_p = \frac{1}{2\pi \, \text{BW}} = 2.094 \, \text{nF}, \qquad L_p = \frac{1}{4\pi^2 f_0^2 C_p} = 0.084 \, \text{pH}$$

这个双模滤波器带通集总模型的电气响应能满足指标要求，如图 23.17 所示。

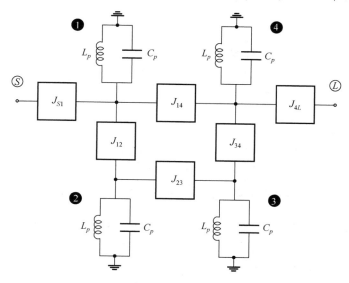

图 23.16 双模滤波器带通集总模型

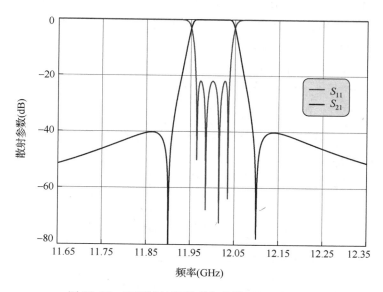

图 23.17 双模滤波器带通集总模型的电气响应

接下来使用与例 23.3 的同样的步骤，自然会用到分布模型。为了描述这类滤波器，文献 [4] 提出了一个简单的分布模型，使用的是最常见的 TE_{113} 模圆波导结构，该模型的等效电路如图 23.18 所示。使用 TE_{113} 模式，意味着所有谐振器的电长度为 $3\lambda_g/2$，该模型中唯一可以固定的参数是圆波导的半径，它的取值由以下两个相互矛盾的要素决定：

- 在 $11.7 \sim 12.2$ GHz 频率范围内, 滤波器结构不允许使用传播除 TE_{113} 模式外的其他任何传播模式。
- 无载 Q 值最大化。

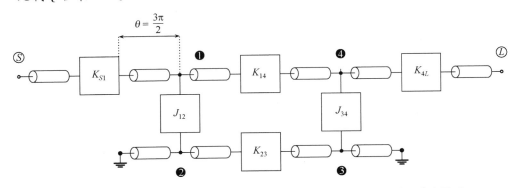

图 23.18　假设传播模式为 TE_{113}, 且传输线长度都相等的双模滤波器分布模型

如果必须满足第一个要素, 那么该结构可实现的无载 Q 值将受到限制。然而, 这个缺点并不是特别重要, 与主模 TE_{111} 相比, 选择 TE_{113} 模式作为传播模式能实现更高的品质因数, 代价是增加了滤波器结构的体积, 并且更重了。

确定谐振器尺寸的通用方法是利用谐振器的模式图, 找到每个谐振器模式的乘积 $(fD)^2$ (f 代表中心频率, D 代表谐振器直径) 与谐振器外形因子 $(D/L)^2$ (谐振器直径 D 与谐振器长度 L 之比的平方) 的对应关系。在图 23.19 所示的多条线段中, 代表 TE_{113} 模式的线段, 在 $11.7 \sim 12.2$ GHz 频率范围内与代表外形因子的垂直线段交叉。此外, 与垂直线段不交叉的线段对应的是 TM_{012} 模式。由于该模式靠近通带边沿的左侧, 从理论上讲, 在这个例子中, 通带内不会出现寄生响应。

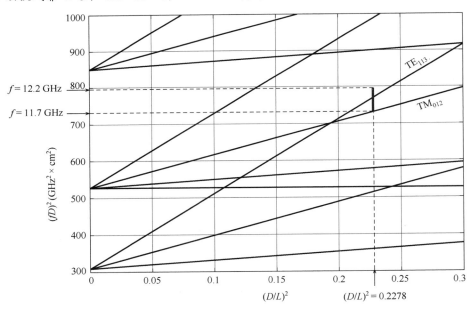

图 23.19　圆波导谐振器的模式图。与例 23.4
对应的外形因子 $(D/L)^2 = 0.2278$

通常避免谐波的方法是凭借直觉进行判断。利用外形因子产生一个点 $(fD)^2$，使其尽可能地远离代表寄生模式的线段。对于这个例子，不希望在 $11.7 \sim 12.2$ GHz 之间出现谐波，且在通带上边沿外的无谐波窗口最大。在这种情形下，我们可以获得谐振频率 f_0 为 12 GHz（$\lambda_g = 32.29$ mm）时 TE_{113} 模式的物理尺寸为

$$(D/L)^2 = 0.2278 \Rightarrow \begin{cases} \text{波导半径 } a = D/2 = 11.557 \text{ mm} \\ \text{谐振器长度 } L = 48.43 \text{ mm} \end{cases}$$

下面开始求解图 23.18 中显示的变换器的元件值：

$$\overline{K}_{S1} = M_{S1}\sqrt{\frac{3\pi}{2}}\mathcal{W} = 0.2398$$

$$\overline{J}_{12} = M_{12}\frac{3\pi}{2}\mathcal{W} = 0.0467$$

$$\overline{K}_{14} = M_{14}\frac{3\pi}{2}\mathcal{W} = -0.0053$$

$$\overline{K}_{23} = M_{23}\frac{3\pi}{2}\mathcal{W} = 0.0382$$

$$\overline{J}_{34} = M_{34}\frac{3\pi}{2}\mathcal{W} = 0.0467$$

$$\overline{K}_{4L} = M_{4L}\sqrt{\frac{3\pi}{2}}\mathcal{W} = 0.2398$$

其中 $\mathcal{W} = (\lambda_{g1} - \lambda_{g2})/\lambda_{g0}$。分布模型的参数全部确定后，其电气响应如图 23.20 所示，该响应与图 23.17 给出的带通集总模型的响应完全重合。

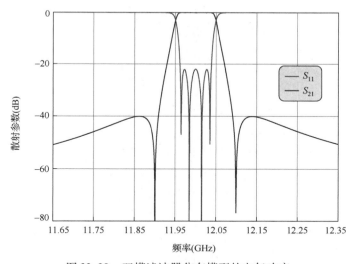

图 23.20 双模滤波器分布模型的电气响应

在接下来的设计过程中，需要将准椭圆滤波器的分布模型转换为与滤波器的物理尺寸对应的电磁模型。这个双模滤波器的拓扑结构包含图 13.11 所示的单四角元件，它的物理尺寸需要按以下步骤设计：

1. 十字膜片的设计
2. 输入膜片和输出膜片的设计
3. 调谐螺丝的设计

4.耦合螺丝的设计

首先，运用例23.3中获取膜片尺寸的方法来开始第1步。由于槽宽很窄(见图23.21)，两个呈十字的槽孔之间没有干涉，因此可以单独设计。

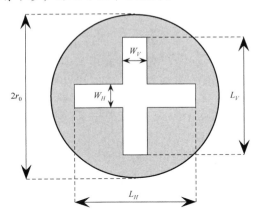

图 23.21　位于两个双模谐振器之间的十字槽孔。两个槽孔的尺寸是在假定$L_H \gg W_H$且$L_V \gg W_V$的条件下单独设计的

第2步与第1步略有不同，主要是输入膜片和输出膜片是不对称的。输入波导是标准矩形波导，而输入腔体和输出腔体是圆波导(见图23.22)；因此，必须扩展第14章给出的公式，用于非对称膜片的计算。将输入变换器和输出变换器用其等效电路模型表示(见图23.23)。求得的电路参数如下[4]：

$$jX_{s1} = \frac{(1+S_{11})(1-S_{22}) + S_{21}^2 - 2S_{21}}{(1-S_{11})(1-S_{22}) - S_{21}^2}$$

$$jX_{s2} = \frac{(1-S_{11})(1+S_{22}) + S_{21}^2 - 2S_{21}}{(1-S_{11})(1-S_{22}) - S_{21}^2}$$

$$jX_p = \frac{2S_{21}}{(1-S_{11})(1-S_{22}) - S_{21}^2}$$

$$\phi_1 = -\arctan\left(\frac{\Sigma}{\Pi_-}\right) - \arctan\left(\frac{\Delta}{\Pi_+}\right)$$

$$\phi_2 = -\arctan\left(\frac{\Sigma}{\Pi_-}\right) + \arctan\left(\frac{\Delta}{\Pi_+}\right)$$

其中，

$$\Sigma = X_{s1} + X_{s2} + 2X_p$$
$$\Delta = X_{s1} - X_{s2}$$
$$\Pi_+ = 1 + X_{s1}X_{s2} + X_p(X_{s1} + X_{s2})$$
$$\Pi_- = 1 - X_{s1}X_{s2} - X_p(X_{s1} + X_{s2})$$

求得变换器的元件值如下：

$$K = \sqrt{\left|\frac{1 + \Gamma e^{-j\phi_1}}{1 - \Gamma e^{-j\phi_1}}\right|}$$
$$\Gamma = \frac{j\Delta - \Pi_+}{j\Sigma + \Pi_-}$$

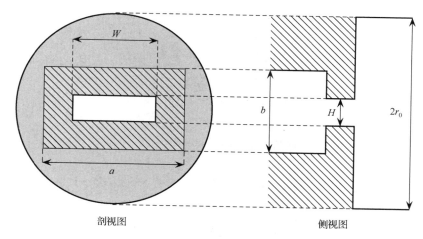

图 23.22　矩形波导转圆波导实现的输入膜片和输出膜片

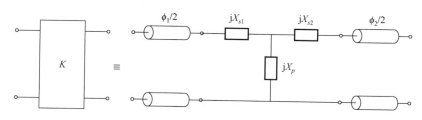

图 23.23　输入变换器和输出变换器的等效电路

　　膜片尺寸的求解，可以完全参照例 23.3 中给出的公式。在第 3 步，为了设计调谐螺丝的伸入长度，使得谐振于 f_0，需要运用电磁工具仿真圆波导腔（包含腔体两端已设计的膜片）的 S_{11} 参数的群延迟 τ_g，改变伸入长度，直到 τ_g 的峰值位于 f_0。在圆波导腔谐振器中，同时存在两个正交的极化模式，因此设计过程中必须在每个腔体上插入两个不同长度的调谐螺丝，分别用于对这两个正交模式进行调谐。图 23.24 用 $T_i(i=1,2,3,4)$ 表示正交放置的调谐螺丝，可单独调节两个正交极化模式。

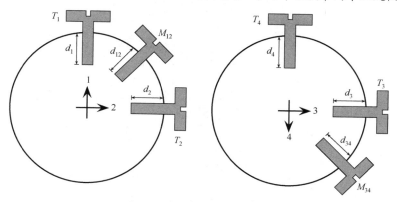

图 23.24　两个腔体上的调谐螺丝 T_i 和耦合螺丝 M_{ij} 的位置。利用
相邻腔体上放于不同位置的耦合螺丝可实现虚拟负耦合

　　最后，在第 4 步通过曲线拟合来完成耦合螺丝的伸入长度设计。在文献 [4] 中，将第一个腔体的分布模型响应与对应结构的电磁响应进行了详细对比。由于每个步骤中只需用到一个

参数(深度 d_{12} 或 d_{34}),所以每一次仿真过程(对应其中一个耦合螺丝)十分简单,只需稍微改变对应的调谐螺丝的深入长度,就可以实现精细调节。

根据以上计算步骤,最终得出所有尺寸如下(单位为 mm):

- 波导接口型号:WR-75 ($a = 19.05$, $b = 9.525$)
- 膜片厚度(输入膜片、输出膜片和十字膜片)为 1
- 输入膜片和输出膜片:$W = 10.1172$, $H = 2$
- 十字膜片:$W_H = 1$, $L_H = 5.0786$;$W_V = 1$, $L_V = 8.4025$
- 腔体长度:$L_1 = 47.2720$, $L_2 = 47.3156$
- 螺丝尺寸:直径为 2;$d_1 = 1.5$, $d_2 = 2.907$, $d_3 = 2.8883$, $d_4 = 1.5$;$d_{12} = 2.6307$, $d_{34} = 2.4153$

这个滤波器的三维结构如图 23.25 所示,优化前的整体电气响应如图 23.26 所示。从图中可以看出,性能已经非常接近理想响应,说明了分布模型的有效性。然后,进一步优化滤波器的尺寸,实现与理想响应完全一致。接下来的例子中所用的这些优化方法,可以广泛应用于各种类型的滤波器的设计。

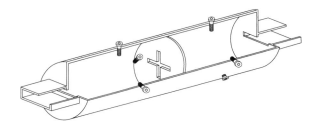

图 23.25　双模滤波器的三维模型

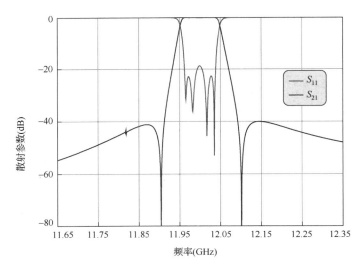

图 23.26　优化前,运用全波电磁工具仿真得到的双模滤波器的电气响应

例 23.5　梳状滤波器

假定滤波器函数为切比雪夫型,阶数 $N = 4$,RL = 20 dB 且拓扑结构为串列结构。设定频

率范围为 1805 ~ 1880 MHz，该频段广泛应用于无线通信系统中。

解： 该滤波器带宽为 BW = 75 MHz（即 1805 ~ 1880），则中心频率为

$$f_0 = \sqrt{1805 \times 1880} \approx 1842.12 \text{ MHz}$$

滤波器的相对带宽为 $\dfrac{\text{BW}}{f_0} \times 100\% \approx 4\%$。根据式（14.1）直接求解变换器的元件值如下：

$$M_{S1} = M_{4L} = 1.035\ 15$$
$$M_{12} = M_{34} = 0.910\ 58$$
$$M_{23} = 0.699\ 92$$

这个滤波器是同步调谐的（所有谐振器具有相同的谐振频率 f_0），因此所有谐振器的自耦合 $M_{ii} = 0$。

实际应用中，通常选取的腔体谐振器结构需要满足高的无载 Q 值和宽的无谐波窗口指标，图 23.27 显示了单个梳状谐振器的示意图。

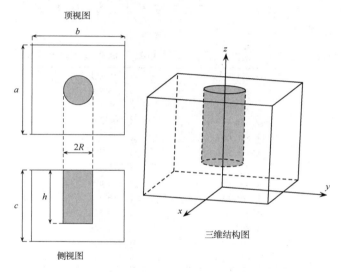

图 23.27　梳状谐振器的示意图。左上为顶视图（x-y 平面），左下
为侧视图（y-z 平面），右侧为相应坐标系的三维结构图

令腔体尺寸为 $a = 5$ cm，$b = 5$ cm，$c = 4$ cm，得到一个 $a \times b \times c$ 的六面腔体结构。设圆金属杆的半径 $R = 8$ mm，然后计算出谐振频率为 f_0 时 h/c（谐振杆高度 h 与腔体高度 c 的比值）的值。本例中 $h/c = 0.7277$。

为了求得耦合元件值 M_{ij}，将窗口高度固定为 $w_h = 15$ mm，窗口厚度固定为 $t = 3$ mm 且选取合适的宽度，窗口的示意图如图 23.28 所示。

接下来，运用第 14 章介绍的类似方法，求出不同谐振器间耦合的膜片尺寸。通过设置电壁和磁壁，运用对称分析来获得电频率 f_e 和磁频率 f_m，并使用电磁仿真器来计算奇模频率和偶模频率。待仿真的滤波器结构由两个比值为 $h/c = 0.7277$ 的谐振器和谐振器之间的耦合窗口组成。在电磁仿真过程中，如果对图 23.28 所示的谐振器结构应用对称性分析，只需在对称面（膜片表面）设置电壁条件或磁壁条件。否则就需要分析用耦合窗口连接的两个结构完全一样的谐振器（它们的谐振频率也必须完全一样）。

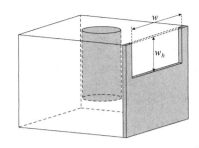

图 23.28   梳状谐振器的耦合窗口示意图,本例中窗口深度 w_h = 15 mm;用来
控制耦合大小的参数是窗口宽度 w,其中耦合窗口厚度固定为3 mm

不同窗口膜片宽度 w 对应的电频率 f_e 和磁频率 f_m 的仿真结果汇总在表 23.6 中,其中还包含计算得到的不同膜片宽度 w 对应的耦合矩阵元件值 M。如果表里没有提供所需耦合对应的宽度值,则需要使用插值法来求解。注意,表 23.6 中的每一列数据需要电磁仿真器具有极高的精度,因此计算过程相当烦琐。

表 23.6   不同膜片宽度 w 对应的电频率 f_e、磁频率 f_m 和耦合矩阵元件值 M 的仿真结果

w(cm)	f_e (GHz)	f_m (GHz)	M
2.4	1.836 641	1.806 892	0.400
2.6	1.837 332	1.801 157	0.488
2.8	1.836 419	1.794 826	0.562
3.0	1.836 686	1.788 311	0.654
3.1	1.836 286	1.784 791	0.698
3.2	1.836 376	1.775 877	0.824
3.4	1.836 089	1.774 696	0.835
3.6	1.836 110	1.766 641	0.947
3.8	1.836 344	1.759 624	1.047
4.0	1.836 040	1.753 646	1.120
4.2	1.835 843	1.748 760	1.192
4.4	1.835 910	1.743 730	1.264

通过对表 23.6 中的数据进行插值,可以获得一条光滑的曲线(见图 23.29)。根据这条曲线,谐振器之间膜片宽度对应的耦合参数求得如下:

$$M_{12} = M_{34} = 0.9106 \Rightarrow w_{12} = w_{34} = 3.509\,32 \text{ cm}$$
$$M_{23} = 0.6999 \Rightarrow w_{23} = 3.068\,47 \text{ cm}$$

一旦计算出这些谐振器之间的膜片尺寸,下一步就必须采用精细优化。之前,对两个谐振器及其之间的耦合窗口组成的结构进行仿真分析时,谐振器没有其他耦合窗口。在实际应用中,这种结构过于理想化,串列滤波器结构中的每个谐振器,实际上是与其他两个谐振器相连的(除与输入和输出连接的第一个谐振器和最后一个谐振器以外),腔体加载对谐振频率产生的极大影响被忽略了。如果在仿真单个谐振器时,将这个谐振器的两侧分别与两个膜片连接,通过与膜片相连的失谐谐振器(见图 23.30)来仿真加载影响(详见 14.4.2 节),仿真性能可以获得极大改善。一旦完成了仿真,所得谐振频率与之前相比就会存在明显差异。但是,通过改变金属谐振杆的高度,重新调节谐振器再次谐振于滤波器的中心频率 f_0,可以修正两者之间的差异。因此,两个具有对称结构的谐振器 2 和谐振器 3 的比值需要更新为 $h/c = 0.6968$。

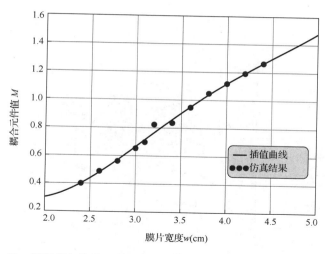

图 23.29　谐振器间耦合元件值 M 与膜片宽度 w 的仿真结果和插值曲线

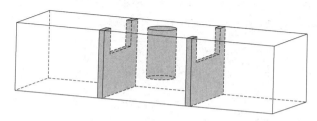

图 23.30　与相邻的失谐谐振器膜片耦合的谐振器结构

设计输入谐振器和输出谐振器时，需要满足给定的耦合矩阵的外部品质因数（Q_{ext} 值），且谐振器保持调谐于中心频率 f_0，膜片的加载影响同时也需考虑在内。源和负载的外部耦合通过一个同轴探针来实现，本例根据它的位置求得给定的 Q_{ext} 值为

$$Q_{ext} = \frac{f_0}{\mathrm{BW}\, R_1} = \frac{f_0}{\mathrm{BW}\, M_{S1}^2} = 22.92$$

Q_{ext} 值的计算方法与 14.3.2 节介绍的完全一样，其中 S_{11} 的群延迟值（中心频率 f_0 处）被用来优化输入谐振器的腔体参数，用于电磁仿真优化的结构如图 23.31 所示。为了实现所需的 Q_{ext} 值并谐振于输入谐振器的中心频率，如下这些参数待优化：

- 探针插入腔体内部的长度 l_p。经过优化后，求得最优参数为 $l_p = 16.4\ \mathrm{mm}$。
- 探针距离腔体顶部的高度 h_p（见图 23.31 中的侧视图）。其他尺寸如图 23.31 中的顶视图所示，探针位于腔体中心位置。求得最优参数为 $h_p = 20.256\ \mathrm{mm}$。
- 谐振杆高度与腔体高度之比 h/c。求得最优参数为 $h/c = 0.651\,676$。

第一个和最后一个谐振器的优化过程与 14.4.3 节介绍的非常相似，其中滤波器参数 R、w_h、a、b 和 c 都是相同的。探针的内导体半径 $a_p = 1.1176\ \mathrm{mm}$，外导体半径 $b_p = 2.54\ \mathrm{mm}$，对应的阻抗值接近 $50\ \Omega$。

完成输入耦合和输出耦合的计算并获得了所有尺寸后，就能实现一次完整的电磁仿真。电磁仿真响应与理想响应的对比如图 23.32 所示，滤波器的所有物理参数列于表 23.7 中，其内部结构如图 23.33 所示。

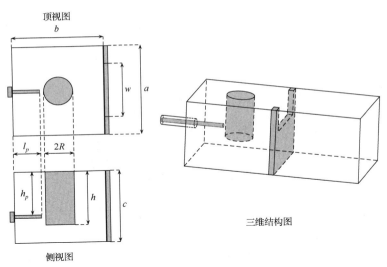

图 23.31　包含输入和输出探针的第一个和最后一个谐振器的示意图。左图：顶视图和侧视图；右图：将 第二个腔体失谐(去掉金属谐振杆)来模拟第一个腔体的加载影响的三维结构图

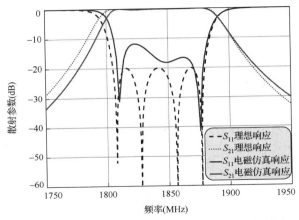

图 23.32　滤波器的电磁仿真响应与理想响应的对比

表 23.7　4 阶梳状腔体滤波器的设计尺寸

参数	尺寸(mm)
腔体尺寸	$a = b = 50$
	$c = 40$
谐振杆尺寸	$R = 8$
	$h_1 = h_4 = 26.067$
	$h_2 = h_3 = 27.872$
膜片尺寸	$w_{12} = w_{34} = 35.0932$
	$w_{23} = 30.6847$
	$w_h = 15$
	$t = 3$
输入和输出探针尺寸	$h_p = 20.256$
	$l_p = 16.4$
	$a_p = 1.1176$
	$b_p = 2.54$

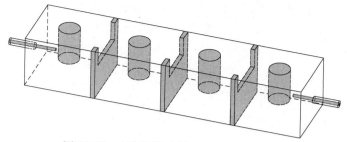

图 23.33 4 阶梳状腔体滤波器的内部结构

假如响应已满足一组给定的指标，则无须进行下一步。本例将通过更多步骤来说明，在实际应用中需要对整个滤波器结构进行更多的优化。针对这类设计，主动空间映射法（ASM）[5] 和修正粗糙模型法（CCM）[6] 通常是最佳选择（见第 15 章）。下面选取一个简单的修正粗糙模型来说明该设计过程。

修正粗糙模型法所用的两类模型（与主动空间映射法类似）称为粗糙模型（效率高但精度低）和精细模型（精度高但耗时）。粗糙模型一般使用电磁模型进行分段设计（即从耦合矩阵开始，构建与之对应的物理尺寸），而精细模型则将电磁模型当成一个整体，将物理尺寸作为优化变量来进行全波仿真，模型内部的相互影响也考虑在内。利用结构的对称性，两个模型的优化变量选取为 w_{12}（谐振器 1 和谐振器 2 之间的耦合窗口），w_{23}（谐振器 2 和谐振器 3 之间的耦合窗口），谐振器 1 的谐振杆高度与腔体高度的比值 h_1/c，谐振器 2 的谐振杆高度与腔体高度的比值 h_2/c，以及探针的长度 l_p。因此，有

$$
x_c = x_f = \begin{pmatrix} l_p \\ w_{12} \\ w_{23} \\ h_1/c \\ h_2/c \end{pmatrix}
$$

下面列出了一个简单的修正粗糙模型法实例的计算步骤。

0. 我们从理想耦合矩阵 $\boldsymbol{M}^*$ 开始。令目标矩阵 $\boldsymbol{M}_{\text{obj}}^{(0)} = \boldsymbol{M}^*$，将迭代次数设为 $i=0$。

1. 提取出 $\boldsymbol{x}_c^{(i)}$ 并重构目标矩阵 $\boldsymbol{M}_{\text{obj}}^{(i)}$。若 $i=0$ 则代表首次获得物理尺寸，即程序开始的第一步。若 $i \neq 0$，则意味着程序下一步要从目标矩阵 $\boldsymbol{M}_{\text{obj}}^{(i)}$ 而不是从理想耦合矩阵开始，直到完成滤波器的设计为止。

2. 令 $\boldsymbol{x}_f^{(i)} = \boldsymbol{x}_c^{(i)}$，仿真获得精细模型的响应 $R(\boldsymbol{x}_f^{(i)})$。当 $R(\boldsymbol{x}_f^{(i)})$ 满足理想响应时程序停止。

3. 利用上一步获得的 $R(\boldsymbol{x}_f^{(i)})$ 导出耦合矩阵 $\boldsymbol{M}_f^{(i)}$。本步骤一般通过优化完成，需要用到电路模型的参数提取法。

4. 计算 $\Delta \boldsymbol{M}^{(i)} = \boldsymbol{M}_f^{(i)} - \boldsymbol{M}^*$。定义一个足够小的参数 η，当 $\| \Delta \boldsymbol{M}^{(i)} \| < \eta$ 时，程序停止。

5. 计算新的目标矩阵 $\boldsymbol{M}_{\text{obj}}^{(i+1)} = \boldsymbol{M}_{\text{obj}}^{(i)} - \Delta \boldsymbol{M}^{(i)}$。

6. 令 $i = i+1$，从第 1 步开始循环。

本例中，修正粗糙模型法只需要进行 3 次迭代求解。每次计算得到的响应如图 23.34 所示，每次精细模型物理尺寸的变化汇总在表 23.8 中。运用参数提取法可从精细模型 $R(\boldsymbol{x}_f^{(i)})$ 的响应中提取出耦合矩阵 $\boldsymbol{M}_f^{(i)}$，表 23.9 列出了在优化（收敛于理想矩阵 $\boldsymbol{M}^*$）过程中，提取出的耦合元

件值的变化,其中最后一列显示的是最后一次提取出的理想耦合矩阵元件值。将优化后的最终响应 $R(x_f^{(3)})$ 与理想响应进行比较,可以看出两条曲线完全重合,如图 23.35 所示。

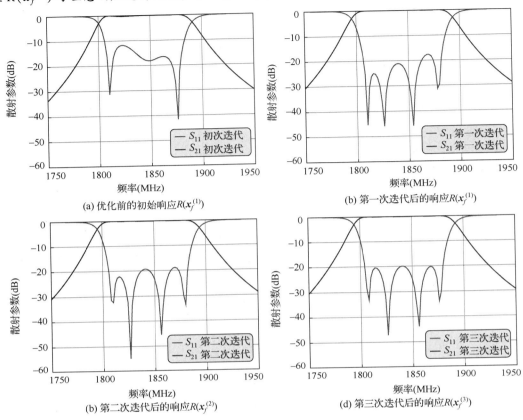

(a) 优化前的初始响应$R(x_f^{(1)})$
(b) 第一次迭代后的响应$R(x_f^{(1)})$
(b) 第二次迭代后的响应$R(x_f^{(2)})$
(d) 第三次迭代后的响应$R(x_f^{(3)})$

图 23.34　使用修正粗糙模型法求解 4 阶梳状滤波器的响应的变化

表 23.8　优化过程中梳状滤波器的物理尺寸的变化

x_f	$x_f^{(0)}$	$x_f^{(1)}$	$x_f^{(2)}$	$x_f^{(3)}$
l_p	16.400	16.379	16.368	16.368
w_{12}	35.093	36.930	36.930	36.930
w_{23}	30.685	30.890	30.890	30.890
h_1/c	0.6517	0.6539	0.6546	0.6546
h_2/c	0.6968	0.6954	0.6955	0.6961

表 23.9　提取出的耦合矩阵元件值的变化

M_f	$M_f^{(0)}$	$M_f^{(1)}$	$M_f^{(2)}$	$M_f^{(3)} \approx M^*$
M_{S1}	1.0583	1.0425	1.0351	1.0352
M_{12}	0.8284	0.9106	0.9106	0.9106
M_{23}	0.6941	0.6999	0.6999	0.6999
M_{11}	−0.120	0.0065	0.0000	0.0000
M_{22}	−0.053	−0.039	−0.0237	0.0000

例 23.6　介质加载滤波器的电磁模型

本例考虑一个中心频率 $f_0 = 4$ GHz 且百分比带宽为 1% 的介质谐振滤波器。假定滤波器为切比雪夫型，阶数 $N = 4$，回波损耗 RL = 20 dB，拓扑结构为串列结构。

滤波器的中心频率 $f_0 = 4$ GHz 时带宽为 40 MHz，滤波器的耦合元件值可根据式(14.1)直接计算得到

$$M_{S1} = M_{4L} = 1.035\ 15$$
$$M_{12} = M_{34} = 0.910\ 58$$
$$M_{23} = 0.699\ 92$$

这个滤波器与例 23.5 中设计的滤波器相比，阶数和回波损耗完全相同。由于低通集总模型参数与中心频率和带宽无关，因此耦合元件值与之前求得的完全一致，并且之前的腔体结构和应用限制条件在本例中也一样适用。

下面引用第 14 章介绍过的介质谐振器的基本结构。在图 23.36 所示介质谐振器的侧视图中（尺寸单位为 mm），介质谐振器通过一个介质支撑柱固定，矩形腔体尺寸为 $24.8 \times 24.5 \times 24.5$。介质谐振器工作于 $\mathrm{TE_{01\delta}}$ 模式，介电常数 $\varepsilon_r = 34$，直径 $D = 14.4$ 且高度 $L_d = 5.88$。介质支撑柱的介电常数 $\varepsilon_r = 10$，高度 $L_s = 9.8$，直径 $D_s = 6.86$。这些设计参数实现的谐振频率为 4 GHz。

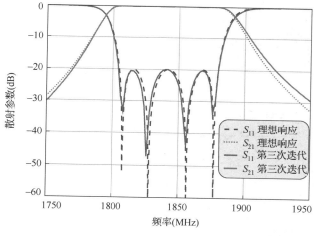

图 23.35　优化后滤波器的最终响应

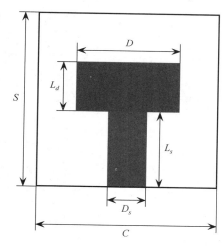

图 23.36　介质谐振器的侧视图

接下来的步骤与前面例 23.5 阐述的完全一样，现在总结如下：

- 设计单个介质谐振器，使其谐振频率与中心频率 f_0 相等。
- 设计耦合窗口。运用与第 14 章介绍的介质滤波器以及例 23.5 一样的设计方法，针对耦合窗口连接的两个介质谐振器模型进行仿真，通过改变窗口尺寸，建立窗口尺寸与利用电谐振频率和磁谐振频率计算得到的耦合参数之间的对应关系，生成一个数据表。然后对表中数据进行插值计算，求得的耦合窗口尺寸如下（假设所有窗口厚度统一固定为 3.83 mm）：

$$M_{12} = M_{34} = 0.9106 \Rightarrow w_{12} = w_{34} = 2.9651\ \text{mm}$$
$$M_{23} = 0.6999 \Rightarrow w_{23} = 1.934\ 19\ \text{mm}$$

- 精细仿真位于中间的介质谐振器的腔体结构，该介质谐振器需要通过窗口与失谐谐振器耦合。本例中，介质谐振器 2 和介质谐振器 3（与谐振器 2 对称）的直径被修改为 $D = 14.242$ mm。

- 设计输入和输出腔体(见图 23.37),使用群延迟来获得输入和输出谐振器正确的 Q_e 值。用耦合窗口连接输入或输出谐振器和相邻谐振器,适当改变与探针有关的参数。经过几次仿真后,探针的长度确定为 $H = 12.7909$ mm,为了使输入和输出谐振器的频率谐振于 $f_0 = 4$ GHz,该介质谐振器的直径需要修改为 $D = 14.3117$ mm。

- 仿真整个腔体结构,并进行优化,使其满足指标。本例中,需要再次用到修正粗糙模型法。

最后,该结构的示意图如图 23.38 所示,电气响应与理想响应的对比示于图 23.39。

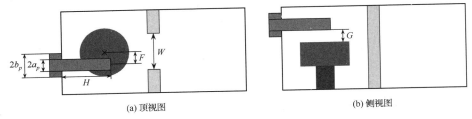

(a) 顶视图　　　　　　　　　　　(b) 侧视图

图 23.37　输入和输出腔体中探针的物理尺寸,以及探针在介质谐振器中的位置。其中 $a_p = 1.1176$ mm, $b_p = 2.54$ mm, $F = 7.47$ mm 和 $G = 0.254$ mm, H 是设计变量

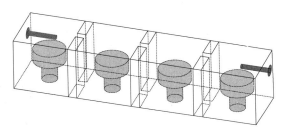

图 23.38　整个介质谐振滤波器的内部结构

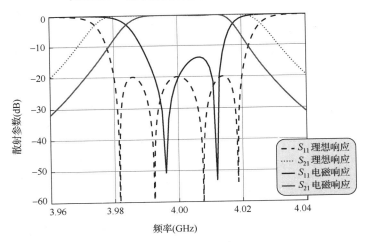

图 23.39　优化前介质谐振滤波器的电磁响应与理想响应的对比
(理想响应的 S_{21} 和 S_{11} 分别用两种短虚线表示)

　　以上优化过程几乎与例 23.5 使用的完全一样,设计人员可以熟练地运用修正粗糙模型法进行优化。运用本方法得到的一些数据,能帮助设计人员有效地完成整个仿真过程。

　　本例中的优化参数为耦合窗口 w_{12} 和 w_{23},谐振器直径 D_1 和 D_2,以及探针深入腔体内部的长度 H。因此

$$x_c = x_f = \begin{pmatrix} w_{12} \\ w_{23} \\ D_1 \\ D_2 \\ H \end{pmatrix}$$

上述公式表明，粗糙模型中用到的参数与精细模型中的参数完全一样，理想矩阵 M^* 与例 23.5 中的完全一样，因此所用仿真算法也完全一样，只需用到 5 个优化参数。唯一不同的是，程序运行满足设计指标从而停止时的迭代次数。本例使用了五次迭代（图 23.39 所示滤波器的初始响应出现了恶化，说明谐振器结构之间可能存在强干扰），整个仿真过程的变化如图 23.40 所示。

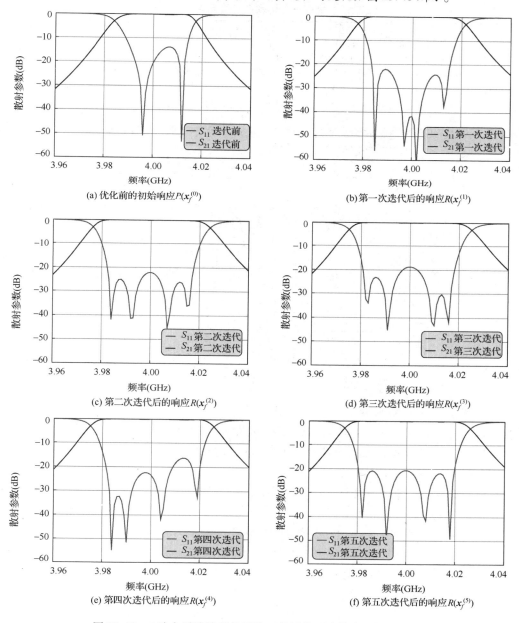

图 23.40　4 阶介质滤波器使用修正粗糙模型法仿真过程的变化

该滤波器的物理尺寸变化列于表 23.10 中，耦合矩阵元件值的变化列于表 23.11，其中最后一列对应最后一次提取出的理想耦合矩阵元件值。

表 23.10　优化过程中介质滤波器的物理尺寸变化

x_f	$x_f^{(0)}$	$x_f^{(1)}$	$x_f^{(2)}$	$x_f^{(3)}$	$x_f^{(4)}$	$x_f^{(5)}$
w_{12}	2.960	4.130	4.780	5.170	5.200	5.289
w_{23}	1.930	3.080	3.550	3.850	4.044	4.131
D_1	14.312	14.271	14.256	14.248	14.255	14.245
D_2	14.242	14.212	14.195	14.189	14.182	14.181
H	12.791	12.791	12.788	12.785	12.7914	12.785

表 23.11　提取过程中耦合矩阵元件值的变化

M_f	$M_f^{(0)}$	$M_f^{(1)}$	$M_f^{(2)}$	$M_f^{(3)}$	$M_f^{(4)}$	$M_f^{(5)} \approx M^*$
M_{S1}	1.0344	1.0392	1.0405	1.0424	1.0427	1.0352
M_{12}	0.6740	0.8100	0.8637	0.8977	0.8937	0.9106
M_{23}	0.4656	0.6017	0.6379	0.6626	0.6833	0.6999
M_{11}	0.1400	0.0180	−0.0010	−0.0162	0.0759	0.0000
M_{22}	−0.0240	0.0270	0.0000	0.0065	0.00000	0.0000

最后，该滤波器的最终电磁响应和理想响应满足设计目标要求，曲线完全重合(见图 23.41)。

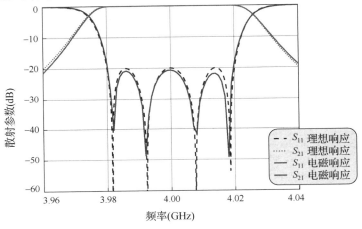

图 23.41　优化后滤波器的最终电磁响应与理想响应的对比

例 23.7　高阶滤波器的电磁模型

本例通过对高效电磁模型方法的应用进行扩展，精确评估高阶滤波器的性能。以一个用于 6/4 GHz 卫星系统频带信道化的高性能、高阶线性相位滤波器为例。本例可视为微波滤波器在电磁应用领域的基准设计。

这里使用了例 23.2 中的一些指标：$f_0 = 4$ GHz，BW = 39.5 MHz，$s_{tz} = \{\pm j1.2015, \pm 0.719\}$，RL = 22 dB。

第 9 章介绍了如何将一个 10 阶对称实现的串列滤波器拓扑结构变化为折叠形的，两种类型的拓扑结构如图 23.42 所示。其中串列形拓扑最适合双模滤波器应用，这里选择了一个半径 $R = 35$ mm 的圆波导，输入和输出端为标准波导接口型号 WR-229 ($a = 58.166$ mm，$b = 29.083$ mm)。

该滤波器设计中使用的符号代表如下：t 为所有膜片的厚度，W 为孔径宽度且 H 为高度，如图 23.22 所示。如果使用垂直膜片，则 W 为最长的尺寸，H 为最短的尺寸。膜片的厚度一般固定选取一个合适的值，再优化比值 W/H，直到实现所需的耦合为止。

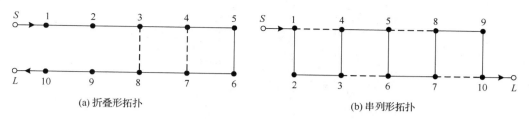

图 23.42　例 23.7 中 (10-2-2) 滤波器的拓扑结构

　　根据例 23.4 中的方法求出所有的物理尺寸后，优化前的抑制和回波损耗如图 23.43 所示。考虑到高阶滤波器的复杂性，如果初值给定的滤波器响应完全接近理想响应，则说明了初始分布滤波器模型的有效性。接下来完成滤波器响应的最终优化。优化后的抑制、回波损耗和群延迟分别显示在图 23.44 和图 23.45 中，对应的尺寸列于表 23.12，其中膜片 i 代表腔体 i 与腔体 $i+1$ 之间的膜片 ($i = 1, 2, 3$)。

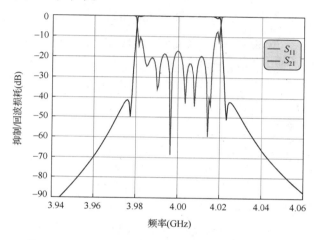

图 23.43　优化前，(10-2-2) 滤波器全波电磁仿真得到的传输和反射响应

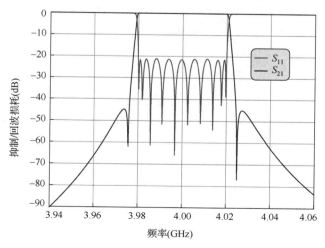

图 23.44　优化后，(10-2-2) 滤波器全波电磁仿真得到的传输和反射响应

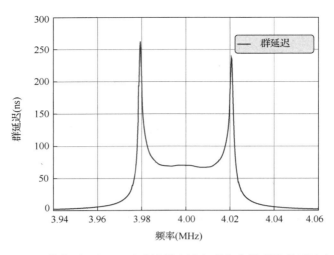

图 23.45　优化后,(10-2-2)滤波器全波电磁仿真得到的群延迟响应

表 23.12　(10-2-2)滤波器的膜片尺寸

膜片	t(mm)	H(mm)	W(mm)
输入和输出膜片	3.000	6.000	28.696
膜片 1:水平槽	3.000	3.000	17.988
膜片 1:垂直槽	3.000	3.000	22.167
膜片 2:水平槽	3.000	3.000	18.164
膜片 2:垂直槽	3.000	3.000	14.797
膜片 3:水平槽	3.000	3.000	14.797
膜片 3:垂直槽	3.000	3.000	18.164
膜片 4:水平槽	3.000	3.000	22.167
膜片 4:垂直槽	3.000	3.000	17.988

　　腔体长度和深入腔体内部的螺丝长度列于表 23.13 中,仿真所用螺丝的正方形截面尺寸为 5 mm×5 mm。最终,腔内所有螺丝的方向位置列于表 23.14。

表 23.13　(10-2-2)滤波器的腔体长度和螺丝长度

腔体编号	腔体长度 (mm)	垂直面的螺丝 长度(mm)	水平面的螺丝 长度(mm)	斜面的螺丝 长度(mm)
1 和 5	45.926	2.487	8.286	5.822
2 和 4	47.538	3.589	2.676	3.866
3	47.538	4.179	4.179	4.646

表 23.14　(10-2-2)滤波器腔体内每个螺丝的方向位置

腔体编号	垂直面的 螺丝方向(°)	水平面的 螺丝方向(°)	斜面的 螺丝方向(°)
1	90	0	45
2	90	180	135
3	90	180	135
4	90	180	135
5	90	0	45

例 23.8　高阶低通滤波器

本例展示了在高阶波导低通滤波器的设计中，如何将电磁模型与分布模型结合应用的方法。以 Ku 波段卫星系统的谐波滤波器为例，它主要是给系统提供极高的抑制，抑制第二次谐波和第三次谐波。本例中的分布模型不能准确预测这种远离通带的传输响应，必须运用电磁方法来完成。

滤波器指标汇总如下：通带为 11.7 ~ 12.2 GHz，回波损耗 RL > 26 dB。在 14 GHz，抑制 $I > 55$ dB；在 14.5 GHz，抑制 $I > 70$ dB；在 23.4 ~ 24.4 GHz，抑制 $I > 70$ dB；在 35.1 ~ 36.6 GHz，抑制 $I > 60$ dB。插入损耗 IL < 0.25 dB，波导接口型号为 WR-75（$a = 19.05$ mm，$b = 9.525$ mm）。

根据第 12 章介绍的由 Levy[7] 提出的方法，本例首先从滤波器阶数的选取开始，通过预先给定一个初值来展开设计。已知以理想分布模型为起点也需要一定程度上的优化，必须选取一个能产生给定的最大抑制的频率点。最好是预设一个略保守的参数，例如频率为 25 GHz 时抑制为 120 dB。因此，在低通响应和第一个出现的寄生通带之间，会产生一个波瓣，使得指定抑制区域内的指标（见图 23.46）满足要求。由于最大抑制出现在电长度 $\phi = \pi/2$ 的位置，因此可以使用公比线设计。也就是说，频率为 25 GHz 时每节波导的电长度为 $\phi = \pi/2$。此时，波导（接口型号为 WR-75）的波长为 $\lambda_g(f = 25$ GHz$) = 12.63$ mm，根据电长度公式 $\phi = \beta l = (2\pi/\lambda) l$ 可求出每节波导的物理长度 l，计算可得 $l = 3.158$ mm。

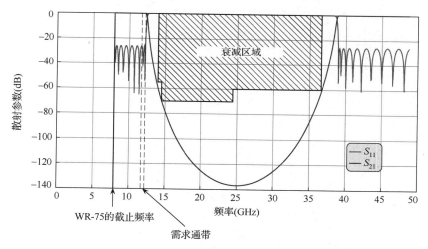

图 23.46　例 23.8 中低通滤波器分布模型的理想响应

因此，在通带边沿频率处有

$$\lambda_g|_{f=12.2\text{ GHz}} = 32.155 \text{ mm}, \qquad \phi|_{f=12.2\text{ GHz}} = 35.36°$$

该公比线的电长度为 $\theta_c = 35.36°$，根据下式可求得最大抑制：

$$A_{\max} = 10 \lg [1 + \varepsilon^2 \cosh^2(N \operatorname{arcosh} \omega_c)]$$

其中，$\omega_c = 1/\sin\theta_c$ 且 $\varepsilon = 1/\sqrt{10^{RL/10} - 1} = 0.0502$。为了满足 120 dB 的抑制，滤波器的阶数至少为 $N = 17$。接下来提取出代表每节波导的等效线段的特征阻抗，归一化后给定如下（见 12.3 节）：

$$Z_{in} = Z_{out} = 1, \qquad Z_1 = Z_{17} = 1.6020, \quad Z_2 = Z_{16} = 0.4733, \quad Z_3 = Z_{15} = 2.8029$$

$$Z_4 = Z_{14} = 0.3674, \quad Z_5 = Z_{13} = 3.1018, \quad Z_6 = Z_{12} = 0.3512, \quad Z_7 = Z_{11} = 3.1724$$

$$Z_8 = Z_{10} = 0.3472, \quad Z_9 = 3.1883$$

这个理想分布电路(与理想 TE_{10} 模线段级联)的响应如图 23.46 所示。接下来需要将分布模型转化为电磁模型,转化过程中需要考虑的因素总结如下:

- 理想分布电路不考虑相邻波导节之间阶梯变换的电磁响应。
- 由于分布模型的单模属性,它的应用范围受到制约,模式中超过 TE_{10} 的模式被忽略不计。在这类设计中,最接近通带的 TE_{20} 模式出现在 15.73 GHz,且 TE_{30} 模式出现在 23.61 GHz。
- 波导节的阻抗随比值 b/a 变化,其中 a 为常数。如果减小 b,将不希望出现的响应向右朝着更高频率偏移,则电磁响应更符合指标。但是,为了满足功率要求,避免出现放电现象,b 的最小值必须固定。本例中设 b 的最小值为 0.7 mm,而满足阻抗匹配时 b 的最大值接近 9.525 mm,因此需要用变换器来实现。

滤波器的最终全波电磁响应如图 23.47 所示,整个二次谐波(23.4 ~ 24.4 GHz)范围内的衰减大于 120 dB,整个三次谐波(35.1 ~ 36.6 GHz)范围内的衰减大于 80 dB,并且在扩展通带 11.7 ~ 12.2 GHz 范围内也表现出了极好的性能。

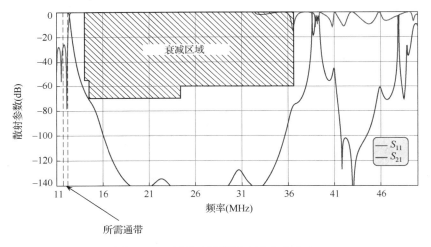

图 23.47 低通滤波器的全波电磁响应

设计出的这个滤波器的通带内指标满足要求,且从衰减区域的响应可以看出,该滤波器的第二通带出现在 40 GHz 附近。最终滤波器的物理尺寸列于表 23.15,其侧视图如图 23.48 所示。这个三维滤波器的电场分布图如图 23.49 所示。由于电场集中分布在最小间隙位置,在设计功率容量时需要特别小心。正因为如此,本例也将作为 23.4 节高功率应用的分析实例。

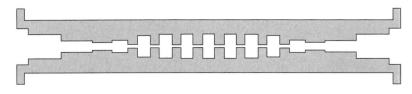

图 23.48 终端接变换器的 17 阶低通滤波器的侧视图。滤波器尺寸按等比例绘制

表 23.15　电磁优化后低通滤波器的尺寸

波导节编号	宽度 a(mm)	高度 b(mm)	长度 l(mm)
1, 25（变换器）	19.05	9.525	3.000
2, 24（变换器）	19.05	6.389	8.516
3, 23（变换器）	19.05	3.006	8.072
4, 22（变换器）	19.05	2.016	5.119
5, 21（滤波器）	19.05	3.230	4.061
6, 20（滤波器）	19.05	0.954	2.526
7, 19（滤波器）	19.05	5.652	3.317
8, 18（滤波器）	19.05	0.741	2.280
9, 17（滤波器）	19.05	6.254	3.412
10, 16（滤波器）	19.05	0.708	2.267
11, 15（滤波器）	19.05	6.397	3.052
12, 14（滤波器）	19.05	0.700	2.562
13（滤波器）	19.05	6.429	3.002

图 23.49　低通滤波器三维结构内的电场分布图

23.3　多工器

本节通过一些简单的实例，帮助读者掌握两类广泛应用的多工器（环形器耦合多工器和多枝节耦合多工器）的设计方法。在例子中重点讨论了信道性能和设计复杂性之间的折中，更加强了对多枝节多工器优化方法的理解。

例 23.9　环形器耦合多工器

通过使用非互易铁氧体环形器与滤波器耦合，来提取单独的信道参数。相关信道框图介绍详见 1.8.2 节和 18.3.2 节。

信道滤波器具有两个作用：提取本信道的信号，并反射后接链路中所有与其相邻的信道滤波器的信号。因此，关键之处在于理解反射响应是如何影响多工器的信道特性的。

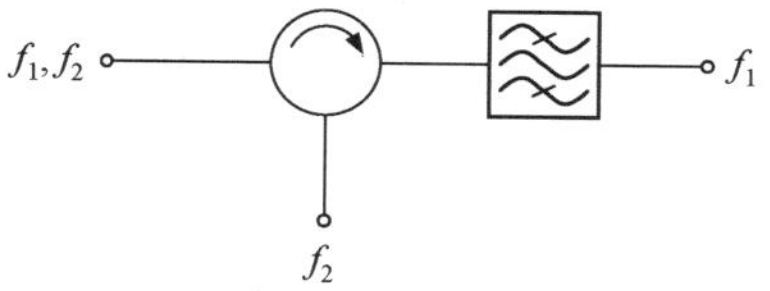

信道滤波器的反射响应：路径失真

通常，当中心频率位于 4 GHz 附近时，信道带宽按照 40 MHz 间隔来划分。下面来分析图 23.50 所示的中心频率

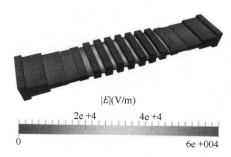

图 23.50　环形器耦合模块

$f_1 = 3940$ MHz 的信道滤波器的反射信号与中心频率 $f_2 = 3980$ MHz 的相邻信道滤波器的传输信号叠加后的影响。信道滤波器选用例 23.2 中的(10-2-2)例子,每个信道的实际可用带宽为 36 MHz,推导得到的叠加反射响应后的影响如图 23.51 所示,其中滤波器的作用是提取出信道 1 的信号,并反射其他所有信道的信号。

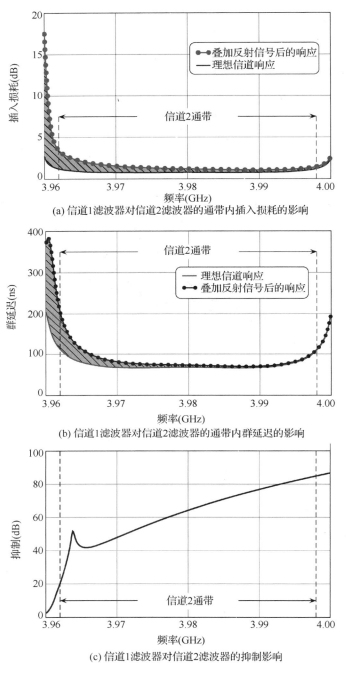

(a) 信道1滤波器对信道2滤波器的通带内插入损耗的影响

(b) 信道1滤波器对信道2滤波器的通带内群延迟的影响

(c) 信道1滤波器对信道2滤波器的抑制影响

图 23.51　路径失真

在位于信道 2 的低通带边沿处, 反射群延迟出现了极大变化, 向右急剧下降且在 3965 MHz 处开始变得平滑。这个群延迟变化在 18.3.2 节也被称为路径失真, 它不仅影响了信道 2 的性能, 而且对其可用带宽也产生了不利影响(见图 23.51 中的阴影区域)。插入损耗的变化与其类似。毋庸置疑, 类似这种严重影响可用带宽的情形是不可接受的。需要注意的是, 中心频率为 f_1 的信道 1 滤波器在信道 2 滤波器的通带边沿频率(3962 MHz)的抑制接近 14 dB, 这一数值从频率 3962 MHz 开始急剧上升, 在 3965 MHz 的抑制超过了 40 dB。显然, 信道 1 滤波器不仅引起了信道 2 滤波器的群延迟和插入损耗的变化, 同时增大了信道 1 滤波器的带外抑制。通过以上分析, 引出以下两条结论:

1. 这类多工器不适合包含邻接信道的信道化应用。
2. 这类多工器适用于不邻接信道的设计, 也可以用于准邻接信道的设计, 对后接信道的整个带宽产生的抑制大于 60 dB。

环形器耦合多工器的路径失真

采用(10-2-2)滤波器的 6 信道多工器如图 23.52 所示。在电桥任一支路上的信道(设计带宽为 500 MHz)是不邻接的, 设计使用同一种类型的滤波器, 其中 BW = 39.5 MHz, RL = 22 dB, 信道间隔为 40 MHz, 中心频率分别为 3940 MHz, 3980 MHz, 4020 MHz, 4060 MHz, 4100 MHz 和 4140 MHz。注意, 使用电桥后, 与电桥连接的每个支路都可以提取出不邻接信道的信号, 而代价是额外增加 3 dB 损耗。从第 1 章介绍的系统角度来看, 这个增加的损耗是完全可接受的。这类多工器广泛应用于卫星系统中宽带信号的信道化。

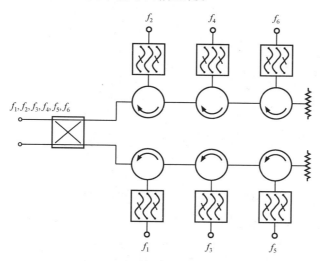

图 23.52 6 信道输入环形器耦合多工器(信道器)结构

这里假定每个环形器损耗为 0.2 dB, 隔离度大于 25 dB。多工器的传输响应如图 23.53 所示, 包含环形器且经电桥合路后的插入损耗可估算为 4 dB, 信道的路径失真影响最小。

公共端口的反射响应如图 23.54 所示, 滤波器除了中心频率不一致, 其他参数都是相同的。但是, 由于不同路径下信道信号经过的环形器数量是不相同的, 导致公共端口回波损耗会出现极大变化, 并且每个信道的插入损耗也各不相同。

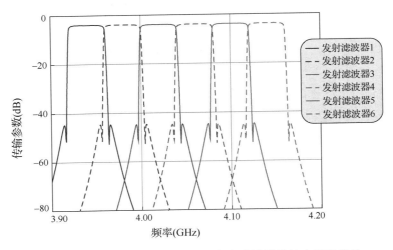

图 23.53　输入多工器的公共端到每个滤波器的输出端的传输
响应。图中实线对应奇数信道，虚线对应偶数信道

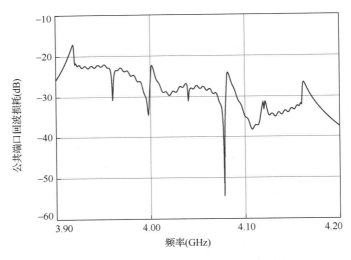

图 23.54　输入多工器的公共端口反射响应

例 23.10　不邻接多枝节耦合多工器

本例讨论一个 4 GHz 不邻接的 5 阶多枝节耦合多工器的设计，其频段划分如图 23.55 所示。从图中可以看出，在这个 6/4 GHz 卫星系统的整个频段划分中，奇偶交替划分的信道用于构成该系统的不邻接多工器。每个信道的可用带宽为 36 MHz，为了使相邻信道的噪声最小化，滤波器带宽必须大于 40 MHz，如 1.8.4 节所述。

不邻接多工器的特点是两个信道之间具有较宽的过渡带，这也就意味着低阶的滤波器设计就能给其他信道提供较高的抑制，使连接到公共多枝节的信道滤波器之间的干扰最小。由于信道之间具有极高抑制，说明在多工器中也可以选用双终端滤波器作为初始设计。

多工器关于邻接或不邻接的定义是任意的。基于经验法，如果将信道间隔与信道带宽比值定义为过渡带且该比值大于 25%，则这类多工器可称为不邻接的，设计实现的信道性能与单个滤波器设计的理想响应完全接近。针对当前例子，过渡带为 $41/39 \approx 105\%$，远超不邻接多工器的定义中，过渡带宽大于 25% 的阈值。所有滤波器具有相同的特点：带宽 BW = 39 MHz，阶数 $N=4$，回波损耗 RL = 22 dB 且传输零点数 $n_{tz}=2$，以及带外抑制大于或等于 40 dB。这个滤波器的耦合矩阵与例 23.4 的完全相同，使用主模为 TE_{111} 传播模式的双模圆波导腔实现。

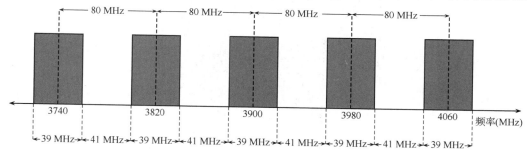

图 23.55　例 23.10 中不邻接多枝节多工器的频段划分。划分的这些频段对应的信道
之所以被称为奇（偶）信道，是由于剩余偶（奇）信道位于过渡带，且与
之连接的另一多工器是通过偶（奇）信道交替排列的频段划分实现的

该多工器的模型包括带 E 面 T 形接头的波导多枝节，以及通过一段波导传输线（长度小于 $\lambda_g/2$）与 T 形接头连接的双模滤波器，图 23.56 为这个双工器中已编号的传输线和滤波器的示意图。

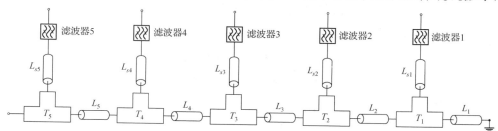

图 23.56　例 23.10 中多枝节多工器的示意图。数字编号从短路面开始增加，
T_i 代表第 i 个 E 面 T 形接头，L_i 代表第 i 个 T 形接头和第 $i+1$ 个 T 形接
头之间的间距，L_{si} 代表第 i 个 T 形接头和第 i 个滤波器之间的间距

开始设计多工器时，将所有传输线长度（L_i 和 L_{si}）设为 $\lambda_g/2$（λ_g 为每个信道中心频率的波长）。接下来，按照第 18 章介绍的方法来分段优化多工器的性能，具体步骤如下：

1. 在仿真器里放置第 1 组模型：T 形接头 T_1、传输线段 L_1、传输线段 L_{s1}、滤波器 1 和短路面。

2. 调节 L_1 和 L_{s1} 的值，使得公共端口回波损耗尽可能接近指标。在这一步骤中，由于 T_1 和滤波器的参数不变，因此只需通过线性仿真器手动或自动优化这两个变量来完成。

3. 接下来重复第 1 步，增加第 2 组模型：T 形接头 T_2、传输线段 L_2，传输线段 L_{s2} 和滤波器 2。

4. 只需调节 L_2 和 L_{s2} 的值，使得公共端口回波损耗尽可能接近指标。在保持 L_{s1} 和 L_1 的值不变的情况下，再次通过线性仿真器手动完成优化。

5. 执行类似上述流程，增加第 i 组模型，且只需调节 L_i 和 L_{si} 的值。

图 23.57 比较了在初值条件下，两个变量分段优化[8]后的结果。接下来，使用第 18 章介绍的分段策略来精细优化如下：

1. 宽带优化:同时优化所有 L_i 的值。
2. 窄带优化:优化每个 L_{si} 的值和第 i 个滤波器的前几个耦合元件值。本例中只需优化的耦合元件值为 M_{s1},M_{11},M_{12},M_{22} 和 M_{14}。

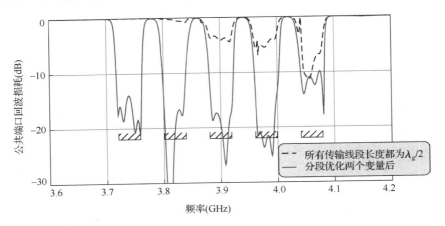

图 23.57　初始多工器的公共端口反射响应

最终多工器的公共端口回波损耗如图 23.58 所示,所有信道的传输响应如图 23.59 所示。

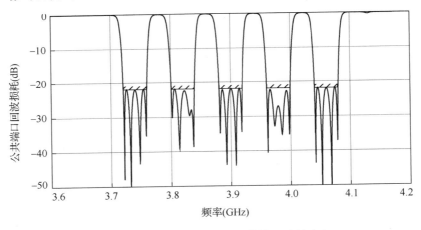

图 23.58　优化后的多工器公共端口反射响应

从图 23.59 中可以看出,整个不邻接多工器优化后的响应接近理想响应,不同信道之间的干扰不会对其产生影响。但是,最终目标是对多工器中单个信道的传输响应与等效的滤波器的理想响应进行对比(见图 23.60),从图中可明显看出,在多枝节的插入损耗最小的前提下,不邻接多工器用于合路(或分离)信道,可以提供近乎理想的性能。这类多工器最适合通信系统中发射部分要求极小插入损耗的应用。

这个多工器的单个隔离信道的输入阻抗响应与输入导纳响应如图 23.61 所示,其中实部具有偶函数特性,在通带内围绕在 1 Ω 附近变化;虚部具有奇函数特性,围绕在 0 Ω 附近变化,与预期的一致。事实上,通带内导抗的虚部为 0 且实部为 1 才能实现零反射。从公共端口看进去,整个多工器的每个信道必须呈现相似的性能,即导抗实部近似为 1 且虚部近似为 0,如图 23.62 所示。

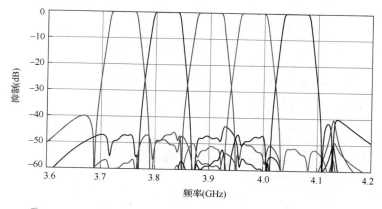

图 23.59　优化后多工器的传输响应

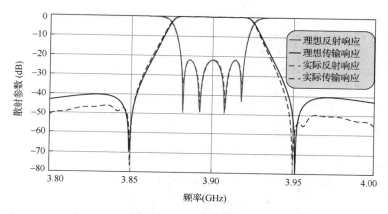

图 23.60　中间信道的最终传输响应与理想响应的对比

例 23.11　多枝节耦合邻接多工器

下面以一个 12 GHz 的 5 信道邻接多工器为例，其频段划分如图 23.63 所示。该多工器的过渡带为 4/76 或接近 5%，这个数值相对于不邻接多工器 25% 的过渡带阈值来说足够小。过渡带极小，说明本例可作为邻接多工器，根据第 18 章介绍的多工器方法，使用单终端原型滤波器进行初始设计。

与例 23.4 一样，所有信道滤波器选用的是 (4-2) 低通原型滤波器函数。但是，由于初始设计的滤波器模型为单终端滤波器，它们的耦合矩阵参数会不一样。所有带通滤波器具有相同的特点：带宽 BW = 76 MHz，阶数 $N = 4$，回波损耗 RL = 22 dB，且两个传输零点实现的带外抑制在 40 dB 以上。滤波器采用主模为 TE_{111} 传播模式的双模圆波导腔来实现。运用例 23.4 中的方法并使用单终端滤波器设计，计算出 $N + 2$ 耦合矩阵为

$$M = \begin{pmatrix} 0 & 0.9167 & 0 & 0 & 0 & 0 \\ 0.9167 & 0 & 0.7698 & 0 & -0.1772 & 0 \\ 0 & 0.7698 & 0 & 0.9333 & 0 & 0 \\ 0 & 0 & 0.9333 & 0 & 1.4789 & 0 \\ 0 & -0.1772 & 0 & 1.4789 & 0 & 1.5191 \\ 0 & 0 & 0 & 0 & 1.5191 & 0 \end{pmatrix} \quad (23.2)$$

多工器模型由 E 面 T 形接头与波导多枝节连接构成，这与图 23.56 所示的完全一致。

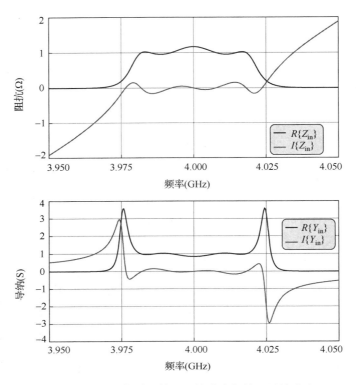

图 23.61　隔离信道的输入阻抗响应与输入导纳响应

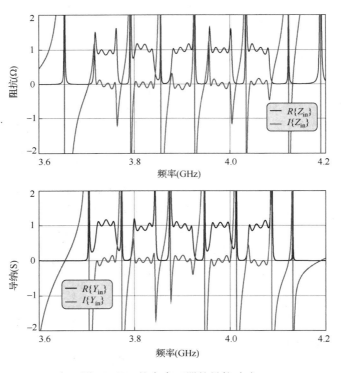

图 23.62　整个多工器的导抗响应

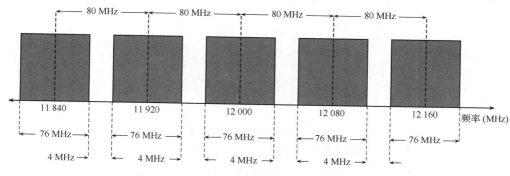

图 23.63　例 23.11 中多枝节多工器的频段划分

在初始优化阶段，针对多工器优化的设置策略与不邻接多工器一致，即沿多枝节方向的信道滤波器之间的间距为 $\lambda_g/2$。

针对这两个变量分段优化后，公共端口回波损耗略有改善，如图 23.64 所示。下一步是考虑其他优化参数。这些参数选取如下：

- 6 个耦合元件值：M_{S1}，M_{12}，M_{23}，M_{34}，M_{4L} 和 M_{14}；
- 4 个谐振器的频率偏移值：M_{11}，M_{22}，M_{33} 和 M_{44}。

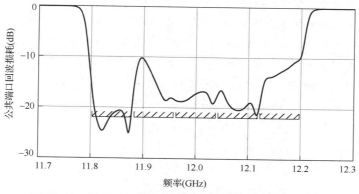

图 23.64　例 23.11 中的多工器的初始公共端口反射响应

进一步精细优化这 10 个参数，每个信道完成一轮。经过 7 轮循环优化后，得到最佳的公共端口回波损耗显示在图 23.65 中，整个多工器的传输响应如图 23.66 所示。

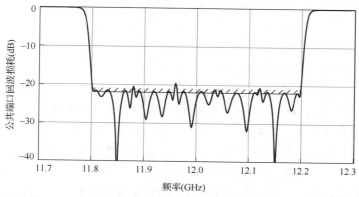

图 23.65　例 23.11 中的多工器经过 7 轮循环优化后，得到的公共端口反射响应

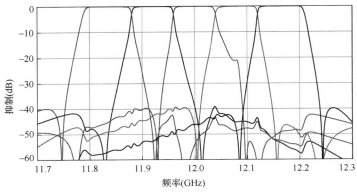

图 23.66　经过 7 轮优化后整个多工器的传输响应

值得注意的是，通过比较图 23.58 和图 23.65 分别给出的不邻接和邻接多工器的公共端口回波损耗，两者之间的区别是，不邻接多工器公共端口回波损耗在所需通带内，在 22 dB 以上波动，而在过渡带内的回波损耗接近为零，而邻接多工器在包含过渡带在内的整个通带可以达到 20 dB 以上。这是因为邻接多工器的过渡带极窄。过渡带极窄将对信道产生极大的干扰，图 23.66 所示的整个多工器的传输响应印证了这一点。如图 23.67 所示，通过比较多工器中常规信道和其等效的单个滤波器之间的传输和反射响应，突显了邻接多工器中单个信道的性能折中：陡峭的衰减意味着信道通带边沿会出现较大的群延迟和插入损耗变化。同时，也强调了可以在过渡带和整个指定可用带宽内可实现的信道性能之间的折中。经验告诉我们，针对大多数通信系统，过渡带为 10% 时会带来极好的折中。更多与这个专题相关的定性结论在 1.10 节里，总结了如何在通信系统可实现的信道性能和频段划分之间实施折中。邻接多工器的复杂性使设计变得极其困难，且制造公差特别敏感。

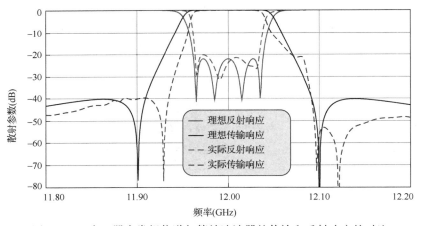

图 23.67　多工器中常规信道与等效滤波器的传输和反射响应的对比

图 23.67 显示了使用单终端滤波器模型并经过优化后的典型响应，由于末端谐振器和负载之间的耦合元件 M_{4L} 为强耦合(初值为 1.5191)且其值过高而导致不可实现，也使优化陷入局部极小值而无法收敛。为了避免出现这种情况，一个设计策略是选用一个回波损耗值较低的滤波器模型来避免耦合元件值 M_{4L} 过大。当使用优化来改善公共端口回波损耗时，耦合也会相应改变。但是，优化过程中必须控制该耦合元件值的大小，以避免不切实际的数值出现。运用该策略获得的最终响应如图 23.68 所示，公共端口回波损耗显示在图 23.69 中。

单终端滤波器的输入导纳响应如图 23.70 所示，其中导纳的实部响应与滤波器的传输响应线性相关，这是由于使用了导纳变换器和并联谐振器的缘故，其中导纳的实部接近于 1（偶函数特性），而虚部位于 0 附近（奇函数特性）。

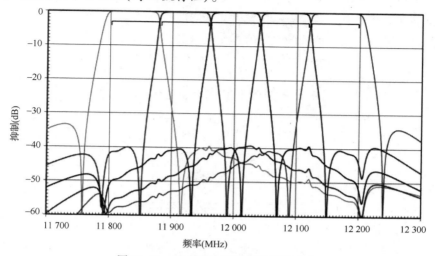

图 23.68　整个多工器的最终传输响应

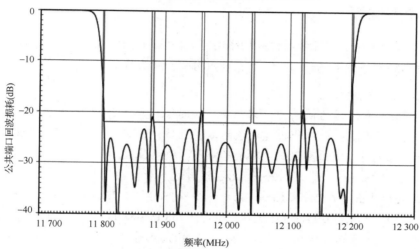

图 23.69　整个多工器的最终公共端口反射响应

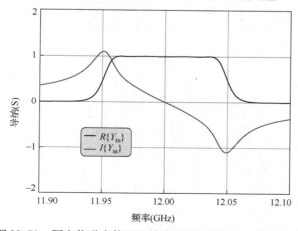

图 23.70　隔离信道中使用的单终端滤波器的输入导纳响应

　　最后,从整个多工器公共端口看进去,每个信道必须具有相似的性能,如图 23.71 所示。在每个信道的通带内,导纳的实部接近于 1,虚部接近于 0。与不邻接多工器不同的是,由于过渡带的带宽极窄,整个多工器的输入阻抗看上去与单个滤波器的相似,整个多工器带宽内的输入导纳与图 23.70 中单终端滤波器的导纳几乎一样。

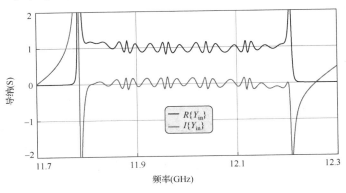

图 23.71　整个多工器的输入导纳响应

23.4　高功率因素

　　根据第 20 章介绍的针对无源器件高功率击穿现象的理论知识,本节通过若干实例来讨论不同滤波器外形结构下的电场分布,以及电压和功率击穿的折中。

例 23.12　高功率低通滤波器

　　下面以例 23.8 中设计的低通滤波器为例,针对高功率击穿现象进行分析。首先通过分析,确定最低输入功率电平时可能出现放电的敏感区域,这取决于结构的外形及信号的频率。再结合场强和间隙尺寸,找出图 20.14 所示电路中的敏感位置。

　　该滤波器的工作频段为 11.7 ~ 12.2 GHz,作为这个频段内场强的例子,沿传播方向在频率点 12.2 GHz 处计算出滤波器中心(x 轴)的电场分布,如图 23.72 所示,并根据表 23.15 列出的 4 个对称的小波导间隙 b 为 0.954 mm, 0.741 mm, 0.708 mm 和 0.700 mm,计算出相应的 4 个电场峰值。图 23.72 着重展示了实际电场是不完全对称的(尽管物理结构上对称),最小波导间隙的场强最高且存在击穿风险。表 23.16 列出了输入功率为 1 W 时,在滤波器整个频段内计算出的 4 个小波导间隙截面的上下表面之间中点(x 轴)的电压,其中截面的编号随着参数 z 增长。

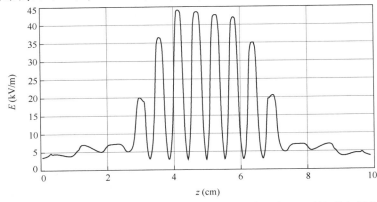

图 23.72　频率为 12.2 GHz 时,沿传播方向上滤波器中心(x 轴)的电场分布

表 23.16 输入功率为 1 W 时，4 个小波导截面在 6 个不同频率点处的电压

截面编号	电压（V）					
	11.7 GHz	11.8 GHz	11.9 GHz	12.0 GHz	12.1 GHz	12.2 GHz
1	22.75	23.86	24.99	26.02	27.41	31.23
2	22.31	22.97	23.65	24.60	26.51	30.54
3	21.64	22.15	22.95	24.3	26.51	29.93
4	22.19	22.98	24.06	25.52	27.42	29.78

值得一提的是，电场或电压幅度随频率的变化趋势具有与低通滤波器类似的特点：靠近滤波器截止频率处的电场最高。

考虑到器件表面材料为银，且频率-间隙乘积已知，利用图 20.9 给出的二次电子倍增图，来查找击穿电压水平。本例中，欧洲空间标准化合作组织（ECSS）提出的二次电子倍增图可以用于不同间隙截面和频率处击穿电压的计算，其结果列于表 23.17 中。由于滤波器沿传播方向关于结构中心对称（即截面 1 和截面 4 的间隙尺寸是相同的，截面 2 和截面 3 的间隙尺寸也是相同的），因此第 1 行和第 4 行的击穿电压结果是一样的，第 2 行和第 3 行的击穿电压结果也是一样的。

表 23.17 表面材料为银且在频率-间隙乘积条件下，运用 ECSS 二次电子倍增图查找出 4 个小波导截面的击穿电压

截面编号	击穿电压（V）					
	11.7 GHz	11.8 GHz	11.9 GHz	12.0 GHz	12.1 GHz	12.2 GHz
1	518.5	523.0	527.5	532.0	536.0	541.0
2	513.0	517.0	521.5	526.0	530.0	535.0
3	513.0	517.0	521.5	526.0	530.0	535.0
4	518.5	523.0	527.5	532.0	536.0	541.0

观察表 23.17 里的数据可以发现，随着频率-间隙乘积的增长，击穿电压也随着该频率变大。已知输入功率为 1 W 时小波导间隙的电压和击穿电压，则击穿功率很容易求解如下：

$$P_B = \left(\frac{V_B}{V_{@1\ W}} \right)^2 \tag{23.3}$$

表 23.18 列出了整个频段内 4 个小波导截面的击穿功率。显然，随着频率升高，击穿电压变得更高（见表 23.17），击穿功率反而降低了。但这些数据也清晰地表明，在更高频率点处，小波导间隙击穿电压幅度的增长，相对其值而言，对击穿功率的影响更大。因此，针对一些特定结构的击穿现象的分析，必须重点关注靠近滤波器截止频率的频率点。该结论几乎对任意低通滤波器结构都成立，除非其频段太宽。

表 23.18 根据式（23.3）以及表 23.16 和表 23.17 的数据得出的 4 个小波导截面的击穿功率

截面编号	击穿功率（W）					
	11.7 GHz	11.8 GHz	11.9 GHz	12.0 GHz	12.1 GHz	12.2 GHz
1	519.0	480.5	445.5	418.0	382.0	300.0
2	529.0	506.5	486.0	457.0	400.0	307.0
3	562.0	545.0	516.0	468.5	400.0	319.5
4	546.0	518.0	481.0	434.5	382.0	330.0

迄今为止，实现快速计算的这个公式基于无限大平板条件下的解析方法，仅考虑了均匀电场。使用该方法求解得到的结果极其保守，且会出现极端情况。不过，当今还有一种可行的、基

于粒子跟踪技术[9]分析二次电子倍增的全数值法。本例中的方法是，跟踪器件内部的电子，考虑电子在器件表壁的撞击，确定表面上电子布居数是否增长。全数值法的优点总结如下。

1. 与基于平板的解析法相比，全数值法计算的模型更实际可行。它考虑到了整个结构，并在全波电磁求解中包含了磁场。
2. 全数值法模型中包含电子共振的复数形式，它不仅仅限于双边的二次电子倍增过程。
3. 击穿求解是基于实际输入功率的，无须电压转换功率的过程。因此，针对特定位置的电压计算引起的误差也被考虑在内。
4. 可用的材料不限于在表23.20中指定的银材料，已知的具有二次电子发射系数(SEY)的材料都可能用到。
5. 附加效应，如外部直流电场或磁场的影响都可考虑在内。例如，可以在外部添加磁铁或线圈来进行设计。

本例中，平板解析法和全数值法之间存在明显差异，与预期的不符，这是由于膜片的外形虽与电容平板结构类似，但间隙尺寸极小(即膜片中心的电场极其集中)。如果在根据ECSS二次电子倍增图得到的结果基础上，再增加1 dB左右的裕量，差异就会极小。为了描述这些影响，对以下两类结构进行数值仿真：

1. 尺寸为0.7 mm的平板间隙；
2. 本例中分析的滤波器结构。

第1类结构的击穿电压列于表23.19中，ECSS二次电子倍增图所用的表面材料为银。

表23.19　表面材料为银且平板间隙尺寸为0.7 mm时的击穿电压

频率（GHz）	11.7	11.8	11.9	12.0	12.1	12.2
击穿电压（V）	598	604	609	603	613	622

第2类结构的全数值结果用输入功率来表示，但通过式(23.3)很容易转换成输入功率为1 W时的电压形式来表示。输入功率为1 W时的结果已列于表23.16中，运用全数值法得出的击穿功率和击穿电压结果分别列于表23.20和表23.21中。

表23.20　表面材料为银，在频率-间隙乘积条件下，4个小波导间隙截面的击穿功率

截面编号	击穿功率（W）					
	11.7 GHz	11.8 GHz	11.9 GHz	12.0 GHz	12.1 GHz	12.2 GHz
1	760	697	660	662	565	445
2	753	721	697	659	578	451
3	791	790	747	672	578	467
4	791	753	703	634	572	498

表23.21　4个小波导间隙截面的击穿电压

截面编号	击穿电压（V）					
	11.7 GHz	11.8 GHz	11.9 GHz	12.0 GHz	12.1 GHz	12.2 GHz
1	627	630	642	669	652	659
2	612	617	624	632	637	649
3	609	623	627	630	637	647
4	624	631	638	643	656	665

运用三种不同分析方法所求得的滤波器内部第二个截面处的击穿电压(此处击穿电压最低)的结果对比如图 23.73 所示。不出所料,由于分析案例中的外形与电容平板结构类似,三条曲线的斜率趋近一致。比较 ECSS 平板预估法和平板解析法得到的结果,两者之间相差 1 dB 左右,这是因为运用 ECSS 查图时预留了 1 dB 的裕量。基于平板结构的解析结果与实际滤波器的全数值结果之间存在微小的差异,这是因为实际滤波器结构中整个间隙周围的电场分布极不均匀。

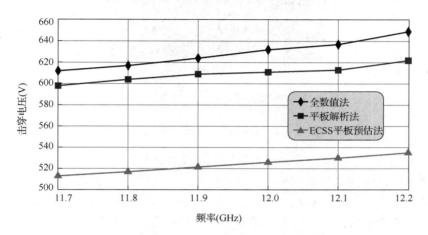

图 23.73　运用三种不同分析方法,计算滤波器第二个截面处的击穿电压

例 23.13   大功率交指滤波器

下面分析一个 5 阶串列交指滤波器的功率容量实例。这个滤波器的三维结构如图 23.74 所示,其中包含 5 个谐振器,且输入端口和输出端口为同轴形式。输出谐振器与同轴端口之间的 S 形连接线,用于避免高功率作用下出现的温差应力;而谐振器顶部的螺丝,在滤波器生产过程中的作用是调节频率。

图 23.74　交指滤波器的三维模型

这个滤波器的频率响应如图 23.75 所示,滤波器的中心频率为 1.75 GHz,带宽为 100 MHz。通常,对于带通滤波器应在最低频率处进行大功率分析,这是因为此处具有最高电场且频率–间隙乘积最小。

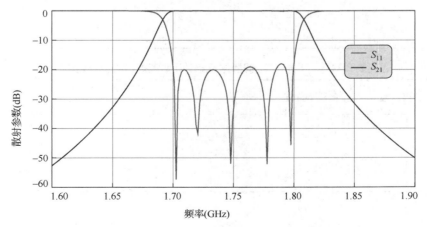

图 23.75　图 23.74 中滤波器的频率响应

频率点为 1.75 GHz 时的电场分布如图 23.76 所示, 不出所料, 每个谐振器的开路端和调谐螺丝之间的电场最高。

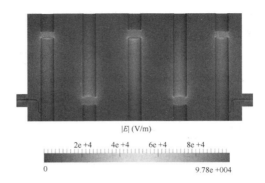

|E| (V/m)

图 23.76　频率点为 1.75 GHz 时的电场分布图(输入功率为 1 W)

为了完成所有分析, 分别计算所有谐振器当频率点为 1.7 GHz, 1.75 GHz 和 1.8 GHz 时的击穿功率。首先, 对谐振器和调谐螺丝之间的间隙, 使用 ECSS 二次电子倍增图来完成平板分析。根据之前的例子, 当输入功率为 1 W 时, 根据沿调谐螺丝与谐振器呈一条直线的方向上的场积分, 推导得出每个谐振器的电压。它们的公共中心是以谐振器为中心的, 表 23.22 列出了计算出的谐振器电压。正如所料, 由于滤波器结构的对称性, 其中心频率处的场分布沿传播方向也是对称的。另一个与预期符合的是, 最大电场来自谐振器的中心位置。

下一步来确定击穿电压和击穿功率。按照之前例子所用的方法, 运用 ECSS 二次电子倍增图和式(23.3)来得到。表 23.22 至表 23.24 汇总了谐振器的电压、击穿电压和击穿功率结果, 其中表面材料为银。由于结构的对称性, 谐振器 1 和谐振器 5 的击穿电压是相同的, 谐振器 2 和谐振器 4 的击穿电压也是相同的。结果证实了这一点: 最低频率点的击穿功率最低, 该结论几乎可以推广到所有的带通滤波器结构。

表 23.22　输入功率为 1 W 时, 谐振器的电压

谐振器序号	电压(V)		
	1.70 GHz	1.75 GHz	1.80 GHz
1	66	58.8	63
2	109.7	69.7	110.2
3	115	80	115.3
4	98.5	69.7	97
5	60	58.8	56.3

表 23.23　不同频率-间隙乘积条件下, 谐振器的击穿电压

谐振器序号	间隙 (mm)	击穿电压(V)		
		1.70 GHz	1.75 GHz	1.80 GHz
1	2.5	265	273.5	281
2	3.57	380	391	402
3	3.56	378.5	390	401
4	3.57	380	391	402
5	2.5	265	273.5	281

表 23.24　滤波器中 5 个间隙的击穿功率

谐振器序号	间隙（mm）	击穿功率（W）		
		1.70 GHz	1.75 GHz	1.80 GHz
1	2.5	16	21.5	20
2	3.57	12	31.5	13
3	3.56	10.8	23.5	12
4	3.57	15	31.5	17
5	2.5	19.5	21.5	25

击穿电压的预估通常基于 ECSS 二次电子倍增图解析求解，假定平板结构的电场分布是均匀的。但在这个假设条件下，本例中滤波器的外形结构和电场分布与假设条件差异很大。表 23.25 给出了运用全三维数值工具[9]计算得出的击穿功率。经过比较很容易看出，实际滤波器的二次电子倍增击穿，可以运用解析法求解，获得最保守的结果。

表 23.25　运用全三维数值工具[9]求解 5 个间隙的击穿功率

谐振器序号	间隙（mm）	击穿功率（W）		
		1.70 GHz	1.75 GHz	1.80 GHz
1	2.5	29	32	37
2	3.57	23	61	27
3	3.56	20	47	24
4	3.57	28	61	34
5	2.5	28	32	29

与预期符合一致，上述两种方法求得的间隙（频率为 1.7 GHz 的谐振器 3 与对应的调谐螺丝之间）的击穿功率大约差 3 dB。为了证明平板形状不一致会引起差异，针对间隙尺寸为 3.56 mm 的平板来进行解析计算，表 23.26 给出了在三种不同分析方法下得到的谐振器 3 的击穿电压。

表 23.26　利用三种不同分析方法计算得出的谐振器 3 的击穿电压

分析方法	击穿电压（V）		
	1.70 GHz	1.75 GHz	1.80 GHz
全数值法	514	548	565
平板解析法	441	456	474
ECSS 平板预估法	379	390	401

图 23.77 所示为三种不同分析方法的击穿电压曲线。通过这个例子很容易看出，基于平板解析求解的结果与针对实际结构数值求解的结果明显不同。

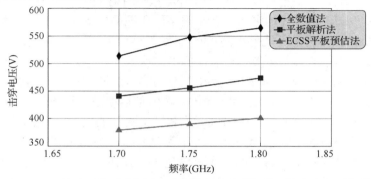

图 23.77　利用三种不同分析方法计算得出的谐振器 3 的击穿电压曲线

例 23.14　双模滤波器的高功率容量

　　本例展示包含两个传输零点的 4 阶双模滤波器的高功率分析。这个滤波器的三维结构如图 23.78 所示,滤波器包含由十字膜片连接的 2 个圆波导谐振腔(双模),输入谐振腔和输出谐振腔与标准矩形波导接口(型号 WR-75)之间通过矩形膜片耦合。另外,位于圆波导谐振腔内的对角耦合螺丝和调谐螺丝用于在生产过程中调节滤波器的频率。

　　该滤波器通带内的散射参数响应如图 23.79 所示,其带宽为 76 MHz 且通带中心位于 12 GHz(滤波器对应例 23.4 中的设计)。带通滤波器的高功率分析通常位于通带的 3 个频率点处:最低频率、中心频率和最高频率。为了找到最差的情形,还需要考虑电场和频率-间隙乘积条件。正如所料,最高击穿风险位于任一输入

图 23.78　4 阶双模滤波器的三维模型

膜片、输出膜片或中心的十字膜片;由于腔体内部存在极大间隙,在此可以忽略谐振腔的击穿影响。因此,为了完成全局分析,需要在 11.962 GHz, 12 GHz 和 12.038 GHz 三个频率点处,分别计算出十字膜片、输入膜片和输出膜片的击穿功率。

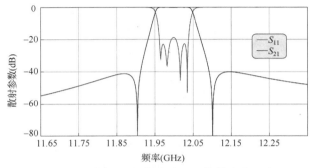

图 23.79　图 23.78 中滤波器的散射参数响应

　　从以上两例可以看出,在计算击穿功率时,需要沿着产生二次电子倍增的间隙的场积分方向进行平板解析计算,求得输入功率为 1 W 时的电压。对于本例中的输入膜片和输出膜片,由于是矩形波导,在两个最接近的表面的最大电场处,电子将来回振荡,因此可以直接确定积分路径。而本例中的十字膜片,积分路径的确定并不是一件轻而易举的事。当频率为 12 GHz 时,十字膜片中心的电场如图 23.80(a)所示。为了完成平板的解析计算,需要引入最大电压的积分路径,如图 23.80(a)中的白线所示。沿着该积分路径的场分布如图 23.80(b)所示。

　　对于所用的这三种膜片,可计算出输入功率为 1 W 时的电压,表 23.27 列出了最终结果。结果显示,输入膜片和输出膜片的电压在所有频率处几乎保持不变,而十字膜片的电压在低频率处急剧增大。虽然这种现象不能外推到任意的双模滤波器结构,但这也表明,在滤波器整个通带的不同频率处,需小心评估该器件所有间隙的二次电子倍增效应。

　　假设器件表面材料为银且频率-间隙乘积已知,就能根据现有文献提到的二次电子倍增图来查找击穿电压(见图 20.9)。再次使用 ECSS 二次电子倍增图来计算位于不同截面和不同频率的击穿电压,如表 23.28 所列。其中输入膜片和输出膜片的间隙尺寸都是 2 mm,计算出的击穿电压都相同,且中心的十字膜片的间隙尺寸只有 1 mm,该膜片的击穿电压最低。这是一个窄带滤波器,针对各个频率分析得到的击穿电压不会出现明显差异(在整个频段内,频率-间隙乘积近乎一致)。

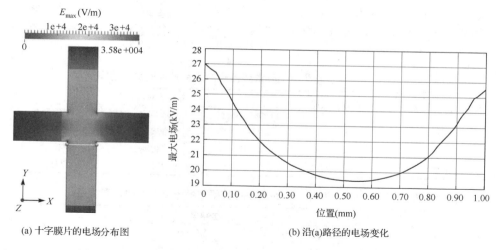

(a) 十字膜片的电场分布图   (b) 沿(a)路径的电场变化

图 23.80   当频率为 12 GHz 时，例 23.4 中的十字膜片的电场分布

表 23.27   输入功率为 1 W 时，三种膜片在 3 个不同频率处的电压

区域	电压（V）		
	11.962 GHz	12 GHz	12.038 GHz
输入膜片	51.5	43.4	53.1
十字膜片	41.7	21.6	13.1
输出膜片	48	48	48

表 23.28   表面材料为银且不同频率-间隙乘积条件下，三种膜片的击穿电压

区域	间隙尺寸（mm）	击穿电压（V）		
		11.962 GHz	12 GHz	12.038 GHz
输入膜片	2	1501	1506	1510
十字膜片	1	749	752	754
输出膜片	2	1501	1506	1510

已知输入功率为 1 W 时的间隙的电压和击穿电压，根据式(23.3)，很容易推导出击穿功率。表 23.29 清楚地表明，在最高频率点处，输入膜片和输出膜片的击穿功率最低。但是，在最低频率点处，十字膜片的击穿功率却大幅降低。因此，该膜片成为二次电子倍增击穿的最敏感区域。

表 23.29   整个频段内三种膜片的击穿功率

区域	间隙尺寸（mm）	击穿功率（W）		
		11.962 GHz	12 GHz	12.038 GHz
输入膜片	2	849	1204	809
十字膜片	1	323	1211	3314
输出膜片	2	978	984	990

正如之前例子所述，这种预估方法是基于二次电子倍增图解析求解的，且假定平板的场分布是均匀的。然而，本例中膜片的形状和电磁场分布与这个假设条件不一致。使用该膜片造成的后果之一是，电子极易从这个间隙逃逸，在腔体内大范围移动，然后被吸收，因此对放电有抑制作用[10]。所以，运用三维数值工具仿真得到的击穿功率更高，表 23.30 列出了采用这类全数值法计算得到的这个双模滤波器的击穿功率。

不出所料，采用全数值法计算出的间隙（频率为 11.962 GHz 时的十字膜片）的击穿功率比

ECSS 平板预估法预测的高 5 dB 左右。为了确认因平板的形状差异而引发的与实际情况不一致问题,对间隙尺寸为 1 mm 的平板进行了解析计算。表 23.31 列出了利用三种不同分析方法计算得到的十字膜片的击穿电压。

表 23.30　运用三维数值工具求解得到的三种膜片的击穿功率[9]

区域	间隙尺寸(mm)	击穿功率(W)		
		11.962 GHz	12 GHz	12.038 GHz
输入膜片	2	2453	3281	2266
十字膜片	1	930	3406	8937
输出膜片	2	2719	2719	2781

表 23.31　利用三种不同分析方法计算得到的十字膜片的击穿电压

分析方法	击穿电压(V)		
	11.962 GHz	12 GHz	12.038 GHz
全数值法	1272	1261	1238
平板解析法	883	884	889
ECSS 平板预估法	749	752	754

图 23.81 给出了最终的击穿电压曲线,从图中可以明显看出本例中实际膜片结构与平板的击穿电压的差异。

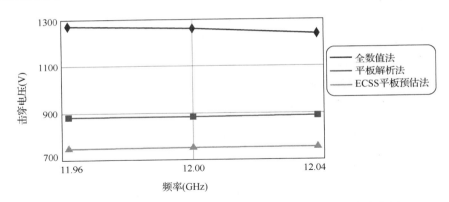

图 23.81　利用三种不同分析方法计算得到的十字膜片的击穿电压

23.5　滤波器设计中的公差与灵敏度分析

电磁技术的进步,对实际滤波器网络的实现产生了巨大影响。经过化简甚至消元(取决于指标)后,可快速构建出适合批量生产的工程试验模型。总体影响主要体现在降低成本,改善性能,以及器件从设计阶段快速过渡到制造阶段这几个方面。

23.5.1　制造公差分析

制造公差和指标修正的难易性,被认为是实际滤波器网络应用中的主要参数。本节将简单概述制造公差和灵敏度分析。

下面选取例 23.3 中的感性滤波器来说明制造公差对滤波器性能的影响。假设滤波器所有尺寸可控的制造公差范围为 ±10 μm,滤波器设计人员主要关心的两个参数如下:

1. 偏离指标要求引起的性能恶化；

2. 不同物理尺寸的敏感性。敏感性通常定义为实际尺寸偏差引起的响应变化，例如 $\partial S_{11} / \partial w_1$ 可看成与首个膜片窗口尺寸有关的反射系数变化。

以上这两个问题都可以用统计方法来处理。利用电磁求解器，可按以下变化方式运行若干次仿真：随机选择、单向或双向、最大/最小值问题等。一些参数在随机挑选过程中需要遵循不同的分布函数，常用的函数如下所示：

- 均匀分布函数。均匀分布函数虽然不切实际但最简单。假定物理尺寸的误差在整个约束范围内出现的概率是相同的，且概率密度函数在上下限区间内为常数，在区间外为零。累积分布函数是 $[0,1]$ 区间内的斜线。

- 正态分布函数。用平均值 μ（如果无偏心地落于精确值附近）和标准差 σ（如 ±10 μm）表示会更确切，唯一的缺点是它的约束条件是无限的。对于正态分布来说，不可能发生的事件属于小概率事件。该分布函数公式如下：

概率密度函数：
$$\phi(\chi; \mu, \sigma) = \frac{1}{\sigma \sqrt{2\pi}} e^{-\frac{(\chi - \mu)^2}{2\sigma^2}}$$

累积分布函数：
$$\Phi(\chi; \mu, \sigma) = \frac{1}{\sigma \sqrt{2\pi}} \int_{-\infty}^{\chi} e^{-\frac{(\chi - \mu)^2}{2\sigma^2}} d\chi$$

- 截断正态分布函数。这类分布函数更接近实际应用。该分布函数公式如下：

概率密度函数：
$$f(\chi; \mu, \sigma, a, b) = \frac{\phi(\chi; \mu, \sigma)}{\Phi(b; \mu, \sigma) - \Phi(a; \mu, \sigma)}$$

累积分布函数：
$$F(\chi; \mu, \sigma, a, b) = \frac{\Phi(\chi; \mu, \sigma) - \Phi(a; \mu, \sigma)}{\Phi(b; \mu, \sigma) - \Phi(a; \mu, \sigma)}$$

其中 a 和 b 为约束条件，μ 和 σ 分别为平均值和标准差。这里 $a < x < b$，且 ϕ 和 Φ 为正态分布函数中定义的函数。

为了完成公差分析，我们运行 100 次仿真来随机选取宽度和高度的分布函数。其中所有变量的平均值为 μ，标准差 $\sigma = 10$，限制范围为 $a = \mu - 15$ 且 $b = \mu + 15$。概率密度函数和累积分布函数假定为零均值，如图 23.82 所示（单位为 μm）。

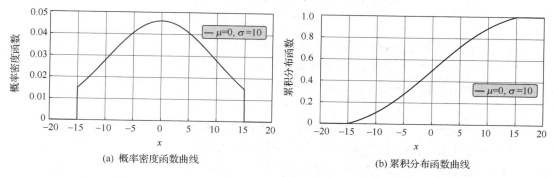

(a) 概率密度函数曲线 (b) 累积分布函数曲线

图 23.82 $\mu = 0$，$\sigma = 10$，$a = -15$ 且 $b = 15$ 时的截断正态分布

接下来的步骤是以耦合窗口宽度和谐振器高度为变量来进行蒙特卡罗分析。如图 23.83 所示，插入损耗几乎不受影响，最差情形下回波损耗的波动在 3 dB 左右。当标准差 $\sigma = 25.4$ μm（1 mil，即千分之一英寸）且限制范围为 ±38.1 μm（1.5 mil）时，结果如图 23.84 所示。

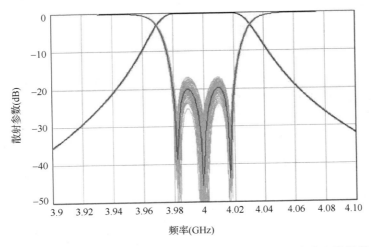

图 23.83　例 23.3 中感性滤波器的公差分析。选取窗口宽度和谐振器
高度作为变量,标准差为 $\sigma = 10$ μm 且限制范围为 ±15 μm

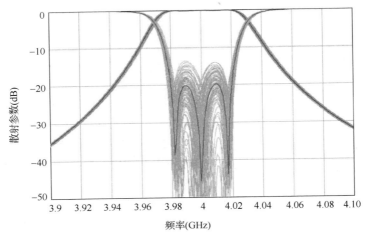

图 23.84　例 23.3 中感性滤波器的公差分析。选取窗口宽度和谐振器
高度作为变量,标准差为 $\sigma = 25.4$ μm 且限制范围为 ±38.1 μm

　　读者可能会提出如下问题:"哪些尺寸变化对性能参数更敏感?另外,对特定性能参数影响最大的变量有哪些"?灵敏度分析对于识别出最重要的参数或尺寸极其有用,了解相关知识可以对结构有更清晰的认识,以及在此基础上,设计人员可以在调谐过程中采取适当的策略。

　　如果用柱条来描述某个函数(这里指 $|S_{11}|$)关于许多参数中(这里指 w_1,w_2,l_1,l_2)某个参数的变化,则可以用柏拉图来表示。4 个参数值随机变化运行 1000 次电磁仿真并统计后,可制成图 23.85 所示与 S_{11} 参数有关的柏拉图。

　　这里分析的是一个非常简单的滤波器,以便作为敏感性分析的介绍实例。在实际应用中,更高阶滤波器通常包含传输零点,往往对制造公差非常敏感,并且总是需要通过调节元件来获得理想的性能。

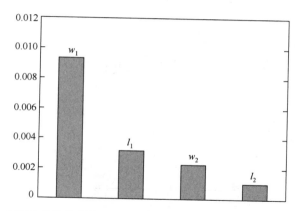

图 23.85　4 个随机变化的参数运行 1000 次电磁仿真后，与 S_{11} 参数有关的柏拉图

23.5.2　介质加载腔的灵敏度分析

对于介质加载滤波器来说，灵敏度分析需要包括介质谐振器材料的介电常数（由制造商提供）的所有变化，以及介质谐振器和装有支撑柱的腔体的装配公差，这类分析极其复杂且非常耗时。为了简单起见，下面分析例 23.6 的单个独立介质加载腔。这种简化分析方法为理解电介质加载元件提供了极好的思路，并为介质加载腔体结构的灵敏度分析提供了一种近似的测量方法。

假设例 23.6 用的是一个单介质加载腔，腔体和介质谐振器的尺寸如图 23.36 所示。进行电磁分析后，使其谐振于中心频率 4 GHz。但要注意，由制造商提供的介质材料的标称介电常数 $\varepsilon_r = 34$ 允许存在一定的公差。

介质谐振器是根据获得的直径 D 和高度 L_d 加工而成的，这两个尺寸受制造公差的影响，因此谐振频率会出现偏移。为了简单起见，假定腔体尺寸和介质支撑柱的尺寸都为标称值，我们感兴趣的研究内容是介质谐振器的介电常数及其尺寸变化引起的谐振频率偏移。

谐振频率随介质谐振器的介电常数的变化曲线如图 23.86 所示，图中还给出了介电常数 ε_r 变化 1%，5% 和 10% 时所对应的频率点。

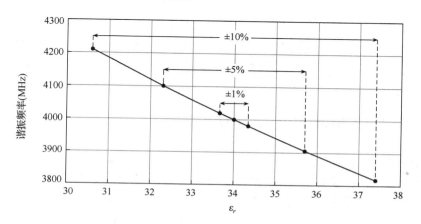

图 23.86　谐振频率随介质谐振器的介电常数 ε_r 变化的曲线

关于谐振频率随介质谐振器加工变化的研究分为两类。图 23.87 显示了频率随介质谐振器直径变化的曲线，其中曲线上的各个频率点是将介质谐振器直径 D 分别变化 ±5 μm，±15 μm，±25 μm 和 ±40 μm 计算得到的。

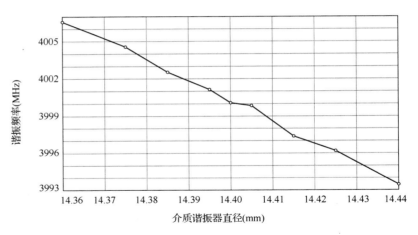

图 23.87　谐振频率随介质谐振器直径 D 变化的曲线

在图 23.88 中，谐振频率的变化曲线上的各个频率点，是将介质谐振器高度 L_d 分别变化 ±5 μm，±15 μm 和 ±25 μm 计算得到的。

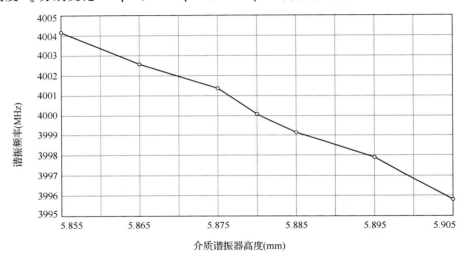

图 23.88　谐振频率随介质谐振器高度 L_d 变化的曲线

基于单个介质加载腔的灵敏度分析，突显了制造过程中介质谐振器的介电常数和尺寸的变化对谐振频率的重要影响。对于大多数的应用，介质谐振器在安装到腔体里之前，必须确保其谐振于所需的频率位置。

23.5.3　滤波器设计中调谐螺丝引起的恶化

23.5.3.1　品质因数的恶化

微波结构的任意不连续性，都会增加损耗，因此对品质因数或无载 Q 值存在不利影响，调谐元件也不例外。在滤波器网络中，调谐螺丝被广泛使用；对于双模滤波器而言，用于正交模式之间的耦合螺丝是必不可少的。在高性能滤波器中，调谐螺丝用于降低谐振器和耦合元件的制造公差影响，并且能够在实际滤波器的生产过程中提供最经济的成本方案。为了说明这一点，以一个双模单波导谐振腔，特别是例 23.4 中用到的双模谐振腔为例，分析调谐螺丝伸入长度对 Q 值的影响。

该双模波导谐振腔的顶视图和前视图如图 23.89 所示,其腔体尺寸和螺丝尺寸与例 23.4 中的相同,即 $R = 11.557$ mm, $L = 48.43$ mm, $d = 2$ mm。

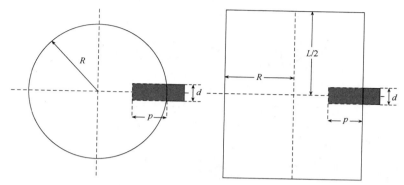

图 23.89　左侧为半径 $R = 11.557$ mm 的圆波导谐振腔的顶视图。右侧为螺丝垂直放置于
腔体长度($L = 48.43$ mm)方向正中间的前视图,其中螺丝的截面直径 $d = 2$ mm

在实际滤波器应用中,腔体表面的光洁度、镀银质量,以及输入耦合和输出耦合元件会进一步影响无载 Q 值,行业标准是实现理论 Q 值的 60% ~ 70%。通过使用更高的传播模式(如例 23.4 中的 TE$_{113}$ 模式),可以获得更高的 Q 值,但代价是更大的尺寸和质量。

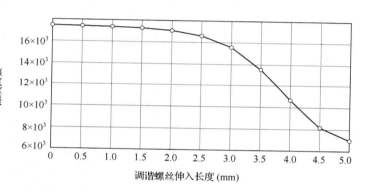

图 23.90　谐振频率为 12 GHz 时 TE$_{113}$ 单膜谐振腔中 Q 值
随调谐螺丝的伸入长度变化的电磁仿真曲线

图 23.90 显示了无载 Q 值随螺丝伸入长度的变化曲线,其中腔体材料为铜(电导率为 $\sigma = 5.88 \times 10^7$ S/m),腔体的理论 Q 值计算结果为 17 461。

23.5.3.2　无谐波窗口的恶化

调谐螺丝不仅降低了品质因数,而且还引入了寄生模式,这种模式会导致滤波器网络的带外抑制出现恶化,该问题的严重程度取决于系统对其他通信系统的抗干扰能力。这种模式也可能会成为潜在的噪声源,进入系统的接收频段。为了说明这种影响,我们再次考虑用于品质因数恶化分析的双模谐振腔。

图 23.91 显示了例 23.14 中用到的谐振频率为 12 GHz 的双模单波导谐振腔模式图,覆盖了 Ku 波段卫星系统的发射和接收频段(分别为 11.7 ~ 12.2 GHz 和 14.0 ~ 14.5 GHz)。其中传播模式为 TE$_{113}$,图中还包含了发射和接收频段附近的模式。结果表明,由于调谐螺丝伸入长度增大,TE$_{213}$ 模式落入接收频段,而 TE$_{211}$ 模式则落在发射频段与 13 GHz 之间。与基于简单的单谐振腔分析比较,大功率发射多工器的谐波模式影响范围更大且更复杂。以上这些内容有利于读者更深入地理解滤波器硬件对整个系统性能的影响。

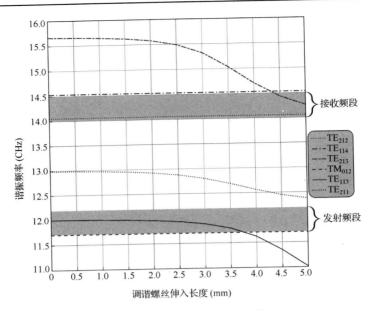

图 23.91　双模单波导谐振腔的模式图

23.6　小结

本章的主要目的是在微波滤波器和多工器网络的理论与实际应用之间建立对应关系。它旨在说明工作环境、技术限制和制造公差引起的制约问题，并通过引入 ELFD 的概念诠释了这些问题所在。本章描述了这个概念的基本原理，以及实际应用中典型工作环境下可实现的性能和制造公差之间的折中。本章的另一个目的是加深对通信系统中各组成部分影响滤波器指标的系统参数的理解。结合 ELFD，为滤波器指标的最佳设计提供了基本依据。接下来介绍的是实现滤波器的设计方法，通过一系列实例来解决滤波器设计方面的所有问题，包括高功率应用。从滤波器函数的零极点结构开始，建立一个基于集总元件的简单滤波器电路模型，然后使用分布元件有选择地扩展这个模型(保持模型更简单)。然后将这种准分布模型作为初始设计，运用电磁技术来开始物理尺寸的计算过程，包括全波分析和优化运算。所有例子中的一个关键特征是按步骤介绍详细设计过程。根据这些与实际通信系统有关的例子，完善了滤波器和多工器设计的理论应用。本章最后简要概述了基于电磁的滤波器设计的公差和灵敏度分析。

23.7　致谢

本章的作者感谢西班牙瓦伦西亚技术大学微波应用中心(Microware Applications Group, GAM)的所有成员，特别是我们的同事 Pablo Soto 博士，感谢他们对其中几个例子计算结果的积极贡献。作者还要感谢 Aurora 软件公司和 S. L. (AURORASAT)公司的工作人员，特别是 Carlos Vicente 博士、Jordi Gil 博士和 Sergio Anza 博士，他们帮助编写了滤波器高功率问题的示例。

23.8　原著参考文献

1. Kudsia, C., Ainsworth, K., and O'Donovan, M. (1980) Microwave filters and multiplexing networks for communications satellites in the 1980s. Proceedings of the AIAA 8th Communications Satellite Systems Conference, pp. 290-301, April 1980.

2. Belevitch, V. (1952) Chebyshev filters and amplifier networks. *Wireless Engineer*, **29**, 106-110.

3. Marcuvitz, N. (1986) *Waveguide Handbook*, Electromagnetic Waves Series, Peter Peregrinus Ltd, IEE, London.

4. Cogollos, S., Brumos, M., Boria, V. E. *et al.* (2012) A systematic design procedure of classical dual-mode circular waveguide filters using an equivalent distributed model. *IEEE Transactions on Microwave Theory and Techniques*, **60**, 1006-1017.

5. Bandler, J., Cheng, Q., Dakroury, S. *et al.* (2004) Space mapping: the state of the art. *IEEE Transactions on Microwave Theory and Techniques*, **52**, 337-361.

6. Peik, S. and Mansour, R. (2002) A novel design approach for microwave planar filters. Microwave Symposium Digest, 2002 IEEE MTT-S International, vol. 2, pp. 1109-1112.

7. Levy, R. (1965) Tables of element values for the distributed low-pass prototype filter. *IEEE Transactions on Microwave Theory and Techniques*, **13**, 514-536.

8. Morini, A., Rozzi, T., and Morelli, M. (1997) New formulae for the initial design in the optimization of T-junction manifold multiplexers. Microwave Symposium Digest, 1997, IEEE MTT-S International, vol. 2, pp. 1025-1028.

9. Anza, S., Vicente, C., Raboso, D., Gil, J., Gimeno, B., and Boria, V. E. (2008) Enhanced prediction of multipaction breakdown in passive waveguide components including space charge effects. Microwave Symposium Digest, 2008 IEEE MTT-S International, pp. 1095-1098.

10. Anza, S., Esteve, R., Armendariz, J., Vicente, C., Gil, J., and Raboso, D. (2014) Study of high order modes and fringing fields in multipactor effect. Proceedings of the 8th International Workshop on Multipactor, RF and DC Corona and Passive Intermodulation in Space RF Hardware, pp. 1095-1098.

附录 23A　热膨胀系数

大多数固体材料受热时会膨胀。假设一个圆腔的凹形圆腔体或矩形腔体，在初始温度为 T_0 时长度为 L_0。当温度增加 ΔT 时，长度将增加 ΔL。实验表明，当 ΔT 很小时，ΔL 与 ΔT 和 L_0 成正比。下面引入一个比例常数 α（对于不同的材料，α 值各不相同），可得

$$\Delta L = \alpha L_0 \Delta T \tag{23A.1}$$

描述特定材料热膨胀特性的常数 α 称为线性温度系数，接下来需要讨论的是这个公式中隐含的两个假设条件。对于膨胀率不确定的材料，各尺寸均按式(23A.1)线性变化。然而，我们主要关注的是长度而不是宽度（或体积）的变化，长度变化对谐振器的谐振频率影响极大，宽度变化对谐振器特性的影响非常小。此外，在通信系统工作环境中通常遇到小的温度范围变化，在这种情况下该公式近似正确。因此，每单位长度每摄氏度的长度变化可定义为

$$\alpha = \frac{1}{L} \frac{dL}{dT} \tag{23A.2}$$

在实际应用中，α 表示为 ppm（$\times 10^{-6}$）每摄氏度，即 ppm/℃。表 23A.1 描述了一系列材料（原材料）的平均线性热膨胀系数。

表 23A.1　平均线性热膨胀系数

材料	α (ppm/℃)
铝	24
黄铜	20
紫铜	17
殷钢	0.9
石英	0.4

附录 A　阻抗变换器和导纳变换器

在图 A.1 所示的梯形网络中，低通原型滤波器设计用到的电感和电容元件以串联和并联形式交替排列。在微波滤波器的物理实现中，最好是在整个滤波器结构中使用相同的分布元件(电感或电容)，这样可使结构更简单和坚固。使用阻抗或导纳变换器可以实现这一点。

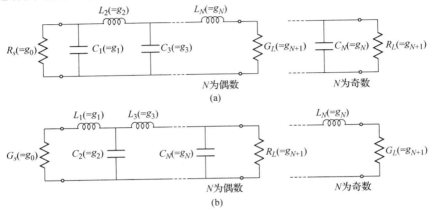

图 A.1　低通原型梯形网络

图 A.2(a)描述了一个阻抗变换器，它等效于一个与阻抗 Z_L 连接的特征阻抗为 $\sqrt{K}$ 的四分之一波长变换器。四分之一波长传输线的阻抗变换关系式为

$$Z_{in} = \frac{K^2}{Z_L} \qquad\qquad (A.1)$$

当 $K = 1$ 时，$Z_{in} = 1/Z_L$；当 $K = \sqrt{Z_L}$ 时 $Z_{in} = 1$。与变换器连接的负载阻抗可当成常数变换器，因此通过选择参数 K 可以改变变换器阻抗或导纳值。根据变换器的性质，从外部终端看进去，每侧与变换器串联的电感可以表现为并联电导。类似地，从外部终端看进去，每侧与变换器并联的电容可以表现为串联电感。

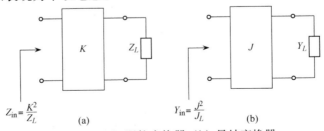

图 A.2　(a) 阻抗变换器；(b) 导纳变换器

图 A.2(b)所示的导纳变换器也具有如下类似关系：

$$Y_{in} = \frac{J^2}{Z_L} \qquad\qquad (A.2)$$

A.1　用串联元件实现滤波器

我们使用图 A.3(a)描述的简单 2 阶原型滤波器来展示变换器在滤波器设计中的应用。滤波器拓扑结构的任何变化必须满足滤波器的传输函数条件。这意味着，当滤波器的拓扑变化时，输入阻抗或导纳必须保持不变。

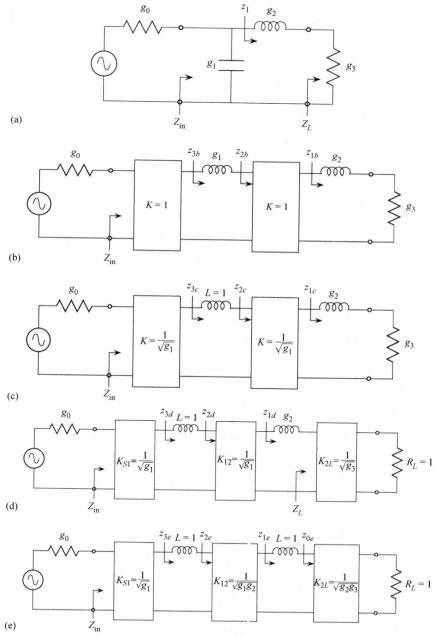

图 A.3　步骤(a)~(e)：将 2 阶低通滤波器梯形网络电路变换成含有阻抗变换器的集总原型电路

因此,图 A.3(a)所示网络的输入阻抗 Z_{in} 可由下式给出:

$$Z_{in} = \cfrac{1}{g_1 s + \cfrac{1}{z_1}} = \cfrac{1}{g_1 s + \cfrac{1}{g_2 s + \cfrac{1}{g_3}}} \tag{A.3}$$

其中, $z_1 = g_2 s + 1/g_3$。

图 A.3(b)显示了如何将并联电容与其所连接的单位变换器($K=1$)合并,从而转化为等效串联电感电路的过程,其输入阻抗计算如下:

$$z_{1b} = g_2 s + \frac{1}{g_3} \tag{A.4a}$$

$$z_{2b} = \frac{K^2}{z_{1b}} = \cfrac{1}{g_2 s + \cfrac{1}{g_3}} \tag{A.4b}$$

$$z_{3b} = g_1 s + z_{2b} = g_1 s + \cfrac{1}{g_2 s + \cfrac{1}{g_3}} \tag{A.4c}$$

$$Z_{in} = \frac{K^2}{z_{3b}} = \cfrac{1}{g_1 s + \cfrac{1}{g_2 s + \cfrac{1}{g_3}}} \tag{A.4d}$$

Z_{in} 的值与式(A.3)给定的值相同,因此确保了原型滤波器的输入阻抗保持不变。

A.2 元件值的归一化

为了使滤波器网络只由串联元件(电感)或并联元件组成,给变换器选取一个合适的特征阻抗 K,可将元件值归一化为1(或任意值)。

图 A.3(c)演示了如何将元件值 g_1 归一化为 1。该过程是通过在 g_1 的两边选取值为 $K = 1/\sqrt{g_1}$ 的变换器来实现的。如上所述,整个输入导纳必须保持不变:

$$z_{1c} = g_2 s + \frac{1}{g_3} \tag{A.5a}$$

$$z_{2c} = \frac{K^2}{z_{1c}} = \cfrac{1/g_1}{g_2 s + \cfrac{1}{g_3}} \tag{A.5b}$$

$$z_{3c} = s + z_{2c} = s + \cfrac{1/g_1}{g_2 s + \cfrac{1}{g_3}} \tag{A.5c}$$

$$Z_{in} = \frac{K^2}{z_{3c}} = \cfrac{1/g_1}{s + \cfrac{1/g_1}{g_2 s + \cfrac{1}{g_3}}} = \cfrac{1}{g_1 s + \cfrac{1}{g_2 s + \cfrac{1}{g_3}}} \tag{A.5d}$$

显然, Z_{in} 的值与式(A.3)给定的值相同,仍保持原型滤波器的输入阻抗不变。

如果元件值 g_1 的归一化值不必为 1，而是考虑一个任意的电感，如 L_1，则 K 值可以改为 $\sqrt{L_1/g_1}$。将 K 值代入式（A.5），可得

$$z_{1c} = g_2 s + \frac{1}{g_3} \tag{A.6a}$$

$$z_{2c} = \frac{K^2}{z_{1c}} = \frac{L_1/g_1}{g_2 s + \dfrac{1}{g_3}} \tag{A.6b}$$

$$z_{3c} = L_1 s + z_{2c} = L_1 s + \frac{L_1/g_1}{g_2 s + \dfrac{1}{g_3}} \tag{A.6c}$$

$$Z_{\text{in}} = \frac{K^2}{z_{3c}} = \frac{L_1/g_1}{L_1 s + \dfrac{L_1/g_1}{g_2 s + \dfrac{1}{g_3}}} = \frac{1}{g_1 s + \dfrac{1}{g_2 s + \dfrac{1}{g_3}}} \tag{A.6d}$$

因此，只要选取一个与变换器的特征阻抗相称的任意元件值，就仍能保持与初始原型滤波器同样的输入阻抗。

下一步是 g_2 的归一化。由于该元件事实上是链路上最末端元件且端接负载阻抗 $1/g_3$，因此操作受到了限制。这也就意味着在元件 g_2 之后引入变换器，必须确保其输入端的负载阻抗保持不变。这里，选取 $K_{2L} = 1/\sqrt{g_3}$ 来实现，图 A.3（d）显示了其电路结构。现在可以通过将 g_2 两侧的变换器阻抗值分别修改为 $K_{12} = 1/\sqrt{g_1 g_2}$ 和 $K_{2L} = 1/\sqrt{g_2 g_3}$，将 g_2 归一化为 1，如图 A.3（e）所示。输入阻抗计算如下：

$$z_{0e} = \frac{K_{2L}^2}{R_L} = \frac{1}{g_2 g_3} \tag{A.7a}$$

$$z_{1e} = s + z_{0e} = s + \frac{1}{g_2 g_3} \tag{A.7b}$$

$$z_{2e} = \frac{K_{12}^2}{z_{1e}} = \frac{\dfrac{1}{g_1 g_2}}{s + \dfrac{1}{g_2 g_3}} = \frac{1}{g_1 g_2 s + \dfrac{g_1}{g_3}} \tag{A.7c}$$

$$z_{3e} = s + z_{2e} = s + \frac{1}{g_1 g_2 s + \dfrac{g_1}{g_3}} \tag{A.7d}$$

$$Z_{\text{in}} = \frac{K_{S1}^2}{z_{3e}} = \frac{\dfrac{1}{g_1}}{s + \dfrac{1}{g_1 g_2 s + \dfrac{g_1}{g_3}}} = \frac{1}{g_1 s + \dfrac{1}{g_2 s + \dfrac{1}{g_3}}} \tag{A.7e}$$

最后一步是归一化源阻抗。运用与归一化负载阻抗的相同的方法，通过修改首个变换器的特征阻抗为 $K_{S1} = \dfrac{1}{\sqrt{g_0 g_1}}$ 来实现 $R_s = 1$，如图 A.4 所示。注意，在图 A.4 中，从源端看进去的首个变换器的输出终端阻抗，与图 A.3 描述的所有电路中的元件值是一样的。

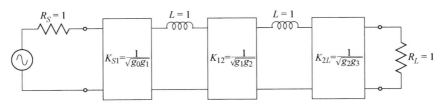

图 A.4 利用阻抗变换器将 2 阶滤波器电路中所有元件值归一化为 1 后的集总低通梯形网络电路

A.3 广义低通原型示例

按照 A.2 节介绍的方法,一般情况下,图 A.5 所示的 2 阶滤波器的任意参数 K 可以推导如下:

$$K_{S1} = \sqrt{\frac{R_S L_1}{g_0 g_1}}, \qquad K_{12} = \sqrt{\frac{L_1 L_2}{g_1 g_2}}, \qquad K_{2L} = \sqrt{\frac{R_L L_2}{g_2 g_3}} \qquad (A.8)$$

除了终端阻抗归一化为 1,还需要将更多的电感值归一化为 1。变换器阻抗值给定如下:

$$K_{S1} = \frac{1}{\sqrt{g_0 g_1}}, \qquad K_{12} = \frac{1}{\sqrt{g_1 g_2}}, \qquad K_{2L} = \frac{1}{\sqrt{g_2 g_3}} \qquad (A.9)$$

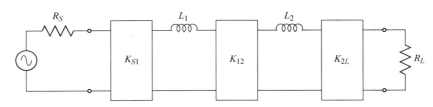

图 A.5 变换器阻抗和电感为任意值的低通原型电路

运用归纳法,或重复这一过程,一般可将上述方程扩展成图 A.1 所述的一般情况应用。两个任意电感之间变换器的值一般为

$$K_{i,i+1} = \sqrt{\frac{L_i L_{i+1}}{g_i g_{i+1}}} \qquad (A.10)$$

电感值归一化为 1 时则为

$$K_{i,i+1} = \frac{1}{\sqrt{g_i g_{i+1}}} \qquad (A.10)$$

A.3.1 低通原型耦合系数

对于集总电路,耦合系数定义为

$$k_{i,i+1} = \frac{K_{i,i+1}}{\sqrt{L_i L_{i+1}}} = \frac{1}{\sqrt{g_i g_{i+1}}} \qquad (A.11)$$

耦合系数是由低通原型滤波器所选择的 g_i 的固定值决定的。这意味着 $K_{i,i+1}$,L_i 和 L_{i+1} 可在保持 $k_{i,i+1}$ 值不变的约束条件下取任意值。如果将电感值归一化为 1,则 $k_{i,i+1} = K_{i,i+1}$。从物

理学的角度讲，K 类似于互感，耦合系数代表了滤波器元件之间所需的能量传递（见图 A.6）。

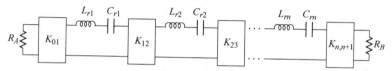

图 A.6 使用串联谐振器和阻抗变换器的带通原型电路

A.4 带通原型

在集总带通原型中，低通到带通的频率映射公式为

$$\Omega = \frac{\omega_0}{\Delta\Omega}\left(\frac{\omega}{\omega_0} - \frac{\omega_0}{\omega}\right) \tag{A.12}$$

其中 Ω 为低通域的归一化频率变量，ω 为带通变量。

将电感 L_a 的电抗从低通域变换到带通域，则有

$$\Omega L_a = \frac{\omega_0}{\Delta\omega}\left(\frac{\omega}{\omega_0} - \frac{\omega_0}{\omega}\right)L_a = \frac{L_a\omega}{\Delta\omega} - \frac{L_a\omega_0^2}{\omega\Delta\omega} = L\omega - \frac{1}{C\omega} \tag{A.13}$$

其中

$$L = \frac{L_a}{\Delta\omega}, \qquad C = \frac{\Delta\omega}{L_a\omega_0^2}$$

因此，低通域中的电感在带通域中可用串联谐振器表示，其电抗为

$$X(\omega) = L\omega - \frac{1}{C\omega}$$

A.4.1 斜率参数

集总低通原型滤波器和集总带通原型滤波器之间的等效关系是根据电抗的斜率参数来建立的，定义为

$$\mathcal{X} = \frac{\omega_0}{2}\frac{\mathrm{d}X}{\mathrm{d}\omega}\bigg|_{\omega_0} = L\omega_0 = \frac{1}{C\omega_0} \tag{A.14}$$

因此

$$L_a = \mathcal{X}\frac{\Delta\omega}{\omega_0} \tag{A.15}$$

在带通原型滤波器中，斜率参数提供了谐振器谐振频率附近的电抗的量度。将 L_a 的值代入式（A.8），则 K 的值可计算如下：

$$K_{S1} = \sqrt{\frac{R_A\mathcal{X}_1\mathcal{W}}{g_0g_1}}, \quad K_{12} = \mathcal{W}\sqrt{\frac{\mathcal{X}_1\mathcal{X}_2}{g_1g_2}}, \quad K_{2L} = \sqrt{\frac{R_B\mathcal{X}_2\mathcal{W}}{g_2g_3}} \tag{A.16}$$

其中相对带宽 $\mathcal{W}$ 定义为

$$\mathcal{W} = \frac{\Delta\omega}{\omega_0} = \frac{\Delta f}{f_0}$$

类似的关系也可以用于 J 变换器的推导。

A.4.2　耦合矩阵元件值 M

对于第 8 章描述的用于耦合矩阵综合的带通原型电路,其中

1. 谐振器为同步调谐的,其中 $\omega_0 = 1$ rad/s;
2. 相对带宽 $\Delta\omega/\omega_0$ 归一化为 1;
3. 元件值 M 表示谐振器之间的互耦合或电抗。

结合低通域公式(A.13),上述关系表明:电路所有电感值(L_{a1} 和 L_{a2})都可归一化为 1。

根据式(A.10),这种归一化仅表明 M 由式(A.11)定义的耦合系数导出,因此耦合元件值表示为

$$
\begin{aligned}
M_{01} &= \frac{1}{\sqrt{g_0 g_1}} \\
M_{i,i+1} &= \frac{1}{\sqrt{g_i g_{i+1}}}, \quad i = 1, \cdots, N-1 \\
M_{N,N+1} &= \frac{1}{\sqrt{g_N g_{N+1}}}
\end{aligned}
\tag{A.17}
$$

需要注意的是,式(A.17)适用于图 A.1 描述的原型梯形网络,它表明这种关系式对于巴特沃思和切比雪夫滤波器来说是成立的,可使用解析公式来求得参数 g。对于其他幅度响应单调递增的滤波器函数来说,参数 g 也很容易使用第 7 章的 $[ABCD]$ 矩阵方法得到。对于含有传输零点的滤波器函数,或任意广义滤波器函数,耦合元件值 M 是通过第 3 章和第 4 章,以及第 8 章至第 10 章介绍的滤波器函数多项式和耦合矩阵方法综合得到的。

A.4.3　带通原型耦合系数

由式(A.13)可知,带通原型的斜率参数 $\mathcal{X}$ 类似于低通原型滤波器的自感或参数 g。根据式(A.13),以及式(A.14)至式(A.16),基于集总谐振器的耦合系数由下式给出:

$$k_{i,i+1} = \frac{K_{i,i+1}}{\sqrt{\mathcal{X}_i \mathcal{X}_{i+1}}} = \mathcal{W} M_{i,i+1} \tag{A.18}$$

也就是说,耦合系数通过带通原型滤波器的相对带宽与低通域中的有关参数一一对应。

值得注意的是,这个耦合系数可以用耦合孔径的物理尺寸来计算。Cohn[1]等人基于 Bethe 的理想(零厚度)小孔径理论,提出了实际应用中孔径的近似表达式。如文献[2]所述,孔径尺寸也可以通过实验来估算。通过使用第 14 章描述的电磁方法,对这类模型的分析可以变得更精确。

到目前为止,我们已经考虑了集总元件与不随频率变化的理想阻抗变换器的结合应用,后者实际上并不存在。下一步是将带通原型滤波器的集总谐振器模型扩展到传输线谐振器模型。

A.4.4 传输线谐振器的斜率参数

根据传输线理论，端接负载 Z_T 的无耗传输线的输入阻抗给定为

$$Z_{in} = Z_0 \frac{Z_T + jZ_0 \tan \beta l}{Z_0 + jZ_T \tan \beta l}$$

其中 Z_T 为终端阻抗，$\beta = 2\pi/\lambda = \omega/c$ 为相位常数，且 l 为传输线长度。

对于一个二分之一波长的串联谐振器，有 $Z_T = 0$，因此输入阻抗为

$$Z_{in} = jZ_0 \tan \beta l = jX$$

斜率参数为（当 $\omega = \omega_0$ 时，$l = \lambda/2$）

$$\mathcal{X} = \frac{\omega_0}{2} \frac{dX}{d\omega}\bigg|_{\omega_0} = \frac{\omega_0}{2} \frac{Z_0 l/c}{\cos^2 \beta l}\bigg|_{\omega_0} = \frac{Z_0 \pi}{2}$$

将此值代入式（A.16），设 $R_A = R_B = Z_0$，并将其扩展到如式（A.10）的一般情况，则可计算出归一化变换器的值为

$$\begin{aligned}
\frac{K_{01}}{Z_0} &\approx \sqrt{\frac{\pi \mathcal{W}}{2g_0 g_1}} \\
\frac{K_{i,i+1}}{Z_0} &\approx \frac{\pi \mathcal{W}}{2\sqrt{g_i g_{i+1}}}, \quad i = 1, \cdots, N-1 \\
\frac{K_{N,N+1}}{Z_0} &\approx \sqrt{\frac{\pi \mathcal{W}}{2g_N g_{N+1}}}
\end{aligned} \tag{A.19}$$

A.4.5 波导谐振器的斜率参数

对于一个半波长波导谐振器，相位常数 β 为

$$\beta = \frac{2\pi}{\lambda_g}$$

其中

$$\lambda_g = \frac{\lambda}{\sqrt{1 - \left(\frac{f_c}{f}\right)^2}} = \frac{\frac{2\pi c}{\omega}}{\sqrt{1 - \left(\frac{\omega_c}{\omega}\right)^2}} = \frac{2\pi c}{\sqrt{\omega^2 - \omega_c^2}}$$

在谐振频率附近，输入阻抗可以近似地表示为

$$Z_{in} = jZ_0 \tan \beta l = jX$$

斜率参数为

$$\mathcal{X} = \frac{\omega_0}{2} \frac{dX}{d\omega}\bigg|_{\omega_0} = \frac{\omega_0}{2} \frac{d}{d\omega}(Z_0 \tan \beta l)\bigg|_{\omega_0} \approx \frac{Z_0 \omega_0}{2} \frac{1}{\cos^2 \beta l} 2\pi l \frac{d}{d\omega}\left(\frac{1}{\lambda_g}\right)\bigg|_{\omega_0}$$

因为 $l = \lambda_{g0}/2$，所以 $\cos^2 \beta l = 1$ 且

$$\mathcal{X} \approx \frac{\pi Z_0 \omega_0}{2} \lambda_{g0} \frac{d}{d\omega}\left(\frac{1}{\lambda_g}\right)\bigg|_{\omega_0} = Z_0 \frac{\pi}{2} \frac{\lambda_{g0}}{\lambda_0} \frac{d}{d\omega}\left(\sqrt{\omega^2 - \omega_c^2}\right)\bigg|_{\omega_0} = Z_0 \frac{\pi}{2}\left(\frac{\lambda_{g0}}{\lambda_0}\right)^2$$

将该斜率参数的值代入式(A.16)中,可计算出归一化变换器的值为

$$\frac{K_{01}}{Z_0} \approx \sqrt{\frac{\pi \mathcal{W}_\lambda}{2g_0g_1}}$$

$$\frac{K_{i,i+1}}{Z_0} \approx \frac{\pi \mathcal{W}_\lambda}{2\sqrt{g_ig_{i+1}}}, \quad i = 1,\cdots,N-1 \qquad (A.20)$$

$$\frac{K_{N,N+1}}{Z_0} \approx \sqrt{\frac{\pi \mathcal{W}_\lambda}{2g_Ng_{N+1}}}$$

其中

$$\mathcal{W}_\lambda = \frac{\lambda_{g1} - \lambda_{g2}}{\lambda_{g0}} \approx \mathcal{W}\left(\frac{\lambda_{g0}}{\lambda_0}\right)^2$$

为导波长的相对带宽[1,2]。

利用式(A.17),变换器的值可表示为以下形式:

TEM模:
$$\frac{K_{01}}{Z_0} \approx M_{01}\sqrt{\frac{\pi \mathcal{W}}{2}}, \qquad \frac{K_{i,i+1}}{Z_0} \approx M_{i,i+1}\frac{\pi \mathcal{W}}{2}, \qquad \frac{K_{N,N+1}}{Z_0} \approx M_{N,N+1}\sqrt{\frac{\pi \mathcal{W}}{2}}$$

$$\qquad (A.21)$$

TE模:
$$\frac{K_{01}}{Z_0} \approx M_{01}\sqrt{\frac{\pi \mathcal{W}_\lambda}{2}}, \qquad \frac{K_{i,i+1}}{Z_0} \approx M_{i,i+1}\frac{\pi \mathcal{W}_\lambda}{2}, \qquad \frac{K_{N,N+1}}{Z_0} \approx M_{N,N+1}\sqrt{\frac{\pi \mathcal{W}_\lambda}{2}}$$

A.4.6 实际的阻抗变换器和导纳变换器

在以上分析过程中用到的阻抗变换器和导纳变换器都假定是理想的,表现出与频率无关的特性,但这种变换器并不存在。最简单的变换器形式是四分之一波长传输线。毋庸置疑,它的变换特性适用于窄带。另外,使用四分之一波长传输线会使滤波器的结构变大。文献[1~3]已经清晰地描述了由某些不连续传输线形式组成的比较实用的变换器。这种变换器具有双重功能,即在宽带上进行阻抗反演,同时为谐振器的实现提供了一种适合的结构,使实际应用中的微波滤波器结构更紧凑。

原著参考文献

1. Cohn, S. B. (1957) Direct-coupled-resonator filters. *Proceedings of the IRE*, **45**, 187-196.

2. Matthaei, G. L., Young, L., and Jones, E. M. T. (1980) *Microwave Filters*, *Impedance Matching Networks*, *and Coupling Structures*, Artech House, New Jersey.

3. Collin, R. E. (2000) *Foundations for Microwave Engineering*, 2nd edn, Wiley-IEEE Press, New York.

物 理 常 数

物理常数	值
自由空间光速	$c = 2.998 \times 10^8$ m/s
自由空间介电常数	$\varepsilon_0 = 8.854 \times 10^{-12}$ F/m
自由空间磁导率	$\mu_0 = 4\pi \times 10^{-7}$ H/m
自由空间波阻抗	$\eta_0 = 376.7$ Ω
电子电荷	$e = 1.602 \times 10^{-19}$ C
电子质量	$m = 9.107 \times 10^{-31}$ kg
玻尔兹曼常数	$k = 1.380 \times 10^{-23}$ J/K

一些金属的导电率

材　　料	导电率 S/m (20℃)
铝(aluminium)	3.816×10^7
黄铜(brass)	2.564×10^7
青铜(bronze)	1.00×10^7
铬(chromium)	3.846×10^7
紫铜(copper)	5.813×10^7
锗(germanium)	2.2×10^6
黄金(gold)	4.098×10^7
石墨(graphite)	7.0×10^4
铁(iron)	1.03×10^7
水银(mercury)	1.04×10^6
铅(lead)	4.56×10^6
镍(nickel)	1.449×10^7
铂(platinum)	9.52×10^6
银(silver)	6.173×10^7
不锈钢(stainless steel)	1.1×10^6
锡(solder)	7.0×10^6
钨(tungsten)	1.825×10^7
锌(zinc)	1.67×10^7

一些材料的介电常数和损耗角正切

材　料	频率（GHz）	介电常数（ε_r）	损耗角正切（$\tan\delta$）
氧化铝（alumina）	10	9.7 ~ 10	0.0002
熔凝石英（fused quartz）	10	3.78	0.0001
砷化镓（gallium arsenide）	10	13	0.0016
耐热玻璃（pyrex glass）	3	4.82	0.0054
涂釉陶瓷（glazed ceramic）	10	7.2	0.008
树脂玻璃（plexiglass）	3	2.60	0.0057
聚乙烯（polyethylene）	10	2.25	0.0004
聚苯乙烯（polystyrene）	10	2.54	0.00033
干制陶瓷（porcelain）	100	5.04	0.0078
聚苯乙烯塑料[①]（rexolite）	3	2.54	0.00048
聚四氟乙烯合成材料[②]（RT/duriod 5880）	10	2.2	0.0009
聚四氟乙烯合成材料（RT/duriod 6002）	10	2.94	0.0012
聚四氟乙烯合成材料（RT/duriod 6006）	10	6.15	0.0019
聚四氟乙烯合成材料（RT/duriod 6010）	10	10.8	0.0023
硅（silicon）	10	11.9	0.004
泡沫聚苯乙烯（styrofoam）	3	1.03	0.0001
聚四氟乙烯（又称特氟龙）（teflon）	10	2.08	0.0004
凡士林（vaseline）	10	2.16	0.001
蒸馏水（distilled water）	3	76.7	0.157

矩形波导定义

波导接口型号	推荐频率范围（GHz）	TE$_{10}$截止频率（GHz）	以 in 为单位的内部尺寸（括号内的数据以 cm 为单位）
WR-650	1.12 ~ 1.70	0.908	6.500 × 3.250（16.51 × 8.255）
WR-430	1.70 ~ 2.60	1.372	4.300 × 2.150（10.922 × 5.461）
WR-284	2.60 ~ 3.95	2.078	2.840 × 1.340（7.214 × 3.404）
WR-187	3.95 ~ 5.85	3.152	1.872 × 0.872（4.755 × 2.215）
WR-137	5.85 ~ 8.20	4.301	1.372 × 0.622（3.485 × 1.580）
WR-112	7.05 ~ 10.0	5.259	1.122 × 0.497（2.850 × 1.262）
WR-90	8.20 ~ 12.4	6.557	0.900 × 0.400（2.286 × 1.016）
WR-62	12.4 ~ 18.0	9.486	0.622 × 0.311（1.580 × 0.790）
WR-42	18.0 ~ 26.5	14.047	0.420 × 0.170（1.07 × 0.43）
WR-28	26.5 ~ 40.0	21.081	0.280 × 0.140（0.711 × 0.356）
WR-22	33.0 ~ 50.5	26.342	0.224 × 0.112（0.57 × 0.28）
WR-19	40.0 ~ 60.0	31.357	0.188 × 0.094（0.48 × 0.24）
WR-15	50.0 ~ 75.0	39.863	0.148 × 0.074（0.38 × 0.19）
WR-12	60.0 ~ 90.0	48.350	0.122 × 0.061（0.31 × 0.015）
WR-10	75.0 ~ 110.0	59.010	0.100 × 0.050（0.254 × 0.127）
WR-8	90.0 ~ 140.0	73.840	0.080 × 0.040（0.203 × 0.102）
WR-6	110.0 ~ 170.0	90.854	0.065 × 0.0325（0.170 × 0.083）
WR-5	140.0 ~ 220.0	115.750	0.051 × 0.0255（0.130 × 0.0648）

① 美国 C-Lee Plasties 公司生产的一种微波塑料专利产品。

② 美国 Rogers 公司生产。